建筑涂料手册

主　编　沈春林

副主编　高德财　林益民　李　芳
　　　　苏立荣　岳志俊　金爱敏

中国建筑工业出版社

图书在版编目(CIP)数据

建筑涂料手册/主编沈春林.—北京:中国建筑工业出版社,2002
ISBN 7-112-04478-2

Ⅰ.建… Ⅱ.沈… Ⅲ.建筑材料:涂料-技术手册 Ⅳ.TU56-62

中国版本图书馆 CIP 数据核字(2001)第 083276 号

手册介绍了刷浆材料、建筑装饰涂料、特种建筑涂料和建筑油漆等材料的组成、性能、品种、规格和生产基本知识。书中以建筑涂料为导向,重点阐述了建筑涂料的施工方法,并收录了大量的图表数据、生产和施工配方,还为读者提供了有关涂料行业的企事业单位信息。书中图表很多,为方便读者查找,书后列出了图表索引。

本书内容丰富,图表数据实用,书中的 500 个左右涂料配方更是读者所需要的。本书可供从事建筑涂料生产、建筑设计、施工和装饰等有关人员使用。

建筑涂料手册

主编　沈春林

副主编　高德财　林益民　李　芳
　　　　苏立荣　岳志俊　金爱敏

*

中国建筑工业出版社出版、发行(北京西郊百万庄)
新华书店经销
世界知识印刷厂印刷

*

开本:787×1092毫米　1/16　印张:55　字数:1367千字
2002年3月第一版　　2003年7月第二次印刷
印数:2501—4000 册　　定价:**80.00**元
ISBN 7-112-04478-2
TU·3982(9948)

版权所有　翻印必究
如有印装质量问题,可寄本社退换
(邮政编码 100037)

本社网址:http://www.china-abp.com.cn
网上书店:http://www.china-building.com.cn

前　言

一、本手册所述建筑涂料其范围包括建筑刷浆材料、建筑装饰涂料、建筑油漆以及特种建筑涂料。

二、本手册以建筑涂料的涂装施工技术为重点，辅以基础理论、生产技术。各章节内容互相协调，共为一体，为帮助读者深入理解建筑涂料的工业技术理论和科学进行涂装施工打下基础。

三、本手册共分11章，第一章为基础知识，第二章重点介绍了建筑涂料的组成，第三章介绍了涂料生产的基本知识。通过这三章内容，可使读者对涂料有一个基本的认识。第四章至第六章则从不同的角度重点介绍涂料涂装技术和涂装管理，第七章至第十章则分别介绍了各种类型的建筑涂料的性能和施工方法。第十一章则为读者提供了有关涂料行业的企事业单位的信息。

四、本手册以材料为导向，收录了大量的图表资料、生产和施工配方，可为涂料施工提供实用性指导和情报检索来源。

五、本手册所收集的资料来源较为广泛，但为了节省篇幅，未能在原文下一一注明资料的来源，读者可通过书后所附参考书目查找其原文。

六、本手册收集的大量图表，均为广大涂料科技工作者长期经验的积累和总结，其内容十分丰富，为了方便读者查阅，书后编有图表索引，可供查检。

目 录

第一章 建筑涂料概述

第一节 涂料的分类和命名 …………… 1
 一、涂料的分类 …………………… 1
 二、建筑涂料的分类 ……………… 5
 三、涂料的命名和编号 …………… 8
 四、建筑涂料的命名 ……………… 12
第二节 建筑涂料的功能 ……………… 12
 一、装饰功能 ……………………… 12
 二、保护功能 ……………………… 13
 三、特种功能 ……………………… 14
第三节 涂膜的类型及成膜机理 ……… 14
 一、涂膜的类型 …………………… 15
 二、涂料的成膜机理 ……………… 15
第四节 建筑涂料的理化性能 ………… 19
 一、建筑涂料的技术标准 ………… 19
 二、建筑涂料的技术性能要求 …… 20
 三、建筑涂料常见技术性能指标的含义 … 66
第五节 建筑涂料的历史、现状和发展趋势 …………………………………… 74
 一、发展低 VOC 环保型和低毒型的建筑涂料 …………………………… 75
 二、发展高性能外墙涂料生产技术、适应高层建筑外装饰的需求 ……… 75
 三、发展建筑功能性涂料系列产品 … 76
 四、加速研究纳米技术在建筑涂料中的应用 ………………………………… 76

第二章 建筑涂料的原辅材料

第一节 建筑涂料的组成 ……………… 78
 一、主要成膜物质 ………………… 78
 二、次要成膜物质 ………………… 79
 三、辅助成膜物质 ………………… 79
第二节 基料 …………………………… 80
 一、油脂、树脂及其他基料 ……… 80
 二、建筑涂料的常用基料 ………… 86
第三节 着色材料 ……………………… 93
 一、颜料 …………………………… 93
 二、染料 …………………………… 103
第四节 助剂 …………………………… 105
 一、润湿分散剂 …………………… 105
 二、消泡剂 ………………………… 107
 三、乳化剂 ………………………… 110
 四、pH 值调节剂 ………………… 112
 五、防结皮剂 ……………………… 112
 六、防沉淀剂 ……………………… 112
 七、流平剂 ………………………… 113
 八、消光剂 ………………………… 114
 九、光稳定剂 ……………………… 114
 十、催干剂 ………………………… 115
 十一、增塑剂(增韧剂、软化剂) … 117
 十二、增稠剂 ……………………… 117
 十三、成膜助剂 …………………… 120
 十四、防腐防霉剂 ………………… 120
 十五、防冻剂 ……………………… 121
第五节 溶剂和稀释剂 ………………… 121
 一、溶剂和水 ……………………… 122
 二、稀释剂 ………………………… 131
第六节 辅助材料 ……………………… 138
 一、防潮剂 ………………………… 138
 二、固化剂 ………………………… 138
 三、脱漆剂 ………………………… 139
 四、研磨材料 ……………………… 142

第三章 建筑涂料的生产

第一节 涂料生产的主要设备 ………… 146

一、制备基料的设备 …………… 146
　　二、研磨分散和调和设备 ………… 147
　　三、调和设备 …………………… 148
　　四、输送设备 …………………… 149
　　五、水性涂料生产设备 …………… 149
　　六、过滤设备 …………………… 149
第二节　涂料的生产工艺 …………… 150
　　一、涂料的配方设计 ……………… 150
　　二、确定基本工艺模式 …………… 155
　　三、涂料的一般生产过程 ………… 157
　　四、涂料生产时颜填料的加入方式 … 157
　　五、色漆中各种颜料的用量 ……… 159
第三节　产品的检验和包装贮存运输……
　　………………………………… 161
　　一、建筑涂料的产品检验 ………… 161
　　二、建筑涂料产品的包装、运输和贮存 … 162

第四章　建筑涂装设计

第一节　涂装的目的和要求 ………… 163
　　一、涂装的目的 ………………… 163
　　二、涂料涂装的要求 ……………… 163
第二节　涂装设计原理 ……………… 164
　　一、涂装设计原理 ……………… 164
　　二、涂装设计的几点说明 ………… 166
第三节　涂料的合理选用 …………… 169
　　一、建筑涂料的选用原则 ………… 169
　　二、建筑涂料的选用方法 ………… 169
第四节　涂料的配套性 ……………… 183
　　一、涂料和基材之间的配套性 …… 183
　　二、各涂层之间的配套性 ………… 184
　　三、底漆和面漆在使用环境条件下的配套
　　　　性 ………………………… 187
　　四、涂料与施工工艺的配套性 …… 187
　　五、涂料与辅助材料之间的配套性 … 187
第五节　色彩的选择和应用原理 …… 187
　　一、色彩的基本知识 ……………… 187
　　二、建筑装饰色彩与色彩环境的效果 … 190
第六节　不同环境下涂饰方案的选择……
　　………………………………… 194

　　一、室内新旧基层涂饰方案的选择 …… 194
　　二、室外新旧基层涂饰方案的选择 …… 198

第五章　建筑涂料的涂装

第一节　涂装工程的分类及施工要求……
　　………………………………… 203
　　一、涂装工程的分类 ……………… 203
　　二、施工要求 …………………… 203
第二节　基层处理 …………………… 205
　　一、基层处理 …………………… 205
　　二、混凝土、水泥砂浆等基层的处理 … 208
　　三、非木质板材基层的处理 ……… 213
　　四、木质基层的处理 ……………… 213
　　五、竹材制品基层的处理 ………… 228
　　六、金属基层的处理 ……………… 229
　　七、各种基层底漆的涂刷 ………… 230
　　八、旧涂饰基层的处理 …………… 231
第三节　常用涂装工具及设备 ……… 234
　　一、梯子 ………………………… 234
　　二、手工工具 …………………… 235
　　三、盛装涂料的容器 ……………… 237
　　四、基层清理设备 ……………… 238
　　五、漆刷 ………………………… 242
　　六、辊筒（又称滚刷） …………… 247
　　七、刮刀 ………………………… 249
　　八、涂料擦 ……………………… 251
　　九、喷涂设备 …………………… 251
　　十、手提式电动搅拌机 …………… 261
　　十一、电动弹涂机 ……………… 262
　　十二、电动吊篮 ………………… 262
第四节　涂饰基本操作技术 ………… 264
　　一、清除 ………………………… 264
　　二、嵌、批 ……………………… 267
　　三、打磨 ………………………… 270
　　四、刷涂 ………………………… 271
　　五、滚涂 ………………………… 276
　　六、刮涂 ………………………… 278
　　七、擦涂 ………………………… 280
　　八、抹涂 ………………………… 283

九、喷涂 …………………………… 283
十、弹涂 …………………………… 297
十一、联合式施工方法 …………… 297
十二、涂饰施工的基本要求 ……… 297
第五节 涂料的调配 ………………… 298
　一、腻子、填孔料和着色材料的调配 … 299
　二、涂料的调配 …………………… 309
第六节 涂饰工艺 …………………… 318
　一、木器着色工艺 ………………… 318
　二、美工油漆 ……………………… 331
　三、不同建筑部位的涂饰工艺 …… 333
第七节 施工实例 …………………… 351
　一、内外墙涂料施工实例 ………… 351
　二、地面涂料施工实例 …………… 358
　三、防水涂料施工实例 …………… 360
第八节 成品保护 …………………… 367
　一、外墙涂料工程的成品保护 …… 367
　二、内墙涂料工程的成品保护 …… 368
　三、地面涂料工程的成品保护 …… 368
　四、门窗涂料工程的成品保护 …… 368
第九节 外墙（瓷砖、陶瓷锦砖贴面）涂料翻新改造 ………………… 368
　一、前言 …………………………… 368
　二、翻新工程带来的好处 ………… 369
　三、传统的外墙（瓷砖、陶瓷锦砖面）翻新存在的问题及其施工 …… 370
　四、国外发达国家在外墙（瓷砖、陶瓷锦砖面）涂料翻新上所采用的先进材料技术与施工工艺 …………………………………… 370
　五、外墙（瓷砖、陶瓷锦砖面）涂料翻新 … 371
　六、其他部位的细部处理 ………… 375
　七、配合措施 ……………………… 375
　八、工程验收方法 ………………… 375
　九、特艺建材科技工业（苏州）有限公司 …………………………………… 378
　十、结论 …………………………… 380

第六章 涂装工程的管理

第一节 涂装评级标准与病态防治 … 381

一、涂装工程的质量评级标准 …… 381
二、涂装工程的质量验收要求 …… 383
三、涂层老化的评级 ……………… 385
四、涂料病态原因及防治方法 …… 389
五、常用涂装材料的检验及贮存方法 … 395
第二节 涂装工程的工料估算 ……… 398
　一、估工 …………………………… 398
　二、估料 …………………………… 399
第三节 安全措施和涂装环境 ……… 405
　一、涂装工程安全技术措施 ……… 405
　二、涂装环境的保护 ……………… 406

第七章 刷浆材料

第一节 刷浆材料的性能及配制 …… 411
　一、刷浆材料的名称及性能 ……… 411
　二、刷浆胶料的种类及配制方法 … 413
　三、刷浆浆料的种类及配制方法 … 414
　四、刷浆颜料 ……………………… 420
　五、刷浆用腻子 …………………… 421
第二节 刷浆施工 …………………… 422
　一、一般刷浆施工 ………………… 422
　二、美术刷浆施工 ………………… 427
第三节 刷浆质量要求 ……………… 430
　一、刷装施工质量的通病及防治 … 430
　二、刷浆工程质量的要求及检验方法 … 431

第八章 建筑装饰涂料

第一节 溶剂型涂料 ………………… 433
　一、过氯乙烯墙面涂料 …………… 433
　二、苯乙烯焦油外墙涂料 ………… 434
　三、聚乙烯醇缩丁醛外墙涂料 …… 434
　四、氯化橡胶外墙涂料 …………… 435
　五、丙烯酸酯墙面涂料 …………… 435
　六、丙烯酸酯复合型建筑涂料 …… 436
　七、聚氨酯系墙面涂料 …………… 437
　八、溶剂型薄质地面涂料 ………… 438
　九、溶剂型厚质地面涂料 ………… 441
第二节 水溶性建筑涂料 …………… 443
　一、聚乙烯醇类水溶性内墙涂料 … 443

二、硅酸盐无机涂料 …………………… 444
三、水溶性厚质地面涂料 …… 446
第三节 乳液型涂料 ……………………… 448
一、合成树脂乳液薄质涂料(乳胶漆) …… 449
二、合成树脂乳液厚质涂料 ……………… 454
三、彩色砂壁状外墙涂料 ………………… 455
四、水乳型合成树脂乳液涂料 …………… 456
第四节 非平面建筑涂料 ………………… 457
一、多彩涂料 ……………………………… 457
二、云彩内墙涂料 ………………………… 458
三、砂壁状建筑涂料 ……………………… 460
四、复层涂料 ……………………………… 460
五、纤维质内墙装饰涂料 ………………… 461
六、绒面内墙涂料 ………………………… 461
第五节 建筑装饰涂料配方 ……………… 462
一、外墙涂料 ……………………………… 462
二、内墙涂料 ……………………………… 471
三、屋面涂料 ……………………………… 481
四、地面、楼面和顶棚涂料 ……………… 481
五、多彩涂料 ……………………………… 485
六、乳液系砂壁状涂料 …………………… 487
七、立体花纹饰面涂料 …………………… 489
八、静电植绒涂料 ………………………… 498
九、瓷釉涂料 ……………………………… 500

第九章 特种建筑涂料

第一节 防水涂料 ………………………… 502
一、防水涂料的分类和不同的特性 …… 502
二、防水涂料的包装、运输与贮存 …… 505
三、沥青类防水涂料 ……………………… 506
四、高聚物改性沥青防水涂料 …………… 507
五、合成高分子防水涂料 ………………… 508
六、JS复合防水涂料 ……………………… 514
七、东海牌彩色纳米防水涂料 …………… 514
八、防水涂料配方 ………………………… 516
第二节 防火涂料 ………………………… 546
一、防火涂料的类型 ……………………… 546
二、防火涂料的阻燃机理 ………………… 547
三、膨胀型防火涂料 ……………………… 547

四、非膨胀型防火涂料 …………………… 549
五、防火涂料配方 ………………………… 550
第三节 防霉涂料 ………………………… 554
第四节 防腐蚀涂料 ……………………… 556
一、防腐蚀涂料的性能特点 ……………… 556
二、防腐蚀涂料的类型 …………………… 556
三、防腐蚀涂料的施工要点 ……………… 556
第五节 防雾涂料 ………………………… 557
一、防雾涂料的基本组成与涂层的构造
………………………………………… 557
二、透明防雾涂料的制造与使用 ………… 559
三、防雾涂料配方 ………………………… 559
第六节 吸声涂料 ………………………… 560
第七节 太阳能集热涂料 ………………… 562
第八节 防静电涂料 ……………………… 563
一、水性防静电涂料 ……………………… 563
二、反应型防静电涂料 …………………… 564
三、抗静电涂料配方 ……………………… 564

第十章 建筑油漆

第一节 油脂漆类 ………………………… 566
第二节 天然树脂漆类 …………………… 574
第三节 酚醛树脂漆类 …………………… 579
一、酚醛清漆 ……………………………… 579
二、酚醛磁漆 ……………………………… 580
三、酚醛树脂漆配方 ……………………… 581
第四节 沥青漆类 ………………………… 588
第五节 醇酸树脂漆类 …………………… 598
第六节 氨基树脂漆类 …………………… 608
第七节 硝基漆类 ………………………… 620
第八节 纤维素漆类 ……………………… 626
第九节 过氯乙烯漆类 …………………… 628
第十节 烯类树脂漆 ……………………… 634
第十一节 丙烯酸漆类 …………………… 641
第十二节 聚酯漆类 ……………………… 646
第十三节 环氧树脂漆类 ………………… 650
第十四节 聚氨酯漆类 …………………… 659
第十五节 元素有机漆类 ………………… 667
第十六节 橡胶漆类 ……………………… 669

第十七节　其他漆类…………………… 672

第十一章　涂料行业单位信息

第一节　涂料行业知名品牌厂商名录
　　………………………………… 680

第二节　涂料行业单位简介…………… 856

图表索引………………………………… 860

参考文献………………………………… 868

第一章 建筑涂料概述

涂料是一种呈现流动状态或可液化之固体粉末状态或厚浆状态的，能均匀涂覆并且能牢固地附着在被涂物体表面，并对被涂物体起到装饰作用、保护作用及特殊作用或几种作用兼而有之的成膜物质。

涂料，我国传统称之为"油漆"。利用油漆作为被涂物体的保护、装饰材料，在我国已有悠久的历史，远在 2000 多年前，我们的祖先就用桐树的桐籽榨取桐油，从漆树上取出漆液制成天然漆，"油漆"这个概念就是由此而产生的。随着生产的发展，人们渐渐认识到亚麻仁油、苏籽油等也和桐油一样可以当"油"来使用，虫胶漆、硝基漆也和大漆一样能当"漆"来使用。随着化学工业的发展，各种有机合成树脂相继出现，使油漆原料从天然油料发展到合成树脂，且以合成树脂和乳液为原料的油漆不但漆膜坚硬，经久耐用，而且光亮夺目，干燥快，有些品种还具有耐酸、耐碱、耐腐蚀等特殊性能，这些都是天然油漆所不及的。鉴于高分子合成树脂原料范围的不断扩大，各种新型树脂漆不断涌现，油漆原料已趋向少用或不用植物油，再加上以无机硅酸盐和硅溶胶为基料的无机涂料也已被大量地应用，故油漆这个概念已无法来恰当地概括所有的产品了。因此近年来已经采用"涂料"这个统称了。目前油漆仅是涂料的一个组成部分，涂料品种则包括各种油脂漆、天然树脂漆、各类合成树脂漆、各种无机类涂料、有机和无机复合型涂料以及涂料用各种辅助材料。

建筑涂料是按涂料的用途进行分类得出的一个类别。建筑涂料是指涂敷于建筑构件表面，并能与构件表面材料很好地粘结，形成完整的保护膜的一种成膜物质。涂料在建筑构件表面干结成的薄膜称之为涂膜，也称之为涂层。

人们一般将用于建筑物内外墙体、顶棚、地面、屋面等处的涂料称为建筑涂料，其实凡应用于建筑物所有部位的木质、金属、塑料等构件的涂料都应列入建筑涂料的范畴。

第一节 涂料的分类和命名

一、涂料的分类

涂料是国民经济发展不可缺少的材料之一，由于涂料的特殊作用较多，因而涂料品种繁多。目前在我国市场上销售的化工部已颁发型号的涂料就多达近千种，长期以来根据习惯形成了各种不同的涂料分类方法，这些涂料分类方法各有其特点，涂料的各种分类方法，如表 1-1 所列。现将通用的几种分类方法介绍如下：

1. 按涂料成膜物质分类

依据习惯形成的各种涂料分类方法虽有多种，并各有特点，各有侧重，但不能全面反映涂料的本质，不能使人们明确涂料的真正成分，因而对其性能及调配方法等问题表达不清，给使用者带来不便。为了克服这些缺陷，让使用者能更容易了解各种涂料的性能、用途等，便于对涂料的鉴定及保管，我国制定了国家标准《涂料产品分类、命名和型号》

涂料分类方法   表1-1

序号	分类方法		涂料产品类别
1	按涂料的成膜物质进行分类	按 GB 2705 分类方法	详见表1-2和表1-3
		按我国生产计划统计分类方法	(1)清油;(2)厚漆;(3)油性调和漆;(4)油性防锈漆;(5)其他油脂漆;(6)酯胶清漆;(7)酯胶调和漆;(8)酯胶磁漆;(9)酯胶底漆;(10)松香防污漆;(11)其他天然树脂漆;(12)酚醛清漆;(13)酚醛调和漆;(14)酚醛磁漆;(15)酚醛防锈底漆;(16)其他酚醛漆;(17)沥青清漆;(18)沥青烘漆;(19)沥青底漆;(20)其他沥青漆;(21)醇酸清漆;(22)醇酸磁漆;(23)醇酸底漆;(24)氨基树脂漆;(25)硝基纤维漆;(26)硝基铅笔漆;(27)纤维素漆;(28)过氯乙烯漆;(29)磷化底漆;(30)乙烯树脂漆;(31)各种丙烯酸漆;(32)各种聚酯漆;(33)环氧清漆;(34)环氧磁漆;(35)环氧底漆;(36)其他环氧漆;(37)各种聚氨酯漆;(38)各种有机硅漆;(39)各种橡胶漆;(40)其他漆;(41)硝基漆稀料;(42)过氯乙烯漆稀料;(43)氨基漆稀料;(44)醇酸漆稀料;(45)催干剂;(46)脱漆剂;(47)防潮剂;(48)其他辅助材料
2	按涂料成膜物质的性质分类		(1)有机涂料;(2)无机涂料;(3)复合涂料
3	按涂料的形态分类		(1)液态涂料;(2)粉末涂料;(3)高固体分涂料
4	按涂料使用的分散介质分类		(1)溶剂型涂料;(2)水性涂料(乳液型涂料、水溶性涂料)
5	按涂料中是否有颜料成分分类		(1)清漆;(2)色漆(调和漆、磁漆)
6	按涂料贮存组分数分类		(1)单组分漆;(2)双组分漆;(3)多组分漆
7	按涂料的用途分类	按使用对象产品的材质分类	(1)钢铁用涂料;(2)轻金属用涂料;(3)塑料表面用涂料;(4)木材用涂料;(5)混凝土用涂料;(6)橡胶用涂料;(7)皮革用涂料;(8)纸张用涂料等
		按使用对象产品的名称分类	(1)车辆涂料;(2)船舶涂料;(3)飞机涂料;(4)桥梁涂料;(5)道路标志涂料;(6)家具涂料;(7)建筑涂料等
8	按施工时是否有溶剂挥发分类		(1)溶剂型涂料;(2)无溶剂型涂料
9	按涂料的施工方法分类		(1)刷涂用涂料;(2)浸涂用涂料;(3)淋涂用涂料;(4)辊涂用涂料;(5)喷涂用涂料;(6)静电涂装用涂料;(7)电泳涂料(阳极电泳涂料、阴极电泳涂料);(8)自泳涂料等
10	按涂料的施工工序分类		(1)底涂涂料(底漆、封闭漆、腻子);(2)中涂涂料(打磨料、二道浆);(3)上涂涂料(面漆、罩光漆)等
11	按涂膜的性能分类		(1)防水涂料;(2)防火涂料;(3)防腐蚀涂料;(4)防锈涂料;(5)耐高温涂料;(6)带锈涂料;(7)电绝缘涂料;(8)导电涂料;(9)耐药品涂料;(10)防污涂料;(11)杀虫涂料;(12)示温涂料;(13)发光涂料;(14)耐磨涂料以及各种功能性涂料等
12	按涂膜的成膜机理分类		(1)非转化型涂料(挥发型涂料、热熔型涂料、水乳型涂料、塑性熔胶);(2)转化型涂料(氧化聚合型涂料,热固化涂料、化学交联型涂料、辐射能固化型涂料)
13	按涂膜的干燥方式分类		(1)自干涂料;(2)烘干涂料(烘漆、烤漆);(3)光固化涂料;(4)电子束固化涂料
14	按涂膜层的状态分类		(1)薄质涂层涂料;(2)厚质涂层涂料;(3)砂壁状涂层涂料;(4)彩色复层凹凸花纹状涂层涂料
15	按涂膜的外观分类		(1)皱纹漆;(2)锤纹漆;(3)桔纹漆;(4)浮雕漆等
16	按涂膜的光泽分类		(1)有光漆(亮光漆);(2)亚光漆(半光漆、无光漆、柔光漆)

(GB 2705—92),将涂料产品的分类原则确定为以涂料基料中主要成膜物质为基础,若主要成膜物质由两种以上的树脂混合组成,则按在成膜物质中起决定作用的一种树脂为基础。结合我国生产品种的具体情况,将涂料分为17大类。涂料产品用的辅助材料则列为第18类,并按其不同的用途,再分为5个小类,详见表1-2和表1-3。

涂料产品分类表 表1-2

序号	代号[①]	涂料产品类别	代表性成膜物质
1	Y	油脂涂料	天然动植物油、清油(熟油)、合成干性油
2	T	天然树脂涂料[②]	松香及其衍生物、虫胶、乳酪素动物胶、大漆及其衍生物
3	F	酚醛树脂涂料	纯酚醛树脂、改性酚醛树脂、二甲苯树脂
4	L	沥青树脂涂料	天然沥青、煤焦沥青、石油沥青
5	C	醇酸树脂涂料	甘油(或季戊四醇等)醇酸树脂和各种油改性醇酸树脂等
6	A	氨基树脂涂料	脲(或三聚氰胺)甲醛树脂和各种改性醇酸树脂等
7	Q	硝基涂料	硝化纤维素和改性硝化纤维素
8	M	纤维素涂料	醋酸纤维、苄基纤维、乙基纤维、醋丁纤维、羟甲基纤维等
9	G	过氯乙烯涂料	过氯乙烯树脂及其改性过氯乙烯树脂
10	X	乙烯树脂涂料	VAGH、聚乙烯醇缩丁醛树脂、氯乙烯-偏氯乙烯共聚物、聚苯乙烯、氯化聚丙烯、石油树脂等
11	B	丙烯酸树脂涂料	丙烯酸树脂、丙烯酸共聚物等
12	Z	聚酯树脂涂料	饱和聚酯和不饱和聚酯
13	H	环氧树脂涂料	环氧树脂、脂肪族聚烯烃环氧树脂、改性环氧树脂
14	S	聚氨酯涂料	加成物、预聚物、缩二脲及异氰脲酸酯多异氰酸酯(芳香族与脂肪族)
15	V	元素有机聚合物涂料	有机硅、有机钛、有机铝、有机磷等
16	J	橡胶涂料	天然橡胶及其衍生物,如氰化橡胶;合成橡胶及其衍生物,如氯磺化聚乙烯橡胶
17	E	其他涂料	以上16类包括不了的成膜物质,如无机高聚物、聚酰亚氨树脂等
18		辅助材料	溶剂和稀释剂,如松香水、二甲苯等;防潮剂、催干剂、脱漆剂、固化剂、表面处理剂等

① 按汉语拼音字母发音。
② 包括由天然资源所产生的物质及其加工处理后的物质。

辅助材料的代号及名称 表1-3

代号	名称	代号	名称
X	稀释剂	T	脱漆剂
F	防潮剂	H	固化剂
G	催化剂		

我国的生产计划统计,其分类方法亦按涂料组成中成膜物质,为基础进行分类的。将涂料产品及涂料产品用的辅助材料分为48类。

2. 按涂料成膜物质的性质分类

涂料的成膜物质众多,如按其性质可将涂料产品分为有机涂料、无机涂料和复合涂料。

3. 按涂料的形态分类

按涂料的形态可将涂料产品分为液态涂料、粉末涂料、高固体分涂料。

4．按涂料使用的分散介质分类

按涂料使用的分散介质不同,可将涂料产品分为溶剂型涂料和水性涂料。

溶剂型涂料是指完全以有机物为溶剂的涂料,水性涂料是指完全或主要以水为介质的涂料。水性涂料又可分为乳液型涂料、水溶性涂料。

5．按涂料中是否有颜料成分分类

按涂料中是否放入颜料成分,可将涂料分为清漆、色漆。色漆还可细分为调和漆、磁漆等。涂料组成中不含颜料,涂饰后能形成透明涂膜的漆类称为清漆;涂料组成中含有颜料,涂饰后形成各种色彩涂膜的漆称为色漆。

6．按涂料贮存组分数分类

按涂料产品贮存组分数可将涂料分为单组分漆、双组分漆和多组分漆。

单组分漆不需分装,双组分漆和多组分漆(由3至4个组分组成)贮存时必须分装,临使用时按比例混合并搅拌均匀方可使用。

7．按涂料的用途分类

按使用对象产品的材质,其涂料可分为钢铁用涂料、轻金属用涂料、塑料表面用涂料、木材用涂料、混凝土用涂料、橡胶用涂料、皮革用涂料和纸张用涂料等。

按使用对象产品的名称,其涂料可分为车辆涂料、船舶涂料、飞机涂料、桥梁涂料、道路标志涂料、家具涂料、建筑涂料等。

8．按施工时是否有溶剂挥发分类

按涂料产品在施工时是否有溶剂挥发,涂料可分为溶剂型涂料和无溶剂型涂料。

以木材用涂料为例,漆中含有大量有机溶剂(一半以上),施工时需全部挥发才能固化的漆类称为溶剂型漆,如硝基漆、醇酸漆和聚氨酯漆等。相对来讲,在施工对涂层中没有溶剂挥发出来的漆称作无溶剂型漆,如不饱和聚酯漆等。

9．按涂料的施工方法分类

按涂料的施工方法,可将涂料分为刷涂用涂料、浸涂用涂料、淋涂用涂料、辊涂用涂料、喷涂用涂料、静电涂装用涂料、电泳涂料(包括阳极电泳涂料和阴极电泳涂料)以及自泳涂料等。

10．按涂料施工工序分类

按涂料的施工工序分类,可将涂料分为底涂涂料(底漆、封闭漆、腻子)、中涂涂料(打磨料、二道浆)和上涂涂料(面漆、罩光漆)等。

11．按涂膜的性能分类

按涂膜的性能可将涂料分为防水涂料、防火涂料、防腐蚀涂料、防锈涂料、耐高温涂料、带锈涂料、电绝缘涂料、导电涂料、耐药品涂料、防污涂料、杀虫涂料、示温涂料、发光涂料、耐磨涂料以及其他各种功能性涂料等。

12．按涂膜的成膜机理分类

按涂膜的成膜机理,可将涂料分为非转化型涂料和转化型涂料。

非转化型涂料包括挥发型涂料、热熔型涂料、水乳胶型涂料、塑性熔胶型涂料;转化型涂料则包括氧化聚合型涂料、热固化涂料、化学交联型涂料和辐射能固化型涂料。

在辐射能固化型漆中,必须经紫外线辐射或电子束辐射才能固化成膜的漆类称作光敏漆与电子束固化漆。

13. 按涂膜干燥方式分类

按涂膜干燥方式,可将涂料分为自干涂料、烘干涂料(烘漆、烤漆)、光固化涂料和电子束固化涂料等。

14. 按涂膜层的状态分类

按照涂膜层的状态(厚度和质感),可将涂料分为薄质涂层涂料、厚质涂层涂料、砂壁状涂层涂料、彩色复层凹凸花纹状涂层涂料。

15. 按涂膜的外观分类

按照涂膜表面外观,可将涂料分为皱纹漆、锤纹漆、桔纹漆和浮雕漆等。

16. 按涂膜的光泽分类

按照涂膜的光泽,可将涂料分为有光漆(亮光漆)和亚光漆(半光漆、无光漆、柔光漆)。

二、建筑涂料的分类

我国建筑涂料的品种和类别还没有统一的划分方法,因此除了参照国家标准 GB 2705—92 外,通常仍采用习惯上的分类方法。

建筑涂料的各种分类方法,如表 1-4 所列。现将通用的几种分类方法介绍如下:

建筑涂料分类 I   表 1-4

序号	分类方法	涂料产品类别
1	按照建筑涂料的形态分类	(1)液态涂料;(2)粉末涂料等
2	按照主要成膜物质的性质分类	(1)有机系涂料;(2)无机系涂料;(3)有机无机复合系涂料
3	按照涂膜的状态分类	(1)平面涂料;(2)彩砂涂料;(3)复层涂料
4	按建筑物的使用部位分类	(1)外墙涂料;(2)内墙涂料;(3)顶棚涂料;(4)地面涂料;(5)屋面涂料
5	按涂膜的性能分类	(1)防水涂料;(2)防火涂料;(3)防腐涂料;(4)防霉涂料;(5)防虫涂料;(6)防锈涂料;(7)防结露涂料

1. 按建筑涂料的形态分类

按照建筑涂料的形态,可分为液态涂料和粉末涂料等类别。

2. 按主要成膜物质性质分类

按照建筑涂料的主要成膜物质性质,可分为有机系涂料、无机系涂料和有机无机复合系涂料。

有机系建筑涂料根据其所使用的分散介质不同,可分为溶剂型涂料和水性涂料(包括水溶性涂料、乳液型涂料)。溶剂型涂料有聚氨酯类、环氧树脂类、氯化橡胶和过氯乙烯涂料等种类。以水为溶剂,以树脂材料为基料的则属于有机水性乳液型或水溶液型涂料,这类涂料的应用范围广,使用最为普遍,例如聚醋酸乙烯乳液、苯丙乳液、乙丙乳液、纯丙乳液和氯偏乳液等。

无机系建筑涂料主要是无机高分子涂料,包括水溶性硅酸盐系(碱金属硅酸盐)、硅溶胶系和有机硅及无机聚合物系等,其中目前应用最多的还是碱金属硅酸盐系的硅酸钾、硅酸钠和硅溶胶系无机涂料。传统的无机系涂料有水泥、石灰等材料。

有机无机复合涂料主要有两种复合形式,一种是两类涂料在品种上的复合,另一种则是两类涂料的涂层的复合装饰。

两类涂料在品种上的复合就是把水性有机树脂与水溶性硅酸盐等配制成混合液或分散液(例如聚乙烯醇水玻璃涂料和苯丙-硅溶胶涂料等),或者是在无机物的表面上使用有机聚合物接枝制成悬浮液。这类复合涂料中的有机聚合物或者树脂可以改善无机材料(例如硅溶胶)在成膜后发硬变脆的弊端,同时又避免或减轻了有机材料易老化、不耐污染、耐热性差等问题。

两类涂料的涂层的复合装饰是指在建筑物的墙面上先涂覆一层有机涂料的涂层,然后再涂覆一层无机涂料涂层,利用两层涂膜的收缩不同,使表面一层无机涂料涂层形成随机分布的裂纹纹理,以便得到镶嵌花纹状涂膜的装饰效果。

表1-5列出了按本分类方法进行分类的各种建筑涂料。

建筑涂料分类 Ⅱ   表 1-5

分类	主要基料	内墙装饰	外墙装饰	地面装饰	顶棚装饰	特种功能	平面涂料	砂壁状涂料	凹凸花纹涂料
有机涂料	聚乙烯醇	O		O		O			
	聚醋酸乙烯	O	O	O	O	O	O		
	过氯乙烯		O	O		O			
	氯磺化聚乙烯		O			O			
	丙烯酸酯	O	O	O	O	O	O	O	O
	苯丙乳液	O	O		O	O	O		O
	乙丙乳液	O	O		O	O	O		
	氯偏乳液	O				O			
	环氧树脂			O		O			O
	氯化橡胶		O			O			
	三元乙丙橡胶		O			O			
	醋酸乙烯-苯乙烯-丙烯酸酯共聚		O			O			
	有机硅树脂		O			O			
	聚氨酯	O	O	O					
	聚酯树脂		O	O					
	纤维素酯	O				O			O
无机涂料	硅溶胶	O	O						O
	碱金属硅酸盐	O	O			O	O		
	重磷酸盐金属盐		O			O			
	酸改性水玻璃		O			O			
复合涂料	丙烯酸酯乳液+环氧树脂乳液+硅溶胶		O			O			O
	丙烯酸酯乳液+硅溶胶		O			O			
	苯丙乳液+硅溶胶		O			O			

3. 按涂膜的状态分类

按建筑涂料其涂膜层的状态,可分为平面涂料、表面呈砂粒状装饰效果的彩砂涂料(或称为真石漆)和凹凸花纹装饰效果的复层涂料。

平面状涂料一般具有光泽平整的表面,其涂膜厚度在 1mm 以下,从表:1-5 中可以看出,几乎所有类型的基料都可以制成平面涂料,这种饰面风格可以用于建筑物的各个部位,如墙面、地面、顶棚等处。平面涂料还可以根据其光泽分成涂膜表面无光的平光涂料、表面稍有光泽但并不明显的半光(或称亚光)涂料和表面高光泽的(光泽度大于 90%)高档仿瓷釉涂料(如溶剂型聚氨酯涂料及其复合类涂料)等品种。

彩砂涂料系以粗砂骨料、合成树脂乳液或无机高分子硅酸盐为胶黏料配制而成的,涂膜成砂壁状的涂料。

复层涂料又称浮雕涂料、喷塑涂料、凹凸花纹涂料等,主要是选用稠浆状或近似于膏状的稠黏状厚质涂料,采用喷涂施工,得到表面呈凹凸质地的浮雕状饰面,其饰面风格根据类型的不同又可分为环山状、斑点状等类别。根据所用基料的不同,又可分为聚合物水泥系(CE)、硅酸盐系(Si)、合成树脂乳液系(E)和反应固化型合成树脂乳液系(乳液 RE)等四种类别。

4. 按建筑物的使用部位分类

按照建筑物的使用部位,建筑涂料一般可分为外墙涂料、内墙涂料、顶棚涂料、地面涂料、屋面涂料等几类,参见图 1-1～图 1-3。

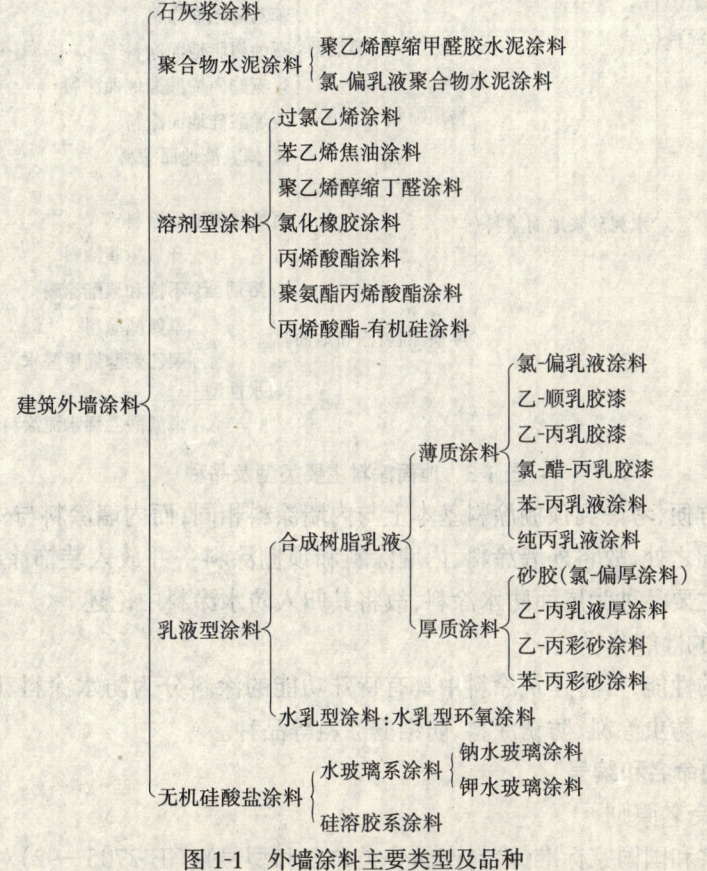

图 1-1 外墙涂料主要类型及品种

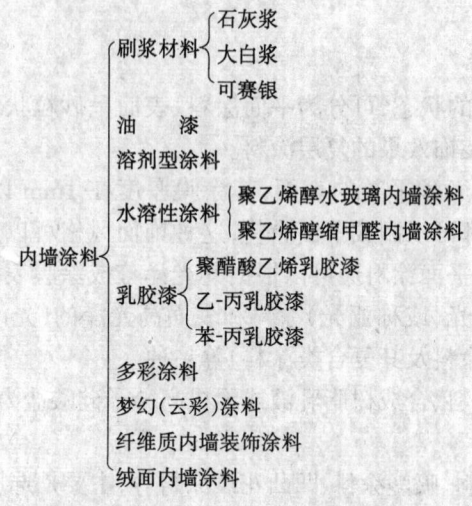

图 1-2 内墙涂料主要类型及品种

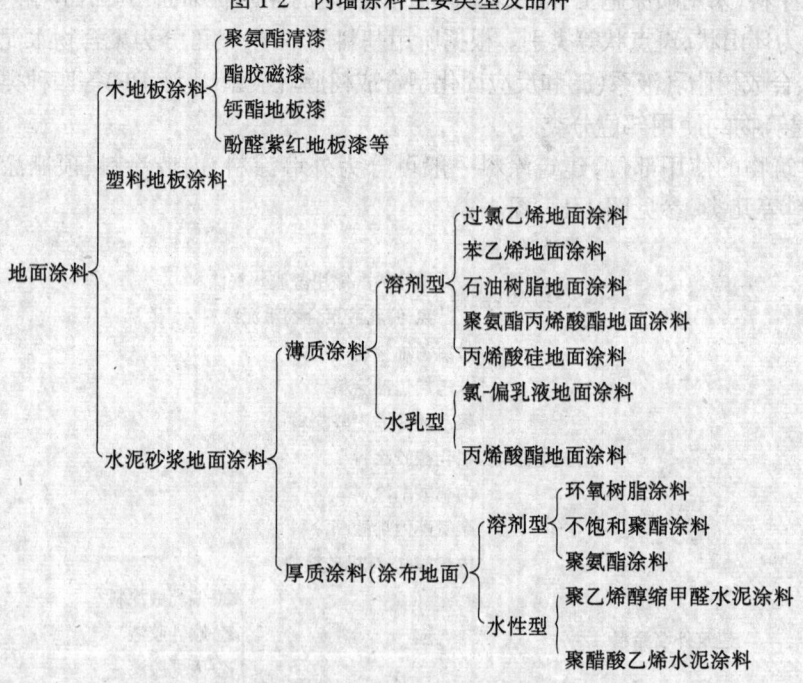

图 1-3 地面涂料主要类型及品种

为了叙述方便,考虑到顶棚涂料基本上与内墙涂料相同,而内墙涂料与外墙涂料二者之间又有不少相同之处,故将外墙涂料、内墙涂料和顶棚涂料一并放入装饰涂料中进行论述;屋面涂料国内主要品种为屋面防水涂料,故将其归入防水涂料中论述。

5. 按涂膜的性能分类

按照涂膜的性能,可将建筑涂料中具有特殊功能的涂料分为防水涂料、防火涂料、防腐涂料、防霉涂料、防虫涂料、防锈涂料、防结露涂料等品种。

三、涂料的命名和编号

1. 涂料的命名原则

中华人民共和国国家标准《涂料产品分类命名和型号》(GB 2705—92)对涂料的命名作

出了如下规定：

(1) 命名原则：

涂料命名=颜色或颜料名称+成膜物质名称+基本名称

对于不含颜料的清漆，其全名一般则是由成膜物质名称加上基本名称而组成。

(2) 颜色名称通常由红、黄、蓝、白、黑、绿、紫、棕、灰等颜色，有时再加上深、中、浅(淡)等词构成。若颜料对漆膜性能起到显著的作用时，则可以用颜料的名称代替颜色的名称，例如铁红、锌黄、红丹等。

(3) 成膜物质名称应做适当简化，例如聚氨基甲酸酯简化成聚氨酯；环氧树脂简化成环氧；硝酸纤维素(酯)简化为硝基等。

漆基中含有多种成膜物质时，则选取起主要作用的一种成膜物质命名。必要时也可以选取两或三种成膜物质命名，主要成膜物质名称在前，次要成膜物质名称在后，例如红环氧硝基磁漆、氨基醇酸漆。

(4) 基本名称则表示涂料的基本品种、特性和专业用途。基本名称仍采用我国已广泛使用的名称，如清漆、磁漆、底漆、调和漆、锤纹漆、防锈漆等。涂料的基本名称详见表1-6。

(5) 在成膜物质和基本名称之间，必要时可插入适当的词语来标明专业用途和特性等，例如白硝基球台磁漆、醇酸导电磁漆等。

(6) 凡是烘烤干燥的漆，名称中(在成膜物质和基本名称之间)都应有"烘干"字样，例如银灰氨基烘干磁漆、铁红环氧聚酯酚醛烘干绝缘漆等。如名称中无"烘干"字样，则表明该漆是自然干燥或烘烤干燥均可。

(7) 凡双(多)包装的涂料，在名称之后应增加"(分装)"字样，例如Z22-1聚酯木器漆(分装)。

2. 涂料编号原则

(1) 为了区别同一类型的各种涂料，在涂料名称之前必须有型号，涂料型号由三个部分构成，第一部分是成膜物质，用一个汉语拼音字母表示，参见表1-2，它位于型号的最前面；第二部分是基本名称代号，由二位数字表示，第三部分是序号，用数字表示(即由型号组成中的第三位或第三位与以后位数的数字表示)；序号用于区别同类、同名称漆的不同品种；在第二位数字与第三位数字之间加半字线，读成"之"，半字线其作用是把基本名称与序号分开。这样组成的型号就只表示一个涂料品种，而不会出现重复。

例如：

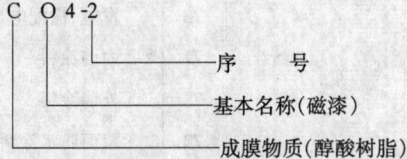

(2) 涂料辅助材料的型号则由两个部分组成，第一部分为辅助材料的种类，第二部分则是序号。

例如：

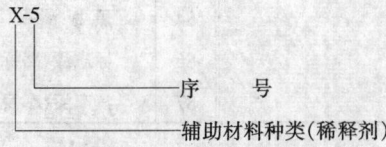

(3) 基本名称编号原则：

涂料基本名称代号见表1-6。

涂料基本名称代号　　　　　表1-6

代号	基本名称	代号	基本名称
00	清油	40	防污漆
01	清漆	41	水线漆
02	厚漆	42	甲板漆、甲板防滑漆
03	调和漆	43	船壳漆
04	磁漆	44	船底漆
05	粉末涂料	45	饮水舱漆
06	底漆	46	油舱漆
07	腻子	47	车间(预涂)底漆
09	大漆	50	耐酸漆、耐碱漆
11	电泳漆	52	防腐漆
12	乳胶漆	53	防锈漆
13	水溶(性)漆	54	耐油漆
14	透明漆	55	耐水漆
15	斑纹漆、裂纹漆、桔纹漆	60	防火漆
16	锤纹漆	61	耐热漆
17	皱纹漆	62	示温漆
18	金属(效应)漆、闪光漆	63	涂布漆
20	铅笔漆	64	可剥漆
22	木器漆	65	卷材涂料
23	罐头漆	66	光固化涂料
24	家电用漆	67	隔热涂料
26	自行车漆	70	机床漆
27	玩具漆	71	工程机械用漆
28	塑料用漆	72	农机用漆
30	(浸渍)绝缘漆	73	发电、输配电设备用漆
31	(覆盖)绝缘漆	77	内墙涂料
32	抗弧(磁)漆、互感器漆	78	外墙涂料
33	(粘合)绝缘漆	79	屋面防水涂料
34	漆包线漆	80	地板漆、地坪漆
35	硅钢片漆	82	锅炉漆
36	电容器漆	83	烟囱漆
37	电阻漆、电位器漆	84	黑板漆
38	半导体漆	86	标志漆、路标漆、马路划线漆
39	电缆漆、其他电工漆	87	汽车漆(车身)

续表

代号	基本名称	代号	基本名称
88	汽车漆(底盘)	95	桥梁漆、输电塔漆及其他(大型露天)钢结构漆
89	其他汽车漆	96	航空、航天用漆
90	汽车修补漆	98	胶液
93	集装箱漆	99	其他
94	铁路车辆用漆		

基本名称的编号原则：采用00～99两位数字表示，其中基本名称代号划分如下：
00～13　代表涂料的基本品种；
14～19　代表美术漆；
20～29　代表轻工用漆；
30～39　代表绝缘漆；
40～49　代表船舶漆；
50～59　代表防腐漆；
60～79　代表特种漆；
80～99　代表其他用途漆。

(4) 涂料产品的序号代号：

为了区别涂料产品有光、无光和半光漆的干燥方法(自干、烘干)，在序号上作了规定，详见表1-7。

涂料产品序号　　　　　　　　　　　　　表1-7

涂料品种		代号	
		自干	烘干
清漆、底漆、腻子		1～29	30以上
磁漆	有光	1～49	50～59
	半光	60～69	70～79
	无光	80～89	90～99
专业用漆	清漆	1～9	10～29
	有光磁漆	30～49	50～59
	半有光磁漆	60～64	65～69
	无光磁漆	70～74	75～79
	底漆	80～89	90～99

注：在氨基漆类中，清漆、磁漆、腻子的序号划分不符合本原则。

3. 其他规定

如涂料中含有松香改性酚醛树脂和松香甘油酯，根据其含量比来决定划分为酯胶或酚醛漆类，若松香改性酚醛树脂含量占树脂总量(质量百分比)50%以上则为酚醛漆类。

在油性漆(酯胶、酚醛)中如树脂:油为1:2以下则为短油度；树脂:油为1:2～3则为中油度;树脂:油为1:3以上则为长油度。

在醇酸漆中,含油量(质量百分比)如在50%以下为短油度;50%~60%为中油度;在60%以上则为长油度(对于所用油的种类未作考虑)。

氨基漆按氨基树脂含量的多少划分为高氨基、中氨基、低氨基三种,具体划分的依据如下:

高氨基:氨基:醇酸=1:1~2.5;
中氨基:氨基:醇酸=1:2.5~5;
低氨基:氨基:醇酸=1:5~7.5。

四、建筑涂料的命名

目前建筑涂料在我国尚没有统一的命名原则,一般传统的油漆涂料其命名原则依据国家标准 GB 2705—92。

建筑涂料中除传统的油漆涂料以外,新发展起来的装饰涂料,则常常采用将粘结材料和涂膜性质结合在一起,称之为某粘结材料系列某涂膜类型涂料,如水泥系列薄质建筑涂料、硅酸盐系列砂壁状建筑涂料等等。在具体的命名中,常用主要成膜物质的名称+组分数量+涂膜性质。如乙丙乳液厚质涂料是指醋酸乙烯和丙烯酸酯共聚而成的乳液配制而成的厚质涂料,又如聚乙烯醇缩甲醛厚质地面涂料是指主要成膜物质为聚乙烯醇缩甲醛溶液和水泥,用于地面的厚质涂料。

第二节 建筑涂料的功能

一般地说,建筑涂料是一种以装饰功能为主,并兼具保护功能以及多种特种功能的饰面材料,参见图1-4所示。

一、装饰功能

建筑物进行涂装的目的首先在于遮盖建筑物表面的各种缺陷,使其显得美观大方,明快舒畅,并与四周环境协调配合。对于外墙涂料来说,建筑涂装的装饰功能就是通过建筑涂料对建筑物的美化作用来提高建筑物的艺术性观感;对于内墙涂料来说,建筑涂装的装饰功能则是通过一定的措施来满足人们对居室环境的创意所需要的生活氛围。

建筑涂料的装饰功能包括立体意匠性(指立体花纹的构思设计)和平面意匠性(系指色彩、色彩图案和光泽方面的构思设计)两个方面,如图1-5和图1-6所示。

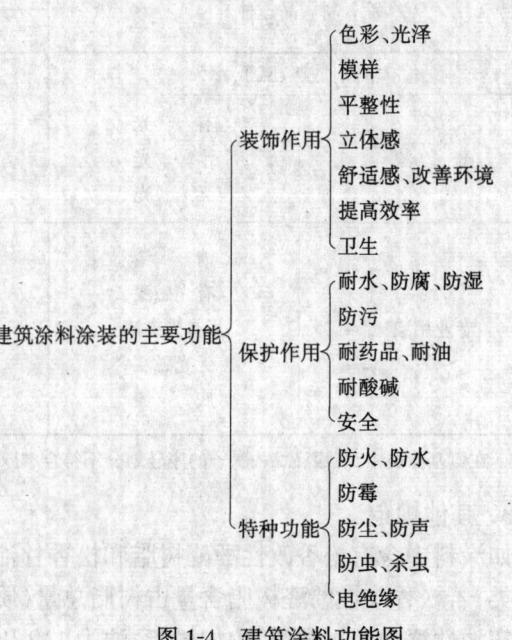

图1-4 建筑涂料功能图

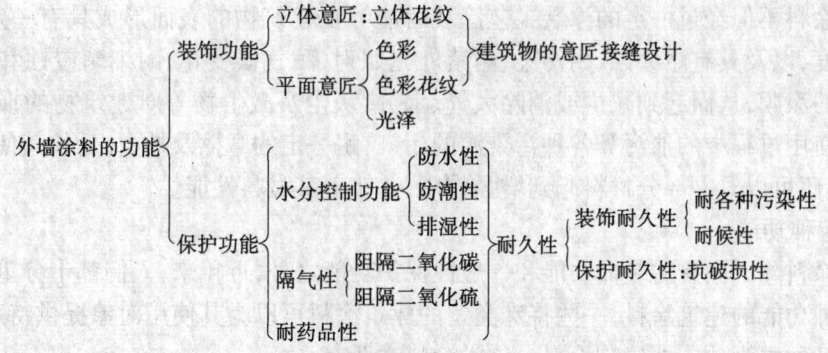

图 1-5 混凝土、砂浆底衬外墙涂料功能图

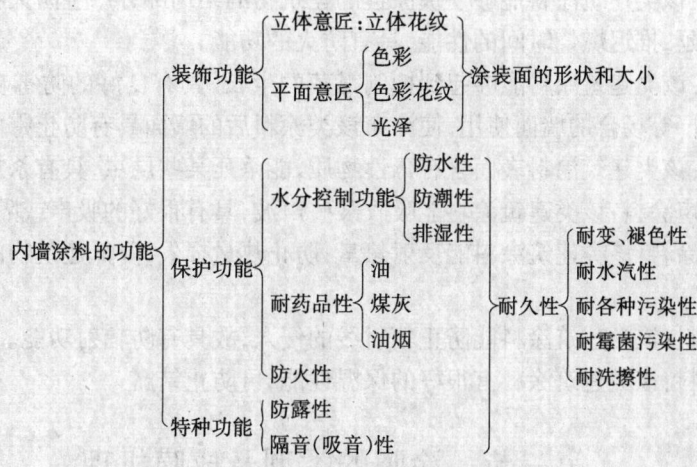

图 1-6 混凝土、砂浆底衬内墙涂料功能图

建筑涂料经涂装后可以形成具有不同的颜色、光泽和质感的涂膜,从而起到美化环境、装饰建筑物的作用。室外涂料和室内涂料的功能基本上是相同的,但具体要求的标准则不一样,一般来说,外墙涂料要求有高光泽和富有立体感的花纹;内墙涂料则喜欢采用比较平的立体花纹或色彩花纹,应避免高光泽。

建筑涂料的涂层经过一定的使用时间或因各种原因而使其装饰效果变差而需进行更新时,建筑涂料则优于其他装饰材料,它可以比较容易地除去旧涂层而进行重新涂饰。

二、保护功能

建筑涂料的保护功能就是保护建筑物不受环境影响或将其影响减至最小的功能。它能够阻止或延迟空气中的氧气、水气、紫外线及工厂排放出来的有害气体对建筑物的破坏,延长建筑物的使用寿命。

不同种类的被保护体,对涂料的要求是各不相同的,例如混凝土砂浆基底的外装修,主要要求涂料具有水分控制功能(防水性、防潮性和排湿性),对二氧化碳和二氧化硫气体等的隔绝性,以及对各种化学药品的隔绝性;而对于金属(特别是铁)底材,则最重要的是防锈性。室外涂装和室内涂装对涂料的要求也是有所不同的,其技术性能指标要求差别也很大,这是因为外用涂料其涂层时常遭受到风吹雨淋、强烈的阳光照射以及温度变化的影响等缘故。

建筑涂料不但经过一定的涂装工艺涂装后能够在建筑物的表面形成具有一定厚度、柔韧性和硬度,以及具有耐磨蚀、耐污染、耐紫外光照射、耐气候变化、耐细菌侵蚀和耐化学侵蚀的连续的涂膜,从而起到减少或消除大气、水分、灰尘及微生物等对建筑物的损坏作用以及防止在使用过程中的油污等各种污染源的污染,耐一定的摩擦及外力,延长其使用年限的作用,而且还可以对一部分材料起到增强作用,并改善其材料性能。

三、特种功能

建筑涂料除了固有的装饰功能和一般性保护功能之外,近年来,人们都十分重视研究具有某些特种功能的建筑涂料,一些特殊类型的建筑涂料可以为其使用对象提供特殊的功能,这类涂料又称之为功能性建筑涂料。这类涂料主要有:

防水涂料:该类建筑涂料具有较好的抗水渗性能,具有防水的功能。

防火涂料:该类建筑涂料能够使被涂覆的建筑物的结构部分产生防火特性,能阻止燃烧或阻止燃烧蔓延,推迟燃烧时间的性能,具有防火的功能。

防霉涂料:该类建筑涂料能够起到抑制霉菌的生长,具有良好的防霉功能,适用于饮料厂或食品加工厂等场合的墙面使用,使涂布该类涂料后的墙面具有防止霉菌生长的功能。

杀虫涂料:该类建筑涂料表面含有毒性物质,能杀死某些昆虫,具有杀虫的功能。

吸声或隔声涂料:该类建筑涂料能吸收某些声波,具有很好的吸声或隔声功能。

隔热保温涂料:该类建筑涂料能反射热量,防止热量损失,降低建筑物的能耗,具有隔热保温功能。

防辐射涂料:该类建筑涂料能防止辐射线的侵入,故具有防辐射功能。

防结露涂料:该类建筑涂料有很好的保温性能,可防止结露。

第三节 涂膜的类型及成膜机理

涂料是由不挥发部分和挥发部分两大部分组成的。涂料施涂于物体表面后,其挥发部分逐渐散去,剩下的不挥发部分则留在物体表面上干结成膜。这些不挥发的固体部分叫做涂料的成膜物质。成膜物质可分为主要成膜物质、次要成膜物质和辅助成膜物质,参见图1-7。

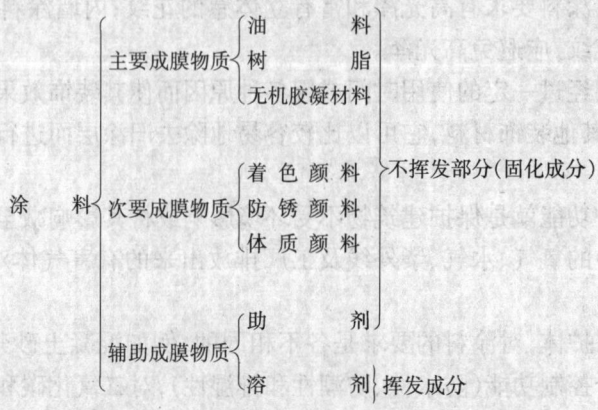

图1-7 涂料的组成

常用涂料由于其种类不同,涂膜的类型与成膜原理均各不相同。

一、涂膜的类型

根据涂膜的分子结构不同,涂膜可分为三类,即低分子球状结构的涂膜;线型分子结构的涂膜和体型网状分子结构的涂膜,见图1-8。

低分子球状结构

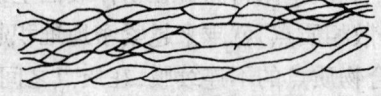
线型分子结构

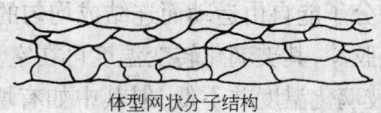
体型网状分子结构

图1-8 涂膜分子结构

1.低分子球状结构的涂膜

低分子球状结构的涂膜是由大量球形或类似球形的低分子(如虫胶、松香衍生物等)组成的,这些涂膜对木材的附着力尚好,但因分子之间的联系微弱,所以耐磨性很差,弹性低,大多数不耐水,不耐热,不能抵抗大气的侵入。

2.线型分子结构的涂膜

线型分子结构的涂膜是由直链型或支链型大分子(如硝酸纤维)与许多非转化型的合成树脂(如过氯乙烯、聚丙烯等)组成的。这类涂膜因分子间彼此相互交织,联系紧密,因此弹性、耐磨性、耐水性和耐热性等均高于低分子结构的涂膜。

3.体型网状分子结构的涂膜

属于体型网状分子结构的涂膜有聚酯、丙烯酸、聚氨酯等涂料的涂膜。各个分子之间由许多侧链紧密连接起来,由于这些牢固的侧链存在,所以这类涂膜的耐水、耐候、耐热、耐寒、耐磨、耐化学性能等均比其他两种分子结构的涂膜高得多。

二、涂料的成膜机理

当涂料被涂覆在被涂物上,由液态(或粉末状)变成无定形的固态薄膜的过程,称涂料的成膜过程或涂料的固化,一般称为涂料的干燥。

涂料主要靠溶剂蒸发、熔融、缩合、聚合等物理或化学作用而成膜的,其成膜机理随涂料的组分和结构的不同而异。

常用涂料的成膜方式主要有物理机理干燥和化学机理干燥等几种。

(一)物理机理干燥

物理机理干燥只是靠涂料中液体(溶剂或分散相)的蒸发而得到干硬涂膜的干燥过程的一种涂料干燥成膜机理。

1.溶剂挥发型涂料

溶剂挥发型涂料是由涂层中溶剂的发挥而干燥成漆膜的。其干燥成膜过程如下:当在基材上涂刷了一层聚合物涂料后,涂层中的溶剂分子从涂层中向外扩散,扩散的速度随着涂层固化,阻力逐渐加大而慢慢减小,已挥发出的溶剂分子在涂层面上形成一层气体层,最后溶剂分子冲出气体层向外扩散逸出。在整个挥发过程中,随着溶剂的不断挥发,聚合物分子随之其浓度的提高而逐渐紧密相接,最后聚合物子分紧密堆积而形成一层均匀而又连续的涂膜。溶剂挥发型的涂料在常温下能自然蒸发,达到干燥状态,但升温能加快干燥速度。

2. 乳液型涂料

当把乳液型涂料涂覆在物体表面上以后,随着连续相(分散介质)的逐渐地挥发,聚合物液滴(分散相质点)就越来越紧密地堆积起来,直到相互之间都发生接触,但此时得到的只是一个聚合物质点的不连续膜,在质点之间的空隙中还含有一些液体,这就有必要使质点之间互相合并,使质点之间的界面消失,从而得到一个连续均一的涂膜。下面三种成膜方法的乳胶漆则可以做到这一点。(1)以线型聚合物为成膜物质的烘干型乳胶漆,当温度升高后可使不连续聚合物质点中的聚合物分子能自由运动而连结成均匀的涂膜;(2)以玻璃化温度较低的线型聚合物为成膜物质的乳胶漆,其玻璃化转变温度可在室温以下,其所成涂膜必然是相当地软,或者是线型聚合物的玻璃化温度并不低,但其中如有增塑剂或高沸点的溶剂,因而增加了聚合物流动性的乳胶漆,这类乳胶漆中加入的高沸点溶剂(或增塑剂)与连续相混容性好,能促进乳胶漆的聚结作用(聚合物质点之间互相拼合的过程称为聚结)。在连续相挥发时,质点之间的空隙中留下了聚结溶剂,这些聚结溶剂渗透到质点中去,使质点有较大的流动性而互相聚结,在成膜完之后的一段时间内,聚结溶剂逐渐挥发掉;(3)含有在成膜后,在室温或室温以上温度下能通过化学反应而交联固化的低分子量物质(交联剂)的乳胶漆。

物理机理干燥也称之为挥发型干燥,以这类机理成膜的涂料称为挥发型涂料。挥发型涂料成膜时不伴随化学反应,故所形成的漆膜能被再溶解或热熔和具有热塑性,因而又称之为热塑性涂料。

(二) 化学机理干燥

化学机理干燥它的成膜过程主要是缩合、聚合等化学作用。我们可将线型的或轻度支链化的聚合物,甚至用简单的低分子化合物配制成涂料,待涂料施工后再发生交联反应,成为固态网状结构的高分子化合物,所形成的涂膜不能再被溶剂溶解,受热也不能融化,因此这类涂料亦称之为热固型涂料。这类涂料根据成膜过程的化学反应不同,可以分为以下几种类型的涂料。

1. 缩合型涂料

靠缩合反应形成网状结构的高分子化合物,并由这种化合物为基料组成的涂料称之为缩合型涂料。为了使此类涂料的组分之间反应在涂料施工之后才开始,避免过早进行化学反应,可以将相互反应性的组分按各别的容器包装或双组分或多组分,仅在涂料使用前才将它们混合。环氧树脂及不饱和聚酯地面厚质涂料均属于这一类型。

2. 聚合型涂料

靠聚合反应形成高分子化合物的涂料称为聚合型涂料,属于这一类型的涂料,是以不饱和单体或不饱和的低分子树脂为主要原料的合成树脂涂料,这种涂料的不饱和基,通过引发的自由基反应与交联剂(如苯乙烯等)共聚合,生成网状结构的高分子化合物。例如丙烯酸酯墙面涂料等。

3. 与空气发生反应的涂料

涂料施工后,接触空气中的氧气而发生氧化聚合反应而形成网状结构的高分子化合物,以这种化合物为基料组成的涂料称为氧化聚合型涂料。属于这一类型的是以干性油为主要原料的清油和油性调和漆等。

第三节 涂膜的类型及成膜机理

这类涂料的干燥是一个复杂的化学反应过程,各种反应相互交错,总的来说,在空气中氧的作用下,催干剂(金属皂)金属离子在诱导期阶段大大加速了脂肪酸的吸氧速度,产生过氧化物,引起分子重排引发游离基聚合反应,使分子量大增,密度和粘度亦增大,最终生成聚合度不等的高分子化合物。

例如桐油中占71%含量的桐酸,它是具有共轭双键的不饱和脂肪酸,其分子结构如下:

$$CH_3-(CH_2)_3-CH=CH-CH=CH-CH=CH-(CH_2)_7-COOH$$

当氧攻击共轭双键,直接加成在双键的碳原子上,形成具有两个未满足的化学价的游离基(双游离基)。

$$-\underset{6}{CH}=\underset{5}{CH}-\underset{4}{CH}=\underset{3}{CH}-\underset{2}{CH}=\underset{1}{CH}-+O_2 \longrightarrow$$

$$-\overset{\cdot}{CH}-CH=CH-CH=CH-\underset{|}{CH}-$$
$$\underset{\overset{|}{O}}{\overset{|}{O}}$$
$$\overset{\cdot}{}$$

双键能发生重排,因而也能使游离基的位置出现在1,4和1,6位置上:

$$-CH=CH-CH=CH-CH-CH-$$
（结构图，包括1,4位和1,6位重排产物）

这样的重排只不过是电子在分子中的再分配,在不饱和的游离基中常常发生这种重排。氧可与碳原子的游离价反应,使之转化成过氧化基:

$$-CH=CH-\underset{6}{\overset{\cdot}{C}H}-CH=CH-CH-+O_2 \longrightarrow$$

（生成过氧化物结构图）

当双游离基攻击其他油分子中的双键时,就发生了交联,过氧化基产生了聚过氧化物:

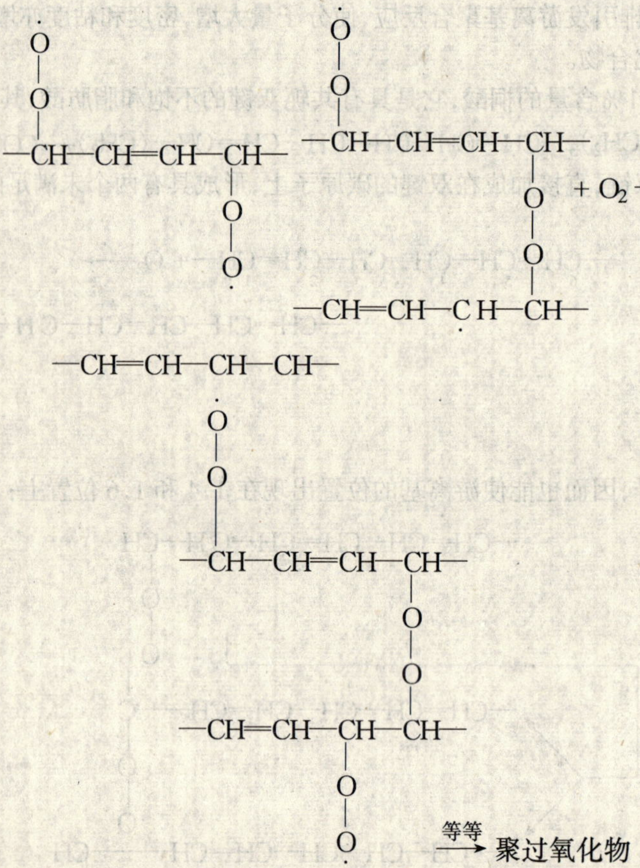

$$\begin{array}{c}
\text{—CH—CH—CH—} \\
\quad\quad\quad\quad | \\
\quad\quad\quad\text{O—O} \\
\quad\quad\quad\quad | \\
\text{—CH—CH—CH—} \\
\end{array} + \begin{array}{c}
\text{—CH—CH—CH—} \\
\quad\quad\quad\quad | \\
\quad\quad\quad\text{O—O} \\
\quad\quad\quad\quad | \\
\text{—CH—CH—CH—} \\
\end{array} + O_2 \longrightarrow$$

$$\xrightarrow{\text{等等}} \text{聚过氧化物}$$

以及

$$\begin{array}{c}
\text{—CH—CH—CH—CH—CH—} \\
\quad\quad\quad\quad\quad | \\
\quad\quad\quad\quad\text{O—O} \\
\end{array} + \text{—CH—CH—CH—CH—CH—CH—} \longrightarrow$$

$$\xrightarrow{\text{等等}} \text{碳-碳交联聚合物}$$

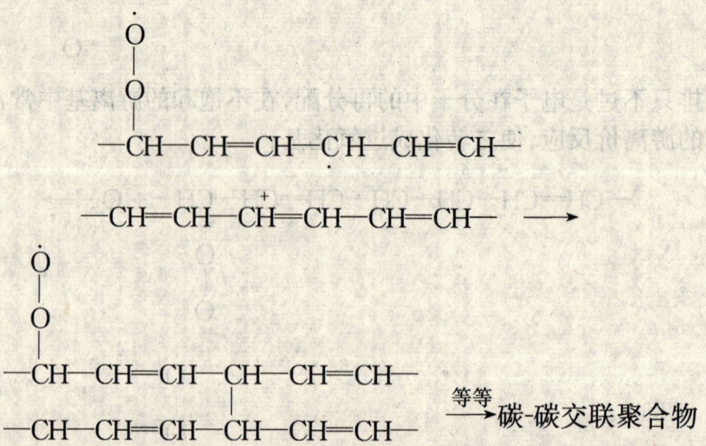

当增长着的双游离基的两端与另一个双游离基互相复合时,交联聚合反应就停止了。

潮气固化型聚氨酯涂料的成膜机理也是通过与空气反应而实现的。这是由于该涂料中的异氰酸酯与空气中的水蒸气发生缩聚反应而得到的交联涂膜,其聚合反应式如下:

$$\text{OCN}-\text{NCO} + H_2 + \text{OCN}-\text{NCO} \longrightarrow$$

$$\text{OCH}-\text{NH}-\underset{\underset{\text{O}}{\|}}{\text{C}}-\text{NH}-\text{NCO} + CO_2 + H_2O$$
（含NCO基团交联结构示意）

无论是油性涂料或潮气固化型聚氨酯涂料，空气都被利用来作为一种反应性组分的，因此此类涂料在贮存期间，应注意与空气的隔绝，否则会造成贮存罐中的涂料面层结皮。

综上所述，采用化学机理干燥的缩合型涂料、聚合型涂料以及与空气发生反应的涂料等，它们或通过涂料组分发生化学反应，或靠与空气中的氧气发生反应而交联固化的，在交联反应中，分子量不断变大，最后形成不溶不熔的三维网状体型结构的漆膜。

第四节　建筑涂料的理化性能

涂料的理化性能，既表现在涂料本身，也表现在涂装施工过程之中和涂膜形成之后，这些性能的全部综合是评价一个涂料是否优越的科学依据。一般来说，涂料本身的理化性能是涂料的基本性能，涂装施工性能是为了符合某种涂装工艺要求所必须具备的性能，而涂膜性能是人们对涂料的根本要求，只有具备了优良的涂膜性能，才能使涂料的使用价值得以实现。

一、建筑涂料的技术标准

我国的建筑涂料经过近几十年来的不断发展，无论其产量还是品种都有了很大的提高和增加，为了保证其产品的质量，我国相继制订了一系列建筑涂料及其配套产品的国家标准和行业标准，以建筑装饰涂料为例，就制订有建筑内外墙体涂料、地面涂料、功能性涂料等一系列产品标准，详见表1-8。

建筑涂料产品标准题录　　　　　　表1-8

类　别	标　准
建筑装饰涂料	《合成树脂乳液外墙涂料》(GB/T 9755—1995)
	《溶剂型外墙涂料》(GB/T 9757—88)
	《外墙无机建筑涂料》(JG/T 26—1999)(原GB/T 10222—88)

续表

类　别	标　准
建筑装饰涂料	《复层建筑涂料》(GB/T 9779—88) 《合成树脂乳液砂壁状建筑涂料》(JG/T 24—2000)（原GB/T 9153—88） 《合成树脂乳液内墙涂料》(GB/T 9756—1995) 《水溶性内墙涂料》(JG/T 423—91) 《建筑室内用腻子》(JG/T 3049—1998) 《多彩内墙涂料》(JG/T 3003—93) 《水泥地板用漆》(HG/T 2004—91) 《水性涂料环境标准技术要求》(HJBZ 4—1999)
防水涂料	《水性沥青防水涂料》(JC 408—91) 《聚氨酯防水涂料》(JC 500—92) 《水性聚氯乙烯焦油防水涂料》(JC 634—1996) 《聚氯乙烯弹性防水涂料》(JC/T 674—1997)
防火涂料	《饰面型防火涂料通用技术条件》(GB 12441—1998) 《钢结构防水涂料通用技术条件》(GB 14907—94)

我国的技术标准分为四级，国家标准、行业标准、地方标准、企业标准。在我国，所有的产品都必须按标准生产，禁止生产无标准产品，没有国家标准、行业标准的产品，要制定企业标准，为了提高产品的质量，增强市场的竞争力，企业可以制定高于国家标准和行业标准的产品标准。

二、建筑涂料的技术性能要求

1. 外墙涂料的技术性能要求

外墙涂料的主要功能是装饰和保护建筑物外墙面，使其建筑物的外貌整洁美观，起到美化城市环境的目的，并同时起到保护建筑物外墙面的作用，延长其使用时间。

为了获得良好的装饰与保护效果，外墙涂料一般应具有如下特点：

a. 良好的装饰性和保色性；
b. 良好的耐水和抗水性能；
c. 良好的耐沾污性能；
d. 良好的耐候性能；
e. 施工及维修容易；
f. 合理的价格。

建筑外墙涂料的技术性能指标详见表1-9～表1-13。

合成树脂乳液外墙涂料技术要求　　　　表1-9

项　目	指　标	
	一等品	合格品
在容器中状态	搅拌混合后无硬块，呈均匀状态	
施工性	刷涂二道无障碍	

续表

项 目	指标	
	一等品	合格品
涂膜外观	涂膜外观正常	
干燥时间(h)≥	2	
对比率(白色和浅色)不小于	0.90	0.87
耐水性,96h	无异常	
耐碱性,48h	无异常	
耐洗刷性(次)≤	1000	500
耐人工老化性	250h	200h
粉化(级)	1	
变色(级)	2	
涂料耐冻融性	不变质	
涂层耐温变性(10次循环)	无异常	

注:摘自《合成树脂乳液外墙涂料》(GB/T 9755—1995)。

溶剂型外墙涂料技术要求 表1-10

项 目	指 标
在容器中的状态	搅拌时均匀,无结块
固体含量(%)≤	45
细度(μm)≥	45
施工性	施工无困难
遮盖力(g/m²)≥	
白色及浅色	140
颜色及外观	符合标准样板,在其色差范围内,表面平整
干燥时间(h)≥	
表 干	2
实 干	24
耐水性(144h)	不起泡、不掉粉,允许轻微失光和变色
耐碱性(24h)	不起泡、不掉粉,允许轻微失光和变色
耐洗刷性(次)≤	2000
耐沾污性	5次
反射系数下降率(%)≥	15
耐人工老化性,250h	不起泡,不剥落,无裂纹
粉化(级)≥	2
变色(级)≥	2
耐冻融循环性(10次)	不起泡,不剥落,无裂纹,无粉化

注:摘自《溶剂型外墙涂料》(GB 9757—88)。

外墙无机建筑涂料技术要求　　　　　　　　　　　　　　　表 1-11

序号	项　目			指　标
1	涂料贮存稳定性	常温稳定性 23±2℃	6 个月	可搅拌,无凝聚、生霉现象
		热稳定性 50±2℃	30d	无结块、凝聚、生霉现象
		低温稳定性 -5±1℃	3 次	无结块、凝聚、破乳现象
2	涂料黏度(s)			ISO 杯 40～70
3	涂料遮盖力(g/m²)		A[①]	≤350
			B[②]	≤320
4	涂料干燥时间(h)		A	≤2
			B	≤1
5	涂层耐洗刷性			1000 次不漏底
6	涂层耐水性			500h 无起泡、软化、剥落现象　无明显变色
7	涂层耐碱性			300h 无起泡、软化、剥落现象　无明显变色
8	涂层耐冻融循环性			10 次无起泡、剥落、裂纹、粉化现象
9	涂层粘结强度(MPa)			≥0.49
10	涂层耐沾污性(%)		A	≤35
			B	≤25
11	涂层耐老化性		A	800h 无起泡、剥落;裂纹 0 级;粉化、变色 1 级
			B	500h 无起泡、剥落;裂纹 0 级;粉化、变色 1 级

注:① A:碱金属硅酸盐。
　　② B:硅溶胶。
　　摘自《外墙无机建筑涂料》(JC/T 22—1999)。

合成树脂乳液砂壁状建筑涂料技术要求　　　　　　　　　表 1-12

试验类别	项　目		技　术　指　标
涂料试验	在容器的状态		经搅拌后呈均匀状态,无结块
	骨料沉降性(%)		<10
	贮存稳定性	低温贮存稳定性	3 次试验后,无硬块、凝聚及组成物的变化
		热贮存稳定性	1 个月试验后,无硬块、发霉、凝聚及组成物的变化
	干燥时间(表干)(h)		≤2
	颜色及外观		颜色及外观与样本相比,无明显差别
涂层试验	耐水性		240h 试验后,涂层无裂纹、起泡、剥落,无软化物的析出,与未浸泡部分相比,颜色、光泽允许有轻微变化
	耐碱性		240h 试验后,涂层无裂纹、起泡、剥落,无软化物的析出,与未浸泡部分相比,颜色、光泽允许有轻微变化
	耐洗刷性		1000 次洗刷试验后,涂层无变化
	耐沾污率(%)		5 次沾污试验后,沾污率在 45 以下
	耐冻融循环性		10 次冻融循环试验后,涂层无裂纹、起泡、剥落,与未试验试板相比,颜色、光泽允许有轻微变化
	粘结强度(MPa)		≥0.69 以上
	人工加速耐候性		500h 试验后,涂层无裂纹、起泡、剥落、粉化,变色<2

注:摘自《合成树脂乳液建筑涂料》(JG/T 24—2000)。

第四节 建筑涂料的理化性能

复层建筑涂料技术要求　　　　　　　　　　　　　　表 1-13

试验项目 分类代号	低温稳定性	初期干燥抗裂性	黏结强度(MPa)		耐冷热循环性
			标准状态＞	浸水后＞	
CE	不结块，无组成物分离、凝聚	不出现裂纹	0.49	0.49	不剥落；不起泡
Si					
E			0.68	0.49	无裂纹；无明显变色
RE			0.98	0.68	

试验项目 分类代号	透水性(mL)	耐碱性	耐冲击性	耐候性	耐沾污性
CE	溶剂型：<0.5 水乳型：<2.0	不剥落；不起泡；不粉化；无裂纹	不剥落、不起泡；无明显变形	不起泡；无裂纹；粉化≤1级；变色≤2级	沾污率＜30%
Si					
E					
RE					

注：CE：聚合物水泥系复层涂料；
　　Si：硅酸盐系复层涂料；
　　E：合成树脂乳液系复层涂料；
　　RE：反应固化型合成树脂乳液系复层涂料。
摘自《复层建筑涂料》(GB/T9779—88)。

建筑外墙涂料的主要品种以及性能、用途、产地见表 1-14～表 1-17。

薄质外墙涂料性能、用途、产地　　　　　　　　　　表 1-14

名　称	性　能	用　途	产　地
建 841 外墙涂料	耐水＞1000h 耐碱＞500h 抗冻　30 次循环 耐紫外线　200h	适用于住宅、宾馆、商店等外墙装饰	北京、浙江等地
PG-838 外墙涂料	耐紫外线　＞200h 抗冻　25 次循环 耐水　60d 耐碱　60d 耐热　150℃,5h 耐污染　白度下降值≤25% pH 值 8	适用于工业、民用建筑外墙涂刷	北京等地
BT 丙烯酸外墙涂料	耐水　180d 耐碱　30d 耐热　80℃,8h 抗冻　30 次循环 耐污染 30 次，白度下降 14%	适用于工业、民用建筑外墙涂刷	北京、湖北等地
PA 丙烯酸外墙乳胶涂料	耐碱　48h 耐水　66h 耐擦洗　3000 次 耐污染　5 次，反射系数下降 29% 人工老化　1000h 抗冻　3 次循环	适用于工业、民用建筑外墙涂刷	上海等地

续表

名 称	性 能	用 途	产 地
LT-2 有光乳胶涂料 LT-2 平光乳胶涂料	热稳定性 40℃,1008h 抗冻 5次循环 含固量 50%以上 遮盖力 <120g/m²	适用于民用、公共建筑外墙涂刷	上海等地
苯乙烯外墙涂料	附着力 100% 耐热 80℃,3h	适用于民用、工业建筑外墙涂刷	上海、湖南等地
ST 薄型外墙装饰涂料	耐水 ≥1500h 耐碱 ≥1500h 耐洗刷 ≥1000次 人工老化 >500h 附着力 ≥1.2MPa	适于民用、公共建筑外墙涂饰	江苏等地
865 外墙涂料	耐水 1000h 耐碱 1000h 人工老化 2000h 抗紫外线、遮盖力强	适用于民用、公共建筑外墙涂饰	上海等地
外墙平光乳胶涂料、外墙有光乳胶涂料	不流挂、无毒、不燃、保色、保光、抗污染	适用于民用、公共建筑外墙涂饰	上海等地
苯—丙乳胶外墙涂料	人工老化 300h 抗冲击 50J/cm² 耐碱 48h 耐水 48h 耐热 80℃,5h 抗冻 5次循环 防火	适用于民用、公共建筑外墙涂饰	
有光、无光乙丙乳胶漆	遮盖力 >200g/m² 黏度 155~30s 不燃、耐擦洗	适用于住宅、公共建筑外墙涂料	上海等地
丙烯酸有光、无光乳胶漆	耐水 720h 抗冻 50次循环 耐碱 720h 抗冲击 50J/cm² 耐久性 >10年	适用于住宅、公共建筑外墙涂饰	天津等地
SJ-2 丙烯酸树脂外墙涂料	耐碱 1000h 耐酸 1000h 耐热 60℃,30次 抗冻 30次循环 耐冲刷,不褪色	适用于宾馆等公共建筑外墙涂饰	天津等地

续表

名　称	性　能	用　途	产　地
苯-丙乳胶漆	耐水　500h 耐碱　500h 抗冻　7次循环 抗冲击　50J/cm²	适用于混凝土、水泥砂浆墙面装饰	石家庄等地
乙-丙乳胶漆	耐水　500h 抗冻　5次循环 附着力1级～2级 遮盖力　150g/m²	适用于工业、民用建筑外墙装饰	
X08-1 乳胶漆	耐水性　96h 耐热　80℃,5h 人工老化　168h 抗冲击　50J/cm²	适用于工业与民用建筑外墙装饰	成都等地
乙酸乙烯外墙涂料	抗冻　25次循环 耐水　200h 耐污染　30次,反射系数下降≤50%	适用于工业与民用建筑外墙装饰	
505 乳胶漆涂料	耐热　80℃,6h 耐水　48h 耐湿擦性　50次	适用于工业、民用建筑外墙装饰	湖南等地
苯-丙平光外墙乳胶漆	耐水　96h 抗冲击　50J/cm² 附着力≤2级 柔韧性　1mm 硬度　≥0.3	适用于建筑物外墙装饰	沈阳等地
苯-丙外用平光乳胶漆	抗冲击　50J/cm² 耐水　46h 耐碱　46h 抗冻　15次循环 寿命　7年～10年	适用于宾馆等公共建筑及住宅的外墙装饰	哈尔滨等地
聚醋酸乙烯外墙涂料	遮盖力＜250g/m² 附着力　100% 耐水、耐碱、耐热、耐污染	适用于宾馆、商店等公共建筑及住宅的外墙装饰	贵阳等地
丙烯酸有光乳胶漆	耐水　500h 耐碱　48h 耐擦洗　1000次 光泽　75%～85% 耐久、抗污染	适用于民用、公共建筑外墙装饰	西安

续表

名称	性能	用途	产地
PB-02 苯丙乳胶外墙涂料	耐水 96h 耐碱 48h 耐热 85℃,10h 遮盖力 200g/m² pH值 9~9.5	适用于各种建筑的外墙装饰	昆明等地
薄质外墙涂料	耐紫外线 500h 人工老化 500h 耐洗刷 1000次 耐水 1000h 耐碱 1000h 耐污染 白度下降10% 涂层无光泽,需光泽可涂罩面	适用于宾馆、商店等公共建筑及住宅外墙装饰	昆明等地
乳胶调和漆(双虎牌)	耐水 24h 遮盖力 170g/m² 寿命 4年	适用于住宅及公共建筑外墙装饰	武汉
有机、无机复合涂料	耐水 100h 耐碱 100h 耐洗刷 1000次 人工老化 1000h 抗冻 50次循环 耐污染 白度下降<10%	各种建筑外墙装饰	西北油漆厂
丙烯酸外墙涂料	耐水 500h 耐碱 500h 耐候 1000h 耐热 100℃ 遮盖力 <250g/m² 黏度 15~45s	适用于各种工业、民用建筑外墙装饰	洛阳

厚质类外墙涂料的性能、产地　　　　　　　　　　　　表 1-15

名称	性能	用途	产地
843 丙烯酸厚质涂料	耐水 96h 耐碱 96h 耐紫外线 8h 抗冻 50次循环 pH值 8~9 寿命 8年	适用于各种建筑物外墙装饰(喷涂施工)	天津等地

续表

名 称	性 能	用 途	产 地
TJW-2 彩色弹涂涂料	耐水 650h 耐碱 800h 耐热 100℃,8h 抗冻 20次循环 耐污染 30次,反射率下降26.7% 人工老化 500h 黏结力 0.4~0.6MPa pH值 11~13	适用于民用、公共建筑外墙装饰(弹涂施工)	石家庄、天津等地
TJW-3 硅酸钾外墙涂料	耐水 7d 耐碱 >30d 耐热 600℃,6h 抗冻 30次循环 人工老化>500h 耐污染 白度下降值32.9% pH值 13 黏度 24s~40s 遮盖力(300g/m²)	适用于喷涂施工的各种建筑物外墙装饰	天津等地
JGY-822 无机建筑涂料	耐水 40d 耐碱 30d 耐酸 30d 耐热 600℃,6h 耐紫外线 1000h 抗冻 30次循环 耐污染 白度下降值25% pH值 10 人工老化 1600h 遮盖力 330g/m²	适用于喷、刷、滚涂施工的各种建筑物外墙装饰	河南等地
KS-82 外墙涂料	耐水 500h 耐碱 500h 耐刷洗 1000次 抗冻 50次循环 人工老化 1000h 耐污染 30次,白度下降≤10% 遮盖力 250~300g/m²	适用于滚、刷涂施工的各种建筑物外墙装饰	上海、兰州等地
LT-1 苯丙乳胶厚漆	耐水 500h 耐碱 500h 耐洗刷 1000次 抗冻 30次循环 耐污染 30次,反射系数下降23% 防霉一级 pH值 8.8~9.5 稠度较大、耐候、保色	适用于各种建筑物外墙装饰	

续表

名　称	性　能	用　途	产　地
苯丙乳胶外墙原浆涂料	耐水　96h 耐湿擦洗　1000次 光洁度　0.10 黏度　0.4～0.8Pa·s 耐候性好		西北油漆厂
PT-82 外墙装饰涂料	耐水性　7d 耐碱　7d 耐酸　7d 耐洗涤　1000次 抗冻　3次 耐污染　5次,反射系数下降50% 遮盖力　≤200g/m² pH值　8～9	适用于喷、刷、滚涂施工的各种建筑外墙装饰	四川等地
8301 水性外用建筑涂料	耐水、碱、酸　各7d 耐洗刷　1000次 耐污染　反射系数下降28.7% pH值　8～9 抗冻　3次 遮盖力　≤200g/m²	适用于喷、刷施工的各种建筑物外墙装饰	天津等地
JH-80 乙-丙乳胶漆	耐水　300h 耐碱　100h 耐热　15h 耐紫外线　200h 抗冻　30次循环 人工老化　1000h 耐污染　白度下降55.2% 遮盖力　150g/m²	适用于各种建筑的外墙装饰	石家庄等地
JH-81 苯-丙乳胶漆	耐水　180d 耐酸　30d 耐热　15h 耐紫外线　200h 人工老化　1000h 遮盖力　150g/m² 此涂料不能加水	适用于各种建筑的外墙装饰	
SE-1 水乳环氧仿石型外墙涂料	耐洗刷性　1000次 透水　<0.5ml 抗裂　在4m/s气流下吹6h不裂 黏结强度　1.0MPa	适用于采用喷、刷涂施工的建筑外墙装饰	上海等地

续表

名 称	性 能	用 途	产 地
ZS-841 外墙涂料	耐水、碱、紫外线各≥300h 抗冻 5次循环 耐洗刷 1000次 人工老化≥250h 耐污染 5次,反射系数下降≤35% 遮盖力 ≤500g/m² 黏度 40~60s 含固量 34%~38%	适用采用滚、喷、刷涂施工的建筑物外墙装饰	南京等地
BC-841 建筑涂料	耐水 30d 耐热 80±2℃,3h 耐刷洗 1000次 耐湿热 35~40℃、85%湿度 300h 黏结力 0.3MPa 含固量 45%	适用于用喷、刷、滚、弹涂施工的建筑物外墙装饰	冶金建筑总院材料厂
LH-82 无机建筑涂料	耐水、碱 各1000h 人工老化 1000h 抗冻 50次循环 耐污染 30次,白度值下降6.3~8.2% 遮盖力 250~300g/m² 不燃 使用时不得加水	适用于采用喷、刷、滚涂施工的建筑物外墙装饰	北京等地
乙丙外墙乳胶漆	耐水 300h 耐碱 24h 抗冻 25次循环以上 耐污染 反射系数下降≤40% 遮盖力 700g/m² 寿命 8年 涂层厚、耐候性好,可用水稀释	适用于工业、民用建筑的外墙装饰	北京、天津、苏州等地
丙烯酸拉毛涂料	耐水、碱各96h pH值 8~9 寿命 8年 耐污染,黏结强度高	适用于采用滚、弹涂施工的建筑物外墙装饰	天津等地
无机高分子颗粒状涂料	耐水 96h 耐碱 48h 耐候 250h 耐洗刷 500次 附着强度 0.7MPa 耐久、耐污染、防火、防水	适用于民用、公共建筑外墙装饰	河北保定等地
砂胶外墙涂料	耐水 1000h 耐紫外线 500h 抗冻 25次循环 人工老化 418h 黏结力 0.76~0.97MPa	适用于民用、公共建筑外墙装饰	陕西、上海、长沙等地

续表

名 称	性 能	用 途	产 地
乙-丙外墙涂料	耐水 30d 耐碱 96h 耐热 85℃,5h 抗冻 30 次循环 耐紫外线 50h 人工老化 500h 耐污染 30 次,白度值下降<40% 遮盖力<1000g/m² pH 值 7~8 A 型为单色,B 型为双色	适用于民用、公共建筑外墙装饰	江苏武进等地
复合外墙涂料	耐水、碱、酸各 30d 耐紫外线 200h 耐老化 1000h 抗冻 30 次冻融 遮盖力 320g/m² 硬度 6h	适用于采用喷、刷、滚涂施工的建筑物外墙装饰	北京等地
硅溶胶涂料	耐水、碱各 60d 抗冻 50 次冻融 耐污染 15 次,白度值下降 28% 人工老化 1000h 遮盖力 <200g/m² pH 值 9.5~11 使用时不能用水稀释	适用于民用、公共建筑外墙装饰	长沙等地
苯-丙厚浆涂料	耐水 96h 耐碱 96h 含固量 70% 可用水稀释 不燃	适用于民用、公共建筑外墙装饰	沈阳等地
新型无机外墙涂料	耐水 24h 耐热 80℃±2℃,5h 耐紫外线 20h 沉淀率 24h,5ml 遮盖力<300g/m² 含固量 30%~40% 黏度 30~40s 细度 40~60μm 不得加水,不得与其他涂料混用	适用于采用喷、刷涂施工的建筑物外墙装饰	天津等地

第四节 建筑涂料的理化性能

彩砂涂料品种、性能、产地　　　　　　　　　表 1-16

名　称	性　能	用　途	产　地
建 842 砂状彩色外墙涂料	耐水　1000h 耐碱　>5000h 耐酸　>300h 耐紫外线　2000h 耐热性　60℃,8h 抗冻　30 次冻融 黏结强度>1.26MPa	适用于各种建筑墙板及水泥砂浆抹面的外墙装饰	北京等地
TDL-82A 着色砂建筑涂料	耐水　1000h 耐碱　500h 耐老化　500h 抗冻　50 次冻融 耐污染　白度值下降 4.78%	适用于民用、公共建筑用建筑墙板及水泥砂浆抹面的外墙装饰	北京、湖北等地
PG-838 胶粘彩砂厚涂料	耐水　600h 耐碱　200h 耐热　5h 耐紫外线>100h 抗冻　30 次冻融 耐污染　白度值下降≤30% 遮盖力 3~4kg/m^2 pH 值　7~8 稠度　9.9cm	适用于用建筑墙板及水泥砂浆抹面的建筑物外墙装饰	北京等地
84-A 彩色砂外墙涂料	耐水、碱各 1000h 人工老化　400h 抗冻　30 次冻融 遮盖力　3.5kg/m^2 pH 值　7~8	适用于用建筑墙板及水泥砂浆抹面的建筑物外墙装饰	上海等地
SA、SB 砂壁状外墙涂料	耐水　≥2000h 耐洗　≥1500h 耐老化　>500h 附着力　>1.0MPa SA 为无机颜料为着色材料 SB 为天然彩色硅砂为骨料	适用于用建筑墙板及水泥砂浆抹面的建筑物外墙装饰	江苏、浙江等地
AS 不褪色彩砂涂料	耐水　1000h 耐碱　1000h 耐老化　500h 抗冻　50 次循环 黏结强度　1.4MPa	适用于用建筑墙板及水泥砂浆抹面的建筑物外墙装饰	江苏无锡等地
KQ-84 彩砂丙烯酸外墙涂料	耐水　1000h 耐碱　500h 耐老化　500h 抗冻　冻融 50 次 耐污染　白度下降 5% 遮盖力　2.5kg/m^2 黏结强度　1.5MPa	适用于用建筑墙板及水泥砂浆抹面的建筑物外墙装饰	江阴等地

续表

名 称	性 能	用 途	产 地
CJ-4彩砂涂料	耐水 60d 耐碱 30d 耐紫外线 500h 耐洗刷 >1000次 抗冻 25次冻融 人工老化 >500h 黏结强度 1.0~1.3MPa pH值 7~8	适用于各种建筑板材及水泥砂浆抹面的外墙装饰	江苏常州、靖江等地
HG841彩色砂外墙涂料	耐水 1000h 耐酸 1000h 耐碱 1000h 耐洗刷 1000次 耐污染 30次无异常 抗冻 50次冻融	适用于各种建筑板材及水泥砂浆抹面的外墙装饰	四川新津等地
彩釉砂涂料	耐水 1000h 耐碱 1000h 耐洗刷 1000次 耐老化 1000h 抗冻 50次冻融 沉降性 ≤5% 黏附强度 1.07MPa	适用于各种建筑板材及水泥砂浆抹面的外墙装饰	成都等地
彩砂涂料	耐碱 500h 耐老化 100h 耐污染 500h 抗冻 50次冻融 抗冲击 ≥10kg·cm	适用于各种建筑板材及水泥砂浆抹面的外墙装饰	北京等地
彩砂建筑涂料	耐水 1000h 黏结强度 0.8~1MPa 含固量 84%~88%	适用于各种建筑板材及水泥砂浆抹面的外墙装饰	浙江、北京等地
彩色砂粒状外墙涂料	耐水 1000h 耐碱 720h 抗冻 50次冻融 耐污染 白度值下降4.78%	适用于各种建筑板材及水泥砂浆抹面的外墙装饰	北京等地
彩色喷砂涂料	耐水 100h 耐碱 500h 人工老化 500h 耐热 2~80℃,50次 耐污染 白度值下降20.3% 遮盖力 400g/m²	适用于各种建筑板材及水泥砂浆抹面的外墙装饰	北京等地

续表

名　称	性　能	用　途	产　地
丙烯酸砂壁状涂料	耐水　96h 耐碱　48h 耐候　250h 耐洗刷　500次 附着强度　0.7MPa 含固量　82%±3%	适用于各种建筑板材及水泥砂浆抹面的外墙装饰	河北保定等地
珠光彩砂外墙涂料	耐水　>500h 耐碱　>300h 耐酸　>300h 耐老化　1500h 抗冻　30次冻融 耐污染　白度值下降30% 耐热　60℃,8h 附着强度　>0.5MPa	适用于各种建筑板材及水泥砂浆抹面的外墙装饰	江苏启东
丙烯酸厚质彩砂涂料	耐水、碱各　1000h 耐紫外线　50h 耐热　600℃,5h 抗冻　50次冻融 耐污染　4.78% 遮盖力　3.6kg/m² pH值　8~9	适用于各种建筑板材及水泥砂浆抹面的外墙装饰	山东烟台等地
砂壁状外墙涂料	耐水　96h 耐碱　48h 耐洗刷　1000次 人工老化　250h 附着强度　0.5MPa	适用于各种建筑板材及水泥砂浆抹面的外墙装饰	福建三明等地
彩砂涂料	耐水、碱各500h 耐紫外线　1000h 人工老化　1000h 耐热　80℃,5h 抗冻　50次循环 耐污染　30次,白度值下降10% 遮盖力　2.5kg/m²	适用于各种建筑板材及水泥砂浆抹面的外墙装饰	四川等地

复层花纹类外墙涂料品种、性能、用途表　　　　　表 1-17

名　称	性　能	用　途	产　地
无机高分子凹凸状涂料	耐水　98h 耐碱　48h 耐候　250h 耐洗刷　500 次 附着强度　0.7MPa	适用于民用、公共建筑外墙装饰	河北保定
外墙厚涂料	耐水、碱　各 200h 耐热　80℃,2h 耐污染　20 次,反射系数下降 18% 抗冻　20 次冻融 遮盖力　1.3kg/m² pH 值　8	适用于民用、公共建筑外墙装饰	四川自贡等地
PG-838 浮雕漆厚涂料	耐水　1500h 耐紫外线　>100h 耐碱　200h 抗冻　>30 次冻融 耐污染　白度下降≤20% 遮盖力 1.0～1.1kg/m² pH 值　7～8	适用于民用、公共建筑外墙装饰	北京等地
B-841　水溶性丙烯酸浮雕漆	耐水　1 个月 遮盖力 0.5～1.0kg/m² 寿命　10 年	适用于民用、公共建筑外墙装饰	广州等地
B-843 丙烯酸建筑面漆	人工老化　1430h 抗冲击　50kg·cm 黏度　60～90s 遮盖力　150g/m²	适用于民用、公共建筑外墙装饰	广州等地
SB-2 复合凹凸墙面涂料	耐洗刷　1000 次 人工老化　250h 黏结强度　0.7MPa 耐水、耐污染	适用于民用、公共建筑外墙装饰	上海、陕西等地
SB-3 花式墙面无光涂料	抗裂性　在 3m/s 气流下不产生裂纹 透水性　<0.5mm	适用于民用、公共建筑外墙装饰	上海、陕西等地
104 外墙饰面涂料	耐水　1000h 耐紫外线　520h 人工老化　432h 抗冻　25 次冻融	适用于民用、公共建筑外墙装饰	上海、长沙等地
高级喷瓷外墙涂料	耐裂性　4m/s 气流不裂 耐磨　500 次 透水性　<0.5mL 附着力　<1.0MPa	适用于民用、公共建筑外墙装饰	上海等地

续表

名　称	性　能	用　途	产　地
多层花纹外墙涂料	耐水　30d 稳定性　贮6～12个月 耐候、耐污染、保色好	适用于民用、公共建筑外墙装饰	北京等地
苯丙喷塑型建筑涂料	耐水　30d 耐碱　30d 耐酸　30d 耐擦洗　1000次 抗冻　10次冻融 热稳定性　70℃,10次 黏结强度　1.18MPa	适用于民用、公共建筑外墙装饰	成都等地
丙烯酸凸凹乳胶底漆	耐水　96h 耐碱　96h 寿命　10年	适用于民用、公共建筑外墙装饰	天津等地

2．内墙涂料和顶棚涂料的技术性能要求

内墙涂料和顶棚涂料的主要功能是装饰和保护室内墙面和顶棚，使其美观整洁，让人们处于优越的居住环境之中。

为了获得良好的装饰效果，内墙涂料和顶棚涂料应具有如下特点：

a．色彩丰富调和，涂层质地平滑细洁；

b．耐碱性、耐水性、耐粉化性良好；

c．耐洗刷性能良好；

d．防火、防霉、耐沾污性能良好；

e．良好的透气性能；

f．涂刷方便，重涂容易；

g．价格合理。

内墙涂料和顶棚涂料的技术性能指标详见表1-18～表1-21。

合成树脂乳液内墙涂料技术要求　　　　　表1-18

项　目	指　标	
	一等品	合格品
在容器中状态	搅拌混合后无硬块，呈均匀状态	
施工性	刷涂两道无障碍	
涂膜外观	涂膜外观正常	
干燥时间(h)≥	2	
对比率(白色和浅色)≤	0.93	0.90
耐碱性(24h)	无异常	
耐洗刷性(次)≤	300	100
涂料耐冻融性	不变质	

注：摘自GB/T 9756—1995。

水溶性内墙涂料技术要求 表1-19

序号	性能项目	技术要求 Ⅰ类	技术要求 Ⅱ类
1	容器中状态	无结块、沉淀和絮凝	
2	黏度①(s)	30~75	
3	细度(μm)	≤100	
4	遮盖力(g/m^2)	≤300	
5	白度②(%)	≥80	
6	涂膜外观	平整、色泽均匀	
7	附着力(%)	100	
8	耐水性	无脱落、起泡和皱皮	
9	耐干擦性(级)	—	≤1
10	耐洗刷性(次)	≥300	—

注：①《涂料黏度测定法》(GB 1723—93)中涂-4黏度计的测定结果的单位为"s"。
②白度规定只适用于白色涂料。
摘自 JC/T 423—91。

建筑室内用腻子技术要求 表1-20

项目		性能 Y型	性能 N型
在容器中状态		无结块，均匀	
施工性		刮涂无障碍	
干燥时间(表干)(h)		<5	
打磨性(%)		20~80	
耐水性(48h)		—	无异常
耐碱性(24h)		—	无异常
黏结强度(MPa)	标准状态	>0.25	>0.50
	浸水后	—	>0.30
低温贮存稳定性		-5℃冷冻4h，无变化，刮涂无困难	

注：摘自 JG/T 3049—1998。

多彩内墙涂料技术要求 表1-21

试验类别	项目	技术指标
涂料性能	容器中的状态	经搅拌后呈均匀状态，无结块
	黏度(25℃)KUB法	80~100
	不挥发物含量(%)≤	19
	施工性	喷涂无困难
	贮存稳定性(0~30℃)月	6
涂层性能	实干时间(h)≥	24
	涂膜外观	与样本相比，无明显差别
	耐水性(去离子水，23±2℃)	96h不起泡，不掉粉，允许有轻微失光和变色
	耐碱性(饱和氢氧化钙溶液23±2℃)	48h不起泡，不掉粉，允许有轻微失光和变色
	耐洗刷性(次)≤	300

注：摘自 JG/T 3003—1993。

内墙涂料和顶棚涂料的主要品种以及性能、用途、产地见表1-22。

内墙、顶棚涂料品种、性能、用途、产地表　　　　表1-22

名　称	性　能	用　途	产　地
多彩花纹内墙涂料	含固量 22%±3% 涂膜外观与标准样品基本相同 施工性　喷涂方便 表干小于2h,实干小于24h 浸泡于饱和 $Ca(OH)_2$ 水溶液中18h无异常 浸泡于水中48h无异常 耐洗刷 100次 5～30℃贮存期为6个月	适用于宾馆、商场、医院、住宅、剧场、学校等民用与公共建筑的内墙涂饰	上海、北京、四川、河北、江苏、浙江等地
改性106内墙涂料	含固量　30%～40% 黏度　35s～67s 细度　75μm～80μm 遮盖力　3.0N/m² 耐水性　浸水24h,无异常 附着力　100% 耐热性　80℃,5h,无异常 耐擦性　1级	适用于民用及公共建筑的内墙装饰	四川、上海等地
803内墙涂料	遮盖力　2N/m² 耐水性　浸水7d,无异常 附着力　100% 耐热性　80℃,7h,无异常 耐刷洗　500次	可涂刷于混凝土、纸筋石灰、灰泥表面,适合民用及公共建筑的内墙装饰	天津、湖南、湖北等地
F83-1内墙涂料	含固量　35%～45% 耐水性　浸200h无异常	适用于民用及商场、学校等公共建筑的内墙涂饰	上海、天津、湖北等地
JX-1内墙涂料	含固量　34.4% 遮盖力　大于3N/m² 耐热性　80℃,5h,无异常 附着力　100% 耐水性　浸24h,无异常 耐擦洗　100次	适用于民用建筑内墙涂饰	江苏、浙江、安徽等地
801内墙涂料	遮盖力　<3N/m² 耐水性　100h,无异常 附着力　100% 耐热性　80℃,10h,无异常 耐擦洗　大于80次	适用于民用、公共建筑等内外墙涂料装饰	江苏、上海、浙江等地
838内墙涂料	含固量　30%～40% 遮盖力　3.0N/m² 附着力　100% 耐水性　24h,无异常 pH值　8～9	适用于住宅及公共建筑内墙	江苏、浙江、湖南等地

续表

名　称	性　能	用　途	产　地
CJ-2 内墙涂料	遮盖力　3.0N/m² 附着力　100% 耐水性　24h,无异常	适用于民用住宅内墙涂饰	江苏、浙江等地
8406 内墙涂料	含固量　45% 耐水性　24h,无异常 遮盖力　3.0N/m² 耐热性　80℃,8h,无异常 附着力　100% 耐洗刷　往复 300 次 防霉性　20d,0 级 pH 值　7~8	适用于较高级的住宅、公共建筑的内墙装饰	上海、湖南、湖北等地
851 乳胶涂料	含固量　大于 45% 耐水性　96h,无异常 遮盖力　1.4N/m² pH 值　7~8	适用于工业、民用建筑内墙装饰	四川、天津等地
184 彩色滚花涂料	含固量　大于 50% 黏度　20~25s 柔性　≤3μm 细度≤30μm	适用于较高级的室内装饰	四川等地
毛面顶棚涂料	耐水性　24h,无异常 耐干刷　100 次	适用于民用住宅室内顶棚涂饰	云南、四川等地
JGY821 内墙涂料	附着力　100% 耐水性　浸 24h,无异常 遮盖力　2.5N/m² 耐热性　80℃,6h 无异常	适用于住宅内墙涂饰	河南等地
KFT-83 内墙涂料	含固量 32% 遮盖力　≤3N/m² 附着力　100% 耐水性　浸 24h,无异常 pH 值　8~9 耐热性　85℃,5h,无异常	适用于工业与民用建筑内墙	云南、四川等地
中建 82 型耐擦洗涂料	含固量　35% 耐水性　浸水 7h。无异常 遮盖力　<2N/m² 附着力　100% 耐擦洗　>500 次 pH 值　10~14	适用于住宅及公共建筑的内墙涂饰	湖南等地

续表

名　称	性　能	用　途	产　地
XC-08-1 尼龙涂料	附着力　100% 耐水性　淋水 24h,无异常 遮盖力　≤2N/m² 耐热性　80℃,12h,无异常	适用于较高级住宅、商店的室内涂饰	陕西、河南等地
华大牌内墙涂料	遮盖力　2.5N/m² 耐水性　浸 7d,无异常 附着力　100% 耐酸性　5%Hcl,7d,无异常 耐碱性　饱和 Ca(OH)$_2$,7d,无异常	适用于住宅内墙涂饰	北京等地
XM 乙酸乙烯无光乳胶漆	含固量　45% pH 值　8~9 遮盖力　2N/m²	适用于民用住宅室内涂饰	北京等地
X12-71 乙酸乙烯无光乳胶漆	含固量　45% pH 值　8~9 遮盖力　1.5N/m² 黏度　18~30s 光泽　≤10	适用于较高级室内墙面涂饰	北京等地
膨胀珍珠岩喷浆涂料(粗质感涂料)	含固量　>40% 耐水性　1.5h,无异常 附着力　11.14N/cm² 耐热性　96℃±2℃,7h,无异常 黏度　245s	适用于剧场、宾馆会议室顶棚的涂饰	北京等地
聚醋酸乙烯乳胶涂料(能在稍湿的基层上施工)	含固量　45% 遮盖力　<2.5N/m² 附着力　100% pH 值　7~8	适用于民用及公共建筑内墙涂饰	贵州、四川等地
金城牌膨胀珍珠岩喷浆涂料(质感强)	含固量　>40% 密度　0.86g/cm² 黏结强度　11.14N/cm²	适用于客房、走廊、办公室、会议室及民用住宅的天花板涂饰	兰州等地
X08-1 聚醋酸乙烯乳胶漆	含固量　>45% 遮盖力　<1.7N/m² 附着力　≤2 级 耐水　浸 48h,无异常 pH 值　7~8	适用于公共建筑内墙涂饰	
470 乳胶漆	含固量　53% 遮盖力　2.2N/m² 黏度　15~30s	适用于要求较高的内墙涂饰	广州等地

续表

名　称	性　能	用　途	产　地
X8265 平光乳胶漆	含固量　≥53% 耐水性　24h,无异常 pH值　8～9 能在稍湿的基面施工	适用于住宅及公共建筑内墙涂饰	
聚醋酸乙烯内墙涂料	冲击强度　50J/cm^2 遮盖力　1.5～2.5N/m^2 附着力　100% 耐热　80℃,5h,无异常 耐水　91h,无异常 pH值　7～8	适用于民用与公共建筑内墙涂饰	
JQ-831 耐擦洗内墙涂料	抗冲击性　>25J/cm^2 耐紫外线　1000W,50h,无异常 耐碱性　200h,无异常 pH值　<10	适用于民用及公共建筑内墙涂饰	
206 内墙涂料（氯-偏共聚乳液）	耐水、耐碱、耐化学腐蚀 对各种气体、蒸汽有极低的透过性 可在稍潮湿的基面上施工	适用于工业、民用、公共建筑内墙涂饰	上海南汇防水涂料厂 天津建筑涂料厂等
RT-171 防水内墙涂料	含固量　≥45% 耐水　浸 28d,无异常 附着力　100% 耐碱　浸 Ca(OH)$_2$,28d,无异常 耐酸　浸 Hcl,28d,无异常 燃烧性　自熄 耐磨、光洁	适用于工业、民用、公共建筑内墙涂饰	天津、上海等地
过氯乙烯内墙涂料	黏度　70～100s 流平性　无刷痕 遮盖力　≤2.5N/m^2 附着力　100% 抗冲击　150J/cm^2 耐水、耐老化	适用于建筑物内墙涂饰	
苯丙有光乳胶漆	耐擦洗 漆膜光亮	适用于建筑物内墙涂饰	北　京
丙烯酸内墙涂料	耐水　浸 30d,无异常 耐洗　2000 次 耐酸、碱	适用于建筑物内墙	北　京
苯乙烯—丙烯酸酯乳胶漆	光泽　60°角有光 80%,半光≥15% 耐水　96h,无异常 耐洗刷性　1000 次 耐污染	适用于建筑物内墙涂饰	上海等地

续表

名　称	性　能	用　途	产　地
LT-1 有光乳胶涂料	光泽　75%～85% 冲击强度　200J/cm^2 遮盖力　<1N/m^2 柔韧性　1mm pH值　8.8～9.5 不燃、有保光性,室外耐久性好,能在略潮湿的表面上施工	适用于建筑物内墙涂饰	上海化工部涂料工业研究所等地
LT-2 有光乳胶涂料	光泽　70%～87% 附着力　2级 人工老化　600h,无异常 冻融　5周期,无异常 冲击强度　50J/cm^2 pH值　8.5～9.5 柔韧性　1mm 能在略湿基面上施工	适用于建筑物内墙涂饰	化工部涂料工业研究所
LT-3 苯丙乳胶涂料	耐水　90h,不变化 耐碱　>48h 保光、保色 耐久,抗污染	适用于建筑物内墙涂饰	四川、河北、上海、湖北等地
8201-4 苯丙内墙乳胶漆	遮盖力　≤2N/m^2 耐水性　96h,无异常 光泽　≤10% 耐碱　48h,无异常	适用于建筑物内墙涂饰	江　苏
B-842 水性丙烯酸有光乳胶漆	耐水　4个月 洗刷　300次,微小变化 pH值　7.5～8.5	适用于建筑物内墙涂饰	广　州
苯丙乳胶涂料	含固量　45% 附着力　100% 洗涤性　1000次	适用于建筑物内墙涂饰	贵州、湖南等地
RB-01 苯丙乳胶涂料	耐水　96h,无异常 涂刷性　平整、光滑 pH值　9～9.5 耐久、耐碱、耐擦洗	适用于建筑物内墙涂饰	云南等地
苯丙无光内用乳胶漆	耐久性　三年不脱落、不开裂 光泽　0.1 冻融　5周期,无异常 pH值　7～10	适用于建筑物内墙涂饰	西北等地

续表

名 称	性 能	用 途	产 地
苯丙平光内用乳胶漆	柔韧性　1mm 冲击强度　50J/cm² 耐水性　96h,无异常 光泽　≤0.1 耐碱　浸泡和Ca(OH)$_2$,48h	适用于建筑物内墙涂饰	黑龙江等地
苯乙烯涂料	黏度　80s~92s 耐热　70~80℃,5h,无异常 防腐、耐久、耐酸碱,漆膜光亮	适用于建筑物内墙涂饰	四川等地
812建筑涂料	黏结力强 漆膜光亮 防火 耐酸碱	适用于建筑物内墙涂饰	江苏等地
SJ内墙滚花涂料	耐水性　2000h　无异常 耐碱　1500h 耐洗　1000次	适用于建筑物内墙涂饰	
丙烯酸乳液涂料	耐水　500h,无异常 洗涤性　300次 遮盖力　2N/m² 附着力　100% pH值　8~9	适用于建筑物内墙涂饰	山东等地
PG838滚花涂料	防霉性　不霉 耐水性　200h,无异常 耐擦洗　100次	适用于建筑物内墙涂饰	北京等地
ST内墙涂料	含固量　34.5% 遮盖力　2.5N/m² 耐磨、抗冻、耐热、耐湿	适用于建筑物内墙涂饰	天津等地
PG-838内墙可擦洗涂料	抗冲击　50J/cm² 耐碱性　200h,无异常 结膜硬度　6H pH值　8 白度　90.8%	适用于建筑物内墙涂饰	北京等地
JQ-831,JQ-841耐擦洗内墙涂料	耐水性　500h,无异常 耐擦洗性　250次~1000次 耐碱性　饱和Ca(OH)$_2$,200h无异常 pH值　7~7.5	适用于建筑物内墙涂饰	北京等地
丙烯酸滚花涂料	遮盖力　<1.2N/m² 耐水性　24h,无异常 附着力　2级 pH值　8~9	适用于建筑物内墙涂饰	天津等地

续表

名　称	性　能	用　途	产　地
白色平光乳胶漆	透气性好,遮盖力强,耐洗刷	适用于建筑物内墙涂饰	北京等地
8101-1 内外墙涂料	光泽　≤20% 耐水性　浸水 96h,板面破坏 5% 耐候	适用于建筑物内墙涂饰	江苏等地
8101-5 内墙乳胶漆	光泽　≤0.20 耐候	适用于建筑物内墙涂饰	江苏等地
乙乙乳液彩色内墙涂料	耐水　浸水　7d,无异常 附着力　100% 遮盖力　$3N/m^2$ pH 值　10～11	适用建筑物内墙涂饰	北京等地
乙-丙内墙涂料	耐水　浸 96h,板面破坏＜5% 遮盖力　$≤1.7N/m^2$ 耐久、保色、不燃	适用建筑物内墙涂饰	北京等地
高耐磨内墙涂料	遮盖力　$≤1N/m^2$ 黏度　40～50s pH 值　8～9 耐磨、有融变性	适用建筑物内墙涂饰	北京等地
FN-841 内墙涂料	附着力　100% 耐水　浸 48h,无异常 耐热　80℃,8h,无异常 不燃、不沉淀、不起泡、耐磨、耐冲洗 能在较湿墙面上施工	适用于建筑物内墙涂饰	陕西等地
TJ-841 内墙装饰涂料	遮盖力　＜$25g/m^2$ 附着力　100% 防潮、防火、耐擦洗、有吸收和散射光线的能力,能在较潮湿的基层上施工	适用于建筑物内墙涂饰	陕西等地
乳胶漆内墙涂料	遮盖力　$250g/m^2$ 耐水　24h,无异常 耐刷洗　200 次 能在稍潮湿基层上施工	适用于建筑物内墙涂饰	上海、深圳等地
SB-1 内墙喷涂涂料	耐水　浸水 10d,无异常 耐洗刷性　＞500 次 附着力　100%	适用于建筑物内墙涂饰	陕西等地
X08-10 涂料	耐水　48h,无异常 耐热　100℃,5h,无异常 耐擦洗　＞100 次 柔韧性　1mm	适用于建筑物内墙涂饰	

续表

名　称	性　能	用　途	产　地
854NW涂料	耐水　浸720h,无异常 耐热　100±2℃,6~10h,无异常 耐擦洗　60~80次 硬度　>6H 耐紫外线　75次/h pH值　8~10	适用于建筑物内墙涂饰	湖北等地
毛面顶棚涂料	耐水　24h,无异常 耐碱　24h,无异常 耐干刷性　100次	适用于建筑物内墙涂饰	北京等地
LP-81内墙涂料	耐洗刷性　80~150次 耐水　96h,无异常 冲击强度≥25kg·cm 硬度　0.28 pH值　7	适用于建筑物内墙涂饰	四川等地
X08-Ⅰ-Ⅱ内墙涂料	含固量　45% 遮盖力　170g/m^2 附着力　3级 耐水　浸96h,无异常 不燃、耐候、抗水、耐久	适用于建筑物内墙涂饰	四川等地
JRN84-1耐擦洗内墙无机涂料	含固量　30%~40% 耐　水　7d,无异常 耐擦洗　300次 耐碱性　7d,无异常 耐酸性　7d,无异常 硬　度　6H 耐高温　600℃,2h,无异常 耐紫外线　100W,200h,无异常 耐老化、不燃、耐污染	适用于建筑物内墙涂饰	北京、山东等地
JH80-3耐擦洗涂料	耐　水　浸7d,无异常 耐擦洗　300次 可燃性　800℃ 耐污染　300次 pH值　8~10	适用于建筑物内墙涂饰	北京等地
KH2-1轻质建筑涂料 KH2-2轻质建筑涂料	耐　水　浸500h,无异常 耐　碱　Ca(OH)$_2$中500h,无异常 抗冻　30次循环,无异常 耐洗刷　1000次	适用于建筑物内墙涂饰	河北等地

续表

名 称	性 能	用 途	产 地
HT-2毛面顶棚涂料	黏度 69～142s 洗刷性 250～300次 耐水 浸48h,无异常	适于建筑物室内顶棚涂饰	天津等地
TJT室内顶棚涂料	耐热性 80±2℃,7h,无异常,有折光,吸声,黏结力强	适于建筑物室内顶棚涂饰	天津等地
天花板涂料	无毒、无味 黏结力强,吸音性好	适于建筑物室内顶棚涂饰	武 汉
C-3毛面顶棚涂料	含固量 40% 黏度 40～140s 遮盖力 $1N/m^2$ 附着力 100% 耐水 浸48h,无异常 耐干刷 250次 不吸声,不扩声	适于建筑物室内顶棚涂饰	
水性无机高分子平面状涂料	耐水 96h,无异常 耐碱 48h,无异常 耐洗刷 300次 附着强度 $0.7N/mm^2$	适于建筑物内墙涂饰	

门窗细木饰件常用建筑油漆的性能与用途见表1-23。

门窗细木饰件常用建筑油漆的性能与用途　　　　表1-23

类别	型号	名称	曾用名称	性能	用途
油脂漆类	Y00-1 Y00-2 Y00-3	清油	熟油、鱼油熟亚麻油、520清油、阿立夫油、混合清油、氧化清油	颜色浅,酸值低,比未经熬炼的植物油干燥快。涂膜能长期保持柔韧性,但易发粘。其中Y00-2干燥较快,调制白漆不易泛黄。Y00-3质量不如Y00-1	做木质门窗或细木饰件的底油,也可用来调配使用量为$60g/m^2$厚漆和红丹防锈漆
	Y00-7	清油	熟桐油、光油、全油性清漆、填面油	较其他干性油干燥快,光泽好,涂膜坚韧,耐磨耐水,保光性和耐候性与一般清油接近,但涂刷性不如Y00-1。不宜与碱性颜料混用或调制红丹漆	与体质颜料混合调制腻子或调配厚漆,也可供细木饰件罩光用
	Y00-8	聚合清油	调漆油、经济清油、103清油、混合鱼油	颜色较浅,由于内含溶剂,质量不如一般清油,涂膜干后仍软	用于调稀厚漆和油性调和漆,以改进其耐久性,作木质金属门窗的底油,具有防水、防腐、防锈作用,使用量90～$120g/m^2$

续表

类别	型号	名称	曾用名称	性能	用途
油脂漆类	Y00-9	清油	506填面油	干燥性比一般植物油快,光泽高,粘度大	专供施工单位在现场自配油性腻子用
	Y02-1	各色厚漆	铅油、甲乙级各色厚漆浅灰、深灰、铅绿、蓝灰、瓦灰、3K等厚漆	涂膜软,干燥慢,在湿热气候不易发粘,属最低级建筑涂料	做木质金属门窗细木饰件的底漆,也可作要求不高的建筑工程涂装 有光面漆 厚漆:清油=60～80:40～20 平光底漆 厚漆:松香水(或溶剂汽油)=70～80:30～20
	Y02-2	锌白厚漆	M00锌白厚漆、M0锌白厚漆	涂膜较软,遮盖力比一般厚漆好,不易粉化,耐候性较白厚漆好	作用及用途同Y02-1
	Y03-1	各色油性调和漆	油性船舱漆	耐候性比酯胶调和漆好,不易粉化龟裂,但干燥时间较长,涂膜较软	作室内外木质、金属门窗及细木饰件、木质檐板的低级涂装。使用量白色80～100g/m²,其他色60～70g/m²
	Y085-1	各色油性调色漆	贡黄调色漆、贡蓝调色漆	色彩鲜艳,着色力强,遮盖力好	作各种油基漆调配颜色用
天然树脂漆	T01-1	酯胶清漆	清凡立水镜底漆102	涂膜光亮,耐水性较好,但次于酚醛清漆,有一定的耐候性	室内外木质门窗涂饰及金属饰件的罩光
	T01-18	虫胶清漆	虫胶酒精涂料	涂膜平滑均匀,有光泽,干燥快,附着力好	作室内细木饰件打底及封闭层或高级建筑室内细木饰件的涂装,也可做已涂油基清漆细木饰件的再度上光
	T09-3	油基大漆	209透明金漆	涂膜光亮,能透出底面颜色及木纹,附着力强、耐久、耐候、耐水、耐烫性好,可加颜料调成色漆	室内外门窗、细木饰件的透明或不透明涂装
	T80-1	钙脂地板漆	地板清漆	涂膜平滑光亮,耐摩擦,有一定耐水性	室内楼梯、扶栏等细木饰件的涂装,使用量40～50g/m²
	T03-1	各色酯胶调和漆	磁性调和漆	干燥性和涂膜硬度都比油性调和漆好	适宜作普通室内外细木饰件,木质、金属门窗及木质檐板的涂饰 使用量: 白色70～80g/m² 其他色60～70g/m²

续表

类别	型号	名称	曾用名称	性能	用途
天然树脂漆	T03-3	各色钙脂调和漆	大红酚醛内用磁漆	干燥速度快,涂膜平整光滑,但耐候性差	只宜作室内门窗、细木饰件及金属部位的涂饰,使用量同T03-1
	T03-4	各色酯胶半光调和漆	草绿酯胶半光调和漆	半光、价廉、施工方便	一般建筑室内门窗及细木饰件的涂装
天然油脂漆	T04-1	各色酯胶磁漆	887甲紫红货舱漆、镜子漆	涂膜坚韧光亮,有一定耐水性,光泽和干燥性都比T03-1调和漆好,对金属附着力较好	作室内细木饰件、门及金属木质窗户的内部涂饰,使用量:白、灰色70g/m²;深色为60g/m²
	T04-12	白、浅色酯胶磁漆	特酯胶磁漆、白万能漆	光泽好、涂膜坚韧、不易泛黄、附着力强,质量与酚醛磁漆接近,但耐候性比醇酸磁漆差	室内外门窗、细木饰件及木质檐板的涂装
	T04-14	钙脂窗纱磁漆	窗纱绿漆	染纱量大、经济、干燥快、附着力强、挤接性低、不糊纱眼	用于铁丝纱窗的涂饰保护
	T04-16	各色酯胶磁漆	快干磁漆、白内用磁漆	干燥较快、涂膜光泽好,颜色比较鲜艳,但涂膜性脆,耐候性差	只宜作室内细木饰件及门窗的涂饰,使用量60~80g/m²
酚醛树脂漆	F01-1	酚醛清漆	水砂纸浆405酚醛清漆	耐水性比酯胶清漆好,但易泛黄	室内外门窗和细木饰件的涂装或其油性色漆面上的罩光用,使用量40g/m²
	F01-2	酚醛清漆	411清漆、224普通清漆、特酯胶清漆	比F01-1酚醛清漆干燥稍快,硬度稍高,但耐气候性略差。涂膜能耐沸水杯烫而不发粘	用途同F01-1,使用量40g/m²
	F01-14	酚醛清漆	916清漆、硬酯酚醛清漆、家具清漆	干燥较快,涂膜光亮,坚硬耐水,但较脆易返黄	室内不常碰撞的细木饰件涂饰罩光使用量40g/m²
	F01-18	酚醛多烯清漆	两用清漆	涂膜坚韧,抗水性较强,干燥性比F01-1稍差	用于房屋木质金属门窗的涂饰,及加清油后调和厚漆和红丹粉
	F03-1	各色酚醛调和漆	磁性调和漆、磁性调和色漆	涂膜光亮,色彩鲜艳,有一定的耐候性,但比F04-1稍差	普通建筑室内外金属木质门窗、细木饰件及木质檐板等
	F04-1	各色酚醛磁漆	特酯胶磁漆、751银粉、铝粉酚醛磁漆	涂膜附着力优良,光泽好,色彩鲜艳,耐候性较醇酸磁漆差	用途同F03-1,但效果较F03-1好

续表

类别	型号	名称	曾用名称	性能	用途
酚醛树脂漆	F04-10	各色酚醛半光磁漆		有较好附着力,光度柔和饱满	室内门窗及细木饰件的涂饰
	F04-12	各色酚醛窗纱磁漆	酚醛窗纱漆、铁丝布漆	干燥较快,耐水性及附着力较好	用于铁丝窗纱的涂饰
	F04-13	各色酚醛内用磁漆	内用酚醛磁漆、内用磁漆	干燥较快,涂膜光亮,色彩鲜艳	用于室内木质、金属门窗和室内细木饰件的涂饰
	F04-15	各色酚醛磁漆		光泽好,色彩鲜艳,耐水性良好	用于室内外木质、金属门窗、细木饰件及木质檐板等,使用量 60g/m^2
醇酸树脂漆	C01-1	醇酸清漆		附着力和耐久性比酯胶清漆和酚醛清漆都好,但耐水性次于酚醛清漆,喷刷都适宜	室内外金属、木质门窗及细木饰件、木质檐板等表面的涂装
	C01-5	醇酸清漆		干燥迅速,漆膜光亮,不易起皱,有一定的保光、保色性,耐水性较C01-1好,但柔韧性较差	用途同C01-1,使用量40～50g/m^2
	C03-1	各色醇酸酯胶调和漆		可节省植物油,质量性能较酯胶调和漆稍好	供一般建筑室内外金属木质门窗及细木饰件、木质檐板等涂装
	C04-2	各色醇酸磁漆	3131 铝粉醇酸磁漆、银粉耐热醇酸磁漆	见"室外金属常用油漆"的C04-2	高级建筑室内外金属、门窗及细木饰件、木质檐板的涂装,使用量60～80g/m^2
	C04-44	各色醇酸半光磁漆		涂膜光泽柔和、坚韧,附着力好,室外耐久性也较好。不宜用在湿热带	用于室内金属、木质门窗及细木饰件、木质檐板的涂装
	C04-48	各色醇酸磁漆	753 酚醛醇酸铝粉漆	涂膜坚韧光亮,颜色鲜艳,耐油、耐汽油、耐热、耐气候性好,并有一定耐水性,对金属附着力优良	用于高级建筑室内外金属、木质门窗及细木饰件、木质檐板的涂装
硝基漆	Q01-1	硝基外用清漆	外用硝基清漆	涂膜具有良好的光泽和耐久性	作高级建筑室外门窗、细木饰件的涂饰或罩光用,使用量50～70g/m^2

续表

类别	型号	名称	曾用名称	性能	用途
硝基漆	Q01-15	硝基内用清漆	内用硝基清漆	涂膜干燥快,光泽好,但户外耐久性差	作高级建筑室内门窗、细木饰件的涂装或罩光用 使用量150~200g/m²
	Q22-1	硝基木器清漆	甲级清喷漆木器腊克	涂膜光泽好,可用砂蜡光蜡打磨,木纹清晰,但耐候性较差	作高级建筑室内的门窗栏杆、扶手等细木饰件的涂装,使用量60~100g/m²
过氯乙烯漆	G01-7	过氯乙烯清漆		涂膜光泽高,干燥快,打磨性好,丰满度较好	室内木器及细木饰件的涂装或罩光用
	G22-1	过氯乙烯木器漆	9030过氯乙烯清漆	干燥较快,耐水,保光性好,耐寒性也较好,涂膜较硬,可打蜡抛光	用途同G01-7
乙烯漆	X01-9	多烯清漆	合成油	涂膜坚韧,耐水,防腐性好	可涂装普通建筑的门窗
	X43-1	各色苯乙烯船壳漆	402-2苯乙烯木船漆	干燥快,附着力强,并有防锈、耐盐水和耐化学药品侵蚀的性能	可作普通建筑的门窗涂装
	X03-1	各色多烯调和漆	聚多烯调和漆(室内用)	性能与普通调和漆相似,光泽、附着力良好	可作室内金属、木质门窗、细木饰件的涂装
	X04-7	各色多烯磁漆	聚多烯磁漆	见"室外金属常用油漆"的X04-7	可作室内外金属、木质门窗、细木饰件及木质檐板等的涂装
丙烯酸漆	B22-1	丙烯酸木器漆	丙烯酸聚酯木器漆高级木器漆	涂膜丰满,光泽好,经抛光打蜡后平滑如镜,经久不变。耐寒、耐热、耐温变性良好,涂膜坚强,附着力强,耐冲击能力高,施工较硝基漆简便	适宜高级建筑室内细木饰件及其他木制品的高级装修
	B22-3	丙烯酸木器漆	聚丙烯酸酯清漆	涂膜色浅,硬度大,耐水,耐温,不易变色,附着力好	作室内细木饰件及其他木制品的涂装
	B22-5	丙烯酸木器漆		漆膜丰满光亮,耐水、耐热、耐磨、耐油、可抛光打蜡,施工方便	高档木器家具及细木装饰表面涂刷

内墙常用建筑油漆的性能与用途见表1-24。

内墙常用建筑油漆的性能与用途　　　　　　表1-24

类别	型号	名称	曾用名称	性能	用途
油脂漆	Y00-1 Y00-2 Y00-3	清油	熟油鱼油、熟亚麻油、520清油、阿立夫油、混合清油、氧化清油	同表1-23Y00-1、Y00-2、Y00-3	作室内抹灰墙面涂刷无光油性调和漆或一般调和漆时的底漆用

续表

类别	型号	名称	曾用名称	性能	用途
油脂漆	Y02-1	各色厚漆	铅油、甲乙级各色厚漆浅灰、深灰、铅绿等厚漆	同表1-23 Y02-1	作室内抹灰墙面涂刷无光油性调和漆或一般调和漆时的中间涂层用
	Y03-1	各色油性调和漆	油性船舱漆	同表1-23 Y03-1	室内墙壁或板壁的涂装
	Y03-2	各色油性无光调和漆	平光调和漆	色彩柔和，涂膜较耐久，能耐一般水洗擦，不能用于室外	用于医院、学校、办公室、卧室、走廊等室内的墙壁
天然树脂漆	T03-2	各色酯胶无光调和漆	各色磁性平光调和漆	色彩鲜明，光泽柔和，能耐水洗	作普通建筑室内墙面的涂饰，使用量：白色70～80g/m²，其他色60～70g/m²
	T03-4	各色酯胶半光调和漆	草绿酯胶半光调和漆	半光，价廉，施工方便	适宜作室内墙面涂饰，使用量60g/m²
酚醛树脂漆	F04-9	各色酚醛无光磁漆		具有良好的附着力，但耐候性较醇酸无光磁漆差	各类室内墙面或板壁的涂饰，使用量50～70g/m²
	F04-10	各色酚醛半光磁漆		具有良好的附着力，但耐候性较醇酸半光磁漆差	用途F04-9，使用量60～70g/m²
醇酸树脂漆	C04-43	各色醇酸无光磁漆	平光醇酸磁漆、白平光醇酸磁漆	涂膜平整无光，耐久性比酚醛无光磁漆好，比C04-2醇酸磁漆差，但耐水性比C04-2好	用于各类室内墙面或板壁的涂饰，使用量70～90g/m²
	C04-44	各色醇酸半光磁漆		见表1-23中C04-44	用途同上，使用量60～90g/m²
过氯乙烯漆	G04-16	各色过氯乙烯磁漆		透气性好，耐化学腐蚀，干燥快，光泽柔和	适用建筑工程中需防化学腐蚀的室内墙壁
乙烯漆	X08-1	各色乙酸乙烯乳胶漆		干燥较快，涂刷方便，无有机溶剂刺激气味，涂膜能经受皂水洗涤，可在略潮的水泥表面施工	可作混凝土、抹灰、木质墙面的内墙涂料
	X03-1	各色多烯调和漆	聚多烯调和漆（室内用）	见表1-23	可作室内水泥抹灰墙面或板壁的涂装

续表

类别	型号	名称	曾用名称	性能	用途
乙烯漆	X03-2	各色多烯无光调和漆	聚多烯平光调和漆	涂膜干燥较快、无光、附着力好	可作室内水泥抹灰墙面或板壁的涂抹
聚氨酯漆		湿固化型聚氨酯漆		涂膜能在潮湿环境中固化，具有良好的耐油防腐性	用于抹灰墙面中有潮湿部分的隔层涂料（将此涂料涂于潮湿部位，再在上面涂饰面漆），也可作潮湿环境中的防腐涂层

3．地面涂料的技术性能要求

地面涂料的主要功能是对室内地面的装饰及保护，使其与室内墙面、顶棚以及其他布置环境相对应，给居住者优雅舒适的生活感。

适用于水泥砂浆基底的地面涂料应满足如下要求：

a．具有良好的耐碱性；

b．具有良好的耐水性；

c．与水泥砂浆有良好的粘结性能；

d．良好的耐磨性和抗冲击性能；

e．涂刷施工方便，重涂容易；

f．价格合理。

地面涂料的技术性能指标见表 1-25；主要品种以及性能、用途、产地见表 1-26。

水泥地板用漆技术指标　　　　表 1-25

项目	指标	
	Ⅰ 型	Ⅱ 型
容器中状态	搅拌后无硬块	
刷涂性	刷涂后无刷痕，对底材无影响	
漆膜颜色及外观	漆膜平整，光滑	
黏度(s)	30～70	
细度(μm)≯	30	40
干燥时间(h)不大于 表干	1	6
实干	4	24
硬度,≮	B	2B
附着力(级)≯	0	
遮盖力,(g/m^2)≯	70	
耐水性(Ⅰ型48h,Ⅱ型24h)	不起泡 不脱落	
耐磨性,(g)≯	0.030	0.040
耐洗刷性(次)≮	10000	

Ⅰ型：聚氨酯漆类

Ⅱ型：酚醛漆类，环氧漆类

注：摘自 HG/T 2004—1991。

地面涂料的品种、性能、用途、产地表　　　　　表1-26

名称	性能	用途	产地
777型水性地面涂层材料	耐水　7d 耐磨　0.006g/cm² 耐热　100℃,1h 抗冲击　50.0J/cm² 黏结强度　0.25MPa	适用于室内混凝土、水泥地面装饰	上海、四川、长沙、南京、北京等地
HC-1地面涂料	耐水　72h 耐热　100℃,4h 耐磨　<0.01g/cm² 抗冲击　50J/cm² 黏结强度　>3MPa 贮存期　180d	适用于室内混凝土、水泥地面装饰	福建、深圳、呼和浩特、沈阳、贵阳、武汉等地
B04地板涂料	耐磨　失重0.049 不透水　15d 抗冲击　50J/cm² 黏度　80s~90s	适用于室内混凝土、水泥地面装饰	湖南洞口等地
H80环氧地面涂料	抗冲击　50J/cm² 附着力　1级 弹性　1mm 耐腐蚀性好、耐磨、耐油、耐水、耐热、不起尘	适用于室内混凝土、水泥地面装饰	北京等地
F80-31酚醛地板漆	耐水　24h 耐磨、坚韧、光滑 遮盖力　80g/m² 黏度　70s~100s 硬度　0.2	适用于室内混凝土、水泥地面装饰	北京等地
S-700聚氨酯弹性地面涂料	耐热、耐水、耐油、耐化学腐蚀、流平性好、强度高、耐久	适用于室内混凝土、水泥地面装饰	北京等地
BT-02地面涂料	耐水　30d 耐磨　300次 耐热　80℃,5h 光泽度　3.5~5.5 遮盖力　100g/m²~250g/m²	适用于室内混凝土、水泥地面装饰	北京等地
505地面涂料(华厦牌)	耐火　96h 耐热　85℃,1h 耐磨　<0.01g 抗冲击　50J/cm² 遮盖力　150g/m²	适用于室内混凝土、水泥地面装饰	湖南等地

续表

名　　称	性　　能	用　途	产　地
BS-707 地面涂料	耐磨　500g,1000 转,失重 0.0134g 耐热性　80℃ 黏结强度　1.6MPa	适用于室内混凝土、水泥地面装饰	天津等地
RT-170 地面涂料	耐水　70d 耐热　100℃ 耐磨　≤0.006g/cm^2,1000 次 含固量　≥45%	适用于室内混凝土、水泥地面装饰	天津、上海等地
T80-1 酚醛地板漆	抗冲击　50J/cm^2 光泽度　85% 遮盖力　50g/m^2 防潮、耐磨	适用于室内混凝土、水泥地面装饰	石家庄等地
CHS-1 地板乳胶	黏结力　1.5MPa 耐水、耐热、耐磨	适用于室内混凝土、水泥地面装饰	重庆等地
S20-31 聚氨脂地板漆	耐水　48h 抗冲击　≥50J/cm^2 光泽度　≥90% 耐磨、防腐	适用于室内混凝土、水泥地面装饰	广州等地
PY-20 地板涂料	耐水　7d 耐磨　500 次 耐热　100℃,12h 耐紫外线　20h	适用于室内混凝土、水泥地面装饰	西安等地
8202-2 乳胶地板漆	耐水　96h 耐碱　96h 抗冲击强度　≥50J/cm^2 柔韧性　≤1mm 遮盖力　<90g/m^2 表干≤2h,实干≤24h	适用于室内混凝土、水泥地面装饰	苏州新型建筑涂料厂
汇丽牌水晶地板漆	抗冲击强度　5MPa 光泽　>95% 柔韧性　1mm 表干≤4h,实干≤16h	适用于室内混凝土、水泥地面装饰	上海汇丽集团公司
天祥牌 902 抗静电地面涂料	耐水　7d 耐磨　<0.06g/r 黏结强度　>1.2MPa	适用于要求抗静电的地面装饰	南　京
望云山牌 KCM 高级防水耐磨涂料	耐热水　80℃±5℃　400h 耐高温　130℃,100h 耐碱　1N NaOH 浸半年 耐水渗透　1.5MPa 抗冲击强度　5MPa 耐磨　500 次 500g 加荷<3mg 　表干 2~4h,实干 4h~8h 阻燃性　隧道燃烧法 FSR=25.4	适用于木地板、水泥地板、船舶甲板、化工管道等	浙江永康市

续表

名称	性能	用途	产地
KCM高级防水耐磨漆	耐热水 80℃±5℃ 400h 耐高温 130℃,100h 耐碱 1N NaOH浸半年 耐水渗透 1.5MPa 抗冲击强度 5MPa 耐磨 500次 500g加荷<3mg 表干2~4h,实干4h~8h 阻燃性 隧道燃烧法 FSR=25.4	适用于木地板、水泥地板、船舶甲板、化工管道等	华东勘察设计院科研实验室
KI系列水泥地面装饰涂料	耐水 240h 耐油 240h 耐碱 240h 耐热 80℃,6h 耐磨 ≤0.06g 抗冲击 5.0MPa 耐燃 不燃自熄 表干≤30min,实干≤60min 遮盖力 100g/m² 贮存稳定性 1年	适用于混凝土、水泥地面装饰	天津市建材科研所
MD-206水性彩色耐磨地面防滑涂料	耐水 7d 耐碱 48h 耐磨 0.0042g 表干25min,实干3h 遮盖力 115g/m² 黏结强度 ≥25kg/cm²	适用于混凝土、水泥地面装饰	上海闵行涂料厂
彩色地面涂料	耐水 72h 耐热 80℃,8h 抗冲击 40J/cm² 光泽度 <80% 遮盖力 120g/m²	适用于混凝土、水泥地面装饰	山东烟台等地
苯丙地面涂料	耐水 900h 耐热 50~80℃,30次循环 抗冲击 ≥50kg·cm 黏度 30s	适用于混凝土、水泥地面装饰	沈阳等地
过氧乙烯地面涂料	抗冲击 50J/cm² 粘度 40~120s 遮盖力 130g/m² 防潮	适用于混凝土、水泥地面装饰	成都等地

名称	性能	用途	产地
多功能聚氨酯弹性彩色地面涂料	耐磨性 0.1～0.15 耐蚀性 90d 耐撕力 6～7MPa 抗裂强度 5MPa 黏结强度 4MPa 防腐、绝缘性良好	适用于混凝土、水泥地面装饰	北京等地
过氯乙烯地面涂料	耐磨 <0.03g 抗冲击 >35J/cm^2 遮盖力 ≤300g/m^2	适用于混凝土、水泥地面装饰	上海、石家庄、成都等地
氯-偏共聚液地面涂料	无味、快干、易施工 涂层坚固 防霉、防潮 耐磨、耐酸、耐碱 使用时不得加水和有机溶剂	适用于混凝土、水泥地面装饰	上海、石家庄、成都等地
苯丙地面涂料	耐水 1000h 耐碱 1000h 耐酸 300h 耐热 80℃,8h 黏结强度 1.3MPa 耐洗刷、干燥快、不燃	适用于混凝土、水泥地面装饰	山东、苏州、北京、沈阳等地

4.建筑特种涂料的技术性能要求

建筑防水涂料的技术性能指标见表1-27～表1-30,主要品种、性能、用途见表1-31。

水性沥青基防水涂料技术要求 表1-27

项目		质量指标			
		AE-1类		AE-2类	
		一等品	合格品	一等品	合格品
外观		搅拌后为黑色或黑灰色均质膏体或粘稠体,搅匀后分散在水溶液中无沥青丝	搅拌后为黑色或黑灰色均质膏体或粘稠体,搅匀后分散在水溶液中无明显沥青丝	搅拌后为黑色或蓝褐色均质液体,搅拌棒上不粘附任何颗粒	搅拌后为黑色或蓝褐色液体,搅拌棒上不粘附明显颗粒
固体含量(%)不小于		50		43	
延伸性(mm)不小于	无处理	5.5	4.0	6.0	4.5
	处理后	4.0	3.0	4.5	3.5
柔韧性		5±1℃	10±1℃	−15±1℃	−10±1℃
		无裂纹、断裂			
耐热性(℃)		无流淌、起泡和滑动			
黏结性(MPa)不小于		0.20			
不透水性		不渗水			
抗冻性		20次无开裂			

注:1.试件参考涂布量与工程施工用量相同,AE-1类为8kg/m^2,AE-2类为2.5kg/m^2。
2.本表摘自 JC 408—1991。

聚氨酯防水涂料技术要求 表1-28

序号	试验项目	指标要求 等级	一等品	合格品
1	拉伸强度(MPa)	无处理大于	2.45	1.65
		加热处理	无处理值的80%~150%	不小于无处理值的80%
		紫外线处理	无处理值的80%~150%	不小于无处理值的80%
		碱处理	无处理值的60%~150%	不小于无处理值的60%
		酸处理	无处理值的80%~150%	不小于无处理值的80%
2	断裂时的延伸率(%) >	无处理	450	350
		加热处理	300	200
		紫外线处理	300	200
		碱处理	300	200
		酸处理	300	200
3	加热伸缩率(%) <	伸长	1	
		缩短	4	6
4	拉伸时的老化	加热老化	无裂纹及变形	
		紫外线老化	无裂纹及变形	
5	低温柔性(℃)	无处理	-35 无裂纹	-30 无裂纹
		加热处理	-30 无裂纹	-25 无裂纹
		紫外线处理	-30 无裂纹	-25 无裂纹
		碱处理	-30 无裂纹	-25 无裂纹
		酸处理	-30 无裂纹	-25 无裂纹
6	不透水性 0.3MPa 30min		不渗漏	
7	固体含量(%)		≥94	
8	适用时间(min)		≥20 粘度不大于 10^5 MPa·s	
9	涂膜表干时间(h)		≤4 不粘手	
10	涂膜实干时间(h)		≤12 无粘着	

注：摘自 JC 500-1992。

水性聚氯乙烯焦油防水涂料技术要求 表1-29

序号	试验项目		指标
1	延伸性(mm)≥(膜厚 4mm)	无处理	14.0
		热处理	8.0
		碱处理	12.0
		紫外线处理	8.0
2	不挥发物含量(%)≥		43
3	低温柔性		ϕ20mm, -10℃ 无裂纹
4	耐热性		80℃±2℃, 2h, 无流淌、起泡
5	不透水性≥		0.10MPa, 30min, 无渗水
6	粘结强度(MPa)≥		0.20

注：摘自 JC 634—1996。

聚氯乙烯弹性防水涂料技术要求　　　　　　　　　表1-30

序号	项　目	技术指标	
		801	802
1	密度(g/cm³)	规定值①±0.1	
2	耐热性(80℃)(5h)	无流淌、起泡和滑动	
3	低温柔性(℃)(φ20mm)	−10	−20
		无 裂 纹	
4	断裂延伸率(%)≮ 无处理	350	
	加热处理	280	
	紫外线处理	280	
	碱处理	280	
5	恢复率(%)≮	70	
6	不透水性(0.1MPa,30min)	不透水	
7	黏结强度(MPa),≮	0.20	

① 规定值是指企业标准或产品说明所规定的密度值。

注：摘自 JC/T 674—1997。

防水涂料的品种、性能、用途、产地表　　　　　　　表1-31

名　称	性　能	用　途	生产单位
聚氨酯涂膜防水涂料(JYM系列)	JYM-115　JYM-125 扯断强度(MPa)＞0.8　＞0.6 扯断伸长率(%)≥400　≥300 直角撕裂强度　≥6　≥5 (N/cm) 耐热性(℃)85±2,6h　85±2,6h 柔度(℃)　−40　−40	地下室、卫生间防水，亦用于屋面防水	北京三原建筑粘合材料厂
聚氨酯防水胶(金鱼牌)	抗拉强度≥2MPa 伸长率(%)≥500 100%弹性模数≥0.3MPa 高低温 90～−20℃	屋面、地下室、游泳池、隧道天桥、水坝等防水	石家庄市油漆厂
聚氨酯系列产品(上隧牌)	851　TZS 抗拉强度(MPa)1.6　1.5 拉断延伸率　310% 耐热性　150℃ 低温柔性　−30℃ 黏结强度　1.1MPa	屋面、卫生间、地下建筑防水，金属管道外防腐等	上海隧道工程公司防水材料厂
PV-IA型聚氨酯防水涂膜	抗拉强度　2.4MPa 拉断延伸率　287% 黏结强度　2.54MPa 高温性能(不流淌)+120℃ 低温不脆裂 −40℃	地下工程、外墙等防水	南京建设防水材料厂

续表

名　称	性　能	用　途	生产单位
聚氨酯彩色防水涂料(候牌)	抗拉强度 1.6MPa 延伸率≥300% 黏结强度 0.6MPa 低温柔性 -30℃	屋面、卫生间、地下室、水池、游泳池等防水工程	江苏江阴有机化工厂
SDP-851焦油聚氨酯防水涂料	抗拉强度≥1.65MPa 延伸率≥350% 耐热度≥150℃ 低温柔性 -30℃	屋面、地下建筑、接缝等防水工程	上海北蔡防水材料厂
改性乳化沥青防水涂料	黏结强度 300~500N 耐碱 15d 耐热性 80℃,5h 柔性 -27℃,ϕ24~40mm	屋面、地下室、卫生间等防水	四川简明红旗油毡厂
SL-1防水涂料	耐热性>85℃ 抗冻-20℃,20次 耐碱 15d 抗裂性≥4mm	屋面、地下室、卫生间等防水	山东青岛建材一厂
高效防水涂料	黏结强度>0.5MPa 耐热性 250℃ 低温柔性 -20℃ 耐水压 0.4MPa 吸水率 0.7%~1.0%	屋面、地下室、卫生间等防水	湖南省长沙新型建材厂
JM-811防水涂料	抗拉强度 3.0MPa 延伸率 150% 撕裂强度≥2MPa 硬度 70~80(邵氏) 磨耗量≤1.0cm^3	屋面、地下工程、卫生间及需防化学腐蚀的工程的防水、防腐	北京市建工研究所、北京椿树橡胶制品厂
洞库防潮涂料	附着力 100% 遮盖力≤200g/m^2 耐水性 90d pH值 12 黏度 18~25s 耐热性 100℃以上 耐洗性 1000次	涵洞、隧道、地下工程的防潮、防水等	长沙防水涂料厂
橡胶防水涂料	黏结强度 >0.2MPa 耐热性 80±2℃,5h 耐碱性 15d 耐裂性 1.7mm	屋面、地下工程防水	四川金堂县防水材料厂、四川省建筑研究院防水施工处

续表

名　称	性　能	用　途	生产单位
湘潭牌防水涂料系列	包括聚氨酯涂料、溶剂型塑料涂料、水乳型塑料涂料	屋面、地面、地下室等防水工程	湖南湘潭市新型建筑材料厂
CB型弹性防水涂料	断裂强度　0.4~0.5MPa 延伸率　600%~800% 回弹率　80%~90% 耐热度　80±2℃ 低温柔性　-40℃	屋面、墙面、卫生间、地下室等防水、防潮工程	冶金建筑研究总院新材料试验室
硅橡胶防水涂料	延伸率＞600% 黏结强度　0.57MPa 直角撕裂强度　81N/cm 耐热度　100±1℃,6h 低温柔性　-30℃	屋面、墙面、卫生间、地下室等防水、防潮工程	冶金建筑研究总院新材料试验室
氯丁胶乳沥青防水涂料（长寿牌）	黏结强度　≥0.3MPa 耐热度　80℃,5h 低温柔性　-20℃ 抗裂性　1mm	屋面、墙面、卫生间、地下室等防水、防潮工程	重庆综合化工厂
纯阳牌强力高弹型氯丁胶乳沥青涂料	黏结强度　≥0.6MPa 延伸率　≥600% 耐热度　80℃,5h 粘度　23~33s	大坝、水池防渗漏、地下防渗漏及盐厂防碱、防腐蚀等	成都市新津化工厂
XU-1型乳化氯橡胶沥青防水涂料	黏结强度　≥0.3MPa 耐热度　100℃,5h 低温柔性　-30℃ 粘度　≥8s 耐酸、耐碱、不燃	屋面、地下室、涵洞工程等防水	山东省化学研究所化学建材技术开发部
氯丁胶沥青防水涂料	黏结性强、耐候性好、高温不流淌、低温不脆裂、防水性能好	屋面、地下室、涵洞工程等防水	沈阳防水材料厂
"金箭"牌AAS屋面隔热防水涂料	抗拉强度 2.49MPa 延伸率 56% 黏度 15s 耐碱、耐水、抗冻	屋面、冷库、石油贮罐等防水隔热	福建省霞浦新型建材总厂
"环球"牌899胶粉改性沥青防水涂料	延伸性　≥6mm 耐热度　80℃,5h 柔度　10℃ 黏结强度　≥0.2MPa 抗冻(-20~20℃),10次循环	屋面、地下构筑物等防水	苏州油毡厂

续表

名称	性能	用途	生产单位
膨润土沥青乳液防水涂料	抗拉强度 0.3MPa 耐热度 85±2℃,5h 柔度 23±2℃,ϕ10mm 棒 耐碱、饱和 $Ca(OH)_2$ 浸 7d	屋面、地下构筑物等防水	自贡市防水材料厂
"奏晋"牌膨润土沥青屋面防水乳液	黏结强度 >0.2MPa 耐热度 85±2℃,5h 柔度 20±2℃,ϕ25mm 抗冻循环 15 次 耐水性浸水 30d 合格	屋面、地下工程防水、防腐	陕西省宝鸡县秦晋建材化工厂
SBS 弹性沥青防水胶	黏结强度 ≥0.3MPa 耐热度 80℃,5h 低温柔性 -20℃,ϕ3mm 耐碱、耐酸、抗老化	屋面、地下室、卫生间、水池等防水、防渗	冶金部建筑研究总院
再生橡胶-沥青防水涂料	黏结强度 ≥0.2MPa 耐热性 80±2℃,5h 低温柔性 -10℃ 耐碱性 15d 抗裂性 缝宽 0.2mm	屋面、地下室、卫生间等防水	上海南汇防水涂料厂、武汉新型防水涂料厂等

建筑防火涂料的技术性能指标见表 1-32～1-35,部分品种的防火性能见表 1-36。

防火涂料防火性能分级标准　　　　　　　　　　　　　　　　　　表 1-32

测试方法 性能指标 级别	大板燃烧法 ZBG51001-85	隧道燃烧法 ZBG51002-85	小室燃烧法 ZBG51003-85	
	耐火时间(min)	火焰传播比值(%)	失重(g/板)	碳化体积(cm^3)
1	≥30	0～25	≤5	≤25
2	≥20	26～50	≤10	≤50
3	≥10	51～75	≤15	≤75

钢结构防火涂料通用技术条件(GB 14907—94)　　　　　　　　　表 1-33

项目	指标	
	B 类	H 类
在容器中的状态	经搅拌后呈均匀液态或稠厚流体,无结块	经搅拌后呈均匀稠厚流体,无结块
干燥时间,表干(h)	≤12	≤24
初期干燥抗裂性	一般不应出现裂缝。如有 1～3 条裂纹,其密度应不大于 0.5mm	一般不应出现裂缝。如有 1～3 条裂纹,其密度应不大于 1mm

续表

项 目		指　　标	
		B 类	H 类
外观与颜色		外观与颜色同样品相比,应无明显差别	
黏结强度(MPa)			≥0.04
抗压强度(MPa)			≥0.3
干密度(kg/m³)			≤500
热导率(W/m·k)			≤0.116
抗振性		挠曲 L/200,涂层不起层、脱落	
抗弯性		挠曲 L/100,涂层不起层、脱落	
耐水性(h)		≥24	≥24
耐冻融循环性(次)		≥15	≥15
耐火性能	涂层厚度(mm)	3.0　5.5　7.0	8　15　20　30　40　50
	耐火极限不低于(h)	0.5　1.0　1.5	0.5　1.0　1.5　2.0　2.5　3.0

注：B类：薄涂型钢结构防火涂料。
　　H类：厚涂型钢结构防火涂料。

饰面型防火涂料通用技术条件(GB 12441—1998)　　　　　表 1-34

序号	项　目		技　术　指　标
1	在容器中的状态		无结块,搅拌后呈均匀状态
2	细　度(μm)		≤100
3	干燥时间(h)		表干 ≤1 实干 ≤24
4	附着力(级)		≤3
5	柔韧性(mm)		≤3
6	耐冲击性(kg·cm)		≥20
7	耐水性(h)		24h 无起皱、无剥落,允许轻微失光和变色
8	耐湿热性(h)		18h 不起泡、不脱落,允许轻微失光和变色

饰面型防火涂料防火性能级别与指标(GB 12441—1998)　　表 1-35

序号	项　目		指　标　与　级　别	
			一　级	二　级
1	耐燃时间(min)		≥20	≥10
2	火焰传播比值		≤25	≤75
3	阻火性	质量损失(g)	≤5	≤15
		碳化体积(cm³)	≤25	≤75

部分防火涂料产品的防火性能　　　　　　　表1-36

技术数据　　　测试项目 涂料产品名称	小室燃烧法 失重(g)	小室燃烧法 碳化体积(cm^3)	隧道燃烧法 火焰传播比值(%)	大板燃烧法 耐火时间(min)	防火性能级别
C60-44	3.9	8.0	14	34	1
F60-9	7.0	40.3	24	21	2
A60-1	2.2	9.8	10	43	1
膨胀型过氯乙烯防火涂料	1.7	15.2	10	23	2
膨胀型丙烯酸乳胶防火涂料	6.2	38	40	12	3
B808膨胀型丙烯酸乳胶防火涂料	5.4	24	28	21	2
HD无机防火涂料	8.6	57.8	60	11	3

5．底漆、腻子和防锈漆的性能

各种二道浆的性能见表1-37。

各种二道浆的性能①　　　　　　　　　　表1-37

类别 性能	硝基系	油性系	合成树脂系②	说　明
保持的膜厚	小	大	大	系指一次涂布所得涂层厚
附着力	大	大	特大	与面漆、底漆层的结合力
打磨性	一般	好	好	干打磨和湿打磨
干燥性	快干、自干	一般，自干或烘干	差，烘干	系指固化时间
对面漆的吸收性	小	大	小	吸收程度

① 二道浆属中间层涂料。它的功用介于底漆和腻子之间，对被涂物表面微小的不平处也有填平能力(颜料含量比底漆多，比腻子少)，常用于装饰性要求较高的涂装中，用来填平涂过底漆或刮过腻子表面上的划纹和针孔等缺陷。
② 合成树脂二道浆系指氨基醇酸树脂和聚氨酯树脂。

各种腻子的性能和用途见表1-38；各种腻子的工艺特性见表1-39。

各种腻子性能和用途　　　　　　　　　表1-38

性能和用途 腻子种类	施工方式	适用物面	干燥时间 自干(h)	干燥时间 烘干(h)	用　　途
白色油性腻子	涂刮	金属、木材	24		适于白漆及浅色面漆的底层
灰色、铁红色油性腻子	涂刮	金属、木材	24	2	适于一般器材表面
水乳化腻子	涂刮	木材、泥墙	24		可用于水稀释及油性面漆配套
胶质腻子	涂刮	木材、泥墙	12		用乳酪素作黏结剂，适合水墙粉的表面
铅白油性腻子	涂刮	木材、金属	18		适于室外金属表面和填补金属水管接头

续表

性能和用途 腻子种类	施工方式	适用物面	干燥时间 自干(h)	干燥时间 烘干(h)	用途
浅灰、铁红色醇酸腻子	刮、喷	木材、金属	18	2	填补室外工业器材缝隙用
灰色硝基腻子	刮、喷	木材、金属	1		填补局部表面不平处用
锌黄硝基腻子	刮、喷	轻金属	1		填补局部表面不平处用
灰色过氯乙烯腻子	刮、喷	耐化学腐蚀物面	2		适于过氯乙烯面漆、底漆配套
锌黄过氯乙烯腻子	刮、喷	耐化学腐蚀物面	2		适于过氯乙烯面漆、底漆配套
环氧酯腻子	刮	木材、金属	24	2	填补工业器材、仪器、仪表表面
环氧树脂胺固化腻子	刮	耐化学腐蚀物面	24		填补不能烘干的物体表面
聚酯腻子	刮	木材、金属	12		填补高级木器、机床用,不易收缩开裂
有机硅腻子	刮	高温材料		2~4	适于耐高温设备
聚氨酯腻子	刮	金属、木材	12		适于聚氨酯涂料配套
丙烯酸酯腻子	刮、喷	金属、木材	12		适于丙烯酸酯涂料配套

各种腻子的工艺特性　　　　　　　　　　　　　　　　　　　表1-39

特性 \ 种类	不饱和聚酯腻子	聚氨酯腻子	氨基腻子	环氧腻子	油性腻子	硝基腻子
一次涂刮厚度(mm)	数毫米	<1.5	<0.3	<0.5	<0.3	<0.2
干燥减量(%)	接近零	10~20	10~20		10~20	30~40
干燥的形式	自干,烘干	自干	烘干	烘干	自干	自干
干燥时间(h)	任意100℃下烘0.4	4~7	120℃0.5	120℃0.5~1	6~8	1~2
打磨的难易度	稍难	稍难	稍好	难	稍差	差
对钢铁的附着力	略好	好	略好	好	稍差	差
耐水性	良好	良好	稍好	好	差	稍差
耐热性	中	中	大	大	大	中
收缩性	小	中	中	中	中	大
耐久性	大	大	中	中	小	小
机械强度	大	大	大	大	小	小

注：表中各类腻子的使用期与贮藏性均无限制。

各种底漆的性能和用途见表1-40。

各种底漆性能和用途　　　　　　　　　　　　　　　　　　　表1-40

底漆种类	施工方式	适用物面	干燥时间(h)	推荐干膜厚度(μm)	用途
油性红丹防锈底漆	刷	钢及铁	24	25~100	外用
长油醇酸红丹防锈漆	刷、喷	钢及铁	6	25~50	耐候性好,供室外用

续表

底漆种类	施工方式	适用物面	干燥时间(h)	推荐干膜厚度(μm)	用途
纯酚醛红丹、锌黄防锈底漆	刷	钢及铁	4	75~100	船舶钢板
乙烯共聚红丹、锌黄防锈底漆	刷、喷	钢及铁	4	75~100	浸水设备涂层
酚醛锌黄底漆	喷	铝及铝镁合金	1~4	8~15	轻金属防腐蚀涂层
偏硼酸钡防锈底漆	刷、喷	各种金属	24	20	可代替部分红丹底漆使用
酚醛云母氧化铁防锈底漆	刷、喷	钢及铁	24	25~50	桥梁及钢结构打底
醇酸铁红锌黄底漆	刷、喷	钢及铁	0.5~4	10~20	工业器材打底
环氧铁红、锌黄底漆	刷、喷	钢及铁	1~4	20~40	工业器材打底耐碱性及附着力较好
油性铁红防锈底漆	刷	钢及铁	6~12	50~75	一般防锈,亦可作面漆使用于镀锌铁板表面
醇酸硅铬酸铅底漆	刷	钢及铁	1~6	20~50	适用于外用潮湿表面
丙烯酸乳胶底漆	刷	木材	1	25	木材及镀锌表面用
环氧铬酸锶底漆	喷	铝、锌	4	12.5	耐潮湿及铝合金表面用
环氧锶钙黄底漆	喷	铝及轻金属	4	12.5~25	耐潮湿及铝合金表面用
环氧氧化铬绿底漆	喷、刷	各种金属	8	50~100	耐化学腐蚀表面
纯酚醛水溶性铁红底漆	电沉积	各种金属	烘干	10~30	工业器材
环氧水溶性铁红底漆	电沉积	各种金属	烘干	10~30	工业器材
磷化底漆	刷、喷	各种金属	0.5~3 2h后涂漆	6~15	金属制品,可代替磷化
无机富锌底漆	刷	黑色金属	24	50~80	钢铁、油槽、水槽、桥梁
酚醛电泳底漆	电泳	钢及铁	烘干	20	汽车、自行车、缝纫机等

注:表内"干燥时间",除烘干外,其余均为室温条件下的干燥时间。

各类防锈漆的特性与应用见表1-41。

各类防锈漆的特性与用途 表1-41

颜料	漆料	使用对象	施工方式	干性	表面处理要求	火焰加工	特性	用途
铁红	酚醛	钢铁	喷、刷	快	高	可	具一定耐水性、防锈性	一般钢铁制品
	醇酸	钢铁	喷、刷	中	高	可	具一定耐候性、防锈性	交通工具、农机
	环氧酯	钢铁	喷、刷	快	高	可	附着力强,耐潮性好	船舶上层建筑,电器产品可用于湿热条件

第四节 建筑涂料的理化性能

续表

颜料	漆料	使用对象	施工方式	干性	表面处理要求	火焰加工	特性	用途
铝粉铁红	油基纯酚醛	钢铁	喷、刷	中	高	可	无毒性颜料,可在一般条件下代替红丹漆	船舶上层建筑,舱室,户外钢结构
云母氧化铁	油基酚醛	钢铁	喷、刷	中	高	可	耐潮湿、耐暴晒性好	铁道车辆,桥梁
锌黄	醇酸	轻金属、钢铁	刷、喷	中	高	可	附着力、耐候性好	轻金属之仪器、仪表,钢铁构件
锌黄	纯酚醛	轻金属、钢铁	刷、喷	中	高	可	耐湿热性好	用于湿热条件之轻金属、钢铁制品
锌黄	环氧酯	轻金属、钢铁	刷、喷	较快	高	可	干性快,耐潮性好	湿热条件使用之轻金属仪器、仪表、航空工业等
四盐基锌黄	环氧—聚酰胺	轻金属、钢铁	刷、喷	快	高	可	可在潮湿表面施工,可焊、切,耐各种大气和淡水,海水浸泡性好	应用于船舶、海上设施、水闸等,水线及水下、高湿度或工业大气之工程结构
磷酸锌—铬酸盐	醇酸	轻金属、钢铁	刷、喷	中	不高	可	耐大气性、抗起泡好,可应用于有残锈表面	户外钢铁结构,工业设备,海岸大气或带锈表面
锌粉	硅酸钠	钢铁	喷、刷	快	极高	尚可	防锈性好,导电性高,耐热,耐溶剂,耐候,耐磨损,但机械强度差,施工条件严格	海洋、工业、高湿大气之钢铁结构、钢铁之预涂,淡水、海水之水下浸渍或交替部位,油料贮罐等
锌粉	硅酸乙酯	钢铁	喷、刷	快	高	尚可		
锌粉	环氧氯化橡胶聚氨酯	钢铁	喷、刷	快	一般	尚可	防锈性、机械性能、耐化学性好,施工较易,但导电性、水浸泡性不如无机富锌漆	海洋、工业、高湿大气之钢铁结构、钢材之预涂,淡水、海水之水下浸渍或交替部位,油料贮罐等
红丹	油性	钢铁	刷、浸	慢	不高	不可	渗透性好,防锈力强,涂刷性比其他红丹漆好	户外钢铁结构、钢铁制品、铸件之浸涂,特别对于不规整之表面或难以彻底除锈之工程效果尤佳
红丹	醇酸	钢铁	刷	快	不高	不可	干性快,附着力、配套性好	钢铁制品等
红丹	环氧酯	钢铁	刷	较快	不高	不可	干性快,附着力、配套性好,耐潮性好	桥梁、船壳、机械
硅铬酸铅	醇酸	钢铁	刷、喷	中	高	不可	防锈性、耐候性优良	户外或海洋地区之钢铁结构
硅铬酸铅	聚氨酯	钢铁	刷、喷	快	高	不可	可在潮湿表面、低温施工	用于水下,干湿交替之环境如船舶水线等

三、建筑涂料常见技术性能指标的含义

建筑涂料产品标准中都有相关的质量指标,了解这些技术指标的含义和作用可加强涂料生产过程中的质量管理,对合理选择建筑涂料产品也有极大的作用,建筑涂料及相关标准的质量指标以及质量指标检测有以下特点:

(1) 建筑涂料技术性能指标在标准中,大多分为涂料性能检测及涂层性能检测,且检测对象以涂层性能检测为主,涂层性能检测指标其项目占较大的比重。前者其项目有容器中状态、贮存稳定性、涂料耐冻融性等;后者其项目有耐水性、耐碱性、耐洗刷性、耐沾污性、耐人工老化性等。

(2) 将涂料转变为涂层,需通过施工过程,因此在标准的检测内容中还包括施工性能的现场模拟试验,如乳胶漆有施工性一项。对特殊应用环境条件下涂层的性能必须进行专门的试验,如饰面型防火涂料,除一般的涂料理化性能外,还需进行耐燃时间、火焰传播比值、阻火性等防火性能测试以区别防火等级。

(3) 建筑涂料技术性能项目其检测方法多采用物理性能试验方法,主要通过各种测试仪器或测试手段获得数据。

1. 涂料的基本性能指标

涂料的基本性能其技术指标的含义和作用见表 1-42。

涂料的基本性能技术指标含义和作用　　　　　　表 1-42

技术性能指标	含 义 和 作 用	相应标准
容器中状态	容器中状态是指涂料在容器中的性状,如是否出现结皮、增稠、胶凝、分层、沉底、结块等现象以及能否重新混合成均匀状态的情况。容器中状态它是最直观的判断涂料外观质量的方法,在我国建筑涂料标准中,几乎都以"经搅拌后呈均匀状态,无结块"为合格,该项技术指标反映了涂料的表现性能即开罐效果	
透明度与颜色	清油、清漆、漆料和稀释剂等透明液体,透过光线的能力和颜色的深浅程度,是否含有机械杂质,液体是否浑浊,这些最为直观的质量标志,是反映涂料内在质量的窗口,颜色一般都用目测比色法,将试样同一系列标准色阶的溶液作对比,进行颜色的定级	GB 1721—79 GB/T 1722—92
细　度	细度又称研磨细度,是颜料与填充料在漆料中分散程度的量度,是研磨色浆的内控指标,是色漆的一项重要指标。对装饰性面漆来说尤为重要。细度是涂膜外观好坏的决定性因素,也对涂料的施工性、贮存稳定性、涂膜附着力等有直接的影响,在刮板细度计上测定,以微米(μm)表示	GB 67531—86
粘　度	液态涂料流动时所具有的内部阻力。除粉末涂料外,大多数涂料均为比较粘稠的液体。测定粘度的方法很多,一般都采用涂-4粘度计测定,以 100mL 漆料,在规定温度下,从 $\phi 4mm$ 孔径的小孔中流出所需要的时间。以秒(s)计算,就是该涂料的粘度,对于清漆等透明液体,还可用气泡粘度计或落球法粘度计测定粘度 涂料的粘度是涂料产品的重要指标之一,它对涂料的储存稳定性、施工应用等有很大的影响,因此需要测试涂料的粘度作为产品的内控指标。在涂料施工时,粘度过高会使施工困难,涂膜流平性差,粘度过低,会造成流挂及涂膜较薄等弊病。建筑涂料常用的斯托默粘度是低剪切率粘度,它对于涂料施工性和流动性很重要,其范围一般为 75~95KU。而 ICI 粘度是高剪切速率粘度,达 $10000 s^{-1}$ 剪切速率,相当于建筑涂料刷涂、辊涂和喷涂的剪切速率,因此它是反映建筑涂料的涂刷性、辊涂性和喷涂性,其范围一般为 0.5~3P	GB/T 1723—93 GB 9269—88

续表

技术性能指标	含 义 和 作 用	相应标准
密 度	在规定的温度下,涂料单位体积的质量,用每立方米的千克数(kg/m^3)表示,批量之间密度的波动往往是质量不稳定的重要提示,在成本测算、工程估料时,密度是重要的经济参数	GB 6750—86
固体含量	涂料所含有的不挥发物质的量,一般用不挥发物的质量百分数表示。该项技术指标有助于设计产品配方及产品综合性能。因为固含量对成膜质量、遮盖力、施工性、成本造价等均有较大影响。建筑涂料的固体含量包括两部分:一部分是成膜物质的重量;另一部分是颜料与填料的重量。在单位面积用量相等的情况下,不同的固体含量导致涂膜厚度有较大的差异,在工程应用中十分重要 涂料因品种不同,含固体分也有多有少,一般含30%~60%固体分,涂料的含固体分越高,所得的涂膜也越厚,测定固体分含量时,可称取一定重量的试样,在一定的温度和时间下烘使之干燥,其剩余物的重量与试样重量百分比,即为结果	GB 1725—79(89) GB 6751—86
贮存稳定性	涂料的贮存稳定性是指在规定的条件下,涂料产品在其存放期间对可能发生的变稠、结皮、返粗、沉底、结块、干性减退、酸值增高、肝化(livering)、胶凝、产生异味等变质现象进行抵抗的能力,一般要求涂料能存放一年不变,测定方法是将样品留存于规定的条件之下,观察其变化,也可以放置在40~50℃下,进行加速试验。它包括常温、低温、热稳定贮存性等	GB 6753.3—86 GB/T 9755—1995 GB 10222—88

2. 涂料的涂装性能指标

涂料的涂装性能其技术指标的含义和作用见表1-43。

涂料的涂装性能技术指标含义和作用 表1-43

技术性能指标	含 义 和 作 用	相 应 标 准
施工性	施工性是指涂料施工的难易程度,用于检查涂料施工是否产生流挂、油缩、拉丝、涂刷困难等现象。涂料的装饰效果是通过辊涂、刷涂、喷涂或其他工艺手法来实现的,是否容易施工是涂料能否应用的关键 其测试方法是:用刷子在平滑面上刷涂试样,使试板的长边呈水平方向,短边与水平面成85°角竖放,6h后再涂刷第二道试样,在涂刷第二道时,刷子运行无困难,则可判为"刷涂二道无障碍"	
施工黏度	涂料在施工时,要根据其工艺要求用稀料调整黏度,一般刷涂时黏度要比喷涂时高些,过稠或过稀都会给施工带来困难或出现诸如刷痕、流挂、起皱、桔皮等施工缺陷	
重涂性	涂料向已经干燥固化的涂膜上涂覆时,能与之相结合的能力,称为重涂性,要求涂料对下面的涂层不出现咬底、渗色、附着不良或涂料本身出现不平等弊病。装饰性或耐蚀性要求较高的涂膜在旧涂膜上补漆时,重涂性更重要	
挥发速度	涂料中的稀释剂往往是用几种有机溶剂混配而成,在涂膜干燥过程中,要求稀释剂能均衡地挥发,使涂料中的树脂、助剂始终处于溶解状态,不会因为稀释剂中的某个溶剂挥发太快失去平衡,而形成涂膜的病态。硝基漆、过氯乙烯漆、丙烯酸酯涂料等非转化型涂料如果溶剂挥发不合适,便会出现泛白、疏松消光、针孔等,从而影响涂膜的其他性能	

续表

技术性能指标	含义和作用	相应标准
涂膜厚度	为了发挥涂膜应有的保护、装饰等功能，涂膜往往由若干道涂层组合，有对底材附着力很强的底漆，有用以填平底材表面低洼不平的腻子，有作为底漆与面漆间过度作用的中间层，有富有装饰性和保护性的面漆和罩光漆等。这些涂层各自的厚度和涂膜的总厚度是在涂装施工时事先设计和规定的，每层涂层过厚过薄均是不允许的。在施工时，对湿涂膜和干涂膜的厚度应随时监测，以保证涂装施工的质量	
打磨性	底漆和腻子在干燥后，须用砂纸或其他研磨材料进行打磨，使之成为平整而无光泽的表面，其上面才能再行涂装。以涂膜表面打磨的难易程度或经打磨后产生的表面状态（如发热变软等）称之为打磨性。本技术指标是对涂料配套的腻子产品提出的，打磨性的好坏，影响着施工的质量和进度，打磨性是用打磨性测定仪将样板作规定次数的往复打磨后，观察涂膜的表面状况来测定的	GB 1770—79(89)
流平性	流平性是在涂布施工后涂料自我流平的能力，这是衡量涂料装饰性能的重要标志。测定涂料的流平性可用刷涂法和喷涂法，将涂料施涂于表面平整的底板上，测定其刷纹消失和形成平滑涂膜所需的时间，以分(min)表示	GB 1750—79(89)
初期干燥抗裂性	砂壁状涂料、复层涂料等厚质涂料从施工后的湿膜状态到变成干膜过程中的抗开裂性能，该项技术指标是对某些厚质涂料提出的要求，反映出涂料内在质量，它直接影响装饰效果及最后涂层性能	GB 9779—88
遮盖力和对比率	遮盖力是涂膜遮盖底材或消除底材上颜色差异的能力，它以恰好达到完全遮盖底材的涂布率(g/m²)来表示，涂料的遮盖力有干、湿遮盖力之分，一般所指的遮盖力是湿遮盖力，但《水溶性内墙涂料》(JC/T 423—91)所规定的遮盖力是干遮盖力。遮盖力的测定方法较简单，如把色漆均匀地涂刷在黑白格的底板上，将黑白格遮盖起来的最小用漆量，以 g/m² 表示即可 对比率也是反映涂膜遮盖底材的能力，但它是在给定湿膜厚度或给定涂布率的条件下，采用反射率测定仪测定在标准黑板和白板上干涂膜反射率之比，该比值称为对比率。这个给定湿膜厚度或给定涂布率往往没有达到完全遮盖底材的程度，对比率反映的是干遮盖力 因为用户最终使用的是干膜，所以对比率比湿遮盖力更符合实际，对比率是以反射率测定仪定量测定的，比较科学，避免了人为的误差，在标准中大多采用对比率测定法 遮盖力测定法虽人为主观因素较大，但通过遮盖力可以计算出涂料的实际用量	GB 1726—79(89) GB 9270—88
干燥时间	涂料从流体层到全部形成固体涂膜这段时间称干燥时间，整个干燥过程可分为两个阶段:表面干燥和实际干燥，其干燥时间亦分为表干时间(表面干燥时间)及实干时间(实际干燥时间)。前者是指在规定的干燥条件下，一定厚度的湿涂膜，表面从液变为固态，但其下仍为液态所需要的时间，后者是指在规定的干燥条件下，从施涂好的一定厚度的液态涂膜至形成固态涂膜所需要的时间。干燥时间以小时(h)或分(min)表示。涂料干燥时间的长短与涂料施工的间隔时间有很大的关系，因此施工间隔时间由涂料干燥时间来决定	GB 1728—79(89)

3. 涂料的涂膜性能指标

涂料的涂膜性能其技术指标的含义和作用见表1-44。

涂料的涂膜性能技术指标含义和作用 表1-44

技术性能指标	含义和作用	相应标准
光泽与颜色	光泽是涂膜反射光线的能力。涂膜的光泽,可分为有光、半光、蛋壳光、无光等若干等级,根据不同的需要而定。光泽采用光泽计测定 颜色是涂膜的重要性能,一般要求涂膜的颜色在标准(给定的)颜色的误差范围之内 涂膜的光泽和颜色是涂膜外观的两项重要标志	GB 1743—79(89)
耐热性和耐温变性	涂膜在一定的高温下经过一定时间之后,仍能保持一定的性能,称为耐热性。漆膜能经受温度变化的性能,即能抵抗使用环境温度骤变的影响称为耐温性 耐热性是防水涂料的重要性能之一,特别是含有沥青、焦油类物质,经过高分子材料改性,在高温和低温条件下的性能有明显改善。耐热性是衡量性能改善程度和效果,也是评定材料在高温条件下是否符合使用要求的指标	GB 1735—79(89) GB/T 16777—1997
硬度	硬度是表示涂层机械强度的重要标志,坚硬的涂膜才能抵抗外来物理性损害。硬度以摆杆硬度计测试	GB/T 6739—1996
冲击强度	冲击强度是涂膜在重锤冲击下快速变形而不开裂或剥离的能力。这种应变能力与涂膜的伸长率、附着力、静态硬度等有密切关系。对时常受到机械冲击影响的涂膜,这项性能具有很大的实用意义	GB/T 1732—93
柔韧性	涂膜被覆物件表面经常受到物件变形等外力的作用,涂膜承受这种外力作用的能力称为柔韧性。并以附着力为先决条件。室外耐候性能优良的涂料应在温度变化时有确当的柔韧性	GB/T 1731—93
耐磨性	涂膜耐受机械磨损的能力,这一性能与涂膜的硬度,附着力有关,与底材的种类及其表面处理的状况也有一定关系。测试方法是将强磨损材料以一定的速度和压力,按规定的时间或次数打磨涂膜表面,观察其耐磨损的程度	GB 1768—79(89)
保光性和保色性	涂膜经长期曝晒于大气之中,能保持其原有的光泽不变称为保光性,涂膜在使用中保持其原来的色泽不变称为保色性。失光、泛黄、褪色、色泽变异等都是保光、保色性不好的表现。对装饰性涂料来说,这两项性能至关重要	
耐化学品性	对用于化工厂环境中的涂膜,要求具备耐酸、碱、盐及其他化学介质腐蚀的能力。测定方法是在金属棒上涂上待试的涂料,干燥成膜后浸泡在各种化学品或化学品溶液中,观察涂膜是否发生失光、斑点、气泡、剥落或全部腐蚀等现象,借以判断涂膜的耐化学品性能	GB 1763—79(89)
耐腐蚀性	涂膜耐腐蚀性是涂膜抵抗介质作用防止被涂覆的底材发生腐蚀的能力。测试方法:盐水浸泡、盐雾喷洒等,也可通过测定涂层电阻、电容及损耗角正切值等方法,进行加速试验	
黏结强度	涂层单位面积所能经受的最大拉伸荷载,即指涂层的黏结性能,常以兆帕(MPa)表示。本技术指标是砂壁状建筑涂料、复层涂料及室内用腻子等厚质涂层必须测定的重要指标,是厚质涂层对于基材黏结牢度的评定	GB 9153—88

续表

技术性能指标	含义和作用	相应标准
附着力	涂膜与被涂面之间结合牢固的能力称为附着力。被涂面可以是裸露的底材,也可以是固化干燥的涂层。附着力的好坏对整个涂膜的形成和使用寿命有着至关重要的影响。附着力的测定有划格法、画圈法、拉开法和扭开法等	GB 1720—79(89) GB 9286—88
耐候性	耐候性是指涂膜抵抗大气环境侵蚀的能力。包括经受日晒、雨淋、结霜、下雪、风沙、湿热、盐雾和气温变化等破坏因素的侵蚀,耐候性又称抗老化性。涂膜遭受大气破坏之后,出现失光、沾污、粉化、泛白、褪色等微兆,严重的还会出现小泡、露底、大裂、小裂、生锈、长霉、泛金光、脱落等。测定耐候性的方法有两种,即用天然老化和人工老化技术指标来衡量涂膜的耐候性能 天然老化:涂膜暴露于户外自然条件下而逐渐发生的性能变化。由于我国地域辽阔,气候类型复杂,东、西、南、北地域气候条件差别很大,往往同一个配方的品种在不同地区使用性能具有较大的差异,因此为了全面考核某一涂料品种的耐候性,有必要在不同气候类型区域内同时进行暴晒试验,通过设置暴晒场来完成 人工加速老化:涂膜在人工老化试验机中暴露面逐渐发生的性能变化。由于天然老化试验时间过长,不可能将某一品种经几年暴晒试验后才在工程上使用,因此通过人工老化仪人为地创造出模拟天然气候因素的条件并给予一定的加速性,以克服天然老化试验所需时间过长的不足,人工加速老化试验是目前评定耐久性采用较多的方法 大气加速老化:天然老化虽符合天然气候条件,但试验周期太长,人工加速老化虽提高了加速倍率,但模拟性还存在一定问题。大气加速老化是克服上述问题的有效办法,即利用天然太阳光来加速,使在与天然气候条件比较一致的情况下,加速涂膜老化,但该试验方法也存在受气候影响比较大的问题 耐候性是外墙涂料最重要的技术指标,提高涂料的耐候性是提高外墙涂料质量的关键 测定涂膜耐人工老化的目的是为了评定其耐久性,也可以说是为了确定建筑涂料的使用寿命。我国外墙建筑涂料标准中,主要是以人工老化指标来评定其耐候性的	GB/T 1766—1995 GB 1865—80(89)
耐沾污性	耐沾污性表示涂膜受灰尘、大气悬浮物等污染物沾污后,清除其表面上污染物的难易程度。建筑涂料的使用寿命包括两个方面,即涂层耐久性和涂层的装饰性。作为外墙建筑涂料,涂膜长期暴露在自然环境中,能否抵抗外来污染,保持外观清洁,对装饰作用来说,是十分重要的。耐沾污性是外墙涂料不可缺少的重要技术指标	GB 9780—88
耐水性	耐水性是指涂膜对水作用的抵抗能力。即在规定的条件下,将涂料试板浸放在蒸馏水中,观察其有无发白、失光、起泡、脱落等现象,以及恢复原状态的难易程度。涂膜不吸水,不渗水,干透的涂膜遇水后不发生泛白、起泡、膨胀、脱落等弊病,离水后,水分蒸发,涂膜能恢复到原来的外观,说明涂膜具有耐水性,装饰性涂料都必须具有耐水性,耐水性的试验,可在冷水、室温水、温水(40～50℃)或沸水中进行,还可以在试验时向水中鼓入空气,以加速试验的进程 该技术指标对于外墙建筑涂料尤为重要,因为外墙涂料所经受的环境较内墙涂料要苛刻得多,要受到日光照射,风吹雨淋,该指标的好坏直接影响涂料在基材上的附着能力。在室内较为潮湿的场所,如厨房、卫生间或南方的室内也应考虑涂料的耐水性,涂膜的耐水性与工程应用目的密切相关	GB/T 1733—93

续表

技术性能指标	含义和作用	相应标准
耐碱性	涂膜对碱浸蚀的抵抗能力称之为耐碱性,即在规定的条件下,将涂料试板浸泡在一定浓度的碱液中,观察其有无发白、失光、起泡、脱落等现象。建筑涂料适用的基材有多种为碱性,如现浇混凝土、水泥砂浆、加气混凝土板材、水泥石棉板等,这就要求涂膜应具有一定的耐碱性,该技术指标对内外墙涂料都是较为重要的	GB 9265—88
耐洗刷性	耐洗刷性是指涂膜经受皂液、合成洗涤液的清洗(以除去其表面尘埃、油烟等污物)而保持原性能的能力。该技术指标对内外墙涂料十分重要。内墙饰面经过一定时间后,沾染灰尘、脏物、划痕等需用洗涤液或清水擦拭干净,使之恢复原貌,外墙饰面则是常年经受雨水的冲刷,故内外墙涂料必须具备耐洗刷性	GB 9266—88

健康型内墙涂料的技术指标的含义和作用见表1-45。

与环保、安全卫生、健康有关的内墙涂料技术指标的含义和作用 表1-45

技术性能指标	含义和作用	相应标准
总挥发性有机化合物含量(TVOC)	判定涂料产品中总挥发性有机化合物的含量,反映涂料在生产、施工和使用过程中对人体健康的影响和室内环境的污染。本指标是健康型内墙涂料的主要指标	HJBZ 4—1999
重金属含量	该指标是保证健康型内墙涂料产品中不得含有汞、铅、镉重金属成分。这类物质大部分来源于颜填料,因此在生产过程中需严格控制其含量指标	HJBZ 4—1999
甲醛含量	该指标是保证健康型内墙涂料产品中不得含有甲醛及其聚合物成分,甲醛对皮肤黏膜有很强的刺激性,少数人可能产生过敏反应。在健康型内墙涂料中应作严格限制	HJBZ 4—1999
急性吸入毒性	涂料的毒性主要来源于挥发性有毒、有害物质并通过呼吸道进入肌体,该项指标旨在检测涂料急性吸入的潜在危害	
皮肤性刺激	采用内墙涂料进行涂装施工时,操作人员的皮肤可能与涂料接触,因此,健康型内墙涂料对皮肤应无不良刺激性	

防水涂料的技术指标的含义和作用见表1-46。

防水涂料的技术指标含义和作用 表1-46

技术性能指标	含义和作用	相应标准
拉伸强度	拉伸强度是防水涂料的一个性能指标,可以检测材料的生产工艺和施工工艺是否正常。防水涂料的拉伸强度并不能足以克服建筑物因气温变化、地基沉降等影响而引起的变形。在加热、紫外线、酸碱的作用下,拉伸强度在一个合适的范围内变化。拉伸强度高的涂膜结构致密,抗冲击及穿刺能力较好,各项物理性能及抗老化性能也较好	GB/T 16777—1997
延伸率	延伸率和断裂时延伸率是防水涂料最重要的技术指标之一,涂膜的形变吸收了建筑物变形所产生的应力,既保证了防水涂膜的完整性,也保证了防水的功能。在加热、紫外线、酸、碱作用下,延伸性能应在一个合适的范围内变化,保证长期的防水性能	GB/T 16777—1997

续表

技术性能指标	含义和作用	相应标准
恢复率	恢复率是指涂膜被拉伸变形并在撤出压力后,涂膜恢复到原来形状的能力,表明涂膜在使用过程中,适应建筑物,特别是建筑物局部裂缝形变的能力	JC/T 674—1997
加热伸缩率	防水涂料特别是双组分反应型,在施工前要先将两个组分搅拌,在涂布施工完成后逐步交联,有部分溶剂或水分不能完全排出,在使用过程中会逐步挥发,引起涂膜体积变化和尺寸变化,涂膜会产生很强的内应力,在长期内应力作用下,致使材料加速老化、龟裂,甚至丧失防水功能	GB/T 16777—1997
拉伸时老化和耐热性	拉伸时老化分为加热老化和紫外光老化,是检验涂膜可能因建筑物变形所引起涂膜局部部位受强力拉伸而变形,在加热和紫外光作用下,影响长期防水效果,沥青或焦油类防水涂料受热后易流淌变形。材料的耐热性与拉伸时热老化含义相同,是检验材料在高温下的变形程度	GB/T 16777—1997
抗冻性	水性防水涂料施工过程中,应使水充分挥发掉,形成较致密的防水涂膜,如果涂膜内有水分或涂膜不致密,在使用过程中,水分渗入其中,在低温下水分结冰,导致膜的微膨胀,使防水涂膜起泡、开裂,与基材剥离	JC 408—91
低温柔性	防水涂膜的使用温度范围很宽,除了高温、光照条件外,还要在-10~-20℃条件下使用(高寒地带可达到-30~-40℃),防水涂料一般由有机高分子材料制成,对温度都有一定的敏感性,通常表现为高温时柔软,甚至流淌,低温时变硬变脆,甚至产生碎裂现象。在这种气候条件下,房屋变形极易导致防水涂膜产生裂缝,破坏整体防水性能	GB/T 16777—1997
不透水性	不透水性是防水涂料的重要性能之一。不透水性是在一定的水压作用下,涂膜阻挡水分穿过的能力。能耐的水压越高,其防水性能越好	GB/T 16777—1997
适用时间	适用时间是表示涂料启用至失效的时间,双组分涂料在使用前,需将两个组分充分混合搅拌均匀,两组分发生必要的化学反应,最终成为交联立体结构的涂膜,适用时间指发生化学反应初期,不影响施工性能和最终材料性能的最长时间。超过该时间,材料的施工变得困难,材料性能指标不能得到有效的保障	JC 500—92
黏结强度	黏结强度是防水涂料的主要性能指标,防水涂料施工成膜后,必须与水泥基底有一定的黏结强度。因为防水涂膜具有不透水性,水泥基底下部的水分不能透过防水涂膜,如屋面水泥基板在使用过程中,室内产生水蒸汽,缓慢透过基板到达涂膜底部,水受热变蒸汽或受冷变液体,体积变化极大,产生很大的顶推力,如果黏结强度过低,涂膜起鼓发泡,冬季变脆,甚至碎裂,影响涂膜的长期防水效果	GB/T 16777—1997

钢结构防火涂料技术指标的含义和作用见表1-47。饰面型防火涂料技术指标的含义和作用见表1-48。

钢结构防火涂料技术指标的含义和作用 表1-47

技术性能指标	含义和作用	相应标准
初期干燥抗裂性	测定钢结构防火涂料在干燥过程中涂层表面变化情况,钢结构防火涂层具有一定的装饰性,在高温时又起防火隔热作用,因此涂层较厚,如果涂层出现开裂现象,必然大大降低防火隔热效应,影响使用效果	GB 14907—94

续表

技术性能指标	含义和作用	相应标准
黏结强度	黏结强度是评定涂层与钢结构表面黏结性能的指标。钢结构防火涂料必须与钢结构基层有优良的黏结强度,这样才能确保涂层在使用过程中不产生脱落现象	GB 14907—94
抗压强度	抗压强度是涂层承受外力破坏的指标,因涂层在受到外力时,可产生开裂、起层,将导致影响涂层的防火性能。测试方法是将防火涂料在金属试模内制成砂浆试件,测定试件受压破坏时所承受的压力	
干密度	干密度是涂层的单位体积重量,以 kg/m³ 表示。在一定的抗压强度下,干密度越小防水性能越低	
抗振性	抗振性是描述涂层抵抗振动能力的指标。评定在外力振动作用下,涂层表面变化情况,如出现开裂、起层、脱落等等	
热导率	热导率是钢结构防火涂层防水隔热性能的指标。在一定时间内通过试样有效传热面积的热量越小,其隔热效果越佳	
抗弯性	抗弯性是表征钢结构防火涂层抗弯曲性能的指标,在弯曲受力情况下,观察涂层表面有无起层、脱落	
耐火性能	耐火性能是评定钢结构防火涂层防火隔热性能的指标。承重钢结构在试验时失去承载能力的时间作为耐火极限,当以钢梁为试件时,以试件最大挠曲达 $L/20$(L 是支点间距离)作为失去承载能力的依据。防火涂料涂层厚度(mm)与耐久极限有密切关系,耐火极限值以时间(h)表示,耐火时间越长,防火性能越佳。根据工程实例需要,选择合适的耐火极限涂料产品,以达到优异的防火隔热效果	

注:室内钢结构防火涂料需测定的技术性能指标还有在容器中状态、干燥时间、外观与颜色、耐水性、耐冻融循环性等。

饰面型防火涂料技术指标的含义和作用　　　　　　　　　　　　　　　　　　表 1-48

技术性能指标	含义和作用	相应标准
耐燃时间	耐燃时间是饰面型防火涂料耐燃性能指标。在规定的基材和特定的燃烧条件下,测定试板背火面温度达到 220℃ 或试板出现穿透时所需要的时间,以分钟表示。涂层耐燃时间越长,阻火性能越高	GB 12441—1998
火焰传播比值	火焰传播比值是饰面型防火涂料耐延燃性的指标。当石棉板的火焰传播比值为"0"、橡树木板的火焰传播比值为"100"时,受试材料具有的表面火焰传播特性数据,其传播比值越小,涂层耐延燃性则越好	
质量损失	试件在规定的涂覆比值和规定的燃烧条件中,燃烧前后试件质量之差,以克表示。在试验过程中,试件的质量损失越小越好	
碳化体积	在规定的涂覆比值和规定的燃烧条件下,基材被碳化的最大长度、最大宽度和最大深度的乘积,以 cm³ 表示,碳化体积越小,则表明阻燃性越好	

注:饰面型防火涂料需测定的技术性能指标还有细度、在容器中状态、干燥时间、附着力、柔韧性、耐水性、耐冲击性等。

地面涂料技术指标的含义和作用见表1-49。

地面涂料技术指标的含义和作用 表1-49

技术性能指标	含 义 和 作 用
耐磨性	耐磨性是测定涂层耐摩擦性能的指标。人们行走,重物拖移,使地面涂层经常受到摩擦,因此地面装饰保护涂层应具有良好的耐磨损性
耐热性	耐热性是涂层的耐热性能指标,要求其涂层在一定的使用温度下,不产生发黏、开裂、起泡等现象
抗冲击性	抗冲击性是指涂层耐冲击性能的指标。地面容易受到重物的撞击,要求地面涂层受到重物冲击后不产生开裂或脱落,但允许有少量凹痕

注:地面涂料需测定的技术性能指标还有涂层外观、遮盖力、细度、干燥时间、附着力、硬度、耐水性、耐洗刷性等等项目。

第五节 建筑涂料的历史、现状和发展趋势

建筑涂料在国外,与汽车涂料一起被认为是涂料工业的两大支柱,特别是在美国、日本和欧洲等经济发达国家,建筑涂料在整个涂料工业中占的比例很大,例如,美国的建筑涂料消耗量占涂料总量的50%;法国建筑涂料的消耗量占涂料总量的40%;日本的建筑涂料消耗量则占涂料总量的30%;在我国建筑涂料消耗量占涂料总量的24%左右,处在世界的平均水平。

我国的新型建筑涂料的研制和应用始于20世纪60年代初,首先以化学工业副产品及价格低廉的化工原料为基料配制出过氯乙烯墙面、地面涂料,苯乙烯焦油墙面、地面涂料等溶剂型建筑涂料;20世纪60年代末70年代初,随着我国化学工业的发展,为市场提供了大量的聚乙烯醇,于是聚乙烯醇系建筑内外墙、地面涂料先后研制成功;70年代中期,我国先后研制成功醋酸乙烯——顺丁烯二酸二丁酯、醋酸乙烯——丙烯酸酯、苯乙烯——丙烯酸酯、氯乙烯——偏氯乙烯、氯乙烯——醋酸乙烯——丙烯酸酯等共聚乳液,并配制成相应的建筑涂料;20世纪70年代末,国内完成了3.8万吨丙烯酸酯单体生产装置,从而为研制、生产、推广应用丙烯酸酯系的建筑涂料提供了充足的原料,同期研制成功并生产了无机硅酸盐类内外墙涂料、水乳型环氧树脂涂料、耐候性较好的溶剂型氯化橡胶涂料、溶剂型丙烯酸酯涂料等,从而使我国建筑涂料的生产达到较高的水平。

目前,我国建筑涂料所采用的主要原材料与世界各国相似,主要以石油化工产品、合成高分子材料为主,有聚乙烯醇系缩聚物、聚醋酸乙烯及其共聚物、丙烯酸酯及其共聚物、氯乙烯——偏氯乙烯共聚物、环氧树脂、氯化橡胶、聚氨酯系列树脂等。此外无机硅酸盐和无机硅溶胶亦用于配制建筑涂料。

目前我国生产的建筑涂料其内墙涂料的主要品种是聚醋酸乙烯、聚醋酸乙烯——丙烯酸酯、聚苯乙烯——丙烯酸和乙烯——醋酸乙烯类乳胶漆,以及聚乙烯醇类涂料;其外墙涂料品种有乳胶涂料和溶剂型涂料等类别,乳胶涂料俗称乳胶漆,以聚苯乙烯——丙烯酸和聚丙烯酸类品种为主,溶剂型涂料则以丙烯酸酯类、丙烯酸聚氨酯和有机硅接枝丙烯酸类涂料为主,此外还有各种砂壁状和仿石型等厚质涂料;地面涂料一般以聚氨酯和环氧树脂类涂料

为主;功能涂料主要有防水、防火、防潮、防结露、防霉、防虫、防腐蚀、防碳化等品种;此外还有以聚氨酯类为主要品种的木质装饰漆。

我国目前已能自行研制、生产世界上大多数中、高档品种的建筑涂料,上述品种涂料已基本满足我国蓬勃发展的建筑业和装潢业对建筑涂料品种的需求,且产品结构也将越来越与国际接轨。

在目前我国年产120~130万t的建筑涂料中,属低档的聚乙烯醇类涂料约占其中的40%,并有逐年下降的趋势,而内外墙乳胶漆占40%,溶剂型涂料占20%左右,主要是室内木质装饰漆和外墙涂料。随着人民生活水平的提高,建筑涂料的产量将以每年10%的速度增长,其发展趋势是聚乙烯醇涂料由于其质量档次低,耐久性差、不耐擦洗等缺陷,产品将急速下降,数年之后,将逐步趋于淘汰,取而代之的合成树脂乳液型涂料(乳胶漆)将以每年10%的速度增长,所占比例将得到迅速的提高。随着市场对高性能外墙涂料需求的日益提高,高质量的外墙涂料其产量也将有所提高。

我国建筑涂料在内墙装饰材料中所占的百分数约80%左右,在外墙装饰用材中其比例约15%~25%,但全国各地应用比例不一,北京、上海、天津等地区则占50%左右,大连、青岛所占比例还高,但建筑涂料在高层建筑外墙装饰用材中比例相对较小。今后,建筑涂料应向着减少VOC、水性化、耐候性优异、功能复合化方向发展。

一、发展低VOC环保型和低毒型的建筑涂料

建筑涂料直接关系到人类的健康和生存环境,建筑涂料向环保型、低毒型方向发展,是建筑涂料的发展趋势,其技术发展方向主要包括开发推广水性涂料系列,开发环保型内墙乳胶漆,发展安全溶剂型聚氨酯木质装饰涂料,开发高固体分涂料和发展粉末涂料及辐射固化涂料。目前在家庭装潢中使用的107涂料及毒性大的溶剂型聚氨酯涂料、O/W型多彩涂料从环保角度看,应属于逐步淘汰的产品。

二、发展高性能外墙涂料生产技术,适应高层建筑外装饰的需求

所谓高性能就是具有高耐候性、高耐沾污性、高保色性和低毒性。

高性能的外墙建筑涂料主要有:

1. 水乳型外墙涂料

水乳型外墙涂料有聚氨酯类、硅丙类、纯丙类等品种,它们不仅具有相当优异的耐候性,同时又具有水性涂料无污染的优点,是国际上重点推广研究的涂料品种之一。

2. 交联型丙烯酸系列高弹性乳胶漆

此类涂料目的着力于提高乳胶漆的耐候性和耐沾污性、抗裂性和高弹性。

3. 有机硅丙烯酸树脂外墙(包括钢结构)涂料

这类涂料可涂覆于混凝土、钢结构、铝板、塑料等材料表面,以其优异的耐候性和耐沾污性保护建筑物表面。

4. 脂肪族溶剂型丙烯酸聚氨酯外墙涂料

此类涂料低污染,固体含量达60%以上,为高固体分涂料,具有优异的耐老化性及耐沾污性,装饰效果理想。

5. 有机氟树脂高耐候性涂料

此类涂料其耐候性优于任何类型的涂料,对超高层建筑和公共及市政建筑的防护提供可靠的保证,耐久性可达10~20年。

三、发展建筑功能性涂料系列产品

此类系列功能性涂料由于不仅具有保护和装饰建筑物的功能,而且具有其他方面的特殊功能,已成为国际建筑涂料发展的重要方向。随着科学技术的发展以及人们对涂料的功能性认识的不断提高,功能涂料的市场将会被全面开拓。

建筑特种功能涂料中尤以防火涂料、防水涂料、防腐涂料、防碳化和保温涂料等系列最为重要,防火涂料分木结构和钢结构防火涂料两大类,但当前发展的重点是既有装饰效果又能达到一级防火要求的钢结构防火涂料。防腐涂料中重点是钢结构的防锈、防腐和高耐久性防护面层以及污水工程中混凝土及钢结构防腐材料。对钢筋混凝土构筑物则重点发展防碳化涂料,防止混凝土表层碳化,保护钢筋免遭锈蚀,以确保桥梁等构筑物的百年大计。

在内墙涂料方面逐步淘汰低档聚乙烯醇系列涂料和溶剂型涂料,发展环保型乳胶漆和安全溶剂型涂料;在外墙涂料方面应淘汰低档的乳胶漆,发展高性能乳胶漆、低毒性溶剂型及高耐候性、高耐沾污性和适合高层建筑用的外墙涂料,研制开发水性聚氨酯涂料、有机硅丙烯酸乳液涂料、叔醋树脂乳液涂料及常温固化氟树脂涂料;在地面涂料方面要加快降低聚氨酯涂料中的游离 TDI 含量,发展环氧聚氨酯、水性聚氨酯涂料,并积极研制开发功能复合性建筑涂料是建筑涂料工业的发展趋势。

四、加速研究纳米技术在建筑涂料中的应用

纳米科学技术(Nano-ST)是 20 世纪 80 年代末期刚刚诞生并正在崛起的新科技,其基本涵义是在纳米尺寸($10^{-9} \sim 10^{-7}$m)范围内认识和改造自然,通过直接操作和安排原子分子创制新的物质。

纳米材料是指在空间范畴里至少有一维是纳米级别的材料,同时它又有着与其相对应的常规材料不同的特性。故纳米材料与超细粉体是不同的概念,所涉及的是不同的领域。将纳米级别或纳米特性的材料应用到常规材料的制造系统中,生产出与常规材料不同的产品,这种产品称之为纳米复合材料。建筑涂料所选择的纳米材料除有特殊功能性的要求外,一般是纳米金属(非金属)氧化物,纳米材料在涂料系统当中的环境适应性很强,无论是水性涂料系统还是油性涂料系统。

纳米材料是指粒径在 1~100nm 之间的具有特殊物理化学性能的材料,由于其特殊的尺寸以及表面原子数相对优势等原因,通常具有表面效应、宏观量子隧道效应、界面效应、小尺寸效应等四大效应,从而使其应用前景非常广阔,纳米材料应用于建筑涂料中,是纳米材料应用领域的又一拓展,并且纳米材料的应用极有可能给传统的建筑涂料带来惊喜的效果。传统涂料普遍存在悬浮稳定性和触变性差、不耐老化、光洁度不高等缺陷,经添加纳米材料改性,其生产出的涂料则可改其不足。硅丙乳胶漆研究是中化化工科学技术研究总院承担的小康住宅九五攻关项目,目前已通过国家九五验收,1999 年该院将纳米材料用于硅丙乳胶漆,并进行了外墙建筑试涂,较好的解决了涂料的回粘、污染、老化等问题,通过综合性能考核为比较理想的产品。北京东海防腐防水技术开发工程公司和首都师范大学新材料研究所在聚合物——纳米粒子复合材料在建筑涂料中的应用研究方面取得了很大的进展,应用纳米粒子改性聚合物的性能,使之增强、增韧、提高耐老化、耐水、耐高低温等性能得到了很大的提高。

采用适当的处理工艺,可使纳米材料在建筑涂料工业领域中充分地展示出各种特殊的性能:

某些纳米无机氧化物材料适当的添加到涂料中去,则可大大地改善涂料的耐光性、保色性和稳定性;

某些纳米材料对改善树脂乳液的性能非常有益;

某些纳米材料本身就是极好的光触媒剂,可作为新型杀菌剂的载体,适当的工艺可使涂膜表面具有长效的杀菌功能;

还有一些纳米材料对紫外光和可见光具有不同的效应,从而与其他一些颜料共混可作为效应颜料,呈现"随角异色性"等。

从上所述,可见纳米材料在建筑涂料工业领域中的应用前景非常广阔,加速研究纳米材料在建筑涂料领域中的应用,可为建筑涂料的发展带来新的机遇。

第二章 建筑涂料的原辅材料

建筑涂料是由几种至几十种物质经混合、溶解、分散而组成的,各个组分具有不同的功能,它们互相组合在一起,使组成的涂料具有最佳的性能。

第一节 建筑涂料的组成

组成建筑涂料的物质大致可以分为基料、颜料、填料、溶剂(包括水)以及助剂等类型。

组成建筑涂料的众多原材料,按其在涂料中的性能和作用可概括为主要成膜物质、次要成膜物质、辅助成膜物质三大组成部分。

成膜物质是一些涂于物体表面,能干结成膜的材料。涂料工业在制漆时,是采用一些含有特殊功能团的油脂或树脂来作成膜物质的,这些油脂或树脂通过溶解或粉碎后,当被涂覆到物体表面时,经过物理的或化学的变化,即能形成一层致密的连续的固体薄膜。成膜物质是涂料组成中最重要的成分,主要决定液体涂料以及随后转变成固体漆膜的许多性能。

一、主要成膜物质

主要成膜物质包含油脂和树脂,是决定涂膜性质的主要因素,可以单独成膜,也可以黏接颜料等物质成膜,所以主要成膜物质又被称之为基料、胶黏剂。

基料不仅是涂料的必不可少的基本组分,而且其化学性质还决定了涂料的主要性能和应用方式,它是整个涂料组分的基础。主要成膜物质既有天然的(如动物油、植物油、树油)也有人工合成的(如丙烯酸酯树脂、酚醛树脂、醇酸树脂等),参见表2-1。

涂料的主要成膜物质　　　　表2-1

代号	类　别	主　要　成　膜　物　质
Y	油脂漆类	天然动植物油、清油(熟油)、合成油
T	天然树脂漆类	松香及其衍生物、虫胶、乳酪素、动物胶、大漆及其衍生物
F	酚醛树脂漆类	改性酚醛树脂、纯酚醛树脂
L	沥青漆类	天然沥青、石油沥青、煤焦沥青
C	醇酸树脂漆类	甘油醇酸树脂、季戊四醇酸树脂、其他改性醇酸树脂
A	氨基树脂漆类	脲醛树脂、三聚氰胺甲醛树脂、聚酰亚胺树脂
Q	硝基漆类	硝酸纤维素酯
M	纤维素漆类	乙基纤维、苄基纤维、羟甲基纤维、醋酸纤维、其他纤维酯及醚类
G	过氯乙烯漆类	过氯乙烯树脂
X	乙烯漆类	氯乙烯共聚树脂、聚醋酸乙烯及其共聚物、聚乙烯醇缩醛树脂、聚二乙烯炔树脂、含氟树脂
B	丙烯酸漆类	丙烯酸酯树脂、丙烯酸共聚物及其改性树脂

续表

代号	类别	主要成膜物质
Z	聚酯漆类	饱和聚酯树脂、不饱和聚脂树脂
H	环氧树脂漆类	环氧树脂、改性环氧树脂
S	聚胺酯漆类	聚氨基甲酸酯
W	元素有机漆类	有机硅、有机钛、有机铝等元素有机聚合物
J	橡胶漆类	天然橡胶及其衍生物、合成橡胶及其衍生物
E	其他漆类	未包括在以上所列的其他成膜物质
	辅助材料	稀释剂、防潮剂、催干剂、脱漆剂、固化剂

二、次要成膜物质

次要成膜物质主要是颜料,其作用是使涂膜呈现颜色和遮盖力,增加涂膜硬度,减缓紫外线破坏,提高涂料的耐久性。

颜料的种类参见表2-2。

次要成膜物质的种类与名称　　　　　　表2-2

种类	名称
着色颜料	氧化铁红、隔红、甲苯胺红、大红粉、酞青红、醇溶红、铬黄、氧化铁黄、醇溶黄、铁蓝、酞青蓝、群青、氧化锌、锌钡白、钛白粉、锑白粉、炭黑、氧化铁黑、石墨、松烟、氧化铬绿、有机绿、酞青绿、铜金粉、铝银浆、锌铝浆等
防锈颜料	氧化铁红、钼铬红、铝粉、石墨、氧化锌、红丹、偏硼酸钡、锌镉黄、锌粉、天然红土、含铅氧化锌、云母氧化铁等
体质颜料	沉淀硫酸钡、重晶石粉、轻质碳酸钙、石粉、滑石粉、石棉粉、云母粉、高岭土、硅藻土、膨润土等

三、辅助成膜物质

辅助成膜物质它包含各种溶剂以及水、助剂等,参见表2-3。

涂料的辅助成膜物质　　　　　　表2-3

类别	名称
助剂	润湿分散剂、消泡剂、乳化剂、pH值调节剂、防结皮剂、防沉淀剂、流平剂、消光剂、光稳定剂、催干剂、增塑剂、增稠剂、防腐防霉剂、成膜助剂、防冻剂
溶剂	萜烯溶剂、石油溶剂、煤焦溶剂、酯类溶剂、酮类溶剂、醇类溶剂、醇、醚类溶剂、其他溶剂

辅助成膜物质不能单独成膜,只是对涂料形成涂膜的过程或涂膜性能起辅助作用。助剂按其作用不同分为分散剂、润湿剂、增稠剂、消泡剂、防腐防霉剂等多种。助剂在涂料中的用量虽小,但对涂料的储存性、施工性能以及对所形成的涂层的物理性质都有明显的作用。

溶剂在涂料中占有很大的比例,但在涂料成膜后全部挥发,故称其为挥发分。溶剂不仅能降低涂料的黏度以符合施工工艺的要求,而且对涂膜的形成及其质量也是十分关键的,正确地使用溶剂可以提高涂膜的物理性质,如光泽、致密性等。

第二节 基 料

基料即涂料的主要成膜物质,涂料工业在制漆时主要是采用一些含有特殊功能团的油脂和树脂作主要成膜物质的。

一、油脂、树脂及其他基料

(一)油脂

油脂包括植物油和动物脂肪。它存在于动物、植物的体内,经加工后呈液态的称之为油,呈固态的则称之为脂肪,一般通称为油脂。

在涂料工业中,油脂的使用已有很长久的历史,它是制造油脂涂料的主要原料,是一种传统的、最基本的油漆材料。在涂料工业中所采用的油脂主要是指植物油(某些动物油如鱼油等也可以制造涂料)。植物油一般是采用植物的籽实压榨而制得,在造漆时,须经过精制(漂油)与熬炼(高温处理)使其得到纯化与改性。

植物油的主要成分为甘油三脂肪酸酯(简称甘油三酸酯),此外还含有磷脂、固醇、色素、蛋白质、水分、游离脂肪酸与糖类等杂质。其中脂肪酸对油类性能影响最大。

脂肪酸在常温下为液体或固体,无色或白色,比水轻,不溶于水,可分为饱和脂肪酸和不饱和脂肪酸两类。前者的分子结构中不含双键($-CH_2-CH_2-$),后者则含有双键($-CH=CH-$)。由于脂肪酸分子结构的不同,使不同品种的油类性能差异较大,尤其对油类的干燥性能(干性)的影响最明显。

按油类干性,涂料工业应用的植物油根据其在常温条件下能否与空气反应干燥成膜的能力可分为干性油、半干性油和不干性油三类。其分类依据,可根据测定其碘值来加以区分。碘值是指100g油所能吸收碘的克数,它能表示油类的不饱和程度与干燥速度。一般来说,油脂中脂肪酸所含双键数越多,即不饱和程度越高,则碘值越大,干燥越快。

植物油的分类情况如表2-4所列,桐油、亚麻仁油和梓油是三种典型的干性油,它们的干燥性能都较好;豆油、葵花油和棉籽油是半干性油,它们也能干燥,但干燥速度较慢;蓖麻油、椰子油等是不干性油,它们在空气中不能自行干燥,但某些不干性油经过化学处理后也可以变成干性油,如蓖麻油在酸性催化剂存在下加热到270℃左右能使它的分子脱去一分水,而变成脱水蓖麻油,脱水蓖麻油是一种干性较好的干性油。

植物油分类表 表2-4

油 类	品 种	干性与用途
干性油	桐油、亚麻油、梓油、苏子油	碘值在140以上。涂成薄层能较快吸氧干结成膜,主要用作成膜物质
半干性油	葵花油、豆油、棉子油、花生油	碘值介于100~140。涂成薄层能慢慢吸氧,需较长时间才干结成膜,用作成膜物质与制造油改性树脂
不干性油	蓖麻油、椰子油	碘值低于100。不能吸氧自行干燥结膜,用作增塑剂与制造合成树脂。蓖麻油可经脱水改性成为干性油

涂料工业中常用的植物油品种及其性能见表2-5。

常用植物油性能 表2-5

品　种	来源与产地	性　能
桐　油	是由桐树果实压榨制得。桐树盛产于我国长江流域及其以南地区	是我国特产,使用较早,并至今仍广泛应用的极优良的干性油。油色从浅黄到黄棕,有特殊气味,较黏稠。用它制漆具有漆膜坚硬、致密、光亮、耐水、耐碱、耐光、耐久、耐大气等优点。但是单用桐油或用量过多,漆膜可能起皱失光,早期老化
亚麻油（胡麻油）	是草本植物亚麻种籽压榨制得。产于黄河以北的内蒙古、山西、陕西等地	是一种造漆用量很大的干性油,其干性稍次于桐油、梓油。所制涂料的涂膜柔韧耐久,耐候性比桐油好,不易起皱。但耐光性差,易变黄,不适于制白色漆
梓　油（青　油）	由乌桕树果实的籽仁压榨制得。盛产于我国南方江、浙等省份	是青黄色或棕红色液体,也是一种性能良好的干性油,干性比亚麻油快,仅次于桐油。精制梓油制成的漆,颜色浅,不易变黄,漆膜坚韧
豆　油	由大豆压榨制得,东北产量最大	属半干性油,干燥较慢。油清澈透明,油膜不易变黄,适于制浅色漆与白色漆
蓖麻油	由蓖麻籽冷榨制得	属不干性油,不能直接作成膜物质,用作增塑剂或制作改性聚氨酯漆。经高温脱水可转变成干性油(俗称脱水蓖麻油),制成的漆膜不易变黄,耐水性好
椰子油	由椰树的果肉制取得油。产于热带	属不干性油,多用于制不干性醇酸树脂。颜色浅淡,所得漆膜保色性好,硬度大,稍脆

常用植物油的物化特性常数如表2-6所列。

常用油类物化特性常数 表2-6

品　种	颜色[①](号)	折光指数(20℃)	酸值(pH)	碘值[②]	皂化值[③]	相对密度[④]
桐油	<9	1.5185	<6	155～167	188～197	0.936～0.945
亚麻油	<9	1.4795	1～7	175～195	184～195	0.927～0.937
梓油	<9	1.4825	4～10	165～187	200～212	0.935～0.939
苏子油	<9	1.4810	2～5	190～205	188～197	0.926～0.935
豆油	<6	1.4735	1～4	120～140	185～195	0.921～0.925
棉子油	<12	1.4695	5	100～116	191～198	0.917～0.925
蓖麻油	<5	1.4765	2～9	81～91	176～186	0.955～0.965
椰子油	<4	1.448 −40℃	<5	7.5～10.5	253～268	0.869～0.875 99℃/15℃

① 颜色为铁钴比色计测定。
② 碘值系在一定标准条件下100g油所能吸收的碘的克数,表示油料不饱和程度;也是表明油料干燥速度的重要指标。干性油的碘值一般在140以上,半干性油为100～140,不干性油一般在100以下。
③ 皂化值系1g油完全皂化时所需要的KOH(氢氧化钾)的毫克数。是区别油与其中不能皂化物质的分析基础。皂化值表示油中全部脂肪酸的含量(包括游离的及化合的)。
④ 相对密度是指20℃时某物质与4℃时水的重量比(同体积)。

植物油能作成膜物质,当涂成薄层时,能干结成膜主要是油分子结构中不饱和脂肪酸的双键与空气中的氧发生氧化聚合反应所致。经氧化聚合反应(或称之自动氧化反应)使油分子逐步互相牵连结合,分子不断增大,逐渐由低分子转变成聚合度不等的高分子,由液体状态转变成固体皮膜。这个化学反应过程比较复杂、缓慢。当加入金属催干剂与加热能使油类的干燥固化加速。所以,清油或油改性树脂以及含大量植物油的油性漆(如清油、酯胶漆、酚醛漆、醇酸漆等)在施工时应尽量涂成薄层,使其充分接触空气,使涂层施工环境空气新鲜、流通。涂层在吸氧之后,发生一系列复杂的氧化聚合反应,用氧将小的油分子连接成大的油分子,使之涂层失去流动性,逐渐转化成固体的涂膜。

油类或油性漆的涂膜柔韧耐久,耐候性与附着力好,有一定的耐热、耐水、耐化学药品性,涂膜光亮耐久,但涂膜的硬度、光泽与干燥速度等不及含树脂较多的漆。

(二) 树脂

树脂是许多有机高分子复杂化合物互相溶和而成的混合物,具有较高的分子量。它可以是固体的,也可以是高黏度胶状体的。树脂多数仅溶于有机溶剂而不溶于水,部分或特制的水溶性树脂能溶于水中,无明显的熔点,受热变软,将其溶液涂于物体表面,待溶剂挥发后则能固化成树脂薄膜,故树脂能作为成膜物质,并已成为现代涂料的主要组成成分。含树脂的漆料明显地提高了漆膜的光泽、硬度、耐磨、耐水、耐化学药品以及干燥速度等性能。

在涂料工业中所用的树脂,包括来源于动植物性的天然树脂、采用各种化工原料经过人工有机合成所得的合成树脂以及利用天然产品加工制成的人造树脂等。

树脂根据其受热后软化变形的情况,可分为热塑性树脂和热固性树脂,合成树脂由于其性能优良,资源丰富,在现代涂料工业中使用最为广泛。

涂料常用的各类树脂其用途及特性见表 2-7 和表 2-8。

涂料常用各类树脂的用途及特性 表 2-7

种类及名称		特 性	用 途
天然树脂	珂珀脂	化石树脂,主要来源刚果,坚硬、色淡	做油性清漆
	马尼拉珂珀脂	化石树脂,主要来源马尼拉,具有防渗透性	做路标涂料
	贝壳树脂	化石树脂,来源于新西兰,色淡,与油类化合良好	做油基性清漆
	达玛树脂	从马尼拉活树上导流出来的树脂,柔韧性非常好	做纤维素清漆和虫胶清漆
	紫 胶	一种从寄生在树上的昆虫的排泄物中获取的树脂,可溶于酒精中,有防渗透性	用于封闭木结中的树脂及制作虫胶清漆

续表

种类及名称			特　性	用　途
合成树脂	油改性醇酸树脂	干性油含量为60%	流动性好、光泽强、韧性好、耐气候、色淡、不耐碱	常温干燥的底漆,多种中间涂层,有光面漆、半光面漆及清漆
		凝胶或触变型结构	涂刷性好、凝胶力强、凝胶恢复率快、成厚膜、不滴落	用做触变形涂料
		含有非干性油	干燥缓慢或不干燥、色淡、柔软	纤维素涂料中的增塑剂
	环氧树脂	双组分或低温固化型	附着力、防水性、耐化学性及耐磨性均好,涂膜特别坚硬	做耐化学涂料、耐磨涂料及防水涂料
		单组分环氧脂(干性油改性型)	耐化学性不如双组分	工厂用的维修涂料
	聚氨酯	双组分或低温固化型	漆膜极硬,耐磨性、防水性、耐化学性均好,但耐碱性不如环氧树脂	用于耐化学性涂料、耐磨涂料
		单组分(干性油改性型)	漆膜坚硬、柔韧,防水性比醇酸树脂强	室内外有光面漆及透明木质清漆
	聚醋酸乙烯酯共聚物		颜色好、不泛黄、耐碱、附着力强,流动性、防水性、外部耐久性及可刷洗性均好	黏结剂、乳胶漆、砖石涂料
	丙烯酸乳液		附着力强、水白色,不泛黄、耐碱、可刷洗性及外部耐久性均极好	乳胶漆、木质底漆、粘结剂、快干中间涂层及砖石涂料
	酚醛树脂		防水性特好、耐碱、泛黄严重	耐碱清漆、船用清漆、防侵蚀底漆
	香豆酮树脂		耐碱、酸值低、易泛黄	耐碱涂料、金属光泽涂料
	顺丁烯二酸丙三醇树脂		颜色极淡、不泛黄、光泽好、耐化学性差	与醇酸树脂化合制作非泛黄涂料,浅色清漆
	脲醛树脂(双组分酸性催化)		颜色极淡、不泛黄、漆膜光亮坚硬、耐热	酒吧柜台、家具用透明清漆
	硅树脂		防水,耐热可达475℃	透明防水溶液、耐热涂料
	聚乙烯醇缩丁醛树脂		附着力强	磷化底漆
人造树脂	油改性天然树脂(天然树脂和亚麻油或其他干性油)		光泽强、漆膜柔韧,遇碱皂化,防水性有限,老化时变黄	某些底漆、中间涂层、清漆、金胶
	油改性合成树脂(合成树脂和桐油或其他干性油)		防水、耐碱	耐碱、耐酸涂料、清漆、船用清漆
其他成膜物	沥青		颜色黑,防水好,耐酸碱可渗透过油性或树脂涂料,受热变软,成本低	防潮混合物、沥青漆
	橡胶		防水性好、耐化学、非常柔韧、干燥快、流动性好	防化学涂料、防水涂料
	硝酸纤维素		干燥迅速、涂膜坚硬、耐化学、易变脆、刷涂困难	硝基涂料及清漆

木器漆常用树脂性能 表2-8

品　种	来　源	性　能
虫胶(紫胶、漆片)	由寄生在热带树木上的紫胶虫分泌物经采集加工制得	多为黄色或棕褐色片状，少量颗粒状，也有经漂白的白虫胶。片胶中含90%～94%紫胶树脂，余为蜡与色素等 虫胶易溶于酒精、碱溶液中，也能溶于甲醇、甲酸、乙酸等而不溶于其他常用溶剂 虫胶软化点低耐热性差，制成漆干燥快、光泽好、坚硬、高弹性、耐油、耐酸、防潮防腐
松香	由赤松、黑松等树皮层分泌的松脂、明子经蒸馏提出松节油后制得	为微黄至棕红色透明硬脆的固体天然树脂。不溶于水，溶于乙醇、丙酮、松节油等，与油类热炼制漆可增进漆膜的光泽、硬度与干性。但未经改性的松香软化点低、脆性大、酸值高、易回黏、保光性差、遇水发白、需改性
酯胶(甘油松香)	将松香加热熔化与甘油作用制得	属一种改性松香，为块状透明固体。与松香比较软化点提高，酸值降低，耐水性改进，但漆膜仍有回黏现象，干后不够爽滑
季戊四醇松香	由季戊四醇与松香经高温酯化反应而成	为块状透明固体，也是一种改性松香。用其制漆在干性、硬度、耐水、耐热、耐磨等项比酯胶好
顺丁烯二酸酐松香甘油酯(失水苹果酸树脂)	由松香、顺丁烯二酸酐(失水苹果酸酐)与甘油高温反应生成的酯	为块状透明固体，是较优异的改性松香，色浅、抗光性强，不易泛黄，可溶于酯、酮、苯类与松节油等溶剂，制成漆膜光泽高，硬度大，干后爽滑
松香改性酚醛树脂	将酚与醛的缩合物与松香反应再经甘油酯化制得	为浅黄至棕红色透明固体，与油类有很好的混溶性。能溶于松香水、松节油、苯与酯、酮类溶剂，其硬度、光泽、软化点都比酯胶好。用其制成的漆膜坚硬、光亮、耐水、耐热、耐久、耐化学药品
醇酸树脂	由多元醇、多元酸与单元酸缩聚制得，常用苯酐、甘油(或季戊四醇)与植物油高温酯化制成	是重要的涂料用树脂，是固体或半固体材料。品种多，性能优异，在附着力、光泽、硬度、保光性、耐候性方面均超过前述树脂。能与多种树脂混溶，可独立制醇酸漆，也可用于制硝基漆、氨基漆等
硝化棉(硝酸纤维素酯)	由纤维素(棉花、木浆)经硝酸、硫酸混合液硝化制得	白色或微带黄色纤维状固体。相对密度约为1.6，不溶于水而溶于酮、酯类溶剂。其溶液涂于表面所成薄膜坚硬、耐磨，但耐热耐碱性差。漆用硝化棉含氮量约11.5%～12.2%
过氯乙烯树脂	由聚氯乙烯与氯反应而成的热塑性树脂	白色疏松状颗粒，含氯量61%～68%，易溶于酯、酮与苯类溶剂。其涂膜有优良的耐化学药品性、耐水、防霉，附着力与光泽差
氨基树脂	是由含氨或酰氨的单体与甲醛反应而成的热固性树脂	具优越的光泽、硬度、保色和耐化学药品性能。但单纯的氨基树脂其涂膜硬而脆，附着力差，故常与醇酸树脂合用制成氨基醇酸漆

续表

品　种	来　源	性　能
丙烯酸树脂	是由丙烯酸或甲基丙烯酸酯类、腈类、酰胺类等单体聚合而成，可制成热塑性与热固性树脂	热塑性丙烯酸树脂具有坚硬耐磨、色浅、光泽高、不失光、不变色、耐热、耐候与耐化学药品等特点。而热固性树脂则具有更优良的物理机械性能，可供制高级木器漆
聚氨酯（聚氨基甲酸酯）	是由多异氰酸酯与多羟基聚合物反应制得	聚氨酯兼有优异的装饰与保护性能。涂膜坚韧、光亮、丰满、耐磨、附着力好。并有突出的耐水、耐化学药品、耐热与耐寒性，用于制高级木器漆
聚酯树脂	是由多元醇与多元酸缩聚反应制得。可制成饱和与不饱和聚酯树脂	不饱和聚酯涂膜具有优异的光泽、硬度、耐磨与耐化学性。其独特之特点是可制成无溶剂型涂料，固体含量极高，一次可得厚涂膜。但涂膜韧性差，易划伤。是多组分漆，施工麻烦，可制高级木器漆
环氧树脂	是由环氧氯丙烷和二酚基丙烷缩聚而成	环氧树脂的涂膜有极好的附着性、硬度、柔韧性、耐水性与耐化学腐蚀性，但耐候性差

(三) 沥青

沥青是沥青涂料的主要基料，沥青可分为天然沥青和人造沥青两大类，人造沥青中又有石油沥青和煤焦沥青之分。

天然沥青是地下石油矿演变而成，由于形成条件不同，质量上有很大的差别，纯净的天然沥青的化学成分与石油沥青相似。

石油沥青是由石油原油蒸馏分离出汽油、煤油、柴油、润滑油等以后剩余的副产物，再经加工而成，石油沥青是多种复杂的碳氢化合物及其衍生物组成。

煤焦沥青是生产焦炭和煤气时所得到的副产品煤焦油，再经分馏提取出轻油、酚油、萘油等剩下的残渣，因此此类沥青的质量差异较大。

当沥青溶解于烃类溶剂后，溶剂挥发后，它就在底材上形成一层涂膜，沥青涂膜具有耐水、耐酸、耐碱和电气绝缘等性能。在沥青涂料中加入各种改性树脂，如酚醛树脂、环氧树脂、聚氨酯树脂等后能大大提高沥青涂料的各种性能，沥青涂料主要用作防水、防腐蚀涂料。由天然原油蒸余的重油经氧化而得到的建筑石油沥青，可用于建筑工程作屋面和地下防水的胶结料和制造涂料等，建筑石油沥青按针入度可分为 10 号和 30 号两个牌号，其规格见表 2-9。

建筑石油沥青规格　　　　　表 2-9

项　目	质量指标	
	10 号	30 号
针入度(25℃ 100g)/1·(10mm)$^{-1}$	10~25	25~40
软化点(环球法)(℃)	≥95	≥70
延度(25℃)(cm)	≥1.5	≥3
溶解度(三氯甲烷或苯)(%)	≥99.5	≥99.5
蒸发损失(160℃，5h)(%)	≤1	≤1
蒸发后针入度比(%)	≥65	≥65
闪点(开口)(℃)	≥230	≥230

二、建筑涂料的常用基料

建筑涂料的基料——主要成膜物质的类型与自然资源的利用情况有密切关系。目前我国建筑涂料的主要基料以合成树脂为主,有聚乙烯醇系缩聚物,聚醋酸乙烯及其共聚物、丙烯酸酯及其共聚物、氯乙烯——偏氯乙烯共聚物、环氧树脂、氯化橡胶、聚氨酯树脂等。此外还有水玻璃、硅溶胶等无机胶结材料。

建筑涂料的基料,通常按所使用的分散介质不同而划分为水性基料和溶剂性基料两类。

水性基料就是以水作为分散介质或溶剂的无机或有机高分子体系。水性基料又可分为水溶性基料和乳液型基料,水溶性基料是指高分子物质均匀地溶解于水中的基料,乳液型基料即为高分子物质在乳化剂(表面活性物质)的存在下以微细粒子($0.1 \sim 10 \mu m$)分散于水中的基料。

溶剂型基料是指高分子物质溶解于或分散于有机溶剂中的基料,油漆的成膜物质就属于这一类型。

(一) 水溶性基料

建筑涂料常用的水溶性基料主要有聚乙烯醇类、碱金属硅酸盐类和硅溶胶类。

1. 聚乙烯醇类

聚乙烯醇是一种高分子化合物,其分子式为$(CH_2CHOH)_n$,它的主要技术指标是聚合度和醇解度,并决定着聚乙烯醇的基本性能,包括在水中的溶解度。建筑涂料主要选用醇解度为99%的聚乙烯醇。它的基本特点是:

(1) 加热后能溶解于水,溶解度在10%左右;

(2) 能大幅度提高水溶液的黏度,故是一种常用的增稠剂;

(3) 因含有大量OH根极性基团,具有表面活性作用,可作为乳化剂,这些羟基有较大活性,在一定条件下可进行醚化、酯化和缩醛化反应,但与碱性物质反应后涂膜性能下降;

(4) 其水溶液干燥成膜后,涂膜具有很好的机械强度,并有一定的吸湿性和透湿性。

由于聚乙烯醇具有吸湿性,故其耐水性较差,因而一般不单独使用,目前使用的大多是已经过改性的聚乙烯醇基料。改性的具体方法主要有两种:一是采用醛类有机物,在酸性条件下与聚乙烯醇产生缩醛反应,减少亲水基团OH的含量,提高耐水性,如聚乙烯醇缩甲醛(107胶)就是最常见的一种改性基料;二是将聚乙烯醇与碱金属硅酸盐复合使用,如水玻璃聚乙烯醇涂料(106涂料)。

尽管如此,聚乙烯醇类基料的耐水性、耐污染、耐候性能都较差,一般只能作为内墙涂料的基料使用。

2. 碱金属硅酸盐类

碱金属硅酸盐的分子式为$R_2O \cdot nSiO_2$,能溶于水,其水溶液粘稠,称为水玻璃,外观呈无色,青绿色或棕色,其中以无色透明的质量最好。它们可以和水按任意比例混合,成为不同浓度的液体。水玻璃主要有硅酸钠水玻璃($Na_2O \cdot nSiO_2$)、硅酸钾水玻璃($K_2O \cdot nSiO_2$)和硅酸锂水玻璃($Li_2O \cdot nSiO_2$),常用的是硅酸钠水玻璃和硅酸钾水玻璃。

二氧化硅和碱金属氧化物的分子比n称为水玻璃的模数,是水玻璃的重要参数。当$n=1$时,水玻璃在常温下即可溶于水;当$n>1$时,只能溶解于热水中;当$n>3$时,必须在压力下才能溶解。水玻璃的模数愈低,黏结能力愈差,涂膜的耐水性愈差,反之则黏结性好,耐水性好,市场上商品水玻璃模数在$1 \sim 3.5$。

水玻璃的结构主要是含有不同聚合度的硅氧基团,在空气中干燥后可形成硅氧烷连续网状结构,故有良好的成膜性能,黏结性能和不燃烧、耐热耐候性能,可在 500～600℃ 温度下使用,由于硬化时析出 SiO_2 胶体,有堵塞毛细孔和防止渗水的作用,并具有很好的耐酸性能。但因水玻璃含有较多的碱金属成分,涂膜干燥慢,耐水性很差,故一般不单独使用,仅作内墙涂料的基料使用。通常的使用方法有两种,一是与其他基料复合后使用,如前所述的聚乙烯醇水玻璃基料,二是加入固化剂促进其固化并提高其耐水性。固化剂的种类有氟硅酸钠、缩合磷酸铝等,其中缩合磷酸铝固化剂的效果较好。

3. 硅溶胶类

硅溶胶即硅酸溶胶,是硅酸的多分子聚合物胶体液,即以 SiO_2 为基本单元在水中的分散体,其分子式一般表示为 H_2SiO_3,胶粒尺寸大约在 5～40nm 之间,外观呈乳白色,浓度高时呈胶状。常用的硅溶胶浓度在 20%～40%;pH8.5～9.5,其中含有小于 0.5% 的 Na_2O 或 NH_3 的稳定剂,贮存期在两年以上。

硅溶胶的突出性能是:

(1) Na_2O 含量低,成膜后形成 SiO_2 的体型网状结构,因而耐水性能极佳,无盐析现象,色泽均匀;

(2) 因硅溶胶胶粒细微,SiO_2 的活性高,能包裹在颜料、填料粒子表面,与其作用生成新的无机高分子化合物,从而提高涂膜强度;

(3) 微细的 SiO_2 颗粒渗透力强,可通过毛细管渗到基层内部,与混凝土中的 $Ca(OH)_2$ 生成硅酸盐类水化产物,使涂料具有更强的黏结力;

(4) 因其含 SiO_2 高,故其耐热、耐酸碱、耐候性能十分优良,其耐火极限可达 1300℃ 以上。

硅溶胶成膜后,干燥收缩大,涂膜脆性大,易开裂,故在建筑涂料中很少单独使用,通常与有机高分子树脂并用,以改善其脆性。这亦是生产有机——无机复合涂料的一种途径,可获得综合性能好的新型建筑涂料。

(二) 乳液型基料

1. 乳液的基本概念

一种物质以微细粒子均匀地分散在另一种液体中,而形成的稳定物系称为乳液。

用于建筑涂料的乳液,主要是指各种高分子聚合物均匀地分散于水中的这类乳液,其中的聚合物粒子在 0.1～10μm 的范围内。在这种体系中,高分子聚合物一般称油相,以 O 表示;另一相为水,以 W 表示。油分散在水中的乳液以 O/W 表示,水分散于油中的乳液以 W/O 表示。目前建筑涂料用的乳液都是 O/W 体系。

O/W 型乳液的基本组分有三个,即连续相(亦称分散介质,这里是指水)、分散相(这里指聚合物树脂)。以及乳化剂。根据乳液的制备方法不同,乳液可以分成分散乳液和聚合乳液两类,分散乳液是指在乳化剂的存在下靠机械的强烈搅拌使树脂、油等分散在水中而形成的乳液;聚合乳液是在乳化剂存在下在机械搅拌过程中不饱和单体聚合而成的小粒子团分散在水中组成的乳液。建筑涂料中经常使用的聚醋酸乙烯乳液、丙烯酸酯乳液、苯丙乳液、乙丙乳液等都是聚合乳液。

乳液中的聚合物具有巨大的表面积,并以极细的微粒分散于水中,因而只要具备成膜的一般条件,离散的聚合物微粒就互相靠近并形成连续膜。成膜过程是乳液的一个重要特征,其主要影响因素有：

  a．环境，时间和温度；

  b．组成，聚合物的化学组成和物理结构；

  c．物理性能，颗粒大小和分散质量。

  简单地讲，在成膜过程中密堆构型是一必不可少的阶段，在水乳液体系中，只有当颗粒能够足够地散凝使之互相滑动才能得到有效的堆积，如果分散不良，颗粒就会聚结，形成质量不良的海绵状膜。

  2．乳液的基本性能

  (1) 最低成膜温度：在聚合物乳液形成连续涂膜的过程中，聚合物粒子必须要形成密堆排列构型，因而形成连续薄膜的条件除了乳液需分散良好以外，还要聚合物粒子的变形。较硬的聚合物粒子在受到外压力时不易变形，较软的聚合物粒子则较容易变形，建筑涂料中使用的乳液其聚合物粒子大部分为热塑性树脂，温度越低，其硬度越大，聚合物粒子则越难以变形，因此有一个最低成膜温度问题。即在低于某一特定的温度条件下，乳液中的水分挥发后，聚合物粒子仍是离散状态的，并未融为一体，形成连续均匀的涂膜；而在高于这一特定的温度以后，水分蒸发时，各聚合物粒子中的分子会渗透、扩散、变形、聚集形成连续透明的薄膜，这个能够成膜的温度下限值就叫做最低成膜温度。最低成膜温度是乳液的一个重要的应用指标，对于低温季节时，乳液的使用特别重要。可以采用适当的措施使乳液具有满足使用要求的最低成膜温度，如在乳液中加入增塑剂使聚合物变软，使乳液的最低成膜温度明显降低。

  (2) 玻璃化温度：玻璃化温度是指高聚物由弹性状态转变为玻璃状态的温度，没有很固定的数值，往往随着测定的方法和条件而改变，是高聚物的一个重要性能指标。在该温度以上，高聚物表现出弹性，在该温度以下，高聚物则表现出脆性。它是反映聚合物乳液形成涂膜硬度大小的指标。玻璃化温度高的乳液其涂膜的硬度大，光泽高、耐沾污性好、不易污染，其他力学性能相应也好些，但是玻璃化温度高，最低成膜温度也高，这就给低温度时的使用带来一定的麻烦。这是一对矛盾，而且聚合物乳液在达到某一玻璃化温度时，其许多性质都发生重要变化。故建筑涂料生产中使用的聚合物乳液，必须控制适当的玻璃化温度。

  (3) 残存单体含量：存在于聚合物乳液中未参加聚合反应的残存单体含量是乳液的重要性质之一，其含量过高不仅导致产品成本及单体耗用量提高，而且对乳液的稳定性有不良的影响，因而在聚合物乳液中残留单体含量要控制在1%以下。

  (4) 粒度和粒度的分布：粒度是指乳液中聚合物粒子的粒径大小，根据粒径的均匀程度又分为单分散性乳液和多分散性乳液两大类，前者为粒径均一的聚合物乳液，后者则为粒径不均一的聚合物乳液。一般均为多分散性乳液，对于多分散性乳液除可用平均粒径表示其粒度大小外，还必须注意其粒度分布，即不同粒径粒子的分布情况，粒度大小及粒度分布对乳液的黏度、成膜性质及涂膜的性能均有很大的影响，如果乳液粒度较小则其粒子容易运动，易进入颜料粒子的间隙与颜料粒子之间形成紧密的接触。因此，较细粒度的乳胶漆有较高的临界颜料体积浓度。粒度较小的乳胶漆还具有较好的渗透性，适用于多孔底材涂布。

  (5) 机械稳定性：聚合物乳液的机械稳定性主要反映在乳液对剪切应力的敏感程度上，这一性能对于需要高速分散生产乳液涂料和用泵输送的乳液涂料是十分重要的，如性能不佳，在乳胶漆生产过程中就易发生聚结(破乳)现象，导致涂料报废。

(6) 相溶性:聚合物乳液的相溶性是指它的化学稳定性。在配制乳胶漆时,须在乳液中添加多种化学物质(如颜填料、助剂等),这些物质如与乳液不能相溶或相溶不佳时,严重的会引起破乳,轻则影响成膜后涂膜的各项性能指标,因此必须选择与所用聚合物乳液具有良好相溶性的各类物质。

3. 几种常用乳液

乳液类涂料作为新型装饰材料,其应用不断增大,已成为建筑涂料的一个重要品种,而作为主要原材料的聚合物乳液也得到了开发,发展,目前应用于建筑涂料的聚合物乳液其品种大多为非交联型的热塑性乳液,通常按其单体成分分类。主要的品种有以下几类,分别构成各自的乳胶漆料:

醋酸乙烯均聚物乳液(醋均乳液白乳胶);

醋酸乙烯—顺丁烯二酸酯共聚物乳液;

醋酸乙烯—乙烯共聚物乳液(EVA乳液);

醋酸乙烯—叔碳酸乙烯共聚物乳液;

醋酸乙烯—丙烯酸酯共聚物乳液(乙丙乳液、醋丙乳液);

醋酸乙烯—氯乙烯—丙烯酸酯共聚物乳液(醋氯丙乳液);

纯丙烯酸酯光聚乳液(纯丙乳液);

苯乙烯—丙烯酸酯共聚物乳液(苯丙乳液);

氯乙烯—偏氯乙烯共聚物乳液(氯偏乳液);

丁二烯—苯乙烯共聚物乳液(丁苯乳液)。

上述乳液中较常用的有醋均乳液、EVA乳液、乙丙乳液、纯丙乳液等。

此外,还有含交联单体 N-羟甲基丙烯酰胺的纯丙自交联乳液,通过金属离子交联的室温交联乳液等。作为交联型乳液,利用含官能团的单体参加共聚,构成自交联乳液,其中最典型的交联单体是 N-羟甲基丙烯酰胺及其不同烷基的醚化衍生物,这类交联单体参加共聚形成的交联活性点均匀地分布在乳液粒子中,所以称作均匀交联型乳状液。另外,利用外加交联剂方法可以制造热固性乳液,即所谓填隙交联乳液,常用的填隙交联剂为水性酚醛树脂、水性环氧树脂、三聚氰胺树脂等。

(1) 聚醋酸乙烯乳液

聚醋酸乙烯乳液是以醋酸乙烯单体为原料,在 80～90℃ 的温度及引发剂存在的条件下,通过聚合反应而获得的,本品玻璃化温度为 28℃,在 15℃ 以下不能很好成膜,常使用邻苯二甲酸二丁酯作外增塑剂,可以显著地降低成膜温度,改善涂膜性能以及提高乳液的流平性、抗冻性等。但外增塑也有缺点,有时增塑剂会被底材吸收以及在长期暴晒的情况下会逐渐逸失掉,这都会导致涂膜变脆,失去弹性。

为了克服这一缺点,就发展了使用其他较软的单体(如乙烯、丙烯酸酯)和醋酸乙烯共聚,得到了醋酸乙烯—乙烯乳液(EVA)和醋—丙乳液,这些共聚乳液具有比聚醋酸乙烯乳液更佳的综合能力。

在碱性介质中,聚醋酸乙烯易水解为聚乙烯醇,故耐水性差;用它涂装在碱性灰泥墙上,由于聚醋酸乙烯在含 CaO 量多的墙面上被皂化生成醋酸钙并从聚合物中渗出,在涂层表面形成结晶而出现"白花现象"。这些都是聚醋酸乙烯本质上的弱点,一般用于配制内用建筑涂料及低档外墙涂料。

(2) 聚醋酸乙烯—顺丁烯二酸二丁酯共聚乳液

本品由醋酸乙烯和顺丁烯二酸二丁酯单体、乳化剂和引发剂等通过乳液聚合工艺制得乙—顺共聚乳液,是建筑涂料中常用的聚醋酸乙烯共聚乳液之一,其耐碱性要比聚醋酸乙烯均聚乳液好,是建筑外用乳胶涂料的主要基料之一。

(3) 聚醋酸乙烯—丙烯酸酯共聚乳液

聚醋酸乙烯—丙烯酸酯共聚乳液又称乙—丙乳液,是由醋酸乙烯和一种或几种丙烯酸酯类单体、乳化剂、引发剂通过乳液聚合反应工艺制得的一种共聚乳液。由于丙烯酸酯共聚物有较好的光稳定性,因此这类共聚乳液比醋酸乙烯均聚物、乙—顺共聚物乳液的耐候性好,是建筑涂料中的内墙有光乳胶漆或外用乳胶漆的主要基料之一。

(4) 丙烯酸酯乳液

丙烯酸酯是丙烯酸及其同系物酯类的总称,比较重要的有丙烯酸甲酯、丙烯酸乙酯、丙烯酸丁酯以及甲基丙烯酸甲酯、甲基丙烯酸乙酯、甲基丙烯酸丁酯等。丙烯酸酯能够自聚或和其他单体共聚,是生产丙烯酸酯乳液的主要原材料。

丙烯酸酯乳液是指丙烯酸酯单体(丙烯酸甲酯、乙酯、丁酯和甲基丙烯酸丁酯等)通过使用乳液共聚法而制得的乳液。其固体含量一般在 40%~50% 的范围内。丙烯酸酯乳液具有涂膜光亮、柔韧的特点,其黏结性、耐水性、耐碱性和耐候性等性能均较优异。其应用范围主要是外墙涂料和内墙高档装饰涂料。丙烯酸酯乳液的性能比聚醋酸乙烯乳液的性能要好得多,特别是在新的水泥或石灰墙面上使用时,更能体现出其优点,因为丙烯酸酯乳液的涂膜遇碱皂化所生成的钙盐不溶于水,而醋酸乙烯乳液皂化所生成的聚乙烯醇是水溶性的,耐水性能差。

各种不同的丙烯酸酯单体不但可以共聚,而且还可以和苯乙烯、醋酸乙烯等其他单体共聚,前者常称之为纯丙乳液,后者则称之为苯丙乳液和乙丙乳液。制备聚丙烯酸酯及其共聚乳液常用的单体见表 2-10。甲基丙烯酸甲酯和苯乙烯为硬单体,丙烯酸乙酯和丁酯是软单体,丁酯则比乙酯更软些,通过不同比例的搭配,可获得不同性能的共聚乳液。用苯乙烯代替甲基丙烯酸甲酯作为硬单体,可以大幅度降低成本,某些性能虽然有些下降,但仍能满足外用建筑涂料的要求。纯丙乳液和苯丙乳液是我国目前用于配制外墙涂料最常用的乳液。

制备聚丙烯酸酯及其共聚物常用的单体　　　　表 2-10

单 体 种 类	作　　用	单 体 种 类	作　　用
甲基丙烯酸甲酯 苯乙烯 丙烯腈	提高共聚物硬度	甲基丙烯酸十二酯 顺丁烯二酸二丁酯	能增加树脂的柔韧性
丙烯酸甲酯 丙烯酸乙酯 丙烯酸丁酯(包括异丁酯) 丙烯酸 2—乙基己酯 甲基丙烯酸丁酯	能增加树脂的柔韧性	丙烯酰胺 甲基丙烯酸 β-羟乙酯 甲基丙烯酸缩水甘油酯 甲基丙烯酰胺 丙烯酸 甲基丙烯酸	起交联作用

(5) 氯偏乳液和氯—醋—丙共聚乳液

由氯乙烯与偏氯乙烯、醋酸乙烯、丙烯酸酯类单体共聚而成的树脂,在建筑涂料中应用最多的,主要的是由氯乙烯、偏氯乙烯、丙烯酸丁酯单体、引发剂、乳化剂等经过乳液聚合工艺而制得的氯乙烯—偏氯乙烯共聚乳液及由氯乙烯、醋酸乙烯、丙烯酸丁酯单体、引发剂、乳化剂等经过乳液聚合工艺而制得的氯乙烯—醋酸乙烯—丙烯酸丁酯三元共聚乳液。

前者可作为某些外墙、内墙、地面等建筑涂料的基料,又因其具有耐水、耐油、耐化学药品等性能,其水、气透过率小,可用作地下工程、洞库的防潮涂料。后者是氯—醋—丙内外墙涂料的主要成膜物质,由于氯乙烯、醋酸乙烯组成的共聚物具有很好的耐候性、耐碱性、耐水性,加入第三单体丙烯酸丁酯能降低涂膜的最低成膜温度,其耐水性、耐碱性等性能优于聚醋酸乙烯类乳液,在紫外线光照射下的泛黄性优于氯乙烯—偏氯乙烯共聚乳液,故是一种有发展前途的基料。

(三) 溶剂型基料

建筑装饰涂料是从溶剂型涂料发展起来的,溶剂型涂料的习惯称法仍称为油漆,但建筑装饰涂料中的溶剂型涂料与传统的油漆是有很大区别的,为了区分,本手册仍称以有机溶剂为分散介质的建筑装饰涂料为溶剂型涂料,而对化工行业的油漆则称之为油漆。

溶剂型涂料所使用的基料与水性基料有明显的不同,首先溶剂型基料以有机溶剂为分散介质,溶剂价格贵,对环境有污染,对人体健康有不同程度的危害,易燃,需按规定的要求运输、保管、贮放。此外,溶剂型涂料对涂装底材的要求较严,特别是对底材的含水率要求更高些,但是溶剂型涂料也有其自己的特点,例流平性好,光泽度高、涂装效果好等。

建筑涂料中常用的溶剂型基料有氯化橡胶类、乙烯类、聚氨酯类、丙烯酸类、环氧树脂类以及这些基料的两种或两种以上的复合类等。

根据成膜机理,溶剂型基料分转化型和非转化型两大类,前者也称双组分型涂料或双罐装涂料,在其成膜之前处于未聚合或部分聚合的状态,施工前将两种组分混合均匀,这样使之在其涂装的底材上通过固化反应(聚合反应)而成膜,像环氧树脂、聚氨基甲酸酯、聚酯等都属于这一类。后者的基料是分子量较高的聚合物,溶解在有机溶剂中,在涂料施工后,溶剂挥发,基料成膜,像氯化橡胶、乙烯、丙烯酸等都属于此类型。

1. 氯化橡胶

氯化橡胶是天然橡胶的一种氯化衍生物,由氯与天然橡胶作用而生成。即将天然橡胶溶于氯仿或四氯化碳中,在约 80~100℃ 下通过氯气就得到了氯化橡胶。作为涂料用的原料必须采用较低黏度的 (0.01~0.02Pa·s) 平均分子量在 54000~88000 之间的氯化橡胶。

氯化橡胶无毒,无味,耐水性、耐酸碱及耐候性均十分优良,具有不燃和阻燃性,并与其他树脂的互溶性良好,但耐有机溶剂性能较差,它主要用于配制溶剂型外墙涂料,也用于地面涂料。氯化橡胶的成膜是通过溶剂挥发而形成涂膜的,故属于非转化型涂料。

2. 过氯乙烯

过氯乙烯是聚氯乙烯进一步氯化的产物。具有优良的耐化学腐蚀性和耐候性,过氯乙烯涂料属于挥发性热塑性涂料,属非转化型成膜机理,在建筑涂料中常用于地面涂装。涂料用过氯乙烯树脂的含氯量一般为 61%~65%(聚氯乙烯树脂的含氯量在 65% 左右),这样其可溶性与聚氯乙烯树脂相比显著提高，常温下就可以制成各种黏度的溶液。

过氯乙烯树脂视其聚合度的不同而分为高黏度和低黏度两类，树脂的黏度越高，涂膜的耐久性、耐化学腐蚀性越好，硬度越大，但附着力和树脂的可溶性低，制造涂料一般使用低黏度型号的过氯乙烯树脂，以使制得的涂料具有适当的固体含量。过氯乙烯树脂视其外观的不同又分为干树脂和在氯苯溶剂中的树脂溶液。

用过氯乙烯树脂配制涂料时，常加醇酸树脂等其他树脂来改进光泽和附着力，加邻苯二甲酸二丁酯等增塑剂以改进柔韧性，加脂肪酸钡盐等以改进对光和热的稳定性。过氯乙烯树脂使用的溶剂是丙酮、醋酸丁酯和二甲苯等的混合溶剂。

3. 聚氨酯树脂

多异氰酸酯和多羟基化合物反应生成的聚合物称为聚氨基甲酸酯，简称聚氨酯。多异氰酸酯是一种反应活性很大的化合物，含有一个或多个异氰酸根，它能与含有活泼氢原子的化合物反应。利用这种反应可制成多种形式的聚氨酯涂料。涂料工业中常用的多异氰酸酯是二异氰酸酯，如甲苯二异氰酸酯(HDI)、(TDI)、二苯基甲烷二异氰酸酯(MDI)或己二异氰酸酯等。当二异氰酸酯和脂肪族二元醇(二羟基化合物)反应时，生成的产物是线形聚合物；当其和水或多羟基化合物(包括某些植物油、聚酯和聚醚等)反应时，产物则是交联的体型聚合物。

聚氨酯树脂基料分为单组分和双组分两大类。单组分基料又有氧固化型和湿固化型之分，氧固化型单组分聚氨酯涂料也称为氨酯和氨酯醇酸，其结构与干性油改性醇酸的类似，主链中含有氨基甲酸酯基，但不含游离的—NCO基，其干燥成膜机理是依靠干性油脂肪酸中的不饱和双键的自动氧化作用而成膜，所以称为氧固化型。在所有类型的聚氨酯涂料基料中，其性能较差。湿固化型的聚氨酯由分子末端含有异氰酸酯基的预聚物组成，这种预聚物是稍过量的二异氰酸酯与含羟基化合物反应的产物。其异氰酸酯端基能与空气中的水分作用而引起一连串的反应，导致预聚物进一步聚合形成涂膜，其涂膜的硬度、柔韧性、抗化学腐蚀性和耐磨性都较好。双组分聚氨酯涂料基料有预聚物催化固化型和预聚物羟基固化型两种，预聚物催化固化型的基料的一个组分其结构与上述湿固化型基本相似，系用过量的二异氰酸酯与含羟基化合物反应而成的预聚物，其端基含有异氰酸酯基，但该预聚物交联密度较低，游离的异氰酸酯基含量小，单靠湿固化其速度很慢，因而常用二甲基乙醇胺作为催化剂加速其固化。预聚物羟基固化型聚氨酯基料的一个组分是二异氰酸酯与多元醇的加合物(预聚物)，也可以是异氰酸酯与水反应生成的缩二脲或异氰酸酯的三聚物。另一个组分是含羟基的聚合物，如含羟基的聚酯、聚醚和聚丙烯酸酯等。当两个组分混合后，常温下即能反应形成氨酯键而交联成膜，改变异氰酸酯预聚物组分和含羟基聚合物组分之间的配比可得到具有不同性能的基料。聚氨酯树脂基料的分类见图2-1。

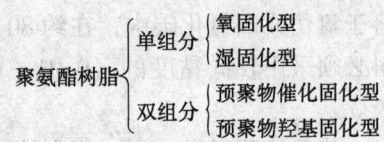

图2-1 聚氨酯树脂基料的分类

4. 丙烯酸酯类

水乳型丙烯酸酯类基料已在前面作了介绍，这里主要介绍的是丙烯酸酯类树脂溶于有机溶剂中所形成的溶剂型基料。丙烯酸酯类树脂也是溶剂型基料中很重要的一类聚合物基料。它们是甲基丙烯酸酯和丙烯酸酯类单体经游离基共聚合反应而得到的共聚物。常用的单体也是甲基丙烯酸甲酯、甲基丙烯酸丁酯、丙烯酸丁酯等，加入少量甲基丙烯酸或丙烯酸共聚,能增加共聚物涂料对底材的附着力和与颜色的湿润性。此外也能使用苯乙烯、丙烯腈等单体参与共聚以改善性能和降低成本。

丙烯酸酯类溶剂型基料与其水乳型基料相比,其涂膜的光泽、硬度和抗污染能力较强,但其可燃性和有机物的污染性大于水乳型,这亦是溶剂型基料与水乳型基料的通性。由于丙烯酸酯类树脂具有优异的耐水性、耐化学药品腐蚀性和耐候性等。丙烯酸酯类溶剂型基料主要用于配制外墙涂料,其成膜机理属非转化型。

5. 环氧树脂

环氧树脂是含有环氧基团的树脂的总称,主要有环氧氯丙烷和多酚类(双酚ム)等缩聚而成。根据不同配比和制法,可得到不同分子量的产品,低分子量的是黄色或琥珀色高黏度透明液体,高分子量的是固体。最高熔点一般是 145～155℃。溶于丙酮、环己酮、乙二醇、甲苯和苯乙烯等。环氧树脂与多元胺、有机酸酐或其他固化剂等反应变成坚硬的体型高分子化合物。无臭,无味,耐碱和大部分溶剂,对于金属和非金属具有优异的黏结力,耐热性、绝缘性、硬度和柔韧性都好,可用于制造涂料,也可用作金属和非金属材料(如陶瓷、玻璃、木材等)的胶黏剂。

我国目前使用的环氧树脂主要为双酚 A 型,市售产品有多种牌号,且分子量大小不同。环氧树脂不论其分子量大小,分子链的两端基本上都是环氧基。环氧基是一种反应性的官能基团,能发生开环反应而使环氧树脂本身进一步聚合。这就使环氧树脂有可能从热塑性的线型聚合物转化成热固性的体型聚合物。但这种开环反映十分缓慢,即使在加热时也不太快。使用某些化合物,特别是叔胺类化合物作开环催化剂时,常使用季铵盐代替叔胺盐,因为加入较多量的季铵盐固化剂而不影响施工时限。多元胺如间苯二胺也可以用作固化剂,一般说来,脂肪族多元胺的固化速度较快,能在常温下使环氧树脂固化。由于多元胺有较大的毒性和刺激性臭味,固化速度过快,又易吸潮而使涂膜泛白和附着力下降,因此目前多采用聚酰胺树脂作固化剂,它们也能使环氧树脂在室温下固化,因此是将聚酰胺树脂固化剂和环氧树脂分开包装,在使用时再将两者混合均匀。聚酰胺树脂系由植物油的不饱和脂肪酸二聚体或三聚体与多元胺缩聚而成,在常温下是黄褐色黏稠液体,分子结构中含有极性的胺基($-NH_2$)及酰胺基($-CONH$),所以性质比较活泼,不仅对环氧树脂起固化作用,还可以作环氧树脂的增韧剂,能很大程度地改善环氧树脂性脆、容易开裂的缺点。该固化剂无刺激性臭味,无毒,固化速度缓和,由于亲水性强,还可直接加入到水乳型环氧涂料中起固化作用,有利于施工操作,聚酰胺树脂与环氧树脂的固化反应,是酰胺基和环氧基的反应。

目前环氧树脂在建筑涂料生产中多数是以水乳液形式使用的,当以溶剂型基料使用时,常常是和其他树脂复合使用(例如和聚氨酯复合使用),以得到理想的涂饰效果。

第三节 着 色 材 料

用于制漆以及涂饰施工中的着色材料主要是颜料和染料。

一、颜料

颜料是涂料的次要成膜物质。

颜料是一些白色或彩色的细微粉末状态的物质,它不溶于水、油以及溶剂等介质,但能均匀地分散于其中,与基料溶液混合经研磨分散后涂于物体表面,能形成不透明颜色色层,并能遮盖基底。颜料能赋予涂膜各种特殊性能,如:遮盖力、力学性能、耐久性能、防腐与防锈等性能。

颜料的用途主要是制造色漆(如磁漆、调和漆等)和在涂饰施工时调制腻子以及在木器涂饰时的填孔剂、着色剂等。全部涂料都可依据是否含有颜料而分为清漆和色漆两大类,不含颜料的为透明清漆,含有颜料的为色漆,色漆还可分为透明色漆与不透明色漆两种,由此可见颜料是色漆的重要组成部分。

颜料品种繁多,有多种分类方法,按其来源可分为天然颜料和合成颜料;按化学成分可分为无机颜料和有机颜料;按其在涂料和涂饰施工过程中的作用又可分为着色颜料、体质颜料、防锈颜料等。

颜料品种分类参见表2-11。

颜料品种分类表 表2-11

类 别	色 别	品 名
着色颜料	红色颜料	无机颜料——银朱、镉红、钼红等 有机颜料——甲苯胺红、立索尔红、对位红等
	黄色颜料	无机颜料——铅铬黄、镉黄、锑黄等 有机颜料——耐晒黄、联苯胺黄等
	蓝色颜料	无机颜料——铁蓝、群青等 有机颜料——酞菁蓝、孔雀蓝等
	白色颜料	无机颜料——氧化锌、锌钡白(立德粉)、钛白等
	黑色颜料	无机颜料——炭黑、松烟、石墨等 有机颜料——苯胺黑等
	绿色颜料	无机颜料——铬绿、锌绿、铁绿等 有机颜料——酞菁绿等
	紫色颜料	无机颜料——群青紫、钴紫、锰紫等 有机颜料——甲基紫、苄基紫等
	氧化铁颜料	天然颜料——土红、棕土、黄土等 人造颜料——氧化铁红、氧化铁黄、氧化铁黑、氧化铁棕等
	金属颜料	铝粉(银粉)、铜粉(金粉)
防锈颜料	物理性防锈颜料	非活性——氧化铁红、铝粉、石墨 活性——氧化锌、碱性碳酸铅、碱性硫酸铅
	化学性防锈颜料	红丹、锌铬黄、铅酸钙、锌粉、铅粉、钡钾铬黄、碱性铅铬黄
体质颜料	碱土金属盐	沉淀硫酸钡(重晶石粉)、碳酸钙(大白粉、老粉、白垩)、硫酸钙(石膏)
	硅酸盐	滑石粉(硅酸镁)、磁土(高岭土,主要成分是硅酸铝)、石英粉、云母粉、石棉粉、硅藻土
	镁铝轻金属化合物	碳酸镁、氧化镁、氢氧化铝

颜料的基本特性见表2-12。

颜料的特性 表2-12

项 目	颜料的基本特性
颜料的颜色	颜料的颜色，是由于颜料对可见光中不同波长的波进行选择性吸收之结果，受结晶形状、颗粒大小及颗粒分散性能等物理性质的影响。例如氧化铁红的颜色，随着其颗粒的粒径增大而由橙红变为紫红。颜料的颜色还受照射在其上面的光线的影响。例如，在黑暗中，颜料不显任何颜色；在强烈光线下的颜色比在暗光下的显得亮；不同光源（如阳光、白炽光、荧光等）下的同一种颜料也能显示出不同的颜色 颜色的特征和差别，可以用色相（调）、亮度和饱和度（纯度）三种参数来表示。颜色可以分为消色和彩色两大类。消色的颜色是从白色经中性灰色到黑色，它是表现在反射的光的量上的不同，亦即亮度的不同。在白色与灰色之间的所有中性灰色，亮度越大越接近白色，亮度越小越接近黑色。消色以外的颜色都称之为彩色，颜色的不同可谓之其色调不同。色调的强弱是因其含消色颜色的不同而区分的，含消色颜色越多，色调就越不饱和。这种色调强弱的区别，则谓之为纯度或称饱和度的不同。凡与中性灰色差别小的，则称为弱饱和的；反之则称为饱和的。两个颜色，只有在色调，亮度和饱和度都相同的情况下这两个颜色才是完全相同的，若其中一项有差别，这两种颜色都不是相同的
着色力	颜料的着色力指一种颜料与另一种颜料混合后所显现颜色深浅的能力。例如用两种烟黑与同一种白色颜料分别配成相同的灰色时，两者所需要的白色颜料的多少是不同的，需要多的表示着色力强，需要少的表示着色力弱。再例如，当铬黄与华蓝混合时，产生各种绿色颜料，对于产生同样色调的铬绿，华蓝的用量就取决于其着色力。着色力越强，用量越少。颜料着色力的强弱，不仅取决于其性质，与其分散度也有一定关系。分散度越大，着色力越强
耐光性	有些颜料在光的作用下颜色会产生一定的变化。无机颜料长期在阳光照射下其颜色将逐渐变暗，有些颜料在阳光中的紫外线的作用下还会产生粉化现象。填料也存在着发黄、粉化的现象。外墙建筑涂料都是用于室外的，会长年累月地受到紫外线的直接照射，因而应当选用耐光性好的颜料和填料
遮盖力	颜料的遮盖力是指涂膜中颜料能够遮盖被涂饰物体使表面不再能透过涂膜而显露的能力。颜料遮盖力的强弱主要取决于折光率、吸收光线能力、结晶度和分散度等四种因素。分散在涂料基料中的颜料，其折光率和基料的折光率相等时，颜料就显得透明，不起遮盖作用。只有在颜料的折光率大于基料的折光率时，颜料才具有遮盖作用。两者的差别越大，即颜料的折光率越大，其遮盖能力越强。颜料的遮盖力不仅取决于涂层反射光的多少，也取决于其对照在涂层表面的光的吸收能力。例如，炭黑能完全吸收照射在它上面的光线，因而它的遮盖力极成。不透明彩色颜料遮盖力的强弱也取决于它们对光线的选择性吸收性能。颜料在基料中被分散得均匀，其颗粒粒径就小，比表面积增大，因而遮盖能力也就增大了。但是，颜料颗粒粒径的大小如果等于光的波长的一半时，光将透过颗粒前进而不发生折射，而使得颗粒是透明的。颜料的结晶度越高其遮盖力越强。此外，结晶形态对颜料的遮盖力也有影响。例如，同样是钛白粉，金红石型的遮盖力就高于锐钛矿型的。单斜晶型铬黄的遮盖力也就高于斜方晶型铬黄的。混合颜料的遮盖力不能根据混合物各组分的遮盖力加以加成规律计算，实际上，大多数混合颜料的遮盖力比计算值大。因此，将颜料与填料按适宜的比例混合使用不会影响其遮盖力，且有利于降低成本
分散性及适应性	所谓颜料的分散性是指呈聚集状态的颜料颗粒在涂料基料中被分散的难易程度及其分散后的分散状态，它受颜料性能、制备方法、粒径及分布等因素的影响。颜料的分散性对于颜料的遮盖力和着色力的强弱有很明显的影响，对涂膜的光泽和理化性能也有影响。关于颜料的适应性问题，这对于乳液类建筑涂料是特别重要的。由于颜料种类不同，颜料的作用也会表现出一定程度的不同，有机颜料的这种倾向则更加明显。填料也存在同样的问题
耐酸碱性	颜料（填料）的耐酸碱性对于其在建筑涂料中的使用也是一个重要的性能指标。例如，铁蓝或铬黄遇碱都会分解，$CaCO_3$ 也是不耐酸的，因而使用时应注意选择。建筑涂料有些是直接涂装于水泥墙面或石灰墙面的，因而要使用耐碱性的颜料（填料），这一点对于水性建筑涂料十分重要

颜料在涂层中的作用见表2-13。

颜料在涂层中的作用 表2-13

类别	名称	在涂层中的作用
物理性防腐颜料	氧化铁红(铁黄、铁黑)	遮盖力、着色力好,耐光、耐碱
	氧化锌(习称锌白)	遮盖力仅次于钛白和锌钡白,着色力好,耐热、耐光,不变色,不粉化,防锈力强
	铝粉(习称银粉)	能阻止周围水分渗入及防紫外线,既保护基体,又可使主要成膜物质不易脱落,在涂料中用量适当(1L中不小于0.25kg)作为中间层及面层漆,对钢铁和铝的基体有良好的保护性
	不锈钢粉	抗化学药品侵蚀性好
化学性防锈颜料	红丹(铅丹)	防锈性特好(粒度在2~10μm间),是用于铁基金属底漆的传统品种,但毒性大,逐渐少用
	酸性偏硼酸钡	可代替红丹,有防污、防毒、抗粉化和耐热等特性
	锌铬黄	用于铝、镁等金属底漆中的优良的防锈颜料,亦可用于铁基金属表面。在海洋环境中有良好的保护力,如用于海上平台;但易受热分解,不适于高温烘烤型的底漆,亦不适于化工大气中使用
	锌粉	对钢铁有阴极保护作用,亦称牺牲性防锈颜料,粒度应在10μm之内,适宜大气、工业大气和海水中使用,常和氯化橡胶、聚氨酯和水玻璃等调制成底漆,相对密度大,需加悬浮剂,或在使用前将干颜料调入漆基中
中性颜料	钛白	遮盖力强、着色力强,耐光、耐热、热碱、耐稀酸、耐候,保色、抗粉化
	重晶石粉(硫酸钡)	耐酸、耐碱、防紫外线,可使涂膜坚实耐磨,但相对密度太大,易沉底。用于底漆、腻子、耐酸漆

一般无机和有机颜料在涂料中的性能比较见表2-14。

一般无机和有机颜料在涂料中的性能比较 表2-14

性能要求	选用	选用原因
色彩鲜艳	有机	有机颜料大多具有鲜艳的色彩
不渗色	无机	无机颜料在有机溶剂中溶解度极小。但也有不溶于涂料溶剂中的有机颜料
耐光性好	无机	无机化合物中的价键对紫外线具有稳定性,通常都高于有机化合物中的价键
耐热性	无机	在300℃以上能保持稳定的有机颜料为数不多,不少有机颜料在较低的温度下就被分解或熔化
同时适用于白色和黑色漆	无机	有机颜料中没有白色和黑色。在无机颜料中有最洁白的钛白粉,也有最乌黑的炭黑
遮盖力强	无机	无机颜料一般不透明,遮盖力强。而有机颜料的透明度一般比较高
色饱和度	有机	有机颜料的色泽清澈明亮,混色时更为有利。而无机颜料略显暗涩
密度	有机	无机颜料的密度一般比有机颜料大

1. 着色颜料

着色颜料是不溶于涂料基料的微细粉末状的固体物质。将着色颜料分散在涂料中，会赋予或增进涂层的某些性能，主要用来使涂料具有各种色彩和遮盖力，按其化学成分可分为无机颜料和有机颜料两类，这两类颜料在性能和用途上有很大的区别，保护性涂料多使用无机颜料，装饰性涂料则主要用有机颜料。但这两类颜料在应用上都是很普遍的。

常用的着色颜料品种及性能见表 2-15。

建筑涂料常用着色颜料简表　　　　　　　　　　　　　　　　　　　　表 2-15

大类	色种	颜料名称及性能
无机颜料	白色无机颜料	(1) 二氧化钛(TiO_2) 二氧化钛又称钛白粉，是一种无毒、白度高、遮盖力强的合成颜料。它的化学结构稳定，在涂料工业中应用广泛，既可用于保护性涂料也可用于装饰性涂料。二氧化钛颜料有两种晶型结构，一种为金红石型，另一种为锐钛型。金红石型二氧化钛结构比较紧密，因而密度较大，折光指数高（金红石型二氧化钛折光指数为 2.7，锐钛型二氧化钛折光指数为 2.5），稳定性和耐久性好，广泛应用于室外用涂料中。由于二氧化钛有如此高的折光指数，使得它在涂膜中具有比其他任何白色颜料高得多的遮盖力。金红石型二氧化钛在光化学反应活性上是惰性的，因而在涂膜中能将吸收的光散射而使涂膜免受光照而引起降解。与此相反，锐钛型二氧化钛具有一定的光化学反应活性，用它的涂膜受阳光照射后会发生较严重的变色与粉化，因此锐钛型二氧化钛主要用于室内用涂料中 (2) 锌钡白($ZnS \cdot BaSO_4$) 锌钡白又称立德粉。其白度较高，遮盖力较强，耐碱，遇酸分解放出硫化氢，耐候性和耐光性差，光照后易变暗，因而常在室内用涂料和耐碱涂料中应用 (3) 氧化锌(ZnO) 氧化锌是合成的碱性颜料，由于它具有碱性，在酸价较高的基料中使用时能与基料反应生成锌皂。锌皂的形成会增加涂膜的机械强度，但在户外曝晒时易使涂膜变脆 (4) 铅白$[2PbCO_3 \cdot Pb(OH)_2]$ 铅白也是一种合成的碱性颜料，与酸价较高的涂料基料一起使用会生成铅皂，铅皂的生成能增加涂膜的机械强度，但铅白耐候性差很容易粉化，而且在空气中硫含量较高的地区使用时，还会因生成硫化铅而使涂膜变黑 (5) 锑白(Sb_2O_3) 锑白即氧化锑是一种惰性的合成颜料，遮盖力较强，广泛应用于防火涂料，它与含氯的树脂一起使用时，在遇到明火时能产生氯化锑蒸气覆盖于火焰之上而阻止火焰蔓延
	黄色无机颜料	(1) 铬黄($PbCrO_4$) 铬黄又称铅铬黄，具有较高着色力，遮盖力和耐光性，但有毒。多用于装饰性涂料和工业涂料，但在含硫的环境中容易变色，如接触硫化氢，则会变暗；接触二氧化硫则会漂白，铬黄能与碱性底材反应也易引起失色。铬黄是使用较广的黄色无机颜料。铬黄颜料根据它的制造条件和成分的不同，其颜色从柠檬黄到深黄之间变化 (2) 锌铬黄($ZnCrO_4$) 锌铬黄主要成分为铬酸锌，共有三种规格的锌铬黄，第一种是着色型锌铬黄，具有很好的耐光性和对碱及二氧化硫的颜色稳定性，但遮盖力较低。由于铬酸锌具有弱碱性，因此用在酸性基料中会引起漆料在贮存期间黏度增大。第二种是防腐型锌铬黄，也称单盐基锌铬黄，这种锌铬黄颜料中必须不含氯离子。在第一种着色型锌铬黄中可能存在氯离子杂质。第三种是四盐基锌铬黄，主要用于磷化底漆 (3) 氧化铁黄($Fe_2O_3 \cdot H_2O$) 氧化铁黄有天然的和合成的两种。天然的铁黄又称土黄，颜色从浅黄到暗黄棕色。合成的铁黄由于纯度较高，因此颜色较鲜，遮盖力较高。天然的与合成的两种铁黄均耐碱和有机酸，但遇无机酸会反应而失色，在高温下也会变色。氧化铁黄有吸收紫外线的功能，因而广泛用于户外涂料中能起保护作用 (4) 镉黄(CdS) 镉黄是合成的无机颜料，由于制备的工艺不同，颜色可以从浅黄到橙黄，镉黄耐热约达 500℃，并耐晒、耐碱，因此多用于耐碱和耐高温的涂料中

续表

大类	色种	颜料名称及性能
无机颜料	蓝色无机颜料	(1) 铁蓝[$KFe[Fe(CN)_6]$] 铁氰化铁钾也称普鲁士蓝,具有较高的着色力,耐晒、耐酸,但遮盖力低。遇碱或在高温条件下易分解为氧化铁,而变色 (2) 群青($3Na_2O \cdot 3Al_2O_3 \cdot 6SiO_2 \cdot 2Na_2S$) 群青为天然产品,具有较好的耐光、耐热、耐碱性。但遇酸会分解,着色力、遮盖力较差并易沉淀,因此多用于耐碱的涂料中
	红色无机颜料	(1) 氧化铁红(Fe_2O_3) 氧化铁红有天然的和合成的两种。天然的氧化铁红又称红土,含杂质较多,由于氧化铁含量不一样,其颜色也不一样,可以从橙红到深棕红,其遮盖力随氧化铁含量的增加而增加。合成铁红的纯度较高,因而遮盖力较高。这两种铁红均耐碱和有机酸,但不耐无机酸和高温,氧化铁红能吸收紫外线,因而可提高涂膜的耐候性 (2) 红丹($PbO_2 \cdot PbO$) 红丹为橘红色颜料,有毒。由于其防锈性能好所以常用来做防锈颜料
	绿色无机颜料	(1) 铅铬绿{$PbCrO_4 \cdot KFe[Fe(CN)_6]$} 铅铬绿是铅铬黄与铁蓝的混合物,根据两者比例的不同,颜色可以从草绿色变到深绿色。铅铬绿有良好的遮盖力,耐酸;但不耐碱 (2) 氧化铬 氧化铬又称氧化铬绿或铬绿,具有很好的耐光、耐热、耐酸和耐碱性能,但遮盖力低,主要用于耐化学品腐蚀的涂料和耐候性涂料中
	黑色无机颜料	(1) 氧化铁黑(Fe_3O_4) 氧化铁黑也称铁黑,其着色力较低,因此主要用于腻子、底漆和二道漆的填孔剂和着色剂,氧化铁黑具有优良的耐化学品的能力。但在高温下易氧化成氧化铁红而变成暗红色 (2) 炭黑 炭黑是烃类物质的碳化产物,原料来源以及所含杂质和制造方法不同会影响炭黑的性能,含碳量高的炭黑质地细密,色泽纯正,遮盖力、着色力较高,耐光、耐酸、耐碱、耐溶剂,能在各种涂料中应用。在涂料中应用的炭黑为色素炭黑,按炭黑的粒径和黑度分为三类:即高色素炭黑、中色素炭黑、普通色素炭黑 (3) 铬铁黑($Fe_2O_3 \cdot Cr_2O_3 \cdot CuO \cdot MnO_2$ 熔合物) 铬铁黑是由氧化铁、氧化铬绿、氧化铜、二氧化锰混合煅烧后加工而成。它不溶于水,耐晒、耐酸、耐碱、耐热,用作高温涂料和特种涂料

大类	色 种	颜料名称及性能
有机颜料	黄色有机颜料	(1) 耐晒黄 耐晒黄有两种：耐晒黄G和耐晒黄10G。耐晒黄是一种偶氮颜料，颜色从橙黄到嫩黄色，其耐晒性好，但与白颜料混用变浅色时耐晒性下降。耐晒黄溶于酮、酯和芳香族溶剂，但难溶于脂肪族烃类溶剂，所以常用于脂肪烃作溶剂的常温干燥型涂料和乳胶涂料中 耐晒黄G结构式 耐晒黄10G结构式 (2) 联苯胺黄G 联苯胺黄G是不溶性的偶氮黄颜料，遮盖力比耐晒黄好，没有毒性，耐酸、耐碱、耐热可达140℃，但耐晒性差，因此不宜应用于户外的涂料 联苯胺黄G结构式 (3) 颜料永固橘黄G 颜料永固橘黄G是一种偶氮颜料，其着色力良好，耐光、耐油、耐酸，耐热可达140℃，可用于户外用涂料 颜料永固橘黄G结构式
	红色有机颜料	(1) 甲苯胺红 甲苯胺红是一种无毒的偶氮颜料，颜色为鲜红，具有优良的耐光性、耐酸、耐碱，遮盖力高，耐热可达120℃，短时可达180℃。但甲苯胺红与白色颜料混合使用时其耐光性减低，且易退色 甲苯胺红结构式 (2) 大红粉 大红粉是一种偶氮颜料，其遮盖力较好，不溶于水、油、乙醇等，耐酸、耐碱、耐热120℃、耐光，但与白色颜料混合使用时耐光性减低，是目前国内涂料工业应用较多的一种有机红颜料 大红粉结构式

续表

大类	色种	颜料名称及性能
有机颜料	红色有机颜料	(3) 甲苯胺紫红 甲苯胺紫红是一种偶氮颜料,颜色为深紫红色,其着色力强,耐光、耐油,是涂料常用的紫红色颜料 甲苯胺紫红结构式 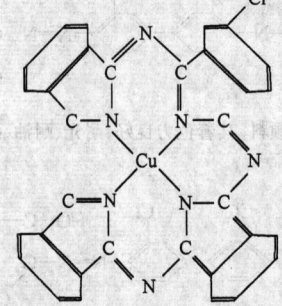
	蓝色有机颜料	酞菁蓝 BS,也称稳定型酞菁蓝 BS,颜色为深蓝色,有优良的耐热(可达 200℃)、耐光、耐酸、耐碱、耐溶剂的性能,有较高的着色力和遮盖力,且无毒,因而广泛应用于各种涂料中 酞菁蓝 BS 结构式
	绿色有机颜料	酞菁绿 G 是酞菁蓝的氯化产物,其颜色为鲜绿色,具有优良的耐光、耐热、耐酸、耐碱、耐溶剂的性能,在涂料中应用非常广泛 酞菁绿 G 结构式

各种白色颜料的性能对比见表2-16。

各种白色颜料的性能对比　　　　　　表2-16

名　称	化学成分	析光率（%）	遮盖力（g/m^2）
钛白(金红石型)	TiO_2	2.7	30.9
钛白(锐钛型)	TiO_2	2.55	39.5
钛钙白(50%)		—	55.3
钙钛白(30%)		1.98	79.6
锌钡白		1.84~2.0	168
硫化锌	ZnS	2.37	78.2
氧化锌	ZnO	1.99~2.02	227
含铅氧化锌(35%)	$ZnO, PbSO_4$	—	227
盐基性碳酸铅白	$2PbCO_3 \cdot Pb(OH)_2$	1.94~2.09	252
盐基性硫酸铅白	$2PbSO_4 \cdot PbO$	1.93	324
含硅铅白		—	378
三氧化二锑	Sb_2O_3	2.09~2.29	206

2. 体质颜料

体质颜料又称填料、填充料，是和着色颜料一样不溶于基料和溶剂的固体微细粉末，加入涂料中对涂膜没有着色作用和遮盖力。由于这些颜料的折光率低，多与涂料中作成膜物质的油、树脂接近，将其放入涂料中既不能阻止光线的透过，也不能给漆膜添加颜色，但能影响涂料的流动特性以及涂膜力学性能、渗透性、光泽和流平性等，增加涂膜的厚度和体质以及耐久性，故称体质颜料。

制造色漆主要使用着色颜料，但是由于体质颜料价格便宜，常与着色力高或遮盖力强的着色颜料配合制造色漆，以降低成本。

有些体质颜料本身密度小，悬浮力好，可以防止密度大的颜料沉淀，有的还可以提高涂膜的耐磨性、耐水性和稳定性，有的还可作消光剂。

常用的体质颜料品种及性能见表2-17。

建筑涂料常用体质颜料简表　　　　　　表2-17

类　别	颜料名称及性能
体质颜料	（1）重晶石粉和沉淀硫酸钡（$BaSO_4$） 重晶石粉是天然重晶石矿研磨粉碎后的产品，其硬度高、稳定性好、耐酸、耐碱。用化学方法合成的硫酸钡粉末与天然重晶石粉的性能相似，也可以作为填料，常称为沉淀硫酸钡。广泛应用于调和漆、底漆和腻子，其对涂料的颜色和遮盖力不会产生有害的影响，因而在涂料配方中作为填料应用，它可以增加涂膜的硬度和耐磨性能，但由于重晶石粉的密度较大，在涂料中易沉淀，因此其用量不可过大

续表

类　别	颜料名称及性能
体质颜料	(2) 滑石粉($3MgO \cdot 4SiO_2 \cdot H_2O$) 滑石粉是天然矿石粉,是片状和纤维状两种结构形态的混合物,纤维状的结构能对涂膜起到增强作用,增加涂膜的柔韧性,而片状结构可以提高涂膜的屏蔽效果,能减少水分对涂膜的穿透性。滑石粉还可以改善涂料的施工性能。因此滑石粉可以广泛应用于各种涂料中。但由于滑石矿质量各不相同,其伴生矿物成分也不同,加工工艺也有差异因此滑石粉分为几个品种,涂料应用的为涂料级滑石粉,高级涂料应使用微细滑石粉 (3) 瓷土($Al_2O_3 \cdot 2SiO_2 \cdot 2H_2O$) 瓷土又称高岭土为天然矿物,其主要成分是水合硅酸铝,为细微的鳞片状或柱状晶体结构,常在溶剂型涂料中用作填料,但用量一般不可太多,因为它的颗粒细,用量过多时对涂料的流动特性有不利的影响,但它能阻止颜料在贮存过程中发生沉降现象。瓷土还有消光作用,可用于平光底漆及半光面漆中,也可用于乳胶漆 (4) 碳酸钙($CaCO_3$) 碳酸钙有天然的和合成的两种,天然碳酸钙又称老粉、重质碳酸钙、石粉、太白粉,是天然石灰石矿粉碎研细而成。合成碳酸钙的颗粒微细,其吸油量大。天然的和合成的碳酸钙在各种底漆、腻子和乳胶漆中使用较多,由于碳酸钙不耐无机酸,因此不宜应用于酸性环境中 (5) 云母粉($K_2O \cdot 2Al_2O_3 \cdot 6SiO_2 \cdot 2H_2O$) 云母是片状的硅酸铝钾天然矿物,经粉碎研磨成为云母粉,其结构为片状,有优良的屏蔽效应,能显著的减少水在涂膜中的穿透性能。因而可以提高涂膜的防腐蚀性能和减少漆膜开裂和粉化,同时还可提高涂膜的耐候性。近几年来研制成功的珠光云母粉可应用于制造闪光涂料 (6) 石英粉(SiO_2) 石英粉是由天然石英石研磨制成,其结构为三方晶系,常成六方柱和六方双锥形晶体。其性能较稳定,耐酸、耐磨,常在耐酸和耐磨涂料中作为填料使用

3. 防锈颜料

防锈颜料在涂料中所起的作用是能增加涂膜对金属的防锈蚀作用。按其颜料的材质可分为无机盐防锈颜料和金属粉防锈颜料两大类。

无机盐防锈颜料在涂料中的作用是缓蚀剂,常用于各种防锈底漆中。含铅和含铬酸盐的无机颜料是常用的防锈颜料,但由于它们是有毒性又对环境有污染,从环境保护出发应尽可能不用或少用,现已研制出新型的毒性较小或无毒性的(如磷酸锌)防锈颜料。金属粉防锈颜料主要有锌粉、铝粉、铅粉、不锈钢粉等几种,由于铅粉毒性较大,不锈钢粉价格较贵,我国目前均很少使用。防锈颜料品种及性能见表2-18。

建筑涂料常用防锈颜料简表　　　　　表2-18

类　别	颜料名称及性能
无机盐防锈颜料	(1) 红丹($PbO_2 \cdot 2PbO$) 红丹是一种橘红色的防锈颜料,由于红丹具有碱性,因此能与基料中的羧基反应形成铅皂,铅皂既具有缓蚀作用又能增加涂膜强度,但铅皂在涂料贮存过程中能使涂料增稠,黏度增大。红丹由于毒性较大,在涂料生产和施工时对工作人员身体有危害,目前使用量已减少,而被其他防锈颜料所替代

续表

类　　别	颜料名称及性能
无机盐防锈颜料	(2) 铬酸锌(钾)[$K_2CrO_4 \cdot 3ZnCrO_4 \cdot Zn(OH)_2$] 　　铬酸锌的防锈作用是由于能渗出铬酸根离子,起缓蚀作用。但在含氯的环境中它的防锈作用就大为减弱。铬酸锌是碱性物质,因此在酸性基料中不宜使用 (3) 磷酸锌[$Zn_3(PO_4)_2$] 　　磷酸锌是一种白色无毒的中性防锈颜料,可以在各种基料中使用,是有发展前景的新型防锈颜料 (4) 四盐基铬酸锌[$ZnCrO_4 \cdot 4Zn(OH)_2$] 　　四盐基铬酸锌是一种黄色的防锈颜料,主要用于磷化底漆,涂于钢铁表面可起防锈作用,并可提高涂层的附着力。四盐基铬酸锌的水溶性比铬酸锌低,其防锈作用主要是由于铬酸根离子的缓慢释放的结果 (5) 碱式硅铬酸铅($PbO \cdot CrO_3 \cdot SiO_2$) 　　碱式硅铬酸铅是一种橙色防锈颜料,其防锈作用主要是由于铬酸根离子的渗出和铅皂的形成。它的化学组成中含有铅,但它的毒性比红丹小 (6) 铅酸钙($2CaO \cdot PbO_2$) 　　铅酸钙含量较高时为白色,在含有杂质时为米色,它有毒性,是一碱性物质,与有一定酸价的树脂基料反应能生成铅皂,铅皂有防锈作用,其特别适用于镀锌钢板防锈 (7) 其他防锈颜料 　　由于环境法规的强化,一些含铅的有毒颜料,已被近几年来研制的低毒或无毒防锈颜料所代替。如:磷酸钙、钼酸钙、磷酸镁、磷酸钙、钼酸锌、偏硼酸钡、铬酸钡等。这些颜料可以单独使用,也可以与其他防锈颜料配合使用,实验证明几种防锈颜料配合使用其效果更佳。特别指出云母粉与防锈颜料一起使用能提高防锈颜料的防锈效果
金属粉防锈颜料	(1) 锌粉 　　锌的电极电位比铁低,根据金属的电化学腐蚀原理,把锌作为阳极用来防止钢铁的腐蚀,此方法称为阴极保护。因此常用锌粉配制富锌底漆 (2) 铝粉 　　涂料用的铝粉有浮型和非浮型两种,浮型铝粉的表面经过表面活性剂处理,在涂料成膜时能浮到涂膜表面平行排列。非浮型铝粉没有这种性能,常用来配制锤纹漆和金属闪光涂料 (3) 不锈钢粉 　　由于不锈钢粉不会生锈,将不锈钢粉加入涂料作为填料使用,可具有防腐作用和装饰效果

二、染料

染料是一些能使纤维或其他物料相当坚牢着色的有机物质。

大多数染料的外观形态是粉状的(细粉或超细粉),少数有粒状、晶状、块状、砂状等,染料的外观颜色有的与染成的色泽相仿,有的则与它们染色后的色泽是完全不同的。

染料不同于颜料,一般可以在水、油或有机溶剂中溶解,因此也称作可溶性着色物质。当溶于清漆中,可制作着色透明清漆,当配成染料水溶液或染料溶剂性溶液时,可用于透明涂饰时的基材着色或涂层着色。

染料品种极为繁多,按其来源可分为天然染料与合成染料两类,目前使用的大多为合成染料,木器涂饰常用的染料品种性能见表2-19。

木器涂饰常用染料品种性能

表 2-19

类别	特点	品种	性能
酸性染料	其分子结构中含有酸性基团（磺酸基或羧酸基）。当染毛、丝等纤维时，需在酸性条件下进行染色。酸性染料色谱齐全，色泽鲜艳，耐光性高，溶解性好，易溶于水与乙醇，其染液可用于木材表面与深层染色以及涂层着色。是国内外木材应用较多的染料	酸性橙Ⅰ（金黄粉、酸性金黄）	为鲜艳金黄色粉末。易溶于水和乙醇，水溶液呈红光黄色，乙醇溶液呈橘红色，多用于调配水色
		酸性嫩黄 G（酸性淡黄）	浅黄色粉末。易溶于水和丙酮，也溶于乙醇，微溶于苯。水和乙醇溶液呈黄色，可用于调配水色
		酸性红 B（酸性枣红）	暗红色粉末。易溶于水呈紫红色，溶于乙醇呈红色溶液，微溶于丙酮，可用于调水色与酒色
		酸性红 G（酸性大红）	红色粉末。易溶于水，水溶液呈大红色，微溶于乙醇，多用于调水色
		酸性黑 10B（酸性元青 10B）	系青光黑，外形为深棕色粉末。易溶于水呈蓝黑色，溶于乙醇呈深蓝色，微溶于丙酮
		酸性黑 ATT（酸性元青 ATT）	系由 70% 的酸性黑 10B 与 30% 的酸性橙Ⅱ拼混而成。外形为棕色粉末，溶于水呈黑色溶液
		黄纳粉	棕黄色粉末，是由酸性橙、酸性黑与酸性嫩黄混合配成，并加栲胶与硼砂等。易溶于水，微溶于乙醇，常用于调配水色进行基材与深层着色
		黑纳粉	棕红色粉末，是由酸性橙、酸性红与酸性黑混合配成，并加栲胶与硼砂等。性能、用途同黄纳粉
碱性染料	原名盐基染料，其分子结构中含有碱性基团，其化学性质属于有机化合物的碱类。碱性染料颜色浓而鲜艳，耐光性较差，易溶于热水（不宜用沸水）与乙醇，多配成乙醇或虫胶漆溶液（酒色）。用于木材或涂层着色，对含单宁木材染色效果好	碱性嫩黄（槐黄、品黄）	黄色粉末。易溶于热水和乙醇，难溶于冷水，溶液呈黄色，多用于调酒色
		碱性橙（盐基金黄、杏黄）	有红褐色砂粒状的俗称橙砂；有带绿色光泽的黑色块状晶体俗称块子金黄。溶于热水中呈橙红色，溶于乙醇中为橙黄色，微溶于丙酮
		碱性红（品红）	为深红色块状或黄绿色结晶粒状。溶于水呈红紫色，易溶于乙醇呈红色
		碱性绿（品绿、孔雀绿）	带绿色金属光泽的大块晶体或片状。易溶于水，水溶液呈蓝光绿色，溶于乙醇呈绿色
		碱性棕（盐基棕）	深棕色粉末。易溶于水呈棕色溶液，微溶于乙醇
分散性染料	分子结构中不含水溶性基团。在水中溶解度极小，但能分散在水中。需用专门溶剂配成溶液。用于木材与涂层着色，色泽鲜艳、耐热、耐光	分散红 3B	紫褐色粉末。能溶于丙酮呈红色溶液
		分散黄 RGFL	土黄色粉末。能溶于丙酮、乙醇或苯中呈带红光的黄色
		分散黄棕 H2R	橙红色粉末。不溶于水，微溶于乙醇，溶于丙酮，有优良的染色性能与耐光性

续表

类别	特点	品种	性能
油溶性染料	是一些可溶于油脂和蜡或兼溶于其他有机溶剂而不溶于水的染料	油溶烛红（烛红）	纯品为暗红色粉末，能溶于油脂、蜡、苯酚和乙醇等。不溶于水，具良好的耐热、耐酸碱性能
		油溶橙（油溶黄）	黄色粉末。不溶于水，能溶于油脂、乙醇和其他有机溶剂，能耐酸碱
		油溶黑	黑色粉末。不溶于水，微溶于乙醇、苯和甲苯，易溶于油酸和硬脂酸，有良好的耐光和耐酸碱性
醇溶性染料	是一些能溶于醇类或其他类似的有机溶剂而不溶于水的染料	醇溶耐晒火红 B	红色粉末。微溶于水，易溶于醇类，其溶液呈红色
		醇溶耐晒黄 GR	黄褐色粉末。不溶于水，易溶于醇类，溶液呈深黄色，有优异的耐光性
		醇溶黑（醇溶苯胺黑）	灰黑色粉末。不溶于水，易溶于乙醇，溶液呈浅蓝黑色

第四节 助 剂

涂料助剂可以改进涂料的生产工艺，提高涂料的质量，赋予涂料特殊功能，改善涂料的施工条件。在主要成膜物质相同的情况下，加入涂料助剂与不加入涂料助剂的会在质量与性能上出现差异，它是涂料的辅助成膜物质，是涂料不可缺少的组成部分。目前涂料品种很多，助剂的使用和选择是根据涂料和涂膜的不同要求而决定的。

根据助剂对涂料和涂膜所起作用的不同，可以分为以下四种类型：

(1) 对涂料生产过程发生作用的助剂，如润湿分散剂、消泡剂、乳化剂；

(2) 对涂料贮存过程中发生作用的助剂，如防结皮剂、防沉淀剂等；

(3) 对涂料施工成膜过程中发生作用的助剂，如流平剂等；

(4) 对涂膜性能发生作用的助剂，如增塑剂、消光剂、防霉杀菌剂、光稳定剂、增稠剂、成膜助剂等。

一、润湿分散剂

凡能改善颜料、填料在分散介质（水或有机溶剂）中的分散稳定性的物质称为润湿分散剂，其主要作用是将颜料、填料的二次粒子（凝聚粒子）解聚和分散成一次粒子，并保持其不再凝聚。

通常将有助于起解聚和分散作用的助剂称为分散剂，将有助于保持分散稳定性的助剂称为润湿剂。但二者的作用有时则很难区分，有的助剂兼有润湿和分散的功能。

润湿分散剂大部分是表面活性剂，表面活性剂分子一般是由非极性的亲油的碳氢链部分和极性的亲水的基团构成，两部分分别处于分子的两端，形成不对称的、亲油-亲水分子结构。根据表面活性剂在水中离解度，可分成离子型和非离子型。离子型的又可分成阳离子型、阴离子型和两性的表面活性剂。另外还有一种电中性的表面活性剂和最近出现的一种具有超分散能力的高分子分散剂。

溶剂型涂料常用的分散剂见表 2-20；水性涂料常用的润湿分散剂见表 2-21。

溶剂型涂料常用分散剂　　　　　表 2-20

商品名称	组成	制造公司	离子型	状态	有效成分（质量分数）(%)	主 要 用 途
Anti-Terra-V	长链多氨基酰胺和高分子酸酯的盐	德国 BYK 公司	电中性	清澈浅褐色液体	49～51	主要用于面漆,适合于所有的无机和有机颜料的润湿分散,对环氧和聚氨酯高固体分涂料有非常好的润湿分散作用。按颜料量计:有机颜料使用量为 1.0%～5.0%,无机颜料为 0.2%～2.0%;总漆量的 0.1%～1.0%
Anti-Terra-P	长链多氨基酰胺磷酸盐	BYK 公司	阳离子型	清澈浅褐色液体	39～41	对氧化铁、铬系颜料、镉系颜料、重晶石粉、碳酸钙等颜料在醇酸、氨基、氯化橡胶改性醇酸中使用具有良好的润湿分散作用,同时具有防沉淀作用。按颜料量计:有机颜料为 1.0%～1.5%;无机颜料为 0.2%～2.0%;总漆量的 1%～1.5%
Anti-Terra-203	高分子聚羧酸的盐	BYK 公司	电中性	浅褐色液体	49～52	用于双组分涂料中不影响使用寿命。用于底漆中,在铬酸锌漆中加入 2%有极好的防沉淀、防流挂性,可以和膨润土混用,为膨润土的 30%～50%。在漆中使用,按颜料使用量计,无机颜料量为 0.5%～1.5%
BYK-P-104 BYK-P-104S	高分子不饱和的聚羧酸	德国 BYK 公司	阴离子型	浅褐色液体	49～51	可在大多数涂料中应用,在钛白和着色颜料同时使用时可防浮色、发花并防止碱性颜料碳酸钙的沉淀。P-104S 含有机硅树脂,有良好流平性。无机颜料使用量为 0.5%～2.5%,总漆量为 0.1%～1.0%
CP-88	磷酸酯盐		阴离子型	棕褐色粘稠液体		适用于多种涂料的多数颜料的润湿分散作用,具有良好的防沉淀作用。无机颜料用量为 0.3%～0.8%,总漆量为 0.2%～0.5%
PD-85	脂肪酰二乙醇胺		非离子型	粘稠液体		对铁蓝、炭黑具有较好的润湿分散效果,使用量为颜料量的 0.5%～1%
TC-1	三异硬脂酰基钛酸异丙酯		偶联剂单烷氧基型	棕色液体	100	对铁红、中铬黄、钛白等有一定分散效果,用量为颜料量为 0.5%～1.0%
Texaphor-963	聚羧酸和胺的衍生物的盐	Henkel 公司	电中性盐	清澈的棕色液体		对钛白、立德粉、氧化铬绿、氧化铁等无机颜料及甲苯胺红、汉沙黄、酞菁蓝、绿等有机颜料及高岭土、沉淀硫酸钡、重晶石粉等具有较好润湿分散性,用量为颜料量为 0.1%～2.0%

水性涂料常用的润湿分散剂　　　　表 2-21

商品名称	组成	制造公司	离子型	状态	浓度(质量分数)(%)	主要用途
DA 系	聚羧酸盐		特种阴离子型	液体	40	对钛白、高岭土、碳酸钙、硫酸钡、滑石粉、氧化铁、氧化锌、立德粉等有良好分散效果
TD-01	聚丙烯酸钠盐		阴离子型	液体	40	对钛白、高岭土、碳酸钙、硫酸钡、滑石粉、氧化铁、氧化锌、立德粉等有良好的分散效果
PD	萘磺酸钠的缩合物		具有活性基的高分子化合物	粉末		用于苯丙乳胶漆中炭黑分散
SN-Dispersant-5040	聚羧酸钠盐	Henel 公司	特种阴离子型	浅黄色透明黏稠液体	40	乳胶涂料中钛白及体积颜料的润湿分散
Lomar D	萘磺酸盐缩聚物	Henel 公司	具有活性基的高分子化合物	棕色粉末	84	用于炭黑、碳酸钙等颜料的分散
Tamol 731	二聚异丁烯顺丁烯二酸钠盐	Rohm & Haas 公司	阴离子型聚电解质	液体	25	可用于多种颜料的润湿分散
SMB	苯乙烯顺酐丁醇半酯化合物		低分子量的化合物	白-浅黄色粉末		对氧化锌等碱性颜料具有较好的分散效果，还可用于各种颜料
六偏磷酸钠	$(NaPO_3)_6$		聚电解质	白色粉状结晶		用于乳胶漆中的颜料分散

二、消泡剂

建筑涂料特别是水性涂料，在生产过程中极易产生气泡，涂料的泡沫不仅给生产和施工带来麻烦，而且会使涂料的质量受到影响，因此必须使用消泡剂来抑制泡沫的产生和消除泡沫。消泡剂在涂料中的使用量不大，但它专用性强，可用作消泡剂的物质则较多。组成消泡剂的主要物质见表 2-22。

组成消泡剂的主要物质   表 2-22

种　类	名　　　称
低级醇系	甲醇、乙醇、异丙醇、仲丁醇、正丁醇等
有机极性化合物系	戊醇、二丁基卡必醇、磷酸三丁酯、油酸、松浆油、金属皂、HLB值低的表面活性剂（例：缩水山梨糖醇月桂酸单酯、缩水山梨糖醇月桂酸三酯、聚乙二醇脂肪酸酯、聚醚型非离子活性剂）、聚丙二醇等
矿物油系	矿物油的表面活性剂配合物、矿物油和脂肪酸金属盐的表面活性剂配合物等
有机硅树脂系	有机硅树脂、有机硅树脂的表面活性剂配合物、有机硅树脂的无机粉末配合物

水性涂料用消泡剂有在水中难溶的矿物油、萜烯油、脂肪酸低级醇酯、高级醇、高级脂肪酸、高级脂肪酸金属皂、高级脂肪酸甘油酯、高级脂肪酸酰胺、高级脂肪酸和多乙烯多胺的衍生物、聚乙二醇、聚丙二醇、丙二醇与环氧乙烷的加聚物、乙二醇、有机磷酸酯、有机硅树脂、改性有机硅树脂、二氧化硅与有机硅树脂配合物等。溶剂型涂料用消泡剂多为有机溶剂中难溶的低级醇、高级脂肪酸金属皂、低级烷基磷酸酯、有机硅树脂、改性有机硅树脂等。在使用有机硅树脂作消泡剂时，为防止缩孔或陷穴的产生，多采用改性的或乳化的有机硅树脂。

常用的消泡剂有磷酸三丁酯等品种，其特点见表 2-23。我国水性涂料近几年来发展很快，故专用的消泡剂其研究也有了一定的发展，性能较好的品种有 SPA-102、SPA-202 等，其特点见表 2-24。国外消泡剂的品种较多，其主要产品见表 2-25～表 2-28。

常用消泡剂的特性   表 2-23

名　称	特　　　性
松油醇	松油醇分子式为 $C_{10}H_{17}OH$，属多元醇类消泡剂。其价格不贵，但消泡效果不佳，用量约为涂料量的 2%～5%。目前已较少使用
磷酸三丁酯	磷酸三丁酯的分子式为：$(CH_2CH_2CH_2CH_2O)_3PO$，属有机磷酸类，是一种无色无味的液体，稍溶于水，溶于有机溶剂，低毒。其消泡效果十分明显，用量也较低，一般为涂料总量的 0.5%，因其易购，用量低，价格适中，是目前应用较为普通的一种消泡剂 其缺点是抑制泡沫产生的能力较差，因而在加入后不能再强烈搅拌，否则泡沫还会重新产生
乳化甲基硅油 乳化苯甲基硅油	属低分子量的有机硅聚合物乳液。其特点是无毒，无味，用量少，消泡效果好，用量一般为乳液（基料）量的 0.05%～0.1% 其缺点是价格较贵，另外，如使用不当会引起涂料的附着力下降和再涂性差

消泡剂主要品种   表 2-24

商品名称	组　成	特　　点	主要用途
SPA-102	醚酯化合物有机磷酸盐的复配物	不产生缩孔，无不良副作用	可用于乳胶涂料
SPA-202	硅、酯、乳化剂等的复合型	用量少，效率高，消泡持久性强，无不良副作用，可改善涂刷性	可用于苯丙、乙丙、纯丙等各种乳液和乳胶涂料，也可用于聚乙烯醇内外墙涂料
201 甲基硅油	聚甲基硅醚	无色透明液体	可用于溶剂型涂料及水性涂料的消泡剂、润湿剂，用量为总漆量的 0.1%～0.5%

消泡剂（日 San Nopco 公司） 表 2-25

商品名称	性　质			特　点	用　途			
	消泡性	水分散性	缩孔程度		醋酸乙烯乳液	丙烯酸乳液	水溶性高聚物	乳胶
Foamaster AP	B	A	A	可广泛应用	√	√		√
Foamaster VL	A	B	B	广泛使用	√	√	√	√
NOPCO 8034	A	B	B	所有水性体系有效	√	√	√	√
NOPCO 8034-L	A	A	B	8034 的分散性改进产品	√	√	√	√
SN-Defoamer 113	A	B	B	8034 的抗耐候性改进产品	√	√	√	√
SN-Defoamer 154	A	C	B	持效性特别好	√	√	√	√
SN-Defoamer 414	A	B	B	154 的分散性改进产品	√	√	√	√
SN-Defoamer 456	A	C	B	水性漆的高效消泡剂	√	√	√	√
NOPCO DF-122-NS	B	B	B	特别适用于水溶性漆	√	√		
NOPCO NX2	A	B	B	丙烯酸系有效、破泡性好		√		

注：1. 有√记号为适用。
2. 消泡性：A—特别好；B—优良；C—好。
3. 水分散性：A—水中分散良好；B—水中可分散；C—水中不分散。
4. 缩孔程度：A—无缩孔；B—微有缩孔；C—有缩孔。

消泡剂（英国 Bevaloid Ltd 公司） 表 2-26

商品名称	组　分	状　态	用　途
Bevaloid 667	复合物	不透明液体	聚醋酸乙烯乳液
Bevaloid 6371	复合物	不透明浅色凝胶	苯乙烯、丙烯酸、聚醋酸乙烯乳液
Bevaloid 618F	复合物	不透明灰白色液体	聚醋酸乙烯均聚物、聚醋酸乙烯酯-丙烯酸、聚醋酸乙烯酯-烯烃、苯乙烯-丙烯酸、纯丙烯酸和聚氯乙烯的乳胶漆
Bevaloid 581B	100％活性物	白色液体	聚醋酸乙烯酯均聚物、三光聚合物乳化体系
Bevaloid 680	表面活性剂复合物	浅棕色透明液体	丙烯酸,苯乙烯/丙烯酸系列
Bevaloid 6223	复合物	不透明液体	聚偏二氯乙烯,聚醋酸乙烯丙烯酸
Bevaloid 6420	复合物	清亮液体	大部分非水体系
Bevaloid 311M	复合物	清亮液体	大部分非水体系
Bevaloid 6537	有机硅	不透明液体	大部分非水体系
Bevaloid 6236	复合物	不透明液体	聚氨酯、聚酰胺、不饱和聚酯

有机溶剂型涂料用消泡剂（德国 BYK 化学公司）　　表 2-27

基料	长油度醇酸气干丙烯酸系	中油度醇酸气干丙烯酸共聚体	短油度醇酸氯化橡胶	双组分聚氨基甲酸酯、聚氯乙烯共聚体醇酸/脲树脂、醇酸/三聚氰胺、丙烯酸/三聚氰胺	硝基纤维素
溶剂	脂肪族碳氢化合物	脂肪族、芳香族碳氢化合物	芳香族碳氢化合物		
用途	装饰涂料、内墙涂料机械用涂料			防腐涂料、工业涂料、汽车涂料、木器涂料	
BYK-051/052/053	√	√	√	√	√
BYK-065/BYK-0	√				
BYK-070		√	√	√	
BYK-080	√		√	√	
BYK-141			√	√	√

注：有√记号为适用。

水性涂料用消泡剂（德国 BYK 化学公司）　　表 2-28

基料	丙烯酸共聚体 醋酸乙烯共聚体		纯丙烯酸系 丙烯酸共聚体	胺中和醇酸 醇酸乳液	硅酸盐
用途	内用漆	外墙涂料 高质量内用漆	有光/半光乳胶漆	工业用水性漆	硅溶胶涂料
BYK-W	√	√			√
BYK-031	√	√		√	√
BYK-035		√			
BYK-040		√			
BYK-069				√	
BYK-073			√		
BYK-020				√	
BYK-080				√	

注：有√记号为适用。

消泡剂在使用时，一方面要特别注意掺入量，其掺量一般以能消除泡沫为准，另一方面要分散均匀。这两个方面如控制不好都会使涂料产生缩孔、缩边、花脸等现象，严重影响涂料的质量和装饰效果，同时也可能造成涂料的涂刷性差、再涂性差等问题。

三、乳化剂

乳化剂也是表面活性剂。不论以乳液聚合法制备的合成树脂乳液，还是经后乳化工艺生产的乳化型树脂乳液，都不可缺少浮化剂的作用。

乳化剂的品种繁多，各类乳化剂均含有两类性质不同的部分，即亲水或疏油的极性基团与亲油或疏水的非极性基团。因此乳化剂分类，通常是根据乳化剂在水溶液中能否解离，将乳化剂分为两大类型：一类是离子型乳化剂；另一类是非离子型乳化剂。

离子型乳化剂可分为阴离子型乳化剂、阳离子型乳化剂和两性离子乳化剂。两性离子乳化剂的结构形式有3种,第一种是阴离子活性基和阳离子活性基,第二种是阴离子活性基与非离子活性基,第三种是阳离子活性基与非离子活性基的乳化剂,多数是第一种结构。

非离子型乳化剂则可分为醚型和酯型两类。

乳化剂的品种很多,选择使用什么品种的乳化剂是非常重要的,选择乳化剂首先选用离子型乳化剂,因为它可以赋予分散粒子以静电荷,产生静电排斥作用,而使乳液分散稳定性好;选择与被乳化物质结构相似的乳化剂可以增强乳化效果;选择的乳化剂若能溶于被乳化物质就会提高乳化效果;另外采用阴离子型乳化剂与非离子型乳化剂混用可以取得更好的乳化效果和乳液的稳定性;所用的乳化剂不应对乳液聚合反应有干扰,并应具有良好的聚合稳定性和贮存稳定性。

常用的乳化剂见表2-29。

常用乳化剂　　　　　表2-29

商品名	成　　分	性　能　与　用　途
乳化剂EL	聚氧乙烯蓖麻油	黄棕色膏状物,pH值7,可用于各种乳液的制备,用量为单体量的0.5%～6%
SAS	烯烃磺酸钠 R-SO$_3$Na R = C$_{16}$H$_{33}$ 阴离子表面活性剂	微黄色透明液体,水溶性好,活性物28±1%
AES	脂肪醇聚氧乙烯醚磺酸钠 RO(CH$_2$CH$_2$O)$_3$-SO$_3$Na R = C$_{12}$-C$_{14}$ 阴离子表面活性剂	浅黄色黏稠液体,易溶于水,多与非离子型乳化剂并用,pH值7～9.5,活性物30%～70%
LAS	烷基苯磺酸钠 R-⌬-SO$_3$Na R = C$_{12}$H$_{35}$ 阴离子型	白色浆状物,溶于水,pH值7～9,活性物40%
S-60(Span-60)	失水山梨醇硬脂酸酯 非离子型表面活性剂 (结构式)	棕黄色蜡状物,溶于热油和多种有机溶剂,不溶于水,无毒,无味,用量为总量1%～6%
OP-10	聚氧乙烯烷(芳)基酚醚 R-⌬-O-(CH$_2$CH$_2$O)$_{10}$H 非离子型表面活性剂	浅黄色黏稠物,可溶于水,可与各类表面活性剂混用,pH值6～7.5,为树脂聚合乳化剂
OS	聚氧乙烯烷基酚醚二元脂肪酸酯阴离子型表面活性剂	黄色透明液体,用于乳胶漆,用量为1%～6%

四、pH 值调节剂

pH 值调节剂的作用是将涂料的 pH 值调节至 7~8，以利涂料与 pH 值呈碱性的水泥砂浆或石灰基层稳定黏结。

常用的 pH 值调节剂有氢氧化钠、氨水、碳酸氢钠等。

五、防结皮剂

气干型涂料在使用及贮存过程中的结皮原因，首先是溶剂的挥发，再是表面氧化聚合而胶凝。初期的胶凝尚可通过搅拌过滤恢复原来的流动状态，但到最后皮膜增厚全部成为固态即无法使用，所以必须采用适宜的防结皮剂在不损害涂料性能的情况下，有效地防止结皮。

防结皮剂有两类，酚类和肟类，但酚类对涂料的干性有影响，用量稍大就会造成涂膜不易干燥，而且酚类化合物易使涂膜泛黄，并与铁反应呈棕色，还有刺激味，因此涂料一般不采用酚类防结皮剂。

具有 $-C=NOH$ 的化合物统称肟类，常用的肟类防结皮剂有甲乙酮肟、丁醛肟和环己酮肟等，其防结皮作用是由于肟类化合物具有抗氧化作用。

六、防沉淀剂

防止涂料颜料沉降是一涉及流变学的问题，常用的防沉淀剂有有机膨润土、气相二氧化硅、硬脂酸锌、硬脂酸铝、聚乙烯蜡等。主要产品及性能用途见表 2-30。

防沉淀剂主要品种 表 2-30

商品名	成分	性能与用途
TF4604A 和 TF4604B 有机土	有机膨润土	灰白色粉末，可用于各种色漆及底漆，具有触变、防沉作用。用量为总漆量的 0.1%~1.0% 动力黏度 TF4604A 为 300Pa·s TF4604B 为 500Pa·s
TF4611 有机土	有机膨润土	灰白色粉末，可用于各种溶剂型漆，具有触变、防沉作用。用量为总漆量的 0.1%~1.0% 动力粘度为 1200Pa·s
801 有机膨润土	有机膨润土	灰白色粉末，可用于各种溶剂型涂料，具有触变、防沉作用。用量为总漆量的 0.1%~1.0%
881 有机膨润土	有机膨润土	白色或灰白色粉末，可用于各种溶剂型涂料。具有触变、防沉作用。用量为颜填料量的 1%~5%
B2P 膨润土	有机膨润土	浅灰白色粉末，用于各种溶剂型涂料，具有触变、防沉作用，用量为 0.1%~1.0%
40 膨通	H 型有机蒙脱土	白色粉末，可用于各种溶剂型涂料，具有触变、防沉作用，用量为总漆量的 0.1%~1.0%
GT 100 超细氧化硅凝胶		流动性白色粉末，可用于环氧、环氧沥青等原浆型涂料的增稠、防沉、触变，用量为总漆量的 2%~3%

续表

商品名	成 分	性 能 与 用 途
CP-88防沉剂	磷酸酯	为棕色黏稠液体,适用于溶剂型涂料,可用于无机颜料润湿、分散,用量为颜填料量的0.6%～1.2%
硬脂酸锌	硬脂酸锌	为白色粉末,可用于溶剂型涂料的润湿防沉剂和平光剂
硬脂酸铝	硬脂酸铝	为白色粉末,可用作润湿防沉剂和消光剂
防沉剂201	聚乙烯酯	为半透明白色流动糊状物,用于油性漆各种溶剂型的气干、烘干涂料,特别适用于浸渍涂装,用量为总量的1.0%～6.0%

七、流平剂

涂料经涂装后能够达到平整、光滑涂膜的特性称为涂料的流平性。改善涂料流平性的助剂称之为流平剂。这类助剂一般均具有消除涂膜的缩孔和"鱼眼",改善底材润湿性,改进涂料流平性能和均涂性能。

溶剂型建筑涂料常用的流平剂主要有溶剂型、长链丙烯酸酯和醋酸丁酸纤维素有机长链硅树脂三类。其常用产品见表2-31。

国内、外溶剂型涂料流平剂产品介绍　　　　　表2-31

商品名称	主要成分	性 能 特 点	主 要 作 用	生产厂商
Modaflow树脂	丙烯酸共聚物	外观黏稠,灰黄色液体;活性物100%;黏度60～160 Pa·s;溶剂无;闪点137℃;折射率1.47	改进流平性和均涂性能;消除涂膜缩孔和"鱼眼";减少涂膜桔皮和针孔;改善底材润湿;利于空气释放,保持或增加底材重涂和附着性;有助于颜料分散	Monsato公司(美国)
Multiflow树脂	丙烯酸共聚物	外观 淡黄色液体;活性物50%;黏度<0.1Pa·s;溶剂二甲苯;不挥发分47%～53%;闪点27℃;折射率1.5	改进流平性和均涂性能;消除涂膜缩孔和"鱼眼";减少涂膜桔皮和针孔;改善底材润湿;利于空气释放,保持或增加底材重涂和附着性;有助于颜料分散	Monsato公司(美国)
流平剂466	非离子改性硅油	外观 淡黄色液体;活性分50%;溶剂 二甲苯-丁基溶纤剂;闪燃点 约37℃	具有高度界面活性,对底层润湿性良好,可消除涂膜缩边,能显著提高光滑性,提高光泽	深圳光华实业公司
流平增光剂THN	高沸点化合物	外观 透明液体;活性分100%;相对密度0.962～0.972;沸点200～209℃	控制表面溶剂的挥发速度,改善流动性,消除桔皮、缩边,提高涂膜光泽,可预防高湿度引起的发白	深圳光华实业公司

续表

商品名称	主要成分	性能特点	主要作用	生产厂商
CAB-35-1	醋酸丁酸纤维素	外观 白色颗粒状;丁酰基含量35%;水解度0.5~1	消除涂膜缩孔,改善流平性,增强涂层黏结力	无锡化工设计院
Modaflow 2100	丙烯酸共聚物	外观 灰黄色液体;活性物100%;粘度 4~12Pa·s;闪点137℃;溶剂无;折射率1.5	改进流平性和均涂性能;消除涂膜缩孔和"鱼眼";减少涂膜桔皮和针孔;改善底材润湿;利于空气释放,保持或增加底材重涂和附着性;有助于颜料分散	Monsato公司(美国)
CAB-381-0.1	醋酸丁酸纤维素	丁酸基含量37%;乙酰基含量13%;羟基含量1.5%;游离酸(以醋酸计)0.03%;灰分0.01%;相对密度1.20;玻璃化温度123℃;平均分子量20000	有助于消除涂膜缩孔;缩短干燥时间,改善颜料控制和涂层间黏结	EAST-MAN公司(美国)
CAB-381-0.5	醋酸丁酸纤维素	丁酸基含量37%;乙酰基含量13%;羟基含量1.5%;游离酸(以醋酸计)0.03%;灰分0.01%;相对密度1.20;玻璃化温度130℃;平均分子量30000	有助于消除涂膜缩孔;缩短干燥时间,改善颜料控制和涂层间黏结	EAST-MAN公司(美国)
Pernol S4	聚硅氧烷	黏度40mPa·s;固体含量49.1%;有机挥发分39.6%	提高涂膜的平滑性,改善抗擦伤性,防止缩孔,避免"鱼眼"、针孔	Henkel公司(德国)

八、消光剂

涂膜的光泽是涂膜表面对光的反射特性。涂膜越平滑,反射的光越多,光泽度越高。溶剂型建筑涂料由于具有很好的流平性,选择的颜料遮盖力强,用量小,因而涂膜一般具有很好的光泽。但是,有时为了协调装饰效果的要求,则希望涂料的光泽度尽可能地低些或无光泽,以使得被涂饰的建筑物能够体现出典雅、庄重、古朴的风格。这时涂料就须使用消光剂进行消光。这种用来使涂膜表面降低光泽的助剂称之为消光剂。

涂料中常用的消光剂分为改性油类(例如桐油)、高分子蜡类(例如聚乙烯蜡、石油蜡、微晶蜡、聚四氟乙烯蜡、巴西棕榈蜡等)、金属皂类(例如硬脂酸铝)、功能型体质颜料类(例如:氧化硅、硅藻土)等。其消光机理也因种类不同而异。

九、光稳定剂

直接受到紫外线照射和空气中的湿气及其他因素侵蚀的外墙涂料,经受光老化可导致物理性能的降低。向涂料中添加光稳定剂,可延缓或抑制涂料光老化的进程,提高涂膜的耐候性,延长涂料的有效使用期限,这对于外墙建筑涂料来说意义十分重要。

建筑涂料的基料种类很多,在紫外线的照射下所发生的光老化程度因树脂不同而异,例如丙烯酸酯树脂类、聚氨酯类,其耐光老化性很好,而有些品种,例如氯化橡胶、聚醋酸乙烯、聚氯乙烯、过氯乙烯等则较差,在用作外墙涂料时则应避免选用这类树脂。

常用的光稳定剂可分为紫外线吸收剂、紫外线光猝灭剂、紫外光屏蔽剂三类。

紫外线吸收剂能有选择地强烈吸收紫外线,并能把所吸收的能量转变成热能或次级辐射能(荧光)消散出去,但本身不会因吸收紫外线而发生化学变化。这样,可以使材料避免遭受紫外线的破坏,这类品种有邻羟基二苯甲酮类、水扬酸酯类和邻羟基苯并三唑类等。

紫外线猝灭剂的作用不在于吸收紫外线,而是在光化学反应发生之前把聚合物中受紫外线照射激发而处于激发态分子的能量转移掉,使该分子再回到稳定的基态,因而避免了聚合物的光老化。常用的猝灭剂是有机镍化合物。

光屏蔽剂是能够在紫外线辐射危害聚合物之前吸收、散射和反射紫外线的物质,涂料中常用的各类颜料,例如氧化锌、氧化铁、氧化铬、炭黑、酞菁系列的颜料等都能起到这一作用。

这几类紫外光稳定剂的常用商品如表2-32所列。

几种国产紫外光吸收剂　　　　表2-32

化 学 名 称		代 号
紫外光吸收剂	二苯甲酮类	2-羟基-4-甲氧基二苯甲酮	UV-9
		2,2′-二羟基-4-甲氧基二苯甲酮	UV-24
		2-羟基-4-辛氧基二苯甲酮	UV-531
		4-十二烷氧基-2-羟基二苯甲酮	DOBP
		2-羟基-4-(2′-羟基-3′-甲基丙烯酸酯基丙氧基)二苯甲酮	UV-356(MA)
	水扬酸酯类	对-叔丁基-苯基-水扬酸酯	TBS
		水扬酸对辛基苯酯	OPS
		双酚A双水扬酸酯	BAD
		水扬酸苯酯	Salol
	苯并三唑类	2-(2′-羟基-5′-甲基苯基)苯并三唑	UV-P
		2-(3′,5′-二叔丁基-2′-羟基苯基)-5-氯苯并三唑	UV-327
		2-(2′-羟基-3′-叔丁基-5′-甲基苯基)-5-氯苯并三唑	UV-326
	三嗪类	2,4,6-三(2′-羟基-4-丁氧基苯基)-1,3,5-三嗪	三嗪-5
紫外光猝灭剂		2,2′-硫代双-(对叔辛基苯酚)镍	AM-101
		2,2′-硫代双-(4-叔辛基苯酚)正丁氨基镍盐	1084
		3,5-二叔丁基-4-羟基苄基磷酸单乙酯镍	2002
		N,N′-二正丁基二硫代氨基甲酸镍	NBC

十、催干剂

涂料中所用的助剂品种很多,其中催干剂和增塑剂使用最为广泛,前者为油基漆普遍采用,后者为树脂漆普遍采用。

催干剂又称干料、燥剂、燥液、燥油等,是一种能加速油类涂层干燥的物质,对于干性油的吸氧、聚合反应、能起一种类似催化剂的作用,几乎全部含有干性油而在常温下干燥的涂料,都要使用催干剂来促进漆膜固化干燥,在烘烤干燥的涂料中,也常用少量催干剂。各种催干剂的用量都有一定的范围,否则不但不能起到应有的催干作用,反之将可能对漆膜产生副作用,如干性下降、漆膜起皱、漆膜变脆、颜色变深等。在施工时如需加入催干剂,其量以不超过 2% 为宜。

涂料中最常用的催干剂为钴、锰、铅、锌、钙等金属氧化物、盐类以及它们的各种有机酸皂类。例如氧化铅(俗称黄丹、红丹、密陀僧,为黄色粉末)、二氧化锰(俗称无名子,为黑色粒状、块状或粉末)、醋酸铅(白色粉末)、硫酸锰(淡红色晶体末)、环烷酸钴(紫红色溶液)、环烷酸锰(深红色溶液)、环烷酸铅(浅色溶液)等。目前以环烷酸皂为主要品种。通常将其制成液体使用。以钴、锰、铅为主催干剂,锌、钙为辅助催干剂,因此类催干剂单独使用时不起催干作用,但它们可以提高主催干剂的催干效率,并使漆膜干燥均匀,消除起皱,使主催干剂稳定。各种催干剂的性能和用量参见表 2-33,常用催干剂成品见表 2-34。

各种催干剂的性能和用量表 表 2-33

序号	种类	性能	用途	掺入量
1	钴催干剂	催干能力强,少量使用即可发挥作用	促使漆膜表面迅速干燥	0.5%
2	铅催干剂	催干作用比较均匀,能达到漆膜的深处	促使漆膜表面和内层同时干燥	2%~3%
3	锰催干剂	催干能力仅次于钴催干剂,催干作用也较均匀	一般应与其他催干剂混合使用	1.5%~2%
4	铅、钴、锰混合催干剂	三种催干剂作用不同,混合后可以相互取长补短	广泛应用于促进漆膜的干燥	2%~5%
5	厚漆催干剂	对调和漆厚漆催干效果好	用于厚漆、油性调和漆的干燥	2%~3%

常用催干剂成品 表 2-34

名称	曾用名称	型号	性能与用途
钴催干剂	液体钴干料	G-1	氧化反应型催干剂,可加速涂膜表面干燥,主要用于氧化成膜,自干型的清漆、磁漆和底漆,用量不超过 0.5%
锰催干剂	锰干料、油酸锰干液	G-2	可调整涂料的干燥性能,促进涂膜氧化、聚合作用的进行。主要用于以氧化成膜的清漆、磁漆,用量一般在 1.5%~2%
铅催干剂	铅干料	G-3	可调节涂料的干燥性能,促使涂膜表面和内层同时干燥,用量一般在 2%~3%
钴锰催干剂	钴、锰混合燥液	G-4	可调节涂料干燥时间,用于各种清漆、磁漆,一般在贮存日久或天气寒冷、干燥减慢等情况下使用,用量在 3% 左右
钴铅催干剂	催干剂	G-5	供氧化型涂料使用,可促进涂层内外同时干燥,用量一般不超过 5%
铅锰催干剂	易干油	G-6	以聚合催干为主,催干力强,与油脂漆易混溶,用于各种清漆、厚漆及各色油基漆,用量为 5% 左右
铅、锰、钴催干剂	燥液 7640	G-7	是综合型催干剂,可加速油性清漆、磁漆的干燥,并可用于皱纹漆,加速皱纹的能力,一般用量在 2%,最多不超过 5%
厚漆催干剂	燥液	G-8	对油性漆催干效果好,供厚漆催干使用,用量在 2% 左右

十一、增塑剂（增韧剂、软化剂）

增塑剂是用于增加涂膜柔韧性的一种涂料助剂。对于某些本身是脆性的涂料基料来说，要获得具有较好的柔韧性和其他机械性能的涂膜，增塑剂是必不可少的。增塑剂通常是低分子量的非挥发性有机化合物，但某些聚合物树脂也可作增塑剂，具有增塑作用的树脂也称之为增塑树脂，如醇酸树脂常用作氯化橡胶和硝酸纤维素涂料的增塑树脂。无论是增塑剂还是增塑树脂都必须与被增塑的树脂有较好的混溶性。

增塑剂的增塑作用是通过降低基料树脂的玻璃化温度而实现的。玻璃化温度是树脂由硬脆的固体状态（玻璃态）转变成为橡胶状的高弹体状态（高弹态）的温度。增塑剂通常可分为两类，一类是主增塑剂（溶剂型增塑剂），另一类是助增塑剂（非溶剂型增塑剂）。

主增塑剂犹如基料树脂的溶剂，它们的某些基团能与树脂中的某些基团产生相互作用，因而主增塑剂和树脂能互相混溶。由于增塑剂的分子较小，它就能进入树脂聚合物的分子结构中而减少了树脂的刚性，但其加入也会使涂膜的机械性能受到一些损失。

助增塑剂对基料树脂没有溶解作用，它们只能在加入量不太多的情况下才能与基料树脂混溶。助增塑剂对基料树脂只有物理作用（润滑作用），因而对涂膜机械强度的影响没有像主增塑剂那样大。但助增塑剂易从涂膜中迁移或被萃失掉，而使涂膜柔韧性变差。

增塑剂应当毒性低微，在增加涂膜的柔韧性的同时应尽可能地少降低涂膜的硬度，也不应当使涂膜变色，尤其是涂膜在户外使用时要不易变色。增塑剂的类型和用量取决于涂料中基料树脂的不同以及涂料的使用要求。

涂料中增塑剂的加入对涂膜的许多性能如抗张强度、强韧性、延伸性、渗透性和附着力都有一定影响，根据基料聚合物及增塑剂的类型不同，对这些性能的影响也各不相同，一般说来，增塑剂的加入会增加涂膜的延伸性而降低涂膜的抗拉强度。在一定的增塑剂的加入量之内，涂膜的渗透性将基本上保持不变，但增塑剂加入量继续增加时，涂膜的渗透性将急剧地增加，涂膜的强韧性和附着力先是随着增塑剂的加入而增加，但到达了一个峰值之后反而会下降。增塑剂除了对涂膜的机械性能有影响外，还会影响涂膜的其他性能，因而增塑剂的最适当的加入量应根据对各方面的因素进行综合平衡之后才能确定。

增塑剂的种类很多，适合增塑条件的物质有植物油、天然蜡、单体化合物、聚合体化合物等四大类，增塑剂的品种分类见图 2-2。

目前使用最多的增塑剂是苯二甲酸二丁酯、苯二甲酸二辛酯等苯二甲酸酯类。在涂饰施工时，如遇气温在 30℃ 以上的热天，由于某些涂层结膜较快，就容易出现漆膜鼓泡、针孔等毛病，此时加入增塑剂可以缓解上述情况。如在调配聚氨酯漆时适量加入苯二甲酸二丁酯，可调节漆膜干速，增加漆膜的弹性和附着力。

涂料中常用的增塑剂其主要性能及特征见表 2-35。

建筑涂料常用的增塑剂除表 2-36 所用的几种外，还有癸二酸二辛酯、邻苯二甲酸二甲酯、磷酸三甲苯酯、磷酸三苯酯、五氯联苯等。

十二、增稠剂

增稠剂能明显提高涂料的表观黏度并赋予涂料的触变性等。增稠剂又称流变助剂。建筑涂料生产中所使用的增稠剂可以分为有机系列和无机系列两大类。前者在水性涂料中往往通过形成保护胶体而起到增稠效果，因而这一类增稠剂也称为保护胶体系增稠剂，一般用于平面涂料的增稠,例如纤维素类增稠剂、聚乙烯醇类增稠剂和聚丙烯酸盐类增稠剂;后者则主要是指膨润土、石棉粉等,这类增稠剂除增稠性能外,还有很好的防沉淀能力,但对涂料的流平性会产生不良影响。

```
          ┌ 天然蜡 ┬ 植物油 ┬ 干性油
          │        │        └ 不干性油:蓖麻油、吹气蓖麻油等
          │        ├ 动植物油:蜂蜡、蒙丹蜡、羊毛脂、硬脂等
          │        └ 矿物性油:石蜡、地蜡、石油、萘等
          │
          │        ┌ 氯化合物:氯化联苯、氯化石蜡、氯化萘等
          │        │ 酯类:蓖麻油酸甲酯、三苯酚酯及三丁酯、三辛酯磷酸三甲、酚酯、
          │        │   邻苯二甲酸二丁酯及二甲酯癸二酸二丁酯、二辛酯、己二酸酯、松香
增塑剂 ───┤        │   酸甲酯、松香酸乙酯、硬脂酸酯等
          ├ 单体化合物┤ 酸类:季戊四醇等
          │        │ 胺类:酰胺类(对甲苯磺胺,羟基萘胺等)
          │        │ 酮类:樟脑、苯乙酮
          │        │ 醚类:二苄醚、二苯醚、苄基醚乙二醇
          │        └ 烃类:萘衍生物、联苯
          │
          │        ┌ 苯二甲酸醇酸树脂 ┬ 干性油改性
          └ 聚合体高分子化合物┤                └ 不干性油改性
                   └ 油改性癸二酸醇酸树脂
```

图 2-2 增塑剂的分类

涂料常用增塑剂　　　　　　　　　　　表 2-35

名　　称	主　要　性　能　特　征
磷酸二甲酚酯	本品是一种无色油状液体,加入漆内会变黄。见光易分解,不溶于水,可和溶剂以任何比例混合,可溶解硝化棉
邻苯二甲酸二丁酯(DBP)	对各种树脂都有良好的混溶性,因而在涂料生产中使用较广,其对涂膜的黄变倾向较小,但它的挥发性不是很低,所以涂膜经过一段时间使用后,会由于增塑剂的逐渐减少而发脆,这是它的不足之处。常用于硝酸纤维素涂料(用量约为 20%~50%)和聚醋酸乙烯乳液涂料中(用量约为 10%~20%,在乳液聚合时加入)。本品的主要技术性能指标如下 外观：　　无色液体 酯含量：　≥99% 相对密度：1.044~1.048 酸值：　　≤0.20mgKOH/g 闪点(开口杯法)：≥160℃
邻苯二甲酸二辛酯(DOP)	性能和邻苯二甲酸二丁酯相似,但其挥发性较小,耐光性和耐热性较好。它常用于硝酸纤维素涂料和聚氯乙烯塑溶胶和有机溶胶涂料之中
氯化石蜡	主要用作氯化橡胶的增塑剂,它的加入量可高达 50%,而不会使氯化橡胶涂膜的抗化学性变差

纤维素类有机增稠剂常用品种表 表 2-36

品　种	性　能　特　征
甲基纤维素	甲基纤维素又称纤维素甲醚,外观为灰白色纤维状粉末,能溶于冷水,不溶于乙醇、乙醚和氯仿,溶于冰醋酸。耐热约至 300℃,对光稳定
羟甲基纤维素钠	外观为白色粉末,吸湿性强,能溶于水中,对涂膜的耐水性有不良影响,且易生霉
羟乙基纤维素	具有很好的增稠效果,且其溶液具有假塑性流动,使用方便,对乳液涂料中各组分的混溶性好,故广泛用作乳液合成时的增稠和保护胶体以及用作乳液涂料的增稠剂,此外,对涂膜的耐水性影响较小

涂料用增稠剂其分类见图 2-3。

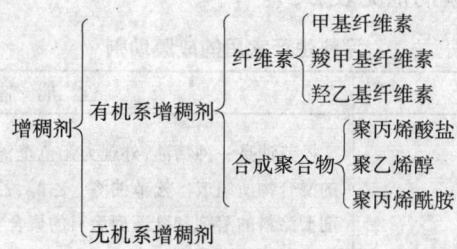

图 2-3　增稠剂的分类

有机系增稠剂主要有两类,纤维素类和合成聚合物类。纤维素类包括甲基纤维素、羧甲基纤维素、羟乙基纤维素及其各种纤维素衍生物,它们的增稠机理一是由于它们具有很强的吸水能力,能立即吸收大量的水分,促使本身体积大幅度膨胀,使液相黏度显著增大,从而产生增稠效果;二是由于水溶性聚合物吸附于两个以上的粒子(乳液粒子和颜料粒子)之间,形成立体网状结构,起保护作用,保护胶体对于形成网状结构的作用与其分子量和表面活性剂在其表面上的吸附状态有关。纤维素醚的分子量越高,表面活性剂的吸附数量越小,其增稠作用越明显。此外从另一个角度来看,由于水溶性高分子聚合物会使涂膜的耐水性降低,所以也希望增稠剂的分子量尽可能地高,以使在同等增稠效果的情况下降低其用量。纤维素类有机增稠剂其主要品种及性能特征见表 2-36。

聚乙烯醇、聚丙烯酸盐、聚丙烯酰胺属于合成聚合物增稠剂。增稠机理在于其能吸附在乳液颗粒表面形成包覆层,使乳液粒子的体积增大而导致黏度提高;其次是其能够进入水相中使体系的黏度提高。有的合成高分子增稠剂的黏度受剪切速率的影响极小,触变性也较小,有的则相反,选用恰当,可使涂料获得好的流平性、抗溅落性。此外,它们对涂膜的光泽和耐水性影响也很小。但在使用合成高分子增稠剂时要注意其与涂料中其他组分的相溶性,以防止出现颜料、填料絮凝的问题。

无机增稠剂的增稠效果一方面是由于它们吸水量大,使水相黏度增大,另一方面是由于形成了不稳定的立体网状结构。主要表现为屈服值高、触变性大,受到破坏后内部结构复原速度快。因此,在施工时即使涂膜很厚,也无流挂现象产生。但是流平性不好是其主要的不足。建筑涂料中使用的无机增稠剂主要有石棉纤维和膨润土,膨润土的亲水性极强,一旦遇水体积即增大,并形成触变性的凝胶状物质。石棉是体积大的纤维状物质,虽然分散性不太好,但只要添加少许,就能够使涂料具有很高的触变性。因为石棉是纤维状物质,因此在复层建筑涂料中常用作增稠和增强抗裂纤维。

十三、成膜助剂

成膜助剂主要在乳液类建筑涂料中使用,这类助剂能够促进乳液中聚合物粒子的塑性流动和弹性变形,使之能在较宽的温度范围内成膜,即降低乳液的最低成膜温度。由于成膜助剂只是一种暂时性助剂,而在成膜后的一定时间内就会逸失掉,因而不会使涂膜变得太软或发黏,即不会对硬度和光泽有明显地影响。

成膜助剂若使用不当,易引起乳液的破乳现象。根据其性能的不同,可采取直接加入法或预混合加入法。直接加入法就是在涂料的生产过程中直接将成膜助剂加入到涂料中去,最好是在研磨工序中加入;预混合加入法是指将成膜助剂与分散剂或增稠剂预先混合好,然后再加入到涂料中去,这主要是针对直接加入成膜助剂会使乳液破坏的情况而采用的加入方法。建筑涂料常用的成膜助剂见表2-37。

涂料生产常用的成膜助剂　　　　　　表 2-37

产品名称	性 能 特 征
松节油	松节油是一种精油,外观为无色至深棕色液体,具有特殊气味,由烃的混合物所组成。松节油溶于乙醇、乙醚、氯仿等有机溶剂,可用作溶剂型涂料的溶剂和乳液型涂料的聚合物的成膜助剂
双丙酮醇	双丙酮醇分子式为 $CH_3COCH_2C(CH_3)_2OH$,外观为无色液体,有芳香气味,相对密度 0.9385,沸点 164~166℃(分解),溶于水、乙醇、氯仿等。双丙酮醇的性质不稳定,与碱作用或在常压蒸馏时即分解
乙二醇	乙二醇的分子式为 $HOCH_2CH_2OH$,俗名甘醇,是一种有甜味的无色液体。无气味,相对密度 1.113,沸点 197.2℃,凝固点 -12.6℃。很易吸湿,能与水、醇和丙酮互溶,能大大降低水的冰点。微溶于乙醚。有一定毒性
乙二醇乙醚	乙二醇乙醚的分子式为 $HOCH_2CH_2OCH_2CH_3$,俗称溶纤剂,无色液体,基本上无臭。相对密度 0.930,沸点 135.1℃,能与碳氢化合物和水混溶
乙二醇丁醚	乙二醇丁醚的分子式为 $HOCH_2CH_2O(CH_2)_3CH_3$,俗称丁基溶纤剂,是一种无色液体,相对密度 0.903,沸点 171.1℃,溶于水和矿物油中

十四、防腐防霉剂

由于建筑涂料中含有微生物生长的营养成分,因而只要环境温度等适合微生物生存的环境条件存在,微生物便会大量繁殖,使产品的原有性质遭到破坏,产品质量下降,甚至腐败变质而报废。对于加有纤维素类增稠剂的水乳液型涂料,微生物很容易在其中生长,因而这类涂料更容易腐败和生霉。另一方面,微生物还能在涂料施工成膜后使涂膜的外表面变污,甚至使聚合物逐步降解。微生物侵蚀涂膜,在涂膜上生长繁殖并破坏了涂膜的过程俗称为长霉。因此,在水性涂料或其他容易受微生物侵蚀的涂料中必须加有能阻止和抑制微生物生存的防霉、杀菌剂。

常用的防腐防霉剂见表2-38。

涂料生产常用的防腐防霉剂　　　　　　　　　　　　　　表 2-38

产品名称	性能特征
五氯酚钠	五氯酚钠的分子为 C_6Cl_5NaO，外观为白色粉末，微溶于水，溶于碱液。对真菌有杀灭功效，并能防治藻类生长
醋酸苯汞	醋酸苯汞又称赛力散，分子式为 $H_5C_6(HgOCOCH_3)$，外观为白色而有光泽的斜方形晶体。难溶于水，稍溶于乙醇和苯，易溶于醋酸和丙酮，有剧毒。加工成红色粉剂，含量为 2.5%～2.77%。用量为涂料量的 0.05%
BIT	BIT 称着 1.2—苯并异噻唑啉—3—酮，为固体粉末，熔点 156℃，25℃ 在水中的溶解度为 0.14%，90℃ 时溶解度为 1.5%，但其钠盐易溶于水。该产品具有较高的热稳定性。它对酸、碱都较为稳定，在广泛 pH 范围内均能使用。BIT 为系列产品，例如适用于合成乳液及其涂料的 BTG，适用于水性涂料的 BTC 和通用型制剂 PT 等 BIT 属低毒，无恶性气味，防霉、杀菌效率高，具有广谱性；通常掺入 $5×10^{-7}$ 即可起到很好的效果，它安全性好，可用于涂料和食品中。BIT 与 ZnO 或 TBZ 复合使用的效果最好
TBZ	TBZ 的化学名称为 2—(4—噻唑基)苯并咪唑，俗名赛菌灵，属低毒，抗霉菌效能高，对人体毒性低，适用于涂料及食品工业。TBZ 外观为浅灰色粉末，稳定性高，一般不与其他物质反应，耐热 300℃，耐酸，难溶于水，在水中溶解度仅为 30ppm，在有机溶剂中溶解度也非常小，一般为 1% 以下。在水性涂料中一般添加 0.2%～0.5%。另外，TBZ 可与其他防霉杀菌剂拼用，达到更佳的效果
BCM	BCM 的化学名称为苯并咪唑氨基甲酸甲酯，俗名多菌灵。毒性低，对大部分霉菌显示良好的抗菌效果，但在高湿环境下效果不佳。BCM 外观为淡褐色粉末，熔点 180℃，分解温度 300℃，热稳定性高，不溶或难溶于一般有机溶剂中，能溶于无机酸及醋酸，形成相应的盐类，在不同的 pH 值范围内均显示良好抗菌效果。在涂料中用量为 0.5%～1.0%
TPN	TPN 称为 2,4,5,6—四氯间苯二腈，俗名百菌清，属非汞型广谱杀菌剂，毒性极低，蒸汽压低，有刺激性气味；在水中的溶解度极低，约 0.5ppm；对化学试剂基本上不反应；在乳液类涂料的使用范围内具有水解稳定性；对金属没有腐蚀作用；具有优良的耐紫外线及热稳定性能。在涂料中用量 0.5%～1.5%

十五、防冻剂

防冻剂的作用是提高涂料的抗冻性，提高抗冻性的途径，一是加入某些物质，如乙二醇、丙二醇，并适当加大其用量，一般为乳液量的 3%～8%，以降低水的冰点，二是使用某些离子型表面活性剂，使乳液微粒带电，以电荷的相互排斥能力抵制冰冻时产生的膨胀力，从而提高冻融稳定性。

第五节　溶剂和稀释剂

在涂料工业中，凡是用来溶解和稀释动植物油、树脂、纤维素衍生物等涂料成膜物质的挥发性液体(如松节油、松香水、二甲苯、醋酸乙酯等)皆称之为溶剂，它们在造漆时按一定的比例加入漆中，是液体涂料的一个重要组分。在涂料施工时，也用溶液来调节涂料的黏度以及清洗施工工具、设备和容器，此时所用的溶剂一般称之为稀释剂。

许多漆类组成中的溶剂与施工用的稀释剂是同一材料,没有本质上的差别,有时略有区别,这就是稀释剂是根据稀释对象的不同而选用适当的溶剂进行混合而组成,稀释剂在质量上可低于纯溶剂,以降低成本。

一、溶剂和水

溶剂和水是液体建筑涂料的主要成分,在涂料涂刷到基层上以后,依靠溶剂和水分的蒸发,使涂料逐渐干燥硬化,最后形成均匀的连续性的涂膜,溶剂和水最后并不存留在涂膜之中,因此人们将溶剂和水称之为涂料的辅助成膜物质。

溶剂虽然不是构成涂膜的材料,但是它与涂膜形成的质量与涂料的成本却大有关系。涂料用溶剂是一种既能溶解基料树脂又能用以控制涂料黏度使之能符合贮藏和施工要求的挥发性液体。

溶剂和水均是溶解基料或分散涂料组分的分散介质,除水以外,溶剂都属于有机溶剂,习惯上称为溶剂。尽管目前建筑涂料是以水性涂料为主,但以有机溶剂为分散介质的溶剂型涂料,因其具有一些独特的性能,故在建筑涂料中仍占有一定的比例。

1. 溶剂的作用

溶剂是液体涂料的挥发分,在液体涂料中占很大的比重,一般在50%左右(如酚醛漆、醇酸漆、聚氨酯漆),有些依靠溶剂挥发而干燥成膜的挥发性漆其所占比例可高达70%～90%。溶剂虽然最终将全部挥发掉,但它对涂料的制造、贮存、施工、漆膜的形成、成膜质量均产生很大的影响,溶剂的成分和性质在很大程度上决定了液体涂料的性质(如黏度、干燥速度、毒性、易燃性等)以及施工工艺和使用规程,因此它的作用如下:

(1) 溶解成膜物质和调节施工黏度;
(2) 增加涂料储存的稳定性,防止成膜物质发生凝胶;
(3) 木制件涂饰时,增加涂料对木材表面的润湿性,便于涂料渗透到木材的孔隙中去;
(4) 改善涂层的流平性。

2. 溶剂的性质

溶剂的主要性质包括溶解力、挥发性、闪点、自燃点、毒性、颜色等项。

溶剂的主要性质见表 2-39。

溶剂的主要性质　　　　　　　　　　　表 2-39

项　目	主　要　性　质
溶解力	溶剂的溶解力是溶剂能够把高分子物质溶解分散的能力。溶剂的溶解力愈强,溶解速度愈快,溶液的黏度愈低。可以采用测试溶剂的稀释比值的方法来表示,溶解力愈强,溶剂可以容忍非溶剂的加入量愈多。也可以考察溶液的稳定性或溶液适应温度变化的能力来判断,溶解力愈强,溶液贮存中没有不溶物析出或分层,受温度变化产生的不良影响也愈小。溶剂的选择可采用"相似相溶"的原则,所谓"相似相溶",即溶剂与高溶物的结构或性质相近。目前使用的一种溶解力参数,就是按溶剂和高聚物的氢键强弱来划分的。通常溶解力参数相当的物质之间其相溶性较好。一些常用溶剂和高聚物的溶解力参数列于表 2-41 中。例如聚醋酸乙烯树脂的溶解度参数 9.40,可以溶解于酮类、氯仿等溶剂中,而不溶于烃类和醇类溶剂 从溶解度的角度来看,根据溶剂的溶解能力大小,将溶剂分为真溶剂、助溶剂和稀释剂。所谓真溶剂具有溶解能力,助溶剂单独没有溶解能力,但与真溶剂使用,具有助溶作用,稀释剂无溶解能力

续表

项 目	主 要 性 质
挥发性	溶剂是挥发性液体,涂膜是通过溶剂的挥发而形成的。因此,溶剂的挥发速度是影响涂料的干燥、流平和成膜过程的一个重要因素。各种溶剂的挥发速度常用对某种标准溶剂例如醋酸丁酯或乙醚进行比较而得到的相对挥发数值来表示。混合溶剂的挥发速度,由于形成共沸物等原因可能比它们各自的挥发速度或快或慢。溶剂的挥发率数值可表示为: $$挥发率=\frac{受检溶剂的挥发时间}{同重量乙醚的挥发时间}$$ 或 $$挥发率=\frac{受检溶剂的挥发质量}{醋酸丁酯的挥发质量}$$ 溶剂的挥发速度主要受蒸发潜热、分子量、分子结构等因素影响。一般蒸发潜热、分子量及分子极性越大,则挥发速度越慢。习惯上将溶剂按其沸点而划分为低沸点(100℃以下)、中沸点(110～145℃)和高沸点(145～170℃)溶剂。表 2-43 中列出一些常用溶剂的挥发速度等性能
闪点和燃点	闪点又称闪燃点,是表示溶剂性质的一种指标。溶剂加热,蒸发到空气中,随着蒸汽浓度的逐渐加大,当遇明火而初次发生蓝色火焰的闪光时的温度称为溶剂的闪点。闪点的测定,有开杯式和闭杯式两种。开杯式用于测定高闪点溶剂,闭杯式用于测定低闪点溶剂。闪点温度比着火点低些。溶剂的闪点表明发生爆炸的可能性的大小 溶剂的燃点又称为着火点,是表征溶剂可燃性的重要指标。它是溶剂表面上的蒸汽和空气混合物与明火接触而发生的火焰能开始继续燃烧不少于 5s 时的温度,其值一般比闪点高些,也是反映溶剂发生爆炸或燃烧的可能性大小指标
毒 性	相对而言,有机溶剂大多都有一定的毒性。当这些溶剂挥发到空气中被人吸入后,会产生中毒现象。但溶剂的毒性大小是不同的,对人体的危害程度也不尽相同,如二氯乙烷有剧毒,芳香族类亦属有毒,其甲苯的毒性比苯的小些,乙二醇醚类的毒性也比丙二醇醚类要大些。在溶剂型涂料的生产和施工过程中,应尽量选择毒性小的溶剂并注意搞好劳动保护措施

各种溶剂,高聚物的溶解度参数见表 2-40。

各种溶剂、高聚物的溶解度参数　　　　　　　　　　表 2-40

溶剂	溶解度参数	高聚物	溶解度参数	溶剂	溶解度参数	高聚物	溶解度参数
正辛烷	7.6	聚四氟乙烯	6.2	异丙醇	11.15	环氧树脂	10.90
对二甲苯	8.1	聚异丁烯	7.7	正丁醇	11.1	硝酸纤维素	10.45
环己烷	8.2	聚乙烯	8.1			聚对苯二甲酸乙二醇酯	10.80
醋酸丁酯	8.5	天然橡胶	8.15	正丁烷	11.4	醋酸纤维素	11.35
甲苯	8.93	聚丁烯	8.38	正丙烷	11.9	酚醛树脂	11.50
苯乙烯	9.20	聚苯乙烯	9.12	乙醇	12.7	尼龙	13.60
苯	9.15	聚甲基丙烯酸甲酯	9.25	甲酚	13.3	聚丙烯腈	15.40
氯仿	9.30	氯丁橡胶	9.38	苯酚	14.5		
甲乙酮	9.30	聚醋酸乙烯酯	9.40	甲醇	14.3		
丙酮	10.0	聚氯丁烯	9.60	水	23.4		

某些树脂的溶解性能见表 2-41。

某些树脂的溶解性能　　　　表 2-41

溶剂名称 树脂名称	乙醇	正丁醇	醋酸乙酯	醋酸丁酯	醋酸戊酯	乳酸乙酯	丙酮	环己酮	纯苯	甲苯	二甲苯	200号溶剂汽油
虫胶	S	S	S	L	US	S	PS	S	L	L	L	L
松香	S	S	S	S	S	S	S	S	S	S	S	S
松香甘油脂	US	US	S	S	S	PS	S	S	S	S	S	S
不干性醇酸树脂	PS	PS	S	S	S	S	S	S	S	S	S	L
氨基树脂	S	S	S	S	S	S	S	S	S	S	S	L
硝化棉	L	L	S	S	S	S	S	S	L	L	L	L
乙基纤维	S	S	S	S	S	S	S	S	US	US	L	L
醋酸纤维	L	L	US	L	L	L	S	S	L	L	L	L
过氯乙烯	L	L	S	S	S	S	S	S	PS	PS	PS	L
聚乙烯醇缩丁醛	S	S	L	L	L	PS	L	L	L	L	L	L
丙烯酸树脂	L	L	S	S	S	S	S	S	PS	PS	PS	L
油改性环氧树脂	US	S	S	S	S	S	S	S	S	S	S	L
607环氧树脂	L	L	US	US	US	S	US	S	L	L	L	L
氯化橡胶	L	L	Se	Se	Se	Se	US	Se	S	S	S	L
聚氨酯树脂	L	L	S	S	S	S	S	S	L	L	L	L

注：S：全溶；PS：部分溶；US：微溶；Se：溶；L：不溶。

常用溶剂的挥发率见表 2-42。

常用溶剂的挥发率　　　　表 2-42

溶剂名称	挥发率	备注	溶剂名称	挥发率	备注
丙酮	720	挥发率以醋酸丁酯为基准(100)	200号溶剂汽油	16	挥发率以醋酸丁酯为基准(100)
醋酸丁酯	100		二甲苯	73	
乙醇	203		环己酮	25	
甲乙酮	582		丁醇	38	
甲基异丁基酮	164		醋酸丁酯	520	
甲苯	201				

常用溶剂的电阻值见表 2-43。

常用溶剂的电阻值　　　　表 2-43

溶剂名称	电阻值(MΩ)	溶剂名称	电阻值(MΩ)
甲苯	400	仲丁醇	50
乙醇	12	改性酒精	60

续表

溶剂名称	电阻值(MΩ)	溶剂名称	电阻值(MΩ)
无水酒精	100	二甲苯	400
醋酸丁酯	70	纯苯	400
二丙酮醇(92%以上)	0.12	乙二醇—乙醚	0.15
二丙酮醇(92%以下)	0.4	醛酯	500
醋酸仲丁酯	300	丁酸乙酯	55
环己酮	1.5	200号油漆溶剂油	500
一氯甲苯	100		

3. 溶剂的品种及分类

溶剂的种类很多,按其性能可分为真溶剂、助溶剂(潜溶剂)和冲淡剂。按其挥发速度可分为高沸点、中沸点和低沸点,其一般沸点在100℃以下为低沸点溶剂,如丙酮、乙酸乙酯。这类溶剂挥发迅速,漆膜表面干燥快,但用量过多时,易引起漆膜发白,流平性差,使漆膜产生不平润现象;其沸点在100~145℃之间称为中沸点溶剂,如乙酸丁酯、乙酸戊酯等。此类溶剂挥发速度适中,漆液流动均匀,并有一定抗白性,因此这一类溶剂在稀释剂配方中用量较多;沸点在145℃以上的称高沸点,如乳酸丁酯、环己酮等。此类溶剂挥发速度慢,使漆膜发白。按其组成和来源的不同,则可将溶剂分为酮类溶剂,醇类溶剂、酯类溶剂、醇醚类溶剂等八种类别,详见图2-4。

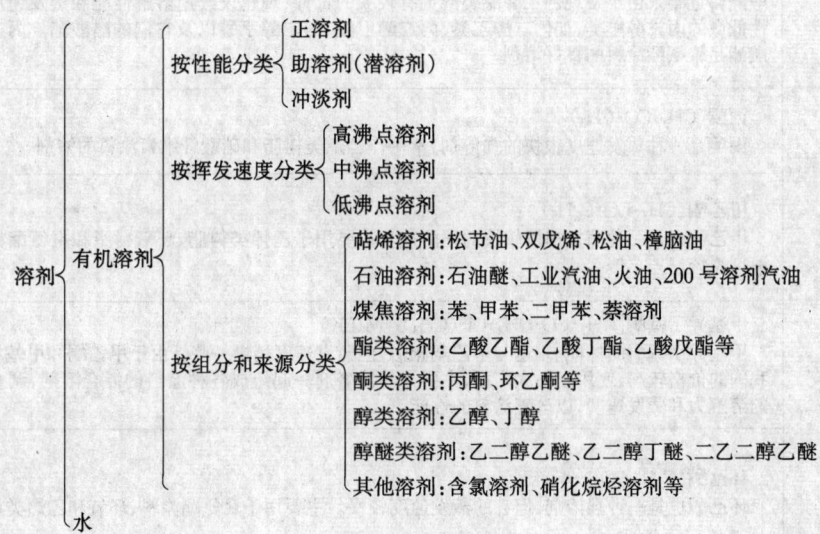

图2-4 溶剂的分类

涂料生产常用的溶剂见表2-44。

涂料生产常用溶剂　　　　　表2-44

类 别	品 名 及 性 能
煤焦溶剂	甲苯($C_6H_5 \cdot CH_3$) 甲苯属芳香族烃类溶剂,常用作乙烯类涂料和氯化橡胶涂料的混合溶剂中的一种组成溶剂,在硝酸纤维素涂料中则用作稀释剂

续表

类 别	品 名 及 性 能
煤焦溶剂	二甲苯[$C_6H_4(CH_3)_2$] 二甲苯也是一种芳香族烃类溶剂。在溶剂型涂料中它的使用量很大。它常用作短油度醇酸、乙烯类涂料、氯化橡胶涂料、聚氨基甲酸酯涂料的溶剂。由于二甲苯的溶解力较大,蒸发速度适中,因此二甲苯常用于烘干型涂料以及喷涂施工的涂料中
石油溶剂	200号溶剂汽油 200号溶剂汽油俗称松香水,在国外常叫做矿油精。这是一种含有15%以下芳香烃的脂肪烃混合物。200号溶剂汽油的蒸发速度较慢,能溶解大多数的天然树脂、油基树脂和中油度、长油度醇酸树脂,因而200号溶剂汽油广泛地用作以这些树脂为基料的、刷涂施工的装饰性涂料和保护性涂料中。它也可用作清洗溶剂和脱脂溶剂
醇类溶剂	丁醇(C_4H_9OH) 这是一种挥发较慢的溶剂,主要用作油性和合成树脂(特别是氨基树脂和丙烯酸树脂)涂料的溶剂,也是硝酸纤维素涂料中的组成溶剂。 乙醇(C_2H_5OH) 乙醇也称酒精,是一种蒸发速度较快的醇类溶剂。工业酒精中通常含有一定量的甲醇。它是聚乙烯醇缩丁醛的溶剂,也是硝酸纤维素混合溶剂的组分之一
醇醚溶剂	丙二醇乙醚[$C_2H_5OCH_2CH(CH_3)OH$] 丙二醇乙醚是醇醚类溶剂中的一个品种。醇醚类溶剂的特点是溶解力强,挥发速度慢,在涂料中加入一定量的醇醚类溶剂能控制涂料溶剂系统的挥发速度,改善涂膜的流平性。由于它们还具有水溶性,它们也广泛用作水溶性涂料的助溶剂和乳胶漆的成膜聚结剂。在醇醚类溶剂中,以往经常用乙二醇醚类溶剂,如乙二醇甲醚、乙二醇乙醚和乙二醇丁醚以及它们的醋酸酯(如乙二醇乙醚醋酸酯),近年来由于发现乙二醇醚类溶剂有较大的毒性,现建议改用溶解性能和蒸发速度相似但毒性低微的丙二醇醚类,如丙二醇乙醚、丙二醇甲醚、丙二醇丁醚以及它们的醋酸酯。丙二醇乙醚醋酸酯是聚氨酯涂料的良好溶剂
酮类溶剂	丙酮($CH_3 \cdot CO \cdot CH_3$) 丙酮是一种蒸发速度很快的强溶剂,常用作乙烯类树脂和硝酸纤维素涂料的溶剂 甲乙酮($CH_3 \cdot CO \cdot C_2H_5$) 甲乙酮也是一种蒸发速度较快的强溶剂。主要用于乙烯类树脂、环氧树脂和聚氨酯树脂涂料的溶剂系统 甲基异丁基酮[$CH_3 \cdot CO \cdot CH_2 \cdot CH(CH_3)_2$(MIBK)] 甲基异丁基酮的性能、用途与甲乙酮相似,但蒸发速度稍慢一些。由于甲乙酮和甲基异丁基酮在我国的价格较高,使用还不太广泛,主要与其他溶剂一起组成各种涂料的混合溶剂,调整混合溶剂的溶解力和蒸发速度,以改善涂料的性能 环己酮($C_5H_{10}CO$) 环己酮也是一种强溶剂,但它的蒸发速度较慢。主要用于聚氨酯涂料、环氧和乙烯类树脂涂料
酯类溶剂	醋酸丁酯($CH_3COO \cdot C_4H_9$) 醋酸丁酯是一种挥发速度适中,通用性较广的溶剂。它的溶解力也很强,但比酮类溶剂要差一些。醋酸丁酯以前主要用于硝酸纤维素涂料,但目前已广泛用作合成树脂涂料如丙烯酸酯涂料、聚氨酯涂料等的组成溶剂 醋酸乙酯($CH_3COO \cdot C_2H_5$) 醋酸乙酯的性能和用途与醋酸丁酯相似,但挥发速度比醋酸丁酯快

涂料用有机溶剂的特性见表 2-45～表 2-47。

涂料用有机溶剂的特性　　　　　表 2-45

溶剂名称	结构式	相对密度	热容量 (kcal/kg)	气化热 (kcal/kg)	沸点 (℃)	闪点 (℃)(闪杯法)	自燃温度 (℃)	爆炸下限 (%)(容量)	爆炸下限 (g/m³)	爆炸上限 (%)(容量)	爆炸上限 (g/m³)	卫生许可浓度 (mg/L)	气体和蒸汽状态的相对密度 (kg/m³)
甲醇	CH_3OH	0.793	0.50		66.2	-1～10	475	3.5	46.5	36.5	478	0.05	1.20
乙醇	C_2H_5OH	0.8075	0.61	205	78.2	12	404	2.6	49.0	18	338	1.0	1.613
正丙醇	C_3H_7OH	0.804			97.0	67						0.1	2.07
正丁醇	C_4H_9OH	0.815 (0℃)	0.61	130	108.0	27～34	366	1.68	51	10.2	309	0.2	
异丁醇					107.9	22.0	397	1.7	7.0	10.9			
戊醇	$C_5H_{11}OH$	0.810 (20℃)	0.6 (10℃～65℃)	120	130～132	约 44	349	2.2	117	10.0	532	0.1	3.147
环己醇	$C_6H_{11}OH$	0.945			160	155							
丙酮	CH_3COCH_3	0.797 (15℃)		125	56.2	-17	633	2.5	60.5	9.0	218	0.2	2.034
甲乙酮	$CH_3COC_2H_5$	0.830			86.0	19		1.81		11.5			2.41
环己酮	$C_6H_{10}O$	0.945			154～156	40	452	1.10	44.0	9.0			
乙醚	$C_2H_5OC_2H_5$	0.714			34.6	-40	180	1.85		36.5			
乙基溶纤剂	$HOCH_2-CH_2OC_2H_5$	0.936	0.555		134.8	40	238	2.6	9.5	15.7	574	0.2	
丁基溶纤剂	$HOCH_2-CH_2OC_4H_9$	0.919	0.583		170.6	60.5							
醋酸甲酯	CH_3COOCH_3				57.5	-10	455	3.10		16			
醋酸乙酯	$CH_3COOC_2H_5$	0.898	0.478	34	77.2	-5	400	2.18	80.4	11.4	410	0.2	3.14
醋酸丙酯	$CH_3COOC_3H_7$				101.0	12～14.5		2.80		8.0			
醋酸异丙酯					89.1			1.80		7.8			
醋酸丁酯	$CH_3COOC_4H_9$	0.883	0.505	73.8	126.0	25.0	422	1.70	80.6	15.0	712	0.2	4.0

续表

溶剂名称	结构式	相对密度	热容量(Kcal/kg)	气化热(Kcal/kg)	沸点(℃)	闪点(℃)(闪杯法)	自燃温度(℃)	爆炸下限(%)(容量)	爆炸下限(g/m³)	爆炸上限(%)(容量)	爆炸上限(g/m³)	卫生许可浓度(mg/L)	气体和蒸汽状态的相对密度(kg/m³)
醋酸异丁酯					118.3	17.7							
醋酸戊酯	$CH_3COOC_5H_{11}$	0.874(18℃)		84	149	25	400	2.2	117	10	532	0.10	
醋酸异戊酯					142	35	375	1.0					
煤焦油溶剂		0.865			130～190	21～47	250	1.3	49.9	8.0		0.10	
苯	C_6H_6	0.879	0.42	93	80.2	−8	580	1.5	48.7	9.5	308	0.05	2.77
甲苯	$C_6H_5CH_3$	0.864	0.42	86	110.7	6～30	552	1.0	38.2	7.0	264	0.05	3.20
二甲苯	$C_6H_4(CH_3)_2$	0.863	0.40	83	139.2	29～50	553	3.0	130	7.60	330	0.05	3.68
松节油		0.856～0.872	0.50		155～175	30	270	0.8		44.5		0.30	4.66
漆用汽油		0.76～0.82	约0.42～0.45		140～200	>28	280	1.4		6.0		0.30	
轻质汽油		0.63～0.72	约0.5	94	<100	−50～−30	250	1.0	37	6.0	223	0.30	2.98
重质汽油		0.76～0.78	约0.42～0.45	约60	100～150	−20～−10	267	2.4	137	4.9	281	0.30	3.45
煤油		0.770～0.810	平均0.5		150～180	28	280	1.4		7.5			
四氯化碳	CCl_4	1.595			76.8	不燃						0.001	5.32
三氯乙烯	$CCl_2=CCl$	1.4655(20℃)	1.465	57.3	86.7	无						0.050	4.58
二氯乙烷	$ClCH_2—CH_2Cl$	1.252	0.305(30℃)	87.4	80～86	54	449	16.2		15.9		0.05	
四氯乙烷	$Cl_2CH—CHCl_2$	1.628	0.227	57	145	不燃						不允许	5.79
二氯乙烯	$(CHCl)_2$	1.250			55							0.05	
氯化苯	C_6H_5Cl	1.107	0.33	75	132	28.5						0.05	

建筑涂料常用溶剂性能及用途　　　　　　　表 2-46

类别	名　称	制作及构成	特　性	用　途
萜烯溶剂	松节油	植物性溶剂大都来自松树分泌物	对天然树脂和油料的溶解力大于松香水,小于苯。挥发速度适中,无毒,不易燃	油基涂料的溶剂
	松油	从松树根中制得,含有大量萜烯醇类	溶解力强,流平性好,挥发慢,使用量不可过多	用在醇酸涂料中可改进涂刷性,做防硬化剂、防结皮剂和去泡剂等
石油溶剂	200号溶剂汽油(松香水)	由石油分馏而得的链状碳氢化合物,依其沸点的不同而分为不同产品	溶解力属中等,挥发速度与松节油相似,毒性小,价格低廉,可以和多种有机溶剂互溶,可溶解油类和黏度不高的聚合油	代替松节油使用,也可在长油醇酸漆中做溶剂使用
	汽油	由石油分馏而得的链状碳氢化合物,依其沸点的不同而分为不同产品	沸点比松香水低,闪点、燃点都很低,挥发速度快	稀释清油、脂胶清漆、酚醛清漆、各色底漆及调稀油打底
	煤油	由石油分馏而得的链状碳氢化合物,依其沸点的不同而分为不同产品	沸点比松香水高,不易挥发,可影响涂膜干燥	涂料中不常使用,但在流平性不好的漆中(如无光漆中)加入少许可改善涂刷性,使涂膜平滑
煤焦溶剂	苯	将煤干馏而得	溶解力最大、毒性较小、闪点低,极易着火,必须密封,小心存放,由于挥发较快,涂料中不常使用	是天然干性油及树脂的强力溶剂,但不溶解虫胶,可用在胶脱漆剂中
	甲苯	将煤干馏而得	溶解力强,可溶解物质与苯相似,挥发速度速中,易燃,毒性大	与苯相似
	二甲苯	将煤干馏而得	溶解力仅次于甲苯,挥发速度比甲苯慢,毒性稍小	可替代松香水,做短油度醇酸漆、纤维素漆等的强力溶剂
	溶剂石脑油	将煤干馏而得	有气味、溶解力强,渗透性好,对一般油脂漆有溶解,具有灭菌作用,特别是用在木材上,不宜做中间涂层和面漆	与溶剂汽油合用做裸木基层的底漆,或用于防霉处理,也可用于快干型合成树脂涂料中
酯类	乙酸丁酯(香蕉水)	是醇类和低碳有机酸的结合物	具有香蕉味,溶解力强,挥发速度适中,毒性少,来源广泛	可溶解硝酸纤维和各种人造树脂,是纤维漆的主要溶剂
	乙酸乙酯	是醇类和低碳有机酸的结合物	溶解力比乙酸丁脂好	常与乙酸丁酯混合使用于硝基纤维漆中
	乙酸戊酯	是醇类和低碳有机酸的结合物	挥发速度较慢	可改进硝化纤维漆的流平性,防止涂膜泛白

类别	名称	制作及构成	特性	用途
醇类	乙醇	淀粉发酵或用化学方法制成（乙烯用浓硫酸作催化剂加水制成）	极性很大，能与水混合，挥发快，有毒，不能溶解一般树脂，只能溶解乙基纤维虫胶等醇溶性树脂，作硝化纤维漆的助溶剂	制作醇溶性涂料及木质着色剂
	丁醇	淀粉发酵或用化学方法制成（丁烯用浓硫酸作催化剂加水制成）	性质与乙醇相似，但溶解力略低，挥发率较慢	与乙醇、异丙醇合用防止涂膜发白，消除针孔、桔皮、气泡等，稀释短油度醇酸漆，作氨基树脂溶剂
酮类	丙酮		溶解力极强，挥发速度快，极易燃，能与水混溶，可溶解硝酸纤维及多种合成树脂，由于易吸水使涂膜泛白，很少单独使用	多用在硝基漆、快干黏结剂及脱漆剂中
	环己酮		橘黄色有杏仁气味，性质稳定不易挥发，可溶解纤维、过氯乙烯、聚氯乙烯等树脂	可防止涂膜泛白，改善流平性，是纤维酯和聚氨酯的良好溶剂
水	净水	天然洁净水，最好为软水，其次是自来水	价廉，易得，无毒，无味，不燃，但能与水混溶的有机液体，品种不多，且以水为溶剂或分散介质的成膜物，成膜后耐水性均不太理想，而耐水性又是所有涂膜必须考虑的方面	做乳胶漆的分散介质，也可单独或与醇类、醇醚类溶剂一起作水溶树脂或水溶涂料的溶剂

静电涂装用主要溶剂的特性　　　表2-47

溶剂名称		特性	电阻率 ($\Omega \cdot cm$)	介电常数 (ε)	沸点 (℃)	闪点 (℃)	表面张力 (N/cm)×10^{-5}
极性溶剂	醇类	甲醇	6.2×10^5	32.1	64.5	12	22.6
		乙醇	1.9×10^6	24.3			22.3
		异丙醇	2.0×10^7	20.4	82.3	12	23.8
		正丁醇	1.4×10^6	17.4	117.3	37	24.82
		苯甲醇	3.2×10^6	14.5	205.0	96	
	酮类	甲乙酮(MIEK)	7.7×10^6	19.5	79.6	−5	
		甲基异丁基酮(MBK)	2.1×10^7	14.1	116.0	16	24.18
		双丙酮醇	2.8×10^6	27.5	169.2	60	31.4
		异佛尔酮	1.8×10^7	20.5	215.2	92	
		环己酮	3.9×10^7				35.2

续表

溶剂名称		特性	电阻率 ($\Omega \cdot cm$)	介电常数 (ε)	沸点 (℃)	闪点 (℃)	表面张力 (N/cm)$\times 10^{-5}$
极性溶剂	酯类	丁酯	1.7×10^9	5.1	126.1	27	25.2
		溶纤剂、乙二醇乙醚	8.5×10^7	14.7	135.1	43	
		乙二醇乙醚醋酸酯	7.0×10^7	8.0	156.3	52	
		丁基溶纤剂	1.4×10^7	9.5	171.2	61	
非极性溶剂	石油系	白醇(松香水)	3.5×10^{10}	2.1	150~205	40	
		正乙烷	9.1×10^8	1.9	66.1~69.4	-22	18.9
	芳香族系	甲苯	2.8×10^9	2.4	109.9~110.4	5	28.5
		二甲苯	1.8×10^{10}	2.4	138.2~189.9	27	23.8

注：电阻值和介电常数是在20~21℃下测定工业用溶剂的值。

溶剂的极性分类见表2-48。

溶剂的极性分类　　　　表2-48

高极性	中极性	低极性	无极性
丙酮	醋酸戊酯	甲基戊醇	苯
丁酮	醋酸甲基戊酯	乳酸乙酯	甲苯
甲基异丁基酮	丁醇	200号油漆	二甲苯
甲基乙基酮	溶纤剂	溶剂油	松香水
甲醇	醋酸溶纤剂		高沸点石脑油
二丙酮醇	乙二醇乙醚		200号煤焦溶剂
异丙醇	乙二醇丁醚		
醋酸乙酯			
醋酸丁酯			
NN二甲基乙酰胺			
N甲基—2吡咯烷酮			

4. 水

制造水性涂料主要以水作为溶剂或分散介质。用于生产涂料的水一般为蒸馏水或去离子水，清澈透明，无水溶性盐和机械杂质。

二、稀释剂

稀释剂是根据不同溶剂的溶解力、挥发速度和对漆膜的影响等情况而配制的混合溶液，主要应用于涂料的施工现场，调节涂料施工的黏度以及工件、工具、设备的洗涤。

1. 稀释剂的组成

由于涂料的品种繁多，其组成的成分(成膜物质)各不相同，有的涂料又是由多种成膜物质复合构成，它们都有各自的物理化学性能，因此，能起综合溶解作用的稀释剂也就必须由多种相应的溶剂混合组成。以硝基漆为例，硝基漆的稀释剂一般可由溶剂、助溶剂、冲淡剂三个部分组。所谓溶剂，即对稍化棉能起直接溶解作用的丙酮、乙酸乙酯等各种酮类或酯类溶剂，也称它们为真溶剂或正溶剂；所谓助溶剂，即其本身不能直接溶解硝化棉，但与真溶剂配合使用时,它可帮助正溶剂提高对硝化棉的溶解能力,如乙醇、丁醇等,因此助溶剂又叫潜溶剂;所谓冲淡剂,即其本身对硝化棉不能溶解,但可溶解硝基漆组分中的其他树脂成分,使漆液黏度变低,起到冲淡和稀释作用,以节省真溶剂的使用量,如二甲苯等。

溶剂在稀释剂组成中的作用地位是可以转换的,以二甲苯为例,它在硝基漆稀释剂中只能起到冲淡剂的作用,但对醇酸漆却是真溶剂。因此,各类稀释剂的组配,必须从质量效果和经济节约的角度去合理确定溶剂的品种与配比量。

2. 稀释剂的选择

一种好的稀释剂首先应当具有良好的溶解性能,且又挥发速度适当,在涂膜中没有不挥发的残余物,还要容易与其他溶剂混合。因此在选用稀释剂时应考虑以下几个方面:

(1) 颜色和杂质:它能直接影响涂饰漆膜的质量,好的稀释剂应是清澈透明的,无任何悬浮或沉淀杂质;

(2) 溶解力:稀释剂加入涂料中,不应引起混浊或沉淀,不允许有树脂析出或溶剂游浮等现象,溶解力愈强,漆液黏度愈低,体质率则越低;

(3) 挥发性:稀释剂的挥发速度直接影响到涂膜质量和施工性能。溶剂挥发速度太快,会降低涂层流平性,影响光洁度;而溶剂的挥发速度太慢,则又会影响涂层干燥性能并易造成涂层流挂和尘染等现象,好的稀释剂在选用真溶剂、助溶剂、冲淡剂的组成时,都应掌握各自挥发率的合理调节;

(4) 毒性:在配制稀释剂时,应力避或少用毒性较大的溶剂去配制稀释剂;

(5) 可燃性:溶剂稀释剂的可燃性是施工现场的安全大患,所以在稀释剂的配制时,应尽量选用闪点较高的溶剂;

(6) 成本:在保证质量的前提下,尽可能采用价格低廉的稀释剂,以降低成本。

涂料的品种很多,而每一种涂料所用稀释剂又不一定相同,有的可以有多种选择,有的必须是特定的品种,有的除了溶解、稀释涂料的主要功能外,还起到调节其他功能的助剂作用,例如硝基漆稀释剂中适量加入高沸点的酯、酮类溶剂可起到防止涂层吸潮泛白的作用。所以掌握各类溶剂的性能特点,是选好用好稀释剂的基础。

3. 稀释剂的常用品种

稀释剂的品种很多,它是与各类涂料的性质以及施工要求相配套,使用时应根据涂料的种类选择合适的稀释剂。

稀释剂一般市场上有成品供应,常用成品稀释剂见表2-49。

常用成品稀释剂　　　　　　　　　　　表2-49

名　称	曾用名称	型　号	性 能 及 用 途
硝基漆稀释剂	甲级天那水 甲级香蕉水	X-1	可稀释硝基底漆、磁漆和清漆,稀释效果高于X-2,低于X-20
硝基漆稀释剂	乙级天那水 乙级香蕉水	X-2	稀释效果低于X-1,用于质量要求不高的硝基漆或洗涤硝基漆的施工工具
硝基漆稀释剂	特级香蕉水	X-20	溶解力强,稀释效果比X-1好,挥发性较X-1稍慢,防白性好,特别是当湿度大于70%或室温高于35℃和低于20℃时更显示其优点,但价格较X-1贵
硝基漆稀释剂	500号稀释剂	X-22	供稀释用,但挥发快、易泛白

续表

名　称	曾用名称	型　号	性能及用途
醇酸漆稀释剂	醇酸漆稀料	X-6	供各种中、长度醇酸清漆、磁漆作稀释用,也可用于油基漆
过氯乙烯漆稀释剂	甲级过氯乙烯稀释剂	X-3	稀释能力好,挥发速度适当,效果比 X-23 强,用来稀释各种过氯乙烯清漆、磁漆、底漆、腻子
过氯乙烯漆稀释剂	乙级过氯乙烯稀释剂	X-23	具有一定稀释力,但较 X-3 差,供要求不高的过氯乙烯磁漆、底漆、腻子、稀释用及清洗施工工具
氨基漆稀释剂		X-4	溶解性良好,供稀释氨基漆和短油度醇酸漆用
丙烯酸漆稀释剂		X-5	溶解性良好,挥发速度适中,除供丙烯酸稀释外,也可稀释硝基漆
环氧漆稀释剂		X-7	具有较好的溶解性,可稀释环氧清漆、磁漆、防腐漆、底漆及腻子
聚氨酯漆稀释剂		X-10	具有较强的稀释能力,专用于聚氨酯漆
聚氨酯漆稀释剂		X-11	具有良好的稀释、溶解性能,专用于 501-2、504-2、506-2、507-1 的聚氨脂清漆、磁漆、底漆及腻子
有机硅漆稀释剂		X-12	供 W61-1 磁漆、W06-1 底漆和 W07-1 腻子稀释用

常用涂料所用稀释剂及配方见表 2-50。

常用涂料所用稀释剂　　表 2-50

涂料名称	选用稀释剂						
油基漆	选 200 号溶剂汽油或松节油,如涂料树脂含量较高,须将二者按一定比例混合使用或添加二甲苯						
醇酸树脂漆	长油度:200 号溶剂汽油 中油度:200 号溶剂汽油和二甲苯按 1:1 混合使用 短油度:1)二甲苯 　　　　2) X-4 或 X-6 稀释剂						
硝基漆	由酯、酮、醇和芳香烃类溶剂组成,配方如下(按重量%):						
	材料名称	(一)	(二)	(三)	材料名称	(一)	(二)	(三)
	醋酸丁酯	26	15	20	丁醇	10	10	16
	醋酸乙酯	13	25	20	乙醇		10	
	醋酸戊酯			10	甲苯	48	30	44
	丙酮	3						
	也可选用 X-1 或 X-2 成品稀释剂						

续表

涂料名称	选用稀释剂
过氯乙烯漆	由酯、酮、苯等溶剂混合而成，可用价格便宜的甲醛酯和120号汽油代替毒性大的纯苯，配方如下(按重量%)： | 材料名称	(一)	(二)	(三)
---	---	---	---
醋酸丁酯	20	38	10
丙酮	10	12	10
甲苯	65	—	80
环己酮	5	—	—
二甲苯	—	50	—	 也可选用成品稀释剂：X-3、X-23
聚氨酯漆	由无水二甲苯及酮或酯类溶剂组成，不可使用醇类溶剂，配方如下： 	材料名称	(一)	(二)
---	---	---
无水二甲苯	50	70
无水环己酮	50	20
无水醋酸丁酯	—	10	 也可用成品稀释剂 X-10、X-11
环氧漆	由环己酮、二甲苯等溶剂组成，配方如下： | 材料名称	(一)	(二)	(三)
---	---	---	---
环己酮	10	—	—
丁醇	30	30	25
二甲苯	60	70	75	 也可选用成品稀释剂 X-7
沥青漆	可选用200号煤焦溶剂、200号溶剂汽油或二甲苯，有时可加入些丁醇，加入少量煤油可改善其流平性 配方如下： 	材料名称	配比
重质苯	80
煤油	20	
丙烯酸涂料	丙烯酸酯涂料稀释剂是由醋酸乙酯、醋酸丁酯、丁醇、丙酮及苯等组成。在常温下将原料混合搅拌均匀，过滤即成，配方如下： | 材料名称	配比	材料名称	配比
---	---	---	---
醋酸乙酯	16.5	丙酮	5.5
醋酸丁酯	44.0	苯	12
丁醇	22.0			

续表

涂料名称	选用稀释剂
聚乙烯醇缩醛涂料	聚乙烯醇缩醛稀释剂由醋酸丁酯、丁醇、乙醇、苯等组成，配方如下： | 材料名称 | 配比 | 材料名称 | 配比 | |---|---|---|---| | 醋酸丁酯 | 15 | 乙醇 | 30 | | 丁醇 | 15 | 苯 | 40 |
金属面涂料	金属面涂料稀释剂由醋酸丁酯、醋酸乙酯、无水乙醇、丙酮等组成，配方如下： | 材料名称 | 配合比 | 材料名称 | 配合比 | |---|---|---|---| | 醋酸丁酯 | 20 | 无水乙醇 | 40 | | 醋酸乙酯 | 20 | 丙酮 | 20 |

常用混合溶剂的性质、配方和用途可参见表 2-51。

常用混合溶剂的性质、配方和用途　　　　　表 2-51

型号名称	主要性质			组成		宜用来稀释的涂料名称
	挥发度 (乙醚—1)	含湿量 (用苯试验)(%)	凝聚值 (用苯)	成分	含量重量(%)	
X-1 硝基漆稀释剂 (强溶解力型)	8～12	25:50	120	醋酸丁酯或戊酯 醋酸乙酯 丁醇 甲苯或苯	29.8 21.2 7.7 41.3	丙烯酸树脂和三聚氰氨树脂改性的轿车用硝基磁漆
	11～18	25:50	200	醋酸丁酯 乙醇 丁醇 甲苯	50 10 20 20	硝基涂料、硝基环氧树脂涂料，供磁漆漆膜打磨后展平打磨使用
X-2 硝基漆稀释剂	8～16	10:15	100	醋酸丁酯或戊酯 乙基溶纤剂 丙酮 丁醇 乙醇 甲苯	10 8 7 15 10 50	硝基、硝基醇酸树脂、环氧树脂、硝基环氧、氨基树脂等涂料
		1:1 (用汽油试验)	0.3 (用汽油)	醋酸丁酯或戊酯 醋酸乙酯 丙酮 丁醇 乙醇 甲苯	18 9 3 10 10 50	一般用途的硝基涂料

续表

型号名称	主要性质			组成		宜用来稀释的涂料名称
	挥发度(乙醚—1)	含湿量(用苯试验)	凝聚值(%)(用苯)	成分	含量重量(%)	
硝基漆稀释剂（刷用型）	15~30	1:1	100	乙基溶纤剂 丁醇 二甲苯	30 20 50	刷用硝基醇酸树脂涂料
硝基漆稀释剂	20~35	1:1	100	乙基溶纤剂 丁醇 二甲苯	20 30 50	轿车用硝基磁漆（供刷涂修补用）
				醋酸丁酯 丁酯	20 80	皮鞋用硝基磁漆
X—3 过氯乙烯漆稀释剂	5~15	1:1	25(用乙醇)	醋酸丁酯 丙酮 甲苯	12 26 62	过氯乙烯树脂涂料、共聚树脂涂料、环氧树脂涂料
	9~16	1:1		醋酸丁酯 丙酮 二甲苯	30 30 40	过氯乙烯树脂涂料、丙烯酸树脂涂料和聚苯乙烯树脂涂料
过氯乙烯漆稀释剂		1:1		醋酸丁酯 丙酮 二甲苯	30 60 10	丙烯酸树脂和三聚氰氨树脂改性的专用过氯乙烯树脂涂料
过氯乙烯漆稀释剂	5~20	无		二甲苯 丙酮	85 15	低黏度过氯乙烯树脂磁漆
X—4 氨基漆稀释剂	2~4.5（以二甲苯为标准）	无		白醇(松香水) 丁醇	90 10	脲醛醇酸合成树脂涂料、轿车用三聚氰氨醇酸树脂磁漆
X—4 氨基漆稀释剂	1.1~1.6（以二甲苯为标准）			二甲苯 丁醇	50 50	三聚氰胺、脲醛和酚醛树脂涂料,适用于静电涂装
氨基漆稀释剂				二甲苯 丁醇	90 10	木器脲醛树脂清漆,适于静电涂装
X—6 醇酸漆稀释剂	在滤纸上不应有油斑			白醇(松香水) 二甲苯	70 30	醇酸树脂涂料、油性沥青涂料、酚醛沥青涂料
环氧树脂漆稀释剂				丙酮 乙基溶纤剂 甲苯	20 30 50	环氧树脂涂料、环氧腻子

续表

型号名称	主要性质			组成		宜用来稀释的涂料名称
	挥发度(乙醚—1)	含湿量(用苯试验)	凝聚值(%)(用苯)	成分	含量重量(%)	
乙基纤维素漆稀释剂				醋酸乙酯 丙酮 乙醇 甲苯	10 10 20 60	乙基纤维素涂料
硝基漆稀释剂	13～18	按2:1与水完全混溶		丁醇 乙醇 乙基溶纤剂 甲苯	10 64 16 10	木器硝基清漆
2号静电喷漆用溶剂				煤焦油溶剂 乙醇 丙酮	70 20 10	供静电涂装三聚氰胺醇酸树脂涂料、醇酸树脂涂料、沥青和油性沥青涂料等
3号静电喷漆用溶剂(相当于X—19)				煤焦油溶剂 乙醇 丙酮 乙基溶纤剂	50 20 20 10	供静电涂装三聚氰胺醇酸树脂涂料、醇酸树脂涂料、沥青和油性沥青涂料等
X—5丙烯酸漆稀释剂		不混溶		二甲苯 丁醇	70 30	丙烯酸树脂涂料
X—10聚氨酯漆稀释剂		无水		无水二甲苯 醋酸丁酯 环己酮	60 25 15	聚氨酯树脂涂料
6401溶剂				甲基苯酚 二甲苯	40 60	聚酯漆包线漆
142溶剂				二甲苯 甲基苯酚	40 60	聚氨酯漆包线漆
116溶剂				甲基苯酚 二甲苯	50 50	聚酯亚胺漆包线漆
150溶剂				N甲基—2吡咯烷酮 二甲苯	50 50	聚酰胺酰亚胺漆包线漆

第六节 辅 助 材 料

一、防潮剂

防潮剂又称防白剂,是由沸点较高挥发较慢的酯类、醇类与酮类等有机溶剂混合配成的无色透明液体,它是为防止硝基漆或其他挥发性漆在湿度较高条件下施工时引起漆膜发白的物质。

当阴雨潮湿天气涂饰挥发型漆(硝基漆、过氯乙烯漆、虫胶漆等)时,空气中有较多的水蒸气(相对湿度在70%以上),气温较低,由于漆中溶剂挥发快,吸收周围热量,使涂层表面温度迅速降低,空气中的水蒸气就凝结于漆膜表面,使涂层形成白色雾状,此种现象称为"泛白"。此外用喷枪喷涂时,压缩空气中可能含有水蒸气,也会引起泛白,在这种条件下施工时,临时加入防潮剂,使整个涂层溶剂的挥发变慢,吸热降温现象缓和,水蒸气凝结现象减少,可防止涂层泛白发生。

防潮剂不是涂料的组成成分,是特定条件(潮湿低温)下施工需要临时加入的,加入的防潮剂可以代替部分稀释剂来调节涂料的黏度。但是当空气湿度过大,加入防潮剂也无效时,只有停止施工。

防潮剂应与稀释剂配合使用,一般可在稀释剂中加入10%~20%,需要可加至30%~40%,但防潮剂不能完全当作稀释剂使用,否则既浪费防潮剂,增加成本,又使涂层干燥受到影响。

常用防潮剂品种见表2-52,配方见表2-53。

常用防潮剂品种　　　　　表 2-52

序号	品 种	组 成	应 用
1	F-1 硝基漆防潮剂	由沸点较高的酯、醇、酮类等溶剂混合配成	与硝基漆稀释剂配合使用,在相对湿度较高条件下施工,可防止涂层泛白
2	F-2 过氯乙烯漆防潮剂	由沸点较高的酮、苯、酯类溶剂混合配成	在相对湿度较高条件下,与过氯乙烯漆稀释剂配合使用,可防止过氯乙烯漆涂层泛白
3	松香		用作虫胶漆的防潮剂,用量为干虫胶片的8%~10%

常用防潮剂配方　　　　　表 2-53

名 称	成 分			
	乙酸乙酯	丁 醇	环己酮	二甲苯
硝基漆防潮剂	50	50	—	—
过氯乙烯漆防潮剂	20	—	30	50

二、固化剂

各类涂料中,有些在室温条件下的空气中就可以固化成膜(也称气干漆),有些必须经过高温加热才可以固化成膜(如氨基烘漆),有些则需要利用酸、胺、过氧化物等化学药品与漆中的成分发生化学反应才能固化成膜,这些材料称之为固化剂。固化剂是环氧树脂漆、聚氨酯漆等树脂油漆中很重要的辅助材料。

随着合成树脂的发展，固化剂的品种和用量也越来越多，其中环氧树脂、聚酯树脂、聚氨酯树脂等涂料固化剂使用较多，例如聚氨酯漆冬天或低温条件下施工，可使用二甲氨基乙醇或月桂酸二丁基锡等固化剂；聚酯漆固化剂可由过氧化二苯甲酰与二甲基等拼用，也可由过氧环己酮与环烷酸钴液拼用；木器用酸固化氨基醇酸漆常用盐酸酒精溶液作固化剂，这类漆施工时只有加酸才能固化，也可以用其他酸类（如硫酸、磺酸等）作固化剂，以及光敏漆中的光敏剂（安息香醚类）都属于固化剂一类的材料。固化剂在使用时，都必须严格控制配方用量。

为保证涂层质量，涂料与固化剂混合后有些涂料应放置一段时间再施工（须有一定的熟化期）。如现场温度较低，可在温度高的场所配制和热化。熟化期一般为0.5~2h。有些涂料则需在一定时间内立即使用，并在规定时间内用完方能保证涂料质量。因此在使用固化剂时要根据使用说明严格掌握。

有关环氧树脂漆成品固化剂性能见表2-54。

环氧树脂漆成品固化剂 表2-54

名 称	曾用名称	型号	组 成	性能及用途
环氧漆固化剂	1号硬化剂 649固化剂	H-1	乙二胺溶于乙醇溶液中制成	固化迅速，用量少，但毒性和腐蚀性大，湿度大时不宜使用，要与胺固化环氧漆配套使用
环氧固化剂	650聚酰胺固化剂	H-4	由二聚桐油酸与多乙烯多胺缩聚而成的化合物	可在室温下固化，黏结力强，柔韧性好，坚固耐磨，具有一定的绝缘性，耐化学侵蚀，可在湿度较大环境下施工，用量为树脂的30%~100%

有关环氧树脂漆固化剂配方见表2-55。

环氧漆固化剂配方 表2-55

组 分	一	二	三
601环氧树脂	39.6	—	—
己 二 胺	10.4		50
丁 醇	25		
二 甲 苯	25		
二聚桐油酸	—	58.5	—
二乙烯三胺		41.5	
95%乙醇			50

三、脱漆剂

脱漆剂又名去漆剂、剥漆剂、洗漆剂。它是利用有机溶剂或酸、碱溶液对涂层具有溶胀作用的特性，在涂料施工中，用它除去底材表面原有涂料的物质。脱漆剂可分为液体和乳状两类，一般水平面上的旧漆，可直接使用脱漆剂加入适量石蜡，制成挥发速度较慢的乳状剂涂覆剥除。

脱漆剂的脱漆效力与旧漆膜的特性有关，一般自干型油基漆或醇酸漆易被剥除，而烘干型的氨基漆、环氧漆等较难剥除。

脱漆剂使用时可用长毛软刷蘸脱漆剂涂于欲去除之旧漆膜上，涂层可厚些，静置十几分钟(冬季天冷可延至半小时左右),待漆膜溶解软化膨胀,即可用铲刀轻轻铲去,若旧漆膜太厚,一次不易变软铲除,可反复连涂二三次,待漆漠全部脱净后涂饰新漆膜时,必须将脱漆剂彻底揩净,可用乙醇、苯或汽油洗净剩余的脱漆剂,否则可能影响新漆面的光泽、干燥及附着力。

由于脱漆剂含大量挥发溶剂,易燃,可能有不同程度的毒性,故施工场所应注意通风,防止发生中毒和火灾。

脱漆剂种类较多,主要有:

1. 有机溶剂脱漆剂

它们主要是由有机溶剂混合而成。使用时用长毛软刷蘸脱漆剂涂覆于旧漆面,静置十几分钟(冬天半小时),待旧漆膜软化溶解后铲除即可。其主要品种有:

T—1脱漆剂:本品由酮、醇、苯、酯类溶剂混合,加适量石蜡配制成的乳白糊状物,具有溶胀漆膜并使之剥离的性能,主要用于清除油脂漆、酯胶漆、酚醛漆的旧膜。

T—2脱漆剂:本品由酮、醇、酯及苯等制成。溶解力比T—1脱漆剂强,主要用于消除油基漆、醇酸漆及硝基漆的旧膜。

T—3脱漆剂:本品由二氯甲烷、有机玻璃、乙醇、甲苯、石蜡及有机酸混合制成,毒性较小,脱漆速度较快,效果比T—1、T—2好,但对环氧漆、聚氨酯等脱漆效果差,用于清除油基漆、醇酸漆及硝基漆的旧膜。

2. 稀热碱溶液或常温的有机酸类溶液

稀的热碱溶液、常温的有机酸类溶液也可用作脱漆剂使用。

3. 酸性脱漆剂

施工时往液体脱漆剂中加入磷酸、磺酸等腐蚀性物质,专供除去各种氨基、环氧酚醛烘漆以及其他不易清除的旧漆时使用。

4. 碱性脱漆剂

本品由1份苯胺和10份氢氧化铵(体积比)的混合液组成,这类脱漆剂从锡板上脱漆效果最好。

5. 不燃性脱漆剂

本品由不燃性溶剂如二氯乙烷、三氯乙烷、四氯化碳等组成,专供防止挥发引燃的器材表面脱漆。

6. 乳化型脱漆剂

采用十二烷基磺酸钠作乳化剂的脱漆剂,可使旧漆膜被渗透而剥除。

7. 硅酸盐型脱漆剂

本品由硅酸盐加水而成,用其热熔液来浸涤脱漆。

常用脱漆剂参考配方如下:

[1] 一般脱漆剂

成分	用量(%)	成分	用量(%)
二氯乙烷	25	石蜡	1
水	10	乙酸纤维素	3
丙酮	53.5	硫酸化蓖麻油	3
乳酸	3.5	磷酸二戊胺	1

[2] 一般脱漆剂

成分	用量(%)	成分	用量(%)
二氯甲烷	76.5	石蜡	3
溶纤剂	4	甲醇	6.5
甲基纤维素	5	水	3
石油磺酸钠	2		

[3] 一般脱漆剂

成分	用量(%)	成分	用量(%)
丙酮	30	乙酸乙酯	30
汽油	30	乙醇	10

[4] 一般脱漆剂

成分	用量(%)	成分	用量(%)
苯	46	乙醇	35
丙酮	12	石蜡	7

[5] 一般脱漆剂

成分	用量(份)	成分	用量(份)
甲组分:二甲苯	139	乙组分:烧碱	21
矿物油	55.5	水	80
油酸	22.1	三乙醇胺	4.9

[6] 脱漆剂

成分	用量(份)	成分	用量(份)
乙酸丁酯	10	丙酮	20
乙酸乙酯	10	纯苯	60

本脱漆剂主要用于清除油基、醇酸及硝基漆的旧漆膜。

[7] 脱漆剂

成分	用量(%)	成分	用量(%)
二氯甲烷	72	乙醇	6
石蜡	3	十二烷基磺酸钠	5
甲基纤维素	2	乙醇胺	5
乙二醇乙醚	4	蒸馏水	3

[8] 脱漆膏

成分	用量(份)	成分	用量(份)
碳酸钙	8	水	80
碳酸钠	5	氧化钙	13

[9] 脱漆膏

成分	用量(份)	成分	用量(份)
苛性钠	30	浓氨水	15
淀粉	10	肥皂	10
水玻璃	30	滑石粉	5

[10] 脱漆膏

成分	用量(g)	成分	用量(g)
苛性钠	40	水玻璃	40
水	15		

四、研磨材料

研磨材料为一种能使漆膜和被涂物面平整光滑的施工材料,按其作用可分为打磨料和抛光料两种,前者为砂布、木砂纸、水砂纸等;后者为抛光膏(砂蜡)与上光蜡(油蜡)。

打磨料的打磨过程,实际上是大量的磨料细粒对被磨物面的锉削过程,其作用是使粗糙的表面变得平整,抛光料的抛光过程,是在机械作用的同时,还有物理化学的作用。如漆膜表面的抛光,在机械作用下,由于摩擦生热,致使被抛光的膜面产生塑性的融熔过程。抛光的作用是使漆膜表面平整缜密,滑脱光亮。

1. 打磨材料

打磨材料中使用最为广泛的是砂纸和砂布,它的磨料有天然和人造两类。天然的磨料有钢玉、石榴石、石英、火遂石、浮石、矽藻土、白垩等,人造磨料有人造钢玉、玻璃及各种金属碳化物。磨料的性质与它的形状、硬度和韧性有关。磨料的粒径(粒度)是按每平方英寸的筛孔来计算的,国内常用的木砂纸和砂布代号是根据磨料的粒径来划分的,代号越大,磨粒越粗,而水砂纸则相反,代号越大磨粒则越细。有关砂纸、砂布的分类及用途见表 2-56。有关砂布、砂纸的代号与粒度见表 2-57。

砂纸、砂布的分类及用途 表 2-56

种类	磨料粒度号数(目)	砂纸、砂布代号	用途
最细	240～320	水砂纸:400、500、600	清漆、硝基漆、油基涂料的层间打磨及漆面的精磨
细	100～220	玻璃砂纸:1、0、00 金刚砂布:1、0、00、000、0000 水砂纸:220、240、280、320	打磨金属面上的轻微锈蚀,涂底漆或封闭底漆前的最后一次打磨
中	80～100	玻璃砂纸:1、$1\frac{1}{2}$ 金刚砂布:1、$1\frac{1}{2}$ 水砂纸:180	清除锈蚀,打磨一般的粗面,墙面涂刷前的打磨
粗	40～80	玻璃砂纸:$1\frac{1}{2}$、2 金刚砂布:$1\frac{1}{2}$、2	对粗糙面、深痕及有其他缺陷的表面的打磨
最粗	12～40	玻璃砂纸:3、4 金刚砂布:3、4、5、6	打磨清除磁漆、清漆或堆积的漆膜及严重的锈蚀

砂布、砂纸的代号与粒度号数对照表 表 2-57

铁砂布		木砂纸		水砂纸	
代号	磨料粒度号数(目)	代号	磨料粒度号数(目)	代号	磨料粒度号数(目)
0000	200 220	00	150 160	180	100 120
000	180	0	120 140	220	120 150

续表

铁砂布		木砂纸		水砂纸	
代 号	磨料粒度号数(目)	代 号	磨料粒度号数(目)	代 号	磨料粒度号数(目)
00	150 160	1	80 100	240	150 160
0	140 120	$1\frac{1}{2}$	60 80	280	180
1	100	2	46 60	320	220
$1\frac{1}{2}$	80	$2\frac{1}{2}$	36 46	400	240 260
2	60	3	30 36	500	280
$2\frac{1}{2}$	46	4	20 30	600	320
3	36				
$3\frac{1}{2}$	30				
4	24 30				
5	24				
6	18				

注：表中磨料粒度号数表示磨料粒径，号数愈大粒径愈细。

2. 抛光材料

常用的抛光材料有砂蜡和上光蜡。砂蜡是专供抛光时使用的辅助材料，由细度高、硬度小的磨料粉与油脂蜡或黏结剂混合而成的浅灰色膏状粉；上光蜡是溶解于松节油中的膏状物，分汽车蜡和地板蜡两种。抛光材料的组成与用途见表2-58。

两种抛光材料的组成与用途　　　　　表2-58

名称	组 成				用 途
	成 分	配比(重量)			
		1	2	3	
砂蜡	硬蜡(棕榈蜡)	—	10.0	—	浅灰色的膏状物，主要用于擦平硝基漆、丙烯酸漆、聚氨酯漆等漆膜表面的高低不平处，并可消除发白污染、桔皮及粗粒造成的影响
	液体蜡	—	—	20.0	
	白蜡	10.3	—	—	
	皂片	—	—	2.0	
	硬脂酸锌	9.5	10.0	—	
	铅红	—	—	60.0	

续表

名称	组成				用途
	成分	配比(重量)			
		1	2	3	
砂蜡	硅藻土	16.0	16.0	—	浅灰色的膏状物,主要用于擦平硝基漆、丙烯酸漆、聚胺酯漆等漆膜表面的高低不平处,并可消除发白污染、桔皮及粗粒造成的影响
	蓖麻油	—	—	10.0	
	煤油	40.0	40.0	—	
	松节油	24.0	—	—	
	松香水	—	24.0	—	
	水	—	—	8	
上光蜡	硬蜡 棕榈蜡	3.0	20.0		主要用于漆面的最后抛光,增加漆膜亮度,有防水、防污物作用,延长漆膜的使用寿命
	白蜡	—	5.0		
	合成蜡	—	5.0		
	耗脂锰皂液	10%	5.0		
	松节油	10.0	40.0		
	平平加"〇"乳化剂	3.0	—		
	有机硅油	5%	少量		
	松香水	—	25.0		
	水	83.998			

第三章 建筑涂料的生产

涂料工业是以油脂、天然树脂、合成树脂、颜(填)料、溶剂和助剂为基本原料,生产各种产品并提供其应用的工业。

涂料工业其实质包括了涂料的制造和涂料的施工应用两大部分。涂料制造包括油脂熬炼树脂和色漆制造以及质量管理等;涂料施工则包括涂料施工前的处理,施工设备和方法、涂料的干燥成膜与检测等,这两部分内容是密切联系又互相有别的。

涂料工业使用的原料,多达上千种,但有些原料可以互相取代,这就是涂料生产企业与其他生产单纯化学品的化工厂的区别。涂料工业所用原料,有不少是有毒、易燃、易爆的物品,故涂料生产企业应注意安全,劳动保护和防火,制订安全规程,并严格遵守。

涂料工业除了具有化学工业共同的特点之外,还有如下的特点:

1. 广泛性和专用性

涂料广泛应用于各行各业之中,每个服务对象对涂料性能的要求是各不相同的,故必须生产不同性能、不同规格的多品种涂料产品,以满足不同的使用要求,所以涂料品种的用途具有专用性。涂料品种繁多,也有一些通用性的品种,具有较好的综合性能,能满足诸多方面的使用要求,通用性品种的产量大,应用广泛,适用于国民经济各个领域的使用,通用性的涂料品种是涂料工业的主体。

2. 投资少见效快

涂料属于精细化工产品,和大宗化工产品相比较而言,它具有投资少、利润高、见效快和回收投资快等特点。

3. 具有技术密集度高的特点

虽然涂料生产过程类同,工艺设备简单,生产周期短,但其产品性能,用途多种多样,且品种繁多,所用原材料多,在原料选择、配方设计上则具有较高的技术性,涂料在制造过程中涉及的学科较多,一个优秀的工程技术人员应具有化学、物理、机械、计算机等多学科的知识,掌握多种生产工艺技术。故涂料工业具有技术密度高、涉及学科多的特点,新品种的技术垄断性亦较强。

4. 具有加工工业的性质

涂料产品品种多,所用原料多,除少数专用树脂以外,大部分原料要由其他工业部门供应,大多数溶剂、助剂、合成树脂和化工原料等需由基本有机合成工业、炼焦工业、石油化工工业、高分子工业、化工原料工业部门提供,颜料需由颜料工业部门提供,涂料工业所需的设备、工艺简单,很多涂料品种可以采用不同的原材料,不同的生产配方在相同的设备上进行生产,生产工艺过程也大致相同,如图3-1所示。从原料的来源、生产的过程诸多方面来看,涂料工业具有加工工业的性质。此外涂料产品只是一种服务性的配套材料,它仅是一种半成品,必须在涂装成膜以后才能体现出其作用,从使用上看,涂料工业也带有加工工业的性质。

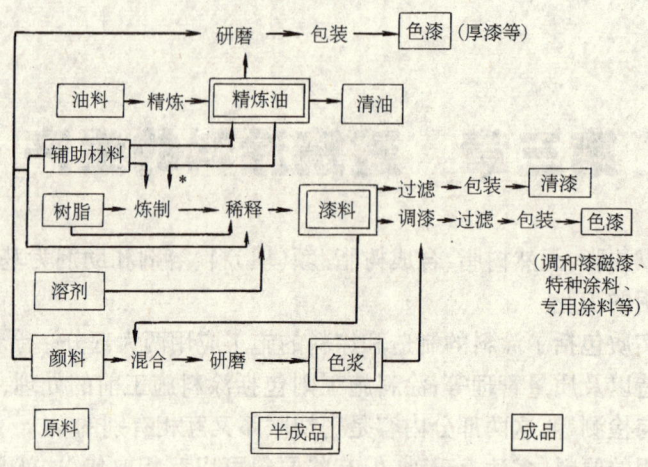

图 3-1 涂料生产过程与产品关系示意图
* 此外系指天然树脂如松香等,合成树脂可直接稀释为漆料。

第一节 涂料生产的主要设备

建筑涂料的生产设备按其在工艺中的作用可分为制备基料的设备、研磨分散和调和设备和输送设备等几类。

一、制备基料的设备

在建筑涂料工业中,用于生产基料的设备通常称为反应釜或反应罐,目前建筑涂料工业中所用的反应釜其种类主要有搪瓷反应釜和不锈钢反应釜;从加热形式来看则有直接加热式反应釜、间接加热式反应釜、电加热反应釜、蒸汽加热反应釜等几种,较为普遍使用的是蒸汽加热反应釜。

涂料基料制造设备的性能特征见表 3-1。

涂料用基料的制造设备 表 3-1

设备名称	性 能 特 征
间接加热式反应釜	目前我国生产建筑涂料使用的反应釜有不锈钢或搪瓷内衬,带有夹套可以通入蒸汽加热或通入冷水冷却。并安装有搅拌器和冷凝器。其加热方式主要是靠蒸汽夹层加热的间接加热方式,也有采用电加热方式的。这类反应釜具有良好的耐腐蚀性,可以避免金属离子污染物料,防止变色变质,是目前较为通用的耐腐蚀化工设备。它靠锅炉提供的热蒸汽进行热交换来升高反应釜内的物质温度,使之能在所需要的温度、压力下进行化学反应,或者进行溶解、混合等。常用规格有 2000L、1000L、500L 等
直接加热式反应釜	直接加热式反应釜不带夹层(内衬),材质多用不锈钢,采用蒸汽或电直接加热,具有操作简便,价格便宜等特点,适用于小型建筑涂料厂。常用规格有 100L、200L、500L、1000L。不足之处是物料受热不均匀,浓度不易控制
锅炉	锅炉是给反应釜提供蒸汽热介质或直接供热的重要设备,分为工业锅炉和生活锅炉。工业锅炉的蒸汽产量大,0.5t 以上的为卧式,0.5t 以下的为立式,一般与较大型的反应釜配套。生活锅炉一般用于小型涂料厂(年产 1000t 以下),主要以直接供热方式使用。在建筑涂料厂设备选型时,要十分注意锅炉与反应釜配套,所选型号不能太大,否则造成设备和能源的浪费,并直接影响产品成本

二、研磨分散和调和设备

颜料厂生产出来的颜(填)料常常是颜料质点的聚集体颗粒。涂料即色漆的生产,主要是颜料的分散过程。要将颜料加入涂料基料中制成色漆,就必须将颜料的聚集体颗粒分散,使颜料质点之间彼此分离,以便在涂料中均匀地分布成为一个胶态悬乳体。为了使颜料分散体在有机溶剂中获得最大的稳定性,每一个颜料质点的表面必须完全为基料所润湿,在颜料粒子表面和基料之间不应当夹杂有空气层或吸附着的水层。

适于作颜料分散剂的树脂通常含有极性基团(它能使树脂吸附在颜料表面),并能完全溶解于颜料分散体的混合溶剂中。有时也加入一些表面活性剂以作颜料质点和树脂之间的桥梁,并有助于颜料的润湿。使用润湿分散剂可以降低液体和固体间的表面张力,在水性系统中,离子型表面活性剂能使颜料表面带上电荷,依靠同性电荷的排斥作用而使颜料分散体获得稳定。

颜料的分散通常用研磨机械来进行,在研磨机械中,颜料的聚集体受到了剪切力,有时还有研磨力。在以剪切力分散颜料的过程中,颜料聚集体在运动方向相反的两个表面,或者运动方向相同但速度不同的两个表面之间互相挤压摩擦,使固体粉末状的颜(填)料分布在树脂溶液(即漆料)中形成稳定的胶态分散体系。

在颜料制造过程中,通过在水浆状的颜料浆中的碾压使颜料粒子减小到它们最小的体积。而在用研磨力分散颜料的过程中,条件就要温和得多,在较黏厚的基料介质中,通过研磨使颜料聚集体解聚集而不是颜料粒子本身发生破裂。颜料在漆料中的分散是由湿润、解聚和稳定化三个过程所组成的。

常用的颜料研磨分散设备主要有砂磨机、胶体磨、球磨机和三辊研磨机等,其性能特征见表 3-2。

研磨设备的性能特征　　　　　　　　　表 3-2

设备名称	性　能　特　征
砂磨机	砂磨机的工作原理是,原料通过泵吸入输送到砂磨桶内,砂磨桶内盛有研磨介质,由主轴带动砂磨桶内的叶轮进行高速运转,使桶体内的物料与研磨介质产生强烈的撞击、剪切、摩擦、挤压等作用,以达到迅速分散和均匀混合目的,分散后的物料由筛网溢流出来,通过出料斗流入容器。这种设备的研磨效率在各种研磨设备中最高,细度可达 $1\sim 2\mu m$,是建筑涂料工业中最常用的研磨分散设备。产品形式有立式和卧式,并分为开启式和封闭式 砂磨机的研磨介质主要有石英砂、玻璃珠、陶珠、钢珠、碳化珠等,一般粒径在 2.5mm 左右。它们的质量对设备的研磨效率和涂料质量有很大的影响。国内常用的是玻璃珠,但它易碎,使用一段时间后要补充或更换。陶珠的质量一般优于玻璃珠,但价格较贵,目前国内使用较少,今后将成为常用品种之一
胶体磨	胶体磨是建筑涂料工业中使用较多的一种分散设备。胶体磨是一种无介质研磨设备,它的工作原理是通过一对锥形的转齿与定齿作相对运动,使被加工的物料受到很大的剪切力、摩擦力、离心力和高频振动,从而达到粉碎、乳化、搅拌、均质和分散的效果。具有效率高、占地小、不污染环境等优点;但不宜研磨黏度高和细度要求不太高的($50\mu m$)料浆。产品形式主要分为立式和卧式,建筑涂料工业普遍采用立式

续表

设备名称	性 能 特 征
球磨机	球磨机由水平轴架、圆筒体、研磨介质(如瓷球、卵石、钢球等)及电动机构成。其工作原理是,圆筒体绕水平轴旋转运动,带动筒体内的研磨球体相互撞击、摩擦,对物料产生冲击和剪切等作用,使物料得以分散。它的优点是,操作简便,密闭性好,溶剂或水分不会挥发,无扬尘等污染,物料细度易控制。缺点是,间歇式操作,周期长,生产效率低,变换颜色困难,噪声大。目前在建筑涂料工业中已很少使用
三辊研磨机	三辊研磨机是涂料工业中常用的研磨设备,有3个钢质(不锈钢或其他经特殊处理的钢)滚筒安装在金属制成的支架上,中心保持在同一直线上,滚筒间距离和压力可以调节。滚筒的内芯可以是空的,以通水加热,或装置电加热装置,通电加热。物料由中后两滚筒及两块挡料板组成的自然料斗加入,由于3个滚筒的旋转方向不同(转速不同),物料经中、后两滚筒的相反异向旋转而引起急剧的摩擦翻动,强大的剪切外力破坏了物料颗粒内分子之间的结构应力,再经中、前两滚筒的高速二次研磨,达到迅速的粉碎、分散和均匀混合的效果。其主要优点为,分散效果好,更换色彩方便,能加工高黏稠度的物料;不足的是,劳动生产效率低,维修技术要求高,溶剂易挥发,造成环境污染

三、调和设备

调和设备是带有搅拌装置的混料设备,根据搅拌机的转速不同及构造不同,可分为高速搅拌机、低速搅拌机和捏和机,主要用来混合均匀物料,并对颜填料有一定的分散作用。

调和设备其性能特征见表3-3。

涂料用调和设备的性能特征　　　　　　表3-3

设备名称	性 能 特 征
高速搅拌机	高速搅拌机是建筑涂料工业生产液态涂料的常用设备,由于搅拌叶轮的高速运转带动物料高速运动,使颜填料粒子受到了较强的冲击力和剪切力,从而达到分散和混合均匀的目的,因此这种搅拌设备适用于对细度要求不太高的涂料的分散与调和,目前的高速搅拌机产品其转速多是可调的,有多级和无级变速之分,对液态涂料适应性强 高速搅拌机作为一种简单的分散调合设备,叶轮转速一般为600~1700r/min,叶轮最高圆周线速度可达1400m/min。当圆筒内浆料由叶轮转动下搅拌时,大致可分为两个区域,靠近叶轮2.5~5cm处荡动带,产生搓切、冲击,使颜料很快分散到浆料中去,但不产生高压,所以高硬粒子聚集体不能很好分散,荡动带以外形成两个流束,将浆料充分循环翻动,以达混合均匀。本设备优点是结构简单,操作维修容易,预混合分散及调和等工艺过程均可使用,清洗方便,生产效率高。但由于它是一种低剪切力的分散设备所以只能用于一些易分散的颜料 本设备常用于钛白浆的分散及厚质建筑涂料的配制等
低速搅拌机	低速搅拌机可用减速器传动,适用于较高黏度的涂料及乳胶涂料的配制 单纯的低速搅拌设备的分散作用不显著,一般只用作混合均匀物料
捏合机	捏和机是一类专门用于生产稠厚质涂料的低速搅拌设备,如仿瓷涂料、复层涂料、彩砂涂料等。这类设备的基本构造是在机内横轴上安装两个工型桨叶转子,当机器运转时,两个桨叶反向运转,一个桨叶向上卷起物料,另一个桨叶同时向下卷起物料,经反复捏和达到均匀混合的目的

四、输送设备

齿轮泵是建筑涂料工业中最常用的输送设备,它是一种转子泵,泵体内有一对齿轮,其中一个是主动轮,另一个是与之相啮合的从动轮,齿轮的外周和两端,与泵体之间的间隙极微,使被输送的液体不易漏过,当齿轮转动时,主动轮与从动轮的轮齿相啮合,一起运转,将液体从一端吸入,而从另一端排出。这类泵的特点是结构简单,工作可靠,效率高。涂料生产使用泵输送物料时,普遍存在着噪声大、泄漏多、寿命短等问题。在选用泵时考虑到物料含有大量的固体颜料,黏度大,输送中会产生较大的径向力,齿轮磨损较大,因此选用内圆弧齿轮泵优于外齿轮泵。

五、水性涂料生产设备

水性涂料是与传统的油基涂料、新型的溶剂型涂料完全不同类型的涂料产品。水性涂料又可分为乳胶涂料和水溶性涂料两大类型。乳胶涂料一般呈弱碱性(pH 值为 7.5~8.5)。水溶性涂料主要有两类:即阳极电泳漆和阴极电泳漆。前者呈弱碱性(pH 值为 7.5~8.5),后者呈弱酸性(pH 值为 6~6.5)。因而水性涂料的生产设备要采用不锈钢或搪瓷等材料,而不能使用钢铁或铝质的,否则将因酸碱腐蚀而影响质量或造成事故。

六、过滤设备

涂料生产过程中的液体料包括有原料油、漆料、合成树脂、成品清漆、色漆等,其中因含有不同的杂质以及各自不同的质量要求,因而需要采用不同的过滤工艺和过滤设备。

常用的涂料过滤设备见表 3-4。

涂料常用过滤设备 表 3-4

设备名称	性 能 及 特 征
筛网式过滤器	这是涂料生产过程中使用最广泛的一种过滤设备。它制作简单,采用的筛网有尼龙绢布、丝棉、铜丝布、不锈钢丝布、铁丝布等,适用于过滤原料油、漆料、合成树脂和大多数品种的色漆。所用筛网的孔径目数按液料的黏度和细度要求确定,一般采用的筛网为 80~120 目。对于稠度较大的涂料(如硝基漆)则需要用加压筛网过滤器,通常使用齿轮泵将需要过滤的涂料泵入筛网过滤器内过滤
离心式过滤器	离心式过滤器系利用离心力的原理将液料中较重的杂质除掉。离心式过滤器按其过滤筒体的转速可分高速离心机(转速 4000r/min 左右)和超速离心机(转速 9000r/min 左右)两大类。国内有油水分离机和超速离心分离机等,离心式过滤器适用于黏度在 1000MPa·s 以下的低黏度液料
纸芯过滤器	本设备由特制纸芯制成的过滤设备,液料通过泵或自然压力流入纸芯,然后通过纸芯纤维微孔流出,杂质留在纸芯内,滤渣积满后,调换纸芯即可,本过滤器已广泛用于涂料行业中过滤黏度较低的油料、漆料、清漆和合成树脂等
板框式过滤器	板框式过滤器是涂料行业常用的一种过滤设备,它由多个滤板、洗涤板和滤框交替排列组成。每机所用滤板,洗涤板和滤框的数目,随液料的性质和过滤的生产能力而定。按其外形可分卧式和立式两种,按液料在机内的流动路线可分内流式和外流式两类。板框的数目可以由 10 至 60 不等。板框材料除用钢铁外,也可用塑料、不锈钢、玻璃钢等。板框之间的过滤介质常用滤纸、帆布,立式板框机采用硅藻土等作粉体过滤介质。板框压滤机适用于液料黏度较大,需要加热到 100℃ 以上或过滤压力超过 1MPa 以上的场合,也用于分离不易过滤的低浓度悬浮液或胶质悬浮液

第二节 涂料的生产工艺

建筑涂料的一般生产过程包括基料的制备,颜(填)料的分散磨细,涂料的配制,过滤及称量,包装等工艺过程,图 3-2 为建筑涂料的生产工艺流程示意图。但不同的生产规模或不同的产品品种,其生产工艺及要求都有较大的差异。例如大中型涂料生产企业的基料制备包括高分子聚合物合成反应工艺过程,而一般的小型涂料生产企业则是购买基料来作原材料,或对其进行简单的改性处理,比如聚乙烯醇缩甲醛胶的制备。乳胶涂料在配制涂料工序的要求上面,一般比溶剂型和水溶性涂料的要求要高一些,在工艺设备的选用上也有一些不同。

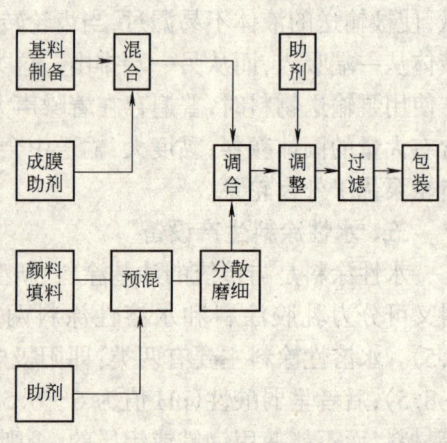

图 3-2 建筑涂料生产工艺流程示意图

一、涂料的配方设计

(一) 涂料配方设计的程序

涂料是由主要成膜物质、次要成膜物质、辅助成膜物质组成的,进行涂料的配方设计就是根据涂料的性能要求来选择涂料的各个组分并确定其用量。

涂料的配方设计,虽有一定的理论指导,但主要还是基于实践之上的经验方法,其基本程序需要经过配方设计、配方试验、性能测试检验、调整配方这样一个反复进行直至得到满意的配方为止的过程。涂料配方设计的基本程序见图 3-3。

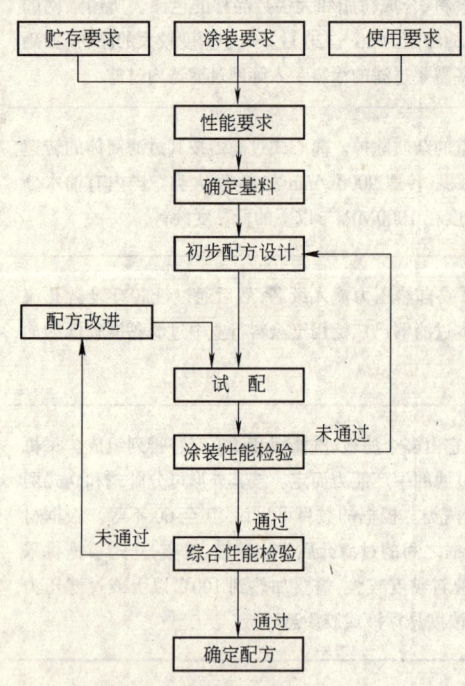

图 3-3 配方设计的基本程序

一般来说,我们可先根据涂料的使用要求,即涂料在工作环境下应具备的性能指标来选定主要成膜物质(基料)和次要成膜物质(颜填料),再根据施工要求和选定的基料来确定溶剂,在此基础上再来考虑涂料的添加剂或其他助剂等,形成一个初步配方,在此基础上,再采用一定的数理统计方法(如优选法,正交设计法等),使在较少的试验次数内,获得较为理想的配方。

涂料中各组分的绝对数量和它们的相对比例对涂料的各项性能要求都有很大的影响,在整个涂料配方系统中,只要一个组分选择不当,涂料的性能就会变差。为了充分求得涂料的最佳配方,在选定了合适的涂料组分之后,还必须掌握决定涂料特性的一些十分重要的因素,如颜料的体积浓度,溶剂的组成对涂料性能的影响等。

(二) 涂料配方设计的颜料体积浓度

在涂料配方组成中,选择基料与颜料之间的比例关系非常重要。颜料体积浓度是涂料配方设计的基本原则。

1. 颜料基料比(颜基比)

颜基比是涂料配方系统中颜料(着色颜料和体质颜料)的重量百分比的总和与基料的固体(非挥发分)重量百分比之比。采用颜基比,在进行初步配方设计时是比较方便的。且比用颜料体积浓度其数学计算较简单。

在许多实例中,可以用颜基比来进行涂料类型的划分,而且还可以用其来预计涂料的大致性能。这在已知涂料的各种基本组分的重量配比,如颜料的总含量,基料的固体分和溶剂含量,而不知道涂料的性能的情况下特别有用。从一些涂料的配方例子中可以看到:不同用途的涂料颜基比是不一样的,例如面漆的颜基比是 0.25～0.9:1;底漆的颜基比为 2.0～4.0:1.0;外用乳胶建筑涂料为 2.0～4.0:1.0;内用乳胶建筑涂料为 4.0～7.0:1.0。但许多专用涂料则不容易用颜基比来分类。

耐久性要求高的户外用涂料一般不宜采用颜基比较高的配方,4:1 一般被认为是外用涂料可采用的最高颜基比,不管使用什么颜料和基料,外用涂料的配方一般都符合这一原则。这是由于基料太少了不能在大量颜料质点周围形成一个连续相,因而就不可能获得良好的户外耐久性之缘故。

2. 颜料体积浓度(P.V.C.)

涂料中使用的各种颜料、填料和基料树脂的密度是各不相同的,彼此间差距很大,因此在设计涂料配方时,常常不用它们的重量百分比而用它们的体积百分比来考虑问题。采用颜料体积浓度(P.V.C)的概念来进行涂料配方设计是涂料配方设计的基本原则,它对各种试验数据进行解释是比较科学的,对组成不同的涂料的性能,其试验结果也可得出比较精确的评价。

颜料体积浓度,就是涂料中颜料和填料的体积与配方中所有非挥发分(包括基料树脂、颜料和填料等)的总体积之比,它可以用下列公式来表达:

$$P.V.C.(\%) = \frac{颜料和填料的体积}{颜料和填料的体积 + 固体基料的体积} \times 100\%$$

式中,固体基料指不挥发基料。

在实际应用中,人们发现某些颜料在涂料配方中的加量有一定的 P.V.C. 范围,见表 3-5。

常用颜料的典型 P.V.C. 范围　　　　　　　　表 3-5

分 类	颜 料 名 称	P.V.C.(%)
白色颜料	二氧化钛 氧化锌	15～20 15～20
黄色颜料	铬　黄 耐晒黄 氧化铁黄	10～15 5～10 10～15
绿色颜料	氧化铬绿 铅铬绿	10～15 10～15
蓝色颜料	群　青 酞菁蓝	10～15 5～10

续表

分类	颜料名称	P.V.C.(%)
红色颜料	氧化铁红 甲苯胺红	10~15 10~15
黑色颜料	氧化铁黑 炭黑	10~15 1~5
防锈颜料	红丹 铬酸锌	30~35 30~40
金属粉颜料	铝粉 锌粉 铅粉	5~15 60~70 40~50

3. 临界颜料体积浓度(C.P.V.C.)

许多涂膜性能如抗拉强度,耐磨性,尤其是那些与涂膜的多孔性有关的性能如渗透性,耐腐蚀性会随着涂料的P.V.C.的变化而逐渐发生变化。当我们采用相同的原料、相同的涂料制造技术,以不同的P.V.C.配制出几种涂料,并对其进行一些物理性能测试,然后将这些性能和P.V.C.值绘制成曲线,如图3-4。

由图可见,当性能随着P.V.C.变化到超过某一特定数值时,这些性能会发生突变,这一特定的P.V.C.值称之为临界颜料体积浓度(C.P.V.C)。

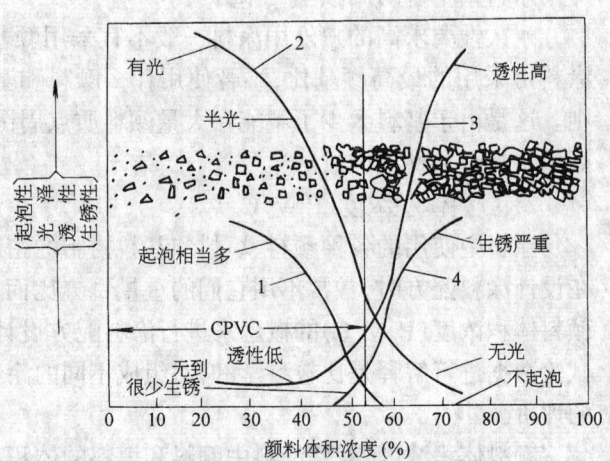

图3-4 颜料体积浓度和涂膜性能的关系
1—起泡性;2—光泽;3—透气透水性;4—生锈性

C.P.V.C.值是色漆配方中的一个重要参数。在达到临界颜料体积浓度(C.P.V.C.)时,涂膜中恰好有足够的基料润湿质点,即在涂膜里,基料物质恰恰填满颜料颗粒间的空隙而无多余量;当配方中的P.V.C.值低于C.P.V.C.值时,基料的数量除了润湿颜料之外,还可以使颜料质点牢固地分散在基料中间,使涂膜的光泽度高,难以生锈,透水透气性低,有气泡产生;当配方中的P.V.C.值高于C.P.V.C.值时,则基料的数量不足以润湿所有颜料质点,因而颜料质点在涂膜中是疏松状存在,其相应的性能可以变为与前者(P.V.C.值小于C.P.V.C值)完全相反的结果。由此可见,性能要求较高的或在户外使用的涂料配方,应选取其P.V.C.值小于C.P.V.C值的为宜,即其颜料体积浓度不应当超过临界颜料体积浓度,否则许多涂膜性能将会变差。与此相反,若涂料性能要求不太高(一般为内用涂料),则可采用P.V.C值大于C.P.V.C.值的配方,以增加填料来降低成本。

一个涂料配方系统的C.P.V.C.的数值是由配方所采用的颜料、填料和基料的性能所决定的。基料润湿颜料的能力以及颜料被基料所润湿的难易程度都是影响C.P.V.C值大小的重要因素,其次是颜料的颗粒大小和形状及其在涂料中的分布情况等对C.P.V.C.值大小均有影响。从许多涂料系统的实际C.P.V.C.值中可以知道,它们大致在50%~60%

之间。

当配方P.V.C数值较高时,应该知道配方的P.V.C.值与C.P.V.C.值的差距有多大,因为如果配方中二者数值很接近,在造漆过程中,配料或其他工序的少量物料偏差,就有可能使配方的P.V.C.超过C.P.V.C.值。

在涂料配方中,若P.V.C.值接近于它的C.P.V.C.值时,配方中少量物料的偏差会使涂膜性能引起很大的变化,这样会产生难以区分的情况:即是颜料本身的性能不能满足要求,还是所选取物料间的比例不当所至。

从以上分析可知,我们在涂料配方中必须知道该配方系统的C.P.V.C.值,这样可较精确地选取满足要求的涂料配方。实际上可以测试一种涂料配方系统在不同P.V.C值时的某种涂膜性质,就可以得到这种涂料的C.P.V.C.数值。这种经验测定法是常常采用的。对于乳胶漆配方系统,可以测定涂膜的耐擦洗性、耐沾污性和涂膜抗拉强度来判定其C.P.V.C.值;对溶剂型涂料配方系统,则可以测定涂膜的水蒸气渗透来判定其C.P.V.C.值。

C.P.V.C.值可以测试,也可以计算,公式如下:

$$\text{C.P.V.C.值}(\%) = \frac{\frac{100}{\rho_p} \times 100}{\frac{100}{\rho_p} + \frac{OA}{\rho_B}} = \frac{100\rho_B}{\rho_B + 0.01 \times OA \times \rho_p}$$

式中 ρ_B——成膜物质的密度,可从文献中查出;

ρ_p——颜料的密度,可从文献中查出;

OA——颜料的吸油量,即每100g颜料所需亚麻仁油的克数。

某些颜(填)料的相对密度和吸油量见表3-6。

某些颜料和填料的相对密度和吸油量　　　　表3-6

颜料名称		相对密度	吸油量(g/100g颜料)
白色颜料	二氧化钛	3.9~4.2	18~27
	氧化锌	5.6~5.7	11~27
	氧化锑	5.75	11~13
	铅白	6.6~6.8	8~15
	锌钡白	4.2~4.3	12~18
黄色颜料	铬黄	5.8~6.4	12~25
	锌铬黄	3.4~3.5	24~27
	镉黄	4.2	25~35
	耐晒黄	1.4~1.5	40~50
	联苯胺黄	1.1~1.2	40~50
	氧化铁黄	4.1~5.2	15~60
绿色颜料	氧化铬绿	4.8~5.2	10~18
	铅铬绿	2.9~5.0	15~35
	颜料绿B	1.47	60~70
	酞菁绿	1.7~2.1	33~41

续表

颜料名称		相对密度	吸油量(g/100g 颜料)
蓝色颜料	铁蓝	1.85~1.97	44~58
	群青	2.33	30~35
	酞菁蓝	1.5~1.64	35~45
红色颜料	氧化铁红	4.1~5.2	15~60
	甲苯胺红	1.4	35~55
	芳酰胺红	1.4~1.7	40~60
黑色颜料	氧化铁黑	4.7	20~28
	炭黑	1.7~2.2	100~200
防锈颜料	碱式硅铬酸铅	4.1	13~15
	碱式硫酸铅	6.4	10~14
	铅酸钙	5.7	12~19
	红丹	8.9~9.0	5~12
	磷酸锌	3.3	16~22
	四盐基铬酸锌	4.0	45~50
	铬酸锌	3.4	24~27
金属粉颜料	不锈钢粉	7.9	—
	铝粉	2.5~2.6	—
	锌粉	7.06	—
	铅粉	11.1~11.4	—
体质颜料	重晶石粉	4.25~4.5	6~12
	瓷土	2.6	30
	云母粉	2.8~3.0	30~75
	滑石粉	2.65~2.8	27~30
	碳酸钙	2.53~2.71	13~22

（三）溶剂对涂料组分的影响

涂料组分中的溶剂既能溶解基料树脂，又能控制涂料黏度，使挥发性液体符合贮藏和施工要求，为了方便涂料的制造，降低涂料成本，改善性能，满足有关环境保护、毒性及防火等法规，必须合理地选择溶剂和混合溶剂。

1. 溶解能力

选择溶剂或混合溶剂的一个原则，是应按溶剂或混合溶剂和树脂的溶解度参数 δ 来判断它们之间的溶解能力，从而配制出满意的涂料。

在配制混合溶剂中，除了加入能溶解基料聚合物的溶剂（真溶剂）之外，还要加入一些只能部分溶解或不能单独溶解基料聚合物的溶剂（稀释剂）。在选择真溶剂和稀释剂的配比时，涂料应不发生混匀不良及产生沉淀分层等现象，避免湿涂膜在干燥过程中，由于稀释剂比例增大使涂料膜性能变差。因此，对用混合溶剂溶解的涂料，其蒸发速度应当很好地选择平衡，配方时避免将真溶剂和稀释剂系统的组成比例配制在沉淀点附近。

2. 蒸发速度

涂料中溶剂的蒸发速度对涂膜(特别是对非转化型涂膜)的干燥时间、流平、成膜过程和成膜的性能有很大的影响,蒸发速度太慢,干燥时间会太长,蒸发速度太快,就会使涂料膜流平性变差。"溶剂发白"就是由于涂料配方中溶剂的蒸发速度太快而造成的涂膜弊病。另一种弊病是喷漆的"干喷",如果涂料从喷枪中喷出以后,某种溶剂组分在到达被涂物件之前,就已经在雾化气流中蒸发殆尽,这样它就不能在被涂物件上帮助涂膜均匀和流平,得到的涂膜就会成粒状似的高低不平,这种干喷现象虽然常常由于施工者的喷涂技术不良所造成,但正确调整涂料的溶剂组成使之有适宜的蒸发速度,则能减少这种弊病的产生。

3. 闪点

涂料或溶剂的闪点是其可燃性的表征,对可燃性液体的运输和贮存,国内和国际上均有严格规定,因此在设计涂料配方时,应测定其闪点,若涂料的闪点太低,则应在配方中作适当的调整。

4. 黏度

在涂料配方设计时,涂料的黏度主要是根据对其的贮存稳定性和施工特性的要求而设计的。一般民用零售的涂料,从市场上买来即可涂刷使用,这类涂料的黏度大致在 $0.4\sim 0.6\mathrm{Pa\cdot s}$ 范围,在生产涂料时,造漆厂已调节好,施工对不必再加溶剂稀释,可直接进行刷涂、辊涂等。若对一些工业用涂料,特别对一些以喷涂方法施工的涂料,为了有利其运输和贮藏,出厂时配制的黏度则较大,需在施工时再加溶剂稀释到所需的黏度,若在出厂时先稀释至喷涂黏度,则在贮存时会由于黏度太小而发生较严重的颜料沉底现象,这在施工前不仅要费时费力对沉淀进行搅拌,而且还会使涂料的颜色不易均匀。喷涂施工时涂料黏度约稀释到 $0.1\mathrm{Pa\cdot s}$。

二、确定基本工艺模式

涂料生产工艺过程是指将原料和半成品加工成色漆成品的物料传递或转化过程,一般系混合、输送、分散、过滤等化工单元操作过程及仓储、运输、计量和包装等工艺手段的有机组合,通常要根据产品的种类及其加工特点的不同,首先选用适宜的研磨分散设备,确定基本工艺模式。目前常用的研磨分散设备有高速搅拌机、砂磨机、球磨机、三辊机等。日常常见的基本工艺有砂磨机工艺、球磨机工艺和轧片工艺等。

颜料分散原理及分散设备见表 3-7 所示。

颜料分散原理和分散设备 表 3-7

分类	分散机	最宜黏度 (Pa·s)	金红石型钛白粉体(10μm)			炭黑(槽墨)粉体(10μm)		
			分散所需时间(min)	分散效率(kW·h/kg)	极限粒度(μm)	分散所需时间(min)	分散效率(kW·h/kg)	极限粒度(μm)
剪切分散型	三辊磨	$0.1\sim 10$	—	0.2	6	—	3.3	8
	胶体磨	$10^{-3}\sim 10^{-1}$		0.5	10	∞	∞	30
内部剪切分散型	双辊磨(密闭混炼机)	10^4 以上				210	197	5 以下
冲击分散型	涡轮型	$10^{-3}\sim 10^{-2}$	30	0.14	12	∞	∞	50
	液体喷射型	$10^{-3}\sim 10^{-1}$		0.027	8	—	1.45	10

续表

分类	分散机	最宜黏度 (Pa·s)	金红石型钛白粉体(10μm)			炭黑(槽墨)粉体(10μm)		
			分散所需时间(min)	分散效率(kW·h/kg)	极限粒度(μm)	分散所需时间(min)	分散效率(kW·h/kg)	极限粒度(μm)
摩擦分散型(介质分散)	振动球磨	$10^{-3} \sim 10^{0}$	150	0.03	6	940	2.1	5以下
	球磨(钢球)	$10^{-3} \sim 10^{0}$	—	—	—	300	7.2	5以下
	球磨(磁球)	$10^{-3} \sim 10^{-1}$	780	0.35	5以下	—	—	—
	砂磨	$10^{-3} \sim 10^{-1}$	7	0.09	8	32	4.7	8

涂料生产常见的基本工艺见表 3-8 所示。

涂料生产的基本工艺　　　　　表 3-8

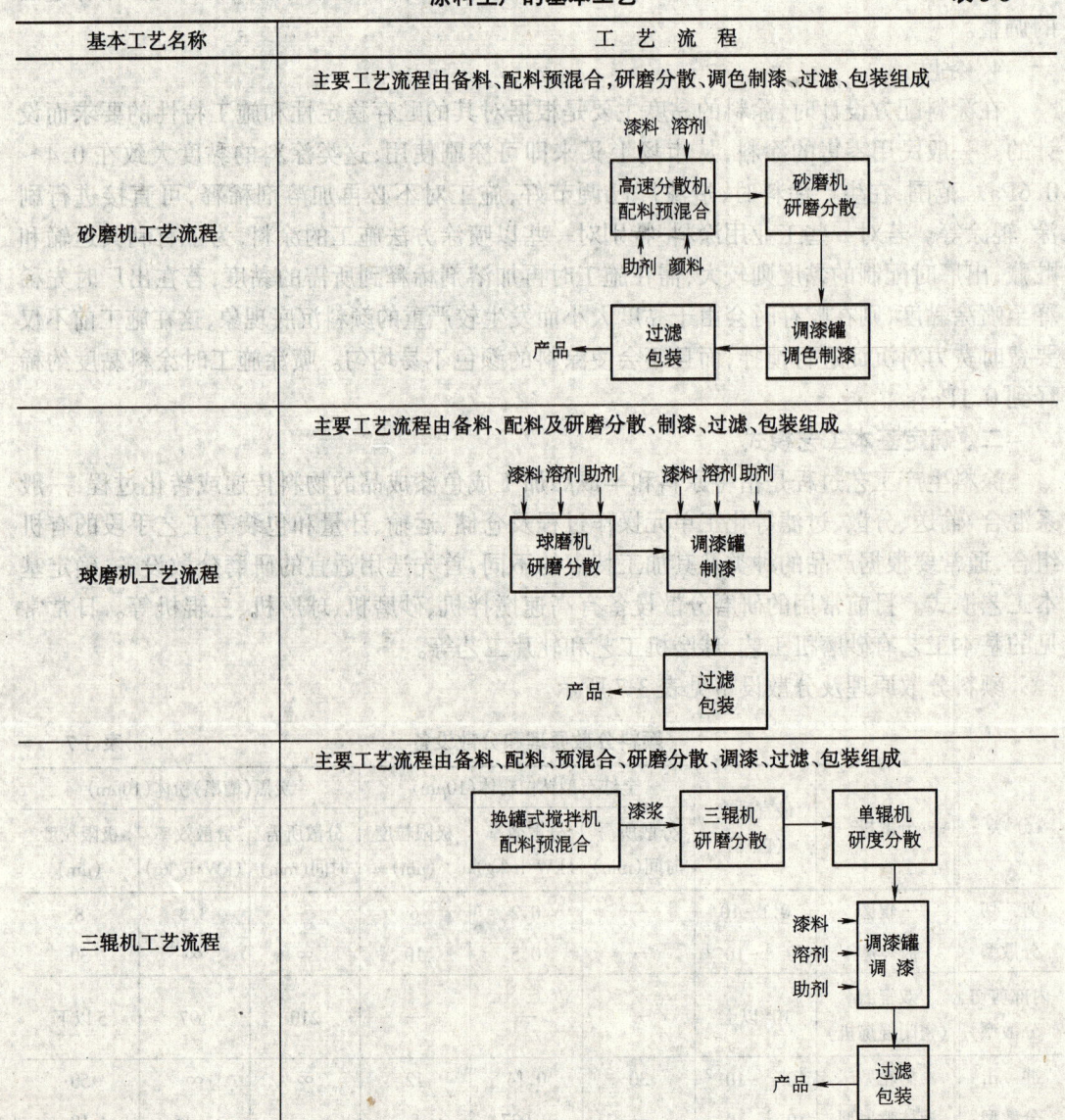

基本工艺名称	工 艺 流 程
砂磨机工艺流程	主要工艺流程由备料、配料预混合,研磨分散、调色制漆、过滤、包装组成
球磨机工艺流程	主要工艺流程由备料、配料及研磨分散、制漆、过滤、包装组成
三辊机工艺流程	主要工艺流程由备料、配料、预混合、研磨分散、调漆、过滤、包装组成

三、涂料的一般生产过程

1. 基料制备

基料的制备过程是指通过高分子聚合反应获得建筑涂料所需的成膜物质或将高聚物作进一步的(改性)处理的过程。

水溶性基料将水溶性高分子聚合物(加热)溶解于水中,然后加入改性物质进行化学反应即得到水溶性基料。例如将聚乙烯醇投入盛水的反应釜中加热溶解,待溶解完后加入甲醛进行缩醛化反应,制得聚乙烯缩甲醛水性基料。

乳液类基料采用一些有机单体通过乳液聚合的方法获得高分子聚合物树脂乳液。例如采用醋酸乙烯可制得聚醋酸乙烯乳液,用苯乙烯与丙烯酸单体共聚可得到苯丙乳液。

溶剂型基料采用一些有机单体,通过溶液(溶剂)聚合的方法制成高分子聚合物树脂溶液,即溶剂型涂料的基料。例如将甲基丙烯酸酯、丙烯酸酯和苯乙烯单体在二甲苯溶剂中进行聚合反应,制成苯丙树脂溶液。另一种方法是采用固体高分子聚合物为原料,将一种或多种高聚物溶解于某些有机溶剂中,得到溶剂型基料;或是将一种或多种高分子聚合物固体加热熔化,再进行涂料配制等工序,例如将过氯乙烯树脂溶解于二甲苯溶剂中,即可以进一步配制涂料。

2. 颜填料的分散与研磨

在建筑涂料中使用的颜、填料均应先分散或研磨,尽管商品颜、填料都是粉料,但其颗粒都是数百个到数千个一次粒子相互凝聚在一起的二次粒子,这些二次粒子通常用一般的搅拌设备很难将其分散,需使用砂磨机、胶体磨等研磨设备才能达到要求的分散效果,否则由于颜、填料分散不好,就不能使颜、填料均匀地分布于成膜物质中,而形成连续的涂膜,进而影响涂料的性能。

根据颜填料的加入方法不同,可分为色浆法和干着色法两种工艺,所谓色浆法就是将颜、填料预先研磨分散,制备成色浆再用于调配涂料;干着色法是将颜、填料直接加入基料中再研磨、分散的一种涂料制造方法。这两种方法对于生产匀质性涂料(如水溶性涂料、溶剂型涂料)差异不大,但应根据涂料的不同性能要求,选择恰当的生产工艺方法。对于生产乳胶涂料这类不均匀涂料的差异就较大,且应用不当就会造成基料破乳、涂膜粗糙等许多质量问题。

3. 配制涂料

建筑涂料的配制过程是将基料、色浆或颜填料、各种助剂按工艺配方加到一起调制成均匀的涂料的过程。通常,在带有变速的搅拌机调和设备中完成,在这一生产环节中,各种原材料的加入顺序和加入方法(如色浆法和干着色法)都十分重要,必须严格按照工艺要求的规定进行。

4. 涂料过滤及产品包装

在建筑涂料的生产过程中,由于少部分颜(填)料尚未被分散,或因破乳化成颗粒,或有杂质物质存在于涂料中,因此此时的涂料需经过滤除去粗颗粒和杂质才能获得质量好的产品,可根据产品的要求不同,选用不同规格的筛网及不同容器包装,并做好计量,这样才能得到最终的产品。

四、涂料生产时颜填料的加入方式

建筑涂料在生产时,其生产工艺根据颜填料加入的方式不同,可分为色浆法和干着色法两种加入方式。

1. 色浆法

色浆法一般适用于各种类型的平面状饰面涂料的制造,但其固体含量一般小于65%,比干着色法低。

色浆法的生产过程是将颜、填料分散剂和湿润剂、增稠剂水溶液、水及其他组成物用捏合机或搅拌机进行预混合之后,再用胶体磨或砂磨机将颜料二次粒子解聚、分散、调制成颜料浆。然后把颜料浆移到搅拌机中,再加入乳液,进行混合,调节黏度,最后经过滤、装罐即得乳胶涂料。

在乳胶涂料的制造中,乳液与颜料混合后的稳定性是个非常重要的问题,这是因为颜料尤其是体质颜料当中所含的电解质会溶解,产生各种离子,导致对乳胶体系的干扰,使乳液稳定性下降。通常,乳液的机械稳定性随着颜填料的加入而降低,实际上就是化学上的机械稳定性。与干着色法相比,色浆法对颜料的混合稳定性的要求较低,乳液的机械稳定性的降低是由于颜料的加入,而与涂料生产工艺没有直接的关系。颜料的添加同时会使涂料的冻融稳定性降低,所以在配制时应注意。

在色漆配方中常常同时使用多种颜料,但各种颜料分散的难易程度、纯净程度均不同,如果将它们按配方混合在一起进行研磨,势必会互相影响而导致降低效率和质量,因此一般采用分色研浆,即将各种颜料分别研磨制成单一的色浆,在制漆时再根据颜料的要求,把各色颜料浆按规定比例调配在一起,然后再加入配方中的其余组分。

在颜料分散过程中,除了颜料之外,并没有将所有的基料(树脂)都放进研磨设备中,所以颜料浆通常是黏稠的,为了提高生产效率,涂料生产厂家总是希望用尽量少的基料和尽量多的颜料,以使每一种研磨设备获得尽量大的涂料产量。具体做法是先将配方量中的一部分树脂与颜料以及某些助剂(如润湿剂、分散剂等)放在适当的研磨设备中一起研磨,致细度合格后,再用其余的树脂以及配方中的其他组分和色浆一起调配成色漆。

现以球磨为例,其每步操作的配方如下:

组分　质量百分比(%)

颜料　　　　10 ⎫
树脂　　　　 1 ⎬第一道工序(球磨)
某些助剂　　 3 ⎭

然后加入:

树脂　　　　 1 ⎫第二道工序(调稀)
溶剂　　　　 3 ⎭

从球磨机中出料至调漆罐中,然后再加:

树脂　　　　29 ⎫
溶剂　　　 51.5 ⎬第三道工序(调漆)
助剂　　　　1.5 ⎭
合计　　　 100

2. 干着色法

干着色法主要适用于立体花纹饰面涂料和厚质涂料,采用此方式加料,可获得固体含量高达85%的涂料。

干着色法是将乳液、颜填料和添加剂一起加入搅拌机或捏合机中混合制得涂料的一种颜填料加入方式。干着色法比色浆法工艺简单，而且可以制得高浓度涂料，其缺点是颜填料分散状态不能达到要求的标准，并且对颜料混合稳定性的要求很高，这是因为颜料粒子形成了二次粒子所造成的，也就是说，当把二次粒子加到乳液中时，多孔的二次粒子就很快将水吸入孔中，乳液粒子因二次粒子表面的过滤作用局部被浓缩，形成湿润膜。如果对膜施加外力，二次粒子将会解聚，但如果湿润膜太坚韧，就很难解聚。实际上，在二次粒子周围，湿润膜的形成与剪切应力的解凝作用并存，如果湿润膜不被破坏，就会形成粗涩的涂膜。

五、色漆中各种颜料的用量

影响颜料着色力的因素很多，例如颜料本身的品质质量、晶型、粒径等，因而采用同样的比例而使用不同生产厂家或同一生产厂家不同批号的颜料，配制出来的颜色都可能不同，表3-9给出了配色的实验基础，这也仅是参考数据，只有经过实验室试验，在得到满意的结果后才能用于批量生产。

各种色漆的颜料配比表（%）　　　　　　　　　　表3-9

配比＼原色＼复色	钛白	铬黄	铁黑	铁红	甲苯胺红	浅铬黄	中铬绿
橙 红		5.90			1.75		
浅肉红	8.08	0.37			0.02		
铁 红				0.40			
蔷薇红	7.73	0.57			0.13		
浅腥红	3.64	2.99			1.11		
浅 黄		11.2					
浅杏红	6.45	2.33			0.09		
桔 黄			1.7		0.82		
浅稻黄			1.31	1.87			
珍珠白	8.28		0.03				
奶油白	7.98	0.50		0.03			
方黄（乳）	7.51	1.19					
米 黄	6.89	0.29		0.20			
中 驼	2.70	2.83	0.05	2.16			
稻 黄		1.10		2.42			
浅 棕		3.19		3.86			
黄 棕		2.10	0.67	4.21			
酱 色		2.17	0.08	4.17			
紫酱色		1.48	0.13	4.34			
棕 色		0.33	0.05	5.10			
紫 棕			0.12	5.08			
棕 黄		1.87	0.12	4.19			
栗 皮		0.46	0.32	4.30			
浅 驼	5.33	1.49	0.04	1.11			
浅灰驼	4.23	0.85	0.65	0.52			
中灰驼	2.58		2.27	0.13	2.29		
深灰驼	3.61		1.63	0.12	1.97		
深 驼	1.86		2.72	0.14	2.51		

续表

配比\复色 原色	钛白	铬黄	铁黑	铁红	甲苯胺红	浅铬黄	中铬绿
珍珠灰	63.0		0.11	0.04	0.23		
淡紫丁香	7.48		0.07	0.02	0.50		
浅紫丁香	7.01			0.04	0.79		
紫丁香	5.96			0.08	1.34		
丁香灰	6.14		0.08	0.05	0.64		
中 绿		1.08	3.47				
绿 色		1.43	3.40				
墨 绿		2.93	2.09		0.79		
车皮绿	0.29	1.95	1.75	0.35	1.03		
军 绿		0.59	4.98		2.39		
茶 青		0.74	4.03		2.55		
草 绿		1.09	2.91	0.05	2.53		
浅翠青	6.34	0.38	0.39				
灰 绿	4.43	0.84	2.63	0.10			
湖 绿	6.58	0.16	1.50				
淡灰绿	8.06	0.06	0.30				
芽 绿	4.10	0.38	4.76				
浅 绿		0.70	4.58				
浅橄榄灰	7.24	0.28	0.85	0.13			
深橄榄灰	5.24		0.26	0.29			
淡驼灰	7.00		0.51	0.03		0.58	
浅灰蓝	8.10	0.06		0.05			
豆 灰	6.36	0.17	1.63	0.12			
沙 灰	5.92		0.78	0.15			
水 蓝	7.84	0.14	0.35				
青 绿	6.64	0.42	0.02				
电机灰	7.67	0.06	0.39	0.38			
浅海蓝	7.18	0.44	0.41				
灰 蓝	7.01	0.60		0.06			
深灰蓝	6.19	0.88		0.13			
天 蓝	7.86	0.28					
中 蓝	4.80	1.89					
蓝 色	0.85	3.93					
深 蓝	0.70	3.79		0.11			
灰 色	5.90			0.11			
淡灰色	6.10	0.10	0.31	0.07			
浅 灰	5.47	0.04		0.20			
中 灰	4.19	0.15		0.50			
蓝 灰	4.49	0.37		0.40			
深 灰	3.44	0.16		0.88			

续表

配比　原色 复色	钛白	铬黄	铁黑	铁红	甲苯胺红	浅铬黄	中铬绿
红 色					3.7		
黄 色		11.2					
苹果绿	5.00					1.07	0.64
浅豆绿	5.10		1.15	0.03			1.64
灰杏绿	4.90		1.28				0.56
中蓝灰	5.30	0.10		0.07			
翠 青	4.18	1.00	0.82				

第三节 产品的检验和包装贮存运输

一、建筑涂料的产品检验

建筑涂料的产品检验可分为出厂检验和形式检验两种类型。

出厂检验并非对全部技术性能指标进行检验,而是对局部性能(如在容器中的状态、黏度、施工性、涂层外观、干燥时间、耐水性能等)进行检测,每一种涂料产品出厂检验的具体项目是有所不同的。

形式检验也称例行检验,是对该产品的全部技术性能指标进行检验,一次检验不合格,即为不合格产品。在以下情况之一时,必须进行形式检验。

(1) 停产半年以上恢复生产时;
(2) 新产品试生产的定型鉴定时;
(3) 生产设备进行技术改造后或生产技术转让至其他厂生产时;
(4) 主要原料及用量或生产工艺有重大的变更时;
(5) 国家质量监督机构提出形式检验时。

建筑涂料产品的检验规则主要有:

(1) 根据需要进行出厂检验或形式检验;
(2) 产品由生产厂家的检验部门按产品标准提出的要求进行检验,所有出厂产品应符合规定的技术指标,产品应有质量合格证,并应附使用说明书;
(3) 供需双方应对产品的包装、数量及标志进行检查、核对,如发现包装有漏损、数量有出入、标志不符合规定等现象,即为不合格;
(4) 在有效贮存期内,使用部门有权按标准的规定对产品进行检验,如发现质量不符合标准规定的技术指标时,供需双方可共同按照国家标准《涂料产品的抽样方法》(GB 3186)规定重新取样进行复验,如仍不符合标准规定时,使用部门有权退货;
(5) 供需双方如在产品质量上有争议时,由产品质量监督检验机构进行仲裁检验。

建筑涂料产品在质量检验中,反映出了涂料产品检验具有如下的特点:

(1) 产品检验方法多采用物理性能试验方法,主要通过各种测试仪器或测试手段获得数据;
(2) 产品检验的对象以涂层质量检测为主;

(3) 由涂料变涂层需通过施工过程,因此检测内容还包括施工性能的现场模拟试验;
(4) 对特殊应用环境条件下涂层的性能必须进行专门试验。

二、建筑涂料产品的包装、运输和贮存

建筑涂料以水性涂料为主,产品则应贮存于塑料桶或镀锌铁桶,内衬塑料袋的铁桶中,包装桶应清洁、干燥、密封。包装应附有标签,注明产品型号、名称、批号、重量、生产厂名及生产日期。

产品在存放时,应保持通风、干燥,防止日光直射,贮存温度不应低于0℃。产品在运输时,应防止日晒、雨淋,并且应符合运输部门的有关规定。

产品的有效贮存期,各类涂料产品是有所不同的,如产品超过有效贮存期或贮存条件不符合贮存要求时,应对各项技术指标进行复验,如复验结果符合产品标准要求,则该产品仍可使用。

第四章 建筑涂装设计

建筑是一种艺术,是一个民族,一个国家文明的象征,历史发展的见证,建筑物的装饰在形体上兼容了自然美、社会美及艺术美。

作为建筑物的"时装",建筑装饰不仅具有民族特色和地域特色,更具有时代特色,它在一定程度上反映了社会美的特点。建筑艺术是属于用视觉感受的艺术,因此它更多地是以自然美中相对独立的形式美来作为主要审美对象的,通过形式来观察对象的美。形式要素包括线条、形体、材质、色彩及光影等,将这些形式要素进行和谐组合,就产生了建筑外观的形式美。

由此可见,建筑装饰的美,来自建筑的形体、材质、色彩等诸多方面。

涂料是涂装的原料,涂料性能的优劣,最终是通过涂层来体现的,涂层性能的好坏,不仅取决于涂料本身的质量,而且与形成涂层的全过程的技术(包括涂装的设计、涂装的工艺和操作技术、涂装的设备和作业环境等)有着极大的关系,因此选择与涂料相适应的涂装技术是充分发挥涂料性能的必要条件。

第一节 涂装的目的和要求

一、涂装的目的

涂装的目的在于通过涂装施工,使涂料在被涂物表面形成牢固的连续的涂层而发挥其装饰、保护和特殊的功能。

二、涂料涂装的要求

为了达到涂料涂装的上述目的,在进行涂料涂装时,不仅要考虑到涂料本身的用途和性能,还应考虑到涂料的涂装施工工艺,因为涂料的性能和作用是靠涂层体现出来的,因此选择涂料品种,合适的涂装工艺和涂装设备及作业环境是互相促进、互相制约的。为保证涂层质量,对涂料涂装的要求如下:

(1) 明确涂装目的,正确选择涂料的品种和涂装体系。

(2) 制定工艺规程,做好涂装设计。结合被涂物的特点和被涂要求以及涂装施工技术的实际情况,进行科学、先进、合理的涂装设计,制定工艺规程,具体内容应包括:涂料品种、涂装工序及施工技术条件、施工设备和工具、质量标准和检测、验收标准和方法等,以利于具体人员按工艺规程设计要求进行操作,以保证产品质量。

(3) 严格进行被涂物表面处理,达到设计要求。

(4) 根据涂装环境、涂装对象、涂料品种和配套性能、经济成本等条件来选择合适的涂装工艺和涂装设备,并按照设计要求进行涂装施工。

(5) 按涂料的技术要求和所具有的条件来保证涂层干燥所需的条件,以得到性能良好的涂层。

(6) 严格执行技术标准,拥有准确的检测设备和可靠的检测方法,对涂装作业的每一重要环节进行监测,以控制涂装质量达到规定的标准。涂装质量的检测包括涂装前处理的检测、涂料产品自身质量的检测、施工过程中各工序的质量监控及涂膜质量检测并及时处理在检测中发现的缺陷。

第二节 涂装设计原理

建筑物采用涂料作饰面装饰,是各种饰面做法中最为简便,最为经济的一种方法。就外墙装饰而言,这种饰面做法与贴面砖等相比,虽有效使用年限相对较短,但因其做法省工省料,工期短、工效高、自重轻、造价低,且便于维修更新,因此,涂料类饰面作为一种传统的饰面方法在国内外均得到了广泛的应用。

一、涂装设计原理

涂装是物体表面的最终装饰,涂层质量的优劣对物体的价值有直接的影响,影响涂装质量优劣主要取决于三个方面,即涂装质量三要素、即涂料性能质量、涂装技术(方法、工艺、涂装设备及环境)和涂装管理。三者是互为依存的关系,忽视任何一方面都不可能达到良好的涂装效果,劣质的涂料不可能得到优质的涂层,但选用了优质的涂料和先进的涂装工艺及涂装设备而没有进行精心的操作和管理,则同样也不可能达到良好的涂装效果。为综合上述三要素达到较好的涂装效果而进行的策划称之为涂装设计。

具体涂料产品的选购由施工决定,而正确的选用材料首先取决于设计,表 4-1 列出了涂装设计的要素。

涂 装 设 计 要 素 表 4-1

要素	内容
涂料品种选择	涂装部位,涂装时条件,环境,耐用年限,基层种类,旧涂膜种类,涂料价格
涂装方法选择	涂料品种,涂膜厚度,被涂物形状,被涂物面积,环境污染,工期,脚手架,涂装目的
基层状况调整	涂料品种,被涂物形状,环境污染,旧涂膜种类
涂膜厚度	涂料品种,涂刷次数,涂料用量
工程状况	构造形式,运输方式,脚手架,涂装时间,涂装间隔
经济性	装饰效果,耐用年限,涂料价格,涂料用量,施工费,综合费用

涂装设计的全过程,通常可分为四个阶段:

(一) 了解被涂物的各种条件

首先明确涂装标准或等级(类型),查清涂装条件、底材的种类、被涂物的条件。本阶段又可分为几个具体步骤:

1. 被涂物的使用条件

被涂物的使用条件有如下内容:使用目的,被涂物的大小和形状、数量、使用年限、经济效益等。

2. 被涂物的环境条件

被涂物的环境条件,即被涂物在使用过程中所处的环境,外界因素的影响。其内容为:

(1) 被涂物所处位置:室内还是室外,地上、地下还是水中;

(2) 被涂物所受外界因素的影响：温度、湿度、光源、化学药品、电流、尘埃等其他物质以及振动、冲击、风速和风压等。

3. 被涂物的自身条件

被涂物的自身条件其具体内容有：底材的种类和性质，被涂物表面状态（如腐蚀状态、粗糙程度等）。

（二）选用涂料

根据第一阶段所得到的情况，选择满足性能和经济要求的涂料。选用涂料的基本条件应符合如下要求：

(1) 涂料与被涂物底材相配套；
(2) 涂料在被涂物所处的环境下，保持适当的性能；
(3) 涂料与被涂物的涂装条件相适应。

（三）选用合适的涂装方法

在选择了合适的涂料体系后，便可按照规定的技术要求，选用合适的涂装方法。

涂装方法其内容较为广泛，主要有涂装工艺、涂装设备、涂装环境要求等项内容。选用合适的施工工艺和施工设备，选择适宜的涂装环境，是保证涂料质量的另一个重要因素。

1. 涂装工艺和设备的选用原则

涂装工艺种类较多，不同的涂装工艺适用于不同的涂料产品及涂装形状、规格。一种性能良好的涂料产品，若不以合适的施工设备和正确的施工方法进行涂装，其特点、性能是难以体现出来的。

通常在选用涂装工艺和设备时，总的原则是：在把涂料涂覆在被涂物的表面上时，要尽量选用最佳的涂装工艺和最为合适的施工设备，使尽量减少涂层弊病，最大限度地提高涂料的利用率和涂装作业的劳动生产率，改善涂装作业环境和施工劳动条件，减少对环境的污染，从而得到具有最佳保护性和装饰性的涂层，以满足产品的使用条件要求。

在选用涂装工艺和设备时，必须考虑以下内容：

(1) 被涂物的形状、面积、表面形态、选用适宜的涂装施工设备和施工工艺；
(2) 根据所用涂料的特性选择适宜的施工工艺和涂装施工设备；
(3) 被涂物的使用环境和条件以及对涂装质量和涂膜性能的要求；
(4) 根据被涂物的材质、表面状况、使用条件选择合适的前处理设备和工艺；
(5) 要选用高效、节能的工艺和设备；
(6) 要重视环保因素。

在选择涂装方法和涂装设备时，上述各因素之间不是孤立的，而是彼此联系和相互制约的，因此必须根据具体情况综合平衡，正确选择最合适的涂装方法和合理配置的涂装设备，以达到涂层性能好、涂装数量多、涂料利用率高、生产效率高、成本低、节能之功效。

2. 适宜的涂装环境要求

要保证涂装质量的一个重要因素是要有适宜的涂装环境要求，它包括以下内容：

(1) 在涂装作业区域内要有适当的亮度，但应避免日光直射，以利操作。
(2) 空气中的温湿度对涂层性能有很大影响，掌握不当，就会使涂层产生种种弊病，不同涂料由于它们的挥发性能和施工性能不同，故要求在进行涂装时其温湿度也不同。不同的涂料品种在涂装时适当的温度、湿度要求可参见表4-2。

不同涂料的适当温、湿度　　　　　　表 4-2

涂料名称	气温(℃)	相对湿度(%)	备注
油性漆	15~35	≤85	低温不好
醇酸树脂涂料	10~30	≤85	气温高好
硝基漆	15~20	≤70	低温过湿不好
改性胺固化环氧涂料	10~30	≤85	气温高好
聚酰胺固化环氧涂料	15~30	≤85	气温高好
聚氨酯涂料	5~30	≤70	过湿不好
水性乳胶涂料	15~35	≤75	低温过湿不好

（3）施工区域应通风良好，保持干燥清洁，做好防火防爆工作。

（四）选定作业条件

根据涂料、底材、涂装环境、涂装方法、资源利用和污染防治等制定多套方案并进行比较，通过价值工程核算，最后选定作业条件。

选定合适的涂装方法和选定作业条件这两项对所形成涂层的性能影响很大，故与选用涂料同样重要。

二、涂装设计的几点说明

1．涂料的装饰特性

涂料几乎可以配制成任何一种需要的颜色，这是它在装饰效果方面优于其他装饰材料的一大特点。这为建筑师的设计提供了更为灵活多变的表现手法。

涂料的装饰作用，就墙面装饰而言，不仅在于改变墙面的色彩，而且能改善墙面的质感。按照涂装的意匠性，涂装饰面可大体分为平壁状饰面、砂壁状饰面和立体状饰面，其断面构造见图 4-1。

2．装饰涂层的基本构造

涂料类饰面的涂层构造，可以大致划分为三个部分，即底层、中间层、面层。

底层，俗称底漆，其主要目的是增加涂层与其他层之间的黏附力，同时还可以进一步清理基层的灰尘，使一部分悬浮的灰尘颗粒固定于基层。另外，在许多场合中，底层漆还兼具有用作基层封闭剂（封底）的作用，用以防止水泥砂浆抹灰层中的可溶性盐等物质渗出其表面，造成对涂料饰面的破坏。

中间层，是整个涂层构造中的成型层。其目的是通过适当的工艺，形成具有一定厚度的、均实饱满的涂层。通过这一涂层，达到保护基层和联结面层的作用。因此，中间层的质量如何，对于饰面涂层的保护作用和装饰效果的影响都很大，中间层的质量好，不仅可以保证涂层的耐久性、耐水性和强度，在某些情况下，对基层还可以起到补强的作用。为了增强中间层的作用，可采用厚涂料、白水泥、砂粒等材料来配制中间造型层的涂料，这一作法，对于提高膜层的耐久性显然也是有利的。

面层，面层的作用是满足建筑物的装饰效果和保护功能，为了保证色彩均匀，并满足耐久性、耐磨性等方面的要求，面层最低限度应涂刷两遍，一般来说溶剂型涂料的光泽度普遍比水性涂料和无机涂料的光泽度要高些，但在实际应用中也不尽然，因为光泽度的大小不仅与其成膜物质和溶剂的类型有关，还与填料的种类和颗粒大小有关，当采用适当的生产配

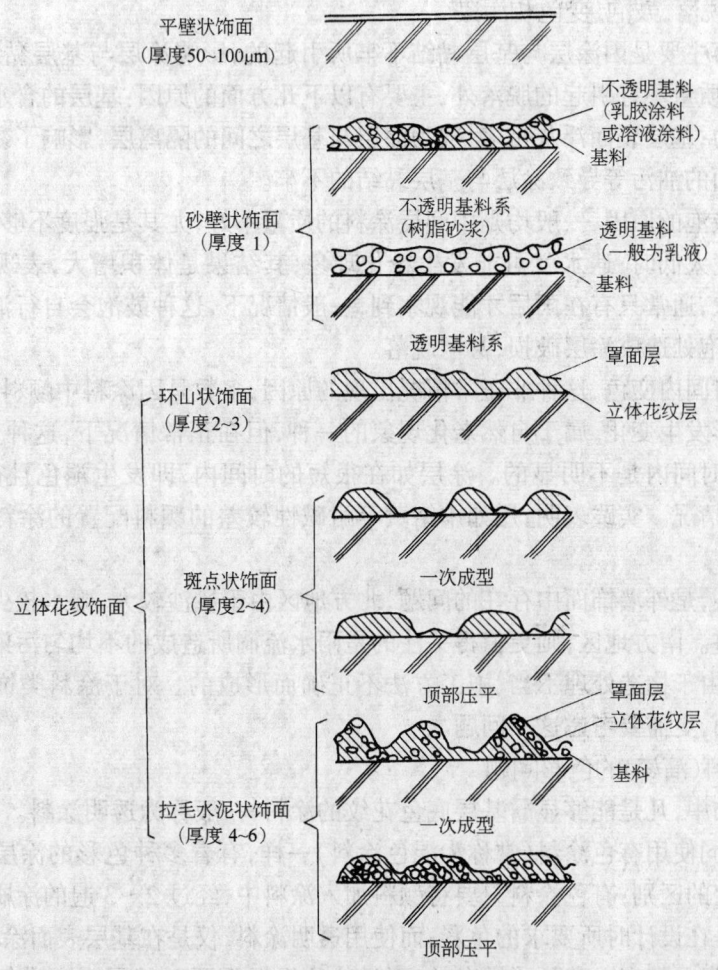

图 4-1　各种涂料装饰面断面图

方、生产工艺和施工工艺时,水性涂料和无机涂料的光泽度优于油性涂料的光泽度也是可能的。

3. 涂层的耐久性

涂饰饰面是以一个很薄的涂层在起保护和装饰作用,各种自然因素(如风吹雨淋、日晒和机械磨损等)对它的侵蚀作用,显然要比对于那些相对较厚、重的饰面材料来说更为严重,影响也更为明显;此外高分子材料在自然条件下,尤其是在紫外线作用下,其分子结构会发生降解或交联等"老化"现象,导致涂层的失光、粉化、膨胀、开裂、发黏等,最终丧失机械强度。因此,涂料类饰面比起面砖、天然石材等传统装饰材料来说,其有效年限相对较短。但我们也应认识到:涂料类饰面,一次性投资较小,而且易于进行维修更新,因此涂料饰面较之于面砖、天然石材等传统的装饰材料更具优越性。

随着涂料工业的发展,产品的更新换代,涂料的有效使用年限由现在的5~8年提高到10~15年,甚至更长,而这一年限,已与传统饰面材料的有效使用年限几无差异了。

认识到涂料类饰面的耐久性不仅与涂料的种类有关,且与涂料的加工工艺、配漆质量、施工工艺、基层条件和环境等因素有关,对于提高饰面的耐久性是十分重要的。

4. 涂层的脱落、鼓泡、变色和污染

涂层的脱落主要是因涂层与基层黏结不牢所引起的,影响涂层与基层黏结力的因素很多,除涂料本身质量不好引起的脱落外,主要有以下几方面的原因:基层的含水率过大,影响了涂层的附着力;基层表面浮灰过多,成为涂层与基层之间的隔离层,影响了黏结性;基层背后的渗水和表面的油污等导致涂层与基层黏结的不牢。

涂层出现鼓泡的原因,一般均是中间层涂料的质量不好,尤其是强度不够所造成的。当中间层涂料强度太低时,遇水就可能发生粉化现象,其结果是体积增大,表现为涂层鼓泡。涂层鼓泡的现象,通常只有在雨后才能观察到,一般情况下,这种鼓泡会自行消失,若经常如此循环,会在鼓泡处造成涂层破损,甚至脱落。

涂层在短时间内变色,这种非正常情况出现的原因,多数是因涂料中颜料质量问题造成的。涂料的色彩发生变化,属于自然老化现象的一种,但在正常情况下,这种变化是较为缓慢的,通常在短时间内是不明显的。涂层如在很短的时间内,即发生褪色且往往是大面积的,此为非正常情况。实践表明,用如中铬黄等耐碱性较差的颜料配置的涂料,在使用中往往容易褪色。

涂层的污染,是外墙饰面中存在的问题,北方地区由于风沙较大,雨水较少,使得这一问题显得更为严重。南方地区,则更值得关注的是雨水流淌所造成的不均匀污染的痕迹,至于其成因,多数是由于构造处理不当、施工方法不正确而形成的。对于涂料类饰面来说,较之其他类型的饰面,更需要考虑这一问题。

5. 透明涂料(清漆)的色彩问题

在建筑装饰中,凡是能够显露基层底色花纹的涂料,一般称为透明涂料。采用透明涂料进行涂饰,虽然同使用有色涂料(常称为混色涂料)一样,有着多种色彩的涂层可供选择,但二者毕竟有一定的区别:有色涂料只要将颜料加入涂料中,经过2~3遍的涂刷,所形成的涂膜的颜色也就是在设计时所要求的色彩;而使用透明涂料,仅是在基层表面涂罩了透明的涂膜,由于基层本身是带有一定色彩倾向的,而且往往根据需要对基层表面进行了着色,加之透明涂料本身往往也带有一定的颜色,虽然这种颜色是很淡的。因此,在这种情况下,涂层的颜色应是基层的颜色、着色剂的颜色、涂膜的颜色三者的综合结果。并且涂膜的颜色在二色性作用的影响下,随着涂刷遍数的增加,其色彩倾向会越来越明显,不断地加深。显然透明涂料饰面色彩主要是通过基层的着色而获得的,但也不能忽视透明涂料多次覆盖后对整个涂膜色彩的影响。

6. 亚光装饰问题

通常人们总是认为涂膜越厚、越光、越亮、越有通明感和匀实感,则涂饰面的质量越高。但近年来,这一认识发生了变化,现代建筑涂料涂装的主流是需要柔和的光线,而避免有刺目的高光。这就是所谓的亚光装饰的倾向。

亚光是与亮光(或称高光)是相比较而存在的。通常,对涂膜表面的光泽处理,有高光、亚光、无光三种形式,不同的光泽具有不同的装饰效果,使用部位也有所差异。所以,按照所需的要求去选择涂料的光泽,是保证装饰效果与使用功能的不容忽视的问题。从某种意义上来说,应将亚光装饰视为装饰中的一种风格,它具有独特的装饰效果和艺术特色。

亚光涂层,对于混色作法来说,是比较容易处理的,一般只须调整颜料与漆料的比例,就可以获得设计所需要的光泽度。对于透明涂料,一般认为透明漆膜的光泽度,是同漆膜的厚

度、平整度成正比的,漆膜厚,平整度高,漆膜的光泽度相应地也就高,因此,减少漆膜的厚度,就成为透明涂膜亚光装饰中常用的办法。但是要注意,虽然涂饰的遍数少了,漆膜变薄了,却仍应对被涂物具有良好的保护作用。要想解决这一矛盾,选用的涂料应具有较高的物理机械性能,使在涂层减薄的情况下,被涂物也能获得良好的保护。

亚光装饰一般不需要抛光打蜡等工序,所以使得涂料施工变得简单,工期缩短,操作的技术难度减小,相应的工程造价也有所降低,即使使用相同涂料的情况下,亚光装饰比亮光装饰能减少投资。

第三节　涂料的合理选用

一、建筑涂料的选用原则

建筑涂料的选用原则是:好的装饰效果,合理的耐久性和经济性。

二、建筑涂料的选用方法

1. 建筑涂料的一般要求

建筑涂料的理化性能技术指标见本手册第一章第四节。

有关建筑涂料的产品包装标志、油度和氨基值以及涂料产品的性能比较介绍如下:

(1) 包装标志:建筑装饰工程所用的涂料产品或半成品(包括现场配制的)应有:

注册商标;

产品型号和产品名称;

种类、颜色;

组分;

产品标准号;

净含量;

生产厂名和厂址;

生产日期、批次、有效贮存期;

使用说明和产品合格证等。

(2) 涂料的油度和氨基值:

在油基漆(如酯胶、钙酯、酚醛)中,短油度漆:树脂:油 = 1:n,其中 $n<2$;中油度漆:树脂:油 = 1:n,其中 $n = 2\sim 3$;长油度漆:树脂:油 = 1:n,其中 $n>3$。

在醇酸漆中,短油度漆含油量为 50% 以下;中油度漆含油量为 50%~60%;长油度漆含油量为 60% 以上。

在环氧酯漆中,a. 按环氧树脂酯化对所用油酸的多少可划分成:极短油环氧酯漆,即含油量为 30%~40%,环氧树脂:油酸 = 2:1(或近似 1);短油环氧酯漆,即含油量为 40%,环氧树脂:油酸 = 1.5:1(或近似 1);中油环氧酯漆,即含油量为 50%,环氧树脂:油酸 = 1:1(或近似 1);长油环氧酯漆,即含油量为 60%,环氧树脂:油酸 = 1:1.5~1.5 以上。b. 按酯化用酸的当量与环氧树脂的当量比划分:极短油度环氧酯漆,环氧树脂当量:酯化用酸当量 = 1:0.3 以下;短油度环氧酯漆,环氧树脂当量:酯化用酸当量 = 1:0.3~0.5;中油度环氧酯漆:环氧树脂当量:酯化用酸当量 = 1:0.5~0.7;长油度环氧酯漆:环氧树脂当量:酯化用酸当量 = 1:0.7~0.9。

氨基漆的分类,以氨基树脂含量的高低为划分依据。高氨基漆,氨基:醇酸＝1:1～2.5;中氨基漆,氨基:醇酸＝1:2.5～5;低氨基漆,氨基:醇酸＝1:5～9。

油度对涂料性能的影响见表4-3;天然树脂漆不同油度的性能比较见表4-4。

油度对涂料性能的影响 表4-3

涂料性能	影响情况	短油 中油 长油	影响情况
炼漆稳定性	不易胶凝	←——→	易胶凝
溶剂品种	适于芳烃	←——→	脂肪烃
研磨性能	差	←——→	好
贮存中结皮	少	←——→	多
涂刷性	差	←——→	好
干燥时间	快	←——→	慢
附着性	差	←——→	好
光泽	好	←——→	差
柔韧性	差	←——→	好
硬度	高	←——→	低
耐水性	好	←——→	差
耐化学性	好	←——→	差
耐候性	差	←——→	好

天然树脂漆不同油度的性能比较 表4-4

种类	树脂与油比例	优点	缺点	用途
短油度	1:2以下	涂膜干燥快、光泽好、坚硬、耐磨,具有树脂的各种优点	耐候性不好	适用于室内使用
中油度	1:2～3	性能介于短油度和长油度之间		室内外均可使用
长油度	1:3以上	涂膜较软、柔韧性好、光泽好、耐候性有所改进	涂膜干燥略慢	适用于室外使用

(3) 涂料产品的性能比较

不饱和聚酯清漆、硝基清漆、脲醛树脂漆的性能比较见表4-5。

不饱和聚酯清漆、硝基清漆、脲醛树脂漆的性能比较 表4-5

比较项目	硝基清漆	脲醛树脂漆	不饱和聚酯清漆
不挥发分(%)	24～27	34～37	85～100
耐溶剂性	差	好	很好
耐磨性	差	好	好
耐污痕性	一般	较好	很好
保色性	较好	很好	好
耐水性	很好	一般	很好
透明度	很好	较好	很好
光泽	好	一般	很好
耐化学药品性	一般	好	很好
耐燃性	差	好	一般
耐热性	差	好	好
每道涂层厚(μm)	约40	约55	150～250

涂料的最高耐热温度见表 4-6;各种涂料耐热性的比较见图 4-2。

涂料的最高耐热温度　　　　　　　表 4-6

涂料名称	漆膜耐最高温度(℃)	干燥种类
醇酸漆	100	自干、可低温烘干
氨基漆	浅色 100 深色 120	烘干
硝基漆	80	
酚醛漆	170	烘干
环氧漆	170	自干
氯化橡胶漆	100	自干
氯丁橡胶漆	90	自干、烘干
丙烯酸漆	140	自干、烘干
过氯乙烯漆	70	
沥青漆	100	自干、烘干
聚酯漆	100	自干、烘干
乙烯漆	100	
有机硅漆	500	烘干
聚氨酯漆	155	湿固化、自干
无机富锌底漆	450	自干

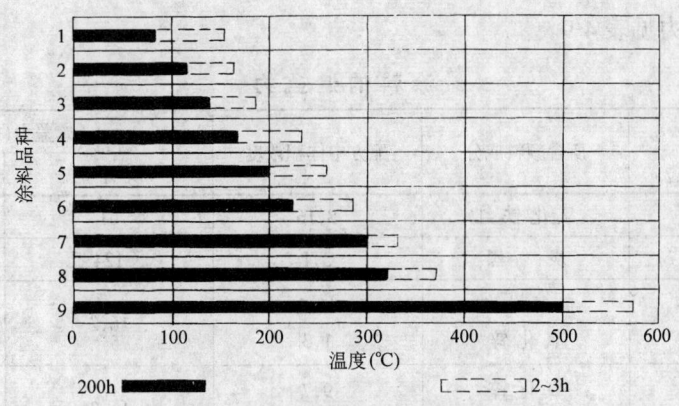

图 4-2　各种涂料耐热性比较
1—硝基漆、过氯乙烯漆等;2—油性调和漆、酚醛磁漆等;3—聚异氰酸酯漆;
4—醇酸树脂漆;5—环氧树脂漆;6—聚乙烯醇缩丁醛漆;7—醇酸铝粉
耐热漆;8—有机硅树脂漆;9—有机硅铝粉耐热漆

溶剂型涂料组成中固化分含量的比较见表 4-7;各种低污染涂料固体分含量的比较见表 4-8。

溶剂型涂料组成中固体分含量比较表　　　　表 4-7

溶剂型涂料	固体分(%)	在施工稀释粘度时所需加入的溶剂(%)	
		刷涂	喷涂
油基涂料	60~70	0~5	10~15
醇酯树脂涂料	55~65	0~5	10~15
氨基树脂涂料	55~65	0~5	10~20
环氧树脂涂料	50~60	0~5	20~50
聚氨酯涂料	50~60	0~5	20~50
有机硅树脂涂料	50~60	0~5	20~50
硝基树脂涂料	20~40		80~120
过氯乙烯涂料	20~35		80~120
丙烯酸酯涂料	10~40		150~200

各种低污染涂料固体分含量比较表　　　　表 4-8

低污染涂料	固体分含量(%)	有机溶剂含量(%)
粉末涂料	100	
辐射固化涂料	95~100	0~5
无溶剂涂料	90~100	0~10
高固体分涂料	65~90	10~35
无机涂料	90~95	5~10
水乳胶涂料	50~60	5~10
水溶性涂料	40~50	5~10

涂料的遮盖力见表 4-9。

涂料的遮盖力　　　　表 4-9

涂料名称	所含颜料成分	配方中体积浓度	遮盖力(m^2/L)	
			预计的	实际的
铁红底漆	氧化铁红	8.16	61	59
黑色磁漆	炭黑	3.1	124	119
白色醇酸磁漆	二氧化钛 氧化锌	11.2 1.3	16.2	16.8
白色底漆	氧化锌 锌钡白	9.7 34.4	11.2	12.6
灰色醇酸磁漆	二氧化钛 炭黑	15.0 0.5	14.7	14.0
蓝色醇酸磁漆	氧化锌 酞菁蓝	20.0 0.3	20.7	19.7

涂料的理化性能(5 分评比法)见表 4-10。

第三节 涂料的合理选用

涂料的理化性能（5分评比法） 表 4-10

类别 性能	油脂漆	天然树脂漆	酚醛漆	沥青漆	醇酸漆	氨基漆	硝基漆	纤维素漆	过氯乙烯漆	烯树脂漆	丙烯酸漆	聚酯漆	环氧漆	聚氨酯漆	有机硅漆	氯化橡胶漆
光泽	2	4	3	4	4	5	4	4	3	3	5	4	1	3	2	2
附着力	4	4	5	4	5	4	4	3	3	3	4	2	5	5	3	3
耐大气性	4	2	3	2	4	4	4	4	5	4	5	5	1	2	5	5
保色性	3	3	2		4	4	4	4	4	3	2	5	3	2	5	3
柔韧性	5	3	3	3	4	3	4	4	4	4	3	3	4	5	3	3
耐冲击性		3	3	4	5	5	5	3	3	3	5	3	5	5	3	5
硬度	1	5	5	3	3	5	4	3	3	3	3	4	4	4	3	3
耐水性	2	2	5	5	2	3	3	4	4	4	3	3	4	4	4	5
耐盐雾	4															
耐汽油性	3	3	4	2	4	5	3	4	5	3	4	5	4	5	2	3
耐烃类溶剂	2	4	5	1	3	4	2	3	1	1	3	4	4	4	3	1
耐酯酮溶剂	1	2	2	1	1	2	1	1	1	1	1	3	2	1	1	1
耐碱		2	1,1	3	1,1	4,1	1,1	2,1	5		3,2		5,5	4,1	5,2	5
耐无机酸	2	2	3,4,3	3	2,1,1	3,2,1	5,3,1	3,2,1	4	5,5,3	3,2,1	5	5,4,3	4,3,2	3,3,1	5,5,3
耐有机酸	3		3,2,1	5	1,1,1	1,1,1	1,1,1	1,1,1	5	5,1,1	1,1,1	1	3,2,1	3,2,1	1,1,1	3,1,1
电性能	3	2	5	3	3	4	3	3	3	3		3	3	3		5
最高使用温度(℃)	80	93	170	93	93	120	70	80	65	65	180	93	170	150	280	93

注：1. 此表仅作大类涂料参考，不尽代表每一品种性能。
2. 数字表示：1=差，2=较差，3=中等，4=良好，5=优秀。
3. 两个数字的：第一个针对20%稀溶液，第二个针对浓溶液。
4. 三个数字的：第一个针对10%稀溶液，第二个针对10%～30%溶液，第三个代表浓溶液。
5. 无机酸不包括硝酸、磷酸及全部氧化性酸。
6. 有机酸不包括醋酸。

涂料的使用性能（5分评比法）见表 4-11。

各类涂料的使用性能比较（5分评比法） 表 4-11

	涂料类别 性能	油脂漆	天然树脂漆	酚醛树脂漆	沥青涂料	醇酸树脂涂料	氨基树脂涂料	硝基涂料	纤维素涂料	过氯乙烯树脂涂料	乙烯树脂涂料	丙烯酸树脂涂料	聚酯树脂涂料	环氧树脂涂料	聚氨酯涂料	有机硅树脂涂料	氯化橡胶涂料
物理机械性能	硬度	1	5	5	3	3	5	4	3	3	3	3	4	4	4	3	3
	柔韧性	5	3	3	3	4	3	4	4	4	4	3	3	4	5	3	3
	耐冲击性		3	3	4	5	5	5	3	3	3	5	3	5	5	3	5
	附着力	4	4	5	4	5	4	4	3	3	3	4	2	5	5	3	3
	光泽	2	4	3	4	4	5	4	4	3	3	5	4	1	3	2	2
	耐磨性	1	1	4		3	3	5	4	2	2	4	2	4	5	2	3

续表

性能\涂料类别		油脂漆	天然树脂漆	酚醛树脂漆	沥青涂料	醇酸树脂涂料	氨基树脂涂料	硝基涂料	纤维素涂料	过氯乙烯树脂涂料	乙烯树脂涂料	丙烯酸树脂涂料	聚酯树脂涂料	环氧树脂涂料	聚氨酯涂料	有机硅树脂涂料	氯化橡胶涂料
施工性能	涂装方法	刷	刷	任意	浸	任意	任意	刷喷	任意	任意	任意	任意	任意	任意	任意	任意	任意
	是否先涂底漆	不要	不要	不要	不要	要	要	不要	要	要	要	要	要	要	要	要	要
	溶剂	200号溶剂	200号溶剂	烃、酯	烃	烃、酯	烃	酮、酯、醇混合	混合	混合	混合	混合	不用酯类，混合	混合	混合	混合	混合
	干燥	自干	自干	自干或烘干	自干或烘干	自干或烘干	烘干	自干	自干	自干	自干或烘干	自干	烘干	自干或烘干	自干或烘干	烘干	自干
抗蚀性能及其他	耐水性	2	3	4	5	2	3	3	4	4	4	3	4	5	4	3	5
	耐盐雾	4	2	4	3	3	3	4	4	4	4	4	3	4	4	4	5
	耐大气性	4	3	3	2	4	5	3	4	5	5	5	1	2	5	5	
	保色性	3	1	1		4	4	4	4	5	5	5	2	2	4	5	5
	耐汽油性	3	3	3	3	3	3	4	5	3	4	4	5	5	2	3	
	耐碱	1	1,1	3	1,1	4,1	1,1	2,1	5	5	3,2	1	5,5	4,1	5,2	5	
	耐无机酸	2	3,4,3		2,1,1	3,2,1	5,3,1	3,2,1			5,5,3	3,2,1	5	5,4,3	4,3,2	3,3,1	5,5,3
	耐有机酸	3	2	3,2,1	5	1,1,1	1,1,1	1,1,1	1,1,1	1	5,1,1	1,1,1	1	3,2,1	3,2,1	1,1,1	3,1,1
	电性能	3	3	3	3	4	3	3	3	5	5	4	5	4	5	5	
	最高使用温度(℃)	80	93	170	93	93	120	70	80	65	65	180	93	170	150	280	93

注：1. 此表仅作大类涂料参考，不尽代表每一品种性能。
2. 数字表示：1＝差，2＝较差，3＝中等，4＝良好，5＝优秀。
3. 200号溶剂即200号油漆溶剂油。
4. 两个数字：第一个针对20%稀溶液，第二个针对浓溶液。
5. 三个数字：第一个针对10%稀溶液，第二个针对10%～30%溶液，第三个针对浓溶液。
6. 无机酸不包括硝酸、磷酸及全部氧化性酸。
7. 有机酸不包括醋酸。

各种有机涂层的耐化学腐蚀性见表4-12。

各类有机涂层的耐化学腐蚀性　　　　表4-12

涂料名称\性能优劣\项目		室外耐候性	耐溶剂性					食用醋	食用盐	氨类	碱类	耐酸性				耐盐雾性	耐盐水
			酒精	汽油	烃类	酯酮类	氯化烃类					矿物酸	氧化酸	醋酸	油酸	磷酸		
醇酸树脂漆	油改性醇酸	优	可	中	中	劣	劣	可	上	劣	劣	劣	劣	劣	可	劣	优	可
	氨基醇酸	优	中	优	优	劣	劣	中	优	劣	劣	中	中	中	中	劣	上	中
	酚醛醇酸	优	中	优	优	可	劣	上	优	劣	中	中	中	中	上	劣	优	中
	有机硅醇酸	优	中	优	优	劣	劣	上	优	劣	中	中	中	中	中	劣	优	中
	脲醛醇酸	优	中	优	优	劣	劣	中	优	劣	中	中	中	中	中	劣	优	中
	苯乙烯醇酸	可	中	优	优	劣	劣	上	优	劣	上	可	劣	可	可	劣	中	中

续表

涂料名称	室外耐候性	酒精	汽油	烃类	酯酮类	氯化烃类	食用醋	食用盐	氨类	碱类	矿物酸	氧化酸	醋酸	油酯	磷酸	耐盐雾性	耐盐水
丙烯酸	优	劣	中	可	劣	劣	上	上	劣	中	中	劣	劣	可	劣	优	优
沥青	可	劣	劣	劣	劣	劣	优	中	优	中	优	优	优	优	劣	优	优
硝基纤维素	优	中	中	可	劣	劣	优	中	劣	劣	优	劣	劣	可	劣	优	中
醋丁纤维	优	中	中	可	劣	劣	优	上	中	中	中	劣	劣	优	劣	优	优
乙基纤维	优	劣	劣	可	劣	劣	优	中	中	中	中	劣	劣	优	劣	优	优
胺固化环氧	中	优	优	优	上	中	优	优	优	优	中	中	优	可	中	上	中
环氧酯	优	劣	优	优	上	劣	上	优	劣	劣	优	中	优	劣	优	优	上
环氧呋喃	优	优	优	优	中	优	优	优	优	中	优	可	优	优	优	优	优
环氧氨基	优	优	优	优	上	优	优	优	劣	劣	上	中	优	可	优	中	优
环氧酚醛	优	优	优	优	优	优	优	优	优	优	优	中	优	优	优	优	优
环氧脲醛	上	优	优	优	上	优	优	优	中	上	上	中	优	优	优	优	优
氯化聚醚	优	优	优	优	优	优	优	优	优	优	优	中	优	优	优	优	优
氯化聚丙烯	优	优	中	中	中	劣	优	优	中	上	优	中	优	劣	优	优	优
氟树脂(气干)	优	优	优	优	优	劣	优	优	优	优	优	优	优	优	优	优	优
呋喃	中	优	优	优	中	优	优	优	优	优	优	劣	优	优	优	中	优

2. 建筑涂料的选择方法

选择涂料,首先应明确产品的涂装目的,然后确定涂膜的质量要求,再依照价低质高的原则选用性能优良的涂料,现在各涂料厂家都依照国家、行业、地方、企业标准生产涂料,因此,在选择涂料时,可参照上述标准,再根据产品的质量要求,即可做出正确选择。

在实际使用中,通常还应按照以下方法来选择各式各样、品种繁复的建筑涂料。

(1) 按基层材质选择涂料

建筑材料早已不为砖瓦、石灰、木材所垄断,也跳出了水泥、钢材、玻璃的范畴。化学建筑材料的兴起,为建筑物的选材开辟了一个崭新的天地,建筑涂料随之也就面对着形形色色的不同材质的基层,不同材质有不同的表面张力,不同的致密性,不同的含水率,不同的平整度,不同的 pH 值等。这无疑对建筑涂料提出了不同的要求。

表 4-13 列出了各种基材的特点。

各种材质的特点　　　　　表 4-13

材质	特点
水泥混凝土	碱性大、干燥慢、表面平整度差,且容易有空鼓、麻面
水泥砂浆	干燥快,碱性比混凝土还大
石棉水泥板	表面粉尘多,吸水性极大,表面强度低
石棉板	表面粉尘多,强度高,吸水性低
石膏板	表面强度差,含水率低,吸收性一般
钢材	受温差影响胀缩大,易锈蚀
三合板	含水率变化较大,易泛色
塑料	表面有增塑剂迁移

表 4-14 列出了建筑常用涂料品种与被涂材质的适应比较。

建筑常用涂料品种与被涂材质的适应比较 表 4-14

涂料品种＼被涂材质	钢铁金属	轻金属	木料	砖石灰泥	混凝土
油脂漆	5	4	4	2	3
醇酸树脂漆	5	4	5	3	2
硝基漆	5	4	5	1	1
酚醛漆	5	5	4	5	2
环氧树脂漆	5	5	4	5	5
丙烯酸漆	4	5	4	4	4
有机硅漆	5	5	3	5	
聚氨酯漆	5	5	5	5	5
聚醋酸乙烯漆	4	3	5		5
橡胶漆	5	3	5	4	5

注：按5分制，5—最好，1—最差。

从表 4-13 和表 4-14 中可知各种涂料所适用的基层材料是不同的，按基层材质选择涂料品种可参考表 4-15。

按基层材质选用建筑涂料 表 4-15

选用涂料种类		基层材料种类	混凝土基层	轻质混凝土基层	预制混凝土基层	加气混凝土基层	砂浆 1:1:6 1:1:4 基层	石棉水泥板基层	石灰浆基层	木基层	金属基层
水性涂料		聚乙烯醇系涂料	○	○	○	○	○	○	√	×	×
	无机涂料	石灰浆涂料	○	○	○	○	○	○	○	×	×
		碱金属硅酸盐系涂料	○	○	○	○	○	○	○	×	×
		硅溶胶无机涂料	○	○	○	○	○	○	○	×	×
	水泥系	聚合物水泥系涂料	√	√	√	√	√	√	×	×	×
	乳液型涂料	聚乙酸乙烯涂料	○	○	○	○	○	○	○	○	○
		乙-丙涂料	○	○	○	○	○	○	○	○	×
		乙-顺涂料	○	○	○	○	○	○	○	○	×
		氯-偏涂料	○	○	○	○	○	○	○	○	×
		氯-醋-丙涂料	○	○	○	○	○	○	○	○	○
		苯-丙涂料	○	○	○	○	○	○	○	○	○
		丙烯酸酯涂料	○	○	○	○	○	○	○	○	○
		水乳型环氧树脂涂料	○	○	○	○	○	○	○	○	×
	溶剂型涂料	油性漆	×	×	×	×	○	○	○	√	√
		过氯乙烯涂料	○	○	○	○	○	○	○	√	√
		苯乙烯涂料	○	○	○	○	○	○	○	√	√
		聚乙烯醇缩丁醛涂料	○	○	○	○	○	○	○	√	√
		氯化橡胶涂料	○	○	○	○	○	○	○	√	√
		丙烯酸酯涂料	○	○	○	○	○	○	○	√	√
		聚氨酯系涂料	○	○	○	○	○	○	○	√	√
		环氧树脂涂料	○	○	○	○	○	○	○	√	√

注：√优先选用；○可以用；×为不能使用。

(2) 按不同的建筑部位选择涂料

建筑物的装饰部位主要有顶棚、地面、内外墙面等,不同的建筑部位对其表面装饰与保护的涂层的要求也不相同。

外部装饰主要有外墙立面、屋檐、窗套等部位,这些部位长年累月处于风吹雨淋之中,所用涂料必须具有足够的耐水性、耐污染性、耐久性(包括耐冻融性、耐洗刷性和耐老化性等),才能保证较好的装饰效果。内部装饰主要有内墙立面、顶棚、地面等,内墙涂料除对颜色、平整度、丰满度等有一定要求之外,还应有较好的机械稳定性,即有一定的硬度,耐干擦和湿擦性。一般内墙涂料原则上均可作顶棚涂装,但在较大型的公用建筑中,采用添加粗骨料的毛面顶棚涂料则更富有装饰效果,若采用普通涂料,经精心设计和施工,仍可达到很好的装饰效果。一般来讲,顶棚没有特别要求,目前装饰工程设计,施工中一般均采用合适的内墙涂料,地面涂料除能改变水泥地面硬、冷、易起灰等弊病外,还应具有较好的耐磨性和隔声作用。

建筑物不同部位的性能要求见表 4-16。

建筑物不同部位的性能要求 表 4-16

部 位		基 层 材 料	性 能 要 求
外部	外墙	黏土砖、轻质砖、水泥砂浆、铝复合板、彩钢板、玻璃幕墙、预应力混凝土、蒸压轻质混凝土	美观,创意性,防水、防火、隔热,环境调和,隔声,耐沾性,耐久性,抗震
	屋面	各类水泥混凝土、粘土瓦、金属板、石棉瓦	防水性,耐候性,抗老化性
内部	内墙	GRC板、刨花板、纤维板、石膏板、轻质砖	美观,创意性,防结露,耐湿性,耐冲击性,隔声性,难燃性,耐久性,防毒性,防虫性
	地面	水泥基层、木地板、人造石材、天然石材	耐磨耗性,耐药性
	辅助部位	木材,复合板,铝合金	
结构	柱 梁	不锈钢、塑料、水泥混凝土、钢材、木材	耐腐蚀性、防震性、加工性
	基础	水泥混凝土	

按不同的建筑部位选用装饰涂料可以参考表 4-17 和表 4-18。

建筑物外部的涂料选择 表 4-17

建筑物部位	屋 面	墙 面	地 面
对表面涂层的使用要求	耐水性优良 耐候性优良	耐水性优良 耐候性优良 耐沾污性好	耐水性优良 耐磨性优良 耐候性好

续表

建筑物部位			屋面	墙面	地面
选用涂料种类		选用涂料类型	屋面防水涂料	外墙涂料	室外地面涂料
	水性涂料	聚乙烯醇系涂料		△	
	无机涂料	石灰浆涂料		△	
		碱金属硅酸盐系涂料		○	
		硅溶胶无机涂料		√	
	水泥系	聚合物水泥系涂料		○	○
	乳液型涂料	聚醋酸乙烯涂料		△	
		乙-丙涂料		○	
		乙-顺涂料		○	
		氯-偏涂料		○	
		氯-醋丙涂料		√	
		苯-丙涂料	○	√	
		丙烯酸酯涂料	○	√	
		水乳型环氧树脂涂料		√	
	溶剂型涂料	过氯乙烯涂料		○	
		苯乙烯涂料		○	
		聚乙烯醇缩丁醛涂料		○	
		氯化橡胶涂料		√	
		丙烯酸酯涂料	○	√	
		聚氨酯系涂料	√	√	√
		环氧树脂涂料			○

注：√优先选用；○可以选用；△不能选用，下同。

建筑物内部的涂料选择　　　　　　　表 4-18

建筑物部位			居民住宅内墙顶棚	工厂车间内墙顶棚	居民住宅地面	工厂车间地面
对表面涂层的使用要求			颜色品种多样，透气性良好，不易结露	防毒性好，耐水性好，表面光洁	耐水性好，耐磨性好，颜色多样	耐水性优良，耐磨性优良，耐油性好，耐腐蚀好
选用涂料种类	水性涂料	聚乙烯醇系涂料	√	○		
	无机涂料	石灰浆涂料	○	△		
		碱金属硅酸盐系涂料	△	△		
		硅溶胶无机涂料	○	○		
	水泥系	聚合物水泥系涂料			√	○

第三节　涂料的合理选用　179

续表

建筑物部位			居民住宅内墙顶棚	工厂车间内墙顶棚	居民住宅地面	工厂车间地面
选用涂料种类	乳液型涂料	聚醋酸乙烯涂料	○	○		
		乙-丙涂料	○	○		
		乙-顺涂料	○	○		
		氯-偏涂料	○	○	√	○
		氯-醋丙涂料	○	○		
		苯-丙涂料	○	○		
		丙烯酸酯涂料	○	○		
		水乳型环氧树脂涂料	○	○		
	溶剂型涂料	过氯乙烯涂料	○	○	○	○
		苯乙烯涂料	△	△	○	○
		聚乙烯醇缩丁醛涂料	○	○		
		氯化橡胶涂料	○	○		
		丙烯酸酯涂料	○	√		
		聚氨酯系涂料	○	√	○	√
		环氧树脂涂料			○	√

(3) 按建筑物装修施涂周期选择涂料

建筑装修施涂周期是指建筑物两次施涂装修的时间间隔。

按装修施涂周期选择涂料可参考表 4-19。

按两次装修间隔时间选用建筑涂料　　表 4-19

涂层两次装修间隔时间			外墙			内墙			地面		
			1~2年	5年	10年	1~2年	5年	10年	1~2年	5年	10年
选用涂料种类	水性涂料	聚乙烯醇系涂料				○					
	无机涂料	石灰浆涂料				○					
		碱金属硅酸盐系涂料	○								
		硅溶胶无机涂料		○							
	水泥系	聚合物水泥系涂料	○							○	
	乳液型涂料	聚醋酸乙烯涂料				○					
		乙-丙涂料	○			○					
		乙-顺涂料				○					
		氯-偏涂料	○			○			○		
		氯-醋丙涂料	○			○					
		苯-丙涂料	○			○					
		丙烯酸酯涂料	○			○					
		水乳型环氧树脂涂料		○			○				
	溶剂型涂料	过氯乙烯涂料	○			○			○		
		苯乙烯涂料	○			○			○		
		聚乙烯醇缩丁醛涂料	○			○					
		氯化橡胶涂料		○			○				
		丙烯酸酯涂料		○			○				
		聚氨酯系涂料		○			○				○
		环氧树脂涂料									○

(4) 按涂料自身的特点选择涂料

涂料自身的特点我们可以通过其本身的优缺点比较,不同种类的涂料产品之间相互比较而得出。

常用装饰涂料的主要优缺点见表 4-20。

常用装饰涂料的主要优缺点　　　　　　　表 4-20

项次	涂料种类	主 要 优 点	主 要 缺 点
1	油性涂料	耐大气性较好,价廉,涂刷性能好,渗透性好	干燥较慢,膜软,机械强度较低,水膨胀性大,不能打磨抛光,不耐碱
2	天然树脂涂料	干燥比油性涂料快,短油度的涂膜坚硬、好打磨,长油度的涂膜柔韧、耐大气性较好	机械性能差,短油度的耐大气性差,长油度的不能打磨、抛光
3	酚醛树脂涂料	涂膜坚硬,耐水性良好,纯酚醛涂料耐化学腐蚀良好,有一定的绝缘性,附着力好	涂膜较脆,颜色易变深,耐大气性较差,易粉化,不能制成白色或浅色涂料
4	醇酸涂料	光泽较亮,耐候性良好,施工性能好,附着力较强	涂膜较软,耐水、耐碱性差,干燥较慢,不能打磨
5	沥青涂料	耐潮,耐水,价廉,耐化学腐蚀性较好,有一定绝缘强度	色黑,对日光不稳定,有渗色性,自干涂料干燥不爽滑
6	过氯乙烯涂料	干燥快,颜色浅,具有良好的耐候性、柔韧性、耐水性、耐冲击性,还有较好的耐酸、耐碱、耐盐以及耐化学性	附着力较差,打磨、抛光性较差,固体含量较低,有毒,易燃
7	聚氨酯涂料	耐磨性较强,附着力好,耐潮、耐水、耐热、耐溶剂性好,耐化学腐蚀,具有良好的绝缘性,表面光洁度较高,质感好,并具有随动性	涂膜易粉化、发黄,对酸、碱、盐、醇等物质较敏感,因此施工要求高,有一定毒性,价格较高
8	硅溶胶无机涂料	涂膜细腻,颜色均匀明快,装饰效果好,涂膜致密、坚硬,耐磨性好,可以打磨抛光,耐酸、耐碱、耐水、耐高温、耐久性好,附着性好,施工性能好	施工温度高于 5℃,需要养护 7d 以上,否则会粉化或色泽不匀
9	丙烯酸酯涂料	涂膜色浅,保色性良好,耐候性优良,不粉化,不脱落,有一定耐化学腐蚀性,耐水性好,耐热性较好	耐溶剂性差,固体含量低
10	苯乙烯焦油涂料	涂料干燥快,附着力大,耐水性良好,耐老化性良好,具有一定耐磨性,施工方便,易于重涂	涂料质量不够稳定,涂膜易发黄,有特殊气味
11	聚乙烯醇缩丁醛涂料	涂膜的柔韧性、耐磨性较好;耐水、耐油、耐候性良好;与环氧树脂能混溶,并能显著改善其性能	与环氧树脂合用时,施工较困难。本涂料固体含量较低
12	氯化橡胶涂料	附着力大,耐酸、耐碱、耐水性优良,耐大气性、耐氧化和耐腐蚀性能好;耐候性和耐久性优良;有防霉作用,重涂性好	易变色,耐溶剂性较差,清漆不耐紫外线,个别品种施工复杂

第三节 涂料的合理选用　181

续表

项次	涂料种类	主 要 优 点	主 要 缺 点
13	环氧树脂涂料	附着力强,耐碱、耐溶剂,具有较好的绝缘性;涂膜坚韧,用于地面时可涂刷成各种图案,装饰效果好,具有一定厚度和弹性,脚感舒适	室外曝晒易粉化,保光性差,色泽较深,施工较复杂
14	苯-丙乳液涂料	具有优良的耐碱、耐水、耐擦洗性,具有较高的耐光性,耐候性良好,不泛黄,外观细腻,色彩艳丽,质感好,与水泥的附着力强,施工方便	施工温度不能低于10℃,相对湿度不能大于85%
15	乙-丙乳液涂料	具有较好的耐候性、耐水性、保色性和柔韧性,装饰质感丰富,无毒无味,施工方便。基层未完全干燥时,也可以施涂	施工温度要求在15℃以上
16	氯-偏乳液涂料	耐日光、耐候性较好,装饰质感好,施工方便,价格低廉	耐水性、耐久性较差,容易沾污和脱落,施工温度在10℃以上
17	醋酸乙烯乳液涂料	涂膜细腻、平滑、平光,色彩鲜艳,装饰效果好;涂膜透气性好,价格适中,施工方便	耐水性、耐碱性、耐候性较其他聚乳液差不宜用作外墙涂料
18	聚乙烯醇水玻璃涂料	涂膜表面光洁平滑,黏结力较强,无毒、无臭,耐燃,施工方便,资源丰富,价格低廉	耐水洗刷性,耐湿性较差,易产生脱粉现象
19	聚乙烯醇缩甲醛涂料	涂料色彩丰富,黏结力较强,耐碱、耐热、耐污染、耐水性较好,资源丰富,价格低廉,施工方便	易粉化,施工温度应在10℃以上
20	碱金属硅酸盐系涂料	耐水、耐热、耐老化等性能优良,耐酸、耐碱、耐冻融、耐沾污等性能良好,无毒、无味,施工方便,资源丰富,价格低廉	最低施工温度5℃

常用防锈涂料的主要优缺点见表4-21。

常用防锈涂料的主要优缺点　　　　　　　　　表4-21

项次	涂料种类	主 要 优 点	主 要 缺 点
1	红丹油性防锈漆	防锈性能好;渗透性强,附着力好,耐久性较好,对基层要求不高	干燥慢,强度较低,有一定毒性,易结块和沉淀,价格高
2	红丹酚醛防锈漆	防锈性能和附着力均好,干燥快,机械强度高,防水性好	易沉淀结块,有一定毒性,价格贵
3	红丹醇酸防锈漆	防锈性能和附着力好,强度较高,耐久性好,干燥适中	易沉淀结块,有一定毒性,价格较高
4	红丹环氧醇酸防锈漆	防锈性能好,附着力很好,机械强度较高,干燥时间适中	易沉淀结块,有一定毒性,价格较贵

续表

项次	涂料种类	主 要 优 点	主 要 缺 点
5	锌灰油性防锈漆	耐候性和涂刷性好,有一定防锈能力,附着力较好	干燥慢,机械强度低,不耐磨,抗化学腐蚀差,耐水性较差
6	灰酚醛防锈漆	耐候性较好,有一定耐水性和防锈能力,机械强度较好,价格低	耐碱性较差,耐溶剂性较差
7	锌灰醇酸防锈漆	耐候性较好,干燥快,机械强度较好,附着力好,防锈性一般	耐水性、耐化学腐蚀和耐溶剂性较差
8	锌黄醇酸防锈漆	干燥较快,附着力好,机械强度较高,有一定防锈能力,耐久性好	耐水性较差,附着力较差,耐溶剂性较差,基层表面处理要求较高
9	铁红酚醛防锈漆	附着力好,干燥快,防锈性能一般,强度较好,价格低	耐碱性及耐溶剂性较差,耐候性较差
10	硼钡酚醛防锈漆	附着力和防锈性能好,能部分代替红丹防锈漆使用	耐溶剂性和耐碱性较差
11	铁红油性防锈漆	有一定防锈能力,附着力和耐久性较好,施工方便,价格低廉	干燥慢;强度低,在其上不能使用挥发性漆

(5) 基层缺陷所需的修补材料的选择

涂料基层缺陷所需修补材料的选用见表 4-22。

基层缺陷修补的材料选择 表 4-22

常见基层缺陷	修 补 方 法
水泥砂浆基层分离不能铲除的	用电钻($\phi 5 \sim 10mm$)钻孔,采用不至于使砂浆分离扩大的压力,将低黏度环氧树脂注入分离空隙内,使其固结。表面裂缝用合成树脂或聚合物水泥腻子抹平及打磨平整
大裂缝	切成 V 形,填充密封防水材料。表面裂缝用合成树脂或聚合物水泥砂浆腻子抹平,然后打磨平整
小裂缝	用防水腻子嵌平,表面打磨平整
孔	$\phi 3mm$ 以上应填充树脂砂浆。$\phi 3mm$ 以下可填充聚合物乳液水泥腻子,表面应打磨平整
表面凹凸	打磨后,凹部填充树脂砂浆,硬化后打磨平整
脆弱部	经清理后,用树脂砂浆修补
麻点	采用涂料腻子分次刮平
错位	打磨,去掉突出部,填实凹处
木樁的孔,其他缺损部	可用树脂砂浆或聚合物水泥砂浆填平

(6) 按建筑物所处的地理位置和施工季节选择涂料

建筑物所处的地理位置不同,其饰面所经受的气候条件的作用也是不同的,炎热多雨的南方所用的涂料不仅要求有较好的耐水性,而且应有较好的防霉性,否则霉菌繁殖会很快使涂料失去装饰效果。严寒的北方地区,对涂料的耐冻融性有较高的要求,雨季施工时,应选择干燥迅速且有较好初期耐水性的涂料,冬季施工则应特别注意涂料的最低成膜温度,选用成膜温度低的涂料。

(7) 按建筑装修标准和造价选择涂料

在符合按照基层材质、建筑部位、施涂周期等原则选择涂料的基础上,再进行综合分析而选取价格较合理的涂料。

在预算建筑物表面装饰涂层造价时,或在设计工作中不同种涂层造价相互经济分析与比较时,应将涂层造价与使用年限等因素综合起来进行分析与对比。

对于高级建筑或高档次装修,可选用高级涂料,并采用三道成活的施工工艺,即底层为封闭层,中间层形成具有较好质感的花纹和凹凸状,面层则使涂膜具有较好的耐水性、耐污染性和耐候性,从而达到较好的装饰效果和耐久性。一般建筑可选用中档或低档涂料,采用二道或一道成活。

在选用建筑涂料时,除了考虑上述原则外,还应考虑到施工环境条件,如溶剂型涂料施工时有大量有毒,易燃的有机溶剂散发出来,故室内尤其是通风不好的环境内不宜采用。

第四节 涂料的配套性

所谓涂料的配套性就是涂装基材和涂料之间、各层涂料之间的适应性。

选择涂料应依照一定的原则,以保证涂层具有良好的防护性和装饰性,满足使用条件对涂层性能的要求。

涂料的配套性原则包括以下几个方面的内容。

一、涂料和基材之间的配套性

不同材质的表面,必须选用适宜的涂料品种与其配套,如各种金属表面所用的底漆应视不同的金属来选择涂料的品种,钢铁的表面可选用铁红或红丹防锈底漆,而有色金属特别是铝及铝镁合金表面则绝对不能使用红丹防锈底漆,否则会发生电化学腐蚀,不仅起不到保护作用,还会加速腐蚀的发生,对这类有色金属则要选择锌黄或锶黄防锈底漆。又如水泥的表面因具有一定的碱性,则应选用具有良好的耐碱性能的乳胶涂料或过氯乙烯底漆。

对不同材质底漆的选择见表4-23,见种常用涂料对被涂材质的适应性比较见表4-24。

在不同金属底材上底漆的选择　　　　表4-23

金　属	底漆牌号
黑色金属(钢板、铸件、锻件等)	C06-1、C53-1、F06-8、F06-9、L06-3、L06-4、X06-1、H06-2、H06-3、11或19、S06-1、2或5各种电泳底漆(如F08-8或10、H08-5等)Q06-4、G06-4或6
铝及其合金	F06-8或9、G06-12、X0.6-1、H06-2或3
镁及其合金	F06-9、C06-12、X06-1、H06-2或3
锌	X06-1、H06-9、H06-2或3
镉	F06-9、H06-2或3
铜及其合金	C06-1、H06-2或3、X06-1
铬	C06-1、H06-2或3

续表

金 属	底漆牌号
铅	C06-1、H06-2 或 3
锡	C06-1、X06-1、H06-2 或 3

注：1. Q06-4 和 G06-4 快干型底漆对金属的附着力较差、仅供与硝基面漆或过氯乙烯面漆配套用。
2. X06-1 磷化底漆起到一定的磷化作用，能提高有机涂层的附着力和耐腐蚀性，但不能代替一般的底漆，在其上仍应涂底漆。
3. 同型号底漆：在黑色金属上用铁红底漆，在铝、镁、锌、镉等金属表面上用锌铬黄底漆。

几种常用涂料对被涂材质的适应性比较　　　　　表 4-24

涂料品种	被涂材质				
	钢铁金属	轻金属	木 料	砖石灰泥	混凝土
油脂漆	5	4	4	2	3
醇酸树脂漆	5	4	5	3	2
硝基漆	5	4	5	—	1
酚醛漆	5	5	4	5	2
环氧树脂漆	5	5	4	5	5
丙烯酸漆	4	5	4	4	4
有机硅漆	5	5	3	5	—
聚氨酯漆	5	5	5	5	5
聚醋酸乙烯漆	4	3	5	4	5
橡胶漆	5	3	5	4	5

注：5—最好，1—最差。

二、各涂层之间的配套性

涂膜各层之间应有良好的配套性，在采用多层异类涂层时，应考虑涂层之间的附着性。一般来说，涂层之间宜采用同类涂料的配套；底层涂料通常选用防腐性能好。涂膜坚韧、附着力强的涂料，并要求具有抵抗上层涂料的溶剂作用的性能；面层涂料要求与底层涂料或中间层涂料结合好，坚硬耐久，耐候性好，抗腐蚀性好，流平性好，光亮丰满。

具体地讲，在选择涂料和进行涂料配套时应注意以下事项：

(1) 过氯乙烯涂料、硝基涂料等品种的面漆其附着力较差，应采用同类涂料配套，或与醇酸涂料类、聚氨酯涂料类相配套；

(2) 沥青涂料组分复杂，与其他涂料组分性质的差异很大，涂层之间的附着力差，故不宜相互配套使用；

(3) 油性涂料，特别是长油度涂料，不宜作为挥发性涂料的底层涂料，因为挥发性涂料可将底层涂料咬起。但是，挥发性涂料则可以作为油性涂料的底层涂料。

(4) 采用耐溶剂性不良的颜料或有机颜料的涂料（如大红粉），不宜作底层涂料，因为它与上层涂料配套后会产生渗色现象；

(5) 涂层之间的收缩性，坚硬性和光滑性等应协调一致，切忌相差太大，否则会产生龟裂或早期脱落；

(6) 在底漆和面漆性能都很好而二者层间结合不太好的情况下,可采用中间过渡层,以改善底层和面层的附着性能。

底层涂料与面层涂料的配套适应性参见表 4-25;金属及木材面的底层涂料与面层涂料的配套见表 4-26。

底层涂料与面层涂料的配套适应性　　　　　表 4-25

原涂装的涂料（在下层）	重涂涂料										
	长暴型磷化底漆	无机富锌涂料	有机富锌涂料	油性防锈涂料	醇酸树脂涂料	酚醛树脂涂料	氯化橡胶涂料	乙烯树脂涂料	环氧树脂涂料	环氧焦油涂料	聚氨酯涂料	沥青防水涂料
长暴型磷化底漆	×	×	×	√	√	√	√	√	√	△	△	△
无机富锌底漆	√	√	√	×	×	×	√	√	√	√	√	△
有机富锌底漆	√	√	√	×	×	×	√	√	√	√	√	△
油性防锈涂料	×	×	×	√	√	√	×	×	×	×	×	×
醇酸树脂涂料	×	×	×	√	√	√	×	×	×	×	×	√
酚醛树脂涂料	×	×	×	√	√	√	△	△	△	×	×	√
氯化橡胶涂料	×	×	×	×	×	×	√	√	√	×	√	△
乙烯树脂涂料	×	×	×	×	×	×	√	√	√	×	√	△
环氧树脂涂料	×	×	×	△	△	△	△	△	√	△	√	√
环氧焦油涂料	×	×	×	×	×	√	×	×	△	√	√	√

注:√—适应性好;△—适应性尚可;×—适应性差。

金属及木材面的底层涂料与面层涂料的配套　　　　　表 4-26

面层涂料	基层材料		
	黑色金属	铝合金	木材
	底层涂料		
油性涂料类	醇酸底漆	锌黄酚醛底漆	醇酸底漆
醇酸涂料类	酚醛底漆、过氯乙烯底漆、环氧底漆	锌黄酚醛底漆、锌黄过氯乙烯底漆、锌黄环氧底漆	酚醛底漆、硝基底漆、过氯乙烯底漆
氨基涂料类	醇酸底漆、环氧底漆	锌黄环氧底漆	
沥青涂料类	沥青底漆	沥青底漆	
酚醛涂料类	硝基底漆、过氯乙烯底漆、醇酸底漆、油性底漆	锌黄过氯乙烯底漆、锌黄油性底漆	油性底漆、醇酸底漆、硝基底漆
过氯乙烯涂料类	醇酸底漆、丙烯酸底漆	锌黄酚醛底漆、锌黄环氧底漆	醇酸底漆
丙烯酸涂料类	醇酸底漆、环氧底漆、过氯乙烯底漆	锌黄酚醛底漆、锌黄环氧底漆	酚醛底漆、醇酸底漆、硝基底漆
硝基涂料类	醇酸底漆、酚醛底漆、环氧底漆、丙烯酸底漆	锌黄酚醛底漆、锌黄环氧底漆、锌黄丙烯酸底漆	醇酸底漆、丙烯酸底漆、酚醛底漆
环氧树脂涂料类	醇酸底漆、酚醛底漆、丙烯酸底漆	锌黄酚醛底漆、锌黄丙烯酸底漆	

木门窗的涂料、木地板的涂料、抹灰基层的涂料以及金属面层的涂料其配套层次之间的关系见表4-27～表4-30。

木门窗的涂料配套层次关系　　　　表4-27

底层		中层		面层		效果评价
涂料名称	层次	涂料名称	层次	涂料名称	层次	
厚漆	1			调和漆	1	较差
清油	1	厚漆	1	调和漆	1	较差
清油	1	厚漆、调和漆	2	调和漆	1	中等
清油	1	铅油	2	无光油	1	较好
清油	1	油色	1	清漆	1	较差
清油	1	油色	1	清漆	2	较差
润粉、刮腻子	1	厚漆	2	调和漆	1	较好
润粉、刮腻子	1	无光调和漆	2	磁漆	2	良好
润粉、刮腻子	1	无光调和漆	1	磁漆	3	良好
润粉、刮腻子	1~2	油色	1	清漆	2	中等
润粉、刮腻子	1~2	油色	1	清漆	3	较好
润粉、刮腻子	1~2	油色	1	清漆	4	良好
润粉、刮腻子	1~2	漆片	1~2	硝基清漆(蜡克)	成活	较好
润粉、刮腻子	1~2	硝基清漆	4~6	硝基清漆(蜡克)	成活	良好

注：厚漆—铅油；清油—鱼油；润粉—油粉。

木地板的涂料配套层次关系　　　　表4-28

底层		中层		面层		效果评价
涂料名称	层次	涂料名称	层次	涂料名称	层次	
清油	1	油色	1	清漆	2	中等
清油	1	地板腻子	1~2	地板漆	2	良好
润粉	1	油色、漆片	1~3	软蜡	成活	良好
润粉	1	油色	1	硬蜡	成活	良好
润粉、刮腻子	1~2	油色	1	清漆	2	较好
		本色		硬蜡	成活	良好

抹灰基层的涂料配套层次关系　　　　表4-29

底层		中层		面层		效果评价
涂料名称	层次	涂料名称	层次	涂料名称	层次	
腻子	2	底油、厚漆	2	调和漆	1	中等
腻子	2	底油、厚漆	1,2	调和漆	1	较好
腻子	2	无光调和漆	1	磁漆	2	良好
腻子	2	底油、厚漆	1,1	调和漆、无光油	1,1	较好
腻子	2	底油、厚漆	1,2	假木面	1	较好
腻子	2	底油、厚漆	1,2	假木面	1	较好
腻子	2	石膏腻子拉毛	成活	调和漆或铅油	3	较好

金属面层的涂料配套层次关系　　　　　　　　　　　表 4-30

底　层		中　层		面　层		效果评价
涂料名称	层次	涂料名称	层次	涂料名称	层次	
铅　油	1			调和漆	1	较　差
防锈漆	1			调和漆	1	中　等
防锈漆	1	厚　漆	1	调和漆	1	中　等
防锈涂料	1	厚　漆	2	调和漆	1	较　好
防锈涂料	1~2	无光调和漆	1	磁　漆	2	良　好
防锈涂料	1~2	厚　漆	2	调和漆	1	较　好
防锈涂料	1~2			调和漆	3	良　好
底浆、腻子	2	无光调和漆	1	磁　漆	2	良　好
				调和漆	3	较　好

三、底漆和面漆在使用环境条件下的配套性

在涂装设计时,应考虑到底漆和面漆在使用环境条件下的配套性问题,如在富锌底漆上不能采用油改性醇酸树脂面漆作水下设备的防护涂层,这是因为醇酸树脂的耐水性欠佳,当被涂物浸入水中使用时,渗过面漆的水常和底漆中的锌粉发生反应而生成碱性较强的氢氧化锌,腐蚀金属基材,破坏整个涂层,所以在富锌底漆或镀锌的工作件上应以采用耐水、防水、耐碱性良好的氯化橡胶涂料、聚氨酯涂料、环氧树脂涂料等为宜,也可考虑使用具有良好封闭性能的中间漆作为封闭性中间涂层。

四、涂料与施工工艺的配套性

每种涂料和施工工艺均有自己的特点和一定的适用范围,配套适当与否将直接影响到涂层的质量、涂装的效率和涂装的成本,因此,对于一定的涂料必须选用适宜的施工工艺与之配套,涂料的施工工艺必须严格按照涂料产品说明书中规定的施工工艺进行。

五、涂料与辅助材料之间的配套性

涂料的辅助材料虽不是主要成膜物质,但它对涂料施工固化成膜过程和涂层性能却有很大的影响。涂料的辅助材料主要有稀释剂、催干剂、固化剂、防潮剂等种类,其主要作用是改善涂料的施工性能和涂料的使用性能,防止涂层产生弊病,但它们必须使用得当,否则将会产生不良的影响。以稀释剂为例,当过氯乙烯漆使用硝基漆稀释剂时,将会使过氯乙烯树脂析出;当胶固化环氧树脂涂料使用酯类溶剂作稀释剂时,涂料的固化速度将会明显降低,影响涂膜性能。由此可见,各种辅助材料的使用,一定要慎重,切不可马虎。

第五节　色彩的选择和应用原理

在建筑涂装设计和涂饰施工中,不论使用何种涂料,都离不开色彩,即使是涂刷透明的清漆,也需要在被涂物的表面进行染色和罩光,才能呈现美丽的色彩。因此建筑涂装必须懂得色彩的基本知识,掌握调配涂料色彩的基本方法。

一、色彩的基本知识

在建筑装饰的构图中,色彩比其他构图要素更具有独特的装饰作用和效果,在常态下,

人们观察物体时,首先引起视觉反映的就是色彩,色彩在人们的视觉方面占有十分重要的地位。

1. 色彩的基本类型

按效果对色彩进行分类,可分为以下几个类型:

(1) 膜面色。其特点是物体的存在位置不明确,具有面的感觉而柔和厚重,还具有能够透入的感觉,其例子就是天空。膜面色可由色相、明度、彩色及透明度来表示。

(2) 表面色。其特点是物体的位置明确,表面坚硬,其例子如建筑材料或纸等不透明的物体的表面的色彩。表面色可由色相、明度、彩度及光泽来表示。

(3) 容积色。其特点是占有一定的三维空间,本质上坚硬透明,其例子如冰块或容器中的液体等色彩。容积色可由色相、明度、彩度及透明度来表示。

(4) 透明膜面色。其特点是具有半透明色,通常的例子是磨砂玻璃等的色彩。透明膜面色可由色相、明度、彩度、透明度及光泽来表示。

2. 色彩的体系

色彩的体系可分为三个体系:

(1) 用于绘画写生的色彩体系;

(2) 实用的色彩体系,如交通信号等;

(3) 审美的色彩体系,它主要服务于人类的精神生活,着重研究色彩的心理效果,以求创造出和谐的色彩环境。任何造型艺术都离不开审美的色彩体系,有人称它为装饰的色彩体系。建筑的色彩属于装饰的色彩体系。

3. 色彩的表征

色彩由色相、明度、彩度三要素组成。色彩的色相、明度、彩度是分析色彩的标准尺度,人们通常把它们三者之间的关系称为色的三属性。

(1) 色相:

色相就是指不同颜色的相貌,即通常所说的色彩,色相最基本的代表色是红、黄、绿、青、紫五种。此五种颜色在人们的生理和心理方面有明确的特性,色相的心理反应特征是暖色或冷色。

色相之间的关系可用色相环表示,如图 4-3 所示,其中有 5 种主要色相:红(R)、黄(Y)、绿(G)、青(B)、紫(P),其余 5 种为中间色相,每种色相又各分为 10 个等级,如红色由 1R 到 10R,其中 5R 为该色相的中间色,为便于分辨一般采用 2.5 分格。

蒙赛尔色彩体系中的色相名称见表 4-31。

(2) 明度:

明度是眼睛感觉到的每个色相的明暗程度,即颜色的明暗程度,与光的反射

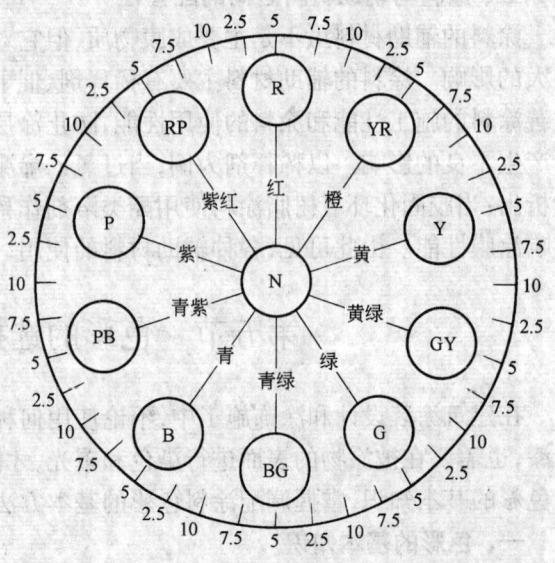

图 4-3 色相环

第五节 色彩的选择和应用原理

色 相 名 称   表 4-31

	标准色彩名称	英 文 名	简 略 符 号
主要色相名称	红	Red	R
	黄	Yellow	Y
	绿	Green	G
	青	Blue	B
	紫	Purple	P
中间色相名称	橙	Yellow Red	YR
	黄绿	Green Yellow	GR
	青绿	Blue Green	BG
	青紫	Purple Blue	PB
	紫红	Red Purple	RP

率相对应。最亮的是白色、最暗的是黑色,把黑白两色中间的灰色按明度等级间隔序列组合成明度的10个阶段(明度用0~10的数字表示)。

光线的强弱均影响着人们的情感,明亮的物体对人们的心理刺激大,暗淡的物体对人们的心理刺激小,不同的明度产生不同的感情效果,高明度会给人愉快、优质感觉,低明度则给人以朴素、丰富、低沉的感觉。

(3) 彩度:

彩度指颜色的鲜艳程度或纯度。一种纯度很高的色中加入水,白色或黑色的纯度就降低了。彩度和明度一样,是以彩度的高低来划分阶段,数字越大,颜色越鲜艳,越接近纯色,数字越小,颜色越灰暗。

不同色相于各明度处的最大彩度见表4-32。

不同色相于各明度处的最大彩度   表 4-32

色相代号 明度	红 R	橙 YR	黄 Y	黄绿 GY	绿 G	青绿 BG	青 B	青紫 PB	紫 P	紫红 RP
8	4	4	12	8	6	2	4	2	4	6
7	8	10	10	10	6	4	6	6	6	8
6	10	12	8	8	6	6	6	8	10	10
5	12	10	6	6	8	6	6	10	10	10
4	14	8	6	4	6	4	8	10	12	12
3	10	4	2	4	4	2	6	12	10	10
2	6	2	2	2	2	2	2	6	6	6

色彩的表示方法是用其色彩三要素来表示的:色相明度/彩度。例 5R4/13 即一般用于消防标志的红色。

内装修涂料色彩的参考见表4-33。

内装修涂料色彩　　　　　　　　表 4-33

	食堂、低年级教室、向北的办公室	一般办公室、教室、病房、走廊、卧室	办公室，普通教室、休息室	研究室、实验室、向南的房间	工厂车间、高温噪声室、向南的房间	调色室、设计室、展览室
墙	5YR~2.5Y 8~9/0.5~1.5	2.5Y~10Y 8~9/0.5~1.5	2.5GY~10G 8~9/0.5~2	2.5BG~2.5B 8~9/1~2	2.5B~2.5PB 8.5~9/1~2	N 8~9/0
踢脚板	5YR~2.5Y 4~6/2~3	2.5Y~10Y 4~6/2~3	2.5GY~10G 4~6/2~4	2.5BG~2.5B 4~6/2~4	2.5B~2.5PB 4~7/2~4	N 4~6/0
门框	5YR~2.5Y 7~8/1~2	2.5Y~10Y 7~8/1~2	2.5GY~10G 7~8/1~2	2.5BG~2.5B 7~8/1~2	2.5B~2.5PB 7~8/1~3	N 7~8/0
系统	YR系	Y系	G系	BG系	B系	N系

二、建筑装饰色彩与色彩环境的效果

1. 色彩的面积效应与相互照射

在小面积时看来是素雅的色彩,当用于大面积墙面上后,往往成为非做常华丽的色彩。面积增大而使色彩更显艳丽这一现象称之为面积效应。设计中常因此而做出错误的判断,这是因为上面所说的艳丽是指明度和彩度的增加,而实际测试的结果明度和彩度并无什么变化,这一点,设计时应予以特别注意,通常在建筑物的大面积上使用低彩度的色彩,小面积上使用高彩度的色彩。

当两种色彩表面相对或处于垂直位置时,色彩表面之间的反射光线会产生互相照射。假如这两个色彩均是红色,就显得更加富有色彩性,而如果是白色和红色,便显示出红色指向白色的表面,这样的效果称做色彩的相互照射或相互映射。

2. 影响色彩环境效果的其他因素

（1）环境的影响。环境的影响包括以下几个方面：

a．距离的影响　距离的影响主要就建筑的外部装饰而言的,主要是考虑近景色及近接色层次的问题。色彩的强弱度与距离的推移成正比,根据距离的远近,可把色彩分为远景色、中景色、近景色和近接色四个层次。在色彩效果及其处理方法上,大致可以分为两类：一是对环境起加法作用,强调绘画似的装饰性,以鲜明的色彩而在周围的环境中靠对比存在；二是对环境起同化作用,即从环境要求出发,从总体调和方面努力,把建筑作为整体环境景观的一分子来进行设计,从而使建筑与周围的环境融为一体,给人以和谐的感觉。

b．空间环境的影响　在建筑装饰的设计和施工中,往往重视地面、墙面、顶棚等部位,其实室内的一切装修、绿化、家具、陈设、光源等都会对色彩环境的效果产生影响,故在设计时对此都应考虑在内。除此之外,还要考虑相邻房间色彩的相互影响和室内外色彩的相互影响。一般来说,整个建筑环境各部的色彩,应服从于同一个基本色调而略有微差,在局部可运用一些色彩对比,以取得醒目活泼,且整体上比较柔和、舒适的效果。

（2）材料的影响。材料的影响主要是材料的变色、表面污染、适应性等问题。

a．材料的变色　材料的变色,在设计时就必须考虑其对建筑内外装饰效果的影响,通常可结合各种涂料的变色程度及变色特性来选择用色。

b．表面污染问题　关于污染和色彩的关系,首先,经过清扫后显出清洁之处可用高明度色彩,因为这里能够清楚地解决污染问题。另一方面,即使清扫也不能清洁或在现实情况下不可能频繁进行清扫之处,则可以选用反射系数为10%~20%的素色,因为这样,污染是不很显眼的,但不宜使用深色或黑色,黑色会使尘埃更加明显。

c. 材料的适应性　通常建筑材料根据其种类似乎具有其独特的色彩,但就建筑、涂料而言,从理论上讲,无论做成哪种颜色都是可能的,但是,由于在经济上不合理,或是受到建筑色彩约束性的影响,其色彩的自由度也显示出一定的约束性,因此,在选用涂料时,实际上可供自由选取的色彩是有一定限度的。

(3) 光色的影响。色光对色彩环境的影响,对于空间来说,色光提供了一个具有膜面色特征的色彩氛围,而当色光投射到物体表面上时,似乎是在物体表面染上了一层颜色,它不仅使物体表面色彩的色相发生变化,而且色彩也变暗了。

3. 建筑的色彩设计法

表4-34是近年来日本建筑界所推荐的建筑色彩的设计步骤。

建筑色彩设计步骤　　　　　　　　　　　表4-34

	设计步骤	主要工作	必要资料
1	做出想象图	绘制透视图确定方案	设计草图、孟塞尔颜色图册、各种材料样本
2	考虑局部及全部	结合总图和各室设计建立联系	初步设计图纸(总平面图、平、立、剖面图)
3	研讨建筑构配件	编制部位一览表并加研讨	施工图(上列图纸以外、平面详图、室内展示图)
4	参阅标准色彩图册	准备必要的色彩	设计用标准色,使用材料样本
5	校核各个方面	根据校核表探讨所用色彩	校核表
6	确定基调色和重点色	确定色彩,编制色彩设计表、色彩设计图	
7	校正	修正上项	
8	施工管理	在现场除管理设计外,还要进行修正、追加、变更设计等	

表4-35所示的,是为了确认设计效果而编制的色彩核对表。

色彩核对表　　　　　　　　　　　表4-35

	重大项目	细目
1	色彩总平面是否适合	分区;分组
2	部位的色彩是否选得正确	部位的标准色彩,强调和抑制部位的重要性,部位的行式、面积、明暗、图面的划分
3	与色彩以外的属性关系如何	光泽、透明度、底色花纹、类型、质感
4	室内配色的协调如何	秩序、习惯性、共性;明显性、基调色组和重点色组、均衡点
5	色彩效果是否正确利用	面积效果,相互反射;色适应、色对比、同化效果、诱目性、识别性、可读性、温度、距离、大小、重量等的感觉;记忆、喜好、联想;象征,感情效果

续表

	重大项目	细目
6	是否遵守标准	完全色彩使用通则；荧光灯完全色彩使用通则；完全色光使用通则；完全标志,管理系统识别
7	与照明关系如何	人工光源的种类；光色,色性；照明效率,眩光
8	维护是否健全	变化,污染
9	是否采用符合建筑需用的色彩的做法	包括生活；成为显出人物的背景；为多数人所接受；具有沉着性；表示出符合建筑的感觉；色彩从属于形式和材料
10	外部色彩的做法如何	外部与内部的区别；与自然环境的协调；与周围人工环境的关系

4. 建筑装饰涂料色彩的应用原理

(1) 颜色的调配。颜色色调的分类见表4-36。

颜色色调分类　　　　　　　　　表4-36

类别名称	定义及内容
原色	系指红、黄、蓝三种基本颜色,其本身不能再进行分解。它们之间相互调配可以产生各种颜色
间色(二次色)	由两种原色等量混合而成的颜色叫间色(二次色)。间色有三种,即橙色、紫色和绿色
复色(三次色)	由原色与间色相互调配而成的颜色叫复色。复色千变万化,种类繁多
极色	黑色和白色是彩色色带之外的色,通常叫极色。它们与原色、间色和复色相互调配成深浅不同的各种颜色
光泽色	金色和银色是具有金、银光泽的特殊色。它们一般不能与其他的色彩相互调和,但具有光彩夺目和能与其他任何色彩协调和谐的特性

太阳光照射在物体上会反射出不同的波长,从而产生出红、橙、黄、绿、青、蓝、紫等七种颜色,尽管有七种颜色,但最基本的只有红、黄、蓝三种,称之为三原色,见图4-4。

三原色是任何颜色都调不出来的,而其他颜色则可以由此三种原色调出,两种原色相混合即成间色,间色有三种：红与蓝相调成紫色,黄与蓝相调成绿色,黄与红相调成橙色。两间色相混或三原色不等量相混则成为复色,参见图4-5。图中实线三角所指为三种原色,虚线三

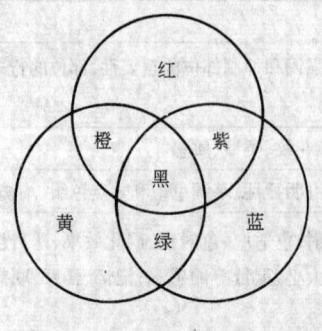

图4-4　颜色拼色法

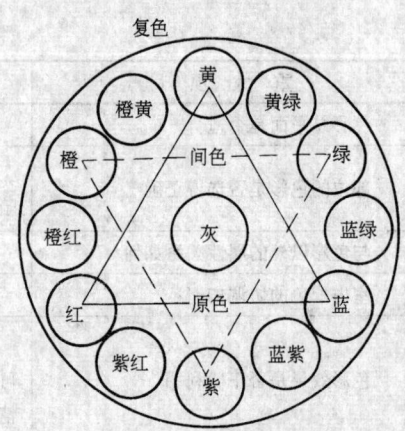

图4-5　颜色图

角所指为相邻两种原色相叠而配得的复色。其中黄色是最浅的,紫色是最深的。一定比例的黄色加紫色,或蓝色加橙色,或绿色加红色,即形成灰色;而红色、黄色、蓝色相加则形成黑色。

在调色时,与间色相对应的另一个色为其补色,补色加入复色会使颜色变暗。因此任何色彩与其补色相配,都会呈现较为沉着的色彩和灰色调子。

调色、成色与补色的关系见表4-37。

调 色 与 补 色 关 系　　　　表4-37

调 色	成 色	补 色	调 色	成 色	补 色
红+蓝	紫	黄	紫+蓝	橄榄	橙
蓝+黄	绿	红	绿+橙	柠檬	紫红
黄+红	橙	蓝	紫+橙	赤褐	绿

(2) 颜色的视觉效果。色彩是人的视觉所感受到的,不同的色彩对人的心理效应产生不同影响,不同的色彩对人的情绪也会产生不同的感染。如红、黄、橙之类的颜色,给人以暖色调;则绿、蓝、紫之类的颜色,给人以冷色调。色彩与情感的关系见表4-38。

颜色的色彩与情感的关系　　　　表4-38

色的属性	色的种类	色彩赋予的感情	各种颜色对人的情绪的感染	
			颜色	感情象征
色 相	暖 色	温暖的 积极的 活动的	红	激烈、欢喜、活力、兴奋
			黄红	喜悦、欢闹、活泼、健康
			黄	快活、明朗、愉快、强壮
	中性色	平庸的 平静的 平凡的	绿	安闲、舒适、平静、富有生气
			紫	严肃、神秘、不安、温柔
	冷 色	凉的 消极的 沉静的	黄绿	安息、凉快、忧郁
			青蓝	沉着、寂寞、悲哀、沉静、深远
			蓝紫	神秘、崇高、孤独
亮 度	明	明朗的	白	纯真、清新
	中	沉着的	灰	沉着、忧郁
	暗	阴郁、稳重	黑	郁闷、不安、庄严
色 度	高	新鲜活泼	朱红	热烈、激烈、热情
	中	舒适、温和	粉红	可爱、温柔
	低	雅致、沉着	茶色	沉 着

5. 涂料色彩和花纹的选择原则

建筑装饰色彩的选择是装饰工程中重要的组成部分,建筑物上需装饰的部位不同,或所处的环境不同,对选用的色彩、花纹均有不同的要求。建筑装饰配色设计时应掌握的原则和注意的事项:

(1) 建筑物外墙。外墙装饰配色应与周围环境相协调,并符合规划意图。

a. 外墙色调不宜使人感到刺激，对比度不宜过大。
　　b. 一幢建筑物其外墙立面，所用的颜色不宜过多，宜一种颜色为主，其他颜色处于从属地位，若同时用几种颜色，宜采用同一色相的、深浅明暗变化的颜色。
　　c. 外墙色彩要避免采用过纯的颜色，如纯白、纯黄、纯灰等，而宜采用白色带蓝或红，黄色带红或蓝、灰等。
　　d. 确定涂层颜色，不仅要着眼于当前的色彩，还要考虑到长期效果，注意涂层的沾污和耐久性等因素，浅淡、明亮、过于鲜艳的色彩易被沾污，绿色容易褪色，而奶黄、土黄、驼色、灰色等颜色则耐久性较好。
　　e. 颜色的深浅可以根据建筑物所处的环境来确定。一般当立面的前景开阔，面临广场或宽广干道，确定颜色时应照顾中远距离，颜色宜深些，狭窄的街道立面颜色宜浅些。
　　f. 外墙有凹凸花纹时，涂层外观质感很强、装饰效果好，花纹凹凸程度大小应考虑建筑物高低来确定。建筑物高，花纹凹凸程度应大，否则应稍小些。
　　(2) 建筑物内墙。建筑物内墙的颜色与居住者的个人爱好有很大的关系，但从美学的角度来看，还是有一些基本的原则可以参照：
　　a. 室内墙面的颜色应自上而下，由浅入深，如顶棚、墙面上部可采用白色，墙面下部则可采用较深的颜色，而踢脚线采用深色，地板亦应采用深色，这样可给人一种比较稳重的感觉，而如果顶棚采用深色，墙面下部采用浅色，就会给人一种头重脚轻和压抑的感觉。
　　b. 宽大的房间用暖色（如红、黄、橙色）装饰，狭小的房间宜用冷色（如青、蓝、紫色）装饰，这样从心理上使人感到大房间紧凑，小房间宽敞。
　　c. 在寒冷地区，不朝阳的房间宜用暖色，使人感到温暖明朗，在炎热地区，朝阳的房间宜采用冷色调，可达到凉爽、清静的效果。
　　d. 根据房间的功能选择内墙色彩，一般学校、医院用白色；文化宫、影剧院等公共场所可用浅橙色、水粉色、淡紫色等；办公室、会议室以蓝色、灰色为主；宿舍、居室以羽白、浅绿、蛋青色等为宜。
　　e. 内墙颜色应起到衬托家具的作用；
　　f. 内墙面采用浅绿色、天蓝色、浅灰色、象牙色、白色等颜色可减少疲劳感，使人感到舒适、淡雅、安静。
　　(3) 建筑物地板。地板颜色一般多用深色或采用不同的花纹和图案等。
　　a. 地板颜色应和墙面颜色协调，一般都要比内墙颜色深，这样不会显得头重脚轻。而且可增加耐沾污性和耐久性。
　　b. 地板涂层可以划格、印花、仿木纹、仿大理石等，以提高装饰效果。

第六节　不同环境下涂饰方案的选择

　　在不同的基层，不同的环境条件下进行涂饰工程，其油漆涂料的选用和涂饰方案的选择，对成品质量关系十分重要。
　　一、室内新旧基层涂饰方案的选择
　　室内不同基层所处的环境可分为三类：
　　一类环境：以装饰效果为主要目的的部位，如室内客房、办公室等，很少受外界不利环境的影响；

二类环境：遭受间断的严重潮湿、有限的磨损和污染，并时常受到清洗，如厨房、公共场所、车间等；

三类环境：时常遭受高度潮湿、冷凝的影响，须经常刷洗，对耐污染性有一定要求，如卫生间等。

室内新基层选用的涂饰方案参见表 4-39。

室内新基层选用的涂饰方案　　　　表 4-39

涂饰部位	基层种类	选用油漆涂料及涂饰方案		
		一类环境	二类环境	三类环境
墙面及顶棚	纸面石膏板或石膏抹灰面	最优方案：1遍壁板或抹灰面封闭底漆，2遍无光或半光乳胶底漆① 替换方案：1遍壁板或抹灰面封闭底漆，2遍无光或半光溶剂型涂料	最优方案：1遍壁板或抹灰面封闭底漆，2遍有光或半光乳胶底漆①② 替换方案：1遍壁板或抹灰面封闭底漆，2遍半光或全光溶剂型油漆涂料	最优方案：1遍壁板或抹灰面封闭底漆，1遍溶剂型中间涂层，2遍半光或全光溶剂型油漆涂料② 替换方案（仅用于石膏抹灰面）1遍抹灰面封闭底漆，3遍有光、半光乳胶漆
	木质、三合板镶板或纤维板	清油面：1遍木质着色剂，2遍无光或半光面漆③ 混油面：1遍溶剂型中间涂层，2遍溶剂型无光或半光面漆	清油面：1遍木质着色剂，2遍低光或半光清漆③ 混油面：1遍溶剂型中间涂层；2遍溶剂型半光或全光清漆	最优方案：防腐剂处理⑦⑧ 替换方案：1遍溶剂型木质底漆，1遍溶剂型中间涂层，2遍溶剂型半光或全光面漆
	有机纤维保温板	最优方案：1遍壁板封闭底漆，2遍无光或半光乳胶漆 替换方案：1遍壁板封闭底漆 2遍溶剂型无光或半光面漆	二、三类环境中一般不使用有机纤维保温板	
	混凝土、水泥抹灰、砖及玻璃纤维水泥瓦	最优方案：1遍混凝土和砖石封闭底漆，2遍半光或无光乳胶漆④ 替换方案：1遍混凝土砖石封闭底漆，2遍溶剂型无光或半光面漆④	最优方案：1遍混凝土和砖石封闭底漆，2遍半光或无光乳胶漆②④ 替换方案：1遍混凝土砖石封闭底漆，2遍溶剂型半光或全光面漆④	最优方案：1遍混凝土和砖石封闭底漆，1遍溶剂型中间涂层；2遍溶剂型半光或全光面漆②⑤ 替换方案：1遍混凝土、砖石封闭底漆，3遍有光乳胶漆
	蛭石绝热材料	多层无光或半光乳胶漆至封闭住	2、3类环境一般不使用蛭石绝热材料	
门窗及室内细木饰件	纤维板	已封闭 2遍溶剂型半光或全光油漆涂料⑤ 未封闭 1遍溶剂型中间涂层，2遍溶剂型半光或全光油漆涂料⑤	已封闭 1遍溶剂型中间涂层，2遍溶剂型半光或全光油漆涂料⑤ 未封闭 1遍溶剂型中间涂层，2遍溶剂型半光或全光油漆涂料⑤	已封闭 1遍溶剂型中间涂层，2遍溶剂型全光油漆涂料⑧ 未封闭 1遍溶剂型封闭底漆，1遍溶剂型中间涂层，2遍溶剂型全光油漆涂料

续表

涂饰部位	基层种类	选用油漆涂料及涂饰方案		
		一类环境	二类环境	三类环境
门窗及室内细木饰件	刨花板	1遍溶剂型中间涂层,2遍溶剂型半光或全光涂层⑤	1遍溶剂型涂层,2遍溶剂型半光或全光涂层⑤	此类环境一般不大采用这种基层
	木材	混油面 1遍溶剂型中间涂层,2遍溶剂型半光或全光涂层⑤ 清油面 1遍木质着色剂,2遍半光或全光清漆⑤	混油面 1遍溶剂型中间涂层,2遍溶剂型半光或全光涂层⑤ 清油面 1遍木质着色剂,2遍半光或全光清漆⑤	混油面 1遍溶剂型中间涂层,2遍溶剂型全光涂层⑧ 1遍溶剂型木质底漆 清油面 1遍木质着色剂,2遍全光清漆⑤⑧
	塑料	最优方案:2遍溶剂型半光或全光涂层⑥ 替换方案:2遍低光或有光乳胶漆①⑥	最优方案:2遍溶剂型半光或有光涂层⑥ 替换方案:2遍半光或有光乳胶漆⑥	推荐方案:2遍溶剂型全光涂料⑥⑨ 推荐方案:2遍溶剂型全光涂层⑥⑨
	金属	推荐方案:1遍金属底漆,1遍溶剂型中间涂层,2遍溶剂型半光或全光涂层⑤	最优方案:1遍金属底漆,1遍溶剂型中间涂层,2遍溶剂型半光、全光涂层⑤ 替换方案:1遍环氧漆,2遍半光或全光双组分聚氨酯涂层(采用厂家指定底漆)	最优方案:1遍环氧涂层,1~2遍半光或全光双组分聚氨酯涂层(采用厂家指定底漆)
地面	混凝土	最优方案:2遍砖石地面涂层⑤ 替换方案:2遍环氧涂层	最优方案:2遍环氧涂层 替换方案:2遍砖石地面涂层	最优方案:2遍环氧涂层 替换方案:2遍砖石地面涂层
	软木	3遍单组分或双组分地面有光清漆	3遍双组分有光地面清漆	这类环境一般不采用这类基层
	木材	清油面 1遍木质着色剂,2遍单组分或双组分有光地面清漆⑤ 混油面 1遍溶剂型木质底漆,2遍地板漆⑤	清油面 1遍木质着色剂,2遍双组分有光地面清漆 清油面 1遍木质着色剂,2遍双组分有光地面清漆	1遍或2遍环氧漆 1遍或2遍环氧漆

① 在磨损严重或潮湿环境中选用"替换方案"较为适宜。
② 专用的溶剂型油漆涂料、乳胶型厚涂层涂料或水泥涂料都可使用,特别是在潮湿或不平整的表面。水泥涂料特别适用在潮湿或未固化好的混凝土面。斑纹漆由于不便于清洗,不适宜用在厨房。
③ 清漆用于纤维板,由于缺乏装饰,一般不采用。
④ 玻璃纤维水泥面上无须使用封闭底漆。
⑤ 如不打算在现有的涂层上涂刷普通的溶剂型油漆涂料或乳胶漆,可在磨损严重的部位如楼梯扶手及地面涂刷双组分的耐磨涂层。
⑥ 有些塑料,特别是热固性的应先涂刷双组分的环氧底漆。
⑦ 在潮湿特别严重的环境中,最好选用其他可代用的建筑材料。
⑧ 在可能的情况下最好选用自身带色的塑料。
⑨ 在极潮湿环境中使用清漆会出现严重褪色。

室内已涂刷过的旧基层选用的涂饰方案参见表4-40。

室内已涂刷过的旧基层选用的涂饰方案　　　　表4-40

涂饰部位	基层种类	选用油漆涂料及涂饰方案		
		一类环境	二类环境	三类环境
墙面及顶棚	石膏板、纸面石膏板、石膏抹灰面	最优方案:1~2遍无光或半光乳胶漆① 替换方案:1~2遍溶剂型无光或半光油漆涂料③	最优方案:1~2遍半光或有光乳胶漆① 替换方案:1~2遍溶剂型半光或全光油漆涂料②③	最优方案:2遍溶剂型半光或全光油漆涂料③④ 替换方案:1~2遍有光乳胶漆（仅用于石膏面）
	木板、三合板、纤维板	清油面 1~2遍无光或半光清漆⑤ 混油面 1~2遍溶剂型无光或半光涂层	清油面 1~2遍低光或半光清漆⑤ 混油面 1~2遍溶剂型低光或半光涂层	当基层曾刷过涂料用以代替防腐处理时:2遍半光或全光溶剂型涂层
	有机纤维保温板	最优方案:1~2遍无光或半光乳胶漆 替换方案:1~2遍无光或半光溶剂型涂层	在这些环境中一般不使用这类基层	
	混凝土、水泥抹灰面、砖石及玻璃纤维水泥瓦	最优方案:1~2遍无光或半光乳胶漆 替换方案:1~2遍溶剂型无光或半光涂层	最优方案:1~2遍半光或有光乳胶漆 替换方案:1~2遍半光或全光溶剂型涂层⑥	最优方案:2遍半光或全光溶剂型涂料②③④ 替换方案:1~2遍有光乳胶漆
	蛭石绝热材料	1~2遍无光或半光乳胶漆	在这类环境一般不使用这种基层	
门窗及细木饰件	纤维板	1~2遍半光或全光溶剂型涂层③	1~2遍半光或全光溶剂型涂层②③	1~2遍全光溶剂型涂层
	木材	混油面 1~2遍半光或全光溶剂型涂层②③ 清油面 1~2遍半光或全光清漆②	混油面 1~2遍半光或全光溶剂型涂层②③ 清油面 1~2遍半光或全光清漆③	混油面 1~2遍溶剂型全光涂层 清油面 2遍全光清漆
	塑料	最优方案:1~2遍溶剂型半光或全光涂层 替换方案:1~2遍低光或有光乳胶漆	最优方案:1~2遍溶剂型半光或全光涂料 替换方案:1~2遍半光或有光乳胶漆	2遍溶剂型全光涂层
	金属	两遍溶剂型半光或全光涂层	最优方案:1~2遍溶剂型半光或全光涂料⑦ 替换方案:1~2遍双组分聚氨酯半光或全光涂层	1~2遍双组分聚氨酯半光或全光涂层

续表

涂饰部位	基层种类	选用油漆涂料及涂饰方案		
		一类环境	二类环境	三类环境
地面	混凝土	最优方案:1～2遍砖石地面涂料 替换方案:1～2遍环氧涂层	最优方案:1～2遍环氧涂层 替换方案:1～2遍砖石地面涂料	最优方案:1～2遍环氧涂层 替换方案:1～2遍砖石地面涂料
	软木	1～2遍有光地板清漆(单组分或双组分)②	1～2遍有光地板清漆(双组分)	在这种环境中一般不使用这类基层
	木材	清油面 1～2遍有光地面清漆(单或双组分)⑦ 混油面 1～2遍砖石地面涂料	清漆面 2遍有光地面清漆(双组分)	1～2遍环氧漆

注:① 在磨损严重或潮湿的环境中,选用替换方案比较适宜。
② 如不打算在现有的溶剂型或乳胶涂料上涂刷普通涂料,对地面、楼梯扶手等磨损严重部位,最好涂刷双组分涂层。
③ 对于要求遮盖力高的部位,头遍涂料可涂刷中间涂层。
④ 专门的溶剂型涂料、乳胶厚涂料及水泥涂料,不管其是否有颜色或骨料都可使用,特别是不平整或潮湿面上。水泥涂料特别适宜涂刷在潮湿或未硬化的混凝土面上。
⑤ 清漆在纤维板面上,由于缺乏装饰效果很少采用。
⑥ 对多数玻璃纤维水泥面没有必要使用封闭底漆。
⑦ 对表面已涂过双组分涂料,经适当处理后,可涂刷1～2遍同类涂料,以代替表格中的最优方案。这在磨损严重的部位尤其适宜。

有些室内墙面原先已贴有壁纸,如欲改用涂料装饰,则应根据不同条件分别处理。在原有壁纸面上的涂刷条件与涂刷方法见表4-41。

原有壁纸面上的涂刷条件与涂刷方法 表4-41

项 目	处理方法及注意事项
涂刷条件	一般情况应将壁纸完全揭除后涂刷,如果壁纸裱糊在没刷过底漆的石膏板上,由于是与石膏板上的纸面直接黏结的,使用水、蒸汽或化学剂等任何方法清除,都会损坏石膏板,在这种情况下应采取在壁纸上直接涂刷的方法,但壁纸与墙面应黏结紧密、表面平整、干净无油迹
不宜涂刷在壁纸种类	浮雕图案型、绒絮面型、乙烯基或金属箔型壁纸都不宜涂刷
适宜涂刷的涂料	乳胶漆涂料涂刷的效果较好,但应在不明显部位小面积试涂一下,观察几天,看壁纸是否会脱落或出现渗色,如有渗色可用漆片封闭
不宜涂刷的涂料	油基涂料或醇酸涂料都不适宜涂刷在壁纸面上,它会将壁纸下面的潮气封住,漆膜易出现气泡、脱皮或开裂
涂刷遍数	一般要涂两遍,一遍底漆,一遍面漆。深色涂料遮盖图案的效果要比白色涂料好

二、室外新旧基层涂饰方案的选择

水泥、砖石、混凝土等基层在室外不同的环境下对油漆涂料的选用见表4-42。金属基层表面光滑,不吸收任何油料和水分,并且易锈蚀,因此除了磨毛、除锈处理外,对底漆及面漆的选用都非常重要,其选用见表4-43。

第六节 不同环境下涂饰方案的选择

水泥、砖石、混凝土等基层不同环境下对油漆涂料的选用(室外) 表 4-42

环 境	面 层 涂 料	底 层 涂 料
普通环境	油脂漆、水泥聚合涂料、丙烯酸乳胶漆、聚醋酸乙烯乳胶漆	稀释了的面层涂料
暴风雨侵袭、基层粗糙	斑纹涂料(以乙烯基甲苯丙烯酸斑纹涂料为好)	与面漆配套的底漆
有弱酸碱物质的工业区和沿海地区	氯化橡胶涂料、丁苯树脂涂料及油性聚氨酯涂料(耐碱性好)	与面漆配套的底漆
高度潮湿环境	丁苯或丁丙树脂涂料、硅树脂涂料或丙烯酸涂料	与面漆配套的底漆
普通防水、防渗环境	乙烯基甲苯丁二烯树脂涂料(需加水泥、砂、石棉等填充料)	与面漆配套的底漆

金属基层不同环境下对油漆涂料的选用(室外) 表 4-43

环 境	面 层 油 漆	底 层 油 漆	表 面 处 理
无污染的普通环境	粗糙基层 亚麻籽油改性醇酸油漆或酚醛油漆加铝粉	粗糙基层 亚麻籽油红丹底漆、油改性醇酸底漆	简单的手工或手持机械工具清除
	平整基层 室内外醇酸油漆、有机硅醇酸油漆(耐磨)	平整基层醇酸底漆	喷砂处理
有硫化物污染的工业区	无铅亚麻籽油的油基油漆或醇酸油漆	红丹底漆	喷砂处理
高度潮湿及暴风雨侵袭	氯化橡胶油漆、酚醛锌粉油漆	红丹桐油酚醛涂料	喷砂处理
海洋环境或轻微腐蚀环境	醇酸油漆	二遍亚麻籽油红丹底漆	火焰清除或喷砂处理
海洋环境或中度腐蚀环境	有光醇酸油漆、有机硅醇酸半光油漆	加锌粉的氯化橡胶漆	喷砂处理
海洋环境或严重腐蚀环境	乙烯基漆、聚氨酯漆、环氧漆	氯化橡胶漆、富锌底漆	喷砂处理到显出金属光泽

室外新旧基层涂饰方案的选择见表 4-44。

室外新、旧基层选用的涂饰方案 表 4-44

涂刷部位	基层种类	选用油漆涂料及涂饰方案	
		新 基 层	旧涂层处于良好状态的基层
墙面及外缘门窗	黏土、水泥、砖石、混凝土	最优方案:2 遍无光、有光乳胶漆①②③④ 替换方案:2 遍溶剂型低光、全光氯化橡胶漆	最优方案:1~2 遍无光或有光乳胶涂料④ 替换方案:1~2 遍溶剂型低光或全光氯化橡胶漆
	檐板	最优方案:1 遍溶剂型木质底漆,2 遍有光乳胶漆 替换方案:1 遍溶剂型木质底漆,1 遍溶剂型中间涂层,2 遍溶剂型全光涂层	最优方案:1~2 遍有光乳胶漆 替换方案:1 遍溶剂型中间涂层,1~2 遍溶剂型全光涂层⑤

续表

涂刷部位	基层种类	选用油漆涂料及漆饰方案	
		新基层	旧涂层处于良好状态的基层
墙面及外缘门窗	木质门窗及细木件（混油面）	最优方案：1遍溶剂型木质底漆，1遍溶剂型中间涂层，2遍溶剂型全光涂层	最优方案：1遍溶剂型中间涂层，1~2遍溶剂型全光涂层[5] 替换方案：1~2遍有光乳胶漆
	木质门窗及细木件（着色剂面）	最优方案：3遍溶剂型室外着色剂 替换方案：1遍溶剂型木质底漆，2遍室外乳胶着色剂[6]	最优方案：1~2遍溶剂型室外着色剂 替换方案：1~2遍室外乳胶着色剂[6]
	钢铁面	最优方案：1遍钢铁面金属底漆，1遍溶剂型中间涂层，2遍溶剂型全光涂层 替换方案：1遍干膜厚度在75~100μm间的有机或无富锌底漆，2遍有光乳胶漆	1遍中间涂层，1~2遍溶剂型全光涂层[5]
	锌或锌铝合金镀层金属面	最优方案：1遍镀锌面金属底漆，2遍有光乳胶漆[1] 替换方案：1遍磷化底漆（双组分）2遍溶剂型全光涂层	最优方案：1~2遍有光乳胶漆 替换方案：1~2遍溶剂型全光涂层
地面	混凝土	最优方案：2遍砖石地面涂料[7][8] 替换方案：1遍环氧漆[1]	最优方案：1~2遍砖石地面涂料[8] 替换方案：1~2遍环氧漆[4]
天井、凉亭	木质	最优方案：1~2遍室外乳胶着色剂 替换方案：1遍室外溶剂型着色剂	最优方案：1~2遍室外乳胶着色剂 替换方案：1~2遍室外溶剂型着色剂
屋顶	镀锌或锌铝合金镀层面	最优方案：1遍锌面金属底漆，2遍屋面乳胶漆[9] 替换方案：1遍锌面金属底漆，2遍溶剂型屋面漆（其中包括云母氧化铁涂料）	最优方案：1~2遍乳胶层面漆 替换方案：1~2遍溶剂型屋面涂料（其中包括云母氧化铁涂料）
游泳池	受浸泡的混凝土部分	3遍氯化橡胶漆[10][11]	1~2遍氯化橡胶漆[10]
	受磨损部分	2遍环氧树脂漆[11]	1~2遍环氧树脂漆[11]

[1] 根据基层颜色、纹理及面漆遮盖力的情况可适当增加中间涂层及面漆的遍数。
[2] 专用的溶剂型涂料、乳胶厚涂层涂料及水泥涂料、不管其是否有颜色或骨料都可选用，特别是不平整的表面。水泥涂料特别适用在潮湿的混凝土面上。
[3] 在适宜使用透明涂层的地方可涂刷2遍丙烯酸或有机硅防水涂料。
[4] 如不打算在原有涂层上涂刷普通涂料，对磨损严重、潮湿或对卫生有要求的环境中，采用替换方案比较适宜。
[5] 只有当基层、底漆已暴露或表面的平整度要求较高时，才使用中间涂层。
[6] 对须突出木纹的部位，可选用"最优方案"，对耐久性有较大要求的部位应选用"替换方案"。
[7] 表中的"替换方案"最适用在沿海0.5km以内的范围内。
[8] 如不打算在原有涂层涂刷普通涂料，对易磨损、潮湿部位最好使用双组分油漆或涂料。
[9] 对用来集存饮用水的屋顶，涂刷乳胶漆时，水中易形成泡沫，最好选用表中的"替换方案"。
[10] 虽可选用环氧类涂料，但对家庭使用来说成本较低的氯化橡胶漆更适宜。
[11] 在最后一遍涂层中掺入一定的阻滑材料如砂，可提高涂层的防滑性。

第五章 建筑涂料的涂装

将液态涂料或粉末涂料转变为附着于底材上成为固态涂膜的方法称之为涂装方法。

在涂料工程中选用优质的建筑涂料,是满足建筑物的保护与装饰要求,完成高质量涂装工程的基本前提。但现实情况往往是好的涂料产品未必能做出好的工程,其原因是涂料的功效只有通过正确的涂装方法才能充分体现。

涂装方法的选择决定于涂料的品种(性质)、涂装的速度和环境,工件的形状和涂装的成本等。表5-1列举了一些涂装方法的速度,表5-2列举了各种干燥方法的干燥时间。涂装方法的选择还随涂装的是单一工件还是经常变换工件而决定,对多种工件的,在选择上需要逐一研究,综合考虑,表5-1还列出了常用涂装方法的适用涂料和工件。

常用涂装方法的涂布速度和适用的涂料和工件 表5-1

涂装方法	涂布速度,m^2/min	适用的涂料和工件
刷涂	2	指触干时间较长的涂料。任何工件
滚刷涂	6	拉丝性小的涂料。平面工件
空气雾化喷涂	6	黏度低的涂料。任何工件
自动空气雾化喷涂	10	
静电喷涂	10	黏度低的涂料,电阻在 0.1~1.0MΩ。任何工件
辊涂	150~200	黏度①在 80~120s 的涂料。平面工件
幕式淋涂	150~200	黏度①在 25~50s 的涂料。平面或稍有曲度的工件
自动浸涂	150~200	黏度①在 24~30s 的涂料。任何工件
电泳涂装	150~200	电泳涂料。任何工件
无空气喷涂	150~200	黏度较高的或触变性涂料。任何工件
静电喷粉	150~200	粉末涂料,体积电阻率>$10^{13}\Omega\cdot m$,细度 40μm 粉末。任何工件

① 这里黏度用 s(秒)计,系涂 4 杯的流出时间,流出时间(t)与运动黏度(Y)之间的关系是:$Y=A(t-B)$,式中 A 与涂 4 杯底上的短管长度和管径有关,B 与被测液体黏度有关。采用同一种流出杯测定,流出时间可间接表示液体的运动黏度,见《涂料黏度测定法》(GB 1723)。

干燥方法和干燥时间 表5-2

干燥方法	干燥时间	干燥方法	干燥时间
自然干燥	20~48h	饱和了有机胺的空气催化干燥	10min
强制干燥	1h	光固化	60s
加热干燥	20~60min	电子束固化	2s

涂装成本与涂装方法的关系甚为密切,影响涂装成本的主要是上漆率和能耗,上漆率就

是使用的涂料转移到被涂覆物上的百分比,表 5-3 是常用涂装方法的上漆率。

常用涂装方法的上漆率　　　　　　　表 5-3

涂 装 方 法	上漆率(%)	涂 装 方 法	上漆率(%)
刷涂,滚刷涂	>90	空气辅助无空气喷涂	50~60
空气雾化喷涂	20~40	空气辅助静电喷涂	70~75
无空气喷涂	50~60	浸涂,流涂	80~90
低压高流量空气雾化喷涂	50~60	电泳	90~95
空气雾化静电喷涂	50~75	有回收装置的静电喷粉	80~95
无空气静电喷涂	70~80		

涂层的质量不仅与涂料的质量、采用的施工技术关系极大,而且与施工人员的技术水平有关,施工人员的技术水平的差异,可以得到决然不同的涂层质量。

表 5-4 列出了涂层常见的缺陷及产生原因和改进措施,从此表中可以看出,建筑涂料在施工时,若施工方法选用不当就会给涂层造成种种缺陷,将严重地影响其装饰效果和使用寿命。建筑涂料的涂装施工是十分重要的,必须熟悉涂装基层的性能、特点,各类涂料的施工要求和质量控制措施,实现优质材料和严格施工的有机统一,才能获得优良持久的建筑涂装的理想效果。

涂层常见的缺陷与改进措施　　　　　　　表 5-4

缺　陷	产　生　原　因	改　进　措　施
起泡、脱皮	1) 基层浮灰未清除干净,腻子黏结性差,易粉化 2) 使用溶剂型涂料时,基层含水率较高	1) 施工前基层清理干净,选用与基层及涂料黏结性好的腻子 2) 检查基层含水率,在规定的含水率以下才能施工
流挂	基层湿度大、不吸收或很少吸收涂料中的水分	要求墙面干燥,控制其含水率
咬色	基层太湿,碱性太大,涂料中某些耐碱性差的材料发生化学反应而变色	装饰基层必须干燥,使用封闭底涂
刷痕	1) 基层处理不当,基层或腻子材料吸水或吸溶剂过快 2) 刷子陈旧,毛绒短少,涂刷厚薄不均	1) 基层处理后涂刷封闭型底涂料,改进腻子配方 2) 及时清洗更换刷具
涂层酥松	1) 基层养护时间过短,含水率大,碱性较大 2) 乳胶型式水溶性涂料在低于最低成膜温度下施工	1) 达到规定的养护时间再进行施工涂装 2) 在规定的施工温度以上进行涂刷施工
透底	1) 基层太湿,不易涂刷 2) 局部地方漏涂	1) 干燥基层,要求达到规定的含水率 2) 顺次涂刷,避免漏涂
涂层发花颜色不均匀	不均匀喷涂或弹涂	认真操作,提高技术水平

第一节　涂装工程的分类及施工要求

一、涂装工程的分类

建筑涂装工程的分类与建筑涂料的分类不尽相同,通常可按涂装部位、涂装手段、装饰质感、涂料品种和涂装过程来加以区分。

(1) 按建筑物的不同部位,可分为内墙工程、外墙工程、地面工程、其他工程等;

(2) 按不同的涂装手段,可分为平涂、厚涂、凹凸状、砂壁状、仿石等工程;

(3) 按涂料品种,可分为水溶性涂料、乳胶漆、溶剂型涂料、粉末涂料、光固化涂料等涂装工程;

(4) 按涂装过程,可分为基层处理、底涂、腻子、中涂、面涂等涂装工程。

由于涂装工程的分类目前尚无统一标准,在实际工程中可参照以下分类方法。

(1) 使用部位+功能,例如:钢结构防火涂装工程,内墙多彩饰面涂装工程,屋面防火涂装工程;

(2) 使用部位+质感,例如:外墙砂壁状涂料涂装工程、外墙喷点涂装工程、外墙仿铝涂装工程、内(外)墙喷点压平涂装工程、内(外)墙平面涂装工程;

(3) 使用部位+基料,例如:环氧地坪涂装工程、聚氨酯跑道涂装工程;

(4) 以原基层为特征,例如:面砖翻新工程、陶瓷锦砖翻新工程、四涂层翻新工程。

二、施工要求

1. 涂料施工的基本要求及条件

(1) 涂料的施工环境应当清洁干净;

(2) 涂料施工应在抹灰工程、地面工程、水装修工程、水暖电气工程等全部完工并验收合格后进行,门窗的面层涂料、地面涂饰应在墙面、顶棚等装修工程完工后进行;

(3) 一般涂料施工时的环境温度不宜低于10℃,相对湿度不宜大于60%。室外施工还应注意气候变化,遇有大风、大雨、雾雪、风沙等天气时不宜施工,气象条件与施工关系见表5-5;

气象条件与施工关系　　　　表5-5

气象条件		涂装缺陷	
		涂装阶段	涂膜状态
温度	高	干燥太快	表面皱裂
	低	干燥不良	变色、不均匀斑点
	结露	涂膜流挂,附着力差	起泡
湿度	高	混浊	起泡、剥落、光泽差
	低	异常的早期干燥	表面皱裂
大风		飞溅、油状喷雾,异常早期干燥	涂膜被污染
雨雪		流失	起泡、剥落
大气污染	盐雾	吸湿作用,附着力差	涂膜异常
	腐蚀气体 SO_2 N_2O_5 H_2S	附着力差	
	阳光	异常早期干燥	耐光性、耐久性差

注:气象条件很少有单独影响,往往是各种因素综合作用,决定着涂膜的耐久性。

(4) 涂料涂刷前,被涂物件的表面必须干燥。当为木基层时,表面含水率不宜大于12%,混凝土、抹灰面基层,表面含水率不宜大于8%,金属面层表面不得有湿气;

(5) 根据设计要求,确定涂料工程等级和所需材料,并根据现行材料标准,对材料进行检查验收;

(6) 要认真了解所有涂料的基本性能和施工特性以及对基层的要求;

(7) 涂料的稀释剂、底层涂料、腻子等均应合理地配套使用,双组分涂料,必须按规定的配合比调配,并根据用量混合,且在规定的时间内用完;

(8) 涂料施工前,必须按操作规程或标准,试做样板或样子间,经质检合格后才可大面积施工。样板或样子间应一直保留到涂料工程竣工验收为止;

(9) 外墙涂料施工时的分段应以分格缝、墙的阴角处、水落管处等为分界线,若用机械喷涂时,不需施涂的部位应盖严,以防沾污;

(10) 所有涂料在施工过程中,必须充分搅拌以免沉淀,涂料黏度应有专人负责调配,不得任意稀释,以确保施工时不流坠、不显刷纹;

(11) 在一般情况下,后一遍涂料施工必须在前一遍涂料表面干燥后进行,每一遍涂料应施涂均匀,各层之间必须结合牢固,且同一墙面应用相同品种和相同批号的涂料;

(12) 细木制品、金属构件,如为工厂制作组装,其涂料应在生产制作阶段施涂,最后一遍涂料宜在安装后施涂;如为现场制作,组装前应先涂一遍底子油(干性油、防锈涂料),安装后再涂刷涂料;防锈涂料和第一遍银粉涂料。应在设备、管道安装前涂刷,最后一遍银粉涂料应在刷浆工程完工后再涂刷;

(13) 涂料工程施工完毕应注意保护成品,使涂层不受沾污,其他部位的涂料必须在干燥前清理干净。

2. 涂料的冬期施工措施

当室外平均气温低于5℃和最低气温低于-3℃时,涂料工程施工时应按冬期施工的有关要求进行施工,冬期施工应采取以下措施:

(1) 基层(抹灰面、木材面、金属面)必须充分干燥,如在冬期不能充分干燥时,则不宜施工;

(2) 在即将进入冬期时,应先将室外涂料工程完工,充分利用有限的高温时期,先阴面,后阳面,组织力量加快施工;

(3) 合理选用涂料品种,选用成膜温度较低的涂料,如溶剂型涂料等;

(4) 使用溶剂型涂料时,可适量加入催干剂,使涂料尽快干燥;

(5) 冬季施工时,涂料中不可随意加入稀释剂,一般情况也不可将涂料加热处理;

(6) 室内涂料工程施工时,应尽量利用抹灰工程的热源,保持和提高环境温度,还可以先安装玻璃,夜间关闭门窗,以利保温等;

(7) 防止腻子冰冻措施主要有:在熟桐油内加入一定量的催干剂;在加入的水中掺四分之一的酒精;用热水调腻子;将桐油加热到不低于10℃;在每天最高温度时抢刮腻子。

第二节 基层处理

一、基层处理

1. 基层材料的类型与特点

在建筑物上进行涂装,其常见的基层材料主要有现浇混凝土、预制混凝土、加气混凝土、水泥砂浆、石棉水泥制品、水泥木丝板、石膏材料、木质基材等。在施工前对这些基层特点的了解是十分必要的。建筑物常见的基层材料其类型和特点见表5-6。

建筑物常见的基层类型及特点简表 表5-6

基层材料类型	特　　点
现浇混凝土基层	现浇的混凝土表面,由于模板的结构,模板之间的拼接、安装产生错位,经常出现浇灌面不平及模板接合部错位、突起等缺陷。一般要求错位在3mm以下,表面精度以5mm为限。如错位过大时或精度超过范围时,常进行打磨使之平滑。另外,现浇混凝土由于干燥收缩和温度应力,而造成其表面开裂,应加以修补。 现浇混凝土的碱度和含水率均较大。它的碱度刚开始在pH=13左右,慢慢从表面开始降低碱性,一般认为由于水分的蒸发和CO_2的碳化作用,混凝土表层的碱度逐渐下降。通常外墙面在夏季2周后,冬季3~4周后其pH值约为9以下,这时施工较有利。新硬化的混凝土的含水率一般在15%左右,含水率的降低同材料龄期有很大的关系,但含水率的降低速度与气温、湿度、通风条件以及表面致密程度等因素有关,因此能够施工的含水情况,很难用数值表示,一般认为在8%以下,主要应根据涂料的性质来决定,溶剂型涂料要求含水率低一些,一般为6%以下,水乳型涂料可以适当高一些。如对通常的水乳型外墙涂料混凝土浇灌后夏季2周、冬季3~4周便可以施工
预制混凝土材料基层	预制混凝土板材在脱模、吊装、运输、安装的过程中易产生损伤,在涂刷涂料前应进行修补,修补部分的性状与其他部分会产生差异,从而使施工后的涂层颜色出现不均匀性,这一点应引起充分注意。预制混凝土是由工厂生产的,其板面精度比现浇混凝土的高,表面比较致密。同时由于采用蒸气养护,在表面常会出现白色浮浆,这些浮浆会影响涂层质量,应清理掉。与模板接触的面平滑度非常高,很少有凹凸现象,但亦会被沾污有不同的脱模剂,在涂料施工时应注意其影响,同样亦应注意其表面的碱性和含水率
加气混凝土基层	加气混凝土的强度较低,在运输、安装过程中易被损伤,常用砂浆修补,涂刷涂料时应注意加气混凝土表面及修补部分砂浆的碱性,如果加气混凝土表面已为中性,修补地方的砂浆仍碱性很强,若不进行处理,则就会产生色泽不均匀的现象。另外,由于其表面吸水性很大,因而在涂料施工时应采用某些底层封闭型材料进行基层预处理。如采用强度较大的厚质涂料施工时,要考虑提高加气混凝土表面的整体强度
砂浆基层	常采用1:1:4或1:1:6砂浆抹涂内外墙面,除了要考虑到砂浆层表面碱性及含水率以外,砂浆表面常有浮灰、裂缝及其他沾污物,应加以清除
石膏基层	石膏建材具有质轻、节能、表面平整、碱度低等特点,被广泛用作为墙体材料,并且非常适用于涂料的涂装。但石膏墙材多为预制品,在运输、砌筑过程中易被损伤,应注意修补,同时也应考虑到它的含水率问题

2. 建筑涂装对基层的一般要求

为了保证涂料施工质量,在涂装施工前,基层应具备以下条件:

(1) 经修补后,基层不平整度及接合部错位,应根据涂料种类、涂装厚度、表面装饰状态等在允许范围之内。

(2) 基层表面不应附着尘埃、油脂、锈点以及砂浆、混凝土渗出物等。

(3) 基层表面的强度与刚性应比涂刷涂料高,如疏松基层表面或加气混凝土基层,表面应预先涂刷固化交联溶剂型封底涂料,加固基层的表面。

(4) 基层表面的破损、裂缝、分离等状况应事先进行修补,修补部位砂浆的碱性、含水率、粗糙性等应与其余部位相同,如果二者各不相同则应加涂封底材料。

(5) 基层含水率应根据所涂涂料的种类,在其允许范围之内。

(6) 基层的 pH 值应根据所涂涂料的种类,在其允许范围之内。

(7) 在基层上安装的金属件、木螺丝钉、铁钉等,均应进行防锈处理。

3. 基层处理的目的

各种材料及其制品的表面,由于加工、贮运过程中通常都容易生成或附着异物,如氧化皮、油污、加工碎屑、尘土等,这些都会影响涂层的附着性能和保护性能,不宜直接进行涂装,必须作适当的表面处理。在涂装前,对建筑物基层的表面处理其质量的好坏,对整个涂层的质量有着极其重要的影响,应认真做好基层的表面处理。

涂装前对基层表面处理的目的在于:

(1) 增强涂层对被涂物体表面的附着力;

(2) 提高涂层对被涂物体的保护性能;

(3) 为涂层的平整性创造良好的条件,提高涂层的装饰性。

涂装前,对建筑物被涂基层的表面处理工艺是多种多样的,选用何种工艺,应综合考虑下列几个方面的因素:

(1) 材料的类别和成分;

(2) 工件的结构、形状和表面状态;

(3) 污物的成分和性质;

(4) 要求的清洁程度和处理后的表面状态;

(5) 产量和需要的设备条件;

(6) 与后续工艺的配伍性;

(7) 环境保护的要求;

(8) 总费用。

4. 基层处理的工序

基层处理包括以下工序:

(1) 基层的检查

基层的状况与施工后涂层的性能有极大的关系,因而在建筑物进行涂料装饰之前,对基层进行全面的检查是十分重要的。建筑涂料的种类很多,可以根据基层的状况选用合适的建筑涂料,亦可以根据选用的涂料检查基层是否符合施工要求。通常应重点检查强度、平整度、干燥度、酸碱度、清洁情况等表面状况。

有关基层的检查及验收要求见表 5-7。

第二节 基层处理

基层的检查与验收 表 5-7

项 目	要 求
强度	基层强度与基层的种类与本身的质量有关。通常混凝土和金属基层强度最高,砂浆、胶合板、纤维板强度居中,石膏板强度最低。基层强度过低会影响涂料的附着性。通常用目测、敲打、刻划等方式检查,合格的基层应当不掉粉,不起砂,无空鼓、起层、开裂和剥离现象。水泥砂浆基层抹灰达到高级抹灰要求,表面抹平压实收光,颜色一致,无刷纹、抹痕,抹灰接槎平缓
平整度	基层不平整主要影响涂料最终的装饰效果。平整度差的基层还增加了填补修整的工作量和材料消耗。平整度的检查有 4 个项目:表面平整、阴阳角垂直、立面垂直和阴阳角方正。表面平整用 2m 直尺和楔形塞尺检查,中级抹灰允许偏差 4mm,高级抹灰允许偏差 2mm;阴阳角垂直用 2m 托线板和尺检查,中级抹灰允许偏差 4mm,高级抹灰允许偏差 2mm;阴阳角方正用 200mm 方尺检查,中级抹灰允许偏差 4mm,高级抹灰允许偏差 2mm;立面垂直用 2m 托线板和尺检查,中级抹灰允许偏差 5mm,高级抹灰允许偏差 3mm。 此外,要求分格缝深浅一致,横平竖直,无缺棱掉角,滴水线顺直、牢固,无表面缺陷,泛水坡度符合设计要求
干燥度	砂浆、混凝土等基层施工后,内部水分逐渐干燥。干燥时间与基层的厚度、通风状况、环境温湿度等都有直接的关系。适合水性涂料施工的基层,含水率应低于 10%;溶剂型涂料,基层含水率应低于 8%。通常对水泥砂浆基层而言,在通风良好的情况下,夏季 14 天,冬季 28 天,含水率可达到要求。气温低、湿度大、通风差的场所,干燥时间要相应延长。基层含水率可用砂浆表面水分仪准确测定,也可以用薄膜覆盖法初略地判断,方法是:将塑料薄膜裁剪成 300mm 见方的片,在傍晚时覆盖于基层表面,并用胶带将四边密闭,注意使薄膜有一定的松弛度,次日午后观察薄膜内表面有无明显结露,以确定含水率是否过高。一般情况下,新抹的砂浆夏季应干燥 2 周,冬季 3 周以上;新浇灌的混凝土夏季干燥 3 周,冬季干燥 4 周以上
酸碱度	砂浆、混凝土中的石灰、水泥具有很强的碱性,主要是其中含有大量氢氧化钙的缘故。基层碱性过大会影响涂料的黏结,还会造成涂层变色、起层等质量事故。通常随着基层水分的挥发,可溶性碱分氢氧化钙被带到表面,逐渐与空气中的二氧化碳反应生成中性的碳酸钙,使砂浆、混凝土趋于中性化。所以基层干燥后,碱性就相应减少,能满足涂料施工的要求。一般 pH 值应小于 9。酸碱度的测定方法如下:首先用清水将脱脂棉花浸湿,然后将其轻轻按在待测的基层面上以吸收基层的碱分,1 分钟后用 pH 试纸或 pH 试笔测定与基层接触的湿棉,便可知道 pH 值。也可用水将墙面润湿后直接测定
清洁程度	清洁的基层表面有利于涂料的黏结。基层表面的浮浆,尘土、油污等应易于清除。被油污浸透的木基层、布满油烟的抹灰基层通常难以处理,需采取其他措施
其他	基层有时会出现一些其他不正常情况,如"爆灰"。这是因为石灰砂浆中有一些没有消化的生石灰颗粒,遇水后变成熟石灰,体积膨胀并将基层表面顶开。爆灰的过程持续较长,往往在涂料施工中和施工后还会进一步发展,影响涂层外观。对此类基层要慎重 此外,墙面上各种构件、预埋件、水暖设施等应按设计要求及早安装定位,外露钢铁件须做好除锈、防锈处理

(2) 基层的清理

基层清理的目的在于除掉基层表面的黏附物,使基层清洁,不影响涂料对基层的黏结性。清理的方法见表 5-8。

基层的清理方法　　　　　　　　　　表 5-8

常见的黏附物	清理方法
硬化不良或分离脱壳部分	应全部铲除脱离部分，并用钢丝刷除去浮尘
粉末状黏附物	用毛刷、扫帚或电吸尘器除去
焊接时喷溅物、砂浆溅物	用刮刀、钢丝刷或打磨机除去
油脂类、脱模剂、密封材料等黏附物	用有机溶剂或化学洗涤剂除去
锈斑	用化学除锈剂除去
霉斑	用化学去霉剂清洗
表面泛"白霜"	用钢丝刷、除尘机清除

(3) 基层的修补

在基层清理工作完成以后，则应及时修补基层的缺陷。其修补方法参见表 5-9。

混凝土和水泥砂浆基层的修补　　　　　　　　　　表 5-9

缺陷	修补方法
水泥砂浆基层分离	水泥砂浆基层分离的修补，当水泥砂浆基层分离时，一般情况下应将其分离部分铲除，重新做基层。当其分离部分不能铲除时，可用 $\phi5\sim10$mm 钻头的电钻钻孔，采用不能使砂浆分离部分重新扩大的压力将缝隙内注入低黏度的环氧树脂，使其固结。表面裂缝用合成树脂或水泥聚合物腻子嵌平，待固结后打磨平整
小裂缝	小裂缝修补，可用防水腻子嵌平，然后用砂纸将其打磨平整。对于混凝土板出现较深的小裂缝，应用低黏度的环氧树脂或水泥浆进行压力灌浆，使裂缝被浆体充满
大裂缝	大裂缝处理，可先用手持砂轮或錾子将裂缝打磨成或凿成"V"形口子，清洗干净后，沿嵌填密封防水材料的缝隙涂刷一层底层涂料。然后用嵌缝枪将密封防水材料嵌填于缝隙内，将其压平。在密封材料的外表用合成树脂或水泥聚合物腻子抹平，最后打磨平整
孔洞	孔洞修补，在一般情况下，ϕ3mm 以下的孔洞可用水泥聚合物腻子填平；ϕ3mm 以上的孔洞应用聚合物砂浆填充，待固结硬化后，用砂轮机打磨平整
表面凹凸不平	表面凹凸不平的处理，其凸出部分可用凿子打平；凹入部分用聚合物腻子或聚合物砂浆进行修补填平
露筋	露筋处理时，可将露在外面的钢筋先用角磨机打掉，将其铁锈除清，然后涂刷防锈漆，干后，用聚合物砂浆补抹平整

(4) 基层的复查

为了保证建筑涂料施工后涂层的质量，在通过基层的检查、清理、修补等工序后，临施工前还必须进行认真的复查，观察其是否完全符合建筑涂料的施工要求，复查的要点是基层的含水率、裂纹、发霉等。这是因为基层表面的含水率受内部含水率的影响，故在检查过后一段时间它的含水率可能发生变化，也可能出现新的霉斑点，对于新建建筑物，基层要经过几个月的时间才能真正稳定下来，故复查是必要的。

二、混凝土、水泥砂浆等基层的处理

混凝土、水泥砂浆等灰泥材料涂层广泛用作建筑物的内外表面的装饰和保护层，建筑涂料的涂装底材最主要的也就是这些灰泥涂层，构成建筑物的灰泥材料是水泥、石灰、砂石等材料,灰泥制品因组成和成型的方法不同,通常存在表面粗糙、缺陷多、碱性强、含水率高和不同程度的污染等问题,影响着涂层的质量,故在进行涂装前,对这些灰泥基层的表面进行必要的处理,是克服种种上述弊病的重要步骤。

1. 灰泥基层的种类和特点

水泥(Cement)一词来源于拉丁语的 Cementum,广义上是指有机质和无机质的黏合剂,狭义上是指石灰硅酸盐类和石灰铝酸盐类粘合材料,更狭义点说,只是指波特兰水泥(即普通水泥)。根据组成化合物的结合状态及其含量对水泥进行分类,其结果如图 5-1 所示。

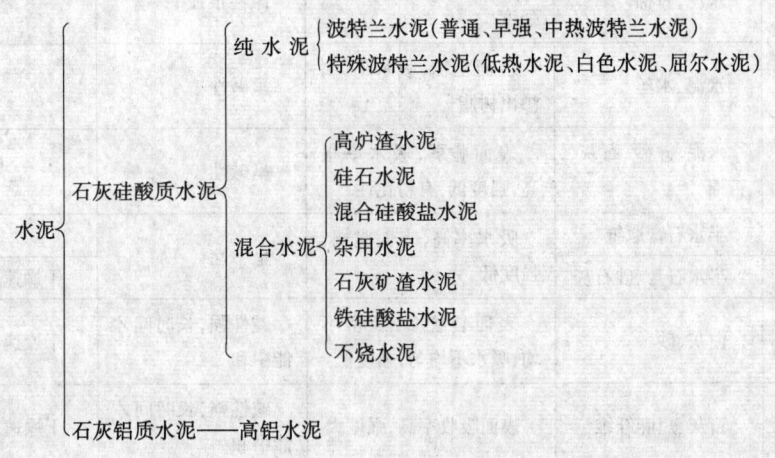

图 5-1 水泥的分类

由水泥和水拌成的浆,称之为水泥浆,水泥浆有时直接使用,但只能用作涂装材料。用于泥瓦工材料或者建筑物躯体时,须添加骨料配成(水泥)砂浆和(水泥)混凝土方可供使用。水泥砂浆由水泥、砂和水配制而成,混凝土则由水泥、砂、砾石和水配制而成。其中砂和砾石称为骨料,砂的直径小于 5mm 称为细骨料,砾石的直径大于 5mm 称为粗骨料,其典型的组成见表 5-10。

砂浆和混凝土的典型组成　　　　　　表 5-10

名 称	组 成	配 比	名 称	组 成	配 比
砂 浆	水泥:砂	1:2~1:3	混 凝 土	水泥:砂:砾石	1:2:4~1:3:6

注:水未列入。

涂装的目的在于装饰和保护底材,为此,必须选择适当的涂料以涂在适当的底材上,对于水泥基层的涂装,要特别注意它的水分和碱度。以水泥材料为中心的主要建筑涂装灰泥基层,其主要化学成分,特点和容易引起的涂膜缺陷见表 5-11 和表 5-12。

灰泥制品的种类、主要成分和特性　　　　　　表 5-11

制品名称	主要成分	表面状态及强度	碱 性	干燥速度
混 凝 土	水泥、砂石	表面粗糙,吸水率高、黏结力强,需清除脱模剂	碱性强,内部呈碱性,长时间后渐趋中和	干燥速度慢,厚度大时更慢
轻质混凝土	水泥、轻质骨料	表面粗糙,吸水率高,强度低		

制品名称	主要成分	表面状态及强度	碱性	干燥速度
加气混凝土板	水泥、硅砂、石灰、发泡剂	表面粗糙,吸水率高,强度低,有粉化性	基本呈碱性	吸水现象严重,影响干燥速度
水泥砂浆	水泥、砂	有粗糙或光滑面,强度高,黏结力强	碱性很强,内部呈碱性	表面干燥快,内部含水率受主体结构影响
水泥石棉板	水泥、石棉	表面吸水不匀,有一定强度	碱性很强	—
水泥木丝板	水泥、木丝	表面粗糙,吸水不匀,渗出树脂	呈碱性	—
硅酸钙板	水泥、硅砂、石灰、石棉	表面脆弱,吸水率很高,强度低,有粉化性	呈碱性	—
石膏板	半水石膏原纸	吸水率高,表面脆弱,强度低	呈中性	
石膏灰浆抹灰	半水石膏、砂石灰			干燥速度受基层影响
白灰砂浆	白灰、砂	表面裂纹多,疏密不均,吸水不均匀,强度低	碱性强,长时间才能中和	干燥速度很慢
麻刀灰	石灰、短麻纤维	表面吸收率高,强度大	碱性强,长时间才能中和	干燥速度慢

主要涂装底材的性质 表 5-12

名称	主成分	特征	易发生的涂膜缺陷
混凝土	波特兰水泥 砂 砾石	干燥速度由厚度和构造决定,一般都较慢 碱性强 内部水呈碱性	即使充分干燥后,因内部水呈碱性,容易发生皂化和变色 容易发生起泡 饰面致密性不良
砂浆	波特兰水泥 砂 石灰、白云石、烟灰	涂层厚15mm左右,表面干燥速度快,但因底材构造而不同 碱性强,内部水呈碱性	即使充分干燥后,因内部水呈碱性容易发生皂化和变色 容易发生起泡饰面致密性不良
石膏灰泥	熟石膏+熟石灰	涂层厚12~18mm左右,干燥快,呈碱性,开裂少	油性涂料容易发生皂化和变色 致密性不良 容易出现吸入斑点
白云石灰泥	含 $MgCO_3$ 石灰 (白色水泥,砂)	涂层厚12~19mm左右,干燥快,碱性强开裂多,强度小,吸入斑点大	油性涂料容易发生皂化和变色 致密性不良,容易从壁面涂层上脱落涂膜易发生层状脱皮 沿裂缝产生成条裂纹
吸声灰泥	白色特兰水泥、石灰、石膏、骨料(蛭石、珍珠岩)	有吸声性,干燥随使用材料而不同,吸收斑点大,涂装后吸声性降低	容易出现涂不匀和色斑
石棉板	水泥(86份) 石棉(14份)	吸水率大(最大30%),碱性强 表面涂油	油性涂料容易产生皂化和变色 表面易出现油性污垢石棉毛刺多

2. 灰泥基层涂装预处理的内容和方法

(1) 干燥

灰泥基层如含水过多,水分挥发会使涂层鼓泡、变色和脱落,导致失去装饰保护作用,因此涂装前基层应干燥,混凝土和水泥砂浆基层涂装时,允许含水率在6%左右,而白灰砂浆基层则在3%左右,含水率的测定可以用含水率测定仪或目测观察,灰泥基层的干燥,一般是利用自然干燥法。

(2) 控制pH值

灰泥基层都具有较强的碱性,碱性物质随水分渗出基层表面,会使涂层皂化、脱落、因此,在涂装前应测定基层的pH值,一般应控制pH值小于8。控制pH值和防止碱性物质渗出的方法如下:

a. 放置:灰泥的碱性将随放置时间的增加而逐渐消失,灰泥基层在涂装前至少应放置3周,pH值才能降低到接近所要求的数值;

b. 化学中和:对新建混凝土、水泥砂浆基层的表面,可用5%的硫酸锌溶液清洗,24h以后,再用水冲洗,干燥后再进行涂装,如急需进行涂装施工,可用15%~20%的硫酸锌或氯化锌溶液,多次涂刷灰泥基层表面,待干燥后,除去析出的粉末,便可进行涂装;

c. 选用耐碱性能好的树脂作底涂层,采用底涂层,以阻止碱性物质腐蚀渗出,如选用双组分So1—5聚氨酯清漆时,干燥后即可涂面漆,用C51—1铁红过氯乙烯耐氨漆作底涂,其效果也很好。

(3) 清除表面脏物、附着物

对灰泥基层表面的脏物、附着物。可用砂纸磨去或用铲子刮去。

(4) 修补缺陷

混凝土、水泥砂浆、白灰砂浆等基层常常带有孔洞或发生龟裂,在涂装前应进行修补,修补方法如下:

a. 对混凝土、水泥砂浆基层的缺陷,常用水泥砂浆(水泥:砂=1:2.5)加109胶(占水泥用量的10%~15%)或聚醋酸乙酯乳液(占水泥用量的10%)的混合物进行修补;

b. 对白灰基层的缺陷,常采用水石膏来进行修补,如其裂缝较大,应用嵌刀截成"V"型,再用水石膏填平。

砖石、混凝土和水泥砂浆等基层的处理详见表5-13。

混凝土和水泥砂浆的基层处理　　　　表5-13

基　　层	处　理　方　法
砖、石类基层	(1) 确定基层所含水分已干燥 (2) 用干的硬毛刷或钢丝刷刷除表面的灰浆、泛碱物及其他松散物质 (3) 对油脂等不易刷除的脏物,可用含洗涤剂的温水刷洗,然后用清水漂洗 (4) 表面光泽过高时,须打磨将其变糙,并将孔洞裂缝修补好 (5) 涂刷耐碱底漆,要刷透、刷匀、不产生遗漏,特别是砖缝处 (6) 底漆的选择:在干面上时选用耐碱底漆、乳胶漆(在粗糙面上效果很好)。在湿面上时选用油溶水性涂料、水泥聚合涂料、乳胶漆

续表

基　　层	处　理　方　法
石棉水泥板基层	(1) 用硬毛刷或砂纸除去表面的泛碱物或松散物质 (2) 确认底材彻底干燥后即可涂刷耐碱底漆和油性涂料底漆 (3) 如有潮湿入侵的可能，安装前要在板材背面及边缘涂刷防潮涂料。如使用沥青涂料应注意避免沾染正面。杂酚油一类渗透性强的稀薄涂料要避免使用，以防渗透到正面使漆出现沾染或渗色 (4) 石棉水泥板板缝要用不收缝的石膏腻子，分二至三遍填实填平，并待完全干燥固化后用粗砂纸磨平，然后涂刷耐碱底漆或油性涂料底漆
石灰、石膏抹灰基层	(1) 裂缝的修补：裂缝宽度在 3mm 左右时，可直接修补，不必将裂缝加宽。当裂缝宽度在 6mm 以上或孔洞直径在 25mm 以上时，修补前应先将裂缝切成倒"V"字形，以利修补材料的黏附。修补前要用水将裂缝润湿，然后用 1.5:7:0.1＝水泥:砂:石灰的砂浆修补裂缝（小缝可直接用石膏修补）。修补面要低于表面 1mm。砂浆干后用半水石膏将表面修补平整 (2) 泛碱物的处理：用正磷酸溶液（密度 1.7kg/L 将 150mL 酸加水至 1L）刷洗表面并搁置 10min，然后用清水冲洗、干燥。对清除质量有怀疑时，可涂刷小面积做实验，涂料干后贴上压敏胶带，然后撕下，检查是否有涂料被带下来 (3) 玻璃纤维和加气石膏基层要注意对表面上残留的隔离剂、孔隙及其他碱性物质的处理，当表面不易被水润湿，说明有油性隔离剂，它有助霉菌的生长，可用松香水擦除。碱性物质可用石蕊试纸检查，用磷酸处理
混凝土、水泥及水泥砂浆基层	(1) 清除表面油污（模板隔离剂等）及其他脏物 可用洗涤剂擦洗基层，或用溶剂清洗第一遍再用洗涤剂擦洗，或用 5%～10% 浓度的火碱水清洗然后用清水洗净 (2) 清除水泥浮浆、泛碱物及其他松散物质 可用钢丝刷刷除或用毛刷清除，对泛碱、析盐的基层可用 3% 的草酸溶液清洗，然后用清水洗净。对泛碱严重或水泥浮浆多的部位可用 5%～10% 的盐酸溶液刷洗，但酸液在表面存留的时间不宜超过 5min，并必须用清水彻底清净。泛碱和析盐清洗后应注意观察数日，如再出现析盐和泛碱，应重复进行清洗，并推迟涂刷涂料，直至泛碱物消失 (3) 消除表面光滑的方法 混凝土或水泥砂浆表面过于光滑，不利于涂料的渗透和附着，须进行消除。消除的方法可用酸蚀、喷砂、钢丝刷刷毛或自然风化。或在表面涂一层 3% 氯化锌和 2% 磷酸的混合液，或涂一层 4% 聚乙烯醇溶液，或涂一层 30% 的 108 胶液，或 20% 的乳液均可增加基层和涂层的附着力 (4) 混凝土表面气孔及缝隙的处理 混凝土表面的气孔宜打开填平，否则空气会拱破跑出，毁坏涂层。手工和机械打磨对清除气孔比较费工，其效果也不理想。一般须采用喷砂处理 混凝土表面的孔隙及打开的气孔要填平。室外和潮湿环境要用水泥或有机粘结剂的腻子填充。室内干燥环境可使用普通的石膏或聚合物腻子。对粉化或多孔质表面，为黏附住松散物质和封闭住表面，可先涂刷一层耐碱的渗透性底漆，如稀释的乳胶漆。为减少收缩沉陷，腻子中体质颜料的比例可稍大于黏结剂 (5) 其他情况的处理 当施工条件不允许基层长时间搁置、风化时，可用磷酸和氯化锌组成的溶液刷洗中和，当使用油基涂料时，也可用硫酸锌溶液刷洗。如果有的涂料与这些刷洗液不相容，可选用乳胶涂料 对须提高防雨水渗透性的部位或多孔隙型基层，可用有机硅憎水剂进行表面处理

三、非木质板材基层的处理

非木质板材基层较多见的是纸面石膏板,此外还有无纸石膏板、菱镁板等轻质板材的墙面和吊顶。

这类板材的表面质量和平整度一般都较好,对其基层表面除有特殊要求的以外,采取胶腻子满刮的方法处理即可,主要是解决板与板之间拼接缝隙的处理问题。

非木质板材的基层处理方法见表 5-14。

非木质板材的基层处理　　　　　　　表 5-14

基　层	处　理　方　法
纸面石膏板板缝	纸面石膏板板缝有明缝作法和无缝作法两种。明缝作法应在安装纸面石膏板时将缝留出,缝的位置、缝的宽度都应符合设计要求,石膏板的边角应整齐,不得有大的缺陷。明缝有采用塑料条或铝合金嵌条压缝的,这种方法应在板面涂饰完了再做压缝。明缝如果是用石膏灰勾缝的,一般需先用嵌缝腻子(采用石膏板专用腻子或石膏腻子均可)将两块石膏板板端和缝子底部用专用工具勾成整齐的明缝,(必要时需两次勾缝)待明缝干透再随同石膏板板面一同进行下一道工序,见图 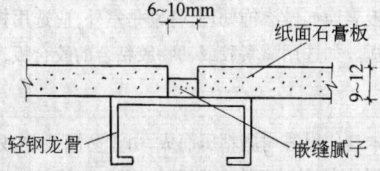 一般石膏板板缝多采用无缝作法。无缝的处理是先用石膏板专用腻子将板缝嵌平,待干燥后贴上约 50mm 宽的穿孔纸带或涂塑玻璃纤维网格布,再用腻子刮平。无缝作法要注意平整,不能高出纸面石膏板,否则需将整个板面用腻子衬高以保证墙面或吊顶的质量,见图 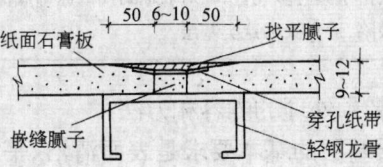
无纸石膏板(圆孔石膏墙板)板缝	无纸圆孔石膏板的板缝一般不做明缝。作法是将板缝用胶水涂刷两遍,用石膏加膨胀珍珠岩粉拌和的嵌缝腻子刮平。对于有防水、防潮要求的墙面,在板缝处理之后再进行
纸面石膏板的防潮处理	对于用在厨房、厕所、浴室的墙面或吊顶的纸面石膏板,如果不是采用的耐水纸面石膏板时,必须进行防潮处理。防潮处理一般为满涂中性防水涂料(pH 值 8)。如稀释的熟桐油、有机硅类防水涂料、可溶性金属皂类防水剂等。作防潮处理应注意不能影响饰面层的黏附力和装饰质量为原则

四、木质基层的处理

木材是使用比较广泛的建筑材料之一,涂饰后的木制品可使表面更加美观,其使用寿命也会大大延长。

1. 木质基层的种类和特点

木材通常以树种和材料进行分类,按树种可分为针叶树类和阔叶树类两种类型。

按材种可分为原条、原木和锯材。原条是指已经去皮、根、树梢的木料,但未进一步加工;原木是指已经除去皮、根和树梢的木料,并按一定的尺寸加工成规定直径和长度的材类;锯材则是指已经加工锯解成材的木料,又分普通锯材和特种锯材两种。

木材是工业上用途很广的工程材料,它具有很多良好的性能,其主要特点是质量轻、强度大、导热性低、电绝缘性能好、共振性优良、易于机械加工、可以钉着、榫接或胶接,有一定的弹性,具有天然纹理、光泽和颜色。

木材的主要缺点是:容易吸水和失水、湿胀干缩、容易腐蚀和虫蛀、易燃烧、机械性质多向异性,具有节疤裂纹弯曲等天然缺陷,且不同种类的木材材质差别很大,即使同种木材因其生长环境不同,其材质也会有差别,甚至同一根树干不同部位的材质也不可能是完全相同。

常用作建筑物的装饰材料主要是木质复合材料,其品种有胶合板、刨花板、纤维板和有机纤维隔离板等,这些木质复合基层的性能见表5-15。

建筑常见木质复合基层的性能　　　　表 5-15

基　层	性　　能
胶 合 板	胶合板表面如做涂饰处理,特别是室外,应选用树脂粘合型胶合板,如防潮性好的酚醛树脂粘合的胶合板。如选用酪素胶或动物胶粘合的胶合板,由于不防潮,涂饰后涂膜易出现起皮、脱落、起泡等弊病
刨 花 板	将碎木片用甲醛树脂粘压而成,由于防潮性差,只用于室内不易受潮的部位。刨花板涂饰前须用浸有溶剂的布,将表面的油脂脏物擦除,边缘的断面须刮腻子或包嵌上木质、塑料边条
硬质纤维板	由于怕潮不宜用在室外或冷凝严重的地方
有机纤维隔离板	有机纤维隔离板是用木材、植物杆茎或其他有机材料制成的低密度纤维板,用于保温和吸声。这类基层由于具有多孔性,在对表面封闭或涂饰底漆时,应特别予以注意。无光涂料由于不易显露表面的缺陷,适宜涂饰这类基层

2. 木质基层涂装预处理的内容和方法

涂料涂装对木质基层的基本要求是表面清洁、平滑、无刨缩、疤节少、棱角整齐,采用清漆涂饰时还要求花纹美观、颜色一致。但木材除了本身的材质纤维和木质素外,还含有油类、树脂、单宁、色素、水分等。这些物质的存在,会直接影响基层的干燥、附着力以及外观,故为了获得优质的涂膜,在进行涂料涂装前,应对木质基层(木材)的表面进行表面预处理,以满足涂装工艺的要求。

木质基层的表面预处理其内容主要包括:干燥、表面清净、腻平、白坯砂磨、填管孔、着色等。

(1) 干燥

木材涂装前应进行干燥处理,因为木材易于吸水和排水,具有湿胀干缩的特点,能反复膨胀和收缩,木材含水率高,会使涂层附着不牢、起泡、开裂、脱落,涂装前木材含水率一般要求控制在5%~10%之间。

干燥木材最常用的方法是自然晾干,亦可采用烘干的方法,但需在低温下进行。

(2) 表面清净

涂饰前的木质基层表面必须十分干净,其表面的所有脏物(诸如油脂、胶迹、灰尘、磨屑等)以及部分木材抽提物(诸如树脂、浸填体、沉积物等)都应彻底清除。

木材的表面清净主要是：去污、去脂、脱色，消除材面污染等。

a. 去污

木材的去污方法有以下几种：

(a) 除尘

木材表面或管孔内的灰尘磨屑可用压缩空气吹，用鸡毛掸子等来掸，也可用笤帚、棕帚等来扫。最好不要先用湿布去擦，以免灰尘腻在木纹之间，使木材表面变得灰暗无光泽，木纹不清晰。

(b) 擦洗

木材表面的油脂和胶迹可用温水、热肥皂水、碱水等擦洗，也可用酒精、汽油或其他溶剂擦拭溶掉，用碱水或肥皂水擦洗后，还应用清水洗刷一次，干燥后用砂纸打磨。

(c) 刮除

木材表面的黏附物可用玻璃、刨刀、刮刀、碎碗片等刮除，然后再用细砂纸顺木纹方向磨平。

b. 去脂

在含树脂的木材表面，如直接进行涂饰含有油料的涂料，则因树脂中所含有的松节油等成分会引起涂层固化不良，染色不匀及降低漆膜附着力。因此，在涂刷涂料之前，常应预先把树脂除掉(如松树的松脂)。

去除树脂可以采用溶剂溶解、碱液洗涤、漆膜封闭、加热铲除等方法，详见表5-16。

木材的去脂方法 表5-16

名　称	施　工　方　法
溶剂擦除法	根据树脂溶于有机溶剂的原理，常用丙酮、酒精、苯类、正己烷、三氯乙烯、四氯化碳等溶剂除去表面层的松脂，局部松脂较多的部位，可用布、棉纱等蘸上述一种溶剂擦拭。如松脂面积较大时，可将溶剂浸在锯屑中，然后再放在板面上反复搓拭。如果在擦或搓拭的同时，提高室温或用暖风机加热零部件或板面，则去脂效果更好 采用溶剂擦除法的缺点是成本较高，溶剂有毒，容易着火
碱液处理法	树脂与碱可以皂化生成可溶性的皂，再用清水洗涤，就很容易除掉松脂，常用5%~6%的碳酸钠或4%~5%氢氧化钠(火碱)水溶液。如能将氢氧化钠等碱溶液(80g)与丙酮水溶液(20g)混合使用，效果更好。配制丙酮溶液与碱溶液时，应使用60~80℃的热水，并应将丙酮与碱分别倒入水中稀释。将配好的溶液用草刷(不要用鬃、板刷等)涂于含松脂部位，待作用2~3h后，以海绵、旧布或刷子用热水或2%的碳酸钠溶液将已皂化的松脂洗掉即可 采用碱液处理去脂与溶剂去脂比较，一般碱液处理去脂后材面颜色会不同程度变深，如清洗不完全还会出现碱污染。因此，作浅色或本色装饰时最好用溶剂处理
漆膜封闭法	采用上述两种方法只能将木材表面的松脂除掉，没能从根本上将松脂完全除掉，时间长了或环境温度升高，木材深处的松脂仍会渗出。因此，在表层去脂后为避免内部松脂继续向表面渗出，常用松脂不能溶解的漆马上将材面封闭。常用的封闭底漆有虫胶漆、聚氨酯底漆等。如果材面松脂较少，可以直接用封闭法隔断
加热去脂法	尚未制成制品的板材，可用高温干燥的方法(100~150℃)除掉松脂中可蒸馏的成分(主要是精油等低沸点成分)。已制成制品的材面，可以用烧红的铁铲、烙铁或电烙铁反复铲、熨有松脂的部位，待松脂受热渗出后，用铲刀马上铲除。操作时注意观察材面，不要烧焦木材表面

c. 脱色

对于透明装饰而言,木材颜色与花纹是人们极为关注的问题,有些优质木材,纹理美观,但是颜色不正或过暗,不能获得更佳的装饰效果,有些木材容易产生材面污染、变色等,影响装饰效果,降低使用价值。

木材脱色亦称木材漂白,木材脱色是以颜色变浅、均一,消除污染为目的,经过脱色的木材可以增强木材表面特有的雅观,或者显示出着色填孔的色彩效果,减少材面各部分颜色深浅的差异,这虽然增加了工时和材料消耗,但可大大提高装饰质量,因此对中、高级木制品涂装多数进行脱色工艺。脱色具有悠久的历史,现在仍是涂饰前的一项重要工序。

木材脱色用漂白剂可分为氧化剂和还原剂两大类。其具体种类见表 5-17。常用氧化剂的漂白能力,可用表 5-18 所列的有效氯及有效氧的含量来表示,其数值越大其氧化能力越强,也就是漂白能力越强,非氯类化合物的有效氯是通过析合的方法求得的。

木材脱色常用的漂白剂 表 5-17

种　　类		化　学　药　剂　名　称
氧化性漂白剂	无机氯类	氯气、次亚氯酸钠、次亚氯酸钙、二氧化氯、亚氯酸钠
	有机氯类	氯胺 T、氯胺 B
	有机过氧化物	过氧化氢、过氧化钠、过硼酸钠、过碳酸钠
	有机过氧化物	过醋酸、过甲酸、过氧化甲乙酮、过氧化苯甲酰
还原性漂白剂	含氮类化合物	肼、氨基脲
	含无机硫类化合物	次亚硫酸钠、亚硫酸氢钠、雕白粉、二氧化硫
	含有机硫类化合物	甲苯亚磺酸、甲硫氨酸、半胱氨酸
	酸类	甲酸、次亚磷酸、抗坏血酸

氧化性漂白剂及其有效氯、有效氧的含量 表 5-18

氧化性漂白剂	有效氯(%)	有效氧(%)	氧化性漂白剂	有效氯(%)	有效氧(%)
次氯酸钠	0.93	0.21	过氧化钠	0.91	0.20
次亚氯酸钠	1.57	0.35	过氧化氢	2.09	0.47
二氧化氯	2.63	0.59	高锰酸钾	1.11	0.25

为了促进漂白剂尽快地发挥其作用和提高漂白效果,常在漂白剂配方中加入漂白助剂,不同的漂白剂,所用的油性助剂也各不相同,参见表 5-19。

漂白剂及其助剂 表 5-19

漂白剂种类	助剂及使用说明
过氧化氢	① 可用氨水、氢氧化钠、碳酸钠、碳酸氢钠、水溶性有机胺等碱性物质调整 pH 值为 9.5～11.0。同时还可加入乙醇、甲醇等作为渗透剂 ② 用醋酸酐、草酸调整 pH 值为酸性 ③ 用顺丁烯二酸酐、柠檬酸等调整溶液为酸性
亚氯酸钠	① 用醋酸、柠檬酸等有机酸调整 pH 为 3～5 ② 加入乙撑脲或尿素与乙撑脲 ③ 适当加入尿素及过氧化氢、过碳酸钠、过硼酸钠等 ④ 加入乙烯碳酸酯、丙撑碳酸酯、二恶烷

续表

漂白剂种类	助剂及使用说明
次亚氯酸钙(漂白粉)	加入硫酸镁,生成稳定的次亚氯酸镁水溶液
氯胺B、氯胺T	加入适量的无机酸或有机酸
次亚氯酸钠	适当加入苯甲酸水溶液和邻苯二甲酸酐
亚硫酸氢钠及其他亚硫酸类	用醋酸、甲酸、草酸、柠檬酸等有机酸或次亚磷酸、盐酸等少量的无机酸来调整pH值至弱酸性

目前用于木材脱色最多的是氧化性漂白剂,木材漂白剂配方以及漂白方法见表5-20和表5-21。

常用漂白方法　　　　　　　　　　　　　　　　　　　　　　表5-20

序号	漂白剂	配制和处理方法	适应树种
1	过氧化氢(H_2O_2)	① 35%的过氧化氢与28%氨水在使用前等量混合。用植物性刷子涂于木材表面,陈放时间约为40~50min ② 先按下述比例配制两种液体。A液:无水碳酸钠10g与60mL的50℃温水混合;B液:80mL浓度为35%的过氧化氢与20mL水混合。处理时,先将A液涂在木材表面,待均匀浸透后,用木粉或布擦去表面渗出物,然后再涂B液。干燥3h以上,酌情延长干燥时间18~24h,漂白后充分水洗。A、B两种液体预先不能混合,每一种液体专用一把刷子 ③ 35%的过氧化氢加入有机胺或乙醇,涂于木材表面 ④ 35%的过氧化氢与冰醋酸以1:1的比例混合,涂于木材表面 ⑤ 35%的过氧化氢中加入无水顺丁烯二酸,待完全溶解后,涂于木材表面 ⑥ 配制甲液:过氧化氢5.9%~30.0%,胶态二氧化硅2%,过硫酸氨2%,磷酸少量;乙液:碳酸氨饱和溶液,肼5%。上述配方为重量比,使用前混合。碳酸氨用量根据树种由实验决定	漂白效果(由好到次)柳桉→柞木→水曲柳→桦木→刺楸→山毛榉)
2	亚氯酸钠(NaClO_2)	① 亚氯酸钠3g与水100g混合。使用前加入用冰醋酸0.5g加水100g配成的溶液,然后涂于木材表面。在60~70℃下干燥5~10min即可漂白 ② 亚氯酸钠200g,过氧化氢20g,尿素100g,三者均匀混合后涂于木材表面即可	泡桐、山毛榉、柞木、白蜡木、椴木等
3	次亚氯酸钠(NaClO)	次亚氯酸钠5g,加水95g,均匀混合。加热后迅速涂布木材表面,或加入少量草酸或硫酸后再涂布	柳桉
4	亚硫酸氢钠	先配制如下两种溶液:①把亚硫酸氢钠配成饱和溶液;②在1000mL水中加入一定量高锰酸钾。使用时,先涂高锰酸钾溶液,稍干后,再涂亚硫酸氢钠溶液。这样重复操作,直至材面变白为止	
5	草酸	先配成三种溶液:① 在1000mL水中溶解75g结晶草酸;② 在1000mL水中溶解75g结晶硫代硫酸钠;③ 在1000mL水中溶解25g结晶硼砂。配制时,蒸馏水加热至70℃左右,在不断搅拌下将药品放入水中,直至完全溶解,冷却后再用。使用时,先涂草酸溶液,稍干后(4~5min),再涂第二种溶液。可反复涂几遍,直到满意为止。此后再涂第三种溶液,使表面润湿即可。接着用水冲洗、擦干表面并彻底干燥	对桦木、色木、柞木漂白效果好,胡桃楸、水曲柳材色可变浅

木材漂白剂配方和使用方法　　　　　表 5-21

序号	组　成	使　用　方　法
1	双氧水(30%)100 份 水(50~100)份 氨水(25%)100 份	混合溶液充分搅拌均匀后,刷涂在欲漂白的部位,放置一天。溶液氧化作用可使木材中的色素分解,退掉颜色
2	A 液:次氯酸钠 50g 水 1000mL B 液:亚硫酸钠(1~5)%	先将 A 液中的次氯酸钠溶于 70℃ 左右的水中,再涂刷在需漂白的部位。再用 B 液涂刷以中和木材中的残氯。再用水洗净
3	硫磺	此法适用于小型产品。将产品置于密封容器内,在容器内燃烧硫磺,利用所产生的二氧化硫气体进行漂白
4	A 液:碳酸钠 180g/L B 液:双氧水 20%	先用 A 液涂刷在需漂白的部位,放置 5min,再用 B 液涂刷,放置数小时,用水洗净
5	A 液:草酸(5~10)% B 液:硫酸钠 5%	先用 A 液涂刷在需漂白的部位,放置(10~20)min,再用 B 液涂刷,进行中和,然后用水洗净
6	A 液:氢氧化钠 50g/L B 液:冰醋酸 20% C 液:盐酸 1%	先用 A 液涂刷在需漂白的部位,放置 5min 后,再用 B 液或 C 液进行中和,然后用水洗净
7	A 液:碳酸钠 20g/L 水(50~60℃)120mL B 液:双氧水(35%)80mL 水 20mL	A 液、B 液可单独使用,或 A 液与 B 液混合使用(等量混合) 将溶液涂刷在需漂白的部位,使其浸透,放置数分钟到数十分钟,再用湿布抹净

由于木材工业所用树种很多,每一次木材所含色素及其分布情况很不相同,所以,同一配方的漂白剂,在具体使用时,其效果有所不同,因此,对具体的木材表面,漂白剂浓度、涂饰遍数与漂白时间等因素都需在实践中不断摸索。

木材在脱色操作时尚应注意如下事项:

(a) 漂白剂多属强氧化剂,贮存与使用要多加注意,不同的漂白剂不能随便直接混合使用,否则可能燃烧或爆炸;

(b) 配制好的漂白剂溶液只能贮存在玻璃或陶瓷容器里,不能放入金属容器内,否则可能和金属发生反应,不但不能漂白木材,还可能使木材染色;

(c) 配制好的漂白剂溶液要避光,放置不可过久,否则易变质;

(d) 有些漂白剂有毒,多数漂白剂对人体与皮肤有腐蚀作用。因此,在操作时应注意保护皮肤和衣服,千万不能弄到眼里和嘴里。如已溅到皮肤上,要用大量清水冲洗,并涂擦硼酸软膏;

(e) 对胶合板进行脱色时,应注意勿使漂白液流到胶合板的端头,以防胶合板开胶;

(f) 用过的剩余漂白剂不应倒回至未用的漂白液中,以防影响漂白效果;

(g) 漂白液易引起木毛,故在漂白完毕后,待木材完全干燥,要用细砂纸轻轻砂光木材表面,除去木毛,使材面平滑;

(h) 漂白液的漂白作用仅在湿润期间有效,干燥后失效。因此,漂白操作可选在高湿或下雨时进行较为有利,一般不宜加热干燥,以免降低漂白效果;

(i) 不同树种的脱色其难易程度不同,有些树种容易漂白,如水曲柳、麻栗、楸木;有些比较容易漂白,如桦树、冬青、木兰、柞木;有些则比较难漂白的,如红杉、红木、云杉等。

d. 消除材面污染

木材在生长、贮存、加工过程中,因各种各样的原因,会使木材的表面或内部产生局部或大面积的变色,即出现了木材本身不应有的,而且影响使用的颜色改变,这些统称之为材面污染。

材面污染的种类很多,按产生材面污染阶段的不同可分为三种,即先天性污染、后天性污染和次后天性污染,详见表5-22。

材面污染种类 表5-22

污染名称	说 明
先天性污染	在恶劣的生长条件或某种环境中,树木产生生理性变化,使木材变色,如椴木褐变
后天性污染	树木伐倒后,在贮存和加工过程中,因微生物或化学物质的作用而使木材产生的变色
次后天性污染	因光、氧气、热量或水蒸气等因子的作用而产生变色

常见材面污染以及消除的方法见表5-23。

常见材面污染及消除方法 表5-23

污染种类	污染原因	消除方法
铁污染	铁离子与木材中酚类物质反应将产生一种黑色化合物。每一种木材都可能产生铁污染,含单宁多的木材更容易出现。铁污染多产生于刨切或旋切单板表面与热压机压板接触的部位。从铁管上流下的水滴等都可能形成铁污染	① 先涂一遍4%草酸水溶液,然后再涂一遍磷酸二氢钠水溶液。涂布量约为50g/m² ② 50%次亚磷酸20g和50%次亚磷酸钠0.1g共溶于90mL水中,涂于木材表面 ③ 2%~5%的草酸水溶液,涂于木材表面 ④ 2%~5%的过氧化氢水溶液,涂于木材表面 ⑤ 2.5%的次亚磷酸水溶液(pH=3),涂于木材表面,干后水洗 ⑥ 在3%的草酸中加入0.5%的乙二胺四乙酸,涂于木材表面
酸污染	木材中的木质素和缩聚单宁在光辐射作用下很容易发生光化降解反应而生成双键,羰基和醌类化合物使材面颜色逐渐变深、变红。当木材表面pH值很低时,其变化速度加快。这种因pH值呈酸性而使木材表面出现的颜色变化,称酸污染。胶黏剂的酸类固化剂、酸固化氨基醇酸树脂涂料用于漂白或消除污染物的酸性化合物等容易使材面产生酸污染	① 2%~10%的过氧化氢溶液中加入氨水,调pH值为7.0~8.0,涂于污染面 ② 0.2%~2.0%的亚氯酸钠水溶液,调至弱碱性,涂于污染面 ③ 0.1%~1.0%的硼氢酸钠水溶液,调至弱碱性,涂于污染面
碱污染	木材表面与碱接触,产生黄色到暗褐色的变色。其颜色变化因树种而异。当木材pH值在11以上时,木材中酚类物质容易生成苯酚盐离子,发生氧化和聚合反应,而使木材表面变色。酚醛树脂胶合板表面、经常与水泥接触的木材表面、强碱性漂白剂处理后的木材表面均容易出现碱污染	① 初期碱污染,可用草酸水溶液除去,浓度视污染程度而定 ② 污染时间较长,可用浓度2%的过氧化氢

续表

污染种类	污染原因	消除方法
微生物污染	菌类所致,主要有变色菌和霉菌两类。变色菌丝侵入木材内部后,菌丝分泌的氧化酶可促进木材中的酚类成分氧化变色。菌丝自身的颜色及菌丝分泌的色素都可以改变木材颜色。霉菌引起的污染只存在于木材表面,呈黑、黄、灰多种颜色,因霉的种类而异	① 变色菌污染的材面,用次亚氯酸类较有效,如次亚氯酸钠、漂白粉、二氯异氰酸钠等 ② 霉变色可用亚氯酸钠消除,也可刨掉一层
斑点	某些热带树木在生长期间于导管中沉积有二氧化硅、钙盐等无机物以及黄酮等有机物质,这些沉积物在材面显现白到黄色斑点	① 柚木的白色斑点,用电熨斗加热到200℃以上即可除掉 ② 美国铁杉斑点,可用5%的氢氧化钍涂刷 ③ 钙盐形成的斑点可用稀盐酸溶解掉
热变色	有些木材经热压机高温加热后,半纤维素及酚类物质产生聚合反应,形成茶褐色、红褐色污染。如色木、山毛榉、椴木等阔叶树都易出现热变色	可用碱性过氧化氢或亚氯酸钠溶液反复涂刷消除材面热变色
光变色	在光的辐射下,木材表面常常发生颜色变化。木材光变色的程度,决定于木材的化学组成和抽提成分	① 用含有紫外线吸收剂的涂料处理木材表面 ② 用氨基脲、聚乙烯醇、抗坏血酸、硼氢酸钠等化学药剂处理

(3) 腻平与填平

白坯木材表面,常因木材本身的结构或机械加工等原因,存在着节子、虫眼、裂纹、缝隙以及凹陷、钉眼、榫孔、钝棱等缺陷,这些缺陷如不加以处理,不仅会消耗许多涂料,而且还会使涂层的基础不平整。其处理的方法是或用腻子腻平局部的缺陷,或用稀的填平漆全面填平,腻平或填平木质基层后,再进行涂饰,因其表面平整,故既省料、省工,又有利于提高表面涂饰质量。

木材的涂装有透明涂饰和不透明涂饰之分,在进行透明或不透明涂饰时,木材的局部缺陷常采用腻子填平,这通常是不可缺少的一道工序,在进行不透明涂饰时,除局部腻平外,涂饰时还常用较稀薄的填平漆全面填平。

a. 腻子的调配

腻子与填平漆可以根据涂饰时的具体情况,或自行调配,或使用油漆厂生产的成品腻子。

腻子一般是用颜料与粘结剂调配,颜料主要使用体质颜料,透明涂饰用的腻子为了与着色色调一致,可放入少量相应的着色颜料,少数腻子中放入部分木粉或细锯屑。腻子中的体质颜料多用碳酸钙(大白粉、老粉)、石膏粉、滑石粉、重晶石粉等,着色颜料多用氧化铁红、红土子、铁黄、炭黑等。腻子中所用着色颜料应与填孔着色的色调相同或略浅一点,最好能与填孔着色用的着色剂相同。腻子中的黏结剂可以使用水、胶液和成膜物质,因此可以根据腻子中所使用的粘结剂将腻子分为水性、胶性、猪血、虫胶、油性、醇酸、硝基、聚氨酯、聚酯以及光敏腻子等种类。

木材涂饰所用的腻子应调配简单、施工方便、干燥快、收缩小、附着力好、成本低。调配腻子时,在一块平整的木板或玻璃上,用刮刀先将体质颜料与着色颜料拌合均匀,再放入粘结剂,调匀即可。常用腻子与调平漆的调配方法如下:

(a) 水性腻子

用水将碳酸钙与着色颜料调配成稠厚膏状物,其优点是调配简单,使用方便,但是干燥较慢,附着力很差,干燥后收缩较大,因此只适于一般要求的产品,这类腻子最简便的调配方法是采用已配好的水性填孔着色剂,再加入一定量的碳酸钙即可。

(b) 胶性腻子

用浓度6%的胶水,将碳酸钙、少量着色颜料调成稠厚膏状物,其性能略好于水性腻子,可以用于中级产品,有时也可用于高级产品的初次腻平。另外,也可以用已配好的水粉子加适量体质颜料与胶液调配制成。胶性腻子的配比见表5-24。

胶性腻子配方 表5-24

原料	浅黄色填孔腻子	浅黄色填鬃眼腻子	浅棕色填孔腻子	浅棕色填鬃眼腻子	橙黄色腻子	无色腻子
	重 量 份					
石膏粉	94	93	90	—	—	—
地板黄	6	7	—	—	—	—
皮胶或骨胶	70	40	70	38	70	70
老粉	—	—	—	90	—	—
铁红	—	—	10	10	—	—
滑石粉	—	—	—	—	94	100
红土	—	—	—	—	6	—

(c) 虫胶腻子

虫胶腻子具有干燥快、附着力好、干后坚硬、易于着色、不渗陷、操作方便的特点,木材表面在着色前后都可以使用。其配比详见表5-25。调配虫胶腻子时,由于酒精挥发较快,所以不要一次调制过多,可根据使用量决定。使用时随着酒精的挥发,腻子可能变稠变干,可适量加一些酒精调匀后再使用。

虫胶腻子配方 表5-25

原料	重量比(%)	备注	原料	重量比(%)	备注
虫胶清漆	24	浓度为15%~20%	着色颜料	1	铁红、铁黄等
碳酸钙	75	即老粉、大白粉			

(d) 油性腻子

此类腻子的粘结剂可用清油(熟油、光油)或各种油性清漆(酯胶漆、钙脂漆、酚醛漆等)和厚漆。体质颜料则用石膏,稀释剂用松香水,油性腻子中常放入少量水,使石膏吸水、发胀、变硬。调配时应先将清油、松香水与石膏调匀,然后再放入水,如将石膏先与水接触,则可能变成硬块,不便调配,另外,水不宜加入过多,可视气温高低略加调节。油性腻子附着力好,但干燥慢,用途较广,既可用于局部缺陷的腻平,又可用于透明涂饰填孔,还可用于不透明涂饰的全面填平,但不同用途的腻子其黏度、配方与用法是有区别的。油性腻子的配方参见表5-26。

油性腻子配方　　　　　　　　表 5-26

原　料	重　量　比（％）			
	一	二	三	四
石膏	50	75	54	60
清油	15	—	12	22
油性清漆	—	6	—	—
厚漆	25	—	22	—
着色颜料	—	4	—	—
松香水	10	14	11	9
水	适量	1	适量	9

（e）硝基腻子

硝基腻子又称蜡克腻子、快干腻子、喷漆腻子。其组分由硝基清漆、体质颜料、着色颜料调配而成。硝基清漆可按 1∶2～3 对入稀料（信那水），体质颜料约占 75％。本品干燥快，干后坚硬，不易打磨。本品多用于涂过硝基漆的表面需进一步填补的地方，如透明涂饰时，涂过硝基漆以后的局部缺陷；不透明涂饰时，涂过第一道色漆以后嵌补洞眼、缝隙。本品干燥后宜用水砂纸湿磨。本品价格较贵，一般配套使用，油漆厂有成品生产，施工中亦可自行调配，其配方见表 5-27。

硝基腻子配方　　　　　　　　表 5-27

材　料	重　量　比（％）	材　料	重　量　比（％）
硝基清漆	10	填料（大白粉或滑石粉）	75
硝基稀料	15	着色颜料	适量

b. 成品腻子

成品腻子是油漆制造厂采用漆料与体质颜料及着色颜料等混合制成的产品，其特点是：原料种类多，配方科学，制造工艺严格，并且使用性能、贮存性能都较稳定，成品腻子的种类见表 5-28。

成品腻子种类　　　　　　　　表 5-28

序号	型号（标准号）	品　名	原料及配比	性能及用途
1	T07-1 HG2-571-67	铁红油性腻子	重晶石粉 120 份，重体老粉 100 份，铁红粉 30 份，酯胶清漆料 40 份，催干剂与稀释剂 20 份	刮涂性好，可烘烤。适用于钢家具或作色漆面的木家具底腻
2	T07-2 企标	灰油性腻子	重晶石粉 240 份，重体老粉 100 份，氧化锌 50 份，地板黄 12 份，松烟 0.6 份，酯胶漆料 50 份，溶剂和催干剂 40 份	除易打磨外，其余同 T07-1
3	C07-5	醇酸腻子	重晶石粉 240 份，重体老粉 120 份，氧化锌 40 份，立德粉 15 份，地板黄 10 份，松烟 0.3 份，醇酸漆料 55 份，溶剂和催干剂 30 份	刮涂性稍次于油性腻子。但干燥比油性腻子快，且干后坚硬，附着力好，耐候。钢木家具都可使用

续表

序号	型号（标准号）	品名	原料及配比	性能及用途
4	Q07-5 HG2-615-67	硝基腻子	重体老粉80份,炭黑0.02份,硝基漆料30份	干燥快,附着力好,易打磨。但刮涂性差,多用于涂过底漆的钢木家具表面填平
5	G07-3 HG2-624-67	铁红过氯乙烯腻子	滑石粉100份,铁红粉40份,过氯乙烯漆料100份	防潮、耐气候,但刮涂性差。可用于钢木家具底腻

c. 填平漆

填平漆是专门用于不透明涂饰时对其基层进行全面填平的材料。主要适用于大管孔木材及刨花板表面的填平,其组成与腻子类似,也可分为油性、胶性、硝基填平漆等类型。其中油性填平漆使用较多,组成与油性腻子类似,但比较稀薄。部分填平漆的配方见表5-29。

填平漆配方　　　　　　　　　表5-29

原料	重量比(%)		原料	重量比(%)	
	一	二		一	二
石膏	33	30.2	松香水	14	20.0
清油	8	40.2	水	27	9.6
酚醛底漆	18	—			

d. 腻子的刮涂

在木材涂饰施工中,常将用腻子腻平局部缺陷称为嵌补或填腻子,绝大多数是手工操作的,但也有少量机械操作,手工操作所用工具有嵌刀及刮刀,嵌补前要清除缺陷处的灰尘与木屑,嵌补时先将腻子压入有缺陷处,然后顺木纹方向先压后刮平,使腻子填满填实缺陷并略高出表面,待干缩下陷后能与表面高度一致。填腻子接触的范围应尽可能缩小在缺陷处,缺陷周围与腻子的接触面积应尽量小些,否则会留下较大的刮痕,增加打磨量,并影响着色的质量。

填腻子要在光线明亮处操作,将表面所有有缺陷的地方都要填到,不能遗漏,尤其边角处更应注意,缺陷较大的面积处,应进行木工修补,不宜勉强用腻子补平。有的缺陷有时不难一次腻平,当涂过底漆发现腻子干后收缩或漏填处,还要复填腻子,可能需2～3次,直至完全腻平。每遍腻子干后都要用砂纸仔细打磨,一直要打磨到表面平整,缺陷的边缘清楚显现为止。

局部缺陷腻平过程对透明涂饰和不透明涂饰都是一样的,不透明涂饰时,在涂过底漆,局部缺陷填平过腻子后,为清除微小的不平,并增加表面硬度,可用填平漆全面填平1～2次,填平漆可用喷枪喷涂,或用辊涂机辊涂,当用手工涂刷时,常用钢刮刀或牛角刮刀刮平,填平漆要尽量涂得薄一些,如涂层太厚,干后会发脆,涂层容易损坏。

(4) 白坯砂磨

采用砂纸或砂光机的砂带研磨木材表面,称之为白坯砂磨、白坯砂光或基材研磨,其目的是为了除去基层表面的不平、污迹与木毛,造成一个涂饰的平滑基础,白坯砂磨是涂饰过程中的一个重要工序。

白坯砂磨是决定涂饰质量的重要因素,经过对白坯基材表面的砂磨,可改善木材表面的状态,消除机械或手工加工时在表面留下的各种加工痕迹,使木材纹理清晰可见,表面平整光滑,提高光洁度,同时也改善了木材表面的界面化学性质,提高涂层的附着力。白坯砂磨质量,直接关系到涂饰效率,白坯木材表面越平整,光洁、清净,越能保证获得良好的涂饰质量,而且省工省料。

白坯砂磨的机具砂光机是现代木材工业广泛应用的设备之一,砂光机用于各种人造板、木制品零部件的精加工,以提高其尺寸精度、表面平直度和光洁度,为基材涂饰或二次加工获得良好的基础。根据使用磨具的结构形式不同,砂光机可分为带式砂光机、宽带式砂光机、辊式砂光机、盘式砂光机、刷式砂光机等多种类型。

没有全部脱离木材表面的木纤维统称之为木毛,当装饰质量要求很高时,砂光应与去木毛结合进行,表面预处理应有去木毛这一道工序。木毛对木材的涂饰是一种隐患,它可以产生:木材表面粗糙不平,着色不均匀,填孔不实等不良影响。

去木毛的方法是依据木毛吸湿便会膨胀竖起,干后便于研磨除掉的特征而确定的。根据其原理,去木毛用水,胶水与漆等液体材料润湿木材的表面,待其干燥后再研磨即可。去木毛的具体方法可分为三种,见表5-30。

木制品表面毛束去除方法 表5-30

序号	方法名称	方法的特点
1	水润湿法	用清洁的湿布片擦抹制品表面,使毛束吸收水分而膨胀竖起,待表面干燥后用细砂纸磨光
2	涂稀虫胶法	用虫胶:乙醇=1:7~8的溶液,涂在木制品表面,毛束将竖起,且发脆,再用砂纸磨去
3	火燎法	用排笔在木制品表面刷一薄层乙醇,立即点火燃烧,毛束变硬,变脆,再用砂纸磨去(此法只适用于平面)

(5) 填管孔

在涂饰涂料之前,采用专用的填孔材料将木材的全部管孔填塞起来,称之为填管孔或填孔。这是所有亮光装饰及填孔亚光装饰都需要进行的工序,在整个涂饰过程中具有重要的作用。对常见木材管孔开放分类和处理方案参见表5-31。

常见各类木材的管孔分类及处理方案 表5-31

材料名称	软木	硬木	管孔敞开型	管孔关闭型	处理方案
槐木		×			须刮腻子
桤木	×			×	适宜做染色处理
白杨木		×		×	适宜涂饰非透明涂料
美国椴木		×		×	适宜涂饰非透明涂料
山毛榉		×		×	适宜涂饰清漆,非透明涂料不适宜
桦木		×		×	清漆和非透明涂料都适宜
杉木	×			×	清漆和非透明涂料都适宜
樱桃木		×		×	适宜涂饰透明涂料
栗木		×	×		须刮腻子,不适宜涂饰非透明涂料

续表

材料名称	软木	硬木	管孔敞开型	管孔关闭型	处理方案
三角叶杨木		×		×	适宜涂饰非透明涂料
柏木		×		×	适宜涂刷透明及非透明涂层
榆木		×	×		须刮腻子，不适宜涂刷非透明涂层
冷杉木	×			×	不适宜涂饰非透明涂层
枫木		×		×	适宜涂饰透明涂料
铁杉	×			×	特别适宜涂饰非透明涂层
胡桃木		×	×		须刮腻子
桃花心木		×	×		须刮腻子
橡木		×	×		须刮腻子
松木	×			×	适宜涂刷非透明涂层
柚木		×		×	须刮腻子
核桃木		×		×	须刮腻子
红杉木	×			×	适宜涂饰非透明涂层

a. 填孔剂

填孔剂又称为填孔漆、填孔料等，过去大多为自行调配，其组成与腻子类似，但其黏度要比腻子稀薄。现许多油漆厂已能供配套成品选用，较为方便。

填孔剂常用填料、粘结剂、着色材料与稀释剂组成，其成分及其作用见表5-32所列。

填孔剂成分及其作用　　　　　　　　　　　　　　　表 5-32

成分	常用材料	作用
填料	碳酸钙、滑石粉、石膏、重晶石粉、石英粉、硅藻土、高岭土、松香等	填充管孔、管沟与纤维间隙，使表面平整
粘结剂	水、胶、清油、油性漆、各种树脂漆等	黏结填料，牢固填满，填实管孔、管沟，不致开裂、脱落
着色材料	着色颜料、染料、各种着色剂与色漆等	填孔同时着色或作底色
稀释剂	稀释剂应与黏结剂配合。清油与油性漆多用松香水、胶用水；合成树脂用各自稀料	调解填孔剂黏度，使之达到施工要求

根据黏结剂种类，可将填孔剂分为水性、油性、胶性、合成树脂填孔剂四类。填孔剂种类及特点见表5-33所列。

填孔剂种类及特点　　　　　　　　　　　　　　　表 5-33

种类		水性填孔剂（水老粉）	胶性填孔剂	油性填孔剂（油粉子、油老粉）	树脂填孔剂
成分	填料	碳酸钙、滑石粉等	碳酸钙、滑石粉等	碳酸钙、滑石粉、石膏等	碳酸钙、滑石粉等
	粘结剂	水	动物胶、明胶、酪素胶、乳白胶等	清油、各种油性漆（酯胶漆、酚醛漆等）	合成树脂漆

续表

种类		水性填孔剂(水老粉)	胶性填孔剂	油性填孔剂(油粉子、油老粉)	树脂填孔剂
成分	着色材料	氧化铁红、氧化铁黄、炭黑等或水溶性染料	着色颜料或水溶性染料	着色颜料、油溶性染料、油性色漆等	染料、着色颜料、合成树脂磁漆
	稀释剂	水	水	松香水、松节油等	与树脂相应的稀释剂
特点	优点	调配简单,施工方便,成本低;可自由选择着色剂;作业性好,任何底漆都可使用	与水性填孔剂相同,但附着性提高,填充较坚牢	不弄湿木材表面;木材表面不膨胀;不会引起木毛;材面不粗糙;收缩开裂小;干后坚牢;填充效果好;着色美观	含水率不变动,材面不变粗糙,木塞坚牢,不易渗漆,不产生收缩皱纹
	缺点	易使木材湿润膨胀;材面起毛粗糙;木纹不鲜明;收缩大易开裂;附着性差	与水性填孔剂相同	干燥慢、价格高;操作不够方便;上面不宜直接用硝基、聚氨酯等涂饰	干燥较慢;所用着色材料有限;手工擦磨易黏住;调配麻烦;价高

填孔剂填实管孔,可起到下列作用:

(a) 填平表面:木材是一种多孔性材料,虽经过精细的砂光并除去木毛,但由于大量孔隙的存在,其表面仍是不平整的,尤其是阔叶材表面更加明显,当经过填孔工序填孔以后,木材表面才能比较平整,在此基础上涂饰涂料,才能形成丰满厚实,平整光滑的漆膜。

(b) 防止渗漆:将管孔填实之后,可防止涂料渗入木材孔隙中,这不但可以节省涂料,而且可以防止漆膜沉陷。

(c) 木材着色:在实际施工中,常将着色颜料放在填孔材料中,使填孔和着色两道工序合并在一起进行,此种方法广泛用于普通家具的透明涂饰。

(d) 显现木纹:实验证明,当用折光率与木材相近的材料填孔时,由填充剂代替管孔中的空气,可提高木纹的显现能力,这是因为木材孔隙中所含空气与木材的折光率相差很大。当光线照射到材面上时,只能反射,不能透射。当木材与填孔剂的折光率相近时,就有一部分光线透射,从而在一定程度上提高了表层透明度,因此,可以在填孔剂中加入折光率与木材相近的材料,如松香、玻璃粉等,可提高透明度,部分材料的折光率见表5-34。

部分材料折光率 表5-34

材料	折光率	材料	折光率	材料	折光率
木材	1.52~1.55	钛白	2.55	二氧化硅	1.54
空气	1.00	碳酸钙	1.58	松香	1.53
油	1.48	滑石粉	1.49	玻璃粉	1.52
树脂	1.55	石膏	1.52	碳酸镁	1.57

b. 填孔方法

填管孔工序,目前国内仍以手工操作为主,只有少量采用机械的方法填孔,在填孔作业中,以擦、刮涂为主要方法,辊涂法适用于大的平表面板材,各种填孔剂均可以使用辊涂机进行填孔。

(a)擦涂法:手工填孔的基本方法。适用于小型、弯曲的材面或细长、形状复杂的不宜刮涂的表面,擦涂时,可将填孔剂先刷涂在基材表面,然后采用适当的材料进行擦涂,可横纤维或圈擦,设法使填孔剂进入表面孔隙中去,刷涂和擦涂的填孔剂黏度比刮涂的低,用弹性较强的扁鬃刷蘸填孔剂横纤维方向刷涂,刷后需稍停放一会儿再进行擦磨与拭清,一般水性填孔剂需停放5min左右,油性填孔剂则需停放8~10min,擦磨材料一般采用棉纱、软布、细刨花、竹花等。当将填孔剂均匀擦入孔隙后,应趁湿换清洁材料顺纤维方向擦清表面,不留浮粉,擦出木纹,否则影响涂漆后木纹的清晰。

(b)刮涂法:刮涂法是利用刮刀将填孔剂压入管孔内,大的平表面以较稠的填孔剂手工刮涂,具填充效果较好,国内粗孔材(如水曲柳)表面的油性石膏填孔剂刮涂效果最好。刮刀可用金属或非金属制造(钢、木材、竹、牛角与橡皮等制)。含单宁木材不宜使用铁质刮刀,刮刀材质应较基层材面硬度较软为宜,否则可能刮伤材面,使材面变粗,刮涂不宜柔顺,操作不便。刮刀的弹性与硬度应由材面软、硬、填孔剂黏度高低以及刮刀的规格而定。

刮涂填孔时,刮刀的刀刃对管沟方向保持30°角,刮刀对材面保持50°~60°角,刀身与管沟成直角方向移动,则可获得最好的填充效果。

(c)辊涂法:辊涂法是采用各种辊涂机对平表面的板件进行填充,辊涂机上的涂漆辊将填孔剂涂于表面,另有刮刀或辊筒将填孔剂压入管孔,最后由擦清机构(辊筒或擦头)将表面拭清,这种方法填孔效果好,效率高。

c. 填孔剂的应用

填孔剂种类不同,其性质也不同,调配和使用也有所不同。

(a)水性和胶性填孔剂:水性和胶性填孔剂的配方见表5-35。

水性与胶性填孔剂配方 表5-35

原 料	重量比(%)		原 料	重量比(%)	
	配方(1)	配方(2)		配方(1)	配方(2)
碳酸钙	65	60	着色颜料		1
酸性染料	0.5		胶		4
热 水	34.5	35			

按表5-35中配方(1)配制时,先用80℃以上热水溶解染料,再加入碳酸钙搅拌均匀,按表5-35中配方(2)配制时,先混合碳酸钙与着色颜料,再放入热水与胶的混合溶液内搅拌均匀。

使用水性和胶性填孔剂时,材面应彻底去木毛,填孔剂擦入管孔,管沟后,应将木材表面的填孔剂擦净,这对显现木纹至关重要,最终的擦拭用拭清材料顺木纹方向轻轻擦拭,以防带出管孔,管沟中的填孔剂,对于积存在制品表面角落的填孔剂,可用细软纱布包上刮刀尖、木棒将其完全清除干净。当填孔剂完全干燥后方可进行下一道工序,如果干燥不充分,就容易使填孔剂浮出或产生缩孔,将会使后续涂层发生缺陷。

(b)油性填孔剂:油性填孔材料的组成基本与油性腻子相同,在生产中常用其黏度、用法及配方的差别分为油粉子(油老粉)与填孔油腻子两类,前者黏度比后者稀薄。可用手工擦涂或辊涂机辊涂,后者较稠厚,多用于粗纹孔材表面手工刮涂。其配方见表5-36。

油性填孔料配方 表5-36

原料	重量比（%）			
	油粉子			油腻子
	(1)	(2)	(3)	
石膏	53			62.5
大白粉		50	55	
清油		10	8	15.6
油性清漆	3			
松香水	44	40	25	18.8
松香			12	
水				3.1
着色颜料	适量	适量	适量	适量

油性填孔剂手工涂擦与水性填孔剂相同,但操作不及水性填孔剂方便。

油性填孔剂不会润湿木材引起木毛,并能获得清晰显现木纹和坚牢的填孔效果,但干燥缓慢,材料略贵。涂后需稍停5~10min再进行擦磨与拭清,一般需干燥24h。

(c) 树脂填孔剂:

本品优于前两种填孔剂的填孔效果。多用酸固化氨基醇酸树脂、聚氨酯、聚酯树脂等。其配方见表5-37。

树脂填孔剂配方 表5-37

原料	重量份	原料	重量份
填料	60	聚氨酯清漆	7
着色颜料	1	稀释剂	32~40

本品擦磨拭清与油性填孔剂类似,但宜用人造丝等材料,干燥时间依所用树脂为准,干后可用细砂纸轻磨并除尘。

在实际施工操作时,填孔工序一般都与着色同步进行,其具体操作方法可参见木材涂饰着色的有关章节。

五、竹材制品基层的处理

竹材表面有一层青皮,称为表皮,表皮与基本组织结构结合不牢,因此,竹材在涂饰前一定要对表皮进行处理,一般采用如下方法:

1. 手工刮削法

用利刀将竹材的青皮全部刮削一次,此法费工,且不均匀,在大批量生产中不宜采用。

2. 火燎法

将竹材放在明火上滚烫,并且借助温度,将小直径的竹材弯成一定的形状,可以在竹材表面涂上桐油或茶油,然后用细腻的泥浆在竹材上打出许多图案,再次放入明火中滚烫,待油烧完后,取出,剥去泥,竹材上就会呈现出美丽的花纹图案。

六、金属基层的处理

1. 黑色金属基层的处理

铸铁、锻铁、软钢到高强度钢和不锈钢都属于黑色金属,黑色金属表面容易被侵蚀的原因是当空气和水中含有酸、盐或含有酸、盐的尘埃时,就会产生侵蚀,侵蚀的结果会产生锈。侵蚀是叫做电解的电化学过程产生的变化。当金属暴露在大气中时,实际就等于侵泡在电解液中,为了解决黑色金属表面的锈蚀问题,一种方法是将金属表面电镀上一层难以锈蚀的有色金属,另一种方法就是在金属表面涂刷防锈涂料。其作用均是使金属表面与空气中有侵蚀性的物质隔离开。

涂料中的某些颜料,如红丹、铬酸铅、锌铬黄、升华碱、硫酸铅、铅酸钙等均具有防锈性能。有些颜料如石墨、灯黑(软质炭黑)、炭黑合成铁红及某些质次的氧化铁红等对金属有促进锈蚀的作用。

(1) 基层处理

金属基层常用的处理方法是机械处理和化学处理两种,化学处理主要是酸洗和钝化处理,建筑工地应用不多,金属表面处理主要采用机械处理,其处理方法见表5-38。

黑色金属基层的处理方法 表5-38

名称		处理方法
机械处理	机械和手工清除	机械和手工清除:这是一种效率和清除程度都相当低的方法,只运用在无侵蚀环境或不需彻底清除及无法彻底清除的部位,或由于条件限制的建筑工地
	火焰清除	火焰清除:火焰清除适用在具有一定侵蚀性的环境,它是利用高温的氧气、乙炔火焰及金属面与氧化皮受热后膨胀系数的不同,使氧化皮变得松散,锈蚀失水干燥易于消除,其清除效果不如喷砂清除好。底漆应在金属表面冷却之前涂刷完毕,以便涂料能在空气中的潮气未凝聚到表面前,能趁热流到基层上的各个细小部位与表面牢固地黏附
	喷砂清除	喷砂清除:当使用环境的侵蚀状况十分恶劣,对基层处理要求很严格时,可采用喷砂处理的方法,如受水浸泡的部位、工业污染区、海洋环境等 喷砂处理前基层表面的油脂、污物应用清洗剂清除掉。当基层表面温度低于露点5℃以下时,为避免潮湿凝聚诱发生锈,只能采用喷砂处理。喷砂处理后应立即涂刷,最迟不宜超过4h。喷砂清理后的粗糙面,对底漆附着有利,但粗糙的程度不应过大,即表面突起的尖峰不应超过漆膜的厚度。一般情况尖峰的高度不应超出50μm

(2) 底漆的涂刷

在金属基层的处理中很重要的一点是要将基层处理和底漆涂刷看作是一个工序。即处理完毕立即涂刷底漆,特别是在采用火焰清除的情况下。

涂刷底漆时,对金属表面上的铆接部位、螺栓、边角、接缝等部位要注意刷到、刷透,特别是涂料不易挂附的棱角部位。因表面张力的原因,螺栓、棱角部位应涂刷两遍底漆,底漆涂层的总厚度不应小于125μm,即涂刷4~5遍,以确保面上所有的尖峰,高点都能被充分覆盖上。

如果在涂料中加少量的防水颜料,如铝粉、石墨或它们的混合物,不仅不会明显改变涂膜颜色,还可提高涂膜的封闭性,加入铝粉还可提高耐晒性。

在选择涂刷方法上,由于刷涂时刷子对金属表面具有摩擦作用,涂料能紧密地与表面结合,效果最好,其次是滚涂。底漆如采用喷涂,在室内表面可经预先化学处理,而且环境温度和湿度均可控制,在室外却是另一回事,在某种情况下,大气中的湿气会随同漆雾一起沉积在金属表面。在室内禁止喷涂含铅涂料。

某些沥青涂料对地下、水下金属面具有比油性涂料更好的保护作用,在地上使用加入少量铝粉,可延长老化时间,增强耐紫外线作用。沥青涂料,特别是易受温度影响不稳定的乳化沥青涂料,都应涂刷在防锈底漆面上,为防止沥青涂料中的溶剂将底漆溶解,要在底漆涂刷2~3星期后涂刷。

2. 有色金属基层的处理

成分中不含有铁类的所有金属都称之为有色金属,广泛应用于建筑工程上的有铜、铝、铅、锌、铬等及它们的镀层,有色金属一般情况下不需涂刷保护涂层,因为有色金属虽同黑色金属一样在同普通的大气接触中也同样因电解化学过程产生侵蚀,但最大不同的是与钢、铁相比,牢固地附着在金属表面上的侵蚀沉积物可以阻止或使侵蚀的速度相当慢。

当与有化学污染的大气、非同类金属酸、碱性材料或木材(冷松、橡木、栗木)接触时,可加速侵蚀,在这类环境中一般均需涂刷保护层。有色金属基层的处理及底漆的选择详见表5-39。

有色金属基层的处理及底漆的选择　　　　　表5-39

金属	处理方法		底漆
	工厂	现场	
铝板	用酸除油脂或碱浸泡	用金刚砂布或松香水去油脂	磷化底漆、铬酸锌底漆
镀锌板	用酸除油脂或碱浸泡	露天自然侵蚀数月或用松香水除去油脂	铬酸锌、高铅酸钙或磷化底漆
喷镀锌	用金刚砂布除去油脂	用金刚砂布除去油脂	涂刷磷化底漆后再涂刷铬酸锌底漆
紫铜、黄铜、青铜	在溶剂中浸泡除去油迹	使用砂布和松香水擦除油迹(不要露天侵蚀或干磨)	使用磷化底漆后再涂刷银粉漆
铅	一般不处理	露天自然侵蚀数月或使用砂布或松香水湿磨	磷化底漆
镀锡	用溶剂浸泡去油迹	用砂布和松香水轻磨	磷化底漆和铬酸锌底漆
镀铬	一般不处理	用砂布和松香水轻磨	磷化底漆
镀镉	酸或碱浸泡	用砂布和松香水轻磨	磷化底漆

七、各种基层底漆的涂刷

各种基层在做完了基本处理之后,涂刷适宜的底漆也是基层处理的重要工序。

各种基层底漆的涂刷方法见表5-40。

各种基层底漆的涂刷方法　　　　　　　　表 5-40

基　　层	涂刷方法和要求
水泥、石灰、石膏面	要根据基层潮湿状况和密度选择底漆。如基层较潮湿碱性反复出现,应涂刷耐碱底漆。一般涂刷一遍即可,如基层吸收性过强时,可增加一遍底漆。 底漆的含油量可根据基层的密度来选择。密度大的含油量要小一些,密度小的(即多孔隙的粗糙基层)含油量要大一些。 在较潮湿的基层上涂刷底漆时应选择渗透性好的涂料,如无光涂料或油溶乳化水性涂料效果较好。底漆的颜色以浅色为好,以免影响外层装饰涂料的颜色和效果
木　质　面	木质基层用得较多的底漆是清油和各色厚漆(也称铅油)。底漆的含油量要依基层的吸收性而定。它不仅应满足基层对油量的吸收,而且还能将底漆中的颜料黏附住。普通木质基层油料与稀料的比例为 3:1,吸收性强的基层比例为 4~5:1。有时厚漆也可加一些清油做底漆,可增加底漆的黏附性和强度。稀料选择上松节油要比松香水易使底漆渗透和干燥。 底漆最好采用刷除,以利底漆的附着和渗透。涂刷的厚度要依基层的吸收性为准,吸收快的要厚一些,吸收慢的要薄一些。但要刷严刷满,不要遗漏,要将缝隙、孔洞的底部刷到。木料的端部位涂刷两遍,使底漆尽量多吸收一些对下一道工序有利 如木质基层较潮湿时,底漆选择纯亚麻油较好,可使内部潮气散出,外部潮湿又可避免进入 如木质基层含油过多会影响底漆的干燥和附着,应做去油的处理。可用少量丙酮擦洗表面,待丙酮全部挥发后再用松节油擦洗一遍。对木材的活性节疤应点涂漆片(虫胶漆),防止木材油脂渗出影响装饰质量

八、旧涂饰基层的处理

在旧漆膜,旧浆皮的基层上重新进行涂饰时,可根据旧漆膜或旧浆皮的附着力和表面情况的好坏来确定是否需要全部清除或是部分清除。

1. 旧漆膜状况完好的基层的表面处理

何为状况完好,其标准是旧漆膜表面坚实完好,基本无开裂、裂纹、起泡和剥落。确定原有涂层对基层的黏附程度,可用锋利的刀具在涂层表面划出相互交叉 30°角的两条直道,然后在交叉点将涂膜慢慢掀起,如果能掀起长度在 1cm 左右,说明黏结状况不好,则要将涂膜全部清除。如用一般铲刀刮不掉,用砂纸打磨时声音发脆有轻爽感觉,说明状况完好,可按以下程序进行处理:

(1) 用 3%的磷酸三钠水溶液或其他刷洗剂除去油漆或尘垢,肥皂粉易遗留沉积在表面,不宜采用;

(2) 打磨表面,除去因涂膜风化产生的粉尘物,使表面变糙,后续涂层易于黏附,砖石面可采用蒸气喷除或喷砂清除,也可以将湿磨和刷洗工作同时进行,在不了解旧涂层的涂料种类是否是含铅涂料时,应采取湿磨;

(3) 将疏松的涂膜刮掉,露出坚实的边缘,基层露出的部位应清除干净,打磨并点涂底漆;

(4) 修补、填充表面的孔穴,裂缝及其他不平部位,在涂刷后续涂层时,要考虑新旧涂层的相容性,避免出现涂膜开裂、起皱、渗色等现象。

常用刷洗剂的种类及特点见表 5-41。

常用刷洗剂的种类及特点 表 5-41

刷洗剂种类	优 点	缺 点
晶 碱	成本低,不起泡沫	使用过浓可使涂膜变软(一撮晶碱加一升开水,可用于一般刷洗),不易漂洗,易遗留碱迹。遗留的残液对后续涂层的干燥有影响
洗涤粉剂	除油迹效果好	使用过浓,可使涂膜变软,由于泡沫作用,不易清除残迹,成本高
皂 粉	比洗涤剂性能柔和,不会使涂料变软	清除残留泡沫困难,对油垢严重的表面清除缓慢,成本高

2．旧漆膜状况差的基层的表面处理

凡涂膜起皮、剥落、鼓泡、裂缝或是胶质涂料涂层都属基层状况差的表面,则应按照表 5-42 中的任何一种方法将涂层清除干净,然后再按照新基层来处理。

各种常用旧涂层消除方法及特点 表 5-42

清除方法	操作方法及特点	安全措施
刷洗法	主要用于胶质涂料涂层。用水刷洗涂层后,涂刷耐碱底漆或用封闭涂料封闭处理残存涂料	
烧除法	是清除旧涂层的最快方法,主要用于木质基层上的油漆涂层	1. 喷打内燃料不宜过量 2. 准备好防火设备,室内作业应通风良好 3. 用金属板或石棉板遮挡附近易燃物
脱漆剂清除	软化涂层后用铲刀清除,用于不易烧除的部位 (1)溶剂型 极易烧型,如丙酮,加蜡可降低蒸发速度,并变稠 非易烧型,如氯化碳氢化合物,加甲基纤维素,可降低蒸发速度并变稠不易损伤基层,易损伤油刷,可除掉大多数空气干燥型的涂层 (2)强碱型 1)成本低,不易燃,用浸泡方法,特别有效 2)对有色金属有害,特别是铝	溶剂型 1)避免引起火花或接触火焰 2)注意保护能受损伤的塑料、油毡等物 3)保证通风良好 4)戴防护镜、手套和橡胶围裙,以防溅沫烧伤
机械打磨	多数涂层都可用打磨器清除	为防止伤害应戴呼吸面罩

各种常见旧涂层的消除方法及特点见表 5-42。常见各类旧涂饰基层的处理见表 5-43。

常见旧涂饰基层的处理 表 5-43

基 层	处 理 方 法
木质面	(1)洞眼或塌陷 对木质面因机械损伤、天然毛病或局部腐朽产生的洞眼或塌陷,应将松软物质挖除,涂刷底漆后填充与后续涂层相容的腻子。室内如填充塑性木粉浆可不涂刷底漆 (2)恶化的木质面 当木质面风化褪色变黑时,须完全打磨清除掉风化面,露出硬实的底面,否则会严重影响涂膜寿命。严重损坏或腐朽的部位应切除掉,换上事先各面都涂有底漆的新木材。对可引起腐朽的潮湿面应清除潮湿源

续表

基 层	处 理 方 法
木质面	（3）锈钉 钉子锈蚀不仅影响机械强度，并会污染周围，使涂膜出现渗色，特别是沿海或潮湿环境。当锈钉松动凸起后应打进去，并在附近重新钉上新钉，钉帽应打进基层，涂上底漆，然后再嵌补腻子 （4）涂膜严重损坏 当涂膜出现开裂、脱落等严重漆病时，应将涂膜剥除，然后按新基层处理 （5）树节 当涂膜因树节而出现起泡或渗色时，应将涂膜刮掉露出树结，然后涂一层虫胶漆或将树节挖去填上腻子，干燥、打磨后涂刷 对室外基层上因含树脂或木节过多长期出现起泡的情况，光靠采用火焰清除或低油量涂料，往往解决不了问题。须涂刷油溶型水性涂料。具体作法是先将表面用火焰清除，要尽量将基层内的树脂烤出刮掉，但要避免将木质烧焦。打磨后涂刷一层水性涂料。要涂刷均匀，收刷时要小心，不要出现刷痕或露底。要选择好天气涂刷，以便能尽快地涂刷后续的油性涂料。水性涂料干燥打磨后即可涂刷油性涂料，油性涂料的含油量要低，只要能封闭住孔隙、黏结住颜料就可以。可用清漆代替一半的油量，涂料用由1份清漆、1份亚麻籽油、两份松节油或松香水制成的稀释剂稀释 （6）用防腐油处理过的木质基层 用沥青、杂酚油等木材防腐油涂刷过的木材，在涂层未老化变硬、失去弹性前不能涂刷，以免性脆的虫胶漆封闭层开裂。封闭层一般须涂刷两遍。为增加封闭层韧性，可加入一定量铝粉，铝粉与封闭漆的比例为1kg:20L。涂刷时要避免遗漏或针孔，以防渗透。加入铝粉后只须涂刷一遍 （7）霉菌污染 长期处于潮湿、空气不流通的使用环境，木质基层上的涂膜容易受到霉菌的影响，遇有这种情况应将漆膜用火焰清除，仔细检查有无干腐情况，如有应挖除并修补。涂刷前，表面应进行杀菌处理。底漆要选用石脑油稀释，不要使用松节油或松香水，因为它渗透性好并且有杀菌作用。石脑油不可用在后续涂层中，它可使下面的涂层变软，在霉菌反复出现的环境中，要选用专用的灭菌涂料
抹灰面基层	处理抹灰面旧涂层所遇的情况，要比木质面复杂。采用何种处理方法及工序，主要与抹灰面的种类、旧涂料的类型及现在状况、新涂料的类型(无光、有光、或是斑纹等)有关 （1）污染痕迹 1）刮除污染痕迹，以确定污染是在涂层表面，还是在涂层内部，或是来自基层内部 2）处理来自基层内部的污染，要比涂层表面的污染困难。如因潮湿、渗漏引起的泛碱。当查清根除根源后，污染物对后续涂层就不再起破坏作用 3）对通过细缝渗透到油漆表面的烟迹污染，刷洗掉沉积在表面的污物后，应涂刷一遍专用的封闭底漆。因霉菌产生的污染，应采用专门的处理措施 （2）图形污染 抹灰顶棚上有时会出现与顶棚龙骨或背面结构物形状一样的图形污染。这是由于顶棚背后有木质龙骨等导热差的材料，顶棚表面温度存在区域性的差异，使烟尘或灰尘沉积在温度较低的区域。暖气管或散热器的上部墙面，有时也常常因沉积一些被热空气流带来的灰尘而形成黑斑。 消除污染的办法是，在龙骨间放置矿棉等保温材料或在顶棚下部粘贴灰泥板或泡沫塑料，使顶棚的温度保持一致。将暖气散热器加罩可避免因热空气流使灰尘沉积形成的污染
砖、石、混凝土基层	（1）清除表面松散物质、砂浆、水浆涂料及污垢，也可用磷酸清洗 表面。破坏严重的部位要用水泥砂浆修补，待干燥并涂刷耐碱底漆后，方可涂刷油性油漆 （2）当涂层普遍开裂，厚度超过3mm，或中间夹有水浆涂料涂层时，应将旧涂层清除。清除时要根据基层实际情况，选用一种或多种方法相互配合。采用脱漆剂效果好，但成本高 （3）砖面涂刷前为黏结住表面松散的颗粒，封闭住表面的孔隙，要用4份亚麻籽油、1份松节油或松香水调成底漆将表面刷透(特别是砖缝内)。室外的砖面为提高抗渗性，要用熟亚麻籽油。当砖缝松动破损严重时，要将松动的砂灰清出，用等份的熟油、松香水涂抹砖缝后，用油灰勾缝(由熟油、砖粉、红丹及白砂调成)

续表

基　层	处　理　方　法
钢、铁面	钢铁面需重新涂刷的标准是：现有涂膜对下面的底漆已不具有保护作用或涂膜已快损坏到不宜作新涂层的基层时 钢铁面处理常采用以下几种形式 1) 小型动力机械工具及手工清除 2) 火焰清除 3) 喷砂清除
旧浆皮或水质涂料基　层	在刷过粉浆的旧浆皮或刷过水质涂料的墙面、平顶上重新刷涂料时，必须把旧浆皮或旧涂料全部清除掉。一般的方法是先在旧浆皮面上刷清水，然后用铲刀刮去旧浆皮。如果旧浆皮是石灰浆一类，就要根据不同的底层采取不同处理办法。底层是水泥砂浆抹灰的，则可用钢丝刷刷除；如是石灰膏抹灰的，可用砂纸打磨或用铲刀刮除。石灰浆皮较牢固，清水润湿不起作用。采用铲刀刮除或用砂纸打磨都要注意不能损伤底层抹面

第三节　常用涂装工具及设备

　　涂装施工通常以手工作业为主，不仅要求操作人员具有熟练的技术，还必须采用得心应手的工具。涂料涂装施工用的工具及设备种类极多，会选择、使用，甚至必要时还能自制一些工具，这是油漆工必须掌握的基础知识。

一、梯子

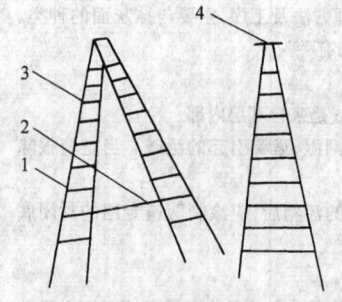

图 5-2　刷涂用木合梯结构示意图
1—支撑边柱；2—锁绳；
3—横档；4—顶板

　　涂料施工使用的梯子要求轻便，常用的有单梯、分节一字云梯、合梯等几种。

　　合梯又称高凳，见图 5-2，最好用杉木制作，因其质轻而不易断裂，也可使用市面上用铝合金制造的合梯，合梯一般分为 5 档、7 档、9 档、11 档等多种，每档相距 30～35cm，门窗、墙面涂装都使用 5～7 档，9 档以上是特殊需要专用的。5～7 档的最高一档是最好的木料装合页并合起来的，操作时可以把工具、油桶等物挂在上面，比较方便，但要防止坠落事故发生。

　　合梯的使用应注意以下各点：

　　(1) 合梯自下往上第二档要用麻绳系牢，两面拉住，防止蹬开；

　　(2) 在打过蜡的地板上工作时，要用布包住合梯四脚，防止滑倒；

　　(3) 用两个合梯搭脚手板施工时，跳板不能放在最高一档上，以防翻倒；

　　(4) 放置合梯时，要四脚放平、放稳，不能有摇动或三脚着地，一脚悬空的现象，合梯与地面的夹角不能超过 60°，也不能小于 40°。角度过大，合梯不稳，角度过小，合梯容易蹬开。

　　(5) 单个合梯的最高有效使用档数是从上向下的第三档，人在合梯上必须成两脚跨骑式，如图 5-3(a)(c)所示，而不能如图 5-3(b)所示的不正确使用方法。

图 5-3 木合梯的结构及安全操作
(a)、(c)正确使用方法；(b)不正确使用方法

二、手工工具

1. 调料刀

调料刀为圆头、窄长而柔韧的钢片，钢片端部不应弯曲、卷起，刀片长度为 75～300mm，见图 5-4(a)。其用途在涂料罐里或板上调拌各种涂料。

2. 腻子或油灰刀

刀片一边是直的，另一边是曲形的，也有两边都是曲形的，刀片长度为 112mm 或 125mm，见图 5-4(b)，其用途把腻子填塞进小孔或裂缝中，刀片端部如磨损或者起有毛刺时应及时修磨。

3. 斜面刮刀

周围是斜面刀刃，见图 5-4(c)所示的三种形状，其用途刮除凸凹线脚，檐板或装饰物上的旧油漆碎片，一般与涂料清除剂或火焰烧除设备配合使用，还可在填腻子前，用来清理灰浆表面裂缝。应经常锉磨，保持刮刀刃锋利。

4. 刮刀

见图 5-4(d)，刀片宽度为 45～80mm 之间，可用来清除旧油漆或木材上的斑渍。

5. 剁刀

见图 5-4(e)，为一带有皮革手柄和坚韧结实的金属刀片。刀背平直，便于用锤敲打，刀片长为 100mm 或 125mm，可铲除旧玻璃油灰。

6. 搅拌棒

见图 5-4(f)，为一坚硬、有孔、叶片形的棒。端部扁平，在搅拌涂料时，可与涂料罐的底部很贴切，棒上的孔洞便于涂料通过，可改善搅拌效果。

7. 锤子

见图 5-4(g)，重量在 170g 至 227g，可与冲子、錾子、砍刀配合使用，可钉钉子、楔子、清除大的锈皮。

8. 钳子

见图 5-4(h)，规格 150mm、175mm、200mm，用于拔掉钉子等。

9. 冲子

见图 5-4(i)，其主要规格有：端部尺寸为 2mm、3mm、5mm。在刮腻子前，把木质基层表面上的钉子钉入木表面以下。

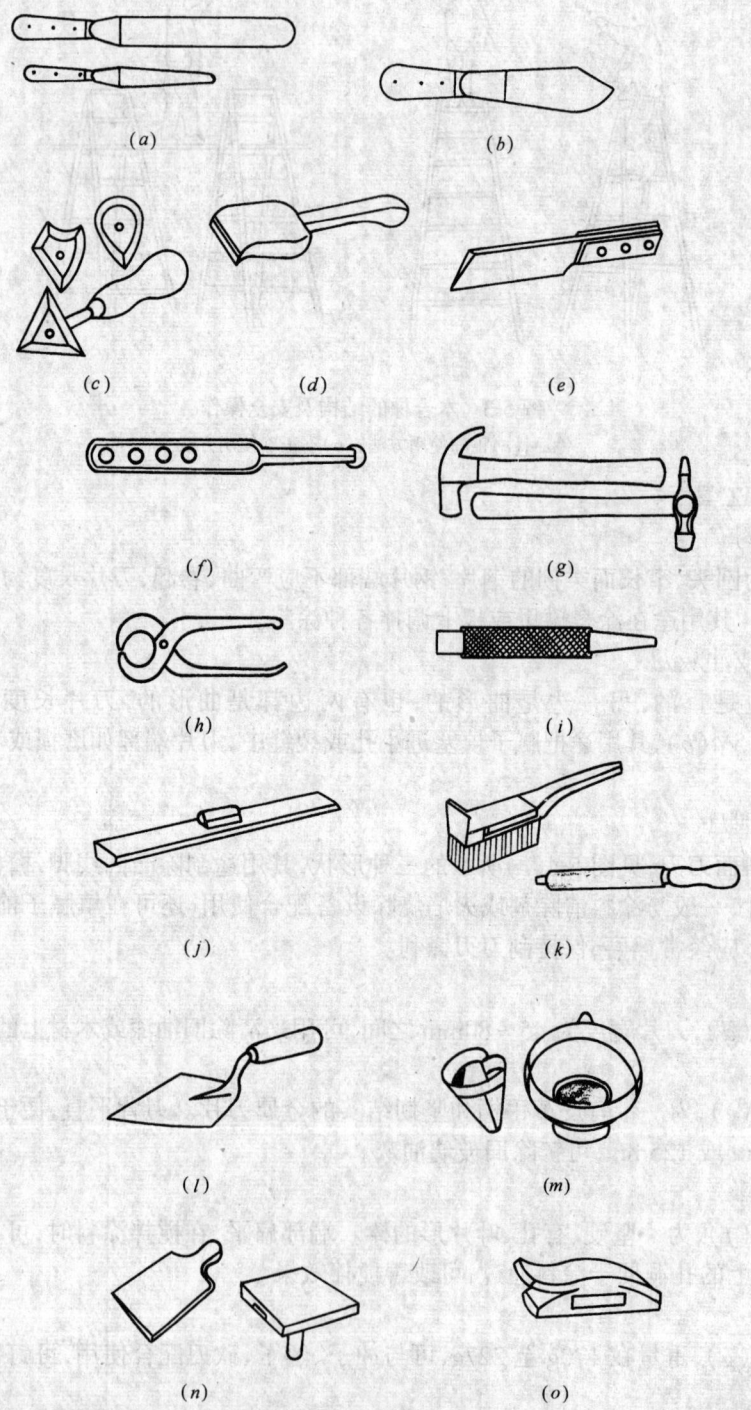

图 5-4 油漆工手用工具

(a)调料刀;(b)油灰(腻子)刀;(c)斜面刮刀;(d)刮刀;(e)剁刀;(f)搅拌棒;(g)锤子;(h)钳子;(i)冲子;(j)直尺;(k)金属刷;(l)尖镘;(m)滤漆筛;(n)托板;(o)打磨块

10. 直尺

两边用小木块垫起,常有斜边的木直尺,见图 5-4(j),长度 300mm 至 1m,可用来画线,与画线笔配合使用。

11. 金属刷

见图 5-4(k),带木柄,装有坚韧的钢丝,铜丝刷不易引起火花,可用于易燃环境,有多种形状,长度为 65～285mm。用于清除钢铁部件上的腐蚀物或在涂装前清扫表面上的松散沉积物。

12. 尖镘

见图 5-4(l),其刀片为 125mm 与 150mm,用于修补大的裂缝和孔穴。

13. 滤漆筛

见图 5-4(m),滤漆筛用于滤掉涂料中的脏物或漆皮。金属滤漆筛其筛的沿口可用马口铁皮或镀锌铁皮卷成圆筒片装铜网,铜网规格有三种,30 目、40 目、80 目,其中 30 目为细的,40 目是较细的,80 目为最细。筛子使用完后应立即彻底清洗干净,以免网目被堵塞。

滤漆筛还可以用纸板作沿口,细棉纱布作网罩,制成简易滤漆筛。

也可以用尼龙布或细棉纱布直接铺在桶口上进行滤漆。

14. 托板

见图 5-4(n),用油浸胶合板、复合胶合板或厚塑料板制成。用于托装各样填充料,在填补大缝隙和孔穴时用它来盛放砂浆。用于填抹大孔隙的托板,尺寸为 100mm×130mm;用于填抹细缝隙的托板,尺寸为 180mm×230mm(手柄的长度在内)。

15. 打磨块

见图 5-4(o)。本工具用于涂装时的打磨工序,用木块、软木、毡块或橡胶制成(其中橡胶制品最耐久)。用于固定砂纸,使砂纸能保持平面,便于擦抹。其规格:打磨面约为 70mm 宽,100mm 长。

三、盛装涂料的容器

1. 小提桶

见图 5-5(a),由铁皮,镀锌铁皮或塑料制成,规格:罐口直径为 125、150、180 和 200mm,可装涂料 3/4L、1L、1½L 和 2½L。用于盛装零散涂料。

2. 桶钩

见图 5-5(b),用铁丝弯成双钩,可使涂料桶挂在梯子凳上,以便腾出双手涂刷涂料。

3. 提桶

见图 5-5(c),用镀锌铁皮,橡胶或塑料制成,容量为 7L、9L 和 14L 等,用于盛装水、洗涤剂、胶和稀释剂等。

4. 涂料盘

见图 5-5(d),金属或塑料的方盘,宽度以能容装滚筒为准,从 180～350mm 不等;带有铁丝提手的铁皮罐,铁皮槽或铁皮桶,铁皮侧稍高,盛装容量不超过 10L。其用途,主要供滚涂时盛

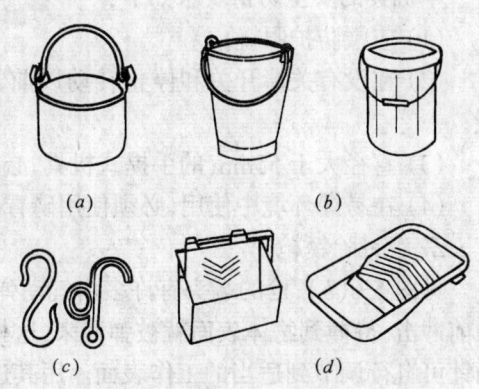

图 5-5 涂料容器
(a)小提桶;(b)桶钩;(c)提桶;(d)涂料盘

装供滚筒用的涂料,要求能使滚筒上能均匀布满涂料。

5. 油漆桶

在进行涂装作业时,从涂料调配、涂料过滤、涂饰到稀释都需要油漆桶,为使底漆、面漆配套,最简单的油漆施工,也要用上 8~10 个油漆桶,对于进行多种色漆的调配和施工,则至少要 20 多个油漆桶。油漆桶要求干净,不能混色,处理清洗这些油漆桶的办法,可用溶剂清洗,也可采用火燎,火燎后的容器亦应用溶剂刷洗干净。油漆桶的清洗应注意,用苛性碱洗桶对铝制品有害,用火燎对焊缝有影响,塑料桶则应免受热和用热性溶剂清洗。

如果贮存涂料,则要求油漆桶有压口密封盖。如刷涂少量涂料,可用瓷饭碗、搪瓷茶杯来代替油漆桶,因为这些容器便于使用,又易擦洗。

四、基层清理设备

1. 旋转钢丝刷

见图 5-6(*a*),旋转钢丝刷为一安装在气动或电动机上的杯形或盘形钢丝刷,用于疏松翘起的漆膜或金属表面的铁锈。

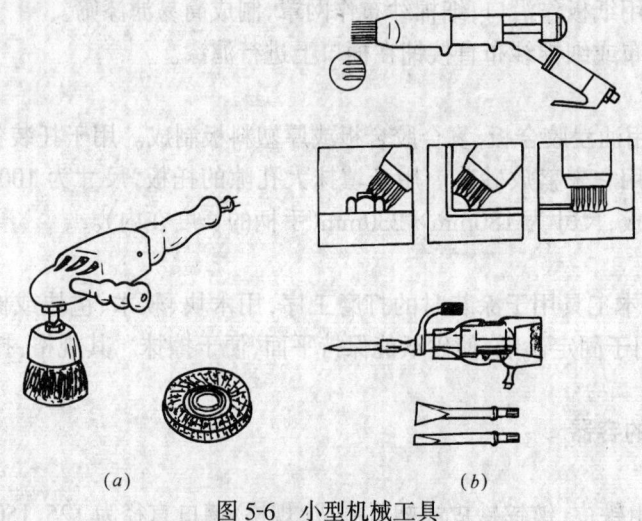

图 5-6 小型机械工具
(*a*)旋转钢丝刷;(*b*)钢针除锈枪

本机具的安全防护要求如下:

(1) 应戴防护眼镜;

(2) 在没有关掉开关和停止转动以前,不应从手中放下,以免在离心力作用下抛出伤人;

(3) 直径大于 55mm 的手提式机具,必须标有制造厂规定的最大转数;

(4) 在易爆环境中使用,必须使用磷青铜刷子。

2. 钢针除锈枪

见图 5-6(*b*),枪的端头有许多由气动弹簧推动的硬质钢针,在气流的推动下,钢针不断向前冲击,待撞到物体表面就被弹回来,这样不间断地连续工作,每分钟可达 2400 次,每个钢针可自行调节到适当的工作表面。用其进行除锈,特别是一些螺栓帽等不便于处理的圆角凹面,在大面积上使用的效率太低,不经济。可用来清理石制品和装饰性铁制品。

钢针的类型有尖针型、扁錾型、平头型等,尖针型清除较厚的铁锈和较大的轧制氧化皮,但处理后的表面粗糙;扁錾型其作用与钢针型相似,但对材料表面的损害较小,仅留有轻微痕迹;平头型,可用它来处理金属表面,不留痕迹,可处理较薄的金属表面,也可用在对表面要求不高的地方,如混凝土和石材制品的表面。本设备操作时应戴好防护眼镜,不应在易燃环境中使用,如在这样的环境中使用,应用特制的无火花型钢针。

3. 烧除设备

热度能使漆膜充分软化,然后可十分方便地用铲刀或刮刀清除。

常见的烧除设备有石油液化气气炬、管道供气的气炬、热吹风刮漆器等。

(1) 石油液化气气炬

石油液化气气炬其类型有:瓶装型气炬、罐装型气炬、一次用完的气炬等,详见图 5-7 (a)~(c)。

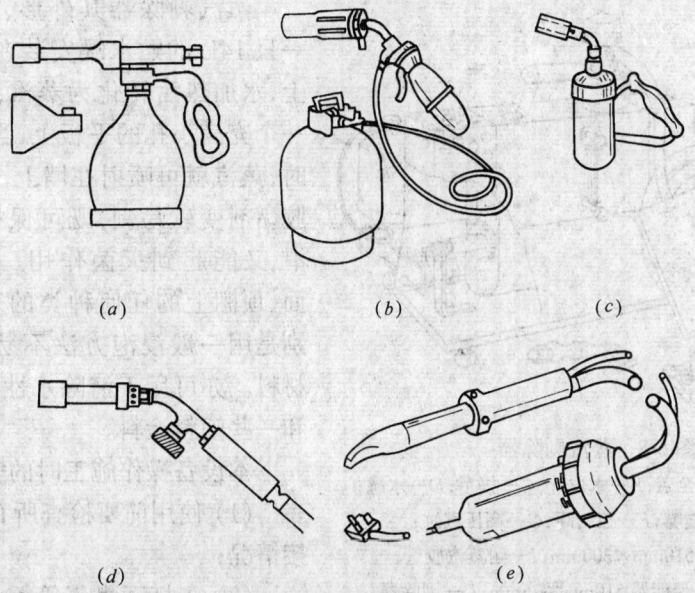

图 5-7 烧除设备

(a)瓶装型气炬;(b)罐装型气炬;(c)一次用完的气炬;(d)管道供气的气炬;(e)热吹风刮漆器

瓶装型气炬是以液化石油气、丁烷或丙烷作气源的手提式轻型气炬,气瓶上装有能重复充气的气孔并能安装各种能产生不同形状火焰和温度的气嘴,根据使用气嘴形状不同,每瓶气可使用 2~4h。

罐装型气炬,可用软管的一端接在燃烧嘴上,另一端固定在装有丁烷或丙烷气的大型罐上,一个气罐可同时接装两个气炬,它比瓶装气炬更轻便,灵活,特别适用于空间窄小的地方。

一次用完的气炬其燃烧嘴安在一个不能充气的气炬筒上,它比其他的气炬瓶轻便,但成本高,这种气炬筒燃烧时间短,火焰的温度比大型气炬低。

(2) 管道供气的气炬

把手提式的气炬枪连接在天然气或煤气管道上,在敷设有煤气管道的地方,使用很方便,但受使用场地限制,详见图 5-7(d)。

(3) 热吹风刮漆器

见图 5-7(e)，其原理与理发用热吹风很相似，热风由电热原件产生，温度可在 20～600℃ 之间调节，为减轻重量，方便施工，喷头与加热原件分开。适用于旧的或易损伤的表面及易着火的旧建筑物的涂膜清除。与喷灯、气炬相比，其优点是无火焰，不易损伤木质基层。

(4) 安全保护

a. 在使用烧除设备时，应将易燃物品移开；

b. 在离开工作岗位时，应检查木质基层上确已不再冒烟；

c. 在工作现场，应备有砂或灭火器，以便及时扑灭火焰，确保防火安全；

d. 把烧过或烧焦的涂料，在火焰熄灭后放入金属箱内或放入有水的桶中。

4．蒸汽剥除器

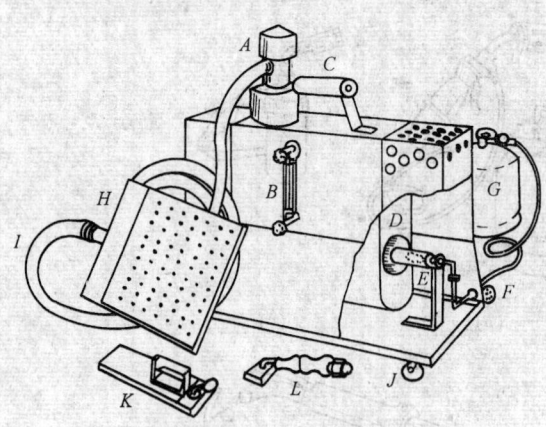

图 5-8　蒸汽剥除器
A—加水器和安全盖；B—水位计；C—提手；D—水罐；
E—火焰喷嘴；F—控制阀；G—高压汽缸；
H—聚能器 510mm×300mm；I—耐蒸汽胶管；
J—滚轮；K—聚能器 510mm×75mm；L—剥除器
（仅用于水性涂料）

蒸汽剥除器其外形、构造见图 5-8。一只 14L 的贮水罐安装在密闭的燃烧器上，水加热后转化为蒸汽，通过软管送到一个充满小孔的平板上，当平板对着墙面时，蒸汽就可喷射在墙上，使涂料、壁纸和胶黏剂变软易剥，既可保持墙面干净，平滑，又能起到灭菌作用。适用于清除墙面、顶棚上的任何种类的表面覆盖物，特别是用一般浸泡方法不易除掉的旧覆盖材料。亦可用于清除水性涂料、乳胶涂料和一些塑料涂料。

本设备操作施工时的安全措施：

(1) 使用前要检查所有煤气软管的连接情况；

(2) 在打开煤气管前，点水器应放在适当的位置；

(3) 不能使水位降得过低；

(4) 不应使蒸汽软管绞结或盘结太紧，阻碍蒸汽通过，使安全阀爆炸；

(5) 使用完后把贮水罐放空，以防生锈。

5．火焰清除器

见图 5-9，火焰的温度极高，可达 3000℃ 以上，火焰清除是除掉 6mm 原以上钢板上的锈及氧化皮的最有效的方法。清除薄钢板时，应征求专家意见。火焰清除器设备轻便，便于现场使用。操作程序，一般由三人为一组，(1) 将金属表面用火焰烧除氧化皮，使金属表面呈浅灰色，(2) 用刷子清除金属表面上所有干燥粉，(3) 当金属仍微热时 (38℃ 或手摸不烫)，可涂底漆，金属的热度使底漆的黏度降低，更容易渗透进表层，而使底漆与金属表面结合更牢。

操作时应注意安全措施：

(1) 使用可燃气体火焰时，必须遵守一切安全措施；

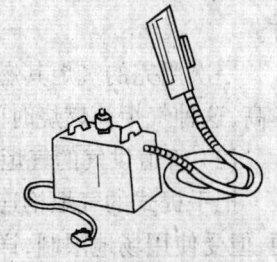

图 5-9　火焰清除器

(2) 必须穿戴好防护面罩、手套和眼镜。

6. 打磨机

打磨机有气动和电动两种,气动打磨机重量轻,效率高,使用方便安全,应用较广泛。其构造(F66型)如图 5-10 所示。电动打磨机只需接通电源即可使用,不需另外配置辅助设备,但重量大,湿磨时有漏电危险,其构造参见图 5-11 所示。

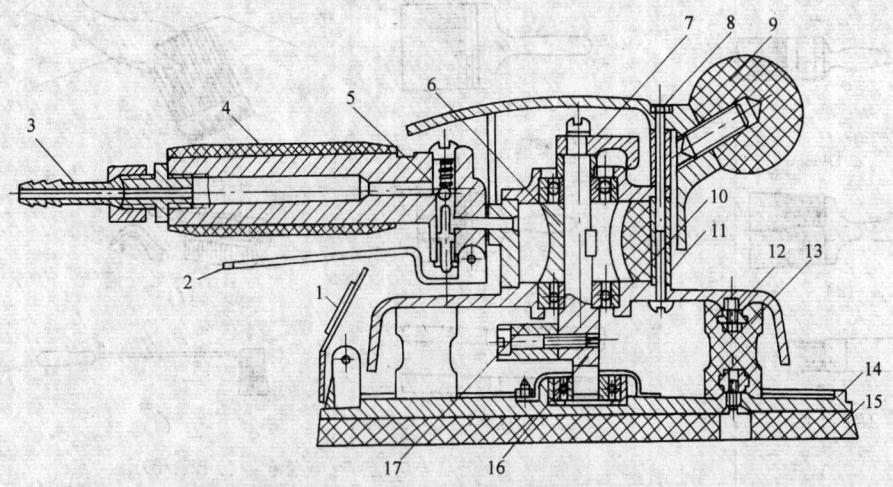

图 5-10 气动打磨机构造

1—弹簧夹子;2—开关手柄;3—气管接头;4—手把;5—单向阀;6—叶片;7—上平衡块;8—上盖;9—扶手;10—转子;11—缸体;12—中间座;13—橡胶柱;14—底座;15—磨垫;16—偏心轴;17—下平衡块

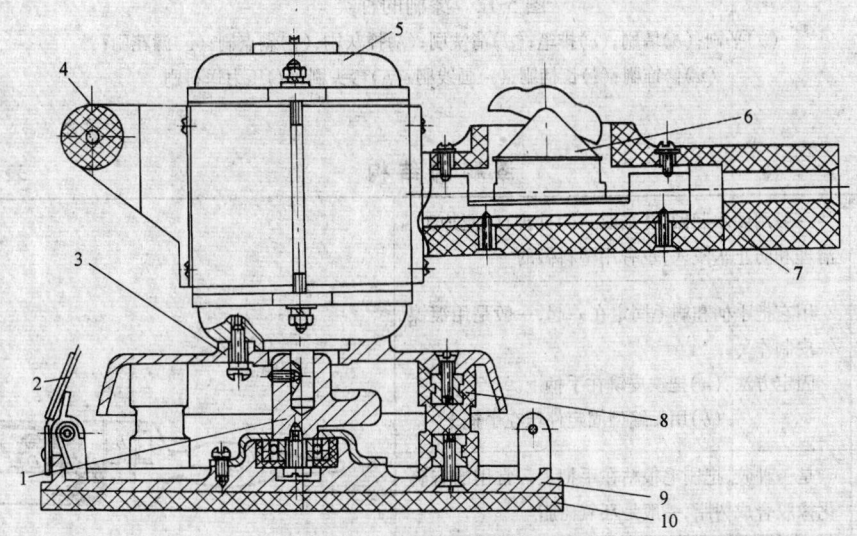

图 5-11 电动打磨机构造

1—偏心轴;2—弹簧夹子;3—中座;4—扶手;5—微型电动机;6—电器开关;7—绝缘手把;8—橡胶柱;9—底座;10—磨垫

五、漆刷

涂料涂装采用刷涂工艺,其刷涂工具主要有漆刷、盛放涂料容器等。

漆刷的种类很多,参见图5-12。漆刷按其形状可分为圆形刷、扁形刷、歪柄刷等种类,漆刷的构造及其特点见表5-44和表5-45。

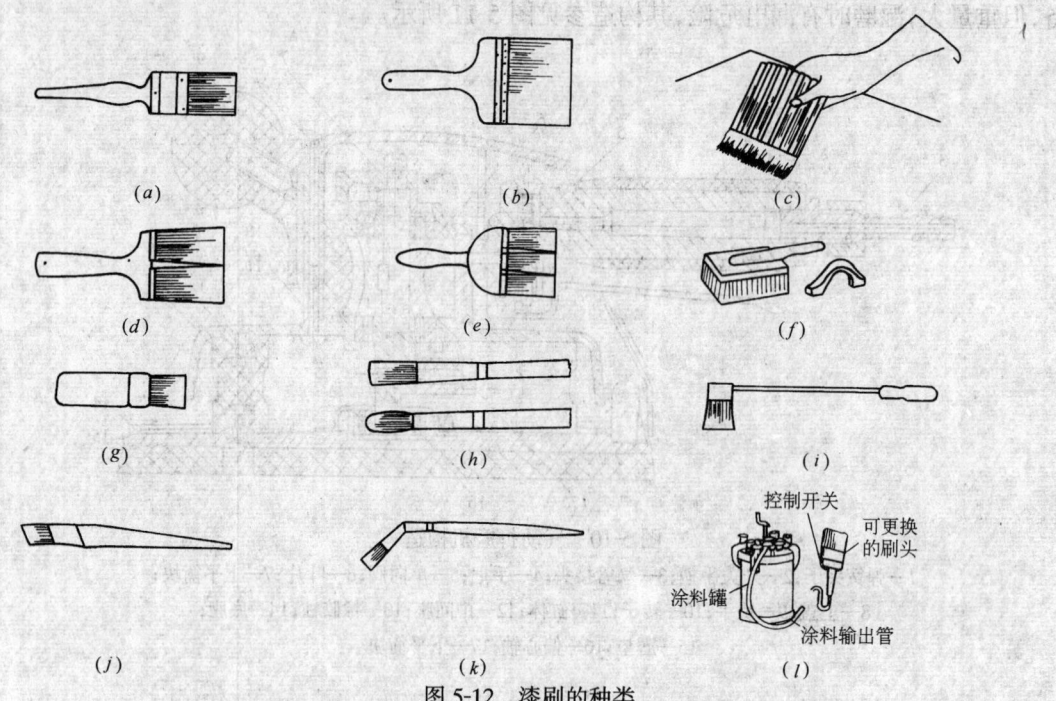

图5-12 漆刷的种类
(a)平刷;(b)墙刷;(c)排笔;(d)清洗刷;(e)掸灰刷;(f)剁点刷;(g)漏花刷;
(h)修饰刷;(i)长柄刷;(j)画线刷;(k)弯头刷;(l)压力送料刷

漆刷的结构 表5-44

A 手柄	一般用硬木制做,并采取封闭处理,以便加工、清理和防止水浸入,也有用塑料做的	
B 柄卡	用它把手柄和刷毛固定在一起,一般是用镀镍铁皮制作 固定方法:(a)把铁皮铆在手柄上。 (b)用无缝型固定件压在手柄上	
C 胶黏剂	是一种胶,把刷毛根粘在手把上。常用的有硫化橡胶合成树脂,一般是环氧树脂	
D 刷毛	有以下几种: 1. 猪鬃 2. 人造纤维,如尼龙、贝纶、尼龙长丝 3. 鬃、毛发和纤维的混合物	

常用漆刷的构造与特点　　　　　　　　　　表 5-45

漆刷种类	构　造	特　点	图　形
扁形刷	由木柄（木柄一端呈扁形）、刷毛和长方筒状薄铁卡箍构成，刷毛采用猪鬃制作。按刷毛宽度分为 25mm、38mm、50mm、75mm 等多种规格	适应性很强，最常用，可用于刷涂油性漆、磁漆、清漆等多种涂料	
图形刷	由圆形木柄、圆形刷毛和薄铁卡箍构成，刷毛多采用猪鬃制作。图形刷的规格以圆形刷毛的直径表示	配合扁形刷使用，用于刷涂形状复杂的部位	
歪柄刷	由歪木柄、刷毛和薄铁卡箍构成，刷毛呈扁形，歪木柄通常偏歪 45°，木柄较长	配合扁形刷使用，用于扁形刷不易刷涂的部位	
板刷	由薄板刷柄、刷毛、薄铁卡箍构成，分硬毛和软毛两种，刷毛采用猪鬃或羊毛制作，刷毛较薄	可代替扁形刷使用，适宜用于涂装质量要求较高的场合	
排笔刷	排笔刷是将刷毛黏结固定在竹管口子一端，形状似毛笔，然后将一定数量的单个竹管刷串扎成不同规格的排笔刷。排笔刷属软毛刷，刷毛采用羊毛制作，常见有 4 管、6 管、8 管、10 管、12 管等几种规格	适用于建筑行业刷涂大面积墙面	
扁形笔刷	由木质笔杆、刷毛和薄铁卡箍构成，刷毛采用猪鬃或羊毛制作，按刷毛的不同宽度有 2～12mm 多种规格	用于描绘线条和图案	

　　漆刷如按其制作的材料可分为硬毛刷、软毛刷两类，硬毛刷主要用猪鬃制作，软毛刷常用狼毫、獾毛、绵羊毛、山羊毛等制作，刷毛的种类见表 5-46。

刷毛种类和特性　　　　　　　　　　表 5-46

刷毛种类	来　源	特　性
纯猪鬃	家猪或野猪，以中国猪鬃为上品	1. 沿整个鬃丝长度有细牙样的锯齿，它们能防止鬃毛靠紧在一起，使刷子能储存大量涂料 2. 鬃毛从根到梢，有自然的斜锥度，便于把鬃毛成刷型拢在一起 3. 自然的弯曲能使刷毛向内弯靠在一起

续表

刷毛种类	来源	特性
马鬃	马颈及马尾	其弹性小、没斜度,但可用机械方法在鬃毛上的顶部分成叉。有时用它与纯猪鬃混合,制成一种较柔软的、便宜的刷子
人造合成纤维	尼龙、尼龙长丝、贝纶等	它们可以有斜度和顶部分叉,但不能制成锯齿状,因而不能像鬃毛刷子那样储存较多的涂料。它们的弹性和恢复性不比猪鬃差,非常耐磨,不怕一般溶剂和许多化学物质侵蚀,不怕虫和霉菌损害。由于猪鬃稀少和价格昂贵,合成纤维鬃已被广泛采用
植物纤维	草及各种植物	有斜度和锯齿形,但可用机械方法在顶部上分叉。粗糙、弹性差,可与猪鬃或马鬃掺杂使用,以降低成本或只作刷洗用,耐碱

1. 漆刷的选用

漆刷一般以鬃厚、口齐、根硬、头软、无断毛和掉毛、蘸溶剂后甩动漆刷而漆刷前端不分开者为上品。漆刷的选用原则见表5-47。

漆刷的选用原则 表5-47

选用原则	选择内容
注意漆刷的质量	① 刷毛的前端要整齐 ② 刷毛黏结牢固,不掉毛
适应涂料的特性	① 黏度高的涂料,如调和漆、磁漆等等,可选用硬毛刷,如扁形硬毛刷、歪柄硬毛刷等 ② 黏度低的涂料,如各种清漆,可选用刷毛较薄的硬毛或软毛板刷 ③ 水性涂料需选用含涂料好的软毛刷,如羊毛板刷和排笔刷
适应被涂物的状况	① 一般被涂物的平面或曲面部位,可按照涂料特性,选用扁形刷、板刷或排笔刷 ② 被涂物表面面积大选用刷毛宽的漆刷,面积小选用刷毛窄的漆刷 ③ 被涂物的隐蔽部位或操作者不易移动站立位置时,可选用长歪柄漆刷 ④ 表面粗糙的被涂物,如铸件,可选用圆形漆刷,因圆形漆刷含漆量多,易使涂料润湿粗糙的表面,并渗入孔穴 ⑤ 描绘线条和图案可选用扁形笔刷

刷涂磁漆、调和漆、底漆的刷子,应选用扁形刷或歪柄刷的硬毛刷,刷毛的弹性要大,因为这类漆刷涂时的黏度较大。

刷涂油性清漆的刷子,应该选用刷毛较薄,弹性较好的猪鬃或羊毛等混合制成的刷子。

刷涂树脂清漆和其他清漆的刷子,应该选用软毛刷或歪柄刷,因为这些品种的漆黏度较小,干燥迅速,而且在刷涂第二遍时,容易使下层的漆膜溶解,要求刷毛前端柔软,还要有适当的弹性。

天然大漆的黏度较大,需要用特殊的刷子,一般多用人发,马尾巴毛等制作,外用木板夹住,毛发很短,弹性特别大。

各种刷具的选用见表5-48。

各种刷具的选用　　　　　　　　　　　　　表 5-48

类别	规格	用途	使用方法
猪鬃油漆刷	3～6in 的扁平刷	涂刷各种基层上的酚醛、醇酸、清漆、磁漆及各种油性色漆等黏度较大的油漆。墙面、顶棚、屋面等大面积的平面	用右手握住靠近刷子的手柄部位,大拇指在一面,食指和中指在另一面夹住木柄,其他两指自然排列在中指后边(见图)
	2～2.5in 的扁平刷	这类的油刷常用于平坦面较少的部位如钢木门、楣檐等	
	1.5～2in 扁平刷	钢窗、木门窗框等较小不太容易涂刷的部位	
	0.5～1in 的扁平刷、楔形刷或圆形刷	细小不易涂饰的部位,如小的装饰部件等	用 3～6in 大板刷,涂刷墙面等大面积时,也可满把握刷。涂刷时用手腕带动油刷,有时也用手臂和身躯的移动来配合。手腕要灵活、用力,走刷速度要均匀、稳定
排笔		刷涂虫胶清漆、硝基清漆、丙烯酸清漆、聚氨酯清漆等黏度较低的涂料及各类水浆涂料、水色、酒色等	涂刷水浆涂料时,拿住排笔的右上角(左手拿左角),拇指压在排笔的一面,另外四指在另一面或拳形握住。涂刷时不要用移动整个手臂的动作带动排笔,只能用手腕的上、下、左、右转动带动排笔,用笔毛的正反两个平面拍打墙面。刷涂其他涂料时用右手大拇指和中间三指夹住排笔右上部刷时,要用手臂和身体来配合手腕的移动
	4～8管	虫胶清漆	
	8～16管	各类树脂清漆	
	16～20管	水色、酒色 各种水浆涂料	
板刷	0.5～5in	涂刷虫胶清漆、硝基清漆、聚氨酯清漆及丙烯酸清漆等黏度低的涂料	握法和涂刷方法与油漆刷基本相同
圆毛刷		在砖石、混凝土等粗糙面上刷涂各类水浆涂料	用双手握住刷柄,如为省力可加上长手柄。刷涂时成圆形走刷以减少刷痕
大漆刷和发刷		大漆刷用来涂刷生漆、推光漆,发刷用于大漆刷刷涂后的收理和消除刷痕	右手的大拇指与中指、食指分别夹住刷柄的两个面,其他两指自然地贴在另一面。刷涂时要握牢,拿稳刷柄,用手腕和手臂适应涂饰件表面的形状

2．扁形刷的使用方法

扁形刷是刷涂生产施工中最常用的刷子,操作使用方便,生产效率高,刷涂质量好。扁形刷在使用前,应用剪刀剪齐刷毛尖部,要求横向成一条直线,纵向无长短不齐,新漆刷初次使用时刷毛易脱落,应将漆刷放在 1 号砂布上,来回砂磨刷毛头部,将其磨顺磨齐,然后即可蘸取少量油漆在旧的物面上来回涂刷数次,使其浮毛、碎毛脱落。此外,漆刷使用前,还应检查刷头占刷柄是否松动,如有松动,可在两面铁框(柄卡)上各钉几个钉子加固。

刷涂水平面时,每次蘸漆按毛长的 2/3;刷涂垂直面时,每次蘸漆按毛长 1/2;刷涂小件

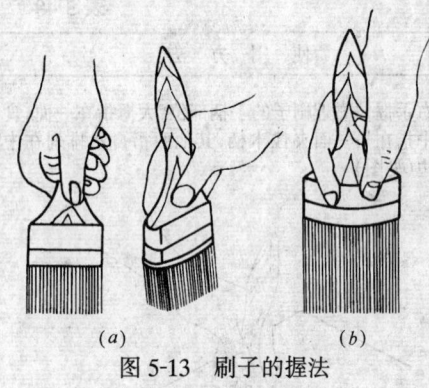

图 5-13 刷子的握法
(a)横握法；(b)直握法

时，每次蘸漆按毛长 1/3。每次蘸漆后应将刷子的两面在漆桶内壁上轻拍几下，这样上漆时漆液则不易滴落。

刷子的握法见图 5-13。

a. 拇指在前，食指、中指在后，抵住接近刷柄与刷毛连接处的薄铁皮长箍上部的手柄上，刷子应握紧，不使刷子在手中任意松动。

b. 大拇指握刷子的一面，食指按搭在手柄的前侧面，其余三指按压在大拇指相对面的刷柄上，刷柄上端紧靠虎口，刷子与手掌近似垂直状，适用于横刷、上刷、描字等。

c. 大拇指按压在刷柄上，另外四指和掌心握住刷柄，漆刷和手基本处于直线状态，适用于直刷、横刷、下刷等操作。

上述三种握法必须握紧刷柄，不得松动，靠手腕的力量远刷，必要时以手臂和身体的移动配合来扩大涂刷范围，增加刷涂力量，涂料的黏度为 30~50s（涂-4 粘度计，25℃）。

刷子用完后，应将刷毛中的剩余涂料挤出，在溶剂中清洗二三次，然后将刷子悬挂在盛装有溶剂或水的密封容器里，将刷毛全部浸在液面以下，但不宜接触容器底部，以免变形，如图 5-14 所示。

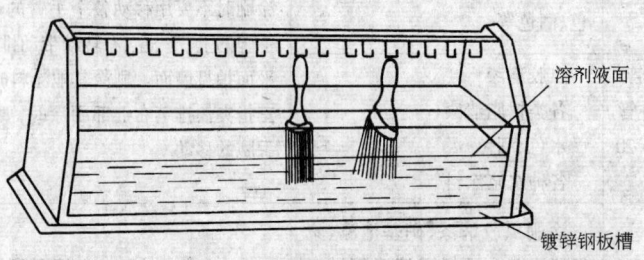

图 5-14 刷子放置器

圆形刷、板刷等的正确使用方法和保养方法同扁形刷。

3. 排笔的使用方法

排笔刷有多种规格，常见的有 4 管、6 管、8 管、10 管、12 管等，为握刷方便，排笔刷拼合竹管两侧均做成圆弧形状。

排笔刷的握法如图 5-15 所示。

大拇指在前，其余四指在后弯曲形成拳头状，抵住排笔的后面，紧握排笔刷的右侧竹管一边。操作时，排笔刷不得在手中任意松动。刷涂时，蘸涂料不能超过刷毛的 2/3 处，并应在涂料桶内壁两侧往复轻刮两下，理顺刷毛尖，同时利于涂料均匀布满刷毛头部。刷涂时，拉刷要拉开一定的距离，靠手腕的上下左右摆动均匀地进行刷

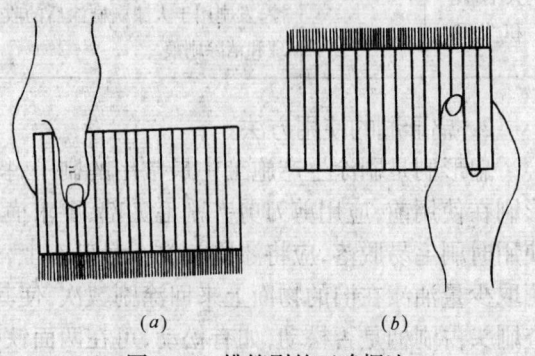

图 5-15 排笔刷的正确握法
(a)蘸涂料时的握法；(b)刷涂时的握法

涂，手臂与身体的移动相互配合，若正确地使用排笔刷，其刷涂质量比使用其他的刷涂工具的涂装质量要好得多，尤其是刷涂大平面、木器等涂层质量要求较高的被涂物件时，采用排笔刷涂，其刷涂效率高，且质量好。

排笔刷的刷涂部分由羊毛制成，羊毛质松柔软，易脱落，使用前应先用热水浸泡，理顺刷毛，晾干后用油纸包好备用，使用时用工业酒精浸软刷毛部分的1/2即可使用。用毕须清洗干净，尤其是刷涂带颜料的涂料，若清洗不及时或不干净时，会使白色刷毛染上涂料色，再使用时则会混色，清洗不干净，还很容易使刷毛根部硬化断裂脱落。

六、辊筒（又称滚刷）

滚涂施工的主要设备是辊筒和涂料盘。

辊筒辊涂省时省力，效率可比刷涂高出2倍，而且操作容易，涂饰效果好。滚涂的效果与其工具辊筒的质量有很大的关系，一定要选用适宜、优质的辊筒。

1．辊筒的类型

辊筒可分为普通辊筒、异形辊筒、压力送料辊筒三类，参见图5-16。

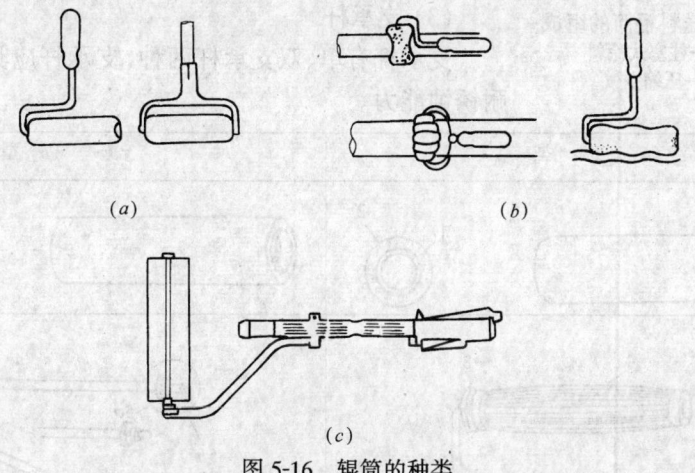

图5-16 辊筒的种类
(a)普通辊筒；(b)异形辊筒；(c)压力送料辊筒

(1) 普通辊筒

见图5-16(a)，这种辊筒是最为普通常见的一种辊筒。由一个包有细纤维层的筒芯安在带有手柄的轴上，大多数辊筒外包的纤维层套都可以更换，辊筒有单框和双框之分。

(2) 异形辊筒

见图5-16(b)，异形辊筒的种类很多，有滚涂管柱面的凹形辊筒；有由多个小型辊筒安装在弹簧轴上，可弯曲成任何尺寸的曲面辊筒；铁饼形辊筒可滚涂墙角和镶板上的凹槽；2~3in的窄辊筒可辊涂门框、窗棂等细木件。

(3) 压力送料辊筒

见图5-16(c)，辊筒筒芯表面布满小孔，涂料经真空泵、软管和手柄送到筒芯，经小孔从筒套流出，涂料的流量受手柄上的开关控制，压力送料辊筒的组成见图5-17。

压力送料辊筒的优点是：

a．滚涂作业快，可用在无法进行喷涂的施工环境处；

b．无喷逸，可减少遮挡这一施工程序；

c. 使用加长手柄(2m),可滚涂顶棚,高墙等处不需脚手架。

2. 辊筒的结构

辊筒的构造见图 5-18。

(1) 筒套

筒套是辊筒中最重要的组成部分,宽度一般为 7~9in,筒套的两端呈斜角形,它可以防止边缘绒毛的缠结及涂料堆积的痕迹,筒套上的绒毛以呈螺旋形盘绕在筒套衬上的为好,筒套衬一般为塑料纸板制成。

(2) 辊芯

要有一定的强度和弹性,以便能支撑筒套,不会使筒套在中间形成塌陷,辊芯两侧端盖内应装有轴承,以便辊芯可快速平稳滚动而筒套不会脱落。

(3) 支承杆

支承杆有单、双支承杆两种,支承杆应具有一定强度和耐锈蚀能力。

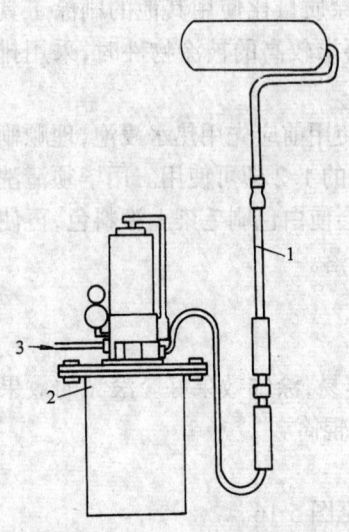

图 5-17 压力送料辊筒的组成
1—辊刷;2—柱塞式涂料压送泵;3—压缩空气

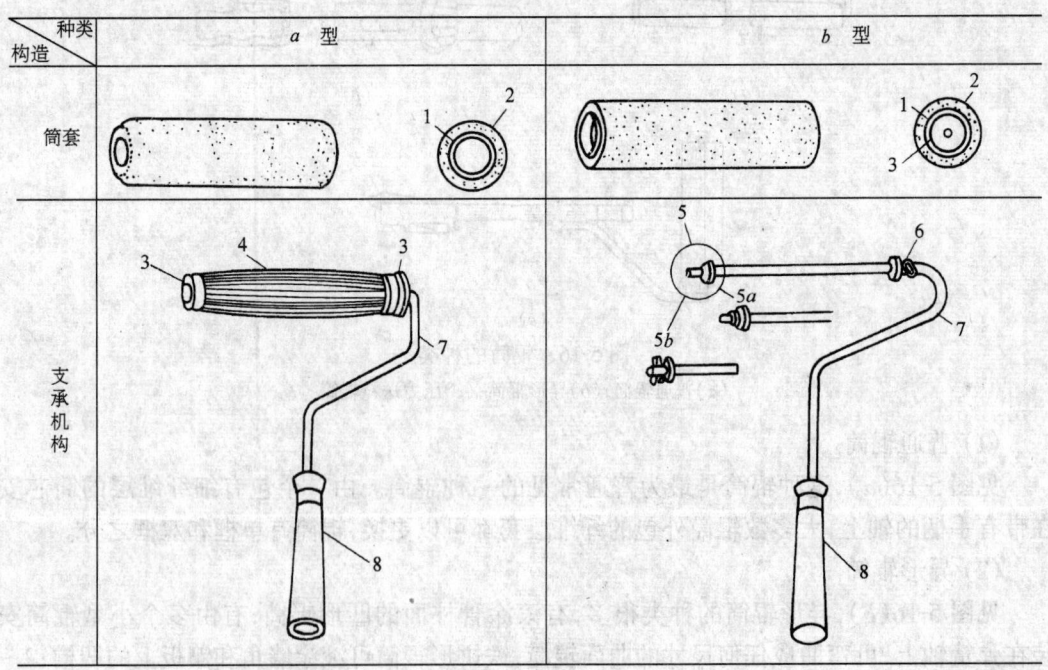

图 5-18 辊筒的构造
1—辊芯;2—含漆层;3—支承座;4—弹簧钢胀箍;5—刷辊固定机构;
5a—螺栓式;5b—开口梢式;6—弹簧;7—支承杆;8—手柄

(4) 手柄

手柄的端部应带有丝扣,以连接加长的手柄,便于滚涂顶棚、高墙等处,加长手柄一般长度为 2m。

3. 筒套的种类

各种材质筒套的性能见表5-49。

筒套材质的种类及性能 表5-49

材质种类	性 能
长绒羔羊毛	涂料吸收性好、涂膜厚,在光滑面滚涂涂膜纹理深、绒毛易缠结。因羊毛吸水后易变软、膨胀、缠结、上下窜动,故不宜滚涂乳胶涂料,只适宜滚涂醇酸或油基涂料
短绒羔羊毛	具有筒套材料的一般性能,适用于平滑表面滚涂水性涂料和油性涂料
马海毛(安哥拉山羊毛)	绒短、易散开、不缠结、滚涂纹理浅,适宜在平整面上滚涂有光涂料
合成纤维	具备筒套材料所具有的各种性能。这类纤维弹性好、不易变形、能确保前后滚涂效果一致,特别适宜滚涂水性涂料
泡沫塑料	价格便宜,一般只使用几次,被涂料浸泡时间过长易从筒芯上滑脱,不易滚涂均匀,易被醇酸油基涂料侵蚀

筒套绒毛的长度有短、中、长三种常见规格。用时将绒毛拉开以刚能看见筒衬为宜,筒套绒毛的规格、特点及使用见表5-50。

筒套绒毛的规格、特点及使用 表5-50

规 格	长度(mm)	特 点	使 用
短绒毛	6.4以下	涂膜较薄,每次吸附的涂料不多,需经常蘸取涂料,泡沫橡胶或毡层也属于这类	在光滑面上滚涂有光、半光涂料
中长绒毛	12.8~20	一次能吸附较多的涂料,可使涂料渗进涂饰面的毛孔或细缝中	滚涂无光墙面和顶棚及砖石等粗糙面
长绒毛	25.4~31.8	一次能吸附较多的涂料,滚涂的涂层较厚	滚涂极粗糙面、钢丝网等

4. 辊筒的保管

a. 辊筒在存放前必须清洗干净,不应含有涂料溶液;
b. 清洗后,必须悬挂起来干晾着,否则会把筒套绒毛压皱变形;
c. 应存放在清洁、干燥、通风的房间内,否则筒套易受蚀发霉。

七、刮刀

涂料刮涂常用的工具有铲刀、腻子刮铲、牛角刮刀(又称牛角翘)、钢板刮刀、橡胶刮刀(又称胶皮刮刀)、塑料刮刀以及嵌刀、腻子盘、托腻子板等。各种刮刀的类型及特点见表5-51。

刮刀的种类及特点 表5-51

刮刀种类	特 点	图 形
木制刮刀	① 用柏木和枫木之类的木材制作,制作容易,具有合适的弹性 ② 竖式木制刮刀刃宽为10~150mm,刃宽大的用于一般刮涂,刃宽小的用于修整腻子层的缺陷 ③ 横式木制刮刀刃宽通常超过150mm,刮刀高度不超过100mm,用于刮涂大的平面和圆曲面	

续表

刮刀种类	特点	图形
钢制刮刀	① 用弹簧钢板制作,具有较强的韧性和耐磨性,常用的钢板厚度为 0.5~1mm ② 竖式钢制刮刀用于调拌腻子、小面积刮涂和涂刮修整表面凹凸不平的缺陷 ③ 横式钢制刮刀刃宽可达 400mm 以上,用于大面积刮涂 ④ 刃口的边角要磨圆,刃口适当打磨,不能太锋利,也不能太钝	
牛角刮刀	① 用水牛角制成,其形状与竖式木制刮刀近似 ② 具有弹性,适宜用于对腻子层进行修整补平和填补针眼 ③ 不耐磨,不适宜大面积刮涂或刮涂粗糙的表面 ④ 刃口要磨薄,应呈 20°~30°角度,且刃口要磨平直	
塑料刮刀	① 用硬质聚氯乙烯塑料板制成,常用板厚为 3mm,可制成各种不同刃宽的规格 ② 刃口要磨成一定角度,刃口要磨平直 ③ 适宜大面积刮涂,尤其适宜刮涂稠度小的腻子	
橡胶刮刀	① 用耐溶剂、耐油的橡胶板制作,常用的橡胶板厚为 4~10mm,可制成各种刃宽的规格 ② 刃口不能磨得太高,以免刮涂时强度不够 ③ 有很高的弹性,适宜刮涂形状复杂的被涂物表面 ④ 强度低,不适宜填坑补平	
铲刀	规格:宽度有 1in、1.5in、2in、2.5in 用于清除旧壁纸旧漆膜或附着的松散沉积物	
腻子刮铲	外表与铲刀相似,但刀片薄,经特殊处理后非常柔韧,刀片本身虽不要锋利,但应薄、平整和不应有任何缺口。宽度在 6in 以上 用于刮腻子填充木材表面的小孔或浅坑处。不使用时,应用木或铅制的外套保护刀刃	
钢刮板	带有手柄的薄钢刀片,其结构比腻子铲刀简单、刀片更柔韧 规格:宽度为 80mm、120mm 用途与腻子刮铲相似	

刮刀的握法要根据施工的对象灵活运用,以刮涂有力,操作方便、刮平填实为目的,刮刀

的握法有直握和横握之分,参见图5-19。直握时,食指压紧刀板,拇指和另外几指握住刀柄;横握时,拇指和食指夹持刮刀靠近刀柄部分,另外三指压在刀板上,刮涂时,可根据被涂件选择刮刀,根据刮刀确定握持方法。

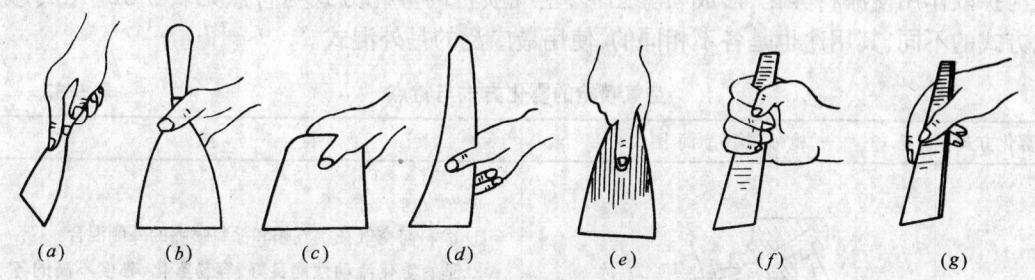

图5-19 刮刀的握法

牛角刮刀不能受热,用后清洗时不可在溶剂和水中浸泡时间过长,否则会使牛角刮刀弯曲变形,牛角刮刀因放置不当,受潮或受重力压迫时间过久,则会产生弯曲变形,因此牛角刮刀不用时,应置于干燥处,勿使其受压变形。牛角刮刀的保管可使用专用夹具,见图5-20。如因保管不善,牛角刮刀产生弯曲变形时,可用温水浸泡后放在光滑平整的重物下面压一定时间后即可恢复原形。

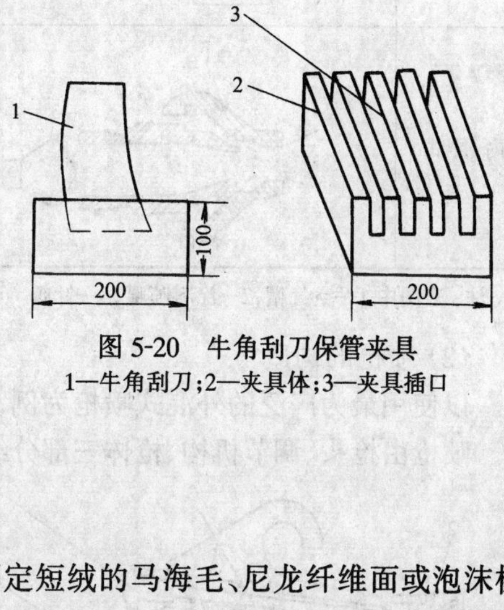

图5-20 牛角刮刀保管夹具
1—牛角刮刀;2—夹具体;3—夹具插口

八、涂料擦

涂料擦有方形涂料擦和手套型涂料擦等几种类型。

1. 方形涂料擦

见图5-21(a),在常有手柄的方块泡沫垫上,固定短绒的马海毛、尼龙纤维面或泡沫橡胶面而成。方形的尺寸为150mm×100mm,小的与牙刷相似,还有裂缝状的。用擦子蘸上涂料,擦涂顶棚、墙面或粘贴结实平坦基层的壁纸以及木材染色擦涂用。

用毕可用清水、肥皂水、石油溶剂清洗,不要用烈性溶剂或刷子清洗,以免损坏泡沫垫,清洗后应挂着晾干。

2. 手套型涂料擦

见图5-21(b),用去毛的羊皮制成,形状类似单指手套,内衬防渗透的塑料衬。主要用于一般涂饰方法不易涂着的部位,如铁栏杆、水管的背面,蘸乳胶漆、底漆和面漆擦涂均可。

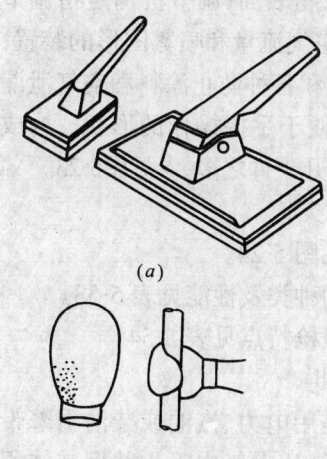

图5-21 涂料擦
(a)方形涂料擦;(b)手套型涂料擦

九、喷涂设备

(一)空气喷涂设备

涂料采用空气喷涂工艺,其主要设备由喷枪、空气压缩机和软管组成。

1. 喷枪

(1) 喷枪的雾化方式

喷枪雾化涂料的方式可分为外混式和内混式两大类,它们都是借助压缩空气的急骤膨胀与扩散作用使涂料雾化,形成喷雾图形,空气喷枪的雾化方式与特点见表 5-52。由于雾化方式的不同,其用途也是各不相同的,使用最广泛的是外混式。

空气喷枪的雾化方式与特点　　　　　　　　表 5-52

雾化方式	枪头构造简图	特　点
外混式		① 涂料与空气在空气帽和涂料喷嘴的外侧混合 ② 适宜雾化流动性能良好、容易雾化、黏度不高的各种涂料,从底漆到高装饰性面漆,包括金属闪光漆、桔纹漆等美术漆都适应这种雾化方式
内混式		① 涂料与空气在空气帽内侧混合,然后从空气帽中心孔喷出扩散,雾化 ② 适宜雾化高黏度、厚膜型涂料,也适宜胶黏剂、密封剂、彩色水泥(砂浆)涂料

注:表图中 1—空气帽,2—涂料喷嘴,3—针阀。

(2) 喷枪的构造

以使用最为广泛的外混式喷枪为例,喷枪的构造如下:
喷枪由枪头、调节机构、枪体三部分组成其整体构造见图 5-22。

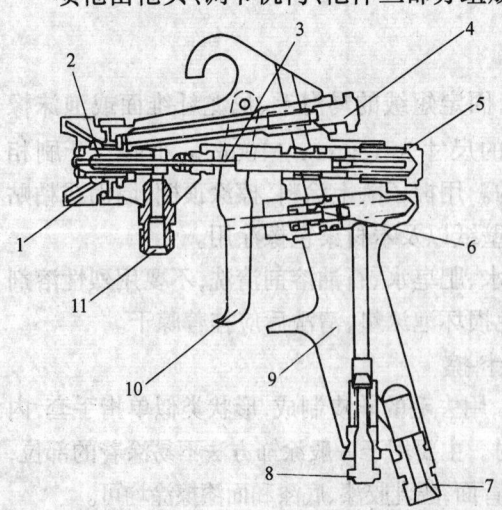

图 5-22　喷枪整体构造
1—空气帽;2—涂料喷嘴;3—针阀;4—喷雾图形调节旋钮;5—涂料喷出量调节旋钮;6—空气阀;7—空气管接头;8—空气量调节装置;9—枪身;10—扳机;11—涂料管接头

枪头是由涂料喷嘴、阀针、空气帽等组成。其作用是将涂料雾化,并以圆形或椭圆形的喷雾图形喷涂至被涂物表面;调节机构是指调节涂料喷出量、压缩空气流量和喷雾图形的装置;枪体上则装有扳机和各种防止涂料和空气泄漏的密封件,并制成便于手握操作的形状。构成喷枪的零部件计有几十件之多,参见图5-23。

(3) 喷枪的种类

喷枪的种类见图 5-24。
外混式喷枪的种类及性能见表 5-53。
各种类型的喷枪特点见表 5-54。

2. 空气压缩机

空气压缩机是用电力、汽油或柴油引擎带动的机器,它把空气从大气中吸入并用减体积增压力的方法输送压缩空气,并按要求的气压和气量连续不断送至贮气罐备用。

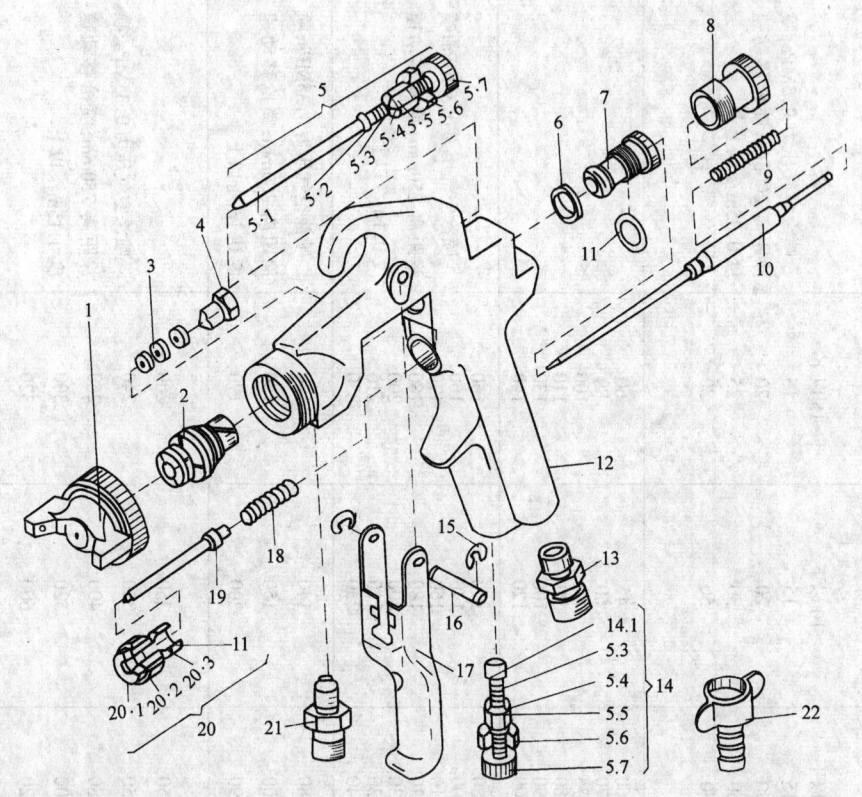

序号	零部件名称	数量	序号	零部件名称	数量	序号	零部件名称	数量
1	空气帽	1	7	针阀导杆	1	5.7	调节旋钮	1
2	涂料喷嘴	1	8	涂料喷出量调节旋钮	1	15	定位环	2
3	针阀垫圈	3	9	针阀弹簧	1	16	扳机定位轴	1
4	针阀衬垫顶	1	10	针阀	1	17	扳机	1
5	喷雾图形调节装置	1	11	O形环	1	18	空气阀弹簧	1
5.1	喷雾图形调节阀	1	12	枪体	1	19	空气阀	1
5.2	定位环	1	13	空气管接头	1	20	空气调节座	1
5.3	调节弹簧	1	14	空气量调节装置	1	20.1	空气阀衬垫顶	1
5.4	平垫圈	1	14.1	空气量调节阀	1	20.2	J形衬垫	1
5.5	O形环	1	5.3	调节弹簧	1	20.3	空气阀片	1
5.6	调节导杆	1	5.4	平垫圈	1	11	O形环	1
5.7	调节旋钮	1	5.5	O形环	1	21	涂料管接头	1
6	密封垫	1	5.6	调节导杆	1	22	软管接头	1

图 5-23 常用喷枪构造零部件

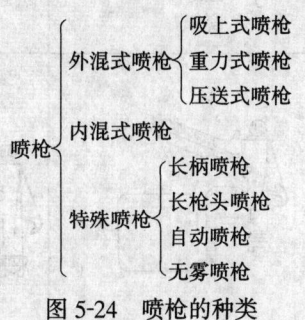

图 5-24 喷枪的种类

表 5-53 外混式喷枪的种类及性能

图例	涂料供给方式	按被涂物区分	喷雾方式	涂料喷嘴口径/mm	空气用量/L·min	涂料喷出量/mL·min^{-1}	喷雾图形幅宽/mm	试验条件
	重力式	小型	圆形喷雾	(0.5)[①] 0.6 (0.7)[①] 0.8 1.0	40以下 45 50 60 70	10以下 15 20 30 50	15以下 15 20 25 30	喷涂空气压力0.3MPa;喷涂距离200mm;喷枪移动速度0.05m/s以上
	吸上式 重力式	小型	椭圆形喷雾	0.8 1.0 1.2 1.3 1.5 1.6	160 170 175 180 190 200	45 50 80 90 100 120	60 80 100 110 130 140	喷涂空气压力0.35MPa;喷涂距离250mm;喷枪移动速度0.1m/s以上
		大型	椭圆形喷雾	1.3 1.5 1.6 1.8 2.0 (2.2)[①] 2.5	280 300 310 320 330 330 340	120 140 160 180 200 210 230	150 160 170 180 200 210 230	
	压送式	小型	椭圆形喷雾	(0.7)[①] 0.8 1.0	180 200 290	140 150 200	140 150 170	喷涂空气压力0.35MPa;喷涂距离200mm;喷枪移动速度0.1m/s以上
		大型	椭圆形喷雾	1.0 1.2 1.3 1.5 1.6	350 450 480 500 520	250 350 400 520 600	200 240 260 300 320	喷涂空气压力0.35MPa;喷涂距离250mm;喷枪移动速度0.15m/s以上

① ( )内的口径一般不使用。

各种喷枪的特点　　　　　　　　　　　　　　　　表 5-54

名称	特　点	图　形
吸上式喷枪	吸上式喷枪的涂料罐位于喷枪的下部，涂料喷嘴一般较空气帽的中心孔稍向前凸出，如图所示，压缩空气从空气帽中心孔，即涂料喷嘴的周围喷出，在涂料喷嘴的前端形成负压，将涂料从涂料罐内吸出并雾化。吸上式喷枪的涂料喷出量受涂料黏度和密度的影响较明显，而且与涂料喷嘴的口径有密切关系。吸上式喷枪适用于一般非连续性喷涂作业场合	吸上式与重力式喷枪枪头构造 1—涂料喷嘴；2—空气帽； 3—侧面空气孔；4—辅助空气孔
重力式喷枪	重力式喷枪的涂料罐位于喷枪的上部，涂料靠自身的重力与涂料喷嘴前端形成的负压作用从涂料喷嘴喷出，并与空气混合雾化。喷枪的基本构造与吸上式喷枪相同，但在相同喷涂条件下，涂料喷出量比吸上式大。重力式喷枪用于涂料用量少与换色频繁的喷涂作业场合。当涂料用量多时，可另设高位涂料罐，用胶管与喷枪连接。在这种场合，可通过改变涂料罐的高度调整涂料喷出量	
压送式喷枪	压送式喷枪是从另设的涂料增压罐（或涂料泵）供给涂料，提高增压罐的压力可同时向几支喷枪供给涂料。这种喷枪的涂料喷嘴与空气帽中心孔位于同一平面，或较空气帽中心孔向内稍凹，如图所示，在涂料喷嘴前端不必形成负压。压送式喷枪适用于涂料用量多且连续喷涂的作业场合	压送式喷枪枪头构造 1—涂料喷嘴；2—空气帽；3—侧面空气孔；4—辅助空气孔
内混式喷枪	图例所示为有代表性的内混式喷枪。这类喷枪本体内有两个供气系统，即用涂料混合雾化的压缩空气系统与用于在涂料容器内给涂料加压的压缩空气系统，涂料供给方式是采用压送式。空气帽的中心孔呈长椭圆形，因而喷雾图形为椭圆形。这种喷枪没有侧面空气孔和辅助空气孔，不能任意调整喷雾图形，喷雾图形是由空气帽的中心孔的形状决定的，要改变喷雾图形的幅宽，必须更换空气帽，因此，内混式喷枪没有喷雾图形调节机构，其他调节机构与外混式喷枪相似	

名　称	特　点	图　形
长枪头喷枪	这种喷枪的枪头长(0.2~1)m,如图例所示,喷雾方向有一定角度,向前为45°、90°,向后为25°、45°,枪头的雾化方式为外混式。这种喷枪适用于管道内壁及其他窄腔内壁涂装	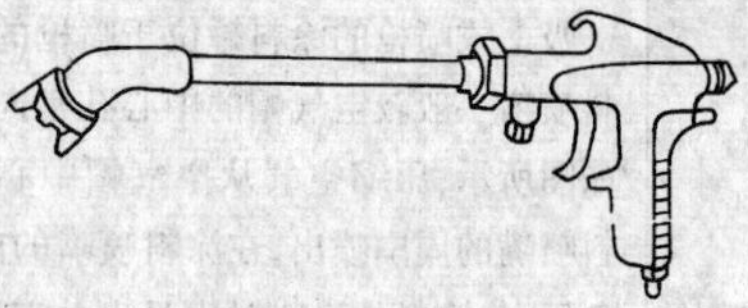 长枪头喷枪
长柄喷枪	这种喷枪是将手柄延伸(1~2)m,如图例所示,在扳机上安装一根操纵杆操纵扳机。这种喷枪适用于建筑、桥梁、船舶等高空作业涂装	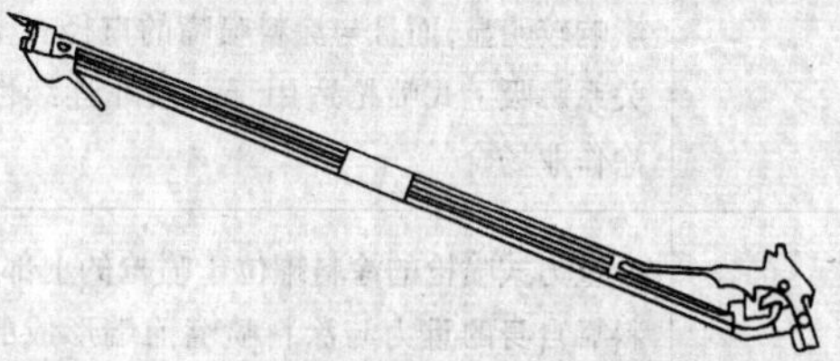 长柄喷枪
自动喷枪	自动喷枪是借空气压力操纵扳机,通常在针阀的尾部装有气动活塞,借助空气压力进行远距离操作,如图例,利用这种控制方法,可同时操纵数把喷枪。这种喷枪适用于连续涂装生产线,进行自动喷涂	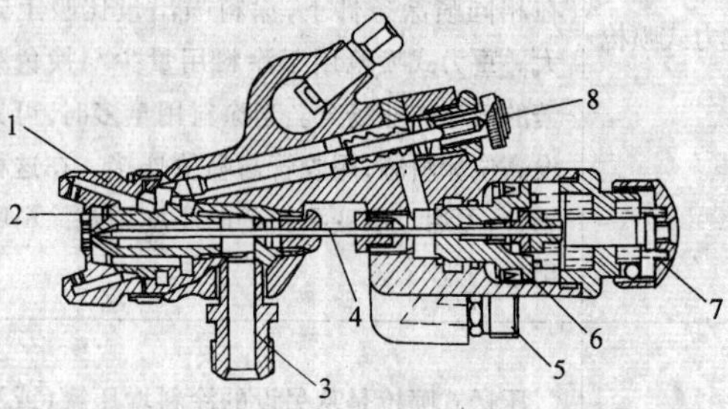 自动喷枪 1—空气帽;2—涂料喷嘴;3—涂料管接头; 4—针阀;5—空气管接头;6—活塞; 7—涂料喷出量调节装置;8—喷雾图形调节装置
无雾喷枪	无雾喷枪可以防止漆雾飞散,提高涂料的利用率。这种喷枪的枪头构造与一般的外混式喷枪相似,只是在空气帽的外沿有一圈小孔,见图例所示,压缩空气从这些小孔喷出,形成环状气幕,将漆雾包围,防止漆雾飞散	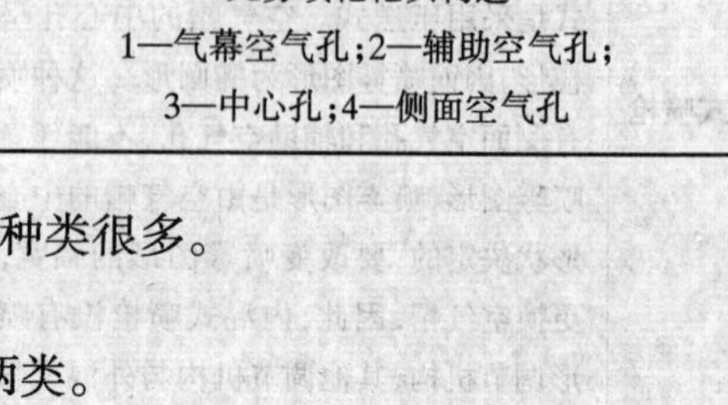 无雾喷枪头构造 1—气幕空气孔;2—辅助空气孔; 3—中心孔;4—侧面空气孔

空气压缩机有固定型和轻便型之分,具体规格种类很多。

3．软管

空气喷涂所需的软管有输气软管和输料软管两类。

(1) 输气软管

输气软管用天然橡胶,合成橡胶或聚氯乙烯材料等制成,内有单层编织层和双层编织层等类型,压力如超过 0.7MPa 时,则应选用双层编织层。

(2) 输料软管

输料软管一般由聚硫橡胶和单层或双层编织层构成。其管线除应达到耐压标准外,还应耐水、耐油及耐各类涂料和溶剂。

(二) 高压无气喷涂设备

高压无气喷涂设备见图 5-25。其设备由无气喷枪、动力源、高压泵、蓄压过滤器、输漆管、涂料容器等组成。

1. 无气喷枪

无气喷枪由枪体、涂料喷嘴、过滤器(网)、顶针、扳机、密封垫、连接部件等构成,无气喷枪与空气喷枪不同,只有涂料通道,没有压缩空气通道,无气喷枪由于涂料通道要承受高压,要求具有优异的耐高压的密封性,不泄漏高压涂料,枪体要求轻巧,扳机启闭应灵敏,与高压软管连接处转动要灵活,操作要方便。

无气喷枪的主要种类见表 5-55。

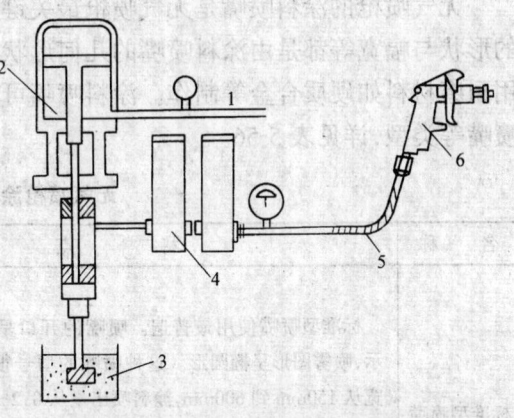

图 5-25 无气喷涂设备的组成
1—动力源;2—高压泵;3—涂料容器;4—蓄压过滤器;
5—涂料输送管道;6—喷枪

无气喷枪的种类   表 5-55

喷枪	简 图	特点及应用范围
手持式喷枪		① 构造轻巧,作业时手持操作方便 ② 适用于各种作业场合,可用于固定的和不固定的作业场合
长杆式喷枪		① 枪柄杆长(0.5~2)m,喷枪前端有回转机构,可旋转 90° ② 适用高大被涂物的喷涂
自动喷枪		① 喷枪的启闭由喷枪尾部的气缸进行控制,喷枪在喷涂作业时移动由自动生产线的专用机构自动控制 ② 适用于涂漆自动生产线进行自动喷涂

注:表图中 1—枪体;2—扳机;3—喷嘴;4—过滤器;5—顶针;6—涂料高压管自由接头;7—加长杆;8—气缸;9—压缩空气管接头。

无气喷枪的涂料喷嘴是无气喷枪最关键的零部件,涂料的雾化效果、喷出量、喷雾图形的形状与幅宽等都是由涂料喷嘴的几何形状,孔径大小和加工精度决定的。涂料喷嘴都采用耐磨材料如硬质合金等制作。涂料喷嘴可分为标准型喷嘴、图形喷嘴,自清型喷嘴和可调喷嘴等类型,详见表5-56。

无气喷枪涂料喷嘴的类型　　　　　　　表5-56

名 称	特 点	图 例
标准型喷嘴	标准型喷嘴使用最普遍。喷嘴的开口呈橄榄形,如图所示,喷雾图形呈椭圆形。这种喷嘴的型号很多,喷雾图形幅宽从150mm到600mm,涂料喷出量从0.2～5L/min,甚至可达10L/min以上,可以满足各种喷涂需要。这种喷嘴的口径称为等效口径,所谓等效口径是指开口呈橄榄形的喷嘴口径,相当于同一涂料喷出量圆形开口喷嘴的口径	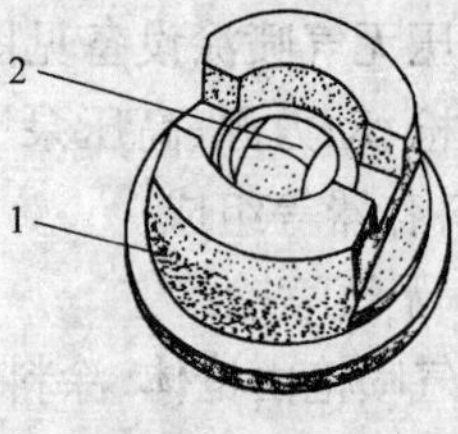 标准型喷嘴 1—喷嘴;2—橄榄形开口
圆形喷嘴	圆形喷嘴主要用于喷涂管道内壁及其他狭窄部位。喷嘴的开口呈圆形,如图所示,喷雾图形呈圆形。按涂料喷出量从0.26～3.6L/min有多种型号,按圆锥形喷雾的角度通常分为40°、60°、80°三种,使用较普遍的是60°	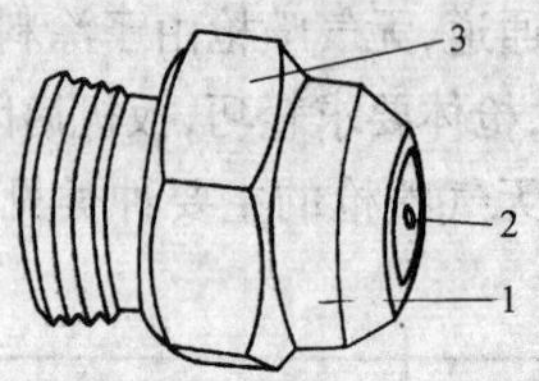 圆形喷嘴 1—喷嘴;2—圆形开口;3—紧固螺母
自清型喷嘴	自清型喷嘴见图,有一个换向机构,当喷嘴被堵塞时,旋转180°可将堵塞物冲掉。这种喷嘴有球形和圆柱形两种,以圆柱形自清型喷嘴为常用	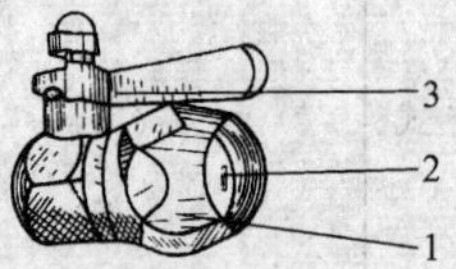 自清型喷嘴 1—喷嘴;2—喷嘴开口;3—换向反冲阀
可调喷嘴	可调喷嘴具有一个调节塞,见图,可在不停机的情况下,任意调节涂料喷出量和喷雾图形幅宽,能满足不同大小被涂物的喷涂要求。一个可调喷嘴可代替10个以上不同规格的标准型喷嘴,而且还易于清除堵塞物	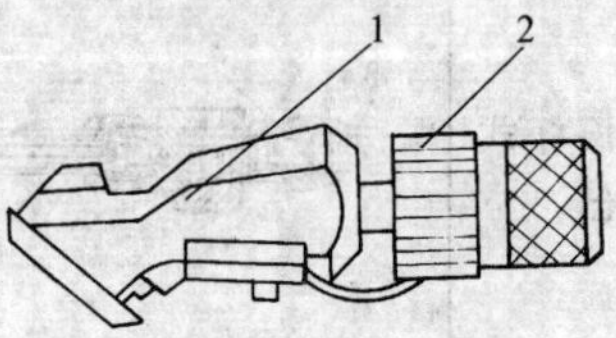 可调喷嘴 1—喷嘴;2—调节阀

2. 动力源

涂料加压用的高压泵其动力源有压缩空气、油压、电源三种。

压缩空气动力源的装置包括空气压缩机(或贮气罐)、压缩空气输送管、阀门和油水分离器等;油压动力源装置包括油压泵、过滤器和油槽等;电动力装置包括电源线路及其有关的控制装置。

3. 高压泵

按照高压泵的动力源区分，无气喷涂用的高压泵可分为气动高压泵、油压高压泵、电动高压泵三类，见表5-57。

高压泵的种类　　　　　　　　　　　　　　表5-57

名　称	特　点	特性曲线
气动高压泵	这种高压泵以压缩空气为动力，使用的压缩空气压力一般为0.4~0.6MPa，最高可达0.7MPa，通过减压阀调节压缩空气压力控制涂料的压力。按照高压泵的设计，涂料压力可达压缩空气输入压力的几十倍，涂料压力与压缩空气输入压力之比称为压力比，决定压力比的主要依据是柱塞的面积与加压活塞面积之比值。制造厂对出厂的泵都注明了压力比，但在实际喷涂作业时，涂料的喷出压力不一定符合出厂注明的压力比，这是因为涂料喷出压力还要受其他因素的影响。准确的涂料喷出压力，应该根据高压泵的特性曲线确定，例如图所示，涂料喷出压力受涂料喷出量的影响，涂料喷出量增加，涂料喷出压力随着降低 气动高压泵最大的特点是安全，在有易燃有机溶剂蒸汽的场合使用，无任何危险；设备结构不复杂，操作容易掌握，其缺点是动力消耗大，噪声严重	高压泵特性曲线（压力比1:45）
油压高压泵	油压高压泵以油压作动力，通常使的油压为5MPa，最高油压可达7MPa。借助减压阀控制油压调整涂料的喷出压力，准确的涂料喷出压力，应根据高压泵的特性曲线确定，例如图所示。为区别气动高压泵不称压力比，在表示泵的技术性能时称最高喷出压力 油压高压泵的油压供给方式分为两种，一种是独立的油压源，可同时向几个油压高压泵供给油压；另一种是一个单独的电动油压源与高压泵组成移动式的油压高压泵。前者适宜用于喷涂场所固定且大批量的喷涂作业场合，后者适宜用于喷涂场所不固定的喷涂作业场合 油压高压泵的特点是动力利用率高，比气动高压泵约高5倍；噪声比气动高压泵低；使用也很安全，维护也不困难。这种高压泵的缺点是需要专用的油压源；油压源所用的油有可能混入涂料中，影响漆膜质量。油压源与压缩空气相比成本较低，因油源驱动的高压泵容量大，而且可同时驱动几台高压泵	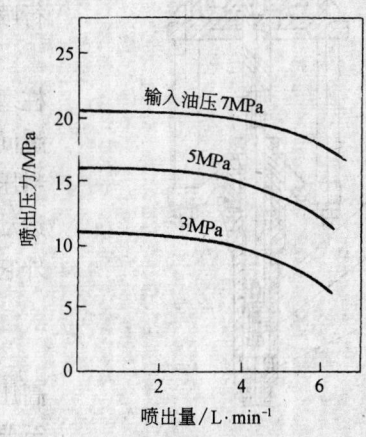 油压高压泵（美国格雷科公司13000）特性曲线

续表

名 称	特 点	特性曲线
电动高压泵	电动高压泵是直接用电流电源驱动,这种泵分为自动停止型和溢流型两种。自动停止型是指喷涂作业中断时,泵也随着停止运行;溢流型是指喷涂作业中断时,泵继续运行,涂料借助溢流阀溢流。电动高压泵的涂料喷出压力高可达25MPa,涂料喷出量影响涂料喷出压力,准确的涂料喷出压力需根据泵的特性曲线确定,例如图所示。由柱塞驱动隔膜给涂料加压的泵,称为电动油压高压泵,也称电动隔膜泵。 电动高压泵的特点是移动方便,最适宜用于没有固定喷涂场所的场合,不需要特殊的动力源,成本较低,噪声也较低。溢流型高压泵较自动中止型高压泵费电,且容易使涂料过热。电动油压型高压泵用油料溢流取代涂料溢流,避免了涂料过热的弊病,但油料可能混入涂料,影响漆膜质量	电动高压泵(最高压力25MPa)特性曲线

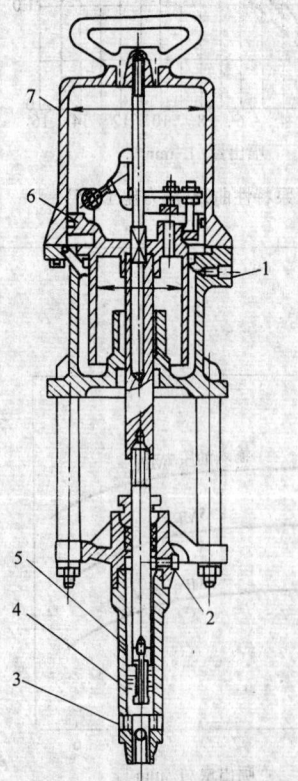

图 5-26 气动高压泵构造图
1—压缩空气入口;2—高压涂料出口;
3—吸漆口;4—柱塞;5—出漆阀;
6—活塞;7—气缸

气动高压泵的构造见图 5-26。

按照高压泵的工作原理,高压泵有复动型和单动型两种,见表 5-58。

4. 蓄压过滤器

通常将蓄压与过滤机构组成的一个装置称之为蓄压过滤器。其构造见图 5-27,由蓄压器筒体、过滤网架、过滤网、出漆阀、放泄阀等组成。从高压泵输入的高压涂料,从底部的进漆口进入筒体内腔,经过滤网过滤后由出漆阀排出,再经高压软管输送至喷枪进行喷涂。

蓄压过滤器的作用是使涂料压力稳定。高压泵的柱塞作上下往复运动至上下转换点时,往复运动处于瞬间中止状态,涂料输出也会随着瞬间中止,导致涂料压力不稳定。蓄压过滤器的作用就是避免柱塞往复运动至转换点时,涂料压力不受影响而保持稳定,此外它还起过滤涂料杂质的作用,避免喷嘴堵塞。

5. 输漆管道

输漆管道是高压泵与喷枪间的涂料通道,它必须耐高压和耐涂料浸蚀,耐压强度一般要求 12~25MPa,甚至要求高达 35MPa,而且还应具有消除静电的特性。其管壁构造分三层,从里到外为尼龙管坯、不锈钢丝或化学纤维编织网、尼龙、聚氨酯或聚乙烯被覆层,同时还编入接地导线,供喷涂作业时接地用。

高压泵的工作原理　　　　表 5-58

名称	特　点	工作原理图
复动型	复动型高压泵的工作原理见图，它的柱塞向上或向下运动时都能输出涂料，供喷枪喷涂。这种高压泵的特点是运行平稳；涂料的压力波动小；零部件磨耗小，使用寿命长。以气压和油压为动力的高压泵属于复动型，其加压原理见图所示，泵的上部气压（或油压）P，驱动加压活塞，使其推动泵下部的柱塞，给涂料施加压力，加压活塞的面积 A 与柱塞面积 a 之比越大，所产生的涂料压力 p 也就越高，如下式： $$p = \frac{A}{a}P$$	复动型高压泵工作原理 (a)柱塞往下；(b)柱塞往上 复动型高压泵加压原理
单动型	单动型高压泵的工作原理见图，一般采用电动机借助偏心轴驱动柱塞上下运动。当柱塞向下运动时，缸底球阀关闭，涂料被压送输出；当柱塞向上运动时，缸底球阀开通，涂料被吸入，同时，涂料中止输出。柱塞与电动机的转速（约 1500r/min）同频率往复运动。其特点是结构简单，但零部件使用寿命较短，还往往会因涂料粘度过高引起吸入不良	单动型高压泵工作原理 (a)柱塞向下；(b)柱塞往上

十、手提式电动搅拌机

本设备由手提式电钻装配上齿形搅拌器而组成，其作用是用于涂料和腻子的现场搅拌，

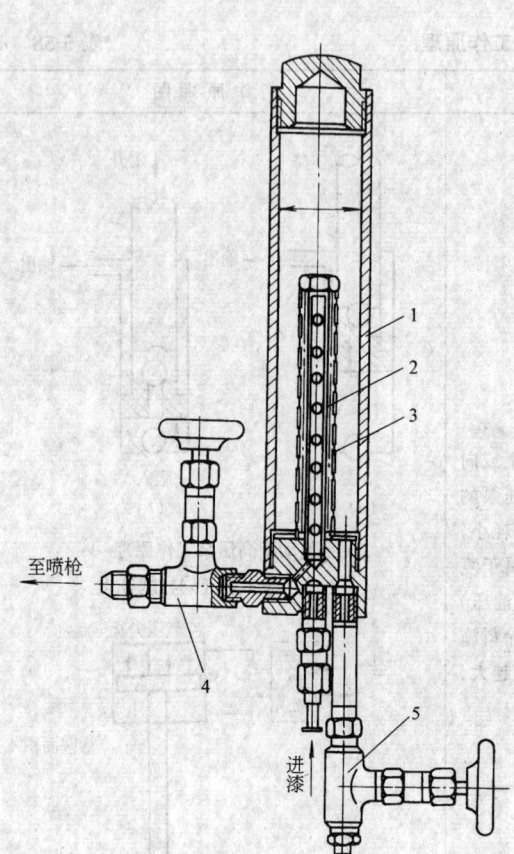

图 5-27 蓄压过滤器构造
1—筒体；2—网架；3—滤网；4—出漆阀；5—放泄阀

单相交流电，功率 400～600W，转速约 350～450r/min。

操作时，在插上电源前，应检查搅拌机开关是否关闭，以免通电后搅拌机转动而拉断电源线，发生危险。搅拌时应注意一手紧握搅拌枪手柄，一手控制电源开关，两脚成八字形站稳后方可开机，桶内料较少时，须用脚将桶稳住方可搅拌，开始时搅拌机要垂直往下，待搅拌到桶底时，方可斜着搅拌。

现场搅拌腻子时，应先在容器中装入胶液，然后开启电源，边转动边加入干粉料，直到搅匀为止。使用时应避免将液体溅入机内，严禁湿手操作，用后在空桶内注入清水，开动搅拌器进行清洗，手工清洗前必须拔掉电源。

注意搅拌机的保养，适时加入润滑油，使用前检查电源线是否破损。

十一、电动弹涂机

本设备其结构由料筒、电机、转轴、弹棒、档杆组成，用于复色花纹涂装工艺的施工，使用前应检查其转动是否灵活，弹棒方向是否均匀。

十二、电动吊篮

电动吊篮用于外墙涂料涂装施工时，人员和材料的支承，其优点比脚手架使用更灵活方便。

1. 电动吊篮的操作方法

接通电源，将转换开关拨至中位，按动上行按钮工作平台即向上运行，按动下行按钮工作平台即向下运行，放开上行或下行按钮，工作平台即运行停止。工作中，若工作平台出现倾斜，可将转换开关拨至较低一侧，可调升至水平，通常两侧高差应不超过 15cm。当工作平台的限位开关触及限位挡块后，工作平台停止运行，报警电铃鸣叫，按动上行或下行按钮，使触点脱离。当工作时发生断电，应关闭电源开关，若需将工作平台降回地面，可取出滑降手柄，旋入电机上方释放螺孔内，向上抬起手柄工作平台匀速下降，放松手柄，工作平台则停止下降。

2. 电动吊篮使用前的安全检查

（1）电缆线及各连接插头、插座应无破损、漏电等，电铃、限位开关、手握开关、选择开关工作正常。

（2）提升机与工作平台的连接应可靠，安装架无开裂、脱焊等异常现象，安全锁与工作平台的连接应牢固，安装板无移位、开裂、脱焊等异常现象。

（3）钢丝绳应无断裂、磨损、腐蚀等异常现象，连接牢固。

(4) 工作平台,悬挂机构各紧固件牢固,框架无断裂,破损、脱焊等异常现象,配重放置正常,无缺少。

(5) 提升机工作正常,使用前应检查电机电磁制动装置是否正常,提升机开动对应无非正常的声响和其他异常现象。

(6) 安全锁工作灵敏,锁绳可靠。

离心式安全锁:在其上部用手抓住安全锁钢丝绳,向上猛拉,安全锁即可锁住安全钢丝绳,扳动复位手柄,安全钢丝绳在安全锁内应处于自由状态。

防倾斜式安全锁:将转换开关拨至侧位,使工作平台发生倾斜,当工作平台倾斜到$4°±1°$时,安全锁即可锁住安全钢丝绳,将工作平台升起,安全锁自动复位,安全钢丝绳在安全锁内应处于自由状态。

3. 电动吊篮常见故障的排除

电动员篮常见故障以及其产生的原因和排除方法参见表5-59。

电动吊篮常见故障及排除办法 表5-59

故障现象	产生原因	排除方法
工作平台静止时下滑	电动机电磁制动器失灵。制动器摩擦盘为易损件,单边磨损2.5mm以上时需更换新盘	调整摩擦盘与衔铁的间隙,或更换摩擦盘。合理的间隙为平行平面间距0.5~1mm
电磁制动器冒烟	制动衔铁不动作,造成制动片与电机盖摩擦。线圈、整流器短路损坏	调整、更换、清理
提升机有异常噪声	压簧脱落、轴承破损、支承组件磨损。	打开提升机检查、更换零部件
工作钢丝绳卡在提升机内不能工作	钢丝绳松股,钢丝绳拽绳受阻	重新整理
工作平台倾斜	电机转速不同步,提升机拽绳差异,制动器灵敏度差异,离心限速块与外壳摩擦	载荷均布,重新拆装提升机,调整制动器间隙,更换限速弹簧
工作钢丝绳严重磨损	支承组件磨损,绳装置运行不良	更换支承组件、钢丝绳,加注适量润滑油脂
安全锁锁不住钢丝绳	绳夹磨损,钢丝绳沾有油污等	打开安全锁更换零件,并重新标定。更换钢丝绳索
离心式安全锁离心机构不动作	离心弹簧过紧,绳轮弹簧压紧不够,异物堆积	更换离心弹簧、绳轮弹簧,清除异物,禁止异物进入,并重新标定

4. 安全注意事项

(1) 吊篮必须由经技术培训合格的专业人员操作、维护、保养;

(2) 进入电动吊篮的人员须佩戴索扣安全带和安全帽;

(3) 工作平台严禁超载,平台内的载荷应大致均布,提升机、安全锁严禁带病工作;

(4) 在正常工作中,严禁触动滑降装置及用安全锁刹车,工作平台出现倾斜应及时调整,操作人员应随时注意运行情况,及时消除事故隐患;

(5) 安全钢丝绳不得曲折,不得粘触油类、杂物。工作钢丝绳不得曲折,不得粘附砂浆等杂物,若有断丝、乱股、开裂、磨损、腐蚀等必须按照规定要求进行更换;

(6) 吊篮使用现场距整机 10m 范围内不得有高压线及高压装置；

(7) 工作平台悬挂在空中时，严禁拆卸提升机、安全锁、钢丝绳等。由于故障确要进行的，应由专业人员在落实安全措施的情况下执行。

(8) 吊篮不宜在酸碱等腐蚀环境和雷雨、大雾及六级风以上的环境工作；

(9) 若在工作中发生工作钢丝绳断绳等紧急情况，操作人员应沉着冷静，在确保安全的情况下撤离工作平台，由专业维修人员进行处理。

(10) 每次使用前必须按要求进行检查，安全锁在标定期限内必须进行维修保养标定，非专业人员不得启封、拆装安全锁；

(11) 使用结束后，关闭电源开关，锁好电器箱，露天存放应做好防雨措施，避免雨水进入提升机、电器箱和安全锁；

(12) 为了确保安全，使用吊篮的下方地面，应设行人禁入区域，有关施工安全技术，现场操作安全措施，劳动保护及安全用电，消防等要求，按国家和地方颁发的有关规范、规定执行。

(13) 专业检修人员必须定期对整机各主要部件进行检查，并做好记录，发现故障应以书面方式呈报有关部门。

第四节 涂饰基本操作技术

一、清除

清除是指各类基层在涂饰前进行处理的技术，清除的操作技术主要有手工清除、机械清除、化学清除和热清除等。

1. 手工清除

手工清除主要包括手工铲除和刷除。手工清除的方法见表 5-60。

基层手工清除的方法 表 5-60

种 类	操 作 方 法	适 用 范 围
扁錾铲除	须与手锤配合使用，錾削时要稍有凹坑，不要有凸出。铲除边沿时要从外向里铲或顺着边棱铲，以防损伤工件。錾子的后刀面与工作要有 5°～8°的夹角。錾子前后刀面的夹角叫楔角，铲除材料不同，楔角的大小也各异	铲除金属面上的毛刺，飞边、凸缘等
铲刀清除	一般选用刀刃锋利、两角整齐的 3in 铲刀。在木面上应顺木纹铲除，铲除水浆涂料应先喷水湿润；铲除水泥、砂浆等硬块时，最好使用斜口铲刀，要满掌紧握刀把，用手指顶住刀把顶端使劲铲刮	清除水泥、抹灰、木质、金属面上的旧涂层、硬块及灰尘杂物等
刮刀刮除	有异形刮刀和长柄刮刀两种，异形刮刀一般与脱漆剂或火焰清除设备配合使用。长柄刮刀单独使用时，一手压住刮刀端部，另一手握住把柄用力向下刮除，一般是顺木纹刮除，最好从各个方向交叉刮除，与木纹成垂直方向刮除时用力不要过大，以免损伤木纹刮出凹痕	异形刮刀可刮除线脚和细小装饰件上的旧涂层，长柄刮刀用来刮除室外大面积粗糙木质面上的漆膜
金属刷清除	有钢丝刷和铜丝刷两种，铜丝刷不易引起火花，可在极易起火的环境使用。清除时两脚要站稳紧握刷柄，用拇指或食指压在刷背上向前下方用力推进，使刷毛倒向一顺，回来时先将刷毛立起然后向后下方拉回，不然刷子就容易边走边蹦，按不住，除掉的东西也не多，只有几道刷痕。如果刷子较大，在刷背上按一个手柄，双手操作会更省力	消除金属面上的松散、锈蚀、氧化铁皮或旧涂层，也可清除水泥面上的沉积物或旧涂层

2. 机械清除

机械清除主要有动力钢丝刷清除、除锈枪清除、蒸汽清除、喷水清除、喷砂清除等。

机械清除的特点是效率高、清除能力强，特别适用于粘附牢固的锈蚀和氧化铁皮等。能对清除面产生深度适宜的糙面，增加油漆涂料的附着力。机械清除的方法及特点见表 5-61。

机械清除方法及特点 表 5-61

种 类	使 用 介 绍	适用范围及特点
动力钢丝刷清除	有杯型和圆盘型两种钢丝刷，一般用手提砂轮机、手电钻、软轴机带动。杯型钢丝刷适用打磨平面，圆盘型用于凹槽部位。在易爆环境中须用铜丝刷。使用时应穿戴防护装置	清除金属、混凝面上的锈蚀、漆膜等，可增加清除面的糙度，对氧化皮清除效果不理想。转速过度时产生的热量会使金属细小颗粒熔化，加速锈蚀作用
除锈枪清除	枪头多根钢针组成，由气动弹簧推动，有三种类型：尖针型的可清除较厚的铁锈或氧化皮，但处理后的表面粗糙；扁錾型的对材料表面损害较小，仅留有轻微痕迹；平头型不留痕迹，可处理较薄的金属面，也可用于混凝土和石材制品表面	用来清除螺栓、螺帽、铁制装饰件等不便于清除的圆角、凹面部位，在大面积上使用时效率低，不经济。也可用来清理石制品
蒸汽清除	利用从喷头喷出的高压或低压蒸汽的渗透作用，进行清除。清除时将喷头按在清除面上放置几秒钟，待壁纸或涂层变软，即可用铲刀铲除，如清除油污面加入清洗剂后，蒸汽可将表面的污垢吹洗干净	可清除壁纸、水浆涂层或各种污垢，除具有方便迅速，不易损伤基层的优点外，还具有消毒灭菌作用
喷水清除	一般要用高压水龙头冲洗，水流压力可达 4MPa，操作时要穿戴护目镜和防护服。清除时从房檐下开始以 2～2.5m 的宽度向下冲洗。喷嘴要平稳缓慢地向下移动，与墙面保持 20cm 左右的距离。冲洗干裂脱皮的漆膜时要从各个方向冲洗；喷嘴距墙 15cm，冲洗角度为 45 度	用在无法使用喷砂清理的室外墙面，适宜清除松散的锈蚀、漆膜、脏物或腐蚀性灰尘，对金属面的氧化铁皮效果不佳，并会促进锈蚀的产生
喷砂清除	这是一种从砖石面或金属面上清除旧漆膜或锈蚀最有效、但也是最麻烦的方法。它利用压缩空气将各种磨料以高速度喷射到要清理的面上，利用磨料的撞击力将面层撞击而达到清洁目的。磨料种类很多，有天然砂、火遂石、铸铁、铸钢、矿渣、碳化硅（合金砂）、氧化铝等，规格一般为 16～40 筛目	可清除钢铁表面的锈蚀和氧化皮，以及石灰、混凝土和合金材料的表面。常用于要求较高的大面积金属面上。喷砂清除后在 4h 内涂饰；在海洋或污染严重的环境下应立即涂饰，否则会产生新的氧化膜，对涂层的质量有所影响

3. 化学清除

当基层的状况比较完好坚实时，往往采用化学清除，化学清除施工简便，见效快，对基层损伤少，常与打磨配合进行。常见的化学清除方法见表 5-62。

基层的化学清除方法 表 5-62

种 类	使 用 介 绍	使用范围及特点
溶剂或去油剂清除法	一般采用松香水（200 号溶剂汽油），清除前先将基层用钢丝刷清除一遍，然后用浸满溶剂或去油剂的抹布或刷子擦洗表面，最后用清水漂洗几遍。低燃点、有毒或散发出有害烟雾的溶剂应避免使用	清除各类基层表面的脏物
碱溶液清除	常用的碱溶液有磷酸三钠溶液、火碱溶液，如加入其他成分还可以起防霉作用。碱溶液清除一般在高温下使用（90℃左右）。清洗时先用旧油刷在表面涂一层碱液，浸渍几分钟，当油渍、污垢变软后，用清水冲洗，然后用水砂纸、浮石或钢丝绒打磨。打磨后经再次冲洗干燥后即可涂刷	碱溶液清洗多用在钢铁面上清除油脂、污垢，对易吸收性的基层不宜采用，特别是涂刷清漆的木质面，它会使木质颜色加深。由于腐蚀的原因，禁止在铝面或不锈钢面上使用

续表

种类	使用介绍	使用范围及特点
碱溶液清洗	要在碱溶液未干前洗掉,以免遗留在表面或侵蚀到木质内部,使后续涂层出现局部皂化或褪色。漂洗最好用有一定压力的热水冲洗	同上
酸洗清除	酸洗清除常用在钢铁、砖石、混凝土面上,酸洗液是由磷酸(钢铁面用)或盐酸(砖石、混凝土面用)与少量溶剂、洗涤液及湿润剂组成。钢铁面采用酸洗不仅可清除轻微锈蚀,还能对表面产生轻微腐蚀,提高涂层的附着力。酸洗常用的方法有刷洗、擦洗、热侵和喷洗。无论何种方法酸洗后都应用清水漂洗	用于清除钢铁面上的轻微锈蚀和砖石混凝土面上各类油迹污垢
脱漆剂清除	脱漆剂有酸碱溶液型和有机溶剂型两类。将脱漆剂涂刷在旧漆膜上,约半小时后待旧漆膜膨胀起皮时即可将漆刮去,然后清洗掉污物及残留蜡质。脱漆剂不能和其他溶剂混合使用,要注意通风防火	清除各类基层表面的漆膜和污物

4. 热清除

热清除主要是用来清除金属面上的锈蚀,氧化皮和木质基层上的漆膜。热清除可以分为用氧气、乙炔、煤气、汽油做燃料的火焰清除和用电阻丝作热源的电热清除两类。

基层的热清除方法见表 5-63。

基层热清除的方法   表 5-63

种类		使用介绍	适用范围及特点
火焰清除	金属面	操作要比木质面容易得多,清除锈蚀和氧化铁皮的效果较好。清除时一般由三人为一组,将金属表面烧至浅灰色时,用钢丝刷清除表面干燥的锈粉。经过 30~40min 的冷却,至金属表面微热时(36℃左右)即可涂刷底漆,热度会使底漆的黏度降低,更好地渗进表面,使底漆与金属结合更牢	用来清除钢铁面上的锈蚀、氧化铁皮和木质面上的旧漆膜。不适宜清除薄铁皮上的旧涂层及易燃烧的厚沥青涂层。火焰清除过的基层不宜涂刷环氧树脂漆、双组分聚氨酯漆
火焰消除	木质面	木质面上的火焰清除要比金属面上复杂得多。防止基层的损伤或烧焦,主要是掌握火焰和铲刀移动的一致性,要让铲刀支配火焰的移动速度。操作时左手拿火炬,右手拿铲刀,铲刀要紧随火焰移动,将铲刀插在漆膜下面,不断铲去被烤得变厚的漆膜 操作时的注意事项如下 (1)为避免损伤基层,铲刀不要过于锋利,与基层的夹角不要大于 30 度,要顺木纹移动铲刀 (2)清除立面时要由底部向上清理,以便上升的热气能对上部表面预先加温。火焰要不断以均匀的速度移动,不要将某一部位烧着 (3)加热过的漆膜要及时清除,因为冷却后要比未处理前更不易清除 (4)涂刷时间较久的旧漆膜,烧除时会变得又软又黏,不易清除,还会弄脏基层。为此可先刷一层稠石灰浆,待其干后再用火焰清除就不会出现上述现象了 (5)铲除后的基层为避免吸收潮气应尽快涂饰涂料,最好当天涂刷	用来清除钢铁面上的锈蚀、氧化铁皮和木质面上的旧漆膜。不适宜清除薄铁皮上的旧涂层及易燃烧的厚沥青涂层。火焰清除过的基层不宜涂刷环氧树脂漆、双组分聚氨酯漆
电加热清除	木质面	将电刮除器接通电源,放到要清除的部位,当漆膜变软后用铲刀铲除,有的电刮除器本身就带有刮刀。电加热清除使用简便、安全,不易损伤污染基层,但速度慢、效率低,不适宜大面积采用	适用于对基层清洁度要求较高的小面积上清除

二、嵌、批

油漆工嵌、批腻子的目的是将已经过清除处理的基层的缺陷填平。嵌、批腻子的要点是实、平、光。即与基层或后续涂层接触紧密,黏结牢固,表面平整光滑,减少打磨量,为面漆质量打好基础。

1. 嵌、批技巧及工具的使用

嵌和批虽然都是为了填补,但在操作目的、材料选用和工具使用上还都有许多不同之处。

(1) 嵌(补)腻子

嵌(补)腻子的目的就是将被涂饰基层表面的局部缺陷和较大的洞眼、裂缝、坑凹不平处填平填实,达到平整光滑的要求。熟练地掌握嵌补腻子的技巧和方法,是油漆工的基本功,在嵌补腻子时,手持工具的姿势要正确、手腕要灵活,嵌补时要用力将工具上的腻子压进缺陷内,要填满、填实,也不可一次填得太厚,要分层嵌补,分层嵌补时必须待上道腻子充分干燥并经打磨后再进行下道腻子的嵌补,一般以2~3道为宜,为防止腻子塌陷,复嵌的腻子应比物面略高一些,腻子也可稍硬一些。嵌补腻子时应先用嵌刀将腻子填入缺陷处,再用嵌刀顺木纹方向先压后刮,来回刮一至两次。填补范围应尽量局限在缺陷处,并将四周的腻子收刮干净,以减少沾污,减少刮痕。填刮腻子时不可往返次数太多,否则容易将腻子中的油分挤出表面,造成不干或慢干的现象,还容易发生腻子裂缝,嵌补时,要将整个被涂覆的基层表面的大小缺陷都填到、填严、不得遗漏,边角不明显处要格外仔细,将棱角补齐,对木材面上的翘花及松动部分要随即铲除,要用腻子填平补齐。

嵌补腻子还要掌握腻子中各种材料的性能与涂饰材料之间的关系,还要掌握各层油漆之间的特点,选用适当性质的腻子嵌补也是重要的一环。工具的选用要根据工程对象,一般用嵌刀、牛角腻板、椴木腻板等。

(2) 批(刮)腻子

批(刮)腻子一般是对面积较大,比较平整的被涂饰表面进行的一种处理方法,即所谓满批腻子,其目的与嵌补腻子相同,不同之处是对基层面进行全面刮腻子,基本不能遗漏。批刮腻子要从上至下,从左至右,先平面后棱角、以高处为准,一次刮下,手要用力向下按腻板,倾斜角度为60°~80°,用力要均匀,才可使腻子饱满又结实。如在木基层上批刮腻子并且是清水显木纹时要顺木纹批刮,不必要的腻子要收刮干净,以免影响纹理清晰,收刮腻子只准一两个来回,不能多刮,防止腻子起卷。如在抹灰墙上或混凝土面上批刮腻子,选用腻子应有所不同,批刮的方法和选用工具也有所不同。批头道腻子主要考虑与基层结合,要刮实。二道腻子要刮平,可以略有麻眼,但不能有气泡,气泡处必须铲掉,重新进行修补,最后一道腻子是刮光和填平麻眼,为打磨创造有利条件。

(3) 嵌补批刮腻子工具的选用和操作方法

嵌补批刮的工具很多,各有使用的特点,各种嵌补批刮工具的操作方法如使用范围详见表5-64。

嵌批工具的选用与操作方法　　　　表5-64

工具名称	操作方法	使用范围
嵌　刀	用拇指和中指握住嵌刀中部,夹稳嵌刀,食指压在嵌刀上面起撬压作用。中指和无名指起托的作用,嵌补时食指要用力将嵌刀上的腻子压进缺陷内	嵌补木质面上的钉眼、小孔或剔除线脚处的填孔料腻子

续表

工具名称	操作方法	使用范围
铲刀	使用时食指紧压刀片,其他四指握住刀柄	用于各类基层中的嵌补
牛角腻板	嵌补时大拇指和中指、食指分别夹住牛角腻板的两个面,要握紧、拿稳,操作时手腕应通过手臂和身体的移动来适应。嵌补时不能只顺一个方向刮,这样容易只填满洞眼的3/4,要向上一刮再向下一刮,才能将洞眼全部填实 批刮地板时,要用两手拿住牛角腻板,将腻子顺木纹倒成一条,用腻板压紧腻子来回收刮	木质面局部缺陷的嵌补和大面积的批刮
椴木腻板	有竖式和横式两种。竖式使用时虎口朝前大把握住使用,横式使用时要先将腻子铺到物面上然后双手拿着批刮	竖式的用于嵌补式批刮平面,横式的用来批刮较大的平面和圆棱、圆柱
橡胶腻板	使用时拇指在板前,其余四指在板后。批刮腻子时要用力按住腻板,使腻板与物面倾斜成60°~80°角	多用于批刮大面积平面或圆柱圆角上的水性腻子,如墙面等
钢板腻板	使用和批刮方法与橡胶腻板相似,但批刮的密封性好,适合薄层腻子的刮光	用于批刮要求精细的平面,如纸面石膏板接缝处的胶泥
硬质塑料腻板	使用和批刮方法与橡胶腻板相似,但因弹性差,腰薄,不能批刮稠腻子,带腻子的效果也不太好	多用于批刮稠度较低的过氯乙烯腻子

2. 不同基层对嵌批的要求

为了达到良好的嵌批效果,除熟练掌握嵌批技巧和各类工具的使用外,还必须根据不同基层以及各类涂层的特点,选择性质适宜的腻子和嵌批方法。

不同基层上各类涂层对嵌批方法及腻子的选用见表5-65。

不同基层上各类涂层对嵌、批方法及腻子的选用　　　　表5-65

基层种类	涂层做法	嵌批方法及腻子选用
抹灰面	油脂、油基醇酸无光漆或调和漆涂层	过去多使用血料腻子,现在多使用菜胶腻子或大白纤维素腻子,要多加些皮胶或乳胶,以增强黏结力。一般需批刮两遍,头遍腻子干后为防止破坏表面的胶质结膜,影响二遍腻子的黏附,不宜用砂纸打磨,可用钢板腻板横刮一下,并刮去不平整的部位。腻子要批得平整干净。水泥砂浆等多孔隙面要纵横各批一遍
	大白浆涂层	选用菜胶腻子或纤维素大白腻子。选用橡胶刮板满刮一遍腻子,干后再嵌补。如刷色浆,批腻子时就应加色
	过氯乙烯漆涂层	有成品和自配两种腻子,因过氯乙烯漆涂刷遍数较多,一般不需满批腻子,过氯乙烯腻子可塑性差,干燥快嵌补时操作要快,应随嵌随刮,不能多刮以免底层翻起。嵌补工序一般在第一遍底漆干后进行
	石灰浆涂层	用石灰膏做腻子。在第一遍石灰浆干后嵌补,然后用钢板腻板将表面刮光
	可赛银浆涂层	直接将可赛银粉用开水泡制成腻子,也可用大白粉与可赛银粉对半掺和配制或用大白纤维素腻子。嵌批方法与大白浆相同
	各类聚乙烯醇类内墙涂料涂层	用大白粉加本身浆料配制,比例为3:1或选用菜胶腻子、大白纤维素腻子。木板墙和刷过油漆的墙面须用石膏油腻子。新墙面应满批腻子
	各类乳胶漆涂层	选用乳胶腻子。对大孔洞先用石膏腻子嵌补,打磨后用橡皮或钢板腻板满批1~2遍腻子

续表

基层种类	涂层做法	嵌批方法及腻子选用
木质面	清油、铅油、调和漆涂层	选用石膏油腻子。要在清油干后进行嵌批。对较平整的表面用铲刀、牛角腻板批刮,对形状复杂的表面可用橡胶腻板批刮。腻子最好在2h内用完。剩余腻子用纸包好,存于水中,下次使用时略加熟桐油、石膏粉拌和即可。嵌批时间过长或天热为防止腻子结皮可用湿布或湿纸盖住
	清油、油色、清漆面涂层	选用加色的石膏油腻子。颜色要与清油颜色接近,嵌批腻子要在清油干后进行。棕眼多的木材须满刮腻子。为不显疤痕要将嵌补部位残余腻子磨净
	润粉、漆片、硝基清漆面涂层	选用漆片大白粉腻子。室外基层、门窗或地板在润油粉后嵌补。表面平整时可在刷过2~3遍漆片后,用漆片大白粉腻子嵌补,表面坑凹时用加色石膏油腻子嵌补,颜色要与油粉相同。如润水粉可用加色菜胶腻子嵌补。室内木门或家具可在润粉前用漆片大白粉腻子嵌补,用漆片大白粉腻子嵌补时要填满、填实,略高出表面,不能收刮,以防干后收缩出现下塌现象
	清油、油色、漆片、清漆面涂层	选用石膏油腻子,在清油干后嵌批。腻子内同样要加色。采用嵌补还是满批要根据材面情况决定,对表面比较光洁的红、白松类采用嵌补即可,对缺陷较多的杂木类一般要满批。批刮时一定要收刮干净
	水色、清油、清漆面涂层	选用加色的石膏油腻子,在清油干后嵌批。先批刮,批刮时为使木纹清晰一定收刮干净。批刮的腻子干后再嵌补洞眼凹陷,不限次数直至物面平整
	润油粉、醇酸清漆、丙烯酸木器清漆面涂层	选用加色石膏油腻子,在润完油粉后嵌批。在调好的腻子中加入适量石膏粉调成硬腻子,先嵌补洞眼和缺陷,然后满批腻子,一般须满批两遍
	润油粉、聚氨酯清漆底,聚氨酯清漆面涂层	选用聚氨酯清漆腻子,腻子颜色要调成与物面相同。在润完油粉后嵌批。这种腻子干燥快,为避免发毛、卷皮,嵌批时动作要快,不能多刮,只能一个来回
	清油、油色、清漆面涂层(木地板油漆)	选用石膏油腻子。先将裂缝和较大的缺陷处用硬石膏油腻子嵌补。将嵌补的腻子打磨,清扫后再进行满批刮。批刮用的腻子,用水量要少,油量要增加20%。批刮时将腻子在地板上倒成条状,用3in以上的大腻板双手批刮,并随时收净腻子。嵌批高低拼缝处要用硬腻子,一般要批刮两遍。第二遍在第一遍干后,嵌补完毕后进行
	润油粉、漆片、打蜡涂层(木地板油漆)	选用石膏油腻子。嵌补腻子要在润粉、刷二道漆片后进行。嵌补腻子的颜色要和漆片颜色一样,嵌疤要小,一般不满批腻子
	油漆底广漆面涂层	选用加色石膏油腻子,油色干后嵌批。松木要把缺点、损坏处嵌补完整;有棕眼的硬木要满批腻子
	豆腐底、两道广漆面涂层	选用加色漆腻子或石膏油腻子。豆腐底干后嵌批
	两道生漆底,推光漆面涂层	选用生漆石膏腻子嵌批。先将裂缝损坏处嵌补平整,经打磨、清扫、复嵌后满批两遍腻子。批刮时要批的薄一些,批匀,无残留腻子
金属面	防锈漆、调和漆涂层	选用石膏油腻子。防锈漆干后嵌补。面积较大时,为增加腻子干性应在腻子中加入适量厚漆或红丹粉
	喷漆涂层	常使用石膏油腻子和硝基腻子。由石膏粉、白厚漆、熟桐油、松香水及适量水和液体、催干剂组成。为避免出现龟裂和起泡,必须在底漆或上道腻子干后嵌批,底漆光度较大时可用砂纸去光。头道腻子批刮后表面应呈粗糙颗粒状,以便加速腻子内水、油的蒸发,易于干燥。二、三道腻子要比头道腻子稀一些。硝基腻子干燥快,批刮动作要快,一般最多不要超过两下,厚度不要超过1mm。第二遍腻子要在头遍腻子干燥30~60min后方可批刮。硝基腻子干燥后比较坚硬,不易打磨。为减少工作量要尽可能批刮得平坦光滑

在进行嵌、批腻子的操作时,还应注意以下几个方面:

(1) 嵌、批腻子要在涂刷底漆,并干燥后进行,以免腻子中的漆料被基层过多的吸收,影响腻子的附着性,出现脱落;

(2) 为避免腻子出现开裂和脱落,要尽量降低腻子的收缩率,一次填刮不要过厚,最好不要超过0.5mm;

(3) 腻子的稠度和硬度要适当;

(4) 批刮动作要快,特别是一些快干腻子,不宜过多地往返批刮,以免出现卷皮脱落或将腻子中的漆料挤出封住表面不易干燥;

(5) 要根据基层、面漆及各层油料的性能特点选择适宜的腻子和嵌批工具,并注意腻子的配套性,以保持整个涂层的物理和化学性能的一致性;

(6) 熟练掌握嵌、批各道腻子的基本技巧和操作方法。

三、打磨

无论是基层处理,还是涂饰工艺过程中,打磨都是必不可少的操作环节,并在涂饰工程中占有极其重要的位置。它对涂层的平整光滑、附着力及被涂物的棱角、线条、外观和木纹的清晰都有很大的影响。

打磨有手工打磨和机械打磨两种方法,而其中又包括干磨和湿磨。干磨是用木砂纸、铁砂布、浮石等对表面进行研磨;湿磨则是为了卫生防护的需要及为了防止漆膜打磨受热变软漆尘黏附在磨粒间影响打磨效率和质量,而将水砂纸或浮石蘸上水或润滑剂进行打磨的一种打磨工艺。硬质涂料或含铅涂料一般采用湿磨,当湿磨易吸收性对基层或环境不利干燥时,则可用松香水和生亚麻油(3:1)的混合物做润滑剂打磨。

1. 手工打磨

(1) 打磨方法

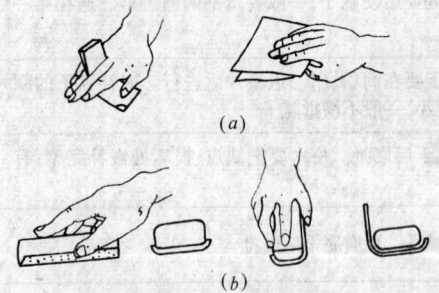

图5-28 砂纸打磨法
(a)用手打磨;(b)砂纸包在木块上打磨

将砂纸、砂布的 $\frac{1}{2}$ 或 $\frac{1}{4}$ 张对折或三折,包在垫块上,右手抓住垫块,手心压住垫块上方,手臂和手腕同时均匀用力打磨,如不用垫块,可用大拇指、小拇指和其他三个手指夹住,见图5-28,不能只用一两个手指压着砂纸打磨,以免影响打磨的平整度。打磨一段时间后应停下来,将砂纸在硬处磕几下,除去堆积在磨料缝隙中的粉尘。打磨完毕要用除尘布将表面的粉尘擦去,各道腻子面上打磨要掌握不能把楞角磨圆,该平则平,该方则方,手感要光滑绵润。

打磨要正确选择砂纸的型号,一般木材表面局部填补的腻子层常用1号或$1\frac{1}{2}$号木砂纸,满刮的腻子和底漆多用0号木砂纸,混凝土墙面水泥腻子的打磨可用砂布;湿磨多用水砂纸;底层腻子可用较粗的砂纸,上层腻子则应用较细的砂纸。要掌握不同的打磨方法,要掌握面漆以下各层漆膜的不同性质,做到表面平整,不伤实质,基本上要做到每道涂层之间要打磨一遍,由重到轻,才能保证涂饰表面的质量。

(2) 木质面的打磨

a. 粗磨时可以与木纹成一定的角度打磨,细磨时则一定要顺木纹打磨。

b. 打磨异形的表面,砂纸要与被涂覆面的形状一致。
2. 机械打磨

机械打磨主要使用风动打磨器和滚筒打磨器打磨木地板或大面积平面,圆盘式打磨器常用于金属面和抹灰面。风动打磨器和滚筒打磨器的操作方法见表5-66。

打磨设备的操作工艺　　　　　　　　　　　　表 5-66

设备名称	操 作 工 艺
风动打磨器	使用风动打磨机时,首先检查砂纸是否已被夹子夹牢,并开动打磨机检查各活动部位是否灵活,运行是否平稳,打磨机工作的风压应在 0.5~0.7MPa。操作时双手向前推动打磨机,不得重压,使用完毕用压缩空气将各部位积尘吹掉
滚筒式打磨器	由电机带动包有砂布的滚筒进行工作,主要用于打磨地板,每次打磨的厚度为 1.5mm,打磨器工作时会将机器自动带走,下压或上抬手柄即可控制打磨机的打磨速度和打磨深度

打磨工作在整个涂饰过程中,依对打磨的不同要求和作用,可大致分为三个阶段,即基层打磨,层间打磨,面层打磨。各个不同阶段的打磨要求和注意事项见表5-67。

不同打磨阶段的要求和注意事项　　　　　　　　　　表 5-67

打磨部位	打磨方式	要求及注意事项
基层打磨	干 磨	用 $1\sim 1\frac{1}{2}$ 号砂纸打磨。线角处要用对折砂纸的边角砂磨。边缘棱角要打磨光滑,去其锐角以利涂料的黏附,在纸面石膏板上打磨,则应注意不能使纸面起毛
层间打磨	干磨或湿磨	用 0 号砂纸、1 号旧砂纸或 280~320 号水砂纸打磨。木质面上的透明涂层应顺木纹方向直磨,遇到有凹凸线角部位可适当运用直磨、横磨交叉进行的方法轻轻打磨
面漆打磨	湿 磨	用 400 号以上水砂纸蘸清水或肥皂水打磨。磨至从正面看上去是暗光,但从水平侧面看上去如同镜面。此工序仅适用硬质涂层,打磨边缘、棱角、曲面时不可使用垫块,要轻磨并随时查看以免磨透、磨穿

要想得到打磨的预期效果,必须根据不同工序的质量要求,选择适当的打磨方法和工具,打磨时还应注意以下几点:

a. 打磨必须在基层或涂膜干实后方可进行,以免磨料粘进基层或涂膜内,达不到打磨的效果;

b. 水腻子、不易憎水的基层或水溶性涂料涂层不能采用湿磨;

c. 涂膜坚硬不平或软硬相差较大时,必须选用磨料锋利并且坚硬的磨具打磨,避免越磨越不平;

d. 打磨后应清除表面的浮粉和灰尘,以利下道工序的进行。

四、刷漆

刷漆是涂饰工程中应用最早,最普遍的施工方法,它的优点是工具简单、节省涂料、适应性强、不受场地大小、物面形状和尺寸的限制;涂膜的附着力和涂料的渗透性优于其他涂饰方法,缺点是工效低,涂膜的外观质量不是很好,挥发性快的涂料如硝基漆、过氯乙烯漆采用刷涂施工困难就更大些,在下列情况下常采用刷涂:

(1) 滚涂或喷涂易产生遗漏的细小不平整部位或工程较高的部位;

(2) 角落、边缘或畸形物面;

(3) 细木饰件、线角等细小部位；

(4) 采用喷涂施工，但又必须将周围遮挡起来的小面积。

1. 刷涂的基本操作方法

刷涂前先将漆刷沾上涂料（蘸油），需使涂料浸满全刷毛的二分之一，漆刷在沾附涂料后，应在涂料桶边沿内侧轻拍一下，以便理顺刷毛并去掉沾附过多的涂料。

刷涂通常按涂布、抹平（涂布和抹平亦称为摊油）、修整（理油）三个步骤进行，见图 5-29。涂布是将漆刷刷毛所含的涂料涂布在漆刷所及范围内的被涂覆物表面，漆刷运行轨迹可根据所用涂料在被涂覆物表面的流平情况，保留一定的间隔；抹平则是将已涂布在被涂覆物表面的涂料展开抹平，将所有保留的间隔面都覆盖上涂料，不得使其露底；修整是按一定方向刷涂均匀，消除刷痕与漆膜厚薄不均的现象。

刷涂快干涂料（如硝基纤维素涂料）时，则不能按照涂布、抹平、修整三个步骤进行，只能采用一步完成的方法，由于快干涂料干燥速度快，不能反复涂刷，必须在将涂料涂布在被覆盖面上的同时，尽可能快地将涂料抹平、修整好漆膜、漆刷运行宜采用平行轨迹，并重叠漆膜三分之一的密度，见图 5-30。

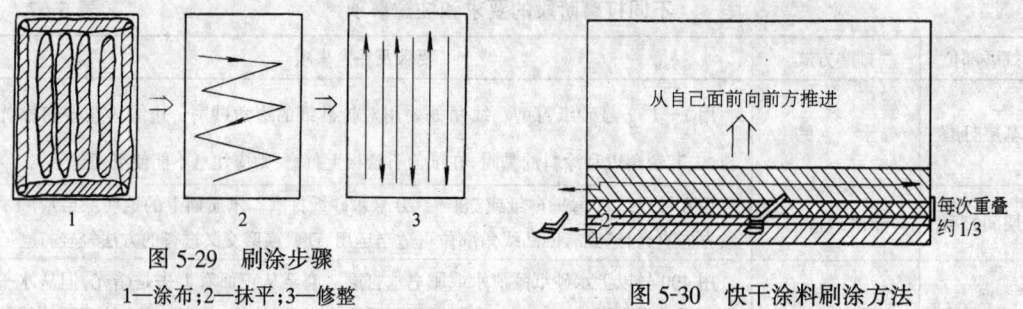

图 5-29 刷涂步骤
1—涂布；2—抹平；3—修整

图 5-30 快干涂料刷涂方法

普通油漆刷涂的基本操作方法见表 5-68。

普通油漆刷涂的基本操作方法　　　　表 5-68

刷涂方法	基 本 操 作
蘸油	为便于清洗刷具，蘸油前可先将刷毛放在稀料里浸湿，然后甩去刷毛上多余的稀料。刷毛入油的深度，不要超过其长度的一半，以免在刷毛的根部堆积涂料，不易清洗；此外蘸油过多也易使涂料滴落和流淌。为使蘸油既多，又不滴落，蘸油后应立即将刷头两面在容器内壁各拍打一下，使涂料进入刷毛端部的内处。然后略捻转一下油刷迅速横提到涂刷面上。如果涂料要滴落还可在容器内边刮一下。 对干燥迅速，固体含量低的油漆，每次蘸油量不要过多，刷毛进入漆面的深度要准确，蘸油后不要拍打，马上捻转刷柄，横提出油桶进行刷涂
摊油	摊油就是将刷具上的涂料铺到涂刷面上。摊油时用力适中，由摊油段的上半部向上走刷，耗用油刷背面的涂料。油刷走到头后再由上向下走刷，耗掉刷刷正面的涂料。摊油时各刷之间要留有一定的间隙，间隙的大小要依摊油的多少和基层状况而定，一般的物面可留 5~6cm 的间隙。不吃油的物面可留三个刷面宽的间隙，吃油的物面可不留间隙。在平面上摊油，不要将油漆一下子都摊到物面上，以免油料沿边缘流坠。物面的边缘，可用摊油时多余的油在理油时完成。对吃油多或不平整、难刷的部位可适当多摊些油。摊好油后用不蘸油的刷子将摊好的油向横向和斜向刷均匀
理油	摊油后一刷挨一刷地用油刷顶部轻轻地将涂料上下理顺。为使漆膜薄厚均匀，理油时走刷要平稳，用力要均匀。油刷要与物面垂直，每刷快要结束时，要在走刷的同时逐渐将刷子抬起留下茬口。在木面上应顺木纹理油，垂直面应由上向下理油，水平面应顺光线照射的方向理油。油刷走刷时切忌中途起落刷子，以免留下刷痕

常见油漆涂料的具体刷涂方法见表 5-69。

常见油漆涂料的具体刷涂方法 表 5-69

品 种	刷涂特点及注意事项
清 油	刷清油虽很普通，但如果疏忽大意，仍会产生流淌、皱纹等不应有的毛病。刷涂时必须严格要求按正确刷涂顺序涂刷，刷涂刷匀，不允许有流挂等现象。在木质面上刷涂清油时如加入少量颜色，可使木材颜色一致，并可避免遗漏。抹灰面一般采用 3～4in 或 16 管排笔刷涂。如果刷涂时间较长，清油内稀料挥发变稠，须及时加入稀料调整稠度。夏天为减少挥发可适当加些煤油
铅 油	一般可使用刷过清油的油刷刷涂。抹灰面可使用 3in 油刷或 16 管排笔。木质面上要顺木纹涂刷，不可横竖乱涂。线角处不能刷得过厚，以免产生皱纹。在抹灰面上刷涂的头道铅油要配得稀一些，以便能刷开、刷匀。涂刷高度较高时要由两人上下配合，不使接头处有重叠现象。接头宜选在自然分界处，要从不显眼处刷起，如从门后、暗角处起刷。二道铅油调配时油料要重，稀料要少，以便涂膜有较好的光泽。可采取铅油与调和漆对半掺和使用
调合漆	刷调和漆的刷毛不能过长或过短，刷毛过长时油漆不易刷匀，容易产生皱纹、流挂，刷毛过短，易产生刷痕和露底。所以使用新刷反而不好，一般都用旧刷操作。调和漆黏度较大，刷涂时要多刷、多理，刷完一段后要及时检查修整。调和漆一般干燥较慢，刷完后要注意保持环境卫生，防止污物、灰砂沾污漆面
油基磁漆	磁漆稠度大、流动性强、干燥快，是比较不易刷涂的涂料之一。刷涂时易产生涂层不均、流挂或露底的疵病。原因大多是由于对磁漆流动性大这一特点考虑过多，担心出现流挂，因而摊油时往往摊得不足，而理油时又用力过大，结果出现露底或是由于各刷涂片段摊油不匀，摊油不足的片段干燥过快，不能与其他片段很好地衔接，出现涂层不匀和连接痕迹。为防止出现这类问题，每次摊油的片段不可过大，动作要迅速，但不能慌乱。要摊足、摊匀，但也不可过多。这主要依靠走刷时的感觉来判断。如果走刷时在这一片段内感觉发滑，而另一片段内又发涩，这说明两片段的涂层不匀，应将油多发滑部位的油向油少发涩的部位均匀。理油时要平稳，用力均匀，收刷时要均匀有力。油刷的选择与调和漆基本相同，不宜使用新刷，最好选用半新旧的刷子
无光油	墙面顶棚刷涂无光油可选用 4～5in 的大油刷。其操作方法与刷铅油基本一样，但这种涂料干燥快，刷涂时动作要快，相间要配合好，要刷匀，特别是接头处要刷开刷均，然后再轻轻理干。将每个刷面全部刷完后，再刷下一个刷面。因无光油中松香水含量较多，含气味大、有毒性，每次操作不宜超过 1h，要到通风处稍休息一下
酚醛清漆和醇酸清漆	这两种涂料的特点是：黏度高、干燥慢、涂布量多，所以应选用猪鬃油刷。摊油时先刷横涂或斜涂，将油均匀赶开。此时用力可重些。最后按木纹方向直理几次。理油时用力要逐渐减轻，最后用油刷的毛尖轻轻收理平直
硝基清漆	硝基漆黏度高、挥发快，是一种比较不易涂刷的涂料。涂刷时动作要快，注意刷匀、刷到。蘸漆量不能一刷多一刷少。用力要均匀，每笔刷涂面积的长短要一致（约 40～50cm），应顺木纹方向刷涂，但是不能来回多刷，以免出现皱纹，或将下层的漆膜拉起。为避免将下层漆层溶解，要注意掌握漆中溶剂的挥发速度。气温高，空气流动快，干燥就快，这时应将门窗关好，刷涂动作要快，同时一次刷涂的涂层厚度也可适当大些，以相应地延长挥发时间。此外还应注意避免产生泛白、气泡等现象。硝基漆涂刷第一遍时可稍稀一些，以后几遍要用 2～3 倍的稀料稀释后涂刷 刷具常选用不脱毛，富有弹性的旧排笔或底纹笔，最好使用刷过虫胶漆的排笔，使用前先用酒精溶解，洗净虫胶漆，再放入香蕉水中洗一洗再用
聚氨酯和丙烯酸清漆	这两种漆的特点是固体份量高、黏底低、流平性好。其操作方法基本与刷涂硝基漆相同，但可适当来回多刷。刷涂时要顺木纹刷涂，要刷到、刷匀、厚薄一致、无接搓、无遗漏，涂层要薄。在刷涂这两种清漆时要注意掌握各道涂层的干燥时间。在常温条件下，刷涂第二道涂层时，应让每一道涂层有半小时以上的自干时间。同时不能在风大的地方施工，以免涂膜表面出现气泡、针孔、皱皮等缺陷。刷涂聚氨酯清漆，前后两道涂层间隔的时间不能过长，否则漆膜坚硬不易打磨，而且涂层之间的结合力会变差，出现分层脱皮现象。当环境温度在 15～30℃ 时，每日可刷一道，在 30℃ 以上时，可刷二道。面漆刷涂后经 7d 方可使用
过氯乙烯漆	抹灰面上刷涂过氯乙烯漆，一般是一遍底漆，两遍磁漆和清漆。底漆最多两遍，磁漆和清漆可以适当增加，但一般不超过 6～9 遍。底漆的操作方法与铅油相同，只是过氯乙烯漆干燥很快，每个部位不能多刷，只能一上一下刷两下，更不可横涂乱刷，以免将底层带起，并应注意接头处的重叠不能太明显。磁漆的刷法与底漆一样，为防止底漆被带起，刷涂时动作要快，手要轻，也可在底漆上先刷一道清漆后再刷磁漆。磁漆一般只刷两遍。如盖不住底漆或颜色不一致时，也可再增加 1～2 遍，每遍间都须打磨、清扫，清漆的操作方法与磁漆一样，一般刷涂 2～4 遍 过氯乙烯漆应使用专用稀释剂，在没有稀释剂的情况下，不宜用香蕉水代替。大面积施工最好采用喷涂。过氯乙烯漆气味较大，有毒，刷涂面积较大时要戴防毒口罩，每隔 1h 最好通风一次

续表

品　种	刷涂特点及注意事项
虫胶清漆	虫胶清漆尤其是带色的虫胶漆，比较不易涂刷。它属挥发性涂料，干燥快，因此首先是拿笔的姿势和刷涂顺序要正确，一般是按从左到右，从上到下，从前到右，先内后外的顺序，顺木纹方向刷涂。涂刷手腕要灵活，精神要集中，动作要快，用力要均匀，不能一笔重一笔轻，而且不经过多的回刷，否则极易出现刷痕、色泽不一、混浊等缺陷。蘸油时，每笔的漆量要一致，不能一笔多一笔少。虫胶清漆怕潮湿和低温，冬季施工室温应保持在15℃以上，也可在漆内加入少量的松香酒精溶液（但不宜超过用量的5%）
水　色	刷涂水色的工具是排笔（12～16管支，笔毛只有15mm长的短秃旧排笔）、油刷（2～3in）、湿抹布。工具的大小要根据涂饰面的大小而定。刷涂时先用排笔多蘸些水色，用横竖来回涂刷的方法让水均匀地渗进木材管孔内。在水色未干前用油刷先横后竖地顺木纹将水色理通、理顺、刷匀。涂刷时，用力要轻而均匀。刷涂时不能一上手就刷得过多，以免水色干后造成颜色纹理不通顺的疵病。如果有局部地方吸收水色过多，可用湿抹布擦淡一些。刷水色时一定要杜绝刷痕和流挂等现象。刷过水色的表面在进行下道工序前，不能用湿手去摸，也不能将水洒在表面，以免留下指印或水痕，产生颜色不匀。在水色面上刷涂虫胶漆时，来回刷涂的次数不要过多，最好不要超过三下，以免将水色带起，使表面颜色不匀。刷水色时，如出现壳屑现象，可将蘸有水色的排笔在肥皂上擦一擦，再涂刷即可消除壳屑现象
油　色	油色由于油少料多，刷涂时油易被吸收，从而感觉发涩，不易刷匀，故刷涂时一定要逐段、逐面进行，将拼缝、接头处处理好。接头拼缝处不能留得太整齐，要互相错开，以免留下明显的痕迹。刷涂地板一类面积较大的物面时，由2～3人合作较为适宜。在面上刷涂时，油不能沾到未刷的面上，沾染的部位要及时擦净，以保证色泽的均匀一致。先从物面的不明显处刷涂，显眼的主要部位最后涂刷。油色干燥后，涂膜不是十分坚固，不宜用砂纸打磨，可用净布擦拭，或用干油刷掸刷，以免造成色泽不一致
石灰浆	刷涂石灰浆的基层一般不必进行过细的处理，只要用钢丝刷或铲刀除去表面的脏物和开裂的涂层就可以。刷涂的工具，可选用硬毛圆刷或将两把5in油刷或3把3in油刷拼宽，装上长柄刷涂。室内小面积可使用16管排笔。为便于刷涂和石灰浆的黏附，刷涂前要将表面浸湿，刷色浆时头一遍就要加色，前两遍颜色要偏浅，最后一遍配成与样板要求颜色，刷涂时各刷间要相互挨紧，不能留有空隙，相接处要刷开、刷匀、刷通
大白浆	大白浆对墙面的干燥程度和含碱状况都有一定要求。用聚醋酸乙烯乳液和羧甲基纤维素作胶结料调配的大白浆，对抹灰面的要求不十分严。用菜胶调配的大白浆须当墙面充分干燥，抹灰面内碱质全部消化后才可施工。刷涂时因底层腻子或头遍浆易吸收水分，浆胶化开，被排笔带起，所以要比石灰浆难刷得多。刷涂时，动作要轻快，接头处不得有重叠现象。大白浆一般须刷涂两遍以上。如刷色浆，从批腻子时就要加色，加色由浅到深
聚合物水泥浆	刷涂聚合物水泥浆可选用油刷、排笔，对粗糙的表面可使用圆头硬毛刷。使用圆头硬笔刷刷涂时，刷子要呈环形移动，以使涂料渗进表面的孔隙中去。涂刷面应潮湿。刷刷后应在潮湿状态下养护72h
可赛银浆	刷涂可赛银涂料的程度、方法与大白浆大致相同，只不过要细致一些。当基层状况较好，颜色又与涂料接近时，一般只刷涂两遍即可。待第一遍浆已基本干燥，无明显湿痕时，即可刷涂第二遍浆。两遍浆的间隔时间不要过长，以保证刷涂面的光洁和颜色的一致。如果相隔时间过长，表面过于干燥，第二遍浆就不易刷涂并易留下刷痕。刷涂工具最好选用刷毛较为柔软的排笔
乳胶漆	乳胶漆刷涂前应加水调至适当稠度，一般为漆重的10%～15%，不宜超过20%。批腻子前刷的底漆最多可加至80%。第一遍刷涂后经2h的干燥就可刷第二遍。乳胶漆干燥快，为避免出现接头痕迹，每个刷面应一次完成。大面积刷涂时，应由多人配合，从一头开始，流水作业，互相衔接刷向另一头。施工时，温度应保持在零度以上，以防冻结。刷具选用排笔较好
聚乙烯醇类内墙涂料	刷涂工具以羊毛排笔为宜，一般须刷涂两遍以上。为防止出现发花现象，刷涂时应上下走刷，切忌上下左右无规律乱涂。第一遍涂料因墙面吸水性强，一次可适当多蘸些涂料，并尽量将涂料刷开。第一遍刷涂完后打开门窗干燥1～2h后可刷涂第二遍，这时墙面吸水性已减弱，感觉比较轻松，所需涂料也少，为此每次蘸料不宜过多。涂膜应尽量刷薄，避免流挂，如出现流挂应及时去。已配制好的涂料，使用时不得随意加水，以防掉粉。如确实太稠，可加少量热水搅拌均匀。涂料保存期为半年，要密封存放并注意防冻

第四节 涂饰基本操作技术

2. 刷涂的注意事项

（1）刷涂时漆刷蘸涂料、涂布、抹平、修整这几个步骤其操作应该是连贯的,不应该有停顿的间隙,熟练的操作者可以将这几个操作步骤融合为连续的一步完成;

（2）涂布、抹平、修整三个步骤应纵横交替地刷涂,但被涂物的垂直面,最后一个步骤应沿着垂直方向进行竖刷,木质被涂物最后一个步骤则应与木纹同一方向刷涂;

（3）在进行涂布和抹平操作时,漆刷要求处于垂直状态,并用力将刷毛大部分贴附在被涂物表面,但在整修时,漆刷应向运行的方向倾斜,用刷毛的前端轻轻的刷涂修整,以便达到满意的修整效果;

（4）漆刷每次的涂料沾附量最好基本保持一致,只要漆刷的规格选用得当,漆刷每次沾附的涂料刷涂面积也能基本保持一致;

（5）刷涂面积较大的被涂物时,通常应先从左上角开始刷涂,每沾一次涂料后按照涂布、抹平、整修三个步骤完成一块刷涂面积后,再沾涂料刷涂下一块刷涂面积;

（6）仰面刷涂时,漆刷沾附涂料要少一点,刷涂时用力也不要太重,漆刷运行也不要太快,以免涂料掉落。

3. 刷涂漆膜常见缺陷及改进方法

刷涂漆膜常见的缺陷以及改进的方法参见表5-70。

刷涂漆膜常见缺陷与改进方法　　　　　　　　　　表 5-70

缺 陷	原　　因	改进方法
流挂	① 选用的漆刷刷毛过宽,与被涂物状况不适应 ② 漆刷蘸取的漆量过多	① 根据被涂物选用规格合适的漆刷 ② 漆刷应按照预定的涂刷面积蘸取漆量
刷痕	① 漆刷的刷毛不整齐 ② 漆刷刷毛过硬,涂料抹平后,修整效果差 ③ 涂料粘度过高,流平性差 ④ 稀释剂挥发过快	① 将漆刷刷毛修整整齐 ② 根据涂料特性选用合适的漆刷 ③ 适当添加稀释剂 ④ 增加稀释剂中的高沸点组分
气泡	① 漆刷用水浸泡存放,使用时水分未除净 ② 被涂物表面沾附有油、水或灰尘 ③ 刷涂时未纵横交替的进行涂布、抹平、修整	① 漆刷使用前一定要除净水分 ② 刷涂前仔细清理被涂物表面 ③ 刷涂的涂布、抹平、修整三步骤应纵横交替的进行
针孔	① 漆刷的刷毛沾附有水分 ② 漆刷刷毛含有较多的低沸点溶剂 ③ 刷涂时涂料抹平后,修整用力过大	① 刷涂前应将漆刷刷毛沾附的水分除净 ② 漆刷刷毛含有低沸点溶剂时,应使其挥发后方可使用 ③ 修整时用力要轻
漆膜厚度不均	① 溶剂挥发过快,且抹平、修整时间过长 ② 漆刷每次沾取的漆量不一致,差别明显 ③ 涂料粘度过高,或高粘度涂料选用了刷毛较软的漆刷	① 适当增加稀释剂的高沸点组分,尽量缩短抹平、修整时间,不要停顿 ② 漆刷每次沾取的漆量和所涂刷的面积,要基本一致 ③ 适当添加稀释剂,或选用合适的漆刷

五、滚涂

滚涂是将由羊毛或化纤等吸附性材料制成的滚筒(又称滚刷)在平盘状容器内滚沾上涂料,然后轻微用力滚压在被涂物面上,滚涂适宜大面积涂漆,省时,省力,操作容易,在大面平面上效率比刷涂高2倍,在建筑涂装上,它是应用较广的一种涂装方法,砖石面、混凝土面、粗抹灰面、乳胶装饰面等多种室内外平面都适宜滚涂。对金属网、带孔吸声板、波纹瓦面以及管件等效果也很好。但滚涂对窄小的被涂物,以及棱角、圆孔等形状复杂的部位施工比较困难。

1. 滚筒的选用

滚筒的种类、规格较多,选用时要与涂饰面的状况和涂料的类型相适宜,主要从滚筒的宽度、筒套绒毛长度及筒套材料三方面去选择。

(1) 滚筒的宽度和形状

滚筒的宽度为 1.5~18in,经常使用的是 3in,4in,7in,9in,不同宽度的滚筒与用途的关系见表 5-71。

不同宽度的滚筒与用途关系　　　　表 5-71

滚筒宽度 (in)	用　　途
18	工业厂房的墙面等特大面积的涂饰
7~9	做一般滚涂用,使用最广泛
2~3	门框、窗棂、踢脚板等小面积的滚涂或用于长边

除普通形状的滚筒外,还有各种异形的滚筒,专门用于滚涂特殊形状的物面,如滚涂墙角的铁饼形滚筒、滚涂管形面的曲形滚筒等。

(2) 筒套绒毛的长度

筒套绒毛的长度与滚筒性能、用途及对油漆涂料选用的关系见表 5-72。

绒毛长度与辊筒性能、涂料选用的关系　　　　表 5-72

绒毛长度(mm)	滚筒特点	用　途	适用涂料
6 左右	吸附的涂料不多,滚途的涂膜较薄且平滑,须经常蘸取涂料。泡沫橡胶、毡层的滚筒也属此类	用于光滑面上滚涂有光或半光涂料	磁漆(5~6mm) 无光漆(6~9mm)
12~19	一次能吸附较多的涂料,涂膜带有轻微的纹理,可使涂料渗进表面的毛孔或细缝中去	适宜滚涂无光墙面和顶棚,19mm 的适宜滚涂砖石面和其他粗糙面	磁漆(10mm)无光漆(12~19mm)
25~30	一次吸附的涂料很多,滚涂的涂层较厚。滚涂铁网时,能将整根铁丝裹住	适宜滚涂粗糙面或铁网等特殊部位	磁漆(19mm)无光漆(25~30mm)

(3) 筒套材料

常用的筒套材料有合成纤维、马海毛和羊羔毛等,筒套材料的选用与涂饰面的状况和油漆涂料的类型有关。

各种筒套材料的使用特性见表 5-73

不同筒套材料的使用特性 表 5-73

材料种类	使用特性
羔羊毛	各种规格的长度都有,适宜在粗糙面上滚涂溶剂型油漆涂料。滚涂水性涂料绒毛易缠结,不宜使用
马海毛	主要用安哥拉山羊毛制作。耐溶剂只有短绒毛规格。适宜在光滑面上滚涂合成树脂磁漆。与羔羊毛不同,可滚涂水性涂料
丙烯酸系纤维	可在光滑面或粗糙面上滚涂溶剂型油漆和水性涂料,但不宜滚涂含酮等强溶剂的材料
聚酯纤维(涤纶)	绒毛很软,在光滑面上滚涂乳胶漆不易起泡,也适宜滚涂油性涂料,多用于室外场面
各种混杂纤维	制成毡层状,多用来滚涂黏稠的辅助材料或涂料,如玛瑞脂、斑纹涂料等

不同类型的油漆涂料和各类饰面对筒套材料的选择见表 5-74。

筒套材料的选用 表 5-74

涂料类型		光滑面	半糙面	糙面或有纹理的面
乳胶漆	无光或低光	羊毛或化纤的中长度绒毛	化纤长绒毛	化纤特长绒毛
	半光	马海毛的短绒毛或化纤绒毛	化纤的中长绒毛	化纤特长绒毛
	有光	化纤的短绒毛	化纤的短绒毛	
溶剂型油漆涂料	底漆	羊毛或化纤中的长度绒毛	化纤的长绒毛	
	中间涂层	短马海毛绒毛或中长羊毛绒毛	中长羊毛绒毛	
	无光面漆	中长羊毛绒毛或化纤绒毛	长化纤绒毛	特长化纤绒毛
	半光或全光面漆	短马海毛绒毛、化纤绒毛或泡沫塑料	中长羊毛绒毛	长化纤绒毛
特殊油漆涂料	防水剂或水泥封闭底漆	短化纤绒毛或中长羊毛绒毛	长化纤绒毛	特长化纤绒毛
	油性着色料	中长化纤绒毛或羊毛绒毛	特长化纤绒毛	
	氯化橡胶涂漆、环氧涂漆、聚胺酯涂漆及地板、家具清漆	短马海毛绒毛或中长羊毛绒毛	中长羊毛绒毛	

注:特长绒毛:为 40mm 左右。

2. 滚涂的操作

(1) 滚涂前的准备

为有利于滚筒对涂料的吸附和清洗,必须先清除影响涂膜质量的浮毛、灰尘、杂物。滚涂前应用稀料将滚筒清洗,或将滚筒浸湿后在废纸上滚去多余的稀料后再蘸取涂料。

(2) 涂料的蘸取

蘸取油料时只须浸入筒径三分之一即可,然后在托盘内的瓦楞斜板或提桶内的铁网上来回滚动几下,使筒套被涂料均匀浸透,如果油料吸附不够可再蘸一下。

(3) 滚涂要点

a. 滚刷涂料当滚筒压附在被涂物表面初期,压附用力要轻,随后逐渐加大压附用力,使滚筒所沾附的涂料均匀地转移附着到被涂物的表面;

b. 滚涂时其滚筒通常应按 W 形轨迹运行,如图 5-31(a)所示,滚动轨迹纵横交错,相互

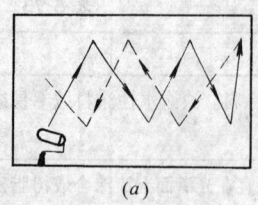

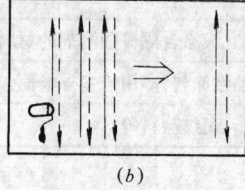

图 5-31 滚涂时滚筒的运行轨迹
(a) W 型运行轨迹；
(b) 直线型运行轨迹

重叠，使漆膜厚度均匀，滚涂快干型涂料或被涂物表面涂料浸渗强的场合，滚筒应按直线平行轨迹运行，如图 5-31(b)所示。

c. 墙面的滚涂：在墙面上最初滚涂时，为使涂层厚薄一致，阻止涂料滴落，滚筒要从下向上，再从上向下或"M"形滚动几下，当滚筒已比较干燥，再将刚滚涂的表面轻轻理一下，然后就可以水平或垂直地一直滚下去。

d. 顶棚及地面的滚涂：顶棚的滚涂方法与墙面的滚涂基本相同，即沿着房间的宽度滚刷，顶棚过高时，可使用加长手柄。用滚筒滚涂地面时，可将地面分成许多 $1m^2$ 左右的小块，将油漆涂料倒在中央，用滚筒将涂料摊开，平稳地慢慢地滚涂，要注意保持各块边缘的湿润，避免衔接痕迹。

e. 滚筒经过初步的滚动后，筒套上的绒毛会向一个方向倒伏，顺着倒伏方向进行滚涂，形成的涂膜最为平整，为此滚涂几下后，应查看一下滚筒的端部，确定一下绒毛倒伏的方向，用滚筒理油时也最好顺着这一方向滚动。

f. 滚筒使用完毕后，应刮除残附的涂料，然后用相应的稀释剂清洗干净，晾干后妥为保存。

六、刮涂

刮涂是采用刮刀对黏稠涂料进行厚膜涂装的一种施工方法。刮涂一般用于刮涂腻子、填孔用，涂装油性清漆、硝基清漆时也可以采用此法。

1. 腻子刮涂的次数

腻子要进行多次刮涂，腻子层才能牢固结实，不能要求一次刮漆的腻子层即达到预定的厚度，因为一次刮涂过厚，腻子层则容易开裂脱落，且干燥慢。为保证刮涂质量，一般刮涂不少于三次，即通常所说的头道、二道、末道，分三次刮涂其各自的要求是不相同的。

刮涂头道腻子要求腻子层与被涂物表面牢固黏结，刮涂时要使腻子浸润被涂物表面，渗透填实微孔，对个别大的陷坑需先用填坑腻子填实。

刮二道腻子要求腻子层表面平整，将被涂物表面粗糙不平的缺陷完全覆盖，二道腻子的稠度应比头道腻子大，刮涂时应逢高不抬，逢低不沉，尽量使腻子层表面平整，允许稍有针眼，但不应有气孔。

刮末道腻子要求腻子层表面光滑，填实针眼，刮涂时用力要均衡，尽量使腻子层表面光滑，不出现明显的粗糙面，所用腻子稠度应比二道腻子小。

2. 腻子稠度的调整

腻子稠度与刮涂效果有密切关系，稠度适当才能浸润底层又能确保必要的厚度，通常腻子稠度的变化是增大，这是由于稀释剂挥发的结果，在刮涂前如发现腻子的稠度过大，不符合刮涂要求，应用与其配套的稀释剂调整之。

3. 刮涂腻子的步骤

刮涂操作通常分为抹涂、刮平、修整三个步骤，但要根据刮涂的要求灵活运用，干燥速度慢的腻子与干燥速度快的腻子刮涂时运用三个步骤是有区别的，前者可以明显地分为三个步骤，后者如过氯乙烯树脂腻子干燥速度快，刮涂时不能明显地分为三个步骤，抹涂、刮平、修整应连续一步完成。

(1) 抹涂

抹涂是用刮刀将腻子抹涂在被涂物表面,抹涂时先用刮刀从托腻子盘中挖取腻子,然后将刮刀的刃口贴附在被涂物的表面,刮刀运行初期应稍向前倾斜,与被涂物表面呈 80°夹角,随着刮刀运行移动,腻子不断地转移到被涂物表面,同时刮刀上黏附的腻子逐渐减少,因此要求刮刀在移动过程中逐渐加大向前倾斜的程度,迫使腻子粘附在被涂物表面,直至夹角约为 30°时,将刮刀粘附的腻子完全抹涂在被涂物表面。

(2) 刮平

刮平是将抹涂在被涂物表面的腻子层刮涂平整,消除明显的抹涂痕迹,刮平时先应将刮刀上残留的腻子去掉,然后用力将刮刀尽量向前倾斜贴附于腻子层上,并按照抹涂时刮刀的运行轨迹向前刮,随着刮刀的运行移动,刮刀上粘附的腻子会逐渐增多,刮刀与被涂物表面的夹角也应浓渐增大,直至夹角呈 90°时把多余的腻子刮下来。

(3) 修整

修整是腻子层已基本刮涂平整后,修整个别不平整的缺陷,接缝痕迹,边沿缺损等。修整时刮刀应向前倾斜,或用少许腻子填补,或用刮刀挤刮,用力不宜过大,以防损坏整个腻子层。

4. 打磨腻子

刮涂的腻子层往往表面粗糙,留有刮痕及其他缺陷,需要打磨才能达到平整光滑的要求,打磨腻子是刮涂所必需的后处理工序。

打磨头道腻子层要求去高就低,采用粗砂布或粗砂纸打磨。

打磨二道腻子层要求打磨平整,没有明显的高低不平缺陷,可采用粗砂布或砂纸进行干磨或湿磨,最好用垫板卡住砂布打磨,要求其腻子层都必须打磨,不能遗漏,打磨顺序先平面后棱角,打磨用力要均衡,要纵横交替,反复打磨。

打磨末道腻子层的要求是要将腻子层打磨光滑,采用细砂布或砂纸,如腻子层仍有不平整的缺陷,应先用粗砂布磨平后再进行磨光工序,打磨顺序同打磨二道腻子。

腻子层的打磨通常采用手工操作,为了提高效率,可采用打磨机打磨。

5. 刮涂的注意事项

(1) 选用的腻子要与整个涂装体系配套,即与底漆、面漆配套,为调整黏度可以添加配套的稀释剂外,不能在腻子中间添加任何其他的填料;

(2) 被涂物表面应清理干净,如发现原涂底漆漆膜脱落或出现锈蚀时,应重新进行表面处理;

(3) 要根据被涂物的表面形状与刮涂要求,正确选用刮刀;

(4) 刮涂一个被涂物时,其操作顺序应先上后下,先左后右,先平面后棱角;

(5) 每道腻子都不能刮得过厚,要刮得结实,但不能漏刮,不能有气泡,厚度最好控制在 0.3~0.5mm 范围内,二道腻子也不应超过 1mm,腻子层必须干结后,方可进行下一道刮涂或打磨;

(6) 刮刀在使用过程中难免会有损伤,要及时进行修整,使刀刃保持平直;

(7) 采用湿磨方法打磨时,为防止钢铁被涂物锈蚀,最好采用防锈水打磨,防锈水可参考如下配方:硼纱 1%(重量百分比)、三乙醇胺 0.2%,香精 0.003%,水余量。

6. 刮涂腻子层常见缺陷及改进方法

刮涂腻子层常见的缺陷以及改进的方法见表 5-75。

刮涂腻子层常见缺陷及改进方法 表 5-75

腻子层缺陷	产 生 原 因	改 进 方 法
开 裂	① 一次刮涂过厚 ② 腻子层未刮涂严实 ③ 腻子层收缩性大,且不平整	① 每次刮涂不能超过允许的厚度 ② 仔细刮涂,不让腻子层留有孔隙 ③ 选用收缩比小的腻子,尽量刮涂平整
脱 落	① 腻子与底漆不配套或被涂物表面事先未涂底漆 ② 被涂物表面有油污 ③ 腻子的体质颜料组分过多 ④ 腻子太稠,润湿性能差	① 选用配套的腻子和底漆,刮涂腻子前,被涂物表面应先涂底漆 ② 被涂物表面的油污应去净 ③ 选用适合的腻子,在腻子中不能任意增加体质颜料 ④ 适当添加稀释剂并调匀
起 泡	① 腻子层刮涂不严实,残留有气泡 ② 腻子含有水分 ③ 腻子层未干透	① 仔细刮涂严实,不让残留空气 ② 腻子中不能加水,严格避免水分混入 ③ 腻子层干透后方可刮涂下道腻子或涂底漆
翻 卷	① 一道腻子涂刮次数太多 ② 腻子的润湿性能差 ③ 被涂物表面不净	① 每挖取一次腻子,应该按操作步骤,不停顿地、尽快刮涂好,不要多次来回涂刮 ② 适当添加稀释剂 ③ 刮涂前被涂表面应清理干净
不平整 有刮痕	① 腻子太稠,且一次刮涂太厚 ② 打磨不仔细或打磨器材选用不当 ③ 腻子打磨性能差,腻子层太厚	① 适当添加稀释剂,一道腻子层不要超过允许的厚度 ② 选用适合的打磨器材,仔细打磨,手工打磨要用垫板 ③ 采用机械打磨与手工打磨相配合的方法

七、擦涂

擦涂是一种特殊的手工操作方法,是利用各种软材料或漆擦、蘸上涂料擦涂于基层面上的一种涂饰工艺。采用这种工艺虽然比较费工,但适合一些外形不整齐而又是较小的物件或者是因为条件限制不能采用其他施工方法的情况。擦涂也可获得很高装饰质量的漆膜。擦涂有软性材料擦涂、漆擦擦涂等类型。

1. 软性材料的擦涂

软性材料的擦涂是指用竹丝、尼龙丝、棉花团包白布等软材料做涂装工具的擦涂,主要适用于擦填孔料、擦硝基漆、擦虫胶漆、擦颜色、擦蜡等,这种涂饰方法使用工具简单,是木质基层涂装中经常采用的工序和工艺。

(1) 擦填孔料(老粉)

擦涂采用的工具为细软刨花、竹丝或者棉丝。擦涂的方法可采用竖擦、横擦、圈擦等操作方法,先用较软的竹丝浸透填孔料,将整个物面进行圈涂,使其充分填入管孔内,在填孔料将干未干时,用干净的竹丝将表面多余的涂粉擦掉,先圈擦然后再顺木纹擦,并用小刀将线角、边角等处的积粉剔清。

擦填孔料的特点和注意事项是:不可待填孔料干了以后再擦,以免将管孔内的粉质擦掉,并影响表面色泽均匀程度。擦时要用力一致,做到快、匀、洁净,要四周擦到,不允许有穿心眼、横擦痕、四周积粉等现象,面积较大时要一次做成。水性填孔料着色力强,操作更要仔细,对细小部位要随涂随擦,大面积要快,要匀,尤其在接头重叠处,要注意因擦粉不匀,形成颜色深浅不一。

(2) 擦硝基漆

擦硝基漆使用的工具为尼龙丝团或包布棉花团。其擦涂的方式有四种,即圈涂、横涂、直涂和直角涂,见表5-76。

擦涂硝基漆的操作方法 表5-76

名　称	操　作　方　法
圈涂	圈涂可用浸透硝基漆的棉团,在涂饰面上做圆形或椭圆形的运动,运动的形式有顺时针和逆时针两种方法,逆时针采用较多。 圈涂时大拇指起推按棉花团的作用,中指、食指起拉压棉花团的作用。因大拇指的推按从棉团边缘流出的漆液,可在中指、食指的拉压下消除掉 圈涂的作用是使油料充分、均匀地填塞进木材的管孔及周围的空隙中,并使涂层逐渐加厚,减少物面的不平整度。圈涂用于头道擦涂效果最好。圈涂与木纹的方向无关
横涂	横涂用棉团在物面上作与木材纹理垂直或倾斜的移动。有八字形和蛇形两种擦涂方法。八字形横涂是在涂饰面上擦到连续相互重叠一半的八字形。蛇形横涂是在涂饰面上做规则的曲线形擦涂。各行曲线间都相互重叠三分之一的面积。这两种横涂方法都有利于油料的均匀涂布和对下层的碾平或压实。横涂的作用是进一步提高涂膜的厚度,消除圈涂痕迹,增加物面的平整度
直涂	直涂用棉团在物面上做长短不等的直线运动,直涂的作用是消除圈涂、横涂的痕迹,使涂层更加平整、坚实、光滑。直涂多用于每道的最后几遍擦涂,特别是擦涂最后一道时使用较多
直角涂 	直角擦涂可用捏成圆锥形的棉团在物面的四角作直角形擦涂,利用棉团前部的锥体,将油料均匀地擦涂到角落。直角擦涂的作用是使物面角落的涂膜可以与其他部位涂膜的厚度相同。在经过圈涂、横涂和直涂后,物面的角落往往涂不到,而直角擦涂可弥补这一点

硝基漆擦涂后，涂膜平整、光滑、结实、沉陷小，节约涂料。但费工费时，劳动强度大，影响施工人员健康，目前已不同程度地被喷涂等一些新型涂饰方法代替。

擦涂硝基漆的注意事项是：

a．要擦到、擦匀、擦平、有线型的部位要做到光洁平滑，不能出现堆积、胀边、渗眼、亏漆等缺陷；

b．擦涂时切忌中途停留或在某一部位多次反复擦涂，以免将下面的涂层溶解或损伤；

c．擦涂时用力要均匀，不能时重时轻，同时手腕要灵活，身体站立的位置要适当。

(3) 擦虫胶漆

擦涂虫胶漆采用尼龙丝团或包布棉花团作为擦涂的工具。其操作方法与擦硝基漆相似，在一个部位不能多擦，只能来回擦两次，有棕眼的地方，要用棉花团蘸虫胶漆后再蘸浮石粉擦涂。大面积平面擦涂时，可将少量浮石粉或滑石粉撒匀，滴入少量的豆油或亚麻籽油后（以减轻用力，并可腻住管孔），再擦涂至棕眼填平。

擦涂用的虫胶漆，虫胶含量为 30%～40%，酒精纯度为 83%～90%，所用虫胶漆要逐渐加稀，最后擦涂的虫胶漆，大部分是酒精，只含少量漆片，擦涂虫胶漆的技术要求高，劳动强度比擦硝基漆还要大。现已基本被硝基漆代替。

在擦涂过程中不可停顿，否则停顿处的漆膜厚度和颜色会变厚加深。虫胶漆最好现用现配，不可长期存放，贮存期不宜超过 3～4 个月。盛装容器要采用陶瓷、玻璃制品，勿宜用铁制容器，以避漆色变深。施工现场温度要在 18℃ 以上，相对湿度为 65%±5%，否则虫胶漆吸潮，涂膜会泛白。

(4) 擦涂颜色

使用工具为软细布。其擦涂方法将颜色调成粥状，用毛刷刷匀，面积约为 $0.5m^2$ 左右，然后用已浸湿、扭干的细软布猛擦，将所有的棕眼填平后，再顺木纹将多余的颜色擦掉，颜色多时，可将布翻动，取下颜色。各段要在 2～3min 内完成，间隔时间不要过长，以免颜色干燥出现接茬痕迹，全部擦完后，再用干布全擦一次。

擦涂时，不要随意翻动布面，要使布的下部成为平面，颜色擦完在刷油之前，不得再沾湿，以免出现痕迹。

(5) 擦砂蜡

使用工具为纱布或棉纱。其擦涂方法是将砂蜡捻细浸在煤油内，使其成糊状，用棉纱蘸取砂蜡后顺木纹方向用力来回擦，擦涂的面积由小到大，当表面出现光泽后，用棉纱将表面残余的砂蜡擦净，此时光泽还不透彻，可另用棉纱蘸少许煤油，以同样方法反复擦涂至透亮为止，然后用清洁的棉纱将残余的煤油擦净。

聚氨酯漆面或硝基漆面，如不用砂蜡也可使用酒精与稀释剂的混合液擦涂抛光，方法如下：酒精和香蕉水的混合液用于硝基漆膜的抛光，酒精和聚氨酯稀释剂的混合液用于聚氨酯漆膜的抛光。混合液的比例应根据气温变化适当掌握，当气温为 25℃ 以上时，酒精与稀释剂的比例为 7～6:3～4；气温为 15～25℃ 时，其比例为 1:1。

砂蜡中不能含有大的砂粒或其他硬杂质，一定要用煤油，不可使用汽油或其他溶剂，否则会影响涂膜的亮度，不可长时间在局部进行擦涂，以免涂膜因过热软化而损坏。

2. 漆擦擦涂

漆擦擦涂是用在泡沫材料上包有羔羊毛或马海毛的擦子进行涂饰的一种涂饰工艺。

漆擦的种类、规格很多，选用时除考虑对漆料的吸附能力和擦涂后涂膜的平整度外，还要根据擦涂面积的大小和形状，选用适宜的规格和形状的漆擦。

擦涂门窗框、挂镜线等细木饰件，宜选用 2.5cm×5cm 左右的漆擦，如擦涂大面积基层，则可选用 10cm×20cm 左右的漆擦，擦涂管状物可选用手套形漆擦。漆擦绒毛的长度有 6mm、12mm、30mm 等多种规格，其选择方法与滚筒要求基本相似，要根据擦涂面的粗糙程度和所擦涂料的类型选用。

使用漆擦蘸取涂料的方法比较特殊，盛放涂料的是一个内部装有滚筒的浅盘状容器，蘸取涂料时，漆擦在滚筒上来回滚动，容器中的涂料被滚动的滚筒所吸取，然后被在滚筒上滚动的漆擦所沾附。

采用漆擦擦涂工艺，速度快，操作简便，成膜厚，不易产生刷涂常有的刷痕、流坠、滴落等现象，对底漆和渗透性要求高的部位，其涂饰效果要优于滚涂，漆擦的使用范围与滚筒的使用范围很相似，适用于室内外平坦光滑面上，在砖石或拉毛水泥等过于粗糙面上擦涂时易产生遗漏。

漆擦也可使用加长手柄，最长可达 4m，漆擦应避免与强溶剂接触。

八、抹涂

抹涂施工主要是将纤维涂料抹涂或薄层涂料饰面，使之形成硬度很高，类似汉白玉、大理石等天然石料饰面的装饰效果的一种涂装工艺。

由于抹涂的涂料厚度薄，工艺要求严格，因此要求操作工人必须具有熟练的抹灰技术，并熟悉涂料的性能和工艺要求。

抹涂施工一般包括涂饰底层涂料和抹涂饰面涂料两个工艺过程。

涂饰底层涂料时，使用排笔或笔辊将搅拌好的底层涂料刷涂或滚涂在经过处理的基层面上，一般需要涂饰两遍左右，要求涂刷均匀，不得漏涂。

抹涂饰面涂料其方法如下：

(1) 在底层涂料涂饰完毕后，一般情况下要间隔 2h 左右就可以进行抹涂施工了，使用不锈钢抹灰工具(如抹子、压子、阴阳角抿子等)抹涂饰面涂料，一般情况下只涂抹一遍，涂抹厚度内墙为 1.5～2mm；外墙为 2～3mm。要求抹涂平整，无抹痕，颜色均匀一致。

(2) 当基层平整度较差或对装饰涂层的外观质量要求较高时，可增加一遍刮涂涂层，即先在已涂饰底层涂料的面上先满刮一遍涂料，厚度越薄越好，以改善平整度和增加底层涂料与面层涂料的黏结性能。

(3) 抹完后，约 1h 左右，用不锈钢抹子拍抹饰面并压光，使涂料中的黏结剂在表面形成一层光亮膜，涂膜应颜色一致，平整光滑。

九、喷涂

喷涂是利用压缩空气或其他方式做动力，将涂料从喷枪的喷嘴中喷出，成雾状分散沉积形成均匀涂膜的一种涂装方法。

喷涂的施工效率较刷涂高几倍至十几倍，尤其是大面积涂装施工时更显示其优越性，喷涂对缝隙、小孔及倾斜、曲线、凹凸等各种形状的物面都能适应，并可获得美观、平整、光滑的高质量涂膜，绝大部分涂料均可采用喷涂施工。建筑涂饰在下列情况下应采用喷涂来进行施工。

(1) 大面积的涂饰且喷涂所节省的费用不会被因遮挡周围不需喷涂所耗费的费用抵

消；

(2) 采用刷涂会降低施工效率的不规则的复杂物面及必须避免刷痕的物面；

(3) 当涂饰干燥快的挥发性涂料时；

(4) 当对涂膜表面要求非常均匀光滑时。

喷涂的种类包括空气喷涂、高压无气喷涂、热喷涂及静电喷涂等，目前在建筑施工中，应用最广泛的还是空气喷涂，其次是高压无气喷涂，高压无气喷涂在水质涂料施工中使用较多。

1. 空气喷涂和无气喷涂的原理

(1) 空气喷涂的原理和特点

空气喷涂的原理是用压缩空气从空气帽的中心孔喷出，在涂料喷嘴前端形成负压区，使涂料容器中的涂料从涂料喷嘴喷出，并迅速进入高速压缩空气流，使液—气相急骤扩散，涂料被微粒化，涂料呈漆雾状飞向并附着在被涂物表面，涂料雾粒迅速集聚成连续的漆膜，空气喷涂喷枪枪头的工作原理见图 5-32。

空气喷涂的特点如下：

a. 涂装效率高，每小时可喷涂 50～100m^2，以刷涂快 8～10 倍；

b. 适应性强，几乎不受涂料品种和被涂物状况的限制，可应用于各种涂装作业场所；

c. 漆膜质量好，空气喷涂所获得漆膜平整光滑，可达到最好的装饰性；

d. 空气喷涂时漆雾易飞散，污染环境，涂料损耗大，利用率一般为 50% 左右。

(2) 无气喷涂的原理和特点

无气喷涂的原理见图 5-33 所示，将涂料施加高压(通常为 11MPa～25MPa)，使其从涂料喷嘴喷出，当涂料离开涂料喷嘴的瞬间，便以高达 100m/s 的速度与空气发生激烈的高速冲撞，使涂料破碎成微粒，在涂料粒子的速度未衰减前，涂料粒子继续向前与空气不断的多次冲撞，涂料粒子不断的被粉碎，使涂料雾化，并沾附在被涂物表面。

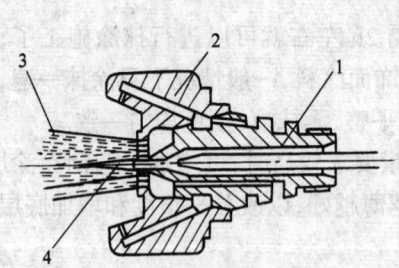

图 5-32 空气喷涂喷枪枪头工作原理
1—涂料喷嘴；2—空气帽；
3—空气喷射；4—负压区

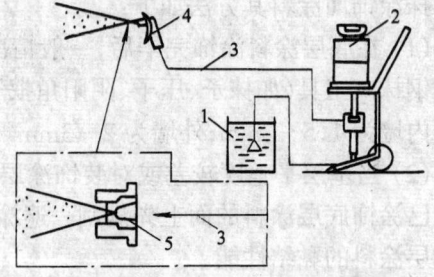

图 5-33 无气喷涂的原理
1—涂料容器；2—高压泵；3—高压
涂料输送管；4—喷枪；5—喷嘴

无气喷涂的特点如下：

a. 无气喷涂的涂装效率比刷涂高 10 倍以上，比空气喷涂高 3 倍以上；

b. 对涂粘黏度的适应范围广，可以喷涂黏度较低的普通涂料，也适应喷涂高黏度涂料，可获得较厚的漆膜，减少喷涂次数；

c. 无气喷涂避免了压缩空气中的水分、油滴、灰尘对漆膜所造成的弊病，可以确保漆膜质量；

d. 由于不使用空气雾化，漆雾飞散少，且涂料的喷涂黏度较高，稀释剂用量减少，因而

减少了对环境的污染;

e. 如调节涂料喷出量和喷雾图形幅宽,则需要换涂料喷嘴。

空气喷涂与无气喷涂二者之间性能方面的比较见表 5-77。

空气喷涂与无气喷涂比较　　　　表 5-77

项　目	空 气 喷 涂	无 气 喷 涂
漆雾喷射动力	压缩空气运送漆滴	涂料压力,漆滴自行喷射
黏度	仅适于喷涂低黏度涂料,涂层薄,喷涂效率低	可喷高与低黏度涂料,涂层厚,喷涂效率高
涂料喷出量	最大喷出量约为 15mL/s,一般喷出量为 4～7mL/s。涂层薄,喷枪移动慢,效率低	最大喷出约为 40mL/s,一般喷出量为 10～15mL/s。涂层厚,喷枪移动快,效率高
漆形最大宽度	约 50cm,喷涂往返次数多,喷涂效率低	约 100cm,喷涂往返次数少,喷涂效率高
漆形断面与搭接	漆形横断面中央高,往返喷涂搭接宽 1/4～1/3	漆形横断面形状均匀,往返喷涂搭接可极小
涂料平均粒径	约 200μm	约 150μm
制品内面、拐角凹处的喷涂	较难,漆雾反跳多	较易,漆雾反跳少
涂料损耗	40%～50%	约 10%
压缩空气中的水分、油分与灰尘	需完全除净,否则引起涂膜缺陷	无压缩空气,不受影响
喷涂距离	因空气影响,漆雾中溶剂蒸发,距离需短,故漆形小,否则影响质量	因无空气,漆雾中溶剂不易蒸发,故距离可大,漆形大
喷枪移动速度	30～60cm/s	60～80cm/s
喷涂室	必须有	简便排气设备亦可

2. 喷涂的基本工艺

(1) 喷枪的拿握方法和姿势

a. 手拿握喷枪不要大把满握,无名指和小指轻轻拢住枪柄,食指和中指勾住扳机,枪柄夹在虎口中,上身放松,肩要下沉,以免时间长了,手腕和肩膀疲乏。

b. 喷涂时要眼随喷枪走,枪到哪里,眼跟到哪里,既要找住喷枪要去的位置,又要注意喷过涂膜形成的情况和喷束的落点。

c. 喷枪与物面的喷射距离和垂直喷射角度,主要靠身躯来保证,喷枪的移动同样要用身躯来协助膀臂的移动,不可移动手腕,但手腕要灵活。

(2) 喷涂方法及施工工序

喷涂的方法有纵向、横向交替喷涂和双重喷涂两种方法,双重喷涂也叫压枪法,是使用较为普遍的一种喷涂方法。

a. 压枪法喷涂

喷枪喷涂出的喷束是呈锥形射向物面的,喷束中心距物面最近,边缘离物面最远,因而中心比边缘的涂料落点多,形成的涂膜则中心厚,边缘薄。压枪法是将后一枪喷涂的涂层压住前一枪喷涂的涂层的二分之一,以使涂层的厚薄一致。并且喷涂一次就可以得到两次喷涂的厚度。采用压枪法喷涂的顺序和方法可参见图 5-34。

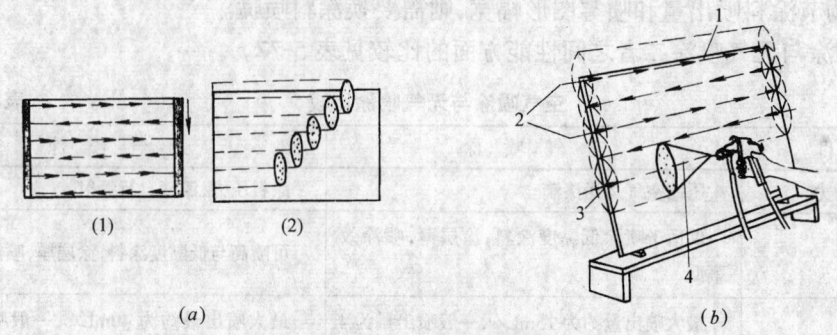

图 5-34 喷枪的用法
(a)(1)先喷两端部分,再水平喷涂其余部分;(2)喷路互相重叠一半
(b)1—第一喷路;2—喷路开始处;3—扣动开关处;4—喷枪口对准上面喷路的底部

(a) 先将喷涂面两侧边缘纵向喷涂一下,然后再依喷涂线路,从喷涂面的左上角横向喷涂。

(b) 第一喷路的喷束中心,必须对准喷涂面上侧的边缘,以后各条喷路间要相互重叠一半。

(c) 各喷路未喷涂前,应先将喷枪对准喷涂面侧缘的外部,缓慢移动喷枪,在接近侧缘前便扣动扳机(即要在喷枪移动中扣动扳机)。在到达喷路末端后,不要立即放松扳机,要待喷枪移出喷涂面另一侧的边缘后再放松扳机(即放松扳机要在喷枪停止移动前进行)。

(d) 喷枪必须走成直线,不能呈弧行移动,喷嘴与物面要垂直,否则就会形成中间厚、两边薄或一边厚一边薄的涂层,参见图 5-35。

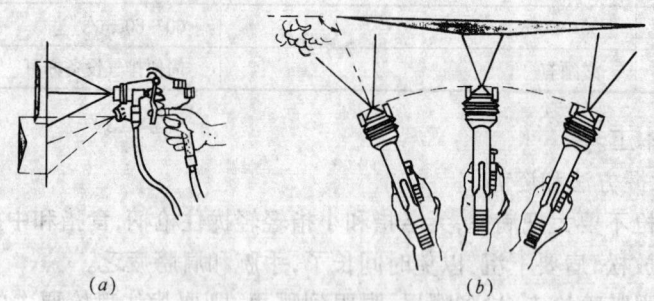

图 5-35 喷枪的角度和移动方法
(a)喷枪与墙面的角度应垂直;(b)喷枪移动时不可走弧线

(e) 喷枪移动的速度应稳定不变,每分钟约为 10~12m,每次喷涂的长度为 1.5m 左右。

b. 角落的喷涂

为减少喷逸,对于阳角,可先在端部自上而下地垂直喷涂一下,然后再水平喷涂,喷涂阴角时,不要对着角落直喷,这样会使角落深处两边的涂层过薄,而角落外部的涂层过厚。应先分别从角的两边,由上而下垂直喷一下,然后再沿水平方向喷涂,垂直喷涂时,喷嘴离角的顶部要远一些,以便与喷在角的顶部涂料交融,不会产生流坠。

喷涂粗糙面,应水平喷一遍,垂直喷一遍,如只从一个方向喷涂,会产生微小的遗漏。

c. 一般喷涂施工的工序

水浆涂料的喷涂工序与刷涂基本相似,普通油漆的喷涂工序见表5-78。

普通油漆喷涂的施工工序　　表5-78

序 号	工 序	说 明
1	基层处理	按各种物面基层的常规作法
2	喷涂底漆	处理后的物面干燥后即可进行
3	嵌、批1~2道腻子	批头道腻子前先嵌补大洞和深凹处,各道腻子干后,要用砂纸打磨,并清扫干净
4	喷第二道底漆	为加强后道腻子的粘结力,此道底漆要稀一些
5	批第三道腻子	用于嵌补二道底漆后的细小洞眼,腻子干后用水砂纸打磨,并清洗干净
6	喷第三道底漆	干后用水砂纸打磨,并用湿布将物面擦净、擦干
7	喷2~3道面漆	要由薄逐渐喷厚,但不宜过薄或过厚。各道面漆都要用水砂纸打磨,并清洗干净。选用砂纸要先粗后细
8	擦砂蜡和上光蜡	砂蜡要擦到表面十分平整为止。上光蜡要擦到出现光亮为止

(3) 喷涂作业要点

在喷涂作业中,选择合适的喷嘴口径、空气压力、涂料黏度以及掌握喷枪距离,喷枪运行速度,喷雾图形的搭接要领是提高涂膜质量、减少涂料损失的关键。

a. 选择喷枪的原则

无论是选用内混式喷枪还是外混式喷枪,都应从枪体的重量和大小、涂料的供给方式、涂料喷嘴口径、空气使用量等四个要素并结合作业条件去考虑,选择适当的喷枪,见表5-79。

选择喷枪的四个要素　　表5-79

要 素	意 义
枪体大小和重量	从减轻操作者的劳动强度考虑,希望选用轻小型喷枪。但是,由于小型喷枪的涂料喷出量与空气量都比较小,喷涂速度低,因而喷涂次数多,效率低,不适宜大批量、连续喷涂作业。另外,如果用大型喷枪喷涂小型被涂物或管状被涂物,涂料损失大,漆雾飞散多,也是不适当的。因此,选用喷枪应在满足喷涂作业条件的前提下,考虑喷枪的大小和重量,大型被涂物和大批量连续喷涂作业,可选用大型喷枪,小型被涂物或凹凸不平比较突出的表面喷涂作业,可选用小型喷枪
涂料供给方式	涂料用量少、涂料的颜色更换比较频繁、小批量的各种涂装作业,可选用涂料罐容量为1L以下的重力式喷枪。重力式喷枪不适宜用于仰面喷涂。涂料用量稍大,要求更换涂料颜色,并须进行侧面喷涂的喷涂作业,可选用涂料罐容量为1L的吸上式喷枪。涂料用量大,颜色比较单一的连续喷涂作业,可选用压送式喷枪,涂料供给可选用容量为10~100L的涂料增压罐。如增压罐不能满足要求,可采用涂料泵压送式以循环管路供给涂料,这种压送循环供给方式,不会因涂料供给中断喷涂作业。压送式喷枪如果配置快速换色装置,就能适应在连续喷涂作业时满足频繁换色的要求。压送式喷枪由于枪体不带涂料罐,重量较轻,仰喷、俯喷、侧喷都很方便,它的缺点是清洗较重力式和吸上式喷枪困难,涂料压力与空气压力的平衡调节控制比较复杂,但熟习后也容易掌握

续表

要素	意　义
涂料喷嘴口径	根据涂料喷嘴选择喷枪，应考虑涂料喷嘴口径要适应所要求的涂料喷出量，喷嘴口径越大，涂料喷出量也越大。黏度高的涂料相对的喷出量少，应选用涂料喷嘴口径较大的喷枪。压送式喷枪的涂料喷出量随压送涂料的压力提高而增加，因此可选用涂料喷嘴较小的喷枪。喷涂底漆以及对漆膜外观要求不高，或漆膜要求较厚时，可选择涂料喷嘴口径较大的喷枪。喷涂面漆时涂料雾化要求高，可选用涂料喷嘴较小的喷枪。喷涂底漆如果黏度较低，也可选择涂料喷嘴口径较小的喷枪。当使用重力式喷枪用高位涂料罐供给涂料时，可选用涂料喷嘴口径较小的喷枪
空气使用(消耗)量	各种喷嘴口径的喷枪空气使用量是不相同的，在压力相同的条件下，喷嘴口径大的空气消耗量大，相应的涂料喷出量也大，喷嘴口径小空气消耗量小，相应的涂料喷出量也小。如果使用大口径喷枪，进行涂料喷出量小的喷涂作业，尽管通过调节可以达到涂料喷出量小的要求，但从结构来看，空气使用量过大是不可取的，因此，要求涂料喷出量小，就应选用空气使用量小的喷枪。另外，压缩空气供给充足，才能确保喷枪的空气使用量稳定，通常空气使用量为100L/min以上时，必须配备功率为1.5kW以上的空气压缩机

空气喷涂常用喷枪的主要技术参数见表5-80。

空气喷涂常用喷枪主要技术参数　　　　　表5-80

技术参数 型号	涂料供给方式	喷涂空气压力 (MPa)	喷涂有效距离 (cm)	涂料喷出量 (L·min^{-1})	涂料喷嘴口径 (mm)	喷枪重量 (kg)
PQ-1A	吸上式	0.2～0.3	20	0.12	1.0～1.5	0.5
PQ-1	吸上式	0.28～0.35	25	0.07	1.7	0.45
PQ-2	吸上式	0.45～0.5	26	0.26	2.1	1.2
FPQ-2A	吸上式	0.3～0.4	20	0.36～0.40	1.8～2.4	1.0
64型	重力式	0.5～0.6	25～30	0.15～0.21	1.2～1.8	0.9
GH-4		0.4～0.5	20～26		2～2.5	0.75

常用涂料无气喷涂的工艺条件见表5-81。

常用涂料无气喷涂工艺条件　　　　　表5-81

涂料品种	喷嘴等效口径 (mm)	涂料喷出量 (L·min^{-1})	喷雾图形幅宽 (mm)	涂料黏度 (福特杯-4)(s)	涂料压力 (MPa)
磷化底漆	0.28～0.38	0.42～0.80	200～360	10～20	8～12
油性氧化铅防锈底漆	0.38～0.43	0.80～1.02	200～310	30～90	10～14
油性红丹底漆	0.33～0.43	0.61～1.02	200～360		11以上
胺固化环氧树脂富锌底漆	0.43～0.48	1.02～1.29	250～410	12～15	10～14
烷基硅酸盐富锌底漆	0.43～0.48	1.02～1.29	250～410	10～12	10～14
烷基硅酸盐厚膜富锌底漆	0.43～0.48	1.02～1.29	250～410	12～15	10～14
云母氧化铁酚醛树脂漆	0.43～0.48	1.02～1.29	250～410	30～70	10～14
丙烯酸改性醇酸树脂漆	0.33～0.38	0.61～0.80	200～310	30～80	10～14
长油醇酸树脂面漆	0.33～0.38	0.61～0.80	200～310	30～80	12～14
厚膜乙烯树脂漆	0.38～0.48	0.80～1.29	250～360		12～15
聚氨酯树脂面漆	0.33～0.38	0.61～0.80	250～310	30～50	11～15
氯化橡胶底漆	0.33～0.38	0.61～0.80	250～360	30～70	12～15
氯化橡胶面漆	0.33～0.38	0.61～0.80	250～360	30～70	12～15
聚酰胺固化环氧树脂底漆	0.38～0.43	0.80～1.02	250～360	50～90	12～15
聚酰胺固化环氧树脂面漆	0.33～0.38	0.61～0.80	250～360	30～50	12～15
胺固化煤焦油沥青环氧树脂漆	0.48～0.64	1.29～2.27	310～360		12～18
异氰酸固化煤焦油沥青环氧树脂漆	0.48～0.64	1.29～2.27	310～360		12～18

b. 喷嘴口径、空气压力和涂料黏度的选择

喷嘴口径的大小和空气压力的高低,必须与喷涂面积的大小、涂料的种类和黏度相适宜,小口径喷嘴和较低的空气压力,适宜喷涂小面积和低黏度的涂料,大口径喷嘴和较高的空气压力,则适宜喷涂黏度高的涂料。在不影响施工和涂膜质量的前提下,应尽量选用较低的空气压力、较小的喷嘴口径和黏度高的涂料。

涂料喷嘴口径与空气消耗量的关系参见图 5-36。

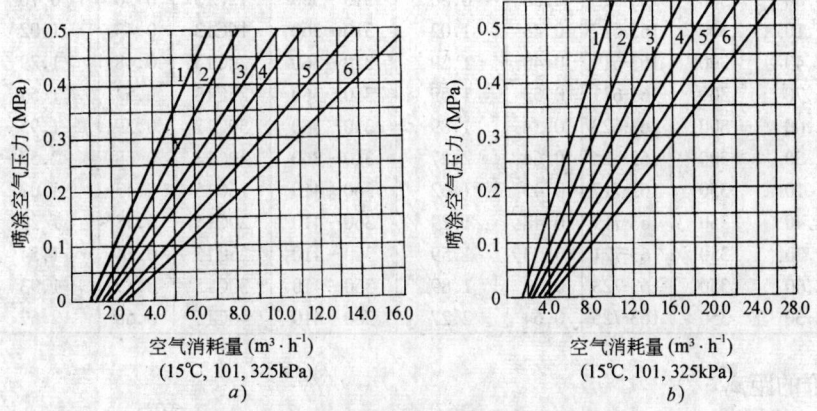

图 5-36 涂料喷嘴口径与空气消耗量的关系
a)圆形喷雾;b)椭圆形喷雾
1—喷嘴口径 1.0mm;2—喷嘴口径 1.5mm;3—喷嘴口径 2.0mm;
4—喷嘴口径 2.5mm;5—喷嘴口径 3.0mm;6—喷嘴口径 3.5mm

每一个喷嘴的涂料喷出量和喷雾图形幅宽都有一个固定的范围,如果要改变就必须更换喷嘴,因此喷嘴的型号和规格很多,以适应不同的需要,在实际涂装作业中主要是采用标准型喷嘴,高压无气喷涂常用的标准型喷嘴参见表 5-82。

常用标准型喷嘴　　表 5-82

中国长江机械厂			美国格雷科公司				日本旭大限产业株式会社			
喷嘴编号	涂料喷出量 (L·min⁻¹)	喷雾图形幅宽 (mm)	喷嘴编号	等效口径 (mm)	涂料喷出量 (L·min⁻¹)	喷雾图形幅宽 (mm)	喷嘴编号	等效口径 (mm)	涂料喷出量 (L·min⁻¹)	喷雾图形幅宽 (mm)
002-10	0.20	100	163-207	0.18	0.15	100~150	03C05	0.19	0.19	100~150
003-15	0.30	150	163-309	0.23	0.27	150~200	04C07	0.23	0.25	150~200
004-15	0.40	150	163-311	0.28	0.43	150~200	07C07	0.28	0.44	150~200
004-20	0.40	200	163-411	0.28	0.43	200~250	07C09	0.28	0.44	200~250
006-20	0.60	200	163-413	0.33	0.61	200~250	09C09	0.32	0.58	200~250
008-20	0.80	200	163-415	0.38	0.80	200~250	12C09	0.36	0.79	200~250
011-20	1.10	200	163-417	0.43	1.02	200~250	16C09	0.43	1.02	200~250
006-25	0.60	250	163-513	0.33	0.61	250~310	09C11	0.32	0.58	250~310
008-25	0.80	250	163-515	0.38	0.80	250~310	12C11	0.36	0.76	250~310
011-25	1.10	250	163-517	0.43	1.02	250~310	16C11	0.43	1.02	250~310
014-25	1.40	250	163-519	0.48	1.29	250~310	20C11	0.48	1.29	250~310

续表

中国长江机械厂			美国格雷科公司			日本旭大限产业株式会社			
喷嘴编号	涂料喷出量 (L·min^{-1})	喷雾图形幅宽 (mm)	喷嘴编号	等效口径 (mm)	涂料喷出量 (L·min^{-1})	喷雾图形幅宽 (mm)	喷嘴编号	等效口径 (mm)	涂料喷出量 (L·min^{-1})	喷雾图形幅宽 (mm)
017-25	1.70	250	163-521	0.53	1.59	250~310	25C11	0.54	1.54	250~310
008-30	0.80	300	163-615	0.38	0.80	310~360	12C13	0.36	0.76	310~360
011-30	1.10	300	163-617	0.43	1.02	310~360	16C13	0.43	1.02	310~360
014-30	1.40	300	163-619	0.48	1.29	310~360	20C13	0.48	1.29	310~360
017-30	1.70	300	163-621	0.53	1.59	310~360	25C13	0.54	1.54	310~360
020-30	2.00	300	163-623	0.59	1.89	310~360	30C13	0.59	1.93	310~360
023-30	2.30	300	163-625	0.64	2.27	310~360	40C13	0.68	2.57	310~360
011-35	1.10	350	163-717	0.43	1.02	360~410	16C15	0.43	1.02	360~410
014-35	1.40	350	163-719	0.48	1.29	360~410	20C15	0.48	1.29	360~410
017-35	1.70	350	163-721	0.53	1.59	360~410	25C15	0.54	1.54	360~410
020-35	2.00	350	163-723	0.59	1.89	360~410	30C15	0.59	1.93	360~410
023-35	2.30	350	163-725	0.64	2.27	360~410	40C15	0.68	2.57	360~410

c. 喷枪的距离

喷枪的距离是指喷枪前端与被涂物之间的距离,在一般情况下,使用大型喷枪喷涂施工时,喷枪的距离应为20~30cm,使用小型喷枪进行喷涂施工时,喷枪的距离约为15~25cm。喷涂时,喷枪的距离保持恒定是确保漆膜厚度均匀一致的重要因素之一。

喷枪距离影响漆膜的厚度与涂装效率,在同等条件下,距离近漆膜厚,距离远则漆膜薄,距离近涂装效率高,距离远涂装效率低,如图5-37和图5-38所示。喷枪距离过近,在单位时间内形成的漆膜过厚,易产生流挂,喷枪距离过远,则涂料飞散过多,且由于漆雾粒子在大气中运行的时间长,稀释剂挥发太多,漆膜表面粗糙,涂料损失也大,见图5-39所示。

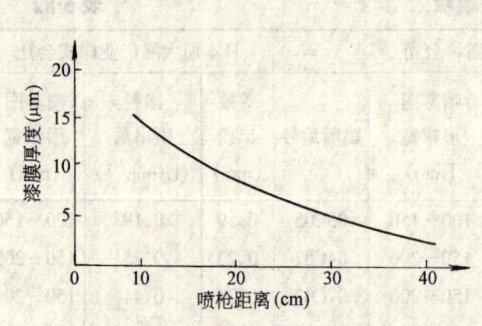

图5-37 喷枪距离与漆膜厚度的关系

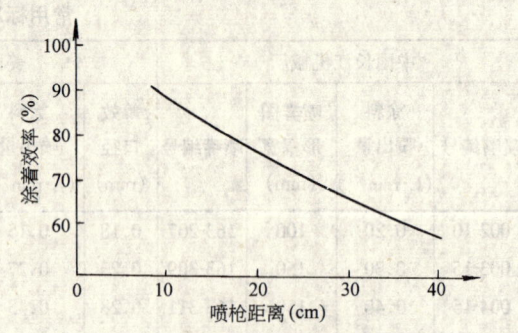

图5-38 喷枪距离与涂着效率的关系

喷枪距离和涂料的种类、黏度有关,它直接影响到涂料的损耗和涂膜的质量,在选择喷枪距离时,应以既不会产生大量的漆雾,又能覆盖最大的面积为宜。涂料黏度高时,喷枪距离应近些,否则就会发生涂料尚未到达被涂物面时溶剂已挥发,导致涂膜粗糙不平,疏松多孔、没有光泽。涂料黏度低时,喷枪距离可以远些,否则易发生冲撞、流淌现象。

喷涂时喷枪必须与被涂表面垂直,运行时保持平行,才能使喷枪距离恒定,如果喷枪呈圆弧状运行,则喷枪距离在不断变化,所获得的漆膜则会产生中部与两端的厚度具有明显的差别,如果喷枪倾斜,则喷雾图形的上下部的漆膜厚度也将产生明显的差别。

喷涂距离与喷雾图形的幅宽也有密切关系,如图 5-40 所示,如果喷枪的运行速度与涂料喷出量保持不变,喷枪距离由近及远逐渐增大,其结果将是喷枪距离近时,喷雾图形幅宽小,漆膜厚,喷枪距离大时,则喷雾图形幅宽大,漆膜薄,如果喷枪距离过大,喷雾图形幅宽也会过大,且会造成漆膜不完整漏底等缺陷。

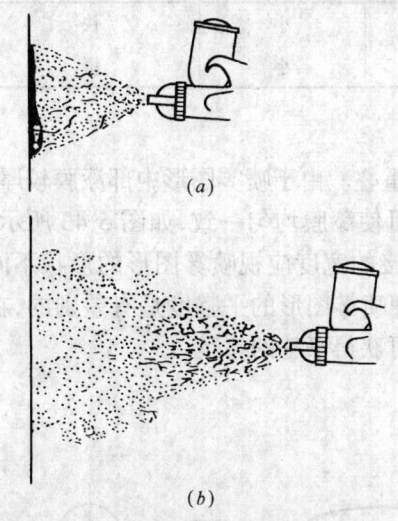

图 5-39 喷枪距离不当所产生的弊病
(a)距离过近;(b)距离过远

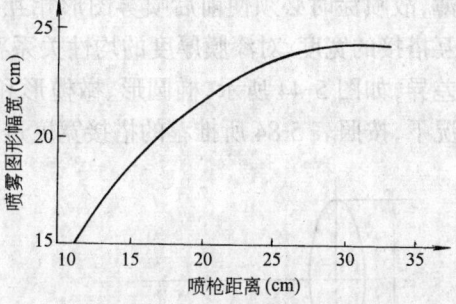

图 5-40 喷枪距离与喷雾图形幅宽的关系

d. 喷枪运行的速度

在进行喷涂施工作业时,喷枪的运行速度要适当,并保持恒定,其运行速度一般应控制在 30~60cm/s 范围内,当运行速度低于 30cm/s 时,形成的漆膜厚且易产生流挂;当运行速度大于 60cm/s 时,形成的漆膜薄且易产生漏底的缺陷。被涂物小且表面凹凸不平时,运行速度可慢一些,被涂物件大且表面较平整时,可在增加涂料喷出量的前提下,运行速度可快一点。

喷枪的运行速度与漆膜的厚度有密切关系,见图 5-41 所示,在涂料喷出量恒定时,运行速度 50cm/s 时的漆膜厚度与运行速度 25cm/s 时的漆膜厚度相差 4 倍,所以应按照漆膜设计的厚度要求确定适当的运行速度,并保持恒定,否则漆膜厚度则达不到设计要求,导致漆膜厚度均匀不一致。

确定喷枪运行速度,还应考虑涂料的喷出量,在通常情况下对于 1cm 喷雾图形幅宽的涂料喷出量以 0.2mL/s 为宜,如图 5-42 所示;如果喷雾图形幅宽为 20cm,则涂料喷出量应为 4mL/s。由此可见喷雾图形幅宽不变,而涂料喷出量增加或减少,则喷枪运行速度应随着加快或减慢。同样,如果涂料喷出量不变,喷雾图形幅宽增大或减小,喷枪运行速度也应随着加快或者减慢。可见喷松的运行速度受涂料喷出量与喷雾图形幅宽的制约,见表 5-83。

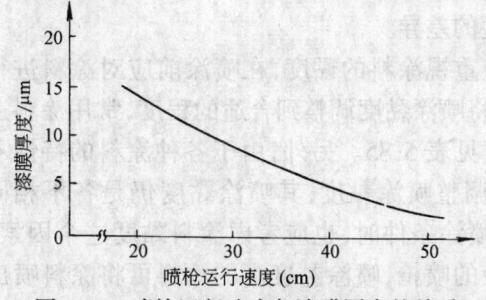

图 5-41 喷枪运行速度与漆膜厚度的关系

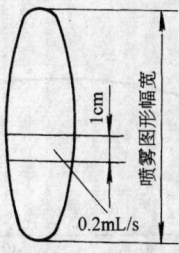

图 5-42 涂料喷出量与喷雾图形幅宽

影响喷枪运行速度的因素　　　　表5-83

涂料喷出量	喷雾图形幅宽	喷枪运行速度	涂料喷出量	喷雾图形幅宽	喷枪运行速度
多	大	快	多	小	快
少	大	慢	少	小	慢

e. 喷雾图形的搭接

喷雾图形的搭接是指喷涂中,喷雾图形之间的部分重叠。由于喷雾图形中部漆膜较厚,边沿较薄,故喷涂时必须使前后喷雾图形相互搭接,方可使漆膜均匀一致,如图5-43所示,控制相互搭接的宽度,对漆膜厚度的均性关系密切。搭接的宽度应视喷雾图形的形状不同而各有差异,如图5-44所示,椭圆形、橄榄形和圆形三种喷雾图形的平整度是有差别的,在一般情况下,按照表5-84所推荐的搭接宽度进进喷涂,可获得平整的漆膜。

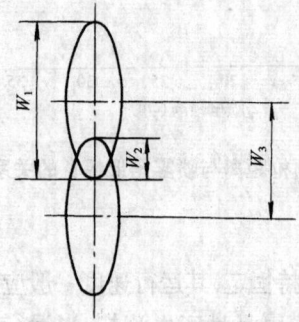

图5-43　喷雾图形的搭接
W_1—喷雾图形幅宽;W_2—重叠宽度;W_3—搭接间距

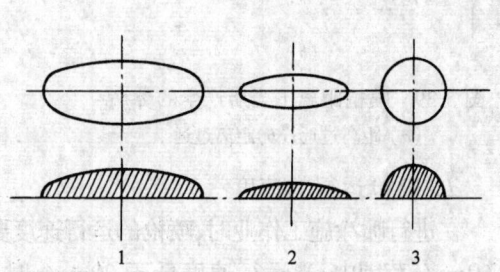

图5-44　喷雾图形的种类与平整度
1—椭圆形;2—橄榄形;3—圆形

f. 涂料的黏度

涂料的黏度也是喷涂施工作业要注意的问题。它影响涂料的喷出量,如用同一口径喷嘴喷涂不同黏度的涂料,由于从涂料罐到涂料喷嘴前端这段通道所受的阻力是不相同的,黏度高的涂料受阻力大,喷出量小;黏度低的涂料所受的阻力小,涂料喷出量必然相对的要多些。

喷雾图形的搭接　　表5-84

喷雾图形形状	重叠宽度	搭接间距
椭圆形	1/4	3/4
橄榄形	1/3	2/3
圆形	1/2	1/2

涂料黏度对雾化效果有密切关系,如在涂料喷出量相同的情况下,黏度为20s和40s的两种涂料,其漆雾粒子直径相差是很明显的,如图5-45所示,漆雾粒子直径的差异,势将导致漆膜平整度的差异。

喷涂时应重视涂料的黏度,在喷涂前应对涂料进行必要的稀释,将喷涂黏度调整到合适的程度,常用涂料适宜的喷涂黏度见表5-85。另外,由于各种涂料的特性不同,虽经稀释调整喷涂黏度,其喷涂黏度仍是各不相同的,故在确定喷涂条件时,也应考虑涂料黏度这个因素。如用同一口径的喷枪,喷涂黏度高的涂料可将涂料喷出量控制小一点,喷涂黏度低的涂料,相应的可将涂料喷出

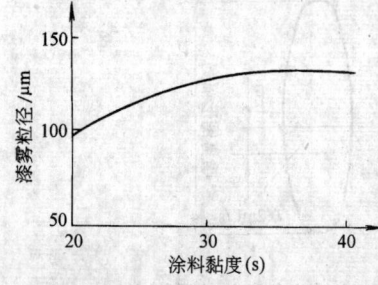

图5-45　涂料黏度对漆雾粒径的影响

量调整大一点。

常用涂料适宜的喷涂黏度 表 5-85

涂料种类	涂-4 杯黏度(s)	标准黏度(10^{-3}Pa·s)
硝基树脂漆和热塑性丙烯酸树脂漆	16~18	35~46
氨基醇酸树脂漆和热固性丙烯酸树脂漆	18~25	46~78
自干型醇酸树脂漆	25~30	78~100

温度可使涂料黏度发生变化,而且这种变化会因稀释剂的不同而不同,如图 5-46 所示,温度过低会使涂料黏度增大,影响涂料雾化效果,且涂膜平整度差;温度过高,会使涂料的粘度急骤降低,导致漆膜厚度下降。涂料喷涂施工时,应将涂料温度控制在 20~30℃ 范围内,同时,还应注意作业环境温度对涂料黏度的影响,并适时调整喷涂条件。

3. 各类涂料的喷涂及设备故障的排除

各类涂料的基本喷涂方法虽大致相同,但因各自性能上的差异,其喷涂方法也各有其特点,各类常见涂料的具体喷涂方法及注意事项见表 5-86,空气喷涂漆膜常见缺陷及改进方法见表 5-87,喷雾图形产生缺陷的原因及改进方法见表 5-88。

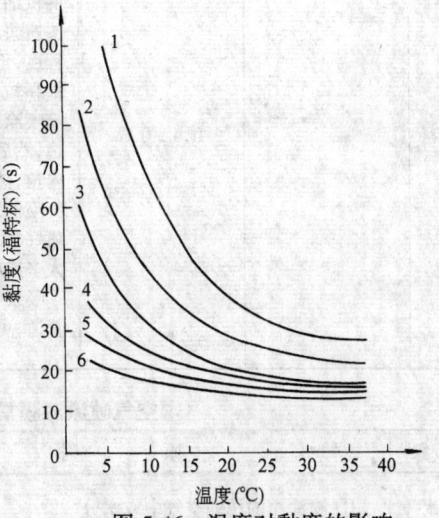

图 5-46 温度对黏度的影响
(氨基醇酸树脂磁漆)
1—稀释 10%;2—稀释 15%;3—稀释 20%;
4—稀释 25%;5—稀释 30%;6—稀释 35%

各类常见油漆涂料的具体喷涂方法 表 5-86

涂料种类	喷枪口径(mm)	空气压力(MPa)	喷涂方法及注意事项
底漆			采用压枪法喷涂。无面漆时喷涂 2~3 遍,各遍间要连续喷,不要等干透再喷,以加强层间结合性。对要求 40m 以下的涂层只须喷一遍。对麻眼多或吸油性强的部位,可回枪找补一下 对颜料重的底漆,必须搅匀后再使用。稀料多,放置时间长的底漆,不宜单独喷涂于光面物面上
二道底漆			采用压枪法喷涂,连喷数遍。当涂层厚度达 300μm 以上时,只注意涂层流平,不要求亮度
油基磁漆	1.8	0.6	漆料不要过稀,喷枪距物面 300mm 左右,每遍喷涂厚度为 30μm。可采用压枪法喷涂。漆料的落点布满就移枪,不要等表面出现亮度再移,否则易产生涂层不均或流坠现象
硝基磁漆	1.2~1.5	0.4~0.5	须经多次喷涂,漆料要雾化的细,喷涂距离不可过远,一般为 15~25cm。头道漆可连续 1~2 遍,喷涂的速度要快,涂层要薄,使稀料尽快挥发,以免油性的底漆和腻子被稀料咬起出现起泡、皱纹现象。为避免溶解底层涂料,第二次喷涂要在半小时后,涂层快干实时喷涂,一般须连续喷 2~3 遍。第二次喷涂时速度要快,最好是全部喷完时,第一枪喷的涂料,还未达到表干。如果面积较大时,可采用多枪喷或逐级分片的方法。阴雨、潮湿天气喷的越亮越易泛白,可加入防潮剂,也可将漆料调稠,使用 0.4MPa 的压力

续表

涂料种类	喷枪口径(mm)	空气压力(MPa)	喷涂方法及注意事项
过氯乙烯磁漆			与硝基磁漆的操作方法基本相同,只是需在 36℃ 以下的温度喷涂,温度过高易起小泡。为不影响各涂层间的结合性,各次喷涂时间的间隔不宜超过 36h。阴雨天须使用防潮剂
水浆涂料		0.4~0.6	喷浆应在建筑物门、窗、饰物最后一遍面漆前进行,以保证这些部位涂刷后的整洁。喷浆前应将物面上的砂浆、灰土、及沾附在构件上的机油、隔离剂等清除干净,以免涂料不易粘附或引起开裂变黄等。头遍浆应调配稠些,以利粘附,减少流淌,并易看清物面喷浆厚薄的程度,但砖墙面除外,它吸水性强,一般应配的稀些,以免表面出现粗糙颗粒,降低附着力 喷涂顶棚时,先沿顶棚与墙面交接部位喷出一条 20~30cm 宽的边,然后再由里向外,边喷边退向门口。槽形顶棚应先喷四周凹面和内角,然后再喷平面 喷清水砖墙时,喷头要始终对着砖缝,不要对着砖面。当上下砖缝喷好时,砖面已基本喷好,只须稍稍补喷一下即可,否则砖面会受浆太多影响质量 吸浆管头不宜紧挨桶底,要保持 5~10cm 距离,桶底浆稠,易堵塞管道,可用一层 80 目铜丝布或两层铁门窗纱包住过滤

空气喷涂漆膜常见缺陷及改进方法 表 5-87

现象	原因	改进方法
漆膜泛白	① 喷涂用的压缩空气中有水分 ② 稀释剂的低沸点组分过多 ③ 作业环境湿度过高	① 清除油水分离器中集聚的水分 ② 增加稀释剂的高沸点组分 ③ 降低作业环境的湿度,或停止作业
桔纹	① 涂料黏度过高 ② 喷枪运行速度过高 ③ 压缩空气压力过低,涂料雾化不良 ④ 喷涂距离过远或过近 ⑤ 稀释剂低沸点组分过多,挥发太快,漆膜流平效果差 ⑥ 涂料分散搅拌不良	① 添加稀释剂,降低粘度 ② 调整喷枪的运行速度 ③ 提高压缩空气压力 ④ 调整喷涂距离 ⑤ 增加稀释剂的高沸点组分 ⑥ 喷涂前将涂料充分搅拌
条痕	① 空气帽或涂料喷嘴被涂料沾污 ② 喷雾图形搭接不良 ③ 压缩空气压力过高 ④ 喷枪不垂直于被涂物表面	① 清除沾附的涂料 ② 调整喷雾图形的搭接宽度 ③ 降低压缩空气压力 ④ 保持喷枪对被涂物表面的垂直状态
气泡	① 压缩空气中有水分 ② 涂料与被涂物表面的温度太大 ③ 被涂物表面沾附有油、水、灰尘	① 清除油水分离器集聚的水分,提高分离效果 ② 采取措施,缩小温差 ③ 喷涂前仔细清理被涂物表面
流挂	① 涂料喷出量过多 ② 喷涂距离过近 ③ 喷枪未垂直于被涂物表面	① 减少涂料喷出量 ② 调整喷涂距离 ③ 保持喷枪对被涂物表面的垂直状态
粗糙	① 压缩空气压力过高 ② 空气帽或涂料喷嘴对所喷涂料不适应 ③ 喷涂距离过大	① 降低压缩空气压力 ② 更换合适的空气帽或涂料喷嘴 ③ 缩小喷涂距离

喷雾图形产生缺陷的原因及改进方法 表5-88

现象	原 因	改进方法
喷涂时涂料时有时无	① 空气进入涂料通道 ② 涂料罐内涂料不足 ③ 涂料管接头松动或破损 ④ 涂料通道堵塞 ⑤ 涂料喷嘴损伤或未紧固 ⑥ 针阀密封垫破损或松动 ⑦ 涂料粘度过高 ⑧ 涂料罐的空气孔堵塞	① 防止空气进入涂料通道 ② 添加涂料 ③ 拧紧或更换 ④ 除去堵塞物 ⑤ 更换或拧紧 ⑥ 更换或拧紧 ⑦ 稀释，适当降低黏度 ⑧ 除去堵塞物
喷雾图形不完整	① 空气帽的一侧的侧面空气孔堵塞 ② 涂料喷嘴的一内侧沾附污物 ③ 空气帽中心孔与涂料喷嘴之间的间隙局部堵塞 ④ 空气帽与涂料喷嘴的接触面局部沾附污物，使空气帽中心孔与涂料喷嘴不同心 ⑤ 空气帽中心孔内侧或涂料喷嘴外侧局部损伤	先喷一下，然后将空气帽转动180°，再喷一下，并对两次喷雾图形进行比较，若喷雾图形相同，则是涂料喷嘴有故障，若不相同，则是空气帽有故障 ① 除去堵塞物 ② 除去污物 ③ 除去堵塞物 ④ 除去污物 ⑤ 更换
喷雾图形的一端过宽过浓	① 空气帽中心孔与涂料喷嘴之间的间隙局部沾附污物或干结的涂料 ② 空气帽松动 ③ 空气帽或涂料喷嘴变形	① 除去污物或干结的涂料 ② 拧紧空气帽 ③ 更换空气帽或喷嘴
喷雾图形中部窄、两端宽且浓	① 喷涂空气压力过高 ② 涂料黏度过低 ③ 空气帽侧面空气量过多 ④ 空气帽中心孔与涂料喷嘴之间的间隙沾附污物或干结的涂料 ⑤ 涂料喷出量过小	① 调整喷涂空气压力 ② 添加原漆，提高粘度 ③ 减少侧面空气孔的空气喷出量 ④ 除去污物或干结的涂料 ⑤ 增加涂料喷出量
喷雾图形小	① 喷涂压力过低 ② 涂料喷嘴因严重磨损，口径过大 ③ 空气帽中心孔与涂料喷嘴的间隙过大	① 调整喷涂空气压力 ② 更换涂料喷嘴 ③ 更换空气帽
涂料雾化不良、喷雾图形中部过浓	① 涂料黏度过高 ② 涂料喷出量过大 ③ 喷涂压力过低 ④ 涂料喷嘴口径过大	① 稀释、降低涂料粘度 ② 调节适当的喷出量 ③ 适当提高喷涂空气压力 ④ 更换适合的涂料喷嘴

喷枪故障及解决方法见表5-89。无气喷涂设备常见的故障及排除措施见表5-90。

喷枪故障及解决方法

表 5-89

故障	原因	解决方法
涂料喷嘴前端泄漏涂料	① 涂料喷嘴与针阀阀芯的接触面沾附有污物 ② 涂料喷嘴或针阀阀芯损伤 ③ 涂料喷嘴内腔椎形面与针阀阀芯椎形面配合不紧密 ④ 针阀垫圈过紧,针阀动作不灵活 ⑤ 针阀弹簧损坏	① 清洗涂料喷嘴内腔及阀芯 ② 更换涂料喷嘴或针阀阀芯 ③ 配对磨合 ④ 调整针阀垫圈松紧程度 ⑤ 更换弹簧
未扣扳机,枪头前端漏气	① 空气阀垫圈过紧 ② 空气阀片沾附污物 ③ 空气阀片或空气阀有损伤 ④ 空气阀弹簧损坏	① 调整空气阀垫圈松紧程度 ② 卸开空气阀除去污物 ③ 更换空气阀片及空气阀 ④ 更换空气阀弹簧
扣动扳机后出气不畅	空气通道内沾附有固体物	检查、洗净空气过滤网、空气通道和空气帽的空气孔
针阀垫圈部位泄漏涂料	① 针阀垫圈太松 ② 针阀垫圈破损	① 拧紧垫圈 ② 更换针阀垫圈

无气喷涂设备常见故障及排除措施

表 5-90

常见故障	产生原因	排除措施
涂料喷出压力波动大	① 压缩空气通道不畅,压缩空气流量不足,压力低(或电压、油压低) ② 柱塞泵衬垫磨损,或球阀泄露,或蓄压过滤器堵塞 ③ 喷嘴口径过大,或喷嘴沾附有污物 ④ 涂料输送管道过长或管径太小 ⑤ 涂料黏度过高	① 疏通压缩空气管道、阀门(或提高油压,或对电源采取稳压措施) ② 更换衬垫或球阀,清蓄压过滤器 ③ 更换合适口径的喷嘴,或清理喷嘴所沾附的污物 ④ 缩短涂料输送管的长度,或改用管径较大的输送管 ⑤ 适当添加稀释剂,降低涂料黏度
涂料喷出雾化不良或未雾化	① 输入的压缩空气压力过低,致使涂料的喷出压力达不到雾化要求 ② 喷枪内的过滤网堵塞 ③ 涂料黏度过高	① 调整调压阀,提高输入的压缩空气的压力 ② 清理喷枪内的过滤网,除去堵塞物 ③ 适当增加稀释剂,降低涂料黏度
涂料喷出压力低	① 高压泵增压的压力比达不到要求 ② 高压泵的高压部位有泄露 ③ 涂料输送通道不畅	① 调整调压阀,提高压缩空气输入压力,或更换气缸磨损件 ② 检查柱塞泵的球阀、衬垫是否磨损,涂料输送通道连接处是否严实,并及时更换 ③ 清理涂料输送管道和有关的过滤器与阀门
涂料不喷出或喷出量少	① 喷枪内的过滤网的网眼过大或过滤网破损,致使喷嘴堵塞 ② 吸漆器的过滤网堵塞或吸漆管不畅 ③ 柱塞泵衬垫磨损或球阀失灵 ④ 涂料的固体分散不良,或涂料中混有异物,且过滤不充分	① 更换过滤网 ② 清理吸漆器的过滤网和吸漆管,除去堵塞物 ③ 更换柱塞泵衬垫,清理球阀 ④ 涂料使用前充分搅拌、过滤
喷雾图形不正常	① 喷嘴选用不适当,造成喷雾图形过窄 ② 喷嘴磨损,致使喷雾图形变形,或出现横向断开条纹 ③ 喷嘴过大,或涂料喷出压力降低,造成喷雾图形出现横向断开条纹,或喷雾图形时宽时窄	① 更换合适的喷嘴 ② 更换喷嘴 ③ 更换合适的喷嘴,或检修高压泵增压系统

十、弹涂

弹涂施工法是采用彩色弹涂机将色浆均匀地溅在墙面上,形成1~3mm左右的圆状色点的一种机械施工方法。

弹涂所用的色浆一般由2~3种颜色组成,在墙面上间杂分布,相互交错,装饰效果好,为了使饰面耐污染,不易褪色且经久,还需用耐水耐候性较好的甲基硅树脂或聚乙烯醇缩丁醛树脂罩面,作为防护层。

弹涂施工简单,应用广泛,无复杂的操作技术,又要开动微型电动弹涂机或用摇手柄驱动弹涂机即可操作。

弹涂色浆的配料应合理适用,常用的配合比见表5-91。

弹涂色浆配料比例　　　　　　表5-91

材料 配比 色浆名称	325号以上 白水泥(kg)	白色石英粉 (kg)	水 (kg)	108胶 (kg)	白乳胶 (kg)	颜料(%) (占水泥用量)
刷底色浆	1		0.8	0.13	0.1	1~2
弹点浆(一)	1		0.4	0.1	0.06	3~5
弹点浆(二)	0.85	0.15	0.38	0.1	0.06	3~5
白色弹点浆(一)	1		0.4	0.1	0.06	
白色弹点浆(二)	0.8	0.2	0.4	0.1	0.06	

调配色浆时,先将108胶用水稀释,搅拌均匀,再将白水泥和颜色拌和均匀,然后加入108胶水溶液搅拌成底色浆,色浆应先刷在样板上,观察是否符合设计要求。

在调制色浆时,应根据季节和基层干湿程度,适当调整配料比例,以弹点不拉丝(过稠)、不流淌(过稀)为宜,在5~10℃的低温下,应适当加点尿素,其方法将尿素用水溶解后掺入108胶中,再按配制色浆的方法在10℃以上的室内配制,每次配制的色浆,尽可能一次性用完。调配色浆须由专人负责,严格按比例过秤配制。

十一、联合式施工方法

为了提高装饰效果,增强涂层质感,保证涂层施工质量,常采用联合式施工方法。

1. 刷涂—喷涂—滚涂联合施工

使用排笔刷涂打底涂料,然后喷涂中间层厚质涂料,使用硬橡皮滚筒滚压,最后使用羊毛滚筒滚涂罩面涂料,采用这类联合施工方法可以涂刷成质感很强的凹凸彩色复层涂层。主要适用于外墙涂料的施工,亦可用于某些内墙涂料的施工。

2. 刷涂—喷涂—滚涂联合施工

使用排笔涂刷打底涂料,然后使用弹涂机弹涂厚浆涂料,最后使用羊毛滚筒滚涂罩面涂料,采用这种联合施工方法,可以涂刷成质感很强的彩色弹点涂层。主要适用于外墙涂料的施工,亦可用于某些内墙涂料的施工。

十二、涂饰施工的基本要求

涂料的干燥成膜是一个很复杂的物理化学变化过程,为了提高涂饰质量,下列一些基本要求必须遵循。

1. 工序搭接要合理

涂料工程应在抹灰工程、地面工程、木装修工程、水暖电气工程全部完成或基本完成后进行比较合理。否则就会影响涂饰工程的质量或造成返工。例门窗的油漆、地面的涂饰均应在墙面、顶棚等装修工程完工以后进行；建筑物中的细木制品、金属构件制品，如为工厂制作组装，其油漆涂料宜在生产制作阶段涂饰，但最后一遍油漆涂饰宜在安装后进行，如为现场制作组装，组装前应先涂饰一道底子油或防锈漆，安装完工后再进行最后的涂饰，不同施工情况要有不同的施工工序，但要求搭接合理。

2．要先了解设计要求

涂料工程在施工前要先了解设计要求，往往在设计方面只能提出完成后的效果，对施工工艺与施工用料提的不是很准确，所以要根据设计提出的要求依照积累起来的经验，事先做出样板或样板间，经设计和质量部门鉴定后方可大量的备料和大面积的施工，以免造成错误和浪费。

3．施工条件要适宜

施工现场要尽量创造适宜的条件，要清洁、通风、无尘埃，温度和湿度要适宜，否则也会影响涂饰工程的质量。一般油漆施工时，环境温度不宜低于10℃，相对湿度不大于60%，涂饰特种油漆涂料时更有一些特殊要求，要参照产品使用说明进行，不可凭经验办事。遇到大风、大雨、大雾天气尽量避免施工，尤其是涂饰面层涂料时，绝对不可施工。

4．冬雨季施工要有措施

根据一般的基本技术要求，冬季和雨季施工是有困难的，但遇到特殊工程的要求，冬雨季必须施工时，要有相应的措施才能进行施工，如冬季可采取相应的保温措施和增加催干剂、防冻剂及调整材料配合比等措施。雨季采取防雨措施和增加催干剂、防霉剂及调整材料配合比等措施。如果不采取任何措施，涂料工程在冬季和雨季进行施工，是不能保证其工程质量的。

5．要充分了解涂料的性能

涂料品种繁多，在使用前最好充分了解产品的性能，尤其产品对基层的要求要清楚，比如对基层材质特点、坚实程度、附着能力、清洁程度、干燥程度、平整度、酸碱度、腻子类型等要按要求进行基层处理，否则就会影响涂饰的质量，产品的稠度要根据其性能和施工季节、温度、湿度、施工方法等情况调整适宜，产品的配套材料，如溶剂、底漆、腻子等应配套使用，不得乱用，否则就不可能做出优良的工程质量。

6．新材料要试验

当前涂料新品种很多，遇到材料有变化，一定要做试验，要严格按照产品说明书的要求进行施工，新旧材料应分别使用，不宜混用。

第五节 涂料的调配

市售的涂料产品虽然种类繁多，但并不能完全满足涂装工程的设计要求和施工条件，有时还需经过适当的调配，使颜色、稠度、干燥速度等性能满足工程要求。此外许多粉刷材料需要在施工现场随配随用；一些双组分或多组分材料亦需要临时组兑；一些腻子、填充料、着色剂等也需要临时配制。涂料的调配在整个涂装工程中是一项非常重要的工作，直接关系到涂饰面层的质量，涂膜的耐久性能及材料的节约等，涂料的调配一般均应由较高级的有经验的人员把关。

一、腻子、填孔料和着色材料的调配

1. 腻子的调配

腻子是涂料工程中不可缺少的材料,通常由涂料制造商配套生产供应,品种很多,尤其是一些专用腻子,应尽量选用现成的配套腻子较好,但在建筑施工中,也常常根据具体施工条件和对象,自行配制一些腻子。

常用的各种腻子的调配方法见表5-92。

各种常用腻子的调配方法 表5-92

名 称	材 料 及 配 比	调配方法及注意事项
石膏油腻子(1)	由石膏粉、熟桐油、松香水和清水颜料组成	先按比例将熟桐油、松香水、催干剂混合加入石膏粉内充分搅拌后加入适量颜料调成厚糊状,然后放置1~2h让石膏粉与油和颜料充分溶合,水应在使用前按量加入搅拌均匀。水不能与石膏粉直接混合,以免腻子发硬、结块无法使用。水的加入量应根据气温高低适当增减。催干剂的加入量为熟桐油和松香水总重量的1%~2%,可根据施工环境和温度高低适当增减
石膏油腻子(2)	重量配合比约为石膏粉:白铅油:熟桐油:汽油(或松香水):清水=3:2:1:0.6~0.7:1	先按比例将白铅油、汽油(或松香水)混合加入石膏粉内充分搅拌调成糊状,放置少许时间,用时加适量清水搅拌即可使用
水粉腻子	由大白粉、颜料、水、动物胶调配而成	调配时按配比将已加入动物胶的水和大白粉搅拌成糊状,拿出少量糊状大白粉与颜料搅拌使其分散均匀,然后再与原有大白粉上下充分搅拌均匀,不能使大白粉或颜料有结块现象。颜料的用量应使填孔料的颜色略浅于样板木纹表面或管孔中的颜色
清漆腻子	由石膏、清漆、松香水、颜料调配而成	与石膏油腻子调配方法相同
羧甲基纤维素腻子	由大白粉、纤维素、清水及适量颜料组成,配比为3~4:0.1:1.5~2	按配方比例将纤维素溶化,然后倒入大白粉搅拌均匀,如需增加强度和黏结力,可加入适量乳液
聚醋酸乙烯乳液腻子	由聚醋酸乙烯乳液和大白粉或滑石粉组成,配比为:第一道腻子1:2;第二道腻子1:3;第三道腻子1:4	按配比将乳液倒入大白粉内搅拌均匀。为改善腻子性能,防止产生龟裂、脱落,可加入适量氯偏磷酸钠和羧甲纤维素
菜胶腻子	由菜胶和大白粉组成	将熬好的菜胶倒入大白粉内搅拌而成,如需增加强度和黏结力,可加入适量石膏粉和皮胶
大漆腻子	由大漆、石膏粉组成,配合比为7:3	将大漆和石膏粉按比例搅拌均匀,加适量清水调配
大白浆腻子	由大白粉、滑石粉、加纤维素溶液调配而成,配比为大白粉:滑石粉:纤维素溶液(浓度为5%):乳液=60:40:75:2~4	比纤维素腻子增加了滑石粉,为了容易打磨和表面比较细腻,调配方法基本相同,滑石粉如加的多了会影响腻子附着力和强度
内墙涂料腻子	由大白粉、滑石粉、加入内墙涂料为胶结料配制而成	方法与大白浆腻子基本相同。只是以内墙涂料代替乳液和纤维素

续表

名称	材料及配比	调配方法及注意事项
油胶腻子	由大白粉、动物胶、熟桐油、颜料调配而成,重量配比为大白粉:胶水(浓度6%):熟桐油:颜料=10:5:1:0.2~0.5	调配方法同水粉腻子
血料腻子	由大白粉、熟血料、菜胶组成,重量配比约为56:16:1	熟血料的调配:用稻草搅拌生血块,用手搓碎,加适量清水过滤,并滴入少量鱼油消化血泡沫;将熟石灰水徐徐倒入生血内并用木棍顺一方向搅拌至生血略有黏稠时为止。血灰比为100:3~4。放置2h后再次搅拌生血,如达不到要求可稍加石灰水,仍顺原来方向搅拌 菜胶的熟制方法是先将鸡脚菜浸胀洗净放入锅内煮沸后用文火熬制,鸡脚菜与水的比例为1:20。当鸡脚菜全部溶化后用60目铜箩过滤。熬制时如变稠可加水再熬,但熬成后不可加水以免腐坏。将熟血料与菜胶拌和后倒入大白粉中搅拌即成血料腻子
漆片大白粉腻子	由虫胶清漆、大白粉及着色颜料组成,重量配比为:大白粉75%,虫胶漆25%,颜料(适量)	在大白粉凹坑内倒入适量虫胶漆,用铲刀上下反复搅拌成厚糊状,然后放入适量颜料继续搅拌。腻子黏度不可过大或过小,过大砂磨困难,并影响着色,过小影响附着力,会粉化脱落。虫胶与酒精的比例为1:6。腻子的颜色应比样板色略浅 由于酒精不断挥发,腻子会逐渐变稠,可加些酒精调匀后继续使用

常用的腻子配方见表5-93。

常用腻子的配方　　　　　　　　表5-93

腻子名称	配合比形式	配合比例及调制	用途
石膏腻子	体积比	① 石膏粉:熟桐油:松香水:水=16:5:1:4~6,另加少量催干剂。调制时,先将熟桐油、松香水、催干剂拌匀,再加石膏粉,并加水调制 ② 石膏粉:白厚漆:熟桐油:松香水(或汽油)=3:2:1:0.6(或0.7) ③ 石膏粉:干性油:水=8:5:4~6,室外及干燥环境应适量加入煤油	金属、木才及刷过油的墙面
	重量比	石膏粉:熟桐油:水=20:7:50	木材表面
大白腻子及大白水泥腻子	体积比	① 大白粉:滑石粉:聚醋酸乙烯乳液:羧甲基纤维素溶液(2%):水=100:100:5~10:适量:适量 ② 大白粉:滑石粉:水泥:107胶=100:100:50:20~30,适量加入甲基纤维素溶液(2%)和水	混凝土表面及抹灰面,常用于内墙
	体积比	大白粉:滑石粉:聚醋酸乙烯乳液=7:3:2,适量加入2%羧甲基纤维素溶液	混凝土表面及抹灰面,常用于外墙
内墙涂料腻子	体积比	大白粉:滑石粉:内墙涂料=2:2:10	内墙涂料

续表

腻子名称	配合比形式	配合比例及调制	用 途
水泥腻子	重量比	① 水泥:107胶=100:15～20,适量加入水和羧甲基纤维素 ② 聚醋酸乙烯乳液:水泥:水=1:5:1 ③ 水泥:107胶:细砂=1:0.2:2.5,加入适量水	外墙、内墙、地面、厨房、厕所墙面涂料
清漆腻子	重量比	① 大白粉:水:硫酸钡:钙脂清漆:颜料=51.2:2.5:5.8:23:17.5 ② 石膏:清油:厚漆:松香水=50:15:25:10,适量加入水 ③ 石膏:油性清漆:颜料:松香水:水=75:6:4:14:1	木材表面刷清漆
油粉腻子	重量比	大白粉:松香水:熟桐油=24:16:2	
水粉腻子	重量比	大白粉:骨胶:土黄(或其他颜料):水=14:1:1:18	木材表面刷油漆
油胶腻子	重量比	大白粉:动物胶水(6%):红土子:熟桐油:颜料=55:26:10:6:3	木材表面油漆
虫胶腻子	重量比	虫胶清漆:大白粉:颜料=24:75:1 虫胶清漆浓度为15%～20%	木器油漆
金属面腻子	体积比	氯化锌:炭黑:大白粉:滑石粉:油性腻子涂料:酚醛涂料:甲苯=5:0.1:70:7.9:6:6:5	金属表面油漆
	重量比	石膏粉:熟桐油:油性腻子(或醇酸腻子):底漆:水=20:5:10:7:45	
喷漆腻子	体积比	石膏粉:白厚漆:熟桐油:松香水=3:1.5:1:0.6,加适量水和催干剂(为白厚漆和熟桐油总重量的1%～2.5%)	物面喷漆
聚醋酸乙烯乳液腻子	重量比	聚醋酸乙烯乳液:滑石粉(或大白粉):2%羧甲基纤维素溶液=1:5:3.5	混凝土表面或抹灰面

2. 填孔料的调配

填孔料是木质基层面涂饰过程中经常使用的材料,有水性填孔料和油性填孔料等种类,其作用不仅可填平木质基层面的孔隙,还可以起封闭基层,适当着色使用,调配时要根据木材管孔的特点和温度的高低灵活掌握好水或油与体质颜料的比例,使稠度适宜,各色填孔料的调配见表5-94。

各色填孔料的调配 表5-94

颜色名称	填孔料种类	材料及配比(重量%)
本 色	水性填孔料	大白粉71、立德粉0.95、铬黄0.05、水28
	油性填孔料	大白粉74、立德粉1.3、松香水12.5、煤油7.6、光油4.55、铬黄0.5
淡黄色	水性填孔料	大白粉71.5、铁红0.21、铁黄0.1、铁棕0.41、水27.78,如无铁棕可采用:铁红0.28、铁黄0.15、铁黑0.29
	油性填孔料	大白粉71.3、松香水12.34、煤油10.34、光油5.3、铁红0.21、铁黄0.1、铁棕0.41
枯黄色	水性填孔料	大白粉69、红丹0.5、铁红0.5、铬黄2、水28
荔枝色	水性填孔料	大白粉68、黑墨水5.5、铁红1.5、铁黄1、水24,或大白粉68.175、黑墨水2.525、铁棕5.06、铁红1.515、水22.725

续表

颜色名称	填孔料种类	材料及配比(重量%)
栗壳色	水性填孔料	大白粉72、黑墨水6.5、铁红2.4、铁黄1、水18 或大白粉71.14、黑墨水5.328、铁红1.332、铁棕4.44、水17.76
蟹青色	水性填孔料	大白粉68、铁红0.5、铁黄0.5、铁黑1.5、水29.5 或大白粉67.795、铁红0.423、铁黄0.423、铁黑0.847、铁棕0.847、水29.665
柚木色	水性填孔料	大白粉49.8、铁黄3、铁红4.2、墨汁1.3、水41.7
红木色	水性填孔料	大白粉73、黑墨水6.4、水20.6
古铜色	水性填孔料	大白粉73、黑墨水6、铁红0.5、水20.5

3. 着色材料的调配

用于木质面上的着色材料主要有水色、酒色等多种,详见图5-47。

(1) 颜料着色剂的调配

颜料着色主要是指透明涂饰时使用颜料着色剂对木质基层着色。颜料着色剂可分为水性颜料着色剂和油性颜料着色剂。

a. 水性颜料着色剂调配

水性颜料着色剂也称水粉浆、老粉浆。由于其同时对木质基层填孔,因此也称作水性颜料填孔着色剂。它主要由无机着色颜料(如铁红、铁黄、哈巴粉等)、体质颜料(老粉,滑石粉等)和水调配而成。有时还加少量的胶黏剂(如乳白胶、皮胶、骨胶等),有时则不加胶黏剂。

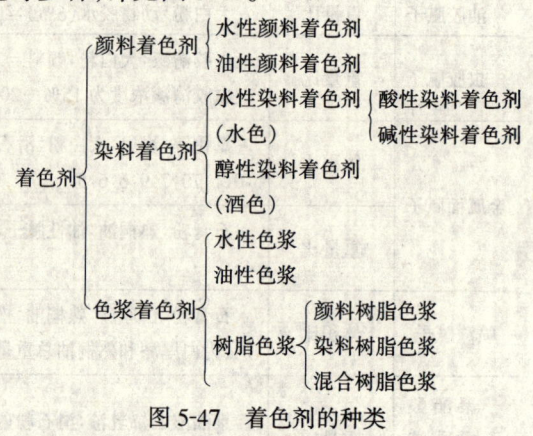

图5-47 着色剂的种类

在调配水粉浆时,着色颜料与黏结剂的用量不宜过多,因着色颜料遮盖力强,易于掩盖木纹,使之不清晰,黏结剂用量多,涂于木材表面的粉浆干燥过快,不易擦净擦匀,掩盖木纹与出现色花,影响着色质量。故在调配水性质料填孔着色剂时,水与颜料比例约为1:1左右,其中水少利于填孔,如涂擦松木、椴木等细孔材时,水可酌增。调配水粉浆时,可先将老粉(大白粉)放入水中调成粥状,搅拌均匀,然后陆续加入着色颜料;也可先将着色颜料和体质颜料混合均匀拌成色粉,再逐渐加水搅拌;如用铁黑、炭黑,应先用酒精溶解之后再放入水中,调配好后宜先过滤再用。水性颜料填孔着色剂配方见表5-95。

水性颜料填孔着色剂配方　　　表5-95

材料	色泽					
	本色	淡黄色	淡柚木色	栗壳色	蟹青色	红木色
	重量份					
碳酸钙(老粉)	60	58	59	55	56	56
立德粉	0.5~1.0	0.5~1.0	—	—	—	—
铁红	0.01	—	1.0~1.5	1	0.5~1.0	1
铁黄	0.1~0.3	1~2	0.5~1.0	—	1.0~1.5	—
铁黑	—	—	0.5~1.0	1.5~2.0	1~2	
哈巴粉	—	—	0.1~0.5	4~6	1.0~1.5	1.0~1.5

注:1. 如需增加附着力可酌加0.5~1.0份胶黏剂(乳白胶等)。
2. 水加入量约为颜料的1.0~1.5倍,或按重量百分比为表内颜料量的余量。

b. 油性颜料着色剂的调配

油性颜料着色剂也称油老粉、油粉子、油性颜料填孔着色剂。

油性颜料着色剂是用体质颜料、着色颜料清油或油性漆以及相应的稀释剂调配而成。

油性颜料着色剂在调配时，清油也可以用酯胶清漆，酚醛清漆或醇酸清漆代替，加煤油可使表干慢些，便于操作，老粉也可以用滑石粉代替，尤其采用石膏代老粉其填孔效果更好，但调配时需适量加一点水，调配时一般先用清油或油性漆与老粉调和，并用松香水与煤油稀释之后再加入着色颜料调匀即可，调好的油老粉宜适当加盖密封，否则易挥发结块，故一次不宜配料过多，宜现用现配。

油性颜料填孔着色剂其配方见表5-96。

油性颜料填孔着色剂配方　　　　表5-96

材料	色泽					
	本色	淡黄色	柚木色	浅棕色	咖啡色	红木色
	重量比（%）					
碳酸钙(老粉)	74	71.30	68.1	55	57	57
立德粉	1.3	—	—	—	—	—
哈巴粉	—	0.41	—	2	2	—
铬黄	0.05	—	—	—	—	—
铁黄	—	0.10	1.8	2	—	—
铁红	—	0.21	1.8	1	1	1
铁黑	—	—	1.3	1	1	3
清油	4.55	5.30	4.5	10	10	10
煤油	7.60	10.34	10.0	—	—	—
松香水	12.50	12.34	12.5	29	29	29

(2) 染料着色剂的调配

染料着色即用染料着色剂（各种染料溶液）对木材或涂层进行着色，可加强颜料着色的效果，使透明涂饰的外观色泽更鲜艳漂亮。

染料着色剂即用溶剂将染料配成水溶液（水性染料着色剂）、染料醇溶液（醇性染料着色剂）、染料有机溶剂溶液（例如油性染料着色剂）、染料漆液（清漆中放入相应的染料）等。

a. 水性染料着色剂的调配

水性染料着色剂是将能溶于水的染料（主要是酸性染料、碱性染料等）按比例用热水冲泡溶解配成的染料水溶液，有时配方中还放入一些胶液。

调配水色应用最多的是酸性染料，按色泽要求选择酸性原材料（如酸性红、酸性橙等），也可以使用成品酸性混合染料（如黄纳粉、黑纳粉等）。最好使用同类染料调配，例如同是酸性染料进行调配，而不宜用直接染料或酸性染料与碱性染料调配，否则可能产生不易溶解的沉淀色料。而某些酸性染料品种与直接染料品种有可能混用，但需要进行具体试验。

调配水色的水温一般为60~80℃，有些品种水温适宜高些，例生产实际中常用开水冲泡黄纳粉、黑纳粉等；而有些品种（如槐黄）遇高温可能分解褪色，而以50~60℃热水溶解为宜。

调配染料溶液宜用清洁的软水,无软水时,可将硬水煮沸或添加少量(约1%)纯碱或氨水,氨水不仅可使硬水软化,而且还能促使染料溶液渗入木材。

每种染料溶液在水中都有一定的溶解度(1L温水一般只能溶解15~35g染料),超过溶解度即达饱和,加再多的染料也不能溶解,颜色也不会变浓,因此,使用水色欲着染较浓色调时,需多次重复涂饰。

用碱性染料调配水色的参考配方见表5-97。

碱性染料水溶液配方 表5-97

染料	重量比(%)															
	浅木色	深木色	浅黄色	橘黄色	橘红色	金黄色	浅棕色	深棕色	紫红色	紫棕色	咖啡色	栗壳色	蟹青色	柚木色	红木色	古铜色
碱性嫩黄	0.5	—	1	—	—	0.5	—	—	—	—	—	—	—	4	—	—
碱性金黄(块子金黄)	—	0.3	—	0.8	0.2	0.5	—	—	—	—	0.3	0.2	—	—	—	—
碱性金红(块子金红)	—	—	—	0.2	0.8	—	—	—	—	—	—	—	—	—	2	2
碱性棕	—	0.5	—	—	—	—	1	5	—	4	2.0	4.0	2.0	1	3	1
碱性紫	—	—	—	—	—	—	—	—	0.2	2	—	—	—	—	—	—
碱性品红	—	—	—	—	—	—	—	—	1.0	—	—	—	—	—	—	—
碱性桃红	—	—	—	—	—	—	—	—	0.5	—	—	—	—	—	—	—
碱性品绿	—	—	—	—	—	—	—	—	—	—	—	—	0.2	—	—	—
墨汁	—	—	—	—	—	—	—	1	—	—	—	2.0	3.0	2	5	8
热水	99.0	98.7	98.5	98.5	98.5	98.5	98.5	93.5	97.8	93.5	97.2	93.3	94.3	92.5	89.5	88.5
乳白胶	0.5	0.5	0.5	0.5	0.5	0.5	0.5	0.5	0.5	0.5	0.5	0.5	0.5	0.5	0.5	0.5

用酸性染料调配水色的参考配方见表5-98。

酸性染料水溶液配方 表5-98

染料	重量比(%)															
	浅木色	深木色	浅黄色	橘黄色	橘红色	金黄色	浅棕色	深棕色	紫红色	紫棕色	咖啡色	栗壳色	蟹青色	柚木色	红木色	古铜色
酸性嫩黄	0.4	0.8	0.5	—	—	—	—	—	—	—	—	—	—	—	—	—
酸性金黄	—	—	0.1	0.7	0.2	0.5	—	—	—	—	—	—	—	—	—	—
酸性橙Ⅰ	—	—	—	0.3	1.0	—	—	—	—	—	0.1	—	—	—	—	—
酸性棕黄	—	0.2	—	—	—	—	0.8	4.0	—	3.0	1.0	—	—	1.5	—	—
酸性大红(酸性红G)	—	—	—	—	—	—	—	—	0.2	—	—	—	—	—	—	—
酸性桃红	—	—	—	—	—	—	—	—	0.5	0.4	—	—	—	—	—	—
酸性紫红(酸性红B)	—	—	—	—	—	—	—	—	1.0	2.0	—	—	—	—	—	—
酸性黑	—	—	—	—	—	—	—	0.5	0.5	0.2	—	0.5	5.0	0.5	2.0	1.0
酸性蓝	—	—	—	—	—	—	—	0.1	0.1	—	—	—	—	—	—	—
黑纳粉	—	—	—	—	—	—	0.1	—	—	—	0.3	2.0	—	—	8.0	—
黄纳粉	—	—	—	—	—	0.5	0.1	—	—	—	0.2	8.0	2.0	2.0	—	5.0
热水	99.0	98.5	99.0	98.5	98.5	98.5	98.5	95.0	97.0	94.0	98.0	89.0	92.5	95.5	89.5	93.5
乳白胶	0.6	0.5	0.4	0.5	0.3	0.5	0.5	0.4	0.7	0.4	0.4	0.5	0.5	0.5	0.5	0.5

b. 醇性染料着色剂的调配

醇性染料着色剂是将能溶于醇类（主要是酒精）的染料（碱性染料、醇溶性染料、酸性染料等）用酒精或虫胶清漆调配而成，生产中也称作酒色。

调配酒色时，放入酒精或虫胶漆中的着色材料应用较多的是碱性染料（如品红、品绿、品紫、杏黄等）、醇溶性染料（如醇溶耐晒黄、醇溶耐晒火红B、醇溶黑等）。此外酸性原染料、黄纳粉与黑纳粉以及诸如铁红、铁黄、立德粉、哈巴粉等着色颜料也少量使用。

当使用碱性染料时，可预先放在瓶内用酒精浸溶，当用虫胶漆调配酒色时再适量移入漆中，当使用黄纳粉、黑纳粉等混合酸性染料时，因其含有胶黏剂不溶于虫胶漆，因此调配时，可把它包在细纱布里，用于握住浸入漆中，然后滚捏纱布包，使其中的染料边润湿边溶解到漆中去。

部分色泽的酒色配方见表5-99。

醇性染料着色剂配方 表5-99

染料	重量比（%）															
	浅黄色	橘黄色	橘红色	浅黄纳色	深黄纳色	浅黑纳色	深黑纳色	浅紫红色	深紫红色	浅红木色	深红木色	浅柚木色	深柚木色	浅栗壳色	深栗壳色	乌木色
黄纳粉	—	0.2	—	5.0	12.0	—	—	—	—	—	—	2.0	8.0	3.0	10.0	—
黑纳粉	—	—	—	—	—	5.0	15.0	—	—	10.0	15.0	0.5	—	—	2.0	10.0
碱性金黄（块子金黄）	—	0.8	—	—	—	—	—	—	—	—	—	—	—	—	—	—
碱性金红（块子金红）	—	—	0.2	—	—	—	—	—	—	—	—	—	—	—	—	—
酸性嫩黄G	1.0	—	—	—	—	—	—	—	—	—	—	—	—	—	—	—
酸性橙I	—	—	0.8	—	—	—	—	—	—	—	—	—	—	—	—	—
碱性品红	—	—	—	—	—	—	—	0.8	2.0	—	—	—	—	—	—	—
碱性紫	—	—	—	—	—	—	—	0.2	1.0	—	—	—	—	—	—	—
炭黑	—	—	—	0.5	1.0	0.2	0.5	—	0.3	—	0.5	0.1	0.5	0.3	0.5	1.0
碱性桃红	—	—	—	—	—	—	—	0.5	1.0	0.5	—	—	—	—	—	—
虫胶片	10.0	10.0	10.0	10.0	7.5	9.0	8.5	10.5	9.7	9.5	7.5	9.4	8.5	9.7	8.5	9.0
酒精	89.0	89.0	89.0	84.5	79.5	85.8	76.0	88.0	86.0	80.0	77.0	88.0	83.0	87.0	79.0	80.0

(3) 色浆着色剂的调配

色浆系指含粘结剂的着色剂。其着色材料中经常颜料与染料混用，而黏结剂采用胶黏剂、油类、树脂，有时直接用各种清漆调配，故可以分为水性色浆、油性色浆、树脂色浆等。由于色浆中一般含有成膜物质（胶、油、树脂等），故色浆常常可以达到填孔、着色与打底的多重目的。

a. 水性色浆的调配

水性色浆是由水溶性粘结剂将颜料、染料、填料以及部分助剂调配而成，并用水作稀释剂，水性涂料色浆的品种与组成见表5-100。

水性涂料色浆品种与组成 表 5-100

品　种	主要组成	性　能　与　用　途	产　地
涂料色浆白 FTW	钛白粉、平平加、甘油与水等	色彩鲜艳、细腻均匀、着色力好、耐酸碱、耐一般有机溶剂,可用于纤维织物着色印花,也可用于木器着色	上海油墨厂等
涂料色浆金黄 FGR	坚固深红、联苯胺黄G、坚固金黄 GR、乙二醇、平平加、甘油与水	色鲜艳、耐酸、碱、耐磨、耐热、耐候,可拼混使用,主要用于纤维着色也可用于木材表面	上海油墨厂等
涂料色浆枣红 FG	涂料宝红、永固橙 G 与平平加、甘油、水等	色鲜而质细、耐酸碱、耐一般有机溶剂,用于混纺织物印花及木纤维着色	上海油墨厂等
涂料色浆棕 FGN	坚固深红、坚固金黄 GR、坚固橙 G、炭黑与平平加、甘油、水等	色鲜质细,可拼混使用。具优异的耐日晒、耐候、耐磨、耐热等性能,可用于纤维的着色以及在塑料薄膜上印木纹等	上海油墨厂等
涂料色浆红紫 FR	坚固红紫、平平加、甘油、尼凡丁、水	色鲜美、遮盖力好、附着力强、耐酸碱、耐一般有机溶剂,用于合成纤维印花以及木器着色等	天津染料化工八厂等
涂料色浆深红 FITRG	坚固深红、桃红 F3R 与平平加、甘油、尼凡丁、水等	色鲜美,可拼混使用。耐日晒、耐气候、耐磨、耐热等性能优异,可用于纤维包括木纤维的印花与着色	天津染料化工八厂等
涂料色浆黑 FBRN	炭黑、6401、蓝 FFG 与甘油、乳化剂、水等	色质细腻均匀、遮盖力强、耐酸碱、耐一般有机溶剂,可用于各种纤维印花与着色,也可用于塑料薄膜的印刷木纹	上海油墨厂等

水性色浆的配方见表 5-101～表 5-104。

水性色浆配方之一 表 5-101

材　料	色　泽			
	白　色	黄　色	红　色	咖啡色
	重　量　比（%）			
钛 白 粉	50	—	—	—
铬黄(或涂料黄)	—	45	—	—
大 红 粉	—	—	30	—
哈 巴 粉	—	—	—	40
乳 白 胶	30	35	40	35
温 　 水	20	20	30	25

水性色浆配方之二 表 5-102

成　分	材　料	重量比（%）	规　格
胶粘剂	4%羧甲基纤维素聚醋酸乙烯乳液	24.5 } 32.5 8.0	505型
着色材料	酸性染料 氧化铁颜料	6.5 } 8.0 1.5	工　业 工　业
填充材料	滑石粉 石膏粉	33.5 } 40.5 7.0	工　业 工　业
稀释剂	水	19.0	自来水

部分色泽配方　　　　　　　　　　　表 5-103

成分	材料	色泽			
		红木色	中黄纳色	淡柚木色	蟹青色
		重量份			
胶粘剂	4%羧甲基纤维素 聚醋酸乙烯乳液	110 36	110 36	110 36	110 36
着色材料	酸性媒介棕	5.1	10.0	0.5	4.0
	弱酸性黑	1.1	2.5	—	—
	酸性大红	0.4	1.0	—	—
	酸性红	0.05	1.0	—	—
	酸性嫩黄	2.1	4.0	—	—
	酸性橙	4.5	10.0	—	—
	墨汁	—	2.0	—	3.0
	氧化铁红	1.8	4.0	0.5	1.0
	氧化铁黄	1.5	4.0	—	1.0
	氧化铁棕	—	—	1.5	—
填充料	滑石粉 石膏	150 30	150 30	140 30	150 30
稀释剂	水	84	84	84	84

油性色浆配方　　　　　　　　　　　表 5-104

成分	材料	重量比(%)	成分	材料	重量比(%)
填充材料	老粉 滑石粉	34.48 17.24	粘结剂	蓖麻油	13.29
着色材料	油溶性染料 着色颜料	适量 适量	稀释剂	松节油	34.48

将表 5-101 中的着色颜料先用温水浸湿，并混合均匀后再加适量乳白胶等胶粘剂，充分搅拌均匀即成，但这样调出来的色浆粘度较大，色调也较单一，不便直接使用，也易于覆盖木纹，故需根据产品色泽要求进一步将几种单色混合调出所需颜色后，再加 3～5 倍重的温水调稀后再使用。此种色浆颜色鲜艳，附着力好，成本低廉，使用方便，涂刷后干燥比油性材料快，常温约需 2～4h 干燥。

表 5-102 配方中所用的羧甲基纤维素是纤维醚的一种，是一种白色粉末状材料，易吸湿，溶于水可制成黏性溶液，常用作胶黏剂，在配方中作胶黏剂可提高填孔着色层的附着力。着色材料多用酸性原染料与氧化铁颜料，一般不宜用成品混合酸性染料（如黄纳粉、黑纳粉等）。染料与颜料品种与用量可根据具体产品色泽要求试验确定，部分色泽的参考配方见表5-103 所列，调配时按表 5-103 中选定的某种色泽配方，先称取羧甲基纤维素隔夜用水浸渍溶解，呈透明糊状，搅拌均匀，然后将按配方量称取的各种染料混合后再放入着色颜料，均匀混合在一起，用沸水冲泡混合的染料和颜料，使其均匀溶解与分散，再加入聚醋酸乙烯乳液

和已溶解好的羧甲基纤维素,最后加入填充料,搅拌均匀即成。

b. 油性色浆的调配

油性色浆的组成与油性颜料着色剂类似,但也有区别,即其中的着色材料既包括颜料也包括染料,黏结剂可用油类以及油性漆,即用油类或油性漆与颜料、染料以及相应稀释剂调配的着色剂称作油性色浆。当使用酚醛漆或醇酸漆调配时,生产中也习惯称作树脂色浆。

表 5-104 为一种用蓖麻油作黏结剂专与聚氨酯漆配套使用的油性色浆配方。配方中油溶性染料可视产品色泽要求而选择油溶黄、油溶红等,着色颜料则可使用铁红、铁黄等,油溶性染料需先用松节油加热溶解,再与其他材料加入一起搅拌均匀,着色材料品种数量可根据具体色泽要求试验决定。蓖麻油是一种不干性油、其分子结构中含有羟基(—OH),能与双组分聚氨酯漆中的甲组分(含异氰酸基—NCO 组分)反应成膜。所以用上述油性色浆涂擦木材表面填空着色后,一般不会干燥,可接着涂聚氨酯底漆,则色浆可随底漆一起干燥。

c. 树脂色浆的调配

树脂色浆着色剂主要用合成树脂(如聚氨酯、醇酸树脂等)作黏结剂,着色材料用染料与颜料,此外还有填料以及黏结剂与染料的相应稀释剂,树脂色浆品种较多按调配材料即有用聚氨酯树脂、醇酸树脂以及硝基漆等调配的多种树脂色浆,按所使用的着色材料分类,则有单纯用染料或颜料调配的染料树脂色浆着色剂和颜料树脂色浆着色剂,也有用染料与颜料混合调配的混合树脂色浆着色剂。

颜料树脂色浆着色剂的配方见表 5-105。

颜料树脂色浆配方 表 5-105

材 料	色 泽							
	本色	浅黄色	柚木色	红木色	栗壳色	咖啡色	触青色	古铜色
	重 量 比(%)							
滑石粉	40	40	40	40	40	40	40	40
铁 红	—	—	0.2	0.5	0.2	—	—	0.5
铁 黄	0.05	0.9	0.2	0.3	—	—	—	—
群 青	—	—	—	—	—	—	1.5	0.1
哈巴粉	—	—	0.6	0.2	0.8	1.0	0.5	0.4
聚氨酯乙组	20	20	20	20	20	20	20	20
二甲基甲酰胺	1.55	2.1	2.0	2.0	4.0	4.0	4.0	4.0
二甲苯	38.4	37	37	37	35	35	34	35

染料树脂色浆着色剂的配方见表 5-106。

染料树脂色浆配方 表 5-106

用 料	色 泽		
	红 色	黄 色	黑 色
	重 量 比(%)		
分散红 3B	5.0	—	1.0
分散黄 RGFL	—	5.5	0.7
分散蓝 2BLN	—	—	0.5
硝基清漆	15.0	15.0	15.0
信那水	80.0	79.5	82.8

混合树脂色浆着色剂的配方见表 5-107。

混合树脂色浆配方　　　　　　表 5-107

材料	重量份							
	本色	茶色	古铜色	蟹青色	咖啡色	板栗色	红木色	国漆色
酸性金黄 I	—	0.03	0.01	—	—	0.01	—	—
油溶黄	0.01	0.01	0.02	—	0.02	—	0.01	—
油溶红	—	—	—	0.02	—	—	0.01	0.03
油溶黑	—	微量	0.01	微量	0.01	—	0.01	微量
分散红 3B	—	—	—	—	—	0.01	0.02	0.03
分散黄棕 H2R	—	微量	0.01	—	0.01	微量	—	—
分散蓝 2BLN	—	—	—	微量	—	—	—	微量
铁红	—	0.02	0.20	—	0.50	0.10	0.30	0.20
铁黄	0.04	0.10	—	—	—	—	0.05	—
铬黄	0.02	—	—	—	—	—	—	—
群青	—	—	—	2	—	—	—	—
滑石粉	100	100	100	100	100	100	100	100
聚氨酯乙组	50	50	50	50	50	50	50	50
二甲基甲酰胺	—	4	5	5	5	5	5	5
二甲苯	100	100	100	100	100	100	100	100

二、涂料的调配

涂料的调配包括稠度的调配、性能的调配、各类品种的调配、颜色的调配、水浆的调配。

1. 稠度的调配

涂料的稠度包括两个方面,即基本稠度和施工稠度,基本稠度是经过多次试验得出的结果,适宜在一般情况下某种涂料采用固定的施工方法使用,如机械化涂装的基本稠度,手工操作的基本稠度等,如油基漆和各类底漆,涂刷时的平均稠度为 35~40s,一般情况下在这个范围内比较适宜涂刷,这时涂料的浮力与刷毛的弹力相接近,刷毛能不费力地插入涂料内拨动涂料,又如喷涂的稠度一般为 25~30s,在这个范围内,喷出的涂料雾化程度好,遮盖力强,喷枪出油快,涂料中途干燥的现象较轻微。施工稠度是指在基本稠度的基础上根据现场施工条件对涂料稠度所做的灵活调整,这种技巧对施工人员来讲是相当重要的,因为除机械化固定的施工条件外,涂料的稠度均有随时变动的可能,影响稠度的因素很多,如涂料的性能、施工的方法、气候温度、施工工具、场所、基层状况等等。

施工稠度的调配,采用刷涂的溶剂型涂料其稀释范围一般不超过 7%~10%,炎热天气或多孔隙基层,涂料一般要相应稀一些,除对多孔、粗糙基层做封闭外,乳胶漆一般不要稀释。要想正确掌握涂料的稠度,除对各种施工条件的特点及涂料性能充分了解外,主要还是依靠实际工作经验。

涂料黏度的调配应注意以下事项:

(1) 稀释剂份量不宜过多,若稀释剂超过漆重的 20%,会使涂料过稀(即黏度过小),涂饰时容易产生流淌,露底的毛病,又因漆膜过薄则会降低漆膜的性能。

(2) 如果是自己用碱性颜料(如红丹、氧化锌等)和酸性高的清漆(如松香衍生物制成的油基清漆)调制的防锈底漆,要当即使用,不可久放,否则涂料会出现猪肝般的结块而影响使用。

(3) 色漆中如果颜料过多,比较黏稠不便使用时,应加入相同品种的清漆调匀,尽量少用稀释剂,否则会影响漆膜的性能,当连续涂饰几道色漆时,应将前一道色漆的颜色调得稍微浅些,这样在涂饰下一道色漆时,能及时发现是否有漏刷的地方,以保证涂饰质量。

(4) 调配涂料黏度的稀释剂最好用规定的配套品种,例如油性漆采用松节油等。不能随便兑其他稀释剂,比如油性漆中加入香蕉水,漆料就会呈现脑状而报废。同样的原因,各油漆厂生产的油漆涂料,在没有了解其用途性能之前,都不能随便掺兑,以免发生变质报废。由此可见稀释剂和涂料的成分是密切相关的,选择稀释剂必须根据涂料成膜物质的性能决定,在正常情况下是不能混用的,但在应急情况下,除必须要求配套的油漆工程外,对一般工程可临时使用稀释剂的代用品,以解决燃眉之急。常见的稀释剂及代用品见表5-108。

常用的稀料及代用品　　　　　　　　　　　　　　　　　　　表 5-108

涂料品种	适用稀料	代用稀料	备注
油性油漆、酯胶漆、钙脂漆	200号溶剂汽油、松节油	汽油	
酚醛漆、中油度醇酸漆、沥青烘漆、环氧树脂漆	X—6醇酸漆冲洗剂、X—7环氧漆冲洗剂、200号溶剂汽油、松节油、二甲苯	汽油	用于中油度醇酸漆,随用随配,不可久用
纯酚醛漆、中油度醇酸漆、短油度醇酸漆、沥青漆氨基漆	二甲苯、X—6醇酸漆冲洗剂、X—4氨基漆冲洗剂	原适用稀料可互换,汽油与适用稀料2:3的混合液,汽油与香蕉水3:2的混合液	
硝基漆、过氯乙烯漆、快干丙烯酸漆	X—1、X—2硝基漆稀释剂、X—3过氯乙烯稀释剂、X—5丙烯酸稀释剂	原适用稀料可互换,原适用稀料与200号溶剂汽油4:1的混合液	只能做底漆,不可做面漆

2. 涂料性能的调配

涂料的基本性能在生产过程中已决定下来了,施工现场和油漆涂装施工人员是不可以将其改变的,但可根据施工要求和现有条件将涂料适当的稍加调配,使其性能有轻微的改良,以适宜不同的需要,更好地发挥其效能。

涂料性能的调配详见表5-109。

油漆涂料性能的调配　　　　　　　　　　　　　　　　　　　表 5-109

项目	调配方法
调油性油漆	油性油漆油分少、颜料粗、重量大、容易沉淀,使用时须加入清油,铅油加30%左右,油性调和漆加15%以下,磁性调和漆加10%以下。清漆加入多了亮度好,但遮盖力差,干燥慢,清漆加入少了,坚固性差、亮度低,粉化快。加入清漆如仍达不到施工要求时,可加入10%以下的松节油或9%以下的200号溶剂汽油。稀料如果加多了会出现颜料下沉,亮度不足和早期粉化现象 为使油性涂料干燥加快还可加入8%以下的铅、钴、锰催干剂

续表

项　　目	调　配　方　法
调配无光墙面油漆	用普通油基油漆涂刷墙面时,如加入20%的颜料,不但涂膜平坦、遮盖力强、光泽柔和、坚固性比乳胶漆高,还可免除普通油基漆的耀眼和稀料渗透的缺陷。调配方法是先将颜料加入油漆混合后,再加入油漆经搅拌过滤即可。调配后的油漆喷、刷都可以,特别适宜纤维板和胶合板的涂刷
硝基漆韧性的调配	硝基漆干燥迅速,大面积不易刷涂,为减缓干燥速度、流平刷纹,可加入少量增韧剂。增韧剂稀料的重量配比是: 硝基稀料 10 磷苯二甲酸二丁酯 1 乙二胺 0.1(用时现加) 使用方法是将3份硝基漆与一份增韧稀料调匀,再用稀料稀释后加入硝基漆内。经这样调配的硝基漆韧性、附着力都有较大提高,亮度不变
调整醇酸漆的油度	醇酸底漆(138底漆)性脆、附着力差,稀释后长时间放置会出现颜料颗粒沉淀和漆料氧化成膜的现象。醇酸磁漆(C04-42)冬季干燥慢、夏天易起皱。如将醇酸底漆和面漆按重量的2:3调对后可避免上述缺点。调对后的油漆附着力好、光色耐久,光色介于两种漆之间,一次涂刷两个涂层厚度也不会起皱,而干燥时间与调对前相同,利用这种调对方法能将两次涂漆作一次涂完。缺点是颜色品种有限,光亮度不足

3. 涂料品种的调配

涂料常用品种的调配主要有调配清漆、厚漆、虫胶漆等,详见表 5-110 和表 5-111。

常用油漆品种的调配　　　　　　　　　　　表 5-110

项　　目	调　配　方　法
配清油	自配清油与工厂的成品清油不同,工厂成品清油是干性油熬炼而成,而自配清油是以熟桐油为主,经稀释(冬季还要加催干剂)而成,主要用于木材打底。调配时,根据清油所需的稠度和颜色,将一定数量的颜色、熟桐油、松香水(或汽油)拌在一起,用80目的铜丝罗过滤后即可使用。一般的配合比为熟桐油:松香水=1:2.5。如在夏天高温时使用,则清油内的稀料蒸发快,易变稠,使表面结皮,这时在清油中加些鱼油(即工厂成品清油)即可避免,既节约材料又容易涂刷
配铅油	即配厚漆。根据配合比(参见表5-115)将工厂成品清油的全部用量加$\frac{2}{3}$用量的松香水调成混合油。再从漆桶中将铅油挖出放在干净的铁桶内,倒入少量的混合油充分搅拌,直至铅油没有疙瘩,全部溶解,待与铅油充分搅拌均匀后,再把全部的混合油逐渐加入搅拌均匀。这时可加入熟桐油(冬季用油尚需加入催干剂),并用100目铜丝箩过滤,再将剩下的$\frac{1}{3}$用量的松香水,洗净工具铁桶后掺入铅油内即成。然后刷好试样,用纸覆盖在调好的铅油面上备用。如铅油是几种颜色调配成的,要先把几色铅油稍加混合油,配成要求颜色后,再加混合油搅拌。如用铅粉或锌钡白自配铅油,要把铅粉或锌钡白加入清油内用力搅拌成面团状,隔1~2天使清油充分浸透粉质,类似厚糊状后才能再调配成各色铅油 表5-115中的第二栏为配有光、平光、天光三种厚漆的各种比例,可见配制的比例上有些差别。因无光油是在最后面层上涂刷的,其目的是为了使刷后的漆膜完全无光,所以它的稀释剂用量较多,而油料用量相应减少。但稀释剂多了漆就容易沉淀,时间长了沉淀物还会发硬结块,即使经过充分搅拌,涂刷后漆膜仍难免产生粗糙不匀和发花现象,故配无光油时须注意到需用时才调配。如用量不多,可一次配成即用;需要量大,则要准确记录多种材料的份量而逐次调配,以保证颜色一致,而且配好后要密封贮藏,防止稀释剂挥发影响质量

续表

项　目	调　配　方　法
配溶漆片	即配虫胶清漆,过程比较简单,只要将虫胶漆片放入酒精中溶解即可,不能相反,因为这样会使表层的漆片被酒精黏结成块,影响溶解速度。漆片应是散状的,在溶解过程中要经常搅拌,防止漆片沉积在容器底部。溶解的时间取决于漆片的破碎程度与搅拌情况。随配制总量的增加,漆片完全溶解可能需要较长时间,根据虫胶漆片质量的优劣,在一般情况下需浸泡12h。此时应坚持常温溶解,不宜加热,以免造成胶凝变质。漆片溶液遇铁会发生化学反应,而使溶液颜色变深。因此,溶解漆片的容器及搅拌器都不能用铁的,应采用瓷、塑料、搪瓷等制品 　　漆片溶好后应密封保存,防止灰尘、污物落入及酒精挥发,用前可用纱布过滤。存放时间不要超过半年,否则会变质 　　配漆片的参考配合比为:干漆片:酒精=0.2~0.25:1(用排笔刷),如揩用为0.15~0.17:1,用于上色(酒色)为0.1~0.12:1(均为重量比) 　　虫胶清漆的漆膜干燥缓慢,色深发黏。如加少量硝基清漆,可配成虫胶硝基混合清漆,这种漆流动性好,易揩擦,较硝基漆干燥快、填孔性好,更容易砂磨,并能提高光泽。其配比为35%浓度的虫胶漆:20%浓度的硝基漆:酒精=2:1:3(体积比)。虫胶清漆有时干燥太快,涂刷不便,这时可加几滴杏仁油
配丙烯酸木器漆	使用时按规定以组分甲(丙烯酸聚酯和促进剂环烷酸钴、锌的甲苯溶液)1份和组分乙(丙烯酸改性醇酸树脂和催化剂过氧化苯甲酰的二甲苯溶液)1.5份调和均匀,以二甲苯调整黏度,使用多少配多少,随用随配,有效使用时间:20~70℃时为4~5h,28~35℃时为3h,时间过长就会胶化
自配防锈漆	除用市售防锈漆外,也可自配防锈漆,比例为红丹粉50%,清漆20%,松香水15%,鱼油15%,不能掺和光油调配,否则红丹粉在24h内会变质
调配铁红腻子油	按熟桐油:松香水:铁红调和漆=64:30:6的重量比混合,用木棒搅拌均匀即成铁红腻子油。在用时加适量的石膏粉和水即成填嵌深色门窗裂缝洞眼的腻子,使用比较方便
调配棕色头道底漆	在红厚漆中加入40%的松香水,用木棒搅拌均匀,再加入用同样方法稀释的黑厚漆。两者拌和用筛子过滤,再加3%的催干剂及25%的清油拌匀即成
自配无光调和漆	各色无光调和漆又名香水油、平光调和漆,常用于室内高级装饰工程,如医院、学校、戏院、办公室、卧室等处的涂刷,能使室内的光线柔和。自制无光漆的配合比为钛白粉40%,光油15%,鱼油5%。当施工环境温度为30~35℃时,往往由于干燥太快,造成色泽不一致,此时,可加入煤油10%~15%,松香水30%~35%
配金粉漆、银粉漆	银粉有银粉膏和银粉面两种,加入清漆后即成银粉漆。配制比例为:银粉面或银粉膏:汽油:清漆,喷漆为1:5:3,刷漆为1:4:3。配好的银粉漆要在24h内用完,否则会变质呈灰色 　　金粉漆用金粉(黄铜粉末)与清漆调配而成,配制比例、方法与银粉漆相同
配润粉	润粉分油性粉和水性粉两类,用于高级建筑物及家具的油漆工序中,其作用为使粉料擦入硬杂木的棕眼内,使木材棕眼平、木纹清 　　水性粉配比为:大白粉45%,水40%,水胶5%,按样板加色5%~10%,先将大白粉拌成糊状,再将制好的水胶倒入糊内共同调匀。颜料单独调和,用筛过滤,然后渐次加入至所需的颜色深度为止。全部调均匀后即可使用 　　油性粉配比为:大白粉45%,汽油30%,光油10%,清油7%,按样板加色5%~10%。注意,油性不能过大,油性大,粉料不易进入木材棕眼,达不到润粉目的。配制方法与水性粉基本相同

各种厚漆调稀的参考配合比 表5-111

配料名称	光度区别	百分数（%）						备注
		调配厚漆	清油	松香水	清漆	熟桐油	催干剂G-8	
白厚漆	有光	60	30	0.2	6.8		2	锌白
	平光	62	18	12	5		2	
	无光	65	5	25	1.5	0.5	2	
黄厚漆	有光	60	29	0.2	6.8		3	
	平光	62	20	10	4		3	
	无光	64	5	24.5	2	0.5	3	
紫红厚漆	有光	56	34	0.5	5.5		3	
	平光	58	20	13	5		3	
	无光	60	5	28.5	2	1	3	
黑厚漆	有光	56	30	0.2	8.8		3	
	平光	58	30	13	5		3	
	无光	60	5	28.5	2	1	3	
绿厚漆	有光	60	29	0.2	6.8		3	
	平光	62	20	10	4		3	
	无光	64	5	24.5	2	0.5	3	
蓝厚漆	有光	56	30	0.2	8.8		3	
	平光	58	20	13	5		2.5	
	无光	60	5	27.5	3	1	2.5	
红厚漆	有光	56	30	0.5	8.5		3	
	平光	58	20	13	4		3	
	无光	60	5	27.5	3	0.5	2.5	

注：在18~23℃时，干燥时间为8h，催干剂用量一般为2%~3%，根据地区和季节可酌量增减。

4．水浆涂料的调配

水浆涂料的调配包括大白浆、石灰水、可赛银粉浆等的调配，详见表5-112和表5-113。

水浆涂料的调配 表5-112

项目	调配方法
调配自制的水浆（大白浆）	先将大白粉（或大白块）加水拌成稠浆状，然后按比例加入调配好的胶液、六偏磷酸钠及羧甲基纤维素，边加边搅拌，待搅拌均匀后过80目铜丝箩即成。若需加色，应按需要在过滤前加入。在自制的大白浆中，加入适量的明矾，可提高涂膜的硬度和附着力，如加入少量的石炭酸（约为胶量的1%~2%）还可起到防腐作用。一般大白浆的配合比见表5-117
可赛银粉浆的调制	可赛银粉是一种半成品水浆料，其中已掺入了胶粉和其他辅料，放入容器内，加入5倍的热水溶解搅拌均匀，要拌至面上无浮水，然后加盖，静置4h，让粉料内的胶质慢慢充分溶解。使用时按所需黏度加入适量清水，并过80目铜丝箩后即可使用
石灰水的调制	先将灰块放入容器内，适量加清水，至灰块熟化后再按比例加水，其配合比为石灰：水=1:6（重量比）。用食盐化成盐水，掺盐量为石灰浆重量的0.3%~0.5%，将盐水倒入石灰浆内搅拌均匀，再过50~60目铜丝箩即可使用

自制大白浆配合比及配制方法　　　　表 5-113

水浆种类	配合比(重量比)	配 制 方 法
火碱、面胶大白浆	大白粉：面粉：火碱：清水＝100：25：1：150～180	面粉 0.5kg 加水 5kg，火碱 50g 用水稀释成火碱液，等火碱全部溶解后，再把它加入面粉悬浊液中，随加随拌，成为浅黄色火碱面粉胶，再加 5kg 清水调稀，即成火碱面胶。再按比例对入大白粉浆中过箩即可使用
乳液大白浆	大白粉：聚醋酸乙烯乳液：六偏磷酸钠：羧甲基纤维素＝100：8～12：0.05～0.2：0.2～0.4	先将羧甲基纤维素浸泡于水中，比例为 1：40，浸泡 12h 左右，待完全溶解成胶状后，过箩加入大白浆内，再过箩后即可使用，六偏磷酸钠是在墙面还较潮湿时加入，可防止掉粉
聚乙烯醇大白浆	聚乙烯醇：大白粉：羧甲基纤维素＝0.5～1：100：0.1（水可适量）	先将聚乙烯醇放入水中加温溶解，然后倒入浆料中拌匀，再加羧甲基纤维素溶液，过箩后即可使用

5．颜色的调配

在了解了色彩的基本知识后，主要靠施工经验来对颜色进行调配。

颜色的调配，首先要了解清楚各种涂料的性能，以便混合后不致发生不良反应，其次要抓住各种颜色的不同特征，掌握颜色中所含主、次的颜料颜色及其数量的规律，并应注意一次调足使用数量，将次色、副色慢慢间断地掺入主色，颜料要由浅至深徐徐加入，切忌过量，通常留出一半作备用，万一配过头，则可往里加入，重新仔细调配。调配颜色的依据有两种方式，一种是照颜色的样板调配，一种是按文字要求调配。

按照颜色的样板调配颜色，则要识别样板的颜色是由哪几种原色组成，各原色比例大致多少，用的是哪种类型的涂料产品以及涂层厚度等，然后用同品种的油漆进行试配，作出小样板，经客户认为满意后，可大致计算出各种颜色涂料的用量。如是按文字要求进行调配，灵活性就较大，重点掌握主题颜色，再配以其他合适的颜色。

常用颜料的调配见表 5-114。色漆的配制见表 5-115，调和漆常用配合比见表 5-116。

常用颜料的调配　　　　表 5-114

颜色名称	氧化锌	锌钡白	炭黑	松烟	中铬黄	浅铬黄	柠檬黄	深铬黄	铁黄	赭黄土	铁红	立索尔红	大红粉	深铬绿	铁蓝	群青
浅奶油色	100				0.5						△					
米色	100			0.27	1.1						0.18					
石色	100		0.01		0.33				3.33							
浅褐色	100		0.02		17						0.9					
浅棕色	100				116						153					
浅土黄色	100				5						2					
黄棕色					100						76.4					
赭石色		10.8			100						27.5					
棕黄色		6.8		1.7	100						33.2					
棕褐色				3.2							100					
咖啡色				8.7					27.7		100					

续表

颜色名称	氧化锌	锌钡白	炭黑	松烟	中铬黄	浅铬黄	柠檬黄	深铬黄	铁黄	赭黄土	铁红	立索尔红	大红粉	深铬绿	铁蓝	群青
栗壳色			5		10.5						100					
棕 色		22		2.5	100						77.5					
柠黄色	100						100									
浅黄色	100					100										
中黄色	100				100											
深黄色	100							10								
金黄色					100							5.26				
橘黄色								100				0.42				
粉红色	100											0.36				
紫 色	100												7.5		7.5	
天蓝色	100														0.1	
中蓝色	100														30	
湖蓝色	100					0.1									0.8	
湖绿色	100			0.53											1.33	
浅绿色	100				0.8		4								0.6	
翠绿色							100								2.5	
豆绿色	100				50						2				0.8	
银灰色	100		0.14		0.25											
浅灰色	100		0.04													1.2
深灰色	100		1.5													
深绿色				5.8	100										50	
墨绿色			10		100										80	
草绿色		1.9	0.5		100									35	11	
蛋青色	100													0.9		
深草绿色			0.8		100						50				18	
橄榄绿色		120	1.6		100						57				22.5	
草黄色	100									128.3						
榄黄色	100				100						60					
白 色	100															0.6
象牙色	100					0.5										
黄象牙色	100				0.8											
深奶油色	100				5						△					
奶油色	100				0.9						△					

注：1. 表中所列比例为重量比。

色漆配制表　　　　　　　　　　　　表 5-115

色彩＼原色重量(%)	白	铁黄	柠黄	中黄	铁红	紫红	黑	蓝	大红	朱红	钛蓝	桔黄
奶 油	85	10	5									
象 牙	75	25										
淡 黄			90	10								
中 黄				100								
军 黄				75	10		15					
铁 黄		75		20	5							
淡 棕		50		25	25							
棕 色				25	50	12.5	12.5					
紫 棕				13.5	80	3	3.5					
深 棕				20	60	10	10					
雅 蓝	95		2					3				
淡天蓝	95							5				
天 蓝	90		1					9				
淡 蓝	80							15			5	
浅 蓝	80		2					18				
海 蓝	60							40				
中 蓝	23						2	75				
深 蓝	13						2	85				
苹果绿	94		4					2				
果 绿	90		8					2				
浅 绿	60		25	10				5				
淡 绿			65	20				15				
翠 绿			80					20				
中 绿			60	10				30				
车皮绿			50	10				40				
深 绿			33	10				57				
墨 绿			50				15	35				
湖 绿	75		10	5				10				
宝 绿	50		30					20				
鲜 绿	45		25					30				
淡茶绿	40		30					30				
鸳鸯绿			50	10				40				
鲜 蓝	40		2	8				50				
肉 色	80							3				17
粉 红	95								5			
樱桃红					25				75			
紫 红					85				15			
草 绿				45	25		10	20				
玫瑰红	46				24				30			
橙 红				52					48			
银 灰	95						4	1				
中 灰	73						22	5				
赭 黄				60	40							
米 色	86			5			4		5			
金 黄				95				5				

复色漆(调和漆)配制表　　　　　　　　表 5-116

色相 \ 原色 配比(%)	红	黄	蓝	白	黑
粉　红	3	—	—	97	—
桔　红	9	91	—	—	—
枣　红	71	24	—	—	5
淡　棕	20	70	—	—	10
铁　红	72	16	—	—	12
栗　色	72	11	14	—	3
鸡蛋色	1	9	—	90	—
淡　紫	2	—	1	97	—
紫　红	93	—	7	—	—
深　棕	67	—	—	—	33
国防绿	8	60	9	13	10
褐　绿	—	66	2	—	32
解放绿	27	23	41	8	1
茶　绿	—	56	20	—	24
灰　绿	—	11	8	70	11
蓝　灰	—	—	13	73	14
奶油色	1	4	—	95	—
乳　黄	—	9	—	91	—
沙　黄	1	8	—	89	2
浅灰绿	—	6	2	90	2
淡豆绿	—	8	2	90	—
豆　绿	—	10	3	87	—
淡青绿	—	20	10	70	—
葱心绿	—	92	8	—	—
冰　蓝	—	2.5	1	96.5	—
天　蓝	—	—	5	95	—
湖　绿	—	6	3	91	—
浅　灰	—	—	1	95	4
中　灰	—	—	1	90	9

在进行涂料调配时,应注意其涂料之间的混溶性,否则会影响质量,常用涂料的混溶性见表 5-117。

常用漆料的混溶性　　　　　　　　　　　表 5-117

混溶程度＼涂料种类	厚漆	油性调和漆	磁性调和漆	酯胶漆	钙酯漆	酚醛漆	长油度醇酸漆	中油度醇酸漆	环氧树脂漆	硝基漆	过氯乙烯漆
厚漆	A										
油性调和漆	A	A									
磁性调和漆	B	A	A								
酯胶漆	B	B	A	A							
钙酯漆	B	B	A	A	A						
酚醛漆	B	B	B	A	A	A					
长油度醇酸漆	C	B	B	B	B	B	A				
中油度醇酸漆	C	B	B	B	B	B	A	A			
环氧树脂漆	C	C	C	C	C	C	A	A	A		
硝基漆	D	D	D	D	D	D	B	B	C	A	
过氯乙烯漆	D	D	D	D	D	D	B	B	D	B	A

注：A—可以混合；B—能混合，但效果欠佳；C—混合后，颜色不均；D—混合后组分析出。

第六节　涂饰工艺

一、木器着色工艺

着色是整个木制品涂饰过程中的一个十分重要的工序。根据漆膜的性质可分为透明着色（青色油漆）和不透明着色（混色油漆）。

硬材如椴木、黄菠萝、乌木、樟木、红木、水曲柳、桃花心木，由于有美丽清晰的花纹，为不掩其美，多采用透明着色，为中高级油漆，杨木、松木等纹理粗糙或因年轮、管孔、节疤等显得不光滑的木材多采用不透明着色，为普通油漆或中级油漆。如采用美术油漆的各种方法，另行漆出木材的纹理，还可以假乱真，用普通木材美化成名贵树种。

1. 透明涂饰着色

透明涂饰着色是用清漆涂饰形成透明的漆膜以显示真实木材原有的花纹与结构的一种着色工艺。透明涂饰是木材表面装饰独有的形式。其主要工序见表 5-118。

木料表面涂刷清漆的主要工序　　　　　　　　表 5-118

工序	工序名称	中级涂装	高级涂装	工序	工序名称	中级涂装	高级涂装
1	清扫、起钉、除油污等	+	+	7	第二遍满刮腻子		+
2	磨砂纸	+	+	8	磨光		+
3	润粉	+	+	9	刷油色	+	+
4	磨砂纸	+	+	10	第一遍涂料	+	+
5	第一遍满刮腻子	+	+	11	拼色	+	+
6	磨光	+	+	12	复补腻子	+	+

续表

工序	工序名称	中级涂装	高级涂装	工序	工序名称	中级涂装	高级涂装
13	磨光	+	+	19	磨光		+
14	第二遍涂料	+	+	20	第五遍涂料		+
15	磨光	+	+	21	磨退		+
16	第三遍涂料	+	+	22	打砂蜡		+
17	磨水砂纸		+	23	打油蜡		+
18	第四遍涂料		+	24	擦亮		+

注：表中"+"号表示应进行的工序，下同。

透明涂饰的制品外观颜色是对基材与涂层进行着色的结果，其具体色泽的确定应依据木制品的材色与水纹的天然色等。例如材色较为纯净均匀浅淡的木器，最好选择本色涂饰，以显示基材的价值与美观，反之材色较深的木器可选择深色着色剂涂饰，当然具体制品外观色泽的设计还应考虑到制品的种类、使用场合以及室内整体设计的色调等，几种常用的色泽其着色工艺要点见表 5-119～表 5-124。

本色着色工艺要点 表 5-119

类别	主要工序	材料与操作	质量要求
普级制品	基材清净	清除胶迹、树脂、油污等。用砂纸研磨，除尘	清洁、光滑、无脏污
	缺陷腻平	将洞眼、缝隙等缺陷用胶腻子分 2 或 3 次腻平，干燥、砂光、除尘	腻层平整，颜色与材色一致或近似
	填孔着色	可选用本色水性颜料填孔着色剂涂擦，干燥、轻磨或不磨	管孔填满、填实，色泽均匀，木纹清晰，表面无浮粉
	涂饰面漆	可选用醇酸清漆或酚醛清漆。涂刷两道，头道干后轻磨光滑、除尘，再除第二道	本色均匀，木纹清晰，涂膜均匀、平整、光亮，无流挂等缺陷
中级制品	基材清净	同普级制品，操作较细致	同普级制品
	缺陷腻平	同普级制品	同普级制品
	填孔着色	用水性颜料填孔着色剂，操作较普级制品细致	同普级制品
	涂饰面漆	涂饰聚氨酯清漆多道，干后抛光	本色均匀，木纹清晰，富立体感，漆膜光亮
高级制品	基材清净	清除胶迹、树脂、油污等，漂白、干燥、反复砂光，除尘	平整、光滑、白净，无任何脏污
	缺陷腻平	先刷涂 1 或 2 道白虫胶清漆(含漂白虫胶)，干后用白虫胶腻子(含老粉、适量钛白与铁黄等)腻平缺陷，干后砂砂	腻平处打磨平滑，与材色一致，整个物面平整、光滑
	擦涂底漆	擦涂白虫胶清漆 2 或 3 次，或 3～5 次，干后细磨光滑	涂层平整光滑
	填孔着色	选用与材色一致的油性颜料填孔着色剂擦涂木材表面，干后轻磨光滑	管孔填满、填实，表面平整，材色一致，木纹清晰，无色差
	涂饰底漆	涂饰白虫胶清漆 3 或 4 道，干后精细打磨光滑	涂层均匀、平滑
	涂饰面漆	涂饰多道聚氨酯清漆，使漆膜略厚，干后抛光	本色均匀，木纹清晰，富立体感，漆膜丰满，如镜面般平滑、光亮

淡黄色着色工艺要点　　　　　　　　　表 5-120

类别	主要工序	材料与操作	质量要求
普级制品	基材清净	同本色	同本色
	缺陷腻平	用胶腻子刮平缺陷，干后砂光，除尘	腻层平整，与材色一致或接近，无色差
	填孔着色	选用淡黄色水性颜料填孔着色剂擦涂木材表面，干后轻擦光滑	管孔平实，着色均匀，无浮粉
	涂层着色	可用嫩黄等染料配制水色或酒色，均匀涂刷，干后轻磨光滑	色泽均匀鲜艳，无明显色差
	涂饰面漆	用醇酸清漆或酚醛清漆均匀涂刷两道	色泽均匀，木纹清晰，漆膜平滑、光亮
中级制品	基材清净	同本色中级木制品	同本色中级木制品
	缺陷腻平	用胶腻子腻平缺陷，干后砂光	同本色中级木制品
	填孔着色	用水性颜料填孔着色剂擦涂木材表面，干后轻砂平滑	管孔平实，颜色均匀，木纹清晰，无浮粉
	涂层着色	选用嫩黄或黄纳粉等调配水色，均匀涂刷，干后轻磨光滑，再涂饰浅黄色虫胶清漆3～5道，干后细磨光滑	面色与底色颜色一致，不允许有明显色差
	涂饰面漆	涂饰醇酸清漆2或3道，或涂聚氨酯清漆6～8道	漆膜丰满、平滑、光亮。聚氨酯漆可抛光
高级制品	基材清净	同本色高级木制品	同本色高级木制品
	缺陷腻平	先用浅黄虫胶清漆刷涂1或2道，干后用胶腻子将缺陷腻平，干后砂光，除尘	腻层平整，无腻疤或色疤
	填孔着色	用相应色泽的水性或油性颜料填孔着色剂，擦涂木材，表面干后砂光，并刷涂相应酒色2或3道，干后砂光	着色色泽应与腻子颜色一致，木纹清晰，管孔填实、填牢，表面平整
	涂层着色	用与底色一致的聚氨酯树脂色浆先刷后擦，干后砂光	颜色鲜艳、均匀，与底色一致，木纹清晰
	调整色差	用配套色浆拼色，干后轻砂平滑	颜色均一，无任何色差
	涂饰面漆	用聚氨酯清漆罩光，涂饰多道，干后抛光	色泽鲜艳、均匀，木纹清晰，漆膜丰满、光亮

淡柚木色着色工艺要点　　　　　　　　　表 5-121

类别	主要工序	材料与操作	质量要求
普级制品	基材清净	同本色普级制品	同本色普级制品
	缺陷腻平	用胶腻子腻平缺陷，干后砂光	腻层平整
	填孔着色	用水性颜料填孔着色剂，擦涂木材表面，干后砂光	管孔填实，色泽均匀
	涂层着色	用相应色泽的水色或酒色，刷涂均匀，干后砂光	颜色均匀鲜艳，木纹清晰
	涂饰面漆	用醇酸或酚醛清漆涂饰两道	漆膜均匀、平滑、光亮

续表

类别	主要工序	材料与操作	质量要求
中级制品	基材清净	同本色中级制品	同本色中级制品
	缺陷腻平	用胶性或油性腻子将缺陷腻平,干后砂光	腻层平整,颜色一致
	填孔着色	选用与腻子配套的水性或油性颜料填孔着色剂,擦涂,干后砂光	管孔填实,色泽均匀,木纹清晰,无浮粉
	涂层着色	选用与底色配套的色泽一致的水色或酒色,刷匀,干后轻砂	颜色鲜艳均匀,木纹清晰
	涂饰面漆	可选用聚氨酯清漆、硝基木器清漆或丙烯酸木器清漆涂饰多道,干后制品正面与台面抛光	色泽均匀,木纹清晰,富立体感。主要饰面漆膜达镜面光泽
高级制品	基材清净	同本色高级制品	同本色高级制品
	缺陷腻平	用相应色泽虫胶腻子腻平缺陷,干后砂光	腻层平整
	填孔着色	选用相应色泽的油性颜料填孔着色剂或树脂色浆,擦涂木材表面,干后砂光,并涂刷数道虫胶清漆,干后细致轻砂光滑	管孔平实,颜色均匀一致,木纹清晰
	涂层着色	选用与底色一致的酒色或树脂色浆,仔细涂刷均匀,干后精细轻砂光滑	颜色均匀鲜艳,木纹清晰,表面平整、光滑
	调整色差	选用相应酒色,精心将整个表面颜色拼至极为均匀,干后细致轻砂光滑	颜色非常均匀,木纹清晰,表面平滑
	涂饰面漆	选用与底层性能配套的高级青漆,罩光,干后抛光	漆膜丰满、光亮,全面抛光

栗壳色着色工艺要点　　　　表 5-122

类别	主要工序	材料与操作	质量要求
普级制品	基材清净	同本色普级制品	同本色普级制品
	缺陷腻平	用胶性腻子腻平缺陷,干后砂光	腻层平整
	填孔着色	用栗壳色水性颜料填孔着色剂,擦涂表面,干后砂光	管孔平实,色泽均匀,无浮粉,木纹清晰
	涂层着色	用栗壳色染料水溶液(水色),均匀刷涂两道,干后轻磨	颜色均匀,木纹清晰
	涂饰面漆	用醇酸或酚醛清漆涂饰	漆膜均匀光亮
中级制品	基材清净	同本色中级制品	同本色中级制品
	缺陷腻平	用油性腻子将缺陷仔细腻平,干后砂光	腻层平整
	填孔着色	选用前表栗壳色油性颜料填孔着色剂,擦涂表面,干后细致砂光,除尘	管孔平实,颜色均匀,无浮粉
	涂层着色	选用与底色相应的酒色,涂刷数道至整个颜色均匀,干后细致磨光,除尘	颜色均匀,木纹清晰
	调整色差	用相应色泽的酒色或硝基树脂色浆,将整个颜色拼至与样板一致,干后细磨平滑,除尘	拼色后颜色与样板一致,木纹清晰,白棱补色一致
	涂饰面漆	用聚氨酯清漆或丙烯酸清漆罩光,主饰面抛光	漆膜均匀,平滑光亮,主饰面达镜面效果

续表

类别	主要工序	材料与操作	质量要求
高级制品	基材清净	同本色高级制品	同本色高级制品
	缺陷腻平	用虫胶腻子仔细将缺陷腻平,干后细磨光滑	腻层极平整
	填孔着色	用栗壳色油性颜料填孔着色剂,擦涂表面,干后轻砂	颜色非常均匀,木纹特别清晰,管孔平实,无浮粉
	涂层着色	先涂刷几道相应酒色;再涂饰相应树脂色浆,使整个颜色达到均匀	颜色极为均匀,木纹特别清晰
	调整色差	用相应酒色调整局部颜色不均匀处	清除局部颜色不均匀
	涂饰面漆	用硝基木器清漆或丙烯酸木器清漆罩光,干后全面抛光	漆膜均匀,整个制品饰面达镜面效果

蟹青色着色工艺要点　　　　　　　　　　　　　　　　　　　表5-123

类别	主要工序	材料与操作	质量要求
普级制品	基材清净	同本色普级制品	同本色普级制品
	缺陷腻平	用胶性腻子腻平缺陷,干后砂光、除尘	腻层平整
	填孔着色	选用蟹青色水性颜料填孔着色剂,擦涂,干后轻砂	管孔平实,色泽均匀,无浮粉
	涂层着色	刷涂蟹青色染料水溶液(水色),干后轻砂光滑,用干布擦净	颜色均匀
	涂饰面漆	用醇酸或酚醛清漆均匀刷涂两道	漆膜平整光亮
中级制品	基材清净	同本色中级制品	同本色中级制品
	缺陷腻平	用油腻子将缺陷腻平,干后砂光	腻层平整
	填孔着色	选用蟹青色油性颜料填孔着色剂,擦涂表面,干后轻砂光滑	管孔平实,颜色均匀一致,木纹清晰
	涂层着色	用相应酒色涂刷数道,干后砂光,并罩以3~5道虫胶清漆,干后细磨光滑	颜色均匀鲜艳,木纹清晰,无露白
	涂饰面漆	用硝基木器清漆,先刷涂,后擦涂,干后主要饰面进行抛光	漆膜平整光滑,主饰面达镜面效果
高级制品	基材清净	同本色高级制品,打底可用深色虫胶漆	基材材色一致,平整、光滑,无任何缺陷
	缺陷腻平	用虫胶腻子将缺陷腻平,干后砂光	腻层极平整
	填孔着色	选用蟹青色树脂色浆或油性颜料填孔着色剂,擦涂,干后细磨光	底色均匀,管孔平实,木纹清晰,表面平滑光洁
	涂层着色	用相应酒色涂刷至颜色均匀一致,再涂刷数道虫胶清漆,封罩保护	颜色均匀鲜艳,木纹清晰
	调整色差	用相应酒色拼至均匀,干后细磨光滑	消除局部颜色不均匀
	涂饰面漆	用硝基木器清漆等高级清漆罩光、干后抛光	饰面全部抛光,木纹极清晰,富立体感

红木色着色工艺要点　　　　　表 5-124

类别	主要工序	材料与操作	质量要求
普级制品	基材清净	同本色普级制品	同本色普级制品
	缺陷腻平	用胶腻子或油腻子将缺陷腻平,干后砂光	腻层平整,无塌陷
	填孔着色	参考前述选用红木色水性或油性颜料填孔着色剂,擦涂表面,干后轻砂平滑	管孔平实,色泽均匀,木纹清晰
	涂层着色	选用红木色水色或酒色,均匀涂刷1或2道,干燥	颜色鲜艳均匀,木纹清晰
	涂饰面漆	用酚醛或醇酸清漆涂刷两道	漆膜均匀光亮
中级制品	基材清净	同其他中级制品	同其他中级制品
	缺陷腻平	用油腻子将缺陷腻平,干后砂砂	腻层平整,无塌陷
	填孔着色	用红木色油性颜料填孔着色剂,擦涂木材表面,干后细致轻砂光滑	管孔平实,颜色均匀,木纹清晰
	涂层着色	用红木色染料醇溶液(酒色)涂刷至呈红木色,干后轻砂光滑,再刷涂虫胶清漆数道,干后砂光	颜色鲜艳均匀,木纹清晰
	调整色差	用酒色将颜色不均匀的局部拼至均匀,干后轻砂光滑,并刷涂虫胶清漆	消除颜色不均匀的局部,使整个颜色均匀一致
	涂饰面漆	用硝基木器清漆等高级木器清漆罩光,干后主要面抛光	同其他中级制品
高级制品	基材清净	同其他高级制品	同其他高级制品
	基材着色	选用红木色染料水溶液(水色),在木材表面均匀涂刷一次,干后涂深色虫胶清漆(可加入少量黑纳粉),干后砂光	着色均匀
	缺陷腻平	用虫胶腻子仔细将缺陷腻平,干后砂光	腻层平整
	填孔着色	用红木色油性颜料填孔着色剂,涂擦表面,干后轻砂	管孔平实,表面平整,木纹清晰
	涂层着色	用含黑纳粉的红木色酒色,刷涂数道至颜色均匀,呈红木色效果,干后轻磨光滑,并涂虫胶清漆保护	颜色均匀鲜艳,达到红木色效果,木纹清晰
	调整色差	用含黑纳粉的酒色,细致拼色至整个颜色均匀,干后刷涂虫胶清漆保护	消除局部色差
	涂饰面漆	用硝基木器清漆等高档清漆罩光,干后全面抛光	红木色逼真,木纹清晰,漆膜丰满,全面抛光

木质底材着色常用的着色剂种类见表 5-125,着色用主要颜料及其性能见表 5-126。

底材着色剂的种类和特征　　　　　表 5-125

种类	着色物质	溶剂	优点	缺点	施工方式
水性染色剂	直接染料 酸性染料 碱性染料 分散染料	水	无有机溶剂气味,无火灾危险,操作简便。色调好,分散染料耐光性好	使底材起毛,干燥较慢,碱性染料耐光性稍差	刷涂 喷涂 浸涂

续表

种类	着色物质	溶剂	优点	缺点	施工方式
油性染色剂	油溶性染料	矿油精	不引起底材起毛,具有浸透性,能深入底材一定深度	干燥较慢,耐光性较差,会渗入上面涂层	刷涂 喷涂 浸涂
醇类染色剂	醇溶性染料(碱性染料等)	甲醇 乙醇	色泽鲜艳、干燥快,浸透性好	使底材起毛,容易产生颜色不均匀。耐光性差,稍有点渗。价格高	最适于喷涂
颜料染色剂	有色颜料	水 矿油精	耐光性、耐热性好,颜色均匀	浸透性差,干燥慢,缺乏透明性	刷涂 喷涂
药品着色	木醋酸铁 石灰 苏木等	水	色调中等,耐光性好,不会产生污点、剥落	材质不同,发色不同难实现要求的发色、操作复杂,使底材粗糙	刷涂
色浆染色剂	颜料 染料 涂料	甲苯 二甲苯	可用作底材和涂层着色。操作简便	价格较高	刷涂 喷涂
火力着色	高温熨斗 烙印等		耐光性极佳	木材容易变曲、偏位	属特殊着色

着色用主要颜料及其性能　　表5-126

颜料名称	遮盖率	着色力	吸油量(%)	耐光耐候性
钛白粉	好	好	20~25	一般
滑石粉	弱	弱	20~37	好
铁黑	最好	好	35	好
铁红	好	好	40~45	好
铁黄	较好	好	30	好
立德粉	好	好	11~30	不好
铬黄	较好	好	30~44	一般

木材表面(包括门窗)如系高级青色油漆,可采用丙烯酸清漆磨退工艺,比一般清漆光泽柔和,手感细腻滑润,其工序见表5-127。

木面丙烯酸清漆磨退涂刷工序　　表5-127

序号	工序名称	材料	操作
1	处理基层		清除表面尘土油污后,用砂纸将表面磨平磨光
2	润油粉	清油、汽油、光油、大白粉、及适量颜料	将油粉调成粥状,用30~40cm长的磨绳头来回揉擦,边角要擦到、擦净,线角要用刮板剔净
3	满刮第二道色腻子	石膏、光油、水和石性颜料	色腻子要刮到、收净,不得漏刮

续表

工序	工序名称	材料	操作
4	磨砂纸	1号砂纸	打磨平整,擦净浮土
5	满刮第二道色腻子		同工序3
6	磨砂纸	1号砂纸	打磨平整,擦净浮土
7	刷第一道醇酸清漆		涂膜厚薄均匀,不流不坠,刷纹通顺不得漏刷
8	磨砂纸	1号砂纸	同工序6
9	拼色	漆片、酒精及适量石性颜料	对钉眼、节疤进行拼色,使整个表面颜色基本一致
10	刷第二道醇酸清漆		同工序7
11	磨砂纸	1号砂纸	同工序6
12	复补色腻子		嵌补漏刮及不平之处
13	刷第三道醇酸清漆		同工序7
14	磨水砂纸	280号水砂纸	同工序6
15	刷第四道醇酸清漆		同工序7
16	磨水砂纸	280~300号水砂纸	涂刷4~6d后打磨,要磨光、磨平,并擦去浮粉
17	刷第一道丙烯酸清漆	1号:2号=1:1.5及适量二甲苯	用羊毛排笔顺木纹涂刷,涂膜要厚度适中、均匀一致,不得流淌、过边、漏刷
18	磨砂纸	320号水砂纸	同工序6
19	刷第二道丙烯酸清漆		操作方法及注意事宜同上,间隔4~6h后涂刷
20	磨砂纸	320号水砂纸	刷后第二天打磨,用力均匀,将表面磨至均匀、无光面、不见光斑为止,不得磨穿棱角
21	打砂蜡	砂蜡、少量煤油	先将砂蜡掺煤油调成粥状、用厚绒布或棉丝蘸砂蜡反复揉擦,用力要均匀,边角不得漏擦或磨破,擦至侧视时似镜面状为止,然后将浮蜡擦掉
22	擦上光蜡	上光蜡	用干净白细布将上光蜡包住扎紧,后用手揉擦,擦匀、擦净至光亮为止

注：如做普通清漆磨退,在工序15,即第四道醇酸清漆干透后,将醇酸清漆加10%~15%的稀料后,用白布包棉花团擦5~6遍。常温干燥3~4d后用400号水砂纸磨去光泽,然后按21、22工序操作,即可成活。磨砂纸工序均应待上一道腻子或油干后进行。

木材表面(包括门窗)如系高级清色漆也多采用硝基清漆(即腊克漆)作饰面,可以采用擦涂、刷涂，大面积可采用喷涂。硝基清漆涂饰工序见表 5-128。

硝基清漆涂饰工序　　　　　　　　　　表 5-128

序号	工序名称	材　料	操　作
1	处理基层		同表 5-127 工序 1
2	润油粉	同表 5-127 工序 2	同表 5-127 工序 2
3	满刮第一道色腻子	同表 5-127 工序 3	同表 5-127 工序 3
4	磨砂纸	1 号砂纸	打磨平整，擦净浮土、保持楞角
5	满刮第二道色腻子	同工序 3	同工序 3
6	磨砂纸	同工序 4	同工序 4，打磨光滑为止
7	刷清漆片	漆片、酒精、适量石性颜料	用排笔，先刷线角、四角，后刷平面。接头处排笔要轻飘，漆片干燥较快，动作要敏捷
8	磨砂纸	0 号砂纸	轻轻打磨一遍，保护楞角，用潮布擦净粉尘
9	刷清漆片	同工序 7	同工序 7，颜色要与样板相同
10	磨砂纸	0 号乏砂纸	同工序 8
11	併色	漆片、酒精、石性颜料	对木材面上的黑斑、节疤、颜色不一致处，进行併色，使整体表面颜色基本一致
12	擦浮石粉	漆片、酒精、浮石粉	用棉团包布，以酒精溶漆片，蘸浮石粉对木材面进行擦理，要轻要均匀
13	磨砂纸	0 号乏砂纸	轻磨一遍，将棕眼理平、理光
14	擦硝基清漆磨砂纸	硝基清漆，280～320 号砂纸	刷、擦、喷均可，每道硝基清漆干后打磨一次水砂纸、砂纸由 280 号至 320 号，一般最少三遍，最后要擦硝基清漆一遍，擦平、擦光为止
15	擦砂蜡	砂蜡	用细棉纱蘸砂蜡，在手里揉匀，在漆面上反复擦擦，用力要均匀，边角不得漏擦或磨破，擦至平整似镜面状为止，然后将浮蜡擦净
16	擦光蜡	上光蜡	用干净白细布将上光蜡包住扎紧，用手揉擦，擦匀，擦净至光亮为止，手感要细滑柔润

注：1. 磨砂纸工序均应待上一道工序干后进行。
　　2. 乏砂纸指已经用过但尚未作废的砂纸。

2. 不透明涂饰着色

不透明涂饰着色主要指色漆涂饰，即用调和漆或磁漆进行涂装，其特点是色漆中所用颜料大多有较优良的性能，如可使漆膜呈现美观的色彩，提高漆膜的致密度、耐水性、耐磨性、耐光性等等，同时还可遮盖底层如洞眼、缝隙、材色不一致、纹理不美观、刨痕、刨戗以及无木纹的纤维板制品、刨花板制品等的缺陷。另外还可以用该种色漆在这些基层的表面仿制逼真的天然木纹、石纹、花纹等来提高外观的装饰性，增加美观。目前不少木器如门窗、家具等都采用了色漆涂装。

对于色漆的调配，一般以红、黄、蓝、白、黑五种原色漆（也称五原色）为主色，然后根据色火（样板）或根据要求的色彩按不同的比例调配而成。各种原色漆混合后的色相变化见表 5

-129,常用色漆的遮盖力见表 5-130。

各种原色漆混合后色相变化　　　　　　　　　　表 5-129

原　色	与其他色漆混合后而呈现的色彩
红漆	红+蓝=紫、紫蓝、紫红等　红+黄=橙红、橙黄、橘黄等　红+白=粉红和一系列的红白色　红+绿=黑
黄漆	黄+白=乳黄、蛋黄、米黄等　黄+红=杏红、柿红、橘红等　黄+蓝=绿
蓝漆	蓝+白=淡蓝、浅蓝、天蓝等一系列蓝白色　蓝+黄+红+白+黑=一系列如国防绿、湖绿等　蓝+黄+白=青、淡青、青绿、豆绿等　蓝+橙=黑　翠蓝+柠檬黄=翠绿
黑漆	黑+红=紫棕、枣红、栗色等　黑+白=淡灰、浅灰、中灰、深灰等　黑+黄=黑绿、墨绿等　黑+蓝=黑蓝

常用色漆的遮盖力　　　　　　　　　　表 5-130

类　别	颜　色	遮盖力(g/m²)	类　别	颜　色	遮盖力(g/m²)
酯胶、酚醛调和漆及磁漆(不包括无光和半光磁漆)	红漆 白漆 黄漆 蓝漆 绿漆 铁红漆 灰漆 黑漆	160~180 180~200 160~180 90~110 70~90 60~70 80~100 40~50	聚氨酯磁漆	红漆 黄漆 白漆 蓝漆 灰漆 绿漆 黑漆	130~150 140~160 100~120 70~90 50~60 45~55 35~45
醇酸调和漆和磁漆	红漆 蓝漆 白漆 米黄漆 灰漆 绿漆 军绿、军黄漆 黄漆 铁红漆 黑漆 果绿漆	120~140 70~90 100~120 110~130 50~60 60~70 70~80 130~150 55~60(调和漆) 35~40 140~150(调和漆)	硝基磁漆	红漆 黄漆 紫红、深蓝漆 正蓝、白漆 铝色漆 深复色漆 浅复色漆 柠檬黄漆 黑漆	75~85 65~75 90~100 60~70 25~35 35~45 50~60 110~130 20~25

　　色漆的使用,主要是根据色漆的性能及涂饰对象而采用适宜的使用方法,以使涂饰的质量达到最佳效果。根据色漆的性能和价格,大致可分为低档色漆、中档色漆和高档色漆三个种类。低档色漆主要指油性调和漆、酯胶、酚醛调和漆和磁漆、醇酸调和漆等。这些色漆的刷涂性较好,而且价格便宜,很适用于涂饰木门窗、木家具等普通木器和一般制品。中档色漆主要指醇酸磁漆,这种色漆不仅色彩鲜艳,而且比低档色漆干燥快,漆膜坚韧,可喷涂和刷涂施工,目前有许多木器制品都使用醇酸磁漆涂装来提高外观的装饰性。高档色漆主要有硝基磁漆、丙烯酸磁漆、聚氨酯磁漆等。这些色漆的色彩比醇酸磁漆更加鲜艳,而且漆膜坚硬,可抛光擦蜡,但由于干燥快,使用时需要有较熟练的操作技巧,同时价格较贵,故仅适用

于中、高档木器的外观不透明涂饰。色漆的使用工艺要点见表 5-131~表 5-133。

低档色漆使用工艺要点 表 5-131

类别	主要工序	操 作 内 容	备 注
木家具	基材清净	将胶迹、松脂等污物清除干净,磨光、扫净。缝隙应进行嵌缝,露头钉隐入木质部。刨痕较多的木器应用木工细刨进行刨光	刨花板、纤维板家具直接磨光扫净即可
木家具	基材填平	用该色调和漆或磁漆,与石膏粉及适量水调制腻子;将洞缝、榫茬等缺陷填实刮平;干后磨光,用湿布擦净;有木纹鬃眼的木器,应再全面满刮 1 或 2 道稀腻子至平整;干后磨光,用潮布擦净	满刮腻子可用老粉或滑石粉调制
木家具	涂色漆	用酯胶、酚醛调和漆,按样板或要求先配出色彩,均匀涂刷两道即可	要求罩光时,可涂一道配套清漆
木门窗	基材清净	将灰砂、残钉、松脂等依次清除干净。裂纹及离缝要进行嵌缝。涂刷一道清油或稀酚醛清漆(清漆与稀料按重量 1:0.4~0.6)封闭木面	封闭漆也可用该色漆稀释代替
木门窗	基材填平	用酚醛、酯胶色漆或醇酸调和漆与石膏粉及适量水调制该色腻子,将缺陷填实刮平,干后磨光,潮布擦净	腻子颜色与样板接近
木门窗	涂色漆	用醇酸调和漆、酚醛、酯胶色漆(色彩根据样板或要求),均匀涂刷 2 或 3 道。每道色彩应均匀一致,厚度 20~30μm 为宜	分色涂饰应注意色彩谐调

中档色漆使用工艺要点 表 5-132

主要工序	操 作 内 容	备 注
基材清净	将胶迹、松脂等污物彻底清除,用砂纸或砂布反复磨光,扫光擦净。涂刷一道稀醇酸清漆或酚醛清漆	也可用虫胶漆代替稀清漆
基材填平	用醇酸磁漆或调和漆与石膏粉及少量水调制腻子。先将钉眼等缺陷刮平,干后磨光、擦净;再用老粉或滑石粉调制稀腻子,全面刮 2 或 3 道;干后细磨平滑,反复擦净	腻子色应与样板颜色一致
涂色漆	用醇酸磁漆先刷 2 或 3 道;干后水磨平滑,仔细顺光线擦净;再薄刷一道该色醇酸磁漆	末道漆可加适量清漆

注:以木家具为例。

高档色漆使用工艺要点 表 5-133

主要工序	操 作 内 容	备 注
基材清净	将表面污物彻底清净,反复磨至平整光滑,仔细扫光擦净。刷 1 或 2 道虫胶漆或稀醇酸清漆	或先涂一道 Y00-7 清油打底
基材填平	用醇酸腻子或原子灰(日本进口腻子),将涂饰面全部满刮 2 或 3 道至非常平整。反复磨光,仔细擦净	或用该色聚氨酯腻子填平
涂色漆	用该色聚氨酯磁漆,按规定比例将两组分充分混匀(色彩按样板配制)。涂刷 4~8 道,末道彻底干透后,进行全面抛光	色彩鲜艳与样板一致,饰面平滑如镜

注:以聚氨酯磁漆为例。

木材表面不透明涂饰(混色油漆)的主要工序见表 5-134。

木材表面施涂溶剂型混色涂料的主要工序　　　　　表 5-134

项次	工序名称	普通级涂料	中级涂料	高级涂料
1	清扫、起钉子、除油污等	+	+	+
2	铲去脂囊、修补平整	+	+	+
3	磨砂纸	+	+	+
4	节疤处点漆片	+	+	+
5	干性油或带色干性油打底	+	+	+
6	局部刮腻子、磨光	+	+	+
7	腻子处涂干性油	+		
8	第一遍满刮腻子		+	+
9	磨光		+	+
10	第二遍满刮腻子			+
11	磨光			+
12	刷涂底涂料		+	+
13	第一遍涂料	+	+	+
14	复补腻子	+	+	+
15	磨光	+	+	+
16	湿布擦净		+	+
17	第二遍涂料		+	+
18	磨光(高级涂料用水砂纸)		+	+
19	湿布擦净		+	+
20	第三遍涂料		+	+

注：1. 表中"+"号表示应进行的工序。
　　2. 高级涂料做磨退时，宜用醇酸树脂涂料刷涂，并根据涂膜厚度增加 1~2 遍涂料和磨退、打砂蜡、打油蜡、擦亮的工序。
　　3. 木料及胶合板内墙、顶棚表面施涂溶剂型混色涂料的主要工序同上表。

木材表面(包括木门、窗)如系高级混色油漆多采用磁漆磨退工艺，其光泽柔和、手感细腻滑湿。木面磁漆磨退涂饰工序见表 5-135。

木面磁漆磨退涂饰工序　　　　　表 5-135

序号	工序名称	材料	操作
1	处理基层	1号砂纸	将表面油污、灰浆等污物清除后，用砂纸将表面磨光、磨平，除去木毛、毛槎，阳角要倒棱、磨圆，上下一致
2	操底油	光油、清油、汽油	要涂刷均匀，不可漏刷
3	嵌补腻子	石膏腻子	拌和腻子时可加适量磁漆
4	磨砂纸	1号砂纸	磨掉野腻子，并擦净浮尘
5	满批腻子	石膏腻子及适量磁漆	加适量磁漆，腻子要调得稍稀，要刮光刮平
6	磨砂纸	1号砂纸	将表面磨平并擦净浮尘

续表

序号	工序名称	材料	操作
7	满批第二道腻子	石膏腻子	要求平整、光滑，阳角要直，大面可用钢腻板刮，小面用铲刀刮
8	磨砂纸	0号砂纸	同工序6
9	刷第一道磁漆		涂料要调得稍稀，要涂刷均匀，不得漏刷和流坠
10	磨砂纸	0号砂纸	同工序6
11	复补腻子	石膏腻子	将不平之处补平，干后局部磨平、磨光并擦净浮尘
12	刷第二道磁漆		不需加稀料稀释，不得漏刷、流坠，夏季间隔6h，秋季间隔12h，冬季为24h
13	磨砂纸	0号砂纸或280号水砂纸	同工序6
14	复补腻子	石膏腻子	同工序11
15	安装玻璃		
16	刷第三道磁漆		不需加稀料稀释，不得漏刷、流坠，夏季间隔6h，秋季间隔12h，冬季为24h
17	磨砂纸	320号水砂纸	同工序6
18	刷第四道磁漆		不需加稀料稀释，不得漏刷、流坠，夏季间隔6h，秋季间隔12h，冬季为24h
19	磨砂纸	320~400号水砂纸	将刷纹磨平，用力要均匀，注意棱角不得磨破。磨砂纸要在涂刷完7d后进行
20	打砂蜡	砂蜡及少量煤油	将砂蜡用煤油调成粥状，涂满表面用棉丝来回揉擦，至出现暗光，要上下光亮一致，不得磨破棱角，然后蘸汽油将浮蜡擦净
21	擦上光蜡	上光蜡	擦匀、擦到、擦净，不要过厚，达到光泽饱满为止

注：磨砂纸工序均应待上一道腻子或油干后进行。

木材表面（包括门、窗）如系高级油漆，也可采用硝基磁漆作饰面，主要以喷涂为主，也可以采用擦涂，其涂饰工序见表5-136。

硝基磁漆涂饰工序　　　　　　　　　　　　表 5-136

序号	工序名称	材料	操作
1	处理基层	1号砂纸	方法同表5-139工序1
2	刷第一道底油	硝基底漆	以喷涂为主，如用刷涂要均匀。五金和不喷处要遮挡好
3	嵌补腻子	硝基腻子，不加石膏	同一般腻子由于干燥较快操作要迅速
4	磨砂纸	1号砂纸	磨掉野腻子，并清理干净
5	满批第一道腻子	硝基腻子，不加石膏	用专用稀料，腻子要调得稍稀，要刮光刮平
6	磨砂纸	1号砂纸	同工序4

续表

序号	工序名称	材料	操作
7	第二道硝基底漆	硝基底漆	可以刷涂,也可喷涂,比第一道稀一些,主要是增加一道腻子的强度
8	磨砂纸	0号砂纸	同工序4
9	满批第二道腻子	硝基腻子	同工序5。主要解决第一道腻子所遗留的洞眼和缺欠
10	磨砂纸	0号砂纸	同工序4
11	第各道硝基漆	硝基漆	可涂,可喷,每道要求均匀,盖底不能遗漏。干后进行工序11
12	磨水砂纸	280号水砂纸 320号水砂纸	每道硝基漆干后均要磨水砂纸,选用砂纸由粗到细
13	交活硝基漆	硝基漆	最后一道漆可稍厚一些
14	擦砂蜡	砂蜡	同表5-37工序20
15	擦光蜡	上光蜡	同表5-37工序21

注:硝基磁漆南方也称为"毛揎漆",磨砂纸工序均应待上一道工序干后进行。

二、美工油漆

在油漆装饰工程中,采取一些特殊的装饰技法作成丰富多彩的各种饰面,俗称美工油漆。常见的技法有:划线、喷花和漏花、滚花和印花、做石纹、做木纹拍棕眼等,详见表5-137。

美术油漆工艺　　　　表5-137

工艺名称	操作方法
划　线	划线工序也叫做起线。它的目的和作用是把两种颜色的涂饰面分开,使界限分明,层次清楚、齐整平直。一般经常遇到的如墙面分色线、墙裙高度线及其他装饰线等。划线工作是一种技术要求较高的工作,因为任何工程都会有一定的误差,如顶棚高度、地面平整等,划线时要考虑到视觉的习惯,将误差消灭在不易察觉的部位。如墙顶分色线应以顶棚高度为准,墙裙分色线以水平为准,踢脚分色线以地面为准等原则进行划线,就不会影响视觉 (1)使用工具:粉线袋(内装红土子或黄土子)、划线刷(油画笔)、直尺(最好两端有5mm厚橡皮垫起) (2)操作方法:要先划粉线后划油线。刷浆分色线只弹粉线即可。如划油线,则需先弹粉线,再用直尺划线刷划出油线。划油线要在底子油漆面完全干燥后进行。较细的线则可用宽度相适应的划线笔一次划出。如果线较宽则需先在线宽的上下边划出两条边线,再涂满中间的空余部分。划线所用油料应稠一些,并能充分盖底,一般均为一遍成活 (3)划线的质量要求 1)线条宽窄要一致,用2m直尺检查,偏差不超过2mm 2)色调要均匀,层次要清楚,颜料应不褪色 3)横平竖直,接槎及转角处连接通顺,不显接槎痕迹 4)墙面清洁,无污染,线条无流淌
滚花、印花	在墙面上用胶皮辊花机在刷好的色浆墙面上进行滚花和印花在过去经常采用,现在多被印花墙纸所代用,采用的比较少了。方法与喷花漏花很接近。先根据辊子的大小宽度和接槎位置,弹好平线或竖线。辊筒的轴必须垂直于粉线,不能歪斜,注意花纹图案拼接要完整,颜色均匀一致,要防止流淌或漏印

续表

工艺名称		操 作 方 法
喷花与漏花		在墙面或顶棚上作套色花饰可采用纸板(或铁样板)喷花与漏花工艺来完成。喷花和漏花工作应在墙面或顶棚的油漆刷浆工作全部完成,并已经干燥后进行 1. 制作套(样)板 (1) 纸板制作 可用牛皮纸2~3层粘在一起,干燥后刷两道漆片或两道清漆,将花纹或字样复印在纸上,用小刀将需要喷或刷的部位刻掉,但要留有必要的连接点以保持样板的牢固。如需接板则将接板处留印记,并写上左右号码、反正面基准线等记号。如为套色板,则需分色做样板,并统一留有接板印记 (2) 铁样板制作 可用薄铁板或镀锌铁板(26~28号),将所需花纹或字样复印在上面,用剪刀或刻刀将花纹字样仔细刻掉,其做法与纸板相同,如为黑铁板可满刷一道清漆。铁样板适宜重复使用并不会产生变形 2. 弹线 将基准线(平线或竖线)用粉线包弹于已经完成的刷浆或油漆墙面或顶棚上,以作为喷花或漏花的标准。粉线所用粉土子应能事后擦掉不留痕迹 3. 喷花漏印 将样板按弹好的基准线固定在墙或顶棚上,如系对称花,则须找中,由中间起印。如连环花可由一端起印。喷花工作量较大时可用机械喷壶进行,工作量较小时可用手工喷壶进行;也可用油刷蘸浆(或油)漏刷;也可用布包棉丝蘸浆(或油)漏印。这要根据具体情况决定。喷花或漏花工作必须由两人操作,蘸浆要少,动作要快,如用油刷漏花不能横竖抹,只能点刷,以免污染墙顶或产生重皮、起刺。所用浆料或油料要遮盖力强,要色重油轻,稠度合适,不能产生流坠 此项工作须干净、利落,不能沾污其他部分,样板用完后刷洗干净。如纸样板反复使用次数过多容易损坏,须重新制作同样纸样板,以防二次制板出现偏差
做木纹、拍棕眼	做木纹	在基面上先做好浅色油漆(可用浅木材颜色的混色油漆),待干燥后,在上面刷一道深木材颜色的油漆,刷后立即用钢耙子、胶皮、钢齿等工具做假木纹,可先出一些节疤样木纹,后用钢耙子或钢齿刮出木丝,再用耙子或小滚子滚出棕眼,要一次成活不能往返修理,干后用1号乏砂纸轻轻打磨平整,再刷二道清漆。木纹好不好要看技术的熟练程度。工具也可以自行制造,以做出的木纹逼真为目的
	拍棕眼	为了仿照菲律宾木和丘木只有棕眼没有木纹的效果,可进行拍棕眼工艺 在基面上先刷一道浅黄色铅油,厚薄一致,要均匀。干后再刷内皮浅黄色铅油一道,厚薄均匀。干后用醋精(内加色)一人在前刷,一人在后边用拍刷从下往上拍。干后用1号砂纸轻轻打磨,再刷二道清漆。棕眼大的似菲律宾木,棕眼小的似丘木。这要先经试验做出样板,再大面积施工
做石纹	仿粗纹大理石面	在作好油漆的面上,根据真大理石样板的主调颜色,刷一道延展性好的调和漆,不等干燥就在上面花刷石纹颜色的另一种调和漆,花刷时要根据石材样板,掌握石纹的粗细和曲折情况,尽量仿照得像一些,在漆将干未干时,用干свidoom刷子把石纹的边缘扫刷,使之更像石纹的样子。如仿照的石材样板为两种颜色的石纹,则用两种颜色花刷石纹。作假石纹有些接近绘画艺术,要对色彩、油料延展性有所了解和运用,石纹就会更逼真
	仿细纹大理石	基底做法与上面相同,也是根据真石材样板的主调颜色,刷好主调底漆。将丝棉先喷清漆两三遍,干燥后将丝棉撕开拉薄,成不规则的丝网状(形状尽量与石材样板主调部分相同),将丝棉固定于作石纹的物面上,用喷漆的方法将调好石纹颜色的油漆喷于丝棉上,透过丝棉部分即成石纹网状被喷于物面上,揭掉丝棉,物面上即显出不规则的细纹大理石条纹。丝棉干燥后可重复使用,拉成不同网状,所做仿石纹油面会呈现比较自然而有变化的仿大理石油漆面。这种方法不同于绘画技法,主要靠丝棉拉丝的方法出现石纹的变化,掌握熟练后是一种容易作好石纹的方法

三、不同建筑部位的涂饰工艺

1. 外墙面的涂饰

混凝土及抹灰外墙表面薄涂料工程、厚涂料工程、复层涂料工程的主要工序分别参见表 5-138～表 5-140。不同等级抹灰表面涂装的主要工序参见表 5-141。

混凝土及抹灰外墙表面薄涂料工程的主要工序　　表 5-138

项次	工序名称	乳液薄涂料	溶剂型薄涂料	无机薄涂料
1	修补	+	+	+
2	清扫	+	+	+
3	填补缝隙、局部刮腻子	+	+	+
4	磨平	+	+	+
5	第一遍涂料	+	+	+
6	第二遍涂料	+	+	+

注：1. 表中"+"号表示应进行的工序。
2. 机械喷涂可不受表中涂料遍数的限制，以达到质量要求为准。
3. 如施涂二遍涂料后，装饰效果不理想时，可增加 1～2 遍涂料。

混凝土及抹灰外墙表面厚涂料工程的主要工序　　表 5-139

项次	工序名称	合成树脂乳液厚涂料合成树脂乳液砂壁状涂料	无机厚涂料
1	修补	+	+
2	清扫	+	+
3	填补缝隙、局部刮腻子	+	+
4	磨平	+	+
5	第一遍厚涂料	+	+
6	第二遍厚涂料	+	+

注：1. 表中"+"号表示应进行的工序。
2. 机械喷涂可不受表中涂料遍数的限制，以达到质量要求为准。
3. 合成树脂乳液和无机厚涂料有云母状、砂粒状。

混凝土及抹灰外墙表面复层涂料工程的主要工序　　表 5-140

项次	工序名称	合成树脂乳液复层涂料	硅溶胶类复层涂料	水泥系复层涂料	反应固化型复层涂料
1	修补	+	+	+	+
2	清扫	+	+	+	+
3	填补缝隙、局部刮腻子	+	+	+	+
4	磨平	+	+	+	+
5	施涂封底涂料	+	+	+	+
6	施涂主层涂料	+	+	+	+
7	滚压	+	+	+	+
8	第一遍罩面涂料	+	+	+	+
9	第二遍罩面涂料	+	+	+	+

注：1. 表中"+"号表示应进行的工序。
2. 如为半球面点状造型时，可不进行滚压工序。
3. 水泥系主层涂料喷涂后，先干燥 12h，再洒水养护 24h 后，再干燥 12h 才能施罩面涂料。

不同等级抹灰表面涂装的主要工序　　　　表 5-141

工序	工序名称	中级涂装	高级涂装	工序	工序名称	中级涂装	高级涂装
1	清扫	+	+	9	复补腻子	+	+
2	填补缝隙、磨砂纸	+	+	10	磨光	+	+
3	第一遍满刮腻子	+	+	11	第二遍涂料	+	+
4	磨光	+	+	12	磨光	+	+
5	第二遍满刮腻子		+	13	第三遍涂料	+	+
6	磨光		+	14	磨光		+
7	干性油打底	+	+	15	第四遍涂料		+
8	第一遍涂料	+	+				

注：1. 表中"+"号表示应进行的工序。
　　2. 如涂刷乳胶漆，在每一遍满刮腻子之前应刷一遍乳胶水溶液。
　　3. 第一遍满刮腻子前，如加刷干性油时，应用油性腻子涂抹。

外墙面的涂饰工艺适用于基层为砖墙、混凝土墙板或抹灰墙面的涂装工程。

(1) 涂刷程序

建筑外墙面的涂饰，不管是采用刷涂、滚涂还是喷涂，不管是采用何种材料的涂饰，一般均应先刷墙身后刷门窗、檐沟、水落管等，并应由房屋的上部向下涂刷。涂刷时应分段、分步进行，首尾相接，涂刷方向长短一致。分片涂刷时宜选择门、窗、分格条、拐角、水落管等分界处做涂料涂饰的起始点，这些部位易于掩盖起始和收尾时所形成的搭接痕迹。

(2) 涂饰作业条件

a. 建筑物的结构工程已经完毕，脚手架（最好选用双排外架子）已经搭好或者活动吊篮已经装好；

b. 外墙孔洞、脚手架眼、缺棱掉角处均已修补完整，整个基层抹灰面已充分干燥，含水率不大于 10%（水乳型涂料为 8%，溶剂型涂料为 6%），并有足够的强度，表面无粉化、脱皮、酥松、起砂等现象；

c. 门窗必须按设计要求已安装完毕，墙面细部节点应处理完毕，设备穿墙管线安装完毕，洞口均已堵严抹平晾干。

d. 已根据设计要求提前做好外墙涂饰的样板，并经鉴定合格；

e. 如采用喷涂或弹涂工艺，应作好不喷不弹部位的遮挡和保护工作；

f. 操作时现场温度不低于 5℃，冬季施工最佳时间是上午 10 时至下午 4 时，在大风以及有污染性物质的环境下不宜施工。

(3) 外墙常用涂料的涂饰操作工艺

在外墙涂料涂饰之前，要根据不同基层类型进行不同的基层处理方法，涂饰质量的好坏，基层处理是非常重要的，基层处理应作为涂饰必要的第一道工序。

窗台、窗套采用聚合物水泥浆或白水泥浆涂料涂刷的操作工艺见表 5-142。

水泥浆涂料的涂饰工艺　　　　表 5-142

序号	工序	材料	操作	备注
1	刮白水泥膏	325 号以上普通硅酸盐水泥	将水泥膏刮抹在未干的罩面灰层上，使之与灰层紧密地结合在一起	窗台、窗套常用白水泥，其他部位可用青水泥
2	刷白水泥浆	白水泥、108 胶液（107 胶）：水＝1:5）	用油刷或排笔在灰层未干前涂刷。要自上而下，少蘸勤刷，注意防止沾染	
3	刷白水泥浆	白水泥、108 胶液（107 胶）：水＝1:5）	24h 后涂刷，涂刷遍数以涂层不花、盖底为准	

钢模板预制或现浇构件表面、墙板、阳台底板、栏板采用聚合物水泥浆涂料涂刷的操作工艺见表5-143。

聚合物水泥浆的涂刷工艺 表5-143

序号	工序名称	材 料	操 作	备 注
1	清理基层	火碱溶液(10%)	清除表面灰浆、浮土,用火碱溶液刷洗表面油污或隔离剂,然后用清水漂洗	此工艺常用于预制混凝土基层,如阳台底板、栏板等,从防潮防水考虑,如不使用聚合物水泥涂刷,也可选用成品外墙涂料
2	检查、修补基层	1:3水泥砂浆	检查有无空鼓、裂缝,然后将其剔凿、修补	
3	刮聚合水泥腻子	水泥、107胶液(107胶:水=1:5)	刮腻子1~2道,将表面气孔及细小孔隙填平	
4	砂磨	1号砂纸	腻子干后用砂纸打磨	
5	找补腻子	聚合水泥腻子	对打磨后的塌陷部位找补平整	
6	砂磨	1号砂纸	砂磨找补部位	
7	粘贴分格条	纸条、绝缘胶布条	在分格线处抹一薄层白水泥砂浆,并压实抹光,然后将沾有108胶的分格条贴上,分割条可在涂刷完毕当日揭下	砂子、水泥应除去粗粒及杂质。对水泥涂料的配比、砂子粒径、含水率、涂料稠度、涂刷遍数等都应严格控制
8	刷涂或滚涂聚合物水泥浆	水泥、108胶液(108胶:水=1:5)及适量耐碱颜料	刷涂 均匀涂刷,先边角后大面,涂刷遍数以不花、盖底为准 滚涂 先将水泥浆均匀刮在墙面,厚度约2~3mm,一人在前刮、一人在后面滚,相隔时间不宜过长,滚筒运行不宜过快,先边角,后大面	
9	涂罩面涂料	有机硅溶液、乳胶漆或其他外墙涂料		

阳台底板、分户板采用乳液大白浆或水浆涂料涂刷的操作工艺见表5-144。

乳液大白浆或水浆涂料的涂刷工艺 表5-144

序号	工序名称	材 料	操 作	备 注
1	清理基层		清除表面灰浆、浮土及油脂、隔离剂等污物	此工艺只适用于室外不受潮湿及雨水影响的部位,如阳台的底板、分户板等,与室内涂料做法基本相同
2	修补基层	1:3水泥砂浆	修补孔洞、裂缝	
3	刮石膏腻子	石膏、乳胶	修补处干后刮石膏腻子1~2遍至表面平整	
4	砂磨	1号砂纸	石膏腻子干后打磨表面	
5	刮大白腻子	大白粉、乳胶	刮大白腻子1~2遍,将石膏腻子的塌陷处找平	
6	刷乳液大白浆或其他水浆涂料	乳胶、大白粉、耐碱颜料适量	涂刷2遍至涂层不花、盖底为止	

墙面复层涂料(浮雕涂料)的涂刷操作工艺见表5-145。

复层涂料(浮雕)涂饰工艺　　　　　表5-145

序号	工序名称	材　料	操 作 及 要 求
1	清理基层		清除基层表面的灰浆、浮土及油污
2	检验修补基层	1:3水泥砂浆或中间涂层材料	修补表面的坑凹,使基层达到平整、略有粗糙为佳,可按中高级抹灰标准验收,但不宜用铁抹子压光 基层要干燥,含水率不大于10%,pH值<9
3	润湿墙面		用清水润湿墙面
4	涂刷底漆①	与中间层配套的耐碱涂料,多为合成乳液涂料	待基层无明水后,可采用刷涂、喷涂或滚涂方法涂刷,涂刷时要注意刷匀,不遗漏
5	喷涂中间层(喷点漆)	硅酸盐喷点料或合成浮液喷点料	喷涂压力为0.4~0.7MPa,喷斗应与墙面垂直,不能倾斜,距离为30~40cm,喷枪行进速度要均匀一致,横竖方向各喷一遍,喷点要有一定的密度和厚度,覆盖面积以不小于70%为好
6	滚压喷点	清水、松节油、煤油	喷涂工序结束15~30min后开始用胶辊蘸松节油、煤油或清水来回轻缓液压2~3次,液压后花纹凸出面约1~2mm,松节油和煤油润滑性好,如蘸清水,次数要频,蘸一下滚一下喷点为大点需滚压,中点可压也可不压,小点不宜滚压
7	滚涂罩面涂料二遍	溶剂型合成树脂外墙涂料或合成树脂乳液外墙涂料	合成树脂乳液料喷点24h后,水泥料喷点7d后,可用滚筒滚涂罩面涂料,每遍间隔时间不少于4h。第一遍面漆可适当多加些稀释剂,施工速度要快,避免接搓,第二遍面漆可适当稠些,滚涂要仔细,一般是24h后滚涂
8	套色		如需套色,可在面漆干后(溶剂型为4h)选用与罩面涂料不同颜色的涂料在凸起部位来回滚动。滚涂时蘸料不宜过多,受料要均匀、轻缓平稳、直上直下滚动,来回次数不宜过多

① 有的产品此工序可以省略。

墙面彩砂涂料的涂刷操作工艺见表5-146。

彩砂涂料涂饰工艺　　　　　表5-146

序号	工序名称	材　料	操　作	备　注
1	清理基层		用铲刀、钢丝刷清除表面浮土、脱模剂等污物	雨天或高湿度情况应停止施工,涂料不可任意加水,如涂料过稠应按规定加入稀释液,施工后及时清洗工具
2	检查、修补基层	聚合物水泥腻子 108胶:水泥:水=1:5:适量	用聚合物水泥腻子修补缺棱短角及孔洞、裂缝、麻面,要求基层含水率≤10%,pH值<9	
3	刷108胶稀溶液或稀乳胶溶液一道	胶:水=1:3	为减少基层吸水性,可在清理后的基层上涂刷一遍108胶稀溶液(或乳胶溶液)	
4	搅拌涂料		用搅拌棒将涂料搅拌均匀	
5	喷涂彩砂涂料一遍	彩砂涂料	喷枪口径一般为5~8mm,涂层厚度为2~3mm,压力为0.6~0.8MPa,喷涂时喷枪与墙面保持垂直,距离为50cm,运行速度要均匀,各行要重叠1/3~1/2	
6	喷涂找补		对局部未盖底的部位,在涂层干燥前进行喷涂找补	

墙面聚合物水泥涂料弹涂施工工艺见表5-147。

彩色聚合物水泥涂料弹涂施工工艺 表5-147

序号	工序名称	材料	操作	备注
1	清理、修整基层		清除浮土、脱模剂等污物,修补边角,对不平整的墙面要用砂浆抹平	水泥质量必须保证不过期,严格掌握涂料配经,随配随用,2h用完
2	喷涂108胶水溶液	108胶(10%):水=1:15~25	基层处理、验收合格后,喷涂108胶水溶液	
3	刷底浆	聚合物水泥涂料底浆	在涂刷108胶水溶液后涂刷底漆	
4	样板试弹		在现场制作几平方米的弹涂样板	
5	弹头道点	彩色聚合物水泥涂料	弹斗手柄与墙面倾斜,以45°为宜,弹斗移动时要平稳,使浆料在斗内保持水平,弹头距墙面约25~30cm,料多时可远些,上料不宜过高,约占弹斗1/3,涂料要经常搅拌,防止沉淀,保持稠度一致。上料后应试弹,合适后再上墙面,头道弹点应占饰面70%,分布要均匀,大小要一致	在满足色调条件下尽量少用颜料,以防止降低色点强度,颜料含量白水泥不宜超过6%,普通水泥不超过10%,所刷底色应与头道色点颜色一致,以免因漏弹而露底
6	弹二道点	彩色聚合物水泥涂料	是人们直观的主要部位,色泽要均匀一致	
7	修补		对出现的遗漏及缺陷应及时修补	
8	喷水养护		为保证涂层的水化作用,防止粉化,涂层达到初凝后(夏季2~3h)需喷水养护	
9	涂罩面涂料	甲基硅树脂溶液、聚乙烯醇缩丁醛清漆、丙烯酸酯乳液或溶剂型清漆等	弹涂层完全干燥后,喷涂或刷涂罩面涂料	

墙面乳胶涂料的涂饰操作工艺见表5-148。

乳胶类外墙涂料的涂饰工艺 表5-148

序号	工序名称	材料	操作	备注
1	清理基层		清除表面油污、浮土、灰渣等	气温应在10℃以上,下雨前后及大风天气不宜施工。涂料使用前应搅拌均匀
2	检查修补基层	1:3水泥砂浆或高强度腻子	将基层表面凹坑及掉角等缺陷修补好,基层表面平整,纹理质感均匀一致,含水率<10%,pH值<9	
3	刮腻子1~2道	325号水泥:108胶(或乳液):水=5:1:适量	将表面的蜂窝麻面、裂缝嵌平	
4	磨砂纸	1号砂纸	将表面不平整处及颗粒磨平	
5	刷稀乳液一遍	乳液:水=1:3	为使基层坚实、干净,增强基层与涂料的黏结力	
6	刷第一遍乳胶漆		先边角、后大面,涂膜厚度适中,涂刷均匀	
7	刷第二遍乳胶漆		间隔0.5~1h后涂刷	

2. 内墙面的涂饰

混凝土及抹灰内墙、顶棚表面薄涂料、复层涂料工程的主要工序分别参见表 5-149 和表 5-150。混凝土及抹灰室内顶棚表面轻质厚涂料工程的主要工序参见表 5-151。

混凝土及抹灰内墙、顶棚表面薄涂料工程的主要工序　　表 5-149

项次	工序名称	水性薄涂料		乳液薄涂料			溶剂型薄涂料			无机薄涂料	
		普通	中级	普通	中级	高级	普通	中级	高级	普通	中级
1	清扫	+	+	+	+	+	+	+	+	+	+
2	填补缝隙、局部刮腻子	+	+	+	+	+	+	+	+	+	+
3	磨平	+	+	+	+	+	+	+	+	+	+
4	第一遍满刮腻子	+	+		+	+	+	+	+	+	+
5	磨平	+	+		+	+	+	+	+	+	+
6	第二遍满刮腻子		+			+		+	+		+
7	磨平		+			+		+	+		+
8	干性油打底						+				
9	第一遍涂料	+	+	+	+	+	+	+	+	+	+
10	复补腻子		+		+	+		+	+		+
11	磨平(光)		+		+	+		+	+		+
12	第二遍涂料	+	+	+	+	+	+	+	+	+	+
13	磨平(光)				+			+	+		
14	第三遍涂料				+			+	+		
15	磨平(光)								+		
16	第四遍涂料								+		

注：1. 表中"+"号表示应进行的工序。
　　2. 机械喷涂可不受表中施涂遍数的限制，以达到质量要求为准。
　　3. 高级内墙、顶棚薄涂料工程，必要时可增加刮腻子的遍数及 1~2 遍涂料。

混凝土及抹灰内墙、顶棚表面复层涂料工程的主要工序　　表 5-150

项次	工序名称	合成树脂乳液复层涂料	硅溶胶类复层涂料	水泥系复层涂料	反应固化型复层涂料
1	清扫	+	+	+	+
2	填补缝隙、局部刮腻子	+	+	+	+
3	磨平	+	+	+	+
4	第一遍满刮腻子	+	+	+	+
5	磨平	+	+	+	+
6	第二遍满刮腻子	+	+	+	+
7	磨平	+	+	+	+
8	施涂封底涂料	+	+	+	+

续表

项次	工序名称	合成树脂乳液复层涂料	硅溶胶类复层涂料	水泥系复层涂料	反应固化型复层涂料
9	施涂主层涂料	+	+	+	+
10	滚压	+	+	+	+
11	第一遍罩面涂料	+	+	+	+
12	第二遍罩面涂料	+	+	+	+

注：1. 表中"+"号表示应进行的工序。
　　2. 如需要半球面点状造型时，可不进行滚压工序。
　　3. 石膏板的室内内墙、顶棚表面复层涂料工程的主要工序，除板缝处理外其他工序同上表。

混凝土及抹灰室内顶棚表面轻质厚涂料工程的主要工序　　　　表 5-151

项次	工程名称	珍珠岩粉厚涂料		聚苯乙烯泡沫塑料粒子厚涂料		蛭石厚涂料	
		普通	中级	中级	高级	中级	高级
1	清扫	+	+	+	+	+	+
2	填补缝隙、局部刮腻子	+	+	+	+	+	+
3	磨平	+	+	+	+	+	+
4	第一遍满刮腻子	+	+	+	+	+	+
5	磨平	+	+	+	+	+	+
6	第二遍满刮腻子		+	+	+	+	+
7	磨平		+	+	+	+	+
8	第一遍喷涂厚涂料	+	+	+	+	+	+
9	第二遍喷涂厚涂料				+		+
10	局部喷涂厚涂料	+	+	+	+	+	+

注：1. 表中"+"号表示应进行的工序。
　　2. 高级顶棚轻质厚涂料装饰，必要时增加一遍满喷厚涂料后，再进行局部喷涂厚涂料。
　　3. 合成树脂乳液轻质厚涂料有珍珠岩粉厚涂料、聚苯乙烯泡沫塑料粒子厚涂料和蛭石厚涂料等。

本工艺适用于室内墙面基层为清水模板混凝土、水泥砂浆、混合砂装抹灰表面的涂饰工程。

(1) 涂刷程序

内墙面涂饰的涂刷应在顶棚涂刷完毕，从墙面的右上角开始，由上向下分段涂刷；当墙面的高大于宽时，应横向分片段涂刷，当宽大于高时应竖向分片段涂刷，当墙面较高时，应将墙面分成上、下两部分，这两部分在涂刷时间上要相差一个片段。

为了避免刷痕，要在上一片段的涂层尚未干燥前完成衔接，涂刷片段的宽度要依刷具宽度、刷涂速度、涂料稠度及干燥条件而定。快干油漆涂料涂刷缓慢时宽度为15~25cm，慢干油漆涂料涂刷迅速时宽度为45cm左右。

涂刷前，应将顶棚与墙面的交界部位卡一下边。

(2) 涂刷作业条件

a. 室内有关的各项抹灰工程已全部施工完成,设备管洞已经处理完毕,穿墙孔洞都已填堵完毕;

b. 墙面已经干燥(包括后填孔洞的抹灰),基层含水率不得大于8%～10%;

c. 门窗及玻璃已安装完毕,木工装饰工程已经完成,油漆部分最好已刷完头道或二道油,不刷,不喷的部位已做好遮挡工作;

d. 冬季施工应在采暖(如有必要时)条件下进行,不应低于+5℃,按油漆涂料产品的温度要求进行施涂,室温保持均衡,不能突然变化;

e. 根据设计要求,做好样板间,并经过鉴定合格。

(3) 内墙常用涂料的操作工艺

内墙面的涂饰,不管基层是何种材料,均应按要求进行基层处理。

普通水浆涂料(石灰浆、大白浆、可赛银浆)的涂饰操作工艺见表5-152。

普通水浆涂料喷(刷)的涂饰工艺 表5-152

序号	工序名称	材料	操作	备注
1	基层清理及检查		将表面的浮土、灰砂、模板隔离剂、油污等消除掉,基层含水率不得大于10%	
2	喷(刷)乳胶稀溶液	清水:乳胶=5:1	为加强腻子与基层的黏结,可先喷(刷)乳液水一道,要涂刷均匀,不得遗漏	
3	嵌补腻子	石膏腻子(石膏粉:乳液:纤维素=100:4.5:60)	将表面的大裂缝和坑凹嵌补平整,要填平、填实,收净腻子	
4	磨砂纸	1号砂纸	将嵌补处打磨平整,并将浮尘扫净	
5	粘贴纸带或布条	穿孔纸带或麻布条	将纸带或麻布条粘贴在石膏板的接缝处,纸带或布条要粘直、粘平	
6	满批腻子	大白腻子(或滑石粉腻子)乳液:大白粉或滑石粉:纤维素溶液=1:5:3.5	各板间要刮净不能留有野腻子,注意接槎,要来回刮平。如涂刷色浆,腻子中要加入适量颜料	普级无此道工序,中级批一道,高级批两道
7	磨砂纸	1号砂纸	各道腻子磨砂纸一遍,要慢磨、慢打、磨平磨光、线角分明,并将浮尘扫净	
8	喷(刷)第一道浆	石灰浆、大白浆或可赛银浆	先将门、窗口及顶棚周围卡出20cm的边,涂刷顺序为先上后下,喷头距墙面为20～30cm,移动速度要平稳均匀	
9	复补腻子	滑石粉或大白粉腻子	第一遍浆干后将表面坑洼、麻点找平刮净	普级无此工序,中级和高级必须有此工序
10	磨砂纸	0号砂纸	将嵌补处磨平,使整个表面光滑平整	
11	喷(刷)第二道浆	石灰浆、大白浆或可赛银浆	方法同第一道浆	
12	磨砂纸	0号砂纸	用砂纸将表面细小颗粒及刷毛磨去	
13	喷(刷)第三道浆	石灰浆、大白浆或可赛银浆	方法同第一道浆	喷浆不受遍数限制,达到标准为止

乳胶内墙涂料的涂饰操作工艺见表5-153。

乳胶类内墙涂料施工工艺　　　　　　表5-153

序号	工序名称	材　料	操　作
1	清理、修补、检查基层		将基层表面浮土、油污清除干净,用水石膏将坑洼、缝隙补平,基层含水率小于10%,pH值小于9
2	满刮腻子	滑石粉腻子(滑石粉:乳胶:纤维素=5:1:3.5)	用橡皮刮板横向满批腻子,各板收头要干净,接头不得留茬
3	磨砂纸	1号砂纸	将浮腻子及刮痕磨光并将浮尘清扫干净
4	满刮第二道腻子	同每一道腻子	方法与第一道腻子相同,只是竖向满批
5	磨砂纸	1号砂纸	方法同上
6	刮第三道腻子	同第一道腻子	用橡皮刮板找补或用钢刮板满批
7	磨砂纸	0号砂纸	磨光、磨平、不得将腻子磨穿
8	刷第一遍乳胶涂料		涂刷前将涂料充分搅拌,并适当加水稀释,涂刷方法与水浆涂料相同
9	复补腻子磨砂纸		涂层干燥后复补腻子,并磨细砂纸
10	刷第二遍乳胶涂料		操作方法同第一遍,涂料如不很稠,不宜加水或少加水
11	磨砂纸	0号砂纸	磨去细小颗粒及刷毛
12	刷第三遍乳胶涂料		与第一遍相同,动作要迅速,由一头开始涂刷,上下要刷顺,互相衔接

采用调和漆、醇酸漆类涂料产品油漆墙面的涂饰操作工艺见表5-154。

调和漆、醇酸漆类油漆墙面涂饰工艺　　　　　　表5-154

序号	工序名称	材　料	操　作
1	清理修补检查基层	石膏腻子	将基层表面的浮土、油污清除,用石膏腻子将坑洼、麻面、磕碰处修补好,基层须充分干燥,含水率不大于6%～8%
2	满批第一道腻子	滑石粉或大白粉腻子(大白粉或滑石粉:乳胶:纤维素溶液=5:1:3.5)	横向批刮腻子,腻子要批得平整、干净
3	满批第二道腻子	同上	纵向批一道腻子
4	刷第一道油	铅油	稠度要稍稀,以能盖底不显刷痕为宜,从最不显眼处起刷,两人上下要互相配合,不使接头处有重叠现象。涂刷顺序为从上到下、从左到右,不应刮刷,以免遗漏或过厚
5	找补腻子磨砂纸	1号砂纸	找补腻子后,用砂纸将小颗粒、腻子渣等磨干磨光
6	刷第二道油	铅油或调和漆	操作方法与第一道相同,铅油要配得油料重、稀料少,也可用铅油与调和漆对半掺合使用
7	磨砂纸	0号或半旧砂纸	将墙面打磨平整后,用潮布擦抹一道
8	刷第三道油	调和漆	由于涂料粘度较大,涂刷时应多理多刷
9	刷第四道油	醇酸磁漆	刷法同上

注:1. 如墙面有分色线,应在涂刷前弹线,先刷浅色,后刷深色。
　　2. 序号6刷第二道油时,中级为铅油,高级为调和漆。
　　3. 序号8刷第三道油时,中级为罩面漆。

聚乙烯醇类内墙涂料的涂饰操作工艺见表5-155。

聚乙烯醇类内墙涂料施工工艺 表5-155

序号	工序名称	材料	操作
1	清理检查基层		清除表面浮土、油污及旧涂膜等,基层的含水率不大于15%,施工温度大于10℃
2	填补裂缝	石膏腻子	修补基层表面的气孔、麻面、裂缝及凹凸不平等缺陷
3	磨砂纸	1号砂纸	打磨修补部位,并将粉尘清除干净
4	刷108胶溶液一道	108胶:水=1:3	如果基层表面酥松可刷一遍108胶稀释液
5	满批腻子	滑石粉腻子或大白粉腻子	刮腻子的往返次数不宜过多,厚度不宜超过0.5mm
6	磨砂纸	0号砂纸	将浮腻子及刮痕打磨平整并清除浮尘
7	刷第一遍涂料		操作方法及注意事项与一般水浆涂料相似,涂料不能随便加水稀释
8	复补腻纸	滑石粉腻子或大白粉腻子	将表面细小缺陷修补平整
9	磨砂纸	0号砂纸	磨平、磨光修补部位
10	刷第二遍涂料		操作方法及注意事项同第一遍相似
11	刷第三遍涂料		高级才刷第三遍

内墙复层涂料(浮雕型)的涂饰操作工艺与外墙复层涂料的涂饰操作工艺基本相同,仅使用材料需要室内涂料,其操作工艺见表5-145。

内墙彩砂涂料的涂饰操作工艺与外墙彩砂涂料的涂饰操作工艺基本相同,其材料应采用低毒的"水包油"型或无毒的"水包水"型彩喷涂料为宜,其操作工艺见表5-146。

3. 各种门窗油漆的涂饰

(1) 涂饰程序

a. 门

涂刷光面门一般是将门面分上、中、下三部分涂刷,除直立涂刷外,平躺涂饰可防止出现流挂,滴落现象,刷具除选用2.5~3in的漆刷外,为省时间,也可采用短毛的辊筒进行滚涂。

涂刷镶板门的顺序一般是由里向外,从上向下涂刷,先刷门心板和装饰压条,涂刷时要用不含油的刷子将压条与门心板接缝中多余的油料刷到门心板上来,要时常检查装饰压条的底角是否有油料流坠、堆积现象。当门的背面刷完之后用木楔固定住,再刷门正面。

涂刷门冒头时要将与门框交界处的茬口留好,最后涂刷门框,当门扇两面的颜色不同,门向里开时,门外侧面的颜色应和门扇里面的颜色一致,门内侧面的颜色应和门外一致;门向外开时,门外侧面的颜色应和门扇外面的颜色一致,门内侧面的颜色应和门里一致。门内侧面或门合页上的颜色应与门外侧面的颜色不同。

光面门和镶板门的涂刷顺序见图5-48~图5-50。

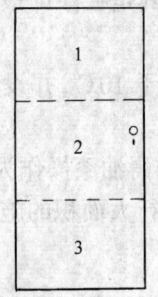 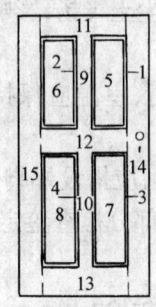 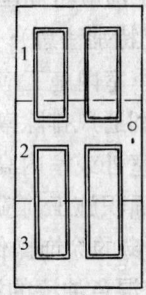

图 5-48　光面门的涂刷顺序　　　图 5-49　镶板门的涂刷顺序　　　图 5-50　镶板门涂刷快干涂料的涂刷顺序

b．窗扇

涂刷工具可选用 $1\sim1\frac{1}{2}$ in 的漆刷，涂刷时尽量将窗户开大，涂刷的顺序是先上后下，先左后右，先外后里，先难后易，从窗棂开始涂刷，再刷窗扇周围及侧面，最后涂刷窗框，三扇的窗户要先左后右，再刷中间，向外开的窗户要先刷外面后刷里面，涂刷完毕要将窗扇打开，挂好风钩，窗上的五金件不要沾上涂料。

涂刷百叶窗时，应先从它的背面刷起，为避免油料堆积在叶板两端的角落里，涂刷时分别由叶板的两端向中间涂刷。刷完叶板的背面后，用大刷子刷外框，然后检查涂料流到叶板正面的情况，并把这些油料刷掉。待叶板反面的油料干燥后，用同样的方法涂刷正面。

合页窗、推拉窗的涂刷顺序见图 5-51 和图 5-52。

 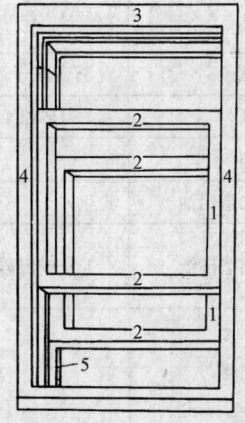

图 5-51　合页窗涂刷顺序　　　图 5-52　推拉窗的涂刷顺序
　　　　　　　　　　　　　　1—窗扇边梃；2—窗扇上下冒头；3—窗框上冒头；
　　　　　　　　　　　　　　4—窗框；5—窗框侧面

(2) 涂饰作业条件

a．施工温度不宜低于 10℃，通风良好，环境比较干燥，相对湿度不宜大于 60%；

b．湿作业施工项目已完毕，并有一定的强度，各类施工遗留的问题已处理完；

c．木基层的含水率不宜大于 12%；

d．涂刷末道油漆前须将玻璃安装好；

e. 施工前应将周围环境清理好,防止尘土飞扬,影响油漆质量(尤其是在涂饰最后一道油漆时更应特别注意);

f. 冬季室内施工应在采暖条件下进行,室温应保持稳定,不宜低于10℃,并设专人开关门窗,以利通风排除潮气;

g. 在室外或室内高于3.6m处作业时,应搭设好脚手架,并以不妨碍油漆操作为准;

h. 大面积施工前应做好样板,经质量部分检查鉴定合格后方可进行大面积的施工。

(3) 门窗的涂饰操作工艺

木门窗混色油漆的涂饰操作工艺见表5-156。

木门窗混色油漆涂饰工艺 表5-156

序号	工序名称	材 料	操 作
1	处理基层		清除灰土、铲除脂囊,用砂纸打磨线角及四口平面,然后在木节和油脂处点涂漆片
2	操清油	熟桐油:松香水＝1:2.5及少量红土子(避免漏刷)	严格按涂刷次序涂刷,要刷到刷均
3	嵌批腻子	石膏腻子(石膏:熟桐油:水＝20:7:50)	将裂缝、钉孔、边棱残缺处嵌批平整,要刮平刮到
4	磨砂纸	1号砂纸	不要磨穿油膜,保护好边角,要磨平、磨净,用潮布将浮粉擦净
5	刷铅油	铅油:光油:清油:汽油:煤油＝5:1:0.8:2:1 或各色铅油涂料	不可乱涂,要顺木纹涂刷,线角处不可刷得过厚,厚薄要均匀,涂料稠度以不流淌、不显刷痕、盖底为准
6	嵌补腻子	石膏腻子	操作方法同头道腻子
7	磨砂纸	1号砂纸	同工序4
8	装玻璃		
9	刷第二道铅油		同工序5
10	擦玻璃磨砂纸	1号或旧砂纸	将玻璃内外擦净。磨砂纸时不要将涂膜磨穿,保护好棱角,新砂纸须对磨后使用
11	刷调和漆		调和漆黏度较大,要多刷、多理,涂刷油灰时要等油灰有一定强度后进行,并要盖过油灰1～2mm,以起到密封作用

注:如是普级油漆工程,除少刷一遍油外,不满批腻子。如采用高级磨退工艺时,可参照木面磁漆磨退涂饰工序。门窗混色油漆如采用亚光(或半光)混色油漆时其最后一道油漆应刷亚光(或半光)油漆。磨砂纸工序均应上一道腻子或油干后进行。

木门窗清漆的涂饰操作工艺见表5-157。

木门窗清漆施工工艺 表5-157

序号	工序名称	材 料	操 作
1	处理基层		用碎玻璃片将表面的灰尘、胶迹、锈斑刮除干净,注意不要刮出毛刺

续表

序号	工序名称	材料	操作
2	磨砂纸	1号砂纸	将基层打磨光滑,顺木纹打磨,先磨线角后磨四口平面
3	润油粉	大白粉:松香水:熟桐油=12:8:1及适量颜色(样板色)	用棉丝蘸油粉在木材表面反复擦涂,将油粉擦进棕眼,然后用麻布或木丝擦净,线角上的余粉用竹片剔除
4	磨砂纸	1号砂纸	方法同上,注意保护线角,不要将棕眼内的油粉磨掉,磨后清除浮粉
5	满批油腻子	石膏粉:熟桐油:水=20:7:50及少量颜色	颜色要浅于样板1~2成,腻子油性大小适宜
6	磨砂纸	1号砂纸	同工序2
7	刷油色	铅油(或调和漆)汽油、光油、清油及少量颜色(同样板颜色)	涂刷动作要快,顺木纹涂刷,收刷、理油时都要轻快,不可留下接头刷痕,每个刷面要一次刷好,不可留有接头,涂刷后要求颜色一致、不盖木纹,涂刷程序同刷铅油相同
8	刷第一道清漆	适量汽油	刷法与刷油色相同,但应略加些汽油以便消光和快干,并应使用已磨出口的旧刷子
9	磨砂纸	1号或旧砂纸	将表面亮光磨掉,并将浮粉擦净
10	复补腻子	石膏腻子(带色)	使牛角腻板,腻子要收刮干净、平滑、无腻子疤痕,不可损伤漆膜
11	拼色	漆片、酒精及颜色	将表面的黑斑、节疤、腻子疤及材色不一致处拼成一色,并绘出木纹
12	磨砂纸	0号砂纸	将表面的黑斑、节疤、腻子疤及材色不一致处拼成一色,并绘出木纹
13	安装玻璃		
14	刷第二道清漆	原桶清漆	周围环境要整洁,操作同前,但动作要敏捷,多刷多理,涂刷饱满、不流不坠、光亮均匀
15	刷第三道清漆		涂刷前应打磨消光,操作方法同上

注:如木门窗采用高级清漆磨退其磨退工序可参照木面丙烯酸清漆磨退涂饰工序(表5-131)。如木门窗采用亚光清漆(半光),则最后一道清漆需刷亚光(或半光)清漆。

钢门窗混色油漆的涂饰操作工艺见表5-158。

钢门窗混色油漆涂饰工艺 表5-158

序号	工序名称	材料	操作
1	处理基层		清除表面灰尘、油污、灰浆等污物,打磨锈蚀
2	嵌补腻子	石膏腻子(石膏粉:熟桐油=4:1)或醇酸腻子(醇酸腻子:底漆:水=10:7:45)	将砂眼、凹坑、缺棱、拼缝等处嵌补平整,腻子以软硬适宜、不出蜂窝、挑丝不倒为准
3	磨砂纸	1号砂纸	腻子干透进行打磨,然后用潮布将浮粉擦净

续表

序号	工序名称	材料	操作
4	满批腻子一道	石膏腻子	要刮的薄而均匀,腻子要收干净,平整无飞刺
5	磨砂纸	1号砂纸	腻子干后打磨,注意保护棱角,要表面光滑平整、线角平直
6	刷第一道油漆	铅油或醇酸无光调和漆	操作方法及注意事项同木门窗同一工序
7	复补腻子	石膏腻子	要求与做法同前
8	磨砂纸	1号砂纸	要求与做法同前
9	装玻璃		
10	刷第二道油	铅油	要求与做法同前
11	擦玻璃磨砂纸	1号砂纸或旧砂纸	将玻璃内外擦净,磨砂纸时要注意不要将漆膜磨穿,要保护棱角,将浮粉擦净
12	刷最后一道漆	调和漆	调和漆黏度大要多刷、多理,涂刷均匀、饱满、不流不坠。涂刷油灰部位时应盖过油灰1~2mm以利封闭涂刷完毕应将门窗固定好

注：普级油漆工程除少刷一道漆外,不满批腻子。磨砂纸工序均应待上一道腻子或油干后进行。

4. 金属面混色油漆的涂饰

金属表面涂装的主要工序见表5-159。

金属表面涂装的主要工序　　　　　表5-159

工序	工序名称	普通涂装	中级涂装	高级涂装
1	除锈、清扫、磨砂纸	+	+	+
2	刷防锈漆	+	+	+
3	局部刮腻子	+	+	+
4	磨光	+	+	+
5	第一遍满刮腻子		+	+
6	磨光		+	+
7	第二遍满刮腻子			+
8	磨光			+
9	第一遍涂料	+	+	+
10	复补腻子		+	+
11	磨光		+	+
12	第二遍涂料	+	+	+
13	磨光		+	+
14	湿布擦净		+	+
15	第三遍涂料		+	+
16	磨光(用水砂纸)			+
17	湿布擦净			+
18	第四遍涂料			+

注：1. 表中"+"号表示应进行的工序。
2. 薄钢板屋面、檐沟、水落管、泛水等涂刷油漆,可不刮腻子。涂刷防锈漆应不少于两遍。
3. 高级油漆做磨光时,应用醇酸磁漆涂刷,并根据漆膜厚度增加1~2遍涂料和磨光、打砂蜡、打油蜡、擦亮的工序。
4. 金属构件和半成品涂装前,应检查防锈漆有无损坏,损坏处应补刷。
5. 钢结构涂刷涂料,应符合《钢结构工程施工及验收规范》(GBJ 205—83)的有关规定。

第六节 涂饰工艺

本工艺适用于金属面上涂饰普通混色油漆，包括铅油、防锈漆、调和漆、醇酸磁漆等油漆的涂饰工程。

(1) 金属面的涂刷程序

金属面油漆涂饰的目的一是为了美观，更重要的是防锈。防锈的最主要工序为除锈、涂刷防锈漆或是底漆。金属面一般都是金属制品或金属部件，在工厂生产好后应进行除锈或防锈漆涂刷处理，到建筑现场进行安装后由于安装、电气焊的过程，对防锈层会有些破坏，应进行除锈和补漆处理。

涂刷程序根据不同部件的情况，可参照钢门窗、墙面的程序进行。

(2) 涂饰作业条件

a. 施工环境应通风良好，湿作业已完成并具备一定的强度，周围环境比较干燥；

b. 需焊接或罗丝连接的工作已全部完成，焊接处的焊渣已清理干净，需进行机械打磨的部位也全部打磨完毕，保证对新涂漆膜不会造成新的破坏或磨损；

c. 如采用喷涂工艺则需要将不喷不涂处采取有效的遮挡措施；

d. 如为高空作业，所需的脚手架要支撑牢固，保证安全并便于操作；

e. 对一些不易喷或刷到的边角、缝隙处，虽然可能不影响美观，但对防锈蚀方面确实很重要，应采取措施（如改造涂刷工具等），从而可使这些部位能够涂刷严密（如管道背后，暖气炉片缝隙、金属部件靠墙一面等）；

f. 做好样板并经鉴定合格。

(3) 涂饰金属面混色油漆的工艺

金属面混色油漆(中级)涂饰工艺可参见表5-160。

金属面混色油漆(中级)涂饰工艺　　　　表5-160

序号	工序名称	材　料	操　作
1	处理基层		根据不同基层要彻底除锈、满刷(或喷)防锈漆1~2道(尽量在工厂进行)
2	修补防锈漆	钢丝刷、砂布、铲刀	对安装过程的焊点、防锈漆磨损处，进行清除焊渣，有锈时除锈，补1~2道防锈漆
3	修补腻子	石膏粉、桐油、调和漆或醇酸漆	将金属表面的砂眼、凹坑、缺棱、拼缝等处找补腻子，做到基本平整
4	磨砂纸	1号砂纸	轻轻打磨，将多余腻子打掉
5	刮腻子	油石膏腻子	用开刀或胶皮刮板满刮一遍石膏腻子，刮得薄，收得干净，均匀平整无飞刺
6	磨砂纸	1号砂纸	注意保护棱角，达到表面平整光滑，线角平直，整齐一致
7	刷第一道油	调和漆或铅油做第一道油	要厚薄一致均匀，线角处要薄一些，但要盖底，不出现流淌，不显刷痕
8	嵌补腻子	油石膏腻子	同工序3
9	磨砂纸	1号砂纸	同工序6，磨完后要打扫干净
10	刷第二道油	同工序7	同工序7(增加油的总厚度)
11	磨砂纸	1号或旧砂纸	同工序6，由于是最后一道砂纸，要轻磨，保护好棱角，达到平整线角齐直，用湿布打扫干净
12	刷最后交活油	调和漆或醇酸漆	要多刷多理，刷油饱满，不流不坠，光亮均匀，色泽一致，如有毛病要及时修理

注：如是普通油漆工程，除少刷一道油外，不满刮腻子。如采用高级磨退工艺时，可参照木面磁漆磨退涂饰工序(表5-37)，磨砂纸工序应待上一道工序干后进行。

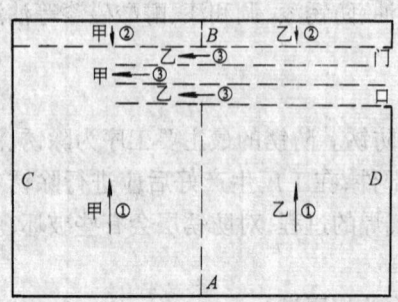

图 5-53 涂刷地面的顺序

图中①②③为操作顺序;虚线为甲乙二人涂刷的分界线,箭头为涂刷时后退的方向。

5. 地面的涂饰

地面涂饰主要有木地板涂混色油漆(不透明涂饰)、木地板涂刷清色油漆(透明涂饰)、木地板打蜡、水泥地面涂聚合物涂料等地面涂饰工程。

(1) 地面的涂饰程序及方法

涂刷地面的程序见图 5-53。

涂刷面积不大时可由两人操作,如面积较大则需组织多人施工,一般是踢脚板刷完后再刷地面,涂刷的顺序是先从远离门口的 A 面向对面的 B 面,向门口方向后退涂刷,接近门口时再转过身从 B 向 A 后退涂刷,刷过 20~30cm 后,再背向门口由 C 向 D 刷,这时一人在对正门口的中间向后涂刷,另一人在他所刷的两边与周围已刷好的部位衔接,避免形成明显的接头。

涂刷时要弯腰向下刷油,以便手能充分用力刷开刷匀,不可蹲下涂刷。此外,接头、拼缝处不能留得太整齐,要互相错开,避免明显看出,影响美观。

涂饰完毕后要关闭门窗,靠气窗通风干燥,以免风雨浸湿和人员踩坏,施工人员操作时不宜穿鞋,如必须穿鞋,宜穿底已磨平的旧胶鞋,并不能在地面旋转移动,以防显出痕迹。

(2) 涂刷地面的作业条件

a. 室内顶棚、墙面已粉刷完毕,水暖设备已安装完毕,并经过试水,试压无问题;

b. 踢脚板已交活并经验收合格;

c. 冬季施工室内应有采暖设备;

d. 如木地板则应刨光磨平,并经过验收合格,如为水泥地面必须交活并且已经干燥,pH 值小于 9,含水率低于 7%;

e. 颜色和样板已经确认并经过鉴定。

(3) 涂刷各种地面油漆涂料的涂饰工艺

木地板涂饰混色油漆的涂饰工艺见表 5-161。

木地板涂刷混色油漆涂饰工艺　　　　表 5-161

序号	工序名称	材料	操作
1	处理地板	$1\frac{1}{2}$ 号及 1 号砂纸	用铲刀和皮老虎将地板表面及拼缝内的砂灰消除干净,用 $1\frac{1}{2}$ 号砂纸顺木纹打磨,最后用 1 号砂纸打磨并除去浮尘或用磨地板机打磨
2	刷底油	熟桐油:松香水=1:2.5	为使头道腻子与基层粘结牢固,并防止地板受潮变形,增强防腐作用。涂刷方法及顺序见表 5-156 序号 2 有关内容
3	嵌补腻子	石膏腻子(石膏粉:熟桐油:水=20:7:50)	腻子要调配稍硬,将裂缝、拼缝及较大的缺陷处嵌补填实
4	磨砂纸	1 号砂纸	待腻子干硬后将嵌补处磨平,扫净浮尘

续表

序号	工序名称	材料	操作
5	满批腻子两道	石膏腻子	腻子的油量可增加20%,水量适当减少,只要稍有塑性即可,以防不易收刮干净。批刮时顺批刮方向将腻子倒成一条,用3in以上大刮板批刮,要尽量收刮干净,不使腻子存留,头道腻子干后,经嵌补后可刮第二道
6	磨砂纸	1号砂纸	待腻子干后将表面打磨平整,扫净浮尘
7	刷第一道油漆	醇酸调和漆、醇酸磁漆或其他地板漆	顺木纹涂刷,阴角处不得涂刷过厚
8	磨砂纸	1号砂纸	待油干后轻轻打磨,不得将漆膜磨穿
9	复补腻子	色石膏腻子	将缺陷处复补找平
10	磨砂纸	1号砂纸	局部打磨
11	补刷油漆	同工序7	局部补刷调和漆
12	刷第二道油漆	同工序7	同工序7
13	磨砂纸	1号砂纸	同工序6
14	刷第三道油漆	同工序7	同工序7,达到颜色光亮一致

注:地面如涂刷一般不同油漆时,基层处理基本相同。如用特殊地板漆时,应注意油漆厂家产品说明,调整用料。

木地板涂饰醇酸清漆、聚氨酯清漆的涂饰工艺见表5-162和表5-163。

木地板涂刷醇酸清漆涂饰工艺 表5-162

序号	工序名称	材料	操作
1	处理地板	1号1$\frac{1}{2}$号砂纸	操作方法同混色漆木地板
2	刷底油	熟桐油:松香水=1:2.5	操作方法同混色漆木地板,底油要稀,可根据样板加入适当颜料
3	嵌补腻子	石膏腻子(石膏粉:熟桐油:水=20:7:50)	操作方法同混色漆木地板
4	磨砂纸	1号砂纸	待腻子干后将嵌补处磨平,扫净浮尘
5	满批腻子二道	石膏色腻子	可根据样板加入适量颜料,其操作方法同混色漆地板
6	刷油色	铅油、松香水及适量颜料	要刷开刷匀,涂层不应过厚、重叠,接槎要错开
7	磨砂纸	1号砂纸	经48h后轻轻打磨地板,擦净浮尘
8	刷第一道清漆	醇酸清漆	涂层尽量厚一些
9	磨砂纸	0号砂纸	待油干后轻轻打磨刷痕,不可磨穿漆膜
10	刷第二道清漆	醇酸清漆	涂刷平整、均匀,不得漏刷
11	磨砂纸	0号砂纸	同工序9
12	刷第三道清漆	醇酸清漆	同工序10

木地板刷聚氨酯清漆涂饰工艺

表 5-163

序号	工序名称	材料	操作
1	处理地板	1号、1$\frac{1}{2}$号砂纸	操作方法同混色漆木地板
2	润油粉	大白粉:松香水:熟桐油=24:16:2 适当颜料	将拌好的油粉均匀的擦在地板面上,将棕眼及木纹内擦实擦严,多余的油粉清理干净
3	满刮腻子	石膏,聚氨酯清漆	将腻子嵌于地板缝隙、麻坑凹陷不平处,顺木纹刮平,并及时将废腻子收净
4	磨砂纸	1号砂纸	待腻子干后将腻子磨平,扫净尘土
5	嵌补腻子	同工序3	将遗留孔眼和第一道腻子塌陷处找补平整
6	磨砂纸	1号砂纸	待腻子干后将找补腻子处重新磨平,并用湿布将浮尘擦净
7	刷第一道聚氨酯清漆	聚氨酯清漆	先踢脚,后地面,应用力刷匀,不漏刷
8	嵌补腻子	同工序3	如有塌陷,需再修补腻子
9	磨砂纸	1/2号砂纸	补腻子干后磨平,表面轻磨一遍
10	点修木纹	漆片、颜料、聚氨酯清漆	大片腻子疤痕,用毛笔蘸油色或漆片点修,达到整体一致
11	刷第二道聚氨酯清漆	聚氨酯清漆	同工序7
12	磨砂纸	0号砂纸	待油干后将刷纹磨光滑,不能磨穿漆层
13	刷第三道聚氨酯清漆	聚氨酯清漆	最后一道清漆要刷均匀,不能遗漏,不留刷痕,平整光滑

木地板打蜡施工工艺见表 5-164。

木地板打蜡施工工艺

表 5-164

序号	工序名称	材料	操作
1	处理地板		清理地板上杂物,用1号或1$\frac{1}{2}$号砂纸包木方打磨地板,或用磨地板机打磨。先踢脚,后地面,并将浮尘打扫干净
2	润油粉	大白粉:熟桐油:松香水=24:16:2	用棉丝蘸油粉在地板上反复揉擦,将木纹棕眼全部填满、填实
3	磨砂纸	0号砂纸	待油粉干后将刮痕、印痕打磨光滑并清理干净
4	刷漆片	漆片、酒精、适当颜料	满刷漆片,动作要快,不要重复,不要遗漏,要刷两遍
5	磨砂纸	$\frac{1}{2}$号砂纸	待漆片干后用砂纸轻轻打磨,不能将漆膜磨穿
6	刷漆片	同工序4	同工序4,接槎处不能有重叠
7	打蜡出光	豆包布、光蜡	均匀擦于踢脚与地面上,不能涂擦过厚,稍干后用干净布反复涂擦使之出光

注:以上为木地板漆片擦软蜡工序。另外还有木地板清色烫硬蜡做法、木地板水色烫硬蜡做法等目前已多不采用,所以这里不再详细介绍。

水泥地面刷聚合物涂料涂饰工艺见表 5-165。

水泥地面聚合物涂料涂饰工艺　　　　　表 5-165

序号	工序名称	材　　　料	操　　　作
1	处理基层	水泥及少量 108 胶	用铲刀、钢丝刷将地面残留灰浆、浮灰、油迹及突起部位清除，并用水刷洗干净。干燥后用水泥拌入少量 108 胶进行局部嵌补。如果地面起砂严重，可涂刷 108 胶稀液（107∶水＝1∶1）一道，干后即可施工，一般情况施工前应用湿布擦拭地面，除去浮灰
2	刮涂聚合物水泥地面涂料 3～4 遍	108 胶（含固率 10%），425 号或 325 号普通水泥。水泥∶108 胶＝1∶0.5	用刮板将涂料均匀刮开，每次厚度在 0.5mm 左右，在前一道稍干后即可刮涂第二道。两道间应纵横交错刮涂。两道涂层的间隔时间不宜过长，如已干燥应用水润湿后再刮涂
3	磨砂纸	0 号铁砂布	最后一道刮涂 24h 后用砂布将表面磨平。时间过长不易磨平
4	划格		按设计要求弹线，用钨钢刀依木尺刻画，深度为 1～1.5mm，宽度一般为 2～3mm
5	涂刷罩面涂料二道	氯偏共聚乳液地面涂料、丙烯酸酯合成乳液地面涂料或溶剂型地面涂料	地面涂层干燥后可涂刷乳液型罩面涂料，如涂刷溶剂型罩面涂料应在 7d 以后

第七节　施　工　实　例

一、内外墙涂料施工实例

溶剂型内外墙涂料施工实例见表 5-166。

溶剂型内外墙涂料施工实例　　　　　表 5-166

工序名称	操　作　方　法
主要施工工具	（1）基层清理工具 油漆刮刀、钢丝刷子、扫帚等 （2）涂刷工具 羊毛辊具、排笔等 （3）辅助工具 料桶、料勺、手提式搅拌器等
主要材料	氯化橡胶内外墙涂料、过氯乙烯内外墙涂料、合成丙烯酸酯外墙涂料等
基层要求与准备	（1）由于溶剂型涂料的涂膜具有不透气性及疏水性，因此要求被涂基层充分干燥，一般应控制其含水率在 6% 以下。但氯化橡胶涂料例外，因为该涂料具有一定的透气性，可以在基层基本干燥的条件下施工 （2）涂刷前要除去基层表面的浮砂、尘土及其他沾污脏物。孔洞、裂缝、凹陷等部位应用腻子嵌平。常用的腻子由使用的溶剂型涂料清漆加大白粉或滑石粉调配制成。为了提高基层的牢固性及增加基层与涂层的粘结性，可采用该涂料清漆的稀释液打底，然后再涂刷涂料
施工操作及注意事项	（1）采用羊毛辊具或排笔通常涂刷两道，间隔时间在 2h 左右 （2）溶剂型涂料与水乳型涂料不同，其成膜过程受气温影响较小，一般在 0℃ 以上均可正常施工。为避免溶剂挥发太快，影响涂刷质量，过于炎热的天气不宜施工，阴雨天不得施工 （3）溶剂型涂料溶剂挥发较快，因而施工操作时不宜往复多次涂刷，否则由于涂料变稠，涂层表面会留有刷痕，亦有可能第一遍的漆膜会被重新溶解而影响涂层的质量 （4）溶剂型涂料中含有大量的易燃有毒的有机溶剂，施工时要加强防火、通风措施，操作工人要有口罩、手套、工作服等必要的安全防护措施

聚乙烯醇系内墙涂料施工实例见表 5-167。

聚乙烯醇系内墙涂料施工实例 表 5-167

工序名称		操作方法
主要施工工具		(1) 基层清理工具 油漆刮刀、钢丝刷子、扫帚等 (2) 涂刷工具 刮腻子刮板、漆刷、排笔或羊毛辊具 (3) 辅助工具 料桶、料勺、手提式搅拌器
主要材料		腻子材料和聚乙烯醇系内墙涂料
施工操作步骤	施工主要工序	清理基层→填补裂缝、孔洞→磨平→满刮腻子→磨光→第一遍涂料→第二遍涂料
	清理基层	如果混凝土或水泥砂浆基层上已涂刷过石灰浆涂层，在这样的墙面上如果不清除掉石灰层，直接涂装内墙涂料，会发生剥落现象，这是因为内墙涂料的涂膜与石灰面层的附着力往往大于石灰面层与混凝土或水泥砂浆基层的附着力，因而涂层容易连同石灰层一起脱落。为此应用油漆刮刀、钢丝刷、铁砂纸等铲除或磨掉表面石灰层，并扫除浮灰。对于已使用过油漆的墙面，由于油漆是油性物质，聚乙烯醇系内墙涂料是一种水性涂料，故不能很好粘结，会发生脱落现象。因此，对旧油漆墙面应用油漆刮刀、钢丝刷、铁砂纸等铲除或磨掉，然后用碱水冲洗，待干燥后才能进行下一工序的施工。对于已使用过墙粉的墙面，如直接涂刷内墙涂料会产生起壳、剥落、脱皮等不良现象。这是因为墙粉涂层厚，与基层粘结性差，当内墙涂料涂装在该墙面上以后，涂膜与墙粉面层之间的附着力大于墙粉与基层间的附着力，因此易脱落。此时，应用油漆刮刀、钢丝刷、铁砂纸等铲除或磨掉后才能再涂装内墙涂料
	填补裂缝与磨平	墙面上的气孔、麻面、裂缝、凹凸不平等缺陷应进行修补。经填补以后，表面往往凸起，须采用 0 号或 1 号铁砂纸打磨平整。打磨平整后，将表面粉尘及时清除干净
	满刮腻子	磨平后的墙面基层如果表面较酥松，则可以采用聚乙烯醇缩甲醛胶稀释液在墙面上涂刷一遍，然后再批刮腻子，经常使用的稀释液配比为聚乙烯醇缩甲醛胶(10%)：水＝1:3。如果基层状况较好，可以直接批刮腻子。满刮腻子可以填平基层的细小裂缝及凹孔，使基层平整，也可以使基层性状一致，在此基础上涂刷内墙涂料，能得到均匀的质感。尤其是有利于颜色的均匀性 内墙涂料的腻子通常由粉料与粘结材料组成，粉料最常用的有老粉、滑石粉、熟石膏粉等。老粉为白色粉状材料，细度在 80 目以上，由于价格便宜是腻子中主要粉料。滑石粉、质软、滑腻，具有防止腻子流坠，增加附着力的作用，并能改善涂刮施工性能。熟石膏粉组成的腻子干燥快，常用于填补较显著的凹处。常用的粘结材料有：聚乙烯醇缩甲醛胶、羧甲基纤维素(CMC)、石花菜胶等。通常将 CMC 加水调制成浆糊状，然后加入聚乙烯醇缩甲醛胶再加入老粉调制成呈厚浆糊状即成为腻子，可以涂刮 腻子刮涂方法：使用牛角刮刀或塑料薄刮板进行刮涂，刮涂时使刮板与墙面成 50°～60°倾斜角，然后往返涂刮，但往返次数不宜过多，否则会在腻子层表面造成卷曲现象，影响腻子对基层的粘附及涂层的平整性。刮腻子时要防止在腻子中混进砂粒，如有砂粒应及时除去，否则会出现划痕。腻子刮得太厚不易干燥，一般不宜超过 0.5mm
	磨平	腻子实干后，采用 0 号或 1 号铁砂纸打磨平整，打磨后，应将表面粉尘及时清除干净
	涂刷内墙涂料	待磨平后，可以使用羊毛辊具或排笔涂刷内墙涂料，一般要求的墙面，涂刷两遍就完成了。如果是高级墙面，则在第一遍涂刷的涂料干燥后，应复补腻子，然后再磨平，再涂刷第二、第三遍内墙涂料
施工注意事项		(1) 基层抹灰面泛白，无湿印，手抹基本干燥，含水率在 15% 以下时使用聚乙烯醇系内墙涂料较合适，如抹灰面的含水率在 25% 以上时，涂装后的涂层会大面积脱皮 (2) 该系内墙涂料通常气温在 10℃ 以上，相对湿度在 85% 以下施工比较合适。因为该系涂料在低温时易变稠，其黏度随气温变化较大，涂料的适宜施工粘度为 50～150s (3) 现场施工时不能用水稀释涂料(除某些品种规定可以稀释的以外)，否则施工后涂层会发生脱粉现象。施工时如发现涂料过稠不宜涂刷时，应按不同品种规定的稀释材料加以稀释 (4) 施工时发现涂料有沉淀现象，应用手提式搅拌器拌均才能施工

乳胶类内外墙涂料施工实例见表5-168。

乳胶类内外墙涂料施工实例　　　　　表 5-168

工序名称	操作方法
主要施工工具	(1) 基层清理工具 油漆刮刀、钢丝刷子、扫帚等 (2) 涂刷工具 羊毛辊具、排笔等 (3) 辅助工具 料桶、料勺、手提式搅拌器等
主要材料	合成树脂乳胶涂料如乙-丙内外墙乳胶漆、聚醋酸乙烯内墙乳胶漆、苯-丙内外墙乳胶漆、氯-醋-丙内外墙乳胶漆等
施工操作步骤	(1) 基层要求：要求基层表面平整，纹理质感均匀一致。否则会因光影作用使涂膜颜色显得深浅不一，影响装饰效果。基层表面不宜太光滑，太光滑会降低涂料对基层的粘结强度。要求基层表面含水率小于10%，pH值小于9。这是由于在未干燥的混凝土或水泥砂浆中，存在的游离水、可溶性盐、碱对涂层有损坏作用，会使涂层发生起泡、剥落、变色、粉化等现象。基层表面应坚实干净，浮土、脱膜剂、已粉化破碎的旧涂层必须铲除掉 (2) 基层处理：基层表面的浮土、粉化破碎的旧涂层可用油漆刮刀、钢丝刷等铲除，然后用扫帚扫干净。如为油类脱膜剂可用5%～10%的苛性钠溶液清洗后再用水洗净，干燥，然后才能涂刷涂料。基层表面的蜂窝麻面、裂缝等缺陷，应采用与涂料涂层相应的强度较高的腻子嵌平 常用的腻子材料配比如下：(重量比) 325 号水泥　　　　　　　100 10%聚乙烯醇缩甲醛胶　　20 水　　　　　　　　　　　适量 亦可以采用相对应的乳液加入填料或水泥组成腻子。若有大的裂缝，可采用合成树脂砂浆进行修补。为了增强基层与涂料的粘结力，可以在涂刷涂料前先涂刷一道与涂料体系相适应的冲稀了的乳液，这样稀乳液可以渗透入基层，能使基层坚实干净，增强与涂层的粘结性能
施工操作及注意事项	(1) 涂料施工前应检查基层是否符合要求 (2) 检查环境条件是否符合该种涂料的施工条件。一般的乳胶涂料应在10℃以上施工。如施工时温度低于涂料的最低成膜温度，施工后涂膜会发生龟裂或脱粉。外墙乳胶涂料下雨前后及大风天不宜施工 (3) 乳胶涂料应贮存在0℃以上的地方，使涂料不冻，不破乳。如涂料存放已过期，必须经质量检验合格后才能使用。如涂料已发生破乳或聚合，必须禁止使用。 (4) 使用涂料前必须搅拌均匀，一般乳胶涂料都有触变性，看起来很稠，一经搅拌稠度即变小。手工涂刷相对要稀一些。对于沉淀快的涂料必须随用随搅拌 (5) 施工时涂膜不宜过薄或过厚。过薄时，涂料性能不能充分发挥，过厚时又易流坠起皱，影响干燥。涂膜要充分盖底、不透虚影，表面应均匀，一般刷两道即可，必要时也可涂刷三道，在一般正常气候条件下每道间隔时间在 0.5～1h 之间

各色丙烯酸有光凹凸乳胶漆厚薄饰面施工实例见表 5-169。

各色丙烯酸有光凹凸乳胶漆厚薄饰面施工实例　　　表 5-169

序号	工序名称		操 作
1	施工准备	材 料	丙烯酸乳液,为奶白色黏稠状;凹凸乳胶底漆,为本白色无光稠厚糊状;各色丙烯酸有光乳胶漆,是由苯丙乳液加上颜料、填料和各种助剂,经过高度分散而成的一种水性涂料。需要某种颜色时再用色浆调配
		工 具	空气压缩机,喷枪,2、4、8mm 口径的喷头,抹子等
		作业条件	基层一般要求为水泥砂浆或混合砂浆、混凝土预制板、水泥石棉板等,处理合乎要求。含水率 10% 以下,pH 值在 7~10 之间。这可由墙面粉刷后龄期来掌握,新的水泥砂浆墙面,夏季置 3~7d;新的混凝土墙面,冬季则需置 10~15d,夏季需置 7d
2	操作工艺	喷涂凹凸乳胶底漆	采用 6~8mm 喷头,喷涂压力 0.4~0.8MPa。喷涂后停 4~5min(温度 25±1℃,相对湿度 65%±5% 的条件下),由一人用蘸水的铁抹子在喷涂表面轻轻抹压,并始终沿上下方向进行,使饰面呈现立体图案
		面层喷涂各色丙烯酸有光乳胶漆	在喷完凹凸乳胶底漆后,间隔 8h,用 1 号喷枪喷涂,压力为 0.3~0.5MPa。一般喷涂两道为宜,待第一道漆膜干后再喷第二道
		分格缝处理	基层原有分格缝时,揭下后,再根据设计重新描涂
3	注意事项		1. 涂料应放在干燥通风的库房内,贮存温度应在 0℃ 以上。若漆冻结,可在暖和处缓缓恢复 2. 使用前要充分搅拌均匀,喷涂黏度可根据气温和施工要求适当加水稀释予以调整,勿与有机溶剂相混 3. 施工时基层温度应在 5℃ 以上 4. 要待头道漆膜干后,才能再喷刷第二道涂料 5. 喷涂凹凸乳胶底漆时,可根据其稠度适当调节喷涂压力。先喷样板,根据效果确定图案和喷涂工艺 6. 大风或下雨时,不宜施工

彩色弹涂饰面施工实例见表 5-170。

彩色弹涂饰面施工实例　　　表 5-170

工序名称		操 作
施工准备	材 料	白水泥、白乳胶漆、108 胶、106 涂料、大白粉、纤维素和耐晒、耐碱的矿物颜料
	机 具	彩弹机及附属用电设备和大小钢皮刮板、羊毛排笔、60~80 目棚筛、橡皮刮板 （彩弹机构造示意图：料斗、筒身、变速轮、中轴、弹棒、电机、手柄；料斗、筒身1、中轴、弹棒、摇把、木柄） 彩弹机构造示意图
	作业条件	气温不低于 5℃,基层处理符合要求

续表

工序名称		操作
操作工艺	准备工作	作好弹线分格,粘贴分格条
	配制底层色浆及弹点色浆	底层色浆的配合比(重量比)为白水泥:108胶:颜料:水＝1:0.13:适量:0.8,过80目棚筛,2h内用完。弹点色浆配合比为:白水泥:107胶:颜料:水＝1:0.1:适量:0.4,过60目棚筛,4h内用完。用灰浆搅拌机拌和。先将水泥与颜料按比例干拌均匀后,过筛,再按照顺序将经称量的水泥与颜料的混合料、108胶及水投入搅拌机拌2min,均匀后即可使用
	涂饰底层色浆	喷涂或刷涂底层色浆一至二遍,盖住底子即可,刷浆厚度要均匀,正面看无排笔接头茬,内不起壳,外不掉粉,色泽一致,无透底和流坠。色浆要在2h内用完
	弹花点	在弹涂作业前,应先检查色浆稠度是否适宜,并用彩弹机进行试弹。彩弹机中装料不可太多,以弹出成型的直径为3～6mm的圆点为宜。太稠则喷出尖点,太稀则喷出平点,装饰效果不理想。如采用套色做法,弹涂由浅到深再到白色的点。可同时使用3～4个彩弹机,每一个人弹涂第一道浅色点,第二个人弹涂第二道较深的色点,第三个人弹涂深色点,第四个人弹涂白色点,补充前三道色点不均匀处。弹时注意遮挡分界线,不把花点弹到别的饰面上
	压花纹	当墙面所弹花点有2成干时,就可用钢皮刮板轻压花点,使之成为花纹状,压花纹用力要均匀,刮板要刮直。每刮一次,都要擦干净。花纹应均匀一致,无接头、无拼缝、无批刮印痕,要紧贴基层无翻卷 也有不进行此工序,而直接喷罩面层涂料的
	喷涂罩面层涂料	色点弹涂作业完毕后间隔24h即可喷罩面层涂料。如是外墙,可用配合比为191丙烯酸清漆:香蕉水＝1:2的防水剂或甲基硅树脂,要求均匀,透明度好,无漏喷、发白、流坠等缺陷 若作彩色弹涂滚花,则在压花纹的工序后,严格按样板配合比,调配好滚花用色浆,在墙面滚花。滚花时,手要平稳,一滚到底,滚第一行前,弹好垂直线。这种彩色弹涂滚花工艺,主要以聚醋酸乙烯乳胶漆或106涂料为主要基料,把弹涂与滚花结合在一起,适合于室内装饰
注意事项		1. 彩色弹涂所用的色浆,要严格按照实样的比例统一配料,一次制作。每种色浆配好后,应保留一些,以备局部修补用 2. 不在同一视线下的作业面,以同一人操作为宜。自上而下,按顺序刷浆,不应有排笔花印,上、下排架子处要注意接头,不留明显接茬 3. 彩弹机口与墙面距离和弹点速度,应始终保持一致,以保证弹点均匀 4. 彩弹机起动后,先空转5min左右,然后再投入使用。连续使用4h或停机15min以上,必须将料斗和操作箱清洗干净 5. 基层嵌批、涂刷和面层弹点、滚花所用腻子和色浆,应用同类型材料配制 6. 弹涂、滚花所用材料,系酸、碱性物质溶液,不宜用黑色金属容器盛装

喷塑建筑涂料饰面施工实例见表5-171。

喷塑建筑涂料饰面施工实例　　　表5-171

工序名称		操作
施工准备	材料	底釉,乙烯-丙烯酸共聚乳液,喷塑骨架涂料,面釉
	工具	空气压缩机,工作压力0.5～0.6MPa,排气量0.6m³/min;耐压风管1.8MPa;喷枪采用2、4、8mm口径的喷头;电动骨料搅拌器、薄钢板抹子、油刷、油辊等
	作业条件	基层处理合乎要求,pH值在7～10之间,含水率小于10%,环境温度5℃以上,相对湿度不超过85%,风速应小于5m/s。最佳施工条件为气温27℃,相对湿度50%,无风
工艺流程		喷刷底釉(底胶水)→喷点料(骨架)→喷点→喷涂面釉

续表

工序名称		操　作
操作要点	喷(刷)底釉	用油刷或1号喷枪将底釉涂布于基层上
	喷点料	将喷点料密封在塑料袋中,塑料袋又装在密封的白铁桶内,并注水保养。调制时按配比称用桶内保养水并加入喷点料搅拌成糊状,即可使用。黏度、压力调整合适后,按样板施工,一人持喷枪喷,一人负责搅拌骨料成糊状,一人专门添料。喷涂时可通过调节压力和喷枪口径大小及喷涂的厚度,来获得不同的图案
	压花	点料上墙5~10min后,由一人用蘸松花油的塑料辊在喷点面上轻轻均匀用力地碾压,始终朝上下方向滚动,使滚压后的饰面呈现具立体感的图案
	面釉喷涂	面釉色彩按设计要求一次性配足,以保证整个饰面的色泽均匀。在喷点料12~24h后,可用一号喷枪(压力调至0.3~0.5MPa)喷第一道水性面釉。第二道用油性面釉
	分格缝上色	基层原有的分格条喷涂后即行揭去,分格缝可根据设计要求的颜色重新描涂
注意事项		1. 基层处理时所用腻子可用有光乳胶漆加适量的粉料调成,切不能用大白粉、纤维素等强度低的原料做腻子,否则因表面强度低,涂膜会出现起皮、脱落等现象 2. 风力较大或雨天要停止施工 3. 每个工作面须连续喷涂,接茬留在阴角,以免露接茬痕迹。 4. 面釉需一次配足,以保证整个装饰面的色泽均匀,深浅一致。第一道面釉干后再喷第二道,常温下两道施涂的时间不应少于4h

彩砂涂料喷涂施工实例见表5-172。

彩砂涂料喷涂施工实例　　　　　　表5-172

工序名称	操　作　方　法
主要施工工具	(1) 基层清理工具 油漆刮刀、钢丝刷子、扫帚等 (2) 喷涂工具 手提斗式喷枪、空气压缩机 (3) 辅助工具 料桶、料勺、手提式搅拌器等
主要材料	乙-丙彩砂涂料、苯-丙彩砂涂料、砂胶外墙涂料
基层要求与准备	(1) 要求基层平整干净,含水率小于10%,pH值小于9。基层表面浮土、脱模剂等沾污物应用油漆刮刀、钢丝刷子等剔涂 (2) 基层表面缺棱掉角、孔洞、裂缝、麻面等应采用聚合物水泥腻子修补。常用的腻子由聚乙烯醇缩甲醛胶与水泥配制,其配比为:聚乙烯醇缩甲醛胶:水泥:水=20:100:适量。为了减少基层的吸水性,可在清理后的基层上涂刷一道聚乙烯醇缩甲醛胶稀溶液。即胶:水=1:3。也可以涂刷一道与涂料相应的乳液稀溶液 (3) 为了提高装饰性能,便于施工接茬,加强涂层整体质感,可作适当的装饰性分格缝
施工操作步骤	(1) 施工前应复查墙面是否符合施工要求,施工环境条件(如温度、湿度等)是否符合涂料品种要求,如不符合应停止施工 (2) 先将彩砂涂料搅拌均匀。调节压缩空气使压力保持在6~8kg/cm^2,如压力过低,料液出料慢,压力过高砂粒容易回弹,涂料消耗大 (3) 喷涂操作。将涂料装入喷斗。喷涂时控制压力6~8kg/cm^2,喷斗与墙面垂直距离约50cm左右,喷枪运行时,喷枪必须与被涂面垂直,并在与被涂面平行的面内移动。喷涂时,一般中间涂料密,两旁稀疏,因此每行约有1/3要重复运行,喷枪的运行速度应保持均匀,运行过快,涂膜比较薄,颜色会不均匀,遮盖力会差,过慢会造成局部涂料过厚。喷枪口径视砂粒大小而别,一般为5~8mm。喷涂的厚度通常为2~3mm

续表

工序名称	操作方法
操作注意事项	(1) 涂料应用手提式搅拌器搅拌均匀。不能随意加水,如发现涂料太厚,应按产品规定加入稀释剂 (2) 一般喷涂一道便可以了,如发现涂层局部有未盖底现象,应在涂层干燥前喷涂修补 (3) 在喷涂施工过程中,若发现喷枪口径因粗集料的磨损而变大时,应立即调换喷枪头子,否则会影响施工质量 (4) 下雨天或高湿度情况下应停止施工 (5) 施工后,应及时将喷枪等工具洗刷干净

彩砂薄抹涂饰面施工实例见表 5-173。

彩砂薄抹涂饰面施工实例　　　表 5-173

工序名称		操　作
施工准备	材　料	彩砂薄抹涂料(密封容器贮存,有效期 6 个月,存贮温度 0~40℃)、基层封闭涂料、彩色石屑、罩面涂料
	工　具	手提式电动搅拌器、刷子、不锈钢或塑料抹子、塑料水桶、灰勺、抹布、分格条
	作业条件	基层须是混凝土、水泥砂浆、水泥石棉板或纸面石膏板,不宜在混合砂浆基层上做玻璃彩砂饰面,以免起鼓脱落。基层处理要合乎要求,含水率不得大于 10%,施工环境温度 10℃以上
工艺流程		清理基层→抹底灰养护后自然干燥→涂刷基层封闭涂料→弹线分格→涂抹彩砂→抹压→喷罩面胶→成品保护
操作要点	基层处理	同一般饰面的基层处理要求
	抹底灰	对混凝土基层可涂刷 YJ 302 混凝土界面处理剂一遍,待干燥后,再抹水泥:砂子=1:3 的底灰,再用 1:2.5 水泥砂浆罩面,抹平压实后,用水刷带毛 为保证装饰质量,使其平整、顺直,按中高级抹灰墙面质量要求检查
	涂刷基层处理剂	待墙面抹灰养护好,自然干燥,含水率降至 10%以下,即可开始抹彩砂。先用毛刷涂刷基层处理剂两遍,要均匀、不漏刷。其作用为封闭、减缓干燥基层从粘结胶过多地吸取水分
	弹分格线	按设计要求,弹好分格线,粘分格条,要求水平、垂直、宽窄一致
	抹涂彩砂	彩砂涂料应用电动搅拌器搅拌均匀,抹涂厚度 2~3mm,薄薄的满抹一遍成活,不得留有明显的抹痕、接茬,要抹光,趁湿揭下分格条,要仔细慢揭,不得损坏抹好了的涂层
	抹　压	根据施工现场的环境温度、湿度、日照、风力等情况,视涂层干燥程度掌握抹压时间,一般以砂粒微显、乳液微缩、颜色变深、不粘抹子为准。抹子一定要保持干净,压时先将抹子用湿布揩干净,然后抹压拍实。要仔细小心,以平整、表面无抹痕、麻坑为好,一定要将砂粒压平、压倒,否则会因光影效果而使饰面显花,但要防止压糊
注意事项		1. 抹涂饰面时要注意边、角、棱、线的垂直、方正、平整 2. 24h 内避免接触水、大风、雨雪天室外应停止作业,对未彻底、无强度的饰面要采取防水、防污、防尘、防冻、防磕碰的措施 3. 抹涂施工为"软接茬",否则会留下接茬痕迹。故操作休止段,最好以分格线、装饰线、腰线为准,整片墙面分段 4. 饰面干燥后就不好修补,故趁未干时仔细检查,及时修补缺陷,但不得压糊,留下痕迹

聚合物水泥砂浆涂料滚涂施工实例参见表 5-174。

聚合物水泥砂浆涂料滚涂施工实例 表 5-174

工序名称	操 作 方 法
主要施工工具	（1）基层清理工具 油漆刮刀、钢丝刷子、扫帚等 （2）涂刷工具 泡沫塑料辊具或由橡胶制成的表面为平面或刻有各种花纹图案的辊具 （3）辅助工具 料桶、料勺、手提式搅拌器等
主要材料	（1）聚合物水泥涂料：例如白水泥与聚乙烯醇缩甲醛胶或聚醋酸乙烯乳液组成的聚合物水泥涂料 （2）合成树脂厚质涂料
基层要求与处理	（1）要求基层平整干净，若在混凝土墙面上滚涂施工，当偏差不超过要求时，可不作底层砂浆。但基层上的脱模剂、浮土等沾污物应清除干净。滚涂前若有棱角损坏或表面凹凸应事先修理好 （2）为了提高墙面的装饰效果可采用分格方法，分格条常用的有纸条或电工用的绝缘胶布条（黄蜡布条） 分格条施工方法为：在分格线处抹一薄层白水泥砂浆，并压实抹光，滚涂前将沾有聚乙烯醇缩甲醛胶的分格条贴上，滚涂做完后当日将分格条揭下，分格缝也可以按要求刷涂有色涂料
施工操作及注意事项	滚涂操作工艺为，清理底层→粘贴分格条→涂抹涂料→滚涂→修理及揭取分格条→罩面涂料 （1）基层经清理及粘贴分格条后可以滚涂施工。滚涂时将拌好的聚合物水泥浆涂料（或其他类型厚质浆状涂料）用刮腻子的胶板均匀地刮到墙面基层上，厚度约 2~3mm，一人在前边刮，一人手拿小辊子在后面滚成花纹，持辊人要紧跟涂抹人，相隔时间不宜过长，过长会产生滚涂困难 （2）操作时辊子运行不要过快，为了取得花纹一致，应随时调整。如果发生问题应及时返修，事后较难修补，易造成花纹不一致现象 （3）施工时一般先做阴阳角及较小面积，然后转入大面积施工 （4）滚涂时发现涂料过干时，不能在墙面上洒水，应在料桶内加少量水拌和（如乳胶厚涂料应按涂料稀释方法加以稀释），并要考虑涂料稠度一致，以防止出现"花脸"现象 （5）每日应按分格块或分段做完，不得任意甩搓。当日应将分格条揭下，并及时修补缺陷和清洗工具 （6）为了提高表面的装饰性，可以在涂层面上罩涂其他涂料，如喷涂或刷涂有机硅溶液、溶剂型丙烯酸系外墙涂料、外墙乳胶涂料等 （7）施工应注意的其他事项 水泥、砂子应过筛除去粗粒及杂质。聚合物水泥涂料现场配制的对配合比、砂子粒径、含水率、含泥量、涂料稠度、搅拌方式、滚涂次数等方面都要进行严格控制，如控制不严易出现"花脸"现象，影响装饰效果。应注意基层的含水率，如有集水时会造成泛碱现象。操作时如有飞溅物沾污门窗等处应及时清洗除去，大雨或大风天不宜施工

二、地面涂料施工实例

溶剂型地面涂料施工实例见表 5-175。

溶剂型地面涂料施工实例 表 5-175

工序名称	操 作 方 法
主要施工工具	（1）地面清理工具 油漆刮刀、钢丝刷子、扫帚等 （2）批刮腻子工具 刮板 （3）涂刷工具 油漆刷子 （4）辅助工具 料桶、料勺等

续表

工序名称	操 作 方 法
主要材料	(1) 过氯乙烯类地面涂料 (2) 聚氨酯类地面涂料 (3) 环氧树脂类地面涂料 (4) 其他耐磨性优良的合成树脂有机溶剂溶液均可以组成溶剂型地面涂料
基层要求与处理	(1) 新施工的地面,必须待充分干燥后,pH 小于 9,才能施工。经过清洗后的地面亦应干燥后才能施工,一般基层含水率应低于 7% (2) 地面浮灰可采用油漆刮刀、钢丝刷子、扫帚等清除 (3) 表面沾有油迹或其他油漆等污染物,应用溶剂擦洗干净。如旧地面沾污过多时可选用苛性钠或石碱溶液擦洗,然后再用清水洗净,待充分干燥后才能涂刷溶剂型地面涂料
施工步骤	(1) 在清理干净和干燥的水泥地面上,涂刷底涂料一遍 (2) 涂刷底涂料后隔一天,批刮配套腻子,先将水泥地面上的裂缝、孔洞等处填平,待干燥后再满批腻子 2~3 遍(根据基层的平整程度决定),每批刮一次腻子,干后用砂纸磨平,清扫后才能批刮下一次腻子,后一次腻子应与上一次腻子批刮方向相交叉 (3) 最后一遍腻子干燥、打磨、清扫后即可涂刷面层涂料,涂刷方法与一般油漆相同。第一遍面涂料完全干燥以后,经砂纸打磨、清扫干净,再涂刷第二遍面涂料,面涂料一般涂刷 2~3 遍,可依使用要求而定 (4) 涂刷施工完毕应在空气流通的情况下养护 6~8d,打蜡后再使用
施工注意事项	(1) 底涂料及腻子应按与面涂层材料配套 (2) 应在腻子层干透后才涂刷面涂料,否则易产生鼓泡、起针孔、涂层粗糙不光等现象 (3) 如采用非固化型地面涂料,在涂刷第二遍或第三遍面涂料时漆刷不宜多次来回涂刷,以免将第一遍涂层溶解而产生脱膜及起皱现象,一般以漆刷一横一直涂刷为宜 (4) 涂料的干燥时间与涂料性质、空气温度、湿度及空气流通等条件有密切关系。溶剂型涂料,在一般情况下每次涂膜在 24h 左右即可全部干燥。未干的涂料会有发黏现象。如发黏不能进行下道工序 (5) 面涂料涂刷遍数越多,则涂层的耐磨性及光滑性越好 (6) 涂料使用前应先搅拌均匀,黏度过大时,可适量加入溶剂(按不同产品规定) (7) 溶剂型涂料中的有机溶剂在施工时易挥发,具有一定的刺激性,在操作时应注意通风,在施工时间过长的情况下,如感到头晕,可到室外清醒一下,消除不适现象 (8) 涂料中的有机溶剂易燃,因而施工现场严禁烟火,注意防火

聚合物水泥地面涂料的副涂施工实例参见表 5-176。

聚合物水泥地面涂料的刮涂施工实例 表 5-176

工序名称	操 作 方 法
主要施工工具	(1) 地面清理工具如油漆刮刀、钢丝刷子、扫帚、拖把等 (2) 涂布工具刮板 (3) 涂料浆配制工具常用手提式搅拌机、料桶、过滤网筛 (4) 划格工具木制直尺、钨钢划刀、记号笔 (5) 罩面涂刷工具粉刷工用的排笔或羊毛辊具 (6) 打蜡工具涂蜡回丝、打蜡刷、铁拖把

续表

工序名称	操 作 方 法
主要材料	主涂层材料 (1) 聚乙烯醇缩甲醛胶聚合物水泥地面涂料 (2) 聚醋酸乙烯乳液聚合物水泥地面涂料 (3) 聚乙烯醇缩甲醛胶与聚醋酸乙烯乳液复合聚合物水泥地面涂料 此外氯丁乳胶、丁苯乳胶、天然乳胶、丙烯酸共聚乳液等与水泥组成的聚合物水泥涂料亦可使用 罩面用涂料 (1) 乳液型地面涂料：氯-偏共聚乳液地面涂料、丙烯酸酯合成乳液地面涂料等 (2) 溶剂型地面涂料
基层要求与处理	被涂布的地面状况对涂层的质量影响很大，如基层存在浮灰、油迹或过分干燥都会降低涂层与地面的粘结力，严重时会产生脱壳现象；基层高低不平或有大的凹洞，都会影响涂层的施工质量。如果地面高低不平而想依靠增加涂料次数是不能达到地面平整的目的，因此在施工前必须预先填平，否则施工后地面涂层仍会出现凹洞 (1) 先用油漆刮刀、钢丝刷子将地面残留砂浆、浮灰、油迹及凸起部分清除，并用水洗刷干净，待干燥后，再用水泥拌入少量聚乙烯醇缩甲醛胶配制成的腻子进行局部批嵌，将孔洞及凹处填平 (2) 涂层施工开始前应用湿拖布润湿地面并除去浮灰 (3) 如果原地面严重起砂，可以采用聚乙烯醇缩甲醛胶：水＝1∶1的稀释液均匀涂刷地面一次，待稍干后即可以施工
施工步骤	(1) 把配制好的水泥涂料浆倒在经过处理的基层地面上，用刮板用力均匀涂布开，每次涂层厚度约在0.5mm左右 (2) 待前一道涂层稍干后即可以涂刮第二道，前后两次施工应纵横交错涂刷，一般涂刷3～4次即可 (3) 最后一次涂刷完成后，隔天用0号铁砂纸磨平 (4) 经砂磨后的涂层表面无光，为了提高地面涂层表面的耐磨性、光洁度，可以涂刷罩面涂层。一般涂刷二道，待干燥后，表面颜色均匀，光洁美观 (5) 使用前可以上少量地板蜡
施工注意事项	(1) 为了防止涂层起壳、脱皮，基层必须洗刷干净，含有一定的水分 (2) 为了使涂层颜色均匀，水泥涂料配制时必须过筛，拌料均匀 (3) 涂刮两道涂料之间，间隔不宜太长，如果天气很干燥，发现前一次涂层已很干，应用水湿润后再涂刮下一道涂层 (4) 如采用合成树脂乳液聚合物水泥涂料应注意乳液的最低成膜温度，一般宜在10℃以上施工 (5) 水泥涂料浆应在2～3h内用完，施工结束后，工具及盛器应用水洗净，时间长了就不容易洗净 (6) 施工完成后，隔天采用细的铁砂纸(0号)磨平，时间长了就不容易磨平 (7) 如果表面需划成方格或席纹状，必须在涂刮完成后的隔天，用0号铁砂纸磨平后划格，划格后再进行涂刷面层涂料 (8) 地面涂层干燥后，即可罩乳液型地面涂料，如用采溶剂型地面涂料罩面一般应在7d以后

三、防水涂料施工实例

聚合物改性沥青防水涂料施工实例参见表5-177。

第七节 施工实例

聚合物改性沥青防水涂料施工实例　　　　表 5-177

工序名称		操作方法
材料		(1) 溶剂型聚合物改性防水涂料 为防水层主体材料 (2) 胎体增强材料 有聚酯或其他化纤无纺布、玻纤网布等几种,用以增强附加防水层和需要作增强处理的涂膜防水层 (3) 密封材料 橡胶改性沥青密封膏、聚氯乙烯塑料油膏等 (4) 溶剂 汽油、二甲苯等,或由防水涂料厂家所指定的溶剂 (5) 保护层材料 非上人屋面应用浅色涂料作保护层,采用丙烯酸涂料加入 20%的铝粉配成。亦可用其他颜料加入配成。还可用砂(粒径小于 1mm,无棱角)、云母或蛭石等作保护层 (6) 108 胶水泥砂浆(或阳离子氯丁胶乳水泥砂浆) 用于找平层补缺,顺平
工具		(1) 小平铲、扫帚、墩布、高压吹风机 清理找平层 (2) 铁抹子 修补找平层 (3) 拌桶 现场配料用 (4) 油漆桶 装料用 (5) 塑料或橡皮刮板 涂布涂料用 (6) 小刮板 在细部涂布涂料 (7) 长把滚刷、油漆刷 涂基层处理剂和防水涂料用 (8) 剪刀 裁胎体增强材料用 (9) 铁锹 拌和水泥砂浆用 (10) 灭火器 为化学溶剂专用的消防器材
施工步骤	清理找平层	清理基层,含水率简测法(小于 9%)
施工步骤	细部构造增强处理	屋面天沟、檐沟、檐口、女儿墙泛水等部位极易开裂,是易发生渗漏的部位,应多道设防,以适应基层变形的需要 ① 女儿墙泛水防水做法 涂膜在女儿墙的泛水部位的砖墙上不留凹槽(因为涂膜和基层粘结很牢),可一直涂刷到压顶下。和防水卷材施工一样,压顶也应用卷材或涂膜或镀锌铁皮做防水处理,附加层用胎体增强材料的涂膜做成,在立面和平面各涂 250mm 以上 泛水防水构造 1—涂膜防水层; 2—有胎体增强材料的附加层; 3—找平层;4—保温层; 5—密封处理;6—压顶防水层

续表

工序名称		操作方法
施工步骤	细部构造增强处理	② 天沟、檐沟防水做法 天沟、檐沟和屋面交接处,时因变形发生位移或裂缝,此处应加填密封材料,转角处用弹性好的高分子防水卷材作空铺附加层(宽200~300mm),其上涂一层有胎体增强材料的附加涂膜防水层,最外面是防水涂层。后两层可从屋面经沟底直铺到女儿墙或立墙压顶下 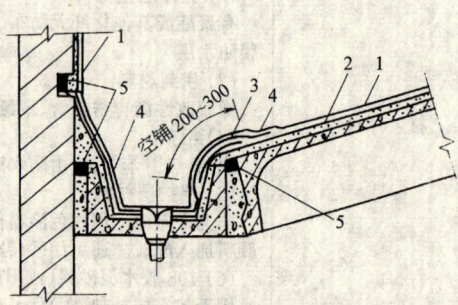 非保温屋面天沟、檐沟防水构造 1—涂膜防水层;2—找平层;3—空铺卷材附加层; 4—有胎体增强材料的附加层;5—密封材料 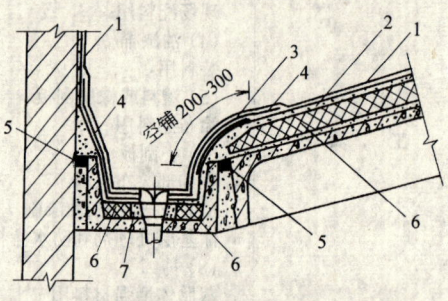 保温屋面天沟、檐沟防水构造 1—涂膜防火层;2—找平层;3—空铺卷材附加层; 4—有胎体增强材料的附加层;5—密封材料; 6—保温层;7—混凝土支座 ③ 檐口防水做法 无组织排水檐口处,将防水涂层伸入檐口凹槽内,多遍涂刷或用密封材料封严,以避免收头处翘起,其厚度与檐口平面抹平 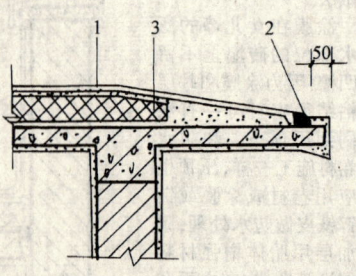 檐口防水构造 1—涂膜防水层;2—密封材料;3—保温层

续表

工序名称		操作方法
施工步骤	细部构造增强处理	④ 水落口防水做法 水落口与檐沟或天沟相通,雨水汇集,很易发生渗漏。做防水处理时,把水落口杯和屋面交换处拓宽拓深为宽、高各 20mm 的凹槽,用密封材料嵌填封实,以堵塞渗漏通道。然后再在水落口周围直径 500mm 处范围内铺设两层带有胎体增强材料的附加涂层,并深入到水落口杯内 50mm 处。外面再涂防水涂层,排水坡度不应小于 5% 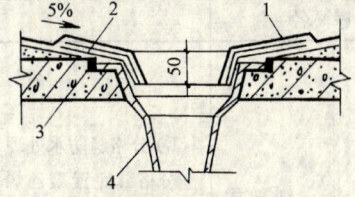 涂膜防水屋面直式 水落口防水构造 1—涂膜防水层;2—二层胎体增强材料附加层;3—密封材料;4—水落口杯 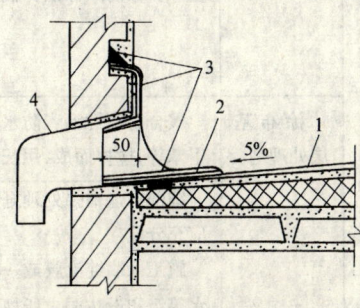 涂膜防水屋面横式水落口防水构造 1—涂膜防水层;2—二层胎体增强材料附加层;3—密封材料;4—水落口杯 ⑤ 伸出屋面管道的防水做法 伸出屋面管道周围做成高 30mm 的圆锥台,30% 找坡,圆锥台与屋面交接部位,做成 20mm×20mm 的凹槽,内填密封材料,再从圆锥边沿处起,用一布二涂的方法铺加有胎体增强材料的附加涂层,外再涂防水涂层,两层一起在管根上方 250mm 收头。收头处用防水涂料多次涂刷或用密封材料封固 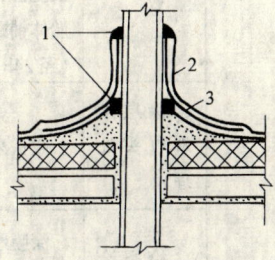 伸出屋面管道防水构造 1—密封材料;2—涂膜防水层; 3—带胎体材料的涂膜附加层 ⑥ 变形缝防水处理 变形缝(立墙高度不应低于 250mm)和层面交接处,用带胎体增强材料增强的防水附加层从屋面涂到立面,两面的宽度分别不少于 250mm。外面再涂防水涂层,从屋面直涂到缝顶平面。缝内填塞沥青麻丝或泡沫塑料。缝顶部盖一向缝中下凹的高分子防水卷材,凹槽上放聚乙烯发泡圆棒作衬垫材料,上面再用高分子封盖材料作 Ω 状覆盖,并和防水涂层粘结在一起 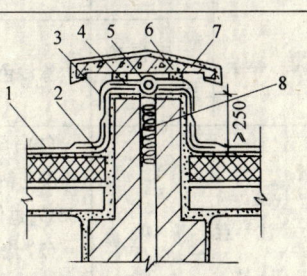 变形缝防水构造 1—涂膜防水层;2—有胎体增强材料的附加层;3—封盖卷材;4—下凹卷材; 5—衬垫材料;6—混凝土盖板; 7—水泥砂浆;8—沥青麻丝

续表

工序名称		操作方法
施工步骤	细部构造增强处理	⑦分格缝防水处理 分格缝底置聚乙烯泡沫背衬材料，上填密封材料并略作凸状，其上用弹性好的高分子防水卷材铺贴，和密封材料作空铺，但和大面防水涂层作满粘 保温屋面分格缝密封防水构造 1—合成高分子附加卷材；2—密封材料； 3—背衬材料；4—保温层；5—板缝
	涂布基层处理剂	聚合物改性沥青防水涂料的基层处理剂是用该防水涂料加30%~50%的溶剂（汽油、二甲苯等）搅拌而成，用长把辊刷（细部构造处用油漆刷）涂刷，不得漏涂，不得堆积，厚0.2mm
	涂布防水涂层	细部构造增强处理好，并且基层处理剂表干后，即可涂布大面防水涂层，施工前，除水涂料应充分搅拌 施工采取纯涂膜或一布多涂的形式。如用前者，防水层可四涂、六涂或八涂来达到屋面防水等级和设防要求所规定的厚度，每遍涂布用量不得超过1kg/m²，厚度在0.3~0.5mm之间；前遍涂层表干后，再涂后遍；涂布遍数越多，每遍用量应越少；屋面阴阳角和立面应薄涂多遍，不得流淌、堆积。固化后，涂层应平整，厚薄均匀，四遍厚1.5~1.8mm，六遍厚2~2.5mm，八遍厚3~3.5mm，如是一布多涂，则应在第一遍涂布后，立即铺贴胎体增强材料，胎体铺贴应平坦整齐，不得扭曲皱折和有底部气泡，与涂料应粘贴牢实。第一遍涂层干后（经24h后）即可涂下一遍，直至达到所要求的厚度（即涂层固化后的厚度）
	涂层末端收头处理	收头采取多次涂刷或用与防水涂料相溶的密封材料封严收头
	检查涂膜防水层质量	涂膜厚度的检查，采用针刺法，几处测平均厚度，如小于规定值，应补涂遍数，以达到所要求的厚度，如涂膜厚度已达到规定值，针刺眼应用涂料补涂封严 渗漏和排水畅通实验，应在涂膜固化后进行，或雨后，或淋水2h，有条件则作贮水24h试验，如无渗漏或排水通畅，即为合格
	作保护层	涂浅色涂料保护层或撒微细砂、云母或蛭石
注意事项		（1）严禁在雨、雪天或预计有雨、雪的天气里施工，因为水会严重影响深层与基层、涂层与涂层的粘接力，使之不能成为一个防水整体；五级及以上大风不能施工；施工温度-5~35℃，过低，涂料过稠，难以涂刷，过高，溶剂挥发太快，影响成膜质量 （2）涂料用小料桶随盛随涂，大料桶涂料随倒随盖封，以防溶剂挥发；溶剂贮运，注意通风，防火；施工场地严禁烟火、通风，配置溶剂用灭火器 （3）施工完毕，工机具应立即用溶剂清洗干净，以备下次施工再用

聚氨酯防水涂料施工实例见表5-178。

聚氨酯防水涂料施工实例   表 5-178

工序名称	操作方法
材　料	① 甲组分 聚氨酯预聚体,用量 $1\sim1.5kg/m^2$,涂膜成膜物质 ② 乙组分 固化剂,为胺类或羟基类物质,另含有适量的煤焦油、增塑剂、防霉剂、促进剂、增黏剂、填料等,用量为 $1.5\sim2kg/m^2$,用于成膜 ③ 基层处理剂 用甲组分:专供底涂的乙料按 1:3～1:4 配合搅拌均匀即可 ④ 胎体增强材料 聚酯纤维或其他化纤无纺布,或玻纤布,用于附加涂层增强或某些部位防水增强 ⑤ 密封材料 聚氯乙烯塑料油膏、橡胶改性沥青油膏、SBS 沥青弹性密封膏等,用于嵌缝密封、收头 ⑥ 浅色涂料或装饰涂料 作涂膜防水层的保护层 ⑦ 磷酸或磺酰氯 缓凝剂 ⑧ 二月桂酸二丁基锡 促凝剂 ⑨ 二甲苯、乙酸乙酯 涂料稀释剂,工、机具清洗剂 ⑩ 108 胶、425 号水泥 配水泥砂浆
工、机具	① 电动搅拌器,称量器 配防水涂料和基层处理剂用 其余同聚合物改性沥青防水涂料施工
施工步骤	① 清理找平层 包括检测含水率(小于 9%) ② 涂布基层处理剂 聚氨酯防水涂料的基层处理剂是用聚氨酯预聚体和基层处理剂乙料按 1:3～4 的比例配合搅拌而成或用甲组分(聚氨酯预聚体):乙组分(固化剂加其他辅助料):稀释剂(二甲苯)=1:1.5:2 混合搅拌后而成 大面积用长把辊刷涂刷,细部构造部位用油漆刷仔细涂刷。同样,不能在一处反复涂刷,涂刷应均匀、平整,不得漏涂、堆积。视天气情况,基层处理剂应干燥 $4\sim24h$ 后才能进行下一工序施工 ③ 细部构造增强处理 用防水涂料、胎体增强材料、密封材料等在各细部构造部位作增强处理,附加防水层采取二涂(防水涂料)一布(胎体增强材料),但第二涂须在第一涂基本干燥(手触不粘)后实施 ④ 配制聚氨酯防水涂料 现配现用,所配涂料应在 2h 内用完(一般双组分涂料和粘结剂都应注意这点) 配制法是甲组分:乙组分=1:1.5 或甲组分:乙组分:溶剂(二甲苯)=1:1.5:0.3(或按生产厂家给出的配比)混合搅拌,约 5min 即可 ⑤ 涂布防水涂料 细部构造增强附加防水层固化后,可进行大面防水涂层的涂布、涂布用长把辊刷(大面积)或橡皮刮板(面积较小)涂刷。施工时顺一个方向均匀地涂,用量不能过多,企图立即达到预定厚度($\geqslant2mm$),这样厚度不均匀,且固化不好,很影响涂膜质量,应多遍涂刷,逐步达到厚度(一般五遍)。每次涂布约须 6h 才能固化,涂层不粘手就可进行下次涂布。当然,也可以根据工作需要,加缓凝剂或促凝剂来调节。多遍涂刷一般不易漏涂,但必须均匀平整,不能堆积 ⑥ 涂膜末端收头处理 收头处用多遍涂刷或用密封材料封严

工序名称	操作方法
施工步骤	⑦ 涂膜质量检查 渗漏积水实验,雨后或淋水 2h 检查,如无渗漏和流水畅通即为合格 涂膜厚度用测厚仪进行,每 100m² 测一处,每一屋面不得少于三处,取平均值。测时,不得切割取片破坏防水层整体性,用针刺法测厚最好,但测后,针刺处应作修补 ⑧ 作保护层 涂膜固化,并经检验合格后,可用浅色或装饰涂料作保护层
注意事项	① 聚氨酯防水涂料严禁在雨、雪天或预计有雨、雪天施工,施工中遇雨、雪,应立即停止施工,待雨、雪停并干燥后继续施工。有五级及以上的大风不能施工。施工温度在 -5~35℃ 之间 ② 涂料不能配得过多,并且一次用完,现配现用 ③ 涂料成膜固化过快或过慢,影响施工时,应加入缓凝剂(加入量不超过甲料的 0.5%)或促凝剂(加入量不超过甲料的 0.3%)。 ④ 甲、乙料都有毒、易燃,应密封贮运,仓库和施工现场应通风良好,通风条件不好的,应安装机械排风设备,否则不得施工 ⑤ 仓库、施工现场严禁烟火,并配备灭火器材 ⑥ 涂层固化前,不得踩踏。固化后,不得在其上存放工机具,更不得在上面拖动工、机具 ⑦ 每次施工完毕,及时清洗工、机具,以备下次施工用

硅橡胶防水涂料施工实例见表 5-179。

硅橡胶防水涂料施工实例　　　　　　　　　表 5-179

工序名称	操作方法
材　料	① 硅橡胶防水涂料 成膜物质,北方寒冷地区用 Ⅰ 型,南方暖和地区,用 Ⅱ 型 ② 胎体增强材料 ③ 密封材料 硅橡胶腻子或聚氨酯密封膏 ④ 浅色涂料或装饰涂料 ⑤ 108 胶水泥砂浆
工、机具	① 小平铲、钢丝绳、扫帚、墩布、棉纱、高压吹风机 清理找平层 ② 长把滚刷、油漆刷、排笔软毛刷 涂布涂料 ③ 剪刀 裁剪胎体增强材料 ④ 铁抹子 补平基层 ⑤ 铁锹 拌和水泥砂浆

续表

工序名称	操作方法
施工步骤	① 清理找平层 同表 5-169 ② 涂布基层处理剂 硅橡胶防水涂料的 1 号涂料即为基层处理剂,涂布后 5~10h 固化,即可大面涂布或作细部构造增强处理 ③ 细部构造增强处理 1 号涂料基层处理剂固化后,涂 2 号涂料,同时铺贴胎体增强材料,使其浸透 2 号涂料,各片胎体增强材料之间的搭接宽度不小于 70mm,静置固化成附加防水层 ④ 涂布防水层 如用防水涂料单涂,一般涂 5~6 遍,2 号涂料涂二、三、四遍,1 号涂料涂一、五或六遍 如需夹铺胎体增强材料,一布五涂,在涂第二遍时,就可同时铺贴胎体增强材料;如是二布六涂,则在第一布后,即可铺贴第二布 每遍涂刷都要在前遍涂布固化后进行,并在各遍涂刷间采用"十字交叉法" ⑤ 涂膜防水层收头处理 多次涂刷或用密封材料封严收头 ⑥ 防水涂层质量检验 同前 ⑦ 做保护层 用浅色或装饰涂料
注意事项	① 硅橡胶防水涂料属水乳型涂料,其出厂时,厂家已配好,使用时,不得加水稀释,施工温度宜在 5~35℃,其余气候条件同前 ② 其余注意事项同表 5-169

第八节 成品保护

一、外墙涂料工程的成品保护

(1) 每次涂刷前均应清理周围环境,防止尘土污染。涂料未干燥前,不得清理周围环境。涂料干后,也不得挨近墙面或从窗口、阳台上泼水及乱扔杂物,以免污染涂料面。

(2) 操作时应注意保护非涂饰面不受玷污。涂饰施工完毕后,应及时清除涂料所造成的污染。

(3) 底部涂料刷施完毕,宜在现场派人值班看护,防止有人摸碰,也不得靠墙放置任何工具。拆除脚手架时,亦应注意,务必不得碰坏涂层。

(4) 在施工过程中,如遇到气温突然下降、曝晒,应及时采取措施,加以保护涂膜,若在施工进行中,遇到大风、雨雷,则应立即用塑料薄膜等覆盖,并在适当的位置留好接茬口,暂停施工。

(5) 涂料施工完毕,应按涂料使用说明规定的时间和条件进行养护,冬天应采取必要的防冻措施。

二、内墙涂料工程的成品保护

(1) 每次涂饰前均应清理周围环境,防止尘土污染涂料,涂料未干燥前不得清扫地面,干燥后也不能挨近墙面泼水,以免玷污其饰面。

(2) 每遍涂料施工后应将门窗关闭,防止摸碰,也不得靠墙立放铁锹等工具。

(3) 在施工进行中,如遇气温突然下降,应采取必要的措施加以保护之。

(4) 最后一遍有光涂料刷涂完毕后,空气要流通,以防涂膜干燥后表面无光或光泽不足。

(5) 明火不要靠近墙面。

(6) 门窗、踢脚板等要保持整齐干净。

(7) 涂料施工完毕,应按涂料使用说明规定的时间和条件进行养护,涂膜完全干燥后才能投入使用。

三、地面涂料工程的成品保护

(1) 每次涂刷前,均应清理周围环境,防止尘土污染涂料。

(2) 每遍涂料施工后,应将门窗关闭,防止踩坏或污染涂层。

(3) 施工中应注意天气变化,如遇下雨,地面返潮,应停止施工;如气温下降,应采取必要的措施。

(4) 涂料施工完毕,应按涂料使用说明规定的时间和条件进行养护,养护期满后才能投入正常使用。

(5) 涂料在施工及使用过程中,均应注意保护,防止磕碰,禁止穿钉鞋入内。

四、门窗涂料工程的成品保护

(1) 涂料施工前,应清理环境,防止尘土污染涂料面。

(2) 每遍涂料后都应将门窗用风钩或木楔固定,防止扇、框的涂料粘结而影响质量和美观。

(3) 及时清理去除滴在地面、窗台及墙上的涂料。

(4) 涂料施工完毕,应有专人负责看管,禁止摸碰。

第九节 外墙(瓷砖、陶瓷锦砖贴面)涂料翻新改造

一、前言

建筑物除了要提供防水、保温、安全等功能以满足基本的居住要求外,还要能起到美化环境的作用。因此,我们希望建筑环境、建筑造型、色彩、材料质地都能给人以美的享受和愉悦。

然而,在现实生活环境中,走进我们视线的大多是斑驳而陈旧的灰色,单调的旧建筑,我们看到更多的则是建筑墙面、旧陶瓷锦砖、瓷砖脱落、肮脏、裂缝及由此造成的渗水、漏水。这不仅影响建筑物的美观,更严重的是由此带来的许多问题。例如,影响人们的日常生活和工作,甚至影响人们的安全,降低了墙体的使用寿命。

(1) 造成瓷砖、陶瓷锦砖脱落和裂缝以及在一定程度上破坏了墙体结构的因素很多,归纳起来有以下4点:

① 所采用的瓷砖黏结剂品质差,无法使瓷砖或陶瓷锦砖与墙体长期良好的黏结在一

起。或者,根本就没有采用瓷砖黏结剂,只是采用普通的水泥来粘贴瓷砖与陶瓷锦砖,这在一些80年代改革开放初期和中期建造的外墙瓷砖或陶瓷锦砖墙面的建筑物比较普遍。

② 施工因素,也是一个不容忽视的问题。许多建筑物瓷砖、陶瓷锦砖脱落和开裂,是由于不规范施工所造成的。每一种产品,每一道施工程序都有其相关的施工要求和施工方法。施工人员严格执行相关施工要求和方法,才是确保施工效果的关键。

③ 瓷砖、陶瓷锦砖之间勾缝处理不好,是造成瓷砖、陶瓷锦砖墙面砖缝开裂的主要原因;同时瓷砖缝的开裂,也是导致墙体渗水、积水的主要因素。

④ 瓷砖、陶瓷锦砖材料本身的质量存在问题。如选用了低劣的以及质量不过关的瓷砖、陶瓷锦砖,时间久了,瓷砖、陶瓷锦砖表面会出现褪色、粉化、开裂等许多情况。

(2) 瓷砖、陶瓷锦砖脱落和裂缝以及由此造成的负面影响分析。

① 由于瓷砖、陶瓷锦砖裂缝和不规范施工造成的空鼓,使墙体在雨天便出现渗水,渗入墙体的雨水又积存在墙体以及墙体与瓷砖、陶瓷锦砖之间的空鼓内。当夏天气温很高时,积存在墙体内和空鼓部位的水产生热胀,变成水蒸气,体积增大;当冬天室外气温很低时,墙体内和空鼓部位的水结成冰,体积增大;周而复始,墙体空鼓部位和面积不断加大,瓷砖、陶瓷锦砖就会出现脱落,对人身安全构成很大的危险。

② 同时,外界气压高时,墙体积水被压向内墙面,内墙面就会出现渗水。墙体的渗水会使内墙产生潮湿。内墙长期潮湿,又会造成内墙发霉以及内墙漆和墙纸的脱落。这样,不仅影响室内的美观和日常生活工作环境,又影响人体健康。

③ 长期的墙体渗水,会使墙体混凝土内钢筋产生生锈,时间长后,体积增大,产生变形,造成混凝土开裂以及混凝土脱落,墙体结构强度降低,造成结构破坏。如长期得不到解决,该建筑物便成为危楼,严重影响人身安全。

有鉴于上述原因,我国政府意识到该问题的重要性,许多地方政府都相继颁布政府令,三层以上建筑物外墙建议不再采用瓷砖、陶瓷锦砖,并推荐采用涂料进行装饰,而且规定建筑物需要定期维修、翻新。

在国外,一些发达国家政府部门以法律形式规定建筑物需定期维修翻新,在新加坡,政府出台命令新建建筑物外墙不再采用瓷砖,并对旧瓷砖、陶瓷锦砖外墙建筑物必须采用涂料翻新改造。在中国,外墙(瓷砖、陶瓷锦砖面)涂料翻新也以开始起步。如在上海,每逢一些重大节庆日,如国庆50周年大庆、八运会召开,政府都会发布文件要求沿街建筑都必须翻新;在北京,政府部门已出台新的管理规定,依法加强对城市建筑物、构筑物外立面整洁、美观的管理,南京、苏州等地也相继开始对外墙特别是瓷砖、陶瓷锦砖面进行翻新改造。定期维修与翻新改造,是真正关系到建筑物的百年大计。

二、翻新工程带来的好处

(1) 现有瓷砖、陶瓷锦砖墙面经改造翻新涂上装饰涂料后,可以改善人们的居住环境,提高人们生活品质。尤其是解决了墙体瓷砖、陶瓷锦砖脱落、空鼓和开裂引起的渗水和积水。

(2) 能起到延长建筑物使用寿命的效果。同时,能使建筑物美观和呈现多样化。一般的(瓷砖、陶瓷锦砖)外墙建筑物所采用的都是单一的材料或单一颜色;而经过翻新后的外墙表面,可以根据业主或设计方的要求,随意设计,可选用不同材质的外墙装饰材料任意组合、搭配,达到色彩斑斓的装饰效果。

(3) 现有瓷砖、陶瓷锦砖外墙经翻新后,改善了城市环境和市容市貌。整洁的建筑物外部环境,给人以美好的感受。同时,也改善了城市整体形象,可以起到提升城市形象,并且与国外发达国家在外墙(瓷砖、陶瓷锦砖面)涂料翻新改造方面的发展相接轨。特别是中国加入WTO后,外墙(瓷砖、陶瓷锦砖面)涂料翻新的步伐会更快。

三、传统的外墙(瓷砖、陶瓷锦砖面)翻新存在的问题及其施工

我国传统的外墙(瓷砖、陶瓷锦砖)翻新施工工艺比较落后,一般采用将现有瓷砖、陶瓷锦砖敲除后再进行翻新处理。

首先,采用人工或者机械的方式,将外墙面上的瓷砖、陶瓷锦砖全部敲除。

然后,清理敲除后的墙面基层,并将基层清洗干净,再用水泥砂浆找平。

最后,重新涂涂料或粘贴瓷砖。

主要存在的问题和弊端:

(1) 施工工期长。由于要全部敲除现有的瓷砖、陶瓷锦砖,以及敲除后基层需要做一系列的处理,就使得整个施工工期变得十分长。

(2) 工程造价高。用人工或机械方法敲除现有瓷砖、陶瓷锦砖的造价比较高。因此,工程总造价就相应增加了许多。

(3) 对建筑物周边环境及绿化破坏大。从外墙上敲除下来的瓷砖、陶瓷锦砖和其他建筑垃圾将无法避免的对周边环境及绿化造成非常大的破坏。

(4) 施工时的噪声大。在进行敲除瓷砖、陶瓷锦砖墙面施工时,大量的人工或机械操作都会产生噪声。

(5) 影响人们的日常生活和工作以及正常的营业。

四、国外发达国家在外墙(瓷砖、陶瓷锦砖面)涂料翻新上所采用的先进材料技术与施工工艺

国外一些发达国家在外墙(瓷砖、陶瓷锦砖面)涂料翻新方面,无论是在材料、技术与施工工艺上都有着一整套科学、合理的方案,并且已经有了20~30年的历史。从起步到现在,技术、材料、工艺日趋完善,其中以新加坡为例。新加坡是少数几个较早发展外墙(瓷砖、陶瓷锦砖面)涂料翻新的发达国家之一。历经20多年来,在外墙(瓷砖、陶瓷锦砖面)涂料翻新方面的发展与不断创新,形成了一整套行之有效的具有国际先进水准的外墙(瓷砖、陶瓷锦砖面)涂料翻新技术和工艺。目前,其材料、技术、施工工艺已经达到国际先进水平。经翻新改造的外墙(瓷砖、陶瓷锦砖面)建筑不计其数,同时,也为新加坡城市建设、市容市貌的改善做出了很大的贡献。

在新加坡,特别是70年代,由于当时的建筑物外墙装饰材料比较单一,许多新型外墙装饰材料还未诞生,可选择性小。大多数建筑物的外墙都是采用瓷砖、陶瓷锦砖来进行装饰。经过几年的风吹日晒,许多瓷砖、陶瓷锦砖建筑物墙面都出现了瓷砖、陶瓷锦砖脱落以及裂缝的现象,墙体出现渗水,内墙潮湿,严重影响人们的日常居住和人身安全。于是,外墙(瓷砖、陶瓷锦砖面)的翻新改造成为当务之急。经翻新改造后涂上装饰涂料的建筑物不仅外观漂亮,而且能起到相应的防水效果,同时也延长了建筑物的使用寿命。

其中,例如新加坡世界贸易中心外墙翻新工程,就是一个外墙(陶瓷锦砖面)涂料翻新的典型案例。新加坡世贸中心大厦,是一幢10多层高的建筑物,其外墙采用的是陶瓷锦砖。翻新以前,外墙陶瓷锦砖存在空鼓和脱落和裂缝,并伴有渗水现象。即有碍美观和市容,又危及人身安全。后采用相关墙体翻新材料做翻新改造,并在表面涂上装饰涂料后,彻底解决了上述问题,使用至今,已有10多年,效果良好。

另外,新加坡武吉知马购物中心外墙翻新工程,其外墙采用的是50mm×200mm的瓷砖。外墙面也存在空鼓、瓷砖脱落和裂缝以及渗水。采用相关外墙翻新材料进行翻新施工并在表面涂上装饰涂料后,该幢20多层的高楼便重新焕发出昔日的风采。翻新后到现在,已有10年左右的历史了,依然是新加坡市容的一个亮点。

五、外墙(瓷砖、陶瓷锦砖面)涂料翻新

在新加坡,外墙(瓷砖、陶瓷锦砖)翻新有两种做法,分别是:

(1) 在原有的外墙面上直接将钢结构体系固定在外墙结构上,然后在钢结构体系上安装铝板、玻璃幕墙或者花岗石。此做法的优点是,经翻新后的建筑物外形十分漂亮、美观。缺点是,加大了外墙结构体的负担。同时,工程造价非常高,在采用这种翻新做法之前,需专业的机构对该建筑物出具评估报告;同时,需经政府部门的认可后可进行施工。

(2) 另外一种比较经济、快捷、安全、不会增加外墙结构体负担的做法就是在不敲除原有瓷砖、陶瓷锦砖基层的基础上直接做一层找平层,薄抹灰胶浆,一般施工厚度在2~5mm左右,最后做一层装饰涂料。

在新加坡,一般都采用第二种做法。同时,新加坡又将此做法分为外墙陶瓷锦砖面涂料翻新和外墙瓷砖面涂料翻新两种不同的情况来进行处理,其具体做法如下:

首先,要了解工程的具体情况,如现有瓷砖、陶瓷锦砖外墙出现了什么情况,是瓷砖、陶瓷锦砖脱落、裂缝还是瓷砖、陶瓷锦砖粉化、褪色。必要时必须到工地视察实际情况,并做相关记录。然后,针对出现的情况,选一种与之相匹配的产品,在小片现有瓷砖或陶瓷锦砖面上做一样板以做测试,看其效果如何,然后提出相关建议给业主或设计方。由业主或设计方通过后,制定详细的施工方案。再后,将施工中所要用到的材料、工具、设备等准备好,然后,进行施工,施工中必须严格按照制定的施工方案进行。最后,工程结束后由业主或指定方进行验收(图5-54)。

(一) 陶瓷锦砖面外墙涂料翻新

1. 检查

通过检查,检测现有陶瓷锦砖墙面是否出现裂缝和孔洞,是否有陶瓷锦砖空鼓、脱落现象。检查的方法有下列两种:

(1) 人工敲打。以小锤、小棍或其他工具敲打墙面,探测墙面裂缝、孔洞、陶瓷锦砖空鼓脱落情况,做出标记以备修补。如空鼓面积较小,则无需敲除,如空鼓面积占整面墙壁的20%以上,则需将其全部敲除。必要时使用吊篮进行检查。

(2) 利用红外线探伤仪对墙面进行检查。利用红外线探伤仪对建筑物进行拍摄,拍摄完成的数码影像被输入电脑进行分板,最后出具报告能清楚、详细的了解墙体各种情况。

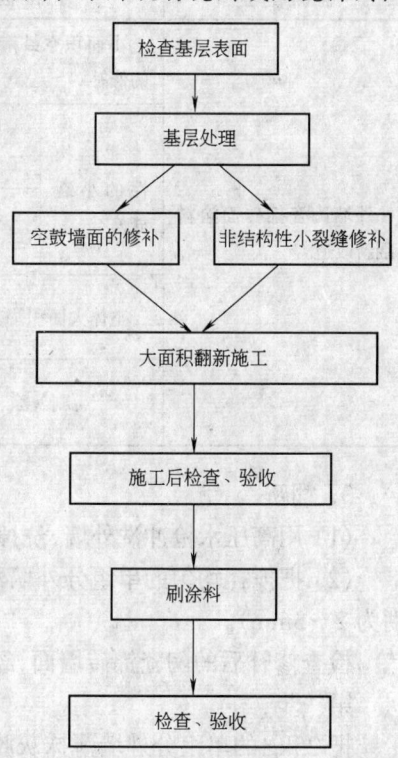

图5-54 外墙(瓷砖、陶瓷锦砖面)涂料翻新施工流程图

2. 修补

(1) 小面积陶瓷锦砖空鼓墙面的修补：

① 确定出现松动起壳陶瓷锦砖；

② 用电动切割机或冲击钻清除松动起壳陶瓷锦砖；

③ 清除表面上的灰尘、杂质等；

④ 采用单组分外墙修补胶泥与水(按粉料:水=4.5:1)混合后修补，直到与陶瓷锦砖面齐平。

(2) 非结构性的小裂缝修补：

① 按照第一步的方法确定出现裂缝的地方；

② 如发现大的结构性破损、裂缝，应立即通知业主、设计师采取必要的措施；

③ 如裂缝宽度小于 2mm，可以用单组分外墙修补胶泥与水混合后修补；

④ 如裂缝宽度大于 2mm，按下述步骤处理：

a. 用冲击钻或电动研磨机沿裂缝割出一个 13mm 深的 V 字形凹槽；

b. 清除 V 形凹槽中的灰尘杂质等；

c. 在 V 形凹槽中注入单组分聚氨酯密封胶，以略低于陶瓷锦砖面为止；

d. 让注入单组分聚氨脂密封胶的 V 形凹槽在良好的天气状况下干燥 24h。

表 5-180 为陶瓷锦砖面外墙涂料翻新工程类别表。

陶瓷锦砖面外墙涂料翻新工程类别表   表 5-180

翻新类别	工作内容		采用产品	参考用量
外墙陶瓷锦砖面涂料翻新改造	小面积空鼓陶瓷锦砖墙面的修补		单组分外墙修补胶泥	6kg/m²(施工厚度 5mm 为例)
	非结构性的小裂缝修补	裂缝宽度小于 2mm	单组分外墙修补胶泥	0.12km/m²(施工厚度 5mm 为例)
		裂缝宽度大于 2mm	单组分聚氨酯密封胶	(以 10mm×10mm V 形凹槽为例)每支可施工 7.5m
	整体大面积翻新		单组分外墙薄抹灰胶泥	2.4kg/m²(施工厚度 2mm 为例)
	刷 涂 料		高级防水弹性涂料	0.14L/m²(每遍)
			高级防污抗霉涂料	0.12L/m²(每遍)

3. 翻新

(1) 用高压水枪冲洗外墙，洗掉脏污、灰尘等杂质。

(2) 把搅拌均匀的单组分外墙薄抹灰胶泥抹在需要翻新的墙面，使其表面达到平整(厚度为 2~3mm)。

检查修补后的陶瓷锦砖墙面，经过清洗后就可以进行翻新施工，具体步骤如下：

第一步

把 25kg 的单组分外墙薄抹灰胶泥粉料分批倒入一装有 5.5L 清水的桶内，并且每加入一部分都要使用搅拌器搅拌成均匀的糊状。允许混合物静置 5min，并在使用之前重新搅拌(如要进行少量混合物的配比，可按粉料与水的混合重量比 4.5:1 进行)

第二步

把搅拌均匀的混合物均匀的抹在需要翻新的墙面上,使其表面达到平整(施工厚度为 2～3mm),允许等 1～2h 直到硬化。如平整度还不够,可在第一层硬化后再抹第二层直至平整为止。

第三步

使用单组分外墙薄抹灰胶泥涂抹的陶瓷锦砖表面,使结构具有牢固、耐用、完美的防水表面,并且在单组分墙体翻新粉料施工完 24h 后进行涂料施工,使其具有极为完美外的外观效果,所采用的涂料应遵守"防火、抗霉、防污"的原则。具体做法如下:

① 用刷子或滚筒涂覆一道底层密封涂料

② 在底层密封涂料干燥后,用刷子、滚筒或喷枪涂一或两道(根据业主或设计方的要求而定)高级外墙防水弹性涂料。每道涂层厚度约 100μm,每道涂层的施工间隔时间约为 30～45min。

③ 在外墙防水弹性涂料层干燥后,可根据业主或设计方的要求,用刷子、滚筒或喷枪涂刷一或两道高级防污抗霉涂料。每道涂层厚度约 40μm。

(二) 瓷砖面外墙涂料翻新

1. 检查

通过检查、检测瓷砖墙面是否出现裂缝和孔洞,是否有瓷砖空鼓、脱落现象。检查可以采用以下的方法:

(1) 人工敲打。以小锤、小棍或其他工具敲打敲面,探测墙面裂缝孔洞和空鼓,如空鼓面积较小,则无需敲除,如空鼓面积占整面墙壁的 20% 以上,则需将其全部敲除。

(2) 利用红外线探伤仪对墙面进行检查。利用红外线探伤仪对建筑物进行拍摄,拍摄完成的数码影像被输入电脑进行分板,最后出具报告能清楚、详细的了解墙体各种情况。

2. 修补

(1) 小面积瓷砖空鼓墙面的修补:

① 确定出现松动起壳瓷砖;

② 用电动切割机或冲击钻清除松动起壳的瓷砖;

③ 清除表面上的灰尘、杂质等;

④ 用双组分外墙修补胶浆混合后修补,直到与瓷砖面齐平。

(2) 非结构性的小裂缝修补:

① 先找出裂缝的地方;

② 如发现大的结构性破损、裂缝,应立即通知业主、设计师采取必要的措施;

③ 如裂缝小于 2mm,可以用双组分外墙修补胶浆混合后修补;

④ 如裂缝宽度大于 2mm,按下述步骤处理:

a. 用冲击钻或电动研磨机沿裂缝割出一个 13mm 深的 V 字形凹槽,然后清除 V 字形凹槽的灰尘杂质等;

b. 在 V 字形凹槽中注入单组分聚氨酯密封胶,以略低于瓷砖面为止;

c. 让注入了单组分聚氨酯密封胶的 V 字形凹槽在良好天气状况下干燥 24h。

3. 清洗

(1) 用高压水枪冲洗外墙,或用钢丝刷配合水喷的方法除去基层面上松散颗粒、灰尘等杂质,洗掉脏污。

(2) 如有长霉、苔藓时,应在水洗前用漂白剂将杂质除去;如受到油类严重污染时,先用有机溶剂清洗干净。

4．翻新

第一步涂抹底层双组分外墙薄抹灰胶浆：

① 把4.5kg的液料倒入一个清洁的桶内;然后分批加入20kg的粉料;或者按液料与粉料的混合重量配比1:4.44进行混合。

② 使用电动搅拌机搅拌使其搅拌充分直到混合物成糊状,允许混合物等待5min并在使用之前重新搅拌。然后,把搅拌均匀的混合物均匀的抹在需要翻新墙面上,使其表面达到平整(厚度为1mm)。

第二步涂抹第二层双组分外墙薄抹灰胶浆：

在底层双组分外墙薄抹灰胶浆施工完24h后,进行第二层双组分外墙薄抹灰的涂抹施工,使其表面达到平整(厚度为1mm)。

第三步刷涂料：

使用双组分外墙薄抹灰胶浆涂抹胶于瓷砖表面,使结构具有牢固耐用、完美的防水表面。并且在双组分外墙薄抹灰胶浆施工完24h后进行涂料施工,使其具有极为完美的外观效果,所采用的涂料应遵守"防水、抗霉、防污染"的原则。其具体做法与外墙陶瓷锦砖面涂料翻新中的涂料施工相同。

表5-181为瓷砖面外墙涂料翻新工程类别表。

瓷砖面外墙涂料翻新工程类别表　　　表5-181

翻新类别	工作内容		采用产品	参考用品
外墙瓷砖面涂料翻新改造	小面积空鼓瓷砖墙面的修补		双组分外墙修补胶浆液料	1.93kg/m²(施工厚度5mm为例)
			双组分外墙修补胶浆粉料	8.58kg/m²(施工厚度5mm为例)
	非结构性的小裂缝修补	裂缝宽度小于2mm	双组分外墙修补胶浆液料	0.04kg/m²(施工厚度2mm,施工宽度50mm为例)
			双组分外墙修补胶浆粉料	0.17kg/m²(施工厚度2mm,施工宽度50mm为例)
		裂缝宽度大于2mm	单组分聚氨酯密封胶	(以10mm×10mmV形凹槽为例)每支可施工7.5m
	整体大面积翻新		双组分外墙薄抹灰胶浆液料	0.77kg/m²(施工厚度2mm为例)
			双组分外墙薄抹灰胶浆粉料	3.44kg/m²(施工厚度2mm为例)
	刷涂料		高级防水弹性涂料	0.14L/m²(每遍)
			高级防污抗霉涂料	0.12L/m²(每遍)

六、其他部位的细部处理

1. 修补剥落混凝土

首先,利用工具将掉落处周围松散损坏的混凝土敲除,并将其表面凿成粗糙面,并用水和钢刷清洁,然后,对露出钢筋的部位先涂上一层防锈漆。最后用单组分外墙薄抹灰胶泥或双组分外墙薄抹灰胶泥当作结构修补水泥砂浆进行修补并抹平。

2. 修补混凝土龟裂

首先,将龟裂处的裂缝凿成"V"字形凹槽,并用刷子清洁干净,再用单组分聚氨酯密封胶修补所有裂缝。

七、配合措施

由于外墙(瓷砖、陶瓷锦砖面)涂料翻新,在工程施工中要做到不影响业主正常工作及生活,因而,必须在制定一套科学合理的施工方案的同时,还必须与业主共同制定一套相互配合的措施,以达到工程顺利进行的同时又不影响业主的最佳效果,其具体措施如下:

(1) 与业主共同制订合理的工作计划表,并严格执行;
(2) 积极配合业主的管理工作,做到有事预先通知;
(3) 指定专人在施工期值班,与业主保持联系,对业主提出的要求及时处理;
(4) 在施工区设置警示标志;
(5) 施工人员佩带胸卡,并在指定区域内施工和通行;
(6) 在花草、树木位置做好保护工作,防止污染和毁损;
(7) 在主立面的部位,增加设备和人手,缩短施工时间;
(8) 施工现场做到随手净,不因施工使环境卫生造成影响;
(9) 冲洗墙面可放在晚上或业主认为合适的时间进行。

八、工程验收方法

1. 外墙(瓷砖、陶瓷锦砖面)涂料翻新薄抹灰层的验收方法

(1) 外墙(瓷砖、陶瓷锦砖面)涂料翻新改造工程应在外墙薄抹灰胶泥或胶浆施工全部完成,并提交施工工艺和质量检测文件后进行验收。

(2) 施工工艺和质量检测文件应包括:

① 外墙(瓷砖、陶瓷锦砖面)涂料翻新工程的设计文件、设计变更文件、洽谈记录;
② 外墙(瓷砖、陶瓷锦砖面)涂料翻新工程中,翻新材料的产品合格证、出厂检验报告和进场复检报告;
③ 找平、修补、勾缝材料的产品合格证和说明书,出厂检验报告,进场复检报告,配合比文件;
④ 单组分或双组分外墙(瓷砖、陶瓷锦砖面)涂料翻新材料的黏结强度检验报告;
⑤ 施工技术交底文件;
⑥ 施工工艺记录与施工质量检测记录。

(3) 外墙(瓷砖、陶瓷锦砖面)翻新工程验收时,应对施工工艺和质量检测文件进行检查,并对工程实物进行观感检查和量测。

(4) 工程实物的观感检查应符合下列要求:

① 外墙面以建筑物层高或 4m 左右高度为一个检查层,每 20m 长度应抽查一处,每处约长 3m。每一检查层应至少检查 3 处。有梁、柱、垛、翻檐时应全数检查并进行纵向和横向

贯通检查;

② 各外墙翻新材料的品种、规格、颜色、图案应符合设计要求;

③ 各外墙翻新材料与基层必须粘贴牢固,不得出现空鼓;

④ 经翻新改造后的墙面应平整、洁净,无歪斜、缺棱掉角和裂缝;

⑤ 在外墙墙面的腰线、窗口、阳台、女儿墙压顶等处,应用滴水线(槽)或排雨水措施。滴水线(槽)应顺直,流直,流水坡向应正确,坡度应符合设计要求。

(5) 外墙(瓷砖、陶瓷锦砖面)翻新材料应符合下列要求:

① 外墙(瓷砖、陶瓷锦砖面)涂料翻新工程,应进行翻新薄抹灰胶泥或胶浆的黏结强度检验。其取样数量、检验方法、检验报告、检验结果判定均应参照标准 JC/T 547—94 规定(表 5-182)。

JC/T 547—94 检验项目表　　　　　　　　　　　　　　　　　表 5-182

检 验 项 目	产 品 标 准	检 验 项 目	产 品 标 准
拉伸胶接强度(MPa)	≥0.17(晾置时间≥10min)	压剪胶接强度(MPa)	≥0.70(耐水性)
拉伸胶接强度(MPa)	≥0.17(调整时间≥5min)	压剪胶接强度(MPa)	≥0.70(耐高温性)
收缩性(%)	<0.50(3d)	压剪胶接强度(MPa)	≥0.70(耐冻融性)
压剪胶接强度(MPa)	≥1.00(常温 14d)		

② 外墙(瓷砖、陶瓷锦砖面)涂料翻新工程的薄抹灰层验收参照标准 JGJ 126—2000 进行(表 5-183)。

外墙(瓷砖、陶瓷锦砖面)涂料翻新工程的薄抹灰层尺寸允许偏差及验收方法　　　　　表 5-183

序号	检验项目	允许偏差(mm)	检验方法
1	立面垂直	3	用 2mm 托线板检查
2	表面平整	2	用 2mm 靠尺、楔形塞尺检查
3	阳角方正	2	用方尺、楔形塞尺检查
4	墙裙上口平直	2	拉 5mm 线(不足 5m 时拉通线),用尺检查

2. 外墙(瓷砖、陶瓷锦砖面)薄抹灰面涂料的验收方法

(1) 外墙(瓷砖、陶瓷锦砖面)涂料翻新工程对涂料的各项检验。其取样数量、检验方法、检验报告、检验结果判定均应参照标准 GB/T 9755—1995、GB/T 9780—1988、GB/T 9779—1988 的相关规定(表 5-184)。

外墙(瓷砖、陶瓷锦砖)涂料翻新工程对涂料的检验项目表　　　　　表 5-184

检验项目	一等品指标	备　注
在容器中状态	搅拌混合后无硬块,呈均匀状态	
施工性	刷涂二道无障碍	
涂料耐冻融性	不变质	
对比率	≥0.90	
涂膜外观	涂膜外观正常	
干燥时间(h)	≤2(表干)	

续表

检验项目	一等品指标	备注
耐洗刷性(次)	≥1000	
耐碱性(48h)	无异常	
耐水性(96h)	无异常	
涂层耐温变性(10次)	无异常	
耐人工老化性(250h)	粉化:≤1级;变色:≤2级	
拉伸强度(MPa)	(GB/T 16777—1997)	高级防水弹性涂料应增加的检验项目
延伸率(%)	(GB/T 16777—1997)	高级防水弹性涂料应增加的检验项目
不透水性	(GB/T 16777—1997)	高级防水弹性涂料应增加的检验项目
耐玷性(%)(5次)	(GB/T 9780—1988)	高级防污、抗霉涂料应增加的检验项目
透水性(mL)(24h)	(GB/T 9779—1988)	高级防污、抗霉涂料应增加的检验项目

(2) 涂饰工程应待涂层养护期满后进行质量验收。验收时应检查下列资料:
① 涂层工程的施工图、设计说明书及其他设计文件;
② 涂饰工程所用材料的产品合格证书、性能检测报告、进场验收记录及复验报告;
③ 基体(或基层)的检验记录;
④ 隐藏工程验收记录;
⑤ 施工自检记录。

(3) 各类建筑的涂饰工程,必须分别对底层、中涂层、面涂层按产品说明书的要求及施工方案进行资料验收。

(4) 同一墙面涂层色调一致,色泽均匀,不得漏涂,不得沾污,接茬处不应出现明显涂刷接痕。

(5) 室外涂饰工程每一栋楼的同类涂料涂饰的墙面每 500~1000m² 划分为一个检验批。

(6) 合成树脂乳液外墙涂料及无机外墙涂料的涂饰工程的质量要求见表 5-185。

合成树脂乳液外墙涂料及无机外墙涂料的涂饰工程的质量要求　　表 5-185

项次	项目	普通级涂饰工程	高级涂装工程
1	掉粉、起皮	不允许	不允许
2	漏刷、透底	不允许	不允许
3	泛碱、咬色	不允许	不允许
4	流坠、疙瘩	允许少量	不允许
5	颜色、刷纹	颜色一致	颜色一致、无刷纹
6	光泽	较一致	均匀一致
7	开裂	不允许	不允许
8	针孔、砂眼	允许少量	不允许
9	分色线平直(拉5m线检查、不足5m拉通线检查)	偏差不大于3mm	偏差不大于1mm
10	门窗、灯具等	洁净	洁净

九、特艺建材科技工业(苏州)有限公司

作为在新加坡外墙(瓷砖、陶瓷锦砖面)涂料翻新领域居领先地位的公司之一,新加坡明伦化学品私人有限公司在新加坡建筑材料领域占领先地位,其在产品制造和开发方面均处于国际先进水平,特别是在外墙(瓷砖、陶瓷锦砖面)涂料翻新方面,有着10多年的产品和技术开发以及应用的历史。其"快封"与"特艺"两个品牌在新加坡国内的外墙翻新改造领域享有盛誉。其一整套产品体系与技术已十分完善和成熟。目前,新加坡明伦化学品私人有限公司已进入中国,而且在江苏省吴江市成立了一家外商独资企业——特艺建材科技工业(苏州)有限公司,并不断研究改进适合中国市场需求的优质外墙(瓷砖、陶瓷锦砖面)涂料翻新材料与技术。

1. 特艺外墙翻新材料介绍(表5-186和表5-187)

外墙(瓷砖、陶瓷锦砖面)薄抹灰胶泥和胶浆性能指标　　表5-186

外墙基面	材料	特性	主要技术指标	混合比	参考用量
陶瓷锦砖面	快封525单组分外墙(陶瓷锦砖面)薄抹灰胶泥	与水混合后形成薄涂的混合物,黏结强度高。固化后形成的涂层防水性好,抗触变和抗收缩好	耐受温度:-30~-90℃ 收缩性(14d)<0.35% 抗拉黏结强度(28d常温)0.6MPa 压剪黏结强度(28d常温)1.2MPa (14d浸水2天)0.7MPa (20次冻融)0.7MPa 抗压强度(28d)12MPa	快封525:水=1:4.5(重量比)	2.4kg/m²(施工厚度为2mm时)
瓷砖面	快封608与快封602双组分外墙(瓷砖面)薄抹灰胶浆	固化后形成的涂层胶浆与外墙瓷砖面有很好的黏结强度,并有着良好的防水性能。可阻止水汽渗透。抗触变性和抗收缩好,耐中度的化学腐蚀以及抗气候的变化	耐受温度:-30~-90℃ 收缩性(14d)<0.35% 抗拉黏结强度(28d常温)0.8MPa 压剪黏结强度(28d常温)1.5MPa (14d浸水2天)1.0MPa (20次冻融)1.0MPa 抗压强度(28d)25MPa	快封608:快封602=1:4.44(重量比)	快封608为0.77kg/m² 快封602为3.44kg/m²(施工厚度为2mm时)

外墙(瓷砖、陶瓷锦砖面)薄抹灰涂料性能指标　　表5-187

外墙基面	材料	特性	主要技术指标	参考用量
瓷砖、陶瓷锦砖薄抹面	特艺38高级防水弹性涂料	耐洗刷 高弹性 抗紫外线性能佳 遮盖裂缝能力强 防暴风雨渗透能力强 防水性好 防霉抗藻	附着力　0.5MPa 裂缝遮盖性能　超过2mm 伸长率　>400% 抗拉强度　3500kPa(300%伸长率时) 耐洗刷性　无磨损(3000次) 人工加速老化　无变化(380h) 耐碱性　无异常 耐水性　无异常 透水性　0.3MPa(0.5h)不透水	0.14L/m²(每遍)

续表

外墙基面	材料	特性	主要技术指标		参考用量
瓷砖、陶瓷锦砖薄抹面	特艺36高级防污、抗霉罩面涂料	优异的防污抗霉性能 对墙体表面的附着力极强 优异的耐洗刷性 极强的抗水、碱、石灰和化学品所引起的皂化和褪化的功能 优异的耐候生 优异的耐沾污性	耐洗刷性 耐碱性 耐水性 涂层耐温变性(10次) 耐人工老化性(250h) 耐沾污性(%)(5次) 透水性(mL)(24h)	10000次通过 无异常 无异常 无异常 无变化 7 1.0	0.12L/m² (每遍)

2. 特艺公司的特点

(1) 专业化：

无论是从历史还是从目前的业务范围来看，它都是一家专业化公司，在新加坡及周围各国，大量的外墙(瓷砖、陶瓷锦砖面)涂料翻新建筑工程都采用了本公司的系列产品。其中包括市政大楼、高级宾馆、商业中心、高级私人住宅、大型工业建筑等等。作为新加坡国家建屋发展局指定的建筑材料供应商之一，其产品的市场占有率一直处于领先地位。

(2) 完善的服务

特艺为客户提供的是极其完善的服务，能根据客户的要求，不同建筑物的情况推荐并设计最合适的产品及系统，从工前策划、准备工作、现场施工到整体维护(售后服务)等，客户都能得到特艺公司技术部全方位的服务和支持。

(3) 良好的声誉

特艺公司立足中国市场，满足客户对产品不断需求，适应绿色环保建材发展潮流，提供优质、节能的新型绿色建材产品和技术。其高品质的产品和完善的服务是客户选择特艺公司产品的关键所在。

3. 工程实例

在新加坡，众多外墙(瓷砖、陶瓷锦砖面)涂料翻新工程都采用了特艺公司的产品体系，部分工程如下：

新加坡港口管理局陶瓷锦砖面外墙涂料翻新、新加坡TAYWOOD工程公司外墙维修翻新(瓷砖面)、新加坡NEW OTANI宾馆外墙翻新(瓷砖面)、新加坡HIGH STREET CENTRE外墙翻新(陶瓷锦砖面)、新加坡METHODIST教堂外墙翻新(瓷砖面)、新加坡世界贸易中心外墙翻新(陶瓷锦砖面)、新加坡武吉知马购物中心外墙翻新(瓷砖面)、和新加坡亮格购物中心外墙翻新(瓷砖面)等。

近年来，国内许多工程也相继采用了特艺公司的外墙翻新材料，并反映良好，如：成都安国酒店翻新(瓷砖面)、上海宾馆外墙翻新(陶瓷锦砖面)、杭州市消防局大楼翻新(瓷砖面)、和苏州市大儒巷小学教学楼翻新(陶瓷锦砖面)等。

十、结论

随着中国经济的高速发展和加入WTO,政府对城市建筑物的外观环境,特别是对原有瓷砖、陶瓷锦砖外墙建筑物的翻新改造将会更加重视。外墙(瓷砖、陶瓷锦砖面)翻新业也会在全国范围内迅速的推广开来。市场前景将更加广阔。众多与之相关的先进材料、技术、工艺会源源不断的进入中国。外墙(瓷砖、陶瓷锦砖面)涂料翻新业在中国必将得到一个全新的发展;同时,也会为人们的家居环境、城市市容、市貌的改善做出其应有的贡献。

第六章 涂装工程的管理

涂装工程是建筑工程装饰分部及楼地面分部中的一个分项工程,通常都是建筑工程的收尾项目,对建筑观感影响较大,尽管涂料内在质量对其功能起决定作用,但涂料对建筑工程而言还只是一个半成品,涂装质量的好坏则直接影响其功能的发挥及观感的表现力,只有依靠严格的工程质量管理和正确的涂装方法,才能充分发挥涂料优良的性能,创造出优质工程乃至精品工程。

第一节 涂装评级标准与病态防治

一、涂装工程的质量评级标准

一般刷(喷)浆工程质量标准和评验方法见表6-1。

一般刷(喷)浆工程质量标准和评验方法　　　　表6-1

保证项目	质量要求					检验方法
	一般刷(喷)浆严禁掉粉、起皮、漏刷和透底					
	项 目	等级	普 通	中 级	高 级	
基本项目	反碱咬色	合格	有少量,不超过5处	有轻微少量,不超过3处	明显处无	观察、手摸、尺量检查
		优良	有少量不超过3处	有轻微少量,不超过1处	无	
	喷点刷纹	合格	2m处正视无明显缺陷	2m处正视喷点均匀,刷纹通顺	1.5m处正视喷点均匀,刷纹通顺	
		优良	2m处正视。喷点均匀,刷纹通顺	1.5m处正视。喷点均匀,刷纹通顺	1m处正斜视。喷点均匀,刷纹通顺	
	流坠疙瘩溅沫	合格	有少量	有少量,不超过5处	明显处无	
		优良	有轻微少量	有轻微少量,不超过3处	无	
	颜色砂眼划痕	合格	—	颜色一致	正视颜色一致,有轻微少量砂眼、划痕	
		优良	—	颜色一致,有轻微少量砂眼、划痕	正视、颜色一致,无砂眼、无划痕	

续表

保证项目	质量要求 一般刷(喷)浆严禁掉粉、起皮、漏刷和透底					检验方法
	项目	等级	普通	中级	高级	
基本项目	装饰线、分色线平直(拉5m线检查,不足5m拉通线检查)	合格	偏差不大于3mm	偏差不大于2mm	偏差不大于1mm	观察、手摸、尺量检查
		优良	偏差不大于2mm	偏差不大于1mm	平直	
	门窗灯具等	合格	基本洁净	基本洁净	门窗洁净,灯具等基本洁净	
		优良	洁净	洁净	洁净	

混色涂料工程质量的基本项目评定标准见表6-2。清漆工程质量的基本项目评定标准见表6-3。打蜡工程质量的项目评定见表6-4。

混色涂料工程质量的基本项目评定　　　表6-2

项次	项目	等级	普通油漆	中级油漆	高级油漆	检验方法
1	透底、流坠、皱皮	合格	大面积有轻微流坠、透底、皱皮	大面无	大面无,小面明显处无	观察法
		优良	大面无	大面无,小面明显处无	大小面均无	
2	光亮和光滑	合格	大面光亮	大面光亮、光滑	光亮均匀一致,光滑无挡手感	观察法、手摸法
		优良	大面光亮、光滑	光亮、光滑均匀一致	光亮足,光滑无挡手感	
3	分色裹棱	合格	大面无	大面无,小面允许偏差2mm	大面无,小面允许偏差1mm	观察法、尺量法
		优良	大面无,小面允许偏差2mm	大面无,小面允许偏差1mm	大小面均无	
4	装饰线、分色线平直(拉5m线检查,不足5m拉通线检查	合格	偏差不大于3mm	偏差不大于2mm	偏差不大于1mm	尺量法
		优良	偏差不大于2mm	偏差不大于1mm	平直	
5	颜色、刷纹	合格	大面颜色均匀	大面颜色一致,刷纹通顺	颜色一致,刷纹通顺	观察法
		优良	颜色均匀	颜色一致,刷纹通顺	颜色一致,无刷纹	
6	五金、玻璃等	合格	基本洁净	基本洁净	五金洁净,玻璃等基本洁净	观察法
		优良	洁净	洁净	洁净	

注:1. 大面是指门窗关闭后的里、外面。
　　2. 小面明显处是指门窗开启后,除大面外,视线所能见到的地方。
　　3. 涂刷无光乳胶漆、无光漆,不检查光亮。

清漆工程质量的基本项目评定　　　表6-3

项次	项目	等级	中级油漆	高级油漆	检验方法
1	木纹	合格	木纹清楚	棕眼刮平,木纹清楚	观察法、手摸法
		优良	棕眼刮平,木纹清楚	棕眼刮平,木纹清楚	
2	光亮和光滑	合格	光亮、光滑	光亮柔和、光滑	观察法、手摸法
		优良	光亮足,光滑	光亮柔和,光滑无挡手感	
3	裹棱、流坠、皱皮	合格	大面无	大面及小面明显处无	观察法
		优良	大面及小面明显处无	无	
4	颜色、刷纹	合格	大面颜色基本一致	颜色基本一致,无刷纹	观察法
		优良	颜色基本一致,无刷纹	颜色一致,无刷纹	
5	五金、玻璃等	合格	基本洁净	五金洁净,玻璃等基本洁净	观察法
		优良	洁净	洁净	

打蜡工程质量的项目评定　　　表6-4

项次	项目	等级	质量要求
1	木地板烫蜡、擦软蜡	合格	蜡洒布均匀、无露底,明亮光滑,色泽均匀,表面洁净
		优良	蜡洒布均匀、无露底,明亮光滑,色泽一致,厚薄均匀,木纹清晰,表面洁净
2	大理石、水磨石地面打蜡	合格	蜡洒布均匀、无露底,明亮光滑
		优良	蜡洒布均匀、无露底,条缝刮平,厚薄均匀,表面洁净

二、涂装工程的质量验收要求

薄涂料表面的质量要求见表6-5。

薄涂料表面的质量要求　　　表6-5

项次	项目	普通级薄涂料	中级薄涂料	高级薄涂料
1	掉粉、起皮	不允许	不允许	不允许
2	漏刷、透底	不允许	不允许	不允许
3	反碱、咬色	允许少量	允许轻微少量	不允许
4	流坠、疙瘩	允许少量	允许轻微少量	不允许
5	颜色、刷纹	颜色一致	颜色一致,允许有轻微少量砂眼,刷纹通顺	颜色一致,无砂眼,无刷纹
6	装饰线、分色线平直(拉5m线检查,不足5m拉通线检查)	偏差不大于3mm	偏差不大于2mm	偏差不大于1mm
7	门窗、灯具等	洁净	洁净	洁净

厚涂料表面的质量要求见表6-6。

厚涂料表面质量要求　　　　表 6-6

项次	项目	普通级厚涂料	中级厚涂料	高级厚涂料
1	漏涂、透底、起皮	不允许	不允许	不允许
2	反碱、咬色	允许少量	允许轻微少量	不允许
3	颜色、点状分布	颜色一致	颜色一致，疏密均匀	颜色一致，疏密均匀
4	门窗、灯具等	洁净	洁净	洁净

复层涂料表面的质量要求见表 6-7。

复层涂料表面的质量要求　　　　表 6-7

项次	项目	水泥系复层涂料	合成树脂乳液复层涂料	硅溶胶类复层涂料	反应固化型复层涂料
1	漏涂、透底	不允许	不允许		
2	掉粉、起皮	不允许	不允许		
3	反碱、咬色	允许轻微	不允许		
4	喷点疏密程度	疏密均匀	疏密均匀，不允许有连片现象		
5	颜色	颜色一致	颜色一致		
6	门窗、玻璃、灯具等	洁净	洁净		

溶剂型混色涂料表面质量要求见表 6-8。

溶剂型混色涂料表面质量要求　　　　表 6-8

项次	项目	普通级涂料	中级涂料	高级涂料
1	脱皮、漏刷、反锈	不允许	不允许	不允许
2	透底、流坠、皱皮	大面不允许	大面和小面明显处不允许	不允许
3	光亮和光滑	光亮均匀一致	光亮光滑均匀一致	光亮足，光滑，无挡手感
4	分色，裹棱	大面不允许，小面允许偏差 3mm	大面不允许，小面允许偏差 2mm	不允许
5	装饰线、分色线平直（拉 5m 线检查，不足 5m 拉通线检查）	偏差不大于 3mm	偏差不大于 2mm	偏差不大于 1mm
6	颜色、刷纹	颜色一致	颜色一致，刷纹通顺	颜色一致，无刷纹
7	五金、玻璃等	洁净	洁净	洁净

注：1. 大面系指门窗关闭后的里、外面。
　　2. 小面明显处系指门窗开启后，除大面外，视线能见到的部位。
　　3. 设备、管道喷、刷涂银粉涂料，涂膜应均匀一致，光亮足。
　　4. 施涂无光乳胶涂料，无光混色涂料，不检查光亮。

清漆表面质量要求见表 6-9。

清漆表面质量要求　　　　　　　表6-9

项次	项目	中级涂料(清漆)	高级涂料(清漆)
1	漏刷、脱皮、斑迹	不允许	不允许
2	木纹	棕眼刮平,木纹清楚	棕眼刮平,木纹清楚
3	光亮和光滑	光亮足,光滑	光亮柔和,光滑,无挡手感
4	裹棱、流坠、皱皮	大面不允许,小面明显处不允许	不允许
5	颜色、刷纹	颜色基本一致,无刷纹	颜色一致,无刷纹
6	五金、玻璃等	洁净	洁净

注:"大面"、"小面明显处"参见表6-8的表下注1、2。

美术涂饰表面及地板打蜡表面的质量要求见表6-10。

美术涂饰表面及地板打蜡表面的质量要求　　　　　　　表6-10

项次	项目	质量要求
1	滚花	颜色鲜明,轮廓清晰,不得有漏涂、斑污和流坠等
2	仿木纹、仿石纹	应具有被摹仿材料的纹理
3	鸡皮皱、拉毛	鸡皮皱的起粒和拉毛表面的大小花纹分布均匀,不显接茬,不得有起皮和裂纹
4	套色漏花	图案不得有位移,纹理和轮廓应清晰
5	不同颜色的线条	横平端直,均匀一致,中级涂饰全长不大于2mm,搭接错位不大于0.5mm
6	打蜡地(楼)板	无棕眼和缝隙,表面色泽一致,光滑明亮

三、涂层老化的评级

涂层老化的评级详见表6-11~表6-32。

涂层均匀破坏变化程度评级表　　　　　　　表6-11

等级	变化程度	等级	变化程度
0	无变化,即无可觉察的变化	3	中等,即有很明显觉察的变化
1	很轻微,即有刚可觉察的变化	4	较大,即有较大的变化
2	轻微,即有明显觉察的变化	5	严重,即有强烈的变化

涂层非均匀破坏数量等级评级表　　　　　　　表6-12

等级	破坏数量	等级	破坏数量
0	无,即无可见破坏	3	中等,即有中等数量的破坏
1	很少,即刚有一些值得注意的破坏	4	较多,即有较多数量的破坏
2	少,即有少量值得注意的破坏	5	密集,即有密集型的破坏

涂层破坏大小等级评级表　　　　　　　表6-13

等级	破坏大小	等级	破坏大小
S0	10倍放大镜下无可见破坏	S3	正常视力明显可见破坏(<0.5mm)
S1	10倍放大镜下才可见破坏	S4	0.5~5mm范围的破坏
S2	正常视力下刚可见破坏	S5	>5mm的破坏

涂层失光程度评级表　　　　　表 6-14

等级	失光程度(目测)	失光率(仪器测)(%)	等级	失光程度(目测)	失光率(仪器测)(%)
0	无失光	≤3	3	明显失光	31~50
1	很轻微失光	4~15	4	严重失光	51~80
2	轻微失光	16~30	5	完全失光	>80

$$失光率(\%) = \frac{A_0 - A_i}{A_0} \times 100$$

式中：A_i——老化后光泽测定值；
　　　A_0——老化前光泽测定值。

涂层颜色变化等级评定表　　　　　表 6-15

等级	变色程度(目测)	色差值(NBS)(仪器测)	等级	变色程度(目测)	色差值(NBS)(仪器测)
0	无变色	≤1.5	3	明显变色	6.1~9.0
1	很轻微变色	1.6~3.0	4	较大变色	9.1~12.0
2	轻微变色	3.1~6.0	5	严重变色	>12.0

涂层粉化程度评级表　　　　　表 6-16

等级	粉化状态
0	无粉化
1	很轻微,仪器加压重,或手指用力擦样板,试布或手指上刚可观察到微量颜料粒子
2	轻微,仪器加压重,或手指用力擦样板,试布或手指沾有少量颜料粒子
3	明显,仪器加压重,或手指用力擦样板,试布或手指沾有较多颜料粒子
4	较重,仪器不加压重,或手指用力较轻擦样板,试布或手指沾有很多颜料粒子
5	严重,仪器不加压重,或手指用力较轻擦样板,试布或手指沾满大量颜料粒子,或样板出现露底

涂层开裂数量评级表　　　　　表 6-17

等级	开裂数量	等级	开裂数量
0	无可见的开裂	3	有中等数量的开裂
1	刚有几条值得注意的开裂	4	有较多数量的开裂
2	有少量的开裂	5	密集型的开裂

涂层开裂大小评级表　　　　　表 6-18

等级	开裂大小	等级	开裂大小
S0	10倍放大镜下无可见的开裂	S3	正常视力下清晰可见开裂
S1	10倍放大镜下才可见开裂	S4	通常达1mm宽的大裂纹
S2	正常视力下刚可见开裂	S5	通常比1mm宽的很大裂纹

涂层起泡密度评级表　　　　　　　　　　　　　　　　　　　　　表 6-19

等级	起泡密度	等级	起泡密度
0	无泡	3	有中等数量的泡
1	很少,几个泡	4	有较多数量的泡
2	有少量泡	5	密集型的泡

涂层起泡大小评级表　　　　　　　　　　　　　　　　　　　　　表 6-20

等级	起泡大小(直径)	等级	起泡大小(直径)
S0	10倍放大镜下无可见的泡	S3	<0.5mm 的泡
S1	10倍放大镜下才有可见的泡	S4	0.5～5mm 范围的泡
S2	正常视力下可见的泡	S5	>5mm 的泡

涂层锈点数量评级表　　　　　　　　　　　　　　　　　　　　　表 6-21

等级	生锈状况	锈点(斑)数量(个)	等级	生锈状况	锈点(斑)数量(个)
0	无锈点	0	3	有中等数量锈点	11～15
1	很少,几个锈点	≤5	4	有较多数量锈点	16～20
2	有少量锈点	6～10	5	密集型锈点	>20

涂层锈点大小评级表　　　　　　　　　　　　　　　　　　　　　表 6-22

等级	锈点大小(最大尺寸)	等级	锈点大小(最大尺寸)
S0	10倍放大镜下无可见锈点	S3	<0.5mm 锈点
S1	10倍放大镜下才可见锈点	S4	0.5～5mm 锈点
S2	正常视力下刚可见锈点	S5	>5mm 锈点(斑)

涂层剥落相对面积评级表　　　　　　　　　　　　　　　　　　　表 6-23

等级	剥落面积(%)	等级	剥落面积(%)
0	0	3	≤1
1	≤0.1	4	≤3
2	≤0.3	5	>15

涂层剥落大小评级表　　　　　　　　　　　　　　　　　　　　　表 6-24

等级	剥落大小(最大尺寸)	等级	剥落大小(最大尺寸)
S0	10倍放大镜下无可见剥落	S3	≤10mm
S1	≤1mm	S4	≤30mm
S2	≤3mm	S5	>30mm

涂层长霉数量评级表　　　　表 6-25

等级	长霉数量	等级	长霉数量
0	无霉点	3	有中等数量霉点
1	很少几个霉点	4	有较多数量霉点
2	稀疏少量霉点	5	密集型霉点

涂层长霉大小评级表　　　　表 6-26

等级	长霉大小	等级	长霉大小
S0	无可见霉点	S3	<2mm 霉点
S1	正常视力下刚可见霉点	S4	<5mm 霉点
S2	<1mm 霉点	S5	>5mm 霉点和菌丝

涂层斑点密度评级表　　　　表 6-27

等级	斑点密度	等级	斑点密度
0	无斑点	3	中等密度斑点
1	很少几个斑点	4	较多数量斑点
2	少量稀疏斑点	5	稠密斑点

涂层斑点大小评级表　　　　表 6-28

等级	斑点大小	等级	斑点大小
S0	10 倍放大镜下无可见斑点	S3	<0.5mm 斑点
S1	10 倍放大镜下有可见斑点	S4	0.6~5mm 斑点
S2	正常视力下可见斑点	S5	>5mm 斑点

涂层沾污程度评级表　　　　表 6-29

等级	沾污程度	等级	沾污程度
0	无沾污	3	明显沾污
1	刚可观察到的很轻微沾污	4	较大程度沾污
2	轻微沾污	5	整板严重沾污

涂层泛金程度评级表　　　　表 6-30

等级	泛金程度	等级	泛金程度
0	无泛金	3	明显泛金
1	刚可觉察,很轻微泛金	4	较大程度泛金
2	轻微泛金	5	严重泛金

装饰性涂层综合老化性能评级表 表 6-31

综合等级	单项等级									
	失光	变色	粉化	泛金	斑点	沾污	裂纹	起泡	长霉	脱落	生锈
0	1	0	0	0	0	0	0	0	0	0	0
1	2	1	0	1	1	1	1(S1)	1(S1)	1(S1)	0	0
2	3	2	1	2	2	2	3(S1)或2(S2)	2(S2)或1(S3)	2(S2)	0	1(S1)
3	4	3	2	3	3	3	3(S2)或2(S3)	3(S2)或2(S3)	3(S2)或2(S3)	1(S1)	1(S2)
4	5	4	3	4	4	4	3(S3)或2(S4)	4(S3)或3(S4)	4(S3)或3(S4)	2(S2)	2(S2)或1(S3)
5		5	4	5	5	5	3(S4)	5(S3)或4(S4)	5(S3)或4(S4)	3(S3)	3(S2)或2(S3)

保护性涂层综合老化性能评级表 表 6-32

综合等级	单项等级						
	变色	粉化	裂纹	起泡	长霉	生锈	脱落
0	2	0	0	0	1(S2)	0	0
1	3	1	1(S1)	1(S1)	3(S2)或2(S3)	1(S1)	0
2	4	2	3(S1)或2(S2)	5(S1)或2(S2)或1(S3)	2(S3)或2(S4)	1(S2)	1(S1)
3	5	3	3(S2)或2(S3)	3(S2)或2(S3)	3(S4)或2(S5)	2(S2)或1(S3)	2(S2)
4	5	4	3(S3)或2(S4)	4(S3)或3(S4)	4(S4)或3(S5)	3(S2)或2(S3)	3(S3)
5	5	5	3(S4)	5(S3)或4(S4)	5(S4)或4(S5)	3(S3)或2(S4)	4(S4)

四、涂料病态原因及防治方法

涂料工程施工的质量通病和防治措施详见表 6-33。

涂料工程施工的质量通病和防治措施 表 6-33

项次	项目	特征	原因	防治措施
1	流坠（流挂、流淌）	在被涂面上或线角的凹槽处，涂料产生流淌使涂膜厚薄不匀，形成泪痕，重者有似帷幕下垂状	涂料施工黏度过低，涂膜又太厚	调整涂料的施工黏度，每遍涂料的厚度应控制合理
			施工场所温度太高，涂料干燥又较慢，在成膜中流动性又较大	加强施工场所的通风，选用干燥稍快的涂料品种
			油刷蘸油太多，喷枪的孔径太大	油刷蘸油应勤蘸、蘸少；调整喷嘴孔径
			涂饰面凹凸不平，在凹处积油太多	在施工中，应尽量使基层平整，磨去棱角。刷涂料时，用力刷匀
			喷涂施工中喷涂压力大小不均，喷枪与施涂面距离不一致	调整空气压力机，使压力均匀，气压一般为 0.4~0.6MPa，喷枪嘴与施涂面距离调到足以消除此项疵病，并应均匀移动
			选用挥发性太快或太慢的稀释剂	应选择各种涂料配套的稀释剂，注意稀释剂的挥发速度和涂料干燥时间的平衡

续表

项次	项目	特　征	原　因	防　治　措　施
2	刷纹（刷痕）	在刷涂施工中，依靠涂料自身的表面张力不能消除油刷在施工中留下的痕迹	涂料的施工黏度过高，而稀释剂的挥发速度又太快	调整涂料施工黏度，选用配套的稀释剂
			涂料中的填料吸油性大，或涂料中混进了水分，使涂料的流平性较差	刷涂所选用的涂料应具有较好的流平性，挥发速度适宜。若涂料中混入水，应用滤纸吸除后再用
			在木制品刷涂中，没有顺木纹方向平行操作	应顺木纹的方向进行施工
			选用的油刷过小或刷毛过硬或油刷保管不善使刷毛不齐或干硬	涂刷磁性漆时，要用较软的油刷，理油动作要轻巧。油刷用完后应用稀释剂洗净，妥善保管，刷毛不齐的油刷应尽量不用
			被涂物面对涂料的吸收能力过强，涂刷困难	先用黏度低的涂料封底，然后再进行正常涂刷
			刷纹处理	应用水砂纸轻轻打磨平整，并用湿布擦净，然后再涂刷一遍涂料
3	渗色（渗透、涸色）	面层涂料把底层涂料的涂膜软化或溶解，使底层涂料的颜色渗透到面层涂料中来	在底层涂料未充分干透的情况下涂刷面层涂料	底层涂料充分干后，再刷面层涂料
			在一般的底层涂料上涂刷强溶剂的面层涂料	底层涂料和面层涂料应配套使用
			底层涂料中使用了某些有机颜料（如酞菁蓝、酞菁绿）、沥青、杂酚油等	底漆中最好选用无机颜料或抗渗色性好的有机颜料，避免沥青、杂酚油等混入涂料
			木材中含有某些有机染料，木脂等，如不涂封底涂料，日久或在高温情况下，易出现渗色	木材中的染料、木脂应尽量清除干净，并用虫胶漆（漆片）进行封底，待干后再施涂面层涂料
			底层涂料的颜色深，而面层涂料的颜色浅	面层涂料的颜色一般应比底层涂料深
4	咬底	面层涂料把底层涂料的涂膜软化、膨胀、咬起	在一般底层涂料上刷涂强溶剂型的面层涂料	底层涂料和面层涂料应配套使用
			底层涂料未完全干燥就涂刷面层涂料	应待底层涂料完全干透后，再刷面层涂料
			涂刷面层涂料，动作不迅速，反复涂刷次数过多	涂刷强溶剂型涂料，应技术熟练、操作准确、迅速，反复次数不宜多
			咬底处理	应将涂层全部铲除洁净，待干燥后，再进行一次涂饰施工

续表

项次	项目	特征	原因	防治措施
5	泛白	各种挥发性涂料在施工中和干燥过程中，出现涂膜浑浊，光泽减退甚至发白	在喷涂施工中，由于油水分离器失效，而把水分带进涂料中	喷涂前，应检查油水分离器，不能漏水
			快干涂料施工中使用大量低沸点的稀释剂，涂膜不但会发白，有时也会出现多孔状和细裂纹	快干涂料施工中应选用配套的稀释剂，而且稀释剂的用量也不宜过多
			快干挥发性涂料在低温、高湿度(80%)的条件下施工，使部分水汽凝积在涂膜表面形成白雾状	快干挥发性涂料不宜在低温、高湿度的场所中施工
			凝积在湿涂膜上的水汽，使涂膜中的树脂或高分子聚合物部分析出，而引起涂料的涂膜发白	在涂料中加入适量防潮剂(防白剂)或丁醇类憎水剂
			基层潮湿或工具内带有大量水分	基层应干燥，清除工具内的水分
6	浮色（涂膜发花）	含有多种颜料的复色涂料，在施工中，颜料分层离析，造成干膜和湿膜的颜色差异很大	复色涂料的混合颜料中，各种颜料的密度差异较大	在颜料密度差异较大的复色涂料的生产和施工中适量加入甲基硅油
			油刷的毛太粗、太硬，使用涂料时，未将已沉淀的颜料搅匀	使用含有密度大的颜料，最好选用软毛油刷。涂刷时经常搅拌均匀
			浮色处理	应选择性能优良的涂料，用软毛刷补涂一遍
7	发笑（笑纹、收缩）	涂膜表面上出现局部收缩，形成斑斑点点，露出底层	在太光滑的基面上涂刷涂料或在光泽太高的底层涂上罩面层涂料	施涂面不宜过于光滑。高光泽的底层涂料应先经砂纸打磨后再罩面层涂料
			基体表面有油垢、蜡质、潮气等，基体表面留有残酸、残碱等	将基体表面的油垢、蜡质、潮气、残酸、残碱等消除干净
			涂料中硅油的加入量过多	应控制硅油等表面活性剂的加入量
			涂料的黏度小，涂刷的涂膜太薄	调整涂料的施工黏度
			喷涂时混入油或水；喷枪口离物面太近；或喷嘴口径太小，而压力又过大	施工前应检查油水分离器，调整好喷嘴口径，选择合适的喷涂距离
			发酵的处理	已发酵部分应用溶剂洗净，重新涂刷一遍涂料
8	皱纹	漆膜在干燥过程中，由于里层和表面干燥速度的差异，表层急剧收缩向上收拢	涂料中桐油含量过多，熬制时聚合度又控制得不均，挥发性快的溶剂含量过多，涂膜未流平，而黏度就已剧增，使之出现皱纹	尽量多用亚麻仁油和其他油代替桐油，并应控制挥发剂的用量。在涂料熬炼时应掌握其聚合度的均匀性
			催干剂中钴、锰、铅之间的比例失调	注意各种干料的配比，应多用铅、锌干料，少用钴、锰干料
			刷涂时或刷涂后遇高温，或太阳曝晒，以及催干剂加得过多	高温、日光曝晒及寒冷、大风的气候不宜涂刷涂料，涂料中加催干剂应适量
			底漆过厚，未干透或黏度太大，涂膜表面先干而里面不易干	对于黏度大的涂料，可以适当加入稀释剂，使涂料易涂。或用刷毛短而硬的油刷刷涂。刷涂时应纵横展开，使涂膜厚薄适宜并一致

续表

项次	项目	特征	原因	防治措施
9	桔皮	涂膜表面呈现出许多半圆形突起,形似桔皮斑纹状	喷涂压力太大,喷枪口径太小,涂料黏度过大,喷枪与物面间距不当	应熟练掌握喷涂施工技术,调好涂料的施工黏度,选好喷嘴口径,调好喷涂施工压力
			低沸点的溶剂用量太多,挥发速度太快,在静止的液态涂膜中产生强烈的对流电流,使涂层四周凸起中部凹入,呈半圆形突起桔纹状,未等流平,表面已干燥形成桔皮	应注意稀释剂中高低沸点溶剂的搭配。高沸点的溶剂可适当增多
			施工温度过高或过低	施工温度过高或过低时不宜施工
			涂料中混有水分	在涂料的生产、施工和贮存中不应混进水分,一旦混入应除净后再用
			桔皮状处理	若出现桔皮,应用水砂纸将凸起部分磨平,凹陷部分抹补腻子,再涂饰一遍面层涂料
10	针孔	涂料在涂装后由于溶剂急剧挥发,使漆液来不及补充,而形成许多圆形小圈小穴	涂料施工黏度过大,施工场所温度较低。涂料搅拌后,气泡未消就被使用	施工黏度不宜过大,施工温度不宜过低。涂料搅拌后,应停一段时间后再用
			溶剂搭配不当,低沸点挥发性溶剂用量过多,造成涂膜表面迅速干燥,而底部的溶剂不易逸出	注意溶剂的搭配,应控制低沸点溶剂的用量
			在30℃以上的温度下喷涂或刷涂含有低沸点挥发快的涂料	应在较低的温度下进行施工,酯胶清漆可加入3%~5%松节油来改善
			喷涂施工中喷枪压力过大,喷嘴直径过小,喷枪和被涂面距离太远	应掌握好喷涂技术
			涂料中有水分,空气有灰尘	配制使用涂料时,应防止水分混入,风砂天、大风天不宜施工
11	起泡	涂膜在干燥过程中或高温高湿条件下,表面出现许多大小不均,圆形不规则的突起物	木材、水泥等基层含水率过高	应在基层充分干燥后,才进行涂饰施工
			木材本身含有芳香油或松脂,当其自然挥发时	除去木材中的芳香油或松脂
			耐水性低的涂料用于浸水物体的涂饰。油性腻子未完全干燥或底层涂料未干时涂饰面层涂料	在潮湿处选用耐水涂料。应在腻子、底层涂料充分干燥后,再刷面层涂料
			金属表面处理不佳,凹陷处积聚潮气或包含铁锈,使涂膜附着不良而产生气泡	金属表面涂饰前,必须将铁锈清除干净
			喷涂时,压缩空气中有水蒸气,与涂料混在一起。涂料的黏度较大,刷涂时易夹带空气进入涂层	涂料粘度不宜过大,一次涂膜不宜过厚,喷涂前,检查油水分离器,防止水汽混入
			施工环境温度太高,或日光强烈照射使底层涂料未干透,遇雨水后又涂上面涂料,底层涂料干结时产生气体将面层涂膜顶起	应在底层涂料完全干透表面水分除净后再涂面层涂料

续表

项次	项目	特征	原因	防治措施
12	失光（倒光）	清漆或色漆刚涂装后涂膜光泽饱满，但不久光泽就逐渐消失	涂刷施工时，空气湿度过大或有水蒸气凝聚	阴雨、严寒天气或潮湿环境不宜进行施工；若要施工，应适当提高环境温度和加防潮剂
			涂料施工未干时遇烟熏	涂料未干时避免烟熏
			喷涂工具中有水分带入涂料	压缩空气必须过滤，并应装防水装置，防止水分混入涂料中
			木材基层含有吸水的碱性植物胶；金属表面有油渍，喷涂硝基漆后，产生白雾	木材、金属表面在涂饰前应将基层处理干净，不得有污物
			失光现象的处理	出现倒光，可用远红外线照射，或薄涂一层加有防潮剂的涂料
13	涂膜粗糙	涂料涂饰在物体上，涂膜中颗粒较多，表面粗糙	涂料在制造过程中，研磨不够，颜料过粗，用油不足	选用优良的涂料，贮存时间长的，材料性能不明的涂料，应作样板或试验后再用
			涂料调制时搅拌不匀，或有杂物混入涂料	涂料必须调制搅拌均匀，并过筛（罗）将杂物除净
			误将两种或两种以上不同性质的涂料进行混合	应注意涂料的混溶性，一般应用同种性质的涂料混合
			施工环境不洁，有灰尘、砂粒飘落于涂料中，或油刷等施涂工具不洁，粘有杂物	刮风或有灰尘的环境不宜进行涂饰施工，施涂工具应注意清洗，使之保持干净
			基层面不光滑或灰尘、砂粒等未消除干净	基层不平处应用腻子填平，用砂纸打磨光滑，擦去粉尘后再涂刷涂料
			喷涂时，喷嘴口径小、气压大，喷枪与物面的距离太远，温度较高，涂料颗粒未到达物面即已干结或将灰尘带入涂料中	选择合适的喷嘴口径、气压和喷涂距离（喷枪至被涂面的距离），熟练掌握喷涂施工方法
			粗糙处理	涂膜表面已粗糙，可用砂纸打磨光滑，然后再刷一遍面层涂料。对于高级装修，可用水砂纸或砂蜡打磨平整，最后打上光蜡，抛光、抛亮
14	涂膜开裂	涂膜在涂装后，不久就产生细裂、粗裂和龟裂	涂膜干后，硬度过高，柔韧性较差	面层涂料的硬度不宜过高，应选用柔韧性较好的面层涂料来涂装
			催干剂用量过多或各种催干剂搭配不当	应注意催干剂的用量和搭配
			涂层过厚，表干里不干	施工中每遍涂膜不能过厚
			受有害气体的侵蚀，如二氧化硫、氨气等	施工中应避免有害气体的侵蚀
			木材的松脂未除净，在高温下易渗出涂膜产生龟裂	木材中的松脂应除净，并用封底涂料封底后再涂面层涂料
			混色涂料在使用前未搅匀	施工前应将涂料搅匀
			面层涂料中的挥发成分太多，影响成膜的结合力	面层涂料的挥发成分不宜过多

续表

项次	项目	特　征	原　因	防　治　措　施
15	涂膜脱落	涂膜开裂后失去应有的粘附力,以致分成小片或整张揭皮脱落	基层处理不当,表面有油垢、锈垢、水汽、灰尘或化学药品等	施涂前,应将基层处理干净
			在潮湿或霉染了的砖、石和水泥基层上涂装,涂料与基层粘结不良	基面应当干燥,除去霉染物后再涂刷涂料
			每遍涂膜太厚	控制每遍涂料的涂膜厚度
			底层涂料的硬度过大,涂膜表面光滑,使底层涂料和面层涂料的结合力较差	注意底层涂料和面层涂料的配套,应选用附着力和润湿性较好的底层涂料
16	回粘	涂料的表层涂膜形成后,经过一段时间仍有发黏感	在氧化型的底漆、腻子没干之前就涂第二遍涂料	应在头遍涂料完全干燥后,再涂第二遍涂料
			物面处理不洁,有蜡、油、盐等。如木材的脂肪酸和松脂,钢铁表面的油脂等未处理干净	基体表面的油脂等污染物均应处理干净,木材还应用封底涂料进行封底
			涂膜太厚,施工后又在烈日下曝晒	每遍涂膜不宜太厚,施涂后不能在烈日下曝晒
			涂料中混入了半干性油或不干性油,使用了高沸点的溶剂	应注意涂料的成分和溶剂的性质。合理选用涂料和溶剂
			干料加入量过多或过少,干料的配合比不合适,钴干料多,而铅、锰干料偏少	应按试验和经验来确定干料的用量和配比
			涂料在施工中,遇到冰冻、雨淋和霜打	施工时,应采取相应的保护措施,以防冰冻、雨淋和霜打。
17	木纹浑浊	清色涂料涂饰后,显露木纹不清晰,涂膜不透澈、不光亮	油色存放时间较长,颜料下沉,造成上浅下深,操作时未搅匀,颜色较深处覆盖了木纹而显浑浊	木材染色颜料宜选用酒色和水色,尽量不用油色。用密度较大的颜料配制染色材料,使用时应经常搅拌,以保颜色均匀
			木材质地不均,着色不均匀,一般软木易着色,硬木不易着色	对于不同材质的基层,应选用不同的施工方法染色,以求达到一致
			操作不熟练,垂刷处色深,刷毛太硬或太软	操作应熟练、迅速,不可反复涂刷,个别部位可进行修色处理。使用的油刷应软硬适宜
18	发汗	基层的矿物油、蜡质,或底层涂料有未挥发的溶剂,把面层涂料局部溶解并渗透到表面	树脂含量较少的亚麻仁或熟桐油膜易发汗	选用优质涂料
			施工环境潮湿、黑暗或湿热,涂膜表面凝聚水分,通风不良,更易发生	改善施工环境,加强通风
			涂膜氧化未充分,或漆未能从底部完全干燥	加强通风,促使涂膜氧化和聚合。待底层涂料完全干燥后再涂上层涂料
			金属表面有油污,或旧涂层的石蜡、矿物油等	施涂前,将油污、旧涂层彻底消除干净后再涂涂料
			气泡处理	一般应将涂层铲除清理后,重新进行基层处理,再进行涂饰施工

续表

项次	项目	特　征	原　因	防治措施
19	涂膜生锈	钢铁基层涂装涂料后，涂膜表面开始略透黄色，然后逐渐破裂出现锈斑	涂饰出现针孔弊病或因漏有空白点。涂膜太薄，水汽或有害气体透过膜层，产生针蚀而发展到大面积锈蚀	钢铁表面涂普通防锈涂料时，涂膜应略厚一些，最好涂两遍
			基层表面有铁锈、酸液、盐水、水分等，未清理干净	涂装前，必须把钢铁表面的锈斑、酸液、盐水等清除干净，并应尽快涂一遍防锈涂料
			涂膜生锈处理	若出现锈斑，应铲除涂层，进行防锈处理后，再重新作底层防锈涂料

五、常用涂装材料的检验及贮存方法

各类涂料及辅助材料和各类油漆的正常外观及检验见表 6-34 和 6-35。油漆涂料变质鉴别与处理方法见表 6-36。涂饰材料的贮存保管方法见表 6-37。

各类涂料及辅料正常外观及检验　　表 6-34

种　类	正　常　外　观	检　验　方　法
水溶涂料	浆料沉淀后表面有一定厚度的透明黏结剂液体，无浑浊现象，用手捻研带有黏性，搅拌后颜料悬浮均匀，有正常的浆料状态	如出现异常气味、结絮变浑，可取出少许试用，直接观察其效果
合成树脂涂料	应无硬块，不凝聚，不分离搅拌后呈均匀状态，自然条件下能干燥、固化，无发霉状态	如出现结块、凝聚、分离状态，搅拌后不能改善，可取出少许试用，直接观察其效果
辅　料	滑石粉：颗粒较细、颜色不是很白	用手指捻研有光滑细腻感，用水洗即掉
	大白粉：颗粒比滑石粉粗，颜色比滑石粉白	捻研时也有光滑细腻感，但不如滑石粉，用水可洗掉
	石膏粉：颗粒较粗，有的呈灰白色	捻研时感觉有颗粒，但着水可化开
	锌白类（氧化锌、立德粉、铅白）：色白，有刺眼的感觉，颗粒细度在大白粉和石膏粉之间	捻研时有细、涩感觉，用汽油容易擦掉

常用各类油漆正常外观及检验　　表 6-35

种　类	正　常　外　观	检　验　方　法
清漆类	清漆清晰透明，色泽较浅，稠度适当，以颜色越淡、越透明越好。其中酚醛清漆为浅黄、棕色至黄棕色、透明油状液体，醇酸清漆为浅红棕色透明油状液体	如有浑浊、沉淀、变稠等现象，说明漆已变质，可取出少许试用，直接观察其效果。也可将试样倒入洁净干燥的比色管中，与不同浑浊度的标准液进行比较
漆　类	开盖后表面没有结皮（允许轻微结皮），只一薄层油料或稀释剂，下面较稠，但一经搅拌即能充分拌和。色泽符合要求，黏度适中	如发现沉淀、结皮、变稠、变厚等现象说明有变化。将油漆搅拌后，用棒挑起油漆观察，漆丝应自由降落不中断，如中断回缩，说明该漆快胶化变质了

续表

种　类	正　常　外　观	检　验　方　法
生漆类	乳白色或灰黄色的黏稠液体,有浓郁的酸香味	用木棒蘸少许生漆可拉成10~12cm的长丝,断后丝头迅速向上钩起,生漆在毛纸面上不易渗透开。涂刷后颜色由白变红,由红变紫,最后成光亮、坚硬的漆膜
稀释剂类	质量好的稀释剂应为水白色的清澈透明液体,无杂质,无悬浮物,不带有异味;正常的硝基稀释剂有香蕉味,醇酸稀释剂有芳香味,氨基稀释剂应具有丁醇的温和酒精味	质量正常的稀释剂应具有一定的挥发速度,挥发后不应留有残余物的痕迹。可在滤纸上滴一点稀释剂,过一会可检查一下是否全部挥发(有无残留杂质);将少量稀释剂与相应的树脂或漆类混合,观察其溶解性是否良好

油漆涂料变质鉴别与处理方法　　　　　　　　　表6-36

名　称	现　象	原　因	处　理　方　法
浑浊	多见清漆或清油。一般情况为轻微浑浊,也有变稠现象,严重的为白糊浆状	稀释剂选用不当或用量过多,室温过低,相对湿度过大,容器封闭不严,内含水分,铅类催干剂用量过多	轻微浑浊时,可加入松节油、丁醇或苯类环烃溶剂,用隔水加温至60~65℃,室温控制在18~25℃,相对湿度在65%+5%
变厚	黏度增高、变厚,严重时为冻胶状	漆料酸性过高,与碱性染料反应,成品聚合过度,温度过热、过冷,容器漏气、漏液	室温保持在18~25℃,将涂料隔水加热,醇酸氨基漆可在溶剂中加入25%的丁醇
变色	清漆类:变黑红色、红棕色。色漆类:上下颜色不一致,金粉、银粉发黑变乌	清漆类:溶剂水解与铁容器反应;漆中含有酸性树脂 色漆类:颜料褪色,金属颜料变绿,颜料沉淀	采用木桶、瓷质、玻璃、塑料容器盛装;色漆最好是漆料和颜料分装,现用现调,清漆中可加入少许磷酸
沉淀	清漆类:底层沉有各种杂质或不溶性物质,上部漆料完好 色漆类:一般情况沉淀物能搅碎,严重时须研碎	清漆类:漆内有杂质或不溶性物质,铅催干剂在贮存中过冷或受潮,溶剂使用不当 色漆类:颜料密度大、颗粒太粗、体质颜料太多	清漆类:过滤除去杂质 色漆类:定期反复倒置,使用时充分搅拌,结块后重新研碎调配或用在不重要部位
容器变形	容器鼓起、膨胀	天热,容器内温度过高,漆内变成气态	打开容器盖放出气体,放置温度较低处
结皮	打开漆桶,面上有层薄皮,有时有小颗粒或全部胶化现象	容器封闭不严,涂料表面与空气接触,催干剂加入过多,贮存时间过长	使用前将涂料重新过滤,涂料用剩后在漆面上洒上稀释剂。催干剂中配用部分锌、钙催干剂
发胀	肝化:呈硬胶状胶凝,粗度增高或结成冻胶 假厚:外表稠厚	氧化物与酸性天然树脂涂料相遇,油料与漆料聚合过度,乳胶漆中有水溶性颜料,颜料中有含盐物质,催干剂用量过多,漆中含颜料过多,特别是使用氧化锌、锌钡白、炭黑等颜料	一旦肝化即无法使用,这类涂料不宜存放过久,经机械搅拌加入少量有机酸可恢复正常,经搅拌后会恢复原状,停止搅拌后仍呈假厚状,但仍可使用

常用涂饰材料贮存保管方法　　　　　　　　　　　　表6-37

材料名称	存放方式	注意事项
油性漆 醇酸漆 聚氨酯漆 油性清漆 聚氨酯清漆 油性填充剂 醇溶性清漆 腻子 沥青	放在架子上，应注明标志。为避免存放时间长而变质，应把新来的材料放在后面	盖子应拧紧，防止挥发和结皮。恒温能使涂料黏度适宜。重容器放在下面，以防搬运困难。罐装的颜料、材料应定期倒过来放置，以防沉淀
乳液涂料 乳液清漆 丙烯酸涂料 糊精 多彩漆	放在架子上，注明标志。新来的材料放在先贮存物品的后边，不能受冻	防止冰冻。水性涂料都有存放期限，必须在限期内用完
白垩 干性颜料 熟石膏 胶 膏状粉末 粉末状填充剂	小件放在架子上，大件放在地面垫板上，零散材料放在有盖箱子里	应防止潮湿。注意石膏存放期限，防湿以防凝结
醇溶性脱漆剂	放在架子上	温度超过15℃会引起膨胀，以至突然冒出容器。防止明火
砂纸	应保持平整，装在盒内或袋内便于识别	防止过热以免砂纸变质，防止潮湿，否则使玻璃和石榴石砂纸的质量降低
玻璃	立着存放在支架上	干燥存放，以防玻璃粘在一起，放在肮脏的地方会使玻璃变脏
苫布	叠好放在台板上	保持洁净、干燥，防止发霉
刷子	悬挂或平放在柜橱里，新刷子不宜打开包装	用除虫剂防止虫蛀。保持干燥以防发霉
辊筒	挂在柜橱里	羔羊毛和马海毛辊筒的保存方法和刷子相同
金属工具和喷枪	悬挂或平放在柜橱里	涂上油脂或用防潮纸包上，防止锈蚀
石蜡 杂酚油	(a)装在有开关的铁桶里放在支架上 (b)装入5~20L的带螺丝口的罐里，放在低处	拧紧盖子放在与主建筑物分开的密封场所内
液态气体 压缩气体 石油 纤维素涂料 纤维素稀释剂 氯化橡胶 稀释剂 甲基化酒精 聚氨基甲酸酯 稀释剂	(a)放在外边应防止冰雪和阳光直射 (b)专用仓库的构造如下：墙：应用砖、石、混凝土或其他防火材料砌筑 屋面：应用易碎材料辅盖以减少爆炸力 门窗：厚度为50mm向外开 玻璃：厚度应不小于6mm的嵌丝玻璃 地面：混凝土地面，应倾斜，溢出的溶液不应留在容器下 照明开关：为了不引起火花应安在室外	按最易燃烧的液体和液化石油气的使用贮存规章存放 注：这些规章只适用于存放50L以上的材料 存放材料须得到地方有关检查部门的准许

第二节　涂装工程的工料估算

工料估算直接关系到成本核算，生产计划的制定以及原辅材料的采购供应等问题。

如何确定涂饰工程量的计算方法，各地的计算方法都有所不同，比较合理的计算方法是：普通门窗和金属栏栅，以其投影面积（洞口的宽×高的单面面积）为基础，然后根据门窗的具体情况乘以系数为涂饰工程面积；顶棚、墙面均按投影面积计算，而墙面上小于 $0.3m^2$ 的门窗洞口可不扣除，各种固定设置的家具要按展开面积计算；各种木装饰线可按宽度乘以 1.5 的系数，这样可以简化计算工作。

各类门窗工程量系数见表 6-38。

门窗工程量系数　　　　　　　　　表 6-38

项目	1 普通木门	2 玻璃木门	3 纱门	4 全百叶门	5 钢门	6 普通窗	7 双层窗（带纱）	8 钢窗（带纱）	9 钢百叶门窗
系数	2.5	2.0	1.0	3.0	2.0	2.0	3.0	1.5	2.6

涂饰工程量计算出来之后即可分别进行估工与估料工作。

一、估工

由于涂饰面的质量要求不同，涂饰面的条件亦不同，涂饰方法的不同，其单位面积耗用工时是难以统一估算准确的。表 6-39 为油漆工程每 $10m^2$ 用工表，表 6-40 为涂料工程每 $10m^2$ 用工表，供参考。

油漆工程每 $10m^2$ 用工表　　　　　表 6-39

	项目	工日/$10m^2$		项目	工日/$10m^2$
调和漆	单层玻璃门窗	1.79		木地板调和漆	0.539
	双层玻璃门窗	2.86		木地板清漆	0.716
	单层通天窗、摇窗	2.24		木地板漆片、擦蜡	0.868
	双层通天窗、摇窗	3.60		胶合板顶棚	1.693
清漆	单层玻璃门窗	2.69		吸声板墙面	1.610
	双层玻璃门窗	3.72	调和漆	间壁、隔断、木栏杆	2.29
	单层通天窗、摇窗	3.10		门窗套、窗合板	1.905
	双层通天窗、摇窗	3.89		窗帘盒	3.58
漆片蜡克	单层木门	7.14		挂镜线	3.18
	双层木门	11.4		木扶手调和漆	2.06
防锈漆底调和漆面	单层钢门窗	0.5		木扶手漆片、蜡克	5.51
	双层钢门窗	1.09		抹灰顶棚调和漆	1.135
	单层通天窗、摇窗	0.8		抹灰墙面调和漆	1.117
	双层通天窗、摇窗	1.5		地面调和漆、地板漆	0.676
	金属构件	5.7/t			

注：1. 门窗内外分色者，按相应定额乘以 1.11 系数；分色一面为白色或乳黄色者，除按内外分色系数外，再乘以 1.05 系数。
　　2. 百叶门窗双面施涂者，按单层门窗的定额乘以 1.43 系数。

涂料工程每 10m² 用工表　　　　表 6-40

项　目	工日/10m²	项　目	工日/10m²
砖墙面喷石灰浆	0.08	抹灰面刷乳胶漆(普通)	1.8
抹灰面喷石灰浆	0.12	抹灰面刷乳胶漆(凹凸型)	2.16
抹灰面刷大白浆	0.23	石膏板墙刷三遍乳胶漆(普通)	1.70
抹灰面刷可赛银	0.25	石膏板墙刷乳胶漆(凹凸型)	2.04
抹灰面刷耐擦洗涂料	1.35	石膏板墙刷大白浆	0.70
预制板刷大白浆	0.30	石膏板墙刷可赛银	0.80

二、估料

估料应掌握各类油漆涂料的涂布能力，才能根据不同涂布能力估算出较为准确的用料。而油漆涂布能力又受基层状况、涂布干膜厚度的影响。

表 6-41 是不同固体含量的油漆涂料在非渗透平坦面上各干膜厚度的理论涂布面积，表 6-42 是常见各类型油漆涂料的涂布能力。

油漆涂料的理论涂布面积(m^2/L)　　　　表 6-41

干膜厚度(μm)	固 体 含 量 (%)									
	10	20	30	40	50	60	70	80	90	100
25	4.0	8.0	12	16	20	24	28	32	36	40
50	2.0	4.0	6.0	8.0	10	12	14	16	18	20
75	1.3	2.6	4.0	5.3	6.6	8.0	9.3	11	12	13
100	1.0	2.0	3.0	4.0	5.0	6.0	7.0	8.0	9.0	10
125	0.8	1.6	2.4	3.2	4.0	4.8	5.6	6.4	7.2	8.0
150	0.6	1.3	2.0	2.6	3.3	4.0	4.6	5.3	6.0	6.6

常见各类型油漆涂料的涂布能力　　　　表 6-42

涂料类型	涂布面积(m^2/L)	干膜厚度(μm)
高固体性和无溶剂型涂料。例如：环氧沥青涂料、环氧厚浆涂料	3~4	200~250
低固体含量涂料。如：憎水溶剂型乙烯基涂料和氯化橡胶涂料	4~5	5~50
磷化底漆	9~11	5~15
普通溶剂型底漆	11~13	35~45
高稠度底漆	14~16	50~75
乳胶漆	15~17	25~30
油性和醇酸中间涂层和面漆涂料	16~18	30~40
银粉漆	18~20	30~40

在实际使用中对涂布面积影响较大的还有基层的性质,即涂饰面的吸收性和平整度,如多孔隙吸收性强的软木、壁板、抹灰面等,比同面积的金属、玻璃等非吸收面要多耗用2~3倍的涂料。此外,粗糙、不平整表面的涂布能力要比吸收率相同的平整面减少50%~75%。

油漆面常用腻子用量见表6-43。

油漆面常用腻子用量表(kg/m²)　　　　表6-43

腻子种类	用途	材料项目	用量
石膏油腻子	墙面、地面、普通木饰面不透木纹满刮腻子	石膏粉 熟桐油 松节油	0.22 0.06 0.02
石膏清漆腻子	墙面、地面、木饰面露木纹满刮腻子	石膏粉 清漆	0.18 0.08
血料腻子	中、高档家具面不透木纹嵌底	熟血料 大白粉 胶粉	0.11 0.23 0.03
虫胶腻子	墙面、地面、木饰面露木纹嵌底	虫胶漆 大白粉	0.11 0.15
硝基腻子	常用木饰面透木纹漆的局部嵌补	硝基清漆 大白粉	0.08 0.16

注:砂纸每10m² 1.5张。

油漆主料是指各种油漆和稀释剂,常用油漆主料单位面积用量见表6-44和表6-45。各色调和漆每1m²用量参见表6-46,涂料材料的概算指标见表6-47。门窗、木材、金属涂料工程量的估算见表6-48,各色厚漆每1m²用量参见表6-49。

普通木饰面常用油漆主料单位面积用量(kg/m²)　　　　表6-44

漆种	用途	材料名称	普通作法	精细作法
调和漆 酚醛磁漆	普通木饰面	调和漆(或酚醛磁漆) 清油 松节油	0.18 0.05 0.05	0.25 0.08 0.08
清漆	普通木饰面	酚醛清漆 清油 松节油	0.22 0.02 0.02	0.26 0.03 0.03
硝基清漆 (蜡克)	木制饰面、木线条、木家具	虫胶片 工业酒精 硝基清漆 天那水、香蕉水	0.023 0.14 0.15 0.8	0.03 0.2 0.22 1.4
聚氨酯清漆	木制饰面、木线条、木家具	虫胶片 工业酒精 聚氨酯清漆	0.023 0.14 0.22	0.03 0.25 0.25
硝基喷漆 (手扫漆)	木制饰面、木线条、木家具	硝基喷漆 天那水	0.14 1.2	0.21 1.8
硝基磁漆	木制饰面、木线条、木家具	硝基磁漆 天那水、香蕉水	0.18 1.1	0.22 1.6

注:1. 普通作法调和漆、磁漆为二底二面。精细作法为二底三面,并磨砂蜡退光。
　　2. 普通作法硝基清漆不退光不打蜡,精细作法为清漆磨退作法。
　　3. 以上用料为中深色作法,如系浅色作法用料要增加20%~40%。

第二节 涂装工程的工料估算

普通门窗常用油漆材料单位面积用量(kg/m²)　　　表 6-45

饰面项目	深色调和漆	浅色调和漆	防锈漆	深色厚漆	浅色厚漆	熟桐油	松节油
深色普通窗	0.15			0.12		0.05	0.04
深色普通门	0.21			0.16		0.08	0.05
浅色普通窗		0.18			0.25	0.05	0.04
浅色普通门		0.24			0.33	0.08	0.05
旧门重油漆	0.21						0.04
旧窗重油漆	0.15						0.03
新钢门窗油漆	0.12		0.08				0.03
旧钢门窗油漆	0.14		0.10				0.02
一般铁窗栅油漆	0.06		0.08				

注：1. 门窗造型比较复杂，洞口较深且有筒子板时，则根据情况适当增加油漆用量。
　　2. 如系清漆门窗，用料较调和漆减少约10%左右。
　　3. 如系磁漆门窗，用料较调和漆应增加约10%左右。

各色调和漆每 1m² 用量参考表　　　表 6-46

涂料名称	用量(g/m²)	涂料名称	用量(g/m²)
白色调和漆	160	绿调和漆	≥7.0
正黄调和漆	120	天蓝调和漆	100
乳黄调和漆	160	浅蓝调和漆	100
牙黄调和漆	160	正蓝调和漆	80
橘黄调和漆	≥100	银灰调和漆	≥120
浅绿调和漆	≥80	深灰调和漆	≥70
正绿调和漆	≥80	中灰调和漆	≥80
深绿调和漆	≥80	浅灰调和漆	≥80
豆绿调和漆	120	紫红调和漆	≥130
草绿调和漆	≥70	栗皮色调和漆	≥50
朱红调和漆	≥130	深驼色调和漆	≥100
铁红调和漆	≥50	黑色调和漆	≥40
酱色调和漆	≥60	紫棕调和漆	≥50
砂色调和漆	≥80		

涂料材料概算指标　　　表 6-47

项目	单位	涂料材料					
		光油	清油	溶剂	厚漆	调和漆	防锈漆
金属面油漆	kg	3.96	4.24	15.00	22.00	17.27	28.20
抹灰面油漆	kg	4.48	5.94	9.72	12.70	10.80	
单层木门窗油漆	kg	9.46	3.96	16.10	21.30	19.10	
一玻一纱木门窗油漆	kg	10.10	6.50	17.50	23.00	21.40	
单层钢门窗油漆	kg	1.75	1.75	6.60	9.70	7.61	12.42

注：1. 涂料材料用量为每100m²被涂面积的用量。
　　2. 面积计算：门窗按高×宽满外框计算；抹灰面按单面长×宽计算。
　　3. 金属涂层按3遍成活，其他按4遍成活考虑，如不符可酌情增减。
　　4. 色漆用量是按浅、中、深色比例确定的。全做浅色时，总量应乘以1.40；全做深色时则乘以0.90。

门、窗、木材、金属涂料工程量估算　　　　　表 6-48

项次	项　目	计算系数	计算方法
1	镶嵌玻璃门 无框木板门 全玻璃门、单层门 纱门窗 一玻一纱窗 工业组合窗 百叶窗 双玻璃窗	2.5 2.1 2.0 1.2 2.8 1.5 3.0 3.2	工程量＝系数×门窗洞口实际面积
2	木隔断板 玻璃隔断	2.3 0.94	工程量＝系数×单面面积
3	窗合板、筒子板 挂镜线、窗帘棍 木扶手	45 80 60	工程量＝系数×竣工木料体积(m^3)
4	木地板	1.12	工程量＝系数×地面面积
5	木楼梯	2.0	工程量＝系数×投影面积
6	屋面板、屋架檩条	2.0	工程量＝系数×屋面板面积
7	白铁排水	1.0	工程量＝系数×实际面积
8	钢屋架 铁柱、挡风柱 钢吊车梁、车档 钢天窗架支撑 笆子板、平台 钢门窗 零件钢件	25 21 26 35 53 55 40	工程量＝系数×铁件重量(t)

注：工程量的单位为 m^2。

各色厚漆每 $1m^2$ 用量参考表　　　　　表 6-49

涂料名称	用量(g/m^2)	涂料名称	用量(g/m^2)
1号灰厚漆	≥70	1号黄厚漆	≥150
1号铁红厚漆	≥60	1号黑厚漆	≥40
1号朱红厚漆	≥450	1号白厚漆	≥200
1号绿厚漆	≥180	特号白厚漆	≥160
1号蓝厚漆	≥120		

建筑装饰涂料每 $1m^2$ 用量参见表 6-50，石灰浆、大白浆、可赛银等刷浆材料的每 $10m^2$ 用料见表 6-51 和表 6-52。常用墙面涂料每 $10m^2$ 用料见表 6-53，复层涂料每 $10m^2$ 用料见表 6-54。

第二节 涂装工程的工料估算

建筑装饰涂料每 1m² 用量参考表 表 6-50

涂料名称	用量(g/m²)	备注
106 内墙涂料	330~500	
氯—偏共聚乳液内墙涂料	330~400	施涂 3 遍
苯-丙乳胶内墙涂料	143~167	施涂 2 遍
JHN84-1 耐擦洗内墙涂料	400~600	施涂 2 遍
内墙粉末涂料	50	施涂 2 遍
膨胀珍珠岩喷浆料	670	
1 号膨胀珍珠岩顶棚涂料	500	毛面顶棚涂料
2 号 1~3mm 聚苯乙烯泡沫颗粒顶棚涂料	600	毛面顶棚涂料
3 号 1~5mm 聚苯乙烯泡沫颗粒顶棚涂料	600	毛面顶棚涂料
4 号云母片顶棚涂料	700	毛面顶棚涂料
104 外墙涂料	1000	
SB-2 丙烯酸酯彩色涂料	300~800	滚涂
多层花纹外墙涂料封底料	125~250	丙烯酸共聚乳液
多层花纹外墙涂料中层涂料	800~1500	丙烯酸共聚乳液与多层花纹外墙涂料封底料配套
高 PVC 苯丙底层涂料	200	与苯丙中层涂料配套
苯丙乳胶底层涂料	150	与苯丙中层涂料配套
苯丙中层涂料	2000	外墙用有机乳胶涂料
聚丙烯酸酯有光乳胶漆	100~200	与苯丙中层涂料配套
ZS-841 外墙涂料	330~500	施涂 2 遍
JH80-1 型无机建筑涂料	1500~2000	砂粒状
JH80-1 型无机建筑涂料	1200~1500	云母状
JH80-1 型无机建筑涂料	700~1000	细粉状
JH80-2 型内墙涂料	400~600	
JH80-2 型外墙涂料	600~1200	
KS-82 型高分子外墙涂料	400	平壁基层
KS-82 型高分子外墙涂料	500	粗壁基层
S-G 外墙涂料	330~500	施涂 2 遍
JH8501 型无机厚质涂料	2500~3000	
JH8502 型胶粘砂外墙涂料	2000~2500	
JH8504 型凹凸花纹涂料底料	100~800	浮雕型厚涂料
JH8504 型凹凸花纹涂料中层涂料	1200~1800	浮雕型厚涂料
JH8504 型凹凸花纹涂料面料	100~200	浮雕型厚涂料
LH-82-1 型无机高分子建筑涂料	500~800	细质料,粉状
LH-82-2 型无机高分子建筑涂料	1200~1800	粗质料,颗粒状
KH-3-1 型多层花纹涂料	800~1200	厚质涂料

续表

涂料名称	用量(g/m²)	备注
KH-3-2型多层花纹涂料	1000~1500	厚质涂料
KH-2型轻质建筑涂料	1500	
777型水性地面涂料,A组分	1000	聚乙烯醇缩甲醛胶
777型水性地面涂料,B组分	500	
777型水性地面涂料,C组分	170	
苯-丙地面涂料	250~300	
氯-偏共聚乳液地面涂料	170~200	施涂3遍
过氯乙烯地面涂料,底漆	100~125	
过氯乙烯地面涂料,腻子	200~335	
过氯乙烯地面涂料,面漆	500~670	
JHD-1型无机高分子地面涂料,底漆	300~600	
JHD-1型无机高分子地面涂料,面漆	200~300	

石灰浆、大白浆每10m²用料数量(kg)　　　　　表6-51

材料名称	石灰浆 三遍成活			大白浆 二遍成活		
	头遍	二遍	三遍	批腻子	头遍	二遍
熟桐油	0.02①	0.02①	0.02①			
大白粉				1	1.2	1
鸡脚菜				0.05	0.07	0.05
石灰	0.5	0.65	0.45			
水	3.2	4.16	2.88		0.8	0.68
皮胶				0.02	0.02	0.02
石性颜料	0.02②	0.05②	0.06②			

① 外墙刷浆用。
② 刷色浆用。

可赛银、喷浆每10m²用料数量(kg)　　　　　表6-52

材料名称	可赛银 二遍成活			喷浆 三遍成活		
	批腻子	头遍	二遍	头遍	二遍	三遍
熟桐油				0.02①	0.02①	0.02①
大白粉	0.3					
鸡脚菜	0.03	0.01	0.01			
石灰				0.8	0.65	0.6
水		1.35	1.2	5.12	4.16	3.84
皮胶						
石性颜料				0.02②	0.05②	0.06②
可赛银粉	0.5	0.9	0.8			

① 外墙刷浆用。
② 刷色浆用。

常用墙面涂料每 $10m^2$ 用料数量(kg)　　　　　表 6-53

涂 料 名 称	平滑墙面用量	普通墙面用量
平光乳胶漆	1.5~1.7	1.8~2.0
丙烯酸内墙涂料	2.8~3.0	3~4
耐擦洗涂料	2.0~2.5	2.5~3
抹灰墙面腻子用料	4~6	6~8
混凝土墙面腻子用料	6~8	8~10

注：腻子配合比(重量)为大白粉：纤维素：乳液 = 100:5:13。

复层涂料每 $10m^2$ 用料数量(kg)　　　　　表 6-54

涂料类别	细点花纹	中点凹凸花纹	大点凹凸花纹
底涂料	1.6~2.0	1.6~2.0	1.6~2.0
主涂料（中层涂料）	6~8	12~15	15~17
面涂料	2.5~3.0	3.0~3.5	3.5~4.0

第三节　安全措施和涂装环境

一、涂装工程安全技术措施

涂装施工安全技术措施见表 6-55。油漆施工中常见的毒物及预防措施见表 6-56。

涂装施工安全技术措施　　　　　表 6-55

内容	措　　施
施工操作安全措施	（1）对施工操作人员进行安全教育，使之对使用的涂料的性能及安全措施有基本了解，并在操作中严格执行劳动保护制度 （2）高空作业，必须戴安全带。脚手板、架的铺设应符合其规范要求。操作者必须思想集中，不能麻痹大意，或工作中开玩笑，以防跌落 （3）施工现场必须具有良好的通风条件，在通风条件不良的情况下，必须安置临时通风设备 （4）在木材白榉面上磨砂纸时，要注意戗槎，以防刺伤手指；磨水砂纸时，宜戴上手套 （5）在除锈铲除污染物以及附着物过程中，应带防护眼镜，以免眼睛粘污受伤 （6）用喷砂除锈，喷嘴接头要牢固，不准对人。喷嘴堵塞，应停机消除压力后，方可进行修理或更换 （7）使用喷灯，加油不得过满，打气不能过足，使用的时间不宜过长，点火时嘴不准对人 （8）使用氢氧化钠侵蚀旧漆时，须戴上橡皮手套和防护眼镜。涂刷有害身体的涂料和清漆，须戴上橡皮手套和防护眼镜。涂刷红丹防锈漆及含有铅颜料的涂料时，要戴口罩，以防铅中毒 （9）手或外露的皮肤可事先涂抹保护性糊剂。糊剂的配比为滑石粉 22.1%、淀粉 4.1%、植物油或矿物油 9.4%、明胶 1.9%、甘油 1.4%、硼酸 1.9%、水 59.2%。涂抹前，先将手洗干净，然后将糊剂薄抹在外露的皮肤或手上 （10）手上或皮肤上粘有涂料时，要尽量不用有害溶剂洗涤，可用煤油、肥皂、洗衣粉等洗涤，再用温水洗净。下班及吃饭前必须洗手洗脸。使用有害涂料时间较长时需用淋浴冲洗 （11）施工人员在操作时感觉头痛、心悸或恶心，应立即离开工作地点，到通风处休息
防火措施	（1）料房与建筑物必须保持一定的安全距离，要有严格的管理制度，专人负责。料房内严禁烟火，并有明显的标志，配备足够的消防器材。料房内的稀释剂和易燃涂料必须堆放在安全处，切勿放在入口和人经常运动的地方 （2）沾染涂料的棉丝、破布、油纸等废物应收集存放在有盖的金属容器内，及时处理，不得乱扔，在掺入稀释剂、快干剂时，应禁止烟火。工作完毕，未用完的涂料和稀释剂应及时清理入库 （3）喷涂场地的照明灯应用玻璃罩保护，以防漆雾沾上灯泡而引起爆炸。熬胶、熬油时，应清除周围的易燃物和火源，并应配合相应的消防设施

油漆施工中常见毒物及预护措施　　　　　　　　　表 6-56

项次	有毒物名称	中毒后的反应	防止方法
1	苯	头痛、头昏、无力、失眠还能引起皮肤干燥、痒、脱脂皮炎等	加强自然和局部通风,不能用苯洗手,加强劳动保护
2	汽油	使神经系统和造血系统受损,产生皮炎、湿疹、皮肤干燥等症状	加强自然和局部通风,少用汽油洗手
3	铅	中毒后体弱易倦、食欲不振、体重减轻、脸色苍白、腹痛、头痛、关节痛	用一般防锈漆代替红丹。饭前洗手、下班淋浴,采用刷涂,并加强通风
4	刺激性气体	对眼睛、呼吸道及皮肤等有强烈刺激,并有损害	掌握有关防护知识,加强个人防护,操作时加强通风
5	胺类	对皮肤、黏膜有刺激作用,可能引起过敏性皮炎	对症治疗,过敏严重时,可改用加成物固化剂。加强通风或采用劳保措施
6	甲苯、二甲苯	对皮肤黏膜有刺激性,会产生麻醉性	同苯
7	甲醛	对眼及呼吸道产生黏膜刺激,会造成结膜炎、咽喉炎	加强通风及个人防护
8	甲醇	产生头昏、头痛、喉痛、失眠、干咳、视力模糊等症状	加强通风,严禁口服
9	丙酮	对黏膜有轻度刺激,可导致头昏	加强通风
10	四氯化碳	使黏膜受刺激,神经系统、肝脏受到损害	避免直接接触,不能用四氯化碳洗手。戴过滤式防毒面具或送风式面罩

二、涂装环境的保护

各种污染物质的分类见表 6-57。

各种污染物质的分类　　　　　　　　　表 6-57

分类	污染物质
气体	如 SO_2、NH_3、HCl、H_2S、NO_2、Cl_2、CS_2 等
液体	主要有水、雾、雪,其中常溶有 SO_2、HCl 等气体以及钙、铜、铁、锌等的氯化物或硫酸盐等,这些物质主要在燃料燃烧后从烟雾中带入
固体	包括灰尘与有机纤维素类和各种金属盐类等

涂装环境对空气的要求见表 6-58～表 6-60。

颜料、合成树脂单体等在空气中最高许可含量[①]　　　　　　　　　表 6-58

涂料原料	最高许可浓度(mg/m^3)	涂料原料	最高许可浓度(mg/m^3)
氧化锑	0.50	氧化锌	5
镉化合物	0.10	醋酸	25
铬酸盐	0.10	醋酐	20
氧化铁	15.0	丙烯氰	45
铅化物	0.20	丙烯酸乙酯	100

续表

涂料原料	最高许可浓度(mg/m³)	涂料原料	最高许可浓度(mg/m³)
锰化物	5.0	乙二胺	30
汞化物		甲醛	6
无机	0.10	丙烯酸甲酯	35
有机	0.01	甲基苯乙烯	480
二氧化钛	15.0	苯酚	19
磷酸三苯酯	3	吡啶	15
磷酸三辛酯	0.1	苯乙烯	420
三乙胺	100	2,4二异氰酸甲苯	0.14
		氯乙烯	1300

① 英国标准，仅供参考。

常用溶剂在空气中的最高容许浓度　　　　表 6-59

溶剂	最高允许浓度(mg/m³)	溶剂	最高允许浓度(mg/m³)
苯	50	甲醇	50
甲苯	100	乙醇	1500
二甲苯	100	丙醇	200
丙酮	400	丁醇	200
松香水	300	戊醇	100
松节油	300	醋酸甲酯	300
二氯乙烷	50	醋酸乙酯	200
三氯乙烷	50	醋酸丙酯	200
氯苯	50	醋酸丁酯	200
溶剂石脑油	100	醋酸戊酯	100
煤焦油溶剂	100	重质汽油	300

涂装通风要求的经验数据　　　　表 6-60

涂装类型	通风要求
一般涂装车间	每小时 6～10 次，即每小时应使涂装间换气 6～10 次（又称换气次数）
刷涂环境	风力应在 3 级(3.4～5.5m/s，树叶和细的小枝不断摇动，轻的旗能展开)以下
无空气高压喷涂环境	风力应在 2 级(1.6～3.4m/s，脸部有风吹感觉，树叶摇动)以下

涂装对光照与温度的要求见表 6-61～表 6-63。

适宜涂装作业的照度　　　　表 6-61

涂装类型	作业实例	照度(lx)
高级装饰性	涂大漆、汽车涂面漆(检查)	300～800
装饰性	一般烘烤型、车辆、木工涂装等	150～300
一般	底层处理等	150～170

建筑材料的反射率   表 6-62

材料	反射率(%)	材料	反射率(%)	材料	反射率(%)
石灰膏	80~85	砖瓦(白色)	65~70	木材(新的)	50
砂浆	25~50	砖瓦(粉红色)	60~75	木材(半新的)	35
混凝土	20~30	砖瓦(奶黄色)	50~60	木材(旧的)	15
石板	20~30	砖瓦(黄色)	40~45	胶合板	30~43
砖	10~15	砖瓦(浅绿)	50~60	纤维板	78
		砖瓦(水色)	40~50		

涂装适宜的温湿度   表 6-63

涂料的种类	气温(℃)	湿度(%)	备注
油性色漆	10~35	85以下	气温高一些好,低温不行
油性清漆、磁漆	10~30	85以下	气温高一些好
醇酸树脂涂料	10~30	85以下	气温高一些好
硝基漆、虫胶漆	10~30	75以下	高湿不行
多液反应型涂料	10~30	75以下	低温不行
热塑性丙烯酸涂料	10~25	70以下	湿度越低越好
各种烘烤型涂料	20(15~25)	75以下	温湿度在中等程度较好
水性乳胶涂料	15~35	75以下	低温、高湿不行
水溶性烘烤型磁漆	15~35	90以下	温度、湿度越均匀越好
大漆	10~30	85以上	温度、湿度高一些好,低温低湿不行

涂装环境对尘埃的控制与要求见表 6-64~表 6-68,涂装作业对作业场所的要求见表 6-69 和表 6-70。

尘埃的种类   表 6-64

种类			例
按性质分	一般尘埃	自然人工	流星尘、火山灰、砂尘、土尘、花粉
			燃料的不燃分、炭粒、灰尘、金属细片、烟草烟、毛发
	纤维性尘埃		衣服、植物纤维
按粒子的大小分	细尘	粒子的直径	1.0~150μm
	熏烟		0.1~1μm
	烟		0.001~0.3μm

涂装车间尘埃的许可程度   表 6-65

涂装类型	涂装例示	粒子的大小(μm)	粒子数(个/cm³)	尘埃量(mg/m³)
一般涂装	建筑、防腐涂装等	10以下	600以下	7.5以下
装饰性涂装	公共汽车、重型车辆等	5以下	300以下	4.5以下
高级装饰性涂装	轿车等	3以下	100以下	1.5以下

不同地区的尘埃含有量　　　　　　　　　　　表 6-66

地　区	含有量(mg/m³)	地　区	含有量(mg/m³)
农村、郊区	5.0~50.0	普通厂房内部	10~1000
城市地区	0.1~1.0	矿山、多尘的工厂地带	10000~50000
工厂地区	0.2~5.0		

尘埃的判别度　　　　　　　　　　　表 6-67

判　别	粒径(μm)	判　别	粒径(μm)
用显微镜看不见	0.001~0.2	用肉眼能看见	10 以上
用显微镜能看见	0.2~10		

除尘的方法　　　　　　　　　　　表 6-68

种　类	方　法	除 尘 范 围	备　注
黏性过滤法	用油湿润的过滤器(玻璃毛、金属丝、金属网)过滤	难除掉 5μm 以下的尘埃	过滤器在比较长的时间不洗净尚可使用
干性过滤法	用纤维、厚布、毛毡、特制纸等制的过滤器过滤	能除掉 1μm 以下的细尘	过滤器在短期内就被污染,且经费高
水喷射法	靠喷射水洗净空气	油性尘埃,10μm 以下的尘埃不易除掉	是空气调节装置的一部分
离心式除尘法	借助于离心力除去密度大的尘埃	仅能除掉 60μm 以上的尘埃	主要用作除去排气中的尘埃
静电除尘法	靠静电使尘埃得负电荷而聚集在阳极的办法	能除掉 0.01~0.005μm 微细的尘埃	性能好,可是经费也高

涂装作业对车间地面的要求　　　　　　　　　　　表 6-69

序　号	工　位	对地面要求	
		一般要求	较高要求
1	涂装前准备和表面处理	水磨石	设备周围采用花岗岩石板或磁砖
2	涂底漆、刮腻子、打磨	高标水泥	水磨石
3	酸洗处理	花岗岩石板	耐酸磁砖、缸砖
4	涂面漆和罩光	水磨石	磁砖、地砖
5	电泳涂漆	水泥	水磨石
6	浸漆作业	水泥	水磨石
7	零件库	水泥	木地板块
8	化学品库	水泥	磁砖、地砖
9	配漆室	水泥	地砖、水磨石

工业废水最高容许排放浓度 表 6-70

序 号	有害物质或项目名称	最高容许排放浓度(mg/L)
1	pH值	6～9
2	悬浮物	500
3	生化需氧量(5天20℃)	60
4	化学耗氧量(重铬酸钾法)	100
5	硫化物	1
6	挥发性酚	0.5
7	氰化物(以游离氰根计)	0.5
8	有机磷	0.5
9	石油类	10
10	铜及其化合物(按Cu计)	1
11	锌及其化合物(按Zn计)	5
12	氟的无机化合物(按F计)	10
13	硝基苯类	5
14	苯胺类	3

注：按国家标准《工业废水最高容许排放浓度》(GBJ 4—73)，涂装车间的废水经处理后，其浓度必须符合上表的规定。

第七章 刷浆材料

以水作为溶剂的水质刷浆材料种类繁多,适用于室内墙面装饰常用的有石灰浆、大白浆、可赛银浆、色粉浆等;适用于室外墙面装饰的有水泥色浆、油粉浆、聚合物水泥浆等。

在石灰浆或水泥浆中加入适当的颜料配制成有色的浆料,这种浆料已成为我国传统的内外墙面装饰涂料之一,大白浆、可赛银浆这些由体质颜料和胶粘剂制成的浆料,也已是我国传统的内墙装饰材料,这些材料由于经常用排笔涂刷,所以统称之为刷浆材料。

60年代以后,聚乙烯醇缩甲醛及聚醋酸乙烯乳液等高聚物取代了传统的动植物胶黏剂,形成了无机与有机材料相结合的墙面涂料,这些涂料价廉,至今仍有使用。近年来,新型建筑刷浆材料的大量涌现,内外墙涂料品种繁多,不仅提高了刷浆工程的耐久性,其经济和装饰效果亦极为显著。

第一节 刷浆材料的性能及配制

一、刷浆材料的名称及性能

刷浆材料包括浆料、胶料、颜料及辅助材料等。常见的刷浆材料的主要性能及其特点见表7-1。

刷浆材料主要性能及特点 表7-1

项次	材料名称	主要性能及特点	适用范围
1	生石灰	生石灰一般是白色或淡黄色的块状物,有强烈的吸水性、吸湿性,主要成分是氧化钙(含量>75%)和氧化镁(含量在10%~25%之间)。1kg生石灰的产浆量不小于2.4L,未熟化颗粒含量(粗于0.6cm)不大于10%	室内外墙面一般刷浆或在潮湿抹灰面上打底刷浆
2	生石灰粉	浆块状生石灰碾碎磨细所得的成品,称为生石灰粉。它具有硬化快、强度比用熟石灰拌制的砂浆高1.5~2倍,适于冬季施工,以此拌制的砂浆或纸筋灰粉饰有不膨胀等特性,适用于水下浇筑,价格低廉。生石灰粉有效氧化钙及氧化镁含量不小于80%~85%,细度要求过175目筛	一般刷浆用
3	消石灰	消石灰一般呈白色,主要成分为氢氧化钙,将块灰淋以其重量32.1%~40%的水经熟化作用所得的粉末状石灰称消石灰或水化石灰,亦称熟石灰。若消石灰吸收空气中CO_2便还原成碳酸钙而硬化	一般刷浆用
4	大白粉	大白粉也称白垩粉、老粉、土粉等,是由滑石、矾土或青石等精研成粉后加水过淋的成品,主要成分为碳酸钙。其细度要求通过200目筛余量不大于1%,白度大于90%。大白粉本身没有强度和黏接性,加入胶黏剂和耐碱性颜料可配成大白浆内墙涂料	中级刷浆用,不宜用于室外或潮湿墙面

续表

项次	材料名称	主要性能及特点	适用范围
5	可赛银（又称铬素胶）	可赛银有成品供应，颜色有粉红、中青、橘黄、浅蓝、深绿、蛋青、天蓝等。其主要成分是碳酸钙40%、滑石粉54.9%、颜料0.009%研磨，再加入5%的干胶粉（铬素胶）制成的一种粉末状的材料 可赛银与大白粉相比，在于它是生产过程中经磨细、混合加工的，因此有很好的细度和均匀性，特别是颜料也事先混匀，施工时能取得均匀一致效果	高级刷浆用
6	银粉子	是北京地区的土产品，呈微颗粒状，有闪光，用法同大白粉	中级刷浆用
7	滑石粉	滑石粉又叫硅酸镁，是有滑腻感的白色、淡灰白色细软粉料。化学性质不活泼，有良好的粉末润滑性和吸附性，建筑工程常用滑石粉的细度为140~325目	可用作涂料填充料或调配腻子
8	羧甲基纤维素（CMC）	由碱纤维素和一氯醋酸在烧碱溶液中作用制成，是白色粉末或絮状物，无味无毒，吸湿性很强，是一种水溶性纤维素醚。它具有一定的热稳定性及良好的成膜性能；在腻子与大白浆中适量掺入可改善其粘度和保水性，并起润滑作用。在大白浆中掺入约为大白粉0.02%羧甲基纤维素可改善其和易性	可用作浆料黏结剂或调配腻子
9	聚醋酸乙烯胶黏剂（白乳胶）	为乳白色稠厚液体，基本无毒性，具有固化较快，黏接强度较高，配制使用方便，耐久性好，不易老化等优点。缺点是耐水性较差，耐热性也较差，温度高于60~80℃时会软化。该产品固体含量为50%±2%，pH值4~6，黏度50~100s，沉淀率2h不大于10%，稳定性1h无分层现象	用于木材、皮革、纤维、纸张等黏结，以及水泥、浆料胶黏剂等
10	聚乙烯醇	为白色粉末，由聚醋酸乙烯水解而成，能溶于水。可作为纸张、织物及各种粉刷灰浆中的胶黏剂用	粉刷用胶粘剂
11	甲基硅醇钠防水剂	为无色透明或浅黄色透明液体，固体含量为30%，相对密度1.23，pH值13~14，用9倍水稀释使其成为含固量为3%的水溶液使用。刷在外墙饰面上，有防水、防风化、防污染等效果。该材料呈碱性，配制使用时，应注意勿触及皮肤、眼睛、衣物等	涂刷内外墙饰面上，提高饰面耐久性
12	六偏磷酸钠	由磷酸二氢钠脱水经高温处理（600~650℃）后，急冷而制得，相对密度约2.5，熔点约516℃（分解），有较强吸湿性，溶于水，不溶于有机溶剂。外观为无色透明玻璃片状或粒状，总磷酸盐（以P_2O_5计）≥65.0%，非活性磷酸盐（以P_2O_5计）≤10.0%，pH值5.5~7	水性建筑涂料中最常用的颜料分散剂
13	木质素磺酸钙	是用亚硫酸法蒸煮松木为主所制得的人造纤维浆粕和纸浆的钙盐基亚硫酸废液为原料，经发酵提取酒精后，再蒸发、浓缩、喷雾干燥而成的棕色的粉状物，常称为木钙干粉，浓度为50%的黏状物，称之为木钙黏合剂。其主要技术指标为：木质素磺酸钙>55%，还原物质<12%，水不溶物质<2%~5%，水分含量<9%，pH值4~6	颜料分散剂
14	皮胶	由动物皮制作，为黄色或褐色块状的半透明或不透明体。它溶于热水，加入粉浆中起黏接作用	粉刷用胶粘剂

续表

项次	材料名称	主要性能及特点	适用范围
15	血料	一般为猪血,有生血、熟血两种。生血用于打底,熟血用于调配腻子或打底用	用于古建筑装修
16	菜胶	菜胶是用龙须菜(又名石花菜、麒麟菜、鸡脚菜、鹿角菜,系海生低级生物)熬制而成。菜胶黏度颇大,可加入粉刷浆料中作胶料用,现已很少采用	粉刷用胶粘剂
17	水泥	采用符合国家标准的 425 号和 325 号普通硅酸盐水泥和白色硅酸水泥,全部用普通水泥时可掺入少量石灰膏改变水泥灰色色调	外墙刷浆用

二、刷浆胶料的种类及配制方法

刷浆胶料的种类繁多,其配制方法也各不相同,常用胶料的种类及配制方法见表 7-2。

刷浆胶料配制方法及注意事项 　　　　　　　　表 7-2

项次	名称	配制方法	使用注意事项
1	龙须菜	将龙须菜用水洗净,按龙须菜:水 = 1:3 的比例加水放入锅中先煮沸后用文火熬成液汁,再用 40 目筛过滤,待冷后冻结,即成为龙须菜胶	①龙须菜胶须于 1～2d 用完,因历时过久,则黏性尽失,不能再用 ②夏季龙须菜易腐,不宜使用
2	烧碱(火碱)面粉	先将烧碱用水溶化,然后与面粉、大白粉混合,再将适量的水徐徐加入拌匀,使稀稠适度,即可使用。各种用料重量配合比如下: 大白粉:面粉:烧碱 = 100:(2.5～3):(1～1.5) 拌和时各种配料须逐次加入,否则即出现疙瘩,不能粉刷	①烧碱胶料忌用石灰,因此石灰浆粉刷及井水均不可用 ②烧碱、面粉可作大白浆及大白粉色浆胶料之用
3	猪血(血料)	将猪血用稻草搓烊,过筛后加石灰浆少许拌匀(猪血与石灰浆之体积比为 50:1),几小时后即结成青黑色厚浆,使用时先用清水调薄,用 80 目筛滤渣,即成为猪血水胶。猪血与水的体积比如下: 猪血:水 = 1:5	配好的猪血在炎热夏天须当天用完,否则即发臭变坏,不能使用。冬季 7d 内可使用
4	皮胶	系以动物皮制成,溶于热水,不溶于有机溶剂,黏度一般为 3～5°E。用时须隔水加温使之溶化,稀稠度可随意调整。用时按下列体积比配制: 皮胶:水 = 1:4	加热温度以 80℃ 为宜,使用时将盛浆筒放入热水中
5	骨胶	系以动物骨骼制成,有片状、粒状、粉末状多种。黏度约为 2.2～3.4°E	加热温度以 80℃ 为宜,使用时可将盛浆筒放入热水中
6	聚醋酸乙烯乳液(白乳胶)	将乳液加水稀释,即可使用。配色浆时可按下列重量比配制 白乳胶:水:钛白粉:色浆 = 33:33:36:4 大白浆中掺量约为大白粉的 8%～10%	有效存放期一般规定为一年

续表

项次	名称	配制方法	使用注意事项
7	聚乙烯醇	按聚乙烯醇:水＝(5~10):100(重量比)将聚乙烯醇倒入水中,隔水加温至85~90℃,边加温边搅拌,直至完全溶化后即可使用	
8	聚乙烯醇缩甲醛(107胶)	可以任意比例用水稀释。水泥浆中掺量一般为水泥重量的20%~30%,最大不超过40% 大白浆中掺量约为大白粉的15%~20%	①107胶必须贮存在耐碱容器内 ②107胶不得存于铁桶中,不能同水玻璃(泡花碱)混合接触,否则结块。贮存期为半年。长期存放失水干涸后不能继续使用

三、刷浆浆料的种类及配制方法

刷浆浆料的配制,按其所用胶结材料的不同,其配制方法也各不相同。

现场配制的刷浆浆料必须掺用胶黏剂,用于室外的石灰浆,必须掺用干性油和食盐或明矾等,其品种和掺用量应由试验确定,以浆膜不脱落,不掉粉为准。为保证施工质量,便于施工,刷浆浆料的工作稠度必须加以控制,使其在涂刷时不流坠、不显刷痕。

1.大白浆

大白浆的主要成分为大白粉。大白粉也称为白垩粉、老粉、白土粉等,为具有一定细度的碳酸钙($CaCO_3$)粉末,本身没有强度和黏结性,加入胶黏剂及耐碱性颜料后,则可配制成大白浆内墙涂刷材料。

大白浆的主要组成分为碳酸钙,有时也可以加入少量的滑石粉,为了防止大白浆干后脱粉,在配制浆料时应加入胶黏剂,早期采用的胶黏剂材料有龙须菜胶、火碱面胶、皮骨胶等。前两者是植物性胶黏剂,后者是由动物骨骼及皮煮熬而成。近年来常采用聚乙烯醇缩甲醛胶或聚醋酸乙烯乳液来代替传统的动植物胶作为大白浆的胶黏材料,不仅简化了配制工艺,而且提高了大白浆的性能。聚乙烯醇缩甲醛胶的掺入量约为大白粉的15%~20%;聚醋酸乙烯的掺入量约为大白粉的8%~10%。

大白浆也可以配制成有色浆料,但应注意,所用原料必须具备良好的耐碱性,这是因为基层表面呈一定碱性所决定的。如果颜料的耐碱性差,则会发生咬色、变色等现象。同时也应选用耐光性、保色性较好的颜料,常用的颜料有氧化铁黄、氧化铁红、酞菁蓝等。在刷有色大白浆时,要从批刮腻子开始就加颜料,腻子至每度浆料的颜色可由浅至深,最后一遍浆料的颜色应与所要求的颜色一致,这样涂刷的颜色才容易均匀。

如采用乳液配制大白浆,加入少量的六偏磷酸钠分散剂,有助于各种颜料颗粒的分散均匀,减少"花脸"现象。如墙面基层的碱性太大可以用少量草酸进行中和处理,以降低碱性。

大白浆根据加入的胶黏剂不同,可分为龙须菜大白浆、火碱大白浆,乳胶大白浆、聚乙烯醇大白浆等种类,各种大白浆浆料的配比及调制方法见表7-3。大白粉色浆的配比及调制方法见表7-11。

大白浆配合比及调制方法　　　　表 7-3

名　称	配合比(重量比)	调　制　方　法
龙须菜大白浆	大白粉:龙须菜:动物胶:水 = 100:3~4:1~2:150~180	将龙须菜浸入水中 4~8h，待龙须菜涨胖后洗净加水(1:13)，熬烂过滤冷冻后用其汁液，加少量水与大白粉(先加少量水拌成稠浆状)拌均匀，用筛过滤即成，用时加少量清水和动物胶以防脱粉。每配一次 1d 用完，以免降低黏性
火碱大白浆	大白粉:面粉:火碱:水 = 100:2.5~3:1:150~180	先将面粉用水调稀，再加入火碱溶液制成火碱面粉胶，然后将其兑入已用水调稀的大白浆中
乳胶大白浆	大白粉:聚醋酸乙烯羧液:六偏磷酸钠:羧甲基纤维素 = 100:8~12:0.05~0.5:0.2~0.1	先将羧甲基纤维素浸泡于水，比例为:羧甲基纤维素:水 = 1:60~80，浸泡 12h 左右，待完全溶解成胶状后过罗加入大白浆
108 胶大白浆	大白粉:108 胶 = 100:0.15~0.2	将 108 胶放入水中配成溶液，再与大白粉拌匀即可
聚乙烯醇大白浆	大白粉:聚乙烯醇:羧甲基纤维素 = 100:0.5~1:0.1	将聚乙烯醇放入水中加温溶解后倒入浆料中拌匀，再加羧甲基纤维素即可
田仁粉大白浆	大白粉:田仁粉:牛皮胶:清水 = 100:3.5:2.5:150~180	在容器中边放开水边搅动，放 100~120kg 开水，需田仁粉 4kg，太厚还可以加开水，搅动要快，撒粉不致连结，使用前 1d 冲调效果较好

2. 水泥、石灰浆

(1) 白水泥石灰浆

白水泥石灰浆适用于外墙涂刷，常用的配合比及其调制的方法见表 7-4。

水泥、石灰浆配合比及调制方法　　　　表 7-4

名　称	配合比(重量比)	调　制　方　法
白水泥石灰浆	①白水泥:石灰:氯化钙:石膏粉:硬脂酸铝粉 = 100:20~25:5:0.5:1　②白水泥:石灰:食盐:光油 = 100:250:25:25	先将白水泥与熟石灰干拌均匀，加入适量清水。然后将氯化钙用水调好，用 34 目钢丝罗过滤后，再倒入水泥石灰浆内。搅拌均匀，即可刷浆
石灰浆	生石灰:食盐 = 100:5	先在容器内放清水至其容积的 70%处，再将块状石灰逐渐放入水中，使其沸腾。石灰与水的配比为 1:6(重量比)。沸腾后 24h 才能搅拌，过早搅拌会使部分石灰浆吸水不够而僵化。最后，用 80 目钢丝罗过滤，即成石灰浆。冬季加 0.3%~0.5%食盐

注：1. 白水泥石灰浆适用于外墙涂刷，石灰浆适用于普通室内墙顶刷浆工程。
　　2. 室外刷黄色石灰浆宜采用黑矾。
　　3. 石灰浆应用块状生石灰或已淋制好石灰膏调制。

(2) 石灰浆

石灰浆采用块状生石灰或已淋制好的石灰膏调制。

生石灰(氧化钙 CaO)加水经过充分消化(又称熟化)后生成熟石灰$[Ca(OH)_2]$。将熟石灰涂刷于墙面上,其硬化包括以下两个同时发生的过程:其一是石灰浆内的水分蒸发,使氢氧化钙从饱和溶液中析出;其二是涂层表面的氢氧化钙与空气接触,吸收空气中的二氧化碳发生以下化学反应:$Ca(OH)_2 + CO_2 \longrightarrow CaCO_3\downarrow + H_2O$,生成结晶碳酸钙,形成具有一定耐水性及装饰性的涂层。

建筑墙面装饰用的石灰浆(也称石灰水)。最简单的用基本色,用作内墙面刷白,但其容易泛黄及脱粉,需经常复涂。若在石灰浆内掺入所需要的颜料,混合后即成有色石灰浆,由于石灰浆本身碱性较强,因此在配制色浆时,必须选用耐碱性好的颜料,如氧化铁红、氧化铁黄等矿物颜料。为了改善石灰浆与墙面基底的黏结力,过去也有掺入皮胶、猪血等材料的做法。

石灰浆基本色常用配合比及调制方法见表7-4。

石灰色浆配合比及调制方法见表7-11。

3．可赛银浆、色粉浆、油粉浆

(1) 可赛银浆

可赛银是以碳酸钙、滑石粉等为填料,以酪素为胶黏剂,掺入颜料混合而制成的一种粉末状材料,也称酪素涂料,使用时先用温水隔夜将粉末充分浸泡,使酪素充分溶解,然后再用水调至施工稠度即可使用。酪素胶的外文名称是Casein,"可赛银"是根据其音译命名的。

可赛银的特点与大白浆相比,它是在生产过程中经磨细,混合加工,因此有很好的细度和均匀性,特别是颜料也事先混匀,施工时容易取得均匀一致的效果。而其中酪素胶的性能比常用的动植物胶好,与基层的黏结力强,耐碱和耐腐蚀性也较好,所以过去认为可赛银是内墙装饰的中档涂料。但由于酪素胶资源短缺,可赛银中的胶料已大部分被其他胶(如骨胶等)所代替,再加上延期合成高分子材料组成的内墙涂料其性能与价格较适合于应用需要,因而目前其用量已逐步减少。可赛银浆的调配方法及适用范围见表7-5。

可赛银浆、色粉浆、油粉浆调配方法及适用范围 表7-5

名称	调配方法	适用范围
可赛银浆	加入可赛银重量40%～50%的热水(冬季用60℃左右的热水,否则可赛银中的胶质不易溶化),搅拌均匀呈糊状,放置4h左右,再搅拌均匀,使用时按施工所需黏度加入适量清水,并过80目罗	室内墙面高级刷浆
色粉浆	常用三花牌色墙粉,有26种花色成品供应。调配时按1:1加温水拌成奶浆,待胶溶化加适量凉水调成适当浓度,过1～2道筛即可使用	室内墙面装饰粉刷
油粉浆	①生石灰:桐油:食盐:血料:滑石粉 = 100:30:5:5:30～50 ②生石灰:桐油:食盐:滑石粉:水泥 = 100:10:10:75:40,并加适量颜料,水适量,浆过筛	第一种配比用于室内高级刷浆第二种用于室外刷浆

(2) 色粉浆、油粉浆

色粉浆、油粉浆的调配方法以及适用范围见表7-5。

4．聚合物水泥系涂料

将有机高分子材料掺入水泥中,组成有机、无机复合的聚合物水泥涂料。其主要组成是水泥、高分子材料、颜料和助剂等。

水泥是采用符合国家标准的325号或425号普通硅酸盐水泥或白色硅酸盐水泥,常用的高分子聚合物有聚合物水溶液胶水(如聚乙烯醇缩甲醛胶)和聚合物乳液(如聚醋酸乙烯乳液、氯乙烯—偏氯乙烯共聚乳液等)两大类型。其掺入量一般为水泥重量的20%～30%。加入高分子聚合物可以改善水泥的和易性,提高涂料与基底的粘结强度,增加抗裂性。

因涂料中的水泥是碱性材料,在选择加入聚合物水泥涂料中的颜料时,要求耐碱性能好,耐候性好,价格便宜,通常采用氧化铁、炭黑、氧化钛、氧化铬等无机颜料。

如果夏季施工,为了延长凝结时间,可加入缓凝剂(如木质素磺酸钙),加量约为水泥重量的0.1%～0.2%。

因水泥涂料易沾污,为了延缓其被污染的速度,可加入疏水剂(如甲基硅醇钠)作为涂层罩面,也可直接掺入涂料混合物中。

聚合物水泥色浆的配制方法见表7-6。

聚合物水泥色浆配合比(%)　　　表7-6

白水泥	108胶	乙-顺乳液	聚醋酸乙烯	六偏磷酸钠	木质磺酸钙	甲基硅醇钠	颜　料
100	20			0.1	(0.3)	60	3～5
100		20～30	(20)				

注:1. 本浆料适用于外墙刷浆。
2. 乙-顺乳液全称为醋酸乙烯-顺丁烯二酸二丁酯共聚乳液,当货源不足时可用聚醋酸乙烯代替(用量加括号)。
3. 六偏磷酸钠和木质素磺酸钙均为分散剂,两者选用其一。
4. 甲基硅醇钠市售含固量约30%,pH值为13左右,用时先用硫酸铝中和至pH=8左右,将中和并已稀释至含固量为3%的溶液按配比掺入。如配料发生假凝现象,可掺水泥量5%～10%的石灰膏继续搅拌即可。

在彩色复层凹凸花纹外墙涂层中,也采用聚合物水泥涂层作为中间主涂层材料。其中水泥可用白色硅酸盐水泥,与上述高分子材料一起掺混均匀,再加入填料和骨料等而构成。此涂层可以喷涂法施工,做成如环状等花纹,还可以用特别胶辊进行滚涂做出凹凸、橘皮状等花纹形状的饰面。为了增加表面光洁度,提高装饰性能,可选用适当的表面防水剂或耐候性优良的罩面涂料配套使用。为了防止基底的渗吸不均匀及提高基层与中间主涂层材料的附着性能,往往在基底先涂一层底层涂料,它是由与主涂层中相同黏结材料的稀释浆液组成。这种类型的(彩色)复层凹凸花纹外墙涂层的特性为:这种涂层通过颜色与图案花纹可做成各种式样的外墙装修饰面,尤其是可以做出较大花纹图案的饰面;涂层表面坚固,可以用水清洗;耐候性、耐水性及耐碱性优良,透水性、耐久性也优异;由于主涂层材料的黏结材料使用水泥,因而在燃烧时发热及发烟系数很小,可作为防火材料。

聚合物水泥涂层作为中间主涂层材料的配方举例如下(重量比):

425号或325号白水泥(或普通水泥)	100
801胶	25～30
细骨料(40～70目石英砂)	20～30
缓凝剂(木质素磺酸钙)	0.1～0.2
水	适量

聚合物水泥涂料的主要技术性能指标详见表7-7。

聚合物水泥涂料主要技术性能　　　　表 7-7

性　　能	指　　标
抗裂性(20℃风速 2～4m/s)	未　裂
黏结强度(标准状况下 20℃养护 14d)	≥0.7MPa
（水温 20℃浸水 10d 后）	≥0.7MPa
（水温 20℃ 18h 冷冻 -20℃ 3h 加热 50℃ 3h 冷热循环 10d 后）	≥0.7MPa
耐水性(20℃浸水 96h)	未见裂纹、鼓泡、皱皮、剥落等现象
耐碱性 [浸泡和 Ca(OH)$_2$ 水溶液 48h]	未见裂纹、鼓泡、皱皮、剥落等现象

5．其他各种刷浆浆料

蚬灰和陈灰浆调制方法见表 7-8；

蚬灰、陈灰(贝壳灰)调制方法　　　　表 7-8

饰　灰	水	备　注
50(kg)	40～60(kg)	拌均匀后喷、刷均可

注：饰灰制成方法：蚬灰、陈灰(贝壳灰)750kg，加水 350kg(分次加入)，用砂浆搅拌机搅拌 6～8h 成膏状物饰灰膏(广州地区俗称饰灰)

避水色浆其配合比见表 7-9；

避水色浆配合比(重量比)　　　　表 7-9

材料名称	325 号白水泥	消石灰粉	氯化钙	石膏	硬脂酸钙	颜料
用量(kg)	100	20	5	0.5～1	1	适量

注：用于外墙粉刷

彩色水泥浆其配合比见表 7-10；

彩色水泥浆配合比(重量比)　　　　表 7-10

项　目	彩色水泥	无水氯化钙	水	皮胶水
头遍浆	100	1～2	75	7(按水泥重量计)
二遍浆	100	1～2	65	7(按水泥重量计)

注：如使用促凝剂(无水氯化钙)时，应将氯化钙先加水调好。用油漆工用 34 目钢丝笼过笼后，再加入水泥浆内，调氯化钙所用之水，应在用水量扣除。

钛白粉色浆、银粉子色浆等见表 7-11；

各种色浆配合比　　　　表 7-11

色浆名称	配合比		适用范围及备注
	名　称	重量比	
石灰色浆	块石灰	100	①适用于内粉刷(喷)浆
	食　盐	7	②也可在色浆中加入石灰重量 12% 的皮胶水
	颜　料	0.5～3	③单色和复色色浆颜料用量见表 7-13 和表 7-14

第一节 刷浆材料的性能及配制　419

续表

色浆名称	配合比		适用范围及备注
	名　称	重 量 比	
大白粉色浆	大白粉 龙须菜 皮　胶 颜　料	100 2.5 4.5 0.5～3	①适用于内粉刷用浆 ②皮胶及龙须菜熬制方法见表 7-3 ③色浆配好后须过细罗方可使用 ④单色和复色色浆颜料用量见表 7-13 和表 7-14
钛白粉色浆	钛白粉 龙须菜 皮　胶 颜　料	100 2.5 4.5 0.5～3	①适用于内外粉刷用浆 ②皮胶及龙须菜熬制方法见表 7-3 ③色浆配好后须过细罗后方可使用 ④单色和复色色浆颜料用量见表 7-13 和表 7-14
银粉子色浆	银粉子 大白粉 皮　胶 颜　料	100 25 4.5 0.5～3	①适用于内粉刷刷（喷）浆 ②色浆配好过细罗后方可用 ③单色和复色色浆颜料用量见表 7-13 和表 7-14

注：本表所用色浆，凡用皮胶者，均可用聚乙烯醇代替。同时先按聚乙烯醇：水＝5～10:100 的重量比将聚乙烯醇称好倒入水中，水浴加温至 85～90℃，边加温边搅拌，直至完全溶解为聚乙烯醇水溶液为止。聚乙烯醇水溶液的用量为：色浆：聚乙烯醇＝100:13（重量比）。

清水墙刷浆材料配合比见表 7-12。

清水墙刷浆材料配合比及注意事项　表 7-12

项次	项　目	材料名称	配 制 方 法	注 意 事 项
1	内墙面清水墙刷（喷）石灰浆	石灰、皮胶	配合比：生石灰：皮胶水＝1:$\frac{1}{8}$ 配制时生石灰先化为石灰膏，再将石灰膏加入适量的清水充分搅拌，而后将皮胶加入搅匀，直至稀稠适度完全均匀为止，然后过筛，即可使用	①皮胶水配制方法见表 11-2 ②左列配比中还可按生石灰：食盐＝100:7（重量比）配制石灰浆
2	外墙面清水墙刷红色色浆	氧化铁红 银　朱 甲苯胺红 镉　红	将左栏中任意一种颜料加入适量清水（颜料：水＝1:20）调成色水，然后加入色水重量 0.1～0.2 份的石灰膏搅拌均匀，配成色浆，再按下例比例加入皮胶水和猪血水胶，过筛后即可刷浆。 色浆：皮胶水：猪血水胶＝100:7:12（重量比）	①墙面粉刷以前，须先满涂猪血水一道，以免白色硝、碱、石膏等泛于墙面，影响美观 ②夏日配好的胶浆须当日用完，否则会发臭变坏，不宜再用 ③施工前须先做出样板，经设计单位同意后再大量配制 ④墙面如刷红色胶浆两度，颜料用量每 1kg 可刷 25～30m²
3	外墙面清水墙刷桔红色色浆	黄色系 氧化铁黄 铬　黄 锌　黄 镉　黄 红色系 氧化铁红 银　朱 镉　红	将左栏中任一红色颜料与黄色颜料按 1:(0.5～1)的体积比混合均匀，加入适量清水，调成稀稠适度的色水。再按本表项次 2 比例及配制方法配成胶浆，过筛后即可使用	同本表项次 2

续表

项次	项目	材料名称	配制方法	注意事项
4	外墙面清水墙刷棕色色浆	氧化铁棕 氧化铁黑	除颜料用氧化铁棕或按下列比例（体积比）用氧化铁红及氧化铁黑配成棕色颜料外，其他同"外墙面清水墙刷红色色浆栏"。氧化铁红：氧化铁黑=1:(0.5~1)	同本表项次2
5	外墙面清水墙刷青砖本色色浆	氧化铁黑 炭 黑 锰 黑 松 烟	除颜料用左栏内任意一种黑色颜料外，其他同"外墙面清水墙刷红色色浆"栏。但石灰膏的用量须增为色浆重量的$\frac{1}{3}$~$\frac{1}{2}$	同本表项次2

注：同一颜料，如牌号不同，则色泽及着色力也不同。因此每一工程的全部色浆，配制时须用同一牌号的颜料。否则虽用料配合比相同，但配出的色浆其颜色会深浅不同。

四、刷浆颜料

刷浆所用的颜料应为矿物颜料或无机颜料，并具有较高的耐碱性、耐光性和着色力。密度应与胶凝材料的密度相近，不得低于胶凝材料，pH值以7~9为宜。常用的颜料有氧化铁黄、氧化铁红、群青、氧化铁绿、氧化铬绿、炭黑等几种。

在通常情况下，室内常用刷浆材料的色彩要求如下：

（1）卧室顶棚可采用无彩色或明度稍高的色彩，如白色。墙面可采用奶黄、天蓝、果绿等色彩，卧室一般不宜选用刺激性较强的颜色，如红色；

（2）客厅墙面色彩宜用粉白、米黄、奶油色等，不宜采用深色；

（3）餐厅墙面一般宜采用浅黄、浅橙、奶油色等；

（4）厨房、盥洗室应以洁净明亮为主，墙面色彩宜用白色；

（5）年轻人的房间宜采用奶黄、浅橙、粉红等色，老年人的房间则宜采用粉白、天蓝或黄绿色。

常用的石灰浆、大白浆等浆料中加入不同颜料可配成各种单色或复色色浆。一般单色和复色色浆配合比见表7-13和表7-14。

单色色浆颜料用量参考表　　　　表7-13

序号	名 称	颜料用量（粉料或水泥重量的%）						
		黄色	红色	绿色	棕色	紫色	蓝色	灰色
1	以石灰、大白粉、酞白粉、白水泥配制的色浆	0.5~2	1~3	0.5~3	1~2	1.5~3	0.5~2.5	0.3~1 用黑色
2	以普通水泥配制的色浆	1~4	3~7	5~9	3~7	5~9	3~7	5~15 用白色

注：粉料、水泥、颜料应分别使用同一厂家生产的同一批产品。

复色色浆颜料用量参考表　　　　表7-14

序 号	配制颜色	使用颜料	配合比（占白色颜料%）
1	浅黄色	红土子 土 黄	0.1~0.2 6~8

续表

序号	配制颜色	使用颜料	配合比(占白色颜料%)
2	米黄色	朱红 土黄	0.3~0.9 3~6
3	草绿色	氧化铬绿 土黄	5~8 12~15
4	浅绿色	氧化铬绿 土黄	4~8 2~4
5	蛋青色	氧化铬绿 土黄 群青	8 5~7 0.5~1
6	浅蓝灰色	普蓝 墨汁	8~12 墨汁少许
7	浅藕荷色	朱红 群青	4 2
8	银灰色	银粉 黑烟子	15~20 0.5~2

五、刷浆用腻子

在室内外刷浆前,墙体表面缝隙、砂眼等应根据刷浆材料和基层的不同,采用不同的腻子进行填补,并用砂纸打磨平整、光滑方可进行刷浆。常用腻子配合比及调制方法见表7-15。

刷浆常用腻子配合比及调制方法　　　　　　表 7-15

项次	名称	配合比(体积比)及调制方法	适用部位
1	大白腻子	①明矾澄清的水10kg,2%~2.5%动物胶水溶液1.5~2.0kg,石膏和大白粉(1:2)混合物25~30kg ②大白粉:龙须菜胶:动物胶=60:16:1	用于抹灰面墙面刷大白浆
2	乳胶大白腻子	大白粉:滑石粉:聚醋酸乙烯乳液:2%羧甲基纤维素=7:3:2:适量	用于抹灰面、砖墙、水泥砂浆面刷浆
3	血料大白腻子	血料:大白粉:龙须菜胶:水=16:56:1:适量	用于木材面、室内抹灰面刷浆
4	可赛银腻子	可赛银:动物胶=9.8:0.2	用于墙面刷可赛银浆
5	羧甲基纤维素腻子	羧甲基纤维素:水:107胶:大白粉=1:10:0.1:15~20。先将羧甲基纤维素隔夜浸泡,然后搅拌后加入107胶,再加入大白粉搅拌成浆糊状即可	用于抹灰面刷106涂料
6	田仁粉大白腻子	大白粉:田仁粉胶=100~120:100	用于田仁粉、大白粉刷浆
7	瓦灰腻子	血料:瓦灰:干性油=3.2:6.4:0.4	用于混凝土面层
8	水泥腻子	①水泥:108胶=1:0.2~0.3 ②水泥:聚醋酸乙烯乳胶:水=5:1:1	用于混凝土墙板刷浆

注：1. 血料用动物鲜血(猪血或牛血)搓研成稀血浆,滤去杂质,过稠可加入清水,然后用消石灰点浆,特殊需要可注入足度熟桐油,搅拌至浓酱色状态即可。其重量配合比如下：
　　　猪血:消石灰:足度熟桐油=100:3~4:15~20。
　　2. 龙须菜胶配制方法见表7-2中项次1。

第二节 刷 浆 施 工

一、一般刷浆施工

刷(喷)浆工程按质量要求分为普通、中级和高级三个等级。其等级及组成见表7-16。

刷浆等级及组成　　　　　　　　　　　　表7-16

等级	普通	中级	高级	附注
层次	底层:石灰水 面层:石灰水	底层:大白浆 面层:大白浆	底层:大白浆 面层:可赛银	①面层均刷两遍浆(共三层) ②也可按要求配成各种色浆
适用范围	普通内外墙面	要求较高内墙面	高级装饰内墙面	

1. 刷浆施工作业的条件

(1) 室内顶棚、墙体抹灰面、地面面层已完工,并验收合格;

(2) 室内刷(喷)浆应在室内水工、水暖工和玻璃工的施工项目都已完工,管洞口修补完好,头遍和二遍油漆已做完的情况下进行;

(3) 室内刷(喷)浆应在墙体充分干燥,灰浆内的碱质已消解后进行,刷石灰浆、聚合物水泥浆的基体或基层,其干燥程度可适当放宽至八成干;

(4) 室内管道、设备工程已试压;

(5) 室外刷(喷)浆前,防水节点已处理完毕,水落管要安装好,室外要避开风雨天气施工。

2. 刷(喷)浆的施工工艺及操作

室内刷浆的主要工序见表7-17。室内刷(喷)浆的操作方法包括对基层处理的要求和施工注意事项,具体内容见表7-18。

室内刷浆的主要工序　　　　　　　　　　　表7-17

项次	工序名称	石灰浆		聚物泥合水浆		大白浆			可赛银浆	
		普通	中级	普通	中级	普通	中级	高级	中级	高级
1	清扫	+	+	+	+	+	+	+	+	+
2	用乳胶水溶液或聚乙烯醇缩甲醛胶水溶液湿润			+	+					
3	填补缝隙、局部刮腻子	+	+	+	+	+	+	+	+	+
4	磨平	+	+	+	+	+	+	+	+	+
5	第一遍满刮腻子						+	+	+	+
6	磨平						+	+	+	+
7	第二遍满刮腻子							+		+
8	磨平							+		+
9	第一遍刷浆	+	+	+	+	+	+	+	+	+
10	复补腻子		+		+		+	+	+	+
11	磨平		+		+		+	+	+	+

续表

项次	工序名称	石灰浆		聚物泥合水浆		大白浆			可赛银浆	
		普通	中级	普通	中级	普通	中级	高级	中级	高级
12	第二遍刷浆	+	+	+	+	+	+	+	+	+
13	磨浮粉							+		
14	第三遍刷浆		+				+	+		+

注：1. 表中"+"表示应进行的工序。
    2. 高级刷浆工程，必要时可增刷一遍浆。
    3. 机械喷浆可不受表中遍数的限制，以达到质量要求为准。
    4. 湿度较大的房间刷浆，应用具有防潮性能的腻子和浆料。

室内刷(喷)浆操作方法 表7-18

项次	项目	基层处理	刷(喷)浆方法	注意事项
1	石灰浆	将墙面灰砂、疏松墙皮、浮粉用铲刀或刮刀(钢皮)去除，然后用石灰膏(或石灰膏腻子)嵌补缝隙，最后将墙面灰尘扫除干净	刷浆宜用排笔，通常采用两支排笔拼宽，装上长把来涂刷，而不用上梯和脚手板。刷涂时一般刷两遍，第一遍左右横刷，干后再刷第二遍，不白或遮盖不住底面时可刷第三遍。最后一遍采用竖刷	①排笔蘸浆不宜太浓，太浓干后可能产生裂纹或脱皮，能拉开笔刷为宜 ②如刷色浆，前两遍加色宜淡，最后一遍加到所需颜色
2	大白浆	新墙面等墙面充分干燥，抹灰面内碱性全部消退后(一般要经过一个夏天)，才能嵌批腻子和刷浆。中高级刷浆在局部刮腻子之后，再满刮腻子1~2遍，并磨平、磨光。旧墙面在刷浆前，用毛笔蘸水刷一道，不等干燥用铲刀将翘皮、脱粉铲掉，墙上裂缝用石膏腻子或龙须菜胶腻子填嵌补平	一般刷两遍。第一遍横着刷，晾干后再竖刷第二遍，大白浆比石灰浆难刷，刷时如底层腻子或头道浆吸收水分，而把胶化开，容易被刷笔翻起，所以要轻刷、快刷，接头不得有重叠现象，中高级刷浆可刷第三遍。刷浆顺序先顶棚后墙面，先上后下	①头遍浆宜配得稠些，使其易附着墙面，减少流淌，二遍浆稍稀些，以便于操作 ②刷过石灰浆旧墙面被烟熏黑后可用血料加30%~50%消石灰，用水调成稀浆刷1~2遍，干后再刷大白浆
3	可赛银浆	刷涂之前，先将拟刷浆基层清扫干净。遇有裂缝凹陷之处，用可赛银和大白粉各半调成腻子或用可赛银加少许温水泡成稠糊状直接嵌批到墙面上，将墙面修补平整，干透后打磨刷浆	如墙面较为平整，且颜色与刷的浆相差不多，则刷两遍就可以了。头遍浆刷完后，当墙面90%以上均已干燥，无明显湿迹时，再竖刷一遍即可。原刷过可赛银的墙面则竖刷两遍即可。本色浆可用喷浆法施工	①如为旧墙面，先将墙面旧粉刷全部去，再按基层处理方法处理 ②二遍刷浆间隔时间不宜过长，过长容易在接头处出现重叠现象 ③涂刷时最好使用排笔，排笔毛头柔软，又能刷匀、刷开
4	色粉浆(采用三牌或双牌鱼干墙粉)	基层处理与刷可赛银浆相同	一般横刷和竖刷一遍即可。高级者横竖各刷一遍，刷第二遍时，等第一遍干透后再刷	①使用彩色墙粉特别是含有蓝色如天蓝、果绿等色彩，因系酸性忌与碱性物质接触。因此，不能和石灰混到一起，以免中和泛色 ②原墙所抹纸筋石灰，时间未超过半年，不宜刷蓝、绿等酸性颜色

续表

项次	项目	基层处理	刷(喷)浆方法	注意事项
5	聚合物水泥浆	基层水泥砂浆应做成小毛面,干后(返白后)才能刷浆。刷浆前应先洒水湿润,以免浆面干燥太快,粉酥掉面	头道浆须刷饱满均匀,基本盖底。二遍浆比头遍浆稍稀些,以便于操作。刷浆完成全部返白干燥后(1~2d),再喷(刷)甲基硅醇钠水溶液一遍,以浆面充分见湿又不挂流为度	①甲基硅醇钠水溶液配合比(重量比)为:甲基硅醇钠:水=1:9 ②雨天不能施工,如喷、刷后24h内遇雨,第二天应检查其憎水性,以不挂流,浆面不见湿为宜,发现缺陷时应再刷一遍
6	抹灰面喷浆	抹灰墙面基层处理方法同石灰浆、大白浆、可赛银浆。加气混凝土、木丝板等基层表面浮土、灰砂应清扫干净	喷浆同刷浆一样,按先顶棚后墙面、先上后下顺序进行。喷浆时喷头移动速度要平稳,喷头距墙面20~30cm为宜。喷顶棚时,先将顶棚与墙面交接处喷好,把平顶四周喷出20~30cm的边条,对基层表面凹缝处应特别注意。如顶棚为大型屋面板或槽形板时,应先喷凹面四周内角处,再喷中心平面	①配浆时要认真过罗、勿使渣滓混入浆内,以免堵死喷嘴,影响喷浆质量 ②喷色浆时分色要清楚 ③配色浆时,应将颜料用水化开,放入浆内拌和均匀
7	混凝土墙面喷浆	清理墙面浮砂和尘土,剔除残留灰块及突出部位,严重突出及毛糙处用砂轮片打磨平整,然后在墙上满喷稀释乳液(乳液:水=4:10)一道,对构件坑洼处用石膏腻子找平,干燥后打砂纸一遍,最后刮三遍大白腻子,每遍干燥后用砂纸磨平、磨光	喷第一道大白浆时,喷浆机喷头移动速度要平稳,喷头距墙面20~30cm为宜。先喷上部后喷下部,干燥后再磨细砂纸一遍,对局部坑洼处再次用腻子找平刮净、磨平,喷第二遍交活浆	①大模板若采用含蜡质脱模剂或脱模剂形成薄膜时,应用火碱水溶液(火碱:水=1:10)清刷墙面,然后用水清洗干净 ②对于析盐、泛碱的基层,可先用3%的草酸溶液清洗,然后用水清洗干净

室外刷浆的主要工序见表7-19。其操作方法及注意事项见表7-20。

室外刷浆的主要工序 表7-19

项次	工序名称	石灰浆	聚合物水泥浆
1	清扫	+	+
2	填补缝隙、局部刮腻子	+	+
3	磨平	+	+
4	用乳胶水溶液或聚乙烯醇缩甲醛胶水溶液湿润		+
5	第一遍刷浆	+	+
6	第二遍刷浆	+	+

注:1. 表中"+"号表示应进行的工序。
  2. 机械喷浆可不受表中遍数的限制,以达到质量要求为准。

室外刷(喷)浆操作方法及注意事项　　　　表7-20

项次	项目	基层处理	刷(喷)浆方法	注意事项
1	石灰浆	先将基层表面泥土、积灰及残留砂浆用刮刀或钢丝刷去除,然后用腻子嵌补缝隙,干燥后磨平,最后用扫帚清扫干净	刷浆采用排笔涂刷,刷浆时可将2~3个20管排笔拼成一个,从上而下全刷两遍。刷第二遍时要等第一遍干燥泛白时再刷	①外墙刷石灰色浆时应将浆料一次配齐,以免颜色深浅不一 ②外墙刷石灰浆不应在强烈日光或大风天气进行 ③配色浆时应选用耐碱性好的颜料如氧化铁黄、氧化铁红等
2	彩色水泥浆	刷浆前基层表面必须彻底清扫,洗刷干净,不得有任何灰尘、污垢、砂灰残渣、油漆及其他松散物质。并将半天内拟刷面积同时均匀喷水,充分湿润	彩色水泥浆要求稠度大,刷时要用油漆棕刷。刷浆一般刷两遍,第一遍刷浆毕待有足够强度后再刷第二遍浆,两遍浆总厚度在0.5mm左右。两遍浆毕,浆面初凝后开始洒水养护,每日4~6遍,至少养护3d	①为防止脱粉及被雨水冲刷,可在水泥浆中加入水泥重量1%~2%的无水氯化钙,以加速水泥凝固时间,如能加入水泥重量7%的皮胶水,增强水泥浆黏结力,则更理想 ②彩色水泥浆适用于内外粉刷,但不宜冬季施工。如冬季施工应采取保温措施
3	清水墙刷浆	先将砖墙缺棱、掉角、裂纹、脱皮等部位用水泥砂浆(砂浆中可掺水泥重量的15%左右108胶和适当颜料)修补整齐,用铲刀将墙表面砂灰、污垢刮净,然后用扫帚将表面尘土清扫干净,刷浆前再将墙面清扫干净	内墙面清水墙刷石灰浆,一般刷两遍,第一遍横刷,第二遍竖刷 外墙面刷各种色浆,粉刷之前先涂猪血一道,以免白色色硝、碱、石膏等泛于墙面,影响美观。刷浆时按先浅后深、先上后下的顺序进行。第一遍用排笔涂刷,第二遍用扁油刷涂刷砖的正面砖墙,采用喷浆时,喷嘴宜对着砖缝喷射,灰缝都喷到后,再轻轻补喷砖面,以保证灰缝、砖面受浆均匀	①每一工程全部色浆须用同一牌号颜料配制,否则配出的色浆颜色会深浅不同 ②先勾缝后刷色浆质量较好,全应用扁油刷涂刷。先刷色浆后勾缝时,用排笔刷效率较高,但勾缝时要防止玷污已刷好的墙面 ③雨后或墙面很潮湿时不宜刷浆。冬季刷色浆要选择较暖天气施工。气温低于-2℃时不宜刷浆 ④喷浆时灰浆要稀些,太干灰浆没有伸展就吸开了

3．刷(喷)浆的注意事项

(1) 基层处理

基层处理直接关系到刮腻子和刷浆质量的好坏,除按表7-18和表7-20对基层处理的要求外,还应对以下特殊情况予以重视。

a．混凝土表面有裸露的钢筋、铁件等应尽可能剔除,不能剔除者,则应涂刷防锈漆和白厚漆,防止生锈;

b．表面有沥青、油污者,可用10%水碱水溶液洗涤,然后用清水冲洗干净,并刷一遍银粉漆,防止咬色;

c．基层很光滑时,应在清除污物后,刷一层胶黏剂,以增加黏结强度,胶黏剂可用108胶或羧甲基纤维素加聚醋酸乙烯乳液;

d．抹灰墙面刷浆对基层含水率要求严格,一般不超过10%,实践证明,抹灰面要充分

干燥,无论是内墙或外墙,须经过半年以上时间才能达到;

e. 如墙面烟熏,油污严重,需先用清水洗一遍,再用血料液加水泥涂刷一遍,其配合比为血料:水泥＝70:30;

f. 在刷过粉浆的墙面,顶棚及各种抹灰面上重新刷浆时,须将旧浆皮清除,清除旧浆皮不能损坏底层抹面。

(2) 批刮腻子

批刮腻子的施工工艺见表7-21。

刷浆工程刮腻子施工工艺　　　　　　表7-21

项次	工序名称	混凝土墙面	混凝土楼板	水泥砂浆墙面	纸筋灰墙面
1	基层处理	＋	＋	＋	＋
2	基层修补	＋	＋	＋	＋
3	刷火碱水溶液	＋	＋		
4	涂黏结剂	＋	＋		＋
5	刮腻子	＋	＋	＋	＋
6	修补打磨	＋	＋	＋	＋
7	腻子成活	＋	＋	＋	＋

注:表中"＋"号表示应进行的工序。

刮腻子时根据各不同的施工工序,其操作要点有:

a. 现浇混凝土墙面,由于模板、振捣、隔离剂等方面的原因,墙面常有气孔、蜂窝、麻面、鼓泡和阴角不顺等现象,因此要求凹凸处应修补平整,对于水泥砂浆和纸筋灰面层要求干燥、坚实干净即可。

b. 在混凝土楼板和板缝表面有缺陷处,可用石膏腻子填平压实,并用钢片刮板横抹竖起满刮一遍(光滑顶面可不刮)。

c. 刷火碱水溶液使用浓度为5%的溶液涂刷两遍,或用10%浓度的溶液涂刷一遍即可,要求随刷随用水冲洗干净,晾干后再进行下道工序。

d. 为增强腻子与基层的附着力,常用4%的聚乙烯醇溶液或30%左右的108胶或20%的稀释乳胶液喷涂一遍。要求均匀一致,无漏喷。

e. 用钢片刮板或橡皮刮板批刮腻子,刮板与墙面倾斜成50°~60°角往返刮涂,不能过多往返,以防腻子表面卷曲,影响其对基层的附着力,批刮腻子时防止混进砂粒杂物,发现杂物应及时清除,以免留下划痕。

f. 头道腻子刮过后,检查修补,待腻子干后,用砂纸磨光、磨平,使表面细腻,打磨时用力均匀平稳,磨后清扫干净。

g. 刮腻子一般两遍成活,头道干后刮第二道,要求表面压平,压光,如喷色浆还要纹理质感一致,以免发生颜色不一。

(3) 其他注意事项

a. 室外刷浆如分段进行时,应以分格线、墙的阳角处或水落管等为分界线,同一墙面应用相同的材料和配合比,浆料必须搅拌均匀。色浆涂刷不宜过厚,要求厚薄均匀,颜色一致。

b. 刷水性涂料时,应待第一遍干燥后,才能涂刷第二遍。

  c．刷无机涂料前，基层表面应用清水冲洗干净，待第二天挥发后，方可进行涂刷。
二、美术刷浆施工
  美术刷浆施工是在一般刷浆施工的基础上进行的，美术刷浆分为中级和高级两个等级，刷浆前应先完成相应等级的一般刷浆工序，待其干燥后，方可进行美术刷浆。

  美术刷浆包括套色漏花、滚花、甩水色点、划分色线等，适用于室内墙面的装饰。美术刷浆应先做出样板，经过检查合格后再进行施工。

  1．刷色浆

  为使房间美观明亮，可刷不同颜色的色浆，增加其装饰效果。室内刷色浆宜用浅色，可在大白浆内加入少量颜料，但必须一次兑好，以免颜色深浅不一。

  室内刷浆的色调除按设计要求外，应先刷一间作为样板，经检查合格后再大面积涂刷。同一幢建筑物，各层颜色不一定一样，可根据位置及用途采用相应的冷色或暖色。例如底层用暖色，顶层用冷色；南向房间用冷色，北向房间用暖色；教室和食堂用暖色，书房和休息室用冷色等。这样既结合使用，又丰富色彩。

  2．套色漏花

  套色漏花是在刷好色浆的基础上进行的，采用特制的漏花板将各种不同花纹的图案刷或喷在墙面上，使墙面色彩柔和、协调，建筑艺术效果好，给人们以明快、柔和、舒适感觉。

  套色漏花常用的有边漏、墙漏和仿壁纸漏三种。从漏花的颜色分类，则有两色漏、三色漏、四色漏等。有几种漏花板就呈现出几种颜色，由若干种颜色构成的一个完整图案，称为一套漏。一般住宅宜用三色漏或四色漏。

  套色漏花的操作要点如下：

  （1）漏花板的制作

  漏花板是用牛皮纸或薄纸板做成，刻出事先设计好的花纹图案，刷上清油，晾干后即可使用。但应注意：每张漏花板须打准定位眼，按顺序编号，整套漏花板应先试套无误后方可正式应用。

  （2）基层处理

  a．石灰水色上漏花：将墙面清扫干净后，用石灰膏、靛蓝、肥皂、食盐水按一定的配比调成石灰浆，粉刷两遍，然后再将调配好的石灰水色浆刷一至二遍，干后即可在上面漏花。

  b．带水色点的石灰水色墙上漏花：常用于较高级房间的装修，它是在石灰水色墙面上，再甩水色点，其方法是在已干燥的石灰水色墙面上用双飞粉和颜料按比例拌匀，加入已配好的水胶溶液、豆汁浆或牛奶浆拌均匀后即可甩水色点。

  c．刷油墙面上漏花：多用于高级房间的漏花装饰，它是在刷油的墙面上，再进行漏花。方法是清理墙面，刷清油，刮两遍腻子，并打磨，最后刷两遍调和漆，干后即可在墙面上进行漏花。

  （3）调色浆

  墙面漏花色浆可用立德粉∶颜料∶骨胶∶水＝100∶5～8∶8∶180～200 的配合比（重量比）进行调配。

  色浆应比墙面底色稍深一些，调配时先将骨胶加水熬化好，把立德粉与颜料干拌均匀，再将水和熬好的骨胶加入搅拌均匀，最后用纱布滤去粗渣即可，各种颜色色浆配合比参见表7-14。

(4) 漏花操作

漏花时应两人为一组,一人按漏花板顺序找准定位眼铺贴墙上,另一人手操喷雾器向漏花板上喷涂作漏,两人必须相互配合,避免出现跑漏现象,当为套色漏花时,应先漏中间色,再漏浅色,最后漏深色;在前一遍漏花干燥后,方可进行下一版的漏花,不得连续进行;操作时要勤擦,以免水色滴到墙上污染墙面。

在做边漏时,必须从墙的某一角开始,由左向右延伸一周,干后再漏第二色、第三色、不能从中间开始。进行多色套印时,要分清颜色层次,保证颜色一致,层次清晰,墙面干净。

3. 墙面甩色点

墙面甩色点可以丰富色调,显得柔和、美观,并具有耐磨、不掉粉的特点。

甩色点一般先甩深色,后甩浅色,不同颜色的不小甩点应分布均匀,其施工工艺如下:

(1) 调色浆

甩色点使用色浆材料主要有麻斯面子(双飞粉)、颜料和胶结料,其配方见表7-22。

甩色点使用的色浆配合比 表7-22

重量(kg)	材料				
	双飞粉	颜料	豆粉	牛奶	水胶
豆汁浆	200	6~9	9~10		190~240
牛奶浆	200	5~7		20~30	190~250
水胶浆	200	7~8		10	190~230

(2) 甩色点

a. 甩色点一般在刷完灰浆干燥后进行,为使墙面颜色丰富、协调,一般都甩三色点。如蛋青色墙面用草绿色点、中绿色点及白色点;米黄色墙面用肉皮色点和浅柚木色点。

b. 甩色点时,要求点要圆而均匀,疏而不断,一般第一色要求密,但不宜成团成片,第三色(白色)要求稀疏,但不要时有时断。

c. 甩色点时最好用22~24号圆刷子,操作时蘸好色浆,用手拧掉一些,甩点时右手持刷子,左手五指并拢成弧形,将刷子往左手上磕,靠右手腕力使刷子抖动,将色点均匀地甩在墙面上。开始蘸浆甩点时距墙面稍远一点,约40~50cm左右,随着刷子上的浆液减少,刷子与墙面的距离可靠近至30cm左右,这样甩点均匀一致。

d. 甩点时第一遍胶溶液浓度稍低一些,第二遍增加1%~2%胶溶液,而颜色要比第一遍浅。一般中级墙面应甩3~4遍,高级墙面应甩5~7遍,每多甩一遍胶结材料应稍有增加。

e. 甩色点顺序先上后下,对不需甩点的部位应遮盖,以防污染。色浆应经常搅拌,以防颜色深浅不一。甩点完成后对成品应加以保护,不得碰坏和污染。

4. 滚花刷浆

滚花刷浆是用胶皮滚花机在已经刷好的色浆墙面上进行滚印的工艺,它适用于商店、宾馆、住宅等内墙装饰。

滚花刷浆的操作工艺如下:

(1) 底层要求

底层的刷浆质量应符合相应的等级规定,底层色浆干透后方可进行滚花刷浆的施工。

(2) 颜色调配

滚花浆料的颜色应比内墙底色稍深一些,浆料由立德粉、动物胶、颜料和水组成,稠度要适宜,色调反差不宜太大,要与基底颜色相协调,如基底为暖色则要配以暖色,基底为冷色则亦要配以冷色。

(3) 滚花操作

a. 选择滚花图案

滚花机是由上浆辊筒、引浆辊筒、橡皮花筒、花芯轴和机壳组成。橡皮花筒可以调换,通常一个滚花机备有若干个不同花纹图案的橡皮花辊与其配套使用,一般办公室、会议室选择较为规则的花纹图案,住室可用细腻柔和的花样。

b. 滚花操作

滚花前在墙面上弹出粉线,滚花沿粉线自上而下进行,滚筒轴垂直粉线不得歪斜。操作时右手握住机柄,左手托住滚花机的左边,使橡皮花辊紧贴墙面进行滚花。在滚花过程中要掌握好角度,用力要匀,滚速适当,上下左右对齐,花纹图案完整,中间空隙均匀,防止流淌、漏印等质量问题。

c. 注意事项

(*a*) 须等底层干燥后才能在其上面进行滚花作业;

(*b*) 经常检查滚花机转动是否灵活,花纹图案是否均沾有色浆;

(*c*) 当最后不足一个花筒宽度时,或用小花辊补滚,或用纸将滚过的墙面盖住,仍用原花辊依次照滚;

(*d*) 全部墙面滚完后,要进行全面检查,未滚到之处应用浆料进行修补。

5. 划分色线

划分色线是美术刷浆中的最后一道工序,通过划线把两个涂刷面区分开,使其界线分明,层次清楚,给人以清晰、立体的美感。

(1) 色线的种类

分色线大多用于挂镜线或离地 1.2m 墙裙处,有九色、七色、五色、三色之分,由深到浅逐条涂刷,室内装饰划线常用的有五种:

a. 宽牙子线

由 6 道以上带色线组成,多用于室内漏花墙面,在顶棚脖以下,边漏以上部位。它的上下两道线一般是黑色和白色,各道线其宽窄一致,层次分明,不得混杂,由上往下一道比一道色浅,而最底层线除白色外,必须比墙的颜色稍深。

b. 窄牙子线

由 3~5 道色线组成,多用于色墙,顶棚四周以下漏花套墙压顶之用,上下两道线为黑色和白色,也有三色线,中间二、三线为一色,比墙色稍深一些。

c. 方框线

由两个单线条组成的直角,分别由深、白两色组成方块,分阴阳面,有立体感、线宽 3~4mm,可画成扁方块、长方块、菱形块等形式,适用于石纹、木纹等图案分块用。划线颜色要与墙面颜色谐调。

d. 眼珠线

眼珠线由两道线组成,上道线为深色线、下道线为白色线,上线比下线稍宽,上线比墙裙颜色稍深些,适用于漏花墙面与油墙裙的交接处。

e. 普通二道线

由同一种颜色,一道宽线和一道窄线,中间离开一定距离组成。多用于普通石灰墙面、米黄色墙裙上,色线颜色要比墙面颜色或墙裙颜色深一些,色线的宽窄随墙裙高度而定,可参考表7-23。

普通二道线线宽与墙裙高度关系表　　表7-23

序号	墙裙高度(m)	大线宽度(mm)	小线宽度(mm)	大线与小线间距(mm)
1	1.00~1.20	15	3.0	5
2	1.21~1.40	18	3.2	6
3	1.40以上	20	3.5	7

一般2.65m高的墙面,挂镜线宽度为5cm左右,2.65m以上高度的墙面,挂镜线宽度为6~8cm。

(2) 划色线操作

划色线是一项细致的工作,操作时要注意的事项有:

a. 调配好颜色色浆,整个线条的颜色要比墙面颜色稍深一点,但也不宜太深,以增加层次节奏为宜。

b. 划线必须在墙面色浆干透后才能进行。

c. 划线应从墙面较暗的转角处开始,先弹出线样,再用直尺和划线刷由左向右划线。

d. 划分色线时,第一道深色线要将直尺对准粉线,第二道线压住第一道线1~2mm,不得有漏底现象。

e. 线条要横平竖直,宽窄一致,色调均匀,接茬转角通顺,不显接痕。

f. 线宽超过1cm的,可用画笔在线样上下画出两条边线,再涂满中间部分。如用调和漆划线,可稍加一些厚漆,以防流坠。

第三节　刷浆质量要求

一、刷浆施工质量的通病及防治

批刮腻子的质量通病及防治见表7-24。

刮腻子质量通病及防治措施　　表7-24

项次	质量通病	原因分析	防治措施
1	粘结不牢	基层处理不干净,油垢没有清洗,没有涂黏结剂,腻子配方不当等	处理好基层。油垢墙面刷火碱水溶液清洗;按表7-5内容配制腻子
2	涂层太厚	滑石粉掺量过少,大白粉掺量过大	适当调整大白粉和滑石粉掺量
3	翘皮脱落	两遍腻子间隔时间太短	严禁上道腻子未干就批第二遍腻子
4	腻子起泡	基层不干燥,水泥墙面湿度和碱性较大	在抹水泥砂浆的基层上批腻子其基层含水率不宜超过8%
5	腻子裂纹	腻子的胶性较小,而稠度较大,凹坑处灰尘、杂土未处理干净;刮腻子有半眼、蒙头现象,腻子不生根	调腻子时,稠度适中,胶液略多些;凹坑处清理干净,并涂一遍黏结液,洞口较大,刮腻子分层进行,反复刮抹平整

刷浆的质量通病及防治见表7-25。

刷浆质量通病及防治措施　　　　　　表7-25

项次	质量通病	原　因　分　析	防　治　措　施
1	掉粉（粉化）	浆料内胶少；面层太光滑，附着力弱；墙面太干，浆料内水分很快被吸干，附着力降低，浆膜破坏	控制加胶量；面层适当扫毛；刷浆前先刷清水或胶料水以湿润墙面
2	粗糙	物体基层处理不彻底	基层打磨平滑、扫净
3	脱皮（开裂卷皮）	墙面刷浆太厚；浆内胶料太多，腻子胶料太少；抹灰面太光滑，附着力差，基层油垢未处理干净	刷浆层不要太厚；浆液胶性和腻子胶性接近；面层适当扫毛；基层油垢用火碱液清洗干净
4	起泡	抹灰面潮湿，内含水分、碱或硝质	严格控制抹灰层含水率，干后才能刷浆。用刀在抹灰面上刻划显白印时表示已充分干燥
5	咬色	底层浆内胶少，未干即刷第二遍，两层相混合；底层油污未除净	正确控制加胶量；头遍干后再刷第二遍；处理好基层
6	慢干、不干	抹灰面没有充分干燥就刷浆	基层干燥后才刷浆
7	流坠	浆料内加胶过多，不易干燥或抹灰面太潮湿，内部不吸水；浆液太稀	正确控制加胶量；刷浆墙面不应潮湿；配制的浆液稀稠要适中，刷子蘸浆不要太多
8	显刷纹	两遍均采用横刷或竖刷，或浆料过稠；刷具刷毛太硬	刷浆时一遍横刷，一遍竖刷；浆料不应太稠；使用合适的刷子
9	溅沫斑点或砂眼	掉在墙面上的灰浆未及时擦掉，基层小孔刮腻子时未封闭；水珠气泡未及时处理；喷浆未注意风向和先后次序	彻底处理好基层；小孔、水珠、气泡应及时处理；喷浆注意风向及次序
10	显斑疤	基层缺陷未及时嵌补打磨	底层嵌补干燥、打磨后刷浆
11	咬色齿碱	基层表面不干净，墙面潮湿引起化学作用，有反酸碱等现象	处理好基层，易泛碱部位先刷上一层108胶、清油或抹防水剂等，然后再刷浆
12	显喷点	喷浆不均匀	保持匀速喷浆
13	颜色不一致	基层表面潮湿；材料中密度大的颜料下沉；面色与底色不统一，未覆盖严密；砂纸将基层表面磨破未及时修理等	色浆用耐碱性好的颜料；操作时要经常搅拌；基层表面要干燥，打磨砂纸时不要把抹灰层磨破，否则要刮腻子补平；色浆必须和底色一致或深色覆盖浅色；操作时防止漏喷

二、刷浆工程质量的要求及检验方法

一般刷浆严禁掉粉、起皮、漏刷和透底，美术刷浆的花纹图案和颜色必须符合设计要求和选定样品的要求。

一般刷浆质量要求及检验方法见表7-26；美术刷浆质量要求及检验方法见表7-27。

一般刷(喷)浆质量要求及检验方法 表 7-26

项次	项目	质量等级	质量要求 普通	质量要求 中级	质量要求 高级	检验方法
1	反碱咬色	合格	有少量,不超过5处	允许有轻微少量,不超过3处	明显处无	观察、手轻摸检查
1	反碱咬色	优良	允许有少量,但不超过3处	允许有轻微少量,但不超过1处	无	观察、手轻摸检查
2	喷点刷纹	合格	2m正视无明显缺陷	1.5m正视喷点均匀,刷纹通顺	1m正视喷点均匀,刷纹通顺	观察、手轻摸检查
2	喷点刷纹	优良	2m正视喷点均匀,刷纹通顺	1.5m正视喷点均匀,刷纹通顺	1m正斜视喷点均匀,刷纹通顺	观察、手轻摸检查
3	流坠、疙瘩、溅沫	合格	允许有少量	允许有少量,但不超过5处	明显处无	观察、手轻摸检查
3	流坠、疙瘩、溅沫	优良	允许有轻微少量	允许有少量,但不超过3处	无	观察、手轻摸检查
4	颜色、砂眼、划痕	合格		颜色一致	正视颜色一致,有轻微少量砂眼、划痕	观察、手轻摸检查
4	颜色、砂眼、划痕	优良		颜色一致,允许有轻微少量砂眼、划痕	正斜视颜色一致,无砂眼,无划痕	观察、手轻摸检查
5	装饰线、分色线平直(拉5m线检查,不足5m拉通线检查)	合格		偏差不大于3mm	偏差不大于2mm	观察、手轻摸检查
5	装饰线、分色线平直(拉5m线检查,不足5m拉通线检查)	优良		偏差不大于2mm	偏差不大于1mm	观察、手轻摸检查
6	门窗灯具等	合格	基本洁净	基本洁净	门窗洁净,灯具等基本洁净	观察、手轻摸检查
6	门窗灯具等	优良	洁净	洁净	洁净	观察、手轻摸检查

注:表中第4项"划痕",系指批腻子、打砂纸所遗留的痕迹。

美术刷(喷)浆质量要求及检验方法 表 7-27

项次	项目	质量等级	质量要求	检验方法
1	纹理、花点	合格	无明显缺陷	观察、手轻摸检查
1	纹理、花点	优良	纹理、花点分布均匀一致,质感清晰,协调美观,图案无位移	观察、手轻摸检查
2	线条	合格	均匀平直	观察、手轻摸检查
2	线条	优良	均匀平直,颜色一致,无接头痕迹	观察、手轻摸检查
3	接边和镶边线条	合格	线条的搭接错位不大于2mm	观察、手轻摸检查
3	接边和镶边线条	优良	搭接错位不大于1mm	观察、手轻摸检查

第八章 建筑装饰涂料

建筑装饰涂料品种各色各样，多姿多彩，从其分散介质上来说，有溶剂型的、水性的（包括水溶性的和水乳型的），还有水和溶剂相复合的（例如水包油类多彩涂料）；从装饰质感上来说，有平面型的、凹凸复层的、还有砂壁状的；从色彩来说，有单一颜色的、多彩色的，此外还有有机的、无机的、有机—无机复合的等等，因而这样繁多的品种在人们使用时就有了充分的选择余地，这也是建筑涂料得到快速发展的一个重要原因。

油漆现已统一命名为涂料，在建筑装饰工程中，涂料和油漆并无实质上的区别，仅在于油漆的分散介质为溶剂，而涂料的分散介质有的是溶剂，有的则以水为溶剂，因而我们可以认为油漆仅是涂料的一个分支。考虑到在建筑工程上对"涂料"、"油漆"这些术语的习惯（即在建筑工程和油漆材料名称中，"油漆"这个名称还普遍使用；而"涂料"这一术语则经常是指有机类高分子建筑涂料、无机类建筑涂料、有机和无机复合型建筑涂料等这一习惯），故本手册在介绍涂料产品的具体类别和品种时，将涂料品种分别以"建筑装饰涂料"、"建筑油漆"分章进行介绍。

第一节 溶剂型涂料

溶剂型涂料是以高分子合成树脂为主要成膜物质，有机溶剂为稀释剂，加入一定量的颜料、填料以及助剂，经混合、搅拌溶解、研磨而配制成的一种挥发性涂料。涂刷在基层上以后，随着涂料中所含溶剂的挥发，成膜物质与其他不挥发组分共同形成均匀连续的薄膜，此涂膜较紧密，通常具有较好的硬度、光泽、耐水性、耐候性、耐酸碱性、耐污染性等特点，但因施工时具有大量易燃的有机溶剂的挥发，故易污染环境。漆膜透气性差，又有疏水性，如在潮湿基层上施工，容易产生起皮、脱落，由于这些原因，故其用量低于乳液型涂料的用量。近年来发展起来的溶剂型丙烯酸酯外墙涂料，其耐候性，装饰性都很突出，耐用期在10年以上，施工周期也短，且可以在较低温度下使用。国外有耐候性、防水性都很好，且具有高弹性的聚氨酯外墙涂料，耐用可达15年以上。

一、过氯乙烯墙面涂料

过氯乙烯墙面涂料是以过氯乙烯树脂（含氯量61%~65%）为主要成膜物质，并用少量其他树脂（早期用松香改性酚醛树脂，以改善涂料的硬度及光亮度），添加一定量的增塑剂、稳定剂、填料、颜料等物质，经捏合、混炼、塑化、切粒、溶解、过滤等工艺过程而制成的一种溶剂型涂料，是一种依赖于溶剂挥发而成膜的挥发性涂料。

过氯乙烯墙面涂料是我国将合成树脂用作建筑外墙面装饰材料中最早的溶剂型涂料之一。过氯乙烯墙面涂料也可以用作内墙装饰。

本品的主要技术性能要求如下：

外观：稍有光，漆膜平整无刷痕，无粗粒；

黏度(涂-4):70～150s;

干燥时间(在 20±2℃,相对湿度<70%):表干<45min,实干<90min;

流平性:无刷痕;

遮盖力:<250g/m²;

附着力(1mm 划格法):100%;

抗冲击:147～490N·cm;

耐水性(浸水 24h):无变化。

过氯乙烯墙面涂料其特性及施工要点等如下:

(1) 涂料具有良好的耐大气稳定性,在大气中暴露 1～2 年,涂膜几乎不变;

(2) 具有优良的化学稳定性,在常温下能耐 25% 的硫酸、硝酸、40% 的烧碱,以及酒精、润滑油等物质;

(3) 具有很好的耐水性和耐霉性;

(4) 具有不延燃的性能;

(5) 附着力较差,所以在配制时应并用适当的合成树脂,以增强其附着力;

(6) 过氯乙烯的热分解温度较低,一般应在低于 60℃ 温度下使用;

(7) 过氯乙烯树脂溶剂释放性差。因而涂膜虽然表干很快,但完全干透则很慢,在尚未完全干透之前,涂膜发软,附着力也很差,只有到完全干透之后才变硬及很难剥离;

(8) 涂料的固体含量较低,为了增加涂层中树脂的含量,施工时需要采用多次喷涂;

(9) 涂料中含有苯类溶剂,配制及施工时均应注意安全防护;

(10) 施工时要求被涂基层充分干燥,含水率一般应控制在 6% 以下,而且应注意防止发生大片涂膜被揭起的现象。一般施工方便,涂料干燥快,在冬季晴天也能施工。

二、苯乙烯焦油外墙涂料

苯乙烯焦油外墙涂料是我国最早利用化学工业副产品配制的外墙涂料之一,是以苯乙烯焦油为主要成膜物质,并加入颜料、填料、有机溶剂配制而成的价格较低的溶剂型涂料。

本品在一些建筑物上涂刷后,外墙翻修时已超过 15 年,除了早期出现的粉化现象以及整体性泛色之外,仍能保持较好的装饰效果。

三、聚乙烯醇缩丁醛外墙涂料

聚乙烯醇缩丁醛外墙涂料是以聚乙烯醇缩丁醛树脂或废塑料溶于醇类溶剂作为主要成膜物质,加入颜料、填料经搅拌、过滤而配制成的涂料。为了提高其性能,在施工现场常加入环氧树脂配合使用。目前聚乙烯醇缩丁醛树脂清漆被用作建筑外墙面水泥彩色弹涂施工的罩面材料。

聚乙烯醇缩丁醛墙面涂料的主要技术性能要求如下:

附着力(划格法,1mm):100%;

抗冲击强度:50N·cm;

吸水率(24h):1.12%;

吸油率(浸油 24h):0.53%;

黏度(涂-4,25℃±2℃):122s。

本品的特点及施工要点如下:

(1) 单纯的聚乙烯醇缩丁醛涂料的树脂含量低,涂层薄;

(2) 涂膜的耐水、耐油、耐候等性能良好；

(3) 涂膜的柔韧性、耐磨性较好；

(4) 以醇类物质为溶剂，毒性较小；

(5) 与环氧树脂有很好的混溶性，两者混合后的涂料耐水、耐油性能十分优良；

(6) 由于与环氧树脂合用，施工操作较为麻烦，应注意拌料均匀，因为加入的环氧树脂是固化型的，必须注意混合料使用的时间及施工工具的及时清理。

四、氯化橡胶外墙涂料

氯化橡胶外墙涂料又称氯化橡胶水泥漆，是由氯化橡胶、溶剂、增塑剂、颜料、填料和助剂等配制而成的溶剂型外墙涂料。本品的特点如下：

(1) 氯化橡胶外墙涂料为溶剂挥发型涂料，随着溶剂挥发而干燥成膜，在25℃以上气温环境中2h以内表干，数小时后可复涂第二道，比一般常规油漆快干数倍，能够在-20℃低温至50℃高温环境中施工，不受气温条件的限制，因此，施工受季节影响小；

(2) 涂料对水泥、混凝土表面和钢铁表面具有良好的附着力，同时涂层之间由于溶剂能起溶解浸渗作用，使上、下层互黏为一体，大大加强了漆膜之间的黏附力；

(3) 涂料具有优良的耐碱、耐水、耐大气中的水汽、潮湿、腐蚀性气体、耐酸和耐氧化剂等性能；

(4) 涂料在长期户外曝晒后，稳定性好，漆膜物化性能变化小，具有良好的耐久性和良好的耐候性；

(5) 在氯化橡胶旧涂膜(经过使用多年之后)上重新涂漆时，由于漆中强溶剂的浸渗作用使两层涂膜之间仍有互溶作用，使新旧漆膜层间界面模糊，附着力良好，因而维修时不必去掉牢固的旧漆膜，只要将灰尘、污垢、脱皮的涂层除去后即可进行涂装；

(6) 涂膜内含有大量氯，不利于霉菌的生长，因而有一定的防霉作用。

本品的施工要点如下：

(1) 在涂装施工时，发现涂料太厚，可以加入专门配制的稀释剂或200号煤焦溶剂、二甲苯、重芳烃等；

(2) 可直接涂于已清理过且干燥的水泥或石灰墙面上，第一道可外加10%～20%的稀释剂，以便于涂料渗透于墙面内部，以增加涂层的附着力；

(3) 涂装间隔时间：

气温	时间
-20～0℃	24h
0～15℃	12h
15℃以上	8h

五、丙烯酸酯墙面涂料

丙烯酸酯墙面涂料是以热塑性丙烯酸酯合成树脂为主要成膜物质，加入溶剂、颜料、填料、助剂等，经研磨而制成的一种溶剂挥发型涂料。

丙烯酸酯墙面涂料是建筑墙面装饰用的优良品种，装饰效果良好，使用寿命估计可达10年以上，是目前国内外建筑涂料工业主要的外墙涂料品种之一，与丙烯酸酯乳液涂料同时广泛应用，我国生产的该类外墙涂料已在高层住宅建筑外墙及与装饰混凝土饰面配合应用，效果甚佳。目前主要用于外墙复合涂层的罩面材料。

丙烯酸酯外墙涂料的主要技术性能要求如下：

固体含量：≤45%；

干燥时间：表干：≥2h，实干：≥24h；细度≥60μm；

遮盖力（白色及浅色）：≥170g/m²；

耐水性（23±2℃，96h）：不起泡，不剥落，允许稍有变色；

耐碱性（23±2℃，浸泡氢氧化钙溶液，48h）：不起泡、不剥落、允许稍有变色不露底；

耐洗刷性（0.5%皂液，次）：2000；

耐沾污性（白色或浅色，5次循环，反射系数下降率不大于）：30%；

耐候性（人工加速，200h）：不起泡，不剥落，无裂纹变色及粉化均不大于2级。

本品的特性及施工要点如下：

(1) 涂料耐候性良好，在长期光照、日晒雨淋的条件下，不易变色、粉化或脱落；

(2) 对墙面有较好的渗透作用，结合牢度好；

(3) 使用时不受温度限制，即使在0℃以下的严寒季节施工，也可很好地干燥成膜；

(4) 施工方便，可采用刷涂、滚涂，喷涂等施工工艺，可以按用户要求配制成各种颜色。

六、丙烯酸酯复合型建筑涂料

丙烯酸酯树脂建筑涂料具有许多优良的性能，但其性能也存在一定的不足，其最主要的是涂膜的耐热性不良，受热后易发黏(高温回黏)以及涂膜硬度偏低，这些缺陷可导致涂膜的耐沾污性变差，而耐沾污性对于建筑涂料，尤其是外用建筑涂料来说是十分重要的性能。

根据丙烯酸酯树脂和许多树脂有良好的混容性的特点，因而可将丙烯酸酯树脂和其他能够相混容的树脂进行复合，从而弥补其性能上的不足，或提高其性能。目前常见的丙烯酸酯复合型涂料主要有聚氨酯丙烯酸酯建筑涂料、聚酯丙烯酸酯建筑涂料和有机硅丙烯酸酯建筑涂料等几种。

1. 聚氨酯丙烯酸酯复合型建筑涂料

聚氨酯丙烯酸酯复合型建筑涂料是由耐候性能优良的甲基丙烯酸甲酯、丙烯酸丁酯和含羟基丙烯酸酯等单体经溶液聚合而成的丙烯酸酯树脂与脂肪族二异氰酸酯预聚体固化交联的复合树脂为主要成膜物质，添加颜料、填料、助剂，经研磨配制而成的溶剂型双组分涂料。本品具有非常优异的耐光、耐候性，在室外紫外线照射下不分解、不粉化、不黄变，是性能优良的外墙建筑涂料。其性能要求详见聚氨酯系墙面涂料。

2. 聚酯丙烯酸酯复合型建筑涂料

聚酯丙烯酸酯复合型建筑涂料是以聚酯丙烯酸酯树脂为基料而配制成的户外耐候性涂料。这种复合型树脂合成的基本原理是将含羟基(—COOH)的丙烯酸酯低聚物与带羟基的聚酯产生酯化接枝反应而生成的复合型聚酯，用这种树脂配制的涂料其成本远比聚氨酯丙烯酸酯复合型建筑涂料低，且为单组分，施工方便，涂膜具有强度高、耐污染性好等特点。但耐黄变性不良是其不足，故不宜制成纯白色涂料。

3. 有机硅丙烯酸酯涂料

有机硅丙烯酸酯涂料是由耐候性、耐沾污性优良的有机硅改性丙烯酸酯树脂为主要成膜物质，添加颜料、填料、助剂组成的优质溶剂型涂料。适用于高级公共建筑和高层住宅建筑外墙面的装饰，其使用寿命估计可达到10年以上。其特点如下：

(1) 涂料渗透性好，能渗入基层，增加基层的抗水能力；

(2) 涂料的流平性好,涂膜表面光洁,耐沾污性好,易清洁;
(3) 涂层耐磨损性好;
(4) 涂料施工方便,可采用刷涂,滚涂或喷涂等施工工艺施工。

有机硅丙烯酸酯外墙涂料主要技术性能要求如下:

细度(不大于):45μm;
遮盖力(白色或浅色):≮140g/m²;
干燥时间表干:≮2h;
耐碱性(24h):无变化;
耐水性(144h):无变化;
耐沾污性(白色及浅色,5次循环反射系数下降率):≮5%;
耐洗刷性(0.5%皂液,2000次):无变化;
耐候性(人工加速,1000h):不起泡,不剥落,无裂缝,粉化及变色均不大于2级。

本品施工要点如下:

(1) 基层必须干燥,一般要求基层水分含量小于8%;
(2) 涂料渗透性好,可以直接涂刷在水泥砂浆或混凝土基层上;
(3) 可以采用刷涂、滚涂、喷涂施工,一般涂刷两度,每度间隔时间可在4h左右;
(4) 涂料在涂刷时或涂层干燥前必须防止雨淋,尘土沾污;
(5) 涂料施工时,挥发出易燃的有机溶剂,应注意保护措施,特别应注意防火。

七、聚氨酯系墙面涂料

聚氨酯系墙面涂料是以聚氨酯树脂或聚氨酯与其他树脂复合物为主要成膜物质,添加颜料、填料、助剂组成的优质外墙涂料,主要品种有聚氨酯—丙烯酸酯树脂复合型建筑涂料、聚氨酯高弹性外墙防水涂料等。

1. 聚氨酯系高弹性喷涂材料

聚氨酯系墙面涂料国外有聚氨酯树脂系高弹性喷涂材料,该材料包括主涂层材料和面涂层材料,主涂层材料是双组分聚氨酯厚质涂料,通常可采用喷涂施工,形成的涂层具有优良的弹性和防水性,面涂层材料为双组分的非黄变性丙烯酸改性聚氨酯树脂涂料。

2. 聚氨酯丙烯酸酯外墙涂料

聚氨酯丙烯酸酯复合型建筑涂料又称聚氨酯丙烯酸酯外墙涂料,其主要技术性能要求如下:

干燥时间(表干):2h;
耐水性(23℃±2℃,96h):无变化;
耐碱性(23℃±2℃,48h):无变化;
耐洗刷性(0.5%皂液,2000次):无变化;
耐沾污性(白色及浅色,5次循环反射系数下降率):≮10%;
耐候性(人工加速,1000h):不起泡,不剥落,无裂缝,无粉化。

本品施工要点如下:

(1) 要求基层干燥,含水率应小于8%;
(2) 可采用刷涂、滚涂、喷涂施工;
(3) 双组分涂料应按生产厂规定的比例精确称量拌匀后使用,涂料要随配随用;

(4) 配好的涂料应在规定的时间内(一般在 4~6h 内)用完。

3. 聚氨酯聚酯仿瓷墙面涂料

聚氨酯聚酯仿瓷墙面涂料为溶剂型内墙涂料,其涂层光洁度非常好,类似瓷砖状,适用于工业厂房车间,民用住宅卫生间及厨房的内墙与顶棚装饰。

4. 聚氨酯环氧树脂涂料

聚氨酯环氧树脂涂料的开发应用已有较长时间,特别是近年来得到进一步的发展,并冠以瓷釉涂料的名称。由于聚氨酯类材料既有橡胶类的高弹性,又有塑料类的高强度,所以环氧树脂复合成聚氨酯类材料后,硬度范围增大,反应活性提高,耐候性改善,并可以适当增加瓷釉涂料中的颜基比。在建筑物内外墙、地面、厨房、卫生间、浴池、水池等部位应用广泛。

八、溶剂型薄质地面涂料

溶剂型薄质地面涂料系以合成树脂为基料,掺入颜料、填料、各种助剂及有机溶剂而配制成的一种地面涂料,该类涂料涂刷在地面上后,随着有机溶剂挥发而成膜硬结。国内早期曾采用过氯乙烯水泥地面涂料、苯乙烯地面涂料装饰室内地面,目前应用较多的为聚氨酯丙烯酸酯地面涂料。

1. 过氯乙烯水泥地面涂料

过氯乙烯水泥地面涂料是以过氯乙烯树脂(含氯量 61%~65%)为主要成膜物质,并用其他少量树脂(如松香改性酚醛树脂),添加一定量的增塑剂、填料、颜料、稳定剂等物质,经捏和、混炼、塑化、切粒、溶解、过滤等工艺过程而配制成的一种溶剂型地面涂料。本品的主要特点如下:

(1) 过氯乙烯地面涂料干燥快,施工方便,在常温下 2h 全干,在冬季晴天亦能施工;

(2) 具有很好的耐水性;

(3) 具有很好的耐磨性,在人流多的地面其耐用性可达 1~2 年;

(4) 具有较好的耐化学药品性能;

(5) 重涂施工方便;

(6) 本品含有大量的易挥发、易燃的有机溶剂(二甲苯),因而在配制涂料及涂刷施工等过程中应注意防火、防毒。

过氯乙烯水泥地面涂料的主要技术性能要求如下:

色泽外观:稍有光,漆膜平整,无刷痕,无粗粒;

黏度(B_{3-4}黏度计):150~200s;

干燥时间(20 ± 2℃,<70% 相对湿度):表干 30~60min;实干 70~180min;

流平性:无刷痕;

遮盖力(黑白格):<130g/m^2;

耐磨性(Taber 型):<0.03g;

附着力(白铁皮,1mm 格):100%;

附着力(水泥砂浆板,1mm 格):100%;

抗冲击性:>35kg·cm;

硬度:>350。

本品的施工要点如下:

(1) 所施工的水泥地面必须待地面充分干燥,含水率小于 6% 后才能施工;

(2) 应先涂刷过氯乙烯地面涂料底漆一遍,隔天再用面漆与石膏粉组成腻子进行满批 2~3 道,干后用砂纸打磨平整,再涂刷面涂料 2~3 遍,养护一星期,打蜡后即可使用;

(3) 溶剂型涂料施工时应注意防火与安全;

(4) 过氯乙烯地面涂料,底漆每 1kg 涂刷 8~10m²,面漆每 1kg 涂刷 1.5~2m²。

2. 苯乙烯地面涂料

苯乙烯地面涂料是以苯乙烯焦油为基料,经选择、熬炼处理,加入填料、颜料、有机溶剂等原料配制而成的溶剂型地面涂料。亦是随着溶剂的挥发而干燥结膜的一种挥发型地面涂料,其主要特点如下:

(1) 涂料干燥快,随着溶剂的挥发而结膜;

(2) 涂料与水泥地面的黏结性能良好,涂刷后不易铲除;

(3) 涂膜耐水性良好;

(4) 涂膜具有一定的耐磨性,在人流往来多的地面,涂层能保持 1~2 年的良好的装饰效果;

(5) 施工操作方便,易于重涂;

(6) 由于苯乙烯焦油是化学工业下脚料,其组分不稳定,因而配制成的涂料质量不够稳定;

(7) 苯乙烯焦油涂料带有特殊的气味,因而在生产与施工中不大受工作人员欢迎,地面施工后,在较长时间内仍有气味;

苯乙烯地面涂料的主要技术性能要求如下:

流平性:无刷痕;

附着力(划格法,1mm 格):100%;

涂膜干燥时间(25℃,相对湿度<80%):表面干燥时间 15min;实际干燥时间 4h;

抗冲击强度:5.0N·m;

耐热性(70~80℃,5h):漆膜不发黏;

耐磨性(Taber 耐磨仪,CS-17 砂轮 1000 转)(g):0.04;

透水性(20cmH_2O,15 昼夜):不透水;

黏度(B_4 黏度计,20±2℃):80~90s。

本品施工要点如下:

(1) 施工地面应干燥,含水率小于 6%;

(2) 应先将苯乙烯焦油清漆与粉料配成腻子披刮,待满披腻子干燥后,再均匀涂刷色漆 2~3 度;

(3) 在施工时应采取安全劳动保护措施,加强室内通风。

3. 聚氨酯-丙烯酸酯地面涂料

聚氨酯-丙烯酸酯地面涂料是以聚氨酯-丙烯酸酯树脂溶液为主要成膜物质,添加一定量的颜料、填料、助剂、溶剂等配制而成的一种双组分固化型地面涂料。其特点如下:

(1) 涂料涂膜外观光亮平滑,有瓷质感,又称仿瓷地面涂料,具有很好的装饰性;

(2) 具有很好的耐磨性;

(3) 具有很好的耐水性;

(4) 具有很好的耐碱、耐酸及耐化学药品性能;

(5) 为双组分涂料,施工时需按规定比例进行现场调配,施工比较麻烦,施工要求严格。

聚氨酯-丙烯酸酯地面涂料的主要技术性能要求如下:

干燥时间:表干不大于 2h;实干不大于 24h;

遮盖率(白色及浅色):不大于 $170g/m^2$;

光泽:不小于 75;

附着力:1 级;

硬度:不小于 0.6;

柔韧性(曲率 0.5mm 半径):不破裂;

冲击强度(3J):不破裂;

耐沸水(5h):无变化;

耐磨性:不大于 $0.02g/cm^2$;

耐沾污性(白色及浅色,5 次循环反射系数下降率):不大于 10%;

耐腐蚀性(48h): H_2SO_4 15%　　无变化;
　　　　　　　　 H_2SO_4 40%　　无变化;
　　　　　　　　 HCl 15%　　　　无变化;
　　　　　　　　 HCl 25%　　　　无变化;
　　　　　　　　 NaOH 15%　　　无变化;
　　　　　　　　 NaOH 25%　　　无变化;
　　　　　　　　 机油　　　　　　无变化。

本品施工要点:

(1) 涂料施工前应将甲组分和乙组分按规定比例称量混合并搅拌均匀后方可使用;

(2) 涂料应随配随用,用多少配多少,配好的涂料必须在 4h 内用完;

(3) 基层表面应坚实、干净、平整、均匀,表面的蜂窝、麻面、裂缝等应采用相应的腻子嵌平,浮土必须除尽;

(4) 要求基层表面干燥;

(5) 通常用刷涂的方法施工,一般刷涂 2～3 遍,每道间隔 2h 左右,空气太潮湿不宜进行施工作业。

4. 丙烯酸硅地面涂料

丙烯酸硅地面涂料是以丙烯酸酯系树脂和硅树脂复合作为主要成膜物质,并加入颜料、填料、助剂、溶剂等原料配制而成的溶剂型地面涂料。

该涂料对水泥砂浆、混凝土、砖石等表面有很好的渗透性,使涂料与基面牢固地结合成一体,形成不剥落、不粉化和久不退色的涂层。其特点如下:

(1) 涂料具有优良的渗透性,因而与水泥砂浆、混凝土、砖石等表面结合牢固,涂层耐磨性好;

(2) 涂层耐水性、耐污染性、耐洗刷性优良;

(3) 涂层具有较好的耐化学药品性能;

(4) 涂层耐热、耐水性好;

(5) 涂层耐候性优良,因而可以用于室外地面装饰;

(6) 涂层重新涂装施工方便,只要在旧涂层上清除掉表面灰尘和沾污物后,即可以涂刷上新涂料。

丙烯酸硅地面涂料的主要技术性能要求如下：

固体含量：不小于35%；

细度：不大于40μm；

遮盖率：不大于100g/m²；

耐洗刷性：大于2000次；

耐沾污性：不大于12；

耐人工老化(2000h)：不起泡，不剥落、无裂纹，粉化1级，变色1级。

本品施工要点如下：

(1) 基面必须干燥、清洁，无浮尘、无松散漆层及油脂等污染物；

(2) 为增强渗透性，施工前地面可进行酸化处理。酸化处理的方法是：将浓度为12%～15%的盐酸溶液装入塑料壶中，对地面(水泥砂浆或混凝土)进行均匀喷洒，经10～15min后，立即用清水和笤帚充分刷洗和冲洗干净，再经过24h以上的充分干燥后即可施涂地面涂料，酸化良好的地面以手摸之状如砂纸，对特别密实、坚硬、光滑的地面，若酸化程度不够，可加大盐酸浓度以利酸化；

(3) 施工时，涂料和溶剂不要接近明火，注意通风。

九、溶剂型厚质地面涂料

由环氧树脂、聚氨酯、不饱和聚酯等合成树脂为基料，加入颜料、填料、助剂等组成的厚质地面涂料，通常采用刮涂施工方法涂刷于地面，形成的地面涂层称为无缝塑料地面或塑料涂布地板。这类涂料常呈双组分固化型形式，涂层通过固化交联化学反应成膜，涂膜性能很好，且有一定的厚度与弹性，脚感舒适，可与塑料地板媲美。这类溶剂型合成树脂厚质地面涂料是国内外近年发展起来的一种室内地面装饰材料，主要品种有环氧树脂地面厚质涂料、聚氨酯弹性地面涂料、不饱和聚酯地面涂料等。

1. 环氧树脂地面厚质涂料

环氧树脂地面厚质涂料是以环氧树脂为主要成膜物质的双组分常温固化型涂料。其主要特点如下：

(1) 固化型环氧树脂涂层坚硬，耐磨，且有一定的韧性；

(2) 涂层与水泥基层黏结力强；

(3) 涂层耐久性能良好；

(4) 涂层具有良好的耐化学腐蚀、耐油、耐水等性能；

(5) 可以涂刷成各式图案，装饰性良好；

(6) 双组分固化型涂料。施工操作较复杂。

环氧树脂地面厚质涂料的主要技术性能要求如下：

(1) 清漆：

色泽外观：浅黄色

黏度(涂－4黏度计，25℃)：14～26s；

干燥时间(25℃±2℃，相对湿度≤65%)：表干2～4h；实干24h；全干7d；

硬度：≥0.5；

冲击强度：5N·m；

附着力(画圈法):1级;

柔韧性:1mm。

(2) 色漆:

色泽外观:各式,漆膜平整;

黏度(涂-4粘度计,25℃):16～40s;

细度:≤30μm;

干燥时间(25℃±2℃,相对湿度≤65%):表干2～4h;实干24h;全干7d;

硬度:≥0.5;

冲击强度:5N·m;

附着力(画圈法):1级;

柔韧性:1mm。

环氧树脂地面涂层主要机械性能如下:

抗冲击强度:0.35N·m/cm^{2}左右;

抗拉强度:7～11MPa;

耐磨系数(磨耗量/试件重量):0.0132;

硬度:87～91。

本品的施工要点如下:

a. 材料的准备:

底漆:甲组分清漆+乙组分固化剂+稀释剂;

腻子:甲组分清漆+乙组分固化剂+滑石粉+少量稀释剂;

面漆:甲组分色漆+乙组分固化剂;

罩光清漆:甲组分清漆+乙组分固化剂;

b. 施工工序:基层处理→刷底漆→批嵌腻子→中层环氧厚质涂料2至3遍→刷面涂料(1至2遍)→罩光清漆;

c. 甲乙组分应按施工要求准确称量(允许误差为±2%),充分搅拌均匀后。静止存放30min至1h再涂刷,两个组分配合后使用期一般为6～8h,故应当天配制,当天用完。

2. 聚氨酯地面涂料(弹性地面)

聚氨酯地面涂料有薄质罩面涂料与厚质弹性地面涂料两类,前者主要用于水质地板或其他地面罩面上光,后者则涂刷于水泥地面,能在地面上形成无缝弹性塑料状涂层,又称之为聚氨酯弹性地面、聚氨酯弹性地坪等。

聚氨酯弹性地面涂料由双组分常温固化的聚氨酯材料组成,即由聚氨酯预聚体部分(甲组分)和固化剂、颜料、填料、助剂混合部分(乙组分)组成,施工时将甲、乙两组分按一定的比例混合,倒在基层上涂刷均匀后,通过化学反应,交联固化而形成具有一定的弹性的彩色地面涂层,该涂层性能优良,能作会议室、放映室等的弹性装饰地面,也能作工业厂房、车间的耐磨、耐油、耐腐等地面,亦能作地下室、卫生间的防水装饰地面。本品其主要特点如下:

(1) 聚氨酯弹性地面涂料涂膜固化后有弹性,步感舒适,适用于高级住宅地面装饰;

(2) 涂料与水泥地面黏结性好,不会因基层产生微裂纹而导致涂层开裂,涂层整体性好,便于清扫,装饰性好;

(3) 涂层耐磨性特别好,并且能耐油、耐水、耐酸、耐碱;

(4) 涂料系双组分,施工操作较复杂,聚氨酯原材料具有毒性,施工时应加强劳动保护及注意安全;

(5) 聚氨酯原材料价格较贵,因而所配制的地面涂料亦较贵。

聚氨酯弹性地面涂料的主要技术性能要求如下:

硬度(邵氏):74～91;
断裂强度:3.8～19.2MPa;
伸长率:103～272%;
永久变形:0～12%;
阿克隆磨耗:0.108～0.160(cm^3/1.61km)。

本品的施工要点:

(1) 施工顺序:基层清理→涂刷底涂料→基层修补→刮头道厚涂料→刮二道厚涂料→刷罩面涂料→静置固化3d(3d后可以行人)→两周后交付使用;

(2) 涂料带有刺激性气味,并含有易燃有机溶剂,因此配料及施工现场应有安全防火措施,要有适当的通风条件,严禁烟火,操作人员操作2h左右应适当休息一次,到户外呼吸新鲜空气之后再继续操作;

(3) 施工完毕应及时将工具用二甲苯清洗干净,并用醋酸乙酯擦去手及皮肤上被涂料污染的地方,然后用清水和肥皂洗涤干净,再用油脂湿润皮肤。

第二节 水溶性建筑涂料

水溶性建筑涂料的品种分为有机和无机两大类,前者主要是聚乙烯醇内墙涂料,后者主要是硅酸盐类,即以钠水玻璃或钾水玻璃为成膜物质的双组分外墙涂料和以硅溶胶为基料的内、外墙涂料。

一、聚乙烯醇类水溶性内墙涂料

聚乙烯醇类水溶性内墙涂料是以聚乙烯醇树脂及其衍生物为主要成膜物质,混合一定量颜料、填料、助剂及水经研磨混合均匀而成的一种水性内墙涂料。

1. 聚乙烯醇水玻璃内墙涂料

聚乙烯醇水玻璃内墙涂料是以聚乙烯醇树脂水溶液和水玻璃为基料,混合一定量的着色颜料、体质颜料及少量表面活性剂,经砂磨机研磨而制成的一种水溶性内墙涂料。本品广泛应用在住宅和一般公共建筑的内墙面,是国内内墙涂料中产量最大的品种之一。产品的主要特征如下:

(1) 本涂料属于水性类型,无毒、无嗅、耐燃;

(2) 配制工艺简单,设备要求条件不高,生产上马快,施工方便;

(3) 涂膜表面光洁平滑,能配制成多种色彩,与墙面基层有一定的黏结力,具有一定的装饰效果;

(4) 原材料资源丰富,价格低廉;

(5) 涂层耐水洗刷性较差,涂膜表面不能用湿布擦洗;

(6) 涂膜表面容易产生脱粉现象。

本制品的主要技术性能要求如下:

容器中状态：经搅拌无结块、沉淀和絮凝现象；

外观：涂层平整光滑，色泽均匀；

耐水性(24h)：涂层无剥落、起泡和皱皮现象；

黏度：35～75KU；

细度：$\not> 90\mu m$；

遮盖力：$\not> 300g/m^2$；

白度：$\leqslant 80$度；

附着力：100%；

耐擦性：$\geqslant 1$级。

2. 聚乙烯醇缩甲醛内墙涂料

聚乙烯醇缩甲醛内墙涂料是以聚乙烯醇与甲醛进行不完全缩醛化反应生成的聚乙烯醇缩甲醛水溶液为基料，加入颜料，及其他助剂经混合、搅拌、研磨、过滤等工序而制成的一种内墙涂料，其耐水擦洗性略优于聚乙烯醇水玻璃内墙涂料。本品广泛应用于住宅及一般公共建筑的内墙面上。其主要特性如下：

(1) 本涂料为水性类型，无毒；

(2) 涂料色彩多样，与墙面基层具有一定的黏结力，具有一定的装饰效果；

(3) 涂膜耐湿擦性较好；

(4) 涂料制备工艺简单，设备要求条件不高，生产上马快、施工方便；

(5) 原材料资源丰富，价格低廉。

本品主要技术性能要求如下：

容器中状态：经搅拌无结块、沉淀和絮凝现象；

外观：涂层平整光滑，色泽均匀；

黏度：35～75KU；

细度：$\not> 90\mu m$；

遮盖率：$\not> 300g/m^2$；

白度：$\not> 80$度；

附着率：100%；

耐水性(24h)：涂层无剥落、起泡和皱皮现象；

耐擦性：$\geqslant 1$级。

3. 聚乙烯醇-灰钙粉建筑涂料

以聚乙烯醇为主要成膜物质并大量使用活性填料——灰钙粉制造的建筑涂料，通常称之为聚乙烯醇-灰钙粉涂料，其特征是涂膜强度高，耐水性好，耐热水及耐湿热蒸汽更好，很适合于有特殊要求的内用场合，例如厨房、浴室使用，而成为水溶性建筑涂料的一个重要品种。

二、硅酸盐无机涂料

无机建筑涂料大致可分为碱金属硅酸盐系、硅溶胶系、水泥系等几类。水泥系外墙涂料在本手册第七章刷浆材料中已作介绍，这里侧重介绍硅酸盐无机涂料中的碱金属硅酸盐系和硅溶胶系涂料。

1. 碱金属硅酸盐系涂料

碱金属硅酸盐系涂料，俗称水玻璃涂料，这是以硅酸钾、硅酸钠为胶黏剂的一类涂料。

通常由胶黏剂、固化剂、颜料、填料及分散剂搅拌混合而成。目前主要产品随着水玻璃的类型不同，大致可以分为钾水玻璃涂料、钠水玻璃涂料、钾钠水玻璃涂料三种。

碱金属硅酸盐系涂料的特点如下：

(1) 具有优良的耐水性，如钾水玻璃外墙涂料能在水中浸泡60d以上涂膜无异常，因而能承受长期雨水冲刷；

(2) 具有优良的耐老化性能，其抗紫外线照射能力比一般有机树脂涂料优异，因而适宜用作外墙装饰；

(3) 具有优良的耐热性，在600℃温度下，不燃，因而能适应建筑物的耐火要求；

(4) 涂膜耐酸、耐碱、耐冻融、耐沾污等性能良好；

(5) 涂料以水为介质，无毒、无味，施工方便；

(6) 涂料原材料资源丰富，价格较低。

碱金属硅酸盐系涂料的主要技术性能要求如下：

常温稳定性(23 ± 2℃)：6个月可搅拌，无凝聚、生霉现象；

热稳定性(50 ± 2℃)：30d无结块、凝聚、生霉现象；

低温稳定性(-5 ± 1℃)：3次无结块、凝聚、破乳现象；

涂料黏度(ISO杯)：40~70s；

涂料遮盖率：$\leqslant 350g/m^2$；

干燥时间：$\leqslant 2h$；

涂层耐水性：500h无起泡、软化、剥落现象，无明显变色；

涂层耐洗刷性：1000次不露底；

涂层耐碱性：300h无起泡、软化、剥落现象，无明显变色；

涂层耐冻融循环性：10次无起泡、剥落、裂纹、粉化现象；

涂层黏结强度：$\geqslant 0.49MPa$；

涂层耐老化性：800h无起泡、剥落；裂纹0级，粉化、变色1级；

涂层耐沾污性：$\leqslant 35\%$。

2. 硅溶胶外墙涂料

硅溶胶外墙涂料是以胶体二氧化硅为主要黏结剂，加入成膜助剂、增稠剂、表面活性剂、分散剂、消泡剂、体质颜料、着色颜料等多种材料经搅拌、研磨、调制而成的水溶性建筑涂料。其特点如下：

(1) 以水为分散介质，无毒无味，不污染环境；

(2) 施工性能好，宜于刷涂，也可以喷涂、滚涂、弹涂，工具可以用水清洗；

(3) 遮盖力强，涂刷面积大；

(4) 涂膜细腻，颜色均匀明快，装饰效果好。涂膜致密，坚硬，耐磨性好，可用水砂纸打磨抛光；

(5) 涂膜不产生静电，不易吸附灰尘，耐污染性好；

(6) 涂膜对基层渗透力强，附着性好；

(7) 涂膜是以胶体二氧化硅形成的无机高分子涂层，耐酸、耐碱、耐沸水、耐高温、耐久性好。

硅溶胶无机外墙涂料的主要技术性能要求如下：

常温稳定性(23±2℃):6个月可搅拌,无凝聚、生霉现象;
热稳定性(50±2℃):30d无结块、凝聚、生霉现象;
低温稳定性(-5±1℃):3次无结块、凝聚、破乳现象;
涂料黏度(ISO杯):40~70s;
涂料遮盖率:≤320g/m²;
干燥时间:≤1h;
涂层耐洗刷性:1000次不露底;
涂层耐水性:500h无起泡、软化、剥落现象,无明显变色;
涂层耐碱性:300h无起泡、软化、剥落现象,无明显变色;
涂层耐冻融循环性:10次无起泡、剥落、裂纹、粉化现象;
涂层黏结强度:≥0.49MPa;
涂层耐沾污性:≤25%;
涂层耐老化性:500h无起泡、剥落,裂纹0级;粉化、变色1级。

本品施工要点:

(1) 涂料应在0℃以上地点存放,施工温度高于5℃;
(2) 涂刷前应搅拌均匀,防止填料沉淀,影响涂膜性能;
(3) 水泥砂浆、混凝土新基层必须养护7d以上才能进行施工;
(4) 基层平整光洁,涂料用量0.5~1kg/m²。

三、水溶性厚质地面涂料

聚合物水泥地面涂料是以水溶性树脂或聚合物乳液与水泥一起组成有机与无机复合的水性胶凝材料,添加填料、颜料、助剂等经搅拌混合而成,涂布于水泥基层地面上能硬结形成无缝彩色地面涂层。

1. 聚乙烯醇缩甲醛水泥地面涂料

聚乙烯醇缩甲醛水泥地面涂料又称777水性地面涂料,是以水溶性聚乙烯醇缩甲醛胶为基料与普通水泥和一定量的氧化铁系颜料组成的一种厚质涂料。其特点如下:

(1) 本品是一种水性地面涂料,以水为溶剂,无毒,耐燃,可以在稍潮湿的水泥基层上施工,施工方便;
(2) 由本品制成的涂层与水泥基层结合牢固,涂层耐磨、耐水等性能良好,不起砂,不裂缝,经氯-偏地面涂料罩面或直接涂上地板蜡的地面光洁美观,色彩鲜艳,装饰效果良好;
(3) 涂层具有1~2mm厚度,表面如经常打蜡保养,使用年限在5年以上,早期涂刷的地面,经过6~7年以后,仍具有较好的装饰效果;
(4) 组成涂料的材料资源丰富,价格便宜,因而涂料的价格较低,制成的地面涂层造价亦较低;

本品的主要技术性能要求如下:

涂层外观:光洁美观;
耐磨性(往复式磨耗,往返1000次):0.006g/cm²;
黏结性:2.5MPa;
耐水性(20℃,浸水7d):无变化;
抗冲击性:5N·m;

耐热性(60℃,4h):无变化;
(100℃,1h):无变化;
耐日用化学品沾污性:良好。

2．聚醋酸乙烯水泥地面涂料

聚醋酸乙烯水泥地面涂料是由聚醋酸乙烯水乳液、普通硅酸盐水泥及颜料、填料配制而成的一种地面涂料。其性能特点如下：

（1）本品是一种有机、无机相结合的水性涂料,其质地细腻对人体无毒害,施工性能良好,早期强度高,对水泥地面基层黏结牢固；

（2）形成的涂层具有优良的耐磨性、抗冲击性,色彩美观、大方,表面有弹性感,外观类似塑料地板；

（3）所用原材料来源丰富,价格便宜,涂料配制工艺简单,因而涂料价格适中；

（4）适用于民用住宅室内地面装饰,亦可取代塑料地板或水磨石地坪,可用于某些实验室、仪器装配车间等地面,涂层耐久性估计可用10年左右。

本品主要技术性能要求如下：

涂层外观：平整,光亮,颜色均匀；

黏结强度(8字试件黏结,干养28d)：>2.0MPa；

耐磨性(加载1000g×2,每100转磨耗失量)：<12g；

抗冲击性：>4.0N·m；

耐水性(浸水72h)：不起泡,不脱皮；

耐热性(100±2℃,4h)：不起泡,不开裂；

耐灼烧性(烟头灼烧)：不起泡,不变形,不变色。

本品施工要点如下：

（1）为了保证涂层施工的质量,应控制涂料的水灰比,考虑到刮涂施工对聚合物水泥涂料流动性的要求,同时又要保证对水泥基层有较高的黏结强度,要求水灰比 $W/C \leqslant 0.5$,最好在0.45以下。

在现场配料时,有时须外加水,当基料色浆中含水量确定之后,外加水量可按下式进行计算：

$$W_w = (F_g - F_s)W_c$$

式中　W_w——现场配料外加水量；

　　　W_c——水泥用量；

　　　F_g——最佳水灰比(一般≤0.45)；

　　　F_s——涂料色浆中含水量与水泥用量之比。

最佳水灰比可由少量试配试验来确定,在满足涂料刮涂施工要求的前提下,水灰比应取最小值。

（2）涂层的厚度为0.8~1.0mm,每平方米消耗涂料色浆约0.7kg,水泥用量约1kg。

3．聚合物水泥地面涂料涂层的罩面材料

聚合物水泥地面涂料(水溶性厚质地面涂料)其涂层采用的罩面材料见表8-1。

聚合物水泥地面涂料涂层的罩面材料　　　　　　　　　　　表 8-1

名　　称	操　作　方　法
地板蜡表面处理材料	涂层施工完成以后，经过几天自然养护，在交付使用前，可打一次地板蜡，在上第一次地板蜡时，可在地板蜡内加入少量颜料及松节油，这样可以弥补涂层表面颜色不均匀的现象。采用这种方法，可以制得光亮美观的地面涂层，如以后经常上蜡，则能提高地面涂层的耐磨性，延长使用寿命
水乳型地面涂料罩面材料	聚合物水泥地面涂层上应用最多的罩面材料是水乳型涂料及其乳液，如氯-偏地面罩面涂料与氯-偏清乳液、苯-丙地面罩面涂料与苯-丙清乳液等，由于氯-偏乳液价格较低，其耐水、耐磨等性能亦较好，因而被广泛用于聚乙烯醇缩甲醛水泥地面涂层的罩面 通常在打磨平整的聚合物水泥地面涂层上先均匀涂刷上两道乳液地面薄涂料，使涂层颜色均匀，然后再涂刷一度清乳液上光，使形成的涂层光亮美观 采用的乳液地面薄涂料是在乳液内加入少量的颜料组成。加入颜料的颜色应与聚合物水泥涂层的颜色相似，这样能使制成的最后涂层颜色上下一致，成为一个整体。薄涂料容易渗入到下面的涂层内部，形成一体
溶剂型地面涂料罩面材料	采用溶剂型薄质地面涂料及其清漆同样可以在聚合物水泥地面涂层上罩面，但其颜色应与下面涂层的颜色一致，在涂刷清漆前应检查涂层表面颜色是否均匀，一般应先涂刷色漆后，再罩清漆。可以采用的涂料有丙烯酸地面涂料及其清漆、聚氨酯地面涂料及其清漆等。经这类材料罩面后的涂层其耐磨性能提高很多，但造价亦增加。同时必须注意应在聚合物水泥地面涂层完全干燥之后，才能涂刷溶剂型涂料，否则会引起脱皮等缺陷

第三节　乳液型涂料

以高分子合成树脂乳液为主要成膜物质的墙面涂料称为乳液型墙面涂料，是采用乳液型基料，将颜填料及各种助剂分散于其中而成的一种水性建筑涂料。

乳液型建筑涂料具有有机溶剂含量低、无毒、无污染、节约资源、施工方便、装饰效果好等特点，以及良好的耐水性、耐候性、抗污染性等理化性能，是目前应用十分广泛的一类中、高档建筑涂料，内外墙面均适用。

按乳液制造方法的不同，可以分为两类，其一由单体通过乳液聚合方法生产工艺直接合成的乳液；其二由高分子合成树脂通过乳化的方法制成的乳液。

由合成树脂乳液加入颜、填料以及保护胶体、增塑剂、润湿剂、防冻剂、消泡剂、防霉剂等辅助材料，经过研磨或分散处理后制成乳液涂料，按涂料的质感可分为薄型乳液涂料(乳胶漆)、厚质涂料以及彩色砂壁状涂料等。目前极大部分乳液型墙面涂料是由乳液聚合方法生产的乳液作为主要成膜物质。

乳液型墙面涂料的主要特点如下：

(1) 以水作为分散介质，涂料中无易燃的有机溶剂，随着水分的蒸发而干燥成膜，因而

不会污染周围环境,不易发生火灾,对人体的毒性小;

(2) 涂料透气性好,因而可以避免因涂膜内外湿度差而引起的鼓泡现象,可以在新建的水泥砂浆、灰泥及混凝土基层等建筑物墙面上施工,用于内墙装饰无结露现象;

(3) 施工方便,可以刷涂、滚涂、喷涂,施工工具可以用水清洗;

(4) 涂膜耐水、耐碱、耐候等性能良好,例如高质量的丙烯酸酯乳液墙面涂料其光亮度、耐候性、耐水性、耐久性等性能可以与溶剂型丙烯酸酯墙面涂料媲美;

(5) 目前乳液型外墙涂料存在的问题是其在太低的温度下不能形成优质的涂膜,通常必须在10℃以上施工才能保证质量,在冬天一般不宜应用。

乳液型墙面涂料的品种见图8-1。

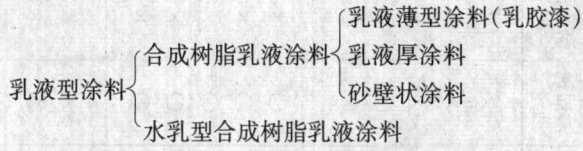

图8-1 乳液型涂料的分类

乳液型建筑涂料的组成与其他建筑涂料一样,包括基料、颜(填)料、助剂和水(溶剂)四部分,但与水溶性和溶剂型涂料相比,主要区别在于基料的形态不同,通常,水溶性涂料或溶剂型涂料的基料是溶液状态的,是均相体系,而乳液属非均相体系,因此,就涂料而言,水溶性和溶剂型涂料的颜、填料等物质是均匀地分散于均相基料中的非均相体系,乳胶涂料则是一种双重非均相的体系,这些差异是乳胶涂料在性能上和原料组成上不同于另两类涂料的根本所在。

乳液型建筑涂料的性能大致上可分为贮存性能、施工性能以及涂膜性能,其中各自又包含着许多具体性能,表8-2列出了各种组成与各种性能之间的定性关系。目前我国对乳液型内、外墙涂料,砂壁状涂料的性能都做出了规定,相关的国家标准为《合成树脂乳液外墙涂料》(GB/T 9755—1995)、《合成树脂乳液内墙涂料》(GB/T 9756—1995)和《合成树脂乳液砂壁状建筑涂料》(GB 9153—88)。

一、合成树脂乳液薄质涂料(乳胶漆)

1. 乙-顺乳胶漆

乙-顺乳胶漆是由醋酸乙烯和顺丁烯二酸二丁酯单体、乳化剂和引发剂等在一定温度下通过乳液聚合反应,制得乙-顺共聚乳液后,以这种乳液为主要成膜物质,掺入颜料、填料与助剂,经分散、混合后配制而成的。

乙-顺乳胶漆是我国早期用于外墙装饰的乳液涂料。

2. 乙-丙乳胶漆

乙-丙乳胶漆是由醋酸乙烯和一种或几种丙烯酸酯类单体、乳化剂、引发剂通过乳液聚合反应制得的乙丙共聚乳液,将这种乳液作为主要成膜物质,掺入着色颜料、体质颜料、成膜助剂、防霉剂等,经分散混合配制而成。通常称之为乙-丙乳胶漆,这是一种常用的乳液型墙面涂料,一般用于外墙装饰。其主要技术性能要求如下:

耐冻融性:≥25次循环;

耐水性(浸水300h):无异常;

表 8-2　乳胶涂料的组成与性能关系

类别	性能	基料		成膜助剂	颜料		添加剂							PVC
		乳液	增塑剂		着色颜料	体质颜料	增稠剂	分散剂	湿润剂	防腐剂	防霉剂	防冻剂	消泡剂	
涂料的制造和贮存	颜料混合稳定性	◎	×	×	○	◎	○	×	×	×	×	×	×	×
	黏度	○	×	×	○	○	◎	○	○	×	×	×	×	○
	固体分浓度	◎	×	×	×	○	×	×	○	×	×	◎	×	◎
	贮存稳定性	○	×	×	×	○	○	×	×	×	×	×	×	○
	防腐性	×	×	×	×	×	×	×	×	◎	◎	×	×	×
涂装作业性	刷涂性	○	×	×	○	○	○	○	○	×	×	×	×	◎
	流平性	○	×	×	○	○	◎	○	○	×	×	×	×	◎
	抗流挂性	○	×	×	○	○	◎	○	○	×	×	×	×	◎
	喷涂作业性	○	×	×	×	○	○	○	○	×	×	×	×	◎
	文体花纹形成性	○	×	×	×	○	◎	○	○	×	×	×	◎	◎
初期涂膜性能	附着性	◎	×	○	×	○	×	×	×	×	×	×	×	○
	遮盖力	○	○	×	◎	○	×	○	○	×	×	×	×	○
	颜色均一性	○	○	×	◎	○	○	○	○	×	×	×	×	○
	光泽	○	○	○	×	×	○	○	○	×	×	×	×	○
	光泽均一性	○	○	○	×	×	×	○	○	×	×	×	×	○

续表

类别	性能	基料			颜料		添加剂							PVC
		乳液	增塑剂	成膜助剂	着色颜料	体质颜料	增稠剂	分散剂	湿润剂	防腐剂	防霉剂	防冻剂	消泡剂	
初期涂膜性能	耐洗刷性	◎	○	×	×	○	○	×	×	×	×	○	×	○
	抗刮痕性	◎	○	×	○	○	×	×	×	×	×	×	×	◎
	磁漆保持性	◎	○	×	×	○	×	×	×	×	×	○	×	◎
	耐水性	○	○	×	×	○	×	×	○	×	×	×	×	○
	耐碱性	×	×	×	×	×	×	×	×	×	×	×	×	×
长期涂膜性能	保色性	○	×	×	◎	○	○	×	×	×	×	×	×	○
	光泽保持性	○	○	×	○	×	○	×	×	×	×	×	×	○
	抗污染性	○	◎	×	×	○	○	×	×	×	×	×	×	◎
	去污性	○	○	×	×	○	○	×	×	×	×	×	×	◎
	耐变黄性	○	×	×	◎	○	○	×	×	×	×	×	×	○
	耐风化性	○	×	×	×	○	○	×	×	×	×	×	×	○
	耐粉化性	○	×	×	◎	○	○	×	×	○	×	×	×	○
	抗菌藻污染性	×	×	×	×	×	×	×	×	×	◎	×	×	×
	抗起泡性	○	×	×	×	○	○	×	×	×	×	×	×	○
	抗开裂性	×	○	×	×	×	○	×	×	×	×	×	×	○

◎：有密切关系；○：有关系；×：无关系。

耐污染性(30次污染后):涂层表面对光的反射系数下降百分率≤50%;
最低施工温度:≥15℃。

乙-丙乳胶漆其特点及施工要点如下:

(1) 由于在共聚乳液中引入了丙烯酸丁酯、甲基丙烯酸甲酯、丙烯酸、甲基丙烯酸等单体,从而提高了乳液的光稳定性,使配成的涂料耐候性优于醋酸乙烯均聚乳胶漆,宜用于室外;

(2) 在共聚物中引进了丙烯酸丁酯,能起到内增塑作用,提高了涂膜的柔韧性;

(3) 主要原料为醋酸乙烯,国内资源丰富,涂料价格适中;

(4) 施工时温度不能低于15℃。

3. 氯-醋-丙乳液涂料

氯-醋-丙乳液涂料是以氯乙烯、醋酸乙烯、丙烯酸丁酯共聚乳液为基料,加入一定量的中和剂、分散剂、增稠剂、消泡剂、颜料、填料配制而成。

4. 苯-丙乳胶漆

苯-丙乳胶漆是由苯乙烯和丙烯酸酯类单体、乳化剂、引发剂等。通过乳液聚合反应得到苯-丙共聚乳液,以该乳液为主要成膜物质,加入颜料、体质颜料、助剂等配制而成的。是目前质量较好的内外墙乳液涂料之一。其主要技术性能要求如下:

干燥时间:表干2h、实干12h;
遮盖力(白色或浅色):<200g/m²;
固体含量:45%;
冻融稳定性(-5℃±1℃ 16h;23℃±2℃ 8h,3次循环):不变质;
耐水性(96h):不起泡,不脱落,允许稍有变色;
耐碱性(饱和$Ca(OH)_2$溶液,48h):不起泡,不脱落,允许稍有变色;
耐洗刷性(0.5%皂液1000次):不露底;
耐沾污性(白色及浅色,5次循环,反射系数下降率):<50%。

丙-苯乳胶漆的特性及施工要点如下:

(1) 苯-丙乳胶漆具有丙烯酸酯类的高耐光性、耐候性、不泛黄性等特点;

(2) 具有优良的耐碱、耐水、耐湿擦洗等性能;

(3) 外观细腻,色彩艳丽,质感好;

(4) 与水泥材料附着力好,适宜用于外墙面装饰;

(5) 施工时若涂料太稠,可加入少量水稀释,施工温度在20℃左右时,前后两道涂料施工时间间隔不小于4h;

(6) 一般施工温度不低于10℃,湿度不大于85%;

(7) 涂刷面积参考:2~4m²/kg,估计寿命10年左右。

5. 丙烯酸酯乳胶漆

丙烯酸酯乳胶漆又称纯丙烯酸聚合物乳胶漆。丙烯酸酯乳胶漆是由甲基丙烯酸甲酯、丙烯酸丁酯、丙烯酸乙酯等丙烯酸系单体加入乳化剂、引发剂等。经过乳液聚合反应而制得纯丙烯酸酯乳液,以该乳液为主要成膜物质,加入颜料、填料及其他助剂,经分散、混合、过滤而成的乳液型涂料。是优质的内、外墙乳液涂料,涂膜耐久性估计可达十年以上。

纯丙烯酸酯系乳胶漆在性能上较其他共聚乳胶漆好,其最突出的优点是涂膜光泽柔和,耐候性与保光性、保色性都很优异,但其价格较其他共聚乳液涂料贵。

丙烯酸酯内墙乳胶漆则常采用增加涂料中乳液的含量来配制有光乳胶漆。纯丙乳液具有优良的耐候性和光泽,因而可用来配制高级半光及有光内墙乳胶漆,高级丙烯酸酯内墙乳胶漆光泽大于70%。

有光丙烯酸酯外墙乳胶漆的主要技术性能要求如下:

光泽(60°光泽):不小于80%;

干燥时间:不大于2h;

对比率(白色和浅色):不小于0.9;

耐水性(96h):无异常;

耐碱性(48h):无异常;

耐洗刷性:不小于10000次;

耐人工老化性(1000h):粉化1级,变色2级;

涂料耐冻融性:不变质;

涂层耐温变性(10次循环):无异常。

纯丙乳胶漆施工温度应在5℃以上,刷、滚、喷等施工方法均可。涂刷面积参考:在平整基面上,施涂面积为$8\sim10m^2/kg$。

6. 醋酸乙烯乳胶漆

醋酸乙烯乳胶漆是由醋酸乙烯均聚乳液加入颜料、填料以及各种助剂,经过研磨或分散处理而制成的一类乳液涂料。其特点如下:

(1) 本品以水作分散介质,无毒,不易燃烧;

(2) 涂料细腻、涂膜细洁、平滑、平光、色彩鲜艳,装饰效果良好;

(3) 涂膜透气性良好,不易产生气泡;

(4) 施工方法简便,施工工具容易清洗;

(5) 价格适中,低于其他共聚乳液组成的乳胶漆;

(6) 耐水性、耐碱性、耐候性较其他共聚乳液差,适宜涂刷内墙,不宜作外墙涂料应用。

本品的主要技术性能要求如下:

涂膜颜色及外观:符合标准样本及其色差范围,平整无光;

黏度(涂-4粘度计,25℃±1℃):加20%水测,15~45s;

固体含量:不小于45%;

干燥时间:25±1℃,相对湿度65%±5%,实干不大于2h;

遮盖力:白色及浅色,不大于$170g/m^2$;

光泽:不大于10%;

耐水性:96h漆膜无变化;

附着力:≥2级;

抗冲击:≥40kg·cm;

硬度:≥0.3。

本品施工要点:

(1) 新墙面可用乳胶加老粉作腻子填平,磨光后再涂刷。旧墙面应先除去风化物、旧涂层,用水清洗干净后才能涂刷;

(2) 不能用油漆、油墨、水彩画颜料及群青等调色,也不能用溶剂汽油稀释,施工时如发现太厚可加入少量清洁的自来水稀释;

(3) 施工温度大于 10℃,涂刷面积 5m²/kg 左右。

7. VAE(乙烯-醋酸乙烯)内墙乳胶漆

VAE(乙烯-醋酸乙烯)内墙乳胶漆是以 VAE 乳液为主要成膜物质,加入填料、助剂、水等配制而成的一种乳液涂料。

VAE 乳液合成基于三个原因,一是醋酸乙烯共聚物引入乙烯基团,降低聚合物刚性,达到增塑的目的;二是乙烯价格便宜;三是 VAE 乳液制造的乳胶漆在耐水性、耐候性方面均优于聚醋酸乙烯乳胶漆。

本品的特点:成膜性好,价格便宜,适用于中低档建筑物的内墙装饰,材料参考用量:3m²/kg。

二、合成树脂乳液厚质涂料

1. 乙-丙乳液厚涂料

乙-丙乳液厚涂料是由醋酸乙烯-丙烯酸酯共聚物乳液为主要成膜物质,掺入一定量的粗集料组成的一种厚质外墙涂料。本品为一种中档的建筑外墙涂料,使用耐久性估计为 8~10 年。其特点如下:

(1) 形成的涂膜厚实,质感强,具有较好的装饰效果;

(2) 具有较好的耐候性、耐水性、保色性、优良的冻融稳定性,对基层的附着力大;

(3) 与干黏石和水刷石比较,施工速度快,操作简便。

本品主要技术性能要求如下:

涂膜颜色与外观:在色差范围内符合标准板;

固体含量:≥50%;

干燥时间(25℃±1℃):≤30min;

耐水性(浸水 500h):无异常;

耐碱性(浸饱和 Ca(OH)$_2$ 溶液 500h):无异常;

冻融试验(50 次循环):无异常。

本品施工要点:

(1) 施工可采用喷涂、滚涂、刷涂;

(2) 水泥砂浆墙面要求平整,常温龄期一般不少于 7d,冬季不少于 10d,混凝土墙体要求平整,没有蜂窝,其龄期不少于一个月;

(3) 如墙面严重泛碱,则需要用 10% 左右磷酸溶液处理,待洗后 4h,再用清水洗涤墙面,干后方可施工;

(4) 施工时,气温应高于 15℃;

(5) 两遍间隔约 30min;

(6) 涂刷面积约 2m²/kg。

2. 氯-偏共聚乳液厚涂料

氯-偏共聚乳液厚涂料是以氯乙烯-偏氯乙烯共聚乳液为主要成膜物质,添加其他高分子树脂水溶液胶(如聚乙烯醇水溶液)等混合物为基料,掺入一定量的粗细不同的颜料、填料、助剂而制成的一种厚质外墙涂料。如填充料以砂类为主体,则称为砂胶状涂料。由于氯-偏共聚乳液生产量大,价格比同类乳液低,因而该类涂料生产及应用量较大。现已较少使用。本品其特点：

(1) 在组分中加入云母粉、耐日光、耐候性较好；
(2) 涂料采用的氯-偏共聚乳液，聚乙烯醇等成膜物质，国内资源丰富，价格较低；
(3) 由于该涂料其组分中加入了大量耐水性较差的材料（如聚乙烯醇），因而涂料装饰耐久性较差，一般只具有2~3年的装饰效果，容易沾污或脱落；
(4) 涂料施工采用喷涂施工，其工效高，装饰质感强。

氯-偏共聚乳液厚涂料的主要技术性能要求如下：

耐水性（20℃±2℃，1000h）：无变化；
冻融循环（25次）：无起壳、脱落现象；
黏结力（8字模抗拉黏结力）：>0.7MPa；
最低成膜温度：≥5℃。

氯-偏共聚乳液厚涂料施工要点如下：

(1) 涂料采用喷涂施工方法进行涂装；
(2) 施工机具：喷枪，口径4~6mm，压力0.5~0.6MPa，喷涂距离30~50cm；
(3) 干燥时间：1~2h；
(4) 施工温度：10℃以上；
(5) 如涂层为2~3mm厚，则涂料用量约为：1~1.5kg/m²。

三、彩色砂壁状外墙涂料

彩色砂壁状涂料又称彩砂涂料，是以合成树脂乳液和着色骨料为主体，外加增稠剂及各种助剂配制而成。由于采用高温烧结的彩色砂粒、彩色陶瓷粒或天然带色石屑作为骨料，使制成的涂层具有丰富的色彩及质感，其保色性及耐候性比其他类型的涂料有较大的提高，估计耐久性10年以上。其特点如下：

(1) 涂料不易褪色，质感强，装饰性能极其优良；
(2) 涂料耐久性，耐候性能良好；
(3) 采用喷涂方法施工，涂装工效高，施工周期短。

本品主要技术性能要求如下：

骨料沉降率：<10%；
低温贮存稳定性：3次试验后，无硬块、凝聚及组成物的变化；
热贮存稳定性：1个月试验后，无硬块、发霉、凝聚及组成物的变化；
干燥时间：表干≤2h；
耐水性：240h试验后，涂层无裂纹、起泡、剥落、软化物的析出，与未浸泡部分相比，颜色、光泽允许有轻微变化；
耐碱性：同耐水性；
耐洗刷性：1000次洗刷试验后，涂层无变化；
耐沾污率：5次沾污试验后，沾污率在45%以下；
耐冻融循环性：10次冻融循环试验后，涂层无裂纹、起泡、剥落、与未试验试板相比，颜色、光泽允许有轻微变化；
黏结强度：≥0.7MPa；
人工加速耐候性：500h试验后，涂层无裂纹、起泡、剥落、粉化，变色小于2级。

本品施工要点如下：
(1) 大面积涂饰采用喷涂工艺，工作压力：0.6~0.8MPa，局部装饰亦可刷涂；
(2) 喷涂之前基层要干燥，平整，除去油污，浮灰和其他涂层；
(3) 风雨天不宜施工；
(4) 喷枪出口直径 5mm 以上；
(5) 喷涂用量：2.5~3.5mg/m²；
(6) 工效参考：30m²/d 以上。

四、水乳型合成树脂乳液涂料

水乳型合成树脂乳液涂料其品种有水乳型环氧树脂乳液外墙涂料和水乳型过氯乙烯外墙涂料等。

水乳型合成树脂乳液外墙涂料是由合成树脂配以适当的乳化剂、增稠剂、水，通过高速机械搅拌分散而成的稳定乳状液为主要成膜物质，加入颜料、填料、助剂配制而成的一类外墙涂料，这类涂料以水为分散介质，无毒无味，生产施工较安全，对环境污染较少，目前国内主要用于外墙装饰。

水乳型环氧树脂乳液外墙涂料是由双酚 A 环氧树脂 E-44 配以乳化剂、增稠剂、水，通过高速机械搅拌分散为稳定性好的环氧乳液，与颜料、填料等组分配制而成的一种厚浆涂料（涂料 A 组分），再配以固化剂（涂料的 B 组分），混合均匀后通过特制的双管喷枪可一次喷成仿石纹（如花岗石纹）的装饰涂层，为高档外墙涂料之一。其特点：

(1) 环氧涂料与基层墙面黏结性能优良，不易脱落；
(2) 涂层耐老化，耐候性能优良，涂层耐久性好，国外已有应用 10 年以上的工程实例，外观仍完好美观；
(3) 采用双管喷枪施工，可喷成仿石纹，装饰效果好；
(4) 涂料价格较贵，双组分施工比较麻烦。

水乳型环氧树脂外墙涂料的主要技术性能要求如下：

花纹图案：双色及多色仿花岗石装饰效果的凹凸花纹，凸起部分厚度在 0.5~1mm；

喷涂量：1.0~1.2kg/m²；

涂料贮存期：常温室内 6 个月以上；

抗裂纹性：在 77m/s 的气流下，6h 涂层不产生裂纹；

耐水性：浸水 10d 后，涂膜仍未见裂缝、鼓泡、皱纹、剥落等现象；

耐碱性：饱和 $Ca(OH)_2$ 水溶液浸 10d 后无变化，未产生破裂、鼓泡、剥落、穿孔、软化和溶解现象；

黏结强度：标准状态下 7d 龄期大于 1.8MPa。

本品施工要点如下：
(1) 施工机具：0.8~1.0MPa 空气压缩机一台，排气量 0.6m³/min。辊刷、漆刷及双管喷枪。手提式搅拌机、磅秤及盛器等；
(2) 为了防止涂料在喷涂时的飞溅沾污，对门窗等部位要用塑料薄膜或其他材料遮挡，沾污的地方应及时用湿布揩除；
(3) 双组分涂料在施工现场现配现用，涂料在拌和后可使用的时限一般为：

| 气温 | 时间 |

2℃	4h
10℃	2.5h
20℃	1.5h
30℃	40~50min

时间过长则要影响施工质量。

(4) 为了增加涂层表面的光亮度,常可采用溶剂型丙烯酸涂料或乳液型丙烯醇涂料罩面,罩面应在环氧涂层固化干燥后进行,一般间隔时间控制如下:

气温	时间
5℃	48h 以上
10℃	24h 以上
20℃	12h 以上

第四节 非平面建筑涂料

溶剂型建筑涂料、水溶性建筑涂料、乳胶涂料,这种对建筑涂料的分类方法其着眼点是基料及分散介质的种类,大部分涂料都有一个共同的特点,即涂膜都是平面状的,平整、光洁,且只呈现一种颜色。如按照涂装的外观,涂装的饰面建筑涂料则可分为平面状建筑涂料、非平面状建筑涂料等类别。

涂膜为非平面状的建筑涂料其类型也很多,主要有复层涂料、多彩涂料、砂壁状涂料等,这类涂料从涂膜的装饰效果来看,其质感丰满,且同一涂膜可能是非单一颜色的,因而装饰性能更强。

一、多彩涂料

多彩涂料是在一种涂料中具有两种或两种以上颜色的涂料,更确切的概念则是分散于分散介质中的分散相颗粒呈两种或更多种颜色,且通过一次喷涂就能够得到具有多彩装饰效果的涂膜饰面,是一种具有特殊装饰效果,并需要特殊技术生产的涂料。

多彩内墙涂料是一种两相体系,其中一相为分散介质,常为水相,另一相为分散相,常为涂料相,两相互不溶合,形成一种悬乳型涂料,在分散相中,有两种颜色以上的着色粒子,它们在含有保护胶体的水中均匀分散悬浮,呈稳定状态,涂装干燥后形成坚硬、结实的多色花纹涂层。

多彩涂料可以分为四类,见表 8-3。

多彩涂料的种类 表 8-3

类型	符号	分散相	分散介质
水包水	W/W	水性厚涂料	水性溶液或乳液
水包油	O/W	油性厚涂料	水性溶液
油包水	W/O	水性厚涂料	油性溶液
油包油	O/O	油性厚涂料	油性溶液

注: W 是 water(水)的缩写;O 是 oil(油)的缩写。

在表 8-3 所列出的四种多彩涂料中,真正有实用意义的是水包水和水包油两类。在水包油多彩涂料中又有硝化棉类、醇酸类和丙烯酸酯类,即分别是以硝化棉、醇酸树脂和丙烯酸酯为基料制成的稠厚涂料分散于相应的分散介质中。应用普遍的是硝化棉类多彩涂料。

多彩涂料的主要特点是：
(1) 涂膜色彩丰富，雅致，装饰效果好；
(2) 施工方便，一次喷涂能形成多色花纹涂膜；
(3) 涂膜耐洗刷性好；
(4) 涂膜耐污染性好；
(5) 涂膜耐久性好。

多彩内墙涂料的主要技术性能要求如下：
容器中的状态：搅拌后呈均匀状态，无结块；
黏度(25℃，KUB法)：80～100KU；
不挥发物含量：≤19%；
施工性：喷涂无困难；
贮存稳定性(0～30℃)：6个月；
实干时间：≥24h；
涂膜外观：与样本相比无明显差别；
耐水性(23℃±2℃，96h)：不起泡，不掉粉，允许轻微失光和变色；
耐碱性(23℃±2℃，48h)：不起泡，不掉粉，允许轻微失光和变色；
耐洗刷性：不小于300次。

施工工艺要点如下：
(1) 施工工艺一般为三道，为抑制基底碱性影响面漆，先在基层上涂一道底漆，为增加底面层附着性，涂中层材料(即多彩涂料的白色涂料)，最后在面层喷涂多彩涂料，喷涂压力要适当，过大使花纹不完整，喷涂时距被涂基层30～40cm，压力在0.25～0.3MPa；
(2) 本涂料为一次喷涂成多彩立体花纹，适用于水泥砂浆、砖木、混凝土、金属表面，基层含水率要求小于8%，PH值大于9.5。

二、云彩内墙涂料

云彩内墙涂料又名梦幻内墙涂料，其装饰效果绚丽多彩，由于某些进口高档产品还具有同一涂膜在不同角度或不同光线下呈现变幻的色彩，因此云彩涂料又称幻彩涂料。有特殊装饰效果的云彩涂料也是由基、颜(填)料和助剂等基本涂料组分组成的，但云彩涂料更注重涂装技术，可以认为云彩涂料是几种优质的内墙涂料通过专门的涂刷工艺而获得的装饰效果很好的涂层，也可以说是一种施工艺术。

云彩涂料的特点是除了具有一般内墙涂料的共性之外，还有其个性：
(1) 涂料为水性，不燃，无毒，略带香味，贮存、运输、使用的安全性好，施工时对环境无污染；
(2) 面涂施工方法可以多样化，喷、滚、刮、抹、印皆可，色彩可以现场调配，可以任意套色，与不同色彩的中涂相互配合会呈现变化无穷的装饰效果；
(3) 干燥后，涂膜坚韧耐久，耐磨、耐洗刷性好。

云彩涂料一般由底、中、面三层涂料组成。

底涂料是一种具有抗碱性和与基层有很好黏附力的涂料。

中层涂料则由特种树脂与有机和无机颜料、填料以及助剂组成,中层涂料也是一种水性涂料,具有优良的耐水性、遮盖力和流平性,干燥后的涂膜坚韧、光滑,有多种不同的色彩。

面涂料可分为两种:半光丝质或珠光丝质面涂料和闪光树脂金属颗粒面涂料或彩色树脂纤维的涂料。半光丝质或珠光丝质面涂料是由特种树脂与有机、无机颜料配制而成的内墙装饰涂料,可采取滚、刷、刮、抹、喷、印等方法施工。通常选用两种或两种以上的颜色采用相应的施工方法即可达到类似"云雾"、"大理石"等装饰效果;闪光树脂金属颗粒面涂料或彩色树脂纤维的涂料则是由特种树脂制成的多彩金属光泽树脂颗粒配制而成的内墙装饰涂料,采用喷涂方法施工,干燥后涂层表面光彩夺目,装饰性好。

为了保护多彩涂层的表面,还可以在其表面涂刷透明涂料,形成保护性透明涂膜。

云彩涂料的施工详见表8-4和表8-5。

云彩涂料涂装工序　　　　　　　　　　　　　　　　表 8-4

序号	工　序	操　作　方　法
1	基层的检查与处理	首先要检查被涂基层有无泥土、灰尘、脱膜剂、油污等类物质,这类物质可用钢丝刷、刮刀、有机溶剂或化学洗涤剂除去,然后用扫帚、抹布将基层清扫干净,如果基层表面泛碱,可用5%盐酸和清水混合液洗净至pH值小于10,其次是检查基层表面的含水率和碱度,要求基层表面含水率低于10%,表面pH值在10以下,可用砂浆水分计及表面pH计进行测定,达不到要求的不能施工。最后,要求基层表面必须平整、光洁,不能有凹凸不平等缺陷,这是保证云彩涂料装饰效果的关键。如果基层表面不平或有小裂缝,可用腻子找平,大的裂缝必须用合成树脂水泥砂浆修补,待干燥后,再用砂轮、砂纸打磨平整,才能进行涂装
2	底涂料涂装	云彩涂料专用底涂料为合成树脂乳液的水稀释液,可以封闭基层,防止泛碱,增加涂层附着力,一般以辊涂为好,也可刷涂但要求均匀一致防止漏涂
3	中涂料涂装	中涂料为合成树脂乳液涂料(乳胶漆),该涂料一般具有较好遮盖力、流平性及优良耐洗刷性能,其目的是使基层表面颜色均匀一致,为面涂料创造一种良好的底色环境,涂装方法一般采用辊涂、喷涂或刷涂,无论采用何法都要确保涂刷一致,无漏涂、无流挂、无刷痕,一般涂两道
4	云彩涂料面涂料涂装	待中层涂料干燥后即可进行面涂料涂装,如前所述,云彩涂料的涂装方法很多,不同涂装方法及不同色彩的中涂料相配合,可呈现不同的装饰效果和质感

云彩涂料的涂装方法　　　　　　　　　　　　　　　表 8-5

名　称	操　作　方　法
滚垫涂装法	滚垫是由三层或四层的专用皮革交叉重叠而成,将皮革的中间部位扎紧,用胶布扎成手柄,根据所需花纹大小作成适当大小的叶片(花垫),大面积涂装时可由两人配合,一人将涂料先稀释成所需黏度(根据气温和空气干湿程度,可加水10%~40%),然后用刷子或辊筒均匀地涂上约1~2m²,另一人将滚垫轻轻接触面涂并旋转做出自然的花纹,继续重复上述两个步骤涂装,直至全部完成。使用前如滚垫较干,可用水稍微润湿,滚垫的点下、提起要注意花纹与花纹之间不能有空隙和拉毛感

续表

名　称	操　作　方　法
刮板涂装法	适用于大面积涂装，如滚垫法所述需两人配合，一人先将涂料均匀地涂上 $1\sim 2m^2$，另一人用特制的刮板轻轻批刮涂料，使之呈不同形状的花纹，涂装时刮板不能与基层完全垂直，而应倾斜成小角度，落手、收手要快，也要注意接缝和收头，涂装顺序同滚垫法，该法也可套色
滚涂涂装法	先用辊筒将涂料均匀地涂在墙面上，再用具有花纹图案的滚花辊筒，滚涂上另一种色彩的涂料，可以滚涂出各种印花图案，其装饰效果可以与印花墙布相似，使用不同辊具可以达到不同的装饰效果
喷涂涂装法	此法与喷涂多彩涂料相近，先将涂料稀释至适合的黏度，但需采用专门喷枪，喷嘴 $2.5\sim 3.5mm$，空气压力 $202.7\sim 506.5kPa$，喷大粒子时压力要低，喷小粒子时压力要高，喷嘴距离墙面 $60\sim 80cm$，先水平方向均匀喷一道，再垂直方向均匀喷一道，如需多种色彩，可在喷完第一道仍然潮湿的时候喷另一种颜色的面涂作为第二道
弹涂涂装法	使用弹涂器将各种颜色的涂料弹射到墙面上而形成立体感强的彩色点状涂层的一种涂装方法，该法形成的涂层由于各种色点错落有致、相互衬托，可以达到水刷石的装饰效果
印章涂装法	将特制图案或皮革像盖章一样印上云彩涂料，但要均匀有序，不能重复，否则将影响装饰效果，此法要特别注意中涂层底色的配合，颜色配合得当，可获得很好的效果
复合涂装法	为了提高装饰效果，增强涂层质感，保证涂层涂装质量，可以将几种工具多种色彩相互套色同时应用，再与不同中涂底色相配合，可以呈现出变幻莫测的图案和装饰效果，称为复合涂装法，该法可根据涂装人员的经验独立创新，常常可收到意想不到的效果

三、砂壁状建筑涂料

砂壁状建筑涂料是涂膜饰面具有象砂壁一样的外观的一类涂料，由基料和粒径与颜色均不同的彩砂配制而成，多用于建筑物的外墙面涂装。

根据所用基料的种类不同，砂壁状建筑涂料可以分为有机型和无机型两类。无机型砂壁状建筑涂料主要是以硅溶胶为基料配制的，但由于单独使用硅溶胶配制时其附着力不能够满足要求，因而常常与合成树脂乳液复合使用。有机型砂壁状建筑涂料又可分为溶剂型和合成树脂乳液型两大类，溶剂型是为溶剂型树脂(如氯化橡胶树脂溶液)为基料，最常用的则是合成树脂乳液类和合成树脂乳液与硅溶胶复合类。

四、复层涂料

复层涂料也称喷塑涂料、浮雕涂料、凹凸涂层涂料等，是一种适用于内、外墙面，装饰质感较强的装饰材料。复层涂料是由封底层、底涂层、主涂层和罩光层(复层复色)所组成，或者是由封底层、主涂层、罩面层和罩光层(单层单色)等所组成，有的罩面层采用高光泽的乳胶漆，在这种情况下可以省去罩光层。

复层涂料主要有四大类，即聚合物水泥类(代号：CE)、硅酸盐类(代号：Si)、合成树脂乳液类(代号：E)、反应固化型合成树脂乳液类(代号：RE)。

聚合物水泥系复层涂料一般是以108胶(也可以是其他聚合物)为聚合物组分，和白色硅酸盐水泥(也可以是其他品种的水泥)复合而成，于喷涂前按一定的配方在现场调配，调配后的涂料不能再长时间存放，必须在规定的时间内用完，否则会因水泥的凝结硬化而报废。这类复层涂料的优点是成本低，但装饰效果及耐用期限均不理想，属于复层涂料中的低档产品,用量也不大。

硅酸盐类复层涂料一般是以硅溶胶作为主要基料,但由于硅溶胶单独使用时其涂膜易开裂,因而往往也还要复合少量的聚合物树脂。与聚合物水泥系复合涂料相比,该类复层涂料具有施工方便、固化速度快、不泛碱、黏结力强等特点,与合成树脂乳液型复层涂料相比,该类复层涂料具有耐老化性能好、黏结力强、成膜温度较低等特点。

合成树脂乳液类复层涂料以苯丙乳液为主要基料配制而成,如性能要求不高的内墙饰面涂料,也可以使用聚醋酸乙烯乳液作为基料来配制。这类涂料的主要特征是装饰效果好,与各种墙面的粘结强度高,耐水、耐碱性能好,内、外墙面都适用等特点。

反应固化型合成树脂乳液类复层涂料目前主要是以双组分的环氧树脂乳液为主要基料配制而成,喷涂前需在施工现场混合均匀,应在要求的时间内将混合后的产品用完。这类复层涂料的特点是黏结强度高,耐水性好,耐污染性强,耐久性优良,因而,从涂膜的物理性能来说,反应固化型合成树脂乳液类复层涂料是复层涂料中性能最好的一种,但也存在着使用不方便,两组分一旦混合,必须在一定时间内用完等不足。

这四类复层涂料各有优缺点,故在生产和使用时应根据具体情况的不同要求而选择。除了上述四种类型的复层涂料外,还可以将硅溶胶和苯丙乳液复合,制成有机-无机复合的复层涂料,其技术经济综合性能是比较好的。

五、纤维质内墙装饰涂料

纤维质内墙装饰涂料是由纤维质材料为主要填料,添加胶黏剂、助剂等组成的一种纤维状质感的内墙装饰涂料。属纤维型乳胶系抹涂涂装的特殊涂料品种,国外称之为"好涂壁",国内称之为"仿壁毯"、"多彩壁"、"思壁彩"的都属于这类涂料。其主要特点如下:

(1) 涂层立体感强,质感丰富,这类涂料突破了一般涂料以料状填料和颜料为体质须料和着色颜料的概念,而以天然纤维或人造纤维或两者的复合而体现出涂膜的质感和美感,花纹图案表现丰富,具有独特的立体感。

(2) 涂层吸声和透气效果好;

(3) 涂层防霉性好;

(4) 涂层阻燃性好。

本品施工应注意,干料和液料必须按比例混合均匀。

六、绒面内墙涂料

绒面内墙涂料又称仿绒面装饰涂料,是由带色的直径 $40\mu m$ 左右的小粒子和丙烯酸酯乳液、助剂组成的,涂层优雅,手感柔软,有绒面感,涂层耐水耐碱、耐洗刷性好。

这类涂料除了具有类似绒面、麂皮柔韧的特性外,还具有优异的消光、抗刮损性能,不但可以用于室内墙面装饰;还可以广泛应用于家具、汽车内装、皮革、家电等许多方面。

本品的涂装方法如下:

(1) 将待装饰的墙面用白水泥-聚合物乳液腻子批刮平整,底面的平整度对面涂的影响很大,墙面含水率要低于 10% 才能进行下道工序;

(2) 用乳胶漆进行封底,喷涂、刷涂均可,但应不留刷痕,要求表面平整光滑,待 24h 之后方能进行面涂装;

(3) 打开包装的盖子,轻轻摇晃,再用木棒缓缓地将涂料搅拌均匀。对于水性涂料,若黏度过大,则难以喷涂,可以加入 5%~10% 的清水进行稀释,再进行搅拌均匀;

(4) 应使用一般喷枪或静电喷枪,喷嘴口径为1.2~1.5mm,压力保持约0.4MPa,枪与被涂面距离为20~30cm,角度保持90°,垂直和水平移动交叉喷涂两道,两道之间间隔时间不超过10min;

(5) 当室外为雨天,或室内湿度很高,墙面出现结露时不能涂装,室外高温太阳直射时,应避免涂装,冬季涂装温度不应低于5℃;

(6) 在金属、塑料、陶瓷材料表面喷涂可以不用底涂,中涂,直接进行面涂涂装,但在涂装前应保证基材处于清洁、干燥的状态之下。

第五节 建筑装饰涂料配方

一、外墙涂料

外墙涂料是一类水溶性涂料,成膜物质有无机物、有机物、无机-有机复合物。对成膜材料和颜料的要求是耐水,耐晒,经久耐用,常用的有乙丙乳液厚涂料、硅酸钾无机外墙涂料、水性环氧树脂外墙涂料、水溶胶无机高分子外墙涂料、聚乙烯醇缩甲醛外墙涂料等。

[1] 乙丙乳液厚涂料(1)

成分	用量(kg)	成分	用量(kg)
乙丙乳液的制备:		5%羧甲基纤维素溶液	8
乙酸乙烯单体	85	水	16
丙烯酸酯单体	15	氧化锌	15
过硫酸铵	0.2	云母粉	35
糊精	2.25	滑石粉	15
十六烷基醇环氧乙烷缩聚物	2	硫酸钡	10
		乙二醇	8
水	81	六偏硫酸钠	0.2
乙丙乳液厚涂料配制:		磷酸三丁酯	0.3
乙丙乳液	100	氨水	1

工艺、性能:本品色调柔和庄重,耐水,遮盖力好,附着力强,即使基层欠平,仍可得到良好的装饰质感效果,价格适中,但本品易沉淀,不宜大面积使用色彩鲜艳的产品,防腐、防沾污性能较差。

乙丙乳液的制备:在反应釜中加入乙酸乙烯、丙烯酸酯和过硫铵,加热到80℃反应2h,然后加入其余组分,搅拌混合均匀即得乙丙乳液。

涂料的配制:在防锈容器中,按配比加入乙丙乳液,在搅拌下加入氨水调节乳化液的pH值到7.5~8.5。然后加入磷酸三丁酯和乙二醇,搅拌均匀后,再加入预先拌好的白色颜料浆和云母粉,同时加入羧甲基纤维素,充分混合均匀,即得乙丙乳液厚涂料。

本品的遮盖力、耐污染、耐老化性能较强,是性能良好的外墙涂料。

[2] 乙丙乳液厚涂料(2)

成分	用量(kg)	成分	用量(kg)
乙丙乳液	100	填料、颜料	15
2%羧乙基纤维素	7	乙二醇	8
水	20	OP-10乳化剂	0.2

工艺:将全部物料混合研磨,分散均匀,即可。

[3] 乙丙乳液厚涂料(3)

成分	用量(kg)	成分	用量(kg)
乙丙共聚乳液	100	滑石粉	15
氨水	1	六偏磷酸钠	0.15
乙二醇	8	云母片	30~35
邻苯二甲酸二丁酯	3	增稠剂	3~10
氧化锌	1	消泡剂	0.1
钛白粉	5	防霉剂	2
硫酸钡	10	水	11~13

工艺:按配比,分别将各种物料混合研磨分散均匀即可。

[4] 乙丙乳液厚涂料(4)

成分	用量(kg)	成分	用量(kg)
乙丙共聚乳液	100	六偏磷酸钠	0.2
氨水	1	云母片	30~35
乙二醇	8	增稠剂	3~10
邻苯二甲酸二丁酯	3	消泡剂	0.1
氧化锌	15	防霉剂	2
硫酸钡	10	水	13~15
滑石粉	15		

工艺:同本节配方3。

[5] 硅酸钾无机外墙涂料(1)

成分	用量(kg)	成分	用量(kg)
硅溶胶	30	立德粉	40
硅酸钾	45	滑石粉	40
4%聚乙烯醇溶液	1	碳酸钙	100
钛白粉	15		

工艺、性能:本品具有耐水、耐酸碱、耐洗刷、耐热、耐老化等优良性能,可在低温下涂装。但双组分产品使用不方便,施工要求严格。本涂料可适用于一般建筑物外墙装饰,施工操作较严格。

按配比将全部物料混合研磨均匀,即成改性硅酸钾外墙涂料。

[6] 硅酸钾无机外墙涂料(2)

成分	用量(kg)	成分	用量(kg)
硅酸钾	50	普通硅酸盐水泥	50
硅酸锂	50	蛭石粉	30
磷酸氢锌	10	水	20

工艺:按配比将全部物料混合研磨均匀,即成硅酸钾无机外墙涂料。

[7] 硅酸钾无机外墙涂料(3)

成分	用量(kg)	成分	用量(kg)
硅酸钾	50	镁质水泥	10
硅酸钠	50	碳酸钙	40
偏磷酸铝	40	水	30

工艺:按配比将全部物料混合研磨分散均匀即成制品。

[8] 硅酸钾无机外墙涂料(4)

成分	用量(kg)	成分	用量(kg)
钾水玻璃	100	增稠剂	
混合填料	80~135	表面活性剂	
颜料	20~25	缩合磷酸铝固化剂	
分散剂			

工艺：按配比将全部物料混合研磨均匀即成。

[9] 水性环氧树脂外墙涂料

成分	用量(kg)	成分	用量(kg)
环氧树脂乳液的制备：		甲组分：	
环氧树脂	10	环氧树脂乳液	100
丙酮	20	填充料、钛白粉	110~140
OP-10 乳化剂	2	颜料	适量
氢氧化钠	0.2	乙组分：	
乙醇	40	固化剂	4
水	90		

工艺：水性环氧树脂外墙涂料，分甲、乙两组分，甲组分是环氧树脂乳液，加填充料、颜料；乙组分是固化剂。在使用时，将乙组分加入甲组分中，搅拌均匀即可使用。

将甲组分各物料混合，充分搅拌均匀即得甲组分。使用时将组分甲、乙混合均匀即可，应现配现用，以防固化浪费。

配方中环氧树脂乳液的制备工艺：按配比将全部组分混合，加热到80℃，充分搅拌混合均匀，即成环氧树脂乳液。

[10] 环氧树脂外墙涂料

成分	用量(kg)	成分	用量(kg)
6101 环氧树脂	10	石英粉	22
乳化剂	2.5	着色颜料	8
分散剂	0.1	水	适量
增稠剂	9		

工艺：将环氧树脂、乳化剂、增稠剂和水混合均匀后，在高速搅拌机内搅拌成乳液。再加入颜料、石英粉和分散剂进行高速搅拌、研磨即成。

[11] 水溶胶无机高分子外墙涂料(1)

成分	用量(kg)	成分	用量(kg)
硅溶胶	100	水	100
乙二醇	12	有机硅	2
50%聚丙烯酸乳液	5	颜料	适量
钛白粉、锌钡白	600		

工艺、性能：按配比将全部物料混合研磨分散均匀即成。

本品主要成膜物质是硅溶胶和丙烯酸合成树脂乳液。当涂覆后，随着水分挥发，硅溶胶的SiO_2逐渐交联，大分子丙烯酸树脂被混杂其中，形成网状结构。本涂料具有无毒、无味、施工方便，牢固度高等优点，曾被誉为第三代外墙涂料。

[12] 水溶胶无机高分子外墙涂料(2)

成分	用量(kg)	成分	用量(kg)
50%丙烯酸酯共聚乳液	4	碳酸钙	100
硅溶胶	100	磷酸三丁酯	0.5
三甘醇	10	水	150
钛白粉	80	颜料	适量
滑石粉	150		

工艺：按配比将全部物料混合研磨均匀，细度合格即成。

[13] 水溶胶无机高分子外墙涂料(3)

成分	用量(kg)	成分	用量(kg)
磷酸钾	50	高铝水泥	20
硅溶胶	50	普通硅酸盐水泥	50
磷酸钙	30	硅石	60
倍半磷酸铝	20	水	60

工艺、性能：按配比将全部物料混合研磨均匀，细度合格即成。涂覆后养护24h即可完全固化。

本品具有良好的硬度、难燃性和耐水性。

[14] 建筑外墙无机涂料

成分	用量(份)	成分	用量(份)
涂料粉料配方：		水	适量
硬化剂	16.1	涂料配方：	
硅砂粉	32.2	成分	用量(%)
滑石粉	16.1	涂料粉料	55
碳酸钙	24.4	改性水玻璃	45
氧化锌	11.2	水	10~20
颜料	适量		

[15] 811无机外墙涂料

成分	用量(份)	成分	用量(份)
钾水玻璃	100	增稠剂	2~6
填料	80~135	表面活性剂	0.3~0.5
颜料	20~25	复合型固化剂	6~8
分散剂	0.3~0.6	外罩剂	30~40

[16] 稀土彩砂外墙涂料

成分	用量(份)	成分	用量(份)
稀土彩砂(0.079~3mm)	100	甲基纤维素(2%)	3~适量
BC-01乳液(含固量48%±1%)	10~15	水	4
丙二醇、丙二丁醚等	1.5~3		

[17] JS-84无机外墙涂料

成分	用量(份)	成分	用量(份)
硅溶液	100~300	颜料	2~10
聚丙烯酸酯	50~150	助剂	0.5~2
填料	100~450		

[18] 水乳型环氧外墙涂料

成分	用量(份)	成分	用量(份)
6101 环氧树脂	20	增稠剂	18
乳化剂	5	填充剂	44
水	适量	着色颜料	20
分散剂	0.2		

[19] 白色外用涂料

成分	用量(份)	成分	用量(份)
乙酸乙烯-丙烯酸共聚物乳液(含固量45%)	34.2	滑石粉	11
2%纤维素增稠剂溶液	16	防霉剂	0.3
10%六偏磷酸钠溶液(颜粉分散剂)	1.5	高沸点醚类	2
金红石型钛白粉	25	消泡剂	0.1

[20] 白色外用乳胶涂料

成分	用量(份)	成分	用量(份)
2.5%纤维素增稠剂溶液	7.2	消泡剂	0.1
10%多聚磷酸盐分散剂	1.2	水	7.8
丙烯酸乳液(固含量50%)	38.8	丙二醇	2.8
金红石型钛白粉	24.2	乙二醇	2
滑石粉	15.3	防霉剂	0.1

[21] 过氯乙烯外墙涂料

成分	用量(g)	成分	用量(g)
过氯乙烯树脂(含氯量61%~65%)	100	氧化锌	适量
		滑石粉	10
松香改性酚醛树脂	50	色浆料	适量
DOP	30~40	二甲苯	130
二碱式亚磷酸铅	2		

工艺、性能:将二碱式亚磷酸铅、DOP混合后,加入过氯乙烯树脂中,再加氯化锌、滑石粉充分拌和;在60~80℃时,采用双辊炼机混炼30~40min混炼出的色片厚度为1.5~2mm;色片冷却后,用塑料切粒机切粒,并在装有夹套加热的反应釜中先加入一定量溶剂二甲苯,然后在搅拌下加入粒料,保持温度在55~60℃,搅拌机转速为200~300r/min,约4~5h全部溶解;在溶解料中加入松香改性酚醛树脂和色浆料,充分搅拌,加入适量溶剂调整粘度,然后用80~100目钢丝筛过滤,除去杂质和粗料即成。

本品采用多次喷涂施工方法以增加固含量,涂膜表干很快,但完全干透很慢,只有完全干透后才很难剥离,在低于60℃时使用是一种较好的外墙涂料。

[22] 聚乙烯醇缩丁醛外墙涂料

成分	用量(g)	成分	用量(g)
聚乙烯醇缩丁醛树脂	6	丁醇	2
乙醇(10%)	适量	590#固化剂	1.2
环氧树脂	6	颜料(铝粉浆)	适量
甲苯	2	滑石粉	0.6

工艺：在60℃搅拌下，将乙醇分批加入聚乙烯醇缩丁醛树脂，直至全部树脂溶解成透明溶液，制成清漆；将环氧树脂溶于甲苯、丁醇中，制成环氧树脂溶液；将清漆、环氧树脂溶液、固化剂、颜料色浆及滑石粉，在配漆桶内搅拌均匀即成。

本品用作建筑外墙面水泥彩色喷涂施工的罩面材料，施工时每道工序需相隔24h，然后再进行下道工序。如涂料过稠，可加入适量乙醇或甲苯，但不能加松香水或汽油。

[23] 聚丙烯酸外墙涂料

成分	用量(g)	成分	用量(g)
聚丙烯酸树脂	15	钛白粉	1.5~1.8
二甲苯	适量	填料	适量
丙酮	30	偶联剂、紫外线吸收剂等	1

工艺、性能：将钛白粉、填料、偶联剂紫外线吸收剂及溶剂量的一半在球磨机中球磨30min，待粉料润湿后，再投入半量的树脂继续球磨4~5h，最后将余下的树脂、溶液全部投入，球磨30min后过滤除去杂质即成。本品表干2h，实干24h，使用后不起泡剥落。

[24] 乙酸乙烯-顺丁二酸二丁酯乳胶漆(1)

成分	用量(g)	成分	用量(g)
乙酸乙烯-顺丁二酸二丁酯共聚乳液	30~40	乳化剂OP-10	0.12~0.16
		羧甲基纤维素	0.07~0.14
金红石型钛白粉	11~18	聚甲基丙烯酸钠	0.04
滑石粉	4~8	乙酸汞苯	0.2~0.4
硫酸钡	12~13	松油醇	0.16
乙二醇	2~3	氨水	适量
磷酸三丁酯	0.4~0.5	水	27~30
六偏磷酸钠	0.15~0.3		

工艺、性能：把六偏磷酸钠、羧甲基纤维素溶解成水溶液，加入松油醇、乳化剂、乙二醇、乙酸汞苯、钛白粉、滑石粉、硫酸钡，一起研磨分散，然后在搅拌下加入共聚乳液，最后加聚甲基丙烯酸钠增稠剂，搅拌均匀后用氨水调节pH值至8以上即成。

本品耐水性强，适用于涂刷在水泥砂浆面层。

[25] 乙酸乙烯-顺丁二酸二丁酯乳胶漆(2)

成分	用量(g)	成分	用量(g)
乙酸乙烯-顺丁二酸二丁酯共聚乳液	30~40	乳化剂OP-10	0.12~0.16
		羧甲基纤维素	0.07~0.14
金红石型钛白粉	11~18	聚甲基丙烯酸钠	0.04
滑石粉	4~8	乙酸汞苯	0.2~0.4
硫酸钡	12~13	松油醇	0.16
乙二醇	2~3	氨水	适量
磷酸三丁酯	0.4~0.5	水	27~30
六偏磷酸钠	0.15~0.3		

工艺、性能：把六偏磷酸钠、羧甲基纤维素溶解成水溶液，加入松油醇、乳化剂、乙二醇、乙酸汞苯、钛白粉、滑石粉、硫酸钡，一起研磨分散，然后在搅拌下加入共聚乳液，最后加聚甲基丙烯酸钠增稠剂，搅拌均匀后用氨水调节pH值至8以上即成。

本品耐水性强，适用于涂刷在水泥砂浆面层。

[26] 白色乙丙乳胶外用建筑涂料

成分	用量(%)	成分	用量(%)
钛白粉	25	消泡剂	0.1
滑石粉	11	防霉剂	0.3
乙丙乳液(50%)	34	高沸点醚类成膜助剂	2
2%纤维素增稠剂溶液	16	水	10
10%六偏磷酸钠溶液	1.6		

工艺：将钛白粉、滑石粉、六偏磷酸钠液、水和一部分乙丙乳液混合，搅拌均匀，经砂磨机研磨至细度合格，再加入其余原料，充分调匀，过滤包装。本品用作一般建筑物的外墙涂料。

[27] 白色乙丙乳胶厚涂建筑涂料

成分	用量(%)	成分	用量(%)
钛白粉	2.5	乙丙乳液	50
氧化锌	0.5	六偏磷酸钠	0.1
沉淀硫酸钡	5	乙二醇	4
滑石粉	8	增塑剂	1.5
云母粉	16.5	消泡剂	0.1
增稠剂	3	氨水	0.5
防霉剂	2	水	6.3

工艺、性能：将颜料、填料、水、六偏磷酸钠和一部分乙丙乳液混合，搅拌均匀，经砂磨机研磨至细度合格，再加入其他原料，充分调匀，过滤包装。本品比较稠厚，一次性涂层较厚，主要用于一般建筑墙体表面的厚涂层，上面还可以另加涂层。以喷涂施工为主。

[28] 白色氯化橡胶厚涂层建筑涂料

成分	用量(%)	成分	用量(%)
钛白粉	18	云母粉	1
沉淀硫酸钡	13.5	低粘度氯化橡胶	14.3
轻质碳酸钙	9.2	二甲苯	28.4
氯化石蜡	7.7	α-乙氧基乙酸酯	7.1
氧化蓖麻油	0.8		

工艺：先将氯化橡胶溶解于二甲苯和α-乙氧基乙酸酯的混合物中配成基料，再加入颜料和填料，经砂磨机研磨至细度合格，加入其余原料，充分调匀。用作建筑物墙体涂料。

[29] 白色氯化橡胶游泳池涂料

成分	用量(%)	成分	用量(%)
钛白粉	20	乙醇	0.2
中黏度氯化橡胶	18	二甲苯	36.9
氯化石蜡	12	200号溶剂油	12.4
黏土凝胶剂	0.5		

工艺、性能：将氯化橡胶溶解于二甲苯和溶剂油的混合物中配成基料，然后加入钛白粉，搅拌均匀，经砂磨机研磨至细度合格，加入其余原料，搅拌均匀，主要用于游泳池的表面涂膜，涂层具有较好的耐水性。

[30] 白色氯化橡胶建筑涂料

成分	用量(%)	成分	用量(%)
钛白粉	15	黏土凝胶剂	0.5
瓷土	16	乙醇	0.2
中粘度氯化橡胶	14	二甲苯	33.5
氯化石蜡	9.5	200号溶剂油	11.3

工艺、性能：先将氯化橡胶溶解于二甲苯和溶剂油的混合溶剂中配成基料，然后取一部分基料同颜料、填料混合，搅拌均匀，经砂磨机研磨至细度合格，再加入其他原料，充分调匀，过滤包装即可。

本品用作一般建筑物的墙体涂料，涂层具有较好的防潮性能。

[31] 硅酸钾无机建筑涂料（白色）

成分	用量(%)	成分	用量(%)
硅酸钾(钾水玻璃)	35	润湿剂	0.2
钛白粉	2	消泡剂	0.3
立德粉	8	增稠剂	2
滑石粉	25.3	高沸点醚类成膜助剂	0.5
石英粉	10	外罩剂(防水剂)	12
云母粉	2	缩合磷酸铝(固化剂)	2.5
六偏磷酸钠(分散剂)	0.2	水	适量

工艺：将颜料、填料、助剂（固化剂除外）和硅酸钾混合，搅拌均匀经砂磨机磨至细度合格即可。本品用作一般建筑物的内外墙涂料。

[32] 硅酸钾无机建筑涂料（铁红）

成分	用量(%)	成分	用量(%)
硅酸钾(钾水玻璃)	35	消泡剂	0.3
氧化铁红	8	增稠剂	2
滑石粉	27.3	高沸点醚类成膜助剂	0.5
石英粉	10	外罩剂(防水剂)	12
云母粉	2	缩合磷酸铝(固化剂)	0.5
六偏磷酸钠(分散剂)	0.2	水	适量
润湿剂	0.2		

工艺：同本节配方[31]

[33] 硅酸钾无机建筑涂料（橘红）

成分	用量(%)	成分	用量(%)
硅酸钾(钾水玻璃)	35	润湿剂	0.2
氧化铁红	4	消泡剂	0.3
氧化铁黄	4	增稠剂	2
滑石粉	27.3	高沸点醚类成膜助剂	0.5
石英粉	10	外罩剂(防水剂)	12
云母粉	2	缩合磷酸铝(固化剂)	0.5
六偏磷酸钠(分散剂)	0.2	水	适量

工艺:同本节配方[31]。

[34] 硅酸钾无机涂料(绿色)

成分	用量(%)	成分	用量(%)
硅酸钾(钾水玻璃)	35	消泡剂	0.3
氧化铬绿(或有机绿)	5	增稠剂	2
滑石粉	30.3	高沸点醚类成膜助剂	0.5
石英粉	10	外罩剂(防水剂)	12
云母粉	2	缩合磷酸铝(固化剂)	0.5
六偏磷酸钠(分散剂)	0.2	水	适量
润湿剂	0.2		

工艺:同本节配方[31]。

[35] 硅溶胶无机建筑涂料(白色)

成分	用量(份)	成分	用量(份)
硅溶胶	27	六偏磷酸钠(分散剂)	0.2
50%苯丙乳液	5	润湿剂	0.2
钛白粉	3	消泡剂	0.3
立德粉	17	增稠剂	1.5
滑石粉	29.3	高沸点醚类成膜助剂	0.5
沉淀硫酸钡	10	水	6

工艺:将硅溶胶、颜料、填料、各种添加剂和水混合,搅拌均匀,经砂磨机研磨至细度合格,再加入苯丙乳液或调色浆,充分调匀过滤即可。本品用作一般建筑物的内外墙涂料。

[36] 硅溶胶无机建筑涂料(铁红)

成分	用量(%)	成分	用量(%)
硅溶胶	27	润湿剂	0.2
50%苯丙乳液	5	消泡剂	0.3
氧化铁红	15	增稠剂	1.5
滑石粉	29.3	高沸点醚类成膜助剂	0.5
沉淀硫酸钡	15	水	6
六偏磷酸钠(分散剂)	0.2		

工艺:同本节配方[35]。

[37] 硅溶胶无机建筑涂料(橘红)

成分	用量(%)	成分	用量(%)
硅溶胶	27	六偏磷酸钠(分散剂)	0.2
50%苯丙乳液	5	润湿剂	0.2
氧化铁红	8	消泡剂	0.3
氧化铁黄	8	增稠剂	1.5
滑石粉	28.3	高沸点醚类成膜助剂	0.5
沉淀硫酸钡	15	水	6

工艺:同本节配方[35]。

[38] 硅溶胶无机建筑涂料(绿色)

成分	用量(%)	成分	用量(%)
硅溶胶	27	润湿剂	0.2
50%苯丙乳液	5	消泡剂	0.3
氧化铬绿(或有机绿)	10	增稠剂	1.5
滑石粉	34.3	高沸点醚类成膜助剂	0.5
沉淀硫酸钡	15	水	6
六偏磷酸钠(分散剂)	0.2		

工艺:同本节配方[35]。

[39] 聚乙烯醇缩甲醛外墙涂料

成分	用量(kg)	成分	用量(kg)
聚乙烯醇	100	水	800～900
甲醛	40～50	氢氧化钠(或工业氨水)	适量
盐酸	7～8	增稠剂	适量

工艺、性能:聚乙烯醇缩甲醛又称107胶。可作为外墙涂料单独使用,也可与白水泥或者水泥砂浆混合配制成聚合物水泥砂浆使用。为了使外墙涂层性能更好,往往涂刷107胶后在其上面用甲基硅醇钠溶液罩面,以形成憎水层,提高防水效果。

本品制法:在带有夹套的反应釜中加入定量的水,通蒸汽加热至70℃,在搅拌下缓慢加入聚乙烯醇,90～92℃保温,直到全溶为止。降温至80℃左右加入盐酸,边搅拌边缓慢加入甲醛溶液,在80℃下搅拌反应1h,停止加热,降温至60℃后,加入氢氧化钠中和成pH7～8即得无色透明粘稠状的聚乙烯醇缩甲醛溶液(107胶),包装前加入少量增稠剂搅拌均匀。

本剂可单独作罩面涂料使用,也可与其他填料或水泥制成涂料或增强混凝土。

[40] 聚乙烯醇缩甲醛外墙涂料

成分	用量(kg)	成分	用量(kg)
10%聚乙烯醇缩甲醛(107胶)	100	水	300
碳酸钙粉	300	六偏磷酸钠	2
滑石粉	100		

工艺、性能:先将除107胶外的其余组分混合均匀,后加入107胶,充分搅拌混合,研磨到细度合格,即得107外墙涂料。

[41] 聚乙烯醇缩甲醛外墙涂料

成分	用量(kg)	成分	用量(kg)
10%聚乙烯醇缩甲醛	100	滑石粉	5.7
钛白粉	2.85	磷酸三丁酯或硅油等消泡剂	0.2
立德粉	5.7	三聚磷酸钠或	0.2
轻质碳酸钙	30	六偏磷酸钠等防沉剂	

工艺、性能:按配比将全部物料混合研磨分散均匀,过筛后即得。

二、内墙涂料

常用的内墙涂料品种有聚乙烯醇水玻璃内墙涂料、聚乙酸乙烯乳胶涂料、苯丙乳胶内墙涂料、硅溶胶聚乙酸乙烯乳液复合涂料和半无光内墙涂料等。

[1] 聚乙烯醇水玻璃内墙涂料(106涂料)(1)

成分	用量(kg)	成分	用量(kg)
聚乙烯醇树脂	3.4～4	钛白粉(锐钛型)	1.5～2.7
水	59～64.2	立德粉	4～5.9
水玻璃	4.5～5.4	滑石粉	4～4.9
聚氧乙烯蓖麻油	0.02～0.06	渗透剂	0.02或不加
轻质碳酸钙	16～20	色浆	适量

工艺：在搪瓷反应釜中加入水和聚乙烯醇，加热至水沸，使其全部溶解，在搅拌下加入蓖麻油，降温到40℃左右，边搅拌边加入其余组分，混合均匀即成制品。

[2] 聚乙烯醇水玻璃内墙涂料(106涂料)(2)

成分	用量(kg)	成分	用量(kg)
聚乙烯醇树脂(醇解度97%)	3.4	锌白粉、锌钡白、碳酸钙、滑石粉	26.9
水玻璃	5.4		
聚氧乙烯蓖麻油	0.06	颜料	适量
水	64.2		

工艺：同本节配方[1]。

[3] 聚乙烯醇水玻璃内墙涂料(106涂料)(3)

成分	用量(kg)	成分	用量(kg)
3%～9%聚乙烯醇	2～6	钛白粉、立德粉、滑石粉	20～25
聚乙二醇型非离子表面活性型	0.1～0.4	颜料	0.1～0.25
40%～50%水玻璃	2～6	防沉剂	0.05～0.15
邻苯二甲酸二丁酯	0.1～0.4	水	69～76

工艺、性能：在搪瓷反应釜中加入水和聚乙烯醇，加热使其溶解，至85～95℃时保温30min，然后加入二丁酯、水玻璃和表面活性剂，搅拌均匀后，边搅拌边加入钛白粉、立德粉、滑石粉，打成白色胶浆，降温到60℃，加入其余组分，转入砂磨机中研磨到细度合格即成。此涂料无毒无臭，颜色多样，能在较潮湿的水泥或新老石灰墙面上施工；原料便宜，工艺设备简单，至今仍在内墙涂料中占重要地位。

[4] 聚乙烯醇水玻璃内墙涂料(106涂料)(4)

成分	用量(%)	成分	用量(%)
聚乙烯醇	3.8	轻质碳酸钙	18
水玻璃(模数>3)	5	水	61.7
钛白粉	1.5	着色颜料	适量
立德粉	5	表面活性剂	适量
滑石粉	5		

工艺：先将水和聚乙烯醇投入带夹套的反应锅内，通蒸汽加热至90℃，搅拌至聚乙烯醇完全溶解，停止加热，然后在搅拌下加入表面活性剂逐渐降温，待降至40℃左右时，边搅拌边慢慢加入水玻璃，加完后继续保温反应30min，冷却至常温作为基料。本品用作低档内墙涂料。

第五节　建筑装饰涂料配方

[5]　聚乙酸乙烯乳液

成分	用量(kg)	成分	用量(kg)
乙酸乙烯	46	蒸馏水	45.76
OP-10 乳化剂	0.5	过硫酸钾	0.09
聚乙烯醇	2.5	碳酸氢钠	0.15
邻苯二甲酸二丁酯	5		

工艺、性能：聚乙酸乙烯乳液为聚乙酸乙烯乳胶涂料的原料，本品加入填料和颜料混合均匀即成聚乙酸乙烯乳胶涂料。聚乙酸乙烯乳胶涂料以水为分散介质，无毒不燃，色彩柔和，涂刷方便，有一定耐水性，但涂层在潮湿环境下易发霉。该涂料属中档内墙涂料产品，适用于民用及公共建筑物内部涂装。

聚乙酸乙烯乳液配制方法如下：将聚乙烯醇和水加热至80℃，经4～6h搅拌溶解，过滤后倒入搪瓷反应釜中加入OP-10搅拌均匀后加入7kg乙酸乙烯和0.04kg过硫酸钾，加热升温到60～65℃，停止加热，开始共沸回流。待温度升至80～83℃时，慢慢加入其余的乙酸乙烯，控制在8h内加完，同时少量缓慢加入过硫酸钾。因反应放热，温度升至90～95℃时，保温30min，然后温度降到50℃以下加入二丁酯、碳酸氢钠，充分搅拌均匀，冷却，即成pH值为4～6；固含量50%。

[6]　聚乙酸乙烯乳胶涂料(1)

成分	用量(kg)	成分	用量(kg)
聚乙酸乙烯乳液	42	聚甲基丙烯酸钠	0.08
钛白粉	26	偏氯磷酸钠	0.15
滑石粉	8	防霉防锈剂	0.4
羧甲基纤维素	0.1	水	23.27

工艺：将各组分混合研磨均匀，细度合格即成制品。

[7]　聚乙酸乙烯乳胶涂料(2)

成分	用量(kg)	成分	用量(kg)
聚乙酸乙烯乳液	36	聚甲基丙烯酸钠	0.08
钛白粉	10	偏氯磷酸钠	0.15
立德粉	18	防霉防锈剂	0.4
滑石粉	8	水	27.27
羧甲基纤维素	0.1		

工艺：同本节配方[5]。

[8]　聚乙酸乙烯乳胶涂料(3)

成分	用量(kg)	成分	用量(kg)
聚乙酸乙烯乳液	30	磷酸三丁酯	0.4
钛白粉	7.5	羧甲基纤维素	0.17
立德粉	7.5	偏氯磷酸钠	0.2
滑石粉	5	防霉防锈剂	0.4
沉淀硫酸钡	15	水	30.8
乙二醇	3		

工艺：同本节配方[5]。

[9] 聚乙酸乙烯乳胶涂料(4)

成分	用量(kg)	成分	用量(kg)
聚乙酸乙烯乳液	26	羟乙基纤维素	0.3
钛白粉	20	偏氯磷酸钠	0.1
轻质碳酸钙	10	防霉防锈剂	0.3
高岭土	9	水	32.3
乙二醇	2		

工艺：同本节配方[5]。

[10] 聚乙酸乙烯乳胶涂料(5)

成分	用量(kg)	成分	用量(kg)
50%聚乙酸乙烯乳液	60	碳酸钙(2μm 细度)	4
邻苯二甲酸二丁酯	3	硅砂(100μm 细度)	24
2%甲基纤维素	5	羊毛	1
10%焦磷酸钠	4		

工艺：将全部物料混合研磨至细度合格，即成具有布质感的涂料。本品可刷涂于石膏板表面。

[11] 聚乙酸乙烯乳胶内墙耐擦洗涂料

成分	用量(kg)	成分	用量(kg)
50%聚乙酸乙烯乳液	100	磷酸三丁酯	1.34
钛白粉、锌钡白	80	五氯酚钠	1.09
滑石粉、硫酸钡	34.2	氨水	0.68
群青	0.04	苯甲酸钠	1.09
水	96	聚乙烯醇水溶液	27.4
六偏磷酸钠	1.09		

工艺：将全部组分混合研磨到细度合格即成。

[12] 苯丙乳液

成分	用量(kg)	成分	用量(kg)
苯乙烯	30～50	保护胶	0.1～0.5
丙烯酸丁酯	20～50	缓冲剂	0.2～0.4
甲基丙烯酸	1～5	引发剂	0.2～0.5
甲基丙烯酸甲酯	10～30	去离子水	90～120
乳化剂	1.8～2.5		

工艺、性能：苯丙乳液为高颜料体积浓度(简称高 PVC)苯丙乳胶内墙涂料的原料，苯丙乳胶涂料是一种发展较快的新型涂料，它可用于内外墙、钢木门窗的涂饰。其优点是将其涂刷在灰浆、水泥和纤维板上，具有良好的附着力、遮盖力和耐洗刷性能。不足之处是无光泽。由于成膜效果和耐湿擦性能优于 106 涂料，且成本与 106 涂料相近，故该涂料被认为是 106 涂料的更新换代产品。

丙苯乳液的制备如下：在反应釜中加入去离子水，搅拌，升温至 80℃，加入部分引发剂和全部保护胶的水溶液，继续升温至 80～90℃，滴加乳化剂、引发剂和缓冲剂的水溶液及 3 种单体的混合物，约 3h 加完，保温 1h，然后降温出料，即得白色苯丙乳液，pH5～6，固含量 48%，无毒不燃。

第五节　建筑装饰涂料配方

[13] 苯丙乳胶内墙涂料(1)

成分	用量(kg)	成分	用量(kg)
苯丙乳液	100~150	增稠剂	4~6
颜料、填料	280~420	助成膜剂	8~12
分散剂	1~2	防霉防锈剂	适量
消泡剂	2.5~3.5	水	320~360

工艺：在水中加入分散剂，高速搅拌下加入颜料、填料，经研磨分散成白色浆，低速搅拌下加入乳液、助成膜剂、增稠剂、消泡剂、防霉防锈剂，分散均匀即成苯丙乳胶内墙涂料。

配方中的颜料可用铁系及酞菁系颜料、钛白粉、锌钡白；填料可用碳酸钙、硫酸钡、滑石粉等；分散剂用多聚磷酸盐、聚丙烯酸盐、OP-10乳化剂；消泡剂用磷酸二丁酯、乙二醇、乙二醇丁醚；增稠剂用水溶性纤维素；防霉防锈剂用五氯酚钠、苯甲酸钠等。可用氨水调pH值。

[14] 苯丙乳胶内墙涂料(2)

成分	用量(kg)	成分	用量(kg)
苯丙乳液	100	防霉剂	1~2
氨水	2~3	分散剂	5~10
钛白粉	80~110	消泡剂	2~6
碳酸钙	550~650	水	500~600
滑石粉	20~30		

工艺：按配比将各组分混合，研磨到细度合格即成苯丙涂料。

[15] 硅溶胶聚乙酸乙烯乳液复合涂料

成分	用量(kg)	成分	用量(kg)
硅溶胶	100	轻质碳酸钙	10~15
聚乙酸乙烯乳液	30~50	石英粉	60~80
钛白粉	20~30	表面活性剂	0.3~0.35
滑石粉	10~14	成膜助剂	1.6~2.6
沉淀硫酸钡	10~20	增稠剂	0.4~0.5

工艺、性能：将全部物料混合，研磨到细度合格即成。

本品是以硅溶胶和聚乙酸乙烯乳液复合物为基料，再加入颜料、填料和助剂配制而成。本品涂膜坚硬、耐水、耐晒，装饰面不易产生龟裂；无毒无臭，不污染环境，施工性能好，有渗透性，附着力强，有较好的耐酸碱性和耐久性；缺点是要在6℃以上施工，如果用于室外，涂层易轻度粉化变色。是内墙涂料中性能优良的品种。

[16] 改性硅溶胶涂料(1)

成分	用量(kg)	成分	用量(kg)
硅溶胶	100~200	增稠剂	0.5~2
丙二醇	10~20	消泡剂(有机硅)	1~20
水溶性三聚氰胺	2~5	水	144~171
重质碳酸钙+膨润土	650~900	颜料	适量

[17] 改性硅溶胶涂料(2)

成分	用量(kg)	成分	用量(kg)
硅溶胶	100~200	增稠剂	0.5~2
三甘醇	5~15	有机硅	1~20
水溶性酚醛树脂	2~5	颜料	144~171
填料	600~800		

[18] 荧光色透明液状硅溶胶无机涂料

成分	用量(kg)	成分	用量(kg)
硅溶胶	100	氧化锌	0.1
氧化钾(或氧化钠)	2~4	氧化钙(或氧化镁)	0.1~0.2
氧化锂	0.5~0.7	氧化铝	0.1~0.2

工艺、性能:在反应釜中加入硅溶胶,依次加入各种氧化物,加完一种再加另一种,边加边搅拌,充分混合均匀。然后慢慢加热到70~80℃时,开始反应,pH10~12,反应液初期呈白色混浊液,随着反应的进行逐渐透明,大约反应7h即可。本涂料涂布后加热到150~160℃,约20min即可干燥,可涂覆于各种金属、玻璃、陶器及混凝土表面,干燥后形成连续膜,而且密实性好,完全可代替一般的有机系涂料使用。

[19] 无光内墙涂料(1)

成分	用量(kg)	成分	用量(kg)
50%聚乙酸乙烯乳液	100	甲基纤维素	2
钛白粉	52	OP-10乳化剂	0.5
滑石粉	15		

工艺、性能:将全部物料混合研磨均匀即成半光涂料。半光乳胶涂料形成的涂膜美观大方,柔和舒适。成膜物质可选用聚乙酸乙烯系乳胶、纯丙烯酸系和丙烯酸系共聚物乳胶等。采用15%~20%的颜料体积浓度时,可获得较高的光泽;半光涂料可采用更高的颜料体积浓度,同时在配方中填料比例应当高一些。增稠剂改用碱溶性聚丙烯酸类。无光和蛋壳糙面的涂料,可用触变性醇酸树脂制得,所采用的颜料体积浓度更高(约55%)。

[20] 无光内墙涂料(2)

成分	用量(kg)	成分	用量(kg)
30%聚甲基丙烯酸乳液	100	滑石粉	60
10%聚乙烯醇溶液	30	碳酸钙	100
水	10	六偏磷酸钠	0.5
钛白粉	150		

[21] 三元共聚乳液涂料

成分	用量(kg)	成分	用量(kg)
三元共聚乳液的制备:		三元共聚乳液涂料的制备:	
氯乙烯	37.5	三元共聚乳液	100
乙酸乙烯	37.5	10%聚乙烯醇溶液	20
丙烯酸丁酯	25	钛白粉	20
十六烷基磺酸钠	4.5	云母粉	10
OP-10乳化剂	0.5	滑石粉	5
过硫酸铵	0.4	六偏磷酸钠	0.3
聚甲基丙烯酸钠	0.5	磷酸三丁酯	0.1
水	150	磷酸三钠	适量
碳酸氢钠	适量	水	10

工艺:三元共聚白色乳液的制法:不锈钢反应釜中加水,用碳酸氢钠调整水的pH7.5~8,加入聚甲基丙烯酸钠和乳化剂,关闭反应釜,通入氮气试压,在0.4MPa的压力下试压15min,然后加入乙酸乙烯单体、丙烯酸丁酯单体和2/3量的过硫酸铵,通入氯乙烯气体,搅

拌30min，使之混合乳化。此时釜内气体压力控制在0.2MPa，向釜内通入蒸汽加热到60℃，因反应放热，通冷水在夹套中降温至40℃停汽，维持在70～75℃，防止反应过热，保持反应2～3h。由于氯乙烯气体在反应中逐渐消耗，釜内压力会不断下降，应补加剩余的过硫酸铵，再通入蒸汽加热，使釜内温度上升至80℃，继续反应1～1.5h，釜内压力先升后降，降到0.15MPa以下反应则基本完成，制得固含量36%～39%的三元共聚白色乳液。

三元共聚乳液涂料的制法：按配比将颜料、助剂和水加入砂磨机中搅拌均匀，然后加入用磷酸三钠中和好的三元共聚乳液，再加聚乙烯醇溶液，充分搅拌研磨，最后加磷酸三丁酯消泡，过筛后即为制品。

[22] S.T内墙涂料

成分	用量(份)	成分	用量(份)
聚乙酸乙烯	10～15	锌钡白	5～10
羧甲基纤维素	1～1.3	着色颜料	0.1～0.3
轻质碳酸钙粉	20～30	助剂	0.02～0.05
滑石粉	5～10	水	35～45

[23] 815内墙涂料

成分	用量(份)	成分	用量(份)
聚乙烯醇	2.7	滑石粉	6.7
盐酸	0.3	立德粉	6.7
甲醛	0.7	轻质碳酸钙	13.3
钠水玻璃	5.3	颜料	适量
水	64.3	助剂	适量

[24] 凹凸状复层花纹厚质涂料

成分	用量(份)	成分	用量(份)
底涂料：		粉煤灰	32.3
50%苯丙乳液	31.5	分散剂(DA)	0.3
白色颜料(TiO_2)	15	增稠剂(TV)	1.5
体质颜料、骨料	29	成膜助剂(乙二醇丁酯)	0.6
分散剂(DA)	2	水	8.7
增稠剂(TV)	10	面涂料：	
成膜助剂(乙二醇丁酯)	2	50%苯丙乳液	60
消泡剂(磷酸三丁酯)	1	白色颜料	23
防腐防霉剂	0.5	体质颜料、骨料	2
水	9	分散剂(DA)	1
主涂料：		成膜助剂(乙二醇丁酯)	4.2
50%苯丙乳液	17.4	消泡剂(SPA-202)	0.2
体质颜料、骨料	36.3	防腐防霉剂(HT-70)	0.1
特殊体质颜料	2.9	水	9.5

[25] 内用平光墙漆

成分	用量(份)	成分	用量(份)
水	280	杀菌剂(HT-70)	0.2
丙二醇(1.2)	15	分散剂(DA)	2
成膜助剂(乙二醇丁醚)	7.5	苯丙乳液	158
消泡剂(SPA-202)	3	轻质碳酸钙水浆	286
增稠剂(TV)	5	瓷土水浆	214
氨水(28%)	1	钛白水浆	196

[26] 白色内墙乳胶涂料

成分	用量(份)	成分	用量(份)
2%纤维素增稠剂溶液(低黏度品级)	25	金红石型二氧化钛	8
		粘土	19.5
聚醋酸乙烯-丙烯酸共聚物乳液(54%固含量)	11.6	大白粉	16.2
		防霉剂	0.2
5%六偏磷酸钠溶液	1	水	18.5

[27] 白色彩砂粒状乳胶涂料

成分	用量(份)	成分	用量(份)
苯丙乳液(固含量50%)	25	大白粉	7
水洗过的砂子(1000~355μm)	13	滑石粉	15
		六偏磷酸钠	0.15
水洗过的砂子(355~255μm)	6	防霉剂	0.10
		纤维素增稠剂	0.25
金红石型二氧化钛	14.5	乙二醇-丁醚	1.2
水	17.8		

[28] 掺骨料花纹涂料

成分	用量(份)	成分	用量(份)
聚乙酸乙烯-丙烯酸共聚物(固含量55%)	17	纤维素增稠剂	0.05
		防霉剂	0.05
包核火石玻璃骨料(0.15mm)	76	润湿剂	0.1
滑石粉	4	高沸点醚类成膜助剂	0.4
水	2.4		

[29] 801涂料

成分	用量(份)	成分	用量(份)
803建筑胶水的配制:		钛白粉	4
聚乙烯醇	100	锌钡白	10
水	800	碳酸钙	30
甲醛	35~40	滑石粉	13
尿素	适量	添加剂	8~10
盐酸	7~10	分散剂	适量
氢氧化钠	中和用量	水	适量
801涂料的配制:		尿素	适量
803胶水(固含量8%~9%)	100		

[30] SQ耐擦内墙涂料

成分	用量(g)	成分	用量(g)
SQ-86基料	300	消泡剂	适量
各种填料和水	700	群青	适量
分散剂	适量		

工艺、性能：将基料和各种填料、助剂、颜料在高速搅拌机内混合均匀后，经砂磨机或胶体磨研磨、过滤即成。

本品耐水、耐擦洗，是一种较好的内墙涂料。

[31] 含香室内建筑涂料

成分	用量(g)	成分	用量(g)
聚乙烯醇缩甲醛水溶液	61	滑石粉	6
聚乙烯醇水溶液	14	微胶囊香精	0.5
碳酸钙	14	荧光增白剂	0.5
立德粉	4		

工艺、性能：将配方中前两种组分合成后在搅拌中加入填料、香料后，在球磨机中加入荧光增白剂，经过滤即得。本品是一种深受欢迎的居室涂料，刷涂1次可留香6个月以上。

[32] 888内墙涂料

成分	用量(%)	成分	用量(%)
801建筑胶配方：		水	84.5
聚乙烯醇	10.6	氢氧化钠	适量
甲醛(36%)	4	涂料配方：	
尿素	适量	801建筑胶	33.5
盐酸(30%)	0.9	重质碳酸钙粉	66.5

工艺：将全部物料混合搅拌均匀，经三辊机研磨或直接调配使用。本品用作一般建筑物的内墙涂料。

[33] 803内墙涂料

成分	用量(%)	成分	用量(%)
801建筑胶	63.5	轻质碳酸钙	18
钛白粉	2	滑石粉	10
立德粉	6.3	分散剂	0.2
调色颜料浆	适量		

工艺：将全部颜料、填料、分散剂和一部分801建筑胶混合，搅拌均匀，经砂磨机研磨至细度合格，再加入其余的801建筑胶和调色颜料浆，充分调匀，过滤包装。用作一般建筑物内墙涂料。

[34] 白色苯丙乳胶内墙平光涂料

成分	用量(%)	成分	用量(%)
钛白水浆	16.5	分散剂	0.2
瓷土水浆	18.5	消泡剂	0.3
轻质碳酸钙水浆	24.5	增稠剂	0.4
苯丙乳液	13.5	防霉剂	0.1
丙二醇	1.5	氨水	0.1
成膜助剂	0.6	水	23.6
润湿剂	0.2		

工艺:将全部原料混合,充分调匀,过滤包装。用作质量要求较高的建筑墙面涂料。

[35] 白色苯丙乳胶有光涂料

成分	用量(%)	成分	用量(%)
钛白粉	23	成膜助剂	1
苯丙乳液	56	防霉剂	0.2
湿润剂	0.5	氨水	0.3
消泡剂	1	水	12
丙二醇	6		

工艺:先将钛白粉、水、湿润剂和一部分苯丙乳液、消泡剂、丙二醇混合,搅拌均匀,经砂磨机研磨至细度合格,再加入其余的乳液、添加剂和氨水,充分调匀即可。用作质量要求较高的建筑墙面涂料。

[36] 白色乙丙乳胶有光建筑涂料

成分	用量(%)	成分	用量(%)
钛白粉	18	润湿剂	0.2
乙丙乳胶(40%)	70.5	增塑剂	1.5
碱溶性聚丙烯酸树脂(50%)	6	消泡剂	0.2
丙二醇	3	防锈剂	0.1
分散剂	0.2	防霉剂	0.3

工艺:先将钛白粉、分散剂、湿润剂、消泡剂、碱溶性聚丙烯酸树脂和一部分乙丙乳液混合,经砂磨机研磨至细度合格,再加入其余的乙丙乳液和其他添加剂,充分调匀即可。本品用作质量要求较高的建筑墙面涂料。

[37] 香味室内建筑涂料

成分	用量(%)	成分	用量(%)
801建筑胶	64	立德粉	5
轻质碳酸钙	20	消泡剂	0.2
滑石粉	10	分散剂	0.2
香料胶液	0.5	涂料色浆	适量
荧光增白剂	0.1		

工艺:香料胶液中含香精50%、聚乙烯醇3%、β-环状糊精2%和水45%,配成水溶胶液。

将全部801胶和颜料、填料混合,搅拌均匀,经砂磨机研磨至细度合格,入调漆锅,加入涂料色浆进行调色,最后加入香料胶液和荧光增白剂,充分调匀,过滤包装。用作建筑物的内墙涂料。

[38] 白色壁画涂料

成分	用量(%)	成分	用量(%)
氯偏乳液(pH=7~8)	14	轻质碳酸钙	10
801建筑胶	40	瓷土	5
钛白粉	5	磷酸三丁酯	0.2
立德粉	5	荧光增白剂	0.3
滑石粉	10	水	10.5

工艺、性能:将氯偏乳液、颜料、填料、水和一部分801建筑胶投入搅拌机中混合,搅拌均匀,经磨漆机研磨至细度合格,再加入其余原料,充分调匀过滤即可。

本品具有耐磨、耐热、光滑、不易变色等特点。适用于建筑物内墙面作壁画的底层涂料，涂层上可以绘制壁画。

三、屋面涂料

屋面抗水材料主要是采用"三毡两油"和防水油膏、胶泥等。近年研制成功的离子型氯丁橡胶沥青涂料，用于屋面防水层施工效果很好。有关屋面防水材料参见第四章。

屋面涂料耐水、耐油、耐臭气、耐日光、耐化学试剂性能优良，用途较为广泛。

[1] 氯丁橡胶涂料(1)

成分	用量(kg)	成分	用量(kg)
氯丁橡胶	100	防老剂D(苯基萘胺)	2
氧化镁	4~8	溶剂	适量
氧化锌	5~10		

工艺：先将氯丁橡胶塑炼3~5min，然后依次加入其他配合剂，每加入一种配合剂都要与氯丁橡胶混炼均匀，混炼时辊温保持30~40℃，混炼后将其切成小块，40℃时与溶剂混合溶解，充分搅拌，溶解完全即成。

[2] 氯丁橡胶涂料(2)

成分	用量(kg)	成分	用量(kg)
氯丁橡胶混炼胶料	100	乙酸乙酯:汽油(2:1)	400
对叔丁酚甲醛树脂	80	二环己胺	1

工艺、性能：同本节配方[1]。本品由于增加了酚醛树脂，可提高其耐热性能和黏接强度。

[3] 环氧有机硅耐温涂料

成分	用量(kg)	成分	用量(kg)
双酚A型环氧树脂E-44	100	丙酮	100
有机硅树脂	32	对苯二甲胺	适量
138醇酸底漆	200		

工艺：把环氧树脂置于锅内，加热到50℃左右，使其熔化、停止加热，加入丙酮搅拌，混合均匀，再加入有机硅树脂，搅拌均匀后，加入醇酸底漆，充分搅拌，混合均匀即成制品。使用对苯二甲胺加入量为环氧树脂量的15%左右，现配现用。

[4] 屋面聚合物水泥防水涂料

成分	用量(kg)	成分	用量(kg)
108胶(聚乙烯醇缩甲醛胶)	0.5	氧化铁红	0.1
500号水泥	1		

工艺：在搅拌槽中加入108胶，开动搅拌机，慢慢加入水泥、颜料，待搅拌均匀，经砂磨机研磨，过滤后即得产品。

四、地面、楼面和顶棚涂料

地面和楼面涂料的主要品种有过氯乙烯地面涂料、酚醛地板漆、耐磨地面涂料、苯乙烯焦油涂料、聚合物水泥砂浆涂料、乙酸乙烯-丙烯酸乳液涂料、氯乙烯-偏氯乙烯乳胶涂料、聚氨酯地面涂料、聚酯树脂地面涂料等。

[1] 防潮涂料

成分	用量(kg)	成分	用量(kg)
丙烯酸丁酯	5	601洗涤液(12~16烷基硫酸钠)	4
氯乙烯	30		
偏氯乙烯	65	过硫酸铵	0.17
亚硫酸钠	0.13	软水	112
烷基酸环氧乙烷缩合物	1.5		

工艺：将上述物料混合，加热至53℃搅拌反应1~2h，即成防潮涂料。

[2] 有光乳胶涂料

成分	用量(kg)	成分	用量(kg)
26%碱溶丙烯酸-乙酸乙烯共聚体	30.5	磷酸三丁酯	0.2
		乙基溶纤剂	0.5
60%聚乙酸乙烯乳液	46.8	金红石型钛白粉	22

工艺：按配比将全部物料混合研磨分散均匀即成。

[3] 聚偏氯乙烯有光乳胶涂料

成分	用量(kg)	成分	用量(kg)
50%碱溶性聚丙烯酸乳液	7	丙二醇	10
乙二醇	2.7	水	3.5
氨水	1.2	50%偏氯乙烯共聚乳液	54
钛白粉	20	聚丙烯酰胺	0.25

工艺：在高速搅拌机中加入聚丙烯酸乳液，边搅拌边加入乙二醇、氨水、钛白粉，搅拌均匀后加入丙二醇和水，搅拌均匀后再加入其余组分，混合均匀，即得制品。

[4] 水乳型苯乙烯防水涂料

成分	用量(kg)	成分	用量(kg)
涂料配制：		烷基磺酸钠	0.4
苯乙烯焦油乳液	10	10%干酪素溶液	0.3
石英粉	1	邻苯二甲酸二丁酯	0.4
氧化铁红	1.5	水	2
苯乙烯焦油乳液配制：		水(稀释用)	3.2~3.7
苯乙烯焦油	10		

工艺：将苯乙烯焦油放入容器内，加入邻苯二甲酸二丁酯，搅拌均匀成混合物，加热至60~70℃；另取一容器作乳化桶，将干酪素、水和烷基磺酸钠搅拌均匀，加热至60~70℃，然后将加热的苯乙烯焦油混合液在搅拌下加入乳化桶内高速搅拌，使苯乙烯焦油分散悬浮于水中成乳液，搅拌15min即成白色乳液，最后加水稀释。将配制好的乳液按比例加入填料、颜料，搅拌均匀，即得水乳型苯乙烯防水涂料。

[5] 109地面涂料

成分	用量(份)	成分	用量(份)
聚乙烯醇树脂	100	尿素	适量
水	800	盐酸	适量
甲醛	40	氢氧化钠	中和量

[6] 膨胀珍珠岩喷涂浆料

成分	用量(份)	成分	用量(份)
聚乙酸乙烯乳液(50%)	2.5	五氯酚钠	0.1
108胶(固含量10%)	12.5	水	50
羧甲基纤维素	0.62	膨胀珍珠岩	8
六偏磷酸钠	0.13	滑石粉	26
乙二醇	0.15		

性能:本品具有良好的吸声及隔热性能,黏结力强,有一定的耐水耐湿能力,适用室内顶棚、墙面。

[7] 毛面顶棚涂料(1号)

成分	用量(kg)	成分	用量(kg)
聚乙酸乙烯乳胶	4	滑石粉	20
108胶	12	膨胀珍珠岩粉	9~11
立德粉	8	水	45~50
碳酸钙粉	10		

[8] 毛面顶棚涂料(2号)

成分	用量(kg)	成分	用量(kg)
聚乙酸乙烯乳胶	10	滑石粉	20
108胶	10	云母粉	20
立德粉	8	泡沫聚苯乙烯颗粒	1
碳酸钙粉	8	水	25~30

[9] 毛面顶棚涂料(3号)

成分	用量(kg)	成分	用量(kg)
聚乙酸乙烯乳胶	10	滑石粉	20
108胶	10	云母粉	20
立德粉	8	泡沫聚苯乙烯颗粒	1~1.5
碳酸钙粉	8	水	25~30

[10] 毛面顶棚涂料(4号)

成分	用量(kg)	成分	用量(kg)
聚乙酸乙烯乳胶	10	滑石粉	20
108胶	10	云母粉	30~40
立德粉	8	泡沫聚苯乙烯颗粒	1
碳酸钙粉	8	水	10~15

[11] 水泥地坪涂料(1)

成分	用量(份)	成分	用量(份)
108胶(聚乙烯醇缩甲醛胶)	0.5	氧化铁红	0.1
500号水泥	1		

工艺:将三种原料混合均匀即可。

[12] 水泥地坪涂料(2)

成分	用量(kg)	成分	用量(kg)
聚乙酸乙烯乳液(50%)	2	颜料	0.5
425~525号白水泥	10	水	3

[13] 水泥地坪涂料(3)

成分	用量(kg)	成分	用量(kg)
聚乙烯醇(10%)	5	颜料	0.5
白水泥(425号)	10	水	3

工艺：水泥地面清洗打平后，用水润湿，涂刮3道即可。

[14] 酚醛地板漆料

成分	用量(份)	成分	用量(份)
松香改性酚醛树脂(见配方[99])	21.5	亚麻聚合油	8.5
		200号溶剂油	35.5
桐油	34.5		

工艺：将酚醛树脂和桐油装入热炼釜中，迅速升温至270℃，保持270～280℃，20～30min，直到拉出1m长的丝，迅速冷却出釜加入亚麻聚合油，再加入溶剂油稀释即可。

[15] 松香改性酚醛树脂

成分	用量(份)	成分	用量(份)
松香	69.4	六次甲基四胺	0.5
苯酚	11.7	氧化锌	0.13
甲醛(37%)	11.45	甘油(100%)	6.82

工艺：先装入松香量的1/3，使其熔化，同时通入二氧化碳，至全熔后(约230℃左右)，开动搅拌，加入其余2/3量的松香，不使温度低于150～160℃。在此温度下加入苯酚之后，降至110℃左右加入六次甲基四胺，打开冷凝器，保持回流，加入甲醛。在100℃维持3h，关闭回流冷凝器冷却水，加入氧化锌，升温脱水。在250℃加入甘油，再升温至265℃，保持3～4h，负压排除挥发物质1h，取样检查，酸值＜20，软化点(环球法)＞135℃，即可降温出料。

[16] 塑料地板打蜡用乳液

成分	用量(份)	成分	用量(份)
甲液：		乙液：	
甲基丙烯酸甲酯	12	水	70～90
丙烯酸丁酯	35	聚合引发剂	少量
甲基丙烯酸	13	表面活性剂	少量
表面活性剂	2		
苯乙烯	28		

工艺、性能：将甲液各组分混合后，用水稀释，直到固含量为10%～30%，再调节表面活性剂用量使其充分乳化为预乳化物。

将乙液加热到79～95℃，徐徐滴入上述预乳化物中，滴完后继续保温搅拌，直至达到必要的聚合度，然后在此聚合物中加入锌盐(复盐，含锌量为0.1%～1%)，即得到碱溶性树脂，再加入15%蜡的乳液，使碱溶性树脂量为蜡和树脂总量的10%，最后用水稀释到总固含量为15%，即得制品。本品涂布方便，能在空气中干燥，干燥后和普通打蜡地板同样光亮，有良好的抗洗涤剂性，并有较好的流平性和易于更新和重涂。

[17] 铁红水泥地面涂料

成分	用量(%)	成分	用量(%)
500号水泥	62.4	氧化铁红	6.3
10%801建筑胶(或107建筑胶)	31.3	水	适量

工艺：本品只能现调现用，先将颜料混合拌匀后，加入适量水(水:氧化铁红=1:0.5)，使充分润湿，然后在搅拌下加入建筑胶中，充分搅匀即得涂料色浆。临施工时，按配方称取色浆置入容器内，再称取水泥在搅拌下加入色浆中，充分调匀成胶浆，用窗纱网过滤，以除去杂质，即得水泥涂料。

[18] 橘红色水泥地面涂料

成分	用量(%)	成分	用量(%)
500号水泥	62.4	氧化铁红	3.2
10%801建筑胶(或107建筑胶)	31.3	氧化铁黄	3.1
		水	适量

工艺：同本节配方[17]。配方中水和颜色的调配比如下：水:氧化铁红=1:0.5；水:氧化铁黄=1:1。

[19] 橘黄色水泥地面涂料

成分	用量(%)	成分	用量(%)
500号水泥	62.4	氧化铁黄	4.5
10%801建筑胶	31.3	水	适量
氧化铁红	1.5		

工艺、性能：同本节配方[17]。

[20] 绿色水泥地面涂料

成分	用量(%)	成分	用量(%)
525号水泥	62.4	氧化铬绿	6.3
10%801建筑胶(或107建筑胶)	31.3	水	适量

工艺、性能：同本节配方[10]。配方中水和颜色的调配比：水:氧化铬绿=1:0.35。

五、多彩涂料

多彩涂料，又称多彩花纹涂料或多彩花纹漆，它是一种适合内墙、顶棚装饰的喷塑涂料。它由挥发分(溶剂、稀释剂、水)和不挥发分(合成树脂、硝化棉、增塑料、颜料、填料)组成。其类型有水包油型、油包水型、水包水型、油包油型等四种，但主要是水包油型。该涂料被人们誉为"无缝壁纸"，是一种新型建筑用浮雕涂料，具有立体感强，光泽多彩，外观质感好的装饰效果。

[1] 多彩花纹内墙涂料

成分	用量(%)	成分	用量(%)
10%聚乙烯醇水溶液	7	10%纤维素水溶液	12
钛白粉	3	乙二醇乙醚	17
彩色颜料	8	200号溶剂油	4
轻质碳酸钙	2	乙酸乙酯	2
滑石粉	2	丙酮	10
硝酸纤维素(0.5s)	5	蓖麻油	2
有机硅树脂	1	邻苯二甲酸二丁酯	12
松香	2.5	氨水	0.3
分散剂	0.2	去离子水	10

工艺、性能：多彩花纹内墙涂料的生产分以下4个主要步骤。

第一步：配制硝基色漆。先将硝酸纤维素、树脂等溶于酯类、酮类溶剂，配制成基料，然后将颜料、填料和增塑剂混合经磨漆机研磨成色浆，最后将色浆和基料混合调匀，即成硝基色漆。

第二步：配制水性分散介质。即将聚乙烯醇和水溶性纤维素在蒸汽加热的设备中溶配制成10%的水溶液。

第三步：配制单色涂料。将水性分散介质放入调漆罐中，调好搅拌速度(在100~350r/min，快速利于色漆粒子较细，反之则粗)和温度(10~25℃)，然后将预先稍微加热的硝基色漆以细流形式缓慢加入，加色漆速度不宜太快，注意避免与搅拌器或容器壁接触，色漆加完后，再搅拌数分钟即成单色涂料。

第四步：配制多彩涂料，即根据不同的颜色和花纹把两种或两种以上的单色涂料倒入容器中，经数分钟慢速搅拌，混合均匀即为成品多彩花纹涂料。

本品用作较高档建筑的内墙涂料，具有透气性好、美观豪华、色彩丰富、可以擦洗，使用期限长等特点。使用时不能往涂料中掺兑水或有机溶剂。用多彩涂料喷涂机喷涂施工。

[2] 多用途多彩涂料

成分	用量(kg)	成分	用量(kg)
甲组分：		2%甲基纤维素溶液	86~61
白色浆：		氧化铬绿颜料	4~15
52%聚乙酸乙烯乳液	10~24	乙组分：	
2%甲基纤维素溶液	86~61	苯乙烯-丁二烯共聚物	3~10
钛白粉	4~15	二甲苯	96.5~84
黄色浆：		碳酸钙	0~3
52%聚乙酸乙烯乳液	10~24	膨润土	0.5~3
2%甲基纤维素溶液	86~61	多彩涂料：	
中铬黄颜料	4~15	甲组分：(白、黄、绿三色合理调配)	65
绿色浆：			
52%聚乙酸乙烯乳液	10~24	乙组分：	35

工艺、性能：按配比分别将白、黄、绿三种色浆及乙组分液单独进行研磨，混合均匀备用，甲、乙两组分配比混合均匀，即得色泽鲜艳的多彩涂料。根据三种色浆的不同配比，合理进行调色，可以制得色彩有别、深浅各异的多种多彩涂料。

本配方内聚乙酸乙烯乳液，也可用聚丙烯酸乳液或丁二烯-苯乙烯乳液取代；苯乙烯-丁二烯共聚物，也可用氯化橡胶、聚氨酯来取代。这样便可制得性能各异，用途不同的多彩涂料。

[3] 三色多彩涂料

成分	用量(kg)	成分	用量(kg)
橘红色漆：		石脑油	528
50%聚酚氧树脂	450	白色乳胶漆：	
锌钡白	200	15%甲基纤维素	6
钛白粉	50	大白粉	25
硅藻土	100	钛白粉	200
钼酸盐橘红颜料	20	氧化铁黑	2
6%钴催干剂	0.375	水	225
6%锰催干剂	0.375	45%丁苯乳胶	235
4%铅催干剂	2.25	苯酚钠	2

成分	用量(kg)	成分	用量(kg)
消泡剂	5	4%铅催干剂	2.25
6%钴催干剂	2	6%锰催干剂	0.375
冰水	225	6%钴催干剂	0.375
酞菁蓝色漆：		石脑油	528
50%聚酚氧树脂	450	多彩涂料：	
碳酸钙	250	白色乳胶漆	250
酞菁蓝	5	橘红色漆	75
硅藻土	100	酞菁蓝色漆	25

工艺、性能：按配比分别将三种色漆单独进行混合研磨，调配均匀，分开包装，然后按多彩涂料配比将三种色漆混配成红蓝白相间，色调丰富的多彩涂料。

若配方中酞菁蓝改为酞菁绿，便可调配成绿色色漆，将其与其他两种色漆混配，便可得到红绿白相间的多彩涂料。

六、乳液系砂壁状涂料

乳液系砂壁状涂料是砂壁状涂料的一个组成部分，它以乳液为基料（黏结料），加入骨料而组成的。

根据黏结料和骨料的组成和搭配不同，可分为 A、B、C 三种硬质型及弹性质型 4 种类型的产品。

[1] A 种砂壁状饰面涂料

成分	用量(份)	成分	用量(份)
金红石型二氧化钛	100	非离子型润湿剂	1
纤维素类增稠剂水溶液(2%)	40	防霉剂	3
聚甲基丙烯酸钾水溶液(5%)	20	水	18
二乙二醇单丁醚乙酸酯	10	烯烃接枝共聚物乳液(50%固体分)	257
		硅砂	551

工艺、性能：颜基比 5:1。固体分：78%。相对密度：1.75。

[2] B 种砂壁状彩砂饰面涂料(1)

成分	用量(份)	成分	用量(份)
2-甲基苯乙烯-丙烯酸-2-	100	二甲苯	30
乙基己酯(60:40)共聚乳液		聚乙烯醇水溶液(15%)	10
(固体分 50%)		5 号蛇纹石细粒	470

工艺：将前三种组分用捏合机混合，与 5 号蛇纹石细粒现场混合使用。本品为抹涂用的彩砂涂料。

[3] B 种砂壁状彩砂饰面涂料(2)

成分	用量(份)	成分	用量(份)
特种苯丙乳液	100	成膜助剂	4~6
骨料	400~500	防霉剂	适量
增稠剂(20%水溶液)	20		

工艺：本品为喷涂用彩砂涂料。

配制涂料时，首先要把已中和好的乳液倒入搅拌罐中，缓缓加入混合助剂，边加边搅拌，直到加完混合助剂，充分搅拌均匀；然后把白砂、瓷粒、着色砂分别加入到搅拌罐中，与乳液共同搅拌均匀,再加入防霉、防腐、防污染剂,搅拌均匀,最后加入配制好的增稠剂,搅拌均匀,过筛装桶。

[4] 外墙彩砂涂料

成分	用量(kg)	成分	用量(kg)
48%苯丙乳液	100	水	27
丙二醇-丙二醇丁醚混合液	9	彩砂(80目~3mm)	667
2%羧甲基纤维素	27		

[5] 彩砂苯丙乳胶建筑涂料

成分	用量(%)	成分	用量(%)
钛白粉	14.5	沉淀碳酸钙	7
滑石粉	15	50%苯丙乳液	25
ϕ0.25~0.35mm 彩砂	6	防霉剂	0.1
ϕ0.1~1mm 彩砂	13	乙二醇单丁醚	1.2
六偏磷酸钠	0.2	水	18.7
纤维素增稠剂	0.3		

工艺:将全部原料混合,经分散机充分搅拌均匀,包装备用。

本品用作一般建筑的外墙涂料。可用墙面敷涂器敷涂或用彩砂涂料喷涂机喷涂施工。

[6] 彩砂骨料乙丙乳胶建筑涂料

成分	用量(%)	成分	用量(%)
彩砂骨料	76	滑石粉	4
55%乙丙乳液	17	纤维素增稠剂	0.05
润湿剂	0.1	防霉剂	0.05
高沸点醚类成膜助剂	0.4	水	2.4

工艺、性能:先将乙丙乳液调节pH值至7,再将各类原料按序加入混合。

[7] B种砂壁状饰面彩砂涂料用乳液

成分	用量(份)	成分	用量(份)
苯乙烯(工业聚合级)	50	OP-10(工业)	1
丙烯酸丁酯(工业聚合级)	46~41	MS-1(40%)(工业)	5
甲基丙烯酸(工业聚合级)	2~5	过硫酸钾(试剂)	0.5
羟甲基丙烯酰胺(工业聚合级)	2~4	磷酸氢二钠(试剂)	1
		无离子水	120

[8] C种砂壁状饰面涂料(不透明黏结料型)

成分	用量(份)	成分	用量(份)
轻质白砂(ϕ0.6~1.2mm)	200	聚丙烯酸乳液(50%)	200
轻质白砂(ϕ0.05~0.1mm)	50	分散剂	8
烧成高岭土	100	消泡剂	2
二氧化钛	20	防霉剂	4
纸浆絮凝物	10		

工艺、性能:固体分46%;吸水质量:400g/m²(防露时间2h);650g/m²(防露时间4h)。本品用做装饰顶棚。

[9] 弹性砂壁状涂料用黏结料

成分	用量(份)	成分	用量(份)
二氧化钛	100	丙二醇	10
体质颜料	250	丁基卡必醇乙酸酯	10
六偏磷酸钠水溶液(10%)	5	消泡剂	2
表面活性剂	5	防霉剂	1
甲基纤维素(20%)	200	防腐剂	0.5
MMA-EA-BA共聚物乳液(48%)	300		

[10] 弹性乳液

成分	用量(份)	成分	用量(份)
甲基丙烯酸甲酯	30	MS-1(40%)	5
丙烯酸乙酯	33	过硫酸钾	0.5
丙烯酸丁酯	33	磷酸氢二钠	0.5
丙烯酸	4	去离子水	100
OP-10	1		

[11] 弹性砂壁状饰面涂料

成分	用量(kg)	成分	用量(kg)
丙烯酸乳液	770	弹性骨料	230

工艺、性能:将黏结料和弹性骨料通过捏合机搅拌均匀即可得弹性砂壁状饰面涂料。

弹性骨料是一种特制的骨料,可将黏结料干燥粉碎成一定的级配粒度即为弹性骨料。颗粒级配如下:30~40目:19%;40~60目:25%;60目以上:56%。弹性骨料也可选择某些弹性体的一定级配粒度的粉状物,如废橡胶等。

七、立体花纹饰面涂料

根据涂装分类,立体花纹饰面涂料属立体状饰面。

立体花纹饰面涂料为复合厚层建筑涂料,品种很多,包括环山花纹涂料、斑点花纹涂料、桔皮花纹涂料等。基于色彩的调配和材质的不同,又可制成多彩立体花纹涂料、弹性立体花纹涂料等。该涂料外观呈现凹凸状,因此又称凸凹状涂料,它给人以立体感,对建筑物有很好的装饰效果和保护作用。

(一)立体花纹饰面涂料

立体花纹涂料的装饰层一般可分为三层,它们分别是基层封闭材料(基层处理剂)、立体成型材料(主材)、罩面材料(表面处理剂)。

1. 基层封闭材料(基层处理剂)

基层封闭材料主要是用于封闭基层的水和防止碱性外泛,保护主涂层并增加主涂层的附着力。用于基层处理剂的材料可以是水性的,也可以是溶剂型的,但涂膜必须有良好的耐火性和耐化学品性,并与基层有足够的黏接强度。

[1] 偏氯乙烯树脂涂料(1)

成分	用量(份)	成分	用量(份)
偏氯乙烯-氯乙烯共聚树脂(1:1)	30	丙酮	5
甲苯	50	金红石型钛白粉	10
二甲苯	5		

工艺:将溶剂加入搅拌罐中,边搅拌边加入树脂,待全部溶解后加入钛白粉,搅拌均匀,

细度30μm以下即可。

[2] 偏氯乙烯树脂涂料(2)

成分	用量(份)	成分	用量(份)
偏氯乙烯-乙酸乙烯共聚树脂(9:1)	32	甲苯:二甲苯:乙酸乙酯(5:1:1)	60
金红石型钛白粉	10		

工艺、性能：先将甲苯等溶剂混合，再与树脂混溶而成。

[3] 氯化聚乙烯树脂涂料(1)

成分	用量(份)	成分	用量(份)
氯化聚乙烯(含氯量56%)	27	金红石型钛白粉	10
甲苯	45	氧化镁	4
乙酸乙酯	10		

工艺、性能：将氯化聚乙烯树脂在混合溶剂中溶解，加入氧化镁、钛白粉搅拌均匀即可。

氯化聚乙烯化学性能稳定，根据需要可以配制成弹性、半弹性的涂料，用做立体花纹涂料的基层处理剂是比较适合的。

本配方涂膜呈一定刚性。

[4] 氯化聚乙烯树脂涂料(2)

成分	用量(份)	成分	用量(份)
氯化聚乙烯(含氯量36%)	30	金红石型钛白粉	10
甲苯	50	氧化镁	3
丙酮	7		

工艺、性能：先将氯化聚乙烯放入甲苯中浸泡24h，然后与填料搅拌混合。

本配方是弹性涂膜，更适合与弹性涂料配套使用。

[5] 氯醋树脂基层处理剂

成分	用量(份)	成分	用量(份)
氯醋树脂(含乙酸乙烯12%)	30	甲苯	35
丙酮	15	金红石型钛白粉	10

工艺：将树脂在混合溶剂中搅拌溶解后加入钛白粉，充分搅拌，测细度30μm以下。

[6] 聚氨酯基层处理剂(1)

成分	用量(份)	成分	用量(份)
甲组分：甲基二异氰酸酯与三羟基甲基丙烷的加成物(75%)	13	甲苯-乙酸乙酯(3:1)	40
		钛白粉	10
		乙酸三苯基铅	0.05~0.4
乙组分：含羟基的氯乙树脂	37		

[7] 聚氨酯基层处理剂(2)

成分	用量(份)	成分	用量(份)
甲组分：甲基二异氰酸酯(TDI)与三羟基甲基丙烷的加成物(75%)	13	乙组分：	
		聚醚(分子量1000)	31
		甲苯	39
		金红石型钛白粉	10
		乙酸三苯基铅	0.05~0.4

工艺：甲组分生产是将TDI加入到三羟基甲基丙烷中脱水1h，乙组分也需要在80℃下

脱水1h。均为双组分聚氨酯涂料，甲组分还可以采用缩二脲、TDI预聚体，乙组分还可以用环氧树脂、蓖麻油、聚酯等含羟基的物质，都可以制成性能良好的基层处理剂。

[8] 单组分聚氨酯基层处理剂

成分	用量(份)	成分	用量(份)
聚氨酯聚合物：		基层处理剂：	
TDI	246	聚合物(50%)	60
聚醚800	400	甲苯	30
乙二醇	65	钛白粉	10
乙酸丁酯	712	硅油	1

工艺：先由TDI与聚醚生成预聚体，再由乙二醇进行扩链反应生成线型大分子聚氨酯。将聚醚真空脱水后，加入乙酸丁酯，升温到80℃滴加TDI加完后保温1h，在高速搅拌下加入乙二醇，反应1h后降温出料，即得聚氨酯聚合物。

将树脂在混合溶剂中搅拌溶解加入钛白粉，充分搅拌，测细度30μm以下，即得基层处理剂。

[9] 丙烯酸树脂基层处理剂

成分	用量(份)	成分	用量(份)
合成树脂(50%)	60	钛白粉	10
甲苯	30	硅油	1

工艺：合成树脂配方是将甲苯作为溶剂，再与填料混合。

将树脂和溶剂加入搅拌罐中搅匀，在搅拌下加入钛白粉，细度控制在30μm以下，加入消泡剂即可。

[10] 丙烯酸树脂基层处理剂用合成树脂(1)

成分	用量(份)	成分	用量(份)
丙烯酸丁酯	42	丙烯酸甲酯	25
苯乙烯	33	甲苯	100

[11] 丙烯酸树脂基层处理剂用合成树脂(2)

成分	用量(份)	成分	用量(份)
丙烯酸丁酯	52	丙烯酸	1
苯乙烯	47	乙酸乙酯	100

[12] 偏氯乙烯树脂与丙烯酸树脂并用的基层处理剂

成分	用量(份)	成分	用量(份)
偏氯乙烯树脂	25	甲苯、丙酮	40
丙烯酸树脂(50%)	25	钛白粉	10

工艺、性能：本节配方均为单独使用一种材料的基层处理剂，性能上各有所长，又都有一定不足；将各类材料按序混合搅拌为两种或两种以上的材料复配的基层处理剂，性能上可以相互补充，以获得良好的综合性能。

本品既保证涂膜有一定的韧性，又增加了其耐油性和耐化学腐蚀性。

[13] 氯化聚乙烯与丙烯酸树脂并用的基层处理剂

成分	用量(份)	成分	用量(份)
丙烯酸树脂(50%)	20	甲苯	40
氯化聚乙烯	30	钛白粉	10

[14] 环氧树脂改性氯乙树脂基层处理剂

成分	用量(份)	成分	用量(份)
氯醋树脂(87:13)	30	甲苯	40
环氧树脂	10	钛白粉	10
丙酮	10		

性能：本品增加了涂膜的刚性，增强了其黏接力和耐水、耐碱性。

[15] 乙丙乳胶型基层处理剂

成分	用量(份)	成分	用量(份)
乙丙乳液(40%)	50	偏磷酸钠	2
钛白粉	5	水	25
立德粉	10		

工艺：将乳液、水、助剂等配成基料，加入粉体，充分搅拌，最后消泡即可。

[16] 硅溶胶基层处理剂

成分	用量(份)	成分	用量(份)
硅溶胶(20%)	40	水	25
乙丙乳液	10	助剂	7
钛白粉	15		

工艺、性能：同本节配方[18]。

2. 立体成型材料(主材)

立体成型材料其作用是提供厚度形立体花纹，从而对建筑物表面起到长期的装饰保护作用。

[1] 乙酸乙烯乳液主材

成分	用量(份)	成分	用量(份)
乙酸乙烯(40%)	20	重质碳酸钙(320目)	20
107胶(20%)	10	石棉粉	10
滑石粉(320目)	30	水	10

工艺：将乳液、107胶、分散剂、水加入搅拌罐混合，在高速搅拌下加入粉体，搅拌均匀，测定黏度合格即可。

[2] EVA乳液主材

成分	用量(份)	成分	用量(份)
EVA乳液(45%)	30	重质碳酸钙(320目)	30
107胶(20%)	10	滑石粉	23
水	5		

工艺、性能：先将水加入到108胶中，然后与EVA混合，最后加入填料。

[3] 乙丙乳液主材

成分	用量(份)	成分	用量(份)
乙丙乳液(45%)	30	硅灰石粉	20
1,2-丙二醇	2	水	5~8
重质碳酸钙(320目)	40		

工艺、性能：与乙酸乙烯为基料的主材的工艺操作基本相同，所不同的是乙丙乳液中含有羧基，可用碱增稠。本品的耐水性、耐碱性均优于乙酸乙烯为基料的主材，丙烯酸类单体

用量越多,主材性能越优异,但成本也增加。对于室内涂料,丙烯酸类单体含量为30%左右即可。对于室外用涂料,丙烯酸类单体含量不应少于40%,否则,性能较难保证。

[4] 丙烯酸乳液主材

成分	用量(份)	成分	用量(份)
丙烯酸乳液(50%)	40~50	水	15
滑石粉	50~55	助剂	6

工艺:将乳液、水、助剂、分散剂加入搅拌罐中,搅拌均匀,缓慢加入粉体,充分搅拌后测定黏度,加入消泡剂、防霉剂即可。

[5] 热固型环氧树脂乳液及其主材

成分	用量(份)	成分	用量(份)
环氧树脂乳液配方:		环氧树脂乳液(50%)	30
环氧树脂 E-20	50	滑石粉	50
水	45	邻苯二甲苯二丁酯	5
十二烷基苯磺酸钠	5	水	10
主材配方:		助剂	5

工艺:环氧树脂乳化,将树脂加热到70℃,在强力搅拌下加入热水和乳化剂,搅拌30min后降温,用碳酸钠调节pH值至7.5~8.5备用。

主材:与其他主材的涂料配制方法相同,采用水溶性固化剂,常用的有乙二胺、二乙烯三胺等(乙二胺:水=3:7)。使用固化剂与基料按规定比例混合均匀后施工,固化剂的用量要根据环氧树脂的用量确定。

[6] 热塑型环氧乳液主材(1)

成分	用量(份)	成分	用量(份)
线型环氧树脂乳液配方:		主材配方:	
环氧氯丙烷	46.26	线型环氧树脂乳液(40%)	35
双酚A	114.41	邻苯二甲酸二丁酯	4
乙醇	150	分散剂	3
丙酮	150	滑石粉	50
苯酚	4.6	助剂	8
NaOH(20%)	10		

[7] 热塑型环氧乳液主材(2)

成分	用量(份)	成分	用量(份)
线型环氧树脂乳液(40%)(参见配方[14])	28	分散剂	3
		滑石粉	50
苯丙乳液(50%)	10	助剂	8

[8] 热塑型环氧乳液主材(3)

成分	用量(份)	成分	用量(份)
环氧酯乳液配方:		主材配方:	
环氧树脂 E-12	300	环氧酯乳液(50%)	30
己二酸	19.5	EVA乳液	8
苯	300	分散剂	3
乙酸	1.5	滑石粉	50
水	100	助剂	8
十二烷基苯磺酸钠	5		

[9] 热塑性环氧乳液主材(4)

成分	用量(份)	成分	用量(份)
环氧酯乳液(50%)	28	滑石粉	50
乙酸乙烯乳液	10	助剂	8
分散剂	3		

[10] 无机高分子(硅酸钠)立体花纹涂料主材

成分	用量(份)	成分	用量(份)
水玻璃(模数3.2)	30	滑石粉	50
水	10	助剂	8
苯丙乳液(50%)	10		

工艺、性能:将水玻璃溶解,加入乳液、助剂,在高速搅拌下加入粉体、固化剂,搅拌均匀后消泡、检验黏度 2 ± 0.5 Pa·s。

水玻璃主材硬度高、成本低,但耐水性差,适合于内墙装饰。

[11] 无机高分子(硅溶胶)立体花纹涂料主材(1)

成分	用量(份)	成分	用量(份)
硅溶胶(20%)	30	水	5
107胶	20	助剂	3
滑石粉	55		

[12] 无机高分子(硅溶胶)立体花纹涂料主材(2)

成分	用量(份)	成分	用量(份)
硅溶胶(20%)	40	水	5
EVA乳胶(40%)	10	助剂	4
滑石粉	50		

[13] 无机高分子(硅溶胶)立体花纹涂料主材(3)

成分	用量(份)	成分	用量(份)
硅溶胶(20%)	40	水	5
环氧酯乳液(40%)	10	助剂	4
滑石粉	50		

[14] 无机高分子(硅溶胶)立体花纹涂料主材(4)

成分	用量(份)	成分	用量(份)
硅溶胶(20%)	35	水	5
乙丙乳液(50%)	15	助剂	4
滑石粉	50		

[15] 高分子改性水泥系成型材料

成分	用量(份)	成分	用量(份)
水泥	100	高分子乳液	10~20
细砂	250	水	20~40
滑石粉	150	助剂	3

工艺、性能:可用来改性的水泥有普通硅酸盐水泥、白水泥、混合水泥;聚合物分散体系可用水溶性高分子溶液和高分子乳液;天然胶乳、氯丁胶乳、丁苯胶乳、EVA乳液、偏氯乙烯乳液、乙丙乳液、环氧乳液等几乎所有乳液都可用于水泥改性;水溶性高分子有108胶,纤维素等。

将水泥及填料混合均匀后包装;将聚合物分散体系分装成小包装,现场使用时按比例混配。乳液、溶液,特别是乳化剂、消泡剂的选择及用量很关键。

3. 罩面材料(表面处理剂)

表面处理剂主要用于保护主材并提供多种色彩,起到装饰作用。

[1] 热塑性丙烯酸树脂罩面材料

成分	用量(份)	成分	用量(份)
丙烯酸树脂溶液(45%)	55	甲苯	25
金红石型钛白粉	20	硅油	1

工艺:将硅油加入到甲苯中,然后加入到丙烯酸溶液中,最后加入钛白粉搅匀。

将树脂加入搅拌罐中,加入溶剂和颜料,充分搅拌后研磨,使细度为30μm以下。

[2] 丙烯酸树脂(1)

成分	用量(份)	成分	用量(份)
甲基丙烯酸甲酯	25	甲基丙烯酸	3
甲基丙烯酸丁酯	60	过氯化苯甲酰	0.5+0.2
丙烯酸丁酯	12	乙酸丁酯	100

[3] 丙烯酸树脂(2)

成分	用量(份)	成分	用量(份)
甲基丙烯酸丁酯	7	甲基丙烯酸	3
丙烯酸丁酯	45	过氯化苯甲酰	0.5+0.2
苯乙烯	45	乙酸丁酯	100

[4] 双组分聚氨酯罩面材料

成分	用量(份)	成分	用量(份)
甲组分:TDI加成物(75%)	100	钛白粉	40
乙组分:聚醚(分子量800)	100	甘油	3
环己酮	50	乙酸三苯基铅	1
二甲苯	150		

工艺、性能:使用时甲、乙两组分按1:4调匀即可。

[5] 湿气固化型聚氨酯罩面材料

成分	用量(份)	成分	用量(份)
聚醚(分子量1000)	100	甲苯	150
甘油	1.5	钛白粉	60
TDI	31		

工艺:将甲苯和聚醚加入反应釜中脱水,冷却到40℃加入TDI,在氮气保护下升温到60℃反应1h,加入甘油,再反应1h后降温。加入干燥处理后的颜料及乙酸丁酸纤维素,搅拌后在密封条件下研磨,检验细度为25μm以下即可,密封包装。

[6] 有机硅改性丙烯酸树脂涂料

成分	用量(份)	成分	用量(份)
有机硅改性丙烯酸树脂配方:		二甲苯	200
丙烯酰丁酯	100	涂料配方:	
丙烯酰甲酯	100	树脂(55%)	40
有机硅单体(乙烯基硅油)	20	甲苯	40
偶氮二异丁腈	1.4	钛白粉	20

[7] 热固性丙烯酸有机硅涂料(湿气固化型)

成分	用量(份)	成分	用量(份)
丙烯酸丁酯	50	甲苯	100
苯乙烯	40	偶氮二异丁腈	0.2
有机硅单体	10		

[8] 热固型丙烯酸有机硅树脂涂料(双组分固化型)

成分	用量(份)	成分	用量(份)
甲组分:		钛酸酯	2
丙烯酸树脂(50%)	50	乙组分:	
钛白粉	20	含有活性基团的有机硅树脂	
甲苯	30		

工艺:使用时将甲、乙组分按比例混配。

[9] 环氧聚氨酯罩面材料

成分	用量(份)	成分	用量(份)
甲组分:醇解蓖麻油预聚物(80%)	39	金红石型钛白粉	24
		甲苯	30
乙组分:环氧树脂 E-12(80%)	6		

[10] 乙酸乙烯罩面材料

成分	用量(份)	成分	用量(份)
乙酸乙烯乳液(50%)	40	水	20
立德粉	20	助剂	5
轻质碳酸钙	20		

[11] EVA 乳胶涂料

成分	用量(份)	成分	用量(份)
EVA乳液(40%)	40	轻钙	30
钛白粉	10	助剂	5.5
水	16		

性能:EVA乳胶涂料抗水解性优于纯乙酸乙烯乳液涂料,涂膜柔软,光泽好,成本较低,可用于外墙立体花纹涂料的罩面材料。

[12] 乙丙乳液涂料

成分	用量(份)	成分	用量(份)
乙丙乳液	45	水	10
钛白粉	10	助剂	8
硅酸钙粉	30		

[13] 纯丙烯酸乳胶涂料

成分	用量(份)	成分	用量(份)
乳液	40	SG8001(消泡剂)	2
1,2-丙二醇	4	钛白粉	20
水	30	滑石粉	2

性能:本品为高质量的外墙用乳胶涂料。

[14] 苯丙乳胶涂料

成分	用量(份)	成分	用量(份)
乳液	35	钛白粉	10
1,2-丙二醇	4	立德粉	20
水	10	滑石粉	2
SG8001(消泡剂)	3		

性能：本品为高质量的外墙用乳胶涂料。

[15] 交联型苯丙乳胶涂料

成分	用量(份)	成分	用量(份)
乳液	35	钛白粉	10
1,2-丙二醇	4	立德粉	20
水	10	滑石粉	2
SG8001(消泡剂)	3	5%氯化钙溶液	2

性能：本品为高质量的外墙用乳胶涂料。

[16] 有光乳胶涂料

成分	用量(%)	成分	用量(%)
甲组分(白色漆浆):		乙组分(共聚乳液):	
钛白粉(R820)	15.32	乙丙乳液(42%)	70.56
六偏磷酸钠(5%水溶液)	1.53	丙组分(混合液:94%水溶液):	
1,2-丙二醇	5.74	五氯酚钠	0.048
邻苯二甲酸二丁酯	1.72	苯甲酸钠	0.08
磷酸三丁酯	0.19	亚硝酸钠	0.008
水(蒸馏水)	3.5	水	1.304

[17] 氯偏乳胶涂料

成分	用量(份)	成分	用量(份)
氯偏乳液(40%)	60	水	10
聚丙烯酸铵(5%)	10	助剂	3
钛白粉	20		

[18] 氯磺化聚乙烯乳胶涂料

成分	用量(份)	成分	用量(份)
氯磺化聚乙烯乳液(40%)	50	钛白粉	20
水性环氧酯乳液	10	水	10

[19] 硅溶胶表面涂饰剂

成分	用量(份)	成分	用量(份)
硅溶胶(20%)	30	水	16
乙丙乳液(50%)	5	轻质碳酸钙	20
助剂	5	钛白粉	10

(二) 多彩立体花纹涂料

[170] 多彩立体花纹涂料(成型材料)

成分	用量(份)	成分	用量(份)
40%环氧树脂	40	水	5
钛白粉	5	色浆	7
重质碳酸钙	45		

工艺、性能：本品的基层封闭材料常用的有氯乙烯系树脂、丙烯酸类树脂、环氧类树脂等具有良好耐碱性、耐水性和耐老化性的高分子材料。

罩面材料可用耐老化性强的溶剂型清漆：环氧聚氨酯、丙烯酸聚氨酯等；也可以用乳液调配的水性透明材料：苯丙乳液、氯磺化聚乙烯乳液等，所用的辅助材料、抗老化剂、防霉剂、紫外线吸收剂等都应是无色的，并与树脂有良好的相容性。

(三) 弹性立体花纹涂料

[1] 丙烯酸系弹性立体花纹涂料(成型材料)

成分	用量(份)	成分	用量(份)
氯化锌	2	水	15
弹性乳液	40	助剂	5
滑石粉	40		

工艺：本品基层处理剂可选用弹性氯磺化聚乙烯涂料(乳胶型或溶剂型)、氯化聚乙烯弹性涂料和用本配方中的弹性乳液配制的薄型弹性涂料。

表面处理剂可选用弹性丙烯酸聚氨酯涂料、弹性丙烯酸乳胶涂料、溶液型丙烯酸弹性涂料等。

[2] 聚醚型聚氨酯成型材料

成分	用量(份)	成分	用量(份)
甲组分：TDI	34.8	重质碳酸钙	40
聚醚(分子量1000)	100	乙二醇	4
甲苯	60	丙三醇	2
乙组分：甲苯	20	催化剂	0.1
石蜡油	10		

工艺：聚氨酯弹性立体花纹涂料的基层封闭材料和罩面材料与前面讲的相同，只是多羟基组分应选用软链材料，以保证其在常温下具有与成型材料一致的弹性。基层封闭材料还应选择耐光氧老化好的聚氨酯材料。

另外，聚氨酯弹性立体花纹涂料的基层封闭材料、罩面材料还可选用其他品种的材料配套使用，例：氯化聚乙烯涂料、氯磺化聚乙烯涂料、乙丙橡胶涂料等。

[3] 蓖麻油型聚氨酯成型材料

成分	用量(份)	成分	用量(份)
甲组分：预聚体(由TDI与聚醚反应制备)		重质碳酸钙	20
		滑石粉	20
乙组分：		催化剂	0.1
蓖麻油	30	甲苯	10

八、静电植绒涂料

静电植绒涂料也称绒面涂料，由植绒胶及绒毛构成，利用高压静电感应原理，将绒毛植于涂胶表面,干燥固化形成涂层。

植绒纤维主要由人造丝、丙烯酸、聚酯、尼龙等纤维制成,植绒层的手感与纤维的种类、长短、切割纤维的方法都有关。

植绒胶在基材上起着固定绒毛的作用,应具有耐溶性、可洗涤、阻燃、一定硬度等功能,它在整个植绒加工中所起的作用举足轻重。

[1] 聚丙烯酸乳液植绒胶

成分	用量(份)	成分	用量(份)
丙烯酸乳液	20	OP乳化剂	0.5
苯丙乳液	20	滑石粉	10
磷酸三丁酯	少许	重钙	10
六偏磷酸钠(5%)	1		

[2] 聚乙烯-乙酸乙烯植绒胶

成分	用量(份)	成分	用量(份)
EVA乳液	50	六偏磷酸钠(5%)	2
六羟树脂	10	水	适量

[3] 氯丁植绒胶(1)

成分	用量(份)	成分	用量(份)
氯丁胶乳	100	填料	120
稳定剂	5~6	增黏剂	适量
氧化锌	5	增稠剂	适量
防老化剂	2		

[4] 氯丁植绒胶(2)

成分	用量(份)	成分	用量(份)
氯丁胶乳	100	防老化剂	2
稳定剂	1	增粘剂	25~100
氧化锌	5	增稠剂	适量

[5] 丁苯胶乳植绒胶

成分	用量(份)	成分	用量(份)
丁苯胶乳(固含量:23%~25%)	15	甲基溶纤剂	0.1
沥青	44.3	炭黑	6
松香油	1.4	水	33.2

[6] 绒面涂料

成分	用量(%)	成分	用量(%)
甲组分:聚合物微球绒毛粉	30	防沉剂	1.5
(按颜色选定)		乙组分:六甲烯基二异氰酸酯固化剂	94.7
乙二醇单乙醚乙酸酯	30.2		
润湿消泡剂	6	乙二醇单乙醚乙酸酯	5.3
羟基丙烯酸树脂	32	稀释剂:二甲苯	50
固化促进剂	0.3	乙酸丁酯	50

工艺、性能:甲组分:将全部绒毛粉、丙烯酸树脂和润湿消泡剂投入配料搅拌机混合搅拌均匀,经磨漆机研磨1~2道至完全分散均匀为止,转入调漆锅,加入溶剂、固化促进剂和防

沉剂,充分调匀,过滤包装。

乙组分:将全部组分投入溶料锅,充分调匀,过滤包装。

使用时按甲组分:乙组分=8:1混合,充分调匀,用喷涂法施工,可用配方中的稀释剂调节施工黏度,通常喷涂3~4次,即显示出较强的绒感,不能连续喷涂,一般间隔1~3h。本品涂膜具有类似天鹅绒的视觉和触感,可用于室内墙面、车辆内部装饰及仪器设备表面涂饰。

九、瓷釉涂料

瓷釉涂料有溶剂型瓷釉涂料和水性瓷釉涂料等,本品具有使用方便、价格低廉、外观似瓷等优点。

[1] 环氧聚氨酯瓷釉涂料(1)

成分	用量(份)	成分	用量(份)
底釉:		滑石粉	5.5
甲组分:		面釉:	
T31	0.9	甲组分:HDI 缩二脲:乙酸	
二甲苯	0.5	乙酯=2:1	
环己酮	0.4	乙组分:环氧树脂	8
乙组分:		混合溶剂	9
环氧树脂	8.25	钛白粉	18
混合溶剂(二甲苯:环己酮=12:6)	13	氨基树脂	1.1
		聚酯树脂	5.5
钛白粉	4.1	201硅油	0.1
立德粉	11		

工艺:施工时两组分配比如下:

底釉:甲组分:乙组分=1:5。

面釉:甲组分:乙组分=1:3~3.5。

[2] 环氧聚氨酯瓷釉涂料(2)

成分	用量(份)	成分	用量(份)
底釉:		二甲苯	15
甲组分:聚氨酯预聚体7110(甲苯或二苯甲烷二异氰酸酯)	20	面釉:	
		甲组分:聚氨酯预聚体7110(甲苯或二苯甲烷二异氰酸酯)	25
乙组分:			
环氧树脂E-20	4	乙组分:钛白粉	18
环氧树脂E-12	8	聚酯树脂7110J$_4$	15
氨基树脂590-3	3	氨基树脂590-3	5
立德粉	15	环己酮	17
滑石粉	15	二甲苯	20
沉淀硫酸钡	5		
环己酮	15		

[3] 环氧聚氨酯瓷釉涂料(3)

成分	用量(份)	成分	用量(份)
甲组分:HDI 缩二脲	1~4	聚氨酯树脂	15~20
乙组分:环氧树脂	10~15	颜填料	25~40
聚酯树脂	5~10		

[4] 水性瓷釉涂料

成分	用量(份)	成分	用量(份)
底涂:		面涂:	
甲组分:乳液	15~20	甲组分:乳液	12~17
催化剂	1~3	催化剂	1~3
乙组分:水溶性氨基树脂	5~10	乙组分:水溶性氨基树脂	5~10
色浆	8~12	色浆	1~4
填料	5		

工艺、性能:本品为双组分,现场随用随配,底材根据情况进行相应处理。

底涂:甲组分:乙组分＝1:1.33

面涂:甲组分:乙组分＝2.3:1

本品使用范围较大,无论是水泥砂浆、砖面、石灰面的内外墙,还是金属、木材面均可使用。但要注意两方面的问题,其一是基材的酸碱性,碱性过强的底面影响交联固化的速度,可采用单组分涂料封底代替一道底漆的方法来解决;其二是基材的软硬程度不同,膨胀收缩情况不一样,采用加中涂的办法解决。

第九章 特种建筑涂料

除了主要用于建筑物装饰目的的建筑装饰涂料、建筑油漆等涂料类别外,还有许多在其性能特征上对被涂建筑物不仅具有装饰功能,而且还具有某些特殊功能的涂料类别,如防水涂料、防火涂料、防霉涂料、吸声涂料、防静电涂料等,这一类涂料常称之为特种建筑涂料。

特种建筑涂料又可称为功能性建筑涂料,这类涂料其涂刷对象仍然是建筑物,即主要仍是涂刷在建筑物内外墙面、地面、屋面上,因而首先要求这类涂料应具有建筑装饰涂料的各种性能,同时还必须具备各自独特的某一特殊功能。

(1) 要求涂料具有较好的耐碱性、耐水性、与水泥基层的黏结性能,或与木质材料有良好的结合力(防火涂料);

(2) 具有一定的装饰性能;

(3) 具有某一独特的性能,如防水、防火、防霉、杀虫、隔热、隔声等;

(4) 施工方便,翻修重涂容易,如双组分固化型涂料应常温固化成膜;

(5) 要求原材料资源丰富,价格适中。

第一节 防 水 涂 料

防水涂料是在常温下呈无固定形状的黏稠状液态高分子合成材料,经涂布后,通过溶剂的挥发或水分的蒸发或反应固化后在基层表面可形成坚韧的防水膜的材料的总称。

防水涂料的基本性能特点如下:

(1) 防水涂料在常温下呈黏稠状液体,经涂布固化后,能形成无接缝的防水涂膜。

(2) 防水涂料特别适宜在立面、阴阳角、穿结构层管道、凸起物、狭窄场所等细部构造处进行防水施工,固化后,能在这些复杂部位表面形成完整的防水膜。

(3) 防水涂料施工属于冷作业,操作简便,劳动强度低。

(4) 固化后形成的涂膜防水层自重轻,对于轻型薄壳等异型屋面大多采用防水涂料进行施工。

(5) 涂膜防水层具有良好的耐水、耐候、耐酸碱特性和优异的延伸性能,能适应基层局部变形的需要。

(6) 涂膜防水层的抗拉强度可以通过加贴胎体增强材料来得到加强,对于基层裂缝、结构缝、管道根等一些容易造成渗漏的部位,极易进行增强、补强、维修等处理。

(7) 防水涂膜一般依靠人工涂布,其厚度很难做到均匀一致。所以施工时,要严格按照操作方法进行重复多遍地涂刷,以保证单位面积内的最低使用量,确保涂膜防水层的施工质量。

(8) 采用涂膜防水,维修比较方便。

一、防水涂料的分类和不同的特性

目前防水涂料一般按涂料的类型和按涂料的成膜物质的主要成分进行分类。

1. 按照涂料的液态类型分类

根据涂料的液态类型,可把防水涂料分为溶剂型、水乳型、反应型三种。

(1) 溶剂型防水涂料:在这类涂料中,作为主要成膜物质的高分子材料溶解于有机溶剂中,成为溶液,高分子材料以分子状态存于溶液(涂料)中。

该类涂料具有以下特性:通过溶剂挥发,经过高分子物质分子链接触、搭接等过程而结膜;涂料干燥快,结膜较薄而致密;生产工艺较简易,涂料贮存稳定性较好;易燃、易爆、有毒,生产、贮存及使用时要注意安全;由于溶剂挥发快,施工时对环境有污染。

(2) 水乳型防水涂料:这类防水涂料作为主要成膜物质的高分子材料以极微小的颗粒(而不是呈分子状态)稳定悬浮(而不是溶解)在水中,成为乳液状涂料。

该类涂料具有以下特性:通过水分蒸发,经过固体微粒接近、接触、变形等过程而结膜;涂料干燥较慢,一次成膜的致密性较溶剂型涂料低,一般不宜在5℃以下施工;贮存期一般不超过半年;可在稍为潮湿的基层上施工;无毒,不燃,生产、贮运、使用比较安全;操作简便,不污染环境;生产成本较低。

(3) 反应型防水涂料:在这类涂料中,作为主要成膜物质的高分子材料系以预聚物液态形状存在,多以双组分或单组分构成涂料,几乎不含溶剂。

此类涂料具有以下特性:通过液态的高分子预聚物与相应物质发生化学反应,变成固态物(结膜);可一次性结成较厚的涂膜,无收缩,涂膜致密;双组分涂料需现场配料准确,搅拌均匀,才能确保质量;价格较贵。

2. 按照涂料的组分不同分类

根据组分不同,一般可分为单组分防水涂料和双组分防水涂料两类。

单组分防水涂料按液态不同,一般有溶剂型、水乳型两种。

双组分防水涂料属于反应型。

3. 按照涂料的主要成膜物质不同分类

根据构成涂料的主要成分不同,可分为四大类:合成高分子类(又可再分为合成树脂类和合成橡胶类)、高聚物改性沥青类(亦称橡胶沥青类)、沥青类、水泥类。

防水涂料的分类系统见图9-1。

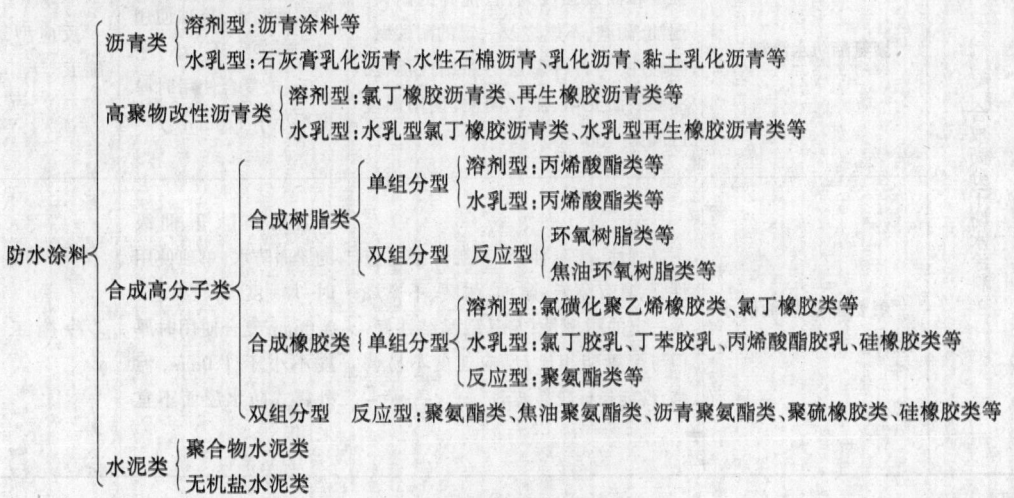

图9-1 防水涂料的分类

各类防水涂料的特点及适用范围见表 9-1。

各类防水涂料的特点及适用范围　　　　　表 9-1

涂料类别	防水涂料名称	特　　点	适用范围	施工工艺
沥青基防水涂料	石灰乳化沥青防水涂料	属水性涂料,可在潮湿基层上施工,工地配制简单方便,价格低廉,有一定的防水防渗能力,但延伸率较低,低温下易变脆、开裂	系低档防水涂料,可用于防水等级为Ⅲ、Ⅳ级的屋面,厚度 4～8mm	抹压法冷施工
	石棉或膨润土乳化沥青防水涂料	乳液稳定性好,耐热性、防水性、抗裂性、耐久性较好,价格较低,可在潮湿基层上施工		
高聚物改性沥青防水涂料	水乳型氯丁橡胶沥青防水涂料	为阳离子型,具有成膜较快,强度高,耐候性好,无毒,不污染环境,抗裂性好,操作方便	可用于Ⅱ、Ⅲ、Ⅳ级的屋面,单独使用时厚度不小于 3mm,复合使用时厚度不小于 1.5mm	涂刮法冷施工
	溶剂型氯丁橡胶沥青防水涂料	具有较好的耐高、低温性能,黏结性好,干燥成膜快,操作方便		
	水乳型再生橡胶沥青防水涂料	具有一定的柔韧性及耐寒、耐热、耐老化性能,无毒,无污染,操作简便,原料来源广泛,价格低		冷施工,但气温低于5℃时不宜施工
	溶剂型再生橡胶沥青防水涂料	有良好的耐水性、抗裂性,高温不流淌,低温不易脆裂,弹塑性良好,操作方便,干燥速度快		冷施工,且可在负温度下操作
	SBS 改性沥青防水涂料	有良好的防水性,耐湿热,耐低温,抗裂性及耐老化性,无毒,无污染,是中档的防水涂料	适于寒冷地区的Ⅱ、Ⅲ级屋面使用	冷施工
合成高分子防水涂料	聚氨酯防水涂料	具有橡胶状弹性,延伸性好,拉伸强度和撕裂强度高,有优异的耐候、耐油、耐磨、不燃烧及一定的耐酸碱、阻燃性,与各种基层的黏结性优良,涂膜表面光滑,施工简便,使用温度区间为 -30～80℃	宜用于Ⅰ、Ⅱ、Ⅲ级的屋面防水,单独使用时厚度不小于 2.0mm,复合使用时厚度不小于 1.0mm	反应型,冷施工
	聚氨酯煤焦油防水涂料	高弹性,高延伸,对基层开裂适应性强,具有耐候、耐油、耐磨、不燃烧及一定的耐碱性,与基层黏结性好,但与聚氨酯相比,反应速度不易调整,性能指标较易波动	宜用于Ⅰ、Ⅱ、Ⅲ级的屋面防水,单独使用时厚度不小于 2.0mm,复合使用时厚度不小于 1.0mm,但外露式防水屋面不宜采用	冷施工

续表

涂料类别	防水涂料名称	特　点	适用范围	施工工艺
合成高分子防水涂料	丙烯酸酯防水涂料	涂膜有良好的黏结性、防水性、耐候性、柔韧性和弹性，无污染，无毒，不燃，以水为稀释剂，施工方便，且可调制成多种颜色，但成本较高	宜涂覆于水乳型橡胶沥青防水层上，适用于有不同颜色要求的屋面	冷施工，可刮，可涂，可喷，但温度需高于4℃时才能成膜
	有机硅防水涂料	具有良好的渗透性、防水性、成膜性、弹性、黏结性和耐高、低温性能，适应基层变形能力强，成膜速度快，可在潮湿基层上施工，无毒、无味、不燃，可配制成各种颜色，但价格较高	用于Ⅰ、Ⅱ级屋面防水	冷施工，可涂刷或喷涂

在我国防水涂料工业中生产量较大，在建筑防水工程上应用较广的品种见表9-2。

我国防水涂料的主要品种　　　　表9-2

类　别	品　种	备　注
沥青类	水性石棉沥青防水涂料(水乳型) 石灰膏乳化沥青(水乳型)	属于此类的尚有黏土乳化沥青、皂液乳化沥青等
高聚物改性沥青类	溶剂型氯丁橡胶沥青防水涂料 溶剂型再生橡胶沥青防水涂料 水乳型氯丁橡胶沥青防水涂料(阳离子水乳型) 水乳型再生橡胶沥青防水涂料(阴离子水乳型)	属于此类的尚有丁腈胶乳沥青防水涂料、丁苯胶乳沥青防水涂料、SBS橡胶沥青防水涂料、丁基橡胶沥青防水涂料、阳离子水乳型再生胶氯丁胶沥青防水涂料
合成树脂类	丙烯酸酯浅色隔热防水涂料(水乳型) 丙烯酸酯防水涂料(水乳型)	
合成橡胶类	聚氨酯防水涂料(反应型) 硅橡胶防水涂料(水乳型)	属于此类的尚有氯磺化聚乙烯橡胶防水涂料等

二、防水涂料的包装、运输与贮存

防水涂料的包装应符合下列要求：

（1）产品应用带盖的铁桶或塑料桶密封包装，对于双组分防水涂料应按产品配比配料，分别密封包装，甲、乙组分的包装应有明显的区别。包装好的产品应附有产品合格证书和产品使用说明书。

（2）水性沥青基防水涂料产品一般用带盖的铁桶或塑料桶包装，每桶净重为200kg、100kg、50kg三种规格。对于水性石棉沥青防水涂料、膨润土沥青乳液防水涂料，其液面高度不得大于800mm，加盖密封。

（3）溶剂型弹性沥青防水涂料的规格一般为20kg、25kg、50kg、200kg等，采用桶装，特殊规格的包装可由供需双方商定。

（4）包装桶应有牢固的标志，标签上应注明以下内容：产品的牌号、型号；产品的名称、批号、颜色;产品的净重;制造(生产)日期;贮存有效期;生产厂家名称、地址、电话;贮存和运输注意事项。

此外,还应附有产品合格证。

防水涂料的运输应符合下列要求:

(1) 产品在运输和装卸的过程中,应注意轻拿轻放,按类别、品种和批号、颜色排放整齐,并应绑扎牢固,以防止涂料容器的窜动和坠落。涂料容器不能倒置,不能遗失标签。

(2) 在运输过程中,应防止雨淋和阳光直接曝晒。

(3) 产品在铁路运输中,应按照我国铁路《化学危险品运输暂行条例》的有关规定,办理托运手续。

(4) 涂料按其危险程度可分为:

① 易燃危险品 含溶剂较多的涂料、稀释剂、防潮剂等;

② 一般危险品 各种底漆、厚漆和腻子等;

③ 普通化学品 各种水乳型防水涂料。

涂料的储存应按下列要求储存:

(1) 防水涂料应储存在阴凉、通风和干燥的库房内,防止雨淋和日光直接曝晒,并应杜绝火源,远离热源。涂料的保存温度一般可控制在5~25℃范围内,因而应注意冬季防冻。

(2) 涂料进库,要进行分类登记,填写产品名称、类别、型号、件数、质量、生产厂家、出厂日期、贮存保管有效期、存放位置等登记卡,以便清查和选用。

(3) 涂料应按品种、颜色、出厂日期、分类分批顺序存放,遵循先出厂、先发放、先使用的原则,以免产品过期,造成浪费。

(4) 涂料产品必须单独存放,严禁与其他易燃、易爆物品一起贮存,并应保持库内清洁,杜绝随地丢放沾有油污的杂物。

(5) 库房重地严禁烟火,严禁他人随便出入。电器开关、设备和照明设备应有防爆罩,以免电器使用或发生故障时引燃涂料,库房区应按规定配足消防设备。

(6) 不允许在涂料仓库内调配涂料,以免易燃、易爆、有毒气体挥发逸散到仓库的空间内,造成安全事故。涂料桶必须密封,不得有裂缝或开口,更不允许涂料存放于敞口容器中。

(7) 应有严格的领发料制度,按计划发放涂料,施工现场不宜存放过多的涂料和稀释剂。

(8) 涂料产品在规定的贮存条件下,如果超过了有效贮存期,应按照产品的技术标准的规定进行各项指标的检验,如检验结果符合技术标准的有关规定,仍可继续使用,不符合要求的涂料应及时进行处理。

(9) 对仓库管理人员应进行安全与防火知识培训,要求能熟练使用各种消防器材,并应定期进行检查,消除隐患。

三、沥青类防水涂料

沥青类防水涂料是以沥青为基料配制而成的水乳型或溶剂型防水涂料。

将未经改性的石油沥青直接溶解于汽油等有机溶剂中而配制成的涂料,称之为溶剂型沥青涂料,其实质是一种沥青溶液,此类涂料由于形成的涂膜较薄,沥青又未经改性,故一般不单独作防水涂料使用,往往仅作为某些防水材料的配套材料使用,如沥青防水卷材施工用于打底的冷底子油。

将石油沥青分散于水中,形成稳定的水分散体构成的涂料,称为水乳型沥青类防水涂料。根据水分散体系中沥青颗粒的大小,又可分为乳胶体(沥青乳液)和悬浮体(冷沥青悬浮液),乳胶体的沥青颗粒比较小,粒径可小至 $0.1\mu m$,悬浮体的沥青颗粒稍粗,粒径可粗至 $10\mu m$ 或更大。

我国过去常见的各种阴离子型乳化沥青、非离子型乳化沥青以及近几年出现的阳离子型乳化沥青,均属于沥青乳胶体。由于这类材料形成的涂膜一般较薄,现在我国一般已不单独作屋面防水涂料使用,而是作为防水施工配套材料使用,或用来配制各种水乳型橡胶沥青防水涂料。

熔化的沥青可以在石灰、石棉或黏土中与水藉机械分裂作用(分散作用)制得膏状沥青悬浮体,常见的有石灰膏乳化沥青、水性石棉沥青和黏土乳化沥青等。沥青膏体成膜较厚,其中石灰、石棉等对涂膜性能有一定的改善作用,可作厚质防水涂料使用。

沥青类防水涂料的质量要求如下:

固体含量:$\geqslant 50\%$;

耐热度($80℃$,5h):无流淌、起泡和滑动;

低温柔韧性($-10\pm 1℃$,4mm 厚,绕 $\phi 20mm$ 圆棒):无裂纹、断裂;

不透水性,压力:$\geqslant 0.1MPa$;

保持时间:$\geqslant 30min$,不透水;

延伸性(20 ± 2)℃拉伸:$\geqslant 4.0mm$。

四、高聚物改性沥青防水涂料

高聚物改性沥青防水涂料一般是用再生橡胶、合成橡胶或 SBS 对沥青进行改性而制成的水乳型或溶剂型涂膜防水材料。

高聚物改性沥青防水涂料亦称橡胶沥青类防水涂料,其成膜物质中的胶黏材料是沥青和橡胶(再生橡胶或合成橡胶)。此类涂料是以橡胶对沥青进行改性作为基础的。用再生橡胶进行改性,可以改善沥青低温的冷脆性、抗裂性,增加涂料的弹性;用合成橡胶(如氯丁橡胶、丁基橡胶等)进行改性,可以改善沥青的气密性、耐化学腐蚀性、耐燃性、耐光、耐气候性等;用 SBS 进行改性,可以改善沥青的弹塑性、延伸性、耐老化、耐高低温性能等。

目前我国生产的属溶剂型高聚物改性沥青防水涂料的品种有:氯丁橡胶-沥青防水涂料;再生橡胶-沥青防水涂料(包括胶粉沥青防水涂料);丁基橡胶沥青防水涂料等。

我国生产的属水乳型高聚物改性沥青防水涂料的品种有:水乳型再生胶沥青防水涂料(包括 JG-2 型、SR 型、XL 型等多种牌号产品);水乳型氯丁橡胶沥青防水涂料(包括各种牌号的阳离子型氯丁胶乳沥青防水涂料);丁腈胶乳沥青防水涂料;丁苯胶乳沥青防水涂料;SBS 橡胶沥青防水涂料;阳离子水乳型再生胶氯丁胶沥青防水涂料(包括 YR 建筑防水涂料等产品)。上述产品均属薄质防水涂料范畴。

在水乳型各种橡胶沥青防水涂料中,除阳离子氯丁胶乳沥青防水涂料、阳离子水乳型再生胶氯丁胶沥青防水涂料外,其余均为阴离子水乳型产品。

高聚物改性沥青防水涂料的质量性能要求如下:

固体含量:不小于 43%;

耐热度($80℃$,5h):无流淌、起泡、滑动;

柔性($-10℃$):2mm 厚,绕 $\phi 20mm$ 圆棒,无裂纹、断裂;

不透水性(压力不小于0.1MPa,保持时间不小于30min):不渗漏;

延伸[(20±2)℃,拉伸]:>4.5mm。

注:以上质量性能要求为高聚物改性沥青防水涂料必须达到的主要项目和最低质量标准,上述项目不是质量检验的全部项目和要求。

耐热度:夏季高温屋面黑色表面的极端气温可达70℃,若涂料的耐热度小于80℃,又保持不了5h,涂膜则会产生"流淌",故上面质量性能提出的要求为80℃,5h是必须达到的。

柔韧性:为使高聚物改性沥青防水涂料对施工温度具有一定的适应性,上面提出的质量要求-10℃是低标准,如用于北方必须要达到严寒地区的要求,柔性达到-20~-30℃的要求。

五、合成高分子防水涂料

合成高分子防水涂料是以合成橡胶或合成树脂为主要成膜物质,加入其他辅助材料而配制成的单组分或多组分的防水涂膜材料。

合成高分子防水涂料的种类繁多,不易明确分类,通常情况下,一般都按化学成分即按其不同的原材料来进行分类和命名,如进一步简单地按其形态进行分类,则主要有三种类型,一类为乳液型,属单组分高分子防水涂料中的一种,其特点是经液状高分子材料中的水分蒸发而成膜;第二类是溶剂型,也是单组分高分子防水涂料中的一种,其特点是经液状高分子材料中的溶剂挥发而成膜;第三类为反应型,属双组分型高分子涂料,其特点是用液状高分子材料作为主剂与固化剂进行反应而成膜(固化)。

高分子防水涂料的具体品种更是多种多样,如聚氨酯、丙烯酸、硅橡胶(有机硅)、氯磺化聚乙烯、氯丁橡胶、丁基橡胶、偏二氯乙烯涂料以及它们的混合物等等。

高分子防水涂料除聚氨酯、丙烯酸和硅橡胶(有机硅)等涂料外,均属中低档防水涂料,若用涂料进行一道设防,其防水耐用年限仅聚氨酯、丙烯酸和硅橡胶等涂料可达10年以上,但也超不过15年,所以按屋面防水等级,防水耐用年限、设防要求,涂膜防水屋面只能适用于屋面防水等级为Ⅲ、Ⅳ级的工业与民用建筑,既然涂膜防水可单独做成一道设防,同时涂膜防水又具有整体性好,对屋面节点和不规则屋面便于防水处理等特点,所以涂膜防水也可作Ⅰ、Ⅱ级屋面多道设防中的一道防水层。

合成高分子防水涂料的质量要求如下:

Ⅰ类(反应固化型):

固体含量:≥94%;

拉伸强度:≥1.65MPa;

不透水性:压力≥0.3MPa,保持时间≥30min,不透水;

断裂拉伸率:≥300%;

低温柔韧性:-30℃弯折无裂纹。

Ⅱ类(挥发固化型):

固体含量:≥65%;

拉伸强度:≥0.5MPa;

不透水性:压力≥0.3MPa,保持时间≥30min,不透水;

断裂拉伸率:≥400%;

低温柔韧性:-20℃,弯折无裂纹。

1. 聚氨酯(PU)防水涂料

聚氨酯防水涂料又名聚氨酯涂膜防水材料,是由异氰酸酯基(—NCO)的聚氨酯预聚体

(甲组分)和含有多羟基(—OH)或胺基(—NH$_2$)的固化剂及其助剂的混合物(乙组分)按一定比例混合所形成的一种反应型涂膜防水材料。

聚氨酯防水涂料多以双组分形式使用。我国目前有两种类型的聚氨酯防水涂料,一种是焦油系列双组分聚氨酯涂膜防水材料;另一种是非焦油系列双组分聚氨酯涂膜防水材料,由于这类涂料是借组分间发生化学反应而直接由液态变为固态,几乎不产生体积收缩,故易于形成较厚的防水涂膜。

聚氨酯防水涂料的聚氨酯预聚体一般是以过量的异氰酸酯化合物与多羟基聚酯或聚醚进行反应,生成末端带有异氰酸基的高分子化合物,这是聚氨酯防水涂料的主剂。预聚体中的异氰酸酯基很容易与带活性氢的化合物(如乙醇、胺、多元醇、水等)反应,但与不含活性氢的化合物较难反应。固化剂的作用则是用来与预聚体反应,以制成橡胶状弹性体。其由交联剂(与异氰酸酯进行反应的活性氢化合物)与填料、改性剂、稳定剂以及用来调节反应速度的促进剂经混合搅拌而成。

由于可供选择的反应剂种类繁多,所以合成的聚氨酯可具有各种各样的性能,包括做成各种颜色。聚氨酯防水涂料具有优异的耐油、耐磨、耐臭氧、耐海水侵蚀及一定的耐碱性能,柔软,富于弹性,对基层伸缩和开裂的适应性强,黏结性能好,并且由于固化前是一种无定形黏稠物质,故对于形状复杂的屋面,管道纵横部位、阴阳角、管道根部及端部收头都容易施工,因此是目前世界上最常用和有发展前途的高分子防水材料。

聚氨酯防水涂料属橡胶系,我国70年代中期开始研制。北京市建筑工程研究所研制的聚氨酯防水涂料,其甲组分由甲苯二异氰酸酯、二苯基甲烷二异氰酸酯与丙二醇醚、丙三醇醚等原料在加热搅拌下,经过氢转移的加成聚合反应制成;乙组分主要是胺类固化剂或羟基类固化剂,加入适量的煤焦油以及增塑剂、防霉剂、填充剂、促进剂等,在加热搅拌条件下制成的一种混合物。辅助材料有二甲苯、乙酸乙酯、二月桂酸二丁基锡、苯磺酰氯、石渣等。江苏省化工研究所研制的聚氨酯防水涂料,是以合成新型多元醇,并采用组合聚醚与TDI反应制得预聚体,并以扩链剂制成。我国聚氨酯防水涂料大量生产和应用始于80年代初,至今在全国各地已大量生产和应用,但绝大部分是焦油聚氨酯防水涂料,国外常见的高弹性(非焦油)聚氨酯防水涂料,近年来,我国亦已生产、应用。

聚氨酯防水涂料的优缺点见表9-3。

聚氨酯防水涂料的优缺点　　　　　　表9-3

优　　点	缺　　点
1. 固化前为无定形黏稠状液态物质,在任何复杂的基层表面均易于施工,对端部收头容易处理,防水工程质量易于保证 2. 藉化学反应成膜,几乎不含溶剂,体积收缩小,易做成较厚的涂膜,涂膜防水层无接缝,整体性强 3. 冷施工作业,操作安全 4. 涂膜具有橡胶弹性,延伸性好,拉伸强度和撕裂强度均较高 5. 对在一定范围内的基层裂缝有较强的适应性	1. 原材料为较昂贵的化工材料,故成本较高,售价较贵 2. 施工过程中难以使涂膜厚度做到像高分子防水卷材那样均匀一致。为使防水涂膜的厚度比较均一,必须要求防水基层有较好的平滑度,并要加强施工技术管理,严格执行施工操作规程 3. 有一定的可燃性和毒性 4. 本涂料为双组分反应型,须在施工现场准确称量配合,搅拌均匀,不如其他单组分涂料使用方便 5. 必须分层施工,上下覆盖,才能避免产生直通针眼气孔

2. 硅橡胶防水涂料

硅橡胶防水涂料是以硅橡胶乳液及其他乳液的复合物为主要基料,掺入无机填料及交联剂、催化剂、增韧剂、消泡剂等多种化学助剂配制而成的乳液型防水涂料。

本品兼有涂膜防水和浸透性防水材料两者的优良性能,具有良好的防水性、渗透性、成膜性、弹性、黏结性和耐高低温性。

本品适应基层变形的能力强,能渗入基层与基层黏结牢固,冷施工,可刮、可刷、可喷,操作方便,成膜速度快,可在潮湿的基层上施工,无毒、无味、不燃、安全可靠,可配制成各种色彩的涂料,以便于修补。

本品的优缺点见表9-4。

硅橡胶防水涂料的优缺点 表9-4

优 点	缺 点
1. 在任何复杂的表面均易于施工,形成抗渗性较高的连续防水膜 2. 以水作分散介质,具有无毒、无味、不燃的优点,安全可靠,可在常温下冷施工作业,不污染环境,操作简单,维修方便 3. 具有一定渗透性,形成的涂膜延伸率较高,可配成各种颜色,具有一定的装饰效果 4. 可在稍潮湿而无积水的表面施工,成膜速度快 5. 耐候性较好	1. 原材料为较昂贵的化工材料,故成本较高,售价较贵 2. 施工过程中难以使涂膜厚度做到像高分子防水卷材那样均匀一致,故必须要求基层有较好的平整度,并要加强施工技术管理,严格执行施工操作规程,方能达到高质量目标 3. 属水乳型涂料,固体含量比反应型涂料低,故要达到相同厚度时,单位面积涂料使用量较大 4. 必须分层多次涂刷,上下覆盖,才能避免产生直通针眼、气孔,气温低于5℃不宜施工

硅橡胶防水涂料共有Ⅰ型涂料和Ⅱ型涂料两个品种,Ⅱ型涂料加入了一定量的改性剂,以降低成本,但性能指标除低温韧性略有升高外,其余指标与Ⅰ型涂料都相同,两个品种的涂料均由1号涂料和2号涂料组成,涂布时进行复合使用,1号涂料和2号涂料均为单组分,1号涂料涂布于底层和面层,2号涂料涂布于中间的加强层。

硅橡胶防水涂料是以水为分散介质的水乳型涂料,失水固化后形成网状结构的高聚物。将涂料涂刷在各种基层表面后,随着水分的渗透和蒸发,颗粒密度增大而失去流动性,当干燥过程继续进行,过剩水分继续失去,乳液颗粒渐渐彼此接触集聚,在交联剂、催化剂作用下,不断进行交联反应,最终形成均匀、致密的橡胶状弹性连续膜。

本品适用于各种屋面防水工程,地下工程,输水和贮水构筑物、卫生间等的防水,防潮。

本品其技术性能要求见表9-5和表9-6。

硅橡胶防水涂料技术性能(一) 表9-5

项 目	性 能	项 目	性 能
pH值	8	渗透性	可渗入基底0.3mm左右
固体含量	1号:41.8% 2号:66.0%	抗裂性	4.5～6mm(涂膜厚0.4～0.5mm)
表干时间(min)	<45	延伸率(%)	640～1000
黏度(涂-4杯)	1号:1′08″ 2号:3′54″	低温柔性	-30℃冰冻10d后绕φ3mm棒不裂
抗渗性	迎水面1.1～1.5MPa恒压一周无变化,背水面0.3～0.5MPa	扯断强度(MPa)	2.2

续表

项　目	性　能	项　目	性　能
直角撕裂强度(MPa)	0.81	耐湿热	在相对湿度＞95％,温度(50±2)℃ 168h,不起鼓,无脱落,延伸率仍保持在70％以上
黏结强度(MPa)	0.57	吸水率(％)	100℃,5h {空白9.08 试样1.92
耐热	(100±1)℃ 6h 不起鼓,不脱落	回弹率(％)	＞85
耐碱	饱和 Ca(OH)$_2$ 和 0.1％ NaOH 混合液室温 15℃ 浸泡 15d,不起鼓,不脱落	耐老化	人工老化168h,不起鼓、起皱、无脱落,延伸率仍达530％

硅橡胶防水涂料技术性能(二)[①]　　　　表 9-6

项　目		抽样测试结果
拉伸强度(N/mm^2)	无处理	1.50
	加热处理	无处理值的 84％
	紫外线处理	无处理值的 113％
	碱处理	无处理值的 125％
	酸处理	无处理值的 67％
断裂时的延伸率(％)	无处理	890
	加热处理	1006
	紫外线处理	680
	碱处理	481
	酸处理	425
加热伸缩率(％)	伸　长	—
	缩　短	—
拉伸时的老化	加热老化	—
	紫外线老化	—
低温柔性		−30℃ 无裂纹
黏结强度(N/mm^2)		0.49
不透水性(0.3N/mm^2,30min)		不渗漏
固体含量(％)		58
适用时间(min)		—
涂膜表干时间(h)		3
涂膜实干时间(h)		—

① 本表根据国家行业标准 JC 500—92 及 JC 408—91 编制,测试结果为原国家建材局建筑防水材料产品质量监督检验中心实测数据。

3. 有机硅防水涂料——墙克漏

有机硅防水涂料是一种专门用于墙面防水、抗渗的新型防水材料。

有机硅防水涂料——墙克漏是以有机硅为原料,用先进的工艺配制乳化而成的。本品是一种无污染、无刺激性的新型建筑防水涂料,应用于建筑物外墙后,会渗入基层一定深度并形成一层肉眼看不见的透气憎水薄膜,当雨水吹打在建筑物上或遇到湿气时,水滴会自然流淌,阻挡雨水渗入室内,而室内潮气则可透出,由于本品所具有的这一特性,因而能防止墙外或墙内涂料发霉。本品防水抗渗性能优良,耐低温抗冻性好,单组分,冷施工,施工方便,还具有自清洁功能并可用在保温材料上,以大幅度降低其吸水率。如乳胶涂料用作外喷使用,可使普通水性涂料变成彩色防水装饰涂料,使内外墙涂料寿命延长。

本品适合多种建筑基材的防水、防渗,具有优良的防水、防潮、防毒、防污染、防盐析、防酸雨腐蚀、防风化等功能,广泛用于各种建筑物、园林古建筑、石雕、文物保护、仓库及图书馆等场所。本品最适用于用瓷砖、锦砖、水泥砂浆、外墙涂料装饰的外墙渗漏治理。

本品的技术关键是对绝大多数建筑基材都具有优良的适用性,有利于原材料的选择以及最佳生产工艺条件的确定,本品与国内同类产品相比较,防水抗渗性能优良,耐久性好,使用寿命长,能有效地保护建筑物外墙的原有本色,且施工方便,适用范围广是其特色。

由原国家建材局苏州非矿院防水材料设计研究所开发并由苏州奥立克防水堵漏工程有限公司生产的有机硅防水涂料——墙克漏已推广应用到许多省、市、自治区的建筑物上使用,取得了良好的使用效果。

本品的技术性能指标如下:

外观:透明或乳白色乳液;

含固量:Ⅰ型≥30%;

Ⅱ型≥27%;

Ⅲ型≥20%;

离心稳定性:经2000r/min,上不漂油,下不分离;

pH值:3.5~5.5;

乳液粒径:<3μm。

本品使用时将1kg墙克漏浓缩液加上6~9kg自来水稀释后用刷子或喷雾器涂刷或喷涂在建筑物干燥的基层上,涂刷或喷涂两遍即可。

本品用量,每1kg原液可喷刷40m^2墙面一遍。

4. 丙烯酸酯防水涂料

丙烯酸酯防水涂料是以纯丙烯酸共聚物、改性丙烯酸或纯丙烯酸酯乳液为主要成分,加入适量填料、助剂及颜料等配制而成,属合成树脂类单组分防水涂料。

这类防水涂料的最大优点是具有优良的耐候性、耐热性和耐紫外线性,在-30~80℃范围内性能基本无多大变化。延伸性能好,可达250%,能适应基屋一定幅度的开裂变形,一般为白色,但可通过着色使之具有各种色彩,故使防水层兼有装饰和隔热效果。

丙烯酸酯防水涂料的优缺点见表9-7。

本品制备方法一般是先在丙烯酸主要成分中按一定配比掺入当作乳化剂使用的表面活性剂、聚合引发剂,进行乳液聚合,制成乳液。然后加入成膜助剂(聚结剂)、防老剂、增黏剂、稳定剂等混合即可得最终产品。

在我国,丙烯酸酯类防水涂料是以丙烯酸树脂乳液为主体,加入各种助剂,有些产品还加入某些橡胶乳液等作改性剂配制而成,均属合成树脂类防水涂料范畴。国外有以丙烯酸橡胶乳液为主体的防水涂料,则属合成橡胶类防水涂料,但目前在国内尚不多见。

丙烯酸酯防水涂料的优缺点 表 9-7

优 点	缺 点
1．能在复杂的基层表面施工 2．以水作为分散介质，无毒、无味、不燃，安全可靠，可在常温下冷施工作业，不污染环境，操作简单，维修方便 3．可配成多种颜色，兼具防水、装饰效果 4．可在稍潮湿而无积水的表面施工	1．以高分子化合物为主要原材料，故成本较高 2．施工过程中难以使涂膜厚度做到像高分子卷材那样均匀一致，故必须要求基层有较好的平整度 3．属水乳型涂料，固体含量比反应型涂料低，故要达到相同厚度，单位面积涂料使用量较大 4．必须分层多次涂刷，上下覆盖，才能避免产生直通针眼、气孔，气温低于 5℃ 不宜施工

丙烯酸酯类防水涂料具有水乳型高分子树脂类防水涂料的一切特性，我国在 80 年代初就研制并应用于屋面防水工程，但以应用丙烯酸酯屋面浅色隔热防水涂料品种为多。这类产品是作为黑色防水层表面附加层的一种用法，效果较好。近几年来，随着我国科技的进步，作为防水涂层主体的用法亦已出现。丙烯酸酯防水涂料这一品种已进入市场。

丙烯酸酯防水涂料的技术性能见表 9-8 和表 9-9。

丙烯酸酯防水涂料的技术性能（一） 表 9-8

项 目	性 能 指 标	项 目	性 能 指 标
含固量(%)	≥65	抗裂性(涂膜厚 1mm)	裂缝 4～6mm 时，涂膜不裂
低温柔性 −20℃	合格	抗渗性(涂膜厚 1mm)	0.8～1.5(迎水面)
耐热性 80℃，5h	不起泡，不开裂	(MPa)	0.3～0.5(背水面)
延伸率(%)	≥400	黏结强度(MPa)	1.2～1.5
断裂强度(MPa)	≥0.5	耐碱性	延伸率保留率 >70%
回弹率(%)	80～90		

丙烯酸酯防水涂料的技术性能（二）[1][2] 表 9-9

项 目		抽样测试结果	项 目	抽样测试结果
拉伸强度(MPa)	无处理	0.84	耐热性	100℃，5h，合格
	加热处理	—	黏结强度(MPa)	0.60
	紫外线处理	—	延伸性(mm)	24
	碱处理	—	低温柔性	−5℃ 无裂纹、断裂
	酸处理	—	不透水性(0.30N/mm², 30min)	不渗漏
断裂时的延伸率(%)	无处理	1522	固体含量(%)	58
	加热处理	—	适用时间(min)	—
	紫外线处理	—	涂膜表干时间(h)	4
	碱处理	—	涂膜实干时间(h)	20
	酸处理	—		

[1] 本表根据国家行业标准 JC 500—92 及 JC 408—91 编制。
[2] 测试结果为原国家建材局建筑防水材料产品质量监督检验中心实测数据。

本品的适用范围是：建筑屋面、墙面防水、防潮；地下混凝土建筑、厨房间、厕浴间的防水、防潮；防水维修工程。

六、JS 复合防水涂料

金汤牌 JS 复合防水涂料（聚合物-水泥基复合防水涂料）是在吸收了日本先进技术后开发的新型防水材料。该产品由有机液料（由聚丙烯酸酯、聚酯酸乙烯脂乳液及各种添加剂组成）和无机粉料（由高铝高铁水泥、石英粉及各种添加剂组成）复合而成的双组分防水涂料，是一种既具有机材料弹性高又有无机材料耐久性好等优点的防水材料，涂复后形成高强坚韧的防水涂膜，并可根据工程需要配制彩色涂层。

本品的主要特点如下：

(1) 能在潮湿或干燥的多种材质基面上直接进行施工；
(2) 涂层坚韧高强，耐水性、耐候性、耐久性均优异；
(3) 可加颜料，以形成彩色涂层；
(4) 无毒、无害、无污染，施工简单，工期短；
(5) 在立面、斜面和顶面上施工不流淌；
(6) 耐高温 140℃，尤其适用于道路桥梁防水；
(7) 能与基面及水泥砂浆等各种基层材料牢固黏结。

本品可在潮湿或干燥的砖石、砂浆、混凝土、金属、木材、各种保温层、各种防水层（例：沥青、橡胶、SBS、APP、聚氨酯等）上直接施工，对于各种新旧建筑物及构筑物（房屋、地下工程、隧道、桥梁、水池、水库等）均可使用。将液料和粉料按 1:1.5~2 的比例调成腻子状，也可用作黏结、密封材料。

产品规格为双组分型，液料每桶 30kg，粉料 3 袋，每袋 7kg。

技术性能要求见表 9-10。

金汤牌 JS 复合防水涂料技术性能指标[①] 表 9-10

项 目		标 准 值	实测值
拉伸强度	无处理（MPa）	≥2.0	2.5
	碱处理（%）	强度变化率不大于±20	19.0
	紫外线（%）	强度变化率不大于±20	18.5
	热处理（%）	强度变化率不大于±20	19.5
断裂伸长率	无处理（%）	≥150	266
	碱处理（%）	伸长率保持率不小于80	84.6
	紫外线（%）	伸长率保持率不小于80	81.6
	热处理（%）	伸长率保持率不小于80	82.6
低温柔性	无处理	-10℃	无裂纹
	碱处理	-5℃	无裂纹
	紫外线	-5℃	无裂纹
	热处理	-5℃	无裂纹
不 透 水 性		0.3MPa,30min	不透水

① 检验依据为 BJ/RZ 04—95，聚合物基防水涂料。

七、东海牌彩色纳米防水涂料

北京市海淀区东海防腐防水技术开发工程公司研制，首都师范大学新材料研究所监制的东海牌彩色纳米防水涂料是由复合纳米材料与高聚物经特殊工艺制造而成的一种高性能双组分防水涂料。该涂料具有优良的粘结性及耐低温性、耐水性、耐候性、并可根据需要配制成彩色涂层。

本品的主要特点如下：
(1) 可在潮湿或干燥的多种材质上直接施工；
(2) 涂层耐候性好，形成的彩色涂层不褪色；
(3) 无毒、无味、无污染；
(4) 耐高温达140℃，耐紫外老化性能优异；
(5) 超强的耐水性，非常适用于地下工程；
(6) 超强的耐低温性能可用于高寒地区；
(7) 耐碱性能优异；
(8) 在立面、斜面、顶面施工不流淌。

本品的主要技术性能指标如下：
抗拉强度：$\geqslant$2.0MPa；
断裂伸长率：$\geqslant$300%；
耐低温性能：-40℃；
耐热性：140℃，8h；
黏结强度：>1.0MPa；
不透水性：0.3MPa，30min 不漏；
耐紫外照射：500W，1000h；
耐水性：常温下水浸泡28d，无异常、无析出物；
表干时间：环境温度20℃露天条件下 3h；
实干时间：环境温度20℃露天条件下 4h；
保质期：12 个月。

东海牌彩色纳米防水涂料，可在砖石、砂浆、混凝土、金属、木材、硬塑料、APP、SBS、泡沫板、石膏板等基面上直接施工，对新旧建筑物及构筑物例：屋面、地下工程、隧道、桥梁、水池、水库等均可使用。

东海牌彩色纳米防水涂料其施工工艺要求如下：

(1) 基层处理：

基层要求必须平整，牢固，干净，无明水，无渗漏，凹凸不平及裂纹处须先找平，渗漏处先进行堵漏处理(推荐使用东海牌速凝水不漏)，阴阳角应做成圆弧角。

(2) 配料：

如果需要加水，则先在液料中加水，用搅拌器边搅拌边徐徐加入粉料，之后应充分搅拌均匀直至料中不含团粒，搅拌时间约5分钟左右，最好不用手工搅拌。

打底层涂料的重量配比为：液料：粉料：水 = 10:5:15，涂料用量：0.3kg/m²。

下层、中层和上层涂料的重量配比为：液料：粉料：水 = 10:5:0~2，涂料用量：0.9kg/m²。

在规定的加水范围内，斜面、顶面、立面施工应不加水或少加些水，平面则应多加些水。

(3) 工法选择：

针对不同的防水工程，相应选择 P_3、P_4、Q_5 三种工法中的一种或几种组合进行施工。

P_3 工法由打底层、下层、上层组成，总用料量为 $2.1kg/m^2$，适用于等级较低和一般建筑物防水；

P_4 工法由打底层、下层、中层、上层组成，总用料量为 $3kg/m^2$，适用于等级较高和重要建筑物防水；

Q_5 工法则由打底层、下层、无纺布、中层、上层组成，总用料量为 $3kg/m^2$，适用于重要建筑物的防水和建筑物异形部位的防水。

(4) 涂覆：

用滚筒或刷子涂覆，根据选定的工法，按照打底层→下层→无纺布→中层→上层的次序逐层完成，各层之间的时间间隔以前一层涂膜干燥不粘为准，现场施工温度低、湿度大、通风差、干燥时间则长些；反之则短些。

按 Q_5 工法施工时，下层、无纺布、中层须连续施工，不能间隔，涂覆时，若涂料有沉淀，应及时搅匀，每层涂覆按工法规定取料，不能过厚或过薄，若防水层厚度不够可加涂一层或数层。

(5) 施工注意事项：

该材料应存放在 5℃ 以上阴凉、通风、干燥处；

雨天不作露天施工；

在 5℃ 以下不宜施工；

不宜在特别潮湿又不通风的环境中施工。

八、防水涂料配方

(一) 沥青类防水涂料

沥青类防水涂料，其成膜物质中的主要材料是石油沥青。该类涂料有溶剂型和水乳型两种。

将石油沥青溶于有机溶剂而配成的涂料，为溶剂型沥青涂料。其实质是一种沥青溶液。因形成的涂膜较薄，沥青又未经改性，故一般不单独作防水涂料，而仅作配套材料（例如打底的冷底子油）使用。

将石油沥青分散于水中，形成稳定的水分散体构成的涂料，即水乳型沥青防水涂料。为了使沥青同水结合在一起，形成均匀的分散体系，需采用表面活性剂，专用于沥青的表面活性剂称沥青乳化剂。根据乳化剂类型的不同，乳化沥青可分为阴离子型、阳离子型、非离子型、复合离子型以及橡胶改性、合成树脂改性、无机型等多种。各种离子型乳化沥青都属于沥青乳胶体，因成膜较薄，现多用作防水材料的配套材料或用来配制各种橡胶改性和合成树脂改性的乳化沥青。无机型乳化沥青为膏状沥青悬浮体，成膜较厚，可作防水涂料使用。

1. 冷底子油

冷底子油是涂刷在水泥砂浆或混凝土基层及金属表面上作打底之用的防水材料。它可使基层表面与玛琋脂、涂料、油膏等中间具有一层胶质薄膜，提高胶结性能。

溶剂油和煤油仅用于调制石油沥青冷底子油，快挥发性的油溶剂则可用于调制 30 号石油沥青或煤焦油沥青冷底子油。

[1] **沥青防水涂料**(1)

成分	用量(%)	成分	用量(%)
10号、30号石油沥青	40	轻柴油（或煤油）	60

用途：涂刷在终凝前的水泥基层上。

[2] 沥青防水涂料(2)

成分	用量(%)	成分	用量(%)
30号石油沥青	30	溶剂油	70

用途:涂刷在水泥基层或金属构配件表面。

[3] 沥青防水涂料(3)

成分	用量(%)	成分	用量(%)
60号石油沥青	55	轻柴油(或煤油)	45

用途:涂刷在终凝前的水泥基层上。

[4] 沥青防水涂料(4)

成分	用量(%)	成分	用量(%)
煤焦油沥青(软化点为50~70℃)	50	轻柴油(或煤油)	50

用途:涂刷在终凝前的水泥基层上。

[5] 沥青防水涂料(5)

成分	用量(%)	成分	用量(%)
10号、30号石油沥青	50	轻柴油(或煤油)	50

用途:涂刷在终凝后的水泥基层上。

[6] 沥青防水涂料(6)

成分	用量(%)	成分	用量(%)
60号石油沥青	60	苯	40

用途:涂刷在终凝后的水泥基层上。

[7] 沥青防水涂料(7)

成分	用量(%)	成分	用量(%)
煤焦油沥青(软化点为50~70℃)	55	苯	45

用途:涂刷在终凝后的水泥基层上。

[8] 沥青防水涂料(8)

成分	用量(%)	成分	用量(%)
10号、30号石油沥青	30	轻柴油(或煤油)	70

用途:涂刷在金属构配件表面上。

[9] 沥青防水涂料(9)

成分	用量(%)	成分	用量(%)
10号、30号石油沥青	35	轻柴油(或煤油)	65

用途:涂刷在金属构配件表面上。

[10] 沥青防水涂料(10)

成分	用量(%)	成分	用量(%)
10号、30号石油沥青	45	苯	55

用途:涂刷在金属构配件表面上。

[11] 沥青防水涂料(11)

成分	用量(%)	成分	用量(%)
煤焦油沥青(软化点为50~70℃)	40	轻柴油(或煤油)	60

用途:涂刷在金属构配件表面上。

[12] 沥青防水涂料(12)

成分	用量(%)	成分	用量(%)
煤焦油沥青(软化点为50~70℃)	45	苯	55

用途:涂刷在金属构配件表面上。

[13] 沥青防水涂料(13)

成分	用量(%)	成分	用量(%)
10号、30号石油沥青	45	苯	55

用途:涂刷在金属构配件表面上。

[14] 沥青防水涂料(14)

成分	用量(份)	成分	用量(份)
10号(或30号)石油沥青	30	汽油	70

工艺:将沥青加热熔化,使其脱水不再起泡为止。将溶好的沥青倒入桶内冷却,达到一定温度后,将沥青慢慢成细流注入溶剂中,不断搅拌,直至溶解均匀为止。用汽油、沥青的温度应在100℃左右;如改用柴油,沥青的温度应在130℃左右。

另一种冷底子油的配制方法是将沥青打成5~10mm大小的碎块,把它放入溶剂中,不断搅拌,直至沥青全部溶解均匀。在施工中,如用量较少可采用这种方法配制,但此法的缺点是沥青中的杂质和水分都没有除掉,因此质量较差。

本品喷涂或刷涂均可。冷底子油是底层沥青涂料,可用于粘贴油毡等卷材,或黏附沥青混凝土、沥青油膏、沥青胶黏剂的底层黏结材料。

[15] 沥青防水涂料(15)

成分	用量(%)	成分	用量(%)
60号石油沥青	30	汽油	70

用途:用于道路及沥青混凝土防渗墙底层黏结。

[16] 沥青防水涂料(16)

成分	用量(%)	成分	用量(%)
60号石油沥青	40	轻柴油	60

用途:同本节配方(15)。

[17] 沥青防水涂料(17)

成分	用量(%)	成分	用量(%)
10号石油沥青	40	煤油	60

用途:用于屋面防水卷材、沥青油膏的底层黏结材料。

2. 水乳型沥青防水涂料

水乳型沥青防水涂料俗称乳化沥青,由沥青、水、乳化剂和辅助材料组成,沥青质量的好坏直接影响着乳化沥青防水膜的性能。

(1) 阴离子乳化沥青:阴离子乳化沥青选用阴离子表面活性剂、水和沥青配制而成。乳化沥青的pH值在11~12之间。

[1] 水性沥青防水涂料(1)

成分	用量(kg)	成分	用量(kg)
60号石油沥青	100	水	92
松香皂	8		

工艺：将沥青加热熔化脱水，加入松香皂，搅拌混合均匀，温度降到100℃时加入水，充分搅拌均匀即成。

[2] 水性沥青防水涂料（2）

成分	用量(kg)	成分	用量(kg)
10号石油沥青	30	肥皂	1.1
60号石油沥青	70	烧碱	0.4
洗衣粉	0.9	水	97.6

工艺：将石油沥青放入锅内，加热到180～200℃熔化脱水，除去杂质，保温160～190℃备用。在匀化机内，在60～80℃下将洗衣粉、肥皂、烧碱和水搅拌混合均匀，再加入160～190℃的沥青液（需在1min内加完），充分搅拌，乳化时间4min，即得成品。

[3] 水性沥青防水涂料（3）

成分	用量(kg)	成分	用量(kg)
60号石油沥青	100	松香	1
水玻璃	0.8	烧碱	0.8
水	83.9		

工艺、性能：把水加热，放入烧碱，搅拌使其溶解，然后升温至沸，边搅拌边徐徐加入磨细的松香粉，继续用水浴加热，不断搅拌熬煮90min左右，得松香皂乳化液。另将沥青熔化脱除水分，在强烈搅拌下加入到松香皂乳化液中，继续搅拌5～10min，即为乳化沥青。

以松香皂为乳化剂制成的沥青乳液，制法简单，成本低，使用方便。防水、防裂，耐候性优良。

[4] 水性沥青防水涂料（4）

成分	用量(kg)	成分	用量(kg)
60号石油沥青	100	单硬脂酸甘油酯	2
十八碳脂肪醇	2	匀染剂X-102	0.75
十二醇硫酸钠	0.1	水	50

工艺：将60号石油沥青放入锅内加热熔化脱水，温度降到130～150℃，边搅拌边加入十八碳脂肪醇、单硬酯酸甘油酯和匀染剂X-102，使其搅拌溶解均匀。另将水加热至60℃左右，在搅拌下加入十二醇硫酸钠，使之溶解均匀。在强力搅拌下徐徐加入120℃左右的沥青，沥青加完后，再继续搅拌5min，使其乳化，然后在缓慢搅拌下冷却至50℃左右使用。

[5] 水性沥青防水涂料（5）

成分	用量(份)	成分	用量(份)
石油沥青	24	肥皂	2
合成醇	12	水	62

工艺：将沥青加热熔化，然后加入其余组分，充分搅拌混合均匀即得制品。

[6] 水性沥青防水涂料（6）

成分	用量(份)	成分	用量(份)
10号沥青	30	水	57.5
棉籽油皂	10	烧碱	0.5
高碳醇	2		

工艺：将烧碱溶于水中配成碱溶液，加入熔化的沥青中，充分搅拌均匀，再加入其余组分

搅拌混合均匀即成。

[7] 丁腈改性沥青防水涂料

成分	用量(kg)	成分	用量(kg)
丁腈橡胶	90	烷基苯磺酸钠	1
松香酸皂	5	氢氧化钠	0.1~0.2
60号石油沥青	70	聚乙烯醇	2
10号石油沥青	30	水	60~80

工艺：将丁腈橡胶、松香酸皂和20份的水，混合搅拌均匀成为胶液，溶液pH值为9，备用。将沥青加热熔化后加入烷基苯磺酸钠、氢氧化钠和剩余的水，充分搅拌均匀成为沥青乳液。将沥青乳液和胶液混合搅拌均匀，最后加入聚乙烯醇，充分搅拌成为橡胶乳化沥青。

[8] 丁腈改性沥青防水涂料

成分	用量(kg)	成分	用量(kg)
石油沥青	58	50%丁腈乳胶	100
氢氧化钠	0.1	烷基苯磺酸钠	0.6
水	41	聚乙烯醇	1.2
松香皂	2		

工艺：将石油沥青加热熔化，然后加入氢氧化钠、烷基苯磺酸钠和水，充分搅拌混合均匀，最后加入丁腈乳胶和聚乙烯醇，搅拌均匀即成。

[9] 再生橡胶沥青防水涂料

成分	用量(kg)	成分	用量(kg)
石油沥青	60	再生橡胶	45
工业皂	5	防老剂	1
水	82	松香油酸钠皂	4

工艺、性能：将沥青加热熔化，然后加入十二烷基硫酸钠和二分之一量的水，充分搅拌制成乳化沥青液。将另一半的水加入再生橡胶、工业皂、防老剂，强烈搅拌混合成为胶乳。将其倒入乳化沥青液中，搅拌混合均匀即得橡胶乳化沥青。

这种橡胶乳化沥青稳定性和黏结性良好，能耐高温和低温，没有高温软化和低温脆化的缺点，是优良的乳化沥青防水材料。

[10] 脂肪酸沥青防水涂料

成分	用量(kg)	成分	用量(kg)
石油沥青(针入度:80~200,软化点:34~42℃,沥青酸≤1%)	50	烧碱	0.3
		水玻璃	0.2
天然或合成脂肪酸	0.5	水	48
环烷酸钠	0.1		

工艺、性能：将石油沥青、天然或合成脂肪酸混合，加热至115~120℃，然后加到预热至60~70℃的碱性乳化液中。碱性乳化液为环烷酸钠、烧碱、水玻璃和水等混合溶解而成。

这两种乳液在配备有浆式搅拌机的容器中，于50~100r/min下混合。当添加完成后，继续搅拌10min以上，即制得脂肪酸沥青乳液。这种沥青乳液具有高分散度和渗透力，贮存稳定，可以用来黏结建筑材料，耐水、耐候性好。如掺入橡胶胶乳可以制得橡胶改性乳化沥青。

[11] 脂肪酸改性沥青防水涂料

成分	用量(kg)	成分	用量(kg)
石油沥青	50~60	十二烷基硫酸钠	0.8~1.5
脂肪酸	3~4	水	29.5~46.2

工艺：将沥青加热熔化，加入其余组分，充分搅拌混合均匀即成。

[12] 水乳沥青防水涂料

成分	用量(kg)	成分	用量(kg)
60号石油沥青	50	烧碱	0.3
十二烷基苯磺酸钠	0.5	尿素	0.5
OP-10	0.1	水	68

工艺：将沥青加热熔化，加入烧碱和水，充分搅拌，再加入其余组分，搅拌混合均匀即成。

[13] 煤沥青防水涂料

成分	用量(kg)	成分	用量(kg)
66%煤焦油沥青	3~6	滑石粉	5~8
煤焦油溶剂	3~8	红土粉	10~20
60%松香液	20~35	硫酸铜	3~6
6%低碳酸铜皂液	15~25	氧化锌	10~15
DDT(双对氯苯基三氯乙烷)	3~6	氧化亚铜	10~15

工艺、性能：按配比将全部物料充分混合搅拌均匀即成制品。本品具有优良的防水、防腐、阻蛆、防污效果。

[14] 皂液乳化沥青

成分	用量(份)	成分	用量(份)
60号石油沥青	75	水玻璃	1
10号石油沥青	25	石花菜	1
洗衣粉	1.2	水	100
火碱	0.5		

[15] 皂液乳化沥青防水涂料

成分	用量(份)	成分	用量(份)
10号石油沥青	30~25	洗衣粉	0.9
60号石油沥青	70~75	肥皂	0.1
NaOH	0.4	水	97.6~100

用途：本品适用于屋面防水、道路、地下工程防渗和材料表面防腐。

(2) 阳离子乳化沥青：阳离子乳化沥青是以阳离子表面活性剂为乳化剂的沥青乳液。它的pH值在7以下，一般为6左右。

[1] 水性沥青防水涂料(1)

成分	用量(kg)	成分	用量(kg)
60号或100号石油沥青	100	水	95
十六烷三甲基溴化铵	0.6	盐酸	适量
聚乙烯醇	0.4		

工艺:将沥青加热熔化后加入水和十六烷基三甲基溴化铵,搅拌混合均匀,加入适量盐酸调整 pH=7 左右,最后加入聚乙烯醇混合均匀即成。

调节 pH=6,加入明胶配制成乳化液。将 70~75℃ 的乳化液注入匀化机中,然后将 130~140℃ 的沥青液徐徐注入匀化机中进行乳化,即可制成乳化沥青。

[2] 水性沥青防水涂料(2)

成分	用量(kg)	成分	用量(kg)
乳化沥青	45~55	阳离子乳化剂	1~1.5
脲醛树脂乳液	1~5	水	100

工艺、性能:将各组分混合拌匀即可,本品黏结、防水性优良。

[3] 水性沥青防水涂料(3)

成分	用量(kg)	成分	用量(kg)
沥青	30	盐酸	0.4
液体石蜡	8.5	氯化钠	0.2
聚氧乙烯烷基胺	0.6	水	40

工艺:将沥青加热熔化,加入盐酸和水搅拌混合均匀,然后加入其余组分,充分搅拌均匀即成。

[4] 水性沥青防水涂料(4)

成分	用量(kg)	成分	用量(kg)
沥青	50~70	氯化钙	0.1
牛脂丙烯二胺	0.5~1.1	水	30~50
30%盐酸溶液	0.3		

工艺:先将沥青加热熔化,再加入其余组分,充分搅拌混合均匀即成。

[5] 水性沥青防水涂料(5)

成分	用量(kg)	成分	用量(kg)
石油沥青	30	平平加	0.25
石蜡	12	水	40
椰子油丙烯二胺	0.3	硬脂酸	0.25

工艺:先将沥青和石蜡加热熔化,再加入其余组分,充分搅拌混合均匀即成。

(3) 非离子乳化沥青:非离子乳化沥青是以非离子表面活性剂为乳化剂的沥青乳液。非离子乳化沥青在碱性介质中稳定,添加适量的碱性物质可调节 pH 值。

[6] 水性沥青防水涂料(6)

成分	用量(kg)	成分	用量(kg)
10号石油沥青	30	氢氧化钠	0.88
60号石油沥青	70	水玻璃	1.6
脂肪聚氧乙烯醚	2	聚乙烯醇	4
水	100		

工艺:将沥青加热熔化后加入水和脂肪聚氧乙烯醚,充分搅拌均匀,加入氢氧化钠和水玻璃调整 pH 值,最后加入聚乙烯醇,充分搅拌混合均匀即成。

[7] 水性沥青防水涂料(7)

成分	用量(kg)	成分	用量(kg)
60号石油沥青	75	聚乙烯醇(聚合度2000,	4
10号石油沥青	15	醇解度85%)	
65号石油沥青	10	平平加(HLB=14.5)	2
氢氧化钠	0.88	水	100
水玻璃	1.6		

工艺、性能：先将石油沥青放入加热锅内,加热熔化、脱水、除去纸屑杂质后,于160~180℃下保温。

另将乳化剂、辅助材料按配方依次称量,投入已知体积和温度的水中,水温加热至20~30℃,再加入氢氧化钠,全部溶解后,升温40~50℃,加水玻璃,搅拌10min,再升温至80~90℃后加入聚乙烯醇,充分搅拌溶解,即得清澈的乳化液(或称乳剂),于60~80℃下保温。

将乳化液(冬天60~80℃;夏天20~30℃)过滤、计量,输入匀化机中,开动匀化机,将保温180~200℃的沥青液徐徐注入匀化机中,乳化2~3min停车,经冷却后,装入桶中或打入贮液罐即成774乳化沥青成品。

本品不怕硬水,耐酸碱,在水中不电离,可防静电反应,能用水任意稀释和添加填料,泡沫少。适用于屋面防水、地下防潮、管道防腐、渠道防渗、地下防水等。

[8] 水性沥青防水涂料(8)

成分	用量(kg)	成分	用量(kg)
茂名10号沥青	50	水玻璃	1.6
60号石油沥青	50	聚乙烯醇(稳定剂)	4
水	100	匀染剂X-102	2
氢氧化钠	0.88		

工艺：在聚乙烯醇中加入总水量的50%,加热80~90℃使之溶解,溶解完毕后,需补足蒸发掉的水分,另外将余下50%的水加温至40~50℃,与聚乙烯醇水溶液混合倒入立式搅拌机的乳化筒中,再加入乳化剂,使温度维持在70~80℃,此混合物则为乳化液。

将沥青熔化脱水,保温至180℃左右,再徐徐倒入乳化液中,倒完后再搅拌5~7min,过滤即为成品。

[9] 水性沥青防水涂料(9)

成分	用量(kg)	成分	用量(kg)
丁苯胶乳：		聚氧化乙烯壬基苯基醚	3.06
丁苯橡胶(分子量约7万,含40%苯乙烯)	100	水	930
		乳化沥青：	
甲苯	425	丁苯胶乳	2.75
硬脂酰三甲基氯化铵	1.94	直馏沥青乳液	100

工艺、性能：将丁苯橡胶溶于甲苯中,并用其余组分进行乳化,成丁苯橡胶胶乳,再与直馏沥青乳液相混得制品。本品黏结性强,耐气候、耐磨、耐变形,用于道路铺面、沥青涂料、屋面材料等。

[10] 水性沥青防水涂料(10)

成分	用量(kg)	成分	用量(kg)
60号石油沥青	100	聚乙烯醇缩甲醛(107胶)	15
氢氧化钠	0.9	OP-10	2
水玻璃	1.6	水	80

工艺:将除沥青以外的各组分混合搅拌均匀配成乳化液。再徐徐倒入加热熔化的沥青中,边加边搅拌,直至成为乳状液即得制品。本品常用于屋面防水。

[11] 774非离子乳化沥青

成分	用量(kg)	成分	用量(kg)
石油沥青	160	聚乙烯醇(聚合度2000,醇解度85%)	6
水	180		
氢氧化钠	1.1	平平加(HLB=14.5)	4
水玻璃	2.4		

工艺、性能:将聚乙烯醇加入总水量50%的水中,加热80~90℃使之溶解。另将剩余的50%水加入氢氧化钠,溶解后加入水玻璃并加热至70~80℃,与聚乙烯醇溶液混合倒入搅拌机中,再加入平平加,使温度维持70~80℃,搅拌成为乳化液。将沥青熔化脱水,保温180℃左右,将其缓缓加入乳化液中,边加边搅,加完后再搅拌5~7min,过滤即为制品。本品不怕硬水、耐酸碱,在水中不电离,可防静电反应,能用水任意稀释和添加填料、泡沫少。适合于管道防腐、渠道防渗漏、地下防水防潮、屋面防水施工使用。

[12] 774非离子型乳化沥青防水涂料

成分	用量(份)	成分	用量(份)
沥青液:		水玻璃	1.6
10号石油沥青	15	聚乙烯醇(聚合度为2000,醇解度为85%)	4
60号石油沥青	15		
65号石油沥青	10	平平加(HLB=14.5)	2
乳化液:		水	100
NaOH	0.88		

[13] 沥青防水涂料

成分	用量(kg)	成分	用量(kg)
774非离子乳化沥青	30~60	聚乙酸乙烯分散体	12
烷基苯基聚乙二醇醚	2~10	氧化铁红	20
丁钠橡胶	5~30		

工艺、性能:按配比将全部物料混合研磨均匀即得红色乳化沥青涂料。本涂料用作屋面涂层,喷涂在屋面板上,可形成耐老化、有弹性、不透水的红色涂层。

[14] 沥青防水涂料(1)

成分	用量(kg)	成分	用量(kg)
石油沥青	100	二氯乙烯	60
苯乙烯-异戊二烯橡胶	5	壬基酚醛氧乙烯醚	1.3
石脑油	60	0.8%氢氧化钠水溶液	10

工艺:将沥青加热熔化后再加入其余组分,充分搅拌混合均匀即得耐久性好的乳化沥青,可用于铺筑道路路面工程。

[15] 沥青防水涂料(2)

成分	用量(kg)	成分	用量(kg)
沥青	100	50%非离子表面活性剂水溶液	20~30
三氯乙烯	80~100		
30%磷酸盐水溶液	56		

工艺:将沥青加热熔化后,加入三氯乙烯混合后再加入磷酸盐水溶液,最后加入非离子表面活性剂水溶液,搅拌混合均匀即成不燃性乳化沥青。

(4) 无机乳化沥青:无机乳化沥青是以无机矿物粉为乳化剂的沥青悬浮液。所用无机矿物粉有石灰、膨润土、黏土等。为了增加乳化沥青的贮存稳定性,可加入少量的稳定剂,如三氯化铁、三氯化铝、三氯化钡,其用量为水的 0.1%～0.2%。

[16] 沥青防水涂料(3)

成分	用量(kg)	成分	用量(kg)
60号石油沥青	50	三氯化铁	0.5
膨润土	2	硝基水杨酸	0.1
水	48		

工艺:先将沥青加热熔化,再加入其余组分,搅拌混合均匀即成。

[17] 沥青防水涂料(4)

成分	用量(kg)	成分	用量(kg)
60号石油沥青	30	石棉绒	4
石灰膏	15	水	46

工艺、性能:将石灰膏溶于水中制成石灰乳液,并加温至 70～80℃,在不断搅拌下将预先加热熔化的沥青缓慢地倒入热石灰乳液中,使沥青乳化,最后加入石棉绒,搅拌混合均匀即得石灰乳化沥青。

本品铺抹在基层上,由于水分蒸发,悬浮体的内部结构重新分布,分散极细的沥青颗粒、石灰和石棉绒互相挤靠包裹,沥青凝结成膜,石灰在沥青中形成均匀的蜂窝状骨架,成为一种耐热性高、抗老化性好的防水层。

[18] 沥青防水涂料(5)

成分	用量(kg)	成分	用量(kg)
60号石油沥青	100	氢氧化钠	1
壬基酚聚氧乙烯醚	2	水	96
(非离子乳化剂)			
二磺化萘基甲烷钠盐	1		
(阴离子乳化剂)			

工艺:将沥青加热熔化后,加入其余组分,充分搅拌均匀即成。

[19] 沥青防水涂料(6)

成分	用量(kg)	成分	用量(kg)
60号石油沥青	100	氢氧化钠	0.8
松香皂	1	烷基酚聚氧乙烯醚	0.6
水玻璃	0.8	水	95

工艺:将水加热至沸后,将烧碱徐徐加入沸腾水中,使其完全溶解,然后边搅拌边徐徐加入已磨细的松香皂粉中(颗粒<5mm),勿使其结块,将此混合物在水浴锅上(90～100℃)不断搅拌熬煮 90min 左右,冷却后加入烷基酚聚氧乙烯醚,搅拌均匀即成淡黄色膏状物,此时 pH=11～12,然后加入定量的稀释水,则为松香皂乳化液。将沥青熔化,在 100～200℃ 范围内脱水即为沥青液。

将乳化液先注入搅拌机的搅拌筒内,然后将沥青液呈细流状徐徐加入筒内,搅拌 2～

3min,再加入 80~100℃ 热水,搅拌 6~8min,即为乳化沥青。

[20] 沥青防水涂料(7)

成分	用量(kg)	成分	用量(kg)
30 号石油沥青	40	石灰膏(无机乳化剂)	1
60 号石油沥青	60	聚乙烯醇(稳定剂)	2.5
聚氧乙烯壬苯基醚 (非离子乳化剂)	1.2	水	110
膨润土(无机乳化剂)	2		

工艺:将沥青加热熔化后,加入其余组分,搅拌混合均匀即成。

[21] 石灰乳化沥青(1)

成分	用量(kg)	成分	用量(kg)
60 号石油沥青	29~33	石棉绒	1.8~2.2
石灰膏	12~16	水	48.8~57.2

[22] 石灰乳化沥青(2)

成分	用量(kg)	成分	用量(kg)
60 号石油沥青	38~42	水	38~48
石灰膏	14~40		

工艺、性能:同本节配方[57]。

[23] 石灰乳化沥青(3)

成分	用量(kg)	成分	用量(kg)
60 号石油沥青	30~35	石棉绒	3~5
石灰膏(干石灰重)	14~18	水	45~50

工艺:采用有保温装置的专用搅拌机,开始使用时用开水灌入搅拌机的保温水套内。先把水量的一半(80℃)和石灰膏加到搅拌机内,搅拌 3~5min;另将石棉绒加入另一半水中(80℃),并使其分散,倒入机内,继续搅拌 5min 即成制品,成品为黑褐色膏状体。

[24] 石灰乳化沥青(4)

成分	用量(kg)	成分	用量(kg)
60 号石油沥青	31~33	石棉绒	2.2
石灰膏(干石灰重)	12.6~14	水	50~55

工艺:同本节配方[23]。

[25] 石灰乳化沥青(5)

成分	用量(kg)	成分	用量(kg)
60 号石油沥青	29~31	石棉绒	1.8~2.4
石灰膏(干重)	15~18	水	50~55

工艺:同本节配方[23]。

[26] 石灰乳化沥青(6)

成分	用量(kg)	成分	用量(kg)
60 号石油沥青	30~33	水	40~45
石灰膏(干重)	25~27		

工艺:同本节配方[60]。

[27] 铝-黏土乳化沥青

成分	用量(kg)	成分	用量(kg)
黏土乳化沥青	750	混合稳定添加剂	0.2~2.5
铝糊	50~250	（氯化钡）	
		柠檬酸钠	0~5

工艺：将各组分混合，充分搅拌均匀即成制品。本品可用作要求太阳辐射反射高的屋面涂层材料。

[28] 铝-黏土乳化沥青

成分	用量(kg)	成分	用量(kg)
黏土乳化沥青	750	柠檬酸钠水溶液	0.5~1
铝粉	0.2~2	云母粉	75~125
混合稳定添加剂（氯化钡）	1~1.2	补加水	125~250

工艺、性能：同本节配方[64]。

[29] 铝-黏土乳化沥青

成分	用量(kg)	成分	用量(kg)
黏土乳化沥青	750	柠檬酸钠	0.5~1
铝糊	150	云母粉	100
混合稳定添加剂（氯化钡）	1~1.5	补加水	150~250

工艺：同本节配方[64]。

[30] 铝-黏土乳化沥青

成分	用量(kg)	成分	用量(kg)
沥青	50~69	肥皂	0.5~1
膨润土	1.5~3	水	40~50

工艺：将沥青加热熔化，再加入其余组分，充分搅拌混合均匀即得制品。

[31] 黏土乳化沥青

成分	用量(%)	成分	用量(%)
沥青	48.8	10%十八烷基氨	2.4
13.65%膨润土凝胶体	48.8	基丙胺	

工艺：按配比将物料混合，加热到80℃，搅拌制成膏状黏土乳化沥青。

[32] 乳化沥青防水涂料(1)

成分	用量(kg)	成分	用量(kg)
黏土乳化沥青	750	氯化钡	0.2~2.5
铝糊	50~250	10%柠檬酸钠水溶液	2~5

工艺：将黏土乳化沥青与氯化钡混合，将铝糊分4次加入，边加边搅拌，最后加入柠檬酸钠，搅拌均匀即得铝-黏土乳化沥青。

[33] 乳化沥青防水涂料(2)

成分	用量(kg)	成分	用量(kg)
黏土乳化沥青（见配方[337]）	750	10%柠檬酸钠	0.5~1
		云母粉	100
铝糊	150	水	150~250
氯化锡	1~1.5		

工艺：将除铝糊、柠檬酸钠以外的组分混合均匀，在不断搅拌下，分4批加入铝糊，边加边搅拌，使之均匀分散，最后加入柠檬酸钠水溶液，搅拌混合均匀即成铝-黏土乳化沥青。

[34] 耐候性沥青涂料

成分	用量(份)	成分	用量(份)
氧化沥青	58.4	膨胀蛭石粉	8
石脑油	24.6	石棉纤维	9

工艺、性能：本品溶剂含量较少，且有填料，因此黏度较大，固含量较大，为厚涂层沥青防水涂料，主要用于屋面防水。

(5) 复合离子乳化沥青：为了提高乳化沥青的乳化效果，有时可采用两种或两种以上的乳化剂，配制成复合离子乳化沥青。阴离子乳化剂与非离子乳化剂或无机乳化剂、非离子乳化剂与无机乳化剂都可以复合配制，阳离子乳化剂则不能同阴离子乳化剂并用，因为电荷正负相反易于产生破乳。

(二) 高聚物改性沥青类防水涂料

高聚物改性沥青防水涂料是在沥青中掺入橡胶、树脂等高聚物，使沥青的性能得到改善，从而扩大沥青的使用范围，满足某些特殊需要而制成的特种沥青防水材料。该类涂料有溶剂型和水乳型两种类型，是以橡胶对沥青进行改性作为基础的。

1. 橡胶改性沥青防水涂料(溶剂型)

在沥青中掺入2%～5%的液态、固态或粉状橡胶，从而改进低温脆性，增加抗冲击性、耐磨性、耐久性、高温稳定性。沥青中掺入橡胶虽有许多优点，但造价较高，施工性较差，难以得到密实混合料。掺入方法有预先将橡胶混合溶解在沥青中的预混合型以及在工厂生产沥青拌和物时掺入液态橡胶的工厂混合型两种。

[1] 橡胶改性沥青防水涂料

成分	用量(份)	成分	用量(份)
60号石油沥青	15	天然橡胶粉	25
10号石油沥青	21	汽油	40

工艺：将沥青加热熔化脱水，除去杂质，即可边搅拌，边加入胶粉，升温至180～200℃保持1h，然后降温至100℃左右，加入汽油稀释，搅拌均匀，即为成品。

[2] 氯丁橡胶沥青防水涂料

成分	用量(份)	成分	用量(份)
通用型氯丁橡胶	8.31～24.93	氧化镁	0.332～0.996
石油沥青	27.27	氧化锌	0.104～0.312
甲苯	63.64～136.38	硫磺	0.066～0.198
硬脂酸	0.083～0.249	防老剂T	0.021～0.063
苯二甲酸二丁酯	0.166～0.498	TMT-D	0.008～0.024

[3] 再生橡胶沥青防水涂料

成分	用量(份)	成分	用量(份)
废胎面胶粉	10～15	松香	0.2～0.3
10号石油沥青	6.2	防老剂T	0.25～0.38
60号石油沥青	8.8	汽油	74.35～89.8
420活性剂	0.2～0.3		

[4] 沥青再生橡胶防水涂料

成分	用量(份)	成分	用量(份)
再生橡胶	80	铝粉	10
55号石油沥青	100	氧化钙	2
云母粉	76	汽油	120
滑石粉	76	煤油	30
氧化铁黄	30		

工艺：再生橡胶由胶鞋再生胶和双戊烯组成，其配比为：胶鞋再生胶：双戊烯＝1：3（质量比）。

[5] 沥青氯丁橡胶防水涂料

成分	用量(份)	成分	用量(份)
甲组分：		尼奥棕-D	0.25
10号石油沥青	50	二硫化四甲基秋兰姆	0.1
甲苯	50	(TMTD)	
乙组分：		轻质氧化镁	4
氯丁橡胶(生胶)	100	氯化锌	1.25
硬酯酸	1		
苯二甲酸二丁酯	2		
升华硫	0.8		

工艺：甲组分：乙组分＝6：5。

[6] 沥青基厚质防水涂料(1)

成分	用量(份)	成分	用量(份)
60号石油沥青	15	胎面胶粉	24
10号石油沥青	21	汽油	40

工艺：可用其他含纤维的胶粉代替胎面胶粉。

[7] 沥青基厚质防水涂料(2)

成分	用量(份)	成分	用量(份)
10号石油沥青	21.6	胎面胶粉	24
油渣	14.4	汽油	40

工艺：可用其他含纤维的胶粉代替胎面胶粉。

[8] 沥青基厚质防水涂料(3)

成分	用量(份)	成分	用量(份)
30号石油沥青	36	汽油	40
胎面胶粉	24		

工艺：可用其他含有纤维的胶粉代替胎面胶粉。

[9] 橡胶粉改性沥青防水涂料

成分	用量(kg)	成分	用量(kg)
10号石油沥青	21	废橡胶粉	25
废油渣	14	汽油	50

工艺：将沥青和油渣加热熔化混合后，边搅拌边加入胶粉。升温至240℃，保持2h，然后降温至100℃左右，加入汽油，充分搅拌混合均匀即成制品。

[10] 氯化橡胶防水涂料

成分	用量(kg)	成分	用量(kg)
干性醇酸树脂	72.2	萘酸锌	2.2
氯化橡胶	111	苯或二甲苯	224
40%氯化石蜡	28	填料(钛白粉、石英粉、炭黑)	11.6
氯化联苯	67		
萘酸钴	0.6		

工艺：将全部物料在三辊研磨机上研磨，混合均匀即可使用。

[11] 氯丁橡胶防水涂料

成分	用量(kg)	成分	用量(kg)
30号石油沥青	60	甲苯	240
氯丁橡胶	50	滑石粉	30

工艺、性能：将氯丁橡胶切成小块，放入二甲苯中浸泡，使之溶解成黏稠液，大约3~4天后，密封贮存备用。将沥青加热熔化脱水，降温到120℃左右时加入氯丁橡胶黏稠液和滑石粉，充分搅拌混合均匀即成。

本品是近年来新发展起来的一种新型防水涂料，它具有良好的弹塑性、抗裂性和耐老化性。但缺点是涂膜表面硬度较小，甲苯有一定毒性，施工时需注意通风。

[12] SBS改性沥青乳液防水涂料

成分	用量(g)	成分	用量(g)
甲组分：		乙组分：	
10号沥青	13	OT	3.5
60号沥青	70	聚乙烯醇(8%)	4.2
792号SBS	10	氢氧化钠	0.3
共混剂PD	7	氯化铵	0.2
		水	125

工艺、性能：将10号、60号沥青放入锅内升温至180~200℃，待熔化、脱水、过滤后(用20目筛网过滤)，加入792号SBS和共混剂PD，搅拌均匀，为甲组分。

在80~90℃的热水中，依次加入氢氧化钠、OT、氯化铵、聚乙烯醇搅匀，为乙组分。

将甲、乙两组分同时加入乳化机中进行乳化，乳化后冷却、消泡即成。

本品低温柔性、抗裂性、防水性均佳，是一种较好的防水涂料。

[13] 氯丁橡胶沥青防水涂料

成分	用量(g)	成分	用量(g)
氯丁橡胶	50	云母粉	10
沥青	250	滑石粉	10
二甲苯	740	二辛酯	1

工艺、性能：将氯丁橡胶置于三颈烧瓶中，加入二甲苯，在95℃下搅拌2h，使橡胶全部溶解；在沥青中加入二甲苯，在75℃下搅拌1.5h，使沥青溶解完全；将溶解的橡胶倒入沥青中，然后加入云母粉、滑石粉，室温下搅拌0.5h，再加入二辛酯搅拌0.5h即成。

本品耐裂性、低温柔性、不透水性均佳，是一种良好的防水材料，但应注意氯丁橡胶含量不宜过高，否则给涂刷带来困难。填料可提高涂料热稳定性，但降低黏结性，不宜加得太多。

[14] 沥青再生橡胶防水涂料

成分	用量(份)	成分	用量(份)
石油沥青	100	氧化铁黄	30
再生橡胶	20	铝银粉	10
双戊烯	40~45	氧化钙	2
滑石粉	70~80	汽油	100
云母粉	70~80	煤油	30~50

工艺、性能：本品具有良好的防水性、弹性、延性和耐气候性，施工也很方便，主要用于屋面防水。

再生橡胶在炼胶机上塑炼，当可塑度达到 0.5 后，切成小块，放在双戊烯中溶胀溶解，放置 1 昼夜，搅拌使之成为均匀的胶体，制成再生胶浆备用。另将沥青加热至 240~260℃脱水，历时约 1h 无气泡发生，加入氧化钙，搅拌使其冷却至 150℃，再加入再生胶浆，搅拌 30min，加滑石粉、云母粉和煤油，搅拌冷却 15min，温度约 80℃，再加入氧化铁黄、铝银粉和汽油，再搅拌 30~40min，混合均匀即成。

[15] 废橡胶沥青防水涂料

成分	用量(份)	成分	用量(份)
石油沥青	30~40	废橡胶粉	25
汽油	30	柴油	10

工艺、性能：本品具有良好的防水性，耐日光照射，耐低温，不容易产生裂纹，主要用于屋面防水。

沥青加热熔化脱水，除去杂质，边搅拌边慢慢加入废橡胶粉，继续升温。视橡胶粉颗粒的大小，熬炼温度范围为 190~250℃，时间 1~2h。最后形成均匀的黏稠涂料，降温至 80℃左右，先加入柴油再加入汽油搅拌约 30min，成均匀涂料即为成品。

[16] 氯丁橡胶沥青防水涂料

成分	用量(份)	成分	用量(份)
通用型氯丁橡胶	8.31~24.93	氧化镁	0.332~0.996
石油沥青	27.27	氧化锌	0.104~0.312
甲苯	63.64~136.38	硫黄	0.066~0.198
硬脂酸	0.083~0.249	防老剂 T	0.021~0.063
邻苯二甲酸二丁酯	0.166~0.498	TMTD	0.008~0.024

[17] 再生橡胶沥青防水涂料

成分	用量(份)	成分	用量(份)
废胎面胶粉	10~15	松香	0.2~0.3
60 号石油沥青	8.8	防老剂 T	0.25~0.38
10 号石油沥青	6.2	汽油	74.35~89.8
420 活性剂	0.2~0.3		

[18] 沥青再生橡胶涂料

成分	用量(份)	成分	用量(份)
大庆 55 号石油沥青	100	氧化铁黄	30
再生橡胶(胶鞋再生胶:双戊烯=1:3)	80	氧化钙	2
		铝银粉	10
云母粉	76	汽油	120
滑石粉	76	煤油	30

工艺、性能：本品沥青和再生橡胶都是成膜物质。这使涂膜具有一定的弹性和抗冲击性，改善涂膜的耐热性、耐水性、耐碱耐老化性、低温柔性和延伸性。

将再生橡胶在开放式的炼胶机上塑炼，经过20次薄通，当可塑度达0.5后拉成薄片，切成小块，盛于容器中，按比例加入双戊烯溶剂，使再生胶在溶剂中溶胀，待24h后，用搅拌机搅拌直至均匀的胶体即成再生胶浆。

将沥青加热至240～260℃，脱水至液面无气泡发生。加入氧化钙搅拌冷却至130～150℃，按量加入再生胶浆，搅拌30min，然后加入云母粉、滑石粉、煤油、搅拌15min以后，再加入氧化铁黄、铝银粉、汽油，然后再搅拌30～45min直至均匀，即成涂料成品。

本品耐热性(80℃/5h)涂膜不发粘；耐寒性(20℃/15昼夜)涂膜不起壳、不发脆，适用于屋面防水，能适应基层的变化，具有较好的弹性、延伸性、耐久性。

[19] 沥青氯丁橡胶涂料

成分	用量(份)	成分	用量(份)
甲组分(沥青溶液)：		氧化锌	1.25
10号石油沥青	50	升华硫	0.8
甲苯	50	防老剂D(NeozoneD，美国杜邦公司)	0.25
乙组分(橡胶溶液)：			
氯丁橡胶(生胶)	100	二硫化四甲基秋兰姆(TMTD)	0.1
硬脂酸(生胶)	1		
邻苯二甲酸二丁酯	2	轻质氧化镁	4

工艺、性能：将石油沥青加热熔化脱水，除去杂质，冷却后(保持液态)按比例缓缓加入甲苯中，边加边搅至均匀为止，即得甲组分。

将氯丁橡胶和各种助剂在双辊机上进行混炼，将混炼的胶片压成1～2mm厚，并用切粒机切成小碎片。然后按胶片：甲苯＝1:4的比例投入搅拌机中，搅拌溶解约4～5h即可制成粘稠性的氯丁橡胶溶液，即乙组分。

甲、乙组分按6:5的配比，充分混合，并搅拌均匀即成。一般在施工前配制，以防时间过长发生胶凝。

本涂料耐气候性良好，涂膜弹性大，延伸率高，拉伸强度和耐久性好，能适应基层变形的需要，可用于屋面防水涂层，一般屋面板涂刷4层即可，量约600～700g/m²，每层涂刷间隔时间2～3h。对于防止板材因初裂和裂缝扩散的漏水效果很好。涂层能耐基层裂缝宽度达0.3mm。

[20] 沥青废橡胶厚质防水涂料(1)

成分	用量(份)	成分	用量(份)
60号石油沥青	15	含纤维胶粉或胎面胶粉	24
10号石油沥青	21	汽油	40

工艺、性能：沥青基厚质防水涂料因含稀释剂较少，固含量较大，涂刷较少次数就可达到要求的厚度，且节省了大量的稀释剂，配制容易，施工简便，价格低廉。

将沥青熔化脱水，除去杂质，即可缓缓加入废橡胶粉，边加边搅拌，并继续升温，加完后并恒温一段时间，如采用磨细胶粉时，熬制温度应在180～200℃，时间约1h左右。若用破碎机加入的废胶粉时，熬制温度应在240℃以内，时间约需2h左右，最后形成均一的稀糊状,并能提出均匀的细丝,然后降温至100℃左右,加入定量的汽油进行稀释,搅拌均匀,即为成品。本品具有良好的耐热性、耐裂性、低温柔性、不透水性。主要用于屋面防水。

[21] 沥青废橡胶厚质防水涂料(2)

成分	用量(份)	成分	用量(份)
30号石油沥青	36	汽油	40
含纤维胶粉或胎面胶粉	24		

工艺、性能:同本节配方[96]。

[22] 橡胶改性沥青防水涂料

成分	用量(份)	成分	用量(份)
10号石油沥青	21.6	含纤维胶粉或胎面胶粉	24
油渣	14.4	汽油	40

工艺、性能:同本节配方[20]。

2. 树脂改性沥青防水涂料(溶剂型)

在沥青中掺入某些树脂,主要是石油系树脂,对于沥青材料的耐冲击性、黏附性、热稳定性、低温脆性等均会有所改进。由于所加树脂种类和添加量的不同,其性状可在很大的范围内变化,因此掺入树脂的选择对改善沥青材料的性能至关重要。

[1] 沥青防水涂料(1)

成分	用量(kg)	成分	用量(kg)
石油沥青	100	滑石粉	30
聚乙烯	4	瓷土	30
聚丁二烯	2		

工艺、性能:将上述物料置于不锈钢的混合器中,加热使之熔化混合,搅拌至完全均匀即成为防水涂料,使用时应趁热喷涂于物体上,冷却后即形成一保护层。

[2] 沥青防水涂料(2)

成分	用量(kg)	成分	用量(kg)
30号石油沥青	30	双戊烯	10
聚丙烯树脂	4	二甲苯	15

工艺:将沥青和聚丙烯加入锅中,加热到260℃热炼,使全溶,降温到180℃时加入双戊烯,降温到130℃时加入二甲苯,充分拌匀即成制品。

[3] 沥青防水涂料(3)

成分	用量(kg)	成分	用量(kg)
60号石油沥青	150	石油树脂	15
聚丙烯	80	滑石粉	2
聚乙酸乙烯酯	30		

工艺:先将石油树脂以外的其余全部物料加热熔化混合后,加入石油树脂充分搅拌均匀即成。

[4] 沥青聚烯烃防水涂料

成分	用量(kg)	成分	用量(kg)
10号石油沥青	20	无规聚丙烯	15
聚异丁烯	5	高岭土(粒度<5μm)	60

工艺：将石油沥青、聚异丁烯、聚丙烯在200℃下混合0.5h，然后加入高岭土充分搅拌均匀，即得屋面防水涂料。

[5] 沥青防水涂料(4)

成分	用量(kg)	成分	用量(kg)
10号石油沥青	35.4	210号松香酚醛树脂	6.3
130号甘油松香	6.3	200号溶剂油	52

工艺、性能：将沥青加热熔化脱水，在180℃左右加入甘油松香和松香酚醛树脂，充分搅拌混合成为均匀的液体，降温到40℃左右时，加入汽油，搅拌均匀即成制品。

[6] 煤沥青防水涂料

成分	用量(kg)	成分	用量(kg)
煤焦油沥青液	100	萘酸钴：萘酸铅=4:1	25
蓖麻油预聚物	100	浮型铝粉浆	30

工艺：将全部物料充分搅拌均匀即成制品。

煤焦油沥青液的配制：将50份煤焦油沥青加热到110℃，使之熔化，在此温度下加5份环己酮，使沥青熔化变稀，然后再加10份环己酮和25份二甲苯，搅拌，使沥青完全熔化成为煤焦油沥青液。

蓖麻油预聚物的配制：在反应釜内加入18.7份二异氰酸甲苯，然后加入25份环己酮，搅拌均匀，再加入31.3份蓖麻油，搅拌均匀，操作温度不应超过60℃，最后再加入25份环己酮，搅拌同时升温，于90~95℃下保持2h，冷却后即成为蓖麻油预聚物。

[7] 沥青酚醛防水涂料

成分	用量(份)	成分	用量(份)
石油沥青	100	铝银浆	10
硫化鱼油	25~30	汽油	150
210松香酚醛树脂	15	重溶剂油	15~20
松焦油	10~25	滑石粉	100~120
氧化钙	2	煤油	40
氧化铁黄	30	云母粉	100~120

工艺、性能：将石油沥青切成碎块，放在锅内加热熔化脱水，在250℃左右边搅拌加入硫化鱼油、松焦油、氧化钙等，搅拌30min，使其反应。当温度降至120℃左右时，在搅拌下加入其余组分，加完后继续搅拌1h，即得成品。本品防水性能好，耐低温、抗裂性好，成本低，主要用于屋面防水、地下防水等。

[8] 沥青鱼油酚醛涂料

成分	用量(份)	成分	用量(份)
大庆55号石油沥青	100	云母粉	120
硫化鱼油	30	氧化铁黄	30
210松香酚醛树脂	15	铝银浆	10
松焦油	10	汽油	150.4
松节重油	15	煤油	37.6
氧化钙	2	重溶剂油	15
滑石粉	120		

工艺、性能：将沥青切成碎片，加热熔化脱水（240～260℃），在搅拌下，加入硫化鱼油、松节重油、松焦油和氧化钙等进行搅拌和反应30min，当温度降至120℃左右时，将填料和颜料、210松香酚醛树脂、汽油和煤油加入装有搅拌器的反应釜内，再继续搅拌45～60min，取样鉴定，合格后出锅。

本品的基料是大庆55号多蜡沥青，价格低廉，资源丰富，鱼油也较易得。本品有较好的低温抗裂性，主要用于屋面防水。

[9] 沥青酚醛涂料（1）

成分	用量（%）	成分	用量（%）
10号石油沥青（软化点125～140℃）	35.4	210松香酚醛树脂	6.3
		200号溶剂油	52
138号甘油松香	6.3		

[10] 沥青酚醛涂料（2）

成分	用量（%）	成分	用量（%）
10号石油沥青	26	汽油	13
苯	13	酚醛清漆	48

工艺、性能：沥青酚醛涂料是用于金属防锈的，具有良好的防水、防腐性能，耐微生物腐蚀。用于地下管道外壁保护涂层。如用此涂料配合玻璃布使用，可用在常温至100℃左右的温度范围。

将石油沥青加热至200℃，再加入沥青量的3%的氯化亚铁反应2h，以提高沥青的软化点，然后降温加入苯和汽油的混合溶剂进行稀释，再渗入酚醛清漆，充分搅拌均匀即成。

3. 橡胶改性乳化沥青防水涂料（水乳型）

橡胶改性乳化沥青是在乳化沥青中加入适量的橡胶胶乳制成的乳化沥青，其目的是为了改善乳化沥青的性能。

所加入的橡胶胶乳的离子类型必须同所改性的乳化沥青离子类型一致。即阳离子乳化沥青中只能加入阳离子胶乳；阴离子乳化沥青中只能加入阴离子或非离子胶乳；非离子乳化沥青中只能加入非离子或阴离子胶乳等。

常用的改性橡胶胶乳有氯丁、丁苯、丁腈、丁基、氯磺化聚乙烯、三元乙丙等几种胶乳。

[1] 丁腈橡胶改性乳化沥青

成分	用量（kg）	成分	用量（kg）
丁腈胶乳（松香皂乳化剂固含量50%）	50	阴离子乳化沥青	50

工艺、性能：将各组分搅拌均匀即成。本品耐热度达80℃以上，涂膜不会开裂，弹性优良。

[2] 氯丁橡胶改性乳化沥青

成分	用量（kg）	成分	用量（kg）
氯丁胶乳（松香皂乳化剂固含量50%）	10～40	非离子乳化沥青	90～60

工艺、性能：将各组分混合搅拌均匀即成。随着氯丁胶乳加入量的增加，其涂膜性能提高。

[3] 石棉乳化沥青防水涂料

成分	用量（kg）	成分	用量（kg）
丁苯胶乳	15	石棉乳化沥青	85

工艺、性能：将两组分混合均匀即成。石棉乳化沥青呈中性，可用阳离子橡胶胶乳、阴离子橡胶胶乳、非离子橡胶胶乳进行改性。在本配方中，在不加丁苯胶乳时，石棉乳化沥青的延伸率为30%，加胶乳后，延伸率可提高到65%，甚至达96%。

[4] 橡胶改性沥青防水涂料

成分	用量(kg)	成分	用量(kg)
30号石油沥青	15~20	氢氧化钠	0.1~1.5
水	40~60	羧甲基纤维素钠	0.25~1.0
石棉纤维	13~20	磷酸二氢铵或磷酸氢二铵	0.3~1.3
牡蛎壳粉	3~15	天然橡胶胶乳	20~30

工艺：先将沥青加热熔化，然后加入除天然橡胶胶乳外的其余组分，充分搅拌混合均匀即成乳化沥青，最后加入天然橡胶胶乳混合均匀即成。

[5] 沥青防水涂料

成分	用量(kg)	成分	用量(kg)
沥青乳液	30~60	聚乙酸乙烯分散体	12
烷基苯基聚乙二醇醚	2~10	无机有色颜料	20
丁钠橡胶	5~30	（氧化铁红）	

工艺、性能：将上述物料混合均匀即成。本品为红色乳化沥青，具有耐老化、弹性优良、不透水等性能，它是屋面的优良防水涂层。

[6] 橡胶乳化沥青

成分	用量(份)	成分	用量(份)
丁腈乳胶(固含量:50%，松香皂乳化剂)	100	聚乙烯醇	1.2
		石油沥青	57.8
沥青乳液	100	氢氧化钠	0.1
烷基苯磺酸钠	0.6	水	41.3

工艺、性能：将沥青加热熔化脱水，除去杂质，冷却至100℃左右，加入乳化剂和水，搅拌混合均匀，即成乳化沥青。本品稳定性、黏结性良好，能耐高温和低温，没有高温软化和低温脆化的缺点。

[7] 再生橡胶乳化沥青

成分	用量(份)	成分	用量(份)
再生橡胶乳胶	100	乳化沥青	100
再生橡胶	47.4	石油沥青	60
工业皂	4.5	乳化剂	5
防老剂	1	水	35
水	47.1		

工艺：再生橡胶在双辊炼胶机上素炼30次薄通，再加入防老剂混炼均匀，缓慢加水和分散剂工业皂，继续加水混炼，从辊上刮下来，用温水稀释至所需的稠度，即成为再生胶胶乳。这时把乳化沥青加入，强力搅拌混合均匀即成再生橡胶乳化沥青。

[8] 三元乙丙橡胶乳化沥青

成分	用量(份)	成分	用量(份)
三元乙丙乳胶：		氧化沥青	15

成分	用量(份)	成分	用量(份)
三元乙丙橡胶	5	双氰胺树脂缩合物	0.1
四氯化碳	60	聚乙烯醇水溶液	35
非离子型表面活性剂	0.5	三元乙丙橡胶	
聚乙烯醇水溶液	34	乳化沥青:	
沥青液		三元乙丙乳胶	100
四氯化碳	50	沥青液	100

工艺、性能:将固体状的三元乙丙橡胶溶于四氯化碳中,再加表面活性剂和聚乙烯醇水溶液,充分搅拌均匀即得三元乙丙橡胶胶乳。把氧化沥青溶于四氯化碳中,加入双氰胺树脂缩合物和聚乙烯醇水溶液,强力搅拌得沥青溶液。将沥青溶液加入到橡胶胶乳中,充分搅拌后,进行真空蒸馏除去溶剂和少量水分,即得成品。

本品均匀、稳定、耐气候性好。可作胶粘剂、防水铺面材料。

[9] 丁腈橡胶乳化沥青

成分	用量(份)	成分	用量(份)
乳化沥青:		水	60~80
60号石油沥青	70	丁腈橡胶乳化沥青涂料:	
10号石油沥青	30	乳化沥青	1
烷基苯磺酸钠	1	丁腈胶乳(固含量50%,松香皂乳	1
氢氧化钠	0.1~0.2	化液,pH值约为:9)	
聚乙烯醇	2		

工艺、性能:丁腈橡胶乳化沥青是将阴离子型丁腈胶乳直接加入到阴离子型乳化沥青中配制而成。

依照乳化沥青:丁腈胶乳=1:1(质量比)将两者混合均匀即可。具有较好的耐寒性、抗裂性、耐热性和低温性、低温柔韧性。将本品制成厚度为0.3mm的涂膜,其耐热度达80℃以上,拉伸强度为0.43MPa,底层开裂1.6mm宽的裂缝,涂膜不开裂,在-27℃的条件下,涂膜通过10mm轴棒不开裂,耐碱性,不透水性和耐久性均好。

[10] 再生橡胶乳化沥青

成分	用量(份)	成分	用量(份)
乳化沥青:		工业皂	10
石油沥青(软化点70℃)	100	防老剂D	1~2
松香油酸钠皂	8	水	100
水	60	再生橡胶乳化沥青涂料:	
再生橡胶乳浆:		乳化沥青	100
轮胎面再生胶	100	再生橡胶乳浆	60

工艺、性能:在乳化沥青中掺入再生橡胶乳浆,则可制得再生橡胶乳化沥青。

将沥青熔化脱水,冷却至90~110℃,加入乳化剂搅拌5min,使其混合均匀,在80~90℃下,边搅拌边加水,约搅拌15min即成乳化沥青。再生橡胶在双辊炼胶机上塑炼30次薄通,加入防老剂混炼均匀,缓缓加水(约为总量的5%),加入分散剂皂,混炼均匀,继续加水混炼,即成极细颗粒乳状,然后从辊上刮下来,用温水稀释至需要稠度,即为再生胶乳浆,辊筒温度30~45℃。将乳化沥青和再生橡胶乳浆按配比混合均匀即成。本品外观呈黑色均匀细腻的粘稠状,固含量>50%,粘度(20℃±2℃,B黏度计)35~50s。涂膜耐热性为

80℃/5h，无起泡和流淌现象；抗裂性20℃ 0.2mm以上；在-20℃，涂膜通过10mm弯曲无变化；在0.1MPa动水压，30min不透水，耐久性在4年以上。

[11] 水乳型再生胶沥青防水涂料

成分	用量(份)	成分	用量(份)
废胎面胶粉	18	油酸	1.34~1.78
60号石油沥青	3.6~21	氢氧化钾	1.12~1.29
10号石油沥青	0~6	防老剂	0.45
420活性剂	0.36	水	25~50
松香	0.36~1.25		

[12] 阳离子型丁苯橡胶乳化沥青

成分	用量(份)	成分	用量(份)
丁苯胶乳	145	盐酸(10%)	8.7
聚氧乙烯烷基胺	30		

工艺、性能：将各组分进行充分混合（pH=5，粘度0.175Pa·s，固含量61.5%）为丁苯橡胶胶乳。根据工程需要，按一定比例掺入阳离子乳化沥青中，即可制得阳离子丁苯橡胶乳化沥青。本品可做黏合剂、嵌缝材料、密封膏、防水材料、铺面材料和土壤稳定剂等。

[13] 非离子型丁苯橡胶乳化沥青

成分	用量(份)	成分	用量(份)
丁苯胶乳：		硬脂酰三甲基氯化铵	1.94
丁苯橡胶(分子量约7万，含40%苯乙烯)	100	聚氧化乙烯壬基苯基醚	3.06
甲苯	425	水	930

工艺、性能：丁苯胶乳：石油沥青乳液＝2.75：100。将丁苯橡胶溶于甲苯中，并用水、硬脂酰三甲基氯化铵和聚氧化乙烯壬基苯基醚进行乳化，成丁苯橡胶胶乳，此胶乳和石油沥青乳液按配比相混即得。这类乳化沥青具有黏性强、耐气候、耐磨强度高、耐变形等优良特性，可用于道路铺面、沥青涂料、屋面材料、防水材料等。

[14] 水乳型橡胶改性沥青防水涂料

成分	用量(份)	成分	用量(份)
10号沥青	300	水玻璃	3.2~4
渣油沥青	90	烧碱	1.6
橡胶片(颗粒)	30	滑石粉	100
肥皂	1.6~2	自来水	400

[15] 红色乳化沥青防水涂料

成分	用量(份)	成分	用量(份)
沥青乳液	30~60	聚乙酸乙烯酯分散体	12
烷基苯基聚乙二醇醚	2~10	氧化铁红	20
丁钠橡胶	5~30		

4. 合成树脂改性乳化沥青防水涂料(水乳型)

合成树脂改性乳化沥青是用合成树脂乳液同乳化沥青直接混合而制得的乳化沥青液。其目的是提高乳化沥青涂膜对基层的粘接性、不透水性、耐溶剂性和延伸性。对耐热性和低温柔性也有较大的改善。常用的合成树脂是：聚乙酸乙烯乳液、脲醛树脂乳液、聚丙烯酸乳液、水溶性酚醛树脂、甲基丙烯酸甲酯与丙烯酸乙酯共聚乳液等。掺入量为沥青量的5%～35%。

[1] 树脂改性防水涂料(1)

成分	用量(kg)	成分	用量(kg)
聚丙烯酸乳液(固含量40%～60%)	20～60	乳化沥青	40～80

工艺：按配比将两种物料混合搅拌均匀即成。

[2] 树脂改性防水涂料(2)

成分	用量(kg)	成分	用量(kg)
甲基丙烯酸甲酯与丙烯酸乙酯共聚乳液(固含量40%～60%)	1～5	乳化沥青	10～20

工艺：将两种组分在室温下充分混合即成。

[3] 树脂改性防水涂料(3)

成分	用量(kg)	成分	用量(kg)
脲醛树脂乳液(固含量40%)	10～20	乳化沥青	40～60
		氯化铵	0.1～0.3

工艺：将原料按配比充分混合均匀即成。

[4] 树脂改性防水涂料(4)

成分	用量(kg)	成分	用量(kg)
聚乙酸乙烯乳液(固含量35%)	2～6	乳化沥青	15～25

工艺：按配比将各组分混合均匀即成。

[5] 树脂改性防水涂料(5)

成分	用量(份)	成分	用量(份)
乳化沥青	2000	填料	20～30
二氧化钛	0.4～800	醇类乳化剂	1～250
天然树脂	2～600	合成纤维	30
亚麻籽油	50～100	蓝颜料	80～120
杀菌剂	0.05～20		

工艺：按配比将各组分混合，充分搅拌均匀即成蓝色乳化沥青。

[6] 树脂改性沥青防水涂料

成分	用量(份)	成分	用量(份)
聚丙烯	1000	水	1500
石油树脂	150	石油沥青	1500
聚乙烯醇	100	水泥	125

工艺、性能：将聚丙烯、石油树脂、聚乙烯醇在捏合机中捏和20min，在60℃下加水300g混合均匀，再加入其余水量，混合10min，得固含量为40%的含水分散体，逐渐添加150℃的沥青(聚丙烯∶沥青=1∶1.5质量份)，搅拌10min，最后加入水泥，水泥重为聚丙烯和沥青合重的0.05%～0.5%。

本品为硬化较快的水乳性涂料。

[7] 脂肪酸乳化沥青防水涂料(1)

成分	用量(份)	成分	用量(份)
石油沥青	50	NaOH	0.3
天然或合成脂肪酸	0.5	水玻璃	0.2
环烷酸钠	0.1	水	48

工艺、性能:石油沥青的针入度为180～200,软化点为34～42℃,沥青酸≤1%。

[8] 脂肪酸乳化沥青防水涂料(2)

成分	用量(份)	成分	用量(份)
石油沥青	50～60	三聚磷酸钠	0.3～1.5
脂肪焦油	3～4	水	29.5～46.2

性能:石油沥青的针入度为180～200,软化点为34～42℃,沥青酸≤1%。

[9] 尿醛树脂乳化沥青防水涂料

成分	用量(份)	成分	用量(份)
乳化沥青	45～50	阳离子活性乳化剂	1～1.5
尿醛树脂乳液	1～5	水	100

[10] 丙烯酸树脂乳化沥青防水涂料

成分	用量(份)	成分	用量(份)
丙烯酸树脂乳液	1～5	乳化沥青	10～20
(固体含量40%～60%)			

[11] 沥青聚烯烃涂料

成分	用量(%)	成分	用量(%)
石油沥青(软)	20	聚异丁烯	5
无规聚丙烯	15	高岭土(<5μm)	60

工艺、性能:将软石油沥青、无规聚丙烯、聚异丁烯在200℃下混合半小时,并加入高岭土、搅拌均匀则制得本品。本品为适合于屋面用的厚涂层沥青防水涂料,亦可用于地毯背面或工厂地面防水涂层。

(三) 合成高分子类防水涂料

1. 橡胶类防水涂料

以橡胶为主要成膜物质的防水涂料称之为橡胶类防水涂料。主要品种有聚氨酯涂料、氯丁橡胶涂料、丁基橡胶涂料、氯磺化聚乙烯橡胶涂料等多种。

[1] 双组分聚氨酯涂料

成分	用量(份)	成分	用量(份)
甲组分:		碳酸钙	39.5
二异氰酸酯	19	精炼煤焦油	2.5
三元醇	16.5	催化剂	0.5
氯化石蜡	15.5	乙组分:	
矿物油	4	二元醇	适量
二氧化硅	2.5		

[2] 氯丁橡胶涂料

成分	用量(份)	成分	用量(份)
W型氯丁橡胶	15	硫化剂	2
酚醛树脂	5	二甲苯	62
炭黑	15		

[3] 低分子量丁基橡胶涂料

成分	用量(份)	成分	用量(份)
低分子量丁基橡胶(75%固含量)	50	添加剂	1
		矿物油精	18
非悬浮型铝糊(65%固含量)	12	己烷	10
着色剂	2	7M级石棉	7

[4] 白色薄涂层氯化橡胶涂料(1)

成分	用量(份)	成分	用量(份)
金红石型钛白粉	15	黏土凝胶剂	0.5
黏土	16.2	工业乙醇	0.2
氯化橡胶(中黏度品级)	14	三甲基苯	33.5
氯化石蜡	9.5	松香水	11.1

[5] 白色厚涂层氯化橡胶涂料(2)

成分	用量(份)	成分	用量(份)
2-乙氧基乙酸酯	7.1	氯化橡胶(低黏度级)	14.3
金红石型钛白粉	18.1	氯化石蜡	7.7
重晶石	13	氢化蓖麻油	0.8
碳酸钙	9.4	二甲苯	28.4
云母粉	1		

[6] 氯磺化聚乙烯涂料

成分	用量(份)	成分	用量(份)
氯磺化聚乙烯	15	硫化剂	3
癸二酸二丁酯	12	溶纤剂	8
滑石粉、碳酸钙	9	二甲苯	50

2. 合成树脂类防水涂料

以合成树脂为主要成膜物质的防水涂料称为合成树脂类防水涂料。主要品种是聚丙烯酸防水涂料等。

[1] 聚丙烯酸乳液防锈涂料

成分	用量(份)	成分	用量(份)
聚丙烯酸乳液	484.9	氧化铁红	74
4%乙基羟乙基纤维素	45	铬酸锌	40
聚甲基丙烯酸钾盐(1:6水稀释)	48	消泡剂	0.1
50%氢氧化钾	9.6	缓蚀剂	0.4
滑石粉	298		

[2] 水性有光漆

成分	用量(份)	成分	用量(份)
丙烯酸丁酯	35~45	丙烯酰胺	2~5
丙烯腈	20~30	乳化剂	2~3
流平剂	1~2	加水配成40%~42%固含量	
甲醛	1		

[3] 乙丙乳液厚涂料

成分	用量(份)	成分	用量(份)
乙丙乳液	100	六偏磷酸钠	0.2
氨水	1左右	云母粉	30~35
乙二醇	8左右	增稠剂	3~10
邻苯二甲酸二丁酯	3左右	消泡剂	0.1
氧化锌	15	防霉、防锈剂	2
硫酸钡	10	水	13~15
滑石粉	15		

[4] 有光漆

成分	用量(份)	成分	用量(份)
分散配方:		调漆配方:	
水	10.3	1,2-丙二醇	4
润湿剂	0.6	成膜助剂	1.3
消泡剂	0.6	第二成膜剂	4.4
丙二醇	4.4	杀菌剂	0.25
钛白粉	20	消泡剂	0.6
		氨水	0.4
		苯丙乳液	68

[5] 厚浆涂料

成分	用量(份)	成分	用量(份)
苯丙乳液	100	杀菌剂	0.2
28%氨水	1	消泡剂	0.6
1,2-丙二醇	6	增稠剂	5
成膜助剂	2	颜料、填料	40
润湿剂	0.2	云母粉或砂子	30~60

[6] 丙烯酸树脂涂料

成分	用量(份)	成分	用量(份)
聚丙烯酸酯乳液	40	钛白粉	10
(55%固含量)		添加剂(增稠剂、防泡剂、杀菌剂、表面活性剂)	20
邻苯二甲酸二丁酯	5		
滑石粉、碳酸钙	35	水	8

[7] 地板漆

成分	用量(份)	成分	用量(份)
混合溶剂	100	增塑剂	5%~7%
VC-VAc改性树脂	27~34		(占树脂量)
颜料	9.5~12.5	稳定剂	0.5%~0.8%
体质颜料	4~5.5		(占树脂量)

[8] 建筑用发泡型防水涂料(1)

成分	用量(份)	成分	用量(份)
PVAc乳液	25	季戊四醇	12
磷酸铵	20	玉米糊精	2
双氰胺	15	钛白粉	3
		水	23

[9] 建筑用发泡型防水涂料(2)

成分	用量(g)	成分	用量(g)
氯乙烯共聚物乳液	21	玉米糊精	5.3
磷酸铵	56	藻朊酸钠	0.5
双氰胺	10	钛白粉	12
季戊四醇	15.9	水	75

[10] 过氯乙烯防水涂料

成分	用量(份)	成分	用量(份)
底层:		硬脂酸钙	0.01
过氯乙烯	1	煤焦油	2
丙酮	4	防老层:	
苯	5	过氯乙烯	1
邻苯二甲酸二丁酯	0.2	丙酮	4
硬脂酸钙	0.01	苯	4
弹性层:		邻苯二甲酸二丁酯	0.2
过氯乙烯	1	硬脂酸钙	0.01
丙酮	4	煤焦油	2
苯	4	铝粉	0.1
邻苯二甲酸二丁酯	0.2		

工艺、性能:过氯乙烯防水涂料是以过氯乙烯树脂为基料,溶于丙酮和二甲苯的混合溶剂中,添加少量增塑剂、稳定剂及填充料而形成的一种均匀、分散的混合液,并加热至30～40℃均匀搅拌,经冷涂刷(或喷涂)后,形成完整的防水涂层。

底层:为保持涂层与基层有良好的黏结性,并使其不仅能在混凝土表面结膜,而且也能渗入混凝土孔隙起到密封毛细管的作用,故稀释剂用量较多。制备时,先将两种稀释剂调好后,再把其余三种原料加入,搅拌均匀,并加热至30～40℃即得。

弹性层:一般是一底二面的第一面,其作用是使涂层具有一定的弹塑性,不致因混凝土裂缝而脆裂,能保证防水层的完整性。制备时先将过氯乙烯和丙酮、苯和焦油分别混合调均匀后,再把这两种混合,加入其他材料,加热30～40℃,搅拌均匀后即成。

防老化层:该层直接暴露在大气中,对防老化要求较高。它以过氯乙烯清漆与铝粉组成,由于掺入铝粉能反射70%的太阳光,反射65%的紫外线,也能隔绝水的渗透,提高漆膜的耐水性,制备方法同弹性层,制成后加入铝粉搅拌均匀即成。

性能指标:底层:稠度34s;干燥时间5min;柔韧性1mm;冲击性>50cm;抗冻性-25℃;耐热性100℃;与混凝土的黏结强度为>20MPa;抗老化性循环20次;抗渗性360天。弹性层:稠度130s;干燥时间16min;延伸率3%,其余指标同底层。防老化层:稠度35s;干燥时间6min;其余指标同底层。

[11] 深色基色乳液

成分	用量(份)	成分	用量(份)
2%纤维素增稠剂溶剂	9	老粉	21.6
5%六偏磷酸钠溶液	2.5	消泡剂	0.1
乙酸乙烯-乙烯共聚物乳液(55%固含量)	41.7	防霉剂	0.1
		高沸点醚类成膜助剂	2.1
黏土	10	水	13

[12] 白色乙烯类涂料

成分	用量（份）	成分	用量（份）
金红石型钛白粉	17	改性丙烯酸酯凝胶剂	1.9
云母粉	6.6	氯化石蜡	3.9
含硅土二氧化硅	5.7	松香水	33.7
碳酸钙	17	高沸点石脑油	5.8
乙烯基甲苯丙烯酸酯（高黏度级）	8.4		

[13] 白色无光触变性醇酸树脂涂料

成分	用量（份）	成分	用量（份）
2%环烷(萘)酸铅	0.28	松香水	11.7
6%环烷(萘)酸钴	0.12	金红石型钛白粉	17
甲乙酮(肟)，抗结皮剂（10%松香水溶液）	1	老粉	38.4
中油度至长油度半干性油改性触变性醇酸树脂（50%松香水树脂液）	29	二氧化硅	2.5

[14] 混凝土板材用防水涂料(1)

成分	用量（份）	成分	用量（份）
氧杂树脂（软化点100℃）	15	甲苯	12.75
碳酸钙粉	170	乙醇	2.25

[15] 混凝土板材用防水涂料(2)

成分	用量（%）	成分	用量（%）
氧杂树脂（软化点85℃）	20	甲苯	15
碳酸钙粉	60	磷酸三甲苯酯	2
氯化橡胶	3		

（四）水泥及其他类型防水涂料

[1] 聚乙酸乙烯酯水泥地面涂料

成分	用量（份）	成分	用量（份）
水泥	70~100	六偏磷酸钠	0.1~0.5
PVAc乳液（固含量50%±2%）	20~40	铁系颜料	7~15
水泥分散剂水溶液	10~17	石英粉（120目）	30~60
氯化钙水溶液（25%）	1~4	水	适量

[2] 膨胀珍珠岩喷涂浆料

成分	用量（%）	成分	用量（%）
膨胀珍珠岩	8	乳胶	2.5
滑石粉	26	助剂（含羟甲基纤维素0.62%）	1
107胶	12.5	水	50

[3] 马牌建筑胶油涂料

成分	用量（份）	成分	用量（份）
底漆：		面漆：	
马牌胶油	30	马牌胶油	70
汽油	70	汽油	30
		云母粉	20

工艺、性能：马牌建筑胶油是采用不干性的蓖麻油经过热炼聚合等加工而成。施工方便，是一种较好的屋面防水涂料，一般与马牌油膏配合使用，在砖瓦、混凝土表面每千克可涂刷(二度)5m² 左右，在金属、木材等表面每千克可涂刷 6.5m² 左右。制备时将马牌胶油用汽油、松节油或松香水稀释，施工时一般采用二底二面涂刷。

本品黏结力强，对任何材料均具优良的黏结力，耐水性和抗老化性良好，不起泡，不脱落变质，耐碱性强，在氢氧化钙或碳酸钠饱和溶液中，长期浸渍不变质，耐温性好，在 -40~80℃ 不脆裂、不流淌。

[4] 沥青油膏稀释防水涂料

成分	用量(份)	成分	用量(份)
底层：		汽油(或松节油)	26
上海油膏	50	面层：	
汽油(或松节油)	50	上海油膏	59.5
中层：		氧化铁颜料	5.7
上海油膏	60.5	云母粉(掺入)	6.37
氧化铁颜料	5.3	云母粉(撒入)	4
云母粉	5.9	铝粉	1.9
铝粉	1.7	汽油(或松节油)	27.2

[5] 有机硅水泥砂浆(1)

成分	用量(份)	成分	用量(份)
水泥	1	中性硅水	0.6
107胶+水	0.2+0.4	砂	1

[6] 有机硅水泥砂浆(2)

成分	用量(份)	成分	用量(份)
水泥	1	中性硅水	0.6
107胶+水	0.2+0.4		

[7] 无机铝盐防水砂浆

成分	用量(份)	成分	用量(份)
素水泥浆：		水泥	1
水泥	1	无机铝盐防水剂	0.1~0.15
水	2~2.5	水	0.5~0.6
防水基层：		防水面层：	
水泥	1	水泥	1
无机铝盐防水剂	0.1~0.15	无机铝盐防水剂	0.08~0.12
砂或石粉	3	砂或石粉	2.5
防水膏浆		水	0.5~0.6

[8] SBR防水胶乳水泥砂浆

成分	用量(份)	成分	用量(份)
结合层：		中砂	2
水泥	1	水	0.15~0.2
SBR防水胶乳	0.3	保护层：	
水	0.1	水泥	1
防水层：		中砂	2.5
水泥	1	水	0.5~0.6
SBR防水胶乳	0.35		

工艺、性能：结合层：1～2mm；防水层：5～15mm；保护层：2～3mm。水泥采用425号或525号普通硅酸盐水泥，中砂的粒径≤3mm，含泥量＜2％。

[9] 903聚合物水泥砂浆

成分	用量（份）	成分	用量（份）
底层：		面层：	
水泥	1	水泥	1
防水胶（A组分：B组分＝3:2）	0.5	防水胶（A组分：B组分＝3:2）	0.5
砂	1	砂	1.5

[10] JH-FS861防水胶乳水泥砂浆

成分	用量（份）	成分	用量（份）
基层处理：		水泥	100
水泥	100	防水胶乳	35～40
防水胶乳	30	中砂	200
水	10～15	水	15～20
防水层：			

[11] 沥青油膏稀释防水涂料

成分	用量（％）	成分	用量（％）
底层：		汽油（或松节油）	25
上海油膏	50	底层：	
汽油（或松节油）	50	上海油膏	59
中层：		氧化铁颜料	8.1
上海油膏	58.5	云母粉（掺入）	6.5
氧化铁颜料	8.6	云母粉（撒入）	3.5
云母粉	7.9	汽油（或松节油）	25.5

工艺：本品系采用石油油膏，用水浴加热至80～90℃，然后加入汽油、柴油或松节油等溶剂稀释至适当程度，再加入适量的颜料配制而成。

第二节 防 火 涂 料

建筑防火涂料就是能降低被涂物底材可燃性的一类建筑功能性涂料。防火涂料自身是不燃的或难燃的，不起助燃作用。其防火原理是涂膜层能使底材与火（热）隔离，从而延长了热侵入底材和达到底材另一侧所需要的时间，即延迟和抑制火焰的蔓延作用。如火焰侵入底材所需的时间愈长，则涂层的防火性能愈好。因此，防火涂料的主要作用是阻燃。

一、防火涂料的类型

防火涂料一般均按涂层受热后的状态进行分类，防火涂料可分为膨胀型防火涂料和非膨胀型防火涂料两大类，参见图9-2。其中又按涂料的液相状态和分散介质不同，或其燃烧性再分为若干种类，在这些品种中，膨胀型乳液防火涂料发展最快，我国目前研制、应用最多的也属于此类。

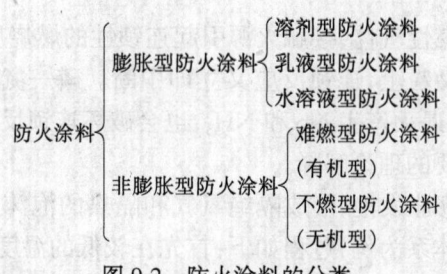

图 9-2 防火涂料的分类

二、防火涂料的阻燃机理

燃烧是一种快速的、有火焰发生的剧烈的氧化反应,反应非常复杂,燃烧的产生和进行必须同时具备可燃物质、助燃剂(空气、氧气或氧化剂)和火源(高温或火焰)三个条件,为了阻止燃烧的进行,必须切断燃烧过程中的三要素中的任何一个要素,如降低温度、隔绝空气或可燃物。

防火涂料的阻燃机理大致可归纳为以下几点:

(1) 防火涂料本身具有难燃性或不燃性,使被保护基材不直接与空气接触而延迟物体着火和减少燃烧的速度;

(2) 防火涂料除了自身具有不燃性或难燃性外,它还具有较低的导热系数,可以延迟火焰温度向被保护基材的传递;

(3) 防火涂料受热分解出不燃的惰性气体,冲淡被保护物体受热分解出的可燃性气体,使之不易燃烧或燃烧速度减慢;

(4) 含氮的防火涂料受热分解出 No、NH_3 等基团,与有机游离基化合,中断连锁反应,降低温度;

(5) 膨胀型防火涂料受热膨胀发泡,形成碳质泡沫隔热层,封闭被保护的物体,延迟热量向基材的传递,阻止物体着火燃烧或因温度升高而造成的强度下降。

三、膨胀型防火涂料

1. 膨胀型防火涂料的性质

膨胀型防火涂料的特点是:当涂层受热达到一定温度后即可发生膨胀 10~100 倍以上,这样在被涂面与火源之间就形成了一海绵状碳化层,从而阻止热量向底材传导,同时产生不燃性气体,使可燃性底材的燃烧速度和燃烧温度明显降低。因此这类涂料具有下列性质:

(1) 涂料的成膜物质在需要的温度下熔化,以利于膨胀,该温度应低于发泡剂的活化温度;

(2) 涂料在膨胀时应产生稳定的泡沫;

(3) 涂料的基料应是不易燃烧或自身能熄灭的。

2. 膨胀型防火涂料的防火机理

上述防火涂料的阻燃机理解释符合膨胀型防火涂料的防火机理。

膨胀型防火涂料受火变化较为复杂,涉及的因素较多,从解释物质燃烧理论出发,物质燃烧是一种反应极快的游离基连锁反应,这种游离基有极高的活泼性,使反应以极高的速度进行,但也极易在障碍物上相互化合成稳定的分子而中断连锁反应。如果连锁反应的传递物是有机游离基,极少量的 No、NH_3 就会大大地降低反应速度,因为 No 和 NH_3 很容易和有机游离基化合而使连锁反应中止。在膨胀型防火涂料受热发泡形成泡沫层的同时,被保护的物体受热干馏分解出可燃性气体,接触火源引起连锁性的燃烧反应,但由于导致连锁反应的游离基础到组成泡沫的微粒上,连锁反应又立即中断。磷—氮—碳体系膨胀型防火涂料的成分含有大量的氮化物,遇火产生 N_2 和 NH_3,也会破坏连锁反应。这是膨胀型防火涂料具有持久耐火性的一个重要的理论解释。

膨胀型防火涂料受火膨胀发泡,形成隔绝氧气和隔热的泡沫层,隔热层的形成(以应用最普遍的磷—氮—碳防火体系为例)过程如下:首先在较低的温度下(110～150℃)。涂层变软、熔融,与此同时,体系中的成碳化剂聚磷酸铵分解出磷酸或聚磷酸,与体系中的成碳剂季戊四醇进行碳反应,并脱水碳化;此时发泡剂三聚氰胺也发生分解分应,这个过程放出的水蒸气和不燃性气体(NH_3、N_xO_y、P_2O_5……)。使已处于燃融状态的体系膨胀发泡,碳化的碳或磷—碳微粒均匀地沉积在泡沫上;进而熔融状的泡沫在较高的温度下,基料与防火体系协同,进行脱水反应,这种黏附着碳或磷—碳微粒的泡沫体也逐渐转化成碳,也称作胶化、固化、泡沫层碳质化了,整个泡沫层也就变得致密和坚固。

形成的泡沫层把被保护的物体封闭起来,隔绝了体系外的氧气,燃烧不能进行,这种泡沫也是隔热体,使被保护物体在一定时间内保持低温。用热传导理论说明膨胀型防火涂料的隔热效果,使物体保护在较低温度是很明显的:

$$Q = A\lambda(\Delta T)/L$$

式中　Q——传递的热量;
　　　A——传导面积;
　　　λ——导热系数;
　　　ΔT——热源与基材之间的温度差;
　　　L——传热距离。

涂层受热膨胀后,其泡沫层的厚度 L 会是原涂层的 10～100 倍,导热系数 λ 是原来的 1/5～1/35(一般涂层的 λ 约为:$1.163 \times 10^{-4} \sim 8.14 \times 10^{-4} W/m^2 \cdot k$),泡沫层的 λ 接近空气的 λ,约为 $2.636 \times 10^{-5} W/m^2 \cdot k$,在 A 和 ΔT 不变的情况下,将 L、λ 代入上式计算可知:碳化泡沫层有效地阻止了热的传递。

根据热力学理论,防火涂料膨胀发泡的过程,体积不断增加,必须消耗体系的内能,内能的消耗必然降低体系的温度,同时,发泡的过程也是涂料组分中碳水化合物脱水碳化的过程,以及一些物质分解放出气体的过程,水和气体的挥发,必须消耗大量的热能而降低体系的温度,这种降低体系温度的效应,通过差热分析是很容易证实的。

3. 膨胀型防火涂料的组成

膨胀型防火涂料所使用的材料,根据其机能,大致可以分成以下几个部分:

(1) 成膜物质。它应具有热塑性,当受热到一定温度时开始软化,从而有利于涂层膨胀,并形成稳定泡沫。常用的有聚乙烯醇、羟乙基纤维素、氯化橡胶、乙烯基甲苯与丁二烯或丙烯酸的共聚物。另外尿醛树脂、三聚氰胺甲醛树脂亦可采用。

(2) 阻燃剂。膨胀型防火涂料的阻燃剂是由成碳剂、脱水成碳催化剂和发泡剂组成。它们是膨胀型防火涂料的关键组分。

　a. 成碳剂。在高温及火焰作用下,能迅速碳化的物质称为成碳剂,它们是形成泡沫碳化层的物质基础,常是含高碳的多羟基化合物,如淀粉、季戊四醇及含羟基的有机树脂等。

　b. 脱水成碳催化剂。脱水成碳催化剂的主要功能是促进含羟基有机物脱水碳化形成不易燃烧的碳质层,这一类物质主要有聚磷酸铵、磷酸二氢铵和有机磷酸酯等。

c. 发泡剂。发泡剂能在涂料涂层受热时分解出大量灭火性气体,使涂层发生膨胀形成海绵状细胞结构,这类物质有三聚氰胺、双氰胺、氯化石蜡、多聚磷酸铵、硼酸铵、双氰胺甲醛树脂等。

(3) 颜填料。通常的无机颜料和填料都具有不燃性或低热传导性和隔热性,它们都能增加涂层的难燃性。常用的有膨胀蛭石、珍珠岩、云母粉、滑石粉、高岭土、氧化锌、钛白、碳酸钙、氢氧化铝、硼酸锌、三氧化二锑等。

(4) 助剂。为了满足防火涂料的其他性能要求,还需要使用一些助剂,例如增塑剂、分散剂、消泡剂、成膜助剂、防霉剂等。

四、非膨胀型防火涂料

1. 非膨胀型防火涂料的性质

非膨胀型防火涂料分为两类,即难燃性防火涂料和不燃性无机涂料。

难燃性防火涂料的特点是涂膜自身难燃,且具有灭火性,这又可分为难燃性乳液涂料及含阻燃剂的防火涂料。

(1) 难燃性乳液涂料。它是含大量无机颜料的醋酸乙烯、氯乙烯、丙烯酸乳液等难燃性涂料,可作难燃性内墙和外墙涂料,其一般制造方法同乳液涂料。

(2) 含阻燃剂的防火涂料。这类防火涂料的基料中含卤素,并加入阻燃助剂。常用的基料有干性油加氯化石蜡、氯化橡胶、氯化醇酸树脂、氯化乙烯树脂、偏氯乙烯树脂、含卤素树脂(四氯化苯二甲酸酐醇酸树脂)。目前对氯化醇酸树脂研究较多。其制造方法如下:含氯量约50%的四氯苯酐作二元酸制醇酸树脂,在适当的溶剂下,通氯气氯化得到含氯量为45%的醇酸树脂。试验表明,氯化醇酸树脂比未氯化醇酸树脂干燥快,防火性能强,物理性能优良。

在含阻燃剂的防火涂料中,为了提高磷系、卤素系难燃剂的效果,可使用无机物阻燃助剂,常用的有卤化锑、三氧化锑、硼酸钠、硼酸锌、偏硼酸钡、氢氧化铝、氧化锆等。

2. 非膨胀型防火涂料的防火机理

非膨胀型防火涂料是依赖于它本身的难燃性或不燃性来阻止火焰的传播,利用其本身具有低的热传导系数来阻止热量向基材的传导,所以它的涂层都较厚,一旦着火,在高温下就形成一种釉状物,这种釉状物结构很致密,能有效地隔绝氧气,使被保护的物体缺氧而不能着火燃烧或降低反应速度。而且这种釉状物还具有反向热量的作用,它可将着火时产生的热量部分反向,从而可以起到抵消外部热源对底材的作用。另外有些非膨胀型防火涂料的成分中还含有大量的卤素化合物,这些化合物在高温下可分解出大量的卤化氢气体,它可冲淡氧和其他可燃性气体,从而可抑制燃烧和降低燃烧反应速度。

3. 非膨胀型防火涂料的组成

(1) 主要成膜物质。非膨胀型防火涂料的主要成膜物质是难燃性树脂,一般为含卤素、磷、氮之类的高分子合成树脂。另外如水玻璃、硅溶胶、磷酸盐等无机材料亦可作为无机防火涂料的成膜物质,由它们组成的涂料涂层具有不燃性、不发烟和无毒性等特点。

(2) 阻燃剂。阻燃剂可增加涂膜的难燃性。常用的有:含磷、卤的有机物,另外还有镁系(Sb_2O_3)、硼系、铝系($Al_2(OH)_3$)、锆系(氧化锆)等无机阻燃剂。其中将三氧化锑与含卤的树脂相配合应用常可获得较好的阻燃能力。

(3) 防火填料、助剂。基本上同膨胀型防火涂料的填料、助剂。

五、防火涂料配方

[1] 内墙用防火涂料(1)

成分	用量(kg)	成分	用量(份)
85%磷酸	2	壬基苯酚	0.15
水	41	异丙醇	1.65
含水磷酸铝	57	金红石	38.9

工艺、性能:将磷酸、磷酸铝和水混合加热溶解后,冷到室温加入壬基苯酚、异丙醇混合均匀,再加入用水浸湿的金红石、将混合物加速搅拌,调和即成装饰用防火涂料。

将本品刷于干墙面上,该墙面暴露于500℃的明火中而不燃烧,此时干墙面上没有火焰,只有小量的烟雾发生。本品广泛应用于高级建筑、防火仓库等内墙装饰涂刷。

[2] 内墙用防火涂料(2)

成分	用量(kg)	成分	用量(kg)
50%醇酸树脂	80	氨基乙酸	43.3
钛白粉	100	氯化橡胶	83.3
淀粉	366	60%有机硅树脂	5~8
磷酸铵	233	萘溶剂	200

[3] 氯化橡胶防火涂料

成分	用量(kg)	成分	用量(kg)
干性醇酸树脂	72.2	氧化锌	88.8
氯化橡胶	111	石英粉	11.2
40%氯化石蜡(或氯化联苯)	27.8	炭黑	16.6
苯(或二甲苯)	67	环烷酸钴	1.1
钛白粉	224	环烷酸锌	0.56

工艺、用途:先将氯化橡胶溶于二甲苯中,加入醇酸树脂混合均匀后,再加入其余组分,充分搅拌混合均匀即成。本品具有防火、耐水、耐碱、耐摩擦的特点。

[4] 泡沫型防火涂料

成分	用量(kg)	成分	用量(kg)
分散性聚丙烯酸酯树脂	25	磷酸氢二铵	10
尿素	5	草酸钾	5
淀粉液	5	水	25
羧甲基纤维素	1		

工艺、性能:按配比将全部物料混合,充分搅拌均匀,即成。使用量为300~600g/m²。可用于建筑材料、木材等表面涂装防火层。

[5] 氯化聚乙烯防火涂料

成分	用量(kg)	成分	用量(kg)
氟磷铁复合颜料[$FePO_4$,Na_3FeF_6,$Fe(FeF_6)$]	10~15	着色颜料	适量
		稀释剂	25~35
氯化聚氯乙烯	8~14	增粘剂(氰酸酯类)	5~10
增塑剂(邻苯二甲酸二丁酯)	3~5	溶剂	25~35

[6] 膨胀型乳胶防火涂料(1)

成分	用量(份)	成分	用量(份)
多磷酸铵	21	氧化石蜡	11.2
季戊四醇	11.5	水	18.2
三聚氰胺	11.5	Mowilith DC 20F(三氯乙基磷酸酯增韧的聚乙酸乙烯乳液,固体分60%,聚合物50%,增韧剂10%)	17.2
R-TiO$_2$	4.7		
六偏磷酸钠(10%)	1		
六甲基纤维素(3%)	3.7		

[7] 膨胀型乳胶防火涂料(2)

成分	用量(%)	成分	用量(%)
聚磷酸铵	18.9	石棉	16.2
三聚氰胺	5.7	表面活性剂	4.6
氯化石蜡	3	聚乙酸乙烯乳液(60%)	18.7
二季戊四醇	5.4	水	27.5

用途:本品可用于钢铁等表面。

[8] 膨胀型防火涂料

成分	用量(份)	成分	用量(份)
液体聚硫橡胶($M_w=1000$)	180	硼酸	20
环氧树脂($M_w=380$,环氧值180~195)	100	DMP-30	10
石棉纤维	20	发泡剂(p,p'-氧化二苯磺酰肼)	10

性能:本品为膨胀型防火涂料,可刮涂,室温硫化。

[9] 膨胀型无机防火涂料

成分	用量(份)	成分	用量(份)
液体水玻璃(SiO$_2$/Na$_2$O=3.4)	100	Al(OH)$_3$	150
水合玻璃粉(平均粒径100μm,SiO$_2$/Na$_2$O=3.15)	20		

[10] 乳液膨胀型防火涂料

成分	用量(份)	成分	用量(份)
氯偏乳液	12	添加剂	10
聚乙酸乙烯乳液	8	助剂(消泡剂、增塑剂)	7
复合阻燃剂	33	水	30

[11] 乳液膨胀型防火涂料

成分	用量(份)	成分	用量(份)
基料(球磨机):		氯化石蜡	3
水	35	钛白	3
三聚磷酸	0.3	后添加物(搅拌):	
聚磷酸铵	18	羟乙基纤维素	5
三聚氰胺	7	乙酸乙烯乳液	25
一缩二季戊四醇	7	消泡剂	0.1

工艺:乳液膨胀型防火涂料的调制工艺类似一般乳胶涂料,主要包括以下步骤:(1)配制

助剂液和着色颜料浆;(2)砂磨机或球磨机研磨分散防火浆料;(3)电动搅拌器配制防火涂料;(4)检验和包装。

[12] B604 膨胀型防火涂料

成分	用量(份)	成分	用量(份)
聚乙酸乙烯乳液	10~15	成碳剂	12~18
改性乳液	5~10	助剂	适量
脱水成碳催化剂	10~15	钛白粉	4~6
发泡剂	15~20	水	25~35

[13] B60-2 乳胶防火涂料

成分	用量(份)	成分	用量(份)
聚丙烯酸乳液	7~20	氯化石蜡-70	2~7
偏氯乳液	8~20	偏氯磷酸钠	2~10
钛白等颜料	5~10	水	15~30
聚磷酸铵等膨胀催化剂	30~50		

[14] 溶剂型膨胀防火涂料

成分	用量(%)	成分	用量(%)
乙基纤维素	4.4	三聚氰胺	5.4
氯化石蜡	5.4	聚磷酸铵	17.7
二氧化钛	4	甲苯	58
二季戊四醇	5.1		

[15] 透明性膨胀防火涂料

成分	用量(%)	成分	用量(%)
丁醇/二甲苯中的脲醛树脂	75	乙醇	5.6
单丁基磷酸	7.3	β-氯间二甲苯酚	5
二丁基磷酸	3.1	甘油甲苯基醚	2.5
单乙胺	1.5		

[16] 非膨胀型防火乳胶涂料(1)

成分	用量(kg)	成分	用量(kg)
氧化锑	23.4	聚偏二氯乙烯共聚物	30.5
钛白	11.5	增稠剂等	5.8
云母	7.8	水	21

[17] 非膨胀型防火乳胶涂料(2)

成分	用量(份)	成分	用量(份)
氧化锑	10.9	PVA 共聚物乳液	21.2
钛白	21.8	增稠剂等	3
液体氯化石蜡	4.3	水	29.4
云母	9.4		

[18] 非膨胀型防火乳胶涂料(3)

成分	用量(份)	成分	用量(份)
氧化锑	8.9	云母	11.1
钛白	5.5	聚丙烯酸乳液	8
液体氯化石蜡	2.1	增稠剂等	3
白垩粉	30.2	水	31.2

[19] 溶剂型非膨胀防火涂料(底涂层)(1)

成分	用量(份)	成分	用量(份)
氧化锑	6.1	超细滑石粉	6.7
钛白	28.6	白垩粉	11.5
液体氯化石蜡	1.7	长油度大豆油醇酸树脂	22.2
固体氯化石蜡	5.3	松香水、干料	17.9

[20] 溶剂型非膨胀防火涂料(底涂层)(2)

成分	用量(份)	成分	用量(份)
氧化锑	6.1	白垩粉	10.3
钛白	25.6	氯化醇酸(含13%的氯)	31.7
超细滑石粉	11.1	松香水、干料	15.2

[21] 溶剂型非膨胀防火涂料(有光涂料)(1)

成分	用量(份)	成分	用量(份)
氧化锑	7.7	长油度大豆油醇酸树脂	45
钛白	25.4	氯化醇酸(含氯13%)	7
固体氯化石蜡	7.7	松香水、干料	14.2

[22] 溶剂型非膨胀防火涂料(有光涂料)(2)

成分	用量(份)	成分	用量(份)
氧化锑	7.9	氯化醇酸(含氯13%)	21.7
钛白	26.1	松香水、干料	11.7
长油度大豆油醇酸树脂	32.6		

[23] 溶剂型非膨胀防火涂料(有光涂料)(3)

成分	用量(份)	成分	用量(份)
氧化锑	6.2	白垩粉	5.6
钛白	28.4	长油度大豆油醇酸树脂	25.2
液体氯化石蜡	2.3	松香水、干料	18.7
固体氯化石蜡	7.3		

[24] 溶剂型非膨胀防火涂料(有光涂料)(4)

成分	用量(份)	成分	用量(份)
氧化锑	6.2	氯化醇酸(含13%的氯)	35
钛白	27.9	松香水、干料	15.9
高岭土	7.8		

[25] 非膨胀型乳胶防火涂料(1)

成分	用量(%)	成分	用量(%)
聚氯丁橡胶乳液(50%)	48	锑白粉	2.5
氢氧化铝粉	39	钛白粉	5
石棉粉	5	抗氧剂	0.5

[26] 非膨胀型乳胶防火涂料(2)

成分	用量(份)	成分	用量(份)
聚丁烯(液体)	20	$Al(OH)_3$	180
低分子量聚异丁烯	40	十溴代联苯醚	20
磷酸三(2,3-溴丙基)酯	15	防火短纤维	5
Sb_2O_3	20		

用途：本品可用于电缆、纤维板等。

[27] 非膨胀型乳胶防火涂料(3)

成分	用量(份)	成分	用量(份)
聚氯丁橡胶乳液(50%)	100	Sb_2O_3	5
$Al(OH)_3$	80	TiO_2	10
石棉纤维	10	抗氧剂	2

用途：本品可用于钢材等表面。

[28] 白色水性建筑防火涂料

成分	用量(份)	成分	用量(份)
85%磷酸	1.4	壬基苯酚	0.1
水	29.3	异丙醇	1.2
磷酸铝(含3个结晶水)	40.5	金红石型钛白粉	27.5

用途：主要用于建筑物表面作防火涂层，既可单独作装饰性涂料，又可作为底层涂料，上面再涂其他涂层。

[29] 防火密封涂料

成分	用量(份)	成分	用量(份)
己二酸二辛酯	80	氯化石蜡	100
Sb_2O_3	40	$Al(OH)_3$	450
氯磺化聚乙烯	10	三(2,3-二溴丙基)磷酸酯	20
石棉	10		

[30] 防火涂料(1)

成分	用量(份)	成分	用量(份)
石棉粉	40	石灰	10
铝酸钠	10	硅酸钠	30

[31] 防火涂料(2)

成分	用量(kg)	成分	用量(kg)
氧化锌	70	硫酸锌	10
消石灰	30	水玻璃	70
铅白	50		

工艺、性能：使用时要用水调合成漆状。本品可阻止燃烧。

[32] 防火涂料(3)

成分	用量(份)	成分	用量(份)
硫代硫酸钠	1	明矾	5
硼砂	2	热水	50
芒硝	4		

第三节 防霉涂料

在通常情况下，自然环境温度为23～38℃，相对湿度为85%～100%，霉菌最适宜繁殖生长，因此当条件具备，建筑物的内外墙面、顶棚、地面，尤其是食品加工车间、地下工程等最易产生霉菌,如采用普通装饰涂料,涂层会受到霉菌不同程度的侵蚀,尤其是有机类涂料涂层侵蚀更为严重,受到霉菌腐蚀后的涂层会褪色、沾污,以至脱落,这是因为霉菌侵蚀漆膜以后,会分泌出酶,这些分泌物会进一步分解涂料中有机成膜物质,成为霉菌生长的营养物质,从而破坏整个涂层。

所谓防霉涂料是指一种能够抑制霉菌生长的功能性涂料,通常是通过在涂料中添加某些抑菌剂而达到目的的。普通的装饰性涂料或油漆在贮存过程中,为了防止液态涂料因细菌作用而引起霉变,通常在其组分中加了一定量的防腐剂,但这些涂料防腐剂的加入量远低于防霉涂料中抑菌剂的加入量,因而仅是起到涂料的防腐作用,而无涂膜涂层的防霉效果,故这些涂料不属于防霉涂料的范畴之内。

1. 防霉涂料的特点

建筑防霉涂料的主要特点是既具有优良的防霉性能,又具备良好的装饰性能。防霉涂料应具备如下性能:

(1) 优良的防霉性能,应用于适宜霉菌滋长的环境中,但能较长的时间内保持涂膜表面不长霉;

(2) 良好的装饰性能,由于涂料在建筑物中使用的部位不同,应满足各种不同的使用要求,应达到与普通建筑装饰涂料和建筑油漆相同的性能指标,如外用防霉涂料应具有优良的耐水性、耐候性,防霉内墙涂料应具有优良的耐擦洗性与装饰性能,防霉地面涂料则应具备良好的耐磨性能等;

(3) 防霉涂料涂刷成膜以后,对人畜应无害。

2. 防霉涂料的类型及对防霉剂的要求

防霉涂料如按其成膜物质及分散介质的不同,可以分成溶剂型和水乳型两大类;如按使用部位不同,可以分为外用防霉涂料、内用防霉涂料、特种用途防霉涂料等。

在自然环境中,存在着各种各类的霉菌,如:黑曲霉、黄曲霉、变色曲霉、桔青霉、拟青霉、蜡叶芽枝霉、木霉、球毛壳霉、交链孢霉、毛霉等。因而采用的抑制剂必须能抑制这些霉菌的生长。在通常的建筑防霉涂料中,采用的霉菌抑制剂应符合下列要求:

(1) 该物质加入涂料组分中后,不会与成膜物质、颜填料、助剂、溶剂等涂料各组分发生化学反应而失去抑制霉菌生长的效力或使涂料其他性能发生变化,不会使涂料染色或使涂料中的颜色褪色;

(2) 能均匀分散在涂料之中;

(3) 涂料经涂刷成膜后,该物质能均匀分散存在于涂层之中,能较长时间抑制霉菌在涂层表面的生长;

(4) 涂料成膜后,对人体无害。

3. 内墙防霉涂料的主要技术性能要求

耐霉菌性(培养法 28d):0 级;

耐水性(浸水一个月):无变化;

耐碱性(pH 值 = 13 碱水中浸一个月):无变化;

耐酸性(pH 值 = 2 酸水中浸一个月):无变化;

洗刷性(往复 300 次):涂膜无破坏;

附着力(划格法):100%;

稳定性(贮存六个月):涂料无沉淀结块。

4. 施工要点

防霉涂料可按普通装饰涂料施工方法进行施工,但其基层处理十分重要,应除去霉斑,如果铲除霉斑后的基层,仍留有霉菌的残余和污染,可用7%～10%磷酸三纳水溶液涂刷1至2遍,以达到一定的杀菌效果。

如采用乳胶型涂料,其施工温度在10℃以上为宜。

第四节 防腐蚀涂料

对于建筑物的侵蚀作用,一般来自两个方面,一是由自然条件形成的,如空气、水汽、日光、海水等,另一则是由现代工业生产中产生的腐蚀性介质,如酸、碱、盐及各种有机物质。对于前者通常的建筑装饰涂料都能够承受,如外墙涂料均具有较好的耐水、耐大气、耐日光等性能。对于后者则往往是一般装饰性涂料不能解决的问题,而必须采用特殊功能的涂料,如在酸性环境中必须采用耐酸涂料;在碱性环境中则应该使用耐碱性能优良的耐碱涂料。这一类能够保护建筑物避免酸、碱、盐及各种有机物质侵蚀的涂料,常称为建筑防腐蚀涂料。

建筑物一般由水泥混凝土、钢材、砖石等组成,因腐蚀性化学物质的侵入和渗透会发生一系列化学和物理变化,最后导致建筑物的破坏,例如制药厂、化工厂的厂房与地坪被腐蚀的现象十分普遍,各种建筑物、历史文物、古迹等的表面也受到酸雨的严重浸蚀,因而人们都十分重视研究和开发这类特种涂料。

一、防腐蚀涂料的性能特点

建筑物的防腐蚀涂料,主要作用是把腐蚀介质与建筑材料隔离开来,使腐蚀性介质不能渗透到建筑材料中去,从而起到防止建筑材料的腐蚀作用。

建筑防腐蚀涂料具有以下的性能特点:

(1) 不但要具有一般建筑装饰涂料的性能,而其耐腐蚀性能应优于普通的建筑装饰涂料;

(2) 对于腐蚀介质应具有良好的稳定性,涂膜长期与腐蚀介质接触,不会被溶解、溶胀、破坏、分解及发生不良化学反应;

(3) 涂层应具有良好的抗渗性,能阻挡有害介质或有害气体的侵入;

(4) 与建筑物基层应具有良好的黏结性;

(5) 涂层应具有较好的机械强度,不会开裂及脱落,涂层的耐久性良好;

(6) 如果外用防腐蚀涂料还应该具有良好的耐候性;

(7) 涂层维修、重涂容易;

(8) 应用较多的为交联固化型涂料,并且能常温固化;

(9) 原材料资源丰富,价格便宜。

二、防腐蚀涂料的类型

防腐蚀涂料应用于建筑物上的主要产品类型见表9-11。

三、防腐蚀涂料的施工要点

(1) 基层必须清洗干净,由于这类涂料以溶剂型产品为主,因而要求基层充分干燥后方能施工;

防腐蚀涂料的类型与主要品种　　　　　　　　　　　表 9-11

名　　称	特　　点
环氧树脂防腐蚀涂料	该类涂料由环氧树脂与胺类固化剂组成的双组分固分型涂料,常用的胺类固化剂有：乙二胺、二乙烯三胺、多乙烯多胺、聚酰胺等 这类涂料与水泥混凝土或砂浆具有很好的黏结性,耐酸、耐碱、耐醇类及烃类溶剂性好。如采用聚酰胺作为固化剂,则柔韧性、抗冲击性更佳
聚氨酯防腐蚀涂料	该系防腐蚀涂料通常采用双组分涂料,在一组分中含有异氰酸基(—NCO),另一组分中含有羟基,施工前按规定比例配合后使用 这类涂料与基层黏结性优良,耐酸、耐碱、耐水、耐溶剂等性能优良
乙烯树脂类防腐蚀涂料	乙烯树脂类防腐蚀涂料是指由含有乙烯基的单体聚合而成的树脂,主要指以氯乙烯、醋酸乙烯、乙烯、丙烯等为单体合成的树脂,常用的品种是过氯乙烯树脂防腐蚀涂料,此外氯醋共聚树脂、氯化聚乙烯、氯化聚丙烯等树脂配制的涂料都能作为建筑防腐蚀涂料,并有很好的发展前途 这类涂料,通常为溶剂型单组分涂料,由于其原材料来源丰富,价格适中,施工方便,因而常作为一般要求的防腐蚀涂料应用
橡胶树脂防腐蚀涂料	橡胶树脂是以天然或合成橡胶与经化学处理如氯化、氯磺化后制成的具有一定弹性的树脂为主要原料而制成的防腐涂料。其中氯磺化聚乙烯防腐蚀涂料,由于具有较好的耐碱、耐酸、耐氧化剂及臭氧、耐户外大气等特性,在国内已开始在化工及建筑防腐蚀方面应用,并取得较好的效果
呋喃树脂类防腐蚀涂料	呋喃树脂系涂料由于其主要成膜物质呋喃树脂的分子结构中含有较多的呋喃环,从而使这类涂料具有较好的耐碱、耐酸、耐热等性能。采用单纯的呋喃树脂作为成膜物质组成的涂料虽有较好的防腐蚀性,但其机械强度差,与基层的黏结性能亦差,因而常采用其他树脂进行改性,改性后的呋喃树脂不但仍保持其良好的耐腐蚀性能,而且机械强度、黏结性能等都有很大的提高。用来改性的树脂主要品种有环氧树脂、聚乙烯醇缩醛、聚氨酯、有机硅树脂等

(2) 为了提高防腐蚀性能,一般涂刷层数应偏多,如过氯乙烯树脂防腐涂料可以涂刷 6～10 道,才能完成施工；

(3) 如采用双组分涂料,配料必须正确,只有让涂层充分固化后才有良好的防腐蚀效果。

第五节　防　雾　涂　料

玻璃和透明塑料因具有优良的采光性能在建筑物上使用十分广泛,但这类材料在使用过程中,经常会遇到表面结雾,并导致透明材料出现表面白化,透光率下降或不透明的现象,极大地影响了它们的使用功能和装饰效果。建筑防雾涂料即是防止透明材料产生表面结雾的一类特种功能涂料。防雾的原理及方法见表 9-12。

一、防雾涂料的基本组成与涂层的构造

防雾涂料通常有：部分组成,即亲水高分子物质、交联剂、表面活性剂,如表 9-13 所列。

防雾原理及方法

表 9-12

防雾原理	方法	优点	缺点	实例
使水蒸气不凝结	使基材温度升到露点以上	防雾性高	需要热源及设备	向建筑物等的窗玻璃发射热线或红外线
表面吸水化	1. 涂布亲水性高分子 2. 与亲水单体共聚,使基材树脂有吸水性 3. 亲水性高分子表面接枝共聚	防雾寿命长	基材表面吸水膨润软化,从而降低表面硬度和耐磨性	添加少量含结晶水的盐类,白天失去结晶水,夜间吸收水分接枝丙烯酸单体
表面亲水化	1. 涂布表面活性剂 2. 在树脂内混入表面活性剂 3. 表面洁净化 4. 树脂表面等离子处理 5. 化学药品处理	防雾性好,防雾寿命长	防雾寿命短几乎未提高防雾性	聚烯类塑料薄膜、PVC薄膜防雾化 表面形成羟基与各种偶联剂反应,用浓硫酸浸渍PS表面,生成亲水的磺酸基团
表面疏水化	涂疏水性涂料		成本高,尚无实用价值	硫酸镁和甲基多硅氧烷制成的疏水涂料,含氟涂料

防雾涂料的组成

表 9-13

组成	作用	实例
亲水高分子	通过吸水达到防雾效果	甲基丙烯酸羟乙酯、甲基丙烯酸聚乙二醇酯、山梨醇等多元醇的羟基上加成环氧基的产物,乙二醇二缩水甘油醚、丙烯酸钠
交联剂	通过交联形成三维网状结构,耐擦伤性和耐水性提高	乙烯基二甲基硅烷、六甲氧基甲基三聚氰胺、四甲氧基硅烷
表面活性剂	表面湿润性得到改善	聚氧化烷烃醚、烷基苯磺酸、聚氧化烷烃胺

亲水性高分子物质是防雾涂料最基本的成分,防雾效果主要取决于亲水性高分子物质的吸水性,当只有亲水性高分子物质而未进行交联时,涂膜就会进一步润湿被溶解,因而易损伤而剥落,这样的防雾涂料在一般场合是不适用的。亲水性高分子部分交联时,其表面硬度提高,耐擦伤性和耐水性均可提高,同时具有较好的防雾性能,当太多的水黏附在这样的涂膜表面时,如涂膜的吸水能力达到饱和,水滴还是会在表面形成,使表面白化和发霉。在该涂料中加入表面活性剂,可以使表面润湿性提高,防雾性也相应改善。

防雾涂膜的结构有以下四种类型:

(1) 单层膜:防雾性、耐擦伤性由一层赋予,必须确定二者最佳平衡点;

(2) 两层膜:要求下层吸水性好,上层透光,耐擦伤性好及表面硬度高;

(3) 在亲水性树脂上涂无机化合物,以岛状覆盖,上层无机化合物赋予涂膜耐擦伤性,下层吸水性树脂赋予涂膜防雾性;

(4) 将耐擦伤性好的高交联度的防雾涂膜表面,用等离子处理或加水分解,使表面亲水性提高,水的润湿性得以改善,防雾性提高。

从结构上看,理想的防雾涂膜表面应由许多亲水基团(亲水性极高的薄层)、疏水性三维网状结构、亲水性三维交联结构等几个部分组成,这样的结构具有坚硬耐磨、防雾性优良和耐水的特点。

二、透明防雾涂料的制造与使用

1．原材料及涂料合成

透明防雾涂料一般采用亲水性丙烯酸酯类或甲基丙烯酸酯类的均聚物或共聚物,并加入少量多官能团的交联剂,使之交联成为具有网络结构的防雾涂膜,或采用其他措施将其表面进一步增强。

2．透明涂料的制膜

(1) 制膜及固化:

取一定量聚合液,加适量溶剂,将聚合液浓度调至10%左右,再加入少量双甲基丙烯酸乙二醇酯及过氧化苯甲酰混均,即可进行喷涂施工。

在洁净的玻璃及塑料表面上喷涂涂料液(膜厚20～30μm),放置1～2h后,移入120℃烘箱烘1～2h(根据塑料性能,固化温度可降低)。烘箱冷至室温,获得具有吸湿性的透明防雾涂膜。

(2) 涂膜的表面增强:

用羟甲基三聚氰胺与聚乙二醇共聚物溶液和乙二醇单甲醚配制成约10%的溶液,并加适量表面活性剂,溶液经过滤后,即可刷涂,并在120℃固化2h,形成增强的透明防雾涂膜,固化过程中进一步缩合脱水,形成聚乙二醇和三聚氰胺网络结构的缩聚物,大分子链段中醚键的存在和网络结构的形成,均将提高涂膜表面的防雾性、耐磨损、耐擦伤和耐溶剂性,同时增强膜还具有优异的透明性。为了提高对表面吸附水的传递能力。可于增强液中加入少量非离子型表面活性剂,使其能很快将吸附的水汽传递到防雾涂膜上,从而达到防雾的目的。

三、防雾涂料配方

[1] 透明防雾涂料

成分	用量(份)	成分	用量(份)
甲基丙烯酸-β-羟乙酯	88	过氯化苯甲酰	0.5
甲基丙烯酸	12	乙二醇单丁醚	400

工艺:将装有搅拌器、冷凝器、温度计和氮气导管的磨口四颈烧瓶置于恒温水浴中,加入甲基丙烯酸-β-羟乙酯、甲基丙烯酸、过氧化苯甲酰和乙二醇单甲醚的均匀混合液,在氮气保护下,65℃反应6～8h后停止反应。取样,测转化率。冷却后产品置于冰箱内贮存备用。

[2] 防冰雪剂

成分	用量(份)	成分	用量(份)
丙二醇	15～75	硝酸纤维素(或聚乙酸乙烯)	25～85

工艺、性能:将上述组分混合均匀,涂在建筑物、交通标志等表面,就能长期防止冰雪。

[3] 防冻结隔离液

成分	用量(份)	成分	用量(份)
乙二醇	32.94	水解25%聚丙烯酰胺	1.5
1,2-丙二醇	32.94	水	30
乙酸钠	4.11		

性能：把本品涂刷在容器上，可防止盛物冻结在容器壁上。

[4] 汽车窗玻璃防冻剂(1)

成分	用量(份)	成分	用量(份)
乙二醇	30	乙二醇酰胺	1
异丙醇	30	水	37
脂肪醇聚氧乙烯醚	2		

性能：本品可解决冬季汽车窗玻璃蒙上水汽和冰花。

[5] 汽车窗玻璃防冻剂(2)

成分	用量(份)	成分	用量(份)
乙二醇	52	磷酸氢二钠	0.5
水	47.7	表面活性剂 OP-7	0.2

[6] 汽车窗玻璃防雾剂(1)

成分	用量(份)	成分	用量(份)
乙二醇	30	表面活性剂 OP-7 或	5
异丙醇	70	OP-10	

性能：将此防雾剂涂在汽车窗玻璃上即可防止玻璃上凝结水汽。

[7] 汽车窗玻璃防雾剂(2)

成分	用量(mL)	成分	用量(g)
甲醇(99.9%)	250～300	二甘醇	25～30
乙醇(99.9%)	250～300	丙二醇	5～7
水	100	三乙醇胺	8～10
甘油	13～15g	聚乙二醇苯基醚	10～15
乙二醇	25～30g		

性能：本品可用作汽车挡风玻璃持久防雾。

[8] 防雾透明涂料

成分	用量(%)	成分	用量(%)
甲苯二异氰酸酯预聚物	5.2	聚乙烯吡咯酮	1.1
硫化二丁酸二辛酯	1	环己烷	23.7
二丙酮醇	69		

工艺、性能：先将聚乙烯吡咯酮、二丙酮醇、环己烷投入溶料锅中，搅匀，再加入甲苯二异氰酸酯预聚物和硫化二丁酸二辛酯，搅拌至完全溶解或透明溶液，过滤包装。本品主要用于汽车等的前面挡风玻璃，涂上涂料后，涂膜可以防雾，以免水汽凝结在玻璃表面影响视线。

[9] 防冰雪黏附涂料

成分	用量(g)	成分	用量(g)
聚乙烯醇	20	氯化钙	15
硅酸钠	15	二氧化钛	15
聚乙二醇	35		

工艺：生产工艺同配方[8]。

第六节 吸声涂料

吸声涂料是由轻质骨料和黏结剂(有机或无机的)、颜料、配制而成的，属于轻质厚涂料，

第六节 吸声涂料

由于轻质骨料为多孔物质,吸水性较大,因此该种涂料现场调和型比成品型更为有利,并且多采用喷涂施工。

考虑到轻质骨料比重质骨料脆弱得多,因此,吸声涂料基本上不用于墙面装修,而专门装修不易受到外界冲击的室内顶棚板。但这种涂料的密度小,喷涂时弹落率低,对顶棚的施工尤其合适。

对于吸声涂料,要求具有装饰和改善居住环境(吸声和防结露)两种功能,因其饰面层是多孔性的,所以可将声波的能量转变成热能而吸收,也可将露水暂时吸收并贮存在饰面层内部,从而发挥它的防结露作用;同时它还必须符合防火规定。防露性和吸声性随着饰面层的加厚而提高;相反,防火性则随着饰面层的加厚而下降,因此,在要求高防结露性和高吸声性的场合,用无机涂料比较合适。

吸声涂料的防露性和吸声性功能见表9-14。

吸声涂料的性能 表9-14

名 称	性 能
防露性	所谓防露性是指防止结露的性能。结露有内部结露和外部结露之分,这里所要防止的是指外部结露。当壁面(通常为内壁)的温度低至露点时即发生结露。因此,传统的防雾方法是在内壁表面贴以隔热材料,以防止表面温度降低。用吸声涂料防止结露与传统的防雾方法不同,正如前面所述,它是利用饰面层的吸水性来防止结露的一种方法。也就是说,这是一种把在结露条件下凝结的露水暂时吸收并贮存在饰面层内部,使其不至于滴落(或根本就不凝结)的防露方法。一旦室内变得干燥,饰面层内部的露水即可挥发,从而恢复到干燥状态
吸声性	吸声涂料的吸声效果常以吸声率表示。吸声率可定义如下: $$\alpha = \frac{I_t - I_r}{I_t} = 1 - \frac{I_r}{I_t}$$ 式中 α——吸声率; I_t——入射声强度; I_r——反射声强度。 普通吸音材料的吸声率为0~1。吸声率越大表示吸音效果越好。吸声率的测定有两种方法,即混响法和垂直入射法。 普通的吸声材料不可能将声音全部吸收,但能有效地降低室内的分散声指标。从频率来说,人的耳朵对2000~5000Hz声音的感度特好;在100Hz以下,人耳的感度明显降低。这种吸声涂料恰好能有效地吸收高频声。涂料中轻质骨料含量越高(即饰面层的相对密度越小),整个饰面层越柔软,饰面层越厚,它的吸声性就越好

吸声涂料主要由黏结材料和轻质骨料组成,黏结剂可采用有机高分子聚合物类,如聚乙烯醇、聚醋酸乙烯乳液、苯丙乳液或相应的乳胶涂料,也可使用水玻璃和白水泥等无机黏结剂。可作为轻质骨料使用的有:珍珠岩或膨胀珍珠岩、轻质白砂、蛭石(泡沫蛭石)、泡沫玻璃细粒、泡沫聚苯乙烯细粒等,根据实际情况其粒径在0.1~2mm的这些骨料当中表面美丽的品种不多,只有蛭石和大粒径的珍珠岩能用于配制透明的涂料。为了提高其饰面装饰效果,可将某些轻骨料进行着色处理,以丰富涂层的色彩和质感。

在原料配比中,在其饰面层厚度一定的情况下,轻骨料的种类和用量决定着涂料的吸声功能和防结露效果,一般轻骨料的孔洞率越大,其用量越高,吸声性和防结露性越好,轻骨料的吸水性越大,防露性越好,且柔韧性增加,吸声性也随之增加。

吸声涂料的组成配方:

成分	用量(份)	成分	用量(份)
轻质白砂:粒径0.6~1.2mm	200	固含量50%的丙烯酸系乳液	200
粒径0.05~0.1mm	50		
烧成高岭土	100	分散剂	8
二氧化钛	20	消泡剂	2
纤维增强材料	10	防霉剂	4

第七节 太阳能集热涂料

太阳能集热涂料按其光学性能可分为选择性集热涂料及非选择性集热涂料,从基料的性质分,可分为溶剂集热涂料和水性集热涂料,水性集热涂料又可分为水溶性集热涂料及乳胶型集热涂料,传统的太阳能集热涂料均为溶剂型的,近年来,随着乳状液合成技术的发展,乳胶型太阳能集热涂料已经面世。

太阳能集热涂料在组成上与普遍涂料相似,即成膜物质、颜填料、助剂和分散介质,但在性能要求上差异很大,首先要求各种原料应具有良好的光学性能,即选择吸收性,尤其是所选用的颜料的光学性能应特别突出(决定着涂料集热效果);另一方面,这种涂料均暴露在大气环境中,故要求各种原材料应具备优良的耐候性和耐热性。常用的成膜物质有环氧树脂、丙烯酸类树脂、有机硅树脂等,其中后两种的综合性能较好。吸收性颜料的种类有软质炭黑、氧化铜、氧化铁黑、硫化铜、硫化铅、乙炔黑等、其中硫化铅、氧化铜的选择吸收性更好。另外,颜料的黏度对选择吸收有较大影响,通常粒度控制在$0.5\sim 1.0\mu m$,最好在$0.01\sim 0.5\mu m$范围内。早期的太阳能涂料大多为溶剂型,为了节约资源,保护环境并降低成本,以后又开发了多种水性涂料,它们在性能上与溶剂型基本相同,其太阳能吸收率为0.93%~0.96%,热发射率则为0.3%~0.5%。

太阳能集热涂料的配方:

[1] 溶剂型太阳能集热涂料(1)

成分	用量(份)	成分	用量(份)
热固性聚丙烯酸树脂(50%)	100	聚四氟乙烯粉末($0.3\mu m$)	15
Fe_2O_3-MnO_2-CuO 黑色颜料($0.3\mu m$)	70	紫外线吸收剂	5
		表面活性剂	1.5
混合溶剂(正丁醇:二甲苯:200号溶剂油=29:21:50)	100		

工艺、性能:准确称量置于混合槽中混合均匀,而后研磨、分散、稀释、过滤,加上1.5份表面活性剂,搅拌均匀,即可。

性能检测:将涂料涂于铝板上,200℃烘烤10min,测其集热性能 $\alpha_s = 0.93$,$\varepsilon_n = 0.18\sim 0.2$,$K = \dfrac{\alpha_s}{\varepsilon_n} = 4.9$。

[2] 溶剂型太阳能集热涂料(2)

成分	用量(份)	成分	用量(份)
聚甲基异戊烯	10	碳化钛	适量
四氯化碳	2000		

工艺、性能：将聚甲基异戊烯溶于四氯化碳，再与适量的碳化钛混合均匀，研磨分散过滤即可。

将涂料制成 $5\mu m$ 的膜，测其光学性能：$\alpha_s=0.9, \varepsilon_n=0.4, K=2.25$。

[3] 溶剂型太阳能集热涂料(3)

成分	用量(份)	成分	用量(份)
羟基氟化物(固体分60%)	羟值50	乙酸溶纤剂	5
$CuO\text{-}MnO_2\text{-}Fe_2O_3$	18	六亚甲基二异氰酸酯	10
二甲苯	26.6		

工艺、性能：按一般操作工艺将涂料喷于不锈钢板上，室温固化，测其性能如下：$\alpha_s=0.97, \varepsilon_n=0.35, K=2.77$。

第八节 防静电涂料

在电子计算机房、精密仪器车间以及要求洁净的厂房等所用的地面涂料，不仅要求涂料具有一定的装饰效果，而且还要求涂料能消除静电的作用，目前采用的是防静电涂料。

防静电涂料不称抗静电涂料，它是一种新型导电高分子材料，它除了导体导电外，还因其含有亲水基团，能吸收空气中的水分，形成肉眼观察不到的"水膜"，为涂层表面提供了一层导电通路，增加了电荷通向空气的传导作用，因而使电荷释放，达到消除静电的目的。使用防静电涂料能有效地解决墙面、地面、桌面及其他表面，特别是形状复杂用其他办法难以解决的表面的防静电问题。

防静电涂料因选用不同的成膜物质、不同的导电材料和不同的抗静电剂，其性能差别很大，即使是同一成膜物质，导电材料不同，或抗静电剂不同，其性能也各异，因此，导电材料，成膜物质和抗静电剂的不同组合，将会得到能满足不同使用目的的抗静电涂料。

一、水性防静电涂料

水性防静电涂料特点具有导电性、能消除静电；为单组分水性涂料，无臭、无味、无毒，有利于保护环境；可做成各种色彩，有较强的装饰性。本品适用范围为各类建筑物，如军工厂厂房、计算机房、电子元器件生产厂房、电视演播厅、贮仓、船舶及各种需要防静电设备的墙面、地面、壁面、台面的静电消除。

水性抗静电涂料的主要质量要求如下：

容器中状态：无硬块，搅拌后呈均匀状态；

低温稳定性：不凝结、不结块、不分离；

遮盖力(白色及浅色)：$<250g/m^2$；

颜色及外观：表面平整，符合色差范围；

干燥时间：表干$<2h$；

耐洗刷性：>300次；

耐碱性(48h):不起泡,不掉粉,允许轻微变色和失光;
耐水性(96h):不起泡,不掉粉,允许轻微变色和失光;
表面电阻:$1.0×10^6 \sim 1.0×10^9 \Omega$。

水性抗静电涂料的施工要点:

(1) 施工准备、基层处理、气候条件、施工工艺与普通乳液型内墙涂料相似;

(2) 施工验收:除了进行一般乳液型涂料的施工验收外,还应专门检查涂层的表面电阻,其值必须符合防静电的要求;

(3) 施工缺陷分析及防治:同普通乳液型内墙涂料,若表面电阻值不合要求的话,可能是涂料用量不足,或者是导电材料、抗静电剂用量不够,应增加涂料用量,或增加导电材料、抗静电剂的用量;

(4) 参考用量:约 $4m^2/kg$。

二、反应型防静电涂料

反应型防静电涂料特点:具有永久性抗静电效果,色浅,装饰性能好;耐腐蚀性能优良,耐磨性能好;导电介质不受温度、压力、湿度等环境影响。适用于电子、微电子、通讯、计算机、精密仪器等需要防静电的车间地坪、墙面等。

反应型防静电涂料的主要质量要求如下:

涂料表面电阻:$1.0×10^5 \sim 1.0×10^8 \Omega$;

耐磨性(500g 荷重,1000 转):$\leqslant 0.03\%$;

黏结强度:$\geqslant 3MPa$。

反应型防静电涂料的施工要点:

(1) 施工工具:漆刷、滚筒、批刀、计量器具等;

(2) 基层处理:施工表面应平整,无裂缝,不起壳、不起砂、无油污,混凝土含水率应小于6%;

(3) 气候条件:施工温度应在5℃以上,下雨天不能施工,湿度应小于85%;

(4) 将底涂双组分严格按比例混合,搅拌均匀,静置 30min 后涂刷于基层;底涂 24~48h,待可上人后,涂刷绝缘层涂料,双组分也必须准确称量,搅拌均匀,静止 30min;绝缘层涂料涂刷 24~48h,待可上人后进行表面打磨拉毛,以增加附着力;将导电层涂料双组分按比例混合后,搅拌均匀,静止 15min,再进行施工;导电层涂料涂刷 24h,待可上人后打磨表面;将抗静电层涂料双组分按比例混合后搅拌均匀,静置 15min 后进行施工;

(5) 施工验收:表面应平整光洁、无气泡、无大颗粒、无明显色差;

(6) 参考用量:底漆每道 $0.18 \sim 0.2 kg/m^2$,中涂每毫米厚 $1.5 kg/m^2$,厚度根据设计要求确定,导电涂料每道 $0.25 kg/m^2$,抗静电层涂料每道 $0.2 kg/m^2$,需 3 道。

三、抗静电涂料配方

[1] 光固化防静电涂料

成分	用量(份)	成分	用量(份)
五丙烯酸二季戊四醇酯	22.8	异丙醇	54.5
丙烯酸四氢呋喃酯	7	甲苯	9.1
磷酸甲基丙烯酰乙酯	4.6	安息香乙醚	1.8
N-月桂基二乙醇胺	1.4		

[2] 无机碳系导电涂料

成分	用量(%)	成分	用量(%)
超细石墨(细度10μm)	14	硅酸钾	74
聚乙烯吡咯烷酮	1.5	水	10.5

工艺、性能：将全部原料混合，搅拌均匀，经磨漆机研磨至细度合格，然后加其余的水，即成制品。本品用于涂装在耐热的基材上固化，涂膜能导电，以防止表面产生静电。

[3] 防静电涂料

成分	用量(%)	成分	用量(%)
阿拉伯树胶	1	P-6629防静电剂	69
水	30		

工艺、性能：P-6629防静电剂的化学成分为十二烷基二甲基苄基氯化铵。

将阿拉伯树胶和水混合加热至70～80℃，在搅拌下加入防静电剂，搅拌混合至水溶液呈微乳白色，黏度达到要求即成。

本品用于涂在高分子塑料压制的仪器罩子上，经摩擦无静电产生，从而消除了仪器由于静电引起的误差。用刷涂法施工，刷涂在物体表面。

第十章 建筑油漆

第一节 油脂漆类

油脂漆是以干性油、半干性油为基料加工而成。是一种最古老又最基本的涂料品种,它主要特点是漆膜柔韧性好,对木材有很好的渗透性,附着力好,具有很好的室外耐气候性,不易粉化和龟裂,价廉,施工方便,涂刷方便,流平性好。但干燥缓慢,不耐酸碱和溶剂,若在新水泥表面施工易被碱性皂化脱落。耐化学性、耐水性差,漆膜经肥皂水浸泡会迅速变色并软化脱落,经不起碱、酸、盐的腐蚀。漆膜硬度低,耐磨性差。油脂漆作为一般木材、钢铁及通用建筑物的涂装用。

油脂漆的基本品种主要有清漆、厚漆、油性调和漆等。

1. 清油

也称熟油或"鱼油",它是精炼干性油经氧化聚合或高温热聚合后加入催干剂而成。它可单独涂于木材或金属表面,作为防水防潮涂层,多数情况下是供调制厚漆、红丹、腻子及其他涂料使用。它施工方便,价廉,气味小,贮存期长,具有一定的防护性能。但干燥慢,漆膜软,只能用于要求不高的涂层。

2. 厚漆

是由着色颜料、体质颜料与精制干性油经研磨而成,为一种黏稠的浆状物。使用时可加入清油及催干剂,可自由配色,施工简单,价廉,可用松节油或汽油稀释。一般用于室外大型建筑物的涂刷或打底。厚漆因体质颜料成分多,故耐久性较差。

3. 调和漆

是以干性油为基料,加入颜料、溶剂、催干剂等研制而成。基料中加有树脂的称为磁性调和漆;完全是干性油不加任何树脂的称为油性调和漆。

油性调和漆因选用含铅、锌颜料为主,使之与油料中脂肪酸作用而成铅皂或锌皂,故漆膜坚韧,附着力强,耐水性良好,有良好的户外耐久性,不易粉化和龟裂。但干燥较慢,漆膜软,光泽及平滑性较磁性调和漆差。适用于室内外一般金属、木材、砖石表面的涂装。

磁性调和漆初期光泽好,硬度比油性漆高,但耐久性不如油脂漆。适合于室内外一般使用。

4. 红丹防锈漆

是以精炼干性油、红丹填料经研磨加入催干剂、溶剂调和而成。也有用红丹粉与清油自行调制的。特点是附着力强,柔韧性好,为黑色金属的优良防锈底漆。但干燥慢、漆膜软,且红丹有毒性。施工宜刷涂,禁止喷涂。

5. 油性电泳漆及水溶性漆

这是油脂漆中较为新颖的品种,它是由植物油与少量顺丁烯二酸反应,以氨水中和,用蒸馏水稀释,与颜料研磨而成。用于各种黑色金属制品、零件的涂装与保护。其中电泳漆可采用电泳先进施工方法,有利生产连续化,但涂层一般需高温烘烤干燥。也有自干性水溶性漆,常温干燥,施工简单,最大的优点是无毒、安全。

表 10-1 为常用油脂漆品种。

常用的建筑油脂漆品种　　　　　　　　　　　表 10-1

类别及代号	制作	性能	用途
清油(熟油或鱼油)Y00-	精制干性油经氧化聚合或高温热聚合后加入催干剂制成	施工方便,价廉,气味小,贮存期长,有一定的防护性能 涂膜软,易发黏,干燥慢,只能用于要求不高的涂层	大多供调制厚漆、防锈漆、腻子及其他漆料用,也可单独涂饰于木材、金属面做防水防潮涂层
厚漆 Y02-	由着色颜料、体质颜料与精制干性油经研磨而成的稠厚浆状物质	价格便宜,施工运输方便,黏度和干性可随意控制,涂膜软,耐久性不理想,调配时质量无保证,不能做高质量涂层	主要做底漆,也可单独做面漆,但亮度和硬度差;也可调配油色、腻子
油性调和漆 Y03-	由着色颜料、体质颜料与干性油经研磨后加入溶剂、催干剂及其他辅助材料制成	施工方便,涂膜附着力好,不易脱落龟裂 涂膜软,光泽差,耐候性差,但用耐晒的铅锌类白颜料配制的浅色调和漆的硬度、致密性、抗水性及耐久性较好。黑色油性调和漆由于干燥慢,光泽差,耐候性差,现已很少使用	供质量要求不高的普通建筑做室外钢铁、木材、砖石、抹灰等表面的涂饰
防锈漆 Y53-	干性油与防锈颜料、体质颜料经混合研磨后加溶剂、催干剂制成	油脂的渗透、润湿性好,涂膜充分干燥后附着力、柔韧性好。对表面的处理不如以树脂为基料的防锈漆那样严格 缺点是干燥慢、涂膜软,已逐步被其他防锈漆所代替	户外黑色金属的防锈涂料

6. 油脂漆类配方

[1]　桐油漆(1)

成分	用量(kg)	成分	用量(kg)
豆油	58	4%环烷酸钴	1
亚麻油	34	3%环烷酸锰	2
桐油	5		

工艺:将豆油、亚麻油、桐油装入氧化釜中,搅拌均匀,升温至 80℃,通过风管将空气吹入油中,使油氧化并自行升温至 110℃,在此温度下保持并不断吹入空气氧化,直到测定相对密度达到 0.929~0.930 为止。加入两种催化剂,继续吹入空气 30min 以脱出溶剂,出釜时的相对密度应为 0.930~0.932。

[2]　桐油漆(2)

成分	用量(kg)	成分	用量(kg)
桐油	100	3%环烷酸锰	0.5
4%环烷酸钴	0.25		

工艺:将桐油在不锈钢炼漆釜中迅速升温至220℃左右,停止加热,依靠余热自行升温至240℃左右,恒温2h,冷却到150℃以下,加入催干剂搅拌均匀,过滤包装成品。

[3] 桐油漆(3)

成分	用量(kg)	成分	用量(kg)
桐油	33.3	甘油松香酯	8.88
松节油	44.4	顺丁烯二酸酐松香酯	8.88
松香	4.44		

工艺:在反应釜中加入桐油、顺丁烯二酸酐松香酯、松香、甘油松香酯,升温到200℃,保温1h。降温到100℃时加入松节油,搅拌均匀即为成品。

[4] 桐油漆(4)

成分	用量(kg)	成分	用量(kg)
生桐油	50	溶剂油	76
亚桐聚合油	30	萘酸钴	0.03
酚醛树脂	20	萘酸铅	0.023
甘油松香酯	20	萘酸锰	0.05
氧化铅	0.1		

工艺:将生桐油和酚醛树脂投入反应锅内,加热使其全熔,加温到220℃时,加入氧化铅,再升温到280℃,保温1h后出锅,降温到140℃时加入其余组分,充分搅拌均匀,然后过滤包装成品。

[5] 改性桐油漆

成分	用量(kg)	成分	用量(kg)
200号松香改性酚醛树脂	10.5	200号溶剂油	6.5
桐油	30	消石灰	0.3
煤油	33	环烷酸锰	0.2
松香	5	环烷酸铅	0.3
亚定油	14.5		

工艺:将酚醛树脂、松香、桐油加入反应釜中,加热到160~165℃。加入消石灰,升温到240℃,加入亚定油,保温30min,出料,加入煤油和汽油,搅拌均匀后加入环烷酸锰、环烷酸铅,调匀后过滤包装。

[6] 色漆(1)

成分	用量(份)	成分	用量(份)
亚麻油	100	邻苯二甲酸酐	110
甘油	65		

工艺、性能:将前两种成分放在不锈钢锅内,通入CO_2气体,共热至200~210℃,2~3h后。再加邻苯二甲酸酐,升温至210~240℃保持3~4h,反应完毕。可加溶剂调整黏度。以此为基料,可调成色漆。本品综合性能较好。

[7] 色漆(2)

成分	用量(份)	成分	用量(份)
亚麻籽油	48	甘油	4
甘油	12	黄丹	0.024
邻苯二甲酸酐	36		

工艺、性能：先在反应釜内加前两种组分，升温到 100~107℃，加入催化剂黄丹后通 CO_2 气体，在短时间内升温到 220~232℃，保温 1h 后取样测试，合格后降温到 180~220℃，再分几次加邻苯二甲酸酐和第二份甘油之后，再升温到 232~240℃，保持 6~10h，可加溶剂调整黏度，以此为基料，可调成色漆。本品综合性能较好。

[8] 防锈漆(1)

成分	用量(份)	成分	用量(份)
生亚麻籽油	182.5	滑石粉	75
厚亚麻籽油	60	萘酸钴	0.3
石墨粉	100	松香水	64
炭黑	5		

用途：货车罩面防锈用漆。

[9] 防锈漆(2)

成分	用量(份)	成分	用量(份)
熟亚麻籽油	65	萘酸铅	1.5
碳氮化铅	100	萘酸钴	2
重晶石粉	65	萘酸锰	2.75
松香水	20		

用途：打底防锈漆。

[10] 防腐漆(1)

成分	用量(份)	成分	用量(份)
石灰漂亚麻籽油	35	萘酸钴	适量
红丹粉	100	松节油	8.33
硬脂酸	3.3		

性能：本品耐化学腐蚀性好。

[11] 防腐漆(2)

成分	用量(份)	成分	用量(份)
亚麻籽油醇酸漆料	27.5	硅藻土	4.6
生亚麻籽油	3.8	萘酸钴	适量
红丹	100	松香水	18
滑石粉	10.2		

[12] 面漆

成分	用量(份)	成分	用量(份)
熟亚麻籽油	77.5	松香水	15
氧化铅	100	萘酸铅	1.6
重晶石粉	60	萘酸锰	3
铁蓝	1.3	萘酸钴	2

用途：见本节配方[9]的面漆。

[13] 白磁漆

成分	用量(份)	成分	用量(份)
亚麻籽油改性醇酸液	242	厚亚麻油	60
精炼亚麻油	105	金红石型钛白粉	200

成分	用量(份)	成分	用量(份)
滑石粉	300	松香水	120~140
萘酸钴	适量		

本品为高级白色磁漆。

[14] 顶棚漆

成分	用量(份)	成分	用量(份)
钙化亚麻籽油(40%)	55.8	松香水	21.7~25
钙钛白粉	100	水	10.6
轻质碳酸钙	26.6~43	萘酸钴	0.13
群青	2		

用途：顶棚用油性漆。

[15] 磁漆

成分	用量(份)	成分	用量(份)
钙化亚麻籽油(3%氧化钙)	30.8	松香水	57.2
松香溶液(50%)	88	水	18.3
钙钛白粉	100	萘酸钴	适量
轻质碳酸钙	55		

本品为平光磁漆。

[16] 白油漆

成分	用量(份)	成分	用量(份)
精炼亚麻籽油	318~435	滑石粉	300
厚亚麻籽油	39~92	萘酸钴	适量
钛白粉	125	松香水	100~150
氧化锌	425		

用途：建筑用白色油漆。

[17] 白磁漆

成分	用量(份)	成分	用量(份)
精炼亚麻籽油	400	滑石粉	100
亚麻籽油醇酸液(70%)	200	松香水	30
钛白粉	100	萘酸铅	8
白铅	300	萘酸锰	3
氧化锌	300	萘酸钴	3

本品为高级白色磁漆。

[18] 绿磁漆

成分	用量(份)	成分	用量(份)
精炼亚麻籽油	100	钛白粉	50
酚醛酯胶漆料	418	萘酸钴等	适量
锌铬黄	350	二甲苯	40~44
酞菁蓝	12		

本品为淡绿色磁性漆。

[19] 平光白磁漆

成分	用量(份)	成分	用量(份)
精炼亚麻籽油	25.3	钙钛白粉	100
厚亚麻籽油	3	轻质碳酸钙	45
高级松香水	58	萘酸锰等	适量

本品为平光白色磁性漆。

[20] 木板底漆

成分	用量(份)	成分	用量(份)
厚亚麻籽油	100	硫酸铅	150
生亚麻籽油	100	滑石粉	233
甘油松香液	22	萘酸钴	0.5
钛白粉	68	松香水	184
白铅粉	150		

本品为木质面打底漆。

[21] 罩面漆

成分	用量(份)	成分	用量(份)
厚亚麻籽油	22	白铅粉	20
生亚麻籽油	70	滑石粉	22
含铅氧化锌	100	萘酸钴	0.3
松烟	2	松香水	8~9

用途:适合桥梁、船壳水上部分罩面用漆。

[22] 罩面漆

成分	用量(份)	成分	用量(份)
厚亚麻籽油	68	萘酸钴	0.3
含铅氧化锌	100	松香水	24
墨灰或松烟	0.3		

用途:同本节配方[23]。

[23] 防锈底漆

成分	用量(份)	成分	用量(份)
厚亚麻籽油	41.5	松香水	11.6
硫酸钙	100	萘酸铅	3
氧化锌	10	萘酸钴	1.14
滑石粉	25		

性能:本品为底漆。价格低、防锈效果良好。

[24] 防锈面漆

成分	用量(份)	成分	用量(份)
厚亚麻籽油	24	重晶石粉	4
熟亚麻籽油	19.5	滑石粉	13
硫酸钙	100	松香水	25~29
柠檬黄	1.6	萘酸钴	适量
金红石型钛白粉	13		

性能:防锈效果良好,作面漆。

[25] 白油漆

成分	用量(份)	成分	用量(份)
厚亚麻籽油	59	精漂梓油	10
氧化锌	100	萘酸钴	适量
群青	0.055	松香水	26.4

本品为白色油性漆。

[26] 浅色漆

成分	用量(份)	成分	用量(份)
厚亚麻籽油	42	萘酸钴	适量
氧化锌	100	松香水	32
精炼梓油	16	颜料	适量

本品为浅颜色油性漆。

[27] 平光油漆

成分	用量(份)	成分	用量(份)
厚亚麻籽油	215	锌钡白	150
精漂亚麻籽油	6	轻质碳酸钙	50
酯胶漆料(45%)	62.5	滑石粉	25
硬脂酸铝液	20.4	煤油	58
钙钛白粉	100	萘酸锰等	1~2

用途：室内装饰用平光油性漆。

[28] 白光磁漆

成分	用量(份)	成分	用量(份)
厚亚麻籽油	26.6	轻质碳酸钙	66.6
季戊四醇松香酯(60%)	33.3	松香水	32.5
钙钛白粉	100	萘酸锰等	适量

本品为白光蛋壳光磁漆。

[29] 平光磁漆

成分	用量(份)	成分	用量(份)
厚亚麻籽油	10	钙钛白粉	100
精漂亚麻油	6.5	煤油	16.8
顺丁二烯松香漆料	40	萘酸钴等	适量
硬脂酸铝	10.8		

本品为平光磁漆。

[30] 木质漆

成分	用量(份)	成分	用量(份)
厚亚麻籽油	80	深铬绿	100
木馏油	560	萘酸铅	1
松香水	98	萘酸钴	1

用途：适合木屋外用漆。

[31] 外用漆

成分	用量(份)	成分	用量(份)
松香	100	甘油	15
顺丁烯二酸酐	1~20		

工艺：将前两种组分加热到100~120℃开始反应，反应放热使温度达150℃左右反应终止。再升温加甘油，在250~270℃酯化完全，作涂料用。

[32] 内用漆

成分	用量(份)	成分	用量(份)
松香	100	氧化锌	3
石灰	6~7		

工艺、性能：将松香加热到220~230℃，加入石灰，再加热至250~260℃，保持半小时（反应前加入氧化锌）。属于室内用的涂料，耐候性、耐水性差。

本制品又名为石灰松香、钙脂。

[33] 木制品漆

成分	用量(份)	成分	用量(份)
石灰松香(见[34])	100	松节油	150~200
桐油	50~100	萘酸锰	4
黄丹	1	萘酸钴	2

工艺：将前两种成分加热至220℃，撒入黄丹粉，搅拌至280℃时离开火源。此时温度自升至285~290℃，保持0.5h，冷却到160℃加其他成分，制成品名为钙脂清漆。作木制品涂料或调成油漆。

[34] 乳胶漆

成分	用量(份)	成分	用量(份)
松香	100	萘酸铅	0.017
甘油	24	萘酸锰	0.027
桐油	255	水	44.2
萘酸铅	3	浓氨水(25%)	3.4
松香水	350	水	23.8

工艺、性能：将前4种组分共热220~230℃，保温至胶液拉丝时，冷却再加入松香水。取上面的合成物102份加热至70~80℃时，加第二份萘酸铅、萘酸锰、水、浓氨水搅拌后再加入第二份水。

本制品为乳胶漆，漆膜在100~120℃下烘干，光滑无皱纹。

[35] 白磁漆

成分	用量(份)	成分	用量(份)
甘油松香液	130	群青	0.6
钙钛白粉	100	萘酸锰	适量
轻质碳酸钙	7.2	乙醇等	58~60

用途：建筑用白色磁漆。

[36] 红磁漆

成分	用量(份)	成分	用量(份)
钙化松香油(60%)	280	松香水	117
吹制鱼油	41	萘酸钴	0.5
铁红土	150	水	266
滑石粉	50		

[37] 底漆

成分	用量(份)	成分	用量(份)
厚亚麻籽油	143.5	滑石粉	80
桐油甘油酯	192.5	硬脂酸铝	1
甘油松香液(62%)	138.2	松香水	131
锌钡白	400	萘酸铝	2.26
金红石型钛白粉	100	萘酸钴	0.6

用途：适合砖面打底用的漆。

工艺、性能：铁红色磁漆，适合室外用。

[38] 底漆

成分	用量(份)	成分	用量(份)
钙化油(40%)	68	松香水	41
钙钛白粉	100	水	21
轻质碳酸钙	87	萘酸钴	0.25

[39] 底漆

成分	用量(份)	成分	用量(份)
钙脂桐油漆料	200	重晶石粉	150
红土	100	萘酸钴	0.3
含铅氧化锌	50	松香水	46
沉淀碳酸钙	50		

用途：金属面打底用漆。

[40] 晶纹漆

成分	用量(份)	成分	用量(份)
吹制桐油	200	汽油	150
桐油醇酸漆料	100	萘酸钴等	2.5
苯	50		

本品为晶纹漆的一种。

[41] 清漆

成分	用量(份)	成分	用量(份)
氧茚树脂	100	二甲苯	72
聚合亚麻籽油	465	萘酸钴	3.2
松香水	490		

本品为清漆的一种。

第二节 天然树脂漆类

天然树脂漆是以干性植物油和天然树脂为基本原料，经热炼加工而成。可分为清漆、磁漆、底漆和腻子等。其主要成膜物质是干性油和天然树脂,其中干性油赋予漆膜柔韧性,树脂则增加漆膜硬度、光泽、干燥及耐水、耐酸碱等性能。天然树脂漆的性能主要取决于所选用的干性油和树脂的类型,以及干性油和树脂在漆料中的比例,即通常所称的油度。天然树脂漆一般分短油度、中油度和长油度3种。

短油度:树脂与油的比例在1:2以下,漆膜干燥快、光泽好、坚硬耐磨,多显示出树脂的特点,但耐候性及耐久性差,室外易开裂,因此只宜作室内涂装。

长油度:树脂与油的比例在1:3以上,漆膜较软,柔韧性好,光泽性好,耐候性有所改进,漆膜干燥略慢,宜于室外使用。

中油度:树脂与油的比例为1:2~3,其性能介于上述两者之间,室内外均可使用。

天然树脂漆使用时采用200号溶剂汽油,最好添加适量松节油,防止汽油对其溶解性能差而产生树脂析出或使固体分豆渣状沉淀。

常见的天然树脂漆有虫胶清漆、酯胶漆、钙脂漆、大漆、腰果漆等。

1. 虫胶清漆

虫胶清漆俗称泡立水、洋干漆等。它是虫胶漆溶解于95%以上乙醇中,经过滤而成。一般配比虫胶片为25%~35%,乙醇为65%~75%。

虫胶漆的特点是:干燥迅速,施工方便,漆膜坚硬,光明透亮,可根据需要和爱好配制各种不同的颜色,用作木材和金属制品表面的装饰保护;漆膜具有良好的绝缘性,故可作绝缘涂料;又因其不易溶于烃类、酯类溶剂,所以常用作封闭涂层,防止胶底、渗色、渗油等。但不耐酸碱,不耐日光曝晒,耐水性差,易吸潮泛白等。

配制虫胶漆时,将虫胶片直接加入酒精中溶解,但不可将酒精倒入虫胶片中,以免表层的虫胶被酒精溶化粘连结块,难以溶解。

虫胶漆容易吸潮发白,如果加入适量的樟脑粉,使虫胶中的部分蜡质溶解于酒精中,则可提高其耐水性,减少发白现象。

虫胶清漆存放时间不宜过长,时效一般半年。时间过长则虫胶中的有机酸会与酒精化合成酯,使漆膜发黏,极难干燥。

2. 酯胶漆

所谓酯胶,即松香甘油酯,系将松香加热熔化后与甘油作用而制得。习惯上将以松香甘油酯为主要成膜物质的漆,称为酯胶漆。

酯胶漆又有磁性调和漆与磁漆两种。一般磁性调和漆含油量较高,体质颜料多,而磁漆含油量低,树脂含量高,体质颜料少。磁漆比磁性调和漆质量好。

3. 钙脂漆

钙脂漆是将松香加热熔化,再加入熟石灰粉末与其反应而制得。钙脂漆漆膜坚硬,光亮平滑,适于室内使用。但不耐久,不耐水,机械性能差,不宜用于室外。

4. 大漆

大漆是我国的特产之一,分为生漆和熟漆两种。大漆具有一般油漆所不能比拟的独特优点。其漆膜坚韧牢固,光亮透明、耐水、耐磨、耐油、耐溶剂、耐潮、绝缘、耐酸、耐碱等。缺点是毒性大,施工时有些会引起过敏性皮炎,严重者会引起溃烂。现可对其进行改性,清除毒性。大漆除用于房屋建筑、木器家具、工艺美术制品外,还用于海底电缆、纺织机械、交通运输、石油化工设备等方面。

5. 腰果漆

腰果漆是最近几年研制出的油漆新品种,它是由腰果壳液制成。腰果是一种热带植物腰果树的果实,腰果长约3～4cm,外形类似鸡肾,故名鸡腰果或腰果,腰果由果壳与果仁组成,果仁是一种稍微弯曲,长约2～3cm的白色细腻物,味美;果壳可榨得一种黑色黏稠液体——腰果壳液。

腰果壳液组成中90%是腰果酸,它加热到100～200℃时发生脱羧反应得到一种产物叫腰果酚。腰果酚是一种一元酚,它可以和醛类反应得酚醛缩合物,还可进一步加工成许多改性树脂,并可制成酚醛树脂型腰果漆。

酚醛树脂型腰果漆,通常由腰果壳液与甲醛进行酚醛缩合反应,并加入桐油经260～270℃熬炼得到腰果酚醛漆料,再加入二甲苯或二甲苯与200号溶剂汽油的混合物稀释并加入催干剂制得。其固体含量约为50%,涂膜呈浅黄棕色,光亮、坚硬、耐热、耐水、耐酸碱、耐溶剂,用沸水浸泡亦不起泡变色,具有良好的装饰性。可适用于各种家具,乐器及其他竹木制品的涂饰。但干性较慢,表干需4h,实干需10～15h。它是涂饰深色家具的理想用漆。

常用的天然树脂漆品种见表10-2。

常用的天然树脂漆品种　　　　　　　　　　　　　　表10-2

类别	品种	组成	性能	用途
松香衍生物	酯胶清漆 T01-	用干性油和甘油松香加热熬炼后,加入200号溶剂汽油或松节油作溶剂调配而成,中长油度清漆	涂膜光亮,耐水性较好,但次于酚醛清漆。有一定的耐候性,但光泽不持久,干燥性较差	适用于木制家具、门窗、板壁的涂刷及金属表面的罩光
	钙酯地板漆 T04-	以钙酯为主,加入酚醛树脂和干性油加热熬炼后,以有机溶剂稀释,并加催干剂制成	涂膜平滑光亮,耐摩擦,有一定的耐水性	适用于木质地板、楼梯、扶手栏杆等表面的涂装
	各色酯胶调和漆 T03-	用甘油松香酯、干性植物油与各色颜料研磨后加入催干剂,并以200号溶剂汽油及松节油作溶剂调配而成	干燥性比油性调和漆好,涂膜较硬,光亮平滑。耐气候变化能力较油性调和漆差,易失光龟裂	适用于室内一般木质、金属物件表面的保护和装饰
	各色钙酯调和漆 T03-	以石灰松香酯为主,加入部分改性酚醛树脂、干性油与颜料研磨后再加入催干剂及200号溶剂汽油制成	涂膜干燥较快,平整光滑,但耐候性差	只宜做室内木材、金属装饰保护用
	红丹酯胶防锈漆 T04-	用脂胶漆料与少量红丹、体质颜料研磨加入催干剂及有机溶剂配制而成	干燥性比红丹油性防锈漆好,但耐久性差,不宜曝露在大气中,必须用适当面漆覆盖	作室内外钢铁构筑物的打底用
	锌灰酯胶防锈漆 T04	以氧化锌为主,加入部分颜料、体质颜料与酯胶漆料混合研磨,加入催干剂和有机溶剂配成	耐候性较一般调和漆强,干燥性比油性防锈漆好,机械强度较好,但耐水性、耐化学腐蚀、耐汽油及溶剂性差	涂装已经用红丹或铁红防锈漆打底的室内外金属结构,可做防锈底漆,也可做防锈面漆

续表

类别	品种	组成	性能	用途
虫胶漆	虫胶清漆 T01	将虫胶溶于乙醇所配制	使用方便,干燥快,涂膜坚硬光亮,附着力较好,但耐水性和耐候性差,日光曝晒会失光,热水浸烫会泛白	木器罩光或油基清漆表面的再度上光及做封闭隔离层用
天然大漆及其改性涂料	广漆 T09-	在生漆中掺入坯油制成(坯油由生桐油熬炼,但不加催干剂)	酱紫色漆膜,亮度比生漆好,但基本性能比生漆差	用于涂刷门窗、地板家具等
天然大漆及其改性涂料	漆酚清漆 T09-	将生漆脱水活化,加入二甲苯缩聚制成	改变了生漆干燥慢、毒性大、施工不便等缺点,涂膜坚韧,与金属有一定附着力,有良好的机械性能和耐化学腐蚀性能	适用于要求耐水、耐酸等金属和木材表面涂饰
	油基大漆 T09-	由生漆、亚麻仁油和顺丁烯二酸酐树脂混合加入有机溶剂制成	涂膜光亮,能透出底部颜色及木纹,附着力强,耐久、耐水、耐候、耐烫性好,可根据需要调入颜料制成色漆	用于木器家具、门窗的涂饰

6. 天然树脂漆配方

[1] 天然树脂漆

成分	用量(kg)	成分	用量(kg)
虫胶	5.5	松节油	0.2
酒精	7	香蕉水	0.3
红丹	5.5	蓖麻油	0.06

工艺:先将虫胶加入酒精中,盖好,任其缓慢溶解,使用时再将其他组分加入调匀即可。若太稠,可适当加些酒精调配。

[2] 树脂漆

成分	用量(kg)	成分	用量(kg)
110 漆料	30.9	滴滴涕	2.5
氧化亚铜	10.8	氧化锌	10.6
红土	22.4	滑石粉	3.9
二甲苯	16.4	敌百虫	2.5

工艺:将配方中的全部原料装入球磨机内,研磨成细度为 $65\sim70\mu m$ 即可。

[3] 110 漆料

成分	用量(kg)	成分	用量(kg)
桐油	37.5	二甲苯	14.5
松香	36	松节油	14

[4] 桐油漆

成分	用量(g)	成分	用量(g)
净生漆	66	精炼熟桐油(40~60)	33.4

工艺:将两种组分混合,充分搅拌均匀过滤即可。

[5] 煤气柜涂料

成分	用量(kg)	成分	用量(kg)
石油沥青	100	亚麻仁油	50
松香钙皂	5	200号溶剂油	100
桐油	30	萘酸铅锰	0.6

工艺、性能：将各组分混合均匀即可。本品用于煤气柜内壁的防护，能耐煤气中硫化氢介质的腐蚀，内壁共涂4道，各道用料配比如下：第1～2道：沥青漆：红丹粉：汽油＝1:0.5:0.3；第3道：沥青漆：红丹粉：汽油＝1:0.3:0.3；第4道：沥青漆：汽油＝1:0.3。

[6] 防腐漆

成分	用量(kg)	成分	用量(kg)
松香钙皂	7.5	氧化铅	1.5
脱水蓖麻油(40～60)	39.5	7%萘酸铅	10
酚醛树脂	117.5	2%萘酸锰	10
松香水	460	2%萘酸钴	5

工艺：将前三种组分投入锅内，加热使其熔化，升温至200℃时加入氧化铅，再升温至270～280℃，保温1h，出锅降温至140℃加入松香水和催干剂，搅拌均匀即成。

[7] 广漆

成分	用量(kg)	成分	用量(kg)
生漆	500	桐油和生漆熬炼成的紫坯油	500

工艺、性能：混合充分搅拌均匀，过滤即成制品。本品具有耐水、耐光、耐温的特点，是著名的T09-1油基大漆，又称广漆，可广泛应用于木器家具上。

[8] 光固化涂料

成分	用量(kg)	成分	用量(kg)
亚麻仁油脂肪酸	10	三羟甲基丙二烯丙基醚	0.35
顺丁烯二酸酐	1	苯偶姻异丙基醚	适量
丙二醇	0.5	3%非离子表面活性剂水溶液	110
三乙胺	0.4		

工艺、性能：将亚麻仁油脂肪酸、顺丁烯二酸酐、丙二醇、三乙胺、三羟甲基丙二烯丙基醚混合，于180℃下加热，让其反应8h后，减压蒸出未反应的化合物，最后加入苯偶姻异丙基醚和3%非离子表面活性剂水溶液，混匀后即得稳定性乳液。

使用本品时，用红外灯照20min，再用紫外灯照30min，即可得到耐水性和耐候性漆膜。这种光固化涂料主要用于胶合板等装饰。

[9] 水性填孔漆(1)

成分	用量(%)	成分	用量(%)
钛白粉	10	10%皮胶或骨胶液	10
石英粉	75	有机颜料	5

[10] 水性填孔漆(2)

成分	用量(份)	成分	用量(份)
松香	13	干酪素胶	9
松节油	2	水	15

[11] 水性填孔漆(3)

成分	用量(份)	成分	用量(份)
清油	3	干酪素胶	9
老粉	44	水	42
赭土	2		

[12] 油性填孔漆(1)

成分	用量(份)	成分	用量(份)
瓷土	65	钙脂清漆	2
浮石粉	25	松香水	适量
清油	2		

[13] 油性填孔漆(2)

成分	用量(份)	成分	用量(份)
清油	8	松香	12
大白粉	23.5	催干剂(环烷酸钴等)	1.5
松节油	55	颜料	少许

[14] 油性填孔漆(3)

成分	用量(份)	成分	用量(份)
石膏	62.5	水	3.125
清油	15.625	着色颜料	少量
松香水	18.75		

工艺：先将清油和松香水混合，再加入石膏粉并搅匀，最后加入水和着色颜料调成膏糊状，静止2h即可使用。

[15] 栗壳色油性填孔漆

成分	用量(%)	成分	用量(%)
石膏	51.3	黑厚漆	3.75
水	5.92	红厚漆	3.53
清油	20.71	催干剂	14.79

第三节 酚醛树脂漆类

以酚醛树脂或改性酚醛树脂为主要成膜物质的涂料称为酚醛树脂漆。由于酚醛树脂赋予涂料以硬度、光泽、快干、耐水、耐酸碱及绝缘等性能，所以广泛应用于木器、家具、建筑、船舶、机械、电器及防化学腐蚀等方面。酚醛树脂漆的主要缺点是漆质颜色较深，在老化过程中漆膜容易泛黄。

由于所用原料的不同，酚醛树脂漆可归纳为醇溶性酚醛树脂漆、改性酚醛树脂漆、油溶性酚醛树脂漆3类。用于木器涂饰的主要是含松香改性酚醛树脂的酚醛漆，其中常用的有酚醛清漆、酚醛磁漆等品种。

一、酚醛清漆

用松香改性酚醛树脂与干性油熬炼，然后加入适量的溶剂和催干剂制成透明清漆，又称清凡立水或永明漆。酚醛清漆目前被普遍采用。其品种很多，常见的有：

(1) F01-1 酚醛清漆 耐水性比酯胶清漆好，但漆膜易泛黄，主要用于普通木器的透明涂饰,也可用作各种油性调和漆表面罩光。

(2) F01-2 酚醛清漆　油度比 F01-1 短,故干燥较快,其他性能亦较 F01-1 型好,是木器表面罩光用较好的一种清漆。

(3) F14-1 红棕酚醛清漆　其漆膜光亮、坚硬耐水、干燥较快,能呈现出近似红木色的广漆(俗称金漆)色泽,所以又称为改良金漆,适用于作木器深色涂饰的面漆。

二、酚醛磁漆

酚醛磁漆是先用松香改性酚醛树脂与干性油熬炼制成油基漆料,然后加入着色颜料、少量体质颜料、溶剂、催干剂经研磨而制成。常见品种有:

(1) F04-1 各色酚醛磁漆　长油度,漆膜光亮,色泽鲜艳,附着力好,适宜于室外木器及机械设备等表面涂饰。

(2) F04-13 各色酚醛磁漆　短油度,漆膜光亮,色彩鲜艳,常温条件下干燥快,适宜于室内木器的涂饰。

常用酚醛树脂漆见表 10-3。

酚醛树脂中常用的建筑油漆　　　　　　　　表 10-3

类型	名　称	组　成	性　能	用　途
清漆	酚醛清漆(长油度)F01-	松香改性酚醛树脂与干性油熬炼加催干剂和 200 号溶剂汽油或松节油作溶剂制成	涂膜硬、光泽好、耐水、耐热、耐弱酸碱	室内外木质面(可显出木质底色和木纹)和金属面的涂饰
	酚醛清漆(中油度)F01-	松香改性酚醛树脂与顺丁烯二酸酐树脂、干性油熬炼加催干剂和 200 号溶剂汽油制成	比长油度酚醛清漆干燥稍快、硬度稍高、耐沸水杯烫不发黏,但耐候性稍差	
	酚醛清漆(短油度)F01-	松香改性酚醛树脂与以桐油为主的干性油熬炼,加催干剂和 200 号溶剂汽油制成	涂膜干燥较快、光亮、坚硬、耐水,但较脆、易泛黄	室内不常碰撞的木质表面
调和漆	各色酚醛调和漆 F03-	松香改性酚醛树脂与以干性植物油为主进行熬炼,与体质颜料研磨,加入催干剂、溶剂等制成	干燥快、光亮、平滑、漆膜坚韧(气候过冷时可适当再加催干剂后使用)	室内外木质面、金属面和砖墙水泥墙面的涂饰
磁漆	各色酚醛磁漆 F04-	长油度松香改性酚醛漆料、颜料、体质颜料加催干剂及 200 号溶剂汽油制成	色彩鲜艳、光泽好,具有良好的附着力	较高级建筑的室内、外木材金属表面
	各色酚醛无光和半光磁漆 F04-	中油度或短油度松香改性酚醛漆料、季戊四醇香酯、颜料、体质颜料加催干剂及 200 号溶剂汽油制成	色彩鲜艳,具有良好的附着力。无光或半光	较高级建筑的室内、外木材金属表面,该漆用喷涂施工较好
	各色酚醛底漆 F06-	与磁漆相同	漆膜坚硬,干燥快,遮盖力强,附着力好,具耐硝基漆性能	用作打底或中间涂层,金属面底漆

续表

类型	名称	组成	性能	用途
防锈漆	红丹酚醛防锈漆 F53-	长油度松香改性酚醛树脂漆料，松香甘油酯加红丹、体质颜料、催干剂制成	防锈性、附着力好，机械强度较高，耐水性较油性防锈漆和醇酸防锈漆好，干燥性较油性防锈漆好，缺点是易沉降，有一定毒性，不宜喷涂，价格较一般防锈漆贵	室内外钢铁表面做防锈打底漆

常用酚醛漆技术指标见表10-4。

常用酚醛漆技术指标　　　　　　表10-4

项目	指标		
	F01-1	F04-1	F04-60
原漆颜色及外观	铁钴比色计，号≥14	符合标准样板及色差范围，平整光滑	符合标准样板及色差范围，平整半光
透明度	透明无机械杂质	—	—
黏度(涂-4)(s)	60~90	≤70	70~110
酸价，mg KOH/g	≥10	—	—
固体含量(%)	≤50	—	—
干燥时间(h)≥			
表干	5	6	4
实干	15	18	18
回黏性(级)	≥2	≥2	—
光泽(%)	100	90	30±10
摆杆硬度≤	0.30	0.25	0.30
柔韧性(mm)	1	1	1
细度(μm)≥	—	30	40
遮盖力(g/m²)≥			
黑色	—	40	—
铁红、草绿色		60	70
绿、灰色		70	80
蓝色		80	
浅灰色		100	
红、黄色		160	
附着力(级)≥		2	
耐水性	(浸于沸蒸馏水中30min)不起泡，不脱落，允许轻微变黄色	(浸2h，取出恢复2h)保持原状，附着力不减	(浸24h)不起泡，不脱落
冲击强度(N·m)	—	—	5

三、酚醛树脂漆配方

[1] 带锈涂料

成分	用量(kg)	成分	用量(kg)
酚醛树脂2123型	0.9	磷酸	44
环氧树脂E-44	12	丁醇	6

成分	用量(kg)	成分	用量(kg)
乙醇	20	亚铁氰化钾	2
十二烷基醇酰胺磷酸酯	0.1	二甲苯	6
煤焦油	3	炭黑	1

工艺、性能:先将十二烷基醇酰胺磷酸酯溶解于丁醇和二甲苯混合液中,搅拌至全溶,加入环氧树脂 E-44 搅拌至全溶。再把煤焦油倒入其中,混合均匀。另取一非金属容器,先倒入配量 1/2 的磷酸,逐渐加入亚铁氰化钾粉末,边加边搅拌至全溶成乳白液,再倒入剩余磷酸,再搅拌至全溶,盖好放置 24h 后,在搅拌下缓慢将其加到环氧树脂液中(防止温度上升超过 40℃),再稍搅拌后,加入乙醇,充分搅拌,混合均匀,盖好,静置 24h 后使用。本品为 70 型带锈涂料,能在水下施工,亦可在雨天、晴天涂施于船舶、桥梁等带锈表面。

[2] 热固性酚醛清漆

成分	用量(kg)	成分	用量(kg)
酚醛树脂	14.7	乙酸铅	0.5
桐油	10	环烷酸钴	1.4
甘油松香钙皂	6.7	环烷酸锰	2.3
梓油定油	24.4	200 号溶剂油	40

工艺:将前 4 种组分混合加热至 210℃,加入醋酸铅,再加热至 295℃,保温 1h,降温至 180℃时加入环烷酸钴、环烷酸锰搅拌均匀,降温到 90℃时加入汽油,充分搅拌混合均匀,即得制品。

[3] 耐强酸漆

成分	用量(kg)	成分	用量(kg)
热固性酚醛清漆(见配方[62])	140.8	石墨粉(200 目)	25.4
甲苯	25.9	萘	12.7

工艺:在反应釜中加入甲苯,加温至 50℃左右投入萘,搅拌全溶后加入酚醛清漆,于 30~40℃时边搅拌边加入石墨粉,混合均匀即得制品。

[4] 耐强酸酚醛漆

成分	用量(kg)	成分	用量(kg)
热固性酚醛清漆(见配方[62])	70.5	高岭土	10
甲苯	14	瓷粉	5
萘	6.6		

工艺:先在反应釜中放入甲苯,加热至 50℃时投入萘,搅拌使其溶解,然后加入清漆混合均匀。于 40℃左右时边搅拌边加入高岭土和瓷粉,充分混合均匀即得制品。

[5] 防腐漆(1)

成分	用量(kg)	成分	用量(kg)
酚醛树脂	4	亚麻仁油	40
甘油松香酯	14	二甲苯	20
桐油	14	200 号溶剂油	30

工艺:将前 4 种组分加热至 240℃,保温 1h。降温到 150℃时加入二甲苯和汽油,搅拌均匀即成。

第三节 酚醛树脂漆类

[6] 防腐漆(2)

成分	用量(kg)	成分	用量(kg)
热溶性酚醛树脂	31	乙醇	65
醇溶黑	38		

工艺：将酚醛树脂加入乙醇中，浸泡24h以上，让其溶解。使用时加入醇溶黑，充分搅拌均匀即成。

[7] 防腐漆(3)

成分	用量(kg)	成分	用量(kg)
过氯乙烯树脂漆料的制备：		松香改性酚醛树脂	4.1
过氯乙烯树脂	1.4	甲苯	4.8
乙酸丁酯	32.2	灭火面漆的制备：	
二甲苯	43.5	过氯乙烯树脂漆料	52.4
丙酮	10.3	桐油酚醛树脂漆料	17.5
桐油酚醛树脂漆料的制备：		重晶石粉	6.4
桐油	2.9	氧化铬绿	1.5
松香水	2.2	钛白粉	22.3

[8] 防腐漆(4)

成分	用量(kg)	成分	用量(kg)
改性酚醛树脂(201)	100	萘酸铅	9.5
精炼亚麻籽油	50	萘酸钴	4
桐油	300	松节油	400
冷聚合亚麻籽油	40		

工艺、性能：萘酸铅、萘酸钴、松节油待热炼后加入。本品漆膜耐久。

[9] 防腐漆(5)

成分	用量(份)	成分	用量(份)
改性酚醛树脂(211)	50	高度聚合亚麻籽油	160
松香水	60	萘酸钴	2

工艺、性能：属冷拼加工。

[10] 油性防锈漆

成分	用量(份)	成分	用量(份)
改性酚醛漆料	180	滑石粉	94~96
铁红土	100~160	萘酸钴	0.5
氧化锌	10	松香水	70

[11] 防腐漆(6)

成分	用量(份)	成分	用量(份)
甘油改性酚醛桐油漆料	49	含铅氧化锌	5
锌黄	23	萘酸锰	2
碳酸钙	12	丙酮、甲苯	9

性能：耐海水性好，在铅板上也可适用。

工艺、性能：分别将两种漆料混合搅拌均匀。

将已制备好的二种漆料及重晶石粉、氧化铬绿、钛白粉投入研磨机中研磨至细度为

70μm左右,即成制品。

本品对有爆炸性、易燃液体具有显著灭火作用。可供涂装化学易燃品仓库、工厂及珍贵文物等,作为安全防火之用。

[12] 防腐漆(7)

成分	用量(kg)	成分	用量(kg)
F10-14酚醛清漆	41	立德粉	40
二甲苯	10.37	滴滴涕	8.63

工艺:把滴滴涕溶于二甲苯中。取适量与立德粉混合,研细成立德粉漆浆。然后把滴滴涕的二甲苯溶液、立德粉漆浆以及酚醛清漆混合,搅拌均匀即可。

[13] 防腐漆(8)

成分	用量(kg)	成分	用量(kg)
环氧酚醛树脂	30~40	丙酮和甲苯混合溶剂	6.7~7
粉煤灰	45~51		

工艺:先将粉煤灰干炼,使其残余水分低于0.5%,再将树脂溶于混合溶剂中,加入粉煤灰搅拌,直到形成混合均匀的涂料为止。使用时加入固化剂,搅拌5~10min,即可使用。

[14] 防腐漆(9)

成分	用量(份)	成分	用量(份)
酚醛树脂2123	100	对甲基苯磺酰氯	7~10
乙醇	150~100	桐油钙松香	10

性能:涂刷3~4层。高温固化,耐酸性、化学药品性良好。

[15] 防腐漆(10)

成分	用量(份)	成分	用量(份)
酚醛树脂2127	50	松香水	300
精炼亚麻籽油	100	萘酸铅	10
酚醛树脂	50	萘酸锰	10
桐油	140	萘酸钴	8
聚合亚麻籽油	20		

工艺、性能:先将前2组分共热后,加入第二份酚醛树脂和桐油加热至250℃,并在230℃下保持5min后加入聚合亚麻籽油,冷却后加其余组分。

[16] 防腐漆(11)

成分	用量(份)	成分	用量(份)
对苯基酚醛树脂	100	萘酸铅	0.5
桐油	100	萘酸钴	0.6
二甲苯	180		

工艺、性能:共热反应后加二甲苯、萘酸铅、萘酸钴。本品漆膜坚硬,耐碱性好。

[17] 防腐漆(12)

成分	用量(份)	成分	用量(份)
苯酚-间苯二酚-甲醛树脂	100	石墨粉	适量

工艺、性能:现配现用。作耐腐蚀砖板衬里。

[18] 防腐漆(13)

成分	用量(份)	成分	用量(份)
桐油纯酚醛漆料	45	萘酸锰	0.3
炭黑	2.5	萘酸钴	0.3
萘酸铅	0.5	二甲苯	适量

性能：黑色烤漆，120℃下烘烤1h。抗水性、抗化学药品性极好。

[19] 树脂漆

成分	用量(份)	成分	用量(份)
桐油	200	萘酸铅	2.75
酚醛树脂2123	100	萘酸钴	3.75
松香水	260		

工艺、性能：加热后加酚醛树脂2123，升温冷却后加松香水。本品属耐化学药品清漆。

[20] 固化剂

成分	用量(份)	成分	用量(份)
对叔丁酚	150	甲醛(30%)	150
氢氧化钠(10%)	300		

[21] 防锈漆(1)

成分	用量(份)	成分	用量(份)
酚醛漆料	450	滑石粉	60～80
铁红土	100～200	云母粉	0～40
锌黄	150～250	松香水	140
氧化锌	80～160		

性能：油性防锈漆，适合车轮打底用。

工艺：加热反应，脱水，制成酚醛树脂，加热固化。

[22] 防锈漆(2)

成分	用量(份)	成分	用量(份)
油溶性酚醛漆料(75%)2402	120	滑石粉	22.5
沉淀铝浆(60%)	10.5	200号溶剂油	适量
云母氧化铁(325目)	150		

性能：刷、喷均可，两遍以上，室温固化。防锈性能好。

[23] 防锈漆(3)

成分	用量(份)	成分	用量(份)
酚醛铁丹漆	100	铬酸锌	29
萘酸铅	2.5	铬酸铁	5
萘酸钴	1.0	磷酸锌	20
萘酸锰	0.9	铝粉浆	5
铁红	30	亚硝酸钠	1
氧化锌	10		

工艺、性能：混合均匀稀释，可在带锈钢板上直接施工，防锈。

[24] 铸造砂型涂料

成分	用量(kg)	成分	用量(kg)
2127酚醛树脂	2	六次甲基四胺	0.3
锆英粉	100	乙醇	6
活化膨润土	3	水	65

工艺：先用乙醇将酚醛树脂溶解成粘稠状液体，然后加入其余组成，充分搅拌混合均匀即成。

[25] 红色酚醛树脂漆

成分	用量(g)	成分	用量(g)
50%酚醛乙醇液	160	氧化锌	90
30%氯化橡胶液	440	云母粉	45
42%氯化石蜡	80	沉淀硫酸钡	45
氧化铁红	90	沉淀法二氧化硅(白炭黑)	40

工艺：在研磨机中将全部组分混合研磨均匀，即成制品。

[26] 黑绿色酚醛树脂漆

成分	用量(g)	成分	用量(g)
50%酚醛乙醇溶液	140	环氧大豆油	5
20%氯醋共聚物	350	白炭黑	40
环己酮	60	柠檬黄	70
甲苯	70	锌黄	70
磷酸三甲酚酯	35	炭黑	少量

工艺：在研磨机中将全部物料混合研磨均匀即成。

[27] 防水防潮涂料

成分	用量(份)	成分	用量(份)
热固性酚醛树脂	100	苯胺	10
三氧化二铁	5	氧化铝	0.5
乙醇	50		

工艺：树脂用乙醇稀释，再加入其他成分。作防水防潮涂料。

[28] 防潮涂料

成分	用量(份)	成分	用量(份)
热固性酚醛树脂	100	苯胺	10
萘	8~10	高岭土	16~20
乙醇	50		

工艺：同本节配方[13]。

[29] 面漆

成分	用量(份)	成分	用量(份)
热固性酚醛树脂	50	乙醇	60
萘	5~10		

工艺、性能：要升温处理，作面漆用，性能同本节配方[15]。

[30] 底漆(1)

成分	用量(份)	成分	用量(份)
酚醛树脂(50%)	120	滑石粉	18.2
锌黄	100	甲苯	61.6

性能:干性快,耐海水性强,打底用。

[31] 底漆(2)

成分	用量(份)	成分	用量(份)
热固性酚醛树脂	50	乙醇	50~60
邻苯二甲酸二丁酯	0~10	瓷粉或辉绿岩粉(120目)	10~15

工艺、性能:涂数层,每层要从40℃升温直到130℃。升温缓慢对涂层耐腐蚀性提高有利。耐酸,耐碱性均好。适合作底漆。

[32] 底漆(3)

成分	用量(份)	成分	用量(份)
亚麻油酚醛漆料	236	松香水	129.6
甘油松香液(42%)	40	松油	7.3
钙钛白粉	218	煤油	29
金红石型钛白粉	55	硬脂酸铝	2
滑石粉	98	萘酸钴	22.5
碳酸钙	357		

用途:木质面打底漆,适合室内用。

[33] 底漆(4)

成分	用量(份)	成分	用量(份)
酚醛桐油漆料	78.4	生亚麻籽油	77
钡钛白粉	100	萘酸铅	2.2
铅白	100	萘酸锰	0.05
滑石粉	50		

性能:质量优良,适合砖泥、木面打底用。

[34] 底漆(5)

成分	用量(份)	成分	用量(份)
桐油纯酚醛漆料	150~230	磁土	25
红土	100	炭黑	2.25
含铅氧化锌	150	萘酸钴	0.5
碳酸钙	150	乙醇、甲苯	16~45
重晶石粉	100		

用途:金属面打底用漆。

[35] 快干漆(1)

成分	用量(份)	成分	用量(份)
改性酚醛树脂(201)	100	萘酸铅	10
桐油	160	萘酸锰	4
聚合亚麻仁油	40	萘酸钴	2
松节油	280		

性能:本品特点为快干、膜硬,耐水性和附着力好。

[36] 快干漆(2)

成分	用量(份)	成分	用量(份)
桐油酚醛漆料	31	轻质碳酸钙	17
长油度醇酸漆料(50%)	20	萘酸钴	0.5
纯红丹	100	二甲苯等	1.5

[37] 快干漆(3)

成分	用量(份)	成分	用量(份)
酚醛树脂2123	50	聚戊二烯	25
甘油松香	50	萘酸铅	10
桐油	200	萘酸锰	10
松香水	130	萘酸钴	5

工艺、性能：前3种组分共热后冷却，再加入其余组分。
本品漆膜快干、坚硬、光亮耐久。

[38] 红色磁漆

成分	用量(份)	成分	用量(份)
酚醛漆料	530	萘酸钴	0.5
甲苯胺红	135	丙铜、甲苯	40
厚亚麻籽油	114		

[39] 铁红磁漆

成分	用量(份)	成分	用量(份)
酚醛漆料	166.5	厚油	40
铁红土	100	萘酸锰	1.5
滑石粉	100	甲苯等	64

性能：铁红色磁漆，适合室外用。

[40] 平光磁漆

成分	用量(份)	成分	用量(份)
酚醛漆料	35.5	硬脂酸铝	1.68
锌钡白	100	厚亚麻籽油	6.4
重钙粉	18.8	松香水	52
磁土	7.8	颜料	适量

性能：室内装饰用平光磁漆，可做成多种不同颜色。

[41] 清漆

成分	用量(份)	成分	用量(份)
改性酚醛树脂(甘油松香改性)	100	松香水	200
桐油	70	萘酸铅	5
聚合亚麻油	10	萘酸钴	5

性能：木制品用清漆，亮度好，耐用。

第四节　沥青漆类

沥青类涂料也是历史悠久的一类涂料。其由沥青或石油沥青等为基料，加入颜料、植物油、树脂、有机溶剂、辅助材料混合调制成多种类型品种的油漆。例如沥青加溶剂调制成纯沥青品种的自干型涂料；沥青加树脂加溶剂调制成沥青清漆；沥青加油料、溶剂、催干剂等调制沥青青漆的烘干型涂料；沥青加植物油经炼制成树脂，再加入颜料、催干剂、溶剂混合制成沥青烘干面层涂料；沥青加干性植物油经炼制成树脂，再加入颜料、体质颜料、溶剂混合调制成沥青烘干底漆等。上述沥青漆是应用较广的几个代表品种。其特点如下：

1．自干型沥青清漆

干燥快，漆膜硬度高，有优良的耐水性、防潮性、耐酸、碱、化学品的腐蚀，价廉，多用于室内金属制品、地下金属构件、船舶吃水线下部、木材等防腐涂装，但其不耐阳光曝晒。

2．烘干型沥青清漆

其应用最广，也是性能较好的品种。

3．自干型沥青清漆

涂层耐阳光曝晒。若烘干成膜后，涂层坚硬光亮，柔韧性好，附着力强，机械强度高，耐油、耐溶性、耐久性等更有提高，广泛应用于机械产品、车辆底盘、五金制品、缝纫机零件、自行车、船舶等涂装。

4．沥青磁漆

具有良好的耐水、耐潮性、涂层坚韧光亮，但因耐光性不好，故广泛应用于室内金属件、汽车底盘、水箱等的涂装。加入银粉（铝粉）的磁漆如 L04-2，提高了耐阳光曝晒、耐候性、耐久性，较多地用于石油化工设备的贮油罐、户外钢铁制品、桥梁、防腐容器的涂装。

其他具有耐酸、绝缘、防腐等沥青品种，用于抗酸的金属制品，要求防潮耐水的地下管道、金属构件、浸渍电机绕组、电气绝缘零部件以及其他防腐蚀件的涂装。

5．沥青漆施工注意事项

(1) 用煤焦沥青制得的沥青漆，必须用煤焦溶剂来稀释。如苯、二甲苯，重质苯或200号煤焦溶剂（系重质苯经蒸馏除去杂质而生成）；而用石油沥青和天然沥青配制的沥青漆，则可用石油溶剂稀释。如200号溶剂汽油，但多数要加入煤焦溶剂，以改善其稀定性。在沥青烘漆中加入适量的煤油，可以改善漆膜的流平性。

(2) 沥青漆可采用刷涂、浇涂、淋涂等施工方法，漆液不结皮，稳定性好，有利于大件的浸涂；沥青烘漆喷涂较厚时也不会皱皮，可使涂膜丰满；采用静电喷涂时，可加入部分极性和高沸点溶剂。

(3) 沥青漆不能与油基漆并用，以免造成胶化或不干等弊病。

(4) 沥青漆的耐油性和耐溶剂性不是太好，因此在沥青漆上涂覆其他涂料时，容易产生渗色现象。

(5) 沥青漆遇到酸和碱时，容易使漆液胶化变质，所以在浸涂施工中漆件采用酸碱处理时，一定要中和洗净。

(6) 沥青漆中杂粒较多时，必须过滤，以免漆膜烘干时产生麻点。漆件表面有油污时或漆后立即高温烘烤都易使漆膜形成麻点。

(7) 沥青烘漆一定要按产品技术条件的温度烘干，才能充分发挥它的性能。如亚麻籽油制备的沥青漆，一般需烘烤200℃以上才能达到其应有的硬度，而桐油制备的沥青漆可在150℃条件下烘干。

常用沥青漆见表10-5。

沥青漆中常用的建筑油漆 表10-5

类型	名称	组成	性能	用途
溶剂型	沥青清漆 L01-6	石油沥青、芳烃溶剂加工而成	有良好耐水、防腐性,但机械强度、耐候性差	容器、管道内表面的涂刷
	黑沥青漆 L01-13	天然沥青、石油沥青、石灰松香、干性植物油炼制而成	漆膜干燥快,光泽好,有良好耐水、防腐性、防化学性能,机械强度差,耐候性差	用作不受阳光直接照晒的金属及木材表面
	沥青耐酸漆 L50-1	石油沥青、干性植物油、催干剂、溶剂等	有良好附着力、耐硫酸腐蚀	需防止硫酸腐蚀之金属表面
	沥青铝粉磁漆 L04-2	石油沥青、干性植物油、铝粉、催干剂、溶剂	有良好附着力、耐水防腐、防化学性较好、耐候性较好	用作室外金属面的涂刷

6. 沥青漆常用配方

[1] 沥青漆(1)

成分	用量(份)	成分	用量(份)
石油沥青	100	汽油和二甲苯混合溶剂	97.5
聚合亚麻籽油	10	(1:1)	

工艺:将石油沥青聚合亚麻籽油加热熔后,在280℃下吹空气7~8h,冷却加溶剂。适合车轮、设备防锈用。

[2] 沥青漆(2)

成分	用量(g)	成分	用量(g)
煤焦油沥青	53	二甲苯	35
煤焦油	13		

工艺:将沥青加热熔化脱水,150℃时加入二甲苯,充分搅拌均匀即成。

[3] 沥青漆(3)

成分	用量(kg)	成分	用量(kg)
石油沥青	16.7	亚麻仁油	3.75
天然沥青	16.7	环烷酸铅	1.6
松香改性酚醛树脂	6.3	200号溶剂油	22.5
松香钙皂	4.2	二甲苯	26
氧化铅	0.15		

工艺、性能:将沥青、酚醛树脂、松香钙皂、亚麻仁油混合加热到240℃,加入氧化铅,升温至280℃左右,保温1h,降温至180℃时,加入二甲苯,搅拌均匀,降至90℃时,加入汽油,充分搅拌均匀,即成沥青耐酸漆。

本品具有耐硫酸腐蚀性能,可作为涂覆蓄电池及其他需要防止硫酸腐蚀的金属部件表面部位。

[4] 沥青漆(4)

成分	用量(kg)	成分	用量(kg)
天然沥青	38	二甲苯	6
松香改性酚醛树脂	5.5	环烷酸锌	8
甘油松香酯	5.5	石墨粉	80
200号溶剂油	47		

工艺、性能:将沥青、酚醛树脂、甘油松香酯混合加热熔化,温度升至260℃时保温1h,降

温至180℃时,加入二甲苯和环烷酸锌,搅拌均匀,降温至90℃时加入汽油,充分搅拌均匀后,加入石墨混合均匀,即成沥青锅炉漆。

本品具有较好的耐热性能。用于防止水垢,可直接涂布在锅炉内壁金属表面上,便于清洗,并可作为烟囱表面涂刷用漆。

[5] 沥青漆(5)

成分	用量(份)	成分	用量(份)
中熔点石油沥青	72	乙酸铅	0.8
改性酚醛树脂211	28	二氧化锰	0.6
桐油	80	松节油等	220
乙酸钴	0.2		

工艺、性能:将前3种成分共热至240℃加入乙酸钴、乙酸铅、二氧化锰,搅拌溶均,280℃离火,再升温至300℃,再冷却到160℃加松节油等。漆膜在120℃下烘1h,柔韧、坚固。

[6] 沥青漆(6)

成分	用量(g)	成分	用量(g)
石油沥青	100	热炼改性环氧树脂	50
桐油	50	邻苯二甲酸二丁酯	7
二甲苯	100	汽油	100
苯二甲胺	适量		

工艺:把桐油和热炼改性环氧树脂置于锅内,升温到170℃左右搅拌、脱水,再升温到240℃,加入石油沥青搅拌,慢慢升温到270℃,加入邻苯二甲酸二丁酯搅拌,停止加热(切断电源或火源),当温度降至80℃左右时,加入二甲苯,搅拌均匀,再加入汽油,搅拌均匀,过滤去渣即可使用。

[7] 沥青漆(7)

成分	用量(kg)	成分	用量(kg)
石油沥青	35.4	松香酚醛树脂	6.3
松香甘油酯	6.3	200号溶剂油	52

工艺:将除汽油外的全部组分混合加热熔化,温度降至90℃时加入汽油,充分搅拌均匀即成制品。

[8] 沥青漆(8)

成分	用量(kg)	成分	用量(kg)
石油沥青	37.3	200号溶剂油	24
桐油	6.6	二甲苯	25.5
松香钙皂	6.6		

工艺:将沥青、桐油、松香钙皂加入锅中,在260℃下热炼,维持到全溶,出锅,降温至180℃时加入汽油,降温至130℃时加入二甲苯,放置、过滤、包装。

[9] 煤气设备防腐涂料

成分	用量(份)	成分	用量(份)
5号石油沥青	100	汽油	100
桐油	30	萘酸铅锰	0.6
亚麻仁油	50		

工艺:将沥青加热至160~180℃脱水,待降温到70~80℃时加入汽油,然后搅拌使之成胶液。再加入桐油、亚麻仁油和催干剂搅拌均匀备用。在室温下固化24h。

[10] 煤气管道防腐涂料

成分	用量(份)	成分	用量(份)
煤焦油沥青	68	炭黑	0.7
轻油	22.7	羊毛脂	1.4
石灰	6.8	松香	0.4

工艺、性能:先将沥青加热沸腾脱水(200℃以下),降温至80~90℃时加轻油,当黏度适宜时,即可进行热涂施工,施工前先用防锈漆打底两遍,然后再涂刷本品。

[11] 煤气柜沥青涂料

成分	用量(份)	成分	用量(份)
10号石油沥青	100	汽油	100
熟桐油	30	萘酸铅	2
亚麻仁油	50		

工艺、性能:本品为煤气柜专用沥青涂料,可保护煤气柜不受水及酸性气体的腐蚀和生锈,亦称防腐蚀沥青涂料。将沥青打成小块加热熔化脱水,控制在160~180℃,水分全部蒸发后降温至70~80℃,将汽油倒入沥青中混匀充分搅拌,然后将其余组分缓慢倒入沥青溶液中,调和均匀即可使用。

[12] 耐酸沥青涂料

成分	用量(份)	成分	用量(份)
10号石油沥青(软化点125~140℃)	34.49	二甲苯	35
		环烷酸锰	3
熟桐油	4.23	环烷酸钴	10
200号溶剂油	34.28		

工艺、性能:将石油沥青加热脱水,除去杂质,然后加入熟桐油和催干剂,再加入二甲苯,最后加入汽油调整黏度。

本品对金属和非金属有良好的附着力,并具有耐硫酸腐蚀的性能。在常温下,对氯气、氯化氢、二氧化硫、氨、氧化氮等气体,低浓度无机酸溶液、苛性碱等腐蚀性介质均具有一定的防腐能力,但不耐石油溶剂、丙酮、氧化剂等,在室外阳光的长期照射下会逐渐老化。适用于室内工程,可用来保护钢铁、混凝土及木质构件。技术指标:黏度(涂-4)30~40s,固含量35%。

[13] 防锈沥青涂料

成分	用量(份)	成分	用量(份)
10号石油沥青	50	200号溶剂油	26
二甲苯	26~32		

工艺、性能:将石油沥青加热熔化脱水,并除去杂质,然后升温至180℃,保温30min,冷却至130±5℃时,在不断搅拌下,徐徐加入溶剂汽油,随即加入二甲苯,调到适宜黏度即成。本品主要用于埋入地下的金属管道的防护层或锅炉保护涂料。技术指标:黏度(涂-4)40~80s;固含量≥45%。

[14] 沥青防潮油(薄质)涂料(1)

成分	用量(份)	成分	用量(份)
10号茂名石油沥青	100	石棉绒	12
重柴油	12.5	桐油	15

工艺、性能:将石油沥青熔化脱水,温控190～210℃,除去杂质,降温至130～140℃,再加入重柴油、桐油。搅拌均匀后,再加入石棉绒,边加边搅拌,然后升温至190～210℃,熬炼30min即可使用。薄质沥青防潮涂料可用于屋面板的防水。

[15] 沥青防潮油(薄质)涂料(2)

成分	用量(份)	成分	用量(份)
10号兰州石油沥青	100	石棉绒	6
重柴油	8		

工艺、性能:同本节配方[15]。

[16] 沥青防潮油(厚质)涂料

成分	用量(份)	成分	用量(份)
10号茂名石油沥青	100	石棉绒	9
重柴油	8		

工艺、性能:同配方[18]。本品可用于灌缝材料,如板面灌缝。

[17] 耐火乳化沥青

成分	用量(份)	成分	用量(份)
沥青	15～20	碱金属氢氧化物	0.05～0.35
水	40～60	碱金属羧基烷基纤维素	0.25～1
石棉纤维	13～20	磷酸盐(磷酸二氢铵和磷酸氢二铵)	0.3
牡蛎壳粉	8～15		

工艺、性能:本品为在普通乳化沥青中添加具有防水特性的耐火剂(磷酸盐)而成。本品耐火性能良好,可用作木结构的涂层。

[18] 石油沥青清漆

成分	用量(份)	成分	用量(份)
1号石油沥青	33	200号溶剂油	30
2号石油沥青	67	苯(通常用二甲苯)	115

工艺、性能:将沥青加入锅内,升温到220℃左右间断搅拌。沥青全部溶化时开动搅拌,并升温到260℃维持5～10min出锅,降温到180℃时,在搅拌下对入200号溶剂油,降温到80℃以下时加入苯,搅拌均匀后静置澄清48h后用压滤机过滤。此漆可采用冷制法工艺。应注意:苯的闪点在-11℃,极易着火,生产中应严格注意安全管理。

本品干燥快,耐盐酸、耐水,并具有一定柔韧性,可用于一般金属制品的防锈、防腐。

[19] 煤焦油沥青清漆(1)

成分	用量(份)	成分	用量(份)
煤焦油沥青	68	重质苯	32

工艺、性能:将沥青加入锅中,点火升温到180℃左右,保持到沥青熔化出锅,在搅拌下加入其余组分。稀释(150℃左右),静置后用超速离心机净化,包装。本品干燥快、耐潮、耐水、耐稀酸、稀碱,可用于锚链、管道、内河用船底等。

[20] 煤焦油沥青清漆(2)

成分	用量(份)	成分	用量(份)
煤焦油沥青	52	重质苯	10
煤焦油	13	二甲苯	25

工艺、性能：同本节配方[20]

[21] 环氧沥青漆

成分	用量(份)	成分	用量(份)
甲组分：环氧树脂 E-20	31.3	混合溶剂	32.9
煤焦油沥青	35.8	乙组分：聚酰胺树脂	7.5

工艺、性能：甲苯：二甲苯：环己酮：丁醇 = 40：30：20：10

环氧沥青清漆两种组分分装，在使用前按 A 组分：B 组分 = 100：7.5 比例混合。

将环氧树脂、煤焦油沥青装入锅中升温到 150℃ 左右，维持至树脂与沥青全熔，出锅，降温到 120℃ 左右加入混合溶剂，充分搅拌均匀后静置，然后用超速离心机过滤，装入桶中。本品加入固化剂成膜固化，具有良好的耐化学药品性能，适用于地下管道、水闸、水坝的金属和混凝土表面。

[22] 沥青清烘漆(1)

成分	用量(份)	成分	用量(份)
天然沥青	19	环烷酸锌	2
松香改性酚醛树脂	9	白油	3
亚麻聚合油	27	煤油	18
环烷酸铁	2	重质苯	20

性能：此漆为烘干成膜、漆膜硬、光亮、耐油、附着力强。在大气中具有一定的稳定性。作自行车、小五金等表面涂饰。

[23] 沥青清烘漆(2)

成分	用量(份)	成分	用量(份)
天然沥青	8.62	环烷酸铅	0.05
松香改性酚醛树脂	11.85	200 号溶剂油	20.17
亚麻聚合油	6.46	二甲苯	19
桐油	25.85		

性能：烘干成膜、漆膜较黑、光亮坚硬，具有良好耐水，耐润滑油和一定的耐汽油性能，为汽车发动机的部分金属零件表面涂饰。

[24] 沥青耐酸漆

成分	用量(份)	成分	用量(份)
天然沥青	16.7	亚麻聚合油	3.75
1 号石油沥青	16.7	环烷酸铅	1.6
松香改性酚醛树脂	6.3	200 号溶剂油	22.5
松香钙脂	4.2	二甲苯	26
氧化铅	0.15		

性能：此漆具有耐硫酸腐蚀性能，可作涂复蓄电池及其需要防止硫酸侵蚀的金属零件表面。

第四节 沥青漆类

[25] 沥青锅炉漆

成分	用量(份)	成分	用量(份)
石墨粉	40	松香改性酚醛树脂	5.5
锅炉漆料	51	甘油松香酯	5.5
200号溶剂油	9	200号溶剂油	37
锅炉漆料配方:		二甲苯	6
天然沥青	38	环烷酸锌	8

性能:用于锅炉内壁防止水垢直接贴在金属表面,便于清洗,以及烟囱表面涂刷。本品具有较好的耐热性能。

[26] 防水涂料(1)

成分	用量(份)	成分	用量(份)
沥青	1	无规聚丙烯	2

工艺、性能:两者分别熬炼,无规聚丙烯熬制温度260~280℃,沥青熬制温度220~240℃,趁热混合搅匀并冷却。施工温度为230~250℃,作屋顶防水层效果很好。

[27] 防水涂料(2)

成分	用量(份)	成分	用量(份)
30号石油沥青	10	砂子	50~60
石灰石粉	30~40		

工艺:加热搅拌而成。作屋顶防水层用。需要捣实。

[28] 沥青防锈涂料

成分	用量(份)	成分	用量(份)
沥青	100	混合溶剂(汽油:苯=1:1)	210
三氯化铁(30%)	8	酚醛清漆 F0I-6	48
聚异丁烯	5		

工艺:将沥青熔化,缓慢加入三氧化铁,升温至210~220℃,保持1h,降温至180~190℃,加聚异丁烯,搅拌均匀并保持20min,再缓慢加入溶剂,滤去杂质。

施工时,涂3层,每层干燥24h,保养3昼夜,作地下管道防锈涂料。

[29] 沥青防水涂料

成分	用量(份)	成分	用量(份)
沥青	20	聚乙酸乙烯酯	1
淀粉	2	天然橡胶	1
松香	3	轮胎粉	15
聚异丁烯	5	二甲苯	15
聚乙烯	13		

性能:防声涂料,可耐200℃。

[30] 防腐涂料(1)

成分	用量(份)	成分	用量(份)
5号石油沥青	100	汽油	100
桐油	30	萘酸铅锰	0.6
亚麻仁油	50		

工艺:将沥青加热至160~180℃脱水,降至70~80℃加汽油搅拌呈胶液,再加桐油、亚

麻仁油和催干剂搅匀备用。室温24h固化,作煤气设备防腐涂料。

[31] 防腐涂料(2)

成分	用量(份)	成分	用量(份)
煤焦油沥青	68	炭黑	0.7
轻油	22.7	羊毛脂	1.4
石灰粉	6.8	松香	0.4

工艺:将沥青加热沸腾脱水(200℃以下),降温至180℃,加羊毛脂与炭黑,搅拌10~15min后加石灰粉,搅拌并降温至80~90℃时加轻油,当黏度适宜时,可热涂施工。施工前应用防锈漆两遍打底,再涂刷本漆。适合煤气设备防腐。

[32] 沥青涂料

成分	用量(份)	成分	用量(份)
地沥青	100	二氧化锰	4
桐油	14	松节油	260
梓油	26		

工艺、性能:将地沥青、桐油、梓油加热共熔,在250℃下加二氧化锰,再加至300℃,冷却加松节油调均。漆膜快干,坚硬,绝缘性好。

[33] 绝缘漆

成分	用量(份)	成分	用量(份)
石油沥青	50	聚合亚麻籽油	120
地沥青	50	汽油、松节油	195
生亚麻油	120		

工艺、性能:将前3种成分共热到280~290℃,再冷却到170℃下加聚合亚麻籽油和溶剂,离心澄清即成。本品绝缘性好。

[34] 防锈防腐涂料

成分	用量(份)	成分	用量(份)
高熔点石油沥青	75	黄丹	1.2
改性酚醛树脂201	17	二氧化锰	1.2
石灰松香	8	萘酸钴	1.2
桐油	50	松香水	135

工艺:将前4种组分共热到220℃,在搅拌下加黄丹、二氧化锰,再温升至290~300℃后,冷却至200℃以下,加萘酸钴及松香水,搅拌均匀。本品为沥青防锈、防腐涂料。

[35] 罩光漆

成分	用量(份)	成分	用量(份)
高熔点石油沥青	50	松节油	950
改性酚醛树脂211	30	萘酸铅	4.4
石灰松香	20	萘酸锰	4.4
桐油	25	萘酸钴	3.5
聚合亚麻籽油	75		

工艺、性能:前5种成分共热至290℃ 1.5h。冷却至160℃加松节油、萘酸铅、锰、钴。漆膜在200℃下烘1h。坚韧、光亮、作罩光用。

[36] 沥青清漆(1)

成分	用量(份)	成分	用量(份)
地沥青	33	200号溶剂油	30
石油沥青	67	二甲苯	115

工艺、性能：将沥青加热熔化脱水，90℃时加入汽油和二甲苯，充分搅拌混合均匀，即为制品。本品干燥快，耐酸、耐水，具有一定柔韧性，可作为金属制品的防锈、防腐。

[37] 沥青清漆(2)

成分	用量(%)	成分	用量(%)
10号石油沥青(软化点110~120℃)	40	松香水	13
		苯	47

工艺、性能：具有良好的防水、防潮、耐腐蚀性能，但机械性能较差，耐候性不好，不宜于用在阳光直射的物体表面，可用于不受阳光直射的金属、木材表面做防潮、耐水、防腐的保护层。

本品的特点是溶剂含量较大，有一定的覆盖能力，浸润能力较强，是建筑上常用的一种廉价沥青涂料。

[38] 沥青清漆(快干沥青漆)

成分	用量(份)	成分	用量(份)
松香改性酚醛树脂	6.6	双戊烯(或溶剂汽油)	24
甘油松香	6.6	二甲苯	25.5
1号石油沥青	37.3		

工艺、性能：将沥青和树脂加入锅中，在260℃下热炼，维持到全溶，出锅，降温到180℃加入溶剂汽油，降温到130℃加入二甲苯，静置过滤，包装。本品干燥快，漆膜光亮，作一般金属制品表面涂刷。

[39] 沥青绝缘清漆

成分	用量(kg)	成分	用量(kg)
石油沥青	290	环烷酸锰	20
乙酸铅	5	二甲苯	400
亚麻仁油	85	溶剂汽油	200

工艺：将沥青和亚麻仁油混合加热到220℃时，维持10min，降温至180℃加入乙酸铅、环烷酸锰和二甲苯，充分搅拌均匀，温度降至90℃时加入汽油，搅拌混合均匀即成制品。

[40] 乳化沥青防水涂料(1)

成分	用量(kg)	成分	用量(kg)
乳化沥青(50%)	100	水玻璃	6~8
天然胶乳(60%)	100	氢氧化钾(10%)	少量
高铝水泥	134	水	5~8

用途：可做建筑防水层。

[41] 乳化沥青防水涂料(2)

成分	用量(kg)	成分	用量(kg)
60号石油沥青:10号石油沥青=3:4	50	氢氧化钠	0.45
		水玻璃	0.8
乳化剂(OP)	1	水	50
聚乙烯醇	2		

性能：此配方为乳化沥青配方，可单独使用，也可掺用。

第五节 醇酸树脂漆类

醇酸漆是以醇酸树脂为主要成膜物质的涂料，醇酸树脂是由多元醇与多元酸以及其他单元酸经酯化作用缩聚而成的。

醇酸树脂性能优异，品种很多，应用广泛。由于它与其他树脂有很好的混溶性，因此常与其他树脂混合使用，以提高和改进各种漆膜的理化性能。

1. 醇酸漆的性能和用途

涂层可自然干燥，具有优良的耐候性和保色性，不易老化，而且附着力、光泽、硬度、柔韧性、绝缘性都比较好。其缺点是表面干燥快，但实干时间却较长，且耐碱性较差。

醇酸漆在改性时所用油量的多少，对漆膜的性能有直接的影响。根据含油量的不同，它也有长、中、短油度之分。含油量在60%以上为长油度；50%~60%之中的为中油度；50%以下者为短油度。

醇酸漆当前广泛用作中级木器的涂饰，同时亦广泛用作列车、船舶、桥梁、汽车的涂饰。

2. 醇酸漆的品种

其品种很多，使用情况也各不相同，如外用醇酸漆、通用醇酸漆、快干醇酸漆、醇酸绝缘漆等。目前，市场出售的醇酸清漆（又称三宝清漆）、各色醇酸磁漆等都是用中油度醇酸树脂制成的，属于通用醇酸漆一类，较多用于木器涂饰。其常见品种有：

(1) 醇酸清漆：

① C01-5 醇酸清漆　是将苯乙烯改性醇酸树脂溶于二甲苯有机溶剂中，并加入催干剂而制成的中油度醇酸清漆。其特点是干燥迅速，漆膜光亮，耐水性较 C01-1 醇酸清漆好，并有一定的保色保光性，但柔韧性较差些。主要用于室内外较高级的金属和木器的涂饰和罩光。

② C01-1 醇酸清漆　用干性油改性的中油度醇酸树脂，溶于松节油、200号溶剂汽油和二甲苯的混合溶剂中，并加入适量的催干剂而制成。这种漆的附着力、耐久性比酯胶清漆和酚醛清漆都好。耐水性较次于酚醛清漆，但高于酯胶清漆，适用于要求较高的木器罩光，也可用于醇酸磁漆膜面的罩光。

(2) 醇酸磁漆：

① C04-2 各色醇酸磁漆　是用干性油改性的中油度甘油苯酐醇酸树脂漆料与各色颜料分别混合，再加入二甲苯、松节油和200号溶剂汽油以及催干剂配制而成。这种磁漆具有很高的光亮度和机械强度，还具有较强的耐气候性，适用于涂饰室内外比较高级的木器和金属表面。

② C04-42 各色醇酸磁漆　其物理化学性能与 C04-2 各色醇酸磁漆相似，只是在室外条件下耐候性能更好，因此常用作铁路客车、公共汽车、船舶外壳的涂装。

常用醇酸漆见表10-6。

常用醇酸漆指标见表10-7。

常用醇酸漆品种

表 10-6

品种	组成	性能	应用
C01-1 醇酸清漆	用干性油改性的中油度醇酸树脂溶于松节油或 200 号溶剂汽油与二甲苯的混合溶剂中,并加入适量催干剂调配而成	常温能自干,漆膜附着力、耐久性优于酯胶清漆与酚醛清漆,耐水性比酚醛清漆差	可刷、喷、淋。适于室内外金属、木材表面涂饰。涂漆量每遍 40~60g/m²,每遍干膜厚控制在 15~18μm。重涂间隔不小于 16h,涂层可经 60~70℃烘干
C07-7 醇酸清漆	由苯酐、季戊四醇与亚麻油聚合制得的长油度醇酸树脂溶于松节油或 200 号汽油与二甲苯的混合溶剂中,加入适量催干剂制成	可常温自干。漆膜富有弹性,附着力好,并具有良好的光泽与保光性。耐候性比 C01-1 好,但防霉、防潮、防盐雾性能差	用于室内外木器的涂饰,可与醇酸底漆醇酸腻子及醇酸磁漆配套使用,用做金属表面罩光,涂漆量 40~60g/m²
C04-2 各色醇酸磁漆	由干性油改性的中油度醇酸树脂与颜料二甲苯、催干剂等研磨而成	漆膜具良好的光泽与机械强度,耐候性比调和漆与酚醛漆好。耐水性较差,如经 60~70℃烘烤可提高耐水性	用于室内外木材、金属表面涂饰。可刷或喷于已涂有底漆的制品表面,每层涂漆量 60~80g/m²,每层干膜厚 15~20μm,可与醇酸腻子,醇酸底漆配套
C04-42 各色醇酸磁漆	由干性油改性的长油度季戊四醇醇酸树脂与各色颜料研磨后加入溶剂、催干剂制成	漆膜户外耐久性及附着力比 C04-2 好,但表干时间较长,可自干,如经10℃烘干漆膜性能更好	多用于户外钢铁表面涂饰。可刷、喷,涂漆量每遍 60~80g/m²
C04-64 各色醇酸半光磁漆	由中油度醇酸树脂与颜料及体质颜料研磨后加入催干剂、溶剂调配制成	漆膜呈半光,光泽柔和,漆膜坚韧,附着力、户外耐久性均好	用于木器及金属表面涂饰。自干或 100℃烘干均可。宜喷涂施工,喷涂黏度 35~45S(涂-4),每道干膜厚度在 35~45μm
C03-1 各色醇酸调和漆	由松香改性醇酸树脂、松香甘油酯等与颜料、体质颜料混合研磨并加入催干剂、有机溶剂等制成	漆膜光亮,性能优于脂胶调和漆	用于房屋建筑的涂饰
C06-1 铁红醇酸底漆	由干性油改性的中、长油度醇酸树脂与铁红、铅铬黄、体质颜料等研磨后加入催干剂、溶剂等制成	漆膜附着力好,防锈,在一般气候条件下耐久性好,但在湿热带和潮湿地区耐久性差	用于钢制品涂底漆,与硝基磁漆、醇酸磁漆等面漆配套使用均可

常用醇酸漆技术指标

表 10-7

项目	指标				
	C01-1	C01-7	C04-2	C04-42	C04-64
原漆颜色及外观(号)	≥11 平整光滑	12 平整光滑	符合标准样板及色差范围,平整光滑	符合标准样板及色差范围,平整光滑	符合标准样板及色差范围,平整光滑
透明度	透明无机械杂质	透明无机械杂质	—	—	—
粘度(涂-4)(s)	40~60	40~80	60~90	60~90	60~110
酸价,mg/KOH/g≥	12	10	—	—	—
固体含量(%)≤	45	45	—	—	—
干燥时间(h)≥					
表干	6	5	5	12	4
实干	15	15	15	18	15
摆杆硬度≤	0.30	0.30	0.25	0.25	0.30
柔韧性(mm)	1	1	1	1	1
冲击强度(N·m)	5	5	5	5	5
附着力(级)>	2	2	2	2	2

续表

项 目	指 标				
	C01-1	C01-7	C04-2	C04-42	C04-64
耐水性	24h 允许轻微变白;3h 恢复外观不变	24h 允许轻微失光;1h 恢复	6h 允许轻微失光、发白、小泡;3h 恢复	8h 允许轻微失光、变白、小泡;3h 恢复	12h 不起泡、不脱落,允许漆膜颜色变浅
耐汽油性	1h 允许稍微失光;1h 恢复	1h 允许稍微失光;1h 恢复	6h 不起泡,不起皱,允许失光;1h 恢复	—	—
耐油性(变压器油 24h)	外观不变	—	—	—	—
细度(μm)$\geqslant$	—	—	20	20	40
遮盖力(g/m²)$\geqslant$					
白 色	—	—	110	110	140
黑 色	—	—	40	40	—
灰、绿色	—	—	55	55	55
蓝 色	—	—	80	80	80
红、黄色	—	—	140	140	—
米黄色	—	—	—	—	120
草绿、军黄、保护色	—	—	—	—	70

3. 醇酸树脂漆配方

[1] 醇酸树脂磁漆(黑)

成分	用量(kg)	成分	用量(kg)
50%醇酸树脂	88.3	3%环烷酸锰	0.6
炭黑(硬质)	2	2%环烷酸锌	0.78
黄丹	0.08	1%环烷酸钙	0.85
12%环烷酸铅	1.2	双戊烯	2.4
3%环烷酸钴	1.2	二甲苯	2.59

[2] 醇酸树脂磁漆(绿)

成分	用量(kg)	成分	用量(kg)
50%醇酸树脂	72.3	3%环烷酸锰	0.4
柠檬黄	11.4	2%环烷酸锌	1.1
铁蓝	2.4	1%环烷酸钙	0.82
中铬黄	1.9	1%硅油	0.4
黄丹	0.07	双戊烯	2.7
12%环烷酸铅	1.4	二甲苯	4.73
3%环烷酸钴	0.4		

[3] 醇酸树脂磁漆(红)

成分	用量(kg)	成分	用量(kg)
50%醇酸树脂	79.8	3%环烷酸锰	0.4
大红粉	8	2%环烷酸锌	0.8
黄丹	0.1	1%环烷酸钙	0.9
12%环烷酸铅	1.5	双戊烯	2.4
3%环烷酸钴	0.3	二甲苯	5.6

第五节 醇酸树脂漆类

[4] 醇酸树脂磁漆(浅灰)

成分	用量(kg)	成分	用量(kg)
50%醇酸树脂	70	3%环烷酸钴	0.2
金红石型钛白粉	19.2	3%环烷酸锰	0.8
柠檬黄	0.39	2%环烷酸锌	0.94
铁蓝	0.2	1%环烷酸钙	1.24
炭黑(通用)	0.25	1%硅油	0.4
黄丹	0.07	双戊烯	2.4
12%环烷酸铅	2	二甲苯	1.91

[5] 醇酸树脂磁漆(天蓝)

成分	用量(kg)	成分	用量(kg)
50%醇酸树脂	70.25	3%环烷酸锰	0.6
金红石型钛白粉	18.8	2%环烷酸锌	0.8
铁蓝	1.2	1%环烷酸钙	1.2
黄丹	0.06	1%硅油	0.4
12%环烷酸铅	2	双戊烯	2.4
3%环烷酸钴	0.6	二甲苯	1.69

[6] 醇酸树脂磁漆(白)

成分	用量(kg)	成分	用量(kg)
50%醇酸树脂	66.4	3%环烷酸锰	0.2
金红石型钛白粉	25.4	2%环烷酸锌	0.8
群青	0.18	1%环烷酸钙	1.2
黄丹	0.07	双戊烯	2.4
12%环烷酸铅	2	二甲苯	0.55
3%环烷酸钴	0.8		

[7] 醇酸树脂清漆(长油度)

成分	用量(kg)	成分	用量(kg)
50%醇酸树脂	88.5	3%环烷酸锰	0.05
二甲苯	10	2%环烷酸钙	0.3
4%环烷酸钴	0.25	10%环烷酸铅	0.6
3%环烷酸锌	0.3		

工艺:按配比混合搅拌均匀即成。

[8] 醇酸树脂清漆(中油度)

成分	用量(kg)	成分	用量(kg)
50%醇酸树脂	84	2%环烷酸钙	2.4
4%环烷酸钴	0.45	二甲苯	12.8
3%环烷酸锌	0.35		

工艺:按配比将各物料混合,充分搅拌均匀即成制品。

[9] 中油度红色醇酸树脂底漆

成分	用量(kg)	成分	用量(kg)
桐亚醇酸树脂	33	锌黄	6.7
铁红	26.3	沉淀硫酸钡	13.2

成分	用量(kg)	成分	用量(kg)
黄丹	1.1	3%环烷酸钴	1
50%三聚氰胺甲醛树脂	0.5	3%环烷酸锰	1.2
12%环烷酸铅	1.3	二甲苯	18.8

工艺：在研磨机中研磨成细度为 $60\sim80\mu m$ 的均匀色浆。

[10] 长油度红色醇酸树脂底漆

成分	用量(kg)	成分	用量(kg)
亚麻厚油醇酸树脂	33.23	3%环烷酸钴	0.02
铁红	26.73	3%环烷酸锰	0.17
滑石粉	11.68	3%环烷酸锌	0.17
浅铬黄	11.63	2%环烷酸钙	0.53
12%环烷酸铅	1	二甲苯	14.71

工艺：研磨成细度为 $70\mu m$ 左右的均匀色浆。

[11] 醇酸树脂调和漆

成分	用量(kg)	成分	用量(kg)
季戊四醇	6	苯二甲酸酐	9.9
桐油	18.9	三羟甲基丙烷	3.1
低碳酸	9.7	二甲苯	15
松香	5.7	200号溶剂油	35.8

工艺：在反应釜中放入前6个组分，再加6份二甲苯作为恒沸溶剂，加热升温至180℃，保温0.5h，升温至200℃进行酯化。大约1~2h后降温至100℃左右加入其余组分，充分搅拌混合均匀即成。

[12] 960醇酸树脂漆

成分	用量(kg)	成分	用量(kg)
$C_{5\sim9}$合成脂肪酸	27	苯酐	13.8
桐油	33	二甲苯	50
顺丁烯二酸松香酯	10	松节油	42
季戊四醇	16.2		

工艺：在反应釜中投入前2个组分，在搅拌下加入季戊四醇，升温至240℃，保温让其醇解1.5~2h。降温至200℃，停止搅拌，加入顺丁烯二酸松香酯，待其全溶后，在搅拌下加入苯酐及8份二甲苯，升温至200℃，保温酯化1h左右。降温加入剩余的二甲苯和松节油，充分搅拌混合均匀，即成制品。

[13] 白色氯化橡胶醇酸磁漆

成分	用量(kg)	成分	用量(kg)
50%960醇酸树脂漆	42	钛白(R-820)	23
（见配方[156]）		二甲苯	7
30%氯化橡胶液	28		

工艺：按配比将全部物料研磨混合均匀。

第五节 醇酸树脂漆类

[14] 绿色橡胶醇酸磁漆

成分	用量(kg)	成分	用量(kg)
50％960醇酸树脂漆（见配方[156]）	46	美术绿	17
		二甲苯	5
30％氯化橡胶液	32		

工艺：按配比将全部物料研磨混合均匀。

[15] 红色醇酸树脂磁漆

成分	用量(kg)	成分	用量(kg)
50％J-555亚麻仁油中油度醇酸树脂液	66.4	6％环烷酸钴	0.6
		24％环烷酸铅	0.3
氯化铁红	9.7	4％环烷酸钙	0.4
氧化锌	1	Solvessol溶剂	3.3
炭黑	0.9	200号溶剂油	17.1
抗结皮剂	0.3		

工艺：按配比将全部物料研磨混合均匀。

[16] 红色醇酸树脂底漆

成分	用量(kg)	成分	用量(kg)
50％J-555亚麻仁油中油度醇酸树脂液	52	硫酸钠	7.2
		6％环烷酸钴	0.35
氯化铁红	15.8	24％环烷酸铅	0.5
氧化锌	4.8	抗结皮剂	0.05
滑石粉	19.3		

工艺：按配比将全部物料研磨混合均匀。

成分	用量(kg)	成分	用量(kg)
50％豆油醇酸树脂	113.5	松香水	18
钛白粉	100	二甲苯	10
环化橡胶	25	萘酸锰	0.39

工艺：按配比将全部物料混合，搅拌均匀即成。

[17] 醇酸防腐底漆

成分	用量(kg)	成分	用量(kg)
醇酸树脂	20	钛白粉	9.6
1-羟基亚乙基-双磷酸锌	16.3	二甲苯	38.2
滑石粉	13.5	干燥剂	2.4

工艺、性能：按配比将全部物料混合，充分搅拌均匀即成。本品具有优良的耐盐水腐蚀性能。

[18] 水溶性醇酸树脂漆

成分	用量(kg)	成分	用量(kg)
季戊四醇	9.82	二甲苯	5.7
蓖麻油	40.75	丁醇	12.2
甘油	5.89	异丙醇	12.2
氧化铅	0.012	一乙醇胺	7.95
邻苯二甲酸酐	28.45		

工艺:将蓖麻油、季戊四醇、甘油投入反应釜内,通入二氧化碳气体,搅拌并升温至120℃,加入氧化铅,继续升温至230℃,保温3h,醇解完成后,降温至180℃,停止搅拌。加入邻苯二甲酸酐和二甲苯,回流冷凝器通入冷却水,升温至180℃回流保温酯化。每隔30min取样测酸值1次。直到酸值达到80左右,停止加热,然后降温抽真空脱除溶剂,当温度降至120℃时加入丁醇和异丙醇,降温至50~60℃时加入一乙醇胺中和,即得制品。

[19] 糠油酸醇酸树脂漆

成分	用量(g)	成分	用量(g)
季戊四醇	307.5	异丙醇	1220
糠油酸	2055	甲苯(稀释用)	3744
苯酐	1757.5	丁醇(稀释用)	416
二甲苯(回流用)	500		

工艺、性能:将前4种组分投入反应锅内,升温。稠化后开始搅拌,继续升温至回流,温度控制在170~190℃。当黏度和酸值合格时,将温度降至180℃以下,转入稀释锅,加入其余组分,搅拌均匀,降至70℃时过滤装桶,所得树脂黏度(涂4-杯,25℃)为25~60s,酸值为10以下,细度为10μm以下,固含量为50%±2%。本品可作防腐涂料。

[20] 夜光漆

成分	用量(kg)	成分	用量(kg)
60%中油度醇酸树脂	171	环烷酸锰	3
磷光颜料	100	棕榈酸锌	3.3

工艺:按配比将全部物料混合,充分搅拌均匀,即成制品。

[21] 耐油漆

成分	用量(份)	成分	用量(份)
甲组分:醇酸树脂147 (50%溶液)	100	滑石粉	9.2
		二甲苯	14.3
锌黄	90.5	乙组分:异氰酸酯加成物 (-NCO占8.6%)	83
铁红	40		

用途:用时现配,作耐油涂料底漆、面漆,再涂聚氨酯磁漆。

[22] 防锈漆

成分	用量(份)	成分	用量(份)
醇酸树脂漆115	100	萘酸锰	0.5
萘酸钴	0.13	萘酸锌	2.0
萘酸铅	6.15	萘酸钙	2.0
铁红	30	铝粉浆	5
氧化锌	10	磷酸	5
铬酸锌	29	亚硝酸钠	1
磷酸锌	15	二甲苯	15
铬酸钡	5		

工艺:混合、研磨、稀释,可在带锈钢板上直接施工防锈。

[23] 木制品涂料

成分	用量(份)	成分	用量(份)
醇酸树脂(60%油度)	100	松香水	100

成分	用量(份)	成分	用量(份)
顺丁烯二酸甘油松香酯	50	萘酸钙	5.0
萘酸铅	0.9	萘酸锌	5.0

工艺、性能：醇酸树脂、松香水先配好。漆膜透明、光亮，硬，适合木制品涂饰。

[24] 锤纹涂料

成分	用量(份)	成分	用量(份)
季戊四醇醇酸树脂(70%溶液)	175	萘酸钴	0.3
改性酚醛树脂	25	二甲苯等	3.75
聚丙烯酸丁酯	1.25	白色锤纹漆	适量

[25] 防水涂料

成分	用量(份)	成分	用量(份)
醇酸树脂(50%)	80	氨基乙酸	43.3
钛白粉	100	氯化橡胶	83.3
淀粉	366	有机硅树脂(60%)	5~8
磷酸铵	233	萘溶剂	200

用途：室内墙壁用防火漆。

[26] 汽车烤漆

成分	用量(份)	成分	用量(份)
不干性醇酸树脂	100	蓖麻油	15
硝酸纤维	100	铁蓝	20~40
三聚氰胺树脂	20	二甲苯	680
邻苯二甲酸二丁酯	25		

用途：汽车用烤漆。

[27] 地板涂料(1)

成分	用量(份)	成分	用量(份)
干性醇酸树脂	72.2	氯化橡胶	111
钛白粉	88.8	氯化石蜡(40%)(或氯化联苯)	27.8(67)
氧化锌	11.2	萘酸钴	0.56
石英粉	16.6	萘酸锌	2.16
炭黑	1.1	苯(或二甲苯)	224

工艺、性能、用途：耐碱、耐水、耐摩擦。灰色水泥地板用橡胶漆。

[28] 地板涂料(2)

成分	用量(份)	成分	用量(份)
短油度亚麻籽油醇酸树脂(60%溶液)	100	脲醛树脂(60%溶液)	100
		磷酸	4~10

性能：用前加磷酸。漆膜坚硬。

[29] 底漆(1)

成分	用量(份)	成分	用量(份)
亚麻油醇酸树脂(50%)	82	锌黄	100
醇酸改性：聚氰胺树脂(50%)	15	滑石粉	285.4
铁红土	950	松香水	315
含铅氧化锌	100	二甲苯	34.2

用途：汽车高级涂装打底用。

[30] 底漆(2)

成分	用量(份)	成分	用量(份)
豆油或脱水蓖麻油醇酸树脂	250	氧化锌	100
金红石型钛白粉	100	松香水	74.3

工艺、性能：150~177℃烘0.5~1h，家用高档金属制品打底用。

[31] 金属底漆

成分	用量(份)	成分	用量(份)
豆油醇酸胶液(55%)	75	碳酸钙	33
脲醛树脂(50%)	27	二甲苯	80
钛白粉	100		

用途：在120℃下烘10min，家用高档金属制品打底。

[32] 白磁漆

成分	用量(份)	成分	用量(份)
豆油醇酸液(65%)	638	群青	0.5
钛白粉	325	萘酸钴	适量
氧化锌	50	二甲苯	80~100

本品为白色醇酸磁漆。

[33] 白漆

成分	用量(份)	成分	用量(份)
豆油醇酸树脂(50%)	131.5	二甲苯	10
钛白粉	100	萘酸钴	0.39
环化橡胶	9.2~28	萘酸锰	0.39
松香水	18		

用途：适宜浴室类施工用，白色有光漆。

[34] 夜光漆

成分	用量(份)	成分	用量(份)
中油度醇酸树脂(60%)	171	萘酸锰	3
磷光颜料	100	棕榈酸锌	3.3

本品为夜光漆的一种。

[35] 烤漆

成分	用量(份)	成分	用量(份)
蓖麻油醇酸树脂(60%)	76	三聚氰胺树脂(60%)	12
椰子油醇酸树脂(60%)	50	金红石型钛白粉	100
脲醛树脂(60%)	2.8	二甲苯	66.6

本品为白色家用电器烤漆。

[36] 桥梁防锈漆

成分	用量(份)	成分	用量(份)
长油度醇酸树脂(70%)	192	滑石粉	42
红丹	100	云母粉	16.6
锌黄	18.4	萘酸钴	0.5
铁红	2.6	二甲苯	56

性能：漆膜快干、坚硬，适合桥梁水上部分防锈。

[37] 防锈漆

成分	用量(份)	成分	用量(份)
豆油醇酸树脂	95.3	滑石粉	10.3
锌黄	100	松香水	142
重晶石粉	100	萘酸钴	0.5
金红石型钛白粉	40	萘酸钙	3.1
异构橡胶	24.2		

性能：低温烘烤，附着力好，漆膜硬，适合金属防锈打底。

[38] 白磁漆

成分	用量(份)	成分	用量(份)
醇酸漆料(30%)	118	松香水	10
钙钛白粉	100	萘酸钴	适量
轻质碳酸钙	87.5		

本品为无光白色磁性漆。

[39] 底漆

成分	用量(份)	成分	用量(份)
桐油醇酸漆料	45~65	滑石粉	7~12
氧化铁红	20	二甲苯	11~14
铅铬黄	8	萘酸钴	0.5

用途：金属面打底用漆。

[40] 防腐漆(1)

成分	用量(份)	成分	用量(份)
豆油改性醇酸树脂	150	萘酸钙	3.0
环化橡胶	100	萘酸锌	3
松香水	100	松香水	80
萘酸钴	0.83		

工艺、性能：豆油改性醇酸树脂应溶于松香水58份中。60~100℃下烘0.5h，漆膜光亮，坚硬。

[41] 防腐漆(2)

成分	用量(份)	成分	用量(份)
酚醛改性醇酸漆料	29.5	钛白粉	26
锌黄	100	萘	0.5
铁土黄	9	二甲苯	6
滑石粉	45		

性能：耐海水性好，在铝板上也适用。

[42] 防腐漆(3)

成分	用量(份)	成分	用量(份)
长油度亚麻油醇酸漆料	177	滑石粉	60
锌黄	100	钛白粉	24
氧化锌	32	萘酸钴	0.5

性能：耐海水性好，在铝板上也适用。

[43] 清漆(1)

成分	用量(份)	成分	用量(份)
亚麻籽油改性醇酸树脂	100	萘酸钴	0.9
松节油	48	萘酸钙	5.0
二甲苯	48	萘酸锌	5.0

性能:清漆透明,光亮耐久,适合器具罩光。

[44] 清漆(2)

成分	用量(份)	成分	用量(份)
亚麻油改性醇酸树脂	300	聚戊二烯	7.5
油溶性酚醛树脂	50	萘酸铅	1.65
桐油	50	萘酸钴	0.5

[45] 防锈漆(1)

成分	用量(份)	成分	用量(份)
醇酸树脂漆 115	100	萘酸锰	0.5
萘酸钴	0.13	萘酸锌	2.0
萘酸铅	6.15	萘酸钙	2.0
铁红	30	铝粉浆	5
氧化锌	10	磷酸	5
铬酸锌	29	亚硝酸钠	1
磷酸锌	15	二甲苯	15
铬酸钡	5		

工艺:混合、研磨、稀释,可在带锈钢板上直接施工防锈。

[46] 防锈漆(2)

成分	用量(份)	成分	用量(份)
豆油醇酸树脂	95.3	滑石粉	10.3
锌黄	100	松香水	142
重晶石粉	100	萘酸钴	0.5
金红石型钛白粉	40	萘酸钙	3.1
异构橡胶	24.2		

性能:低温烘烤,附着力好,漆膜硬,适合金属防锈打底。

第六节 氨基树脂漆类

氨基树脂漆是以氨基树脂和醇酸树脂为主要成膜物质的一类树脂涂料,故亦称为氨基醇酸树脂漆。最常用的氨基树脂为三聚氰胺甲醛树脂、脲醛树脂等。此类漆一般要求烘干。涂膜在光泽、硬度、耐水、耐油、保色、耐久及绝缘方面的性能都明显超过醇酸漆。

1. 氨基树脂漆的主要特点
(1) 清漆的颜色浅;
(2) 漆膜外观光亮丰满,色彩鲜艳;
(3) 漆膜坚韧,附着力好,机械强度高;
(4) 漆膜干后不回黏,耐候性、抗粉化、抗龟裂性能均比醇酸漆强;

(5) 具有良好的耐水、耐油、耐磨性;

(6) 具有良好的电气绝缘性能;

(7) 如与X06-1磷化底漆和H06-2环氧底漆配套使用,可满足一般三防要求。

根据氨基树脂与醇酸树脂的配比不同可将氨基树脂漆分为高氨基(氨基树脂:醇酸树脂=1:2.5)、中氨基(氨基树脂:醇酸树脂=1:2.5~5)和低氨基(氨基树脂:醇酸树脂=1:5~7.5)三类。

氨基漆性能优良的代表品种是氨基醇酸烘漆、氨基清漆、氨基透明烘漆、同铝粉并用的氨基锤纹烘漆等。其广泛应用于机械、电器、仪器仪表、轻工与各种车辆的涂装。

2. 氨基树脂漆的配方:

[1] 树脂漆

成分	用量(kg)	成分	用量(kg)
50%氨基树脂	68	10%盐酸乙醇溶液(固化剂)	15~20
50%醇酸树脂	32		

工艺:将两种树脂混合搅拌均匀,使用前加入固化剂混合均匀,即可涂刷使用。

[2] 氨基树脂漆

成分	用量(g)	成分	用量(g)
97%三聚氰胺	163	25%氨水	25~30
37%甲醛	1010	二甲苯	258
尿素	225	丁醇	2400
甲醇	53	苯酐	13

工艺:用氨水将甲醛调成pH值近7.8,加入反应釜中,然后加入三聚氰胺、丁醇(1200g)、二甲苯,升温至95±2℃,反应1h左右,待反应液透明,仍维持95±2℃,继续反应1.5~2h。反应过程有水脱出,待脱水量达580~600g时,加苯酐和剩余的丁醇溶液;待脱水完时(理论量为720g),即可蒸馏出醇(回收丁醇量约为2200g),温度由95℃上升至134℃时便可结束反应。待温度降至100℃时,加入回收丁醇1700g稀释,即得氨基树脂。

[3] 醇酸树脂漆

成分	用量(g)	成分	用量(g)
蓖麻油	410	苯酐	432
甘油	265	二甲苯	145

工艺:按配比将全部原料加入反应釜中,升温到120℃时停止加热5min。然后再缓慢升温,至128℃时馏出二甲苯,180℃时出水(理论量为55份),升温至230~234℃,直至无水出来为止。降温,加入制备氨基树脂中所回收的丁醇500g,充分搅拌均匀,即得醇酸树脂。

[4] 阻火织物涂料

成分	用量(g)	成分	用量(g)
三聚氰胺	20~40	磷酸	100~125
甲醛	75~100	羟基酚基胺	15~25
尿素	30~50	水	100~200

工艺、性能:例如:将37%甲醛水溶液243g、98%羟基酚基胺20g、尿素40g、水100g、三聚氰胺30g、85%磷酸115g共混,产生放热反应,冷却时形成透明的树脂溶液,即为成品。将本品涂布于织物上,便可使其产生阻火性。

[5] 透明红氨基醇酸树脂烘漆

成分	用量(kg)	成分	用量(kg)
耐晒醇溶大红 B	2.4	苯甲醇	2
50%中油度豆油醇酸树脂	69	丁醇	4.8
60%低醚化度三聚氰胺树脂	21.3	1%硅油溶液	0.5

[6] 透明蓝氨基醇酸树脂烘漆

成分	用量(kg)	成分	用量(kg)
酞菁蓝	2	丁醇	3
50%中油度豆油醇酸树脂	69	二甲苯	4
60%低醚化度三聚氰胺树脂	21.3	1%硅油溶液	0.3

[7] 透明绿氨基醇酸树脂烘漆

成分	用量(kg)	成分	用量(kg)
酞菁绿	2.4	丁醇	3
50%中油度豆油醇酸树脂	69	二甲苯	4
60%低醚化度三聚氰胺树脂	21.3	1%硅油溶液	0.3

[8] 透明氨基醇酸树脂清漆(1)

成分	用量(kg)	成分	用量(kg)
50%中油度豆油醇酸树脂	64	二甲苯	6
60%低醚化度三聚氰胺树脂	23.5	1%硅油溶液	0.5
丁醇	6		

[9] 透明氨基醇酸树脂清漆(2)

成分	用量(kg)	成分	用量(kg)
55%中油度蓖麻油醇酸树脂	51	二甲苯	7
60%低醚化度三聚氰胺树脂	34	1%硅油溶液	0.5
丁醇	7.5		

[10] 透明氨基醇酸树脂清漆(3)

成分	用量(kg)	成分	用量(kg)
55%中油度蓖麻油醇酸树脂	33	二甲苯	2.9
60%低醚化度三聚氰胺树脂	52	五氯联苯	7
丁醇	4.6	1%硅油溶液	0.5

[11] 透明氨基醇酸树脂清漆(4)

成分	用量(kg)	成分	用量(kg)
50%十一烯醇酸树脂	64	二甲苯	4.5
60%低醚化度三聚氰胺树脂	26.6	1%硅油溶液	0.5
丁醇	4.4		

[12] 氨基树脂磁漆(白)(1)

成分	用量(kg)	成分	用量(kg)
钛白	25	1%甲基硅油	0.3
50%中油度豆油醇酸树脂	56.5	丁醇	3
60%高醚化度三聚氰胺树脂	12.4	二甲苯	2.8

工艺:将全部物料混合研磨到细度为 50～70μm。

[13] 氨基树脂磁漆(白)(2)

成分	用量(kg)	成分	用量(kg)
钛白	27.5	1%甲基硅油	0.3
50%十一烯醇酸树脂	51	丁醇	3
60%低醚化度三聚氰胺树脂	15.5	二甲苯	2.7

工艺：同本节配方[19]。

[14] 氨基树脂磁漆(大红)(1)

成分	用量(kg)	成分	用量(kg)
大红粉	8	2%环烷酸锰	0.2
50%中油度豆油醇酸树脂	67.5	丁醇	3
60%高醚化度三聚氰胺树脂	15	二甲苯	5.8
1%甲基硅油	0.5		

工艺：同本节配方[19]。

[15] 氨基树脂磁漆(大红)(2)

成分	用量(kg)	成分	用量(kg)
镉红	14	1%甲基硅油	0.3
50%中油度豆油醇酸树脂	68	丁醇	3
60%高醚化度三聚氰胺树脂	12.5	二甲苯	2.2

工艺：同本节配方[19]。

[16] 氨基树脂磁漆(黑)

成分	用量(kg)	成分	用量(kg)
炭黑	3.2	40%环烷酸锌	0.16
50%中油度豆油醇酸树脂	70	三乙醇胺	0.14
60%高醚化度三聚氰胺树脂	16	丁醇	6
1%甲基硅油	0.5	二甲苯	3.8
2%环烷酸锰	0.2		

工艺：同本节配方[19]。

[17] 氨基树脂磁漆(中黄)

成分	用量(kg)	成分	用量(kg)
中铬黄	24	1%甲基硅油	0.3
50%中油度豆油醇酸树脂	59.5	丁醇	3
60%高醚化度三聚氰胺树脂	10.5	二甲苯	2.7

性能：同本节配方[19]。

[18] 氨基树脂磁漆(浅灰)

成分	用量(kg)	成分	用量(kg)
钛白	19.1	60%高醚化度三聚氰胺树脂	11
炭黑	0.1	1%甲基硅油	0.3
中铬黄	0.6	丁醇	3
酞菁蓝	0.2	二甲苯	3.7
50%中油度豆油醇酸树脂	62		

工艺：同本节配方[19]。

[19] 环氧氨基烘漆(黑色磁漆)

成分	用量(kg)	成分	用量(kg)
炭黑	4	丁醇	7.5
50%油度1:1豆油亚麻仁油酸环氧酯	56.5	二甲苯	8
60%低醚化度三聚氰胺树脂	23.5	1%硅油溶液	0.5

工艺:将全部物料混合研磨到细度合格,即得环氧氨基烘漆。

[20] 环氧氨基烘漆(灰色磁漆)

成分	用量(kg)	成分	用量(kg)
炭黑	0.2	60%低醚化度三聚氰胺树脂	22
钛白	19.4	丁醇	2
中铬黄	0.3	二甲苯	2.5
酞菁蓝	0.1	1%硅油溶液	0.5
50%油度1:1豆油亚麻仁油酸环氧酯	53		

工艺:同本节配方[19]。

[21] 环氧氨基烘漆(棕色磁漆)

成分	用量(kg)	成分	用量(kg)
炭黑	1	60%低醚化度三聚氰胺树脂	23
中铬黄	3.2	丁醇	3
铁红	11.8	二甲苯	2.3
50%油度1:1豆油亚麻仁油酸环氧酯	55.2	1%硅油溶液	0.5

工艺:同本节配方[19]。

[22] 环氧氨基烘漆(黑色半光)

成分	用量(kg)	成分	用量(kg)
炭黑	3	60%低醚化度三聚氰胺树脂	17
硫酸钡	12.5	丁醇	5
硫酸钙	5	二甲苯	6
50%油度1:1豆油亚麻仁油酸环氧酯	51	1%硅油溶液	0.5

工艺:同本节配方[19]。

[23] 环氧氨基烘漆(灰色半光)

成分	用量(kg)	成分	用量(kg)
炭黑	0.2	丁醇	2
钛白	20	二甲苯	4
中铬黄	0.1	1%硅油溶液	0.5
硫酸钡	12.7	2%环烷酸钴	0.5
滑石粉	7	2%环烷酸锰	1
60%低醚化度三聚氰胺树脂	13.5	10%环烷酸铅	1

工艺:同本节配方[19]。

[24] 环氧氨基烘漆(军绿色无光)

成分	用量(kg)	成分	用量(kg)
炭黑	0.6	铁红	1
中铬黄	8	铁黄	15

成分	用量(kg)	成分	用量(kg)
硫酸钡	13.4	1%硅油溶液	0.5
滑石粉	12	2%环烷酸钴	0.4
60%低醚化度三聚氰胺树脂	5	2%环烷酸锰	0.8
丁醇	2.5	10%环烷酸铅	0.8
二甲苯	10		

工艺:同本节配方[19]。

[25] 环氧氨基烘漆(黑色无光)

成分	用量(kg)	成分	用量(kg)
炭黑	3	60%低醚化度三聚氰胺树脂	5
硫酸钡	17	丁醇	7
硫酸钙	17	二甲苯	20.7
滑石粉	4	1%硅油溶液	0.5
50%油度1:1豆油亚麻仁油酸环氧酯	25	2%环烷酸锰	0.8

工艺:同本节配方[19]。

[26] 红色环氧氨基底漆

成分	用量(kg)	成分	用量(kg)
环氧树脂E-12	20	铁红	20
60%低醚化度三聚氰胺树脂	10	锌黄	5
环己酮	12.5	氧化锌	10
二甲苯	12.5	滑石粉	10

工艺:将全部物料混合研磨到细度合格,使用时在180℃下烘干1h。

[27] 锌黄色环氧氨基底漆

成分	用量(kg)	成分	用量(kg)
锌黄	15	60%低醚化度三聚氰胺树脂	8
氧化锌	8	环己酮	18
滑石粉	8	二甲苯	18
环氧树脂E-12	25		

工艺:同本节配方[26]。

[28] 氨基烘干清漆(1)

成分	用量(%)	成分	用量(%)
短油度豆油醇酸树脂	64	丁醇	6
三聚氰胺甲醛树脂	23.5	1%有机硅油	0.5
二甲苯	6		

工艺:将前4组分全部投入溶料锅内混合均匀,加入有机硅油,充分调匀,过滤包装。

本品可用作金属表面涂过各色氨基烘干清漆或环氧烘漆的罩光。施工以喷涂为主,使用前必须将漆搅拌均匀,过滤除去机械杂质,喷涂黏度以20±3s为宜。

[29] 氨基烘干清漆(2)

成分	用量(%)	成分	用量(%)
短油度豆油醇酸树脂	51	丁醇	7
三聚氰胺甲醛树脂	34	1%有机硅油	0.5
二甲苯	7.5		

工艺:将全部原料投入溶料锅混合,充分搅拌均匀,过滤包装。

本品可用作金属表面涂过各色氨基烘漆或环氧烘漆的罩光,是用途广泛的装饰性较高的烘干清漆。

[30] 氨基静电烘干清漆

成分	用量(%)	成分	用量(%)
中油度蓖麻油醇酸树脂	64	丁醇	3.6
三聚氰胺甲醛树脂	32	1%有机硅油	0.4

工艺、性能:将全部原料投入溶料锅混合,充分搅拌均匀,过滤包装即可。

本品用于金属表面涂过各色氨基烘漆或环氧烘漆的罩光,以静电喷涂法施工为主,以X-19氨基静电漆稀释剂调整施工黏度,烘烤温度100～120℃,烘烤2h左右为宜。有效贮存期为1年。

[31] 聚酰亚胺绝缘烘漆

成分	用量(%)	成分	用量(%)
4,4′-二氨基二苯醚	7.8	均苯四甲酸酐	8.2
二甲基乙酰胺	84		

工艺、性能:将4,4′-二氨基二苯醚和总量3/4二甲基乙酰胺投入反应釜内混合,加热,加入均苯四甲酸酐,升温到140℃,进行缩聚,然后加入其余的二甲基乙酰胺,再保温进行第二次缩聚,缩聚至黏度合格,冷却至100℃以下过滤包装(用于漆包线的绝缘烘漆)。如果用于玻璃漆布或浸渍漆,则应外加总漆量60～100%的二甲苯稀释,充分调匀,过滤包装。本品用于浸渍电机、电器、电讯元件及玻璃丝布等作高温绝缘涂层,可在200～230℃高温下长期使用。

[32] 氨基烘干磁漆(白色)

成分	用量(%)	成分	用量(%)
钛白粉	25	丁醇	3
群青	0.1	二甲苯	2.6
短油度豆油醇酸树脂	56.5	1%有机硅油	0.3
三聚氰胺甲醛树脂	12.5		

工艺:将颜料和一部分醇酸树脂混合,搅拌均匀,经磨漆机研磨至细度合格,再加入其余的醇酸树脂、三聚氰胺甲醛树脂、溶剂和有机硅油,充分调匀,过滤包装。本品主要用于金属表面作装饰保护漆料。以喷涂法施工为主,也可静电喷涂。

[33] 氨基烘干磁漆(黑色)

成分	用量(kg)	成分	用量(kg)
炭黑	3.2	丁醇	6
短油度豆油醇酸树脂	70	二甲苯	4.3
三聚氰胺甲醛树脂	16	1%有机硅油	0.5

工艺:同本节配方[32]。

[34] 氨基烘干磁漆(红色)

成分	用量(%)	成分	用量(%)
大红粉	8	丁醇	4
短油度豆油醇酸树脂	67.5	二甲苯	5.2
三聚氰胺甲醛树脂	15	1%有机硅油	0.3

工艺:同本节配方[33]。

[35] 氨基烘干磁漆(黄色)

成分	用量(%)	成分	用量(%)
中铬黄	24	丁醇	3
短油度豆油醇酸树脂	59.5	二甲苯	2.7
三聚氰胺甲醛树脂	10.5	1%有机硅油	0.3

工艺:同本节配方[32]。

[36] 氨基烘干磁漆(绿色)

成分	用量(%)	成分	用量(%)
中铬黄	3	三聚氰胺甲醛树脂	12
柠檬黄	14	丁醇	2
酞菁蓝	3	二甲苯	2
短油度豆油醇酸树脂	63.5	1%有机硅油	0.5

工艺:同本节配方[32]。

[37] 氨基烘干磁漆(灰色)

成分	用量(%)	成分	用量(%)
钛白粉	19	三聚氰胺甲醛树脂	11
炭黑	0.2	丁醇	3
中铬黄	0.6	二甲苯	3.7
酞菁蓝	0.2	1%有机硅油	0.3
短油度豆油醇酸树脂	62		

工艺:同本节配方[32]。

[38] 氨基半光烘干磁漆(白色)

成分	用量(%)	成分	用量(%)
钛白粉	25	三聚氰胺甲醛树脂	10
群青	0.1	二甲苯	5
轻质碳酸钙	5	丁醇	1.7
沉淀硫酸钡	5	1%有机硅油	0.2
短油度豆油醇酸树脂	48		

工艺:将颜料、填料和一部分醇酸树脂混合,搅拌均匀,经磨漆机研磨至细度合格,再加入其余的醇酸树脂、三聚氰胺甲醛树脂、溶剂和硅油液,充分调匀,过滤包装。

[39] 氨基半光烘干磁漆(黑色)

成分	用量(%)	成分	用量(%)
炭黑	3.2	三聚氰胺甲醛树脂	11.5
轻质碳酸钙	10	二甲苯	3.3
沉淀硫酸钡	15	丁醇	1.5
短油度豆油醇酸树脂	55	1%有机硅油	0.5

工艺:同本节配方[38]。

[40] 氨基半光烘干磁漆(绿色)

成分	用量(%)	成分	用量(%)
中铬黄	5	短油度豆油醇酸树脂	50
柠檬黄	12	三聚氰胺甲醛树脂	10.5
酞菁蓝	1.5	二甲苯	5
轻质碳酸钙	7	丁醇	1.5
沉淀硫酸钡	7	1%有机硅油	0.5

工艺：同本节配方[38]。

[41] 氨基无光烘干磁漆(白色)

成分	用量(%)	成分	用量(%)
钛白粉	26	三聚氰胺甲醛树脂	7
群青	0.1	二甲苯	5.1
轻质碳酸钙	13	丁醇	1.5
沉淀硫酸钡	16	1%有机硅油溶液	0.3
短油度豆油醇酸树脂	31		

工艺：同配方[38]。

[42] 氨基无光烘干磁漆(黑色)

成分	用量(%)	成分	用量(%)
炭黑	1.6	三聚氰胺甲醛树脂	5.5
氧化铁黑	15	二甲苯	10
轻质碳酸钙	15	丁醇	3.6
沉淀硫酸钡	23	1%有机硅油溶液	0.3
短油度豆油醇酸树脂	26		

工艺：同本节配方[38]。

[43] 氨基无光烘干磁漆(绿色)

成分	用量(%)	成分	用量(%)
中铬黄	5	短油度豆油醇酸树脂	35
柠檬黄	12	三聚氰胺甲醛树脂	7.5
酞菁蓝	1.5	二甲苯	8.5
轻质碳酸钙	12	丁醇	2
沉淀硫酸钡	16	1%有机硅油溶液	0.5

工艺：同本节配方[38]。

[44] 氨基烘干静电磁漆(白)

成分	用量(%)	成分	用量(%)
钛白粉	24	二甲苯	3
群青	0.1	丁醇	1.6
短油度豆油醇酸树脂	52	1%有机硅油液	0.3
三聚氰胺甲醛树脂	19		

工艺：同本节配方[38]。

第六节 氨基树脂漆类

[45] 氨基烘干静电磁漆(黑)

成分	用量(%)	成分	用量(%)
炭黑	3.2	二甲苯	5
短油度豆油醇酸树脂	63	丁醇	2.5
三聚氰胺甲醛树脂	26	1%有机硅油液	0.3

工艺：同本节配方[38]。

[46] 氨基烘干静电磁漆(蓝)

成分	用量(%)	成分	用量(%)
钛白粉	9	二甲苯	5
铁蓝	6	丁醇	1.7
短油度豆油醇酸树脂	57	1%有机硅油液	0.3
三聚氰胺甲醛树脂	21		

工艺：同本节配方[38]。

[47] 氨基烘干静电磁漆(棕)

成分	用量(%)	成分	用量(%)
炭黑	1	三聚氰胺甲醛树脂	22
中铬黄	2.5	二甲苯	4.5
氯化铁红	10	丁醇	1.7
短油度豆油醇酸树脂	58	1%有机硅油液	0.3

工艺：同本节配方[38]。

[48] 氨基金属闪光烘干磁漆(银色)

成分	用量(%)	成分	用量(%)
闪光铝粉浆	5	二甲苯	11.5
短油度豆油醇酸树脂	60	丁醇	3
三聚氰胺甲醛树脂	20	1%有机硅油液	0.5

工艺：将闪光铝粉浆同一部分醇酸树脂混合，充分搅拌调匀，再加入其余醇酸树脂、氨基树脂、溶剂和硅油液，充分调匀，过滤包装。

[49] 氨基金属闪光烘干磁漆(红色)

成分	用量(%)	成分	用量(%)
闪光铝粉浆	3	二甲苯	11
醇溶大红	0.5	丁醇	5
短油度豆油醇酸树脂	60	1%有机硅油液	0.5
三聚氰胺甲醛树脂	20		

工艺、性能：先将醇溶大红在丁醇中溶解，然后加入漆中，其余工艺同银色漆。

[50] 氨基金属闪光烘干磁漆(蓝色)

成分	用量(%)	成分	用量(%)
闪光铝粉浆	3	二甲苯	11
酞菁蓝	2	丁醇	3.5
短油度豆油醇酸树脂	60	1%有机硅油	0.5
三聚氰胺甲醛树脂	20		

工艺、性能：先将颜料加一部分醇酸树脂调匀，经磨漆机研磨至细度达 $20\mu m$ 以下，加入

漆中。

[51] 氨基金属闪光烘干磁漆(绿色)

成分	用量(%)	成分	用量(%)
闪光铝粉浆	3	二甲苯	11
酞菁绿	2	丁醇	3.5
短油度豆油醇酸树脂	60	1%有机硅油液	0.5
三聚氰胺甲醛树脂	20		

工艺、性能：同本节配方[50]。

[52] 氨基烘干底漆(铁红)

成分	用量(%)	成分	用量(%)
氧化铁红	22	三聚氰胺甲醛树脂	10
锌铬黄	11	二甲苯	2
滑石粉	13.8	丁醇	1
短油度豆油醇酸树脂	40	环烷酸锰(2%)	0.2

工艺、性能：将颜料、填料和一部分醇酸树脂混合，搅拌均匀，经磨漆机研磨至细度合格，再加入其余的醇酸树脂、氨基树脂、溶剂和催干剂，充分调匀，过滤包装。

本品用于缝纫机、自行车、电器仪表及其他金属制件的表面打底。

[53] 氨基烘干底漆(灰色)

成分	用量(%)	成分	用量(%)
氧化锌	24	三聚氰胺甲醛树脂	10
立德粉	10	二甲苯	4
炭黑	0.1	丁醇	2
滑石粉	9.7	环烷酸锰(2%)	0.2
短油度豆油醇酸树脂	40		

工艺、性能：同本节配方[52]。

[54] 黑色氨基烘干二道底漆

成分	用量(%)	成分	用量(%)
氧化铁黑	16.3	短油度豆油醇酸树脂	34
炭黑	2	三聚氰胺甲醛树脂	5
水磨石粉	15	二甲苯	6.9
重晶石粉	10.8	环烷酸锰(2%)	1
滑石粉	9		

工艺、性能：将颜料、填料和醇酸树脂混合、搅拌均匀，经磨漆机研磨至细度合格，加入氨基树脂、溶剂和催干剂，充分调匀，过滤包装。本品用于已涂有底漆或已打磨平滑的腻子层上，以填平底层的砂孔和纹道。

[55] 灰氨基烘干腻子

成分	用量(%)	成分	用量(%)
长油度豆油醇酸树脂	20	滑石粉	22.5
三聚氰胺甲醛树脂	2	水磨石粉	49
立德粉	5	200号溶剂油	0.6
炭黑	0.3	环烷酸锰(2%)	0.5
黄丹	0.1		

工艺、性能：将全部原料混合，搅拌均匀，经三辊磨机或轮碾机研磨至均匀一致，即可包装。

[56] **氨基烘干透明漆**（红色）

成分	用量(%)	成分	用量(%)
醇溶大红	0.5	丁醇	5.2
短油度豆油醇酸树脂	72	二甲苯	4
三聚氰胺甲醛树脂	18	1%有机硅油液	0.3

工艺、性能：先将色料溶解于丁醇中（如果难溶，可适当加热），然后加入醇酸树脂、氨基树脂、溶剂和硅油，充分调匀，过滤包装。

本品可用于金属制品表面的装饰保护涂层。施工以喷涂为主，也可静电喷涂。

[57] **氨基烘干透明漆**（黄色）

成分	用量(%)	成分	用量(%)
醇溶黄	0.5	丁醇	5.2
短油度豆油醇酸树脂	72	二甲苯	4
三聚氰胺甲醛树脂	18	1%有机硅油液	0.3

工艺、性能：同本节配方[56]。

[58] **氨基烘干透明漆**（黑色）

成分	用量(%)	成分	用量(%)
苏丹黑	0.8	丁醇	4.9
短油度豆油醇酸树脂	72	二甲苯	4
三聚氰胺甲醛树脂	18	1%有机硅油液	0.3

工艺、性能：同本节配方[56]。

[59] **氨基烘干透明漆**（蓝色）

成分	用量(%)	成分	用量(%)
酞菁蓝	2	丁醇	3.7
短油度豆油醇酸树脂	72	二甲苯	4
三聚氰胺甲醛树脂	18	1%有机硅油液	0.3

工艺、性能：先将色料加一部分醇酸树脂混合，搅拌均匀，经磨漆机研磨至细度达 $15\mu m$ 以下，再加入其余的醇酸树脂、氨基树脂、溶剂和有机硅油，充分调匀即可。本品用于金属制品表面的装饰保护涂层。

[60] **氨基烘干透明漆**（绿色）

成分	用量(%)	成分	用量(%)
酞菁绿	2	丁醇	3.7
短油度豆油醇酸树脂	72	二甲苯	4
三聚氰胺甲醛树脂	18	1%有机硅油液	0.3

工艺、性能：同本节配方[59]。

[61] **氨基烘干锤纹漆**（银灰）

成分	用量(%)	成分	用量(%)
铝粉浆（非浮型）	4	二甲苯	1.5
短油度豆油醇酸树脂	80	丁醇	1.5
三聚氰胺甲醛树脂	13		

工艺、性能：先将色料加少量醇酸树脂研磨至细度达 15μm 以下，再将铝粉浆加入醇酸树脂、氨基树脂和溶剂中，充分搅拌分散，最后加入色浆，调匀后过滤包装。本品可用于各种医疗器械、仪器、仪表或其他金属制件，作装饰涂层。

[62] 氨基烘干锤纹漆（银蓝）

成分	用量(%)	成分	用量(%)
铝粉浆（非浮型）	4	三聚氰胺甲醛树脂	13
酞菁蓝	0.2	二甲苯	1.4
短油度豆油醇酸树脂	80	丁醇	1.4

工艺、性能：同本节配方[61]。

[63] 氨基烘干锤纹漆（银绿）

成分	用量(%)	成分	用量(%)
铝粉浆（非浮型）	4	三聚氰胺甲醛树脂	13
酞菁绿	0.2	二甲苯	1.4
短油度豆油醇酸树脂	80	丁醇	1.4

工艺、性能：同本节配方[61]。

[64] 氨基烘干锤纹漆（银棕）

成分	用量(%)	成分	用量(%)
铝粉浆（非浮型）	4	三聚氰胺甲醛树脂	13
透明氧化铁红	0.2	二甲苯	1.4
短油度豆油醇酸树脂	80	丁醇	1.4

工艺、性能：同本节配方[61]。

[65] 氨基烘干绝缘漆

成分	用量(%)	成分	用量(%)
桐油	2.01	二甲苯	42.85
亚麻油	18.5	丁醇	2
甘油	7.44	三聚氰胺甲醛树脂	12.5
苯酐	14.7		

工艺、性能：先按生产醇酸树脂工艺将桐油、亚麻油、甘油在反应釜内混合，加热至 240℃醇解（加 0.01% 黄丹作催化剂）完全，降温至 180℃，加苯酐和回流二甲苯，升温酯化，回流脱水，降温至 140℃，加二甲苯和丁醇稀释，降温至 50℃以下，加三聚氰胺甲醛树脂，充分调匀，过滤包装。本品用于浸渍亚热带地区电机、电器、变压器线圈组作抗潮绝缘。

第七节 硝基漆类

硝基漆又称喷漆、腊克。它是以硝化棉为基础，加入合成树脂、溶剂、增韧剂等制成的。硝基漆分为硝基清漆和硝基磁漆两大类。

1. 硝基漆的性能和用途

硝基漆属于挥发性涂料，其成膜过程主要是溶剂挥发的物理过程。硝基漆膜装饰性能很好，抛光后光泽优异，硬度及耐磨性均甚佳，适宜于刷、喷、揩多种方法的施工。涂层干燥快和漆膜缺损易修复是两大突出的优点，这是其他新型树脂漆如聚酯漆、聚氨基漆、丙烯酸漆等所不具有的。

但硝基漆固体分含量低,施工时实际固体分含量仅在15%左右,挥发分在85%左右,溶剂消耗多且有毒性,涂饰工艺繁琐,施工周期长。由于硝基漆的主料硝化棉是热塑性材质,在较高温度下易分解,75℃左右漆膜就会变软或变色,如台面上放上热茶杯即会留下白迹。硝基极不耐碱性,漆膜在5%的氢氧化钠溶液中浸泡一天就会脱落和分解。

硝基漆应用于交通车辆、机床、电动机、木器家具、电缆等器材。

硝基漆在我国木器行业中几十年来都是中高级木器涂饰的惯用漆。但近几年来,已逐渐由新型的聚氨基涂料、丙烯酸涂料所取代。

2. 硝基漆的品种

(1) 硝基清漆:Q22-1硝基木器清漆(又称甲级清喷漆或腊克),是木器透明涂饰最常用的品种。它是由硝化棉、醇酸树脂、改性松香、溶剂、增韧剂所组成。漆膜坚韧耐磨、干燥迅速、抛光后光可鉴人。但耐候性差,不宜室外涂饰,主要用于中级和高级家具、缝纫机台板、电视机和收音机木壳等的涂饰。

(2) 硝基磁漆:Q04-3各色硝基磁漆,是以硝化棉、改性松香、各色颜料和溶剂为主料调制而成;Q04-17各色硝基醇酸磁漆,是由硝化棉、季戊四醇醇酸树脂、各色颜料、增韧剂和溶剂调制而成。这两种磁漆的漆膜都有良好的光泽和耐候性,但在涂饰木器时,往往还需加入适量的硝基清漆,以增加漆膜的光泽和提高附着力,但在涂饰白色磁漆时,加入硝基清漆的量应酌减,以免漆膜泛黄。

硝基漆常见品种见表10-8。

常用硝基漆品种　　　　表10-8

品种	组成	性能	应用
Q01-1 硝基清漆	由硝化棉、醇酸树脂、增塑剂与混合溶剂组成	涂层干燥快,漆膜具良好光泽和耐久性	用于外用硝基磁漆罩光,及室内外木器及金属表面涂饰。涂漆量50~70g/m²
Q22-1 硝基木器漆	由硝化棉、醇酸树脂、松香甘油酯、增塑剂与混合溶剂等调制而成	漆膜光亮坚硬,可研磨抛光,但耐候性差不宜用于室外	用于涂饰高级木器。可用喷、淋、刷、擦方法施工。每遍涂漆量60~100g/m²
出口家具专用硝基漆①	由硝化棉、多羟基树脂、硬树脂、增塑剂、助剂及混合溶剂等调制成	涂层干燥快,手感滑腻光滑	用于出口家具表面涂饰
Q04-2 各色硝基外用磁漆	由硝化棉、油改性醇酸树脂、氨基树脂、增塑剂与混合溶剂等组成	漆膜坚硬光亮,耐候性好,可打磨抛光	用于户外车辆、金属、木材表面涂饰。涂漆量240~360g/m²
Q04-3 各色硝基内用磁漆	由硝化棉、改性松香树脂、蓖麻油、各色颜料与混合溶剂等配成	漆膜光泽良好,但耐候性差	用于涂饰室内木器、金属表面。可用X-2硝基稀释剂调节黏度②
Q04-62 各色硝基半光磁漆	由硝化棉、醇酸树脂、增塑剂、着色颜料与体质颜料和混合溶剂等组成	漆膜呈半光。因含大量体质颜料漆膜易粉化,耐久性比Q04-2差	用于亚光不透明木器表面涂饰,适于喷涂
Q06-6 硝基底漆	由低黏度硝化棉、顺丁烯二酸酐树脂、增塑剂、着色颜料、体质颜料与混合溶剂组成	漆膜打磨性良好,对木材封闭性好,附着力好	可专用于木器底漆,干后用400号水砂纸湿磨,再罩硝基面漆。涂漆量80~120g/m²

① 由哈尔滨油漆厂生产。
② 该漆膜干后不宜用砂蜡打磨,因其成分中含较多甘油松香,打磨会使漆膜发花倒光,该漆使用量约为240~360g/m²。

硝基漆性能技术指标如表10-9所列。

部分硝基漆技术指标　　　　表10-9

项目	Q01-1	Q22-1	出口家具专用漆	Q04-2	Q04-3	Q04-62	Q06-6
原漆颜色	≥10号	≥10号	≥10号	符合标准样板及色差范围	符合标准样板及色差范围	符合标准样板及色差范围	符合标准样板及色差范围
原漆外观和透明度	浅黄色透明液体,无显著机械杂质	透明,无机械杂质,平整光滑	透明,无机械杂质,平整光滑	漆膜平整光滑	—	漆膜平整半光	漆膜平整
粘度(涂-4)(s)	100～200	落球黏度计15～25s	100～200	70～200	100～200	120～200	12～50
固体含量(%)≤	30	32	27	—	—	—	—
红、黑、深蓝、紫红	—	—	—	34	深蓝、紫红	32	23
其他各色	—	—	—	38	27、35、红、黑色30	35	—
干燥时间(min)≥							
表干	10	10	10	10	10	10	15
实干	50	50	50	50	50	60	60
摆杆硬度≤	0.50	0.60	0.55	0.50	0.40	—	—
柔韧性(mm)	1	≥3	1	≥3	≥3	≥3	—
光泽(%)≤	—	95	—	浅色70、深色80	浅色70、深色80	30±10	—
附着力(级)≥	—	2	—	—	—	—	—
耐水性(浸24h)	—	允许轻微失光,变白起泡,2h恢复	—	允许轻微发白、起泡、失光 2h恢复	—	—	—
耐汽油性(浸24h)	—	—	—	不起泡,不脱落	—	—	—
浸润滑油(浸24h)	—	—	—	—	漆膜允许轻微痕迹	漆膜不起泡,不脱落	—
遮盖力(g/m)≤							
黑色	—	—	—	20	20	20	—
白色	—	—	—	60	60	60	—
红色	—	—	—	80	70	—	—
铝色	—	—	—	30	—	—	—
黄色	—	—	—	80	—	—	—
深蓝色	—	—	—	100	100	100	—
冲击强度(N·m)≤	—	—	—	3	3	3	—

3. 硝基漆的配方

[1] 金属漆

成分	用量(g)	成分	用量(g)
20%硝酸纤维素溶液	360	黑膏	60
30%聚酰胺溶液	300	醇类溶剂	45
30%不饱和树脂溶液(由磷酸、缩水甘油甲基丙烯酸酯和氢醌合成)	90	酮类溶剂	57
邻苯二甲酸二丁酯	2	芳烃溶剂	95

工艺、性能:按配比将全部物料混合搅拌均匀即成。

本品于常温下干燥,涂层表面光亮,性能良好。适用于喷涂汽车内部装饰件、电气制品、机械仪表等金属制品表面。

[2] 硝基清漆

成分	用量(kg)	成分	用量(kg)
硝酸纤维素溶液	25	聚丙烯酸	1.5
55%酚醛树脂溶液	45	二氧化硅	1
乙醇	5	硅油(1%甲苯溶液)	2
乙二醇	5	邻苯二甲酸二丁酯	3
乙酸乙酯	3	催化剂	10

工艺、性能:同本节配方[1]。

本品在家具上形成的涂层,20min 内不粘尘土,3~4h 后全干;耐水 8h,耐 50%乙醇水溶液 2h。该涂层的硬度、弹性、抗划伤性均好。

[3] 驱避昆虫清漆

成分	用量(kg)	成分	用量(kg)
硝酸纤维素	2.5	稀释剂	25
醇酸树脂	3	驱虫胺	7.5

工艺、性能:同本节配方[1]。

本品以 15g/m^2 用量涂在壁橱或衣柜中,对蟑螂的防治效果达两年之久。

[4] 防腐漆

成分	用量(kg)	成分	用量(kg)
硝酸纤维素(35%乙酸丁酯溶液)	170	桐油改性醇酸树脂	30
氯化橡胶(30%甲苯溶液)	20	蒽醌(或二苯钾酮)	1
二缩三乙二醇丙烯酯	25	混合溶剂	250

工艺、性能:按配比在避光的条件下,将全部物料混合均匀后装入棕色瓶中,即为成品。

本品是一种光敏涂料,应在避光的条件下涂刷施工,表面干时,即可进行紫外光或日光固化,一般 30min 左右即固化。

若在光敏涂层表面雕刻文字图形,则应把文字图形绘在描图纸或薄玻璃板上,然后将其覆盖在未曝光的光敏涂层上,再在紫外光或日光下曝光,然后揭开覆盖层,用混合溶剂冲洗,即可显露出光雕刻的文字图案。混合溶剂配方见[5]。

在本品中加入适量颜料可以配制成有色光敏涂料。足可加入少量环氧氯丙烷作为氯化橡胶的稳定剂。

本品涂在建筑物或交通标志上,能起到防止冰雪、保护标志物的作用。

[5] 混合溶剂

成分	用量(%)	成分	用量(%)
乙醇	45	环乙酮	10
乙酸丁酯	40	甲苯	5

[6] 硝酸素混合体

成分	用量(%)	成分	用量(%)
硝酸纤维素	25~85	丙二醇	15~75

工艺、性能:将两种物料混合均匀溶解即成。

[7] 汽车喷漆

成分	用量(kg)	成分	用量(kg)
硝酸纤维素	35	乙酸丁酯	125
硝基黑片(炭黑:硝基纤维素:邻苯二甲酸二丁酯=1:4.8:1.7)	80	丁醇	50
		丙酮	49
聚丙烯酸树脂溶液	150	邻苯二甲酸二丁酯	12

工艺、性能：将聚合物组分溶解于混合溶剂中，高速搅拌分散均匀，球磨后过滤包装。本品具有较好的抛光打磨性能及保光保色性，用于轿车外壳喷涂。

[8] 轿车外用涂料

成分	用量(kg)	成分	用量(kg)
硝酸纤维素	3.07	乙酸丁酯	3.6
60%丙烯酸酯改性蓖麻油醇酸树脂	3.04	磷酸三甲苯酯	0.42
硝酸纤维素白片	2.4	丙酮	1.03
50%三聚氰胺树脂	0.52	甲苯	4.61
邻苯二甲酸二丁酯	0.3	乙醇	1.03

工艺、性能：将各组分混合均匀，研磨、过滤即成。

[9] 皮革罩光漆

成分	用量(kg)	成分	用量(kg)
70%硝酸纤维素溶液	2.7	乙酸乙酯	1.7
中油度蓖麻油醇酸树脂	2	乙酸丁酯	4.6
蓖麻油	1.5	丁醇	0.8
邻苯二甲酸二丁酯	1.5	乙醇	0.8
甲苯	5.4		

工艺、性能：同本节配方[6]。

[10] 罩光漆(1)

成分	用量(份)	成分	用量(份)
硝酸纤维素	100	二甲苯	200
甲苯酒精混合溶剂(90:10)	192.5	吹制蓖麻油	38.5
顺丁烯二酸甘油松香酯	200	邻苯二甲酸二丁酯	38.5

工艺、性能：本品适合木器罩光。

[11] 罩光漆(2)

成分	用量(份)	成分	用量(份)
硝酸纤维素	100	丁醇	84.5
顺丁烯二酸松香酯	25.6	乙酸乙酯	70.4
不干性醇酸树脂(60%)	147	乙醇	41
邻苯二甲酸二丁酯	48.6	甲苯	320
乙酸丁酯	153.6		

工艺、性能：本品适合木器罩光。

[12] 罩光漆(3)

成分	用量(份)	成分	用量(份)
硝酸纤维素	100	季戊四醇顺丁烯二酸松香酯(50%二甲苯溶液)	64.7
甲苯、酒精混合溶剂(90:10)	393		

成分	用量(份)	成分	用量(份)
蓖麻油改性醇酸树脂	35.4	邻苯二甲酸二丁酯	28.5
丁醇改性脲醛树脂	51.6		

工艺、性能：本品漆膜坚硬，打蜡罩光，性能极好。

[13] 罩光漆(4)

成分	用量(份)	成分	用量(份)
硝酸纤维素	100	乙酸丁酯	250
氯醋共聚物	67	丁醇	25
邻苯二甲酸二丁酯	50	甲苯	76

工艺、性能：漆膜极坚韧耐久，抗寒性好。

[14] 罩光漆(5)

成分	用量(份)	成分	用量(份)
硝酸纤维素	100	甘油松香(50%甲苯溶液)	500
香蕉水	643.6	蓖麻油	20

工艺、性能：价格低，只适合室内木器罩光用。

[15] 罩光漆(6)

成分	用量(份)	成分	用量(份)
硝酸纤维素	100	香蕉水	410
不干性醇酸树脂	200		

工艺、性能：本品漆膜柔软。

[16] 底漆

成分	用量(份)	成分	用量(份)
硝酸纤维素	100	邻苯二甲酸二丁酯	10
顺丁烯二酸松香酯	74～150	不干性醇酸树脂(60%溶液)	15
乙酸乙酯	96	硬脂酸锌	15～20
乙醇	51.5	乙酸丁酯	184
甲苯	368	丁醇	88

工艺、性能：本品为木器封底清漆。

[17] 裂纹漆

成分	用量(份)	成分	用量(份)
硝酸纤维素	3.6	乙酸丁酯	13
氧化锌	100	苯	45.6
甘油松香	2.3	颜料	适量
乙酸乙酯	10.8		

工艺、性能：各种颜料裂纹漆。

[18] 快干漆

成分	用量(份)	成分	用量(份)
硝酸纤维素	70.3	碳酸钙	22
三氧化二铁	7.7		

工艺、性能：快干，效果不如豆油醇酸胶液(55%)的配方好。

第八节 纤维素漆类

纤维素漆是由天然纤维素,经过化学处理过的纤维素酯、醚作为主要成膜物质的涂料。它们都属于自干型挥发性涂料。涂料工业中常用的纤维素有:硝酸纤维素酯、乙酸丁酸纤维素酯、乙基纤维素醚等,此外,还常用羟甲基纤维素醚、羟乙基纤维素醚等作水性涂料的增稠剂。

1. 纤维素漆类品种及性能特点

由于硝基纤维素漆品种多,应用广,已自成一个系统——硝基漆类,现纤维素漆类系指除硝基纤维素外的其他纤维素漆:有醋酸纤维素酯、醋酸丁酸纤维素酯、乙基纤维素醚等代表品种。其他还有醋酸丙酸纤维、甲基纤维、苄基纤维、羟甲基纤维素等类型品种。醋酸纤维素涂料具有干燥快、色浅、涂层坚韧、耐热、耐温变等性能特点,适用于电缆、飞机蒙布、文具、家具等的涂装;醋酸丁酸纤维素涂料成膜后涂层具有色浅、透明性好、附着力强、坚韧耐磨、耐水、不易变色、耐光耐热等特点,广泛应用于不锈钢、铜、铝、合金、塑料、飞机蒙布、电缆、纸张等表明涂饰,其突出特点是在非金属表面附着力好;乙基纤维素涂料具有良好的耐高温、耐温变、抗化学品腐蚀、保光保色、涂层致密、渗水率低、干燥快等性能特点,还可与丙烯酸树脂等多种树脂并用,使耐候性、绝缘性能和耐久性等都有明显提高。纤维素类涂料用途广,适用于皮革、纸张、织物、绝缘等要求装饰性金属表面的涂装。

2. 纤维素的配方

[1] 射线吸收涂料

成分	用量(kg)	成分	用量(kg)
3%甲基纤维素水溶液	0.3	氧化铅	2.45
25%乙酸乙烯共聚物铵盐	0.09	三氧化二铁	0.45
乙酸乙烯	0.9	碳酸钙	0.15

工艺、性能:先将三种填料混合均匀,与乙酸乙烯混合,再加入甲基纤维素水溶液和乙酸乙烯共聚物铵盐水溶液,混合均匀即成为吸收 X 和 γ 射线的涂料。

[2] 防火涂料(1)

成分	用量(kg)	成分	用量(kg)
二乙酸纤维素	4	铝粉	1
丙酮	100	颜料、珠光粉、填充料	适量
邻苯二甲酸二丁酯	1		

工艺、性能:将铝粉加入丙酮中分散均匀后,加入其他组分,充分搅拌 8h 左右使之混合均匀,静置 24h,消除气泡即可使用。

[3] 防火涂料(2)

成分	用量(g)	成分	用量(g)
羟乙基纤维素	200	云母粉(325目)	25
35%聚乙酸乙烯乳液	100	三氯乙基磷酸酯	26
三聚磷酸钾	2	硼酸	30
OP-10	1	滑石粉	250
亚硫酸钠:苯甲酸钠(1:10)	0.3	水	176
金红石型钛白粉	150	水(第二次添加视稠度而定)	适量
FR-28 防火剂	30		

工艺、性能：将除聚乙酸乙烯乳液、三氯乙基磷酸酯以外的其他原料，按配比加入砂磨机中打成细浆后，出料浆再与聚乙酸乙烯乳液、三氯乙基磷酸酯搅拌均匀即配成防火涂料。为增强防火能力，施工时需涂刷3道。

[4] 防腐涂料(1)

成分	用量(kg)	成分	用量(kg)
羟甲基纤维素	0.1	亚硝酸钠	0.2
聚甲基丙烯酸钠	0.08	钛白粉	26
50%聚乙酸乙烯乳液	42	滑石粉	8
六偏磷酸钠	0.15	氨水(或氢氧化钠)	适量
乙酸苯汞	0.1	水	24

工艺、性能：将除氨水、聚乙酸乙烯乳液外的其余组分加入球磨机(或砂磨机、高速分散机)中研磨分散，待分散到一定程度后，在搅拌下加入聚乙酸乙烯乳液，搅拌均匀后，加入氨水(或氢氧化钠)，调整pH值呈碱性，即得成品。

[5] 防腐涂料(2)

成分	用量(kg)	成分	用量(kg)
羟甲基纤维素	0.17	亚硝酸钠	0.2
50%聚乙酸乙烯乳液	30	硫酸钡	15
乙二醇	3	钛白粉	7.5
磷酸三丁酯	0.4	锌钡白	7.5
六偏磷酸钠	0.2	滑石粉	5
五氯酚钠	0.2	氨水(或氢氧化钠、氢氧化钾)	适量
苯甲酸钠	0.17	水	31

工艺、性能：将除聚乙酸乙烯乳液、乙二醇、氨水外的其余物料加入球磨机中研磨分散，待分散到一定程度后，在搅拌下加入聚乙酸乙烯乳液，充分搅拌均匀后，再缓慢加入乙二醇，最后加入氨水调pH值呈微碱性即可。

[6] 防腐涂料(3)

成分	用量(kg)	成分	用量(kg)
40%羟甲基纤维素溶液	11.66	钛白粉	10.56
50%苯丙乳液	100	30%氨水	1.82
5%分散剂溶液	6.56	水	16.75
锌铬黄	4.9	防腐剂、消泡剂	适量
磷酸锌	29.69		

工艺、性能：将除苯丙乳液、氨水外的其余组分研磨混合均匀后，加入苯丙乳液，充分搅拌混合均匀，最后用氨水调pH值呈微碱性，即为成品。

[7] 防腐涂料(4)

成分	用量(kg)	成分	用量(kg)
4%乙基羟乙基纤维素	45	滑石粉	298
聚丙烯酸乳液	485	50%氢氧化钾水溶液	9.6
14%聚甲基丙烯酸钾盐	48	消泡剂	0.1
铬酸锌	40	缓蚀剂(磷酸酯、胍类的铬盐等)	0.4
铁红	74		

工艺、性能：按配比将除氢氧化钾外的其余组分研磨混合均匀，最后加氢氧化钾调 pH 值呈微碱性即可。

[8] 富锌底漆

成分	用量(kg)	成分	用量(kg)
2.5%羧甲基纤维素钠盐溶液	24	水	8
		89%磷酸	0.4
37.8%水玻璃	3.2	锌粉	92.5

工艺、性能：将全部物料混合均匀即成，临用前进行调配。本品防锈性、耐候性、耐热、耐磨、耐溶剂性均好，调配后 4h 即可固化。

[9] 乙酸丁酸清漆

成分	用量(%)	成分	用量(%)
乙丁纤维素	17.6	乙酸乙酯	11.5
硝化棉(35″)	5	乙酸丁酯	3.5
苯二甲酸二丁酯	3.5	丁醇	17
丙酮	22	甲苯	19

工艺、性能：将全部物料投入溶料锅内，不断搅拌，使其完全溶化，过滤后包装，用于飞机蒙布及涂有面漆的木材、铁质表面罩光。

[10] 乙基涂布漆

成分	用量(%)	成分	用量(%)
乙基纤维素	11	甲苯	53.5
乙醇	9	二甲苯	22
丁醇	4.5		

工艺、性能：将乙醇、丁醇、甲苯、二甲苯投入溶料锅内混合，然后加入乙基纤维素，在搅拌下充分溶解，混合均匀，过滤包装。本品漆膜具有优良的抗水性、耐寒性和弹性。

第九节 过氯乙烯漆类

过氯乙烯漆是以过氯乙烯树脂为主要成膜物质的涂料，亦是独具特色的一种自然干燥型漆类。其突出特点是成膜干燥快、不延燃、三防性好、耐油、耐寒、能耐 80℃ 的高温、抗腐蚀性强等。据性能特点的不同，可区分为航空特种涂料、防腐类型涂料、机床用涂料、其他机械产品涂料等品种，且都具有各自的底、中、面层和稀释剂等配套品种，有单组分、双组分。同其他树脂并用，改性成很多性能优良的品种，如与聚氨酯树脂并用而制成机床用漆等。过氯乙烯漆广泛应用于航空产品、机床、交通车辆、电器、轻工日用品、建筑、化工机械、管道防腐、纤维、机械设备、木材和织物粘织、电绝缘及防腐可剥涂层等的涂装。美术型过氯乙烯锤纹品种，用于机床、仪器仪表等金属表面装饰性涂装。

过氯乙烯漆常用品种见表 10-10。

第九节 过氯乙烯漆类

过氯乙烯漆中常用的建筑油漆　　　　　　表 10-10

类型	名称	组成	性能	用途
清漆	过氯乙烯清漆 G01-5	过氯乙烯树脂、五氯联苯增韧剂、酮、苯酯类溶剂	干燥快、颜色浅、耐酸、碱、盐性好，但附着力较差	在建筑上用于木材表面涂装，作防火、防腐、防霉用或化工设备、管道的防腐蚀用
	过氯乙烯防腐清漆 G52-2	过氯乙烯树脂、增韧剂、酯、酮、苯类溶剂	干燥快，有优良的防化学侵蚀性，耐无机酸、盐、碱类及煤油等侵蚀，但附着力较差	用来浸渍木质物件，具有良好的防火、防霉、防潮及防腐蚀性
磁漆	各色过氯乙烯磁漆 G04-2	过氯乙烯树脂、醇酸树脂、颜料、填充料及苯、酯、酮类溶剂	透气性好，耐化学腐蚀，干燥快、光泽柔和	适用于建筑工程中防化学腐蚀的室内外墙壁表面
腻子	各色过氯乙烯腻子 G07-3	过氯乙烯树脂、醇酸树脂、颜料、体质颜料、填充料、及苯、酮类溶剂	干燥快、收缩性小，但不宜重复多次涂刮	适用木材、钢铁表面刮腻子用，与过氯乙烯面漆配套使用
底漆	各色过氯乙烯底漆 G06-4	（与过氯乙烯磁漆相似）	有一定的防腐性、及耐化学性能，但附着力不太好	适用木材、钢铁表面打底用，与过氯乙烯面漆、腻子配套使用
	各色过氯乙烯二道漆	过氯乙烯树脂、醇酸树脂、颜料、填充料、及有机溶剂	有较好的打磨性、宜喷涂、能增加面漆的附着力及丰满度	用于过氯乙烯腻子及底漆的中间层
磁漆	各色过氯乙烯防腐漆 G52-31	过氯乙烯树脂颜料、五氯联苯增韧剂及酯、酮、苯类溶剂	干燥快、涂膜平整光滑，具有良好的耐酸碱性	用于建筑物内外墙面的防腐蚀

过氯乙烯漆的配方：

[1] 过氯乙烯防潮清漆

成分	用量(%)	成分	用量(%)
过氯乙烯树脂	15	丙酮	17
环氧氯丙烷	0.5	甲苯	50.5
乙酸丁酯	17		

工艺、性能：将过氯乙烯树脂溶于乙酸丁酯、丙酮和甲苯的混合溶液中，然后再加入环氧氯丙烷，充分搅拌，混合均匀。

[2] 过氯乙烯清漆

成分	用量(%)	成分	用量(%)
过氯乙烯树脂	13	乙酸丁酯	14
五氯联苯	2	丙酮	15
磷酸三甲酚酯	1.3	甲苯	54.7

工艺、性能：先将过氯乙烯树脂溶解于乙酸丁酯、丙酮和甲苯中，然后加入五氯联苯、磷酸三甲酚酯，充分调匀过滤即可。

本品具有良好的防腐性能，可与各色防腐漆配套形成耐化学复合涂层，与绿色过氯乙烯防腐漆配套涂覆可耐强酸性气体(如98%硝酸雾气)。

[3] 白色过氯乙烯磁漆

成分	用量(%)	成分	用量(%)
16%过氯乙烯树脂液	22	丙酮	9.5
顺酐改性蓖麻油醇酸树脂	3	甲苯	16.5
邻苯二甲酸二丁酯	2	过氯乙烯色片液	36
乙酸丁酯	11		

工艺、性能：按要求制好过氯乙烯树脂液、醇酸树脂、过氯乙烯色片和色片液等半成品，然后将全部原料和半成品混合，充分调匀，过滤包装。本品可作各种车辆、机床、医疗器械和各种配件的表面保护装饰之用。

[4] 黑色过氯乙烯磁漆

成分	用量(%)	成分	用量(%)
16%过氯乙烯树脂液	27	丙酮	8
顺酐改性蓖麻油醇酸树脂	3	甲苯	14
邻苯二甲酸二丁酯	2	过氯乙烯色片液	37
乙酸丁酯	9		

工艺、性能：同本节配方[3]。

[5] 红色过氯乙烯磁漆

成分	用量(%)	成分	用量(%)
16%过氯乙烯树脂液	22	丙酮	8
顺酐改性蓖麻油醇酸树脂	3	甲苯	15
邻苯二甲酸二丁酯	2	过氯乙烯色片液	40
乙酸丁酯	10		

工艺、性能：同本节配方[3]。

[6] 黑色过氯乙烯外用磁漆

成分	用量(%)	成分	用量(%)
过氯乙烯树脂液(20%)	25	乙酸丁酯	7
短油度蓖麻油醇酸树脂	11	丙酮	6
顺丁烯二酸酐树脂液(50%)	5	甲苯	11
邻苯二甲酸二丁酯	2	黑过氯乙烯色片液	33

工艺、性能：同本节配方[3]。

[7] 白色过氯乙烯外用磁漆

成分	用量(%)	成分	用量(%)
过氯乙烯树脂液(20%)	22	乙酸丁酯	6
短油度蓖麻油醇酸树脂	12	丙酮	5
顺丁烯二酸酐树脂液(50%)	9	甲苯	9
邻苯二甲酸二丁酯	2	白过氯乙烯色片液	35

工艺、性能：同本节配方[3]。

[8] 红色过氯乙烯外用磁漆

成分	用量(%)	成分	用量(%)
过氯乙烯树脂液(20%)	20	乙酸丁酯	7
短油度蓖麻油醇酸树脂	13	丙酮	6
顺丁烯二酸酐树脂液(50%)	7	甲苯	10
邻苯二甲酸二丁酯	2	红过氯乙烯色片液	35

工艺、性能：同配方[3]。

[9] 绿色过氯乙烯外用磁漆

成分	用量(%)	成分	用量(%)
过氯乙烯树脂液(20%)	20	丙酮	6
短油度蓖麻油醇酸树脂	13	甲苯	10
顺丁烯二酸酐树脂液(50%)	7	黄过氯乙烯色片液	25
邻苯二甲酸二丁酯	2	蓝过氯乙烯色片液	10
乙酸丁酯	7		

工艺、性能：同本节配方[3]。

[10] 机床灰色过氯乙烯外用磁漆

成分	用量(%)	成分	用量(%)
过氯乙烯树脂液(20%)	22	甲苯	9
短油度蓖麻油醇酸树脂	12	黑过氯乙烯色片液	5
顺丁烯二酸酐树脂液(50%)	9	白过氯乙烯色片液	27.5
邻苯二甲酸二丁酯	2	红过氯乙烯色片液	0.5
乙酸丁酯	6	黄过氯乙烯色片液	1
丙酮	5	蓝过氯乙烯色片液	1

工艺、性能：同本节配方[3]。

[11] 白色过氯乙烯半光磁漆

成分	用量(%)	成分	用量(%)
20%过氯乙烯树脂液	16.5	丙酮	7
短油度蓖麻油醇酸树脂	10	甲苯	12
邻苯二甲酸二丁酯	0.4	白过氯乙烯色片液	46.1
乙酸丁酯	8		

工艺、性能：按要求分别制备好半成品，将全部原料和半成品混合，充分调匀，过滤包装。本品用于金属和木质物件表面的涂覆。

[12] 黑色过氯乙烯半光磁漆

成分	用量(%)	成分	用量(%)
20%过氯乙烯树脂液	17	丙酮	6
短油度蓖麻油醇酸树脂	10	甲苯	13
邻苯二甲酸二丁酯	0.4	黑过氯乙烯色片液	46.6
乙酸丁酯	7		

工艺、性能：同本节配方[11]。

[13] 绿色过氯乙烯半光磁漆

成分	用量(%)	成分	用量(%)
20%过氯乙烯树脂液	17	丙酮	6
短油度蓖麻油醇酸树脂	10	甲苯	13.6
邻苯二甲酸二丁酯	0.4	黄过氯乙烯色片液	40
乙酸丁酯	7	蓝过氯乙烯色片液	6

工艺、性能：同本节配方[11]。

[14] 红色过氯乙烯半光磁漆

成分	用量(%)	成分	用量(%)
20%过氯乙烯树脂液	17	丙酮	6
短油度蓖麻油醇酸树脂	10	甲苯	13
邻苯二甲酸二丁酯	0.4	红过氯乙烯色片液	46.6
乙酸丁酯	7		

工艺、性能:同本节配方[11]。

[15] 锌黄过氯乙烯底漆

成分	用量(%)	成分	用量(%)
中油度亚桐油醇酸树脂	10	锌黄过氯乙烯底漆色片	38.5
松香改性酚醛树脂液(50%)	5.5	乙酸丁酯	8.5
二甲苯酚甲醛树脂(50%)	4	丙酮	15
邻苯二甲酸二丁酯	0.5	甲苯	18

工艺、性能:先制备好各种半成品,然后将底漆色片溶解于乙酸丁酯、丙酮和甲苯中,再加入其他原料和半成品,充分调匀。

本品用于轻金属表面打底。

[16] 铁红过氯乙烯底漆

成分	用量(%)	成分	用量(%)
中油度亚桐油醇酸树脂	10	铁红过氯乙烯底漆色片	38.5
松香改性酚醛树脂液(50%)	5.5	乙酸丁酯	8.5
二甲苯酚甲醛树脂(50%)	4	丙酮	15
邻苯二甲酸二丁酯	0.5	甲苯	18

工艺、性能:同本节配方[15]。

本品适用于车辆、机床及各种工业品的钢铁或木材表面打底。

[17] 各色过氯乙烯腻子

成分	用量(%)	成分	用量(%)
过氯乙烯树脂液(20%)	24.5	氧化锌	3
长油度亚麻油醇酸树脂	3.5	立德粉	10
顺丁烯二酸酐树脂液(50%)	4.5	滑石粉	10
过氯乙烯稀料	适量	炭黑	0.1
重晶石粉	44.4		

工艺、性能:将全部原料混合,搅拌均匀,经轮碾机或三辊机研磨两道,至均匀细腻后包装。

本品用于填平已涂有醇酸底漆或过氯乙烯底漆的各种车辆、机床等钢铁或木质表面。

[18] 各色过氯乙烯锤纹漆

成分	用量(%)	成分	用量(%)
过氯乙烯树脂液(20%)	31	中油度亚麻油醇酸树脂	29
松香改性酚醛树脂液(50%)	36	非浮型铝粉浆	3
过氯乙烯稀料	1		

工艺、性能:将全部原料投入溶料锅混合,充分搅拌均匀,过滤包装。

[19]　白色过氯乙烯防腐漆

成分	用量(%)	成分	用量(%)
过氯乙烯树脂液(20%)	30	过氯乙烯白片液	48
中油度亚麻油醇酸树脂	8	过氯乙烯稀料	13
邻苯二甲酸二丁酯	1		

工艺、性能：先制备好半成品，然后将全部原料和半成品混合，充分搅拌均匀，过滤包装。
本品用于各种化工机械、管道、设备、建筑等金属或木材表面涂覆，可防止酸碱及其他化学药品的腐蚀。

[20]　黑色过氯乙烯防腐漆

成分	用量(%)	成分	用量(%)
过氯乙烯树脂液(20%)	65	过氯乙烯黑片液	22
中油度亚麻油醇酸树脂	8	过氯乙烯稀料	3
邻苯二甲酸二丁酯	2		

工艺、性能：同本节配方[19]。

[21]　绿色过氯乙烯防腐漆

成分	用量(%)	成分	用量(%)
过氯乙烯树脂液(20%)	55	过氯乙烯黄片液	22
中油度亚麻油醇酸树脂	5	过氯乙烯蓝片液	7
邻苯二甲酸二丁酯	2	过氯乙烯稀料	9

工艺、性能：同本节配方[19]。

[22]　过氯乙烯防腐漆

成分	用量(%)	成分	用量(%)
过氯乙烯树脂	12	环氧氯丙烷	0.4
磷酸三甲酚酯	1	邻苯二甲酸二丁酯	1.25
五氯联苯	1.25	过氯乙烯稀料	84.1

工艺、性能：与前面白、黑、绿色过氯乙烯防腐漆配套使用，涂于化工机械、设备管道、建筑物等处，以防酸、碱、盐、煤油等腐蚀性物质的侵蚀。

[23]　过氯乙烯防火漆

成分	用量(%)	成分	用量(%)
过氯乙烯树脂液(20%)	13.5	磷酸三甲酚酯	3
松香改性酚醛树脂(50%)	2	过氯乙烯稀料	38.5
白过氯乙烯防火色片	43		

工艺、性能：适用于露天或室内建筑物板壁、木质结构部分的涂装，作防火配套用漆。

[24]　过氯乙烯防火底漆

成分	用量(%)	成分	用量(%)
白过氯乙烯防火色片	51.5	过氯乙烯稀料	48.5

工艺、性能：同本节配方[23]。

[25]　过氯乙烯可剥漆

成分	用量(%)	成分	用量(%)
过氯乙烯树脂	19.4	蓖麻油	13.1
乙酸丁酯	15.4	甲苯	19
丙酮	33.1		

工艺、性能：本品具有干燥快、易剥落的特点，涂于钢铁表面，起暂时防锈保护作用。

第十节 烯类树脂漆

烯类树脂漆是指含有双键的乙烯及其衍生物聚合或彼此共聚而成的高分子树脂所制成的涂料，属于烯树脂的有：聚乙烯、聚氯乙烯、过氯乙烯、聚乙烯醇缩醛、聚乙酸乙烯、聚丙烯酸酯、合成橡胶等。其中丙烯酸漆、过氯乙烯漆和橡胶漆都互成体系。

乙烯树脂类涂料发展很快，类型品种在不断增多。性能特点突出的代表性品种有：氯乙烯醋酸乙烯共聚树脂类涂料、聚乙烯醇缩醛树脂类涂料等。氯乙烯醋酸乙烯共聚树脂类涂料突出的特点是有不燃性、耐腐蚀、耐化学药品性强、可溶性好、坚韧耐磨、耐水、耐油、耐候性强、防潮、抗霉、无毒、无色无味等性能。因此它广泛应用于船舶、化工设备、建筑管道防腐、木器、金属加塑料玩具、塑料制品、食品罐头、纸张、纺织品、水下金属构件、海上石油钻井平台、其他海洋用设备、电镀槽的保护隔离涂层、蓄电池等多种产品的涂装；聚乙烯醇缩醛树脂类涂料的特点是漆膜硬度高、透明性好、色淡、耐寒、电绝缘性好，有较强的粘结性，比其他烯类涂料的耐热保光性、柔韧性、附着力更佳，因成膜硬度高，机械性能好，且具有一定的弹性、耐油性，因而用于高强度漆包线、电缆、电机零部件涂装，金属面、塑料、纸张、木材、纺织品、玻璃面的涂装。聚乙烯醇缩醛树脂类涂料中广为人知的代表品种，如磷化底漆，其不但对各种金属有极强的附着力，自干干燥快，涂层色浅且坚韧，并且有独特的磷化性能，可起到双层防腐作用，同其他底漆结合力强，广泛应用于机械、电器、仪器仪表等大型设备和船舶表面，除镁及其合金之外的铝、锌、铅、铜、铬、锰及其合金等有色金属表面均可涂装，以增强同其他底漆的附着力、防锈功能，但不能代替涂底层使用。

常见乙烯树脂漆见表10-11。

乙烯树脂漆中常用的建筑油漆　　表10-11

类型	名称	组成与制作	性能	用途	建筑涂料品种举例
醋酸乙烯系统的乙烯漆	醋酸乙烯乳胶漆	醋酸与乙炔化合即生成醋酸乙烯单体，用乳液或乳胶体作成膜材料经聚合而成的水性涂料	目前使用最广，作为内墙涂料，贮存稳定性、保色性、附着力要比丁苯乳胶漆（丁二烯和甲苯乙烯聚合而成）好	用于建筑物的内外水泥、抹灰、木质面及涂有底漆金属面的涂装	内外用聚醋酸乙烯乳胶漆
	聚乙烯醇类涂料	将聚醋酸乙烯在甲醇中用氢氧化钠水解，便可制得聚乙烯醇，将聚乙烯醇与甲醛或丁醛缩合可制成聚乙烯醇缩甲醛树脂和聚乙烯醇丁醛树脂	聚乙烯醇溶于水，不溶于有机溶剂，聚乙烯醇缩丁醛和聚乙烯醇缩甲醛具有其他烯类漆少有的附着力、柔韧性、耐光性和耐热性	聚乙烯醇和聚乙烯醇缩甲醛可制作建筑上广泛使用的各种内墙涂料。聚乙烯醇缩丁醛是制造防锈能力和附着力极强的磷化底漆原料	"106"、"803"等各种建筑内墙涂料、磷化底漆、缩醛清漆、缩丁醛地面涂料

续表

类型	名称	组成与制作	性能	用途	建筑涂料品种举例
利用副产品制作的乙烯漆	聚多烯树脂漆	聚多烯树脂漆主要成分是二烯类碳氢化合物和单烯类碳氢化合物	多烯涂膜性脆,受光热作用后易开裂,需用干性油或松香改性酚醛树脂等改性	只适宜作室内木质、水泥、砖石或金属物面的保护装饰用	各种多烯调和漆、各色多烯磁漆、多烯清漆
	苯乙烯焦油树脂漆	苯乙烯焦油是制作苯乙烯过程中产生的残渣,将苯乙烯焦油与3%～5%干性油一起熬炼制成	制成的苯乙烯焦油树脂涂膜抗老化性能好,不易龟裂,具有较好的防水、耐酸碱、耐氨水性,缺点是质量不够稳定、耐热性较差,有较大的刺激性味道	可用于建筑物门窗墙面装饰屋面防水和地面耐酸碱涂料	名色苯乙烯船壳漆、苯乙烯地面涂料

烯树脂漆的配方:

[1] 热熔路标示线涂料

成分	用量(g)	成分	用量(g)
聚乙烯乙酸乙烯共聚物	1100	钛白粉	350
甘油松香酯	385	轻质碳酸钙	350
石蜡	2000	硬脂酸钡	50
磷酸一铵	400	三氧化二铝	600

工艺、性能:在带搅拌装置的10L加压釜中,将各组分混合加热至180℃,经1h的熔融混合,即成制品。本品对混凝土及沥青路面具有良好的黏合能力,使用时间长,成本低廉。用于道路示线的喷施,具有施工方便、加工容易、快干等特点,在路面上喷涂后2min,即可通车。

[2] 水分显示涂料

成分	用量(kg)	成分	用量(kg)
乙酸乙烯-乙烯基吡咯烷酮共聚体	40	水溶性聚乙二醇	10
脂肪酸	50	溴酚蓝	0.07
抗氧化剂	0.1		

工艺、性能:将共聚体、脂肪酸和聚乙二醇混合物加热到160～177℃,加入抗氧化剂和溴酚蓝混合均匀,即得浅黄色成品。本品制成胶膜,遇水时显示出另外颜色,可用于制作指示水分存在的材料。

[3] 防腐涂料

成分	用量(kg)	成分	用量(kg)
甲组分:低分子量聚乙烯醇缩丁醛	7.2	正丁醇	16.1
四盐基铬酸锌	6.9	乙组分:85%磷酸	3.6
滑石粉	1.1	乙醇	13.2
乙醇	48.7	水	3.2

工艺、性能:分别将A、B组分的物料混合均匀,分别包装,使用时将A、B组分混合均匀即可。8h内必须用完,防止固结。

[4] 防腐涂料

成分	用量(kg)	成分	用量(kg)
甲组分:低分子量聚乙烯醇缩丁醛	7.7	35%酚醛树脂丁醇溶液	3.3
四碱式铬酸锌	7	硬脂酸铝	1.1
滑石粉	1.1	乙组分:85%磷酸	3.8
乙醇	43.6	水	1.8
正丁醇	15.5	乙醇	14.4

工艺、性能:同本节配方[310]。

[5] 防腐涂料

成分	用量(kg)	成分	用量(kg)
高分子量聚乙烯醇缩丁醛	9	磷酸锌	2.2
反应型酚醛树脂	6.5	混合溶剂	70
锌铬黄	4	磷酸	1
四盐基铬酸锌	2.6	丁醇	1
氧化铁红	1.1		

工艺、性能:将全部物料研磨混合均匀即可使用,应现配现用,8h内用完。

[6] 防腐涂料

成分	用量(kg)	成分	用量(kg)
乙酸乙烯	75	过硫酸铵(或过硫酸钾)	0.5
顺丁烯二酸二丁酯	25	蒸馏水	95
聚乙烯醇(乙酰基10%~12%)	5	甲酸	适量
丁二酸乙基己酯磺酸钠盐	0.25	碳酸氢钠	适量

工艺、性能:把聚乙烯醇与丁二酸乙基己酯磺酸钠盐溶成水溶液,在20~25℃时于搅拌的条件下滴入乙酸乙烯和顺丁烯二酸二丁酯的混合物,使其进行乳化。乳化完毕后,把乳化液的10%~15%加入到反应釜中,并以甲酸调整pH值3.5~4,然后加入过硫酸铵总量的40%,加热至70℃,待乳化液开始逐渐变蓝色时,连续加入乳化液,控制在7~8h内加完,根据反应情况中间可补加过硫酸钠,使反应温度控制在70℃左右。加完乳化液后,加入余下的过硫酸铵,温度上升到90℃左右,待基本无回流时即可降温冷却,再加以碳酸氢钠调整pH值至5~6。冷却到40℃以下出料。

[7] 防腐涂料

成分	用量(kg)	成分	用量(kg)
乙酸乙烯	75	过硫酸钾(或过硫酸铵)	0.2
顺丁烯二酸二丁酯	25	蒸馏水	95
聚乙烯醇(乙酰基10%~12%)	5	碳酸氢钠	适量

工艺、性能:把聚乙烯醇投入反应釜内,加水使其完全溶解,然后加入15%的混合单体(乙酸乙烯和顺丁烯二酸二丁酯)和40%量的过硫酸钾,升温至68℃时连续加入混合单体,控制在8h左右加完,每小时加入5%量的过硫酸钾,温度控制在68~72℃,单体加完后加入余下的过硫酸钾,温度升至90℃,当基本无回流时抽真空脱除残余单体,降温后以碳酸氢钠调pH值至5~6,即为成品。

[8] 防雾涂料

成分	用量(g)	成分	用量(g)
完全皂化的聚乙烯醇（平均分子量1700）	10	有机硼化物	3
		水	90

工艺、性能：将聚乙烯醇加水，加热到90～95℃溶解，然后加有机硼化物，搅拌1h，即得透明的稠状防雾涂料。本品对汽车挡风玻璃、温室玻璃、浴室镜子、眼镜等具有理想的防雾效果。

[9] 顺乙共聚乳胶漆（第一道漆）(1)

成分	用量(kg)	成分	用量(kg)
乙酸乙烯顺丁烯二酸二丁酯共聚乳液	35.5	羧甲基纤维素	0.07
金红石型钛白粉	17.8	聚甲基丙烯酸钠	0.04
滑石粉	8.8	乙酸苯汞	0.4
乙二醇	2	松油醇	0.16
六偏磷酸钠	0.3	水	34.77
乳化剂 OP-10	0.16	基料：颜料 = 1:1.5	

工艺、性能：将全部物料混合研磨均匀即为成品。

[10] 顺乙共聚乳胶漆（第一道漆）(2)

成分	用量(kg)	成分	用量(kg)
乙酸乙烯-顺丁烯二酸-二丁酯共聚乳液	40	六偏磷酸钠	0.14
金红石型钛白粉	11.5	羧甲基纤维素	0.14
滑石粉	4.2	乙酸苯汞	0.2
硫酸钡	12.8	水	27.72
乙二醇	2.9	基料：颜料 = 1:1.4	
磷酸三丁酯	0.4		

工艺、性能：同本节配方[288]。

[11] 顺乙共聚乳胶漆（第二道漆）

成分	用量(kg)	成分	用量(kg)
乙酸乙烯-顺丁烯二酸-二丁酯共聚乳液	44	羧甲基纤维素	0.07
金红石型钛白粉	14.6	聚甲基丙烯酸钠	0.04
滑石粉	7.2	乙酸苯汞	0.4
乙二醇	2	松油醇	0.16
六偏磷酸钠	0.3	水	30.91
乳化剂 OP-10	0.12	基料：颜料 = 1:1	

工艺、性能：同本节配方[9]。

[12] 聚乙酸乙烯漆(1)

成分	用量(kg)	成分	用量(kg)
50%聚乙酸乙烯乳液（见配方[295]）	42	六偏磷酸钠	0.15
钛白粉	26	亚硝酸钠	0.3
滑石	8	乙酸苯汞	0.1
羟甲基纤维素	0.1	水	23.27
聚甲基丙烯酸钠	0.08	漆料：颜料 = 1:1.62	

工艺、性能：将全部物料研磨混合均匀即成。

本品遮盖力强，耐洗刷性也比较好，可用于要求较高的室内墙面涂装。

[13] 聚乙酸乙烯漆(2)

成分	用量(kg)	成分	用量(kg)
50%聚乙酸乙烯乳液(见配方[295])	36	聚甲基丙烯酸钠	0.08
钛白粉	10	六偏磷酸钠	0.15
锌钡白	18	五氯酚钠	0.1
滑石粉	8	亚硝酸钠	0.3
羟甲基纤维素	0.1	水	27.27
		涂料:颜料=1:2	

工艺、性能:将全部物料研磨混合均匀即成。本品成本较为便宜,可作一般室内用漆。

[14] 聚乙酸乙烯漆(3)

成分	用量(kg)	成分	用量(kg)
50%聚乙酸乙烯乳液(见本节配方[295])	30	羟甲基纤维素	0.17
钛白粉	7.5	六偏磷酸钠	0.2
锌钡白	7.5	五氯酚钠	0.2
硫酸钡	15	苯甲酸钠	0.17
滑石粉	5	亚硝酸钠	0.02
乙二醇	3	水	30.84
磷酸三丁酯	0.4	漆料:颜料=1:2.33	

工艺、性能:同配方[13]。

[15] 聚乙酸乙烯漆(4)

成分	用量(kg)	成分	用量(kg)
50%聚乙酸乙烯乳液(见配方[295])	26	羟乙基纤维素	0.3
钛白粉	20	六偏磷酸钠	0.1
碳酸钙	10	五氯酚钠	0.3
磁土	9	水	32.3
一缩二乙二醇丁醚乙酸酯	2	漆料:颜料=1:3	

工艺、性能:将全部物料混合均匀即成。本品主要用作要求白度高、遮盖力强、耐洗刷性要求不高的室内用漆。

[16] 聚乙酸乙烯乳液

成分	用量(kg)	成分	用量(kg)
乙酸乙烯	44	聚乙烯醇	4.5
乳化剂 OP-10	0.54	邻苯二甲酸二丁酯	5
丙二醇(或乙醇)	2	过硫酸铵(或过硫酸钾)	0.09
碳酸氢钠	0.15	蒸馏水	44左右

[17] 乙酸乙烯-丙烯酸酯漆

成分	用量(kg)	成分	用量(kg)
乙酸乙烯-丙烯酸酯共聚乳液(见本节配方[323])	65	钛白粉(R-820)	18
10%聚乙烯醇水溶液	5	丙二醇	2.5
三聚磷酸钠	少量	辛醇	少量
五氯酚钠	少量	水	9.5

工艺、性能:把聚乙烯醇水液、丙二醇、三聚磷酸钠、辛醇、五氯酚钠和水投入缸内,搅拌

均匀,在搅拌条件下,缓慢加入钛白粉,混合均匀后,高速搅拌 1~2h,到细度合格(＜20μm)为止。再加入共聚乳液,高速搅拌 10~20min,经过滤得制品。

[18]　乙酸乙烯-丙烯酸酯共聚乳液

成分	用量(kg)	成分	用量(kg)
十二烷基苯磺酸钠	0.27	净洗剂 Tx-10	0.53
聚甲基丙烯酸钠	0.27	丙烯酸(试剂)	0.13
乙酸乙烯	38	丙烯酸丁酯	2
过硫酸钾(试剂)	0.1 左右	氨水(试剂)	0.25
蒸馏水	38 左右		

[19]　乙酸乙烯-苯乙烯漆

成分	用量(kg)	成分	用量(kg)
乙酸乙烯-苯乙烯共聚乳液(见本节配方[327])	66.2	乙酸乙烯-苯乙烯白色漆浆(见本节配方[300])	33.8

工艺、性能:将两种物料混合,高速搅拌 10~20min,过滤,得制品。本品具有良好的保光保色性能,耐候性好,用途颇为广泛。

[20]　乙酸乙烯-苯乙烯共聚乳液

成分	用量(kg)	成分	用量(kg)
十二烷基苯磺酸钠	0.27	净洗剂 Tx-10	0.53
聚甲基丙烯酸树脂	0.27	乙酸乙烯	27
丙烯酸	0.13	过硫酸钾(试剂)	0.1
甲基丙烯酸	0.65	苯乙烯	13
氨水(试剂)	0.25	蒸馏水	38 左右

[21]　乙酸乙烯-苯乙烯白色漆浆

成分	用量(kg)	成分	用量(kg)
钛白粉	18	丙二醇	5.1
邻苯二甲酸二丁酯	3.9	三聚磷酸钠	0.3
碱溶乳液	0.09	氨水	适量
蒸馏水	10		

[22]　丙烯酸涂料

成分	用量(kg)	成分	用量(kg)
聚乙烯醇	7	过氧化月桂酰	1
苯乙烯	96	水	400
二乙烯苯	4	丙烯酸涂料	100
十二烷基苯磺酸钠	0.01		

工艺、性能:将除丙烯酸涂料外的所有物料混合搅拌,并于 70℃下聚合,制得聚合物粒子,取其 3 份与 100 份丙烯酸涂料混合,搅拌均匀即得滑动性涂料。此涂料涂在金属、橡胶、塑料、玻璃、皮革及纸张上,其涂层具有滑动性。

[23]　防水涂料

成分	用量(g)	成分	用量(g)
氯乙共聚物	425	铝粉	50
对苯二甲酸二甲酯焦油	1600	丙酮	660
邻苯二甲酸二丁酯	304		

工艺、性能:将各组分混合均匀即成。本品可做为房顶的耐久而不收缩的涂料。可耐 -250℃低温。

[24] 防冰雪黏附涂料

成分	用量(kg)	成分	用量(kg)
聚乙烯醇	20	氯化钙	15
聚乙二醇	35	钛白粉	15
硼酸钠	15		

工艺、性能:将各组分共混均匀即可。本品可作为汽车车身防冻用。

[25] 透明防雾涂料

成分	用量(kg)	成分	用量(kg)
聚乙烯吡咯烷酮	2.5	硫化丁二酸二辛酯	1
二丙酮醇	75	7351异氰酸酯预聚物	5
环己烷	25		

工艺、性能:先将吡咯烷酮溶于二丙酮醇和环己烷的混合溶剂中,再加入其余组分混合,搅拌均匀,即得制品。

[26] 底漆(1)

成分	用量(份)	成分	用量(份)
甲组分:聚乙烯醇缩丁醛树脂	60	异丙醇(99%)	368
锌黄	100	乙组分:磷酸(85%)	42
滑石粉	25	水	25
丁醇	135	异丙醇(99%)	165

工艺、性能:用时配制。该漆为洗涤底漆。

[27] 底漆(2)

成分	用量(份)	成分	用量(份)
甲组分:聚乙烯醇缩丁醛树脂	90	异丙醇	61
锌铬黄	86	乙组分:磷酸(85%)	45
滑石粉	13	水	40
炭黑	1	异丙醇	165
丁醇	200		

工艺、性能:用时现配,洗涤底漆。

[28] 底漆(3)

成分	用量(份)	成分	用量(份)
甲组分:聚乙烯醇缩丁醛树脂	90	甲异丁酮	130
铅铬黄	86	乙组分:磷酸(85%)	29
滑石粉	14	水	29
甲苯	530	异丙醇	29

工艺、性能:用时现配。本品为洗涤底漆。

[29] 底漆(4)

成分	用量(份)	成分	用量(份)
甲组分:聚乙烯醇缩丁醛树脂	90	丁醇	130
锌铬黄	29	甲苯	530

成分	用量(份)	成分	用量(份)
铅铬黄	57	乙组分:磷酸(85%)	34
滑石粉	14	水	34
		异丙醇	82

工艺、性能:用时现配。本品为洗涤底漆。

[30] 底漆(5)

成分	用量(份)	成分	用量(份)
聚乙烯醇缩丁醛树脂	10.75	无水乙醇	62.2
铬酸(33.3%)	1.4	丁醇	14.7
磷酸(10%)	10.95		

工艺、性能:储存期为半年,稳定性高。本品为洗涤底漆。

[31] 杀虫漆

成分	用量(份)	成分	用量(份)
聚乙烯醇缩丁醛树脂	20	轻质碳酸钙	20
氧化锌	100	杀虫剂	24
磁土	60	丁醇	80

工艺、性能:具有杀虫功能。

第十一节 丙烯酸漆类

丙烯酸漆是由甲基丙烯酸酯与丙烯酸酯制成的油漆。其漆膜具有一系列优异性能,且涂饰方便,是很受欢迎的一种新型油漆。

1. 丙烯酸漆的性能及用途

丙烯酸漆主要是由丙烯酸酯树脂或丙烯酸酯类改性树脂制成的。油漆工业用的丙烯酸酯树脂多数是甲基丙烯酸酯、丙烯酸酯及其他乙烯系单体的共聚树脂。随选用单体品种、数量与聚合条件的不同,可以得到性能不同的丙烯酸酯树脂。丙烯酸漆类都有以下特点:

(1) 具有优良的色泽。清漆水白透明,白磁漆纯白。

(2) 具有良好的保光保色性能。因丙烯酸树脂在大气及紫外线照射下不易发生断裂、分解或氧化等化学变化,所以能长期保持原有的光泽和色泽。

(3) 耐热性能好。热塑型丙烯酸漆一般可在150℃条件下长期使用;热固型丙烯酸漆耐热性能更好,可在180℃条件下使用。

(4) 耐腐蚀性强。有较好的耐酸、碱、盐、油脂、洗涤剂等化学药品的沾污腐蚀。

(5) 三防性能好。即具有防湿热、防盐雾、防霉性能,可在温热带地区使用。

(6) 可制成中性涂料。用丙烯酸清漆调配铜粉(金粉漆)、铝粉(银粉漆),使涂层具有金银色泽,长期不变暗。涂料长期贮存不变质。

(7) 由于热塑性丙烯酸清漆漆膜与纤维素酯和过氯乙烯漆漆膜有良好的结合力,故可用作这两者漆层之间的中间涂层,以解决施工中过氯乙烯漆与硝基漆黏附不牢的矛盾。

(8) 对铝金属及塑料特品表面的附着力较好

总之,丙烯酸漆是一种优良的装饰性涂料,能适于我国沿海地区及湿热地区应用。航空、车辆、机器、仪表、电冰箱、医疗器械、电风扇、缝纫机、自行车、木器等都可应用。丙烯酸树脂还可以用来制造水乳胶漆及水溶性漆。它是一种比较新型、发展较快的涂料品种。

2. 丙烯酸漆的种类

根据制造树脂时所选单体的不同,丙烯酸漆可分为热塑性和热固性两大类。

(1) 热塑性丙烯酸漆:这是一种挥发型油漆,类似硝基漆。其主要组成是由甲基丙烯酸酯与甲基丙烯酸的共聚树脂,加入硝化棉、增韧剂及酯、醇、苯类溶剂等组成。其漆膜坚硬、光亮、色浅,耐热性、耐水性、耐候性、附着力好,涂层干燥快,涂饰一遍常温1h达实干。但固体分含量低,一般在15%左右。其主要品种有B22-2、B22-3两种木器清漆。

热塑性丙烯酸漆品种性能及施工应用见表10-12。

热塑性丙烯酸漆品种性能　　　　表10-12

品　种	组　成	技术性能	应　用
B22-2丙烯酸木器漆	甲基丙烯酸酯、丙烯酸酯及苯乙烯共聚树脂、硝化棉、氨基树脂、增塑剂、酯、醇、苯类溶剂等	有较好的光泽与硬度。颜色浅、漆膜较脆,耐寒性较差	适于涂饰木器小面积零件。可以喷涂、刷涂、或用棉球擦涂。可用X-1硝基漆稀释剂稀释,潮湿天气有发白现象时,可以酌加F-1防潮剂
B22-3丙烯酸木器漆	甲基丙烯酸酯与甲基丙烯酸的共聚树脂、硝化棉、增塑剂、酯、醇、苯类溶剂等	漆膜坚硬、光亮、色浅、耐热、耐火、耐候、附着力好、不变色、干燥快。原漆黏度(气泡法)10s;固体含量40%以上,表干10min;实干40min;硬度大于0.5;柔韧性不大于1mm;附着力不大于2级	适于木器涂饰。可以喷、刷或擦涂。可用X-1硝基漆稀释剂稀释,潮湿天气有发白现象时,可酌加F-1防潮剂
北方牌配套丙烯酸木器漆 丙烯酸木器底漆	由丙烯酸树脂、改性树脂、增塑剂、流平剂、溶剂与填料研磨而成	干燥快,表干10min,实干50min;硬度高,附着力好,易打磨。黏度(涂-4)70~100s;固体含量(50±2)%	可刷涂、喷涂、擦涂。木器着色后即可涂本底漆。25℃、2h后可用200号砂纸打磨。用配套丙烯酸稀释剂稀释
北方牌配套丙烯酸木器漆 丙烯酸木器漆	由丙烯酸树脂、改性树脂、流平剂、增塑剂与有机溶剂等配成	干燥快,表干10min,实干50min;漆膜硬度高,光泽不小于90%;具优异耐老化性能,不变色;固体含量(30±2)%,漆膜丰满,可抛光。黏度(涂-4)25~40s;附着力不大于2级;耐水性(浸24h)允许失光变白2h恢复	在丙烯酸木器底漆漆膜表面经打磨后除去磨屑即可。涂饰本木器漆,稀释用配套的丙烯酸稀释剂或低苯类信那水

(2) 热固性丙烯酸漆:热固性丙烯酸树脂与热塑性丙烯酸树脂在制备上基本相同,不同之处是热固性丙烯酸树脂的分子结构中带有活性官能团,在成膜时它能进一步与其他树脂发生交联反应,从而变成既不溶又不熔的高分子物质。它又可分为热固化和交联剂固化两种。

我国京津地区高级木器涂饰习惯用B22-1丙烯酸木器清漆,就是属于必须加入交联剂才能在常温下固化成膜的双组分交联剂固化丙烯酸树脂漆。

B22-1丙烯酸木器清漆主要成膜物质是甲基丙烯酸不饱和聚酯树脂和甲基丙烯酸酯类改性醇酸树脂。这是一双组分油漆,组分一是甲基丙烯酸不饱和聚酯与促进剂环烷酸钴等的甲苯溶液;组分二是甲基丙烯酸酯改性醇酸树脂加催化剂过氧化二苯甲酰的二甲苯溶液。两组分的混合溶液固体分含量为50%左右,在25℃左右条件下,涂层表干需3~4h时,实干40h左右,一般在涂刷48h后才可砂磨抛光。使用时组分一与组分二按重量1:1.5的比例混匀即可。以二甲苯为稀释剂。使用时如气温过低干燥太慢，可酌加过氧化环己酮液（催干剂）。该漆性能优异，漆膜丰满光亮，经抛光修饰后平清如镜，光泽经久不变，漆膜坚硬，机械强度高，附着力强，耐寒、耐热性能都很突出，是具有广阔使用前景的新型油漆。

B22-1丙烯酸木器清漆调配后的有效使用时间为：在20～27℃下为3～4h；在28～35℃条件为2h，超期会自行胶化。

浸洗工具溶剂可用X-5丙烯酸稀释剂或甲苯。

3．丙烯酸酯漆的配方

[1] 丙烯酸清烘漆

成分	用量(kg)	成分	用量(kg)
50%丙烯酸改性醇酸树脂	100	3%环烷酸锰	0.13
50%氨基树脂	14	1%硅油	0.34
3%环烷酸锌	0.13		

工艺、性能：将上述物料混合搅拌均匀即可。本品光泽度高，漆膜丰满，附着力及柔韧性均好。

[2] 丙烯酸漆

成分	用量(kg)	成分	用量(kg)
甲基丙烯酸	1	氯化钙	0.025
乙基丙烯酸	7	水	90
苯乙烯	2	氢氧化钠	适量
1-羟基-1-羧基乙酸	0.59		

工艺、性能：将苯乙烯和两种丙烯酸加热聚合，得到分子量为70万的乳液。将氯化钙和二元酸溶于水，并用氢氧化钠调pH值为10，再与丙烯酸乳液混合均匀即成。

[3] 文物保护涂料

成分	用量(kg)	成分	用量(kg)
50%聚甲基丙烯酸树脂	10	甲苯	20
7%聚乙烯醇缩丁醛	80	乙苯	100

工艺、性能：将上述物料混合搅拌均匀，即成文物保护的涂料。

[4] 丙烯酸共聚乳胶漆

成分	用量(kg)	成分	用量(kg)
丙烯酸共聚乳液的制备：		滑石粉(325目)	13.8
甲基丙烯酸丁酯	28.16	乳化剂OP-10	0.27
拉开粉	0.42	水	16.5
水	69.63	新洁尔灭（医院用）	0.27
甲基丙烯酸	1.4	丙烯酸共聚乳胶漆的制备：	
过硫酸铵	0.39	丙烯酸共聚乳液	72
氨水	适量	色浆	28
色浆的制备：		酞菁蓝溶液	0.3
钛白粉	55.17	50%聚乙烯醇溶液	15
磷酸三丁酯	2.73		
水溶性环氧底漆料(77%)	11.26		

工艺、性能：丙烯酸共聚乳液的制备：按配方计量后，将全部原料（氨水除外）投入反应釜内，反应4h左右，当固含量为30%时，停止反应，用氨水调节pH值至中性，出料，经过滤，得

共聚乳液。

色浆的制备:按配比将各物料混合均匀,于三辊机轧炼2道即得色浆。

丙烯酸共聚乳胶漆的制法:按配比将各组分混合研磨均匀即得制品。

本品具有良好的耐候耐热性、防雾性和附着力。

[5] 烤漆

成分	用量(kg)	成分	用量(kg)
丙烯酸-2-苯氧基乙酯	42	甲醛	7.8
乙醇	150	对苯二酚	0.05
70%高氯酸	20	甲乙酮	10
过氧化苯甲酰	0.1		

工艺、性能:将丙烯酸-2-苯氧基乙酯、甲醛、乙醇和对苯二酚的混合物在空气中加温到45℃,用高氯酸处理3h,得到具有分子量3000和熔点69℃的47kg共聚物。将上述共聚物10kg、甲乙酮和过氧化苯甲酰的溶液在钢板上施涂50μm厚,在50℃干燥,再于100℃烘烤30min即成。

[6] 丙烯酸丁酯-苯乙烯漆

成分	用量(kg)	成分	用量(kg)
共聚乳液的制备:		2.2%聚甲基丙烯酸钠	1
蒸馏水	115	蒸馏水	10
十二烷基联苯醚二磺酸钠	1	丙烯酸丁酯-苯乙烯漆的制备:	
苯乙烯	45		
丙烯酸丁酯	45	共聚乳液	56
过硫酸铵	0.6	己内酰胺	2
净洗剂 Tx-10	2	苯甲醇	5
甲基丙烯酸	4	N206多聚丙二醇	1.7
甲基丙烯酸甲酯	6	R820钛白粉	18.3

工艺、性能:共聚乳液的制备方法:①取水相组分配方量的1/3,投入反应锅内,搅拌,升温至80℃;②将水相组分余下的2/3配方量与单体组分混合,乳化之后均匀滴入反应锅内,控制在90min左右滴完,同时滴入引发剂组分(过硫酸铵水溶液);③于80~90℃保温2h,反应完毕;④降温至50℃以下,用氨水调节pH值为8,搅拌均匀,出料,经120目尼龙布过滤,得微蓝色共聚乳液。

丙烯酸丁酯-苯乙烯漆的制备方法:按配比将全部组分混合研磨2~3道即可。

本品漆膜坚硬、光亮,可用于涂刷木制品。

[7] 白色丙烯酸醇酸氨基烘漆

成分	用量(kg)	成分	用量(kg)
50%丙烯酸改性醇酸树脂	53.9	酞菁蓝	0.01
高醚化度氨基树脂	15.4	1%硅油	0.18
钛白	24.1		

[8] 中蓝色丙烯酸醇酸氨基烘漆

成分	用量(kg)	成分	用量(kg)
50%丙烯酸改性醇酸树脂	66.2	3%环烷酸锌	0.17
高醚化度氨基树脂	12.4	3%环烷酸锰	0.17

成分	用量(kg)	成分	用量(kg)
钛白	7.8	1%硅油	0.2
酞菁蓝	3.9		

[9] 淡绿色丙烯酸醇酸氨基烘漆

成分	用量(kg)	成分	用量(kg)
50%丙烯酸改性醇酸树脂	58.4	3%环烷酸锌	0.15
高醚化度氨基树脂	11.3	3%环烷酸锰	0.15
酞菁蓝	0.2	1%硅油	0.19
柠檬黄	21		

[10] 淡驼色丙烯酸醇酸氨基烘漆

成分	用量(kg)	成分	用量(kg)
50%丙烯酸改性醇酸树脂	65.3	铁红	1.4
高醚化度氨基树脂	10.4	3%环烷酸锌	0.16
钛白	18.1	3%环烷酸锰	0.16
炭黑	0.03	1%硅油	0.2
中铬黄	2.2		

[11] 深驼色丙烯酸醇酸氨基烘漆

成分	用量(kg)	成分	用量(kg)
50%丙烯酸改性醇酸树脂	59.9	铁红	7.8
高醚化度氨基树脂	11.4	3%环烷酸锌	0.15
钛白	6.58	3%环烷酸锰	0.15
炭黑	0.54	1%硅油	0.2
中铬黄	8.5		

[12] 聚丙烯酸有光乳胶漆

成分	用量(kg)	成分	用量(kg)
颜料浆的制备:		聚丙烯酸有光乳胶漆的制备:	
丁基溶纤剂	32	50%聚丙烯酸酯乳液	690
25%三聚磷酸钾	10	颜料浆	329
水	10		
丙二醇	21	丙二醇	100
防雾剂	1	聚丙烯酸增稠剂	1.5
25%氨水	1	水	96.5
金红石型钛白粉	250	64%丁二酸二异辛基磺酸钠盐	2
消泡剂	4		

工艺、性能:颜料浆的制备:将全部组分混合研磨均匀即成颜料浆。

有光乳胶漆的制备:先将颜料浆和丙二醇混合,加入增稠剂和水,充分混合均匀,最后加丙烯酸乳液,混合均匀即成。

[13] 钢灰色硅改性丙烯酸酯磁漆

成分	用量(kg)	成分	用量(kg)
硅改性丙烯酸树脂	72.7	锌铝粉	7
钛白粉	7.6	乙酸丁酯与二甲苯(1:1)混合溶剂	10.9
石墨粉	1.66		
群青	0.14		

工艺、性能：将稀释剂（乙酸丁酯与二甲苯混合溶剂）以外的其余组分配好后，于三辊机上研磨至规定细度（底漆 50μm，面漆 25μm），测固体分，再将稀释剂兑稀至规定固体分（底漆为 60%，面漆为 50%），过滤即成。硅改性丙烯酸酯树脂的制备见[354]。

[14] 铁红色硅改性丙烯酸酯磁漆

成分	用量(kg)	成分	用量(kg)
硅改性丙烯酸酯树脂	26.6	滑石粉	8.8
铁红	24.3	铝粉浆	9.5
中铬黄	8.8	乙酸丁酯/二甲苯(1:1)	22

工艺、性能：同本节配方[350]。

[15] 锌黄硅改性丙烯酸酯底漆

成分	用量(kg)	成分	用量(kg)
硅改性丙烯酸酯树脂	26.9	锌黄	19.15
滑石粉	12.75	氧化锌	6.4
铝粉浆	12.75	乙酸丁酯/二甲苯(1:1)	22.05

工艺、性能：同本节配方[350]。

[16] 硅改性丙烯酸酯树脂

成分	用量(kg)	成分	用量(kg)
甲组分：丙烯腈	63.6	乙组分：苯基三氯硅烷	13.5
过氧化苯甲酰	7.4	二甲基二氯硅烷	5.4
二甲苯	295.1	丁醇	19.9
甲基丙烯酸-β-羟乙酯	52.5	二苯基二氯硅烷	1.5
丙烯酸丁酯	105.6	甲苯	19.9
甲基丙烯酸丁酯	66	水	39.9

工艺、性能：先制备甲组分，将二甲苯加入反应器中，升温搅拌，在 140℃ 左右回流，并开始滴加单体及与溶有过氧化苯甲酰总量 80% 之均匀混合液，滴加 2h 左右，降温不再回流时补加剩余的 20% 混合液，再升温至回流温度，保持转化率 90%～95% 结束。

然后制备乙组分，将丁醇和水加入反应器中，在常温下搅拌，滴加其余组分的混合液，5～6h 滴加完，保持 1h，静置，水洗至中性，减压蒸馏，使固体分为 60%～80% 为止。

将甲、乙组分按 1:1 一次加入反应器，搅拌下于 140～145℃ 保持回流 5h，测胶化点达 160℃，黏度 4～5s（涂-4 杯），反应结束。

第十二节 聚酯漆类

聚酯漆是以聚酯树脂为主要成膜物质的涂料。聚酯树脂由多元酸与多元醇缩聚而成，选用不同的多元酸与多元醇及其他改性剂，能制成不同的聚酯树脂，如不饱和聚酯树脂、饱和聚酯树脂、改性油聚酯树脂、对苯二甲酸聚酯树脂等。在聚酯树脂中，不饱和聚酯树脂及以其为基础的不饱和聚酯漆是国内外木器用漆中十分重要的品种。聚酯漆通常指不饱和聚酯漆。

1. 不饱和聚酯漆的性能及用途

聚酯漆主要由不饱和聚酯、苯乙烯、引发剂与促进剂组成。由饱和二元醇和不饱和的二元酸可以缩聚制得一种线型分子结构聚酯,其分子结构中含有双键,碳原子不饱和,因此称为不饱和聚酯。此种聚酯能溶于苯乙烯单体中,苯乙烯亦是一种含双键的不饱和化合物,在引发剂和促进剂的作用下,不饱和聚酯和苯乙烯能在常温下发生共聚反应,交联转化成体型结构的不溶不熔物质—即为不饱和聚酯漆的涂膜,这里的苯乙烯是一种两性材料,即既是成膜物质又是溶剂,因此有人将不饱和聚酯漆称为无溶剂漆。

不饱和聚酯与苯乙烯之间的共聚反应是游离基聚合反应,首先必须有游离基存在,才能进行反应。能分解游离基的物质称作引发剂,在聚酯漆中最常用的引发剂是各种过氧化物,如:二苯甲酰、过氧化环己酮等。但过氧化物只有在高温条件下才能很快地分解游离基,使聚合反应能迅速进行,而木器涂层不宜高温加热,因此不饱和聚酯和苯乙烯的聚合反应还需一种在室温条件下能加速过氧化物分解游离基的物质,这就是促进剂。它能增强聚酯树脂的引发效应,使聚酯与苯乙烯在常温条件下发生共聚反应。

不同的引发剂配合使用不同的促进剂,对过氧化二苯甲酰而言,二甲基苯胺与二乙基苯胺是很好的促进剂;而对氧化环己酮而言,环烷酸钴是很好的促进剂。当不饱和聚酯与苯乙烯在引发剂和促进剂的存在下,发生交联反应固化成膜时,空气中的氧往往对这一聚合反应产生阻聚作用,所以不饱和聚酯漆的涂层在空气中实际上是不能成膜的。因此在涂饰不饱和聚酯漆时,必须隔氧进行。实际施工中常采用涤纶薄膜(玻璃纸)隔氧,也可采用石蜡液隔氧。采用石蜡液隔氧,是在聚酯漆中加入少量的熔点为54℃左右的石蜡,涂漆后,石蜡浮在涂层表面,形成一层蜡膜隔离空气,同时腊膜还起减少苯乙烯挥发与改善流平性的作用。加入石蜡的聚酯漆膜干后无光,需在磨掉蜡层后再进行抛光。

不饱和聚酯漆是一种具有独特性能的涂料,因为苯乙烯起着成膜物质和溶剂的双重作用,所以油漆的固体分含量达95%以上之高,漆膜干燥迅速,丰满厚实,透明度如玻璃,并且有很好的光泽和保光性,还具备耐磨、耐热、耐酸碱、耐候、耐溶剂等性能。施工时基本没有害气体的挥发。此外,不含蜡的聚酯漆操作简便,不需砂磨与抛光,生产效率高,对金属的附着力强。

不饱和聚酯漆的涂膜是一种不溶不熔的高聚物,是不可逆物质,如漆膜损伤则不能修复。非蜡型聚酯漆施工时,用涤纶薄膜隔氧,只适于在静置的平面上涂饰,若是木器的边框及凹凸线条等小面积就难以施工。另外,聚酯漆使用时必须现用现配,较麻烦,这些是该漆的主要不足之处。

2. 聚酯漆的品种与应用

聚酯漆分蜡型与非蜡型,其组成并无大的区别,仅隔氧方式的不同。前者涂饰时用漆含石蜡隔氧,后者不含蜡,涂饰时用涤纶薄膜隔氧。

(1) 蜡型聚酯漆:含蜡聚酯漆有4个组分,这4个组分平时分装贮存。临使用时再按一定比例混合调匀,其配方如表10-13所列。

为使用方便和配比均匀,可将按配方称取的聚酯清漆分成相等的两份,一份与一定量的过氧化环己酮调匀,另一份与一定量的环烷酸钴液调和(前一组分可存放3~4h,后一组分可存放较长的时间,以在一天内用完为宜),涂饰时各取一份混合调匀即可涂刷。混合后的漆液迅速胶凝(通常为25~35min),故需现用现配,用多少配多少(一般略有剩余为好)。

蜡型聚酯漆配方 表10-13

原料名称	配比(重量)	原料名称	配比(重量)
不饱和聚酯清漆(含聚酯基料70%)	100份	环烷酸钴液(含金属钴2%)	1~3份
过氧化环己酮浆(含过氧化环己酮50%)	4~6份	蜡液(含石蜡4%)	0.8~1.2份

过氧化环己酮黏度高,调配前需加热至黏度较低的透明液体后再加入漆料,但加热温度不宜超过60℃,否则易着火。

蜡型聚酯漆可涂可喷,但多用排笔涂刷。如涂两遍以上,可在最后一道涂刷时再加入蜡液,否则可能使层间夹有石蜡而附着不牢。涂层干后磨去表面石蜡,然后再抛光,即可得到光亮的漆膜。连续涂刷几遍时,每遍间隔需约30min,过早涂下道可能发白。最后一道在常温下干燥24h或几天后再进行砂磨抛光,否则会因未彻底干透而抛光渗漆,出现不平而影响光泽。

(2) 非蜡型聚酯漆:由不饱和聚酯树脂漆、引发剂和促进剂3个组分组成。通常以过氧化二苯甲酰为引发剂,二甲基苯胺为促进剂。其配方见表10-14所列。

非蜡型聚酯漆配方 表10-14

原料名称	配比	原料名称	配比
不饱和聚酯树脂漆	100g	二甲基苯胺	1~1.5mL
过氧化二苯甲酰	1.5~2.5g		

使用时先将按量称取的过氧化二苯甲酰溶于适量的苯乙烯中,使溶解稀释成糊状(溶解时用玻璃棒搅匀,除去析出水分),然后倒入按配方用量称取好的不饱和聚酯漆内搅匀(加入引发剂的漆最好当天用完)备用,待临涂刷时再加入促进剂二甲基苯胺。

非蜡型漆只宜涂饰平面木器。在被饰平面底层处理后(填孔着色打底,或贴木纹纸或贴装饰布),在周边贴上保护纸条,即将调配好的聚酯漆称好用量(一般300g/m²),倒在被饰物中央,立即覆盖涤纶薄膜,用特制的橡皮棍(油印橡皮棍可代用)在涤纶薄膜上面将油漆向四周推平涂匀,赶除气泡,常温下静置约20min(冬天时间要长些)可揭下涤纶薄膜,即能获得镜样光滑的漆膜。干后的漆膜如有缺陷(如缺角、砂眼等),可用聚酯漆滴入,覆盖小块玻璃纸片,干后用水砂纸磨平抛光。如缺陷面大,则需重涂一次。

涤纶薄膜棚用木框糊制,木框内侧应大于被涂物面200mm左右,将白乳膜涂在木框上,贴上涤纶薄膜,这时的涤纶薄膜不易绷紧,待白乳胶干后可用湿毛巾将膜面揩湿(接触漆膜面不需揩),然后置于风口风干,涤纶膜即能张紧。

涂饰注意事项:

① 不能用虫胶漆为聚酯漆配套打底,否则附着力不好。实际施工中常用熟猪血加入颜料填孔着色,干后涂刷水色,干后涂刷蜡型聚酯漆。或在经过处理的物面上粘贴木纹纸、石纹纸等,然后涂饰非蜡型聚酯漆。

② 聚酯漆中,引发剂与促进剂的用量可在一定幅度内变化。实际用量应视具体产品与施工条件经试验确定。一般加入量多,涂层固化快,但太快会来不及涂饰;在气温高时,促进剂要少加。已确定的比例应注意准确配用。

③ 引发剂和促进剂的反应很激烈,如将两者直接混合可能会引起剧烈的燃烧和爆炸,

使用时必须十分小心,绝对不能直接混合。贮存时也要避免二者接触,要分装保管。使用时常是先将引发剂加入聚酯漆中,充分混匀后再加入促进剂。

④ 聚酯漆的温度不宜低于10℃,否则固化困难,成膜时容易出现毛病。

⑤ 刷过聚酯漆的刷子与容器可用丙酮或洗衣粉液处理,但需甩净,不能带入漆中。

3. 聚酯漆的配方

[1] 聚酯漆(1)

成分	用量(kg)	成分	用量(kg)
不饱和聚酯树脂	100	环烷酸钴	2~4
过氧化环己酮糊	4~5		

工艺、性能:将上述物料混合搅拌均匀即为成品,现配现用,通常在1~4h内固化。

[2] 聚酯漆(2)

成分	用量(kg)	成分	用量(kg)
不饱和聚酯树脂	100	环烷酸钴	2~3
过氧化甲乙酮	4~6		

工艺、性能:将全部物料混合搅拌均匀即可使用,现配现用。

[3] 聚酯漆(3)

成分	用量(kg)	成分	用量(kg)
不饱和聚酯树脂	100	环烷酸钴	2
过氧化环己酮糊	4	2,4-二甲基苯胺	0.2

工艺、性能:将全部物料混合搅拌均匀,即可使用,现配现用,以防久存固化。

[4] 聚酯漆(4)

成分	用量(kg)	成分	用量(kg)
不饱和聚酯树脂	100	2,4-二甲基苯胺	0.5~1.5
过氧化苯甲酰	2~4		

工艺、性能:将全部物料混合均匀即成。使用时加温以加速固化。

[5] 水溶性聚酯绝缘漆

成分	用量(kg)	成分	用量(kg)
对苯二甲酸二甲酯	14.55	环己酮	5.25
失水偏苯三酸酐	2.92	甘油	2.76
乙二醇	3.96	乙酸锌	0.019
均苯四甲酸二酐	3.51	三乙醇胺	适量
一缩二乙二醇	6.76		

工艺、性能:将对苯二甲酸二甲酯、乙二醇、一缩二乙二醇、甘油和乙酸锌投入反应釜,升温至170℃,反应2h,再升温至190℃,保温2h,继续升温到210℃,保温2h,当甲醇馏出量达85%~92%时(理论计算量),冷却降温至150℃时,加入失水偏苯三酸酐组分,加完后升温至170℃,保温1h后加入均苯四甲酸二酐,加完后于170℃保温,每隔30min取样测酸值,待酸值降到40~50时,立即降温,温度降到130℃以下加入环己酮,60℃以下加入三乙醇胺,中和到pH值为6.5~7,用水稀释得微显乳光的水溶液,一般加水稀释到固含量为40%即可。本品漆膜击穿电压可达4~5kV,因此常用于电动机绝缘漆。

[6] 聚酯漆(5)

成分	用量(kg)	成分	用量(kg)
顺丁烯二酸酐	2	新戊二醇	1.5
乙二醇	1.5	三羟基丙烷烯丙基醚	0.2725

工艺、性能：按配比将上述物料混合均匀即成。

[7] 聚酯漆(6)

成分	用量(g)	成分	用量(g)
对苯二甲酸二甲酯	970	1,2-二丁氧基乙烷(稀释剂)	275
乙二醇	220	环烷酸铅	21
甘油	230	邻苯二甲酸二丁酯	10

工艺、性能：将对苯二甲酸二甲酯、甘油、乙二醇和环烷酸铅的混合物于180~220℃下加热5h，在220℃下抽真空3h，再加入稀释剂，冷却至140℃，边搅拌边加入邻苯二甲酸二丁酯混合均匀得到固含量80%的共聚物，即为聚酯涂料。

[8] 气干性聚酯漆(1)

成分	用量(g)	成分	用量(g)
甲基四氢化邻苯二羧酸酐	83	乙二醇	222
反丁烯二酸	174		

工艺、性能：将全部物料混合均匀即成。

[9] 气干性聚酯漆(2)

成分	用量(g)	成分	用量(g)
甲基四氢化邻苯二羧酸酐	832	乙二醇	1114
顺丁烯二酸酐	490		

工艺、性能：同配方[362]。

[10] 气干性聚酯漆(3)

成分	用量(g)	成分	用量(g)
四氢化邻苯二甲酸酐	456	甘油	184
反丁烯二酸	812	聚乙二醇单烯丙基醚	496
乙二醇	636		

工艺、性能：同配方[362]。

第十三节 环氧树脂漆类

环氧树脂漆是以环氧树脂作为主要成膜物质的涂料。由于环氧树脂漆有许多独特的性能，故被广泛用于国防工业和民用工业上，其发展很快，品种较多。由于环氧树脂的抗粉化性能及耐酸方面不太理想，因此往往采用往其中加入其他树脂进行交联或改性，制成各种类型的环氧树脂漆，既具有环氧树脂的性能，又提高了漆膜的综合性能。

1. 环氧树脂漆的性能

环氧树脂本身是热塑性的，要使环氧树脂制成各种类型的涂料，就必须使环氧树脂与固化剂或植物油脂肪酸进行反应，交联而成为网状结构的大分子，才能显示出各种优良的性能。环氧树脂漆种类很多，性能也各有差异，概括其优点有：

(1) 抗化学品性能优良,耐碱性尤为突出。如环氧酚醛漆膜能在酒精、甲基异丁酮、甲苯、乙醚、氢氧化钠、75%以下的硫酸、20%以下的盐酸、10%以下的硝酸、85%以下的磷酸水溶液中浸渍3个月无变化。

(2) 漆膜具有优良的附着力,特别是对金属面的附着力更强。

(3) 漆膜保色性较好。因漆膜分子中苯核上的羟基已经醚化,性质稳定。

(4) 漆膜具有较好的热稳定性和电绝缘性。

环氧树脂的缺点有:

(1) 室外耐候性差,漆膜易粉化、失光。

(2) 用胺固化类型的环氧漆,胺类固化剂有毒性,对皮膜有刺激。

2．环氧树脂漆的分类

环氧树脂漆品种繁多,目前尚无统一的分类方法,有的按固化剂类型分类,也有按干燥类型分类。为了对环氧树脂漆有一个概括的了解,现分类如图10-1所示。

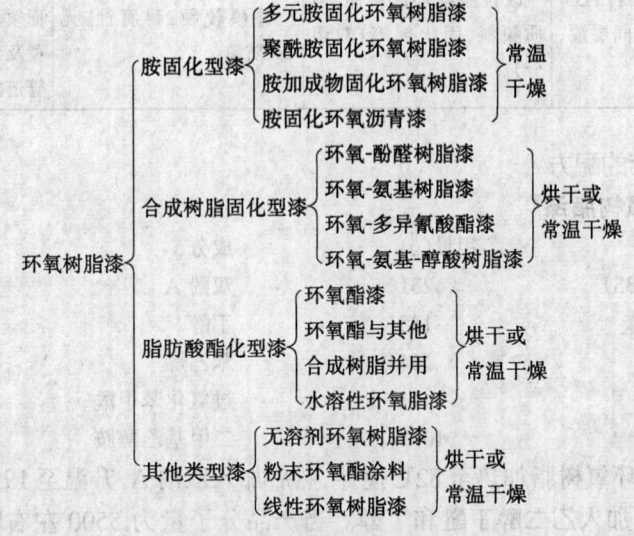

图 10-1 环氧树脂漆的分类

环氧树脂漆中常用的建筑油漆见表10-15。

环氧树脂漆中常用的建筑油漆　　　　表 10-15

类型	名 称	组 成	性 能	用 途
沥青漆	环氧沥青清漆 H01-4	环氧树脂、煤焦沥青、有机溶剂、固化剂等(双组分)	漆膜坚牢,附着力好,有良好的耐潮和防腐性能	地下管道及贮槽及须抗潮、抗腐的金属及混凝土表面的涂覆
磁漆	各色环氧磁漆 H04-1 H04-9	环氧树脂胶、体质颜料、固化剂等(双组分)	漆膜坚硬,附着力好,耐化学性、耐腐蚀、耐碱性好	化工设备、贮槽及须抗腐蚀的金属及混凝土的涂覆

续表

类型	名称	组成	性能	用途
底漆	各种环氧树脂底漆 H06-2 H06-4 H06-19 H53-1	环氧树脂、改性植物油、防锈颜料、体质颜料、固化剂等(双组分)	漆膜坚硬,附着力、耐水、防腐、耐磨性均好	不同品种分别适用于黑色金属表面或轻金属表面打底用
腻子	各色环氧树脂腻子 H07-5	环氧树脂、改性植物油、体质颜料、溶剂、固化剂等(固化剂分装)	漆膜坚硬,防潮,与底漆附着力好,打磨后表面光洁	金属及木质表面腻平之用
涂料	环氧地面涂料 H80(分腻子、底漆、中层漆、面漆)	环氧树脂胶、体质颜料、固化剂等(双组分)	漆膜坚硬、耐磨、耐腐蚀、耐油、耐水、耐热、抗冲击,并有一定韧性	各种须耐腐蚀,及耐化学性能的地面用
涂料	防霉无毒环氧涂料 H55-(分腻子、底漆、中间层漆、面漆)	改性胺纯环氧树脂、体质颜料、固化剂等(双组分)	漆膜较硬、耐腐蚀、无毒、防霉	可用于金属及混凝土表面须清洁、防霉的面层涂覆及食用饮料贮罐、饮水管道内壁及外壁的涂覆

3. 环氧树脂漆的配方

[1] 改性环氧树脂漆

成分	用量(g)	成分	用量(g)
环氧树脂(OER 333)	231	双酚 A	117
乙二醇丁醚	135	丁醇	203
甲基丙烯酸	64	苯乙烯	40
丙烯酸乙酯	44	过氧化苯甲酰	10
去离子水	1095	二甲基乙醇胺	57

工艺、性能:将环氧树脂加热至82℃搅拌,然后加入双酚A,升温至191℃并保温2h。当环氧值为0.6%时,加入乙二醇丁醚和丁醇。当产品分子量为5500左右时,渐将甲基丙烯酸、苯乙烯、丙烯酸乙酯、过氧化苯甲酰混合物加入环氧树脂中,而且使物料冷却到85℃。产品酸值为85℃。再用去离子水和二甲基乙醇胺和上述混合物一起搅拌,50℃保温1h,然后降温到30℃以下。树脂固体分为20%,pH值为7.8。

[2] 环氧树脂漆(1)

成分	用量(g)	成分	用量(g)
环氧树脂 E-44	100	甲苯	10～30
邻苯二甲酸二丁酯	10～20	氧化铁红粉	30～70
苯二甲胺	20		

工艺、性能:将邻苯二甲酸二丁酯加于环氧树脂中,适当加热,搅拌混匀,加入二甲苯和一半量的氧化铁红粉,搅匀,然后加入苯二甲胺,快速混合后加入另一半量的氧化铁红粉,搅拌均匀后即可用于涂刷木模。室温条件下固化时间为48h左右。本品具有足够的黏合力,硬度高,韧性好,耐磨性强,脱模容易和坚固耐用。

[3] 环氧树脂漆(2)

成分	用量(kg)	成分	用量(kg)
环氧树脂	10	乙醇	100
苯胺黑	10	丙酮	100
松香	10	50%聚酰胺二甲苯溶液	35

工艺、性能：把丙酮和乙醇混合，将松香加入其中，搅拌、溶解、混匀后把环氧树脂加入其中，搅拌均匀。然后加入苯胺黑，混合均匀后待用。使用时，把50%聚酰胺二甲苯溶液与上述树脂液混合，充分搅拌均匀即可使用。

本品是一种减附壁涂料，将其涂刷于反应器壁，可大大减少聚合物的附壁现象发生，并具有很好的耐腐蚀性能和承受高的工作温度。

[4] 环氧树脂漆(3)

成分	用量(kg)	成分	用量(kg)
甲组分：E-12双酚A型环氧树脂	47.2	丁醇	86.6
		乙组分：热塑性酚醛树脂液	47
三聚氰胺甲醛树脂液	5.5	二甲苯	31.8
二甲苯	13.4	丁醇	21.2

工艺、性能：甲、乙组分单独进行配制，首先将二甲苯和丁醇混合，搅拌均匀，然后把其他原料加入其中(可适当加热以加速溶化)搅拌，直至成黏稠状均匀胶液，即得到环氧酚醛清漆。使用时，甲组分与乙组分按6∶1的比例混合，并可加入适当溶剂，调匀后即可施工。190℃烘烤固化。

本品具有耐酸性、耐碱性、耐溶剂性、附着力强、成膜坚韧等特点，适用于化工管道、酸贮槽及有关设备防腐，也可用于食品罐头盒的浸涂。

[5] 环氧防水涂料

成分	用量(kg)	成分	用量(kg)
E-44双酚A型环氧树脂	100	环己酮	20
煤沥青	100	丁醇	5
甲苯	45	多乙烯多胺	7~9
二甲苯	30		

工艺、性能：把煤沥青置于锅中加热，于102℃左右恒温，直至无明显泡沫出现，表明已无水分，然后再升温至150℃，搅拌溶化均匀后即停止加热。当温度降至110℃左右时，把甲苯、二甲苯、环己酮和丁醇混合后加入到热熔的煤沥青中，接着加入E-44环氧树脂，充分搅拌，混合均匀即可。使用时，把多亚乙基多胺加入其中，调匀后即可施工。本品有较好的耐酸、耐碱和耐水性能，可用于工厂设备防腐、地下管道和水库堵漏。

[6] 热炼改性环氧涂料

成分	用量(kg)	成分	用量(kg)
桐油	100	热炼改性环氧树脂(见本节配方[372])	100
邻苯二甲酸二丁酯	15	二甲苯	100
白醇	100	苯二甲胺	适量

工艺、性能：把桐油置于锅内，升温至160℃，脱水，再升温至220℃，然后缓慢加入热炼改性环氧树脂，不断搅拌，升温至270℃时，加入邻苯二甲酸二丁酯，搅拌、保温，直到可拉出长达数米的细丝即可降温。当温度降至140℃时，停止加热(切断电源或水源)，加入二甲

苯,搅拌,加入白醇,搅拌混匀,冷却、澄清、去渣,即得制品。

[7] 热炼改性环氧树脂

成分	用量(kg)	成分	用量(kg)
E-44 双酚 A 型环氧树脂	100	甘油	7
松香	100		

工艺、性能:把松香置于锅内,慢慢加热至160℃,脱水,除去上面杂质,然后缓慢加入环氧树脂,升温至210℃时,将5份甘油1h内加完,并使温度升至230℃然后再慢慢加入2份甘油,并将温度升至270℃,再快速升至280℃,冷却至室温得到制品。

[8] 防锈漆(1)

成分	用量(kg)	成分	用量(kg)
E-51 环氧树脂	100	醇溶性耐晒黄	0.0015
聚酰胺树脂	100	丙酮	80

工艺、性能:将树脂混合调匀,将醇溶性耐晒黄溶解在丙酮中,然后将其混合、搅拌、充分调匀即可使用。本品用于防止电子仪器部件及电子元件因潮湿及腐蚀气体的侵蚀而引起的锈蚀。

[9] 防锈漆(2)

成分	用量(份)	成分	用量(份)
环氧树脂 E-20	78	二乙烯三胺	3.2
红丹粉	100	混合溶剂(环己酮、丁醇、二甲苯)	适量
滑石粉	17		

工艺、性能:作防锈底漆用。

[10] 防水涂料(1)

成分	用量(份)	成分	用量(份)
环氧树脂 E-44	100	固化剂(D_mP-30)	5
聚硫橡胶 JLY-121	20	乙酸乙酯	20
酮亚胺	40	水泥 425 号	100

工艺、性能:用于水泥潮湿基面作涂料。

[11] 防水涂料(2)

成分	用量(份)	成分	用量(份)
环氧树脂 E-44	100	邻苯二甲酸二丁酯	10
软煤沥青(针入度30)	20	425 号水泥	50
聚酰胺树脂 650 号	30	丙酮	15
乙二胺	14	二甲苯	15

工艺、性能:同本节配方[10]。

[12] 防水涂料(3)

成分	用量(份)	成分	用量(份)
环氧树脂 E-20	29.9	滑石粉	4.95
丁醇改性三聚氰胺酚醛树脂	1.85	稀释剂(501)	24
钛白粉	36.6	固化剂(己二胺:酒精=1:1)	3.34

工艺、性能:用时现配。耐油、耐水涂料。

第十三节 环氧树脂漆类

[13] 环氧树脂涂料(1)

成分	用量(份)	成分	用量(份)
环氧树脂 E-42	100	邻苯二甲酸二丁酯	8
丙酮	100	乙二胺	6

工艺、性能:树脂与丙酮溶剂混合均匀,再加增塑剂,使用前加乙二胺固化剂。每次配制量不宜过大,施工有效期 30～40min。不耐浓硫酸。

[14] 环氧树脂涂料(2)

成分	用量(份)	成分	用量(份)
环氧树脂 E-42	100	石墨粉	5～10
乙醇	30～50	乙二胺	6～8
邻苯二甲酸二丁酯	15		

工艺、性能:同本节配方[386]。

[15] 环氧树脂涂料(3)

成分	用量(份)	成分	用量(份)
环氧树脂 E-44	100	邻苯二甲酸二丁酯	5
软煤沥青(针入度 30)	20	水泥 425 号	100
乙二胺	12		

工艺、性能:同本节配方[391]。

[16] 环氧树脂涂料(4)

成分	用量(份)	成分	用量(份)
环氧树脂 E-44	35～15	酚醛清漆 F01-6	70～30
丙酮	70～30		

工艺、性能:由 40℃ 加热至 150℃,升温要慢,防止出气泡。耐酸、氯化钠性良好,不耐浓碱。

[17] 环氧树脂涂料(5)

成分	用量(份)	成分	用量(份)
环氧树脂 E-44	100	乙二胺	6～7
邻苯二甲酸二丁酯	15～20	石英粉或石墨粉	15～10
丙酮	20		

工艺、性能:水浴加热、混均,使用前加乙二胺,每次调制量不宜过大,应 40min 内用完。耐酸碱,常温固化,也可以加热固化。

[18] 环氧树脂涂料(6)

成分	用量(份)	成分	用量(份)
环氧树脂 E-44	100	间苯二胺	14～16
邻苯二甲酸二丁酯	10	石英粉或石墨粉	10～15
丙酮	20～30		

工艺、性能:同本节配方[396]。

[19] 环氧树脂涂料(7)

成分	用量(份)	成分	用量(份)
环氧树脂 E-44	100	乙二胺	6～7
邻苯二甲酸二丁酯	10	石英粉或石墨粉	10～20
乙醇	20～30		

工艺、性能：同本节配方[17]

[20] 防腐涂料(1)

成分	用量(份)	成分	用量(份)
环氧树脂 E-44	60～70	邻苯二甲酸二丁酯	10～15
热固性酚醛树脂	30～40	石墨粉	10
丙酮	20～30	乙二胺	4～6

工艺、性能：耐腐蚀性良好。价格低。

[21] 防腐涂料(2)

成分	用量(份)	成分	用量(份)
环氧树脂 E-44	50	石墨粉	20
糠酮树脂	50	乙醇	20～30
邻苯二甲酸二丁酯	10	多乙烯多胺	10

工艺、性能：耐腐蚀性良好，用前加固化剂。

[22] 防腐涂料(3)

成分	用量(份)	成分	用量(份)
环氧树脂 E-44	100	混合溶剂(丙酮、甲苯)	20～30
煤焦沥青(针入度20)	100	乙二胺	6～8
邻苯二甲酸二丁酯	10～15		

工艺、性能：耐酸碱性良好，作防腐涂层。

[23] 防腐涂料(4)

成分	用量(份)	成分	用量(份)
环氧树脂 E-44	100	石墨粉	50
糠酮甲醛树脂	100	二甲苯	15～20
间苯二胺	15		

工艺、性能：作防腐中间涂层。涂两遍以上，高温放置12h，50～60℃，处理6～8h，再60～70℃处理24h。

[24] 防腐涂料(5)

成分	用量(份)	成分	用量(份)
环氧树脂 E-44	20	乙二胺	5
酚醛树脂 2130	30	石墨粉	25
糠醛树脂	50	乙醇	适量
邻苯二甲酸二丁酯	10		

工艺、性能：乙二胺和乙醇配时加入，涂刷后，缓慢升温180～200℃处理24h。适用于制药设备涂层。

[25] 防腐涂料(6)

成分	用量(份)	成分	用量(份)
环氧树脂(E-44或E-42)	100	邻苯二甲酸二丁酯	10
环氧丙烷丁基醚560号(或丙酮)	10(10～15)	间苯二胺	10～15

工艺、性能：前三种组成混合，加热至50℃，搅拌均匀。另取间苯二胺10份与环氧树脂混合物15份混合加热至70℃，搅拌15min，降温至30℃以下，再将余下的环氧树脂混合，搅

拌 15min 即可施工。作防腐涂料。

[26] 防腐涂料(7)

成分	用量(份)	成分	用量(份)
环氧树脂 E-44	70	丙酮	12
酚醛树脂 214 号	30	乙醇	28

工艺、性能：混合均匀，施工后常温下 1~18h 固化。涂刷 4 遍。对水泥、金属黏接性好，耐酸碱腐蚀。

[27] 面漆(1)

成分	用量(份)	成分	用量(份)
环氧树脂 E-20	75	混合溶剂(丙酮、甲苯等)	适量
钛白粉	15~25	二乙烯三胺	7~10
或铁红粉	0~10		

工艺、性能：耐腐蚀性好，作面漆用。

[28] 面漆(2)

成分	用量(份)	成分	用量(份)
环氧树脂 E-44	75	混合溶剂(环己酮、丁醇、二甲苯)	适量
金红石型钛白粉	12.5	二乙烯三胺	3.0
铁红	12.5		

工艺、性能：可作面漆用。后缓慢加入环氧树脂，升温至 210℃ 时，将 5 份甘油 1h 内加完，并使温度升至 230℃，然后再慢慢加入 2 份甘油，并将温度升至 270℃，再快速升至 280℃，冷却至室温得到制品。

[29] 耐火环氧清漆

成分	用量(kg)	成分	用量(kg)
环氧树脂的制备：		耐火环氧清漆的配制：	
双酚 A	84	环氧树脂	200
环氧氯丙烷	260	双酚 A	45
四溴双酚 A	10	甲乙酮	适量
氢氧化钠	适量	双氰胺(平均粒度 15μm)	8
		二甲氨基甲苯	0.5

工艺、性能：环氧树脂的制备：将双酚 A、四溴双酚 A、环氧氯丙烷在氢氧化钠存在下于 80℃ 加热 4h，真空浓缩以除去过剩的环氧氯丙烷。用水洗涤，即得到含 2.4% 溴和环氧当量为 248 的环氧树脂。

将环氧树脂、双酚 A、甲乙酮在 100℃ 下搅拌 30min，得到在 25℃ 下密度为 1.33g/cm³ 的溶液。然后将该溶液与双氰胺、二甲氨基甲苯一起辊磨，就得到固化时间为 250s (180℃)、罐藏寿命 ≥5h(60℃)和分散稳定性很好的耐火环氧清漆。

[30] 底漆(1)

成分	用量(份)	成分	用量(份)
环氧树脂 E-20	78	混合溶剂(丙酮、甲苯)	适量
红丹	100	二乙烯三胺	7~10
滑石粉	17		

工艺、性能：耐腐蚀性好，作底层涂料用。

[31] 底漆(2)

成分	用量(份)	成分	用量(份)
环氧树脂 E-20	28	硅藻土	5.65
丁醇改性三聚氰胺甲醛树脂	0.85	稀释剂(501)	25
滑石粉	4.65	固化剂(己二胺:酒精=1:1)	3.26
红丹	59.9		

工艺、性能:用时加固化剂作底层涂料。耐油、水性良好。

[32] 底漆(3)

成分	用量(份)	成分	用量(份)
糠醇改性环氧树脂	78	滑石粉	17
混合溶剂(丙酮、甲苯)	适量	二乙烯四胺	6~12
红丹	100		

工艺、性能:耐腐蚀,作涂料底漆用。

[33] 防腐面漆

成分	用量(份)	成分	用量(份)
糠醇改性环氧树脂 E-22	233.5	滑石粉	10
混合溶剂(丙酮、甲苯等)	适量	硫酸钡	20
钛白粉	70	间苯二胺	10~20

工艺、性能:高效耐腐蚀面漆涂料。施工后应在120℃处理2h。

[34] 展色剂(1)

成分	用量(份)	成分	用量(份)
环氧树脂 E-12	75	椰子脂肪酸	25

工艺、性能:蒸煮温度232℃。展色剂。

[35] 展色剂(2)

成分	用量(份)	成分	用量(份)
环氧树脂 E-20	43	松香	10
亚麻油脂肪酸	47		

工艺、性能:用作气干型搪瓷展色剂。

[36] 漆包线膜

成分	用量(份)	成分	用量(份)
环氧树脂 E-20	300	环己醇	133
癸二酸	101	二氯苯	250
氰化胍	42	糠醇	250

工艺、性能:树脂加入环己醇,升温搅拌溶解,加癸二酸及氰化胍,搅拌50min,加热至120~130℃,保温即成。再加其余成分搅均可用。用作漆包线膜。

[37] 绝缘漆(1)

成分	用量(份)	成分	用量(份)
环氧树脂 E-51	12	过氧化二苯甲酰	1
聚甲基丙烯酸甲酯	70	萘酸铝	3
不饱和聚酯311	18	邻苯二甲酸二丁酯	3

工艺、性能:快干型无溶剂漆,可作线圈绝缘用。

[38] 绝缘漆(2)

成分	用量(份)	成分	用量(份)
环氧树脂 E-20	40	白炭黑	1.25
环氧树脂 E-06	60	双氰胺	3.0
石英粉	100		

第十四节 聚氨酯漆类

以聚氨酯树脂为主要成膜物质的涂料,称为聚氨酯漆。聚氨酯漆是聚氨基甲酸酯漆的简称。聚氨基甲酸酯是以多异氰酸酯和多羟基化合物反应而制得的含有氨基甲酸酯的高分子化合物。

1. 聚氨酯漆的性能特点和用途

聚氨酯漆是应用较广和发展很快的一种新型油漆,也是国内外木器油漆中的重要漆类,它具有较为全面的优异性能。其优点有:

(1) 固体含量高,漆膜丰满、光亮(与一般挥发性漆相比)。

(2) 具有良好的耐热性和附着力。其耐热性仅次于有机硅漆,附着力接近于环氧树脂漆,不仅对木材、金属有极好的附着力,而且对玻璃、水泥、橡胶等也具有优异的附着力,这是其他油漆所不及的。

(3) 漆膜坚韧,机械强度高,耐磨性几乎是各类油漆中最突出的一种,因而广泛用作地板漆、甲板漆、纱管漆及超音速飞机等表面涂装。

(4) 具有较全面而且较强的耐化学药品性。能耐酸、耐碱、耐盐液及油类等介质的浸蚀。可用作化工设备、管道的防腐蚀涂料;或用作高温高湿及海洋性气候条件下的结构件、机械设备、仪器仪表等的涂装。具有优良的耐油、耐溶剂性。可用作溶剂贮槽、石油管道、油罐等的涂装。

(5) 漆膜的耐温变性尤为优异,能在高温下烘干,也能在低温下固化,它能在 $-40 \sim 120$℃ 条件下使用,具体品种可根据使用条件需耐高温或低温的指标调节。

(6) 施工黏度低,适用于刷涂、喷涂等施工方法。漆膜经抛光修饰,平整丰满,透明度高,具镜样光泽,兼具有优异的保护性和极高的装饰性能。

聚氨酯也有下列缺点:

(1) 用芳香族多异氰酸酯为原料的聚氨酯漆,易泛黄,保光保色性差,不宜做浅色漆,不宜户外使用。

(2) 聚氨酯漆中的异氰酸酯对人体呼吸系统刺激大,对人体有害。

(3) 聚氨酯漆中的异氰酸酯极为活泼,对水分和潮气敏感性极强,遇水遇醇就可能发生反应,在制造与贮存过程中容易胶凝,使用中易产生气泡、针孔等缺陷,选用溶剂时,必须保证溶剂中无水无醇。

(4) 聚氨酯漆品种多,分装,使用时按量配比,故施工应用时较麻烦。

2. 聚氨酯漆的分类

聚氨酯漆根据其成膜物质聚氨酯的化学组成及固化机理的不同,大致可分为5种类型:

(1) 聚氨酯改性油涂料(单组分):它是以甲苯二异氰酸酯代替邻苯二甲酸酐或间苯二

甲酸酐与干性油的单甘油酯及双甘油酯反应制成的,不含游离的-NCO基。它的干燥机理和醇酸树脂相同,漆中加入钴、锰、铅等催干剂,是通过双键氧化进行的。比醇酸漆快干,硬度高、耐磨、耐弱碱、耐油。但流平性差,易泛黄,色漆易粉化。宜用作室内木材、水泥以及防腐蚀涂装。

(2) 湿固化型聚氨酯涂料(单组分):它是由多异氰酸酯与含羟基化合物制成含有活性的-NCO基的涂料。它的干燥机理由活性-NCO基与空气中的水分作用而形成脲键而固化成膜。漆膜坚韧致密、耐磨、耐化学腐蚀,并且具有良好的抗化工气体污染性及耐特种润滑油等性能。

(3) 封闭型聚氨酯涂料(单组分):它是将二异氰酸酯或其加成物上的游离-NCO基团,用某种活性氢原子化合物(如苯酚等)暂时封闭起来,然后与带有羟基的聚酯或聚醚等配合,使用时将漆膜烘烤到150℃时,苯酚随可逆反应而挥发,释放出游离的-NCO基,而与聚酯的羟基反应,形成坚硬的漆膜。漆膜耐磨、耐溶剂、耐水、并且具有良好的绝缘性。主要用于涂覆漆包线。

(4) 羟基固化型聚氨酯涂料(双组分):这是聚氨酯涂料中品种最多的一类。一般为双组分,一个组分是带有羟基(C-OH)的聚酯等,另一组分是带有异氰酸基(C—NCO)的加成物。使用时将两组分按一定比例混合,由于-NCO与-OH的反应而固化成膜。羟基固化聚氨酯涂料可按需要制成柔软或坚硬的漆膜,具有良好的耐磨、耐溶剂、耐水、耐化学腐蚀性,应用很广泛。

(5) 催化固化型聚氨酯涂料:它是一个组分为多异氰酸酯的蓖麻油或蓖麻油双酯的预聚物,含有游离基-NCO,另一组分为催化剂。使用时将两组分按一定比例混合。它的固化原理和湿固型聚氨酯涂料相似,在催化剂的作用下,预聚物的游离基-NCO与空气中的水分反应而固化成膜。它比湿固化型干燥快,施工不必考虑湿度大小。它具有良好的附着力、耐磨性、耐水性和光泽。一般用于木材、混凝土表面,品种以清漆为主。

上述5个类型的聚氨酯漆,除封闭型漆需高温烘烤不宜用于木器外,其余均可用于木器涂饰。其中应用最多的是羟基固化聚氨酯漆,广泛应用于木器家具的涂饰,基本上代替了硝基漆的罩光。

3. 羟基固化型聚氨酯漆的应用

羟基固化型聚氨酯漆分甲、乙两个组分,甲组分为含异氰酸基(-NCO)的加成物或预聚物;乙组分为含羟基(-OH)的聚酯、聚醚、环氧树脂等。平时两个组分分装,使用时按比例混合。由于-NCO和-OH的反应,在常温下就能交联固化形成聚氨酯漆膜。

羟基固化型聚氨酯漆的性能,随所含异氰酸基的加成物和含羟基化合物的类型、组成及异氰酸基和羟基的比例不同而变化。如甲组分多,则能增加涂层网状结构的密度,使漆膜坚硬,耐化学性好,但漆膜的柔韧性差。

羟基固化型聚氨酯漆的型号有很多,主要有685、672、7110、745、7310等等,其中685使用最为普遍。

685是一种聚氨酯清漆。其中685的乙组分是由精制松香、甘油、蓖麻油、苯酐缩聚而成的含羟基聚酯。685的甲组分是乙组分与甲苯二异氰酸酯的加成物。使用时甲组分与乙组分按4∶1的比例混合搅匀,静置除泡后即可使用。混合后清漆的活性期为4~8h,过期即自行固化。黏度可用混合溶剂来调节,混合溶剂为醋酸丁酯、环己酮、二甲苯按1∶1∶1的混合物。

为提高685清漆的光泽,配漆时常加入顺酐树脂溶液(失水苹果酸树脂的二甲苯溶液),加入量为甲组分的10%~15%。夏季因施工温度高,容易出现气泡,可酌情加入微量硅油作消泡剂,冬季低温,可酌情加入二甲氨基乙醇或二乙氨基乙醇作固化剂,加入量为甲组分的0.2%。

685聚氨酯清漆涂层常温下约1h表干,10~20h实干,5~7d后才能彻底固化。一般情况下,涂层以薄而多遍才能得到满意的漆膜。连涂时,每遍间隔约1h(表干)为宜。如果干得过分,再涂下一遍时,则层间交联很差,结合不紧密,影响质量。如间隔时间过长,在涂下一遍时,可用酯、酮类溶剂揩涂一遍或用细砂纸打磨后再涂覆,以有效提高层间附着力。在配漆或涂饰过程中,切忌与水、酸、碱、醇类接触;涂饰面底层应干燥;喷涂时压缩空气中不得带有水、油等杂质,否则易变质报废。

685并不是聚氨酯漆中性能最好的,但在一定程度上也代表了聚氨酯漆的特点。它的漆膜坚韧耐磨、附着力好,有很高的耐水、耐酸碱、耐温变性,经抛光后的漆膜光泽优异。其装饰效果、保护性能、施工效率都大大超过硝基漆(蜡克)。其固体分含量约为50%,高于硝基漆2~3倍以上,从而简化了施工工艺。当前,上海、武汉、广州等地木器行业将之作为主漆使用。

聚氨酯漆的品种性能见表10-16。

聚氨酯漆品种性能 表10-16

品种	主要组成	技术性能	施工应用	备注
685聚氨酯木器清漆	685乙组分为蓖麻油、甘油、苯酐等缩聚而成的含羟基聚酯。以醋酸丁酯、环己酮为溶剂。685甲则为685乙与甲苯二异氰酸酯的预聚物,溶剂同乙组分	甲组分外观为黄色透明液体。-NCO含量为4.5%~6.0%;黏度(涂-4)10~25s固体含量为48%。乙组分为黄棕色透明液体,羟值为60~90;酸值<8mg,黏度(涂-4)10~30s。甲乙组分混合后交联固化所成漆膜坚硬耐磨、耐热、耐寒、耐温变、耐液,附着力好,丰满光亮	配漆参考比例为甲组分100份,乙组分25份,50%424树脂15份,溶剂(醋酸丁酯、环己酮、二甲苯铵1:1:1)适量。如冬季干燥慢可加固化剂二乙氨基乙醇(为甲组分量的0.2%);夏季气温高,防止气泡可酌加微量硅油。可刷、喷、淋涂,待底漆干后可涂饰2~3道685漆,常温干燥36h可水砂、抛光	上海家具涂料厂生产424为顺丁烯二酸酐树脂的二甲苯溶液
901-DC2(B型)高级瓷化清漆	由DD树脂与多种含羟基、聚酯、异氰酸酯通过共聚共混而成	干燥快,硬度特高,耐磨、耐酸碱,手感爽滑,为透明液体。表干≥30min,实干≥60min;固体含量A组为38.3%,B组为46.7%,硬度≥0.792	配比为甲组分:乙组分=1:2。使用前将甲组分充分搅匀,然后按配比将乙组分倒入甲组分配好,陈放10min后使用。配好的漆争3h内用完,过稠可用溶剂稀释	烟台福山西苑化工厂
904-DZQ(A型)高级瓷化彩色漆	由DD树脂与各种羟基、纤维素酯、异氰酸酯及颜料通过共聚共混而成	干燥快,手感滑爽,坚硬耐磨、耐酸碱。甲组分颜色符合色差范围。乙组分固体含量(50±2)%;甲组分细度≤40μm;表干30min;实干≥1h;硬度0.78	配比为甲组分:乙组分=1:1。使用前将甲组充分搅匀,然后将乙组分按配比倒入甲组分中配好,陈放10min后使用。两次涂饰间隔时间不宜过长,配好的漆争3h内用完,过稠可用溶剂稀释。配套底漆为905-2-DC封闭底漆	烟台福山西苑化工厂

续表

品　种	主　要　组　成	技　术　性　能	施　工　应　用	备　注
672聚氨酯木器清漆	672乙组分为蓖麻油、甘油、甘油松香、苯酐缩聚而成的含羟基聚酯，以环己酮、二甲苯为溶剂。672甲则为672乙与甲苯二异氰酸酯的预聚物，溶剂与乙组分同	甲组分外观为浅黄至黄棕色透明液体，—NCO含量为6.5%～7.5%，黏度（涂-4）10～25s，固体含量为50%。乙组分外观为浅黄色透明液体，羟值为100～130，酸值<8mg，黏度同甲。所成漆膜与685类似。由于甲组分中异氰酸基含量高于685，漆膜硬度略高，性能稍好	配漆比例为甲比乙=2:1，另加适量溶剂（环己酮与二甲苯为1:2），涂饰工艺与685相同。如需提高漆膜光泽可加入10%左右的424树脂液	上海家具涂料厂生产
745聚氨酯木器清漆	745甲为三羟甲基丙烷和甲苯二异氰酸酯的加成物。以醋酸丁酯为溶剂，745乙是由合成脂肪酸、季戊四醇、苯酐等缩聚而成的含羟基聚酯，以环己酮、醋酸丁酯与环己烷为溶剂	甲组分外观为黄或棕黄色透明液体。NCO含量为7.5%～9.5%；黏度（涂-4）10～23s，固体含量为50%。乙组分外观为红棕或棕褐色透明液体，羟基含量为2%～3%；酸值<8mg，黏度（涂-4）8～20s；固体含量为50%。该漆由于原料好，综合性能优异，采取了萃取工艺，因此降低了漆中游离单体含量。溶剂中不含苯类，故是聚氨酯漆类中的低毒品种	配漆比例为甲8份，乙10份，环己酮0.5份。冬季可加5%二丁二月桂酸锡0.03份，夏季酌加极微量201硅油，25%硝基纤维素流平剂1份。施工与685同，可淋涂、刷涂或喷涂	上海家具涂料厂生产
821聚氨酯清漆	821乙组分为蓖麻油、甘油、苯酐缩聚而成的含羟基聚酯。甲组分为乙组分与甲苯二异氰酸酯的预聚物	甲组分外观为浅黄色透明液体。NCO含量为7.5%～9.0%，固体含量为50%；黏度（涂-4）15～25s。乙组分为黄棕色透明液体，羟值60～90；酸值<8mg；黏度为15～30s；固体含量为50%。该漆与685相对比具有低毒、颜色浅、干燥快、硬度高、使用方便等优点	使用配比为甲组分1份，乙组分1.5～2.0份，溶剂适量。如施工温度低于15℃应加入催化剂二甲基乙醇氨或二乙基乙醇氨0.03%～0.05%；气温超过30℃则应加入0.01%～0.03%201号有机硅油。溶剂可使用环己酮与醋酸丁酯	上海家具涂料厂生产
8621各色聚氨酯磁漆	甲组分主要原料与685甲同，为含异氰酸基的预聚物。乙组分主要原料同685乙并加入各种颜料	甲组分外观为浅黄色透明液体。NCO含量为7.5%～9.0%；固体含量为50%；黏度（涂-4）15～25s。乙组分外观符合色板要求，细度≤25μm；黏度为35～60s。该漆常温表干1h，实干6h，漆膜色彩鲜艳纯正，丰满光亮。并耐热、耐温变、耐腐蚀，硬度为>0.5，光泽>90%，附着力2级，柔韧性为1mm	配漆比例为甲、乙组分按1:1，溶剂适量，溶剂可用醋酸丁酯、二甲苯与环己酮。施工温度低于15℃时应加入0.01%～0.05%的二乙基乙氨醇或二甲氨基乙醇	上海家具涂料厂生产

续表

品 种	主 要 组 成	技 术 性 能	施 工 应 用	备 注
SY-11聚氨酯清漆	为油改性聚氨酯树脂、醇酸树脂、200号溶剂汽油、二甲苯与催干剂等组成的单组分聚氨酯漆	外观为浅黄色透明液体,黏度(涂-4)25~50s;固体含量为50%;常温表干为2h;实干为12h;漆膜硬度不小于0.5;柔韧性不大于1mm;附着力不大于2级;光泽不小于95%。该漆既具有聚氨酯的光亮、丰满和漆膜硬等优点。还具有醇酸漆的易施工、低毒无刺激的特点。施工与醇酸漆相同	该漆可刷、喷、淋、辊与浸涂施工,可用200号溶剂汽油调整黏度。每道漆宜涂薄(干膜厚以15~20μm为宜),前道漆需实干经打磨再涂下道漆	天津油漆厂生产
S01-3聚氨酯清漆	甲组分为甲苯二异氰酸酯与三羟甲基丙烷的加成物,乙组分为蓖麻油醇酸的二甲苯溶液	该漆外观为浅黄至棕黄色透明液体。固体含量为50%,常温表干4h,实干20h,烘干(120℃)1h,完全固化需要7d,柔韧性1mm,冲击强度5N·m。强度,常温干48h,后不小于0.5MPa,120℃干1h后不小于0.6MPa,耐水性48h不起泡。此外,该漆坚硬耐磨,丰满光亮,耐水、耐腐蚀,附着力好	配漆比例为甲:乙=85:100。配好漆需放置20min再用,并应在8h内用完。要用X-10、X-11聚氨酯稀释剂调黏度,涂层可自干或烘干。喷刷、浸涂均可,刷涂黏度为25~30s,喷涂黏度为18~20s,使用量每层约为50~60g/m²	天津油漆厂与全国各大油漆厂生产
PU-10聚氨酯封闭漆	甲组分为异氰酸酯加成物,乙组分由含羟基树脂、流平剂、催化剂等组成	该漆外观为浅黄色透明液体。黏度(涂-4)40~120s,固体含量为(35±2)%,常温表干为30min,实干为6h。该漆对木质基材封闭性良好,对上涂漆层也有很好的附着力,并能清晰显现木纹	配漆比例为甲:乙=1:4,溶剂适量。可刷涂与喷涂,刷涂可原液使用,喷涂需调稀,黏度为15s,用口径为1.5~2.0mm的喷枪,空气压力为0.35~0.40MPa,涂饰量约为50~70g/m²。连续涂饰可间隔20min以上,配漆后可使用时间为4~6h	齐齐哈尔油漆厂生产
PU-20聚氨酯打磨漆	甲组分为异氰酸酯加成物,乙组分为含羟基树脂、打磨剂、流平剂与填充剂等组成	该漆外观为乳白色液体。黏度(涂-4)60~140s。固体含量为(48±2)%,细度不大于80μm,附着力为2级,常温表干为30min,实干不大于6h。该漆对木质基材有填充能力,涂膜便于打磨,形成平滑的涂层	配漆比例为甲:乙=1:3,可加适量溶剂。可涂于封闭漆上,也可以直接用作底漆,用作中密度板表面底漆效果良好。涂饰一遍常温(25℃)干燥2~3h即可打磨。涂饰量为80~120g/m²,可刷涂与喷涂,喷涂黏度为15~20s	齐齐哈尔油漆厂生产适于与PU-10、PU-30配套使用
PU-30聚氨酯罩光漆	甲组分为异氰酸酯加成物,乙组分为含羟基树脂、流平剂与消泡剂等组成	该漆外观为浅黄色透明液体。黏度(涂-4)30~50s,固体含量为50%,常温表干1h,实干不大于8h。漆膜透明丰满光亮,坚硬耐磨、耐液、耐热、耐温变,附着力好	配漆比例为甲:乙=1:2,溶剂适量,此漆属面漆,多用于封闭漆和打磨漆的上面。可刷涂与喷涂,刷涂使用原液,喷涂需调稀至黏度(涂-4)15s。配漆可使用时间为4~6h,涂层间隔时间为20min以上	齐齐哈尔油漆厂生产适于与PU-10、PU-20配套使用,也可单用

续表

品 种	主 要 组 成	技 术 性 能	施 工 应 用	备 注
STB聚氨酯木器清漆	甲组分为含羟基树脂（乙组分）与甲苯二异氰酸酯的加成物，以无水二甲苯和醋酸丁酯为溶剂，乙组分为蓖麻油、甘油、苯酐酯化而成的含羟基树脂，溶剂同甲	该漆外观甲组分为红棕色，乙组分为浅黄透明液体。黏度为15~45s，固体含量为(50±5)%，常温表干不大于2h，实干不大于10h，附着力2级，硬度>0.7；沸水5h无变化；烟头1min无变化，耐盐水48h无变化。该漆丰满光亮，漆膜耐热、耐寒、耐磨、耐温变、耐化学腐蚀	配漆比例为甲：乙＝(1.0~1.5)：1，调匀后需放置10~15min再涂饰。喷涂、淋涂与刷涂均可，可用虫胶或硝基打底。常温可每间隔1.0~1.5h一遍，最后一遍（一般涂3或4遍）需干36h后用水砂纸打磨，晾干1h可抛光。如冬季施工环境温度过低可加聚氨酯漆固化剂（二甲基乙醇氨），用量约为甲组分的2%	哈尔滨油漆厂生产
SH-2彩色聚氨酯漆	甲组分为含异氰酸酯的预聚物。乙组分为含羟基与环氧基的聚合物，并加入颜料	混合后所成漆膜外观为平整光滑符合样板要求之色泽。原漆黏度为18s(涂-4)；常温表干1h，实干24h。所成漆膜遮盖力为120g/m²（白色），细度25μm，硬度0.6；附着力2级，光泽95%。该漆耐水、耐酸、碱、耐热、耐温变，漆膜丰满光亮，附着力好	使用时甲乙组分可按1：1调配，调黏度可用二甲苯、环己酮与醋酸丁酯（按3：1：1）混合溶剂。配漆后搅拌均匀，需在6h内用完。可刷涂与喷涂，喷涂效果好。有各种颜色可选用，适于彩色家具的涂饰	无锡造漆厂生产
PU木器底漆	为双组分漆。甲组分为多元醇树脂打磨剂。乙组分为聚异氰酸盐组成	该漆外观为透明液体。黏度（涂-4）89~96s，固体含量(69±5)%，常温表干30min，打磨4h，实干8h。该漆干燥快，易施工，易打磨，适合各类木器的底层使用	配漆比例为甲：乙（催干剂）：稀释剂＝2：1：1。可喷涂使用，混合后的施工漆液使用时间勿超过5h	仙人掌牌聚氨酯漆
PU清面漆	甲组分以多元醇树脂为主组成。乙组分由聚异氰酸盐组成	外观为浅黄色透明液体。黏度（涂-4）40~50s(23℃,KU)，固体含量(52±3)%，常温表干25min，实干4h。该漆膜丰厚，光泽高，施工容易，且抗水性、抗化学性优越，适合各类木器使用	配漆比例为漆油：催干剂：稀释剂＝2：1：1。可喷涂使用，混合后的施工漆液使用时间勿超过5h	仙人掌牌聚氨酯漆
优丽旦"聚酯底漆"	双组分漆	分T-3102F白色与3180F黑色两种。固体含量(75±2)%，表干20min，打磨时间4h。硬度高，干燥快，易打磨	配漆比例为底漆：催硬剂：稀释剂＝2：1：2。喷涂使用，耗用量0.23kg/m²（喷涂$1\frac{1}{2}$度）	深圳日高公司松树牌优丽旦"聚酯底漆"

续表

品种	主要组成	技术性能	施工应用	备注
优丽旦"聚酯"面漆	以聚氨酯树脂为基料,为双组分漆	干燥快、高光泽,漆膜坚硬、耐磨、耐水、耐清洁剂。表干20min,实干24h,固体含量(65±4)%,耐沸水100℃ 1h,闪点35℃,有各种颜色	配漆比例为面漆:催硬剂:稀释剂=2:1:3。喷涂使用,耗用量0.112kg/m² (喷涂$1\frac{1}{2}$道)两层漆膜厚度50μm 适用底漆为松树牌 A—1133封固底漆(头度) T—3102F优丽旦聚酯底漆(白) 3180优丽旦聚酯底漆(黑)(两度底漆)或T—8102保丽聚酯底漆	深圳日高公司松树牌优丽旦"聚酯"面漆
901-DZQ (A型)高级瓷化清漆	由DD树脂与多种羟基、纤维素、异氰酸酯通过共聚共混而成,为双组分漆	干燥快,硬度高,耐磨、耐酸碱,具有光亮柔和的光泽,手感滑爽,外观为透明液体。表干≤30min,实干≤60min,固体含量甲组分为25%,乙组分为48%,硬度≥0.778	配漆比例为甲组:乙组=1:1(重量比)。使用前将甲组充分搅匀,然后将乙组按比例倒入甲组中配好,陈放10min后使用。配好的漆争取3h内用完,过稠可用溶剂稀释。施工可采用喷、淋及刷涂	烟台福山西苑化工厂

4. 聚氨酯漆的配方

[1] 蓖麻油预聚物

成分	用量(kg)	成分	用量(kg)
二异氰酸酯	33.7	甘油	3.15
蓖麻油	43.05	甲苯	80
环烷酸钙	0.1		

工艺、性能:将蓖麻油、甘油、环烷酸钙混合加热至220℃,反应2h,降温至40℃左右,加入二异氰酸酯,升温至80℃反应1h,即得蓖麻油预聚物。

[2] 聚氨酯沥青防腐漆

成分	用量(kg)	成分	用量(kg)
蓖麻油预聚物(见本节配方[405])	20.8	混合干料:环烷酸钴=4:1	0.5
煤焦油沥青红丹浆(见本节配方[407])	100		

工艺、性能:将全部物料混合,充分搅拌均匀,即得制品。

[3] 煤焦油沥青红丹浆

成分	用量(kg)	成分	用量(kg)
煤焦油沥青	21	滑石粉	4
红丹	75		

工艺、性能:将各组分混合、研磨,要求细度小于60μm。研磨时若过稠,可适当加些环己酮进行调节。细度和稠度合格后即可使用。

[4] 聚氨酯漆

成分	用量(kg)	成分	用量(kg)
异氰酸酯	10	邻苯二甲酸二辛酯	2
聚氯乙烯树脂粉	8	大理石粉或石墨粉	适量
丙酮	100		

工艺、性能:将丙酮、二辛酯和聚氯乙烯混合,搅拌均匀,置于80℃左右的水浴中加热,强烈搅拌,直至成均匀状胶液,冷却后即为耐酸涂料,使用时加入异氰酸酯和适量填料,搅拌均匀即可施工。

[5] 磁性涂料

成分	用量(kg)	成分	用量(kg)
甲组分:红色氧化铁粉	20	甲乙酮	20~100
氯乙醋共聚树脂	15~100	乙组分:甲苯二异氰酸酯	0.5
邻苯二甲酸二辛酯	30	甲乙酮	50~100

工艺、性能:将甲组分各物料混合,置于研磨机中分散处理2d,得甲液。将乙组分物料混合搅拌,溶解均匀,即得乙液,将甲、乙液混合,搅拌均匀,混合后约30min即可作为磁性涂料使用。

本品涂在磁性介质的基体上,具有涂膜坚韧、抗挠曲性好、耐磨耗几乎无时效变化等特点,适用于作视频信号或仪表用的磁性介质、磁性层的磁性涂料。使用时60℃,固化48h。

[6] 发动机叶片涂料

成分	用量(kg)	成分	用量(kg)
甲组分:聚醚聚氨酯橡胶	32.79	环己酮	19.67
(-NCO为4%~6%)		二甲苯	22.95
环氧聚氨酯预聚物	24.59	乙组分:70%环氧树脂	37.59
(-NCO为6%~10%)		钛白粉(R820)	60.15
		酞菁铬绿	2.26

工艺、性能:将甲、乙组分分别混合、搅拌,使其溶解均匀。

取甲组分84份,乙组分16份,10%催干剂1~2份混合调匀后即可使用。

本品具有良好的耐磨性能和防腐性能,适用于作抗高速气流冲刷的飞机发动机叶片涂料。

[7] 防腐涂料

成分	用量(kg)	成分	用量(kg)
甲组分:二氧化钛(或氧化铁或Fe-Co)	10~50	甲乙酮	20~100
烷基胺	0.01~2.5	乙组分:甲苯二异氰酸酯	0.25~10
氯乙共聚乳液	10~50	甲乙酮	10~100
甲苯	20~100		

工艺、性能:固化条件80℃,24h。

[8] 防腐涂料

成分	用量(kg)	成分	用量(kg)
甲组分:氧化铁粉	5~50	甲苯	30~100
2-氨基丁酸	0.05~2.5	甲乙酮	10~100
丙烯腈-丁二烯共聚乳液	5~50	乙组分:甲苯二异氰酸酯	0.25~10
		甲乙酮	10~100

[9] 防腐涂料

成分	用量(kg)	成分	用量(kg)
氯化聚氯乙烯树脂粉	12	邻苯二甲酸二丁酯	1
丙酮	100	异氰酸酯	14

工艺、性能:将丙酮、二丁酯混合,加入树脂粉,搅拌均匀,置于80℃左右水浴中加热,充分搅拌,成为稠状均匀胶液,即为防腐涂料。使用时加入异氰酸酯,混合均匀即可施工。

本品既耐酸,又耐碱,而且还能承受100℃左右的温度,可作金属、木材及建筑防护用涂料。

第十五节 元素有机漆类

元素有机漆包括有机硅、有机钛、有机铝等元素有机聚合物为主要成膜物质的涂料。表10-17是常用有机硅树脂漆。

有机硅树脂漆中常用的几种油漆　　表10-17

类型	名称	组成	性能	用途
耐高温漆	铝色有机硅耐热漆 W61-1	有机硅树脂、羟基丙烯酸树脂酯类、酮类、苯类溶剂。使用时加铝粉	耐300～350℃高温,在常温下表干,颜色为银灰色	用于烟囱、高温设备等表面的涂刷
	草绿色有机硅耐热漆 W61-24	有机硅树脂、乙基纤维、氧化铬绿体质颜料,加混合剂	耐400℃高温,颜色为草绿色	用于烟囱、高温设备等表面的涂刷
	500～800号有机硅耐高温漆	以环氧改性有机硅树脂、耐高温颜料、玻璃料、助剂、氨基树脂及有机溶剂制成	耐高温在500℃、600℃及800℃不等(200h),颜色有银灰、银红、绿色等	用于烟囱高温设备等表面的涂刷

元素有机漆类的突出使用特点是耐高温低温、电绝缘性(耐高压电弧、电火花击穿)、憎水性、高防腐、耐久性、抗老化及三防性等,广泛应用于航空航天产品、高温作业的机械设备、电器、仪器仪表、无线电工业产品、船舶、海上设施、化工设备、锅炉、军工兵器产品等的涂装。

元素有机漆类配方如下:

[1] 有机硅涂料

成分	用量(kg)	成分	用量(kg)
固体硅氧烷	52.74	甲乙酮	254.48
甲基三甲氧基硅烷	10.88		

工艺、性能:将上述物料混合均匀,即成有机硅涂料。将本品涂在铝板上,于150℃下20min固化,膜厚2.5～5μm。适合于涂刷制造食品和饮料的铝质设备。

[2] 有机硅涂料

成分	用量(kg)	成分	用量(kg)
30%二氧化硅溶胶	167	有机硅化学物	20
甲基三甲氧基硅烷	20.3	异丁醇	38
乙酸	0.06	聚醚-硅氧烷(SF1066)	0.6

工艺、性能:于20～30℃下,把前3个组分混合搅拌16h左右,再加入其余组分,混匀后于20℃下让其熟化1周,即可得产品。

[3] 有机硅涂料

成分	用量(kg)	成分	用量(kg)
水解产物的制备:		有机硅的制备:	
甲基三甲氧基硅烷	74	水解产物	100
乙二醇	8	甲基二乙氧基氨丙基硅烷	8
硫酸	0.3	三乙氧基氨丙基硅烷	35
二甲基二甲氧基硅烷	26	高氯酸	0.15
甲醇	90	水	5
		甲醇	140

工艺、性能:水解产物的制备:将全部物料的混合物在72℃加热24h即得制品。

有机硅的制备:把水解产物在搅拌下加入其他成分即成制品。将其涂于聚碳酸酯塑料基材上,于90℃烘烤4h,则制得一种附着性良好、硬度高的涂层。本品用于塑料和金属的涂装,具有耐磨、抗化学性和耐溶剂性能。

[4] 有机硅涂料

成分	用量(kg)	成分	用量(kg)
端羟基聚硅氧烷	100	二氧化硅	10~25
甲基三乙氧基硅烷	2.5~9	乙二醇	30~40
有机锡化合物	0.01~0.1	颜料	2

工艺、性能:按配比将各组分混合搅拌均匀即成。

本品具有极好的黏合性能,能承受热胀冷缩的作用,适合于金属、混凝土的涂敷。

[5] 有机硅涂料

成分	用量(份)	成分	用量(份)
有机硅树脂	100	异丁酮	84
脲醛树脂	43.2	甲苯	84
异丁醇	84	二甲苯	84

工艺、性能:漆膜177℃下烘6min,耐水、耐腐蚀性好。

[6] 有机硅涂料

成分	用量(份)	成分	用量(份)
有机硅树脂(60%)	90	氧化铁红	18
锌铬黄	100	滑石粉	27

工艺、性能:漆膜在150℃下烤2h,防锈性能好。

[7] 有机硅涂料

成分	用量(份)	成分	用量(份)
有机硅树脂(60%)	75	含铅氧化锌	38.5
桔铬黄	100	滑石粉	35

工艺、性能:150℃烤48h,防锈效果稍差。

[8] 有机硅涂料

成分	用量(份)	成分	用量(份)
有机硅树脂(60%)	492	氧化锌	100
桔铬黄	100	滑石粉	100
氧化铁红	700		

工艺、性能：150℃下烤48h，防锈效果好。

[9] 有机硅涂料

成分	用量（份）	成分	用量（份）
有机硅树脂(60%)	40.5	石墨粉	16.6
氧化锌	48	石英粉	14
锌粉	100	甲苯、丁醇等	27.4

工艺、性能：205℃烘1~4h，漆膜硬，耐热高达550℃。

[10] 防水涂料

成分	用量（份）	成分	用量（份）
四甲基硅氧烷树脂	100	二甲苯	2170

工艺、性能：用于建筑防水。

[11] 耐热涂料

成分	用量（kg）	成分	用量（kg）
50%有机硅	49	二甲苯-丁醇(70:30)	适量
透明陶瓷料(熔点450~480℃,>200目)	15	聚酰胺	10
耐热黑颜料	18	碳酸锌	8

工艺、性能：将除溶剂外各组分球磨48h，然后用溶剂稀释到黏度合格，即得制品。用本品涂覆的钢板经处理后，所形成的涂层能耐800℃热震，附着力强。

第十六节 橡 胶 漆 类

橡胶漆是以天然橡胶衍生物或合成橡胶为主要成膜物质的涂料。其发展前景看好，应用范围越来越广泛。其品种较多，表10-18为常用的橡胶漆。其中氯丁橡胶漆和氯化橡胶漆应用较多，其特点是具有牢固的附着力、防水防霉、高防腐、耐高温低温、优良的电绝缘性能等。应用于化工设备、地下管道防腐、电器设备、航空、兵器、船舶、车辆、木材、塑料、纸张皮革、水泥等表面的涂饰。

橡胶漆中常用的建筑油漆　　　　　表10-18

种类	组成	性能	用途
氯化橡胶漆	由天然橡胶经深度氯化，加入树脂、颜料及多种添加剂制成	除与其他含氯树脂有许多类似性能外，还具有以下优点： (1) 耐化学性及耐水性好 (2) 涂膜坚韧、耐磨、保色性好，附着力好 (3) 耐燃性好，固体含量高，有优异的绝缘性和防霉性 缺点：对强硝酸、浓醋酸、28%氢氧化氨溶液和动植物脂肪酸不能抵抗。在高温下会失去附着力而损坏	潮湿环境的混凝土、砖石面及游泳池的涂料，用于保护钢铁、镀锌面的底漆或面漆
氯丁橡胶漆	由二烯聚合而成，有单组分和双组分之分	耐水、耐磨、耐晒、耐碱、耐高温可达93℃，低温可达-40℃，对金属、木材、水泥有良好附着力 缺点：有颜色变深倾向，不适宜制造白漆或浅色漆	制作防腐漆可涂饰在金属、木材、水泥面上，对地下或有腐蚀性介质及潮湿环境下的物面起保护作用

种类	组成	性能	用途
丁苯橡胶漆	由丁二烯与苯乙烯的共聚物制成	涂膜透明、无味、无嗅、无毒、耐酸碱、醇、水、动植物油、洗涤剂,涂膜干燥快	作砖石、混凝土面的外用涂料和室内水泥地面涂料
丙苯橡胶漆	丙乙烯与丙烯酸的共聚物树脂	涂膜坚韧,耐摩擦性、遮盖力强,对各种物面黏附性好,与氯化橡胶相比最大的优点是能溶于价廉的石油溶剂中	作室内外砖石、混凝土面的防水涂料

橡胶漆类配方如下：

[1] 天然胶乳涂料

成分	用量(g)	成分	用量(g)
50%天然橡胶胶乳	200	水	100
亚麻油	5	颜料	70
中铬黄	8		

工艺、性能：将全部物料混合，搅拌，研磨至所需细度即为成品。

[2] 橡胶商标装饰涂料

成分	用量(kg)	成分	用量(kg)
清胶浆	100	清漆	3.3
铜金粉	25~35	白蜡	5
松香	0.83	凡士林	0.05
乙醇	适量		

工艺、性能：将清胶漆、铜金粉及清漆加热搅拌均匀，然后把白蜡、松香和凡士林加热熔融后，徐徐滴入其中，不断搅拌，最后用乙醇调节稠度，即成制品。本品黏合度好，立体感强，涂在橡胶模压商标的凸面部位上，能使橡胶商品装饰得更加美丽。

[3] 丁苯胶乳涂料

成分	用量(kg)	成分	用量(kg)
丁苯胶乳	100	亚麻仁油	3
中铬黄	5	颜料	40
水	22		

工艺、性能：将全部物料混合研磨均匀即可。

本品可在潮湿作业面上应用，均化性能良好，易于修整，干燥迅速，抗水洗性强，可与各种颜料配伍，涂覆后表面美观。

[4] 胶乳涂料

成分	用量(kg)	成分	用量(kg)
50%丁腈胶乳	100	聚乙烯醇	1.2
50%丁苯胶乳	100	水	50
烷基苯磺酸钠	0.5		

工艺、性能：将聚乙烯醇加入水中加热溶解，然后加入其余组分搅拌均匀即成。

[5] 氯丁涂料

成分	用量(kg)	成分	用量(kg)
氯丁橡胶	70	二甲苯	20
桐油	3	汽油	220
炭黑	20		

工艺、性能：将氯丁橡胶溶于二甲苯和汽油中，加入其余组分混合均匀即成。

[6] 氯化橡胶防腐漆

成分	用量(kg)	成分	用量(kg)
氯化橡胶	18.2	甲苯	36.4
桐油	0.1	钛白粉	12
松节油	36.4		

工艺、性能：将氯化橡胶溶于松节油和甲苯组成的混合溶剂中，将胶全部溶解后，再加入其余组分，混合均匀，即成制品。

本品在常温下具有良好的耐酸、耐碱、耐盐类溶液、耐氯化氢和二氧化碳等介质的腐蚀性能，并具有良好的黏附力和弹性、耐磨、耐晒、防火等优点，适用于木质材料、金属、混凝土等物件上涂刷防腐。

[7] 橡胶涂料

成分	用量(kg)	成分	用量(kg)
炭黑	23	200号溶剂油	230
环化橡胶	77	桐油	3.5

工艺、性能：将环化橡胶溶于200号溶剂油中，然后加入其余组分，混合搅拌均匀即成。

[8] 耐磨涂料

成分	用量(份)	成分	用量(份)
天然乳胶(60%)	100	氧化锌	适量
氨铬素(20%)	4~10	颜料	适量
白水泥	134	水	10~20

工艺、性能：可涂黏在钢板上作耐磨层，也可做修水泥跑道用。

[9] 罩光涂料

成分	用量(份)	成分	用量(份)
异构橡胶	100	甲苯	470
石蜡	17.7		

工艺、性能：80~100℃下烘熔，漆膜耐水性好，作罩光用。

[10] 防腐涂料

成分	用量(份)	成分	用量(份)
氯化橡胶	100	硬脂酸铅	4.8
亚麻籽油改性醇酸树脂	33	二甲苯	200
氯化联苯	33		

工艺、性能：耐化学药品性能好。

[11] 木器清漆

成分	用量(份)	成分	用量(份)
氯化橡胶	100	甲苯	66.6
硬顺丁烯二酸松香酯	40	二甲苯	330
蓖麻油	60	重质苯	66

用途：木器清漆。

第十七节 其他漆类

1. 水性涂料

水性涂料可分为水分散型和水溶性两种,它们都是以水作为主要挥发分的涂料。

(1) 水分散型涂料 水分散型涂料又称乳胶漆。它是由液体的干性油或固体的树脂,通过乳化作用分散在水中形成的分散体,前者为乳液,后者为乳胶(悬浮体)。乳胶的体系是由连续相(亦称外相水)、分散相(亦称内相树脂)及乳化剂三者组成的。

根据制备方法的不同,乳胶液又分为分散乳胶和聚合乳胶两种。分散乳胶是指在乳化剂存在下靠机械的强烈搅拌,使树脂、油等分散在水中而形成的乳液,或者酸性聚合物加碱中和而分散在水中而形成乳液;聚合乳胶是在乳化剂存在下在机械搅拌过程中不饱和单体聚合而成的小粒子团分散在水中组成的乳液。

乳胶漆除节约油脂、有机溶剂外,还具有安全无毒,施工方便,干燥迅速,保光性好,透气性好等优点。

(2) 水溶性涂料 水溶性涂料是由水溶性树脂与颜料、体质颜料混合经研磨加入水和催干剂、交联剂及少量溶剂组成。

水溶性涂料一般为烘干型,烘烤温度在 140~150℃,甚至可达 170~180℃。由于烘烤温度和氨的干扰,故漆膜一般易变黄,不宜做浅色涂料。水溶性涂料的特点如下:

① 用水作稀释剂,避免了易燃和毒性。

② 漆膜的连续性比乳胶漆好,与一般溶剂型漆相仿。有良好的防锈性,适用金属表面。

③ 光泽比一般乳胶漆好,接近一般溶剂型油漆。

④ 稳定型比一般乳胶漆好,可用泵输送。

⑤ 多数水溶性自干漆常温干燥慢,耐水性较差。

目前水溶性烘烤底漆已广泛应用于汽车、自行车、缝纫机、仪表、轻工产品等方面。多数采用电泳涂装。

2. 粉末涂料

粉末涂料是 60 年代发展起来的新材料。由于它具有公害小、成本低、耗电少、省工时、便于大批量施工和实现流水线自动操作等优点,因此发展很快,广泛应用于电机、电器绝缘及汽车、拖拉机、缝纫机、电冰箱、洗衣机、自行车、仪器仪表和国防器材等产品的表面保护和装饰。

粉末涂料可分为热塑性和热固性两大类。热塑性粉末涂料包括聚乙烯、聚氯乙烯、氯化聚醚、聚苯硫醚、氟树脂、聚酰胺、聚酯、聚丙烯等;热固性粉末涂料包括环氧、聚酯、丙烯酸酯、聚氨酯等。

热塑性和热固性粉末涂料性能比较见表 10-19。

热塑性和热固性粉末涂料的特性 表10-19

粉末涂料品种		优 点	缺 点
热固性	环氧	物理机械性能、耐腐蚀性、耐药品性、电绝缘性能好	户外易粉化
	聚酯	适宜于薄膜涂装,耐候性、耐腐蚀性、装饰性好	耐化学药品性差
	丙烯酸	耐候性、耐污染性好,装饰性强,硬度高,光泽好	烘烤时有恶臭,比聚酯耐腐蚀性差,机械性能差
热塑性	聚乙烯	耐药品性好	烘烤温度高,涂膜软,装饰性差
	氟树脂	耐药品性、耐腐蚀性、耐热性好	烘烤温度高
	氯化聚醚	耐药品性、耐热性较好	烘烤温度高,装饰性差
	聚酯	涂层厚,装饰性好,不需涂底漆,可低温烘烤	烘烤温度高时易变软,耐候性比热固性的差
	聚氯乙烯	涂层厚,柔韧性、耐候性及耐热性好	烘烤温度高,受热变软,熔融黏度高,需涂底漆
	聚烯烃	涂层厚,柔韧性及耐药品性好	耐候性差,需涂底漆
	聚酰胺	耐磨性好,硬度比聚氯乙烯、聚烯烃高,能耐热100℃	烘烤温度高,受热变软,熔融时表面张力高,需涂底漆

从表中可以看出,无论是热塑性还是热固性粉末涂料,均有其不同的特点和应用范围,但热固性粉末涂料具有分子量低、颜料分散性好、粉碎容易、不需涂底漆、耐污染及耐溶剂性能好等优点,所以应用较广,发展较快。

3. 无机底漆

一般涂料都是采用油或合成树脂作为成膜物质,但除此外,尚有其他少数品种是以无机基料为成膜物质的涂料。目前应用较广的是硅酸钠、硅酸钾(水玻璃)、无机富锌底漆和无机防水漆均属此类,此外还有以环烷酸铜为基料的防虫漆。

富锌漆是指涂料中含锌粉量多,一般锌粉含量在70%以上,涂覆于黑色金属表面,具有优良的防锈性能。富锌漆分为有机和无机两大类,无机富锌漆具有以下优点:

(1) 漆膜坚韧耐久。涂层坚硬,耐磨性好,由于它的涂层不含合成树脂,所以涂层本身不受大气条件和紫外线照射的影响,即使长期暴露,亦不易老化。

(2) 耐水、耐盐性好。经1年的浸水、盐水及盐雾的试验,涂层无变化。

(3) 耐油、耐溶剂性好。对多种石油产品或有机溶剂的作用稳定。

(4) 耐热性好。可耐450℃高温。

(5) 无味、无毒,便于施工。

无机富锌底漆广泛应用于船舶、桥梁和其他钢铁结构的防腐涂层。例如由于它耐磨、耐腐蚀,用于涂装船舶油舱或油罐车内壁;由于它耐水性好,可涂于水槽、水塔、热交换器的内外壁,长期使用,效果良好;利用它的耐高温性,涂覆钢铁结构的烟囱,可避免氧化腐蚀而漆层本身不被热熔焦化。

无机富锌底漆对气候敏感性大,因此不能在寒冷及潮湿条件下施工;涂层对酸性介质和碱性(pH>12)不稳定;使用固化剂(氯化镁)固化后,要冲洗残余盐类,比较麻烦;漆膜柔韧性差。

以环烷酸铜为基料的涂料,如E40-1环烷酸铜防虫漆和木材防腐油,适用于木船及织物、木板的涂护，它们有阻止木材生霉、腐朽及海蛆侵蚀之功用。

4．常用的配方

[1] 防水剂

成分	用量(份)	成分	用量(份)
水玻璃	400	硫酸亚铁	1
水	60	明矾	1
硫酸铜	1	蓝矾	1
重铬酸钾	1		

用途：用量不大于水泥质量3%，作建筑防水剂用。

[2] 防锈涂料

成分	用量(份)	成分	用量(份)
氧茚树脂漆料	228	萘酸钴等	适量
铝粉	100	松节油	72

性能：耐水防锈性好。

[3] 防腐涂料(1)

成分	用量(份)	成分	用量(份)
糠醇树脂	100	瓷粉	0～30
硫酸-乙醇溶液(1:5)	5	二甲苯等	适量
或苯磺酰氯-磷酸(1:1)	10		

性能：室温固化要半个月以上，或加热120℃，4～6h。耐酸、耐水、耐碱、耐盐水、耐有机溶剂。

[4] 防腐涂料(2)

成分	用量(份)	成分	用量(份)
呋喃树脂	100	对甲苯磺酰氯	8
丙酮	10～15		

性能：耐腐蚀性好，适合于非金属材料防腐用。

[5] 防腐涂料(3)

成分	用量(份)	成分	用量(份)
水玻璃(模数2.7)	17～19	氧化铅	1～2
氧化锌(120～200目)	100	稀磷酸(10%～15%)	10～15

性能：涂刷后2h，再用稀磷酸作后处理。涂膜耐腐蚀、耐热、耐老化、耐海水、耐油、耐溶剂性均良好。

[6] 聚氨酯涂料(1)

成分	用量(份)	成分	用量(份)
多苯基多异氰酸酯	300	或二氯甲烷	86～145
甲苯二异氰酸酯	50	或丙酮	86
聚醚树脂(N330)	81	邻苯二甲酸二丁酯	27或86
二甲苯	135～145		

用途：适合混凝土构件、楼板裂纹、裂缝注灌抗漏。

[7] 聚氨酯涂料(2)

成分	用量(份)	成分	用量(份)
甲组分:聚氯乙烯树脂	8	乙组分:101 聚氨酯胶	8 或 4(4 时为面漆)
丙酮	100	石墨粉或辉绿	4
邻苯二甲酸二辛酯	1.6~2.4	岩粉	

性能:在 60℃以下使用,耐甲醛、氨水性好。

[8] 聚氨酯涂料(3)

成分	用量(份)	成分	用量(份)
甲组分:氯化聚氯乙烯	12	乙组分:101 聚氨酯胶	12
丙酮	100	石墨粉或辉绿岩粉	6~12
邻苯二甲酸二辛酯	12		

性能:室温下 4h 表面干,48h 可以投入使用,耐热、耐酸性良好。
本品不采用乙组分为面漆。

[9] 防锈漆(1)

成分	用量(份)	成分	用量(份)
酯胶漆料	500	氧化锌	50
碳酸钙	250	红丹	50
红土	100	云母粉	20

本品为油性防锈漆。

[10] 防锈漆(2)

成分	用量(份)	成分	用量(份)
炼梓油	42.5	滑石粉	26
酯胶漆料	8	萘酸钴等	适量
红丹粉	100	二甲苯等	5

性能:防锈漆,耐化学腐蚀性好。

[11] 防锈漆(3)

成分	用量(份)	成分	用量(份)
氯乙共聚物	153~180	滑石粉	62~67
磷酸三甲酚酯	16	丁酮	490~572
锌铬黄	100	甲苯	340~383

性能:防锈效果好。

[12] 防锈漆(4)

成分	用量(份)	成分	用量(份)
软性氧茚树脂	7	苯	20
锌粉	90~92	氯化联苯	5
聚苯乙烯树脂	10		

性能:可以在有锈钢板上施工,防锈效果良好。

[13] 防腐漆

成分	用量(份)	成分	用量(份)
过氯乙烯树脂	100	二甲苯	450
季戊四醇醇酸树脂	50	乙酸乙酯	75

成分	用量(份)	成分	用量(份)
铁红	100	丙酮	220
五氯联苯	50		

性能：漆膜防火、耐腐蚀。

[14] 耐热漆

成分	用量(份)	成分	用量(份)
聚甲基丙烯酸甲酯	92	丙酮	80
锌钡白	100	纯苯	30
松烟	7~16		

本品为耐热漆一种。

[15] 变色漆

成分	用量(份)	成分	用量(份)
聚甲基丙烯酸甲酯	500	邻苯二甲酸二丁酯	250
钛白粉	100	二氯乙烷、丙酮	170~176
变色颜料	250		

本品为变色漆。

[16] 砂型涂料(1)

成分	用量(份)	成分	用量(份)
水柏油	2	红糖粉	1.5
白泥	4	水	适量

本品为铸钢件砂型水基涂料。

[17] 砂型涂料(2)

成分	用量(份)	成分	用量(份)
铝矾土粉	100	糖浆	3
膨润土	2	水柏油	1.7

本品为铸钢件砂型水基涂料。

[18] 砂型涂料(3)

成分	用量(份)	成分	用量(份)
滑石粉	88.3	硼酸	2.4
水玻璃	2.4	水	88.4

本品为铝镁合金砂型涂料。

[19] 砂型涂料(4)

成分	用量(份)	成分	用量(份)
酚醛树脂2127	2	六次甲基四胺	0.3
锆英粉	100	乙醇	0~6
活化膨润土	3	水	65

本品为铸造砂型涂料。

[20] 砂型涂料(5)

成分	用量(份)	成分	用量(份)
焦油	10~12	苛性钠	3
石英粉(200目)	99	水	适量
白泥粉	1		

本品作成乳液,用于铸钢砂型涂料。

[21] 砂型涂料(6)

成分	用量(份)	成分	用量(份)
聚乙酸乙烯乳胶	6.0	氧化铝粉	90
耐火土	4.0	水	适量

用途:适合制造水玻璃砂型芯上的涂料。

[22] 铸模涂料

成分	用量(份)	成分	用量(份)
沥青	20~30	烟黑	70~80

用途:涂在金属铸模上,有利提高铸件成品率。

[23] 铸件涂料(1)

成分	用量(份)	成分	用量(份)
水玻璃	100	硅藻土、石棉粉	16
石英砂	84		

用途:涂于金属铸件上,适合离心铸造用。

[24] 铸件涂料(2)

成分	用量(份)	成分	用量(份)
烟黑	12	白泥	10
石墨粉	50	水	适量
硅藻土、石棉粉	25		

用途:涂在金属铸膜上,铁件铸造用。

[25] 铸件涂料(3)

成分	用量(份)	成分	用量(份)
滑石粉	6.8	硼酸	2.4
水玻璃	2.4	水	88.4

用途:压铸镁合金件金属模上涂用。

[26] 底漆(1)

成分	用量(份)	成分	用量(份)
锌钡白	100	硬脂酸铅	0.6
氧化锌	16	钙脂顺丁烯二酸松香酯漆料	34~40
磁土	10	萘酸钴	适量
轻质碳酸钙	10~20	松香水	20~25
群青	0.2		

用途:用于金属二道底漆。

[27] 底漆(2)

成分	用量(份)	成分	用量(份)
钙脂顺丁烯二酸松香酯漆料	200	炭黑	0.75
轻质碳酸钙	185	萘酸钴	适量
碳酸钙	125	松香水	15
锌钡白	100		

用途:金属二道底漆。

[28] 底漆(3)

成分	用量(份)	成分	用量(份)
过氯乙烯树脂	100	铁红	80
醇酸树脂3402	50	二甲苯	280
磷酸三甲酚酯	50	丙酮	59
乙酸丁酯	210		

用途：打底用漆。

[29] 脲醛树脂涂料

成分	用量(份)	成分	用量(份)
尿素	100	丁醇	833
甲醛(37%)	500	邻苯二甲酸酐	2.5

工艺：加热95～100℃回流1h,中和、水洗、脱水制成脲醛树脂,作烤漆用。

[30] 清漆

成分	用量(份)	成分	用量(份)
乙酸纤维素	70	乙酸甲酯	80
不干性醇酸树脂	20	乙二醇乙醚乙酸酯	40
羧甲基纤维素	20	丁醇	15
丙酮	470	甲苯	135

[31] 喷漆(1)

成分	用量(份)	成分	用量(份)
氯乙共聚物	51～67.5	丙酮	135～173.4
磷酸三甲酚酯	5.33～13.5	甲苯	113～135
红丹	100		

用途：只适合喷涂,经过洗涤底漆处理过的金属面。

[32] 喷漆(2)

成分	用量(份)	成分	用量(份)
废电影胶片	100	无水乙醇	50
邻苯二甲酸二丁酯	14.4	丁醇	90
蓖麻油	184.4	苯	400
乙酸乙酯	145	乙酸丁酯	170
丙酮	2.4		

用途：皮革装饰喷漆。

[33] 红磁漆

成分	用量(份)	成分	用量(份)
季戊四醇醇酸树脂(50%)	312	轻质碳酸钙	600
甲苯胺红	100	萘酸钴	适量
钛白粉	15	二甲苯等	200～230

本品为红色无光磁性漆。

[34] 磁性填充腻子胶泥

成分	用量(份)	成分	用量(份)
酚醛漆料	80	松烟	0.66
含锌氧化锌	100	萘酸钴	适量

成分	用量(份)	成分	用量(份)
碳酸钙	46	二甲苯	26

[35] 磁性填泥

成分	用量(份)	成分	用量(份)
醇酸漆料(50%)	23	松烟	0.25
含铅氧化锌	40	黄土	10
锌钡白	15	萘酸钴	适量
碳酸钙	120	二甲苯等	42
重晶石粉	240		

第十一章 涂料行业单位信息

第一节 涂料行业知名品牌厂商名录

为了便于读者查找涂料生产厂商,本名录以省市为单位进行编录。

一、北京市

红狮涂料国际有限公司
地址:北京市永外宋家庄顺八条六号
邮编:100078
电话:010-67669741
传真:010-67633408
主营产品:汽车涂料、粉末涂料

北京市富亚装饰材料开发公司
地址:北京东城区鼓楼外大街甲一号
电话:010-62063979
　　　010-62042259
　　　010-64234051
传真:010-62004702
主营产品:富亚牌内外墙涂料

北京市顺义诚信涂料厂
地址:北京市顺义县李家桥
电话:010-81473293
传真:010-81473837
主营产品:防火涂料、阻燃剂

阿克苏诺贝尔-红狮粉末涂料有限公司
邮编:100078
地址:北京市永定门外苇子坑43号
电话:010-67627357
传真:010-67611886
主营产品:防水涂料、建筑涂料、胶黏剂、粉刷石膏

北京挚诚建筑化学有限公司
地址：北京市朝阳区大屯辛店甲-162号
邮编：100012
电话：010-64980064
　　　010-64980065
传真：010-64941913
E-mail：traole@giantchemical.con
网址：www.giantchemical.com
主营产品：工业环氧树脂地坪系列

北京市红星建筑涂料厂
地址：北京左安门外左安路21号
邮编：100021
电话：010-67628521
传真：010-67629927
主营产品：内外墙涂料、厕浴间防水涂料、钢结构防火涂料

北京市奥兰德制漆有限公司
邮编：101500
电话：010-69041349
　　　010-69056048
传真：010-69056048
主营产品：YN-100无光内墙乳胶漆、YN-200丝光内墙乳胶漆、YN-300无光内墙乳胶漆、ES-300无光外墙乳胶漆

北京奥克兰建筑防水材料有限公司
地址：北京市丰台区久敬庄路甲1号
邮编：100076
电话：010-67991831
传真：010-67991966
主营产品：SBS沥青改性防水涂料、(非焦油类)聚氨酯防水涂料、高弹外墙晴雨漆、丙烯酸屋面防水涂料、丙烯酸内墙乳胶漆

富恩特制漆(北京)有限公司
地址：北京市方庄芳群园四区金城中心1305室
邮编：100078
电话：010-67623218
传真：010-67623268
主营产品：防火涂料、真石漆、金属漆、乳胶漆、道路标线漆

中国航天 31 所北京三发高科技实业总公司
地址:北京市 7208 信箱 33 分箱
邮编:100074
电话:010-68741759
　　　010-68376330
传真:010-68741073
　　　010-68374052
E-mail:sanfa@public.bta.net.cn.
主营产品:GFT-1 高性能防腐蚀涂料

北京市京辰工贸公司延庆橡胶厂
地址:北京宣武区广外天宁寺东里 9 号楼
邮编:100055
品牌:野牛牌涂料

北京市建筑涂料厂
地址:北京市海淀区西三旗东
邮编:100096
电话:010-82910767
传真:010-82911204
主营产品:防火涂料、防水涂料、防腐涂料、装饰涂料

北京市恐龙制漆有限公司
地址:北京市万源路东旧宫镇集贤二队
邮编:100076
电话:010-67984148
传真:010-67993526
主营产品:木器涂料、汽车涂料

北京恩凯化工有限公司
地址:北京市万源路东旧宫镇集贤二队
邮编:100076
电话:010-67970126
传真:010-67993526
主营产品:"恩凯"乳胶漆

北京中迪兴防腐技术有限公司
地址:北京海淀区上地信息中路 19 号玉景公寓 1103 室

邮编:100085
电话:010-62976048
传真:010-62976049
E-mail: zdxing@publicz.east.net.cn
主营产品:防腐涂料

北京红光防腐工程公司
地址:北京市房山区交道镇六股道村北
邮编:102434
电话:010-80318017
主营产品:NSJ 系列防腐涂料、丙烯酸系列建筑涂料

北京普龙涂料有限公司
地址:北京市大兴小营工业开发区
邮编:102612
电话:010-69240847
传真:010-69240848
主营产品:水性涂料、建筑涂料

北京赛德丽科技有限公司
地址:北京市石景山区康青工贸中心角楼三楼
邮编:100041
电话:010-68876216
传真:010-68878704
主营产品:建筑涂料

北京创力工贸有限责任公司
地址:北京市东城区骑河楼北巷 10 号共和写字楼 203 室
邮编:100006
电话:010-65261385
传真:010-65263369
主营产品:建筑涂料系列产品

北京天强涂料公司
地址:北京市密云县新城北路
邮编:101500
电话:010-69045718
传真:010-69045718
主营产品:各类涂料

北京市正大方正装饰材料有限责任公司
地址：北京市朝阳区龙爪树四街甲5号
邮编：100075
电话：010-67633065
传真：010-67653192
主营产品：内外墙乳胶漆、建筑胶、腻子

北京高斯威粉末涂料公司
地址：北京市南苑团河路大白楼8号
邮编：100076
电话：010-67995491
传真：010-67992588
主营产品：粉末涂料

中建粘接材料厂
地址：北京市阜外大街甲18号
邮编：100037
主营产品：金龙牌系列涂料黏合剂

北京金之鼎化学建材科技有限公司
地址：石景山区金顶街西福村1号
邮编：100041
品牌：金鼎牌

北京建材制品总厂
地址：北京市朝阳区朝阳路高井2号
邮编：100025
品牌：京建牌

北京市海淀区汇祥涂料厂
地址：海淀区肖家河南新巷15号
邮编：100091
品牌：汇祥牌

北京城荣防水材料有限公司
地址：北京市西直门北大街23号三楼
邮编：100088
品牌：赛帕斯牌

核工业北京地质研究院堵漏灵防水材料开发部
地址:北京市安定门外小关东里 10 号院
邮编:100029
品牌:灵光牌

北京海洲贸易有限责任公司
地址:北京市安门方字胡同 19 号
邮编:100007
品牌:盾牌

北京昌景涂料有限公司
地址:昌平县城区镇水库路东侧
邮编:102200
品牌:昌景牌

北京奥克兰制漆有限公司
地址:北京市密云县果园西路
邮编:101500
品牌:奥兰德牌

北京市城建涂料厂
地址:石景山区模式口 28 号院
邮编:100041
品牌:志建牌

北京顺义鹏程聚氨酯防水材料厂
地址:北京顺义罢城西南法信道口
邮编:101300
品牌:鹏程牌聚氨酯防水涂料

北京门头沟曙光化工厂
地址:北京门头沟区军装镇东山
邮编:102300
品牌:曙光牌乳胶漆

北京新明涂料有限公司
地址:朝阳区高杨村
邮编:100018

品牌:新明牌乳胶漆

北京三德利油漆有限公司
地址:石景山区北平安和平街 3 号
邮编:100043
品牌:三德利油漆

北京飞兆涂料有限公司
地址:朝阳区南皋乡东营材北一分场内
邮编:100018
品牌:飞兆牌涂料(乳胶漆)

京厦建筑涂料厂
地址:北京丰台区小井村 552 号
邮编:100003
品牌:京厦牌乳胶漆

北京东方化工厂
地址:北京市通县滨河路 143 号
邮编:101149
品牌:丙烯酸乳液

通用精化涂料(北京)有限公司
地址:朝阳十八里店吕营经济技术开发区
邮编:100001
品牌:乐邦涂料

北京赫立斯涂料有限公司
地址:朝阳区安外外馆斜街 45 号合信大厦 110 室
邮编:100011
品牌:赫立斯涂料

北京蓝剑天亭建筑防火材料公司
地址:朝阳区安定门外北苑
邮编:100012
品牌:蓝剑防火涂料

北京高渡美涂料有限公司
地址:学院路 30 号科群大厦 2519 室

邮编：100083
品牌：高渡美乳胶漆

北京九十中长虹化工厂
地址：北京市永定门外桃锡路7号
邮编：100039
主营产品：硅溶胶、运红外涂料、高温黏接剂

房山区窦店白草窒洼涂料厂
地址：房山区窦店京保公路西
邮编：102402
主营产品：内外墙涂料

北京化工集团公司北京橡胶五厂
地址：北京市丰台区南顶村1号
邮编：100075
主营产品：沥青防水涂料、水乳型橡胶

北京京达涂料有限公司
地址：北京市东城和平里中街25号
邮编：100085
主营产品：建筑防火及装饰涂料

房山区良乡建筑涂料厂
地址：北京房山区良乡城东路44号
邮编：102401
主营产品：建筑涂料及腻子

房山区长阳建筑涂料厂
地址：北京市房山区长阳农场
邮编：102401
主营产品：新古牌内外墙涂料、乳胶漆

房山区窦店建筑涂料厂
地址：北京市房山区窦店乡
邮编：102402
主营产品：JDL-82着色砂丙烯酸建筑涂料

房山区精细化工厂

地址：北京市房山区周口店
邮编：102405
主营产品：丙烯酸亚光木器漆

房山长虹建筑材料厂
地址：北京市房山区长沟乡建筑队
邮编：102407
主营产品：丙烯酸复层涂料

房山区长沟建筑企业公司涂料厂
地址：北京市房山区长沟乡
邮编：102407
主营产品：内外墙涂料

北京环航新材料技术联合开发公司
地址：北京市海淀区道沟九号院
邮编：100081
主营产品：防火防霉防水涂料、密封剂、脱漆剂

北京市朝阳区通惠化工厂
地址：北京市朝阳区高碑店乡
邮编：100022
主营产品：硅酸锌防锈涂料

北京市朝阳区建筑涂料厂
地址：北京市酒仙桥驼房营271号
邮编：100016
主营产品：防水涂料、涂料

北京市丰台区黄土岗化工厂
地址：丰台南六圈村西193号
邮编：100071
主营产品：沥青青漆、酚醛防锈漆、醇酸防锈漆

北京市北郊化工实业总公司
地址：昌平京昌公路德外回龙观北站
邮编：102208
主营产品：内外墙涂料

第一节 涂料行业知名品牌厂商名录 689

南郊化工涂料厂
地址:北京市丰台区四合庄
邮编:100071
主营产品:建筑涂料

双泉涂料厂
地址:北京市海淀区双泉堡
邮编:100085
主营产品:乳胶漆

北京香山涂料厂
地址:北京海淀香山买卖街乙1号
邮编:100093
主营产品:乳胶漆

北京带太制漆有限公司
地址:北京阜外大街178号
邮编:100037
主营产品:乳胶漆

北京光太树脂制造有限公司
地址:北京宣武区和平巷11号
邮编:100052

北京中加新唐喷漆有限公司
地址:北京市朝阳区来广营乡
邮编:100011
主营产品:喷漆材料

北京双兰德化工有限公司
地址:北京市大兴县孙村
邮编:102600
主营产品:水性涂料

北京唐龙涂料有限公司
地址:北京平谷县新平北路加油站西侧
邮编:101200

北京达轩涂料有限公司

地址：北京市丰台区石榴庄南里
邮编：100075
主营产品：乳胶漆

二、天津市

天津阿托兹精细化工有限公司
地址：武清经济技术开发区财源北路
邮编：301700
电话：022-82116889
传真：022-82116332
E-mail：Atozchem@public.tpt.tj.cn
主营产品：油墨中间体；高品质塑料凹、凸版油墨专用各种聚酰胺树脂，水性纸箱油墨专用丙烯酸树脂及乳液系列，纸张凹凸印油墨专用丙烯酸树脂系列，无毒复合墨专用树脂，聚乙烯微精蜡，增黏剂等助剂。

裕北化工有限公司天津办事处
地址：天津市河北区民权门外赵沽里南区九排八号
邮编：300251
电话：022-26330803
传真：022-26330803
主营产品：家具漆、乳胶漆、装修漆

天津灯塔摩力达建筑涂料有限公司
地址：天津市北辰区北仓道
邮编：300400
电话：022-26821379
传真：022-26821379
主营产品：建筑涂料

天津延安化工厂分厂
地址：天津市东丽区程林庄工业区
邮编：300163
电话：022-24372608
传真：022-24373485
主营产品：环氧型重防腐涂料

天津市科威实业公司
地址：天津市武清县开发区源泉路2号
邮编：301700

电话:022-82115030
传真:022-82112316
主营产品:工业涂料、民用涂料

天津市东光特种涂料总厂
地址:天津市河东区卫国道128号
邮编:300161
电话:022-24513730
　　　022-24341571
传真:022-24341823
主营产品:工业涂料、民用涂料、特种涂料、涂料专用树脂

天津市永祥油漆厂
地址:天津市宝坻县建设路20号
邮编:301800
电话:022-29241545
主营产品:聚氨酯涂料、木器涂料

天津莱特赫斯涂料联合公司
地址:天津市经济技术开发区洞庭路第四大街45号
邮编:300457
电话:022-25329458
　　　022-25329457
传真:022-25326440
主营产品:环氧聚酯,纯环氧,纯聚酯三大类型的有光、无光、桔纹、皱纹等多种品种的热固型粉末涂料

绿天石涂料有限公司
地址:天津市西青经济技术开发区
邮编:300381
电话:022-23974359
传真:022-23972080
主营产品:乳胶漆、工业地坪、防腐涂料

天津市振东涂料有限公司
地址:天津市咸水沽津南区刘家码头
邮编:300350
电话:022-28393063
　　　022-28514393
传真:022-28510253

022-28515043
主营产品：自行车专用高档涂料、摩托车涂料

天津市德福制漆有限公司
地址：天津市北辰区三义村（市农资公司北辰仓库院内）外环线 24.5 公里处
邮编：300400
电话：022-26397503
　　　022-26815678
传真：022-26390747
E-mail：tjdf@mail.zlnet.com.cn
主营产品：NC、PU、AC、PE、UV 高级木器漆，各类木器着色剂

天津市河东区凯声新型材料厂
地址：天津市万新庄后街 8 号
邮编：300161
电话：022-24716443
传真：022-26768494
主营产品：耐火、耐低温、耐沸水浸泡白乳胶漆，冷瓷涂料

天津市塘沽区协通涂料涂装有限公司
地址：天津市塘沽新北公路 13 号
电话：022-25215876
传真：022-26769846
主营产品：环氧、环氧聚酯、聚酯、聚氨酯等各种规格装饰粉及防腐粉

天津银塔实业有限公司
地址：天津市河西区体院北道
邮编：300060
电话：022-23383445
　　　022-23384355
传真：022-23388028
E-mail：pyina@163.net
主营产品：内外墙丙烯酸建筑乳胶漆

天津市中海科技实业总公司
地址：天津市科研东路 1 号
邮编：300192
电话：022-23621245
传真：022-23666743

E-mail:tjzhic@public.tpt.tj.cn
主营产品:冷换设备专用及其他多种特种防腐涂料

天津市威士曼化工有限公司
地址:天津市南开区红旗路263号
邮编:300000
电话:022-23666587
传真:022-23360197
主营产品:涂料用树脂、高级汽车修补漆、高级木器漆

天津市丽华色材总厂
地址:天津市西青区王稳庄镇大侯庄南
邮编:300383
电话:022-23990136
　　　022-23993640
传真:022-23993654
主营产品:单、双组分聚氨酯清漆,磁漆,阴、阳极电泳漆,Z13-30各色环氧聚酯水性浸涂漆,氨基汽车面漆,汽车专用各色金属闪光配套面漆

天津市北方油漆厂
地址:天津市西青区赵庄子
邮编:300112
电话:022-27717456
传真:022-27327655
主营产品:汽车漆、木器漆、塑料漆及醇酸树脂、422硬树脂等

天津大学化工实验厂
地址:天津市南开区卫津路92号
邮编:300072
电话:022-23345816
传真:022-27375403
主营产品:氰凝高效防水防腐堵漏材料、彩性弹性聚氨酯防水材料

天津关西涂料化工有限公司
地址:天津市经济技术开发区第五大街42号
邮编:300457
电话:022-25324705
传真:022-25321821
　　　022-25320902

E-mail:kangai@kansai.com.cn
网址:www.kansai.com.cn
主营产品:船舶涂料、集装箱涂料、钢铁重防腐涂料及相关化工产品

天津灯塔涂料股份有限公司
地址:天津市北辰区南仓工业区朝阳路
邮编:300400
电话:022-26340772
传真:022-26340776
主营产品:18大类涂料、颜料及包装桶等

天津市造漆厂
地址:天津市北辰区北仓道东头
邮编:300400
主营产品:溶剂性涂料及乳胶漆

天津市试剂二厂油漆分厂
地址:天津市西郊区王兰庄
邮编:300381
主营产品:各类涂料

天津市有机实验厂涂料分厂
地址:天津市河西区洞庭路27号
邮编:300220
主营产品:109内墙涂料

天津东华涂料厂
地址:天津东郊区赤土村南
邮编:300300
主营产品:涂料

天津市建筑装饰涂料实业公司
地址:天津市西青区李七庄南
邮编:300381
主营产品:丙烯酸外墙涂料系列,偏氯防水涂料系列,功能性建筑涂料系列,云彩、多彩、植绒、天然真石漆等

天津市防火涂料厂
地址:天津红星路幸福道交口西侧

邮编:300150
主营产品:防火涂料、多彩涂料

天津市丰源化工涂料有限公司
地址:天津市经济技术开发区
邮编:300457
主营产品:涂料

天津津辉化工有限公司
地址:天津开发区中信工业区 B4 区
邮编:300457
主营产品:粉末涂料

天津翔宇特化工涂料制品有限公司
地址:天津市津南区双桥河乡
邮编:300350
主营产品:涂料

天津劳特国际(中国)有限公司
地址:天津经济技术开发区洞庭路 145 号
邮编:300457
主营产品:涂料

天津市塘沽建筑材料制品厂
地址:天津市塘沽区大列子水库南侧
邮编:300453
主营产品:涂料

天津市大邱庄静邱化工厂
地址:天津市大邱庄
邮编:301600
主营产品:涂料

天津市河北区宏达化工厂
地址:天津河北区张兴庄新明星 3 号
邮编:300402
主营产品:涂料

天津市河东区华兴防水涂料厂

地址:河东区新开路华兴街40号
邮编:300011
主营产品:防水涂料

天津市新建防水剂制造厂
地址:天津市红桥区西青道北菜园团结路16号
邮编:300122
主营产品:建筑涂料

天津塘沽区巨星油漆涂料制造厂
地址:天津市塘沽区于庄子乡
邮编:300270
主营产品:粉末涂料

天津市塘沽建筑涂料厂
地址:天津市塘沽区北塘杨北公路
邮编:300450
主营产品:建筑涂料

天津市塘沽油漆厂
地址:天津市塘沽区新河街
邮编:300450
主营产品:涂料

天津市塘沽区海勤特种涂料厂
地址:天津市塘沽区河北路1号
邮编:300450
主营产品:涂料

天津市塘沽区粉末涂料厂
地址:天津市塘沽区湖北路
邮编:300454
主营产品:粉末涂料

天津市大港区万家码头化工厂
地址:天津大港区中塘乡万家码头村
邮编:300270
主营产品:涂料

天津市大港静电粉末涂料厂
地址:天津市大港区中塘乡万家码头村
邮编:300270
主营产品:粉末涂料

天津津东特种防火涂料厂
地址:天津柬麓区四合庄村
邮编:300300
主营产品:防火涂料

天津市东麓区新立建筑涂料厂
地址:东麓区津塘公路3号桥北侧
邮编:300300
主营产品:建筑涂料

天津市新丰油漆厂
地址:东麓区公上桥乡路驼房子村
邮编:300300
主营产品:涂料

天津市光明涂料厂
地址:天津市东麓区徐庄村
邮编:300300
主营产品:粉末涂料

天津市津东建材涂料厂
地址:天津市东麓区桥乡中心
邮编:300300
主营产品:建筑涂料

天津市津北建华涂料厂
地址:天津市北辰区宜兴埠东外环线
邮编:300402
主营产品:涂料

天津市津北油漆化工厂
地址:天津市北辰区
邮编:300402
主营产品:涂料

天津市耀华油漆厂
地址:天津市北辰区堤头村
邮编:300402
主营产品:涂料

天津市北辰区华兴涂料厂
地址:天津市北辰区宜兴埠南菜园
邮编:300402
主营产品:涂料

天津市广大新型涂料厂
地址:天津市北辰区辛庄村
邮编:300400
主营产品:涂料

天津市北辰区永明化工涂料厂
地址:天津市北辰区
邮编:300402
主营产品:涂料

天津市北辰区高级彩色仿瓷涂料厂
地址:天津市北辰区霍庄村
邮编:300402
主营产品:涂料

天津市北辰区宏光化工涂料厂
地址:天津市北辰区西堤头村
邮编:300402
主营产品:涂料

天津市北辰区曙光涂料厂
地址:天津市北辰区西堤头村
邮编:300402
主营产品:涂料

天津市津南建筑涂料厂
地址:天津市津南区
邮编:300353

主营产品:建筑涂料

天津市油漆厂武清分厂
地址:天津市武清县
邮编:301700
主营产品:过氯乙烯漆硝基铅丹漆

天津市武清县辛光建筑涂料厂
地址:天津市武清县
邮编:301709
主营产品:建筑涂料

三、河北省

石家庄金鱼涂料集团有限公司
地址:河北省石家庄市中山西路433号
邮编:050051
电话:0311-3032296
传真:0311-3035061
E-mail:goldenfish@sjz.col.com.cn
网址:www.goldenfishpaint.com
主营产品:油漆、油脂化工产品、包装材料

石家庄市鱼鹰油漆厂
地址:石家庄市石栾路鱼鹰工业园区
邮编:050021
电话:0311-5803742
传真:0311-5803742
主营产品:油漆

石家庄市金州高档木器漆有限公司
地址:石家庄市中山西路433号
邮编:050051
电话:0311-3994843
传真:0311-3035061
主营产品:木器漆

金佳涂料有限公司
地址:石家庄市正定县恒山市场南分场14号
邮编:050800

电话:0311-8028398
　　　0311-8023806
主营产品:涂料、工艺玻璃制品

邯郸油漆厂
地址:河北省邯郸市油漆厂路
邮编:056004
电话:0310-7020939
传真:0310-7028131
主营产品:油漆

智慧漆化工有限公司
地址:邯郸市磁县友谊北路3号
邮编:056500
电话:0310-2337777
传真:0310-2323280
主营产品:聚酯漆、地板漆、硝基漆、乳胶漆

衡水铅笔漆有限公司
地址:河北省衡水市大庆路5号
邮编:053000
电话:0318-2123373
传真:0318-2123373
主营产品:铅笔漆

保定市超达特种涂料厂
地址:河北省保定市东外环路保新路口北
邮编:071000
主营产品:丙烯酸乳胶漆

保定航天化工涂料有限公司
地址:河北省博野县小店镇工业区
邮编:071300
电话:0312-8367783
传真:0312-8367118
网址:www.bre392com.cn
主营产品:硝基漆、丙烯酸漆、聚酯漆、聚氨酯漆系列、透明腻子

中外合资河北佳华油漆有限公司

地址:河北省魏县魏张路10号
电话:0310-3515092
　　　0310-3512229
传真:0310-3511815
主营产品:高中档汽车漆、家具漆、内外墙涂料

廊坊红黄蓝化工(集团)公司
地址:河北省廊坊市和平路1号
邮编:065000
电话:0316-2218785
传真:0316-2213738
主营产品:热固型、热塑性粉末涂料、工业用漆

廊坊贺柏兹燕美化工有限公司
地址:河北省廊坊市益民道1号
邮编:056000
电话:0316-2211422
　　　0316-2214105
传真:0316-2211740
主营产品:粉末涂料

河北省大名县曙光油漆化工厂
地址:大名县城东区工业小区
邮编:056900
电话:0310-6569136
主营产品:涂料

河北晨光油漆厂
地址:河北省冀州市前庄工业园区
邮编:053203
电话:0318-8715405
传真:0318-8715408
主营产品:涂料

河北高碑店市华强防水材料有限公司
地址:河北省高碑店市团结东路17号
邮编:074000
电话:0312-2831818
主营产品:防水涂料

中煤67处信是涂料制漆公司
地址：河北省涿州市城南东路27号
电话：0312-3669001
主营产品：中高档乳胶漆、内外墙涂料

唐山长虹涂料有限公司
地址：河北省唐山市建华东道22号
邮编：063020
电话：0315-2034022
传真：0315-2823527
主营产品：水性涂料

唐山健泰造漆有限公司
地址：河北省唐山市迁安县南环路
电话：0315-7613861
传真：0315-7614575
主营产品：汽车用低温烤漆

天津油漆厂宣化分厂
地址：河北省宣化洋河南安平西街6号
邮编：075146
电话：0313-6082624
主营产品：涂料

河北省曙光造漆厂
地址：河北省衡水市人民西路
邮编：053000
电话：0318-2049515
传真：0318-2049965
主营产品：涂料

河北省保定市阳光精细化工有限公司
地址：河北徐水41号信箱
邮编：072550
电话：0312-8683199
传真：0312-8683199
E-mail：hbyg@yangguang.com.cn
网址：www.yangguang.com.cn

主营产品:内外用涂料、乳胶漆、黏合剂用防腐杀菌剂、防霉剂

河北省张家口市油漆厂
地址:河北省张家口市桥东
邮编:075000
主营产品:涂料

河北永明造漆厂
地址:河北省深州市
邮编:052871
主营产品:涂料

廊坊市化工厂
地址:河北省廊坊市瑞丰道3号
邮编:102800
主营产品:金象牌漆

保定油漆厂
地址:河北省保定市支丰路73号
邮编:071000
主营产品:醇酸类漆

辛集防水建材总厂
地址:河北省辛集市车站街47号
邮编:052360
主营产品:五环牌石油沥青油毡、防水涂料

河北省赵县有机化工厂
地址:河北省赵县超赵元路北024号
邮编:051530
主营产品:防腐涂料

邯郸市十三中化工厂
地址:邯郸市峰口矿区十三中学院内
邮编:059200
主营产品:聚乙烯醇水玻璃内墙涂料

石家庄市郊区东方精细化工厂
地址:石家庄市柬岗路柬王学校内

邮编:050021
主营产品:防腐涂料

承德市化工四厂
地址:河北省承德市双桥区
邮编:067000
主营产品:避暑山庄牌系列内外墙涂料

博野县化工总厂
地址:河北省博野县小店乡
邮编:071300
主营产品:各色醇酸调和漆

河北保定茨木建筑涂料公司
地址:河北省保定市康庄路15号
邮编:071051
主营产品:丙烯酸涂料

天津市油漆厂武邑分厂
地址:河北省武邑县清凉店
邮编:053411
主营产品:各色氯磺化聚乙烯漆

四、上海市
上海振华造漆厂
地址:上海市桃浦古浪路1167号
邮编:200331
电话:021-62507250
传真:021-62506535
主营产品:卷材涂料、氟碳涂料、UV固化涂料及地坪涂料等

上海振华造漆厂下沙分厂
地址:上海浦东沪南路4518号
邮编:201317
电话:021-58143880
传真:021-58142628
主营产品:各类飞虎牌油漆

上海石化兴武涂料公司振华漆业有限公司

地址：上海石化高专北首四线终点站
邮编：201512
电话：021-57267304
传真：021-57267755
主营产品：各类飞虎牌油漆

上海造漆厂
地址：上海闵行区颛桥镇光华路521号
邮编：201108
电话：021-64890015
传真：021-64890782
主营产品：汽车涂料

上海开林造漆厂
地址：上海西体育馆路229号
邮编：200083
电话：021-65421200
传真：021-65442783
主营产品：光明牌船舶漆、重防腐蚀涂料、长城牌绝缘漆

上海江湾开林漆油漆实业公司
地址：上海杨中路450号
邮编：200434
电话：021-65420670
　　　021-65310943
传真：021-65440093
主营产品：各种工业漆、防腐蚀漆、汽车漆、家具漆、建筑漆等

上海华生化工厂
地址：上海市绥宁路505号
邮编：201106
电话：021-62381956
传真：021-62397207
主营产品：聚氨酯漆及相关产品

上海华生化工有限公司
地址：上海市九江路69号
邮编：200002
电话：021-63290143

传真：021-63216210
主营产品：各种工业漆、家具漆和内外墙涂料

上海申真涂料总厂
地址：上海桃浦西路488号
邮编：200331
电话：021-62507273
　　　021-62504758
传真：021-62504186
主营产品：建筑涂料

上海市涂料研究所
地址：上海市云岭东路345号
邮编：200062
电话：021-52805586
传真：021-52806562
E-mail：sripe@online.sh.cn
网址：stripe.soim.net
主营产品：建筑涂料、高性能工业涂料和特种涂料等

上海市涂料研究所南汇实验工厂
地址：上海浦东南汇盐仓镇
邮编：201324
电话：021-58096262
　　　021-58097410
主营产品：涂料

上海海生涂料有限公司
地址：上海桃浦工业区敦煌路347号
邮编：200333
电话：021-62505029
传真：021-62507870

上海汇丽关西涂料有限公司
地址：上海南汇周浦镇新马路100号
邮编：201318
电话：021-68114466
传真：021-68112532
主营产品：真石型系列涂料、常温固化丙烯酸涂料、弹性防水涂料

大金氟涂料(上海)有限公司
地址:上海市莘庄工业区春光路388号
邮编:201108
电话:021-64890505-124
传真:021-64891835
主营产品:氟树脂涂料

上海金力泰涂料化工有限公司
地址:上海奉贤方墩车站北
邮编:200040
电话:021-57563899-8026
传真:021-57563869
主营产品:电泳涂料

上海市房地产科学研究院
地址:上海市复兴西路193号
邮编:200031
电话:021-64718289-244
主营产品:建筑涂料

上海泰欧亚涂料有限公司
地址:上海浦东新区合庆镇东111路6025号
邮编:201201
电话:021-58973921
　　　021-58971433
传真:021-58974189
主营产品:涂料

上海关西涂料化工有限公司
地址:上海市沪太路5589号
邮编:201907
电话:021-56023388-518
传真:021-56020852
主营产品:涂料

上海迪诺瓦有限公司
地址:上海浦东合庆工业区
邮编:201201

电话:021-58972295
传真:021-58972769
E-mail:dinoua@sh.east.cn.net
主营产品:中高档环保型建筑乳胶漆

立邦涂料(中国)有限公司
地址:上海浦东新区王桥开发区创业路287号
邮编:201201
电话:021-58384799-147
传真:021-58384677
主营产品:建筑涂料

上海中南建筑材料公司
地址:上海市蒲江塘路150号
邮编:200030
电话:021-64381848
传真:021-64381962
E-mail:znbmc@publicl.sta.net.cn
主营产品:建筑涂料、乳液、助剂、黏接剂

上海汇丽精细化工厂
地址:上海浦东周浦镇新马路71弄16号
邮编:201318
电话:021-58113533
传真:021-58113031
主营产品:单组分高光地板漆、汇丽彩绒、汇丽厚质涂料、水性绒面涂料助剂、汇丽多用途去污膏、高强快速树脂锚固剂

上海汇丽建材股份有限公司化学建材总厂
地址:上海浦东周浦镇新马路100号
邮编:201318
电话:021-68114556
传真:021-58113199
主营产品:水乳型、溶剂型内外墙涂料,胶黏剂,彩色防水涂料

中意合资(汇丽集团)上海奥可斯涂料有限公司
地址:上海东方路999号
邮编:200122
电话:021-50811007-传真

主营产品:内外墙乳胶漆、弹性乳胶漆、水性梦幻装饰涂料等

上海衡峰氟碳材料有限公司
地址:上海市赤峰路53号
邮编:200092
电话:021-65045727
传真:021-65151384
主营产品:以PVDF为基材的FC-H系列高温固化氟碳涂料、以FEVE为基材的FC-S系列常温固化氟碳涂料

上海中科合臣化学公司(中科院有机合成工程研究中心)
地址:上海市真北路476号
邮编:200062
电话:021-52810088
传真:021-52807223
E-mail:xzcman@online.sh.cn
网址:www.synica.com
主营产品:含氟漆,绝缘、耐高温、抗腐蚀涂料等

上海贵友涂料有限公司
地址:上海市北翟路1065号
邮编:200335
电话:021-62385686-11
传真:021-62399246
主营产品:绝缘漆、合成树脂漆、胶粘材料、电工绝缘材料等

上海中轻新奥包装材料有限公司
地址:上海市闵行区朱莘路1050号
邮编:201100
电话:021-64108518
传真:021-64106898
E-mail:seal.com@guomai.sh.cn
主营产品:罐用密封涂料、耐冰醋酸等介质用的化工桶用涂料

上海市前卫造漆厂
地址:上海市宝山区长兴鸟凤西路74号
邮编:201913
电话:021-56851206
传真:021-56850621

主营产品:酚醛树脂漆、醇酸树脂漆、硝基漆、氨基漆、聚氨酯漆、各大系列腻子

上海倍福来化学建材厂
地址:上海市金沙江路1269号
邮编:200062
电话:021-52807467　52804397
传真:021-52808000
主营产品:建筑用防水涂料、胶水、乳胶漆

上海金宗化工有限公司
地址:上海市嘉定区黄渡镇曹安路4588号
邮编:201804
电话:021-59596568-023
传真:021-59595573
E-mail:lkchen@public.sta.net.cn
主营产品:汽车涂料、电泳涂料、耐热涂料、建筑涂料、汽车修补涂料、工业涂料、氟碳涂料、防腐涂料

上海高科建筑防水涂料厂
地址:上海市复兴西路193号
邮编:200031
电话:021-64718289-244　64737947
传真:021-64737947
E-mail:xuncheng@shcel.com.cn
主营产品:乳胶漆、弹性涂料、防水涂料、水性涂料用流平剂

上海德福制漆有限公司
地址:上海318国道3319号
电话:021-59754514
传真:021-59753356
E-mail:dehfu@online.sh.cn
主营产品:高级木器漆及各类木器着色剂

上海吴泾建筑装潢涂料厂
地址:上海吴泾通海路285号
邮编:200241
电话:021-64504607
传真:021-64505710
主营产品:弹性外墙涂料、丙烯酸外墙涂料、内墙乳胶漆

上海钢桶技术装备研究所
地址：上海市杨树浦路 1362 号
邮编：200090
电话：021-65193700-27
传真：021-65193935
E-mail：xgxing@zlcn.com
主营产品：防腐涂料、聚氨酯涂料

上海华邦涂料有限公司
地址：上海奉浦工业区环城东路 977 号
邮编：201400
电话：021-57420133
传真：021-57420898
主营产品：聚酯漆、木器硝基清漆、地板漆、透明腻子、透明底漆、乳胶漆

上海新成特种涂料化工有限公司
地址：上海市大名路 227 号
邮编：200080
电话：021-63568300　63865015
传真：021-63865015
主营产品：反光漆、弹性漆等

上海华丽装饰科技公司
地址：上海市真北路 1101 弄 8 号
邮编：200333
电话：021-52782045　52787291　52786398
传真：021-52782045
主营产品：内外墙苯丙系列涂料、丙烯酸系列涂料、天然真石漆、浮雕性涂料

上海万春防水建设工程公司
地址：上海市金山区金银支线路 2025 号
邮编：201516
电话：021-57391121　57391269
传真：021-57391121
主营产品：非焦油聚氨酯防水涂料、内外墙涂料、白胶及各类黏合剂

(中外合资)上海新时代化学有限公司
地址：上海市闵行区纪王镇纪翟路 2790 号

邮编：201107
电话：021-62960131
传真：021-62963637
主营产品：纯环氧型涂料、环氧聚酯混合涂料、纯聚酯型粉末涂料

上海申达造漆厂
地址：上海市奉贤南桥镇环城东路61号
邮编：201400
电话：021-57420898　57420133
主营产品：涂料

上海双工化工材料厂
地址：上海市松江区泗泾镇北首
邮编：201601
电话：021-57617217　57617129
传真：021-57617129
主营产品：各色各类美术型粉末涂料

上海宝得丽涂料有限公司
地址：上海市月罗路2481号
邮编：201908
电话：021-56861646　56089312
传真：021-56091247
主营产品：涂料

上海宝盾涂料厂
地址：上海市黄渡东港路111号
邮编：201804
电话：021-59595381
主营产品：建筑涂料、弹性防水涂料、防水腻子、封闭底漆、工业漆

上海浦东胜虹漆厂
地址：上海市浦东新区北艾路1477号
邮编：200125
电话：021-64834899
传真：021-58815466
主营产品：涂料

上海古雷马化轻有限公司

地址：上海安亭宝安公路5064号
邮编：201805
电话：021-59576213
传真：021-59576213
主营产品：硝基漆、油墨、白乳胶

上海三林防腐材料厂胜星树脂涂料厂
地址：上海市浦东新区胜丰灵岩南路88号
邮编：200124
电话：021-58413208
主营产品：丙烯酸涂料、重防腐涂料、高氯化聚乙烯涂料、船舶漆、氯化橡胶漆、环氧树脂漆

上海常江化学有限公司
地址：上海市闵行区华宁路1003号西首
邮编：201111
电话：021-64093727
传真：021-64093727
主营产品：粉末涂料

上海凯利达实业有限公司
地址：上海沪青赵巷新城经济开发区
邮编：201703
电话：021-62869903　59752975
主营产品：丙烯酸涂料、各色金属、木器涂料

上海昌迪实业有限公司
地址：上海市襄阳北路47弄1号襄乐大厦8楼D座
邮编：200040
电话：021-54030573　54039953
传真：021-54039953
主营产品：涂料

上海宝吉涂料公司
地址：上海大场真大路485弄21号
电话：021-56500939
主营产品：涂料

上海星宇涂料厂

邮编:201801
地址:上海嘉定门外沪宜公路棕坊车站北
电话:021-59161323
主营产品:自干丙烯酸锤纹漆、丙烯酸底漆、固化剂,以及配套色浆、助剂、溶剂

上海申龙涂料有限公司
地址:上海宝山区罗泾镇三桥村
邮编:200949
电话:021-56870203
主营产品:各色高级聚氨酯家具漆,单、双组分水晶地板漆,自行车漆,汽车漆,耐高温漆,各色底漆及金属闪光漆

欣欣涂料厂
地址:上海市浦东高东珊黄仓头
邮编:200137
电话:021-58480611
传真:021-58480611
主营产品:聚氨酯涂料、丙烯酸涂料

上海银辉涂料厂
地址:上海青浦小蒸现代工业区
邮编:201716
电话:021-59811475　59811482
传真:021-59811475
主营产品:涂料

上海华银粉末涂料厂
地址:上海市闵行区华银路1003号西首
邮编:201111
电话:021-64093727
主营产品:粉末涂料

上海金虹制漆有限公司
地址:上海市宁波路24号
邮编:021-58815779
主营产品:涂料

上海浦东新区东门涂料厂
地址:上海市浦东新区川沙镇新川路9号

邮编：201200
电话：021-58981926
主营产品：内外墙乳胶漆、苯丙乳液、聚乙酸乙烯乳液

上海永新特种涂料公司
地址：上海市青浦凤溪镇
邮编：201705
电话：021-59770458
主营产品：涂料

上海嘉宝新型装潢材料有限公司
地址：上海市扬中路243号丙
邮编：200434
电话：021-65163928
传真：021-65169275
主营产品：各种建筑涂料

上海侃如涂料有限公司
地址：上海市南汇工业园区徐庙村
邮编：201300
电话：021-58012592
主营产品：各色氨基漆、丙烯酸漆、木器漆、塑料漆

中美合资上海埃迪漆业有限公司
地址：上海市徐汇区曹溪路125弄(金谷园)12号901室
邮编：200233
电话：021-13003127022
主营产品：真石漆、丙烯酸乳胶漆、内外墙防水涂料

高氏涂料有限公司上海分公司
地址：上海市闵行区辛朱路四号桥东梅陇钢球厂区内
邮编：201100
电话：021-64773666
传真：021-64777074
主营产品：涂料

上海爱碧埃化学建材有限公司
地址：上海市浦汇塘路158号
邮编：200030

电话:021-64688851
传真:021-64688853
主营产品:柔性磁砖黏结剂、柔性瓷砖嵌缝剂、水泥砂浆增强剂、弹性防水膜

上海诺格涂料有限公司
地址:上海市虹桥镇环镇西路31号
邮编:201103
电话:021-64056481　64011723
传真:021-64011723
主营产品:建筑涂料

上海禾润建筑装潢有限公司
地址:上海市南丹路108号
电话:021-56637256
主营产品:内外墙涂料、弹性涂料、防水涂料、浮雕漆、金属面漆、真石漆

上海汇宇精细化工有限公司
地址:上海浦东周浦路塘柬车站
邮编:201318
主营产品:PV涂料

上海建筑涂料厂
地址:上海市丹巴路300号
邮编:200062
主营产品:建筑涂料

上海黄渡防水涂料厂
地址:上海市嘉定区黄渡镇柬港路111号
邮编:201804
主营产品:防水涂料

上海马陆丙烯酸涂料厂
地址:上海市嘉定区
邮编:201801
主营产品:丙烯酸系列涂料

上海嘉定兴达涂料厂
地址:上海市嘉定区唐行镇北
邮编:201807

主营产品:丙烯酸系列内外墙涂料

上海市嘉定区嘉西涂料厂
地址:上海市嘉定区北门昌桥村
邮编:201800
主营产品:911 内墙乳胶漆

上海马门上光材料厂
地址:上海市嘉定县望新乡吴塘桥
邮编:201809
主营产品:上光浆

上海浦东新区高东造漆厂
地址:浦东新区高东海徐路 92 号
邮编:200137
主营产品:各种沥青漆

上海南极涂料总厂
地址:上海市南汇县
邮编:301324
主要产品:底盘漆

上海南极涂料总厂一分厂
地址:上海市南汇县
邮编:301324
主营产品:多彩涂料

上海南极涂料总厂二分厂
地址:上海市南汇县
邮编:301324
主营产品:苯丙涂料

上海佳盛涂料有限公司
地址:上海市交通路 126 号
邮编:200334
主营产品:涂料

上海宏达制漆有限公司
地址:上海江川路

邮编:201111
主营产品:涂料

上海皇家油漆涂料有限公司
地址:上海宝山区长江西路315号
邮编:201113
主营产品:涂料

上海斯必克涂料有限公司
地址:上海浦东新区杨高公路2175号
邮编:201206
主营产品:彩鸟牌涂料

上海斯泰安涂料有限公司
地址:上海浦东新区川奉公路西侧
邮编:202318
主营产品:斯泰安牌涂料

上海雅都涂料有限公司
地址:上海市嘉定区马陆镇李家村
邮编:201801
主营产品:雅都牌涂料

上海枫泰涂料有限公司
地址:上海市嘉定区方泰嘉黄公路2099号
邮编:201814
主营产品:枫泰牌涂料

五、山西省

太原化学工业集团公司油漆厂
地址:山西太原朝阳街76号
邮编:030045
电话:0351-4377501
主营产品:酚醛漆、醇酸漆、氨基漆、聚酯漆、聚氨酯漆

山西黄河防腐绝热工程有限公司太原市黄河化工建材厂
地址:太原市义井和平南路584号
邮编:030021
电话:0351-6079448

传真：0351-6082968
主营产品：氯磺化、氯化橡胶、环氧系列防腐涂料及其他特种涂料

总参通信部第六九零四工厂
地址：山西太原市平阳路448号
邮编：030006
电话：0351-7021169-68163
传真：0351-7028482
主营产品：涂料

山西大禹防水堵漏工程公司防水涂料厂
地址：太原市府东街山佑巷北口
邮编：030001
电话：0351-4165618
传真：0351-4165628
E-mail：dayu@public.ty.sx.cn
网址：http://www.shanxiday.com
主营产品：聚氨酯及丙烯酸防水涂料、防火涂料、内外墙乳胶漆

山西长达交通设施有限公司
地址：太原市坞城中路111号
邮编：030006
电话：0351-7050610　7042070
传真：0351-7050610
主营产品：道路标线涂料（热熔、常温）、内外墙涂料

山西豪瑞涂料实业有限公司
地址：太原市平阳路479号
邮编：030006
电话：0351-7021577
传真：0351-7028016
主营产品：中高档内外墙乳胶漆及胶黏剂

山西奥泰克涂料有限公司
地址：山西长治高新技术产业开发区水中环路
邮编：046011
电话：0355-2082503
传真：0355-2082500
主营产品：内外墙涂料、乳胶漆、真石漆

首创化工涂料有限公司
地址：山西省运城市南环东路207号
邮编：044000
电话：0359-2085666
传真：0359-2085666　2091666
E-mail：shouch@public.yc.sx.cn
主营产品：建筑涂料、路标漆、胶黏剂

山西省襄汾县油漆厂
地址：山西省襄汾县张礼车站东侧
邮编：041509
电话：0357-3639078
传真：0357-3639078
E-mail：linxin@public.lf.sx.cn
网址：//lfwindow.yeah.net
主营产品：油漆、保护水泥电杆涂料、防结皮剂、防沾剂

六、辽宁省

沈阳油漆厂
地址：沈阳市铁西区云峰北街42号
邮编：110021
电话：024-25873116
传真：024-25850263
主营产品：涂料

中日合资沈阳关西涂料有限公司
地址：沈阳市皇姑区昆山西路7段69号
邮编：110035
电话：024-86730069-8026　86730070—8004
传真：024-86730068
主营产品：汽车专用底漆、中途漆、面漆

中科院金属腐蚀与防护研究所
地址：沈阳市文萃路62号
邮编：110015
电话：024-23915862
传真：024-23915874
E-mail：wzlu@icpm.syb.ac.cn

主营产品：工业涂料、粉末涂料

沈阳市白天鹅油漆厂
地址：辽宁省新民市兴隆镇
邮编：110315
电话：024-7711480
主营产品：醇酸树脂漆、醇酸滋漆、醇酸调和漆、酚醛磁漆、氨基锤纹漆、银浆漆、漆用稀释剂

沈阳化工油漆厂
地址：沈阳市东陵区榆林大街2号
邮编：110045
电话：024-88201504　88201308　88201414
传真：024-88201545
主营产品：工业用漆、建筑涂料、装饰涂料、铬黄颜料

沈阳市晶刚涂料厂
地址：沈阳市铁西区乐工二街6号
邮编：110021
电话：024-25879799
传真：024-25840465
主营产品：内外墙涂料、地坪涂料、建筑用胶

沈阳市涂料总公司
地址：沈阳市铁西区云峰街42号
邮编：110021
电话：024-25873116
传真：024-25850263
主营产品：涂料

沈阳市新津港化工有限公司
地址：沈阳市铁西区重工南街勋业1路14号
邮编：110024
电话：024-25738761
传真：024-25740797
主营产品：工业涂料、铝粉防漆涂料

沈阳市天久实业有限公司
地址：沈阳市皇姑区嫩江街16-3号

电话:024-86910092
传真:024-86910093
E-mail:forever@pub.sy.ln.ch
网址:www.forever@pub.sy.ln.ch
主营产品:内外墙涂料、道路标线漆、涂料用化工产品、色浆

大化集团大连油漆厂
地址:大连市甘井子区工兴路10号
邮编:116032
电话:0411-6677040
传真:0411-6677040
E-mail:dhjsjzx@pub.dl.lnpta.net.cn
网址:www.dahuag.com
主营产品:十八大类油漆,1500多个花色品种,其中船舶漆获国家涂料行业金奖牌

大连丽美顺涂料树脂有限公司
地址:大连市甘井子区大连湾镇苏家
邮编:116113
电话:0411-7678998
传真:0411-7680499
主营产品:木器漆

大连市建筑科学研究设计院
地址:大连市沙河口区太原街369号
邮编:116021
电话:0411-4313536 4305172
传真:0411-4304552
E-mail:zhaoxy@21cn.com
主营产品:米兰牌系列建筑涂料、瓷釉涂料及特种涂料

大连普乐氟材料化工厂
地址:大连市普兰店市乐甲满族乡
邮编:116208
电话:0411-9380086
传真:0411-9380086
主营产品:有机氟涂料

大连明辰氟涂料有限公司
地址:大连市甘井子区营城子镇华城工业园

邮编:116036
电话:0411-6692174　6692184
传真:0411-6692194
E-mail:mansion
网址:@pub.dl.lnpta.net.cn
主营产品:有机氟涂料及其研究开发、技术咨询、技术服务

大连高丽涂料有限公司
地址:大连旅顺口三涧堡
邮编:116043
电话(传真):0411-6260234
主营产品:涂料

大连天牛油漆有限公司
地址:大连市沙河口区中山路415号
电话:0411-4342818
传真:0411-4341868
主营产品:醇酸磁漆、环氧漆、氯化橡胶漆、聚氨酯漆及船舶漆等

大连科特水质漆有限公司
地址:大连市甘井子区东海路10号
邮编:116032
电话:0411-6601154
传真:0411-6600270
主营产品:水性内外墙涂料

大连市卡宝拉因油漆有限公司
地址:大连市金州区后石村
邮编:116110
电话:0411-7898441-4
传真:0411-7898445
主营产品:涂料

大连塑粉涂装厂
地址:大连经济技术开发区30号工业区
邮编:116600
电话:0411-7311317　7312208
传真:0411-7614531
主营产品:涂料

大连福嘉防火建筑材料有限公司大连经济技术开发区福嘉涂料装饰公司
地址：大连市南关岭西街
邮编：116033
电话：0411-6870818　6872144
主营产品：防火涂料、乳胶漆

中外合资大连顺港实业有限公司
地址：大连市旅顺三八里
邮编：116041
电话：0411-6233450
传真：0411-6233450
主营产品：各类热固性粉末涂料

大连华达油墨化学品有限公司
地址：大连连山街123号星海高科技中心A座
邮编：116000
电话：0411-6293156　6293659
传真：0411-4685733
主营产品：塑料凸凹板彩色印刷油墨、柔板油墨、金属油墨、印铁涂料及助剂

抚顺市新世纪黏合剂厂
地址：抚顺市高山路149号
邮编：113006
电话：0413-7725585
传真：0413-7703949
主营产品：乳胶漆、内外墙丙烯酸涂料

家家乐涂料有限公司
地址：辽宁省锦州市凌河区
邮编：121000
电话：0416-3155000
主营产品：涂料

营口三征有机化工股份有限公司
地址：营口市站前区大庆路更新里边25号
邮编：115001
电话：0417-3852623　3830090
传真：0417-3851339

E-mail:yksz@publicz.ykptt.ln.cn
网址:www.chinachem.net.com/sanzheng
主营产品:纯丙型内外墙乳胶漆

营口市工教实业开发公司涂料厂
地址:营口市站前区群英里37—5号
邮编:115000
电话(传真):2822029
主营产品:建筑涂料

辽宁省大石桥市建华涂料厂
地址:辽宁省大石桥市哈大路70号
邮编:115100
电话:0417-5813585
主营产品:内外墙涂料、仿瓷涂料、高光泽纯丙乳胶漆

辽宁省大石桥市天和化工涂料有限公司
地址:辽宁省大石桥市金桥开发区88号
邮编:115100
电话(传真):0417-5815296
主营产品:道路标线漆、丙烯酸涂料、酚醛树脂涂料、常温及热熔道路用划线机系列

辽阳制漆厂
地址:辽宁省辽阳县辽鞍路7号
邮编:111200
电话:0419-7172844
主营产品:油漆

灯塔天马涂料有限公司
地址:辽宁省灯塔市
邮编:111300
电话:0419-8182889
主营产品:耐擦洗仿瓷涂料、内外墙乳胶漆、砂壁涂料

盘锦太和涂料厂
地址:盘锦市双台子区24号
邮编:124000
电话:0427-3831333
主营产品:涂料

中日合资辽阳前进化工有限公司
地址:辽阳市铁西路76—1号
邮编:111004
主营产品:前进牌涂料

抚顺市防火化学厂
地址:辽宁省抚顺市顺城区前甸
邮编:113006
主要产品:膨胀装饰性防火涂料

辽阳市油漆化工厂
地址:辽阳太和二路汽车红光站
邮编:111000
主要产品:天然树脂漆

大连海滨油漆制造有限公司
地址:大连市旅顺口区
邮编:116044
主要产品:醇酸树脂漆

营口市辽河油漆厂
地址:辽宁省营口市胜利哈大路60号
邮编:115100
主要产品:天然树脂漆

盖州市油漆化工厂
地址:辽宁省盖州市
邮编:115238
主营产品:各色酯胶调和漆

朝阳油漆化工厂
地址:辽宁省朝阳市双塔区
邮编:122000
主营产品:各色醇酸调和漆

丹东市科技进修学院研制厂
地址:辽宁省丹东市科技进修学院
邮编:118303

主营产品:建筑涂料

八一零六五部队化工厂
地址:辽宁省丹东市
邮编:118303
主营产品:涂料、稀料

丹东市油漆厂
地址:辽宁省丹东市东沟县
邮编:118303
主营产品:涂料

沈阳市塔湾油漆厂
地址:沈阳市皇姑区塔湾街后塔里66号
邮编:110035
主营产品:涂料

沈阳市崇山油漆厂
地址:沈阳市皇姑区长江北街50号
邮编:110036
主营产品:油漆

鞍山市建材化工厂
地址:辽宁省鞍山市
邮编:114011
主营产品:聚醋酸乙烯乳液

鞍山市立山有机合成厂
地址:辽宁省鞍山市立山北胜利路36号
邮编:114033
主营产品:聚乙烯醇水玻璃、内墙涂料

鞍山市鞍山油漆化工总厂
地址:辽宁省鞍山市
邮编:114000
主营产品:天然树脂漆

七、吉林省

长春泰欧亚涂料有限公司

地址:长春经济技术开发区民丰大街南
电话:0431-4630249
传真:0431-4645939
主营产品:汽车配套漆、工业用漆、建筑涂料

吉林省天达工程材料有限公司
地址:长春市青荫路5号
邮编:130062
电话:0431-3433566
传真:0431-7902102
主营产品:铁路客车用底漆及厚浆型涂料

中外合资长春嫦娥建筑装潢有限公司装饰涂料厂
地址:长春市建设广场解放大路147—7号
邮编:130061
电话(传真):0431-5180208
主营产品:多彩涂料、仿瓷涂料、防水涂料、防霉涂料、各种高中低档内外墙涂料

新龙粉末涂料有限责任公司
地址:吉林省新立城水库管理局
邮编:130119
电话:0431-4511141-3211
主营产品:粉末涂料

吉林市神州建筑材料厂
地址:吉林市丰满区裕民街2号
邮编:132013
电话:0432-4663083 2058073
传真:0432-4663065 转涂料厂
主营产品:高耐候性外墙涂料、丙烯酸系列涂料、建筑胶

延边红松涂料有限责任公司
地址:吉林省汪清县东振路38号
邮编:133200
电话:0433-8813909 8812782
传真:0433-8814495
主营产品:水性涂料

安图化工涂料有限公司

地址:吉林省安图县新区
邮编:133200
电话:0433-5822734　5822762
传真:0433-5825659
主营产品:涂料

吉林省梅河口市建筑涂料厂
地址:吉林省梅河口市红梅镇四海街
邮编:135019
电话:0448-4510900　4511477
主营产品:建筑涂料

吉林省梅河口市建材实业总公司
地址:吉林省梅河口市解放街沿河路2号
邮编:135000
电话:0448-3223853
主营产品:建筑涂料

四平徽歙油墨厂
地址:吉林省四平市铁西区六孔桥路西段
邮编:136000
电话(传真):0434-3626806
主营产品:墨液、墨粉、水溶性涂料

吉林省吉林市江城涂料厂
地址:吉林市长兴胡同32号
邮编:132001
主营产品:涂料

吉林市长虹化工厂
地址:昌邑莲化街莲民胡同35号
邮编:132002
主营产品:涂料

吉林化学工业公司油漆厂
地址:吉林市吉林大街运河口
邮编:132001
主营产品:醇酸树脂

吉林市大东化工厂
地址：吉林市北京路松北一区9号
邮编：132011
主营产品：环氧煤沥青涂料

长春市二道英俊油漆厂
地址：长春市乾安北二胡同
邮编：130032
主营产品：烯烃树脂漆类

四平市油漆厂
地址：铁东区环城南路298号
邮编：136001
主营产品：酚醛树脂漆

大安市油漆化工厂
地址：吉林省大安市丰收街
邮编：131100
主营产品：天然树脂漆类

安固化工涂料有限公司
地址：吉林省安固县明月镇
邮编：133600
主营产品：涂料

吉林市吉光涂料有限公司
地址：吉林市丰满区小白山乡
邮编：132106
主营产品：涂料

敦化市吉港涂料化工有限公司
地址：吉林省敦化市西环路37号
邮编：132700
主营产品：涂料

吉林省松港化工涂料有限公司
地址：长春市朝阳区前进大街副8号
邮编：130051
主营产品：涂料

八、黑龙江省

哈尔滨油漆厂（哈尔滨斑马油漆化工有限公司）
地址：哈尔滨市太平化工路256号
邮编：150056
电话：0451-2401112
传真：0451-2423638
E-mail：banma@public.hp.hl.cn
主营产品：油脂漆类、天然树脂漆类、酚醛树脂漆类、沥青漆类、醇酸树脂漆类、氨基树脂漆类、硝基漆类、过氯乙烯树脂漆类、环氧树脂漆类、丙烯酸树脂漆类、聚氨酯漆类、OV固化漆、有机硅耐高温漆、乳胶漆及各种辅助材料

哈尔滨漆厂汇源油漆分厂
地址：哈尔滨市太平区化工路256号
邮编：150056
电话：0451-7681112-2077
主营产品：各色醇酸调和漆、脂胶调和漆、醇酸稀料

哈尔滨油漆厂中外合资哈尔滨滨利涂料有限公司
地址：哈尔滨市太平区化工路256号
邮编：150056
电话：0451-7681116-264、212
传真：0451-7673638
主营产品：涂料

哈尔滨市长河特种涂料厂
地址：哈尔滨市动力区动源街50号四楼
邮编：150040
电话（传真）：0451-2100780
主营产品：环氧煤沥青涂料、防腐涂料、导静电有机硅涂料、高耐候涂料

哈尔滨航空机电制造公司涂料厂
地址：哈尔滨市平房区联盟大街70号
邮编：150066
电话：0451-6501155-82198
传真：0451-6505944
主营产品：涂料

哈尔滨市双龙粉末涂料厂

地址:哈尔滨市道里区乡华街2号
邮编:150070
电话:0451-4312136
传真:0451-4339985
主营产品:粉末涂料

齐齐哈尔市北方油漆化工集团公司
地址:齐齐哈尔市龙沙区角航路30号
邮编:161005
电话:0452-2347001
传真:0452-2347435
主营产品:油漆及辅料

鸡西市建筑涂料厂
地址:鸡西市东山路95号
邮编:158100
电话:0453-2353500
主营产品:内外墙涂料、803胶、乳胶漆、多彩涂料、PVC防水油膏

安达市六一涂料厂
地址:安达市南九道街
邮编:151400
电话:0459-7333314
主营产品:高中低档涂料

大庆市萨区太阳建材化工厂
地址:大庆市中兴北街14号
邮编:163311
电话:0459-4664379 4669897
主营产品:建筑涂料

哈尔滨新辉涂料有限公司
地址:哈尔滨市道里区机场路七公司
邮编:150078
主营产品:涂料

哈尔滨市多利化学工业有限公司
地址:哈尔滨市平房区联盟大街70号
邮编:150066

主营产品:涂料

哈尔滨永久涂料厂
地址:哈尔滨市南岗区
邮编:150080
主营产品:内外墙涂料

哈尔滨市化工原料公司化工油漆加工厂
地址:哈尔滨市香坊区马家花园
邮编:150001
主营产品:醇酸稀料

哈尔滨市化学工业联合公司防腐材料厂
地址:哈尔滨市太平区东直路382号
邮编:150050
主营产品:快干型防锈剂

哈尔滨市化工十二厂
地址:哈尔滨市动力区前进路24号
邮编:150040
主营产品:内外墙涂料

九、江苏省

南京天龙股份有限公司
地址:南京市下关市姜家园205号
邮编:210011
电话:025-8805995　8813764
传真:025-8811425
主营产品:长江牌涂料、辅料、梦雅牌乳胶漆、聚酯漆;印铁包装

南京龙华汽车涂料有限公司
地址:南京市下关区姜江园205号
邮编:210011
电话:025-8750573
传真:025-8809214
主营产品:中厚膜阴极电泳漆、丙烯酸氨基汽车面漆及其他品种汽车漆

南京大桥漆业有限公司
地址:南京市浦口浦珠中路201号

邮编：210032
电话：025-8868363
传真：025-8854813
主营产品：酚醛类、醇酸类、氨基类、丙烯酸类等各种调和漆及外用磁漆

南京金腾化工有限公司
地址：南京市玄武区红山街道藤子村1号
邮编：210028
电话：025-5422007
传真：025-5402243
E-mail：jtchemic@publicl.ptt.js.cn
主营产品：涂料

南京金线金箔总厂
地址：南京市龙潭镇进土坊88号
邮编：210034
电话：025-5701336　5700603
传真：025-5700030
E-mail：njjxjbzc@publicl.pll.js.cn
网址：china golelleaf.com
主营产品：镀铝薄膜多彩透明涂料、铝箔金卡纸面膜

南京华彩特种涂料厂
地址：南京市中山北路408号
邮编：210011
电话：025-8830277
传真：025-8801272
主营产品：特种涂料

南京玻璃纤维研究设计院工厂
地址：南京市雨花西路安德里30号
邮编：210012
电话：025-2414453-398
传真：025-2411475
主营产品：防腐涂料

南京市溧水天龙化工有限公司
地址：溧水在城花园行政村
邮编：211200

电话(传真):025-7213578
主营产品:醇酸漆、酚醛树脂漆、聚酯漆

扬子石油化工公司、华扬工业公司、扬子联合化工厂
地址:长芦镇利民路8号
邮编:210047
电话:025-7783445
主营产品:涂料

南京西善造漆有限公司
地址:南京市西善桥镇刘家村
邮编:210041
电话:025-2434421
传真:025-4465738
主营产品:酚醛漆、醇酸漆、氨基漆、环氧漆、丙烯酸漆、聚氨酯漆、聚酯漆

南京江浦石桥化工厂
地址:南京市江浦石桥
邮编:211804
电话:025-8211118
传真:025-8211158
主营产品:涂料

南京地威化学建材有限公司
地址:南京市红土桥42号3楼
邮编:210004
电话:025-2264014　2205954
主营产品:建筑涂料

江苏省经济技术协作公司建材房产部
地址:南京市中山北路168号
邮编:210009
电话:025-3210241
传真:025-3320122
主营产品:建筑内外墙涂料、防水材料等

南岛物贸公司九洲涂料厂
地址:南京市赛虹桥西集合村路12-1号
邮编:210012

电话：025-2414193 6522821
传真：025-2414193
主营产品：乳胶漆、聚酯漆、专用稀释剂

江苏省建材研究院高新涂料产品基地、国营南京新宁特种涂料厂
地址：南京市迈皋桥合班村 44♯-1
邮编：210028
电话：025-8791027
传真：025-3210195
主营产品：内外墙涂料、多功能水性漆、水泥漆

南京达特化工有限公司
地址：南京市中央门外
邮编：210038
主营产品：涂料

南京昆仑涂料厂
地址：南京市太平门街 34 号
邮编：213000
主营产品：涂料

南京市古雄化工厂
地址：南京市板镇
邮编：210039
主营产品：多彩涂料

南京浦口建筑涂料厂
地址：南京市浦口区顺河里 1 号
邮编：210031
主营产品：涂料

南京嘉玉化工有限公司
地址：南京市玉带乡街道
邮编：211512
主营产品：多彩涂料

南京江南联合化工厂
地址：南京市中化门外
邮编：210012

主营产品:聚氨酯涂料、消泡剂

南京下关涂料厂
地址:南京市下关区热河南路 44 号
邮编:210011
主营产品:内墙涂料

南京新亚涂料厂
地址:南京市汉中门外
邮编:210005
主营产品:内外墙涂料

南京市中山涂料厂
地址:南京市玄武太平门街 2 号
邮编:210018
主营产品:108 外墙涂料

南京大厂新型防腐材料厂
地址:南京市大厂区
邮编:210047
主营产品:防腐涂料

南京京宁建材防水涂料厂
地址:南京市玄武区太平门
邮编:210016
主营产品:防水涂料

南京大桥造漆厂
地址:江苏南京市顶山镇
邮编:210171
主营产品:涂料

丹阳市通用化工有限公司
地址:江苏丹阳经济技术开发区金陵西路
邮编:212324
电话:0511-6232592
主营产品:建筑涂料

丹阳市东方化工实业公司、丹阳市涂料化工厂

地址:沪宁线吕城镇吕东路42号
邮编:212351
电话:0511-6476332
传真:0511-6476122
主营产品:涂料

丹阳市第二涂料厂
地址:丹阳市吕城镇
邮编:212351
电话:0511-6476359
主营产品:醇酸树脂漆、丙烯酸树脂漆、聚氨酯漆等

丹阳市菲亚特涂料制造有限公司、丹阳市永生助剂厂
地址:丹阳市吕城镇自来水厂内
邮编:212351
电话:0511-6476203 6478733
主营产品:中、低档汽车漆,中、高档银粉漆

丹阳市现代实业有限公司涂料厂
地址:丹阳市吕城镇南
邮编:212351
电话:0511-6476828
传真:0511-6478828
主营产品:汽车漆、摩托车漆等

常州光辉集团常州市造漆厂
地址:江苏省常州市三堡街505号
邮编:213016
电话:0519-6851747
传真:0519-6852408
主营产品:各种中、高档溶剂型涂料,水性涂料

常州涂料化工研究所
地址:常州市机场路北港路口
邮编:213016
电话:0519-3270095-2063
传真:0519-3285833
主营产品:阴、阳极电泳涂料,卷材涂料,功能涂料,色浆等

常州华珠颜料有限公司
地址：常州市机场路北港路口
邮编：213016
电话：0519-3270095-2010
传真：0519-3271405
主营产品：高性能功能型颜料、珠光颜料、夜光颜料、导电颜料等

江苏力丰集团公司常州市特种涂料厂
地址：常州市东门横山桥
邮编：213119
电话：0519-8603403　8601613
传真：0519-8601613
主营产品：船舶涂料、重防腐涂料、建筑涂料、地坪涂料、耐高温涂料、防火涂料、互穿网络聚合物带锈防腐涂料（专利产品）

常州市同丰涂料有限公司
地址：常州市通江大道496号
邮编：213000
电话：0519-5100425
主营产品：汽车涂料等

常柴精细化工厂
地址：常州市白鹤路3号
邮编：213000
电话：0519-3272046
主营产品：农机、车辆用涂料

常州光明精细化工有限公司
地址：常州市荆川路86号
邮编：213015
电话：0519-6963634
传真：0519-6962468
主营产品：各种丙烯酸树脂

常州市通明汽车服务中心
地址：常州市常澄路35号
邮编：213002
电话（传真）：0519-5211103
主营产品：高档汽车面漆，环保型水性免除锈、防锈底漆

猴王涂料有限公司
地址:常州市清凉路118号
邮编:213014
电话(传真):0519-8859484
主营产品:聚酯漆等

常州市新天地涂料技术开发有限公司
地址:常州市开发区通江大道605号
邮编:213022
电话:0519-5102322 5102325
传真:0519-5102322
主营产品:汽车涂料、各种涂料

常州市嘉华化工有限公司
地址:常州市西林镇西林路109号
邮编:213024
电话:0519-3881484 3880598
传真:0519-3880688
E-mail:jiahua@public.cz.js.cn
主营产品:热固性、热塑性、羟基丙烯酸聚氨酯高级涂料

常州市永诚日用化工品厂
地址:常州市云祥桥67号
邮编:213016
电话:0519-6859506
主营产品:831、852涂料,乳胶漆

常州工业涂料厂
地址:常州花园凌家塘立交桥东口
邮编:213016
电话:0519-3272529
传真:0519-3270473
主营产品:汽车漆、卷材漆等

常州市柏鹤涂料有限公司
地址:常州民航机场罗溪镇
邮编:213136
电话:0519-3401133

传真:0519-3401100
主营产品:各种丙烯酸树酯漆等

常州弘记涂料化工有限公司
地址:常州市常锡路128-2号
邮编:213014
电话:0519-6643727　6643973
传真:0519-6643764
主营产品:水泥漆、木器漆、特种涂料、工业烤漆、金属烤漆

丽宝第集团(中国常州)丰林油墨厂
地址:常州市花园路32号
邮编:213016
电话:0519-3270393
主营产品:油墨、水性涂料等

常州常新道路工程材料有限公司
地址:常州市开发区通江大道583号
邮编:213022
电话:0519-5105061
传真:0519-5100530
主营产品:热熔型道路标漆等

江苏兰陵化工(集团)公司江苏兰陵涂料厂
地址:常州市东郊横山桥
邮编:213119
电话:0519-8601528　8601529
传真:0519-8601785
主营产品:各种防腐蚀涂料、耐高温防火涂料、地坪涂料等

江苏武进聚氟高分子涂料厂
地址:常州市东郊横山桥镇奚巷村
邮编:213119
电话:0519-8601615
主营产品:氟树脂涂料、汽车涂料、摩托车涂料等

江苏武进市凯星涂料厂
地址:常州东郊横山桥镇
邮编:213119

电话:0519-8602517　8601673
主营产品:防腐涂料

江苏武进市晨光金属涂料厂
地址:常州武进市芙蓉镇
邮编:213118
电话(传真):0519-8761285
主营产品:各种金属涂料

武进造漆厂
地址:常州市南门板上镇
邮编:213165
电话:0519-6731225
传真:0519-6731711
主营产品:醇酸树脂漆、氨基树脂漆、硝基漆等

武进市芙蓉装饰涂料厂
地址:武进市芙蓉镇
邮编:213118
电话:0519-8762029
主营产品:金属涂料、防腐蚀涂料

上海涂料研究所武进晨光涂料有限公司
地址:武进市沪宁线村前镇
邮编:213154
电话:0519-3761340
传真:0519-3761015
主营产品:内外墙建筑涂料

武进市横林杨岐模具厂
地址:常州市横林镇杨岐村
电话:0519-8781512
主营产品:阴极电泳漆

武进市横山天源精细化工厂
地址:常州市东门外横山桥镇西崦村
邮编:213119
电话:0519-8601911
主营产品:防腐蚀涂料、水性涂料、耐热涂料、建筑涂料

武进佳尔利涂料厂
地址：常州市兰陵路28号
邮编：213000
电话：0519-6642729　9600928
主营产品：锤纹漆、铝粉浆

江苏亚邦涂料股份有限公司
地址：武进市牛塘镇
邮编：213163
电话：0519-6391038
传真：0519-6392102
主营产品：不饱和聚酯漆、汽车漆、内外墙涂料

武进市罗溪化工涂料厂
地址：武进市罗溪镇彭家村
邮编：213136
电话：0519-3401050
主营产品：防腐蚀涂料、丙烯酸涂料

武进市白云涂料有限公司
地址：常州市南门外戴溪镇
电话(传真)：0519-8551486
主营产品：建筑涂料

无锡市造漆厂
地址：无锡市锡澄路258号
邮编：214041
电话：0510-3102212
传真：0510-3103317
主营产品：涂料、合成树脂、乳胶漆、农药、化学原料及助剂

无锡市太湖油漆厂
地址：无锡市洛社
邮编：214187
电话：0510-3314741
传真：0510-3311447
主营产品：建筑、船舶、机械设备、汽车及摩托车用漆

江苏长风电子材料有限公司无锡分公司
地址:无锡新区邮电局12号信箱
邮编:214028
电话:0510-5216665　7414920
传真:0510-7414920
主营产品:涂料

无锡霸润涂料化工有限公司
地址:无锡市锡澄路258号
邮编:214041
电话:0510-3108787　3104764
主营产品:涂料

无锡市北方振亚化学工业有限公司
地址:无锡市马山区十里明珠堤
邮编:214092
电话:0510-5996759　5993993
传真:0510-5994769
主营产品:涂料

无锡市化工研究设计院
地址:无锡市人民西路109号
邮编:214031
电话:0510-2706126
传真:0510-2707715
主营范围:化工厂设计及乳液研究

无锡市创基工贸有限责任公司
地址:无锡市蠡溪路西园里
邮编:214072
电话:0510-5105647　5104014
主营产品:粉末涂料、粉碎设备

无锡市东亚防腐材料厂
地址:无锡市胡埭镇归山头5号
邮编:214161
电话(传真):0510-5599934
主营产品:涂料

法国雅都(上海)涂料公司
地址:无锡市县前东街21号鲲鹏大厦13楼
邮编:214002
电话:0510-2769769
传真:0510-2724642
主营产品:涂料

台湾育达企业集团意达化工制品(无锡)有限公司
地址:无锡市金匮桥西南侧
邮编:214073
电话:0510-5413152 5417364
传真:0510-5417364
主营产品:金属漆、塑胶漆、木器漆

中外合资无锡华美特种油墨有限公司
地址:无锡市丽新路底山北大桥北堍
邮编:214045
电话:0510-3701778
传真:0510-3701635
主营产品:油墨、涂料等

江苏特种耐火材料厂
地址:江苏省无锡市锡甘路3号
邮编:214026
主营产品:防火涂料

无锡绝缘漆厂
地址:无锡市后宅镇
邮编:214146
主营产品:绝缘涂料

宜兴市太极化工实业公司
地址:宜兴市太华镇乾元村
邮编:214235
电话:0510-7382247
传真:0510-7381831
主营产品:聚氨酯漆、硝基漆、木器漆等

宜兴市山力高温涂料厂

地址:宜兴市都山镇
邮编:214258
电话(传真):0510-7231115
主营产品:防火漆、高温漆、抗静电漆、船舶漆、工业重防腐涂料

宜兴鼎球化工有限公司
地址:宜兴市归径乡
邮编:214239
电话:0510-7352622
传真:0510-7352097
主营产品:聚氨酯漆、醇酸树脂漆、硝基漆、氨基漆等

宜兴市鸿运耐火材料厂
地址:江苏省宜兴市东山中学东
邮编:214206
电话:0510-7982953　7995385
传真:0510-7982953
主营产品:耐火涂料、防腐耐磨涂料、涂涂荧光剂(夜光粉)、涂料助剂、涂料原料(细度从微米至纳米材料)

宜兴市涂料协会
地址:宜兴市人民南路52号
邮编:214200
电话:0510-7992462
传真:0510-7992906
主营产品:聚氨酯漆、特种涂料

宜兴市四通塑粉有限公司
地址:江苏省宜兴市宜城镇杏里路308号
邮编:214203
电话:0510-7121138
传真:0510-7121777
主营产品:粉末涂料

宜兴市通达化工二厂
地址:宜兴市官林镇
邮编:214251
电话:0510-7201375
主营产品:聚氨酯类防水涂料、特种防腐涂料等

宜兴市九岭化工厂
地址：宜兴市张渚镇西郊
邮编：214231
电话：0510-7306139
主营产品：各种金属、塑料的底面漆、稀释剂、固化剂等

无锡市虎皇漆业有限公司
地址：宜兴市扶风镇
电话：0510-7541088
传真：0510-7541877
主营产品：内外墙乳胶漆、聚酯漆等

江苏省宜兴市华昌化工厂
地址：宜兴市周铁镇沙塘港
邮编：214261
电话（传真）：0510-7571169
主营产品：聚氨酯、丙烯酸系列仿瓷涂料、氨基烘漆、闪光漆等

宜兴市苏珠涂料有限公司
地址：宜兴市官林镇北来村
邮编：214251
电话：0510-7201012
主营产品：丙烯酸内外墙涂料、DA分散剂、增稠剂、聚酯漆等

宜兴市南新远望化工涂料厂
地址：宜兴市南新镇人民路
邮编：214215
电话：0510-7871512　7871249
主营产品：仿瓷涂料、内外墙涂料

宜兴市涂料厂
地址：宜兴市新建镇
邮编：214253
主营产品：涂料

宜兴市扶风第三化工厂
地址：宜兴市扶风镇西
邮编：214265

主营产品:防水涂料、涂料

中美合资江阴桥光特种涂料有限公司
地址:江阴市青阳镇
电话:0510-6841391
传真:0510-6841336
主营产品:特种涂料

江阴市汇克拓化工有限公司
地址:江苏省江阴市利港镇西
邮编:214444
电话:0510-6639334
主营产品:各种工业、民用涂料

江苏省江阴市江南特种涂料厂
地址:江苏省江阴市南闸镇西
电话:0510-6618458
主营产品:特种涂料

中外合资江阴月信化工涂料有限公司
地址:江苏省江阴市月城镇
邮编:214404
电话:0510-6581323 6581888
传真:0510-6581800
主营产品:涂料

中外合资江阴华理防腐涂料有限公司
地址:江苏省江阴市璜土镇
邮编:214445
电话:0510-6651278
主营产品:防腐涂料

江阴阳光涂料厂
地址:江阴市锡澄公路张家桥北塊
邮编:214405
电话:0510-6584995
主营产品:防腐涂料

江苏省江阴市第二防腐材料厂

地址:江阴市月城镇环北路
邮编:214404
电话:0510-6583007
传真:0510-6581458
主营产品:防腐涂料

江苏省江阴市瓷厂
地址:江苏省江阴市澄江镇君山路56号
邮编:214431
主营产品:彩风牌仿瓷涂料

苏州造漆厂
地址:苏州市葑门外觅渡桥塄
邮编:215006
电话:0512-7243676
传真:0512-7244673
主营产品:各种涂料

苏州立邦涂料有限公司
地址:苏州市葑门外觅渡桥塄
邮编:215006
电话:0512-7255196　7253564
传真:0512-7241930
主营产品:各种内外墙涂料

科特长城涂料(苏州)有限公司
地址:苏州新区向阳路
邮编:215011
电话:0512-8255781
传真:0512-8259139
主营产品:涂料等

苏州市建筑科学研究所
地址:苏州市三香路三香弄1号
邮编:215004
电话:0512-8262448　8262447
传真:0512-8273924
E-mail:sbri@publicl.sz.js.cn
主营产品:内外墙涂料、防水涂料、建筑涂料助剂

苏州市永安化学建材有限公司
邮编:215009
电话:0512-8224417
主营产品:防水涂料

锦昆贸易发展有限公司
地址:苏州市东环路253号
电话(传真):0512-7414781
主营产品:涂料

苏州工业园区兴园房地产有限公司涂料装饰分公司
地址:苏州市干将路621号
邮编:215005
电话:0512-5232124
主营产品:建筑涂料

苏州树脂涂料厂
地址:苏州新区滨河路
邮编:215011
主营产品:各种树脂涂料

苏州新型建筑涂料厂
地址:苏州市葑门外觅渡桥堍
邮编:215006
主营产品:丙烯酸乳胶漆

东亚涂料集团
地址:江苏省吴江市垂虹路17号
邮编:215200
电话:0512-3426274
传真:0512-3422318
主营产品:涂料

吴江新型建筑材料厂
地址:苏州吴江市同里镇
邮编:215217
主营产品:涂料

太仓市造漆厂
地址：江苏省苏州太仓市肃太济路2号桥
邮编：215400
主营产品：油漆

太仓市建筑防水材料厂
地址：苏州太仓市
邮编：215424
主营产品：防水涂料

苏洲新洋粉末涂装设备有限公司
地址：苏州太仓市
主营产品：粉末涂料

苏州柏克森涂料有限公司
地址：苏州市太仓市
邮编：215413
主营产品：涂料

苏州福星造漆有限公司
地址：苏州市吴县市
邮编：215127
主要产品：涂料

海虹老人牌涂料（昆山）有限公司
地址：苏州市昆山市张浦镇海虹路1号
电话：0520-7440886
传真：0520-7440389
主营产品：船舶漆、集装箱漆、工业防腐漆

式玛涂料（昆山）有限公司
地址：苏州市昆山市合丰工业配套区全阳路53号
邮编：215331
电话：0520-7678859
传真：0520-7678857
E-mail：mail@sigmacoatings.com.cn
主营产品：船舶涂料、工业重防腐涂料

台湾中北涂料股份有限公司

地址:昆山市前进中路102号B座306号
邮编:215300
电话(传真):0520-7317336
主营产品:涂料

美商·苏州和泰化工有限公司
地址:昆山市青阳北路经济开发区
邮编:215300
电话:0520-7661538
传真:0520-7661627
主营产品:涂料

昆山台瀛涂料有限公司
地址:昆山市玉山开发区虹祺路以西312国道北侧
邮编:215300
电话:0520-7539227 7539237
传真:0520-7539247
主营产品:涂料

登王化学工业(昆山)有限公司
地址:昆山市蓬朗镇西街
邮编:215333
电话:0520-7611910
传真:0520-7611912
主营产品:涂料

昆山正峰化工有限公司
地址:苏州市昆山市长江南路18号
邮编:215300
电话:0520-7302353
传真:0520-7305698
主营产品:涂料

昆山市亭林防腐材料厂
地址:苏州市昆山市昆北路443号
邮编:215316
电话:0520-7791557
主营产品:防腐涂料

上海金宗化工有限公司台湾中裕有限公司昆山联络处
地址：苏州市昆山市北门路552号
邮编：215316
电话：0520-7792457
传真：0520-7792457
主营产品：汽车涂料、建筑涂料、木器漆

美丽华油墨涂料有限公司(台资)
地址：苏州市昆山市千灯镇南湾路东
邮编：215341
电话：0520-7463018 7463017
传真：0520-7463016
主营产品：油墨涂料

常熟市长溪建材化工厂
地址：常熟市王庄镇南街2号
邮编：215553
电话：0520-2431171
主营产品：建筑涂料

常熟华润石油化工有限公司
地址：苏州市常熟市沿江大道
邮编：215536
电话：0520-2651318 2651888-8024
传真：0520-2651168
主营产品：涂料

常熟市永新精细化工厂
地址：苏州市常熟市李闸路申大工业城内
邮编：215500
电话：0520-2810630
传真：0520-2810188
主营产品：各类工业、民用涂料

大叶装饰工程有限公司
地址：苏州市张家港市后胜镇城东路大叶大厦
邮编：215631
电话：0520-8771535 8771106
传真：0520-8771106 8771191

主营产品：木器漆等

张家港市东昌汽车配套件总厂
地址：苏州市张家港市东沙镇
邮编：215619
电话：0520-8630178
传真：0520-8630005
主营产品：金属罩光漆等

张家港市特种漆厂
地址：苏州张家港市人民西路
邮编：215600
电话：0520-8682077
传真：0520-8678688
主营产品：屏障牌系列涂料

江苏省国营常阴沙化工一厂
地址：张家港市常阴沙农场十二工区
邮编：215623
电话：0520-8640515
传真：0520-8550585
主营产品：防腐涂料

徐州华阳工贸有限公司油墨化学公司
地址：徐州市中山北路200号
邮编：221005
电话：0516-7760045　3572655
传真：0516-3572655
主营产品：油墨、涂料

徐州矿务局宏升特种涂料厂
地址：徐州西部卧牛山矿内
邮编：221151
电话：0516-5769400
传真：0516-5716956
主营产品：油漆、内外墙涂料

徐州市造漆厂
地址：徐州市北郊八里屯

邮编：221007
电话：0516-7767031
主营产品：工业用漆

徐州建筑化工材料厂
地址：徐州市津浦东路18号
邮编：221004
主营产品：建筑涂料

徐州飞虹网架集团公司钢结构防腐工程公司
地址：徐州市淮海路西首
邮编：221000
电话：0516-5737828
传真：0516-5751738
主营产品：防腐涂料

江苏华东防腐涂料有限公司
地址：徐州市淮海西路241号
邮编：221006
电话：0516-5766398
传真：0516-5753789
E-mail：xz.markei.public.xz.js.cn
主营产品：抗静电漆、环氧(沥青)漆、氯化橡胶漆、高氯化聚乙烯漆

中日合资装和技研涂地板工业有限公司
地址：徐州市九里山经济技术开发区
邮编：221141
电话：0516-5770770
传真：0516-5770771
主营产品：各种地板漆

徐州建筑装饰材料厂
地址：徐州市狮子山前
邮编：221004
主营产品：乳胶漆

扬州群鑫粉体材料有限公司
地址：扬州市运河南路33号
邮编：225003

电话:0514-7201336　7200412
传真:0514-7201336
主营产品:粉末涂料

扬州市金陵特种涂料研究所
地址:扬州市东郊张纲镇九号桥
邮编:225212
电话(传真):0514-6890498
主营产品:特种涂料

中美合资扬州金陵特种涂料有限公司扬州市金陵特种涂料厂
地址:扬州市东郊张纲镇九号桥
邮编:225212
电话:0514-6801888　6801698　6801487
传真:0514-6801698
主营产品:特种涂料

江苏省盐城市古朱漆业有限公司
地址:盐城市盐马路179号(耿伙工业园)
邮编:224005
电话:0515-8417650
主营产品:醇酸、氨基、硝基、环氧、丙烯酸、聚氨酯等各类油漆

东台市轻纺化工厂
地址:东台市唐洋镇黄海街6号
邮编:224233
电话:0515-5651205
主营产品:防水涂料

盐城市南洋防腐公司
地址:盐城市
邮编:224051
主营产品:防腐涂料

江苏省东台市海堰化工厂
地址:江苏省东台市海堰小街西首
邮编:224249
主营产品:涂料

江苏射阳祥鹤化工有限公司
地址:江苏省射阳县合德镇
邮编:224300
主营产品:涂料

徐州市万通漆业有限公司
地址:徐州市沛县拢固镇
邮编:221913
电话:0516-4921288
传真:0516-4921058
主营产品:各色氨基烘干磁漆、醇酸磁漆、硝基漆、丙烯酸漆、船舶漆、环氧漆

徐州市永致调色烤漆有限公司
地址:徐州市矿山西路58号
邮编:221006
主营产品:涂料

吴江富士集团富士涂料厂
地址:苏州市吴江同里镇栅桥港1号
邮编:215217
电话:0512-3331330 3331738
传真:0512-3331330 3330464
主营产品:高级聚氨酯树脂漆、聚酯漆

江苏大象东亚集团公司
地址:苏州吴江市松陵镇垂虹路17号
邮编:215200
电话:0512-3426272
传真:0512-3422902
主营产品:685聚氨基涂料、PU聚酯涂料

江苏省吴县市农药化工集团公司吴县市农药厂吴县市石灰钙厂
地址:苏州吴县市木渎镇
邮编:215101
电话:0512-6262667 6263757
传真:0512-6262457
主营产品:建筑涂料

太仓华星涂料厂

地址：苏州太仓市浏河镇郑和北路
邮编：215431
电话：0520-3612844　3611119
主营产品：各色丙烯酸自干、烘干漆，塑料用漆，固化剂等

张家港市福兴化工涂料有限公司
地址：张家港市东莱工业区
邮编：215627
主营产品：涂料

江苏省南通市华丽化学装潢材料厂
地址：江苏省南通市节制闸西南首
邮编：226005
电话：0513-3508158　3518979
主营产品：建筑涂料

江苏雄鹰实业有限公司
地址：江苏省如东县马塘镇
邮编：226400
主营产品：各类醇酸树脂漆、丙烯酸树脂漆、环氧树脂漆、聚酯漆、汽车漆、内外墙乳胶漆

江苏省南通市三塔涂料公司
地址：南通市姚港路39号附1号
邮编：226009
主营产品：三塔牌涂料

江苏省南通市化工厂
地址：江苏省南通市姚港油库西
邮编：226009
主营产品：涂料

江苏省宝应县涂料化工厂
地址：宝应县城叶挺东路1号
邮编：225800
电话：0514-8221319　8222268
主营产品：涂料

中日合资苏中造漆有限公司
地址：江苏省兴化市

邮编:225700
电话:0523-3762051
传真:0523-3761630
主营产品:涂料

江苏日出(集团)公司
地址:江苏姜堰市白米镇通扬西路56号
邮编:225505
电话:0523-8331016 8331017 8331018
传真:0523-8331348
主营产品:乳液、建筑涂料助剂

江苏省泗阳县红光涂料厂
地址:泗阳众兴镇丰收路3号
邮编:223700
电话:0527-5211333
主营产品:丙烯酸乳胶漆、内外墙建筑涂料

江苏省淮阴市造漆厂
地址:淮阴市淮三路11号
邮编:223002
电话(传真):0517-3963958
主营产品:建筑涂料

江苏省靖江市凯达消防材料厂
地址:江苏省靖江市江安西路15号
邮编:214500
电话(传真):0523-4818155
主营产品:防火涂料

江苏省灌云银河涂料厂
地址:江苏省灌云县城苑庄路11号
邮编:222200
电话:0518-8812312
主营产品:银河牌乳胶漆、水泥漆、仿瓷涂料、涂料原料等

江苏省连云港市耐火材料厂
地址:江苏省连云港市海州锦屏路55号
邮编:222023

主营产品:涂料乳液

连云港市新兴化工厂
地址:江苏省连云港市新浦海昌南路
邮编:222003
主营产品:涂料

江苏省连云港市有机化工厂
地址:连云港市新浦通灌路240号
邮编:222001
主营产品:乳胶漆

溧阳市永成绝缘材料厂
地址:江苏省溧阳市上沛镇
邮编:213361
电话:0519-7651248
传真:0519-7651330
主营产品:绝缘粉末涂料

十、浙江省
浙江省涂料工业协会
地址:杭州市莫干山路武林巷2号
邮编:310012
电话:0571-8088324-823
传真:0571-8805783
主营产品:各类涂料、颜料、助剂等

杭州近江化工厂涂料分厂
地址:杭州市秋涛路21号
邮编:310011
电话:0571-6064912
主营产品:涂料

杭州市涂料厂
地址:杭州市上塘路657号
邮编:310015
电话:0571-8281000
传真:0571-8016353
主营产品:佳乐牌内外墙乳胶漆、特种涂料及建筑胶黏剂

杭州强胜涂料有限公司
地址:杭州市抽分厂路 88 号
邮编:310008
电话:0571-6052873　6041458
传真:0571-6041458
主营产品:建筑涂料

浙江省化工研究院哈氟化工厂
地址:杭州市莫干山路北大桥化工区
邮编:310011
电话:0571-8192589　8091351
传真:0571-8192590
E-mail:zciri@mail.hz.zj.cn
主营产品:PVOF 氟碳涂料、PVF 钢桶涂料、聚四氟乙烯涂料

杭州市百灵有机硅涂料厂
地址:杭州市湖墅北路 131 号
邮编:310011
电话:0571-8051502
主营产品:水性有机硅防水涂料及内外墙系列乳胶漆

杭州油漆厂
地址:杭州市北大桥化工区
电话:0571-8093624
传真:0571-8091450
主营产品:各类涂料

杭州浙建涂料厂
地址:杭州市拱墅区小河路 28 号
邮编:310015
电话:0571-8096426　8099899
主营产品:各种内外墙涂料、高级地坪涂料、有机硅丙烯酸高级防水涂料

阿克苏诺贝尔杭州粉末涂料有限公司
地址:杭州市北大桥化工区
邮编:310011
电话:0571-8093309
传真:0571-8092284

主营产品:粉末涂料

浙江大学凯得丽化工有限公司
地址:杭州市玉古路20号
邮编:310027
电话:0571-5228690　5024730
传真:0571-5024730
主营产品:涂料

杭州金鹰塑粉有限公司
地址:杭州市采荷路29号
电话:0571-6046792　6040105
传真:0571-6046041
主营产品:涂料

杭州五源材料发展有限公司
地址:杭州市文山路553-555号
邮编:310013
电话:0571-5022300　5122184
传真:0571-5022300
主营产品:新型表面功能涂料、示温涂料、耐高温涂料、黄铜抗变色涂料、新型表面处理剂、表面工程技术与装备等

浙江省杭州钱潮精细化工总公司
地址:杭州市浦沿镇
邮编:310053
电话:0571-6617888　6617777
传真:0571-8069766
主营产品:涂料

杭州中法化学有限公司
地址:杭州市北大桥化工区
邮编:310011
主营产品:粉末涂料

杭州化学建材厂
地址:杭州市拱墅区
邮编:310011
主营产品:多彩涂料

杭州市特种涂料厂
地址:杭州市北大桥化工区
邮编:310011
主营产品:特种涂料

温州造漆厂
地址:温州市仰义后京
邮编:325008
电话:0577-8792502   8792501
主营产品:多种油漆

温州市凯达实业有限公司
地址:温州市人民西路54幢四达大楼4楼
邮编:325000
电话:0577-8220100   8237427
传真:0577-8221382
主营产品:弹性漆、绒毛粉

浙江温州市江南防水防腐材料厂
地址:温州市株柏路107号
邮编:325003
电话:0577-6362059   8336324
传真:0577-8336324
主营产品:防水涂料、防腐涂料

温州市瓯海装潢复合材料厂
地址:温州市瓯海经济开发区梧慈路524号
邮编:325014
电话:0577-6362605
主营产品:家具漆、内墙涂料等

浙江省温州市华星涂料有限公司
地址:温州经济技术开发区22小区径四路
邮编:325011
主营产品:硅丙外墙漆、内外墙乳胶漆、纸用PC-01乳液

温州市化学厂
地址:温州市扬府山路34号

邮编:325003
电话:0577-8319677　8351760
传真:0577-8339016
主营产品:乳胶漆、耐酸涂料粉、硬脂酸钙

温州市鹿城东一化建公司
地址:温州市人民西路1号(水仓组大楼)
邮编:325000
电话:0577-8253161
主营产品:电镀专用漆、皮革上光漆、家具上光漆、塑料专用漆等

浙江省平阳县珠峰特种造漆厂
地址:浙江省平阳县重阳
邮编:325401
电话:0577-3681596
主营产品:BH06-A型特种高效防锈底漆

浙江省瑞安东昌涂料厂
地址:浙江省瑞安市潘岱乡白莲工业区
邮编:325200
电话:0577-5090935
传真:0577-5090939
主营产品:工业涂料、家具涂料

宁波飞轮集团有限责任公司宁波造漆厂
地址:宁波经济技术开发区石桥化工区
邮编:315801
电话(传真):0571-6178231
E-mail:feilun@public.nbpu.zj.cn
主营产品:醇酸漆、环氧漆、氯化橡胶漆、聚氨酯漆、丙烯酸漆、沥青漆、高中档乳胶漆

福禄宁波粉末涂料有限公司
地址:宁波市五乡镇宁穿路
邮编:315111
电话:0574-8485698-8007
传真:0574-8485029
主营产品:粉末涂料及相关树脂

宁波市江北佳友聚酯涂料厂

地址:宁波市慈城镇子孙巷 11-1 号
邮编:315031
电话:0574-7591936
主营产品:聚酯涂料

宁波大桥化工有限公司
地址:余姚市泗门镇湖北
邮编:315472
电话:0574-2160999
传真:0574-2160998
主营产品:涂料

余姚市世明精细化工厂
地址:宁波余姚市梁辉经济技术开发区
邮编:315403
主营产品:涂料

宁波华威涂料厂
地址:宁波象山市石浦
邮编:315729
电话:0574-5935561　5935563
传真:0574-5935563
主营产品:涂料

宁波镇海泰兴新型建材厂
地址:宁波市镇海西门石塘下
邮编:315200
电话:0574-6261133　6261132
主营产品:涂料

浙江鄞县东海粉末涂料厂
地址:宁波市鄞县
电话:0574-8303949
传真:0574-8403461
主营产品:粉末涂料

浙江环球制漆有限公司
地址:浙江省金华市人民东路 883 号
邮编:321000

电话:0579-2118021
传真:0579-2110715
网址:www.huanqiu-paint.com
主营产品:环球牌各类涂料、金瀛牌水性涂料

金华市派英克制漆实业公司
地址:浙江省金华市环城南路
邮编:321017
电话:0579-2376827
传真:0579-2322582
主营产品:聚酯、聚氨酯系列彩色家具涂料,内外墙系列水性涂料,特种涂料,氨基、醇酸树脂等

浙江南方涂料工业有限公司
地址:东阳市经济技术开发区西七里寺
邮编:322100
电话:0579-6815867
传真:0579-6815862
主营产品:涂料

东阳市化学工业总公司涂料厂
地址:浙江省东阳市吴宁镇
邮编:322100
主营产品:涂料

浙江省东阳市化学工贸有限公司涂料厂
地址:浙江省东阳市吴宇东七里
邮编:322100
电话:0579-6623403
传真:0579-6632402
主营产品:涂料

浙江省舟山造漆厂
地址:浙江省舟山市临城关镇
邮编:316021
电话:0580-2081262　2082260
主营产品:各种油漆

舟山普陀造漆厂

地址:浙江省舟山市普陀区勾山镇
邮编:316100
电话:0580-6011613　6911551
主营产品:油漆

浙江省永康市蕾富丽化学工业有限公司
地址:浙江省永康市长城工业区
邮编:321301
电话(传真):0579-7113486
主营产品:工业涂料、乳胶漆、醇酸树脂、氨基树脂等

磐安造漆厂
地址:浙江省磐安环城北路40号
邮编:322300
电话:0579-4661052
传真:0579-2338715
主营产品:油漆

义乌市化工涂料实业公司
地址:浙江省义乌市稠城工业区幸福路3号
邮编:322000
电话:0579-5313678　5315658

余杭涂料化工厂
地址:浙江省余杭市塘镇
邮编:311106
电话:0571-6372312
主营产品:涂料

浙江天松集团有限公司
地址:浙江省临安市锦城镇苕溪北路198号
邮编:311300
电话:0571-3723781
传真:0571-3716658
主营产品:建筑涂料

浙江省临安康士特装饰材料厂
地址:浙江省临安市钱王街579号
邮编:311300
电话:0571-3728294　3851557

传真:0571-3728294
主营产品:PCL保赛琅汽车修补单色漆、金属漆系列

杭州华特化工有限公司
地址:浙江省临安市锦城镇临天路441号
邮编:311300
电话:0571-3726208　3728048
传真:0571-3711398
E-mail:huate@publicl.hz.jz.cn
网址:www.huate.com
主营产品:聚酯漆、树脂、乳胶漆、原子灰、有机膨润土流变剂

杭州伊格尔化工有限公司
地址:浙江省萧山市白鹿塘火车站北
邮编:311251
电话:0571-2673803　2673855
传真:0571-2673805
主营产品:建筑涂料

萧山涂料化工厂
地址:浙江省萧山市
邮编:311200
主营产品:涂料

浙江省天女集团有限公司
地址:浙江省桐乡市灵安镇永兴路1号
邮编:314505
电话:0573-8361737　8361636
传真:0573-8361696
主营产品:高、中、低档系列涂料

浙江省桐乡市金字塔漆业有限公司
地址:浙江省桐乡市河山开发区
邮编:314512
电话:0573-8677163　8677017
传真:0573-8677017
主营产品:丙烯酸涂料、家具漆

现代装饰涂料有限公司

地址:浙江省桐乡市环城北路西侧(质检所)
邮编:314500
电话:0573-8026196
传真:0573-8026508
E-mail:eastar@mail.jxptt.zj.cn
主营产品:乳胶漆

嘉兴造漆厂
地址:浙江省嘉兴市城南路4号
邮编:314001
电话:0573-2085522　2083489
传真:0573-2088837
主营产品:各类油漆

嘉兴耐克涂料厂
地址:浙江省嘉兴市城北永发路
邮编:314000
电话:0573-2200204
主营产品:涂料

海宁市海龙化学有限责任公司
地址:浙江省海宁市硖石赵家漾路46号
邮编:314400
电话:0573-7027539　7027203
传真:0573-7027539
主营产品:建筑涂料

海宁船舶造漆厂
地址:浙江省海宁市斜桥镇车前步桥
邮编:314406
电话:0573-7711412　7711148
主营产品:船舶用漆

海宁涂料厂
地址:浙江省海宁市斜桥镇西郊
邮编:314406
电话:0573-7711444
主营产品:各类涂料

海宁油漆厂
地址:浙江省海宁市环城东路
邮编:314400
电话:0573-7024491　7022145
主营产品:各类涂料

湖州湖杰漆业有限公司
地址:浙江省湖州市花林镇
邮编:313013
电话:0572-3601969
主营产品:各类涂料

海盐乳胶涂料厂
地址:浙江省海盐县六里镇
邮编:314301
电话:0573-6561541　6561726
主营产品:内外墙乳胶漆

浙江省平湖造漆厂
地址:浙江省平湖市环城北路172号
邮编:314200
电话:0573-5090979
传真:0573-5090948
主营产品:调和漆

浙江省平湖市喷塑材料厂
地址:浙江省平湖市徐埭镇
邮编:314000
电话:0573-5900091
主营产品:环氧粉末涂料、聚酯环氧粉末涂料

长兴兄弟路标涂料公司
地址:浙江省长兴县里塘镇
邮编:313101
电话(传真):0572-6092069
主营产品:系列路面标线涂料

浙江振华化学有限公司
地址:浙江省德清东郊路47号

邮编:313200
电话:0572-8424407
传真:0572-8422128
主营产品:热固型粉末涂料

江山市漆业有限公司
地址:浙江省江山市十里牌贺村
邮编:324109
电话:0570-4550177
主营产品:油漆

江山市珂罗涂料有限公司
地址:浙江省江山市解放南路66号
邮编:324100
电话:0570-4027148
传真:0570-4021373
主营产品:珂罗牌乳胶漆

浙江省龙游环达漆业有限公司
地址:浙江省龙游县湖镇镇
邮编:324401
电话:0570-7063996
传真:0570-7063768
E-mail:lyhdqy@mail.qzptt.zj.cn
主营产品:醇酸漆、氨基漆、聚氨酯漆、聚酯家具漆、地板漆

浙江省第五建筑工程公司涂料厂
地址:浙江省衢州市衢化北道
邮编:324004
电话:0570-3098616
传真:0570-3065630
主营产品:内外墙乳胶漆、建筑用胶黏剂、防霉涂料、氯偏系列涂料

中外合资天鹰化工有限公司
地址:浙江省嵊州市博济镇
邮编:312464
电话:0575-3612549　3611535
主营产品:聚酯系列漆

上虞市特种涂料厂
地址:浙江省上虞市官塘中塘
邮编:312351
电话:0575-2051949
主营产品:建筑涂料

上虞市立本漆有限公司
地址:浙江省上虞市蒿坝镇工业区
电话:0575-9002133
主营产品:建筑涂料

绍兴市海尔曼斯化工实业有限公司
地址:浙江省绍兴市和畅常58号201室
邮编:312000
电话:0575-8323980　8312576
传真:0575-8067667
主营产品:建筑涂料

绍兴县特种防腐材料厂
地址:绍兴市绍兴县攒宫
邮编:312000
电话:0575-8711651
主营产品:建筑涂料

绍兴防腐技术开发公司
地址:绍兴市经济开发区纺织市场
邮编:312352
电话:0575-8650970
主营产品:防腐涂料

绍兴市涂料化工厂
地址:绍兴市大禹陵
邮编:312000
电话:0575-8060596　8060504
主营产品:建筑涂料

浙江省黄岩平正工贸有限公司黄岩造漆厂
地址:浙江省黄岩城关印山路255—263号
邮编:318020

电话:0576-4210688
传真:0576-4115715
E-mail:ycw@ppp.tzptt.zj.cn
主营产品:聚氨酯漆,光固化漆,水性有光、亚光和裂纹漆、乳胶漆

浙江黄岩特种涂料厂
地址:浙江黄岩东城路60号
邮编:318020
电话:0576-4224993
传真:0576-4226362
主营产品:高温防腐蚀、隔热、抗氧化防脱碳、防渗碳、防渗氧涂料

浙江东方油墨集团有限公司
地址:浙江黄岩黄椒路101号
邮编:318020
电话:0576-4223064
传真:0576-4111224
主营产品:各类涂料

浙江省台州市椒江厦丽涂料厂
地址:浙江省台州市椒江区东山镇栅桥
邮编:318012
电话:0576-8660518
传真:0576-8660528
主营产品:浙光牌系列内外墙乳胶漆及建筑防水产品

台州天邦造漆有限公司
地址:台州市路桥区张李经济开发区
邮编:318050
电话:0576-2459832
主营产品:油漆

仙居苏仙裕凯涂料有限公司
地址:浙江省仙居县城关镇
邮编:317300
电话:0576-7773110　7773101
传真:0576-7773120
主营产品:建筑涂料

浙江临海爱国涂料助剂厂
地址：浙江临海市爱国乡小海门开发区
邮编：317027
电话：0576-5860048
传真：0576-5860518
主营产品：苯丙、纯丙乳液，丙烯酸水溶胶，各色水性玩具漆

浙江省临海市第四化工厂
地址：浙江省临海市江滨河
邮编：317000
电话：0576-5111385
主营产品：防腐蚀涂料、发光涂料、含氟热融标线涂料

天台昌明化学制品有限公司
地址：浙江省天台平桥镇
邮编：317203
电话(传真)：0576-3662268
主营产品：粉末涂料、消光剂

温岭市发达造漆厂
地址：浙江省温岭市松门礁山北路78号
邮编：317000
电话：0576-6661984　6661106
主营产品：鱼童牌船舶涂料、重防腐涂料

十一、安徽省

安徽大学应用化学研究所
地址：合肥市肥西路3号
邮编：230039
电话：0551-5111480　5112632
主营产品：涂料

合肥安利化工有限公司
地址：合肥市合安路桃花工业区
邮编：231202
电话：0551-8991641
传真：0551-8991640
主营产品：建筑涂料

合肥凯瑞制漆厂
地址:合肥市南郊义兴
邮编:230051
电话(传真):0551-4841777
主营产品:工业与民用漆系列

合肥华虹制漆厂
地址:合肥市巢湖南路五里庙
邮编:230051
电话:0551-4658263　4656380
传真:0551-4658263
主营产品:涂料

紫星化工(合肥)有限公司
地址:合肥长江西路669号合肥高新技术产业开发区创建楼六楼
邮编:230088
电话:0551-5320715　5320717
传真:0551-5320716
主营产品:涂料

淮南科龙建材集团公司
地址:安徽省淮南市大通
邮编:232033
电话:0554-2516925-2312
传真:0554-2516369
主营产品:建筑涂料

中国化学工程第三建设公司涂料厂
地址:安徽省淮南市泉山龙泉村
邮编:232038
电话:0554-6664434　6644906-3438
主营产品:涂料

安徽省好思家涂料有限公司
地址:安徽省蚌埠市秦集大道88号
邮编:233010
电话:0552-4083257
传真:0552-4083295
主营产品:各类涂料及涂料工程施工

安徽芜湖凤凰涂料股份有限公司
地址:安徽省芜湖市中山南路110号
邮编:241000
电话:0553-5841559
主营产品:各类涂料

芜湖凤凰粉末涂料化工有限公司
地址:安徽省芜湖市长江路
邮编:241019
电话:0553-5843111　5843398
传真:0553-3855746
主营产品:粉末涂料

上海科融涂料厂皖南联营厂宣州市佳美涂料厂
地址:安徽省宣州市西郊石板经济开发区
邮编:242000
电话:0563-3025435　3025582
主营产品:各类高中低档内外墙乳胶漆、仿瓷涂料、彩砂涂料、建筑胶水及油漆辅料

马鞍山市汽车装饰涂料厂
地址:安徽省马鞍山市
邮编:243000
电话:0555-2474309
传真:0553-2474860
主营产品:汽车漆、修补漆

马鞍山市辉煌装饰涂料厂
地址:安徽省马鞍山市慈湖
邮编:243000
电话:0555-2482574　2478646
主营产品:聚酯漆系列

马鞍山市盾牌涂料有限责任公司
地址:马鞍山市花山路
邮编:243000
电话:0555-2471375　2476708
主营产品:酚醛、醇酸、氨基、聚氨酯、环氧、沥青等各类油漆

黄山永佳(集团)有限公司黄山新力油墨化工厂
地址:黄山市徽州区徽州西路129号
邮编:245000
电话:0559-3514540　3511264
传真:0559-3514540
主营产品:油墨、涂料

黄山市徽州第二化工厂
地址:黄山市徽州区徽州东路27号
邮编:245061
电话:0559-3511591　3511398
主营产品:涂料

安庆市信达化工厂
地址:安徽省安庆市十里工业区
邮编:246000
电话:0556-5546386
主营产品:氧化铁系列防锈漆、超白快干银粉漆

安庆市华菱制漆有限公司(安庆市造漆厂)
地址:安徽省安庆市华中东路58号
邮编:246003
电话:0556-5200484
传真:0556-5200834
E-mail:aqzqc@mall.hf.ah.cn
主营产品:菱湖牌油漆、白莲牌氧化锌

十二、福建省

福州市鼓楼高新造漆厂
地址:福建省福州市铜盘路466号
邮编:350002
电话:013906905029　0591-7861624
传真:0591-7525569
主营产品:单组分聚氨酯清漆、水泥漆、陶瓷艺术漆、聚酯漆

福州金凤涂料有限公司
地址:福州市盖山镇北园村小门路
邮编:350000
电话(传真):0591-3432484

主营产品:涂料

福州德立达新型建材有限公司
地址:福州市五四路138号(天福大酒店七楼)
邮编:350002
电话:0591-7815718
传真:0591-7815933
主营产品:聚合物改性水泥基弹性防水涂料

福州油墨厂
地址:福州市工业路360号
邮编:350004
电话:0591-3733167 3739584
传真:0591-3732785
主营产品:水仙花牌三片食品罐内外涂料、瓶盖内外涂料

亿邦涂料(深圳)有限公司福州办事处
地址:福州夏江区达道路65—3号
邮编:350009
电话:0591-3260118 3269261
传真:0591-3274488
主营产品:涂料

福州化学漆厂
地址:福州市福马路五里亭48号
邮编:350014
电话:0591-3653274
传真:0591-3660563
主营产品:各类涂料

福州东海天龙化学有限公司
地址:福州福马路五里亭48号(化学漆厂内)
邮编:350014
电话:0591-3677571 3653274
传真:0591-3660563
主营产品:涂料

福州冠鸿化学研究所
地址:福州市仓山区康山里新村11座101室

邮编:350007
电话(传真):0591-3434368
主营产品:涂料

福州市新店乡健康涂料综合厂
地址:福州市新店乡
邮编:350013
主营产品:涂料

福州造漆总厂
地址:福州市八一七南路
邮编:350009
主营产品:各类油漆

福建省建材工业综合厂
地址:福州市六一路
邮编:350011
主营产品:建筑涂料

福州闽中新型建筑材料公司
地址:福州市环城西路小柳园挡街
邮编:350001
主营产品:建筑涂料

厦门市杏林区白鹭防水涂料厂
地址:厦门市杏林区杏北路内茂道口
邮编:361000
电话:0592-6079403　6252677
主营产品:防水涂料

JVI法国墙漆厂
地址:厦门特区水仙路33号海光大厦22层
邮编:361001
电话:0592-2121106　2102098
传真:0592-2101456
主营产品:高档内外墙涂料

美鹰(厦门)油漆有限公司
地址:厦门玉滨(屏)城第一期19楼C座

邮编:361003
电话:0592-2102831　2102832
传真:0592-2102832
主营产品:各种中高档涂料

厦门油漆化工厂
地址:厦门市东坪山路30
邮编:361004
电话:0592-5052964
主营产品:船舶漆、重防腐涂料、工业漆、建筑漆、家具漆、绝缘漆

厦门荒川化学工业有限公司
地址:厦门市杏林区杏北工业区仰后山路7号
电话:0592-6253951　6253953
传真:0592-6253953
主营产品:涂料

厦门兴华化工有限公司
地址:厦门市东坪山路30号
邮编:361004
电话:0592-5073299
传真:0592-5052964
主营产品:涂料、树脂、船舶漆、重防腐漆、工业漆

厦门联星化学工业有限公司
地址:厦门市杏林台商投资区新源路32号
邮编:361022
电话:0592-6210833
传真:0592-6212834
主营产品:建筑涂料、工艺品涂料、工业涂料、木器涂料

曾氏(厦门)涂料有限公司
地址:厦门市湖里区高林工业区
邮编:361009
电话:0592-5220650　5220115
传真:0592-5220115
主营产品:涂料

中国科学院福建物质结构研究所二部

地址:厦门市东渡路68号
邮编:361012
电话:0592-6013060
传真:0592-6014191
主营产品:涂料的研究与开发及应用、腐蚀与防护

中法合资厦门嘉乐墙漆有限公司
地址:厦门市湖里工业区环球大厦
邮编:361001
主营产品:内外墙涂料

厦门航天联合建材厂
地址:厦门市豆仔尾路68号
邮编:361004
主营产品:建筑涂料

厦门市闽南建筑涂料开发工业有限公司
地址:厦门市厦港沃仔16号
邮编:361005
主营产品:建筑涂料

厦门市思明区建筑涂料厂
地址:厦门市顶沃仔4号
邮编:361005
主营产品:建筑涂料

厦门市开元区才华建筑涂料厂
地址:厦门市莲板桥头
邮编:361009
主营产品:建筑涂料

联星化学工业有限公司
地址:厦门文灶汇成商业中心写字楼2002座
邮编:361004
主营产品:涂料

泉州市信和涂料有限公司
地址:泉州市湖东路肉联厂店面29-30号
邮编:362000

电话:0595-5086508　5153477
主营产品:涂料

福州邦联化工有限公司
地址:泉州泉秀路温陵新城绿杨阁701室
邮编:362000
电话:0595-2575938　2575978
传真:0595-2575978
主营产品:涂料

泉州市信和涂料有限公司泉州市鲤中化工油漆商行
地址:泉州市田安路泉安公寓A105-106号泉州市东大路津淮路口
邮编:362000
电话:0595-2587799　2287799
主营产品:涂料

泉州市宏信工贸公司
地址:泉州市新刺桐中路
邮编:362000
电话:0595-2287060　2589822
主营产品:涂料

泉州市兴林涂料厂
地址:泉州市肖厝经济开发区驿坂
邮编:362116
电话:0595-2105769　7065113
主营产品:建筑涂料

泉州市龙华化工涂料有限公司
地址:泉州市清濛科技工业区
邮编:362000
电话:0595-2488777
传真:0595-2489777
主营产品:高档内外墙涂料、印花原料、丝印油墨

福建省惠安县嘉豪涂料厂
地址:泉州市惠安辋川玉溪工业区
邮编:362103
电话:0595-7263161

传真：0595-7261385
主营产品：PU、PE 聚酯家具漆，氨基烘漆、酸固化涂料，塑胶漆

泉州华阳制漆有限公司
地址：泉州市
邮编：362013
主营产品：油漆

泉州金星涂料化工有限公司
地址：泉州市鲤城区东海石头 814 号
邮编：362000
主营产品：涂料

福建福清鸿天化工制品有限公司
地址：福建福清市融侨工业区柏玉路
邮编：350301
电话：0591-5381939
主营产品：涂料及树脂

鑫龙装潢材料有限公司
地址：福建福清市龙田
邮编：350315
电话：0591-5723656
传真：0575-5723778
主营产品：水性涂料

福清新美涂料有限公司
地址：福建省福清市渔族镇渔溪村
邮编：350300
主营产品：涂料

优耐特涂料有限公司
地址：莆田市大地城太平洋中心
邮编：351100
电话：0594-2695656　2683744
传真：0594-2688271
E-mail：unipaint@public.ptptt.fj.cn
　　　　unipaint@hotmail.com
主营产品：各种涂料

台湾彩龙化工有限公司
　　地址:莆田市江口锦江路
　　邮编:351115
　　电话:0594-3793720　3692220
　　传真:0594-3692221
　　主营产品:各类涂料

福建省闽新建筑涂料有限公司
　　地址:莆田市胜利路 181 号
　　邮编:351100
　　主营产品:建筑涂料

中外合资福建省浦城佳德化工造漆有限公司
　　地址:福建省浦城县城关横山北路 90 号
　　邮编:353400
　　电话:0599-2823357
　　传真:0599-2821785
　　主营产品:各类涂料

福建省惠安县民政化工综合厂
　　地址:惠安螺阳溪东
　　邮编:362100
　　电话:0595-7300745
　　主营产品:水性涂料、粉料

晋江市群立化工建材有限公司
　　地址:晋江市青阳水路学江滨大厦 1 层
　　邮编:362200
　　电话:0595-5665246　5684246　5651246
　　传真:0595-5662025
　　主营产品:水性涂料等

中亚涂料
中亚涂料(石狮)有限公司福建省石狮市庐厝开发区
　　邮编:362700
　　电话:0595-8981616　8981617
　　传真:0595-8981618
　　主营产品:涂料

石狮市锡州化工涂料有限公司
地址:福建省石狮市后花新村63号
邮编:362700
主营产品:涂料

台福化工塑料有限公司
地址:漳州市芗城区金峰工业区林内
邮编:363000
电话:0596-2590751　2590195
传真:0596-2590171
主营产品:工业涂料、木器涂料、水泥涂料、陶瓷彩绘漆等

福建省龙海造漆厂
地址:福建省漳州市林下
邮编:363111
电话:0596-2020103
传真:0596-2020918
主营产品:龙江牌、瑞龙牌醇酸漆、聚氨酯漆、聚酯漆、乳胶漆

漳州市西桥化工厂
地址:福建省漳州市南山街
邮编:363000
主营产品:涂料

漳州市造漆厂
地址:福建省漳州胜利西路三中校内
邮编:363000
主营产品:各种油漆

浩昌调漆有限公司
地址:福建省漳州市南坑纺织站
邮编:363000
主营产品:各类油漆

福建省龙岩市豪迪化工有限公司
地址:龙岩市石埠工业区
邮编:364000
电话:0597-2521455

传真:0597-2520125
主营产品:豪迪牌各类涂料

福建省龙岩市林产化工厂
地址:福建省龙岩市曹溪镇
邮编:364021
主营产品:涂料

福建省永安市阳光化工涂料有限公司
地址:永安市上东坡路156号
邮编:366000
电话:0598-3831554
传真:0598-3831524
主营产品:苯丙内外墙涂料、地板漆、聚醋酸乙烯乳液

福建连城百花化学股份有限公司
地址:连城县城关北大东路64号
邮编:366200
主营产品:涂料

十三、江西省

南昌造漆厂
地址:南昌市昌北开发区下罗
邮编:330013
电话:0791-3805851 3805653
主营产品:十八大类涂料

江西恒大高新技术实业有限公司
地址:南昌市江大南路139号荣昌四号楼
邮编:330029
电话:0791-8326554 8324849
传真:0791-8308145
主营产品:高温远红外涂料、高温抗腐蚀耐磨涂料

江西昌港化工建材有限公司
地址:南昌市洪都南大道145号
邮编:330001
电话:0791-8452192
传真:0791-8451572

主营产品：木器漆、汽车及摩托车漆

江西弋阳县化工厂
地址：江西省弋阳县花亭
邮编：334400
电话：0793-5855880-8005
传真：0793-5855027
主营产品：涂料

江西萍乡市德利塑胶厂
地址：江西省萍乡市五坡镇
邮编：337036
电话：0799-6352035
传真：0799-6819819
主营产品：内外墙涂料，中、高档乳胶漆

新余市红生实业有限公司
地址：江西省新余市站前西路25号
邮编：336500
电话：0790-6223332
传真：0790-6223535
主营产品：涂料

江西贝丽化工建材有限公司
地址：江西九江市滨江东路金鸡坡时家垅
邮编：332000
电话（传真）：0792-8617139
主营产品：松石牌聚酯漆、乳胶漆等

江西上饶地区装饰材料厂
地址：上饶市带湖路（长途汽车站北）
邮编：334000
电话：0793-8262588
传真：0793-8262999
主营产品：高光钢化仿瓷涂料、醋叔丝光漆、苯丙内外墙涂料、超强抗水乳白胶、建筑腻子、建筑胶水、羟甲基纤维素

江西月兔集团广丰蒙莱特漆业有限公司
地址：江西省广丰县芦林工业区

邮编:334600
电话:0793-2651189
传真:0793-2610022
主营产品:内外墙水性装饰涂料

十四、山东省

济南化建实业总公司试验厂
地址:济南市大桥路(轻化总厂南邻)
邮编:250100
电话:0531-8962112
主营产品:涂料

济南市兴隆涂料厂
地址:济南市历下区灯泡厂南路3号
邮编:250014
电话:0531-8944554
主营产品:涂料、胶黏剂

山东省科学院山东省科力有限责任公司
地区:济南科院路19号(科学院内)
邮编:250014
电话:0537-2965235
主营产品:涂料

巨升(济南)实业有限公司
地址:济南市济新路8号
邮编:250015
电话:0531-2991291 9021638
传真:0531-2711989
主营产品:涂料

济南康地涂料有限公司
地址:济南市二七南路14号
邮编:250002
电话:0531-2716944 2972162
传真:0531-2972162
主营产品:涂料

济南巨成化工产品有限公司

地址:济南天桥区黄台板桥 406 号
邮编:250100
电话:0531-8603142
主营产品:汽车涂料等

山东三星化学联合公司
地址:济南市山大南路 21 号
邮编:250100
电话:0531-8564310 8664309
传真:0531-8564312
主营产品:中高档农用车、汽车、火车漆(氨基、PU、丙烯酸)、重防腐漆

济南市历城区高光涂料厂
地址:济南市南辛庄中街 87 号
邮编:250022
电话:0531-7960027
传真:0531-2995786
主营产品:HD1 环氧聚氨酯防腐漆、溶剂型高光瓷釉(墙面漆)

泰山涂料技术开发中心
地址:济南市黄台山魏家庄 1 号
邮编:250100
电话:0531-8963683
主营产品:各种涂料

济南油漆厂
地址:济南市黄台山魏家庄 1 号
邮编:250100
电话:0531-8617100
传真:0531-8965011
主营产品:醇酸漆、过氯乙烯漆、氨基漆、丙烯酸漆等

济南台鸟化工有限公司
地址:济南北园水屯路 22 号
邮编:250033
电话:0531-8978047 8606946
传真:0531-8978047
主营产品:涂料

山东泺源化工集团(原济南造漆厂)
地址:济南市长青
邮编:250301
电话:0531-7352020 7352192
主营产品:涂料

济南市槐荫建材厂
地址:济南市槐荫西十里河176号
邮编:250022
主营产品:建筑涂料

济南大中漆厂有限公司
地址:济南市白马山南路15号
邮编:250022
主营产品:各类油漆

山东省鲁丰涂料总公司
地址:济南市益寿路1号
邮编:250100
主营产品:涂料

济南市油墨厂
地址:济南市济洛路大霸东
邮编:250032
主营产品:涂料、油墨

山东化工厂
地址:山东济南新城庄1号
邮编:250033
主营产品:涂料

化工部海洋化工研究所
地址:青岛市金湖路4号
邮编:266071
电话:0532-5826911
传真:0532-5814226
E-mail:sino-mrici@public.qingdao.cngb.com
网址:www.sino-mrici.com.cn
主营产品:船舶防污涂料、重防腐涂料、水性防腐涂料

化工部海洋涂料研究所试验厂
地址：青岛栲栳岛
邮编：266071
电话：0532-8807472
主营产品：海洋防污涂料

中国人民解放军第九四零八工厂青岛市北海铝制品厂
地址：青岛市昌乐路17号
邮编：266021
电话：0532-3835705
主营产品：涂料

青岛市海建制漆公司建隆化工公司
地址：青岛市德江路11号
邮编：266043
电话：0532-4820608
传真：0532-4816820
主营产品：油漆

青岛市建材一厂
地址：青岛市市北区青阳西路145号
邮编：260034
电话：0532-5623079
传真：0532-5619094
主营产品：大洋牌丙烯酸系列涂料、高级弹性防水涂料、天然真石涂料、中高档乳胶漆

青岛华龙涂料有限公司
地址：青岛河西华艺村
邮编：266000
电话：0532-2670168
主营产品：建筑涂料等

中外合资青岛美尔塑料粉末有限公司
电话：0532-7893061
传真：0532-7627908
主营产品：粉末涂料

青岛健泰化工有限公司

地址：青岛市四流南路62号
邮编：266042
电话：0532-4852736-582 4858733
传真：0532-4858936
主营产品：涂料

青岛海维制漆有限公司
地址：青岛四方区清江路155号
邮编：266032
电话：0532-5612227
主营产品：木器家具漆、工业漆、装饰用漆

青岛精化油墨厂
地址：青岛李沧区兴华路15号
邮编：266041
电话：0532-4822973
传真：0532-4630587
主营产品：油墨、涂料

青岛市建材四厂
地址：青岛市四方区兴隆一路18号
邮编：266033
主营产品：建筑涂料等

青岛市建材五厂
地址：青岛市沧口区四流北路37号
邮编：266043
主营产品：建筑涂料

国营青岛油漆厂一分厂
地址：青岛市沧口区印江路2号
邮编：266043
主营产品：油漆

烟台粉末技术开发公司
地址：烟台市文化宫后街印春巷1-4号
邮编：264000
电话：0535-6240455 6254873
传真：0535-6254873

主营产品:粉末涂料

烟台市海滨涂料厂
地址:烟台市东郊后七夼
邮编:264001
电话(传真):0535-6888189
主营产品:涂料

烟台市高远塑粉有限公司
地址:烟台市莱山区迟家乘5、10路车直达
邮编:264003
电话:0535-6888667
主营产品:粉末涂料

烟台市莱山区桂山粉末厂
地址:莱山区解甲庄镇梁家夼
邮编:264101
电话:0535-6752068
主营产品:粉末涂料

烟台市万华聚氨酯股份有限公司
地址:烟台市幸福南路7号
邮编:264002
电话:0535-6532468-479
传真:0535-6530390
主营产品:甲苯二异氰酸酯和聚氨酯产品

烟台市海滨化工厂
地址:烟台市莱山区午台
邮编:264003
电话:0535-6711549-99　6711547
传真:0535-6711549
主营产品:涂料

烟台市高分子材料厂
地址:烟台市只楚路72号
邮编:264002
电话:0535-6530582
主营产品:高氯化聚乙烯涂料等

烟台市东辉化工有限公司
地址:烟台市保税区环海路89-1号
邮编:264000
电话:0535-6825582
传真:0535-6085834
主营产品:粉末涂料

烟台油漆厂
地址:烟台市长江路40号
邮编:264006
电话:0535-6371246
传真:0535-6371152
主营产品:家具漆、汽车漆

烟台市福山和平化工厂
地址:烟台市福山区北四路蒲湾村5号
邮编:265500
电话:0535-6330028
主营产品:船舶涂料等

烟台远洋船舶油漆有限公司
地址:烟台福山区福海路
邮编:265500
主营产品:船舶涂料等

威海市油漆厂
地址:威海市青岛中路望岛
邮编:264200
电话:0631-5321519
传真:0631-5329002
主营产品:聚氨酯漆等

威海市望威油漆有限公司
地址:威海市青岛中路82号
邮编:264200
电话:0631-5324164
主营产品:聚氨酯漆

威海市华威渔具公司渔竿涂料厂
地址:威海市文化中路56号
邮编:264200
电话:0631-5816561
主营产品:聚氨酯漆

威海市玉威漆业有限公司
地址:威海市青岛中路望岛
邮编:264200
电话(传真):0631-5320925
主营产品:丙烯酸漆、聚氨酯漆、锤纹漆、可焊底漆

威海市东华特种涂料厂
地址:威海市烟台东路4号
邮编:264200
电话:0631-5813329 9025759
传真:0631-5813329
主营产品:紫外线光固化涂料(UV)、木器涂料、工程涂料

山东望岛集团威海望岛车辆漆厂
地址:威海市青岛中路望岛
邮编:264200
电话:0631-5328162
传真:0631-5325270
主营产品:汽车涂料

威海市翰海化工厂
地址:威海市羊亭镇
邮编:264204
电话(传真):0631-5764088
主营产品:涂料

威海市五交化总公司精细油漆厂
地址:威海市环翠区寨河路
邮编:264200
电话:0631-5252253
主营产品:涂料

荼成威泰工业涂料发展有限公司

地址：威海荣成市石岛
邮编：264309
主营产品：工业涂料

荣成斯达宽涂料有限公司
地址：威海荣成市岛镇玄镇村
邮编：264309
主营产品：涂料

山东禹城市油墨厂
山东省禹城市解放路丰收巷3号
邮编：251200
电话：0534-7321652
传真：0534-7321666
主营产品：涂料、油墨

山东高威化工有限公司
地址：山东省高唐县东兴路18号
邮编：252800
电话：0635-3954698
传真：0635-3953022
主营产品：高中档内外墙乳胶漆、环氧漆、自干聚氨酯地板漆

胜利油田钻井工艺研究院化学研究所东营利丰化工新材料有限公司
地址：山东省东营市五台山路41号
邮编：257017
电话：0546-8555803 8763788
传真：0546-8223686
主营产品：防腐涂料

胜利油田下盛苑防腐材料实业公司
地址：山东东营井下虹霞路7号
邮编：257077
电话：0546-8747574 8748325-820
主营产品：防腐涂料

胜利油田海发环保化工厂
地址：山东东营市河口区仙河镇
邮编：257237

电话:0546-8871102
主营产品:高氯化聚乙烯防腐涂料

山东东营垦利黄河口经济技术开发区火炬化学工业公司
地址:山东省垦利县振兴路东首
邮编:257500
电话:0546-2522855
主营产品:涂料

莱州市油漆厂
地址:山东省莱州市银磊东路
邮编:261400
电话:0535-2212918
传真:0535-2211623
主营产品:乙烯类船舶涂料

莱州市鲁建实业有限公司
地址:莱州市莱州镇南关兴隆街
邮编:261400
电话:0535-2232993
主营产品:涂料

莱州聚富高分子材料有限公司
地址:莱州市沙河镇
邮编:261406
电话:0535-2311070
主营产品:高氯化聚乙烯

莱州建国化工厂
地址:莱州市沙河镇
邮编:261400
主营产品:涂料

山东莱阳亚力美涂料公司
地址:山东省莱阳市望石路62号
邮编:265200
电话:0535-7262993
主营产品:涂料

山东省莱阳市涂料厂
地址：山东省莱阳市
邮编：265200
主营产品：涂料

山东省莱阳市油漆厂
地址：山东省莱阳市龙门西路
邮编：265200
主营产品：油漆

诸城油漆厂
地址：山东省诸城市西郊街2号
邮编：262200
电话：0536-6117618　6211799
主营产品：各种油性、水性漆

潍坊环宇油漆工业有限公司
地址：山东省诸城市郭家屯镇
邮编：262213
电话：0536-6309166　6309086
传真：0536-6309856　6309166
E-mail：painchy@public.wfptt.sd.cn
网址：www.huanyupaint.com
主营产品：醇酸漆、硝基漆、聚氨酯漆、聚酯漆、氨基漆、汽车专用漆、船舶漆、马路划线漆、各种腻子

山东省昌乐县华颖液体瓷厂
地址：昌乐县站前街236号
邮编：262400
电话：0536-6231097
主营产品：高性能液体瓷、工程机械漆、亚光漆、仪表漆、划线漆

山东省招远市聚氨酯制品有限公司
地址：招远市金城路418号
邮编：265400
电话：0535-8214761-808
传真：0535-8214761
主营产品：防水、保温、防腐涂料

山东省金龙企业集团公司
地址:山东省龙口市河北路51号
邮编:265700
电话:0535-8842888-477
主营产品:涂料

中美合资龙口大地化工有限公司
地址:山东省龙口市黄城西二环路东中段
邮编:265711
电话:0535-8559438
主营产品:防粘涂料

山东曲阜市慧迪精细化工有限公司
地址:曲阜市天华路12号
邮编:273100
电话:0537-4411930 4418585
主营产品:涂料

山东邹城市京邹涂料厂
地址:邹城市峰山路北首260号
邮编:273500
电话:0537-5294628
主营产品:涂料

邹县铁西油漆厂
地址:山东省邹县矿建路
邮编:273500
主营产品:涂料

山东省郓城县兴全粉末厂
地址:郓城县汉石桥潭庄
邮编:274704
主营产品:涂料

山东鲁南化学工业集团公司鲁泰涂料涂装公司
地址:山东省滕州市木石镇
邮编:277577
电话:0632-5510020-850
传真:0632-5510092

主营产品:防腐涂料

寿光鲁岛油漆有限公司
地址:山东省寿光市外向型工业加工区
邮编:262700
主营产品:油漆

泰安中联涂料有限公司
地址:山东省泰安市范镇
邮编:271033
主营产品:涂料

淄博油漆厂
地址:山东省淄博市博山区双山西路六路
邮编:255200
主营产品:油漆

山东淄博防瓷涂料厂
地址:淄博市淄川区昆仑路
邮编:255100
主营产品:仿瓷涂料

山东淄博粉末涂料厂
地址:淄博市蒲松龄故居南首
邮编:2551200
主营产品:粉末涂料

十五、河南省
郑州油漆厂
地址:郑州市京广南路19号
邮编:450052
电话:0371-8714900
传真:0371-8714947
主营产品:多种油漆

郑州工业大学万力科工贸公司米河防腐涂料厂
地址:河南省巩义市米河镇半个店村
邮编:451263
电话:0371-4339480

主营产品:HF 耐油田污水腐蚀涂料、耐高温防腐涂料

郑州市七彩涂料厂
地址:郑州市航海中路孙八寨中街 8 号
邮编:450052
电话:0371-8891628　8891638
传真:0371-8891628
主营产品:建筑涂料

郑州工业大学万力科工贸公司
地址:郑州市文化路 97 号
邮编:450002
电话:0371-3812626
主营产品:超厚型环氧、有机硅系列耐腐防腐蚀涂料

河南省金凤化工有限公司
地址:郑州市综合投资区长兴路中段
邮编:450044
电话:0371-3981884　6993328
主营产品:丙烯酸、聚酯、聚氨酯涂料

郑州市金水东方石化厂
地址:郑州市凤凰台张庄
邮编:450004
电话:0371-6510594　6514431
主营产品:原子灰、汽车修补漆

郑州市联创造漆厂
地址:郑平路与三环路交叉口东 200 米
电话:0371-8725100　8725136
主营产品:各类涂料

郑州拓立造漆有限公司
地址:郑州市中原区西站北一街
邮编:450051
电话:0371-7530698
主营产品:醇酸、氨基、环氧、丙烯酸漆

河南省新郑市金达化工有限公司

地址:河南省新郑市西关工业区
邮编:451100
电话:0371-2692573
传真:0371-2695572
主营产品:聚酯漆、合成树脂

河南省新郑市树脂厂
地址:新郑市辛店工业区
邮编:451184
电话:0371-2522062　2522358
传真:0371-2520889
E-mail:xxzlll@publicz.zz.ha.cn
主营产品:不饱和聚酯树脂、丙烯酸树脂、醇酸树脂、通用固化剂

河南省新郑市新光化工涂料有限公司
地址:新郑市新建北路114号
邮编:451150
电话:0371-2685246　2693046
主营产品:聚酯、聚氨酯木器漆,醇酸、丙烯酸、氨基工业用漆

郑州市金海化工厂
地址:郑州市郑大路南段
邮编:450052
主营产品:涂料

中国第一拖拉机工程机械公司工贸公司制漆厂(原洛阳市制漆厂)
地址:洛阳市瀍河区民族路23号
邮编:471002
电话:0379-3951621　3952045
主营产品:醇酸、氨基、聚氨酯、丙烯酸水性涂料等各色涂料

洛阳市吉利区高新油漆厂一分厂
地址:洛阳市吉利区
邮编:471012
电话:0379-6923402
主营产品:立体锤纹漆专用树脂、锤纹助剂、高温防腐漆系列(400~600℃、600~1050℃)

河南省洛阳市杏园化工厂

地址:洛阳偃师城西首阳山电厂对面
邮编:471900
电话:0379-7718936
传真:0379-7716885
主营产品:铬黄系列、钼铬红系列、色淀系列、偶氮系列颜料及水性涂料用助剂

洛阳市石厂涂料分厂
地址:洛阳市涧西区衡山路
邮编:471003
主营产品:涂料

河南省洛阳市西工区综合福利厂
地址:洛阳市西工区解放路
邮编:471000
主营产品:涂料

洛阳市乐川县水电化工二厂
地址:洛阳市乐川县城君山路5号
邮编:471500
主营产品:涂料

河南省新乡市东风化工厂
地址:新乡市化工路19号
邮编:453000
电话:0373-5031322
传真:0373-5039204
E-mail:yjf@publicz.zz.ha.cn
网址:www.xxinfo.ha.cn
主营产品:建筑涂料、油墨,金属化学品

新乡市环宇化工有限责任公司
地址:新乡市化工路烟厂西
邮编:453000
电话:0373-5012665　5037386
传真:0373-5037386
E-mail:gbf@public.zz.ha.cn
主营产品:各色环氧、酚醛电泳漆,聚丁二烯电泳漆

新乡三星染化有限公司

地址:新乡市新乡县翟坡镇南300米
邮编:453700
电话:0373-5630005　5630006
传真:0373-5630013
E-mail:tncxx@publicz.zz.ha.cn
主营产品:氧化铁颜料、硝化棉、精制棉

新乡市油漆厂
地址:新乡市北卡谊西段
邮编:453700
主营产品:多种油漆

新乡斯达化工有限公司
地址:河南省辉县市西郊开发区
邮编:453600
主营产品:涂料

河南安阳市航天涂料化工有限责任公司
地址:安阳市东郊小营
邮编:455000
电话:0372-2929787
主营产品:油漆、油墨、工业清洗剂、防锈油、磷化液

河南省安阳市铁西水溶性涂料厂
地址:河南省安阳工贸中心对面
邮编:455000
电话:0372-3935831
主营产品:涂料用树脂、黏合剂、色浆、水性涂料

河南省安阳县崔家桥兴华化工厂
地址:河南省安阳县崔家桥
邮编:455112
电话:0372-2688518
主营产品:塑料涂料、丙烯酸涂料、聚氨酯涂料

开封市五一油漆厂
地址:开封市南柴屯
邮编:475003
电话:0378-3922551　3921851

传真:0378-5955151 3922751
E-mail:wuyi@public.zz.ha.cn
主营产品:ATC牌汽车专用修补漆,MRD牌桑塔纳轿车专用漆,"津彩"、"津卫"牌高、中档民用、工业用漆系列产品

开封市制漆总厂
地址:河南省开封市郑汴路小王屯西
邮编:475003
电话:0378-3922822 3921254
传真:0378-3922822
主营产品:醇酸树脂漆、快干氨基烘干漆、丙烯酸漆、硝基漆、聚氨酯漆及稀料

南阳市化工油漆厂
地址:河南省邓州市穰城路008号
邮编:474100
电话:0377-3180898
主营产品:达昌牌油漆

南阳市中邦无机涂料有限公司
地址:河南省南阳市高新区爱委会对面
邮编:473003
电话:0377-3296559
主营产品:高温防锈底漆

河南省周口地区防火涂料厂
地址:河南省商水县白寺工业区1号
邮编:466132
电话:0394-5715108 5715188
传真:0394-5715234
主营产品:防火涂料、醇酸调和漆

河南省栾川县三星化学研究所涂料厂
地区:栾川县城关镇君山路5号
邮编:471500
电话:0379-6825471
传真:0379-6829672
主营产品:乳胶漆、丙烯酸涂料、水性带锈漆、钢化涂料保色剂

河南省鹤壁市建筑涂料厂

地址：河南省鹤壁市红旗街西段
邮编：456600
主营产品：建筑涂料

濮阳市亚安防腐涂料有限公司
地址：河南省濮阳市胜利东路
主营产品：防腐涂料

河南高宝化工有限公司
地址：河南省商丘市货场东36号
邮编：476000
主营产品：涂料

河南省西峡县油漆化工厂
地址：河南省西峡县灌河路178号
邮编：474500
主营产品：油漆

十六、湖北省

武汉双虎涂料集团股份有限公司
地址：武汉市石乔口区古田路17号
邮编：430035
电话：027-83841754
传真：027-83831498
E-mail：whshtl@public.wh.bb.cn
主营产品：汽车涂料、卷材涂料、船舶涂料、建筑涂料、机械涂料、家具漆、聚酯涂料、粉末涂料

武汉市国漆厂
地址：武汉市汉口丹水池岔马路12号
邮编：430012
电话：027-82319515
主营产品：漆酚硅系列重防腐漆、漆酚、环氧导静电防腐漆

武汉五一汽车油漆公司
地址：武汉市石乔口区解放大道188号
邮编：430034
电话：027-83839851　85794721
主营产品：汽车涂料、树脂

湖北新创特种防腐涂料有限公司
地址：武汉大学湖滨路观象台 555 号
邮编：430072
电话：027-87869266　87869066
传真：027-87869066
主营产品：船舶涂料、集装箱涂料、工业防腐涂料、交通涂料、家具漆

武汉市煜昌涂料有限公司
地址：武汉市东西路
邮编：430040
电话：027-83892654
传真：027-83212117
主营产品：汽车漆、摩托车漆、家具漆

武汉市制漆四厂
地址：湖北省武汉市武昌兴隆街 1 号
邮编：430060
主营产品：涂料

武汉双虎涂料集团公司武汉制漆二厂
地址：武汉市江岸区新马路 3 号
邮编：430011
主营产品：涂料

湖北英华密封涂料有限公司
地址：武汉市汉阳区王家湾财政学校
邮编：430051
主营产品：密封涂料

湖北天鹅涂料化工股份有限公司
地址：湖北省襄樊市大庆东路 43 号
邮编：441001
电话：0710-3403147
主营产品：阳极电泳漆、聚汽车面漆及各类汽车漆

湖北省襄樊市兴筑化工有限公司
地址：襄樊市大庆东路 137 号
邮编：441001

电话:0710-2821298
主营产品:磁漆、铁红底漆、聚酯聚氨酯木器漆、铸造用树脂

湖北省钟祥楚天涂料有限公司
地址:湖北省钟祥市磷矿镇
邮编:431915
电话:0724-4949135
传真:0724-4949959
E-mail:ctpaint@public.jm.hb.cn
主营产品:醇酸涂料、聚氨酯涂料、乳胶漆系列产品

邱氏海陆(湖北)涂料有限公司
地址:湖北省潜江市泽口开发区
邮编:433012
电话:0728-6201988
传真:0728-6202478
主营产品:水性建筑涂料、聚酯漆、硝基木器漆

湖北省黄冈市黄州新源化工技术有限公司
地址:湖北省黄冈市黄州大道7号
邮编:438000
电话:0713-8355430
传真:0713-8354441
主营产品:新型带锈防腐装饰漆系列、各类防腐涂料、特种涂料

湖北省宜昌市制漆厂
地址:宜昌市东山大道311号
邮编:443001
电话:0717-6363233
主营产品:涂料

宜昌三峡制漆厂
地址:湖北省兴山县大里溪
邮编:443700
主营产品:涂料

湖北荆达化工涂料有限公司
地址:湖北省石首市东方大道14号
邮编:434400

主营产品:涂料

湖北麻城三环漆业有限公司
地址:湖北省麻城市将军北站
邮编:436600
主营产品:涂料

湖北天虹制漆有限公司
地址:天门皂市镇长汀河北路216号
邮编:431703
主营产品:多种油漆

汉川粉末涂料厂
地址:湖北省汉川县
邮编:432300
主营产品:粉末涂料

郧阳油漆厂
地址:湖北省郧阳县城关镇东郊
邮编:442500
主营产品:多种油漆

湖北省荆沙市普厦化工厂
地址:荆沙市江陵区普济西街1号
邮编:434141
主营产品:涂料

湖北省石首市化工涂料厂
地址:石首市绣林大道
邮编:434400
主营产品:涂料

十七、湖南省
湖南湘江涂料集团有限公司
地址:长沙市德雅路478号
邮编:410003
电话:0731-4223070
传真:0731-4221089
E-mail:xjtl@public.cs.hn.cn

主营产品：各类涂料及醇酸、聚酯、环氧树脂，精炼植物油，金属包装

长沙彩虹精细化工有限公司
地址：长沙市中意一路78号
邮编：410004
电话(传真)：0731-5584097
主营产品：系列墙壁涂料

中日合作湖南金属涂料有限公司
地址：长沙市德雅路478号
邮编：410003
电话：0731-4222239
传真：0731-4221089
主营产品：系列卷材涂料、阴离子电沉积涂料、印铁涂料、氟涂料

长沙山城兴工贸有限公司
地址：长沙市五一东路芙蓉宾馆东楼2038房
邮编：410001
电话(传真)：0731-4408111
主营产品：特种防腐、防锈涂料、马路标线漆及火车车辆用漆

长沙华美油墨有限公司
地址：长沙市中意一路123号
邮编：410004
电话：0731-5587427
传真：0731-5682254
主营产品：塑料编织油墨、水性油墨、纸张油墨等

湖南湘安油漆化工有限公司
地址：长沙市东郊螺丝塘
邮编：410138
电话(传真)：0731-4610059
主营产品：中档车辆、消防器材用漆

湖南关西汽车涂料有限公司
地址：长沙市德雅路478号
邮编：410003
电话：0731-4220091
传真：0731-4220181

E-mail:hkac@public.cs.hn.cn
主营产品:阴极电泳涂料、金属闪光漆、面漆、中涂漆、塑料漆等系列汽车涂料

湖南亚大高分子化工有限公司
地址:长沙市亚大路
邮编:410126
电话:0731-4612022　4612895
传真:0731-4612950
E-mail:ahda@public.cs.hn.cn
网址:www.hunan-adha.com
主营产品:塑料、金属、木材、纸张、工艺品、摩托车等UV涂料

中外合资凯诺新型涂料工业有限公司
地址:长沙市高新技术产业开发区火炬城红叶公寓二楼
邮编:410013
电话:0731-8806699
传真:0731-8910480
主营产品:建筑涂料

湖南大学惟盛高新技术有限公司
地址:长沙市麓山南路湖南大学校内
邮编:410082
电话:0731-8822844　8824764
传真:0731-8822844
主营产品:UV固化涂料、树脂及引发剂

长沙军工民用产品研究所
地址:长沙市八一路433号
邮编:410011
电话:0731-4435827
传真:0731-2243175
主营产品:HH902节能高效钢铁常温发黑剂系列产品、HH951特种磷化液、HH968可剥涂料、金属防护膜

东升精细化工实业有限公司
地址:长沙市八一东路418号古汉宾馆三楼
邮编:410011
电话:0731-4722434　4720732
传真:0731-4720731

主营产品:涂料

中外合资长沙德诚化工有限公司
地址:长沙暮云经济开发区
邮编:41000
电话:0731-6900028　6900037
传真:0731-5631682
主营产品:各类涂料

湖南造漆厂
地址:长沙市德雅路216号
邮编:410003
主营产品:各类油漆

中汇公司长沙防水涂料厂
地址:长沙市黄兴南路4号
邮编:410002
主营产品:防水涂料

湖南巴斯涂料技术开发有限公司
地址:长沙市天心路70号
邮编:410005
主营产品:多种涂料

株洲时代电气绝缘有限责任公司
地址:株洲市田心北门外
邮编:412001
电话:0733-8498730
传真:0733-8436700
E-mail:zelritei@public.zz.hn.cn
主营产品:醇酸漆、丙烯酸改性醇酸漆、丙烯酸聚氨酯漆、环氧底漆、阻燃漆、耐电弧漆

湖南省株洲市大成化工厂
地址:株洲市清水塘
邮编:412004
电话:0733-8363886
主营产品:紫外光固化系列涂料

株洲市金鹿油漆厂

地址:株洲市荷塘区蝶屏乡董家冲
邮编:412006
电话:0733-8404362
传真:0733-8402737
主营产品:各类油漆

株洲凯诺新型涂料工业有限公司
地址:湖南省醴陵市凯诺工业园
邮编:412212
电话:0733-3522876 3522858
传真:0733-3522999
E-mail:kinglory@public.cs.hn.cn
网址:www.doaj.com
主营产品:防腐漆、建筑用漆、汽车摩托车涂料、工业设备漆、绝缘材料

铁道部株洲电力机车研究所
地址:株洲市田心北门外
邮编:412001
电话:0733-8498614
传真:0733-8436700
主营产品:机车电机覆盖漆、浸涂漆等

湖南省醴陵市造漆厂
地址:醴陵市城南碧山岭
邮编:412200
电话:0733-3032346
主营产品:工业涂料

祁东第二化工厂
地址:湖南祁东城关镇虎形山路34号
邮编:412600
主营产品:涂料

湖南省汨罗市金利化工厂
地址:汨罗市归义路10号
邮编:414400
电话:0730-5226592
传真:0730-5223997
主营产品:粉末涂料、聚酯树脂、助剂等

湖南衡阳油漆厂
地址：衡阳市衡祁路30号
邮编：421001
电话：0734-8223115　8217537
传真：0734-8223115
主营产品：各类涂料

衡阳市第五化工厂
地址：湖南省衡阳市
邮编：421005
主营产品：涂料

衡阳市第二化工厂
地址：湖南省衡阳市七里井24号
邮编：421005
主营产品：涂料

湖南汉寿县特种涂料厂
地址：湖南省汉寿县沧港镇
邮编：415914
电话：0736-2111200　2851143
传真：0736-2111057
主营产品：桔纹漆，锤纹漆，防火、防水、导电、抗静电漆，防腐、耐高温涂料

湖南省汉寿县涂料化学有限公司
地址：汉寿县城关镇东正街尾
邮编：415900
电话：0736-2862607　2866990
主营产品：水性涂料及树脂

常德市有机化工厂
地址：湖南省常德市朝阳路
邮编：415000
主营产品：涂料

湖南省津市市造漆厂
地址：湖南津市市襄窑路41号
邮编：415400

主营产品:涂料

沣县新型建筑涂料厂
地址:湖南沣县城关镇南江闸西路7号
邮编:415500
主营产品:建筑涂料

湖南省怀化市天星涂料厂
地址:怀化市鹤城区人民东路241号
邮编:418000
电话:0745-2230314
E-mail:tanghongbo@zlcn.com
主营产品:聚氨酯涂料系列、黏合剂等

洪江市建筑材料厂
地址:湖南洪江市带子街121号
邮编:418200
主营产品:建筑涂料、黏合剂等

湖南省益阳市造漆厂
地址:益阳市三益街金花湖
邮编:413000
电话:0737-4328069
主营产品:沥青、酚醛、醇酸、氨基、硝基、丙烯酸、聚氨酯、环氧等各类涂料,各色苯丙内外墙涂料,多彩涂料等

十八、广东省
广漆化工实业有限公司
地址:广州市白鹤洞东塱
邮编:510380
电话:020-81891210
传真:020-81891207
主营产品:轻工家电用漆、建筑涂料、防腐漆、家具漆

广州市南方制漆厂
地址:广州市工业大道南大干围
邮编:510288
电话:020-84336065
传真:020-84356081

主营产品:超快干氨基漆、丙烯酸漆、醇酸漆、丙烯酸水性面漆

广州市红云化工涂料公司
地址:广州市白云区同和镇
邮编:510515
电话(传真):020-87200693
E-mail:bamboo@public.guangzhou.gd.cn
网址:www.bamboo.com.cn
主营产品:硝基漆类、过氯乙烯漆类、内外墙涂料、塑料印刷油墨、辅助材料

广州市延安油漆集团股份有限公司
地址:广州市黄园路123号
邮编:510425
电话:020-86631127
传真:020-86307432
E-mail:wyyq@wyyq.com
网址:www.wyyq.com
主营产品:高级汽车漆,酯胶磁漆及汽车护理、美容系列产品

广州市越秀油漆化工厂
地址:广州市西槎路狮头围
邮编:510400
电话:020-86480459　86481006
传真:020-86480459
主营产品:酯胶、酚醛、醇酸、硝基、乳胶漆,聚酯漆,地板漆,锤纹漆

广州秀泊化工厂
地址:广州市广园东路2147号
邮编:510500
电话:020-87714062
传真:020-87643903
主营产品:水泥地板漆、水晶地板漆

广州市坚红化工厂
地址:广州市黄埔大道车陂
邮编:510660
电话:020-85524552
传真:020-85525829
主营产品:水性涂料

广州成霖公司
地址:广州市沙太路乳品厂右侧10号
邮编:510500
电话:020-87721069　87711829
主营产品:聚酯漆、地板漆

广东步展化工有限公司
地址:广州天河员村一横路永康花园A栋
邮编:510655
电话:020-85534860　85640720
传真:020-85521665
主营产品:真空镀铝地面漆

彪丽涂料化工有限公司
地址:广州市黄埔大道车陂
邮编:510660
电话:020-85534711　85537073
传真:020-85525829
主营产品:涂料

广州经济开发区丽豪化工有限公司
地址:广州市黄埔岗三宝工业区
邮编:510760
电话:020-82240745
传真:020-82237248
E-mail:Richhold@public.guangzhou.gd.cn
主营产品:雷奇豪聚酯漆、明天更好高级装饰漆、环保乳胶漆、奥地利聚酯王等

广州市梅花园修配工业总厂制漆厂
地址:广州市沙河梅花园
邮编:510510
电话(传真):020-87746370
主营产品:汽车装饰、修补漆

广州爱先化工有限公司
地址:广州花都市新华九塘
邮编:510812
电话:020-86860781

传真:020-86860896
E-mail:acpaint@public.guangzhou.gd.cn
主营产品:汽车漆、摩托车漆、亲水涂料、耐高温漆及各类工业涂装用漆

广州新俊包装材料有限公司
地址:广州市天河区柯木朗
电话:020-87705631
主营产品:铝箔印刷、印花、复合特种涂料黏合剂

广州振兴凤凰化工厂
地址:广州市天河区渔沙坦南屋牌
邮编:510520
电话:020-87717702　87702104
主营产品:丙烯酸系列汽车漆、绒毛漆、锤纹漆等

协盛粉末涂料厂
地址:广州市瑞宝南路二社工业区8号
邮编:510260
电话(传真):020-84192409
主营产品:环氧粉末、环氧聚酯粉末涂料

卜内门太古油漆(中国)有限公司
地址:广州经济技术开发区北围工业区
邮编:510730
电话:020-82217755
传真:020-82217745
主营产品:装饰漆

广州宏大经济发展有限公司
地址:广州市广州大道北水荫四横路117号
邮编:510075
电话(传真):020-87700962
主营产品:工业漆、汽车漆

联惠贸易有限公司
地址:广州市天河区北龙口东路太阳广场华阳阁11楼B座
邮编:510630
电话:020-85513329-178
传真:020-85513329-180

主营产品:涂料及电子化学产品

中外合资星冠涂料实业有限公司广州星冠涂料厂
地址:广州市花都市新华镇九塘
邮编:510812
电话:020-86860258　86864726
传真:020-86864725
主营产品:聚酯漆、聚氨酯漆、乳胶漆

广州擎天油漆化工实业有限公司
地址:广州市新港西路204号
邮编:510302
电话(传真):020-84458595
E-mail:pgoffice@geari.com
主营产品:防锈漆、汽车漆、水性漆、高温漆及前处理剂

福田国际化学工业(广州)涂料有限公司
地址:广州增城中新镇大田开发区
邮编:511365
电话:020-82868338
传真:020-82866108
主营产品:水性墙面漆、外墙涂料、木器漆、自喷漆、水泥地板漆

广州市昌东化工工程材料有限公司
地址:广州市广州大道南1023号名奥广场10楼
电话(传真):020-84299993
主营产品:快干底漆、高级面漆、低温烘干高硬度罩光漆、各种前处理剂

广州天朗涂料化工有限公司
地址:广州市南岸路84号
邮编:510160
电话:020-81821239
传真:020-81946878
主营产品:涂料

伟帮化工企业发展公司
地址:广州市南洲路138-3号
邮编:510290
电话:020-84205869　84218550

传真：020-84218550
主营产品：PU、聚酯漆

广州赛丽特漆业有限公司
地址：广州市沙河同和
邮编：510515
电话：020-87712314
传真：020-87712164
主营产品：各类油漆

番禺国际化工有限公司粉末涂料分厂
地址：番禺市桥镇沙头捷进四路
邮编：511490
电话：020-84873710
传真：020-84870513
主营产品：粉末涂料

广州市五羊制漆实业有限公司
广州市展鸿实业有限公司
地址：广州市北郊石井马务广花路东侧
邮编：510425
电话：020-87440714　86631028
传真：020-86631127
主营产品：各类油漆

番禺同发塑料粉末厂
地址：番禺市南村镇南石公路塘步东村
邮编：511442
电话：020-84769013
主营产品：粉末涂料、静电喷涂、聚酯漆

番禺迅捷化工有限公司
地址：番禺市桥捷进西路
邮编：511490
电话：020-84804348
传真：020-84877497
主营产品：莲花牌各类涂料、丙烯酸和醇酸树脂、不饱和树脂、聚酯和聚氨酯木器漆、丙烯酸和氨基烘漆、粉末涂料

广州市建筑化工涂料厂
地址:广州市新港中路赤塔北街35号
邮编:510000
主营产品:油漆、喷涂材料、建筑涂料

广州市现代油漆厂
地址:广州市永福路商业街第二排第五间
邮编:510500
主营产品:各类涂料及稀释料

深圳市嘉华化工有限公司
地址:深圳市商扳路天健工业区7栋
邮编:518034
电话:0755-3935463　3930951
传真:0755-3935976
E-mail:szjhchem@public.szptt.net.cn
主营产品:丙烯酸汽车漆、摩托车漆、塑料家电漆、乳胶漆、粉末涂料

中华制漆(深圳)有限公司
地址:深圳宝安区沙井镇环镇路衙边工业区
邮编:518104
电话:0755-7722788
传真:0755-7722782
E-mail:info@chinapaint.com
网址://www.chinapaint.com
主营产品:乳胶漆、外墙漆、磁漆、"长颈鹿"牌木器漆

台湾德福制漆有限公司
地址:深圳市宝安区福永镇新和镇
邮编:518100
电话:0755-7390078
传真:0755-7390018
主营产品:木器漆、锤纹漆

深圳枫叶化工油漆有限公司
地址:深圳市莲花路景丽花园中导大厦6楼
邮编:518034
电话:0755-3919888(公司)7380198(2厂)
传真:0755-3919888-286

主营产品：油漆涂料

深圳天龙至达化工有限公司
地址：深圳蛇口工业区龟山路明华国际会议中心1402室
邮编：518067
电话：0755-6682650
传真：0755-6652090
E-mail：tlzd998@szonline.net
主营产品：木器漆

惠华佳彩涂料厂
地址：深圳龙岗区平湖镇新厦工业城23栋
电话：0755-8840062
传真：0755-8858239
主营产品：玩具漆、荧光漆

深圳市金岁丰实业有限公司
地址：深圳南山区
邮编：518055
电话：0755-6403117
传真：0755-6527458
主营产品：反射太阳热涂料、新型特种防腐装饰涂料

万利制漆(深圳)有限公司
地址：深圳市龙岗区坪镇六联老香新村,富坪中路12号
电话：0755-4095762　4095769
传真：0755-4095769
主营产品：涂料

深圳创兴行化工有限公司
地址：深圳市沙井镇万丰万文埔工业区
邮编：518014
电话：0755-7206210　7206220
传真：0755-7206222
主营产品：工业涂料

深圳东精化工贸易有限公司
地址：深圳市福田区车公庙工业区泰然邮电所101号信箱
邮编：518040

电话:0755-3303913
主营产品:高低温不粘涂料、耐高温涂料

中美合资深圳市埃菲漆业有限公司
地址:深圳市南山留仙工业区
邮编:518052
电话:0755-6500260 6500250
传真:0755-6500261
主营产品:乳胶漆、聚酯漆、硝基漆

深圳市横岗六约海庆化工厂
地址:深圳市横岗六约海庆化工厂
邮编:518173
电话:0755-8500230 8504023
传真:0755-8503811
主营产品:油墨、涂料

深圳市彩虹投资发展有限公司
地址:深圳市彩田路彩虹大厦15楼B座
邮编:518026
电话:0755-7763548 7763310
传真:0755-7763213
主营产品:汽车、摩托车美容护理系列,装饰化工系列

海虹老人涂料(深圳)有限公司
地址:深圳市蛇口工业区工业5路
邮编:518067
电话:0755-6691771
传真:0755-6686233
主营产品:工业保护涂料、建筑装饰涂料、路标涂料等

启迪化工(深圳)有限公司
地址:深圳龙岗区坪山镇碧岭村
邮编:518118
电话:0755-4603072 4603564
传真:0755-4603493
主营产品:汽车漆

深圳宝光工业发展公司

地址:深圳市沙井上南工业区
邮编:518125
电话:0755-7290466　7295074
传真:0755-7290466
主营产品:丙烯酸漆、聚氨酯漆、聚酯漆、氨基漆

深圳威凯士化工涂料有限公司
地址:深圳市莲塘36区2幢604
邮编:518004
电话:0755-5704057
传真:0755-5704247
主营产品:印制制版用金属涂料

深圳市龙岗永丰化工有限公司
地址:深圳市龙岗镇南约工业区
邮编:518116
电话:0755-4814736　4814395
传真:0755-4814912
主营产品:PU聚酯家具漆、PE不饱和聚酯漆、地板漆、五金烤漆、原子灰、乳胶漆、纸上光油、白乳胶等各工业和民用涂料化工产品

顺德嘉宝莉化工有限公司
地址:广东省顺德市勒流镇龙升南路
邮编:528322
电话:0765-5550123
传真:0765-5555193
主营产品:家具聚酯漆、聚氨酯、内外墙乳胶漆

广东神洲涂料集团公司
地址:顺德市伦教神洲工业城
邮编:528308
电话:0765-7755082　7752202
传真:0765-7754292
E-mail:sdsenzo@pub.sdnet gd.cn
主营产品:高档聚酯漆,豪华装修漆,高级环保内外墙乳胶漆,超力万能胶,PU固化剂,醇酸、丙烯酸、氨基树脂,合成脂肪酸树脂等

顺德市霸王花化工实业有限公司
地址:顺德市伦教霞石霸王花工业城

邮编:528308
电话:0765-7730303(总机50线)
传真:0765-7754292
主营产品:聚酯漆、聚氨酯漆、水晶地板漆

顺德鸿日涂料有限公司
地址:顺德市桂洲镇小黄围工业区
邮编:528306
电话:0765-8808788 8808789
传真:0765-8808789
主营产品:聚酯漆

中外合资顺德联邦化工有限公司
地址:顺德市杏坛管理区工业区
邮编:528325
电话:0765-7774438 7776358
传真:0765-7774203
主营产品:家具漆、乳胶漆

顺德市现代化工有限公司
地址:顺德市桂洲镇南区工业区达盛二路5号
邮编:528306
电话:0765-8809623
传真:0765-8809623
主营产品:紫外光固化涂料

顺德市华隆涂料实业有限公司
地址:顺德市桂洲镇南区工业区
邮编:528306
电话:0765-8803351
传真:0765-8805128
主营产品:涂料

中外合资凯莱特涂料(中国)有限公司
地址:顺德市陈村镇勒竹工业区
电话:0765-3331923(20条线)
传真:0765-3331963
主营产品:涂料

康美斯涂料发展有限公司
地址:顺德市大良镇环市北路196号
邮编:528300
电话:0765-2263222 2263302
传真:0765-2263302
主营产品:环保内、外墙漆,胶黏剂,道路标线漆

顺德鸿昌化工有限公司
地址:顺德市均安镇太平工业区
邮编:528329
电话:0765-5382333(100条线)
传真:0765-5578333
主营产品:家具漆、装修漆、乳胶漆、油墨、热固型金属涂料

顺德鸿昌涂料实业有限公司
地址:顺德市均安镇太平工业区
邮编:528300
电话:0765-5571237(总机)5578053
传真:0765-5571968
主营产品:聚酯漆

顺德市桂洲汇龙聚酯漆化工厂
地址:顺德市桂洲海尾工业区
邮编:528305
电话:0765-8880557
传真:0765-8885597
主营产品:聚酯漆

金龙油墨实业公司
地址:顺德市顺峰工业开发区
邮编:528333
电话:0765-2291101 2291155
传真:0765-2291201
主营产品:油墨、涂料、家具漆

顺德大地制漆有限公司
地址:顺德市桂洲四基环山路13号
邮编:528305
电话:0765-8881913

传真:0765-8891442
主营产品:锤纹漆、印铁涂料、建筑涂料

立洋涂料(中国)实业有限公司
地址:顺德市伦教镇新塘工业区
邮编:528308
电话:0765-7731398　7731358
传真:0765-7731358
主营产品:乳胶漆、聚酯漆、木器漆

华润涂料有限公司
地址:顺德市桂洲四基环山路13号
邮编:528305
电话:0765-8881268
传真:0765-8881273
主营产品:涂料

顺德市乐从镇兴龙涂料厂
地址:顺德市乐从镇道教工业区内
邮编:528315
电话:0765-8854899
主营产品:金属涂料

顺德杨窖涂料厂
地址:顺德市乐从镇杨窖管理区
邮编:528316
电话:0765-8822227　8825111
传真:0765-8820374
主营产品:涂料

顺德市大良镇金润涂料厂
地址:顺德市大良镇大门工业区
邮编:528300
电话:0765-2223962　2221547
主营产品:建筑涂料

顺德市新叶化工有限公司
顺德日洋化工有限公司
地址:顺德市勒流镇大晚立交桥胜利开发区

邮编:528322
电话:0765-5552203　9056580
主营产品:聚酯家具漆

惠尔美涂料(中国)有限公司
地址:顺德坛镇光华经济技术开发区
邮编:528325
电话:0765-7681836
传真:0765-7684844
主营产品:建筑涂料

顺德市百色富涂料公司
地址:顺德市大良镇南国路
邮编:528300
电话:0765-2626935
传真:0765-2622935
主营产品:乳胶漆、马路漆

顺德天环塑料化工有限公司
地址:顺德市高奇镇桥西路6号
邮编:528303
电话:0765-6624543
传真:0765-6625779
主营产品:粉末涂料、油漆

顺德均安金星制漆有限公司
地址:顺德市均安镇星槎工业区
邮编:528329
电话:0765-5571068
传真:0765-5578793
主营产品:木器漆、塑胶油漆

华联涂料有限公司
地址:顺德市北滘
邮编:528311
电话:0765-6652000
传真:0765-6658630
主营产品:建筑涂料、木器漆

顺德市嘉乐士化工企业有限公司
地址:顺德市百安中路七滘大桥收费站侧
邮编:528329
电话:0765-5573368
传真:0765-5578297
主营产品:乳胶漆、家具漆及化工原料

广东高士漆化工有限公司
地址:顺德市高奇镇桥西路6号
邮编:528303
电话:0765-6624543 6627126
传真:0765-6625779
主营产品:热固型粉末涂料、水性乳胶漆及金属表面处理剂

顺德市勒流联碳涂料厂
地址:顺德市勒流工业五路7号
邮编:528322
电话:0765-5560805
主营产品:高级内外墙乳胶漆、质感墙面漆、碎石漆、水性聚酯漆

顺德市宏泰化工有限公司
地址:顺德市桂洲容边工业区
邮编:528306
电话:0755-8804761
主营产品:印铁制罐专用底漆、白磁漆、罩光漆

顺德金冠涂料集团
地址:顺德市北滘镇工业园伟业路1号
邮编:528311
电话:0765-6653888
传真:0765-6653788
E-mail:co@pub.solnet.gd.cn
主营产品:涂料、油墨、建筑涂料、装饰用涂料、胶黏剂

顺德市德龙涂料有限公司
地址:顺德市大良镇德胜区沙头工业区
邮编:528333
电话:0765-2292968
传真:0765-2296333

主营产品：聚酯家具漆，高级内、外墙乳胶漆

嘉莱士化工实业有限公司
地址：顺德市均安镇星槎工业区
邮编：528329
电话：0765-5382203　5382203
传真：0765-5382203
主营产品：环保内墙漆、外墙漆、胶黏剂及道路标线漆

伯爵（东莞）油漆有限公司
地址：广东省东莞市运河东三路七号
邮编：511700
电话：0769-3356101-326
传真：0769-3356100
主营产品：建筑涂料、船舶及重防腐涂料

东莞秉顺制漆有限公司
地址：东莞市凤岗镇雁田管理区
邮编：511749
电话：0769-7772694-6
传真：0769-7772697
主营产品：涂料

东莞隆昌制漆厂
地址：东莞市石龙镇西湖工业区
电话：0769-6611326
传真：0769-6615042
主营产品：各类溶剂型涂料、黏合剂

东莞高联（华蝶）涂料有限公司
地址：东莞市沙田镇虎门渡轮码头旁
邮编：511773
电话：0769-8867783
传真：0769-5593355
主营产品：涂料

东莞市电化实业集团公司
地址：东莞市运河东二路七号
邮编：511700

电话:0769-2459304　2489272
传真:0769-2461466-317
主营产品:油漆类

东莞市宝力原子灰有限公司
地址:东莞市万江区谷涌工业区
电话:0769-2282848
传真:0769-2173789
主营产品:原子灰、汽车漆

东莞市辉图化工有限公司
地址:东莞市沙田镇义沙工业城
邮编:523733
电话:0769-8868383　8868183
传真:0769-8868343
主营产品:建筑涂料、内外墙高级乳胶漆、高级装修漆

东莞市世华化工有限公司
地址:东莞市附城王山大井头工业区
邮编:511705
电话:0769-2269979　2269992
传真:0769-2259919
主营产品:涂料

东莞市广通化工制品有限公司
地址:东莞市附城梨川水围路5号
邮编:523108
电话:0769-2262314
传真:0769-2269509
E-mail:kingtown@pub.dgnet.gd.cn
主营产品:原子灰、二道底漆、清漆、面漆、脱漆剂、稀释剂

海泉涂料厂
地址:东莞市厚街镇沙塘工业区
电话:0769-5913393　5913312
传真:0769-5913312
主营产品：涂料

东莞竣城化工有限公司

地址:东莞市厚街镇溪头驰生工业村
邮编:523952
电话:0769-5598983
传真:0769-5591268
E-mail: ftchem@dongguan.gd.cn.
主营产品:各类油漆、各类涂料用合成树脂、黏合剂

中业石油化工有限公司耀戈美漆厂
地址:东莞市樟木头镇石新区笔架山大道
电话:0769-7790256
主营产品:各类油漆

东莞昌盛化工有限公司
地址:东莞市常平沙湖口工业区
邮编:511736
电话:0769-3394031
传真:0769-3392841
主营产品:木器漆、烤漆、乳胶漆

东莞市锐达涂料有限公司
地址:东莞市高埗镇洗砂管理区
邮编:581774
电话:0769-8870458
传真:0769-8870268
主营产品:油墨、涂料

东莞宜安制品有限公司
地址:东莞市清溪银泉工业区
邮编:511746
电话:0769-7737777
传真:0769-7736555
E-mail:eon@mail.com
主营产品:PTFE氟素不粘涂料

古一精细化工厂
地址:中山市古镇古一工业区
电话:0760-2350528
主营产品:粉末涂料、油漆

中山市朗玛化工厂有限公司
地址:中山市古镇工业大道
邮编:528421
电话:0760-2357316　2358267
传真:0760-2358268
主营产品:丙烯酸、氨基、醇酸树脂

中山景达油墨涂料有限公司
地址:中山市黄圃镇南三公路兴圃路段
邮编:528429
电话:0760-3223888
传真:0760-3223838
主营产品:油墨、涂料

华洋涂料厂
地址:中山市东凤镇同安
邮编:528425
电话:0760-2611220
主营产品:涂料

中山钟意制漆厂有限公司
地址:中山市东开镇坦背工业区
邮编:528412
电话:0760-8508138
传真:0760-8508098
E-mail:www.nicepaint.com.cn
网址:www.nicepaint.com
主营产品:高级内外墙乳胶漆,水性、油性底漆、高级家具、地板、装修用漆(PU、PE、AC、NC、UV)及环保聚酯漆,汽车、摩托车、家电、船舶、机械等工业用漆

中山市中艺涂料化工厂
地址:中山市大涌镇石井
邮编:528476
电话:0760-7720121
E-mail:zhongyi1@pub.zhongshan.gd.cn
主营产品:内外墙乳胶漆、真石漆

中山市南下制漆厂
地址:中山市石歧歧关西路

邮编:528400
电话:0760-8321298
传真:0760-8321417
主营产品:内外墙乳胶漆、黏合剂、油性漆

中山大桥化工有限公司
地址:中山市古镇镇工业大道
邮编:528421
电话:0760-2357389
传真:0760-2359676
E-mail:office@ohashi.com.cn
主营产品:汽车漆、摩托车漆、家电用涂料、建筑涂料、粉末涂料等

珠海市希友达实业有限公司
地址:珠海市吉大南山工业区永发大厦407室
电话:0756-3375642
传真:0756-3357334
主营产品:涂料、油墨

珠海丽必达化工涂料有限公司
地址:珠海市红旗区三板工业区
邮编:519090
电话:0756-7792488
传真:0756-7256898
主营产品:水性涂料,聚酯家具涂料,高级工业涂料,卷材、聚酯氟碳铝面漆

珠海佳利来涂料有限公司
地址:珠海市高新技术产业开发区
邮编:519001
电话:0756-2291469
传真:0756-2292749
E-mail:lcpxjp@263.net
主营产品:水晶聚酯漆、丙烯酸乳胶漆、摩托车漆

珠海市春生五金工业有限公司
地址:珠海港管理区南水工业小区
邮编:519050
电话:0756-7712622-3　3331635
传真:0756-7712322

主营产品:工业、建筑、木器涂料

珠海市伯利恒涂料工业公司
地址:珠海市斗门白蕉镇灯笼村工业区
电话:0756-5511382　5512787
主营产品:油漆、化工原料

汕头市五星化工有限公司
地址:汕头市鲍浦蓬洲原二十队址
邮编:515065
电话:0754-2521075　8542472
主营产品:涂料

汕头经济特区联发精细化工有限公司
地址:汕头市华坞新村一幢107室
邮编:515041
电话:0754-8626268　8287860
传真:0754-8287860
主营产品:清漆、乳液

银河星化工公司
地址:广东省汕头市
邮编:515041
主营产品:无机硅、锂化合物与高聚物涂料

汕头市江厦化工公司
地址:汕头市火车路40-42号
邮编:515021
电话:0754-8216889
传真:0754-8227033
主营产品:高级内外墙乳胶漆、化工原料

广东省江门市制漆厂有限公司
地址:江门市迎宾路18号
邮编:529030
电话:0750-3363426　3398777
传真:0750-3365944
E-mail:jmpj@pub.jiangmcn.gd.cn
网址:www.pj.com.cn

主营产品:各类合成树脂漆

江门东洋油墨有限公司
地址:广东省江门市白沙龙湾
邮编:529000
电话:0750-3532618
传真:0750-3558265
E-mail:jmtoyo@pub.jiangmen.gd.cn
主营产品:金属罐用涂料,凹版、丝网、金属油墨,复合黏合剂

江门市四方精细化工有限公司
地址:江门市环市镇篁庄乡环市工业区
邮编:529000
电话:0750-3225863
主营产品:高档汽车、摩托车漆,金属漆

广东省鹤山市雅图化工有限公司
地址:鹤山市古劳三连工业开发区
邮编:529700
电话:0750-8766128　8766138
传真:0750-8766128
E-mail:hsythg@pub.jiangmcn.gd.cn
主营产品:汽车修补漆

鹤山市怡信化工厂有限公司
地址:鹤山市人民东路1826号
邮编:529700
电话:0750-8822606
主营产品:PVC收缩膜油墨、表里印塑胶油墨、油漆

松岗龙头三和粉末涂料厂
地址:广东省南海市松岗龙头村
邮编:528234
电话:0757-5226001
主营产品:涂末涂料

其士达聚酯涂料有限公司
地址:广东南海市松岗石碣管理区
邮编:528234

电话:0757-5229181
传真:0757-5229168
主营产品:聚酯涂料

佛山市佛山化工厂
地址:佛山市九江基2号
邮编:528000
电话:0757-2210672　2124251
传真:0757-2214131
主营产品:涂料、颜料、合成树脂

南海市杏头制漆厂
地址:广东省南海市杏头工业区
邮编:528219
电话:0757-5332996
传真:0757-5334879
E-mail:luckypaint@990.net
网址:www.luckypaint.com
主营产品:硝基漆、自干型爆花漆、丙烯酸漆、内外墙漆、装修漆及辅料、过氯乙烯漆

百川涂料制造有限公司
地址:广东省南海市狮山狮北开发区
邮编:528222
电话:0757-6631111　6632622
传真:0757-6632622
主营产品:涂料

广东省南海市大沥华美涂料厂
地址:广东省南海市大沥凤池工业区
邮编:528231
电话:0757-5563801
主营产品:塑胶、绒毛漆、五金烤漆、家具漆

广东省肇庆星湖化工企业集团公司　肇庆星宏化工有限公司
地址:肇庆市端州一路东禹工业开发区
邮编:526060
电话:0758-2717656
传真:0758-2710238
主营产品:热固性粉末涂料系列,聚酯树脂系列、聚氨酯、丙烯酸改性聚酯、粉末涂料配

套系列树脂及助剂等

广东羚羊股份有限公司
地址:肇庆市玑西路
邮编:526060
电话:0758-2876813
传真:0758-2870978
主营产品:热固性粉末涂料、热塑性粉末涂料、消光剂等

广东省高要市西江粉末涂料厂
地址:肇庆高要市南岸镇二期开发区
邮编:526100
电话:0758-8391123
主营产品:粉末涂料及设备

立邦涂料(广东)有限公司
地址:广东省惠阳市水口洛塘区
邮编:516255
电话:0752-2300421
传真:0752-2300077
主营产品:各种涂料

惠阳市展鹏涂料厂
地址:惠州市马安工业区
邮编:516247
电话:0752-3613755 3613756
传真:0752-3613755
主营产品:聚酯漆、硝基漆、聚氨酯、乳胶漆、工业用漆等

惠阳正昌塑胶涂料有限公司
地址:惠州市水口镇东江工业区
邮编:516005
电话:0752-3311351 3311511
传真:0752-3310132
主营产品:威尔系列聚酯漆、硝基漆、锤纹漆;爱堡得乳胶漆

广东省惠州市恒嘉油漆化工有限公司
地址:惠州市惠环镇平南工业区29号
邮编:516000

电话:0752-2600809
传真:0752-2601664
主营产品:无毒塑胶玩具漆、金属烤漆

广东省台山市环球涂料厂
地址:台山市水步镇玲佩工业开发区
邮编:529262
电话:0750-5455168　5455839
传真:0750-5455856
主营产品:粉末涂料、聚酯、环氧树脂

地方国营潮州市造漆厂
地址:广东省潮州市银槐北路
邮编:521011
电话:0768-2207582　2207687
传真:0768-2207582
主营产品:天然、酚醛、沥青、醇酸、氨基、环氧、乙烯等树脂漆

广东省湛江市坡头区双八漆业有限公司
地址:广东省湛江市坡头镇解放路
邮编:524059
电话:0759-3821358
传真:0759-3825378
主营产品:醇酸、氨基、硝基、丙烯酸、环氧、氯化橡胶、聚氨酯漆等

广东省高州市化工厂
地址:高州市红荔路27号
邮编:525200
电话:0668-6664780
主营产品:金属封闭、防锈涂料,各种清漆、色漆、稀释剂等

广东省阳春市狮山化工厂
地址:广东省阳春市马水镇
邮编:529627
电话:0662-7863148
传真:0662-7863065
主营产品:工业油漆、木器漆

揭阳市榕城区新兴义和乳胶涂料厂

地址:广东省揭阳市新兴下义工业区
邮编:522000
电话:0663-8623690
传真:0663-8674690
主营产品:乳胶漆、低档涂料、白乳胶等

十九、广西区

南宁天骄现代建筑材料厂
地址:广西南宁安吉大道1号南地水电局安吉仓
邮编:530001
电话:0771-3112141
传真:0771-5875512
主营产品:建筑涂料

广西柳州市造漆厂
地址:广西柳州市龙潭路18号
邮编:545005
电话:0772-3832570
主营产品:涂料

广西柳州市特种漆厂
地址:广西柳州市龙潭路18号
邮编:545005
电话:0772-3833203
传真:0772-3831270
主营产品:聚氨酯漆、氨基漆、丙烯酸漆、硝基漆、环氧漆等

广西柳州市建华涂料厂
地址:柳州市北雀路110号
邮编:545002
电话:0772-2514316
主营产品:HCPE防锈防腐漆、防水涂料、防火涂料、内外墙涂料

中外合资桂林沪港精细化工有限公司
地址:广西桂林市机场路鲁山工业区
邮编:541002
电话:0773-5596158
传真:0773-3833501
主营产品:聚氨酯清漆、色漆、聚酯漆、道路标线漆、地板漆、汽车漆、调合漆

桂林德隆股份有限公司
地址：广西桂林市翠竹路9号
邮编：541002
电话：0773-3857790
传真：0773-3833501
主营产品：涂料

梧州市造漆厂
地址：广西梧州市塘源路79号
邮编：543001
电话：0774-2061423　2061055
传真：0774-2061459
主营产品：涂料

二十、海南省

海南永记造漆有限公司（台湾独资）
地址：海南省文昌市潭牛镇
邮编：571349
电话：0898-3626231　3626112
传真：0898-3626138
主营产品：虹牌船用防锈漆、防污漆、氯化橡胶漆、水性水泥漆

海南大中漆厂（香港）有限公司
地址：文昌市文清大道清澜经济开发区
邮编：571349
电话：0898-3220995　3220903
传真：0898-3230972
E-mail：fu-hu@263.net
网址：http://www.hndazhong.com
主营产品：各类聚酯漆、硝基漆、乳胶漆

海口枫叶化工油漆有限公司
地址：文昌市文城镇新风里38号
邮编：571300
电话：0898-3223323
主营产品：涂料及相关化工原料

二十一、四川省

重庆三峡油漆股份公司成都油漆厂
地址:成都市外东多宝寺 21 号
邮编:610051
电话:028-4443959
传真:028-4446001
主营产品:油漆、树脂

贺柏兹华佳化工有限公司西南分公司
地址:成都市武侯区机投红运花园佳苑 1 幢二单元一楼 A 座
邮编:610205
电话:028-7430192 7430427
传真:028-7430427
主营产品:环氧粉末涂料、环氧聚酯粉末涂料、聚氨酯粉末涂料及助剂

成都华润高级润滑油有限公司成都三环合成化工厂
地址:成都市外南太平园
邮编:610043
电话:028-5203250 5200397
主营产品:原子灰、原子灰专用气干型不饱和树脂、聚酯漆、地板漆、水性漆、水性腻子、水泥漆、乳胶漆

四川锦城油漆有限责任公司
地址:成都市二环路东四段二十四号四楼
邮编:610069
电话:028-4526343
主营产品:锦城牌各类油漆、树脂及辅料

成都科东合成材料有限公司
地址:成都市茶店子金谷庄路
邮编:610036
电话:028-7523570
主营产品:醇酸树脂及漆、丙烯酸树脂及漆、氯化橡胶漆

成都飞亚粉末涂料有限公司
地址:成都市双流县白河路二段
邮编:610200
电话:028-5821375-201
传真:028-5801198-299

主营产品:环氧粉末涂料、环氧/聚酯粉末

成都大中漆厂有限公司
地址:成都市新都县大丰镇华美村
邮编:610504
电话:028-3911395　3911108
传真:3911109　3911455
主营产品:各类油漆

中科院成都有机化学研究所技术开发公司
地址:成都市人民南路四段9号
邮编:610041
电话:028-5228180
传真:028-5223978
主营产品:光固油漆、清漆、涂料、助剂

成都美亚涂料有限公司
地址:成都市双流县通江场镇文贸街5号
邮编:610204
电话:028-5719253
传真:028-5718739
主营产品:涂料

成都耐光特种防腐材料厂
地址:四川新都县新都镇外南街157号
邮编:610500
电话:028-3965430
主营产品:防腐涂料

四川省广元市油漆厂
地址:四川省广元市中区工农镇
邮编:628009
电话:0839-3227578
传真:0839-3227441
主营产品:醇酸漆、聚氨酯漆、聚酯漆、硝基漆

三山实业总公司三山油漆厂
地址:四川眉山思蒙火车站
邮编:612162

电话:0823-8502475
主营产品:各类油漆

攀枝花荣鑫油漆有限责任公司
地址:攀枝花市五十一公里
邮编:617027
电话:0812-2901572　2901929
传真:0812-2901572
主营产品:油漆、颜料、化工原材料

四川什邡市元石互利化工厂
地址:四川什邡市方亭镇雍城西路
邮编:618400
电话:0838-8217038
主营产品:内外墙乳胶漆、石头漆、极耐擦洗仿瓷涂料、地板漆

(香港独资)四川德阳奥林化工涂料有限公司
地址:四川省德阳市泰山北路外三段
邮编:618000
电话:0838-2409692　2400106
传真:0838-2400828
E-mail:alhl@dy-public.sc.cninfo.net
网址:www.olinstar.com
主营产品:专用漆、特种漆,如金属闪光漆、尼龙漆、塑料漆、耐高温漆等

四川南充白塔油漆化工总厂
地址:四川南充市高坪区建设中路19号
邮编:6371000
电话:0838-3331898
传真:0838-3334644
主营产品:酚醛树脂、醇酸、丙烯酸、聚酯、聚氨酯等15大类油漆

绵阳市油漆厂
地址:四川省绵阳市开元路1-9号
邮编:635000
电话:0816-2271662
主营产品:油漆

成都都江防火涂料厂

地址:四川都江堰布蒲阳路 340 号
邮编:611830
主营产品:防火涂料

四川自贡市油漆厂
地址:四川省自贡市
邮编:643020
主营产品:油漆

西昌化学工业公司造漆厂
地址:四川省西昌市东郊大坟堆
邮编:615021
主营产品:涂料

大竹县油漆厂
地址:四川省大竹县竹阳镇竹阳北路
邮编:635100
主营产品:油漆

二十二、重庆市
重庆三峡油漆股份有限公司
地址:重庆市九龙坡区石坪桥正街 121 号
邮编:400051
电话:023-68823076
传真:023-68820710
主营产品:醇酸、氨基、环氧、聚氨酯、丙烯酸、聚酯等 17 大类油漆

重庆关西涂料有限公司
地址:重庆市南岸区南坪丹龙路 65 号
邮编:400060
电话:023-62838816
传真:023-62837094
主营产品:汽车、摩托车用涂料

重庆飞越科技发展有限公司
地址:重庆石桥铺石新路 15 号 6 楼
邮编:400039
电话:023-68608071
主营产品:水性防腐防锈漆、装饰漆

重庆芬斯特涂料有限公司
地址：重庆市沙坪坝区沙中路 51-3 号
邮编：400030
电话：023-65327021　65302724
传真：023-65347401
主营产品：氨基烤漆、阴极电泳漆、金属闪光漆、乳胶漆

重庆洪宇漆业(集团)有限责任公司
地址：重庆市上清寺四新路 9#嘉德大厦甲幢 9-2 号
邮编：400015
主营产品：汽车漆、塑料漆、橡胶漆、皮革漆

重庆启东化工有限公司
地址：重庆市渝州路 37 号斜城花园 B 区 B
邮编：400041
电话：023-68629340　68634527
传真：023-68617094
E-mail：cqidgy@yean.net
主营产品：车用涂料、建筑涂料、电泳涂料、前处理剂及电镀制剂

重庆大众防腐有限公司
地址：重庆市南岸区南坪丹龙路
邮编：400060
电话：023-62811038　62807194
传真：023-62826738
E-mail：cqdzffgs@public.cta.cq.cn
主营产品：DC 系列地坪涂料、DCH 系列重防腐涂料、D 系列内外墙涂料、DCS 热熔型道路标线漆、CJ-改性氯磺化聚乙烯防腐涂料

重庆瑞迪涂料工业有限公司
地址：重庆市九龙坡区含谷经济技术开发区含兴 3 支路 15 号
邮编：401329
电话：023-65701319
传真：023-65700278
主营产品：单双组分阴极电泳涂料

中美合资重庆康达涂料有限公司
地址：重庆市石桥铺联高桥 18 号

邮编:400039
电话:023-68601641
传真:023-68616271
主营产品:汽车、摩托车面漆,塑料漆,工业铝卷材漆

二十三、贵州省

贵阳华美公司特种涂料厂
地址:贵阳市大庆路198号
邮编:550002
电话:0851-5799787　5799684
传真:0851-5799787
主营产品:油性漆、酚醛漆、醇酸漆、氨基漆、硝基漆、丙烯酸漆、环氧漆、聚氨酯漆、聚酯漆、汽车漆

贵州制漆厂
地址:贵州省贵阳市太慈桥车水路47号
邮编:550003
主营产品:各类油漆

贵阳制漆三厂
地址:贵州省贵阳市南明区见龙洞路1号
邮编:550005
主营产品:油漆

贵阳建筑材料总厂
地址:贵州省贵阳市
邮编:550002
主营产品:建筑涂料

中外合资遵汇油漆化工有限公司
地址:贵州省遵义县农垦站
邮编:563102
电话:0852-7301890
主营产品:涂料

遵义市建筑材料制品厂
地址:贵州省遵义市万里路207号
邮编:563000
主营产品:建筑涂料

贵州省铜仁制漆厂
地址：贵州省铜仁地区铜仁市城关镇
邮编：564300
主营产品：油漆

二十四、云南省

昆明中华涂料有限责任公司
地址：昆明市穿金路764号
邮编：650224
电话：0871-5631753
主营产品："中华"牌油漆、树脂、颜料

昆明建筑防水材料厂
地址：昆明市西郊黄土坡
邮编：650101
电话：0871-8182734
主营产品：建筑用防水涂料

云南同辉涂料涂装工业有限责任公司
地址：昆明市新迎小区北组团
邮编：650233
电话：0871-3329017
主营产品：热固性、热塑性粉末涂料

昆明建筑材料厂
地址：昆明市西郊大普吉
邮编：650102
主营产品：建筑涂料

昆明万里油漆化工厂
地址：昆明市北郊核桃镇上马村
邮编：650221
主营产品：油漆

昆明油漆三分厂
地址：昆明市明商官渡区穿金路
邮编：650224
主营产品：油漆

云南澄江阳宗海化工厂
地址:云南省澄江县阳宗镇新街
邮编:652501
电话:0877-6810018
主营产品:带锈防腐装饰漆系列

云南红塔奥海油墨有限公司
地址:云南省通海县桑园工业区
邮编:652700
电话:0877-3012555
传真:0877-3014020
主营产品:印刷油墨、涂料及化工原料

云南思茅建筑材料总厂
地址:云南省思茅市南郊柏技寺
邮编:665000
主营产品:建筑涂料

曲靖市西北涂料厂
地址:云南省曲靖市前北路北段
邮编:655000
主营产品:涂料

云南省楚雄市油漆厂
地址:云南省楚雄市鹿城南路
邮编:675000
主营产品:涂料

云南临沧人工油漆厂
地址:云南省临沧县城北郊迎春桥
邮编:677001
主营产品:涂料

二十五、陕西省
西安油漆厂
地址:西安市西郊团结北路5号
邮编:710077
电话:029-4244695

传真:029-4264837
主营产品:各类油漆

西安高压开关厂
地址:西安市大庆路29号
邮编:710077
电话:029-4244941
传真:029-4261143
主营产品:聚氨酯涂料、环氧涂料

陕西加力涂料工业有限公司
地址:西安市八府庄东元西路11号
邮编:710032
电话:029-6711569
传真:029-3287403
主营产品:硝基漆、过氯乙烯漆、氨基漆、丙烯酸漆、环氧醇酸树脂涂料、氟树脂、氟涂料

西安油漆二厂
地址:西安市北郊八府庄东元西路11号
邮编:710032
电话:029-6711571
传真:029-6714550
主营产品:各类油漆、涂料、稀释剂、腻子、胶液

陕西长虹化工厂
地址:西安市灞桥区田王街特字1号
邮编:710025
电话:029-3603499
主营产品:氟涂料、防静电涂料、超细粉

西安黛龙新加坡漆有限公司
地址:西安市劳动南路27号
邮编:710068
电话:029-4259884
传真:029-4241642
主营产品:涂料

西安市开元化工厂
地址:西安市北关草滩路甲字180号

邮编:710016
电话:029-6264201
主营产品:粉末涂料

西安天元化工有限责任公司
地址:西安市雁塔路北段44号
邮编:710054
电话:029-7231437
传真:029-7887860
E-mail:tianyuanco@ihw.com.cn
主营产品:防腐涂料

陕西宝塔山油漆股份有限公司
地址:陕西省兴平市兴渝路56号
邮编:713100
电话:0910-8822245　8822661
传真:0910-8825153
E-mail:btsyq@public.xa.sn.cn
网址:www.baotasan.paint.com.cn
主营产品:油漆、涂料、化工原料等

西安惠安涂料制造有限公司
地址:陕西省户县余下
邮编:710302
电话:029-4912271　4968488
传真:029-4912973
E-mail:hahcz@pab.xasn.cninfo.net
网址:sei.sn.cnsei.sn.cn
主营产品:聚氨酯漆、氨基烤漆、金属闪光漆、乳胶漆、原子灰等

中国兵器工业总公司陕西华阴五一涂料厂
地址:陕西华阴市88号信箱
邮编:714200
电话:0913-4617340
主营产品:纯环氧型、聚酯/环氧型、纯聚酯型三大系列涂料

陕西省宁强油漆化工厂
地址:陕西省宁强县美州北路5号
邮编:724400

电话:0916-4271651
传真:0916-4221651
主营产品:飞机蒙皮件漆、汽车漆、防锈漆、机床漆、家具漆、建筑漆

陕西源源化工有限责任公司
地址:陕西省合阳县解放路36号
邮编:715300
电话:0913-5522001
传真:0913-5524874
主营产品:聚源牌醇酸、氨基、丙烯酸、环氧、橡胶等装饰防腐漆

宝鸡市嘉利来建材装饰有限责任公司
地址:陕西宝鸡市十里铺宝十路东段
邮编:721004
电话:0917-3411367 3416819
传真:0917-3411367
主营产品:乳胶漆、真石漆、水泥漆、喷塑漆、建筑用胶

陕西省南郑油漆化工厂
地址:陕西省南郑县大河坎
邮编:723102
电话:0916-5374493 5374494
主营产品:醇酸调和漆、磁漆、清漆、酚醛清漆、防锈漆、水溶性乳胶漆

陕西省宝鸡县东港油漆厂
地址:宝鸡县阳平镇开发区
邮编:721303
电话:0917-6662409
主营产品:泰宝牌各种醇酸调和漆、酚醛调和漆、防锈漆

汉中市新型建筑材料厂
地址:陕西省汉中市石马街
邮编:723000
主营产品:建筑涂料、建筑用胶

宝鸡化工建材厂
地址:宝鸡市渭滨区清姜西一路
邮编:721006
主营产品:建筑涂料

宝鸡特种油漆化工厂
地址:宝鸡市金台区十里铺
邮编:721004
主营产品:特种油漆

二十六、甘肃省

西北永新涂料集团公司
地址:兰州东岗东路685号
邮编:730020
电话:0931-8497111-338
传真:0931-8496040
主营产品:各种涂料

国营兰州黄河造漆厂
地址:兰州市大沙坪194号
电话:0931-8367041
主营产品:聚酯漆、聚氨酯漆、硝基漆

甘肃金樱重防腐涂料有限公司
地址:甘肃兰州市城关区东岗西路260号
邮编:730020
电话:0931-8841345 8841458
传真:0931-8854297
主营产品:环氧聚氨酯、防水耐热、管道贮罐、尿素造粒塔、船舰艇系列重防腐涂料

兰州市七里河区建筑涂料厂
地址:兰州市七里河区西津西路256号
邮编:730046
主营产品:建筑涂料

兰州五一化工厂
地址:兰州市七里河区西律东路8号
邮编:730050
主营产品:涂料

甘肃省甘谷油墨厂
地址:甘肃省甘谷县南环路1号
邮编:741200

电话:0938-5621024
传真:0938-5621266
主营产品:油墨、颜料

平凉市十里铺涂料厂
地址:甘肃省平凉市十里铺西兰公路
邮编:744000
主营产品:涂料

二十七、宁夏区

银川市银飞建筑涂料厂
地址:银川市东环北路23号
邮编:750004
电话:0951-4011143
传真:0951-6030119
主营产品:路标漆、颜料、建筑用胶、建筑用涂料

银川市油漆厂
地址:银川市城区东郊
邮编:750004
主营产品:各种油漆

宁夏石咀山市大武口彩虹油漆厂
地址:石咀山市大武口区青山南路西侧
邮编:753000
主营产品:油漆

灵武县崇兴镇新型防水材料厂
地址:宁夏灵武县崇兴镇
邮编:751400
主营产品:防水涂料、防水密封胶等

银川市建筑涂料厂
地址:宁夏银川市三林巷
邮编:750001
主营产品:建筑涂料

二十八、新疆区

银河集团涂料公司

地址:乌鲁木齐市新医路69号
邮编:830054
电话:0991-4845959 4832844
主营产品:涂料

新疆米雅聚氨酯化工厂
地址:新疆古牧地镇永丰路25号
邮编:831400
电话:0991-5303390 5303510
传真:0991-5302858
主营产品:聚氨酯涂料

乌鲁木齐市油漆厂
地址:乌鲁木齐市河滩北路30号
邮编:830002
电话:0991-4531243 4534397
传真:0991-4526120
E-mail:youqizho@mail.xj.cninfo.net
主营产品:油漆、润滑剂、汽车防冻液、汽车制动液、合成加脂剂

新疆有机化工厂
地址:乌鲁木齐市卡子湾乌奇公路38号
邮编:830021
电话:0991-6866824
传真:0991-6861573
E-mail:gisehua@mail.xj.cninfo.net
网址:http://www.cccc.com.cn
主营产品:油漆、防冻液、化工原料

新疆昌吉市疆河化工有限公司
地址:新疆昌吉市昌五路12号
邮编:831100
电话:0994-2346521 2336078
传真:0994-2346521
主营产品:酚醛漆、醇酸漆、氨基漆、乳胶漆、聚氨酯漆及特种防腐漆

第二节 涂料行业单位简介

一、昆明建筑防水材料厂

昆明建筑防水材料厂创建于1981年,至今已发展成为云南省最大的防水材料和建筑涂料专业厂家,生产各型防水材料和建筑涂料三十多个品种,年产量4000t。

该厂拥有雄厚的技术力量和专业人才,不断开发新型化学建材产品,早在1987年即在云南省首先开发丙烯酸系乳胶漆,1988年获昆明市科技进步奖。近年来根据国外建筑涂料的发展,采用国内外优质乳液和助剂开发了高档乳胶漆和溶剂型丙烯酸外墙涂料,网球场涂料,彩石漆等系列产品。

风行牌、三五牌建筑涂料的各种产品其性能指标和施工要求见下表:

该厂生产的建筑涂料产品已应用于昆明饭店、贝克公司大楼、田园宾馆、新世界大楼、金茂酒店、银座大酒店、云安会都、红塔高新住宅小区等一系列工程,均获得满意效果。

中美合资上海中山精细化工有限公司昆明建筑防水材料厂位于昆明市西郊黄土坡。

邮编:650101

电话:(0871)5325920 5347734

传真:(0871)5325919

该厂下属风行装饰防水工程公司承接各类建筑装饰、防水工程。

电话:(0871)5325921

联系人:杨焕文 高 丰

二、昆明亚南防水材料厂

昆明亚南防水材料厂位于昆明市王家桥220号108国道旁,建厂于1996年,经三年多的生产和施工,已形成年产量1500t涂料的生产能力。

该厂是生产建筑防水材料的专业厂家,主营防水涂料的生产、施工和销售,其主导产品震坤牌高弹性彩色防水涂料获得第九届中国专利新技术新产品博览会金奖,并通过云南省建筑工程质量监督检测站的检测,获得云南省技术监督局企业产品标准备案证书、中国建筑业协会颁发的新技术新产品推荐证书、云南省建设厅颁发的新产品推广准许证书。震坤牌高弹性彩色防水涂料其性能技术指标见下表:

震坤牌防水涂料综合了丙烯酸酯、聚氨酯的优点,在延伸率和拉伸强度方面具有独特的优点,整体成膜性好,具有优良的拉伸强度和延伸率,无毒、无害、无污染,单组分施工方便,产品广泛适用于各种屋面、地下室、工程基础、池槽、卫生间、阳台、网球场和运动场的防水,产品质量优异,在云南、贵州、成都等地数以百计的工程应用中,用户反映良好。

该厂在我国西部大开发的战略中,是云南省技术监督局推荐的两家防水材料生产厂家之一,并作为云南省惟一的一家防水材料生产企业参加"2000中国建筑建材北京博览会"并获推荐产品铜牌。

公司法定代表人:刘绍斌

电话:(0871)5301615 5381762 5301611

手机:(0)13608812129

国际互联网址:www.ynzkfs.com

风行牌建筑涂料

项 目	品 种		性能、特点	容器中状态	干燥时间 h	施 工 要 求	耐水性	耐碱性	耐洗刷性(次)	断裂延伸率(%)	pH值
高级丙烯酸外墙乳胶漆	EB-Ⅰ		优秀的耐候性、保色性、附着力、抗碱、抗紫外线，经久耐用。优秀的耐水性、耐洗刷性、优秀的抗沾积尘性、涂膜保持清洁、干净。施工性好，涂层平滑，装饰性能好。水性型涂料，无毒无污染，属绿色环保型涂料	搅拌均匀无结块	≤2 (25℃)	基层平整、无污染，施工气温5℃，最好10℃以上。可用刷涂、辊涂、喷涂法。施工涂刷封闭底油一道，涂料二～三道（间隔4～8h）	无异常(96h)	无异常(48h)	≥1000	—	—
	EB-Ⅱ								≥100		
	EB-Ⅲ								≥300		
丙烯酸内墙乳胶漆	F型		良好的耐水性和耐洗刷性，附着力强，色彩丰富，色调高雅柔和，涂层经久耐用。水溶性涂料，无毒无污染，属绿色环保型涂料，不变质	搅拌均匀无硬块	≤2	刷涂两道无障碍	—	无异常(24h)	≥500	—	—
	C型										
	A型								≥1000		
高级丝光丙烯酸乳胶漆（内墙）			优秀的耐水性和耐洗刷性，涂层平整，涂料遮盖力强，施工面积多，较好的流平性，涂料具有丝光的柔和光泽，高雅、无毒无污染，属绿色环保型涂料	搅拌均匀无硬块	≤2	刷涂两道无障碍	无异常(96h)	无异常(24h)	≥1000	—	—
高级硅丙酸外墙乳胶漆			以有机硅改性丙烯酸乳液为基料，高丁丙烯酸聚合物的耐候性、抗污染性、透气性	搅拌均匀无硬块	≤2	同高级丙烯酸外墙乳胶漆	无异常(168h)	无异常(48h)	≥1500	—	—
溶剂型丙烯酸外墙磁漆			与水乳型涂料相比具有色泽高、色彩鲜艳、优秀的耐候性、抗粉化、耐擦洗、抗沾污、耐久性高，其固含量≥55%	搅拌均匀无硬块	表干≤2 实干≤24	除封闭底漆为溶剂型丙烯酸清漆与专用稀释剂1:0.5比例稀释，施工温度70℃，其余同丙烯酸外墙乳胶漆	无异常(144h)	无异常(24h)	≥2000	—	—
彩石漆（石头漆、真石漆）			天然外壁外观，天然石材制成，花样色彩装潢，不褪色、耐老化、防水、防热。水性涂料，施工方便，无害，无毒，属绿色环保型涂料。固含量≥80%	搅拌均匀无硬块	表干≤4 实干≤28	可喷涂1.5～3mm厚，施工温度5℃以上，最好10℃以上，湿度小于85% 雨天、阴天不能施工	无异常(48h)	—	涂层不漏底	—	—

续表

品种\项目	性能、特点	容器中状态	干燥时间 h	施工要求	耐水性	耐碱性	耐洗刷性(次)	断裂延伸率(%)	pH值
高级网球场涂料	优秀的耐候性、保色性、抗紫外线性，经久耐用，优秀的弹性、抗沾污性、涂膜保持清洁干净，优秀的耐水性、耐洗刷性、水性涂料，无毒无污染，施工方便	搅拌均匀，无硬块	≤2 (25℃)	在涂料中加入一定比例一定粒度的喷砂，搅拌后，采用刮涂或滚涂施工，使场面形成一定粗糙面的弹性涂层	无异常 (24h)	无异常 (24h)	≥1500	≥300	—
AC型罩光面油	优秀的耐水性、耐紫外光性、耐候性，无光的涂料变为有光或半光，提高内墙原来无光的装饰性、固含量≥30%	乳白色水乳液	≤2	施工温度 5℃，最好 10℃以上，可采用刷涂、辊涂、喷涂任一方法	无异常 (24h)	—	—	—	7-9
溶剂型丙烯酸清漆	优秀的耐水性、耐紫外光性、耐候性、抗沾污性	乳白色水乳液	≤2	施工温度 0℃以上，可用刷涂、辊涂、喷涂任一种	无异常 (24h)	—	—	—	7-9
封闭底油	对水泥砂浆等基层有较强的渗透性，提高基层强度，防止基层脱砂、泛碱。提高建筑物对涂料的附着力	乳状液	≤2	基层干净、干燥，可用刷涂、辊涂喷涂任一种，施工温度 5℃，最好 10℃以上	无异常 (48h)	—	—	—	7-9
骨浆	用于丙烯酸系建筑喷塑涂料中形成凹凸立体花纹，有良好的黏接性和耐水性，水性涂料，无毒，涂可形成不同花纹造型，易干喷污染	无裂纹(干燥后)	≤24	喷涂，施工温度 5℃，最好 10℃以上，阴雨天不能施工	无异常 (48h)	—	—	—	—
环氧聚氨酯地坪涂料									
高氯化聚乙烯防腐涂料									

震坤牌高弹性彩色防水涂料技术指标

序号	项目名称		技术指标		备注
			一等品	合格品	
1	拉伸强度(MPa)	无处理	>1.0	>0.5	
		加热处理	>2.0	>1.0	
		紫外线处理	>2.0	>1.0	
		碱处理	>1.0	>0.5	
		酸处理	>1.0	>0.5	
2	断裂对的延伸率(%)	无处理	>500	>400	
		加热处理	>250	>200	
		紫外线处理	>250	>200	
		碱处理	>200	>200	
		酸处理	>200	>200	
3	加热收缩率%		<4	<5	
4	低温柔性		−10℃无裂纹	−8℃无裂纹	特级品−20℃无裂纹
5	不透水性	压力(MPa)	≥0.3	≥0.3	
		保持时间	30min不透水	30min不透水	
6	固体含量(%)		≥65	≥65	
7	粘结强度(MPa)		>0.5	>0.4	
8	涂膜表干时间(h)		<2.0	<2.0	
9	拉伸时的老化	紫外线老化	无网纹	无网纹	
		加热老化	无网纹	无网纹	
10	包装质量(kg/桶)		60±0.5		

三、台州市浙光涂料有限公司

浙光涂料有限公司位于浙江省台州市椒江区东山镇栅桥293号，该公司的主导产品浙光牌丙烯酸防水涂料由丙烯酸乳液、成膜助剂及高级硅酸盐材料复配制成。该材料可与硅酸盐基材产生优良的结合力，极大地提高了黏结强度、耐候性、耐低温柔韧性，其涂膜致密，富有弹性，延伸率大。该产品是高稳定性水性材料，所以从根本上解决了一般涂料易剥落的问题。该产品性能卓越，耐酸碱、耐油污、耐高温、耐低温、抗紫外线、抗酸雨、抗冻融，与混凝土水泥砂浆面有很强的结合力，经耐老化试验不粉化，耐久性超过10年以上。该产品安全无毒，对环境和人体均无害，是"绿色环保涂料"。该产品施工简单，无需加热，冷施工，是建筑防水理想的换代产品。广泛应用于屋面、水池、卫生间、厨房的防水，对管道穿过的孔、洞缝隙的防水是一般防水材料所无法达到的。该涂料采用25kg塑料桶包装。

联系人：邬才彬
邮编：318012
电话：0576-8660518
传真：8660528

图 表 索 引

图 1-1　外墙涂料主要类型及品种　7
图 1-2　内墙涂料主要类型及品种　8
图 1-3　地面涂料主要类型及品种　8
图 1-4　建筑涂料功能图　12
图 1-5　混凝土、砂浆底衬外墙涂料功能图　13
图 1-6　混凝土、砂浆底衬内墙涂料功能图　13
图 1-7　涂料的组成　14
图 1-8　涂膜分子结构　15
图 2-1　聚氨酯树脂基料的分类　92
图 2-2　增塑剂的分类　118
图 2-3　增稠剂的分类　119
图 2-4　溶剂的分类　125
图 3-1　涂料生产过程与产品关系示意图　146
图 3-2　建筑涂料生产工艺流程示意图　150
图 3-3　配方设计的基本程序　150
图 3-4　颜料体积浓度和涂膜性能的关系　152
图 4-1　各种涂料装饰面断面图　167
图 4-2　各种涂料耐热性比较　171
图 4-3　色相环　188
图 4-4　颜料拼色法　192
图 4-5　颜色图　192
图 5-1　水泥的分类　209
图 5-2　刷涂用木合梯结构示意图　234
图 5-3　木合梯的结构及安全操作　235
图 5-4　油漆工手用工具　236
图 5-5　涂料容器　237
图 5-6　小型机械工具　238
图 5-7　烧除设备　239
图 5-8　蒸汽剥除器　240
图 5-9　火焰消除器　240
图 5-10　气动打磨机构造　241
图 5-11　电动打磨机构造　241
图 5-12　漆刷的种类　242
图 5-13　刷子的握法　246
图 5-14　刷子放置器　246
图 5-15　排笔刷的正确握法　246

图 5-16　辊筒的种类　247
图 5-17　压力送料辊筒的组成　248
图 5-18　辊筒的构造　248
图 5-19　刮刀的握法　251
图 5-20　牛角刮刀保管夹具　251
图 5-21　涂料擦　251
图 5-22　喷枪整体构造　252
图 5-23　常用喷枪构造零部件　253
图 5-24　喷枪的种类　253
图 5-25　无气喷涂设备的组成　257
图 5-26　气动高压泵构造图　260
图 5-27　蓄压过滤器构造　262
图 5-28　砂纸打磨法　270
图 5-29　刷涂步骤　272
图 5-30　快干涂料刷涂方法　272
图 5-31　滚涂时辊筒的运行轨迹　278
图 5-32　空气喷涂喷枪枪头工作原理　284
图 5-33　无气喷涂的原理　284
图 5-34　喷枪的用法　286
图 5-35　喷枪的角度和移动方法　286
图 5-36　涂料喷嘴口径与空气消耗量的关系　289
图 5-37　喷枪距离与漆膜厚度的关系　290
图 5-38　喷枪距离与涂着效率的关系　290
图 5-39　喷枪距离不当所产生的弊病　291
图 5-40　喷枪距离与喷雾图形幅宽的关系　291
图 5-41　喷枪运行速度与漆膜厚度的关系　291
图 5-42　涂料喷出量与喷雾图形幅宽　291
图 5-43　喷雾图形的搭接　292
图 5-44　喷雾图形的种类与平整度　292
图 5-45　涂料黏度对漆雾粒径的影响　292
图 5-46　温度对黏度的影响（氨基醇酸树脂磁漆）　293
图 5-47　着色剂的种类　302
图 5-48　光面门的涂刷顺序　343
图 5-49　镶板门的涂刷顺序　343
图 5-50　镶板门涂刷快干涂料的涂刷顺序　343

图 5-51	百叶窗涂刷顺序 343		表 1-30	聚氯乙烯弹性防水涂料技术要求 57
图 5-52	推拉窗的涂刷顺序 343		表 1-31	防水涂料的品种、性能、用途、产地表 57
图 5-53	涂刷地面的顺序 348		表 1-32	防火涂料防火性能分级标准 60
图 5-54	外墙(瓷砖、陶瓷锦砖面)涂料翻新施工流程图 371		表 1-33	钢结构防火涂料通用技术条件(GB 14907—94) 60
图 8-1	乳液型涂料的分类 449		表 1-34	饰面型防火涂料通用技术条件(GB 12441—1998) 61
图 9-1	防水涂料的分类 503		表 1-35	饰面型防火涂料防火性能级别与指标(GB 12441—1998) 61
图 9-2	防火涂料的分类 547		表 1-36	部分防火涂料产品的防火性能 62
图 10-1	环氧树脂漆的分类 651		表 1-37	各种二道浆的性能 62
表 1-1	涂料分类方法 2		表 1-38	各种腻子性能和用途 62
表 1-2	涂料产品分类表 3		表 1-39	各种腻子的工艺特性 63
表 1-3	辅助材料的代号及名称 3		表 1-40	各种底漆性能和用途 63
表 1-4	建筑涂料分类Ⅰ 5		表 1-41	各类防锈漆的特性与用途 64
表 1-5	建筑涂料分类Ⅱ 6		表 1-42	涂料的基本性能技术指标含义和作用 66
表 1-6	涂料基本名称代号 10		表 1-43	涂料的涂装性能技术指标含义和作用 67
表 1-7	涂料产品序号 11		表 1-44	涂料的涂膜性能技术指标含义和作用 69
表 1-8	建筑涂料产品标准题录 19		表 1-45	与环保、安全卫生、健康有关的内墙涂料技术指标的含义和作用 71
表 1-9	合成树脂乳液外墙涂料技术要求 20		表 1-46	防水涂料的技术指标含义和作用 71
表 1-10	溶剂型外墙涂料技术要求 21		表 1-47	钢结构防火涂料技术指标的含义和作用 72
表 1-11	外墙无机建筑涂料技术要求 22		表 1-48	饰面型防火涂料技术指标的含义和作用 73
表 1-12	合成树脂乳液砂壁状建筑涂料技术要求 22		表 1-49	地面涂料技术指标的含义和作用 74
表 1-13	复层建筑涂料技术要求 23		表 2-1	涂料的主要成膜物质 78
表 1-14	薄质外墙涂料性能、用途、产地 23		表 2-2	次要成膜物质的种类与名称 79
表 1-15	厚质类外墙涂料的性能、产地 26		表 2-3	涂料的辅助成膜物质 79
表 1-16	彩砂涂料品种、性能、产地 31		表 2-4	植物油分类表 80
表 1-17	复层花纹类外墙涂料品种、性能、用途表 34		表 2-5	常用植物油性能 81
表 1-18	合成树脂乳液内墙涂料技术要求 35		表 2-6	常用油类物化特性常数 81
表 1-19	水溶性内墙涂料技术要求 36		表 2-7	涂料常用各类树脂的用途及特性 82
表 1-20	建筑室内用腻子技术要求 36		表 2-8	木器漆常用树脂性能 84
表 1-21	多彩内墙涂料技术要求 36		表 2-9	建筑石油沥青规格 85
表 1-22	内墙、顶棚涂料品种、性能、用途、产地表 37		表 2-10	制备聚丙烯酸酯及其共聚物常用的单体 90
表 1-23	门窗细木饰件常用建筑油漆的性能与用途 45		表 2-11	颜料品种分类表 94
表 1-24	内墙常用建筑油漆的性能与用途 49		表 2-12	颜料的特性 95
表 1-25	水泥地板用漆技术指标 51		表 2-13	颜料在涂层中的作用 96
表 1-26	地面涂料的品种、性能、产地表 52			
表 1-27	水性沥青基防水涂料技术要求 55			
表 1-28	聚氨酯防水涂料技术要求 56			
表 1-29	水性聚氯乙烯焦油防水涂料技术要求 56			

表 2-14　一般无机和有机颜料在涂料中的性能比较　96
表 2-15　建筑涂料常用着色颜料简表　97
表 2-16　各种白色颜料的性能对比　101
表 2-17　建筑涂料常用体质颜料简表　101
表 2-18　建筑涂料常用防锈颜料简表　102
表 2-19　木器涂饰常用染料品种性能　104
表 2-20　溶剂型涂料常用分散剂　106
表 2-21　水性涂料常用的润湿分散剂　107
表 2-22　组成消泡剂的主要物质　108
表 2-23　常用消泡剂的特性　108
表 2-24　消泡剂主要品种　108
表 2-25　消泡剂（日 San Nopco 公司）　109
表 2-26　消泡剂（英国 Bevabid Ltd 公司）　109
表 2-27　有机溶剂型涂料用消泡剂（德国 BYK 化学公司）　110
表 2-28　水性涂料用消泡剂（德国 BYK 化学公司）　110
表 2-29　常用乳化剂　111
表 2-30　防沉淀剂主要品种　112
表 2-31　国内、外溶剂型涂料流平剂产品介绍　113
表 2-32　几种国产紫外光吸收剂　115
表 2-33　各种催干剂的性能和用量表　116
表 2-34　常用催干剂成品　116
表 2-35　涂料常用增塑剂　118
表 2-36　纤维素类有机增稠剂常用品种表　119
表 2-37　涂料生产常用的成膜助剂　120
表 2-38　涂料生产常用的防腐防霉剂　121
表 2-39　溶剂的主要性质　122
表 2-40　各种溶剂、高聚物的溶解度参数　123
表 2-41　某些树脂的溶解性能　124
表 2-42　常用溶剂的挥发率　124
表 2-43　常用溶剂的电阻值　124
表 2-44　涂料生产常用溶剂　125
表 2-45　涂料用有机溶剂的特性　127
表 2-46　建筑涂料常用溶剂性能及用途　129
表 2-47　静电涂装用主要溶剂的特性　130
表 2-48　溶剂的极性分类　131
表 2-49　常用成品稀释剂　132
表 2-50　常用涂料所用稀释剂　133
表 2-51　常用混合溶剂的性质、配方和用途　135
表 2-52　常用防潮剂品种　138
表 2-53　常用防潮剂配方　138
表 2-54　环氧树脂漆成品固化剂　139
表 2-55　环氧漆固化剂配方　139
表 2-56　砂纸、砂布的分类及用途　142
表 2-57　砂布、砂纸的代号与粒度号数对照表　142
表 2-58　两种抛光材料的组成与用途　143
表 3-1　涂料用基料的制造设备　146
表 3-2　研磨设备的性能特征　147
表 3-3　涂料用调和设备的性能特征　148
表 3-4　涂料常用过滤设备　149
表 3-5　常用颜料的典型 P.V.C 范围　151
表 3-6　某些颜料和填料的相对密度和吸油量　153
表 3-7　颜料分散原理和分散设备　155
表 3-8　涂料生产的基本工艺　156
表 3-9　各种色漆的颜料配比表（%）　159
表 4-1　涂装设计要素　164
表 4-2　不同涂料的适当温、湿度　166
表 4-3　油度对涂料性能的影响　170
表 4-4　天然树脂漆不同油度的性能比较　170
表 4-5　不饱和聚酯清漆、硝基清漆、脲醛树脂漆的性能比较　170
表 4-6　涂料的最高耐热温度　171
表 4-7　溶剂型涂料组成中固体分含量比较表　172
表 4-8　各种低污染涂料固体分含量比较表　172
表 4-9　涂料的遮盖力　172
表 4-10　涂料的理化性能（5 分评比法）　173
表 4-11　各类涂料的使用性能比较（5 分评比法）　173
表 4-12　各类有机涂层的耐化学腐蚀性　174
表 4-13　各种材质的特点　175
表 4-14　建筑常用涂料品种与被涂材质的适应比较　176
表 4-15　按基层材质选用建筑涂料　176
表 4-16　建筑物不同部位的性能要求　177
表 4-17　建筑物外部的涂料选择　177
表 4-18　建筑物内部的涂料选择　178
表 4-19　按两次装修间隔时间选用建筑涂料　179
表 4-20　常用涂饰涂料的主要优缺点　180
表 4-21　常用防锈涂料的主要优缺点　181
表 4-22　基层缺陷修补的材料选择　182

表 4-23	在不同金属底材上底漆的选择 183	表 5-15	建筑常见木质复合基层的性能 214
表 4-24	几种常用涂料对被涂材质的适应性比较 184	表 5-16	木材的去脂方法 215
表 4-25	底层涂料与面层涂料的配套适应性 185	表 5-17	木材脱色常用的漂白剂 216
表 4-26	金属及木材面的底层涂料与面层涂料的配套 185	表 5-18	氧化性漂白剂及其有效氯、有效氧的含量 216
表 4-27	木门窗的涂料配套层次关系 186	表 5-19	漂白剂及其助剂 216
表 4-28	木地板的涂料配套层次关系 186	表 5-20	常用漂白方法 217
表 4-29	抹灰基层的涂料配套层次关系 186	表 5-21	木材漂白剂配方和使用方法 218
表 4-30	金属面层的涂料配套层次关系 187	表 5-22	材面污染种类 219
表 4-31	色相名称 189	表 5-23	常见材面污染及消除方法 219
表 4-32	不同色相于各明度处的最大彩度 189	表 5-24	胶性腻子配方 221
表 4-33	内装修涂料色彩 190	表 5-25	虫胶腻子配方 221
表 4-34	建筑色彩设计步骤 191	表 5-26	油性腻子配方 222
表 4-35	色彩核对表 191	表 5-27	硝基腻子配方 222
表 4-36	颜色色调分类 192	表 5-28	成品腻子种类 222
表 4-37	调色与补色关系 193	表 5-29	填平漆配方 223
表 4-38	颜色的色彩与情感的关系 193	表 5-30	木制品表面毛束去除方法 224
表 4-39	室内新基层选用的涂饰方案 195	表 5-31	常见各类木材的管孔分类及处理方案 224
表 4-40	室内已涂刷过的旧基层选用的涂饰方案 197	表 5-32	填孔剂成分及其作用 225
表 4-41	原有壁纸面上的涂刷条件与涂刷方法 198	表 5-33	填孔剂种类及特点 225
表 4-42	水泥、砖石、混凝土等基层不同环境下对油漆涂料的选用(室外) 199	表 5-34	部分材料折光率 226
		表 5-35	水性与胶性填孔剂配方 227
表 4-43	金属基层不同环境下对油漆涂料的选用(室外) 199	表 5-36	油性填孔料配方 228
		表 5-37	树脂填孔剂配方 228
表 4-44	室外新、旧基层选用的涂饰方案 199	表 5-38	黑色金属基层的处理方法 229
		表 5-39	有色金属基层的处理及底漆的选择 230
表 5-1	常用涂装方法的涂布速度和适用的涂料和工件 201	表 5-40	各种基层底漆的涂刷方法 231
		表 5-41	常用刷洗剂的种类及特点 232
表 5-2	干燥方法和干燥时间 201	表 5-42	各种常用旧涂层消除方法及特点 232
表 5-3	常用涂装方法的上漆率 202	表 5-43	常见旧涂饰基层的处理 232
表 5-4	涂层常见的缺陷与改进措施 202	表 5-44	漆刷的结构 242
表 5-5	气象条件与施工关系 203	表 5-45	常用漆刷的构造与特点 243
表 5-6	建筑物常见的基层类型及特点简表 205	表 5-46	刷毛种类和特性 243
表 5-7	基层的检查与验收 207	表 5-47	漆刷的选用原则 244
表 5-8	基层的清理方法 208	表 5-48	各种刷具的选用 245
表 5-9	混凝土和水泥砂浆基层的修补 208	表 5-49	筒套材质的种类及性能 249
表 5-10	砂浆和混凝土的典型组成 209	表 5-50	筒套绒毛的规格、特点及使用 249
表 5-11	灰泥制品的种类、主要成分和特性 209	表 5-51	刮刀的种类及特点 249
表 5-12	主要涂装底材的性质 210	表 5-52	空气喷枪的雾化方式与特点 252
表 5-13	混凝土和水泥砂浆的基层处理 211	表 5-53	外混式喷枪的种类及性能 254
		表 5-54	各种喷枪的特点 255
表 5-14	非木质板材的基层处理 213	表 5-55	无气喷枪的种类 257

表5-56	无气喷枪涂料喷嘴的类型 258	表5-96	油性颜料填孔着色剂配方 303
表5-57	高压泵的种类 259	表5-97	碱性染料水溶液配方 304
表5-58	高压泵的工作原理 261	表5-98	酸性染料水溶液配方 304
表5-59	电动吊篮常见故障及排除办法 263	表5-99	醇性染料着色剂配方 305
表5-60	基层手工清除的方法 264	表5-100	水性涂料色浆品种与组成 306
表5-61	机械清除方法及特点 265	表5-101	水性色浆配方之一 306
表5-62	基层的化学清除方法 265	表5-102	水性色浆配方之二 306
表5-63	基层热清除的方法 266	表5-103	部分色泽配方 307
表5-64	嵌批工具的选用与操作方法 267	表5-104	油性色浆配方 307
表5-65	不同基层上各类涂层对嵌、批方法及腻子的选用 268	表5-105	颜料树脂色浆配方 308
		表5-106	染料树脂色浆配方 308
表5-66	打磨设备的操作工艺 271	表5-107	混合树脂色浆配方 309
表5-67	不同打磨阶段的要求和注意事项 271	表5-108	常用的稀料及代用品 310
表5-68	普通油漆刷涂的基本操作方法 272	表5-109	油漆涂料性能的调配 310
表5-69	常见油漆涂料的具体刷涂方法 273	表5-110	常用油漆品种的调配 311
表5-70	刷涂漆膜常见缺陷与改进方法 275	表5-111	各种厚漆调稀的参考配合比 313
表5-71	不同宽度的滚筒与用途关系 276	表5-112	水浆涂料的调配 313
表5-72	绒毛长度与辊筒性能、涂料选用的关系 276	表5-113	自制大白浆配合比及配制方法 314
		表5-114	常用颜料的调配 314
表5-73	不同筒套材料的使用特性 277	表5-115	色漆配制表 316
表5-74	筒套材料的选用 277	表5-116	复色漆(调和漆)配制表 317
表5-75	刮涂腻子层常见缺陷及改进方法 280	表5-117	常用涂料的混溶性 318
表5-76	擦涂硝基漆的操作方法 281	表5-118	木料表面涂刷清漆的主要工序 318
表5-77	空气喷涂与无气喷涂比较 285	表5-119	本色着色工艺要点 319
表5-78	普通油漆喷涂的施工工序 287	表5-120	淡黄色着色工艺要点 320
表5-79	选择喷枪的四个要素 287	表5-121	淡柚木色着色工艺要点 320
表5-80	空气喷涂常用喷枪主要技术参数 288	表5-122	栗壳色着色工艺要点 321
表5-81	常用涂料无气喷涂工艺条件 288	表5-123	蟹青色着色工艺要点 322
表5-82	常用标准型喷嘴 289	表5-124	红木色着色工艺要点 323
表5-83	影响喷枪运行速度的因素 292	表5-125	底材着色剂的种类和特征 323
表5-84	喷雾图形的搭接 292	表5-126	着色用主要颜料及其性能 324
表5-85	常用涂料适宜的喷涂黏度 293	表5-127	木面丙烯酸清漆磨退涂刷工序 324
表5-86	各类常见油漆涂料的具体喷涂方法 293	表5-128	硝基清漆涂饰工序 326
表5-87	空气喷涂漆膜常见缺陷及改进方法 294	表5-129	各种原色漆混合后色相变化 327
表5-88	喷雾图形产生缺陷的原因及改进方法 296	表5-130	常用色漆的遮盖力 327
		表5-131	低档色漆使用工艺要点 328
表5-89	喷枪故障及解决方法 296	表5-132	中档色漆使用工艺要点 328
表5-90	无气喷涂设备常见故障及排除措施 296	表5-133	高档色漆使用工艺要点 328
表5-91	弹涂色浆配料比例 297	表5-134	木材表面施涂溶剂型混色涂料的主要工序 329
表5-92	各种常用腻子的调配方法 299		
表5-93	常用腻子的配方 300	表5-135	木面磁漆磨退涂饰工序 329
表5-94	各色填孔料的调配 301	表5-136	硝基磁漆涂饰工序 330
表5-95	水性颜料填孔着色剂配方 302	表5-137	美术油漆工艺 331

表 5-138	混凝土及抹灰外墙表面薄涂料工程的主要工序 333	表 5-170	彩色弹涂饰面施工实例 354
表 5-139	混凝土及抹灰外墙表面厚涂料工程的主要工序 333	表 5-171	喷塑建筑涂料饰面施工实例 355
表 5-140	混凝土及抹灰外墙表面复层涂料工程的主要工序 333	表 5-172	彩砂涂料喷涂施工实例 356
表 5-141	不同等级抹灰表面涂装的主要工序 334	表 5-173	彩砂薄抹涂饰面施工实例 357
表 5-142	水泥浆涂料的涂饰工艺 334	表 5-174	聚合物水泥砂浆涂料滚涂施工实例 358
表 5-143	聚合物水泥浆的涂刷工艺 335	表 5-175	溶剂型地面涂料施工实例 358
表 5-144	乳液大白浆或水浆涂料的涂刷工艺 335	表 5-176	聚合物水泥地面涂料的刮涂施工实例 359
表 5-145	复层涂料(浮雕)涂饰工艺 336	表 5-177	聚合物改性沥青防水涂料施工实例 361
表 5-146	彩砂涂料涂饰工艺 336	表 5-178	聚氨酯防水涂料施工实例 365
表 5-147	彩色聚合物水泥涂料弹涂施工工艺 337	表 5-179	硅橡胶防水涂料施工实例 366
表 5-148	乳胶类外墙涂料的涂饰工艺 337	表 5-180	陶瓷锦砖面外墙涂料翻新工程类别表 372
表 5-149	混凝土及抹灰内墙、顶棚表面薄涂料工程的主要工序 338	表 5-181	瓷砖面外墙涂料翻新工程类别表 374
表 5-150	混凝土及抹灰内墙、顶棚表面复层涂料工程的主要工序 338	表 5-182	JC／T547—94 检验项目表 376
表 5 151	混凝土及抹灰室内顶棚表面轻质厚涂料工程的主要工序 339	表 5-183	外墙(瓷砖、陶瓷锦砖面)涂料翻新工程的薄抹灰层尺寸允许偏差及验收方法 376
表 5-152	普通水浆涂料喷(刷)的涂饰工艺 340	表 5-184	外墙(瓷砖、陶瓷锦砖)涂料翻新工程对涂料的检验项目表 376
表 5-153	乳胶类内墙涂料施工工艺 341	表 5-185	合成树脂乳液外墙涂料及无机外墙涂料的涂饰工程的质量要求 377
表 5-154	调和漆、醇酸漆类油漆墙面涂饰工艺 341	表 5-186	外墙(瓷砖、陶瓷锦砖面)薄抹灰胶泥和胶浆性能指标 378
表 5-155	聚乙烯醇类内墙涂料施工工艺 342	表 5-187	外墙(瓷砖、陶瓷锦砖面)薄抹灰涂料性能指标 378
表 5-156	木门窗混色油漆涂饰工艺 344	表 6-1	一般刷(喷)浆工程质量标准和评验方法 381
表 5-157	木门窗清漆施工工艺 344	表 6-2	混色涂料工程质量的基本项目评定 382
表 5-158	钢门窗混色油漆涂饰工艺 345	表 6-3	清漆工程质量的基本项目评定 383
表 5-159	金属表面涂装的主要工序 346	表 6-4	打蜡工程质量的项目评定 383
表 5-160	金属面混色油漆(中级)涂饰工艺 347	表 6-5	薄涂料表面的质量要求 383
表 5-161	木地板涂刷混色油漆涂饰工艺 348	表 6-6	厚涂料表面质量要求 384
表 5-162	木地板涂刷醇酸清漆涂饰工艺 349	表 6-7	复层涂料表面的质量要求 384
表 5-163	木地板刷聚氨酯清漆涂饰工艺 350	表 6-8	溶剂型混色涂料表面质量要求 384
表 5-164	木地板打蜡施工工艺 350	表 6-9	清漆表面质量要求 385
表 5-165	水泥地面聚合物涂料涂饰工艺 351	表 6-10	美术涂饰表面及地板打蜡表面的质量要求 385
表 5-166	溶剂型内外墙涂料施工实例 351	表 6-11	涂层均匀破坏变化程度评级表 385
表 5-167	聚乙烯醇系内墙涂料施工实例 352	表 6-12	涂层非均匀破坏数量等级评级表 385
表 5-168	乳胶类内外墙涂料施工实例 353	表 6-13	涂层破坏大小等级评级表 385
表 5-169	各色丙烯酸有光凹凸乳胶漆厚薄饰面施工实例 354		

表 6-14 涂层失光程度评级表　386
表 6-15 涂层颜色变化等级评定表　386
表 6-16 涂层粉化程度评级表　386
表 6-17 涂层开裂数量评级表　386
表 6-18 涂层开裂大小评级表　386
表 6-19 涂层起泡密度评级表　387
表 6-20 涂层起泡大小评级表　387
表 6-21 涂层锈点数量评级表　387
表 6-22 涂层锈点大小评级表　387
表 6-23 涂层剥落相对面积评级表　387
表 6-24 涂层剥落大小评级表　387
表 6-25 涂层长霉数量评级表　388
表 6-26 涂层长霉大小评级表　388
表 6-27 涂层斑点密度评级表　388
表 6-28 涂层斑点大小评级表　388
表 6-29 涂层沾污程度评级表　388
表 6-30 涂层泛金程度评级表　388
表 6-31 装饰性涂层综合老化性能评级表　389
表 6-32 保护性涂层综合老化性能评级表　389
表 6-33 涂料工程施工的质量通病和防治措施　389
表 6-34 各类涂料及辅料正常外观及检验　395
表 6-35 常用各类油漆正常外观及检验　395
表 6-36 油漆涂料变质鉴别与处理方法　396
表 6-37 常用涂饰材料贮存保管方法　397
表 6-38 门窗工程量系数　398
表 6-39 油漆工程每 $10m^2$ 用工表　398
表 6-40 涂料工程每 $10m^2$ 用工表　399
表 6-41 油漆涂料的理论涂布面积　399
表 6-42 常见各类型油漆涂料的涂布能力　399
表 6-43 油漆面常用腻子用量表　400
表 6-44 普通木饰面常用油漆主料单位面积用量　400
表 6-45 普通门窗常用油漆材料单位面积用量　401
表 6-46 各色调和漆每 $1m^2$ 用量参考表　401
表 6-47 涂料材料概算指标　401
表 6-48 门、窗、木材、金属涂料工程量估算　402
表 6-49 各色厚漆每 $1m^2$ 用量参考表　402
表 6-50 建筑装饰涂料每 $1m^2$ 用量参考表　403
表 6-51 石灰浆、大白浆每 $10m^2$ 用料数量　404
表 6-52 可赛银、喷浆每 $10m^2$ 用料数量　404
表 6-53 常用墙面涂料每 $10m^2$ 用料数量　405
表 6-54 复层涂料每 $10m^2$ 用料数量　405
表 6-55 涂装施工安全技术措施　405
表 6-56 油漆施工中常见毒物及预护措施　406
表 6-57 各种污染物质的分类　406
表 6-58 颜料、合成树脂单体等在空气中最高许可含量　406
表 6-59 常用溶剂在空气中的最高容许浓度　407
表 6-60 涂装通风要求的经验数据　407
表 6-61 适宜涂装作业的照度　407
表 6-62 建筑材料的反射率　408
表 6-63 涂装适宜的温湿度　408
表 6-64 尘埃的种类　408
表 6-65 涂装车间尘埃的许可程度　408
表 6-66 不同地区的尘埃含有量　409
表 6-67 尘埃的判别度　409
表 6-68 除尘的方法　409
表 6-69 涂装作业对车间地面的要求　409
表 6-70 工业废水最高容许排放浓度　410
表 7-1 刷浆材料主要性能及特点　411
表 7-2 刷浆胶料配制方法及注意事项　413
表 7-3 大白浆配合比及调制方法　415
表 7-4 水泥、石灰浆配合比及调制方法　415
表 7-5 可赛银浆、色粉浆、油粉浆调配方法及适用范围　416
表 7-6 聚合物水泥色浆配合比　417
表 7-7 聚合物水泥涂料主要技术性能　418
表 7-8 蜊灰、陈灰（贝壳灰）调制方法　418
表 7-9 避水色浆配合比（重量比）　418
表 7-10 彩色水泥浆配合比　418
表 7-11 各种色浆配合比　418
表 7-12 清水墙刷浆材料配合比及注意事项　419
表 7-13 单色色浆颜料用量参考表　420
表 7-14 复色色浆颜料用量参考表　420
表 7-15 刷浆常用腻子配合比及调制方法　421
表 7-16 刷浆等级及组成　422
表 7-17 室内刷浆的主要工序　422
表 7-18 室内刷（喷）浆操作方法　423
表 7-19 室外刷浆的主要工序　424
表 7-20 室外刷（喷）浆操作方法及注意事项　425
表 7-21 刷浆工程刮腻子施工工艺　426
表 7-22 甩色点使用的色浆配合比　428
表 7-23 普通二道线宽与墙裙高度关系表　430
表 7-24 刮腻子质量通病及防治措施　430

表 7-25　刷浆质量通病及防治措施　431	表 9-13　防雾涂料的组成　558
表 7-26　一般刷(喷)浆质量要求及检验方法　432	表 9-14　吸声涂料的性能　561
表 7-27　美术刷(喷)浆质量要求及检验方法　432	表 10-1　常用的建筑油脂漆品种　567
表 8-1　聚合物水泥地面涂料涂层的罩面材料　448	表 10-2　常用的天然树脂漆品种　576
表 8-2　乳胶涂料的组成与性能关系　450	表 10-3　酚醛树脂中常用的建筑油漆　580
表 8-3　多彩涂料的种类　457	表 10-4　常用酚醛漆技术指标　581
表 8-4　云彩涂料涂装工序　459	表 10-5　沥青漆中常用的建筑油漆　590
表 8-5　云彩涂料的涂装方法　459	表 10-6　常用醇酸漆品种　599
表 9-1　各类防水涂料的特点及适用范围　504	表 10-7　常用醇酸漆技术指标　599
表 9-2　我国防水涂料的主要品种　505	表 10-8　常用硝基漆品种　621
表 9-3　聚氨酯防水涂料的优缺点　509	表 10-9　部分硝基漆技术指标　622
表 9-4　硅橡胶防水涂料的优缺点　510	表 10-10　过氯乙烯漆中常用的建筑油漆　629
表 9-5　硅橡胶防水涂料技术性能(一)　510	表 10-11　乙烯树脂漆中常用的建筑油漆　634
表 9-6　硅橡胶防水涂料技术性能(二)　511	表 10-12　热塑性丙烯酸漆品种性能　642
表 9-7　丙烯酸酯防水涂料的优缺点　513	表 10-13　蜡型聚酯漆配方　648
表 9-8　丙烯酸酯防水涂料的技术性能(一)　513	表 10-14　非蜡型聚酯漆配方　648
表 9-9　丙烯酸酯防水涂料技术性能(二)　513	表 10-15　环氧树脂漆中常用的建筑油漆　651
表 9-10　金汤牌 JS 复合防水涂料技术性能指标　514	表 10-16　聚氨酯漆品种性能　661
表 9-11　防腐蚀涂料的类型与主要品种　557	表 10-17　有机硅树脂漆中常用的几种油漆　667
表 9-12　防雾原理及方法　558	表 10-18　橡胶漆中常用的建筑油漆　669
	表 10-19　热塑性和热固性粉末涂料的特性　673

参 考 文 献

1. 刘同和编．油漆工手册．第二版．北京：中国建筑工业出版社，1999
2. 叶扬祥，潘肇基主编．涂装技术实用手册．北京：机械工业出版社，1998
3. 木材工业实用大全编辑委员会编．木材工业实用大全(涂饰卷)．北京：中国林业出版社，1998
4. 陆亨荣编著．建筑涂料生产与施工．第二版．北京：中国建筑工业出版社，1997
5. 苏洁编著．建筑涂料．上海：同济大学出版社，1997
6. 张智强，杨斧钟，陈明凤编．化学建材．重庆：重庆大学出版社，2000
7. 吴志钧主编．实用装饰工手册．南昌：江西科学技术出版社，2000
8. 徐秉恺，张彬渊，任宗发，海岩编著．涂料使用手册．南京：江苏科学技术出版社，2000
9. 全国化学建材协调组建筑涂料专家组．建筑涂料编委会．建筑涂料培训教材．上海：2000.7
10. 《化工百科全书》编辑委员会，化工出版社《化工百科全书》编辑部编．化工百科全书．第十六卷．北京：化学工业出版社，1997
11. 黄瑞先编著．油漆工基本技术．修订版北京：金盾出版社，2000
12. 徐峰编著．建筑涂料与涂装技术．北京：化学工业出版社，1998
13. 孔人英编著．化学建筑材料．合肥：安徽科学技术出版社，1999
14. 机械工业职业技能鉴定指导中心编．初级涂装工技术．北京：机械工业出版社，1999
15. 袁大伟主编．建筑涂料应用手册．上海：上海科学技术出版社，1999
16. 秦必成编著．高级油漆工艺．西安：陕西科学技术出版社，1993
17. 朱广军编著．涂料新产品与新技术．南京：江苏科学技术出版社，2000
18. 徐宗器编．涂料配方原理和实例．上海：上海科学技术文献出版社，1988
19. 建设部人事教育劳动司组织编写．油漆工(中高级工)．北京：中国建筑工业出版社，1998
20. 蒋泽汉主编．建筑涂料漆料及其装饰施工技术．成都：四川科学技术出版社，1998
21. 周耀编著．涂料工程施工技术．沈阳：辽宁科学技术出版社，1997
22. 周晔，程志清，王晓澜主编．油漆工手册．南昌：江西科学技术出版社，1999
23. 耿耀宗主编．新型建筑涂料的生产与施工．石家庄：河北科学技术出版社，1996
24. 胡仁山主编．油漆工班组长手册．北京：中国建筑工业出版社，1997
25. 战凤昌，李锐良等编．专用涂料．北京：化学工业出版社，1988
26. 潘长华主编．实用小化工生产大全．第二卷．北京：化学工业出版社，1997
27. 马庆林主编．涂料工艺(增订本)．第六分册．北京：化学工业出版社，1996
28. 任作鹏，吴强编著．建筑内部装修防火知识问答．北京：中国建筑工业出版社，1997
29. 沈钟吕，周山，陈人金编著．防腐涂料生产与应用技术．北京：中国建材工业出版社，1994
30. 赵石林，段予忠编著．新型涂料手册—多彩涂料．北京：科学技术文献出版社，1994
31. 石玉梅，赵孟彬编．建筑涂料与涂装技术 400 问．北京：化学工业出版社，1996
32. 陈长明，刘程编著．化学建筑材料手册．南昌：江西科学技术出版社，北京：北京科学技术出版社，1997
33. 华人罄编著．实用油漆涂饰技艺．第二版．上海：上海科学技术出版社，1999
34. 《涂料工业》编辑部．涂料行业厂商名录．常州涂料工业设计研究院，1999.10

35 国家建筑材料工业局信息中心,北京金建联信息咨询中心,华讯传通(建材)有限公司.中国涂料知名品牌大全,1998
36 本书编辑委员会.我国化学建材产业现状与对策.北京:中国建筑工业出版社,1999
37 李树生,张佐华等汇编.胶黏剂涂料配方集.山西新绛县粘接学会,1986
38 张贻鑫,陈振基编.建筑涂料资料选编.全国建筑工程材料科技情报网,郑州:江苏省建筑材料工业研究所,南京:1985
39 沈春林主编.涂料配方手册.北京:中国石化出版社,2000
40 建筑装饰工程施工及验收规范(JGJ 73-91)北京:中国建筑工业出版社,1991
41 杨斌,孙庆祥,樊桂珍编.建筑材料标准汇编·建筑防水材料.中国标准出版社,1997
42 李社编.现行防水材料标准及施工规范汇编.北京:中国建筑工业出版社,1999
43 中国标准出版社第二编辑室编.涂料与颜料标准汇编.北京:中国标准出版社,1997
44 张立德编著.纳米材料.北京:化学工业出版社,2000
45 全国新型建筑材料专业情报信息网.北京纳美科技发展有限责任公司.全国纳米涂料技术研讨会暨新技术交流会论文集.北京,2001